Jörg Böttcher, Peter Nagel (Hrsg.)
Batteriespeicher

Batteriespeicher

Rechtliche, technische und wirtschaftliche Rahmenbedingungen

Herausgegeben von
Jörg Böttcher und Peter Nagel

DE GRUYTER
OLDENBOURG

ISBN 978-3-11-045577-9
e-ISBN (PDF) 978-3-11-045848-0
e-ISBN (EPUB) 978-3-11-045607-3

Library of Congress Cataloging-in-Publication Data
A CIP catalog record for this book has been applied for at the Library of Congress.

Bibliografische Information der Deutschen Nationalbibliothek
Die Deutsche Nationalbibliothek verzeichnet diese Publikation in der Deutschen Nationalbibliografie; detaillierte bibliografische Daten sind im Internet über http://dnb.dnb.de abrufbar.

Einbandabbildung: DimitrovoPhotography/Thinkstock
Satz: Konvertus, Haarlem
Druck und Bindung: CPI books GmbH, Leck
♾ Gedruckt auf säurefreiem Papier
Printed in Germany

www.degruyter.com

Vorwort

Das Thema „Energiewende“ hat seit seiner Einführung 2011 die Energiepolitik und Energiewirtschaft in Deutschland in verschiedenen Etappen verändert und wird sie weiter verändern. Ziel der Energiewende ist es, eine möglichst CO2-freie Energieversorgung zu erreichen, um die Erderwärmung zu begrenzen. Hauptträger ist dabei der Ausbau der Erneuerbaren Energien, deren Anteil im Jahr 2050 bei mindestens 50 Prozent liegen soll.

Dabei geht die nationale Abkehr von der Atomenergie auch mit einer Überprüfung der Systemarchitektur der deutschen Energiewirtschaft einher: die Fördersysteme für wesentliche EE-Träger sind mehrheitlich von einem Festpreis- in ein Ausschreibungssystem transformiert worden, erhebliche Infrastrukturaufgaben stehen mit dem Aus- und Aufbau der Leitungsnetze an und schließlich werden aufgrund des zunehmend dezentralen und fluktuierenden Energieangebots Speichermedien benötigt, um Bedarfsspitzen auffangen zu können.

Batteriespeicher spielen nicht nur im Rahmen der Energiewende eine besondere Rolle, sondern versprechen auch durch zu erwartende Kostensenkungen eine besondere wirtschaftliche Dynamik. Speicher können grundsätzlich Energie aufnehmen, speichern und zu einem späteren Zeitpunkt wieder abgeben. Im Rahmen der Energiewende spielen sie für die Energiewirtschaft eine besondere Rolle: Sie sind prinzipiell in der Lage, das Problem der fluktuierenden Einspeisung der Erneuerbaren Energien zu lösen.

Bei all der Fach- und Medienpräsenz des Themas „Batteriespeicher“ ist ein Aspekt erstaunlich: Zumeist findet die Diskussion auf (energie-)politischer Ebene statt, die schnell in eine Kostendiskussion mündet. Eine zusammenhängende Darstellung der rechtlichen, technischen und wirtschaftlichen Aspekte, die gleichermaßen erfüllt sein müssen, damit Batteriespeicher realisiert werden können und um den gestiegenen und neuen Anforderungen im Energiemarkt der Zukunft gerecht zu werden, liegt bislang nicht vor. Dies mag damit zusammenhängen, dass die Dynamik im Energiemix der letzten Jahre erheblich war und die „Energiewende“ nochmals einen politischen Schub gebracht hat.

Dieses Buch ist aus der Wahrnehmung heraus entstanden, dass es eines gemeinsamen Verständnisses von Vertretern aus Recht, Technik und Wirtschaft bedarf, um Batteriespeicher sachgerecht einzusetzen. Daher wird in dieser Publikation der Weg beschritten, verschiedene Experten aus den genannten Bereichen zu Wort kommen zu lassen. In der Gesamtschau soll vermittelt werden, welche Aspekte beim Einsatz von Batteriespeichern zu beachten sind.

Wir wollen im Folgenden darlegen, welche technischen, rechtlichen und wirtschaftlichen Voraussetzungen zum derzeitigen Zeitpunkt erfüllt sein müssen, um Batteriespeicher einzusetzen. Dabei muss man sich bewusst sein, dass sich insbesondere die Technik dynamisch weiterentwickelt sowie die rechtlichen Rahmendaten auf

https://doi.org/10.1515/9783110458480-202

die Marktgegebenheiten reagieren und übergeordneten energiepolitischen Vorgaben gehorchen. Durch den interdisziplinären Ansatz soll erreicht werden, dass der Leser für die Anforderungen der verschiedenen Teilbereiche sensibilisiert wird. Diese Darstellung ersetzt aber nicht eine projektspezifische Unterstützung und Beratung durch Spezialisten aus den jeweiligen Bereichen – dafür sind die Einsatzfelder von Batteriespeichern einerseits zu spezifisch, andererseits befinden sich rechtliche, technische und wirtschaftliche Aspekte auch in einer beständigen Weiterentwicklung.

Teil I dieses Buches beschäftigt sich mit den wesentlichen Akteuren, die Batteriespeicher einsetzen. Im ersten, einführenden Kapitel beschreiben Dr. Peter Eckerle und Christian Mildenberger, welche Rolle Batteriespeicher bei der Ausgestaltung der Geschäftsmodelle von Stadtwerken spielen können. René Groß und Dr. Andreas Wieg beschäftigen sich mit den Möglichkeiten, die die Speichertechnologie für Energiegenossenschaften bietet, die insbesondere im Bereich der Erhöhung der Eigenversorgung liegt. Marcus Kottinger beschreibt die Anforderungen an die IT-Plattformen, die sich durch die Energiewende und den Einsatz von Speichersystemen ergeben. Dr. Stefan Nykamp stellt die Rolle des Verteilnetzbetreibers und die Bedeutung des Einsatzes von Batteriespeichern dar. Prof. Dr. Rico Wojanowski und Stephan Richter erörtern die Möglichkeiten und Vorteile des Einsatzes von Batteriespeichersystemen anhand des Beispiels Berlin-Neuhardenberg. Grit Hömke bringt uns die Möglichkeiten des Batterieeinsatzes bei E-Autos nahe.

Der technische Teil II wird von folgendem Autorenteam gestaltet: Prof. Dr.-Ing. Bernd Engel, Dr. Holger Hesse, Prof. Dr.-Ing. Andreas Jossen, Hauke Loges, Marcus Müller, Maik Naumann, Björn Osterkamp, Matthias Puchta, Michael Schimpe, Dr. Michael Schwalm und Nam Truong. Im einleitenden Kapitel werden die Grundlagen elektrochemischer Speichertechnologien beschrieben. Im zweiten Kapitel wird dargestellt, welche Anwendungsformen für stationäre Batteriespeicher infrage kommen. Im dritten Kapitel werden Batteriespeicher aus wirtschaftlicher Sicht bewertet, bevor im vierten Kapitel ein Ausblick auf die zu erwartende Entwicklung der Li-Ion-Zelltechnologie gegeben wird. Erkennbar ist, dass Batteriespeicher bereits jetzt grundsätzlich gut geeignet sind, um in vielen Anwendungen Nutzen zu erbringen.

Teil III beschäftigt sich mit der Bedeutung von Batteriespeichern für die Energiewende: Den Auftakt gestaltet Prof. Dr. Alfons Haber, der die Rolle und Einsatzmöglichkeiten von Batteriespeichern bei der Netz- und Systemintegration beleuchtet. Eva Hauser beschreibt in ihrem Kapitel ein denkbares Stromsystemdesign für einen großflächigen Einsatz von Batteriespeichern und arbeitet die dafür notwendigen Umsetzungsschritte heraus.

Im rechtlichen Teil IV erörtert Markus Adam den regulatorischen Rahmen für die Erbringung von Sekundärregelenergie aus stationären Energiespeichern. Wolfdieter v. Hesler bringt uns das Thema der Privilegierung von Speichern im Rahmen der Netzentgelte und der EEG-Umlage nahe. Dem Speichereinsatz zur Eigenversorgung widmet sich Dr. Florian Brahms. Dr. Sebastian Helmes befasst sich mit der Genehmigung und dem Netzanschluss von Batteriegroßspeichern. Prof. Dr. Hartmut Weyer und Dr. Franziska Lietz beschreiben das EEG-Einspeisemanagement und die Zwischenspeicherung in Batteriespeichern. Sebastian Schnurre erörtert den Speichereinsatz zur Erbringung von dezentral einsetzbarer Flexibilität. Dr. Achim-Rüdiger Börner nähert sich dem Thema „Batteriespeicher" von europarechtlicher Seite. Prof. Dr. Falko Tappen, Stefanie Traub und Christian Frohberg erläutern die steuerlichen Rahmenbedingungen für Investments in Speichermedien.

Im wirtschaftlichen und letzten Teil V dieses Buches wird auf den Ergebnissen der rechtlichen und technischen Darstellung aufgesetzt, die um verschiedene, komplementäre wirtschaftliche Teilaspekte ergänzt werden. Den Auftakt macht Dr. Petr Svoboda, der uns die Randbedingungen für große stationäre Batteriespeicher nahebringt. Dr. Peter Nagel und Christian Cappel beschreiben Speicher-Contracting als Geschäftsmodell, das ohne EEG-Umlage auskommen kann. Frank Dessau untersucht die Möglichkeiten des Einsatzes von Batteriespeichern im Rahmen von Windenergieprojekten – mit einer überzeugenden Herleitung, aber einem ernüchternden Ergebnis. Christian Metzger, Dr. Jens Kanacher und Dr. Frank-Detlef Drake erörtern die Perspektiven für Energiespeicher. Dr. Maren Petersen und Mathias Timm beschreiben wirtschaftliche Rahmenbedingungen für Energiespeicher. Erkennbar ist, dass es bereits jetzt Anwendungsfelder für Batteriespeicher gibt, in denen sie wirtschaftlich betrieben werden, andere, die sie mit Effizienzgewinnen erschließen können, und wiederum andere, bei denen ein wirtschaftlicher Einsatz derzeit kaum vorstellbar ist.

Die Realisierung von Batteriespeichern nach dem Paradigmawechsel „Energiewende" ist für die meisten Beteiligten ein Betätigungsfeld, in dem vieles neu ist: die Fragestellungen, die Zusammenarbeit der Beteiligten und die allgemein akzeptierten Spielregeln.

Der guten Ordnung halber sei angemerkt, dass die Autoren ihre individuelle Meinung vertreten. Ihre Aussagen und Wertungen müssen weder notwendigerweise die Meinung der Unternehmen oder Institutionen widerspiegeln, für die die Autoren arbeiten, noch die Auffassung der übrigen Autoren treffen.

Unser aufrichtiger Dank gilt den Autorinnen und Autoren dieses Buches, die mit großem Enthusiasmus und Engagement seine Realisierung erst ermöglicht haben.

Kiel, im August 2017 — Dr. Jörg Böttcher
Frankfurt, im August 2017 — Dr. Peter Nagel

Inhalt

Teil I: Anbieter und Nutzer von Batteriespeichern

Peter Eckerle und Christian Mildenberger

Innovative Geschäftsmodelle für Stadtwerke

Methodischer Ansatz und Praxisbeispiele

1 Einleitung

Die Marktbedingungen für die Energiewirtschaft haben sich in den letzten Jahren drastisch verändert. Stadtwerke[1] sind hiervon in besonderer Weise betroffen. Parallel zur steigenden Konkurrenz durch andere Versorgungsunternehmen ist auf Kundenseite eine Tendenz zu Eigenversorgungslösungen festzustellen, die das erreichbare Marktvolumen schrumpfen lässt. Technologische Entwicklungen, insbesondere die zunehmende Verfügbarkeit kostengünstiger Energiespeichersysteme sowie automatisierter Laststeuerungsverfahren, werden die Marktbedingungen weiter verändern. Die Kilowattstunde als klassisches Produkt im Stromabsatz ist aus Abnehmersicht nicht zu unterscheiden, was zu einem rein preisgetriebenen Wettbewerb führt, in dem Stadtwerke mit ihrer typischen Kostenstruktur stark unter Druck geraten. Stadtwerken bieten sich aber auch besondere Chancen: Die fortschreitende Dezentralisierung und Digitalisierung der Energiewirtschaft sowie die zunehmende Verflechtung von Strom, Wärme und Gas bieten Raum für integrierte lokale und regionale Energieversorgungskonzepte. Stadtwerke sind hier wegen ihrer physischen Kundennähe sehr gut positioniert. Dies müssen Stadtwerke nutzen und neue Geschäftsmodelle entwickeln, in denen der reine Energievertrieb durch ein Angebot an Energiedienstleistungen ersetzt wird, die sich an den zukünftigen Kundenbedürfnissen orientieren. Eine Analogie kann hier im Telekommunikationsmarkt gesehen werden, in dem die Gesprächsminute als klassisches Produkt heute zur untergeordneten Größe in Tarifangeboten geworden ist.

Was so einfach klingt, stellt für Stadtwerke, die i. d. R. nicht über Innovationsabteilungen verfügen, eine große Herausforderung dar. Noch stärker als im Telekommunikationsbereich sind die zukünftigen Kundenbedürfnisse nicht genau bekannt, von deren Preiswürdigkeit ganz zu schweigen. Hinzu kommen Anforderungen aus kommunaler Richtung, die Berücksichtigung finden müssen. Und nicht zuletzt müssen in der Geschäftsmodellentwicklung regulatorische Rahmenbedingungen beachtet werden, die komplex sind und derzeit an vielen Stellen überarbeitet werden.

1 In diesem Beitrag wird ein Versorgungsunternehmen als typisches Stadtwerk bezeichnet, wenn es für Kleinstädte bis zu kleineren Großstädten die Versorgung mit Strom, Wärme, Gas und Wasser anbietet. Ob ein Stadtwerk zumindest teilweise in kommunalem Besitz ist, für die Kommune noch zusätzliche Aufgaben übernimmt oder zusätzliche Produkte anbietet, ist für die hier vorgenommene Betrachtung nicht relevant, kann aber inhaltlichen Einfluss auf die Gestaltung von Geschäftsmodellen nehmen. Dies gilt auch für die Frage, ob der Netzbetrieb durch dasselbe Unternehmen, eine eigene Netzgesellschaft oder ein drittes Unternehmen verantwortet wird.

https://doi.org/10.1515/9783110458480-001

Der Verein *StoREgio Energiespeichersysteme e. V.* hat sich mit seinen Mitgliedern in den letzten Jahren intensiv mit dieser Problematik auseinandergesetzt. Insbesondere das Projekt *Strombank* unter Führung der *MVV Energie AG* und das dahinterstehende Konzept haben im letzten Jahr viel Aufmerksamkeit erregt. Der vorliegende Beitrag soll und kann keine fertigen Geschäftsmodelle vorstellen. Vielmehr werden auf Grundlage einer methodischen Einführung zur Entwicklung neuer Geschäftsmodelle Beispiele aus der Praxis und Erwartungen an zukünftige Entwicklungen erläutert, die als Anregungen und Prozessunterstützung dienen sollen. Die Geschäftsmodelle werden dabei weitestgehend aus Sicht des Energievertriebs betrachtet.

2 Marktliche Rahmenbedingungen

Das Wettbewerbsumfeld, in dem sich Stadtwerke bewegen, hat sich in den letzten Jahren stark verändert. Dieser Prozess wird die nächsten Jahre andauern und zu einem Verdrängungswettbewerb im klassischen Versorgungsgeschäft führen (siehe Abb. 1).

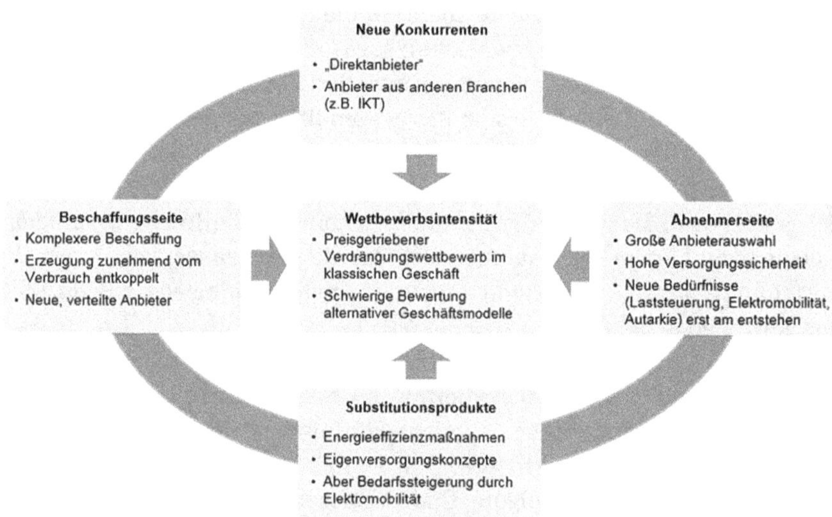

Abb. 1: Wettbewerbsumfeld für Stadtwerke (eigene Darstellung nach Porter 2008, S. 78–93).

Mit zunehmendem Anteil Erneuerbarer Energien entkoppelt sich auf der Beschaffungsseite das Angebot vom Energiebedarf. Zudem verteilt sich das Angebot auf eine größere Zahl von Anbietern unterschiedlicher Größenordnungen mit unterschiedlichen Erzeugungsprofilen. Als Direktvermarktungsunternehmen (EEG 2014, § 5, Abs. 10) kann ein Stadtwerk die Betreiber geeigneter Anlagen direkt als Erzeuger unter Vertrag nehmen. Das Strommarktgesetz (BMWi, 2016a) sieht unter dem Begriff „Energy-only-Market" vor, dass die Strompreise den Schwankungen von Angebot und Nachfrage unlimitiert folgen sollen. Die Gestaltung langfristiger Beschaffungsverträge und die Planung der Beschaffungskosten werden dadurch voraussichtlich komplexer werden.

Neben der klassischen Konkurrenz durch bestehende Versorgungsunternehmen dürften Stadtwerken mittel- und langfristig neue Wettbewerber entstehen. Die gesetzlichen Vorgaben im Erneuerbare-Energie-Gesetz (EEG) (BMJV, 2015) sehen eine zunehmende Direktvermarktung von Strom aus Erneuerbaren Energien vor. Neben Stadtwerken entstehen neue Direktvermarktungsunternehmen. Insbesondere für größere Energiegenossenschaften mit hauptamtlich Beschäftigten oder für entsprechende Dachgenossenschaften kann dies ein interessantes Geschäftsmodell sein (Energieagentur Rheinland-Pfalz, 2016). Längerfristig könnte Stadtwerken auch neue Konkurrenz durch branchenfremde Wettbewerber entstehen. Naheliegend wäre z. B. der Einstieg von Unternehmen aus der Informationstechnologie oder dem Automobilbereich, um mit dem Angebot von Energiedienstleistungen Synergien zu ihrem Kerngeschäft (Daten bzw. Elektrofahrzeuge) herzustellen.

Im Energiekonzept der *Bundesregierung* (Bundesregierung, 2010) ist eine Reduktion des Stromverbrauchs und des Endenergieverbrauchs im Verkehr bis zum Jahr 2020 jeweils von 10 Prozent gegenüber dem Jahr 2008 vorgesehen. Gleichzeitig sollen die Anstrengungen erhöht werden, den Wärmeverbrauch von Gebäuden weiter zu senken. Während damit langfristig der Endenergieverbrauch in Summe zurückgehen dürfte, könnte das Volumen des Strommarkts langfristig mit zunehmender Verbreitung von Elektrofahrzeugen wieder steigen. Zwischenzeitlich stehen v. a. Stadtwerke vor der Herausforderung, dass sich viele Abnehmer durch die Installation von Photovoltaikanlagen in Kombination mit Energiespeichersystemen zu einem erheblichen Anteil selbst mit Energie versorgen und so Stromabsatz verlorengeht. Durch Kostensenkungen und Leistungssteigerungen bei Speichersystemen haben derartige PV-Speicherkombinationen für den Hausbereich im Jahr 2015 die Schwelle zur Wirtschaftlichkeit erreicht (StoREgio Energiespeichersysteme e. V., 2015).

Auf der Abnehmerseite sehen sich Stadtwerke überwiegend Kunden gegenüber, für die eine sichere und zuverlässige Energieversorgung zwar ein hohes Gut ist, das jedoch nicht zu einer Differenzierung zwischen unterschiedlichen Anbietern genutzt wird. Noch mehr als die Gesprächsminute im Telekommunikationsbereich ist die Kilowattstunde Energie für den Kunden austauschbar und der Wechsel zwischen Anbietern ist einfach und durch Wechselprämien finanziell attraktiv. Erst langsam dürften auf Abnehmerseite neue Bedürfnisse entstehen, die durch Stadtwerke in Form von neuen Geschäftsmodellen genutzt werden können. Neben rationalen Bedürfnissen, z. B. zur Einbindung von Elektrofahrzeugen in Tarifangebote, werden insbesondere emotionale Bedürfnisse, z. B. zur Begrenzung von Komplexität im Umgang mit neuen Technologien, der Absicherung gegen Preisschwankungen oder dem Schutz von Daten zum Erzeugungs- und Verbrauchsverhalten, Ansatzpunkte zur Differenzierung bieten.

Für Stadtwerke bedeuten diese Entwicklungen kurzfristig die Gefahr eines Rückgangs der abgesetzten Energiemengen bei gleichzeitig sinkenden Margen. Insbesondere der Trend zu Eigenversorgungslösungen bei Abnehmern führt langfristig zu einem Verlust beim Energieabsatz. Vermehrte Anstrengungen auf der Vertriebsseite zur Gewinnung neuer Kunden und geringe Skaleneffekte verhindern eine Kompensation auf der Kostenseite. Um einem ruinösen Preiswettbewerb zu entgehen, sollten Stadtwerke neue Geschäftsmodelle etablieren, in denen Dienstleistungsangebote im Vordergrund stehen. Dabei können Stadtwerke strukturelle Wettbewerbsvorteile nutzen, z. B. durch die gegebene physische Kundennähe und die Möglichkeit der Koppelung verschiedener Produktangebote.

Die Bewertung und Implementierung neuer Geschäftsmodelle gestaltet sich derzeit allerdings schwierig, da aufseiten vieler Stadtwerke diesbezüglich nur wenig Erfahrung besteht und die Preisbereitschaft der Abnehmer für neue Dienstleistungen weitestgehend unbekannt ist. Langfristig angelegte Geschäftsmodelle benötigen darüber hinaus Sicherheit bezüglich der regulatorischen Rahmenbedingungen, was durch die laufenden und anstehenden Reformvorhaben (z. B. Strommarktgesetz (BMWi, 2016a), Digitalisierung der Energiewende (BMWi, 2016b, EEG-Reform 2016)) erst mittelfristig gegeben sein dürfte.

Vor diesem Hintergrund wird ein methodischer Ansatz vorgestellt, der den Prozess der Entwicklung neuer Geschäftsmodelle unterstützen soll. Zusätzlich werden praktische Beispiele neuer Geschäftsmodellansätze beschrieben und es wird ein Ausblick auf absehbare Entwicklungen, die Impulse für neue Geschäftsmodelle geben können, gegeben.

3 Methodik der Geschäftsmodellinnovation

Auch wenn der Begriff „Geschäftsmodell“ nicht genau definiert ist, besteht weitgehend Einigkeit dahingehend, dass ein Geschäftsmodell beschreibt, wie ein Unternehmen Gewinne erwirtschaften möchte und wie es sich dazu gegenüber Kunden, Lieferanten und Wettbewerbern positioniert.

Eine anschauliche Methode zur Entwicklung von Geschäftsmodellen ist der sog. Geschäftsmodellrahmen (Osterwalder & Pigneur, 2011). Dieser beschreibt allerdings nur den ersten Schritt im Innovationsprozess neuer Geschäftsmodelle. In der Praxis schließen sich an die Entwicklung eines neuen Geschäftsmodells weitere Prozessschritte an. Außerdem muss ein Geschäftsmodell auf Veränderungen im Marktumfeld reagieren und ggf. angepasst werden. Der Gesamtprozess ist in Abb. 2 dargestellt und soll in den Kapiteln 3.1 bis 3.4 näher erläutert werden.

3.1 Entwicklung neuer Geschäftsmodelle

Der Geschäftsmodellrahmen bietet eine gute Struktur zur systematischen Entwicklung eines neuen Geschäftsmodells. Dabei spielt es zunächst keine Rolle, ob ein bestehendes Geschäftsmodell evolutionär weiterentwickelt oder ob ein völlig neues Geschäftsmodell realisiert werden soll. Lediglich die Schwerpunkte des Prozesses verschieben sich entsprechend.

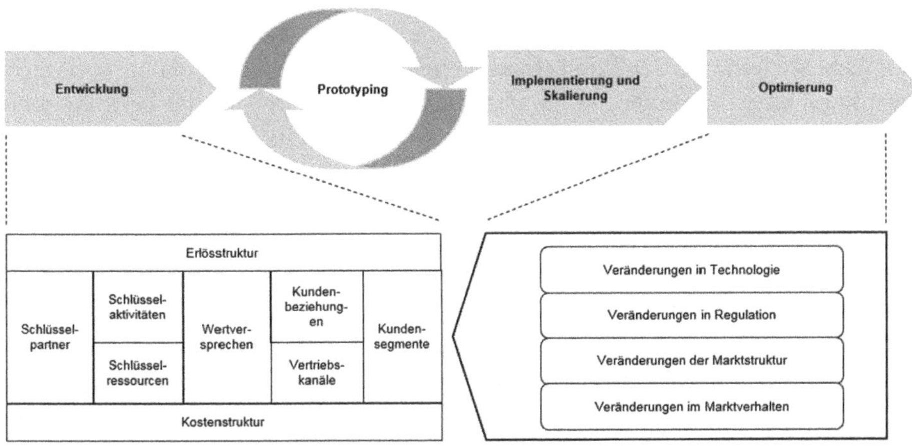

Abb. 2: Innovationsprozess und erweiterter Geschäftsmodellrahmen (eigene Darstellung nach Osterwalder & Pigneur 2011; StoREgio Energiespeichersysteme e. V. 2016).

Ausgangspunkt für ein neues Geschäftsmodell ist die Frage, welches Wertversprechen einem Kunden gegeben werden soll, warum der Kunde bereit sein soll, dafür zu bezahlen, und wie viel er dafür bezahlen soll. Der Begriff „Wertversprechen" umfasst dabei das eigentliche Produkt (z. B. die gelieferte Kilowattstunde Strom) zusammen mit zusätzlichen Elementen, die dem Kunden gemeinsam mit dem Produkt angeboten werden und die in Summe für den Kunden einen Wert darstellen. In Abb. 2 befinden sich links vom Wertversprechen die Elemente, die für die Bereitstellung des Wertversprechens benötigt werden. Rechts vom Wertversprechen finden sich die Elemente, die zur Umsetzung des Wertversprechens im Markt erforderlich sind. Kosten- und Erlösstruktur führen schließlich zur Wirtschaftlichkeitsbewertung des Geschäftsmodells. Ein neues Geschäftsmodell muss nicht unbedingt ein neues Wertversprechen beinhalten. Neue Technologien oder andere Partnerkonstellationen können dazu führen, dass bestehende Wertversprechen anders (und besser) erfüllt werden können. Der Unterschied zur Formulierung neuer Wertversprechen liegt eher im Grad der zu erwartenden Wettbewerbsintensität und Nachhaltigkeit, mit der das Geschäftsmodell realisiert werden kann. Diese Unterschiede werden häufig als „Blue Ocean" und „Red Ocean" bezeichnet (Mauborgne & Kim, 2005).

Das traditionelle Geschäftsmodell im Stromabsatz an Endkunden beruht auf dem Produkt „Kilowattstunde" als Wertversprechen. Wie bereits diskutiert, stellen ständige Verfügbarkeit, aber auch technische Aspekte wie Frequenz- und Spannungsstabilität Zusatzelemente zum Produkt „Kilowattstunde" dar. Sie besitzen zwar einen hohen Wert, führen aber nicht zu einer Preisdifferenzierung im Wettbewerb, da der Kunde sie als selbstverständlich voraussetzt. Eine Preisdifferenzierung erfolgt im Wesentlichen anhand der Abnahmemenge, ggf. unter Einbezug einer Preiskomponente für die abrufbare Spitzenleistung. Aus Kundensicht wird eine Preisdifferenzierung zudem dadurch erschwert, dass in den Strompreis in Deutschland eine Vielzahl von Abgaben, Steuern und Gebühren eingerechnet werden, die durch den Anbieter nicht beeinflusst werden können. In Summe lag der durch den Anbieter beeinflussbare Preisanteil in einem Privatverbrauchertarif im Jahr 2015 bei lediglich ca. 25 Prozent (BMWi, 2015, S. 69).

Auch in Zukunft dürften Stabilität und Zuverlässigkeit der Energieversorgung keine differenzierenden Faktoren im Wettbewerb darstellen. Mittel- und längerfristig sind sich aber einige Faktoren zu erwarten, die als differenzierende Elemente in ein Wertversprechen aufgenommen werden können. In einem „Energy-only-Market" wird es zu stärkeren Preisfluktuationen auf der Beschaffungsseite eines Stadtwerks kommen. Das Ausmaß, in dem diese Schwankungen an den Kunden weitergegeben werden, kann für diesen ein wichtiger Punkt sein, um seine Energiekosten zuverlässig planen zu können. Eine nicht repräsentative Conjoint-Analyse des *Fraunhofer-Instituts für System- und Innovationsforschung* (Dütschke, Unterländer & Wietschel, 2012) legt nahe, dass im Privatkundenbereich statische Tarife gegenüber dynamischen und Tarife mit geringen Schwankungsbreiten gegenüber solchen mit höheren Preisvariationen bevorzugt werden, selbst wenn diese in Verbindung mit steuerbaren Lasten zur Optimierung der Gesamtenergiekosten genutzt werden können. Hieraus ergeben sich Ansätze, die entweder in Richtung einer „Versicherung" gegen Preisschwankungen oder aber in ein Dienstleistungsangebot zur optimierten Ausnutzung von Preisschwankungen weisen. Weitere Wertelemente können im Zusammenhang mit der verstärkten Nutzung intelligenter Messsysteme entstehen, wobei sowohl die Begrenzung der daraus entstehenden Komplexität für den Endkunden als auch der Umgang mit den entstehenden Messdaten relevant sein können. Auch weiche Faktoren, wie die Stromherkunft aus erneuerbaren Quellen oder eine regionale Verbundenheit, können in einem Stromangebot ein Wertelement darstellen. Alle Faktoren werden sich in ihrer Werthaltigkeit je nach Zielgruppe voneinander unterscheiden.

Entsprechend sollte parallel zur Formulierung der Wertversprechen eine bedürfnisorientierte Kundensegmentierung erfolgen. Ziel ist dabei die Bildung von Kundengruppen, die sich in ihren Anforderungen an das Wertversprechen deutlich voneinander unterscheiden und die so groß sind, dass sich der Aufwand für das Erstellen spezifischer Wertversprechen lohnt. Der Aufwand zur Erstellung eines Wertversprechens muss dabei durch eine entsprechende Preisbereitschaft der Kundengruppe honoriert werden.

Im Allgemeinen werden heute private von gewerblichen Kundengruppen verbrauchsabhängig unterschieden und entsprechend differenzierte Tarife angeboten. Daneben haben sich insbesondere für Privatkunden vielfältige Ökostromtarife etabliert, die eine wachsende Zahl an Kunden ansprechen. Eine weitergehende Differenzierung von Kundengruppen erfolgt bisher nur selten, da viele Entwicklungen, die zur Manifestierung neuer Kundenbedürfnisse führen, erst am Anfang stehen, und sich die Preisbereitschaft zu deren Befriedigung schwer ermitteln lässt. Der Aufwand für ein einzelnes Unternehmen, in dieser Situation ein neues Wertversprechen anzubieten, ist daher meist unverhältnismäßig hoch.

Neben der Erschließung neuer Kundengruppen (die immer einem Wettbewerber abgenommen werden müssen), kann auch die Sicherung eines bestehenden Kundenstamms zu einer Kundensegmentierung führen. Für Stadtwerke besonders kritisch ist der Trend zur Eigenerzeugung von Energie, zumeist durch Installation einer Photovoltaikanlage und/oder einer Kraft-Wärme-Kopplungsanlage. Neben wirtschaftlichen Motiven (Einspeisevergütung, Begrenzung möglicher Strompreissteigerungen) und dem Ziel, einen Beitrag zum Klimaschutz zu leisten, spielt dabei insbesondere im Privatbereich das emotionale Bedürfnis nach Unabhängigkeit eine große Rolle. Für Stadtwerke kann dies zu einem merklichen Rückgang im Energieabsatz führen. Dieser findet unmittelbar im Strombereich statt und wird durch die zunehmende Verfügbarkeit wirtschaftlich tragfähiger Speichersysteme unterstützt. In Zusammenhang mit energetischen Sanierungs- oder Neubaumaßnahmen wird auch der Wärme- und Gasabsatz zunehmend betroffen sein. Gleichzeitig kann die vermehrte Installation von Solaranlagen zu zusätzlichen Anforderungen an die Netzinfrastruktur und somit zu erhöhtem Investitionsbedarf führen. Auch wenn diese Investitionen über die Netzentgelte teilweise wieder ausgeglichen werden, führt die damit einhergehende Erhöhung des Strompreises zur Verstärkung des Trends.

In Kapitel 4 wird beispielhaft ein Geschäftsmodell beschrieben, das innerhalb des Vereins *StoREgio Energiespeichersysteme e. V.* entwickelt wurde und das sich derzeit in der Realisierungsphase befindet.

Über die Segmentierung von Kundengruppen und die Formulierung passender Wertversprechen gelangt man zu der Frage, über welche Vertriebskanäle letztere den Kunden kommuniziert und bereitgestellt werden sollen. Die richtige Wahl der Vertriebskanäle hat entscheidenden Einfluss darauf, wie effektiv die zur Verfügung stehenden Mittel in ein Geschäft führen können. Stadtwerke haben zumindest in ihrem angestammten Versorgungsgebiet den Vorteil, sehr nahe an ihren Kunden zu sein und auf vielfältige Weise mit ihnen in Kontakt treten zu können. Gehören z. B. der Betrieb von Schwimmbädern oder des öffentlichen Personennahverkehrs mit zu den Aufgaben eines Stadtwerks, können diese als Vertriebskanäle genutzt werden. Auch kommunale Veranstaltungen lassen sich für das ortsansässige Stadtwerk leichter nutzen als für externe Wettbewerber. Nicht zuletzt bilden auch die Mitarbeiter/-innen des Unternehmens einen wichtigen Vertriebskanal.

Neben dem eigentlichen Vertrieb mit dem Ziel eines Vertragsabschlusses gehört in den Block „Vertriebskanäle“ des Geschäftsmodellrahmens auch die Frage, wie ein bestehender Kunde betreut werden soll. Welche Informationen und Dienstleistungen werden dem Kunden proaktiv zur Verfügung gestellt, wie wird auf Beschwerden und Serviceanfragen reagiert? Kann ein Kunde sogar selbst als Vertriebskanal genutzt werden?

In Zusammenhang mit der Frage nach geeigneten Vertriebskanälen steht die Gestaltung der Kundenbeziehungen. Dabei geht es insbesondere darum, ob das Unternehmen kurz- oder langfristige Vertragsbeziehungen mit dem Kunden anstrebt und ob die Interaktion eher persönlich oder aber automatisiert erfolgen soll. Regulatorisch ist die Vertragslaufzeit im Strombereich auf maximal zwei Jahre begrenzt und der Vertragsabschluss über vielfältige Internetplattformen weitestgehend automatisiert möglich. Für ein Stadtwerk stellt sich damit die Frage, ob und an welchen Stellen neben einer obligatorischen Präsenz im Internet eine eher persönliche Kundenbeziehung einen Wettbewerbsvorteil bringen und die Verlängerung der Vertragsbeziehung und/oder deren Ausweitung auf andere Produkte und Dienstleistungen unterstützen kann. Service- und Wartungsangebote sind für persönliche Kundenbeziehungen gut geeignet. Gegebenenfalls kann sich die eigene Rolle in Service- und Wartungsangeboten auf organisatorische Aufgaben beschränken, während die eigentliche Leistung über Partner erbracht wird.

Nach der Beschreibung der produkt- und kundenbezogenen Elemente eines Geschäftsmodells geht es im nächsten Block des Geschäftsmodellrahmens darum, welche Aktivitäten das Unternehmen benötigt, um das Wertversprechen zu erstellen und es dem Kunden bereitzustellen und welche Ressourcen dafür benötigt werden. Dabei ist zu beachten, dass Aktivitäten und benötigte Ressourcen zu einem Teil durch Partner übernommen werden können.

Als Schlüsselaktivitäten werden diejenigen Aktivitäten bezeichnet, durch die ein Unternehmen einen Wettbewerbsvorteil gewinnt und die ihm dabei helfen, die eigene Marktposition zu verteidigen und auszubauen. In der Regel wird ein Unternehmen versuchen, diese Aktivitäten intern vorzunehmen und dabei deren Qualität, Schnelligkeit und Zuverlässigkeit zu optimieren, soweit dies noch mit vertretbaren Kosten möglich ist. Bei allen anderen Aktivitäten steht dagegen eine Kostenoptimierung klar im Vordergrund. In der Diskussion der Schlüsselaktivitäten eines Stadtwerks kann die Darstellung der typischen Geschäftsprozesse eines Unternehmens von Porter (1985) herangezogen werden. Diese bezieht sich zwar in erster Linie auf produzierende Unternehmen, kann aber ebenso für Energieunternehmen genutzt werden.

Stadtwerke befinden sich derzeit in einer herausfordernden Situation. Wie erläutert, ist das eigentliche Produkt (Kilowattstunde) für den Kunden unabhängig vom Anbieter austauschbar und wird von ihm auch nicht als Produkt wahrgenommen. Jenseits des Preises weiß man kaum um genaue Kundenbedürfnisse, die eine Differenzierung im Wettbewerb erlauben. In einem rein preisgetriebenen Wettbewerb ist die Konsequenz, dass alle Geschäftsprozesse auf maximale Kosteneffizienz ausgerichtet werden. Für kleinere Stadtwerke kann es dabei aufgrund der geringen Skaleneffekte schwierig sein, im Wettbewerb zu bestehen.

Unter Schlüsselressourcen versteht man diejenigen Ressourcen, die zur Durchführung von Schlüsselaktivitäten erforderlich sind. Schlüsselressourcen sind in erster Linie Mitarbeiter/-innen mit speziellen, für Schlüsselaktivitäten kritischen Kenntnissen und Fähigkeiten. Des Weiteren handelt es sich bei Schlüsselressourcen um besondere Anlagen, geistiges Eigentum (Patente) oder den Zugang zu Kapital. Nicht alle Schlüsselressourcen müssen dabei im Besitz des Unternehmens sein. Die Schlüsselaktivität „Lieferung von Strom“ setzt z. B. die Schlüsselressource „Netz“ voraus, welches, solange es diskriminierungsfrei zur Verfügung steht, auch durch einen oder mehrere Partner betrieben werden kann. Im Wärmebereich stellt sich die Situation anders dar: Die Bereitstellung von Nahwärme als Alternative zur Eigenerzeugung setzt ebenfalls ein entsprechendes Netz voraus, das aber i. d. R. vom Wärmeanbieter betrieben wird. Neben den Kenntnissen und Fähigkeiten der Mitarbeiter ist für Stadtwerke der Zugang zu Kapital die entscheidende Schlüsselressource, um Projekte realisieren und Innovationen umzusetzen zu können.

Kein Unternehmen kann ohne Partner am Markt bestehen. Partner stellen eine wichtige Ressource dar, die nicht nur zur Erstellung von Produkten und Dienstleistungen benötigt wird, sondern auch auf Marktseite zum Einsatz kommen kann. Gerade für kleinere Stadtwerke bringt der Einsatz spezialisierter Partner häufig Kostenvorteile gegenüber dem Aufbau eigenen Personals mit sich. Auch die Auslagerung von Aktivitäten, z. B. der Beschaffung an externe Partner, kann durch Bündelungseffekte zu geringeren Kosten führen. Jedoch wird ein Unternehmen zumeist versucht sein, wettbewerbskritisches Know-how oder entsprechende Prozesse unter Kontrolle zu halten. Bei Partnern muss insofern zwischen Kooperationspartnern und Dienstleistern unterschieden werden.

Partnerschaften bieten sich für Stadtwerke in vielfältiger Weise an. Brancheninterne Partnerschaften können helfen, Skaleneffekte zu erzielen oder die Kosten vorwettbewerblicher Entwicklungsprozesse untereinander zu verteilen. Eine gemeinsame Untersuchung und Bewertung von Kundenbedürfnissen als Grundlage einer Kundensegmentierung ist hierfür ein Beispiel. Branchenfremde Partnerschaften bieten die Möglichkeit, zusätzliche Wertelemente anbieten zu können, ohne die dafür benötigten Ressourcen selbst aufbauen zu müssen. Auch können solche Partnerschaften neue Vertriebskanäle eröffnen. Kooperationen mit Energie- oder Wohnungsbaugenossenschaften, mit Banken oder Genossenschaften in der Projektfinanzierung oder künftig mit Automobilunternehmen im Bereich „Elektromobilität“ und „Stadtlogistik“ sind nur einige Beispiele solcher Partnerschaften.

Alle dargestellten Elemente des Geschäftsmodellrahmens nehmen Einfluss auf die Kosten- und Erlösstruktur des Unternehmens und damit auf die wirtschaftliche Attraktivität des Geschäftsmodells. Alle im Geschäftsmodell getroffenen Annahmen sind mit Unsicherheiten versehen. Bei der Bewertung eines Geschäftsmodells sollte daher immer auch eine Risikoanalyse durchgeführt werden, in der geprüft wird, wie sich Abweichungen von den getroffenen Annahmen auf die Wirtschaftlichkeit auswirken. Annahmen mit besonders hohem Einfluss sollten möglichst frühzeitig im Markt validiert werden.

3.2 Prototyping

Die Anwendung des Geschäftsmodellrahmens im Zuge einer Geschäftsmodellentwicklung führt i. d. R. zu verschiedenen Geschäftsmodellalternativen und zu einer Prognose der jeweiligen wirtschaftlichen Attraktivität. Ob sich ein Geschäftsmodell in der Praxis bewährt und skaliert werden kann, ist damit allerdings noch nicht garantiert.

Bei allen Innovationsprozessen, die mit hohen Unsicherheiten (Produkteigenschaften, Marktakzeptanz, Preisbereitschaft, Entwicklungs- und Produktionskosten) verbunden sind, besteht die Gefahr, dass das Produkt im Markt scheitert. Dies gilt für Geschäftsmodellinnovationen ebenso wie für Produktinnovationen. Um lange und kostspielige Fehlentwicklungen zu vermeiden, ist es grundsätzlich angeraten, möglichst frühzeitig die Faktoren im Markt zu überprüfen, die mit den höchsten Unsicherheiten belegt sind. Dies darf keinesfalls dazu führen, dass unfertige Produkte mit deutlichen Fehlern oder sogar Sicherheitsrisiken für die Nutzer in den Markt gebracht werden. Das Produkt sollte die für das Endprodukt angestrebten wesentlichen Eigenschaften besitzen. Ziel des Tests im Markt ist es, zu klären, ob diese Eigenschaften die Kunden überzeugen, und ein realistisches Marktvolumen und erzielbare Preise zu ermitteln. Diese Informationen können dann im weiteren Innovationsprozess zur Ableitung von Zielkosten genutzt werden, die durch Herstellung und Vertrieb der Produkte nicht überschritten werden dürfen.

Für Stadtwerke geht es bei der Entwicklung neuer Geschäftsmodelle kurzfristig eher um eine Ergänzung des traditionellen Geschäftsmodells des Energieabsatzes. Dies bietet die Möglichkeit, im Rahmen der finanziellen Möglichkeiten, innovative Geschäftsmodelle zu modellieren und im Markt zu testen, bevor sie flächendeckend ausgerollt (oder aber verworfen) werden. Eine scharfe Trennung zwischen dem Prozessschritt der Geschäftsmodellentwicklung und dem des Prototyping ist dabei nicht notwendig. Bereits während der Geschäftsmodellentwicklung können bestimmte Fragestellungen in Form von Studien und Kundenbefragungen untersucht werden. Ein Beispiel für dieses Vorgehen wird in Kapitel 4 beschrieben. Vor einer Implementierung eines neuen Geschäftsmodells sollte der letzte Prototyping-Schritt darin bestehen, das Geschäftsmodell mit allen seinen kundenorientierten Elementen und nicht nur in Teilaspekten im Markt zu testen.

3.3 Implementierung und Skalierung

Das Prototyping von Geschäftsmodellen im Markt führt nicht nur zu Verbesserungen des Geschäftsmodells selbst. Es liefert auch wertvolle Hinweise, was für eine erfolgreiche Implementierung und Skalierung des Geschäftsmodells erforderlich ist.

Das Vorgehen bei der Implementierung wird entscheidend dadurch beeinflusst, wie erklärungsbedürftig das Wertversprechen gegenüber den Kunden ist, welches Risiko Kunden mit einem Vertragsabschluss eingehen und wie intensiv die Interaktion mit Kunden in der ersten Zeit nach Vertragsabschluss ist. Danach bestimmen sich die Geschwindigkeit der Skalierung und die dafür erforderlichen Maßnahmen. Bei intuitiv erfass- und nachvollziehbaren Wertversprechen, in denen der Nutzen die möglichen Risiken deutlich überwiegt, gilt es, die gesamte Zielgruppe möglichst schnell zu informieren und dabei Kanäle mit hoher Multiplikatorwirkung zu nutzen. Ein Beispiel dafür sind Vergleichsportale im Internet. Die Informationsgeschwindigkeit wird hier ggf. dadurch begrenzt, wie leistungsfähig die eigene Organisation in der Bearbeitung von Anfragen aus dem Markt ist. Stark erklärungsbedürftige Wertversprechen oder solche, die für den Kunden eine hohe emotionale oder finanzielle Bindung bedeuten, werden in der Implementierungsgeschwindigkeit dadurch begrenzt, wie viele Kontakte zu potenziellen Kunden die Organisation in einem Zeitraum leisten kann. Im Idealfall können gewonnene Kunden wiederum als Multiplikator dienen, um weitere Kunden anzusprechen oder um als Referenz zu dienen und damit Vertrauen im Markt zu schaffen.

Genauso wichtig wie die Implementierung auf der Marktseite ist die Implementierung eines neuen Geschäftsmodells im eigenen Unternehmen. Technisch müssen die Geschäftsprozesse des Unternehmens in der Lage sein, die Skalierungsgeschwindigkeit im Markt zu unterstützen. Für Stadtwerke betrifft dies überwiegend die IT-Systeme, die als Kundenschnittstelle fungieren oder operativ in der Geschäftserfüllung benötigt werden (z. B. Messdatenerfassung und Abrechnung). Systeme, die unter dem Ansturm interessierter Kunden zusammenbrechen, hinterlassen selten einen guten Eindruck. Nicht zu unterschätzen ist die Herausforderung, ein neues Geschäftsmodell in der Organisation zu implementieren. Insbesondere, wenn lange etablierte Prozesse verlassen werden sollen, können die internen Veränderungsprozesse erfolgskritisch sein. Die Organisation muss dazu in der Lage sein, mit sicherlich passierenden Fehlern positiv umzugehen und daraus zu lernen. Dabei ist die Qualifizierung von Mitarbeiter/-innen im Umgang mit neuen Systemen nur ein Aspekt. Bei Geschäftsmodellen, die stark erklärungsbedürftig sind oder starke persönliche Kundenbeziehungen beinhalten, müssen Mitarbeiter/-innen selbst von dem Geschäftsmodell überzeugt sein und dies nach außen hin vermitteln können.

3.4 Optimierung

Ein Geschäftsmodell ist kein statisches Gebilde, sondern es muss auf Veränderungen reagieren, angepasst und optimiert werden. Im Energiemarkt finden im Zuge der Energiewende deutliche Veränderungen in den Bereichen „Technologie“, „Regulation“, „Marktstruktur“ und „Marktverhalten“ statt. Jede Veränderung bietet Anlass zur Anpassung bestehender Geschäftsmodelle. Es erscheint wahrscheinlich, dass die bestehenden Geschäftsmodelle der Energiewirtschaft innerhalb der nächsten Dekade durch innovative Geschäftsmodelle weitgehend abgelöst werden.

Die Veränderungsprozesse werden auf technologischer Ebene häufig mit „Digitalisierung“ und „Flexibilisierung“ in Verbindung gebracht. Flexibilität wird benötigt, um einen Ausgleich zwischen einer fluktuierenden Stromproduktion und einer fluktuierenden Stromnachfrage zu schaffen. Der Ausbau von Stromnetzen bietet die Möglichkeit, die Erzeugung von Elektrizität räumlich vom Verbrauch zu entkoppeln.

Energiespeichersysteme bieten die Möglichkeit die Erzeugung von Elektrizität zeitlich vom Verbrauch zu entkoppeln, je nach Speichertechnologie über Millisekunden bis zu saisonalen Zeiträumen. Eine zeitliche Lastverschiebung (z. B. durch Auslastungsänderung von Produktionsanlagen) wirkt auf das Stromnetz prinzipiell wie eine Speicherung (Lastminderung wirkt wie Ausspeicherung, Lasterhöhung wie Einspeicherung). Das Ausmaß einer möglichen Lastverschiebung richtet sich dabei weitgehend nach der Nutzung der betroffenen Anlagen. Für einen technisch und wirtschaftlich optimierten Einsatz dieser Technologien werden dynamische Informationen benötigt. Dies betrifft die Verbesserung von Prognosesystemen zur Vorhersage der Energieerzeugung und des Abnahmeverhaltens unterschiedlicher Endverbrauchergruppen, die Sensorik zur Bereitstellung von lokalen Zustandsinformationen des Stromnetzes auf verschiedenen Spannungsebenen und die Messsysteme, um Daten zu Erzeugung und Stromverbrauch zu erhalten und damit Abrechnungssysteme zu speisen.

Auf die regulatorischen Veränderungen im Energiemarkt, die hier nicht weiter vertieft werden, wurde in Kapitel 2 hingewiesen. Für Stadtwerke besonders relevant sind die regulatorischen Veränderungen, die im Zusammenhang mit dem Eigenverbrauch von Energie stehen oder Vorgaben zu Abgaben und Gebühren aus der Nutzung von Energiespeichersystemen machen.

Die zukünftige Marktstruktur wird sich insbesondere auf Anbieterseite deutlich verändern. Dabei spielen drei Entwicklungen eine große Rolle:

(1) Mit der Dezentralisierung der Energieerzeugung und der damit verbundenen stärkeren Bedeutung auch der regionalen Verteilnetze für die Einspeisung von Energie wird das Energiesystem voraussichtlich einen stark zellularen Charakter erhalten. In den einzelnen Zellen werden Erzeugung und Bedarf soweit möglich direkt ausgeglichen. Ungleichgewichte können entweder durch Flexibilitätsinstrumente innerhalb der Zelle oder im Verbund mit anderen Zellen ausgeglichen werden. Das Konzept eines zellularen Energiesystems und die sich daraus ergebenden Chancen für neue Dienstleistungen und Märkte werden in der VDE-Studie „Der zellulare Ansatz“ (VDE, 2015) beschrieben.

(2) Der zweite Einflussfaktor ist die Entwicklung von reinen Stromverbrauchern zu sog. Prosumern, die selbst Strom produzieren. Dies sind zumeist Einzelpersonen, seit 2006 wurden jedoch auch mehr als 800 Energiegenossenschaften gegründet (Müller & Holstenkamp, 2015), was vergleichbar ist mit der Anzahl an Stadtwerken in Deutschland. Die Interaktion von Stadtwerken mit Prosumern ist besonders interessant, da sie sowohl eine Kunden- als auch Lieferantenschnittstelle beinhalten kann.

(3) Als dritte Entwicklung ist der mögliche Markteintritt bisher branchenfremder Spieler zu nennen. Dafür kommen kurzfristig insbesondere Unternehmen aus dem Automobilbereich und der Informationswirtschaft infrage.

Am schwierigsten zu beurteilen sind Veränderungen im Marktverhalten, insbesondere Veränderungen der Kundenbedürfnisse, die den zentralen Punkt neuer

Geschäftsmodelle bilden. Alle diskutierten Veränderungen haben Einfluss auf die Entwicklung neuer Kundenbedürfnisse. Ob und inwieweit diese zu einem geänderten Kundenverhalten führen und ob sich daraus wirtschaftlich tragfähige Geschäftsmodellmöglichkeiten ergeben, ist nicht mit Sicherheit vorherzusagen. Ansätze und Ideen dazu werden in Kapitel 4 behandelt.

4 Beispiele innovativer Geschäftsmodellansätze

Für die Energiewirtschaft und für Stadtwerke im Besonderen ist die Herausforderung, neue Geschäftsmodelle zu entwickeln, besonders groß, da sie es gewohnt sind, ihre Investitionen und bisherigen Geschäftsmodellen eher auf Dekaden als auf wenige Jahren hin auszurichten. Bei allen in Kapitel 3.4 beschriebenen Veränderungsprozessen bestehen so große Unsicherheiten hinsichtlich ihres Verlaufs und ihrer Auswirkungen, dass sich darauf keine – nach dem bisherigen Verständnis – langfristigen Geschäftsmodelle aufbauen lassen. Selbst wenn sich die regulatorischen Rahmenbedingungen in den kommenden Jahren stabilisieren, ist die Wahrscheinlichkeit hoch, dass die Unsicherheit für längere Zeit anhalten wird. Viel spricht dafür, dass die Energiewirtschaft einen ähnlichen Transformationsprozess erleben wird wie die Telekommunikationsbranche, wenn auch mit dem wesentlichen Unterschied, dass Energie auch in absehbarer Zukunft noch über physische Netze transportiert werden wird.

Andererseits führen viele der Entwicklungen für Stadtwerke zu ungünstigeren Wettbewerbsbedingungen mit potenziell geringerem Energieabsatz bei steigender Wettbewerbsintensität. Diese Entwicklungen tatenlos abzuwarten, kann insbesondere für viele kleinere Stadtwerke ein existentielles Risiko darstellen.

Zusammengefasst stehen Stadtwerke vor der Notwendigkeit, strategische Entscheidungen unter hoher Unsicherheit treffen zu müssen. Ein Modell zur Strategieentwicklung unter Unsicherheit wurde u. a. von der Unternehmensberatung *McKinsey&Co.* entwickelt (Courtney, Kirkland & Viguerie, 1997). In diesem Modell werden vier Ebenen unterschiedlicher Unsicherheit hinsichtlich der Entwicklung der Märkte eines Unternehmens unterschieden und geeignete Reaktionsmöglichkeiten beschrieben.

Für strategische Entscheidungen im Energiemarkt gibt es nach dem Modell einen Lösungsraum, der durch eine Vielzahl unterschiedlicher Parameter bestimmt wird. Es ist nicht möglich, eine begrenzte Anzahl an Szenarien so zu definieren, dass eines davon mit Sicherheit eintreffen wird. In dieser Situation bestehen grundsätzlich drei strategische Möglichkeiten:

- *Shaping*: Unternehmen versuchen, die Entwicklungsrichtung durch eigene Maßnahmen in eine von ihnen gewünschte Richtung zu bewegen.
- *Adapting*: Unternehmen warten die Entwicklungen ab und reagieren kontinuierlich darauf.

– *Reserving the Right to play*: Unternehmen versuchen, mit gezielten Maßnahmen Unsicherheiten in einigen Bereichen zu verringern und gute Ausgangspositionen zu schaffen.

In den Kapiteln 4.1 und 4.2 werden Ansätze innovativer Geschäftsmodelle beschrieben, die das Ergebnis der Arbeit von Mitgliedern des Vereins *StoREgio Energiespeichersysteme e. V.* sind. Die Geschäftsmodelle betreffen zwei unterschiedliche Bereiche des Energiemarkts und beruhen auf unterschiedlichen strategischen Ansätzen, die bereits realisiert werden. Wie erläutert, besteht keine Sicherheit hinsichtlich der mittelfristigen Entwicklung des Energiemarkts im Rahmen eines Umstiegs auf Erneuerbare Energien. Entsprechend werden die Hypothesen erläutert, auf denen die jeweiligen Geschäftsmodelle beruhen. Die Geschäftsmodelle werden in ihren Grundzügen beschrieben und bewertet. Es gibt unterschiedliche Wege, die Geschäftsmodelle zu implementieren. Eine Beschreibung der genauen Ausprägung der Geschäftsmodelle bei den beteiligten Unternehmen und der daraus resultierenden Wirtschaftlichkeit kann und soll in diesem Rahmen nicht erfolgen. Die Anwendung dieser Geschäftsmodelle ist nicht auf Stadtwerke beschränkt, jedoch befinden sich Stadtwerke dafür oft in einer günstigen Ausgangsposition. Keines der Geschäftsmodelle erhebt den Anspruch, die alleinige Grundlage für die zukünftige Geschäftstätigkeit eines Stadtwerks zu bilden.

4.1 Batteriekraftwerk für Primärregelleistung

Die Aufrechterhaltung von Stabilität und Qualität der Stromversorgung ist eine kritische Aufgabe. Als Messgrößen für Stabilität und Qualität dienen die Netzfrequenz und die Netzspannung. Im europäischen Verbundnetz darf die Netzfrequenz maximal um 0,2 Hz (Hertz) von der Normfrequenz von 50 Hz abweichen. Die Verantwortung für die Einhaltung der Normfrequenz liegt bei den Übertragungsnetzbetreibern, die hierfür Netzdienstleistungen in Form von Regelenergie beschaffen. In einer gemeinsamen Übereinkunft haben die europäischen Übertragungsnetzbetreiber die Produkte beschrieben, die in dem Regelenergiemarkt gehandelt werden können (ENTSO-E, 2016).

Mit dem Umstieg der Stromerzeugung auf erneuerbare Energieträger gehen fundamentale Herausforderungen einher, die Platz für neue Geschäftsmodelle bieten. Insbesondere die Stromerzeugung aus Wind- und Solaranlagen unterliegt starken wetterabhängigen Schwankungen. Für die Einhaltung der Normfrequenz sind kurzfristige Schwankungen durch ziehende Wolken oder böigen Wind kritisch, da hierdurch sehr starke Leistungsgradienten erzeugt werden. Diese kurzfristigen Schwankungen lassen sich nicht zuverlässig vorhersagen und erzeugen einen zusätzlichen Bedarf an Netzdienstleistung im Bereich der Primärregelleistung. Mittelfristig werden im Zuge des Ausbaus der erneuerbaren Energieerzeugung konventionelle Kraftwerke abgeschaltet werden. Die Stromerzeugung in konventionellen Kraftwerken funktioniert über Turbinen, die Stromgeneratoren antreiben. Zwar kann die Stromerzeugung in konventionellen Kraftwerken je nach Typ nicht beliebig schnell geregelt werden, um auf Leistungsschwankungen im Netz zu reagieren, aber die rotierenden Massen der Stromgeneratoren bilden durch ihr Trägheitsmoment eine sog. Momentanreserve, die Leistungsschwankungen dämpft und so zur Einhaltung der Normfrequenz beiträgt. Die Momentanreserve stellt derzeit kein eigenständiges Produkt im Regelleistungsmarkt dar, sondern sie steht kostenlos zur Verfügung.

Ausgangspunkt für Geschäftsmodelle im Bereich „Primärregelleistung" ist somit die Erwartung, dass durch den Wegfall der Momentanreserve und die Zunahme kurzfristiger Leistungsschwankungen in der Energieerzeugung der Bedarf an Primärregelleistung steigt und die Preisbereitschaft für entsprechende Angebote aufgrund der Bedeutung dieser Dienstleistung sehr hoch ist. Im Folgenden soll ein Modell beschrieben werden, das sich marktseitig ausschließlich auf die Erbringung von Primärregelleistung aus einem großen Batteriekraftwerk konzentriert. Weitere Spielarten des Modells werden am Ende kurz angerissen.

Das Energieunternehmen *WEMAG AG* (Schwerin) hat im Jahr 2015 das erste Batteriekraftwerk in Betrieb genommen, das dediziert Primärregelleistung erbringt. Das Kraftwerk mit einer Leistung von fünf Megawatt (5 MW) und fünf Megawattstunden (5 MWh) Kapazität wurde von der Firma *Younicos AG* (Berlin) unter Einsatz von Lithium-Ionen-Batterien gebaut.

Batteriekraftwerke sind in besonderem Maße geeignet, Primärregelleistung zu erbringen, da sie extrem schnelle Lastwechsel erlauben und sich sehr präzise steuern lassen. Batteriekraftwerke stellen damit den einzigen Ersatz für die wegfallende Momentanreserve dar. Die präzise Steuerungsmöglichkeit erlaubt eine sehr viel genauere Einstellung der bereitgestellten Regelleistung in Abhängigkeit von der aktuellen Netzfrequenz, als dies bei konventionellen Kraftwerken möglich ist.

Informationen zur Funktion der Regelenergiemärkte, zu den Zugangsvoraussetzungen und zum Handelsgeschehen werden für das deutsche Übertragungsnetzgebiet auf der Website *www.regelenergie.net* zur Verfügung gestellt. Die Beschaffung von Primärregelleistung erfolgt im Rahmen von Ausschreibungen. Dabei erhalten die Anbieter in der Reihenfolge steigender Preisangebote einen Zuschlag, bis das gesamte ausgeschriebene Regelleistungsvolumen abgedeckt ist. Alle betroffenen Anbieter erbringen ihre Dienstleistung gleichzeitig. Dabei müssen ihre Anlagen ab einer Abweichung von 0,01 Hz von der Normfrequenz von 50 Hz positive bzw. negative Leistung bereitstellen. Der Umfang der bereitzustellenden Leistung richtet sich proportional nach der Frequenzabweichung und muss bei einer Abweichung von 0,2 Hz von der Normfrequenz die volle vereinbarte Leistung erreichen. Die Aktivierung dieser maximalen Leistung darf aus jeder Situation heraus maximal 30 Sekunden benötigen. Die maximale Leistung muss über einen Zeitraum von mindestens 15 Minuten kontinuierlich zur Verfügung gestellt werden können. Nach einer Pause von 15 Minuten muss die maximale Regelleistung für jeweils weitere 15 Minuten zur Verfügung gestellt werden können.

Im Sinne des in Kapitel 3 dargestellten Geschäftsmodellrahmens besteht das Wertversprechen eines Batteriekraftwerks zunächst darin, Primärregelleistung anzubieten.

Das Wertversprechen kann dahingehend erweitert werden, die Primärregelleistung besonders schnell aktivieren und mit hoher Präzision zur Verfügung stellen zu können. Diese zusätzlichen Elemente des Wertversprechens werden im Markt noch nicht honoriert.

Auf der Marktseite ist das Geschäftsmodell einfach zu beschreiben. Die Übertragungsnetzbetreiber stehen als einheitliche Kundengruppe fest. Für die Gestaltung der Kundenbeziehungen gibt es durch das Ausschreibungsverfahren feste Vorgaben. Das Produkt (Erbringung von Primärregelleistung) ist standardisiert und mit den Produkten anderer Anbieter austauschbar. Damit wird das Produkt ausschließlich über den Preis vertrieben und der wirtschaftliche Erfolg des Geschäftsmodells hängt von der Optimierung der Kostenstruktur im Vergleich zu anderen Anbietern ab. Da im kaum marktseitige Kosten anfallen, wird die Kostenstruktur durch die Kosten zur Erstellung des Wertversprechens bestimmt.

Schlüsselressourcen im Geschäftsmodell sind die Speicheranlage, die Steuerungssysteme zu ihrer Betriebsführung und die entsprechend qualifizierten Mitarbeiter/-innen. Die Speicheranlage verursacht den überwiegenden Teil der Kosten. Neben einer Minimierung der absoluten Investitionskosten kommt der Optimierung der Lebensdauer der Speicheranlage eine entscheidende Bedeutung zu, um die Kosten auf möglichst viele Betriebsjahre zu verteilen. Abhängig von der verwendeten Speichertechnologie und der Betriebsführung unterliegt die Speicheranlage einer Alterung, die ihre Lebensdauer bestimmt. Die Steuerungssysteme haben also die Aufgabe, die Betriebsführung der Anlage in einem Rahmen zu halten, der einerseits die Leistungserbringung im Markt erlaubt, dabei aber die Abnutzung der Anlage möglichst gering hält. Da durch die Speichervorgänge Energie verloren geht, würde sich eine Speicheranlage bei symmetrischer Erbringung von positiver und negativer Regelleistung kontinuierlich entladen. Die Steuerungssysteme müssen daher dafür sorgen, dass die Energieverluste durch Nachladevorgänge kompensiert werden, ohne dass dadurch hohe Kosten entstehen – im Idealfall ergeben sich dadurch zusätzlich Einnahmen.

Als Schlüsselaktivitäten eines Batteriekraftwerkbetreibers sind die Beobachtung des Primärregelenergiemarkts und die Platzierung der eigenen Angebote sowie die operative Betriebsführung der Speicheranlage inklusive ihrer Überwachung und der Beobachtung möglicher Alterungsvorgänge (Kapazitäts- bzw. Leistungsverluste) zu nennen. Weitere Schlüsselaktivitäten sind die Optimierung der eingesetzten Steuerungssysteme, der Einkauf der geeigneten Speicheranlagen sowie die Beobachtung der relevanten regulatorischen Rahmenbedingungen.

Die Antwort auf die Frage nach den Schlüsselpartnern wird je nach Position und Strategie des Batteriekraftwerkbetreibers anders ausfallen. Grundsätzlich ist zu hinterfragen, welche Aktivitäten besser intern oder durch Partner wahrgenommen werden. Mögliche Wettbewerbsvorteile durch internes Know-how müssen dabei in Zusammenhang mit den entstehenden Kosten und der möglichen Replikationshäufigkeit des Geschäftsmodells (in diesem Fall die Häufigkeit der Installation von Batteriekraftwerken) beurteilt werden. Für das beschriebene Geschäftsmodell des Betriebs eines Batteriekraftwerks stellt die Younicos AG für die *WEMAG AG* sicherlich einen erfolgskritischen Partner dar.

Mit der Erstinstallation eines großen Batteriekraftwerks haben *WEMAG* und *Younicos* einen strategischen Ansatz (siehe Kap. 4) im Sinne eines Shapings unternommen. Erst bei der Durchführung des Projekts wurden viele grundsätzliche Fragestellungen deutlich, die im Zusammenhang mit dem Einsatz von Energiespeichersystemen für Primärregelleistung beantwortet werden müssen.

Im Gegensatz zu konventionellen Kraftwerken, die Primärregelleistung anbieten, können Batteriekraftwerke diese Systemdienstleistung nur in einem durch ihre Kapazität begrenzten Zeitraum erbringen. Dies könnte kritisch für die Netzstabilität sein, wenn die Sekundärregelleistung nach Ablauf der 15 Minuten Leistungserbringung die Primärregelleistung nicht wie vorgesehen vollständig abgelöst hat. Aus dieser Überlegung entsteht die Forderung der Übertragungsnetzbetreiber, dass Batteriekraftwerke im Gegensatz zu anderen Anlagen in der Präqualifizierung nachweisen müssen, dass sie Primärregelleistung länger als 30 Minuten erbringen können. Die damit einhergehende Kostensteigerung durch entsprechend größere Speicheranlagen kann möglicherweise nicht durch Einnahmen im Betrieb kompensiert werden und kann die Profitabilität des Geschäftsmodells gefährden. Die Rechtslage hierzu wird kontrovers diskutiert. Auf europäischer Ebene sollten mit der Neufassung des *Network Code on Load-Frequency Control and Reserves* (NC LFCR) die Präqualifizierungskriterien verbindlich für alle Mitgliedsstaaten festgelegt werden. Die getroffene Einigung bildet hingegen einen Kompromiss zwischen sehr unterschiedlichen Positionen. Die Regelung sieht vor, den verantwortlichen Übertragungsnetzbetreibern in jeder Regelzone freizustellen, ob sie 15 oder 30 Minuten Leistungserbringung verlangen. Nach Ablauf einer Probezeit soll dann eine Neubewertung auf Basis konkreter Erfahrungen erfolgen.

WEMAG und *Younicos* haben wichtige Impulse für die Gestaltung der zukünftigen Rahmenbedingungen des Primärregelleistungsmarkts gegeben. Gerade im Hinblick auf regulatorische Fragestellungen zeigt das Beispiel, dass in der Frage nach den Schlüsselpartnern auch Partner zu berücksichtigen sind, die weniger für das operative Geschäftsmodell, sondern eher für die Gestaltung des Marktumfelds relevant sind. Diese besondere Partnerkonstellation wird von Brandenburger und Nalebuff (1997) in ihrem Value-Net-Konzept als sog. Complementors bezeichnet.

Es gibt unterschiedliche Möglichkeiten, das beschriebene Geschäftsmodell auszugestalten. Anstatt die Netzdienstleistung aus einem zentral aufgestellten Batteriekraftwerk zu erbringen, kann hierfür auch ein Netzwerk aus zahlreichen Einzelspeichern genutzt werden. Damit im Zusammenhang steht auch die Möglichkeit, Batteriespeichersysteme in mehreren Anwendungen parallel zu betreiben. Dies bedeutet letztlich die Kombination mehrerer Geschäftsmodelle unter Einsatz der gleichen Assets. Wie bei allen stark investitionsgetriebenen Geschäftsmodellen, stellt die damit einhergehende Optimierung der Auslastung der Assets einen wesentlichen Hebel für die Wirtschaftlichkeit der Investition dar.

4.2 Strombank

Das Geschäftsmodell *Strombank* setzt an einer anderen Stelle im Energiemarkt an. Schon früh hat sich der Verein *StoREgio Energiespeichersysteme e. V.* mit den Herausforderungen beschäftigt, mit denen die Energieunternehmen aufgrund des Trends unter den Kunden zu Strom-Eigenversorgungslösungen konfrontiert sind.

Durch die sinkenden Kosten insbesondere von Solaranlagen und den Rückgang der Einspeisevergütung bei gleichzeitig steigenden Strompreisen wird die Eigenversorgung mit Elektrizität aus Solaranlagen (PV-Anlage) immer attraktiver. Im gewerblichen Umfeld kann ein Großteil der Energieerzeugung oftmals direkt im Betrieb verbraucht werden. Ist das nicht möglich, bieten Energiespeichersysteme die Möglichkeit, erzeugte Energie bis zum Zeitpunkt ihres Verbrauchs zwischenzuspeichern. Nachdem lange Zeit die Kosten für die Installation von Batteriespeichersystemen den möglichen Nutzen weit überstiegen, haben deutliche Verbesserungen in der Leistungsfähigkeit und Lebensdauer bei gleichzeitiger Kostenreduktion dazu geführt, dass die Installation eines Batteriespeichers in Kombination mit einer Solaranlage im privaten Bereich heute bereits wirtschaftlich attraktiver sein kann als die alleinige Installation einer Solaranlage.

Exkurs: Wirtschaftlichkeit von Eigenversorgungslösungen mit PV-Speicher-Kombinationen
Die Wirtschaftlichkeit einer PV-Speicher-Kombination muss im Einzelfall genau geprüft werden. Dieser Exkurs stellt lediglich die wesentlichen Punkte dar, die in dem Geschäftsmodell zu berücksichtigen sind und sich in dem Strombank-Geschäftsmodell gegenüber einer Direktinvestition eines Kunden in eine PV-Speicherkombination unterscheiden. Betrachtet wird ein typisches Einfamilienhaus mit Solaranlage und durchschnittlichem Stromverbrauch.

Durch die Installation eines Batteriespeichersystems kann der Anteil des Energieverbrauchs, der über die Stromerzeugung der Solaranlage gedeckt wird, i. d. R. auf 60 bis 70 Prozent erhöht werden. Dem erhöhten Eigenverbrauch und den damit gesparten Netzbezugskosten stehen Mindereinnahmen bei der Einspeisevergütung gegenüber. Dabei ist zu beachten, dass mit der Speicherung Energieverluste verbunden sind. Diese Verlustenergie muss bei der Berechnung der Mindereinnahmen aus der Einspeisevergütung berücksichtigt werden.

Um die Investition in ein Speichersystem wirtschaftlich zu gestalten, muss der wirtschaftliche Vorteil (Differenz aus Stromkosteneinsparung und Mindereinnahmen) größer sein als die durch das Speichersystem über seinen Lebenszyklus verursachten Kosten. In diese Kosten sind Investition und Finanzierung, Installation, Wartung und Entsorgung abzüglich eines möglichen Restwerts des Speichersystems einzurechnen.

Als wesentliche Parameter für die Wirtschaftlichkeit ergeben sich bei gegebenem Verbrauchsprofil des Haushalts und Erzeugungsprofil der Solaranlage damit der zusätzlich realisierbare Eigenversorgungsanteil, die absoluten Investitionskosten zzgl. aller Nebenkosten, die wirtschaftlich nutzbare Lebensdauer des Speichersystems sowie die mit der Speicherung verbundenen Energieverluste.Neben der Frage der Wirtschaftlichkeit spielen gerade im privaten Umfeld emotionale Faktoren eine

Rolle bei der Investitionsentscheidung für eine PV-Speicher-Kombination. Die Investition unterstützende Faktoren können z. B. ein Streben nach Selbstversorgung oder die Absicherung gegen möglicherweise zunehmende kurzzeitige Stromausfälle durch den Aufbau eines Inselnetzes sein. Der Investition entgegenstehende Faktoren können der zusätzliche Platzbedarf, das Investitionsrisiko angesichts langer Wiedereinbringzeiten oder sicherheitstechnische Bedenken gegenüber Batteriespeichersystemen sein.

Für Stadtwerke als Energieversorger birgt der Trend zu PV-Speicher-Kombinationen die Gefahr eines substanziellen Rückgangs der von ihnen abgesetzten Strommenge. Für den Netzbetreiber führt der Zubau von Solaranlagen zu einer steigenden Netzbelastung durch Einspeisungsspitzen, die ggf. einen Ausbau der Netzinfrastruktur erforderlich machen. Die Installation von Speichersystemen kann dem entgegenwirken, allerdings nur, wenn die Speichersysteme gezielt die Einspeisungsspitzen von Solaranlagen vermeiden. Ein solcher „netzdienlicher Betrieb" von Speichersystemen unterbleibt bisher zumeist, da es i. d. R. für die Speicherbesitzer an einem wirtschaftlichen Anreiz mangelt. Mit dem sinkenden Stromabsatz an die Endkunden steigen die Netzentgelte für den verbleibenden Strombezug, woraus ein sich selbst verstärkender Trend zu Eigenversorgungslösungen resultiert.[2]

Mit dem Strombank-Geschäftsmodell wird ein Geschäftsmodell beschrieben, das Endverbrauchern eine Alternative zur Investition in ein eigenes Speichersystem bietet. Für ein Stadtwerk stellt das Modell ein mögliches Instrument zur partnerschaftlichen Kundenbindung und zur schrittweisen Ablösung energiemengenabhängiger Erlöse durch dienstleistungsbasierte Erlöse dar.

Grundsätzlich basiert das Geschäftsmodell auf der Überlegung, Energie als Geld zu betrachten und bestehende Geschäftsmodelle der Finanzwirtschaft auf die Energiewirtschaft zu übertragen. In Kapitel 4.2 wird die Analogie eines Girokontos zu Stromkunden mit eigener Energieerzeugung aus Solaranlagen erläutert. Der Kunde eröffnet dabei bei einem Stadtwerk[3] ein Stromkonto. Erzeugt die Solaranlage des Kunden mehr Energie als direkt verbraucht wird, wird die überschüssige Erzeugung dem Stromkonto gutgeschrieben. Liegt der Verbrauch oberhalb der Eigenerzeugung, wird der Strombezug vom Stromkonto abgebucht. Das Stadtwerk liefert den eingespeisten Solarstrom an andere Verbraucher oder speichert ihn. In Strombezugszeiten liefert das Stadtwerk aus der Produktion anderer Erzeugungseinheiten, aus dem Speicher oder kauft die benötigte Energie am Markt ein. Betreibt das Stadtwerk einen

2 Ein mögliches Mittel, diesen Trend zu stoppen, bestünde in einer rein leistungsbasierten Verrechnung von Netzentgelten sowohl für die Einspeise- als auch für die Abnahmeleistung. Dies würde auch dem Umstand gerecht werden, dass die vorzuhaltenden Netzkapazitäten bei zunehmendem EE-Anteil der Erzeugung immer mehr durch Leistungsspitzen und weniger durch durchgeleitete Energiemengen definiert werden.

3 Das Geschäftsmodell einer Strombank ist nicht auf klassische Energieversorgungsunternehmen beschränkt. Diese können aber besondere Synergien mit ihrer sonstigen Geschäftstätigkeit nutzen.

Speicher, kann dieser entweder zentral im Netz aufgestellt sein („Quartierspeicher“) oder als Schwarm vernetzter Speicher in den Häusern der Kunden vorhanden sein („Schwarmspeicher“). Vereinfachend wird im Folgenden davon ausgegangen, dass der Kunde die Investition in die Solaranlage trägt und die Kosten für einen Speicher vom Stadtwerk getragen werden.[4]

Beispielhaft sei angenommen, dass das Wertversprechen an den Kunden eines Strombank-Girokontos aus mehreren Elementen besteht. Durch die bilanzierende Wirkung des Stromkontos kann der Kunde bis zu 100 Prozent seines Energieverbrauchs aus eigener Erzeugung decken, solange seine Solaranlage mehr Energie erzeugt, als er verbraucht. Gegebenenfalls können Guthaben auf dem Stromkonto verzinst werden und negative Salden durch Kreditvergabe abgebildet werden. Für längerfristig angesparte Guthaben auf dem Stromkonto bietet sich eine Direktvermarktungsvereinbarung mit dem Kunden an. Die Ablösung eines Energiekredits sowie die Direktvermarktung von Überschüssen schaffen einen Ausgleich des Stromkontos durch echte Zahlungsströme. Da die erzeugte Energie – analog zum Geld auf dem Girokonto – immer im Eigentum des Kunden bleibt, zahlt der Kunde dem Stadtwerk nichts mehr für die verbrauchte Energie. Stattdessen erhebt das Stadtwerk eine Kontoführungsgebühr, wobei es verschiedene Möglichkeiten zur Ausgestaltung der Kontoführungsgebühr gibt. Die Stromkosten für den Kunden ergeben sich damit aus der Summe der Erzeugungskosten (Wertverlust der Solaranlage bezogen auf die erzeugte Energiemenge in einem Jahr) und einer laufenden Kontoführungsgebühr. Ein Vorteil für den Kunden ist, dass für ihn keine Energieverluste bei Ein- und Ausspeicherung entstehen, d. h. die gesamte erzeugte Energiemenge steht ihm zum Verbrauch zur Verfügung.[5] Ähnliches gilt für Urlaubszeiten des Kunden. In diesen oftmals ertragsreichen Zeiten kann die gesamte Energie auf das Stromkonto eingezahlt werden und muss nicht gegen eine niedrige Einspeisevergütung abgegeben werden. Je nach Verwendung eines Quartier- oder Schwarmspeicheransatzes für die Zwischenspeicherung von Energie können weitere Vorteile vermarktet werden. Entweder wird die Aufstellung eines Speichers im Haus vermieden und dadurch Bedenken gegen Platzbedarf, Betriebssicherheit oder Wartungsaufwand entgegengewirkt oder, bei Aufstellung im Haus, es kann eine zusätzliche Notstromversorgung angeboten werden. Ein weiteres Wertversprechen sowohl für den Kunden als auch ggf. für die Kommune entsteht durch den mit einem Stromkonto entstehenden Anreiz, eine möglichst große Dachfläche zur Stromerzeugung zu nutzen. Im Zuge der Absenkung der Einspeisevergütung werden neue Solaranlagen zunehmend kleiner dimensioniert und auf einen möglichst hohen Direktverbrauchsanteil hin optimiert. Durch das

4 Die Grundzüge des Geschäftsmodells *Strombank* wurden mit spezifischen Anpassungen ab 2013 von der *MVV Energie AG* und dem Speichersystemhersteller *ads-tec* mit Unterstützung weiterer Partner in Mannheim in einem vom Land Baden-Württemberg geförderten gleichlautenden Pilotprojekt in der Praxis getestet.

5 Auch hier bieten sich Ansatzmöglichkeiten für eine Ausdifferenzierung des Geschäftsmodells.

Stromkonto entfällt diese Notwendigkeit. Da immer mehr Kommunen sich eine vollständige Energieversorgung aus erneuerbaren Quellen zum Ziel gesetzt haben, stellt das Strombank-Modell aus kommunaler Sicht einen Weg dar, die maximal mögliche Erzeugungskapazität innerhalb des eigenen Gebiets zu nutzen.

Die Kundensegmentierung ist im Fall des Strombank-Geschäftsmodells sehr aufwändig, bietet damit aber auch mehr Möglichkeiten zur Ausgestaltung des Wertversprechens und zur Preissetzung. Die erste Zielgruppe sind sicherlich die Kunden, die vor der Alternative stehen, in eine Solaranlage mit eigenem Speichersystem zu investieren statt an der Strombank zu partizipieren. Das Strombank-Geschäftsmodell kann aber auch Personen angeboten werden, die keine Möglichkeit zum Betrieb einer PV-Speicher-Kombination besitzen. Mieter könnten im Rahmen eines Mieterstrommodells eingebunden werden. Ebenfalls könnten Kunden mit einem Ertragsanteil aus einer gemeinschaftlich finanzierten Freiflächenerzeugungsanlage diesen Ertragsanteil in Kombination mit einem Stromkonto zur bilanziellen Eigenversorgung nutzen.[6]

Zumindest in einer Markteinführungsphase ist das Strombank-Geschäftsmodell sehr erklärungsbedürftig. Entsprechend sollten Vertriebskanäle gewählt werden, die eine starke persönliche Ansprache potenzieller Kunden ermöglichen und es sollten möglichst niederschwellige Einstiegsangebote formuliert werden. Positives Feedback erster Kunden kann durch begleitende Öffentlichkeitsarbeit Aufmerksamkeit im Markt für das Angebot schaffen und dazu beitragen, dass der Vertrieb zunehmend von aktiver Kundenansprache auf Reaktion auf Kundenanfragen umgestellt werden kann. Auch im Management der Kundenbeziehung ist das Strombank-Geschäftsmodell aufwändig. Wie bei einem Bankkonto wird der Kunde regelmäßige Kontoauszüge verlangen, mindestens aber die Möglichkeit, diese auf Anfrage bereitgestellt zu bekommen. Sollten in dem Geschäftsmodell entsprechende Angebote enthalten sein, kommen für die Umsetzung von Stromkredit- oder Direktvermarktungsverträgen operative Aufwendungen hinzu. Gleiches gilt für eine mögliche Wartung und Kontrolle von Speichersystemen im Fall von Schwarmspeicherlösungen. Eine intensive Kundenbeziehung ist ein wesentlicher Erfolgsfaktor für Stadtwerke, da die räumliche Nähe zum Kunden von großem Vorteil ist. Damit bieten sich für das Stadtwerk auch immer wieder Möglichkeiten, dem Kunden Zusatzprodukte aus anderen Geschäftsbereichen (Cross Selling) anzubieten und damit das mögliche Erlöspotenzial des Kunden optimal auszuschöpfen.

Durch das Strombank-Geschäftsmodell ändern sich die bisherigen Geschäftsprozesse eines Stadtwerks zunächst nur wenig. Nach wie vor müssen die physikalischen Energieflüsse nach den Regeln des bestehenden Energiemarkts bilanziert und parallel dazu auf Netzebene gesteuert und überwacht werden (ggf. in getrennten Organisationen). Neu hinzu kommt eine Variation im Abrechnungsprozess mit den

6 Aufgrund ihrer Komplexität wird auf rechtliche Fragestellungen im Zusammenhang mit den verschiedenen Ausprägungen des Geschäftsmodells und den sich daraus jeweils ergebenden Kosten für Abgaben und Gebühren nur ansatzweise eingegangen.

Strombank-Kunden auf Basis der mit den Wertversprechen verbundenen Produkte und die Stromkontoführung an sich. Grundlegend für beides ist eine abrechnungssichere Erfassung und Verarbeitung der erforderlichen Messdaten zu Erzeugung, Verbrauch und ggf. stattfindenden Speichervorgängen. Ein erfolgskritischer Geschäftsprozess ist das Flexibilitätsmanagement. Während aus Kundensicht Erzeugungsüberschüsse und Verbrauch lediglich bilanzielle Kontobewegungen verursachen, führen diese für das Stadtwerk auch zu physikalischen Energieflüssen. Im Unterschied z. B. zur Vergütung von eingespeistem Solarstrom durch Einspeisevergütung oder durch Direktvermarktung ist beim Strombank-Modell nicht vorgegeben, wohin die Einspeisung von Überschüssen der Strombank-Kunden zu richten ist. Auch die Bereitstellung von Strom bei „Abhebung vom Konto" kann aus verschiedenen Quellen erfolgen. Als Extrempositionen können die Weitergabe und Beschaffung der Energiemengen an der Energiebörse bzw. der Ausgleich durch einen physikalischen Speicher gesehen werden. Zwischenpositionen bilden der Vertrieb von Überschüssen an Stromkunden und die Bereitstellung von Strom durch eigene Erzeugungsanlagen. Alle Anlagen zum Stromverbrauch und zur Stromerzeugung können als Flexibilitätsoptionen betrachtet werden, die für das Management der Energieströme zur Verfügung stehen. Die Steuerung dieses Verbunds, das Flexibilitätsmanagement, ist zusammen mit den Einnahmen aus den Kontoführungsgebühren für die Profitabilität des Geschäftsmodells verantwortlich. Die besonderen, notwendigen Kompetenzen für die Umsetzung des Geschäftsmodells liegen in drei Bereichen: Zunächst stellt das Geschäftsmodell hohe Anforderungen an die Vertriebstätigkeit. Intern muss das Geschäftsmodell in den IT-Systemen des Unternehmens effizient abgebildet und überwacht werden. Dies kann einen nicht unerheblichen Anpassungsaufwand der bisherigen IT-Landschaft nach sich ziehen. Und schließlich sind bei der Ausgestaltung des Geschäftsmodells und bei der korrekten Abrechnung der damit verbundenen Leistungen sehr komplexe regulatorische Vorgaben zu beachten, deren genaue Kenntnis erfolgskritisch sein kann.

In Abhängigkeit von der generellen Strategie und dem Umsetzungsstand des Geschäftsmodells bieten sich verschiedene Partnerschaften an. Auf der Marktseite können Kooperationen mit Energiegenossenschaften, Immobilien- oder Standortmanagementgesellschaften Synergien in der Kundenansprache und der operativen Gestaltung des Geschäftsmodells ermöglichen. Zur operativen Umsetzung des Geschäftsmodells müssen IT-Systeme gestaltet werden. Je nach Komplexität und Festlegbarkeit der Spezifikationen können dabei entweder bestehende Systeme angepasst oder spezielle Systeme mit geeigneten Schnittstellen gebaut werden. In der Regel werden hier spezialisierte Unternehmen zum Einsatz kommen. Über eine Entwicklungspartnerschaft mit dem IT-Unternehmen oder entsprechende Vertragsbedingungen kann versucht werden, das mit der Entwicklung der IT-Systeme verbundene Know-how zum Geschäftsmodell länger exklusiv nutzen zu können. Die Kenntnis der relevanten regulatorischen Vorgaben bildet ein kritisches Element des Geschäftsmodells. Dies muss entweder über das Vorhalten eigener Kompetenzen oder eine enge

Partnerschaft mit einer geeigneten Kanzlei realisiert werden, deren Mitarbeiter sich nicht fortlaufend neu in die Materie einarbeiten müssen.

Eine allgemeine wirtschaftliche Bewertung ist für das Geschäftsmodell *Strombank* aufgrund der vielfältigen Ausgestaltungsmöglichkeiten nicht möglich. Im Vergleich zum Referenzszenario der Investition von Kunden in eine eigene PV-Speicher-Kombination lassen sich aber die wesentlichen Herausforderungen beschreiben. Der wirtschaftlich relevanteste Unterschied besteht in der Behandlung zwischengespeicherter Energiemengen. Werden die Energiemengen direkt beim Kunden ohne Nutzung des Netzes zwischengespeichert, wird die daraus bezogene Energie prinzipiell wie Direktverbrauch behandelt. Dadurch entfallen Stromsteuer, Netzentgelte und damit verbundene Umlagen sowie, abhängig von Stromverbrauch und Größe der Solaranlage, die EEG-Umlage. Werden die Erzeugungsüberschüsse in das Netz der allgemeinen Versorgung eingespeist und der Verbrauch wiederum daraus bezogen, fallen auf den Strombezug die vollen Entgelte, ggf. Steuern und Umlagen an. Dabei ist es unbedeutend, ob die Energie physikalisch gespeichert wurde oder nicht. Man wird bestrebt sein, den Anteil der physikalisch zu speichernden Energie zu minimieren, da mit einer Speicherung Energieverluste anfallen, die ansonsten vermarktet werden können. Die wesentliche Frage in der Bewertung des Geschäftsmodells ist, ob die Kostennachteile im Betrieb (Steuern und Abgaben) durch Kostenvorteile im Flexibilitätsmanagement (Ersatz der Einzelspeicher bei Kunden durch andere Flexibilitätsinstrumente) kompensiert werden können. Mit einem Quartierspeicher wird dabei versucht, durch eine geringere Größe des Speichers im Verhältnis zur Summe der Einzelspeicher Kosten bei Investition, Installation und Betrieb zu sparen. Außerdem können größere Speichereinheiten effizienter in Leerlaufzeiten für andere Anwendungen (z. B. Teilnahme an Regelenergiemärkten) genutzt werden und so Zusatzeinnahmen erwirtschaften. Mit einem Schwarmspeicher wird versucht, Vorteile zu kombinieren. Durch Installation der Speicher beim Kunden können die höheren Abgaben und Gebühren teilweise vermieden werden. Durch Überdimensionierung der Speicher sollen zusätzliche Kapazitäten zur Zwischenspeicherung von Energiemengen anderer Strombankkunden und zur Zweitnutzung verwendet werden. Dagegen stehen die höheren Investitions- und Betriebskosten einschließlich der Kommunikationskosten für die Steuerung der Speichersysteme in möglichen Zweitanwendungen. Beide Ansätze bieten qualitative Vor- und Nachteile und werden von Unternehmen im Markt verfolgt.

Mit dem Projekt *Strombank* verfolgt die *MVV Energie AG* eine Strategie, die Elemente aus Adapting und Reserving the Right to play enthält. Einerseits stellt das Projekt eine Anpassung an den Trend zu PV-Speicher-Kombinationen bei Endkunden dar. Andererseits kann aufgrund der unklaren wirtschaftlichen Gestaltungsmöglichkeit des Geschäftsmodells noch kein breiter Roll-out im Markt erfolgen. Mit dem Projekt werden daher wesentliche Fragestellungen untersucht und damit eine Marktposition aufgebaut, aus der heraus bei gegebener Wirtschaftlichkeit gut gestartet werden kann. *ads-tec* verfolgt mit dem Projekt dagegen eine Shaping-Strategie. Die im Rahmen des Geschäftsmodells eingesetzten Speichersysteme benötigen komplexe Steuerungs- und Kommunikationssysteme, die von der Firma entwickelt werden.

5 Zukünftige Entwicklungen und Trends

Der Energiemarkt wird auch in absehbarer Zukunft starken Veränderungen unterworfen sein. Die Umstellung auf eine nahezu vollständige Energieversorgung auf Basis Erneuerbarer Energien ist bisher beispiellos. Entsprechend können schwer vorhersagbare Herausforderungen auftreten. Nach den in Kapitel 4 beschriebenen Geschäftsmodellen, die sich bereits in der Umsetzung befinden, sollen in Kapitel 5 wesentliche Trends erörtert werden, die Ansätze für die Weiterentwicklung von Geschäftsmodellen bieten können.

Im Zuge der Energiewende soll der Kohlendioxidausstoß in Deutschland bis 2050 um 90 Prozent gegenüber 1990 gesenkt werden und der Anteil Erneuerbarer Energie soll auf 60 Prozent steigen (Bundesregierung, 2011). Daraus folgt, dass fossile Brennstoffe in der Wärmegewinnung und Mobilität weitgehend ersetzt werden müssen. Die Kapazitäten zur erneuerbaren Energieerzeugung werden zukünftig zum Großteil aus Wind- und Solaranlagen bestehen. Damit muss der Energiebedarf für Mobilität und Wärmeversorgung zu einem großen Teil direkt oder indirekt über Elektrizität gedeckt werden. Im Wärmebereich wird der Energiebedarf durch fortschreitende Energieeffizienz sinken. Mit einem weiteren Rückgang der Erzeugungskosten aus Solaranlagen und evtl. deutlich günstigeren Kleinwindrädern steigt das Potenzial für die Eigenversorgung mit Energie. Bestehen keine attraktiven Abnahmeangebote für Strom, ist davon auszugehen, dass Endkunden überschüssige Strommengen zunehmend zur Wärmeversorgung einsetzen. Sowohl im Strom- als auch im Wärmebereich stehen Stadtwerke vor der Aufgabe, den drohenden Absatzverlust durch alternative Angebote zu kompensieren.

5.1 Elektromobilität

Die Elektromobilität stellt für Stadtwerke potenziell ein neues Geschäftsfeld dar mit starkem Bezug zu den angestammten Geschäftsfeldern. Dabei ist die Bereitstellung der benötigten Elektrizität nur ein Teil der Möglichkeiten. Eine große Herausforderung im Zuge der zunehmenden Verbreitung von Elektrofahrzeugen im Stadtgebiet ist die Bereitstellung der dafür erforderlichen Leistung. Zur Erhöhung der Reichweite werden in Elektrofahrzeugen voraussichtlich zunehmend größere Batteriekapazitäten verbaut. Um eine akzeptable Ladezeit von Elektrofahrzeugen zu erreichen, müssen Leistungen zur Verfügung gestellt werden, die von einem durchschnittlichen Hausanschluss nicht zu bewältigen sind. Die gleiche

Herausforderung stellt sich im öffentlichen Bereich. Zwar können hier zumeist deutlich höhere Ladeleistungen realisiert werden, dafür steigen aber auch die diesbezüglichen Anforderungen, um möglichst kurze Ladezeiten, z. B. für Elektrotransporter oder beim Kurzeinkauf, zu erlauben. In beiden Fällen könnten Speichersysteme eine Alternative zur Netzverstärkung und eine Hilfe zur Vermeidung von Spannungsspitzen darstellen. Netzseitig könnten stationäre, mit den Ladesäulen gekoppelte Speicher mit den verfügbaren Leistungen gleichmäßig nachgeladen werden. Fahrzeugseitig könnten sie hohe Ströme zur Verfügung stellen und so eine Schnellladung ermöglichen.

Elektromobilität bietet sich als Erweiterung des Geschäftsmodells *Strombank* an. Dem Kunden könnte das zusätzliche Wertversprechen gegeben werden, dass die Ladung des Elektrofahrzeugs mit Energie von seinem Stromkonto erfolgt. Für Stadtwerke und Kunden ergäbe sich daraus ein großer Nutzen. Der zusätzliche Energiebedarf wird den Kunden dazu veranlassen, die Erzeugungskapazität seiner Solaranlage zu maximieren (was die Stadt, sofern sie sich zum Ziel gesetzt hat, die regenerative Energieversorgung im Stadtgebiet auszubauen, unterstützen wird). Da aber das Fahrzeug des Kunden tagsüber häufig nicht in räumlicher Nähe zur Solaranlage stehen wird, kann der Strom aus der Solaranlage nicht direkt in das Fahrzeug geladen werden. Eine Zwischenspeicherung in einer Batterie im Haus wäre technisch zwar möglich, dazu müsste die Batterie aber deutlich vergrößert und damit teurer werden und durch die zusätzliche Speicherung ginge viel Energie verloren.

Der Aufbau einer Ladeinfrastruktur für Elektrofahrzeuge könnte für Stadtwerke eine Shaping-Strategie darstellen. Es erscheint unwahrscheinlich, dass neben einer bestehenden Ladeinfrastruktur weitere Parallelstrukturen geschaffen werden. Insbesondere im öffentlichen Raum besitzen Stadtwerke eine sehr gute Ausgangsposition, um interessante Orte für Ladestationen zu besetzen. In Kooperation mit der heimischen Wirtschaft könnte auch der Zugang zu gewerblich genutzten Flächen möglich sein, ggf. in Koppelung mit Dienstleistungsangeboten im Bereich „Energiemanagement" oder dem Betrieb von Erzeugungsanlagen. Der gleichzeitige Aufbau eines Carsharing-Angebots mit Elektrofahrzeugen könnte dafür sorgen, dass die installierte Ladeinfrastruktur bereits zu Anfang ausgelastet werden könnte. Mit Fahrzeugherstellern könnten Vereinbarungen getroffen werden, die zu erheblichen Vergünstigungen bei der Fahrzeugbeschaffung führen könnten.

Der innerstädtische Warentransport mit Elektromobilitätslösungen könnte für Stadtwerke ein weiteres Geschäftsfeld darstellen. Mittel- und langfristig ist davon auszugehen, dass der Warentransport durch Fahrzeuge mit Verbrennungsmotor in innerstädtischen Bereichen unter Druck geraten wird. Durch die geringe Reichweite von Elektronutzfahrzeugen dürften sich Logistikhubs etablieren, bei denen über größere Entfernungen angelieferte Waren für den Transport in die Innenstädte umgeladen werden. Sowohl der Betrieb dieser Umschlagplätze als auch die Bereitstellung entsprechender Fahrzeuge könnten Betätigungsfelder für Stadtwerke darstellen.

5.2 Regionale Flexibilitätsmarktplätze

Ein weiterer Trend im Zuge der Energiewende ist die Dezentralisierung der Energieerzeugung. Um Transportverluste zu vermeiden, sollten Erzeugung und Verbrauch von Energie auf lokaler und regionaler Ebene ausgeglichen werden. Im Strommarktgesetz-Entwurf ist vorgezeichnet, den Verteilnetzbetreibern mehr Verantwortung für die Aufrechterhaltung der Systemstabilität zu geben. Es erscheint damit wahrscheinlich, dass sich mittelfristig neue Marktplätze auf Ebene der Verteilnetze etablieren werden, auf denen regionale Systemdienstleistungen und regionaler Energiehandel angeboten werden können. Eine wesentliche Grundlage für die Etablierung regionaler Märkte für Flexibilitätsdienstleistungen wird das sog. Ampelmodell des *Bundesverbands der Energie- und Wasserwirtschaft* (BDEW) darstellen (BDEW, 2015). Mit zunehmend fluktuierenden Energieströmen werden z. B. Spannungshaltung und Engpassmanagement wesentliche Aufgaben sein, zu deren Bewältigung eine regionale Verortung der benötigten Flexibilitätsoptionen an den betreffenden Leitungen erforderlich wird. Im Zuge des vom *Bundesministerium für Wirtschaft und Energie* (BMWi) geförderten Projekts *Flex4Energy* erstellen Mitglieder von *StoREgio* eine prototypische Handelsplattform für Flexibilitätsdienstleistungen in regionalen Verteilnetzen (StoREgio Energiespeichersysteme e. V., 2016). Unter der Voraussetzung, dass die dafür benötigten regulatorischen Grundlagen verabschiedet werden, können regionale Flexibilitätsmärkte für Stadtwerke interessant sein. Es bietet sich die Möglichkeit, einen Marktplatz für das eigene Versorgungsgebiet zu etablieren und zu betreiben und sich mit eigenen Flexibilitätsangeboten oder -nachfragen an regionalen Flexibilitätsmärkten zu beteiligen. Für den Energievertrieb ergibt sich daraus die Möglichkeit, zusätzliche Deckungsbeiträge aus der Nutzung vorhandener Flexibilitätspotenziale zu erzielen. Für die Netzbetreiber eröffnet sich die Chance, Systemdienstleistungen flexibel einzukaufen, damit teure Investitionen zu vermeiden oder zu vertagen, bis der genaue Umfang geklärt werden kann.

Der Rückbau konventioneller Kraftwerke und die zunehmende Installation dezentraler, fluktuierender Energieerzeugungsanlagen erfordert eine vorausschauende Netzplanung und ggf. den Ausbau der Netzinfrastruktur, um die Versorgungssicherheit mit Elektrizität gewährleisten zu können. Dabei wird der Umfang der Investitionen durch die Leistungsspitzen bestimmt, die von den Netzen bewältigt werden sollen. Dagegen wird die durch die Netze geleitete Energiemenge kaum Einfluss auf den Ausbauumfang haben. Logische Konsequenz daraus ist, die Refinanzierung der Netzinfrastruktur, die sog. Netzentgelte, auf der aus dem Netz entnommenen oder in das Netz eingespeisten Leistung aufzubauen. Die aktuelle Regulierung sieht allerdings vor, dass Netzentgelte nur bei der Entnahme von Energie aus dem Netz entrichtet werden. Abhängig von der Verbrauchsmenge wird dazu eine Mischung unterschiedlicher leistungs- und arbeitsbasierte Tarife verwendet. Durch eine stärker leistungsbasierte Tarifbildung und die Belastung auch der Stromeinspeiser würde das heute bereits im industriellen Bereich bestehende Geschäftsmodell Peak Shaving (Leistungsspitzenbegrenzung) zusätzlich an Attraktivität gewinnen und für weitere Verbrauchergruppen (z. B. Wind- und Solarparkbetreiber, evtl. auch Haushalte) in Frage kommen.[7]

5.3 Digitalisierung

Die bedeutendste Veränderung der Energiesysteme ist die zunehmende Digitalisierung. Für die Energiewirtschaft ist diese Veränderung besonders einschneidend, da die Steuerung des Stromsystems bislang weitestgehend durch zentrale Überwachung weniger physikalischer Parameter im Übertragungsnetz und durch Abrechnung von Stromlieferungen an Kunden einmal jährlich auf Basis von Summenzählern erfolgten. Grundlage für den anstehenden Wandel ist das Gesetz zur Digitalisierung der Energiewende (BMWi, 2016b).

Die Digitalisierung beeinflusst wesentlich die Erzeugung von Elektrizität. Die bessere Vorhersagbarkeit von lokalen Wetterereignissen in Verbindung mit einer Georeferenzierung der installierten Erzeugungsanlagen ermöglicht eine sehr viel bessere kurz- und mittelfristige Vorhersage der einzuspeisenden Erzeugungsleistung.

In der breiten Öffentlichkeit wird die Digitalisierung der Energiewirtschaft häufig auf den Einsatz intelligenter Messsysteme zur Verbrauchsmessung reduziert. Verbindlich vorgeschrieben ist derzeit eine zeitlich gestaffelte Einführung intelligenter Messsysteme für Verbraucher mit einem Jahresbedarf von mehr als 6000 Kilowattstunden (kWh). Es ist jedoch nur eine Frage der Zeit, bis günstigere Messsysteme und damit einhergehende Leistungsangebote den Einsatz auch für Abnehmer mit niedrigerem Verbrauch interessant werden lassen. Durch die Nutzung intelligenter Messsysteme auch auf Verbrauchsseite wird eine deutlich verbesserte zeit- und ortsaufgelöste Prognose der Energieströme möglich sein, weshalb davon auszugehen ist, dass die derzeit noch verwendeten Standardlastprofile schrittweise abgelöst werden. Verbraucher werden durch die kontinuierlich erfolgende Verbesserung intelligenter Messsysteme ihren Energieverbrauch systematisch analysieren und wirtschaftlich optimieren können. Kleine und mittelständische Unternehmen werden entsprechende Dienstleistungen mit hoher Wahrscheinlichkeit von Dritten beschaffen.

Mit der verbesserten Prognose von Erzeugung und Verbrauch sind die Grundlagen für eine vorausschauende Netzführung gelegt. Dies wird unterstützt durch die Installation von Sensoren in kritischen Netzabschnitten. Damit lassen sich die aus den Erzeugungs- und Verbrauchsinformationen abgeleiteten Prognosen zum Netzzustand

---

7 Auch im Industriebereich wird ein Teil der fälligen Netzentgelte über die entnommene Arbeit abgerechnet. Eine vollständige Umstellung der Netzentgelte auf leistungsabhängige Tarife stellt einen wirtschaftlichen Anreiz für den Einsatz geeigneter Flexibilitätsoptionen dar.

anhand gemessener Daten verifizieren und Vorhersagemodelle optimieren. Erst aufgrund dieser Entwicklung wird die Nutzung der in Kapitel 5.2 beschriebenen regionalen Flexibilitätsmarktplätze möglich. Bisher fehlen für einen Markt regionaler Systemdienstleistungen häufig die Informationen zum aktuellen und zukünftigen Netzzustand.

Dass Strom zunehmend als angebotsbegrenzte Ressource behandelt wird, stellt eine einschneidende Veränderung dar. Mit der Einführung des „Energy-only-Market" sollen sich Strompreise zukünftig dynamisch und unbegrenzt der jeweiligen Angebots-Nachfrage-Situation anpassen können. Die zunehmende Prognosequalität von Erzeugung, Verbrauch und Netz wird mittel- und langfristig eine dynamische Intraday-Preissetzung für Strom erlauben. In Phasen mit hohem Erzeugungsüberschuss wird Energie günstig zur Verfügung stehen. In Phasen mit geringer Erzeugung aus Wind- und Solaranlagen können dagegen die Preise deutlich steigen. Die Aussicht auf starke Preisfluktuationen ist „der beste Nährboden" für neue Geschäftsmodelle. Analog zum Börsengeschehen werden in einem prognosebasierten Markt diejenigen Teilnehmer erfolgreich sein, die über gute Prognosesysteme verfügen. Flexibilitätsoptionen werden eine wichtige Rolle spielen und zur Verstärkung wie auch zur Absicherung gegen Preisfluktuationen eingesetzt werden. Eine begrenzende Wirkung von Flexibilitätsoptionen auf Preisschwankungen ist zu erwarten. Interessant ist auch die Entwicklung von Versicherungen, mit denen sich die Teilnehmer im Energiemarkt gegen zu große Preisschwankungen absichern können. Für Stadtwerke ist es naheliegend, Endkunden eine solche Versicherung gegen Preisschwankungen als Teil eines Stromliefervertrags oder Stromkontos anzubieten. Durch die Nutzung eigener Flexibilitätsoptionen haben Stadtwerke die Möglichkeit, dem Eintreten eines Versicherungsfalls entgegenzuwirken. Es ist zu erwarten, dass die Politik mit zunehmender Preisdynamik im Endkundenbereich Maßnahmen ergreifen wird, um allen Verbrauchergruppen einen bezahlbaren Zugang zumindest zu einer Grundversorgung mit Energie zu ermöglichen. Geeignete Geschäftsmodelle in diesem Bereich böten dazu eine marktwirtschaftliche Alternative.

Eine weitere einschneidende Veränderung für die Energiewirtschaft ergibt sich aus der Verflechtung mit der Informationstechnologiewirtschaft. Mit fortschreitender Digitalisierung werden im Energiesystem Datenmengen anfallen, deren Verarbeitung das Kerngeschäft der IT-Unternehmen ausmacht.

Im gewerblichen Bereich ermöglich die detailgenaue Erfassung von Verbrauchs- oder Erzeugungsdaten Einblicke in Prozesse und Anlagen. Im privaten Bereich lässt die Auswertung detaillierter Lastganginformationen Rückschlüsse auf im Haushalt befindliche Energieverbraucher und Lebensgewohnheiten zu. Im ersten Fall können die Informationen wettbewerbsrelevant sein. Im zweiten Fall können die Informationen z. B. für personalisierte Werbung genutzt werden. Für Stadtwerke ist dies ein bedrohliches Szenario: IT-Unternehmen könnten Strom zu günstigen Preisen oder sogar kostenlos anbieten, um im Gegenzug detaillierte Verbrauchsinformationen der

Kunden zu erhalten und diese für Werbegeschäfte nutzen.[8] Stadtwerke könnten natürlich auch selbst versuchen, ein solches Geschäftsmodell zu entwickeln, hätten dabei gegen große IT-Unternehmen aber eher Wettbewerbsnachteile. Umgekehrt könnten Stadtwerke dem Kunden auch anbieten, seine Verbrauchsdaten vor der Verwendung für Werbemaßnahmen zu schützen. Energiespeichersysteme im Haushalt könnten dazu genutzt werden, die Verbrauchsinformationen durch Zwischenschaltung des Speichersystems beliebig zu verändern und damit wertlos zu machen. Im Rahmen eines Strombankkontos unter Nutzung eines Schwarmspeicheransatzes könnte dies ein zusätzliches Wertversprechen an den Kunden darstellen.

Eine potenzielle Gefahr, die mit der Digitalisierung einhergeht, ist die Angreifbarkeit des Energiesystems über Kommunikationsleitungen. Beispielhaft seien hier genannt, sich unberechtigten Zugang zu Lastganginformationen zu verschaffen oder gezielte Störungsversuche der Energieversorgung zu unternehmen. Die informationstechnische Absicherung des Energiesystems birgt ein erhebliches Marktpotenzial. Stadtwerke sind in der Verantwortung, ihren Beitrag zur Sicherung des Energiesystems zu leisten. Daraus lässt sich ein steigender Bedarf an Inselnetzlösungen mit befristeter lokaler Unabhängigkeit von vorgelagerten Netzen ableiten, was ein neues Geschäftsfeld für Stadtwerke darstellen kann. Auch die Unterstützung von Unternehmen bei der Sicherstellung einer unterbrechungsfreien Stromversorgung kann für Stadtwerke interessant sein.

6 Fazit

Die grundlegenden Veränderungen in der Energiewirtschaft machen es für alle Marktteilnehmer erforderlich, bestehende Geschäftsmodelle zu prüfen und sie an zukünftige Bedarfe anzupassen. Derzeitige Unsicherheiten machen es nahezu unmöglich, Aussagen über die Erfolgswahrscheinlichkeit einzelner Geschäftsmodelle zu treffen. Einzelne Unternehmen versuchen, im Rahmen von Projekten, Entwicklungen in eine von ihnen bevorzugte Richtung zu treiben oder Unsicherheiten zu begrenzen und sich mittelfristig neue Optionen zu erschließen.

Stadtwerke haben es häufig schwer, neben ihrem Tagesgeschäft zusätzliche Projekte zu verfolgen und entsprechende Ressourcen aufzubringen. Andererseits genießen Stadtwerke den Vorteil des direkten Kundenbezugs. Gerade für Stadtwerke ist erforderlich, neue Geschäftsmodelle systematisch weiterzuentwickeln oder neu zu formulieren und sich dabei auf die wesentlichen, zeitkritischen Fragen zu konzentrieren.

---

8 Hiermit ist nicht der unberechtigte Zugriff auf Daten gemeint, der durch geeignete Datenschutzbestimmungen und technische Vorkehrungen vermieden werden soll, sondern der zulässige Zugang zu Daten als Gegenleistung für günstigen Strom.

Auf Basis der Beobachtung von Trends können frühzeitig Hypothesen für erfolgreiche Geschäftsmodelle abgeleitet werden, die mit überschaubarem Aufwand und evtl. in Kooperation mit anderen Marktteilnehmern bewertet werden können. Darauf aufbauend können Veränderungsprozesse im Unternehmen und in der Markt- und Kundenkommunikation rechtzeitig eingeleitet und frühzeitig Kooperationen mit Dritten gebildet werden.

Auch wenn eine genaue Vorhersage von kurz- und mittelfristigen Entwicklungen schwer möglich ist, können langfristige Entwicklungen schon jetzt ausgemacht werden. Analogien zu anderen Wirtschaftsbereichen drängen sich auf: Wahrscheinlich ist, dass der wirtschaftliche Wert von Energie in Summe rückläufig sein wird. Die Leistung als preisbildendes Element wird dagegen in den Vordergrund treten. Neben der Lieferung von Energie als Kernaufgabe der Stadtwerke werden sich vielfältige Dienstleistungsangebote etablieren. Dem Telekommunikationsbereich entsprechend, sind längerfristig Flatrate-Energieversorgungsangebote in Koppelung verschiedenen Dienstleistungen zu erwarten.

Eine weitere Analogie besteht zwischen Energie- und Finanzwirtschaft: Energie weist Parallelen zu Geld als virtuellem Wirtschaftsgut auf.

Die Energiewende ist als langfristiger Prozess geplant, an dessen Ende die Energiewirtschaft anders aussehen wird als heute. Ein radikaler Wandel von Marktbedingungen birgt existentielle Risiken für Unternehmen, eröffnet aber auch große Chancen. Unternehmen, die Zeichen der Zeit nicht rechtzeitig erkennen, können sich nicht am Markt bewähren.

Literatur

BDEW (2015). Smart Grids Ampelkonzept, URL: https://www.bdew.de/internet.nsf/id/20150310-diskussionspapier-smart-grids-ampelkonzept-de/$file/150310%20Smart%20Grids%20Ampelkonzept_final.pdf (zuletzt abgerufen am 06.03.2016).

BMJV (2015). Gesetz für den Ausbau erneuerbarer Energien – EEG 2014 v. 21.07.2014, URL: http://www.gesetze-im-internet.de/bundesrecht/eeg_2014/gesamt.pdf (zuletzt abgerufen am 04.01.2016).

BMWi (2015). Ein gutes Stück Arbeit. Die Energie der Zukunft. Vierter Monitoring-Bericht zur Energiewende, 11/2015, URL: https://www.bmwi.de/BMWi/Redaktion/PDF/V/vierter-monitoring-bericht-energie-der-zukunft,property=pdf,bereich=bmwi2012,sprache=de,rwb=true.pdf (zuletzt abgerufen am 21.01.2016).

BMWi (2016a). Gesetz zur Weiterentwicklung des Strommarktes (Strommarktgesetz) v. 29.07.2016, URL: https://www.bgbl.de/xaver/bgbl/start.xav?startbk=Bundesanzeiger_BGBl#__bgbl__%2F%2F*%5B%40attr_id%3D%27bgbl116s1786.pdf%27%5D__1497021179658 (zuletzt abgerufen am 09.06.2017).

BMWi (2016b). Gesetz zur Digitalisierung der Energiewende v. 29.08.2016, URL: http://www.bmwi.de/Redaktion/DE/Downloads/Gesetz/gesetz-zur-digitalisierung-der-energiewende.html (zuletzt abgerufen am 09.06.2017).

Brandenburger, A. M., & Nalebuff, B. J. (1997). Co-Opetition. Currency Doubleday.

Bundesregierung (2010). Energiekonzept für eine umweltschonende, zuverlässige und bezahlbare Energieversorgung, v. 28.09.2010, URL: http://www.bundesregierung.de/ContentArchiv/DE/Archiv17/_Anlagen/2012/02/energiekonzept-final.pdf?__blob=publicationFile&v=5 (zuletzt abgerufen am 04.01.2016).

Bundesregierung (2011). Energiewende. Energiepolitik. Fragen und Antworten zur Energiewende v. 06.06.2011, URL: https://www.bundesregierung.de/ContentArchiv/DE/Archiv17/Artikel/2011/06/2011-06-06-faq-energie.html (zuletzt aufgerufen am 21.01.2017).

Courtney, H., Kirkland, J., & Viguerie, P. (November 1997). Strategy under Uncertainty. Harvard Business Review, S. 66–82

Dütschke, E., Unterländer, M., & Wietschel, M. (2012). Variable Stromtarife aus Kundensicht – Akzeptanzstudie auf Basis einer Conjoint-Analyse. *Fraunhofer Institut für System- und Innovationsforschung*, Karlsruhe.

Energieagentur Rheinland-Pfalz (2016). Neue Geschäftsmodelle für Energiegenossenschaften, URL: http://www.energieagentur.rlp.de/fileadmin/user_upload/Buergerenergiegenossenschaften_Broschuere_160210_Small.pdf (zuletzt abgerufen am 09.06.2017).

ENTSO-E (2016). Continental Europe Operation Handbook, URL: https://www.entsoe.eu/publications/system-operations-reports/operation-handbook/Pages/default.aspx (zuletzt abgerufen am 06.03.2016).

Mauborgne, R., & Kim, W. C. (2005). Blue Ocean Strategy. Brighton: Harvard Business Review Press.

Müller, J. R., & Holstenkamp, L. (2015). Zum Stand von Energiegenossenschaften in Deutschland. Aktualisierter Überblick über Zahlen und Entwicklungen zum 31.12.2014. Arbeitspapierreihe Wirtschaft & Recht, Nr. 20, Leuphana Universität Lüneburg, URL: https://www.buendnis-buergerenergie.de/fileadmin/user_upload/downloads/Studien/Studie_Zum_Stand_von_Energiegenossenschaften_in_Deutschland_Leuphana.pdf (zuletzt abgerufen am 22.01.2017).

Osterwalder, A., & Pigneur, Y. (2011). Business Model Generation: Ein Handbuch für Visionäre, Spielveränderer und Herausforderer. Frankfurt a. M./New York: Campus.

Porter, M. E. (1985). Competitive Advantage. New York: Free Press.

Porter, M. E. (2008). The five competitive forces that shape strategy. *Harvard Business Review*, 86(1), S. 78–93.

StoREgio Energiespeichersysteme e. V. (2016). Flex4Energy, URL: www.flex4energy.de (zuletzt abgerufen am 06.03.2016).

VDE (2015). Der zellulare Ansatz. Grundlage einer erfolgreichen, regionenübergreifenden Energiewende. Frankfurt a. M: VDE/ETG.

René Groß und Andreas Wieg

Energiespeicher – Geschäftsmodelle für (Energie-)Genossenschaften

1 Einleitung

Genossenschaften sind Mitte des neunzehnten Jahrhunderts entstanden, um die wirtschaftliche Situation insbesondere von Bauern und Gewerbetreibenden zu verbessern. Mit gemeinschaftlichen Unternehmen wurden die Herausforderungen dieser wirtschaftlich benachteiligten Bevölkerungsgruppen gemeistert, v. a. bei der Kreditvergabe, dem Zugang zu Absatzmärkten oder dem kostengünstigen bzw. qualitativ ansprechenden Bezug von Waren. Das Innovative dieser unternehmerischen Kooperation lag in der Organisation: Selbstständige Bauern oder Handwerker betrieben einen Geschäftsbetrieb, um ihre wirtschaftlichen Interessen gemeinschaftlich wahrzunehmen.

Da die benachteiligten Bevölkerungsgruppen in der damaligen Zeit mit ähnlichen Herausforderungen zu kämpfen hatten, verbreiteten sich Genossenschaften rasch in vielen Regionen Deutschlands.[1] Einen wichtigen Einfluss auf diese Entwicklung hatte auch das Genossenschaftsgesetz, das kurz nach den ersten Genossenschaftsgründungen eingeführt wurde.[2] Es förderte nicht nur die Rechtssicherheit, sondern es trug auch zur Etablierung der Genossenschaften in Staat und Gesellschaft bei.

Heute sind Genossenschaften in unterschiedlichen Branchen vertreten. Insgesamt gibt es in Deutschland etwa 7700 Genossenschaften mit rund 23 Mio. Mitgliedern.[3] Im Zuge der Energiewende wurden in den letzten zehn Jahren über 800 Energiegenossenschaften gegründet. Die meisten von ihnen produzieren Strom auf Basis von Sonnen- oder Windenergie und speisen diesen in das Netz ein. Zudem gibt es genossenschaftliche Nahwärmenetze, die auf Bioenergiebasis ihre Mitgliederhaushalte mit Wärme versorgen. Von Genossenschaften werden schließlich auch Stromnetze betrieben.[4]

Die Gründung von Genossenschaften im Bereich der Erneuerbaren Energien folgt der gleichen Devise wie vor 160 Jahren: gemeinsam handeln, mehr erreichen. Bürger schließen sich zu Energiegenossenschaften zusammen, um gemeinsam die Energiewende in

---

1 Zur Geschichte der Genossenschaften in Deutschland siehe z. B. Faust, Genossenschaftsbewegung, S. 167 ff.

2 Siehe Lang/Weidmüller, Genossenschaftsgesetz, S. 1.

3 Siehe Infografik des DGRV, Genossenschaften auf einen Blick, im Internet abrufbar unter: www.genossenschaften.de (abgerufen am 02.10.2016).

4 Hierbei handelt es sich zumeist um die regionalen genossenschaftlichen Netzbetreiber und Energieversorgungsunternehmen, die z. T. schon seit vielen Jahrzehnten bestehen. Siehe bspw. AEE/DGRV, Energiegenossenschaften, S. 38 ff; siehe auch DGRV, Jahresumfrage 2015 und Jahresumfrage 2016, im Internet abrufbar unter: www.genossenschaften.de (abgerufen am 02.10.2016).

https://doi.org/10.1515/9783110458480-002

ihrer Region voranzubringen. Sie können am Ausbau der Erneuerbaren Energien partizipieren, obwohl sie selbst z. B. keine geeigneten Dachflächen haben bzw. die Investition in eine Erneuerbare-Energien-Anlage finanziell nicht alleine stemmen können.

Folglich ist die genossenschaftliche Kooperation auch eine Erfolgsgeschichte der Deutschen Energiewende. Gleichwohl suchen Energiegenossenschaften – nicht zuletzt aufgrund der sich verändernden Rahmenbedingungen für den weiteren Ausbau der Erneuerbaren Energien – nach neuen Geschäftsmodellen. Im Fokus steht hierbei auch die Überlegung, ob, und wenn ja, in welchem Umfang Genossenschaften im Bereich der Energiespeicher geschäftlich aktiv sind bzw. zukünftig sein können. Dieser Fragestellung widmet sich der vorliegende Beitrag.

In Kapitel 2 wird die genossenschaftliche Unternehmensform näher vorgestellt und auf die bisherigen Geschäftstätigkeiten von Energiegenossenschaften eingegangen. In einem Exkurs wird das auch für Investitionen in die Speichertechnologie wichtige Thema der Finanzmarktregulierung diskutiert. In Kapitel 3 werden Strom- und Wärmespeichertechnologien, die grundsätzlich für genossenschaftliche Betreiber relevant sein können, in komprimierter Form vorgestellt. In Kapitel 4 werden die genossenschaftlichen Betätigungsfelder diskutiert. Kapitel 5 fasst die wichtigsten Ergebnisse holzschnittartig zusammen.

2 Genossenschaftliche Kooperation in der Energiewende

2.1 Zum Genossenschaftsbegriff

Genossenschaften sind kollektive Unternehmen, mit denen Privatpersonen, selbstständige Unternehmer oder juristische Personen gemeinschaftlich ihre wirtschaftlichen, sozialen oder kulturellen Ziele verfolgen. Der Begriff „Genossenschaft" wird im Genossenschaftsgesetz (GenG) in § 1 Abs. 1[5] definiert: Genossenschaften sind „Gesellschaften von nicht geschlossener Mitgliederzahl, deren Zweck darauf gerichtet ist, den Erwerb oder die Wirtschaft ihrer Mitglieder oder deren soziale oder kulturelle Belange durch gemeinschaftlichen Geschäftsbetrieb zu fördern". Diese Förderung bzw. der sog. Förderzeck unterscheidet eine Genossenschaft von allen anderen Vereinigungsformen.[6]

Die Mitglieder einer Genossenschaft profitieren direkt von den Leistungen des Genossenschaftsbetriebs. Genauer gesagt profitieren sie von ihrem gemeinschaftlichen Geschäftsbetrieb. Schließlich sind die Mitglieder einer Genossenschaft nicht nur Nutznießer, sondern zugleich auch Eigentümer des Unternehmens. Diese Identität

5 Genossenschaftsgesetz in der Fassung der Bekanntmachung v. 16.10.2006 (BGBl. I S. 2230), das durch Artikel 7 des Gesetzes v. 31.03.2016 (BGBl. I S. 518) geändert worden ist.

6 In diesem Sinne können Genossenschaften auch in anderer Rechtsform verfasst sein. Im Folgenden wird aber auf Unternehmen in der Rechtsform der eingetragenen Genossenschaft abgestellt.

von Kunde und Eigentümer und die damit verbundene direkte Förderung der Mitglieder charakterisieren im Kern die genossenschaftliche Wirtschaftsform.

Die Genossenschaft kennzeichnet noch eine weitere Besonderheit: Jedes Mitglied, also jeder Kapitaleigner, hat unabhängig von seiner finanziellen Beteiligung in der Generalversammlung gemäß § 43 Abs. 3 S. 1 GenG lediglich eine Stimme. Diese demokratische Grundstruktur fördert die gleichberechtigte, vertrauensvolle Zusammenarbeit. Weder können einzelne Personen dominieren, noch lässt sich eine Genossenschaft von einem Großinvestor übernehmen.

Die Leitungsstruktur der Genossenschaft ist wie ein herkömmliches Unternehmen aufgebaut, mit einem geschäftsführenden Vorstand (§§ 24, 25, 26 GenG) und einem überwachenden Aufsichtsrat (§§ 36, 38, 39 GenG). Die Mitglieder beider Gremien müssen gem. § 9 Abs. 2 GenG auch selbst Genossenschaftsmitglied sein („Selbstorganschaft"). Hinsichtlich des Ein- und Austritts der Mitglieder ähnelt die Genossenschaft dem Verein.[7] Über eine Beitrittserklärung einer interessierten Person entscheidet (i. d. R.) der Vorstand.

Genossenschaften sind stabile Unternehmen. In den Statistiken über Unternehmensinsolvenzen sind sie kaum zu finden.[8] Zu dieser Stabilität trägt auch die regelmäßige unabhängige Überprüfung der wirtschaftlichen Verhältnisse durch einen genossenschaftlichen Prüfungsverband bei, die auch die Ordnungsmäßigkeit der Geschäftsführung umfasst.[9] Sie bietet zusätzlichen Schutz für die Mitglieder und steigert das Vertrauen in die Genossenschaft.

2.2 Energiegenossenschaften

Genossenschaften ermöglichen Privatpersonen, mit überschaubaren finanziellen Beträgen den Ausbau Erneuerbarer Energien in ihrer Heimat voranzubringen. Sie kommen in der Genossenschaft mit Gleichgesinnten zusammen, um – häufig gemeinsam mit kommunalen Entscheidungsträgern, öffentlichen Einrichtungen, regionalen Banken, Unternehmen oder landwirtschaftlichen Betrieben – Kraftwerksprojekte im Bereich der Sonnen- oder Windenergie zu initiieren. Dabei verfolgen die Initiatoren vor allem zwei Ziele:

(1) die Umstellung der Energieversorgung auf erneuerbare Energieressourcen und
(2) die Förderung der regionalen Wertschöpfung. Die Aussicht auf eine finanzielle Rendite spielt hingegen nur eine untergeordnete Rolle bei der Entscheidung, sich in einer Energiegenossenschaft zu engagieren.[10]

---

7 §§ 15, 15a, 65–68 GenG.

8 Creditreform, Unternehmensinsolvenzen, S. 9 f.

9 §§ 53–64c GenG.

10 Siehe DGRV, Jahresumfrage 2012, im Internet abrufbar unter: www.dgrv.de (abgerufen am 02.10.2016).

Investitionsrisiko und Betreiber-Know-how werden über die Genossenschaft gebündelt. Zu betonen ist aber, dass eine Genossenschaft nicht mit einer Finanzanlage zu verwechseln ist.[11] Sie ist vielmehr ein regionales Unternehmen. Anders als zum Beispiel ein Investmentfonds fördern Genossenschaften die regionale Wertschöpfung, indem ortsansässige Handwerksbetriebe oder Banken eingebunden werden. So stammt bspw. über alle Energiegenossenschaften hinweg rund die Hälfte des aufgenommenen Fremdkapitals von regionalen Genossenschaftsbanken.[12] Vielfach sind Genossenschaften eine „Keimzelle" für weitere Projekte in der Region, nicht nur im Energiebereich, sondern in vielen Bereichen regionaler Entwicklung. Ein Beispiel hierfür ist die *Energiegenossenschaft Odenwald eG*, die u. a. auch einen Kindergarten betreibt bzw. für Interessenten Kindergärten projektiert.

Die Zahl der Energiegenossenschaften ist in den vergangenen zehn Jahren[13] erheblich gestiegen, allerdings mit unterschiedlichen Zuwachsraten. Bis zum Jahr 2011 wurde jährlich ein deutlicher Anstieg verzeichnet – in jenem Jahr wurden 167 neue Genossenschaften registriert –, seitdem fällt das Wachstum z. T. deutlich geringer aus. Im Jahr 2015 wurden nur noch 40 neue Energiegenossenschaften ins Leben gerufen.

In den etwa 800 Energiegenossenschaften sind rund 165.000 Bürger organisiert. Rund 90 Prozent der Energiegenossenschaften produzieren Strom auf Basis von Solar- und Windenergie.[14] In den meisten Fällen wird dieser in das Stromnetz eingespeist. Zunehmend werden aber auch direkte Lieferbeziehungen mit einzelnen Kunden bzw. Mitgliedern eingegangen. Beispielsweise wird eine Solaranlage auf einem Schuldach errichtet, das den Strom direkt im Gebäude zur Verfügung stellt.

Etwa 20 Prozent der Genossenschaften sind im Bereich „Nahwärme" aktiv. Hier ist die Tendenz steigend, in den letzten drei Jahren sind etwa 50 der insgesamt 145 Nahwärmenetze entstanden.[15] Daneben werden auch Stromnetze von Genossenschaften betrieben. Seit mehr als 100 Jahren sind in vielen Regionen Deutschlands Genossenschaften als etablierte regionale Energieversorgungsunternehmen tätig.

Die Gruppe der Energiegenossenschaften hat etwa 1,8 Mrd. € in den Ausbau der Erneuerbaren Energien investiert, wobei das durchschnittliche Investitionsvolumen

---

11 Siehe Kap. 2.3.

12 Siehe DGRV, Jahresumfrage 2016, im Internet abrufbar unter: www.genossenschaften.de (abgerufen am 02.10.2016).

13 Die DGRV-Jahresumfragen umfassen diesen Zeitraum, da insbesondere die Energiegenossenschaften im Bereich der Erneuerbaren Energien untersucht werden. Damit sind die genossenschaftlichen Netzbetreiber und Energieversorgungsunternehmen nicht Bestandteil der folgenden Statistik und empirischen Aussagen. Hinsichtlich Historie, Größe und Betätigungsfeld unterscheiden sich diese Genossenschaften sehr.

14 Siehe DGRV, Jahresumfrage 2016, im Internet abrufbar unter: www.genossenschaften.de (abgerufen am 02.10.2016).

15 Siehe DGRV, Jahresumfrage 2016, im Internet abrufbar unter: www.genossenschaften.de (abgerufen am 02.10.2016).

einer Genossenschaft bei etwa 2,2 Mio. € liegt. Energiegenossenschaften starten im Durchschnitt mit einem Kapital von etwa 590.000 €. Im Einzelfall können dies bis zu 7,4 Mio. € sein. Kennzeichnend für die Energiegenossenschaften ist der vergleichsweise hohe Anteil an Eigenkapital bei der Finanzierung – insgesamt liegt die Eigenkapitalquote bei 56 Prozent. Etwa ein Viertel aller Energiegenossenschaften finanziert sich ausschließlich mit Eigenkapital.[16]

Ein Vorteil der genossenschaftlichen Organisationsstruktur ist, dass eine große Personenanzahl problemlos aktiv in das Unternehmen integriert werden kann. Hinsichtlich der Mitgliederzahl wachsen Genossenschaften relativ schnell: Sie starten im Schnitt mit 54 Gründungspersonen und zum Befragungszeitpunkt der DGRV-Jahresumfrage sind es bereits 221. Im Einzelfall haben Genossenschaften bis zu 4800 Mitglieder. Im Durchschnitt beteiligen sich die Genossenschaftsmitglieder mit 3600 € an der Genossenschaft. Sofern eine Dividende gezahlt wird, liegt diese bei 3,9 Prozent.[17] Bürgerenergiegenossenschaften wollen i. d. R. möglichst viele Bürger der Region einbinden. Dementsprechend ist eine Beteiligung in vielen Genossenschaften bereits mit weniger als 100 € möglich.[18]

Die lokale Verwurzelung, der hohe Grad an Mitbestimmung und Transparenz sowie die enge Ausrichtung auf die Förderung der Mitglieder sind die Gründe, warum es bei genossenschaftlich organisierten Energieprojekten nur selten zu Akzeptanzproblemen kommt. Die Menschen sind viel eher bereit, ein Windrad oder eine Biogasanlage im eigenen Heimatort zu akzeptieren, wenn sie selbst aktiv daran beteiligt sind und die Wertschöpfung in der Region bleibt. Zudem schätzen die Gründer die demokratische Willensbildung, die das Vertrauen untereinander stärkt.

Diesen Vorteilen von Energiegenossenschaften stehen einige Begrenzungen gegenüber. So werden die meisten Genossenschaften ehrenamtlich geführt, was die strategische Weiterentwicklung zumeist limitiert. Zudem grenzt der zumeist lokale Ansatz die Genossenschaft räumlich ein. Auch die finanziellen Möglichkeiten sind oftmals begrenzt. Eine Investition in einen Offshore-Windpark ist bspw. nur schwerlich mit der Förderung der regionalen Energiewende zu rechtfertigen. Die unternehmerische Tätigkeit von Energiegenossenschaften findet aber auch ihre Grenzen im Mitglieder- und Gläubigerschutz. Zu diesem Schutzzweck tragen verschiedene Regelungen des Genossenschaftsgesetzes wesentlich bei, etwa die konsequente

16 Siehe DGRV, Jahresumfrage 2016, im Internet abrufbar unter: www.genossenschaften.de (abgerufen am 02.10.2016).

17 Siehe DGRV, Jahresumfrage 2016, im Internet abrufbar unter: www.genossenschaften.de (abgerufen am 02.10.2016).

Statistisch entspricht der finanzielle Vorteil aus einem genossenschaftlichen Engagement damit in etwa der Mehrbelastung eines Privathaushalts, der durch die Zahlung der EEG-Umlage auf den Strompreis entsteht.

18 Dies ist bei etwa einem Viertel der Energiegenossenschaften der Fall. Siehe DGRV, Jahresumfrage 2016, im Internet abrufbar unter: www.genossenschaften.de (abgerufen am 02.10.2016).

Ausrichtung der Geschäftstätigkeit am Förderzweck oder die umfängliche Prüfung durch den Genossenschaftsverband. Wenn die Genossenschaft öffentlich Kapital einwerben möchte, ruft das zusätzlich den Anlegerschutz auf den Plan.

2.3 Finanzmarktregulierung und (Energie-)Genossenschaften

Der Anlegerschutz wird neben den allgemeinen Regeln des Bürgerlichen Gesetzbuchs (BGB)[19] im Wesentlichen durch das Kapitalanlagegesetzbuch (KAGB),[20] das Kreditwesengesetz (KWG),[21] das Wertpapierprospektgesetz (WpPG)[22] und das Vermögensanlagengesetz (VermAnlG)[23] reguliert.[24] Das KAGB wurde im Jahr 2013 auf Basis der europäischen AIFM-Richtlinie von 2011[25] eingeführt. Das VermAnlG wurde 2015 grundlegend durch das Kleinanlegerschutzgesetz[26] novelliert. Neben diesen gesetzlichen Regelungen sind auch die Verwaltungsvorschriften der Bundesanstalt für Finanzdienstleistungsaufsicht (BaFin) von großer Bedeutung.

Die BaFin hatte bereits am 09.03.2015 in ihrem Auslegungsschreiben zum KAGB festgestellt, dass die in § 1 Abs. 1 des Genossenschaftsgesetzes verankerte zwingende Ausrichtung des Geschäftszwecks jeder Genossenschaft auf die Förderung der wirtschaftlichen, sozialen oder kulturellen Belange der Mitglieder eine im Vordergrund stehende, fondstypische reine Gewinnerzielungsabsicht ausschließt bzw. diese untersagt.[27] Genossenschaften sind gem. § 1 Abs. 1 GenG kooperative Unternehmen,

---

19 Bürgerliches Gesetzbuch in der Fassung der Bekanntmachung v. 02.01.2002 (BGBl. I S. 42, 2909; 2003 I S. 738), das durch Artikel 3 des Gesetzes v. 24.05.2016 (BGBl. I S. 1190) geändert worden ist.

20 Kapitalanlagegesetzbuch v. 04.07.2013 (BGBl. I S. 1981), das durch Artikel 6 des Gesetzes v. 30.06.2016 (BGBl. I S. 1514) geändert worden ist.

21 Kreditwesengesetz in der Fassung der Bekanntmachung v. 09.09.1998 (BGBl. I S. 2776), das durch Artikel 4 des Gesetzes v. 30.06.2016 (BGBl. I S. 1514) geändert worden ist.

22 Wertpapierprospektgesetz v. 22.6.2005 (BGBl. I S. 1698), das durch Artikel 16 Absatz 7 des Gesetzes v. 30.06.2016 (BGBl. I S. 1514) geändert worden ist.

23 Vermögensanlagengesetz v. 06.12.2011 (BGBl. I S. 2481), das durch Artikel 10 u. 11 des Gesetzes v. 30.06.2016 (BGBl. I S. 1514) geändert worden ist.

24 Siehe weiterführend zum Thema „Finanzmarktregulierung und genossenschaftliche Geschäftsmodelle" Bühler, Geschäftsmodelle, S. 2 f., zu Bürgerenergieprojekten und KAGB siehe BaFin, Auslegungsschreiben v. 14.06.2013, zuletzt geändert am 09.03.2015, Nr. II, 7, im Internet abrufbar unter: www.bafin.de (abgerufen am 02.10.2016); zum Thema bis zur Änderung des Auslegungsschreibens v. 09.03.2016 siehe Böhlmann-Balan/Richter, ER 2015, S. 49 ff.; zum Thema nach der Änderung des Auslegungsschreibens v. 09.03.2016 siehe Geipel, WM 2015, S. 1649 ff.

25 Richtlinie 2011/61/EU des Europäischen Parlaments und des Rates v. 08.06.2011 über die Verwalter alternativer Investmentfonds und zur Änderung der Richtlinien 2003/41/EG und 2009/65/EG und der Verordnungen (EG) Nr. 1060/2009 und (EU) Nr. 1095/2010, ABl. Nr. L 174, 1.

26 Kleinanlegerschutzgesetz v. 03.07.2015 (BGBl. I S. 1114).

27 Siehe BaFin, Auslegungsschreiben Nr. II, 3, 7, im Internet abrufbar unter: www.bafin.de (abgerufen am 02.10.2016); so auch Gesetzentwurf der Bundesregierung v. 18.11.2015, BT-Drs. 18/6744, S. 42.

die ihre Mitglieder direkt fördern. Diese Förderzweckstrategie unterscheidet sich grundlegend von der im KAGB formulierten „festgelegten Anlagestrategie“, sodass kein Investmentvermögen im Sinne des § 1 Abs. 1 KAGB vorliegt.[28]

Folglich ist eine finanzielle Beteiligung einer Genossenschaft an einem Energieprojekt in Form eines Investmentvermögens nach § 1 Abs. 1 KAGB aufgrund der Vorgaben des KAGB rechtlich nicht zulässig. Mit der Novellierung des KAGB am 11.03.2016 durch das sog. OGAW-V-Umsetzungsgesetz[29] wurden sämtliche Bezüge zu eingetragenen Genossenschaften gestrichen. Seither können sich Energiegenossenschaften nicht mehr gem. § 2 Abs. 4b und § 44 Abs. 2 KAGB als Kapitalverwaltungsgesellschaft registrieren lassen.[30] Damit wird klargestellt, dass Genossenschaften das Betreiben von Investmentgeschäften nach §§ 15, 16 KAGB untersagt ist. Die missbräuchliche Nutzung der genossenschaftlichen Rechtsform für Geldanlagegeschäfte wird gemäß § 339 KAGB strafrechtlich verfolgt.

Eine ordnungsgemäß gegründete und dem Förderzweck unterstellte Genossenschaft fällt nicht in den Anwendungsbereich des KAGB. Die Einhaltung der besonderen Anforderungen des Genossenschaftsgesetzes, insbesondere des genossenschaftlichen Förderzwecks, unterliegt der Gründungsbegutachtung (§ 11 Abs. 2 Nr. 3 GenG) und der regelmäßigen umfassenden Prüfung der Prüfungsverbände (§§ 53–64c GenG). Die praktische Frage, die im Zweifel konkret am Einzelfall geklärt werden muss, ist, wo Fördergeschäfte aufhören und wo unerlaubte Investmentgeschäfte anfangen.

Beispielsweise kann eine Beteiligung an einer anderen (Dach- oder Zentral-)Genossenschaft oder einem sonstigen Unternehmen mit dem Ziel eingegangen werden, die Mitgliederförderung der Genossenschaft zu unterstützen. Zum Beispiel kann sich eine Energiegenossenschaft an einer GmbH beteiligen, die die Errichtung und den Betrieb einer konkret definierten Windkraftanlage an einem bestimmten Standort zum Gegenstand hat. Die enge Bindung an den Auftrag zur Mitgliederförderung muss aber verbindlich sichergestellt sein. Das Verfolgen von Anlagezielen mit Dividendeninteresse ist hingegen unzulässig. Meist lässt sich durch Stimmrechtsmehrheit, Mitwirkung in den Organen der Beteiligungsgesellschaft oder vertragliche Maßnahmen der notwendige Einfluss herstellen, um die Förderzweckbindung sicherzustellen.[31]

Ein weiterer Aspekt des Themas „Anlegerschutz“ ist die Prospektpflicht. Nach VermAnlG ist das öffentliche, provisionsfreie Einwerben von Geschäftsanteilen

---

28 Siehe Gesetzentwurf der Bundesregierung v. 18.11.2015, BT-Drs. 18/6744, S. 42.

29 Gesetz zur Umsetzung der Richtlinie 2014/91/EU des Europäischen Parlaments und des Rates v. 23.07.2014 zur Änderung der Richtlinie 2009/65/EG zur Koordinierung der Rechts- und Verwaltungsvorschriften betreffend bestimmte Organismen für gemeinsame Anlagen in Wertpapieren (OGAW) im Hinblick auf die Aufgaben der Verwahrstelle, die Vergütungspolitik und Sanktionen v. 03.03.2016 (BGBl. I S. 348).

30 Siehe OGAW, BGBl. I S. 349, 352.

31 Siehe Bühler, Geschäftsmodelle, S. 3.

einer Genossenschaft prospektbefreit (§ 2 Abs. 1 Nr. 1 VermAnlG). Grundsätzlich ist die öffentliche Kapitaleinwerbung mittels Nachrangdarlehen oder Gewinndarlehen seit der Novellierung des VermAnlG am 10.07.2015 prospektpflichtig. Eine Ausnahme besteht wiederum für Genossenschaften, wenn diese Darlehen ausschließlich von bestehenden Mitgliedern der Genossenschaft eingeworben werden.[32] Dies hat zur Folge, dass die Mitgliedschaft an einer Genossenschaft und ein konkretes Darlehen nicht gleichzeitig, sondern nur in zwei Stufen angeboten werden dürfen.

Die genannten Gesetze und Regulierungen müssen folglich auch bei der Beurteilung der Geschäftsmöglichkeiten von Energiegenossenschaften im Bereich der Energiespeicher berücksichtigt werden. Energiespeicher sind als Geschäftsmodell für Energiegenossenschaften noch ein Randthema. Laut DGRV-Jahresumfrage 2016 planen lediglich 4 Prozent der Genossenschaften Investitionen in Speichertechnologie.[33] Gleichwohl sollen nachfolgend die Potenziale von Speichertechnologien diskutiert werden.

3 Die verschiedenen Arten von Speichern mit Relevanz für (Energie-)Genossenschaften

In Kapitel 3.1 werden die verschiedenen Arten von Speichern kurz erläutert.[34] Zwar liegt der Schwerpunkt auf den Stromspeichern, doch auch Wärmespeicher spielen für die Nahwärmegenossenschaften eine große Rolle. Deswegen soll diese Speichertechnologie in Kapitel 3.2. ebenfalls diskutiert werden. Eine Analyse des genossenschaftlichen Geschäftsmodells zu Stromspeichern und Wärmespeichern erfolgt in Kapitel 4.

3.1 Stromspeicher

Unter Stromspeichern versteht man technische Anlagen, die durch Stromfluss elektrische Energie aufnehmen, diese ggf. in eine andere Energieform umwandeln und zu einem späteren Zeitpunkt wieder ausspeisen können.[35] Stromspeicher werden in vier Kategorien unterteilt:

(1) mechanische Speicher (Pumpspeicherkraftwerke, Druckluftkraftwerke, Schwungmassespeicher),

---

32 Siehe Bühler, Geschäftsmodelle, S. 3.

33 Siehe DGRV, Jahresumfrage 2016, im Internet abrufbar unter: www.genossenschaften.de (abgerufen am 02.10.2016).

34 Siehe weiterführend zu den verschiedenen Speichertechniken AEE, Speicher, S. 21–42; UMSICHT, Speicher, S. 24–75; Lehnert/Vollprecht, ZNER 2012, S. 357–359.

35 AEE, Speicher, S. 5.

(2) elektrische Speicher (Kondensatoren bzw. Supercaps, Supraleitende Spulen (SMES)),
(3) elektrochemische Speicher (Batteriespeicher: Blei-Säure-Akkumulatoren, Lithium-Ionen-Akkumulatoren, Redox-Flow-Batterien) und
(4) chemische Speicher (Wasserstoffspeicher, synthetisches Methan).[36]

Zusätzlich kann man Stromspeichertechnologien nach der möglichen Anzahl von Ladevorgängen, Ausspeicherzeiten (wenige Millisekunden bis zu einem Jahr)[37] und Speicherkapazitäten (1 kWh bis zu 10 TWh) unterscheiden: Primäre Stromspeicher können nur einmal aufgeladen und entladen werden, sekundäre hingegen mehrmals. Nachfolgend werden die Technologien „Pumpspeicherkraftwerke", „Druckluftspeicherkraftwerke", „Schwungmassenspeicher", „Kondensatoren bzw. Supercaps", „Supraleitende Spulen (SMES)", „Batteriespeicher" und „Wasserstoff- bzw. Methanspeicher" kurz vorgestellt.

Bei Pumpspeicherkraftwerken wird Wasser aus einem Tiefbecken (Untersee/Reservoir) in ein höher gelegenes Speicherbecken (Oberwasser/Speicher) gepumpt. Die mit Strom betriebene Pumpe wandelt dabei elektrische Energie in mechanische Energie um. Falls erforderlich, fließt das Wasser durch eine Turbine bergab, wodurch ein Generator angetrieben wird, der wieder elektrische Energie (Strom) erzeugt.[38] Diese Technologie ist der wichtigste Energiespeicher im Netz[39] und stellt 95 Prozent der in Deutschland zur Verfügung stehenden Leistung netzgekoppelter Speicher dar.[40] Die Nettonennleistung der bei Netzbetreibern angeschlossenen und betriebenen Pumpspeicherkraftwerke betrug in Deutschland im Jahr 2015 rund 9,2 GW.[41] Pumpspeicherkraftwerke können innerhalb von wenigen Minuten Strom erzeugen.[42] Deshalb besteht ihre Hauptfunktion in der Bereitstellung von Spitzenlaststrom und dem Ausgleich von Stromverbrauchsschwankungen.[43]

Aktivitäten von Energiegenossenschaften im Bereich der Pumpspeicherwerke sind im Zusammenhang mit dem Projekt *Naturstromspeicher Gaildorf* bekannt. Das technische Konzept sieht vier Windenergieanlagen auf einem Berg vor, bei denen der untere Teil der Türme verdickt ist und Wasser speichern kann. Im Tal liegt das Unterbecken, das über Rohrleitungen mit den Windenergieanlagen verbunden ist. Wie bei einem herkömmlichen Pumpspeicherkraftwerk wird dann im Bedarfsfall

36 AEE, Speicher, S. 5.
37 Für eine detaillierte grafische Aufschlüsselung siehe AEE, Speicher, S. 13, 14.
38 AEE, Speicher, S. 21.
39 Sauer, Speicherung, S. 18.
40 Auer, Stromspeicher, S. 7.
41 Kraftwerksliste der Bundesnetzagentur, Stand: 10.11.2015, im Internet abrufbar unter: www.bundesnetzagentur.de (abgerufen am 12.2.2016).
42 Auch Schwarzstartfähigkeit genannt. Für weitere Eigenschaften siehe AEE, Speicher, S. 23.
43 AEE, Speicher, S. 21, 23 (Einsatzgebebiete: Lastausgleich, Schwarzstart, Sekunden- und Minutenreserve).

Wasser mithilfe der Windenergie in die Türme gepumpt.[44] Im Rahmen dieses Projekts ist die Gründung einer Energiegenossenschaft in Planung. Angedacht ist, dass sich die zu gründende Genossenschaft an dem Projekt beteiligt.[45] Da eine bloße finanzielle Beteiligung einer Genossenschaft – wie in Kapitel 2.3 beschrieben – an dem Projekt aufgrund der Vorgaben des KAGB rechtlich nicht zulässig ist, soll der Strom aus der Anlage vermarktet werden, damit auch eine operative Tätigkeit vorliegt.[46]

Druckluftspeicherkraftwerke sind wie Pumpspeicherkraftwerke Langzeitspeicher und können für den Lastausgleich, Schwarzstart und die Minutenreserve eingesetzt werden.[47] In Deutschland gibt es nur ein Kraftwerk dieses Typs. Die Speicheranlage in Huntdorf mit einer Nettoleistung von 321 MW wird von der *Uniper Kraftwerke GmbH*, die zum *E.ON-Konzern* gehört, betrieben. Die Kraftwerke nutzen überwiegend große unterirdische Druckluftspeicher in Salzkavernen, die über strombetriebene Kompressoren mit Luft befüllt werden können. Im Bedarfsfall treibt die unter Druck stehende Luft eine Turbine an und erzeugt wieder Strom.[48]

Bei dieser Technologie beschleunigt ein Elektromotor ein/einen Schwungrad/-rotor auf eine hohe Drehzahl. Dadurch entsteht kinetische Energie, die wieder in elektrische Energie umgewandelt werden kann, indem das rotierende Schwungrad einen Generator antreibt.[49] Hauptaufgabenfelder dieser Speicherart sind Primärreserve, Ausgleich von Netzspannungen, unterbrechungsfreie Stromversorgung und Elektromobilität.[50]

In Kondensatoren wird elektrische Energie in einem elektrischen Feld gespeichert, das durch Anlegen von Spannung entsteht. Es findet also keine Umwandlung von Energieformen, sondern eine direkte Speicherung von elektrischer Energie statt. Bis auf den Bereich der Elektromobilität haben Kondensatoren dieselben Einsatzgebiete wie Schwungmassenspeicher.[51]

Ebenso wie in Kondensatoren muss auch in einer supraleitenden Spule keine Energie umgewandelt werden. Stattdessen kann die elektrische Energie direkt in einem Magnetfeld gespeichert werden, das durch Gleichstrom in einer supraleitenden Spule erzeugt wird.[52] Dieser Kurzzeitspeicher wird in Krankenhäusern für die

---

44 MBS Naturstromspeicher GmbH, im Internet abrufbar unter: www.naturstromspeicher.de (abgerufen am 12.02.2016); Landesanstalt für Umwelt, Messungen und Naturschutz Baden-Württemberg, Energieatlas Baden-Württemberg, im Internet abrufbar unter: www.energieatlas-bw.de (abgerufen am 14.02.2016).

45 Richard Färber, Südwest Presse online v. 04.07.2015, im Internet abrufbar unter: www.swp.de (abgerufen am 14.02.2016).

46 Richard Färber, Südwest Presse online v. 04.07.2015, im Internet abrufbar unter: www.swp.de (abgerufen am 14.02.2016).

47 AEE, Speicher, S. 25.

48 AEE, Speicher, S. 23, 24, für weitere Eigenschaften siehe S. 25.

49 AEE, Speicher, S. 26, für weitere Eigenschaften siehe S. 27.

50 AEE, Speicher, S. 27.

51 AEE, Speicher, S. 28, für weitere Eigenschaften siehe S. 29.

52 AEE, Speicher, S. 29, für weitere Eigenschaften S. 30.

unterbrechungsfreie Stromversorgung von medizinischen Geräten eingesetzt und sichert Netz- und Spannungsqualität ab.[53]

Batteriespeicher kann man grob in drei Arten einteilen:

(1) Blei-Säure-Akkumulatoren,
(2) Lithium-Ionen-Akkumulatoren und
(3) Redox-Flow-Batterien.[54]

Bei Blei-Säure-Akkumulatoren und Lithium-Ionen-Akkumulatoren wird die Energie (Systeme mit internen Speichern) in der Zelle gespeichert, in der auch die elektrochemische Reaktion abläuft.[55] Herzstück der Blei-Säure-Batterien sind zwei Elektroden, die aus Blei und Bleioxid bestehen und in einer Elektrolytlösung, typischerweise verdünnte Schwefelsäure, liegen.[56] Ihren Anwendungsbereich haben diese Speicher als Batterien in Verbindung mit Verbrennungsmotoren oder in Elektrofahrzeugen, in der Notstromversorgung, zur lokalen Stabilisierung von Frequenzen und Spannung sowie zur Steigerung des PV-Eigenverbrauchs in Kombination mit einer Photovoltaikanlage.[57]

Bei Lithium-Ionen-Akkumulatoren bestehen die Elektroden aus verschiedenen Lithium-Metalloxiden.[58] Diese Batterien werden in Laptops, Handys, Werkzeugen, E-Bikes und Pedelecs, bei denen der Elektromotor angetrieben wird, verwendet. Des Weiteren werden die Lithium-Ionen-Batterien im Stromnetz zum Ausgleich von kurzfristigen Frequenzschwankungen und zur Speicherung von fluktuierendem Erneuerbaren-Energien-Strom als Großspeicher bzw. als Kleinspeicher von Photovoltaikstrom in Haushalten oder Unternehmen eingesetzt. Besonders große Bedeutung wird diesen Batterien im Bereich der Elektromobilität vorausgesagt, weil sie eine hohe Energiedichte bei geringem Gewicht haben.[59]

Redox-Flow-Batterien sind Systeme mit externen Speichern. Das heißt, es gibt eine elektrochemische Reaktions- und die elektrochemische Energiespeicherzelle, die räumlich voneinander getrennt sind. In Deutschland und weltweit gibt es Großspeicher dieses Typs, die zur Optimierung der Netzeinspeisung aus fluktuierendem Erneuerbaren-Energien-Strom und zur bloßen Langzeitspeicherung dieses Stroms eingesetzt werden. Zukünftig könnten größere Speicher dieser Art auch am Stromhandel teilnehmen bzw. Regelenergie leisten.[60]

---

53 UMSICHT, Speicher, S. 33.

54 Für eine Übersicht über derzeit am Markt erhältliche Batteriespeicher bis 30 kWh siehe Röpcke, Von Batterie- und Speichersystemen, S. 60–69.

55 AEE, Speicher, S. 31.

56 AEE, Speicher, S. 31, für weitere Eigenschaften S. 32.

57 AEE, Speicher, S. 31.

58 AEE, Speicher, S. 33, für weitere Eigenschaften S. 35.

59 AEE, Speicher, S. 33, 34.

60 AEE, Speicher, S. 35, 36, für weitere Eigenschaften S. 37.

Die bisher größten Erfahrungen haben Energiegenossenschaften mit dem zuletzt genannten Speichertyp gemacht. So werden erste Projekte im Bereich der Elektromobilität (Autos, E-Bikes, Pedelecs) umgesetzt und Kleinstspeicher zur Erhöhung des Eigenverbrauchs eingesetzt. Im Bereich der Elektromobilität können exemplarisch die *Energiegenossenschaft Fünfseenland eG*, die *Energiegenossenschaft Odenwald eG*, die *Energiegenossenschaft Rhein-Ruhr eG*, die *Energiegenossenschaft Vogelsberg eG*, die *Energiegenossenschaft WeilerWärme eG*, die *eE4mobile eG*, die *ENGO Energiegenossenschaft Ostthüringen eG*, die *Inselwerke eG*, die *Rabenkopf BürgerEnergie eG*, die *Umweltfreundliche Energien Wadersloh eG* oder die *ÜZ Lüsfeld eG* genannt werden.

Durch Wasserstoffspeicher kann Strom chemisch als gasförmiger Wasserstoff gespeichert werden (Power-to-Gas). Wasserstoff entsteht durch Elektrolyse. Bei diesem Verfahren werden zwei Elektroden, die unter Spannung stehen, in Wasser getaucht. Dieses Gas kann bis zu einem Prozentsatz von 5 Prozent in das Erdgasnetz eingespeist und in Speicherbehältern gelagert werden. Rückverstromt wird der Wasserstoff in Brennstoffzellen oder vermischt mit Biogas oder Erdgas in Blockheiz- oder Gaskraftwerken.[61]

Wenn Wasserstoff methanisiert und CO_2 hinzugefügt wird (Power-to-Gas-Verfahren), entsteht gasförmiges Methan und es kommt zu einer Methanspeicherung. Dieses synthetische Methan kann anschließend ohne weitere Zwischenschritte ins öffentliche Erdgasnetz eingespeist und damit als Langzeitspeicher genutzt werden. Ferner kann es auch als Kraftstoff in Fahrzeugen verwendet oder durch Verbrennung in BHKW oder Gaskraftwerken wieder zu Wärme und Strom umgewandelt werden.[62]

Die *Greenpeace Energy eG* bietet ihren Kunden ein Gasprodukt an, bei dem Erdgas Wasserstoff beigemischt ist, der im Elektrolyseverfahren aus Windenergiestrom entstanden ist.[63] Die Power-to-Gas-Anlage gehört der *Enertrag AG* und steht in Prenzlau.[64]

3.2 Wärmespeicher

Wärmespeicher werden in sensible, latente und thermochemische Konzepte unterteilt. Sensible Wärmespeicher werden am meisten verwendet.[65] Bei diesem Speichersystem wird dem Speichermedium Wärme zugeführt (sog. Beladung), wodurch die Temperatur steigt. Umgekehrt wird dann dem Speichermedium wieder Wärme

61 AEE, Speicher, S. 37, 38, für weitere Eigenschaften S. 40.
62 AEE, Speicher, S. 40, 41, für weitere Eigenschaften S. 42.
63 Sog. Erdgas-Windgas-Gemisch.
64 Siehe e21.info v. 01.04.2015, im Internet abrufbar unter: www.e21.info (abgerufen am 02.10.2016).
65 UMSICHT, Speicher, S. 53.

entzogen (sog. Entladung) und dadurch sinkt die Temperatur. Die häufigste Form der latenten Wärmespeicher ist der Warm- bzw. Heißwasserspeicher, der bis zu einer Temperatur von 100 °C zum Einsatz kommen kann.[66]

Bei größeren Wärmekonzepten, bei denen angeschlossene Wärmekunden über Leitungen mit Wärme aus großen Wärmeerzeugungsanlagen beliefert werden, gibt es in den meisten Fällen einen Warm- bzw. Heißwasserspeicher als Pufferspeicher an den Wärmeerzeugungsanlagen und in den Ein- und Mehrfamilienhäusern der Wärmekunden.[67] Das ist bei genossenschaftlichen Nahwärmenetzen nicht anders. Bei den Wärmeabnehmern wird die Wärmeversorgung durch die Wärmespeicher unterstützt[68] und warmes Wasser für Bad, Küche usw. gespeichert.[69]

Bei den großen Wärmeerzeugungsanlagen dienen Wasserspeicher als Pufferspeicher für z. B. Blockheizkraftwerke. Die Wärme wird zwischengespeichert und kann bei Bedarf an die ans Wärmekonzept angeschlossenen Wärmekunden abgegeben werden.[70] Dadurch kann die Wärmeproduktion von der Stromproduktion und die Wärmeproduktion vom Wärmeverbrauch entkoppelt werden. Pufferspeicher können Wärme für ein paar Stunden speichern. In Bioenergiedörfern werden Größen zwischen 10 bis 100 m^3 eingesetzt.

In größeren Bioenergiedörfern kommen inzwischen auch Tagesspeicher mit bis zu 1000 m^3 Speichervolumen zum Einsatz.[71] Bei der *Bioenergiedorf Jühnde eG* gibt es z. B. zwei Pufferspeicher mit je 50 m^3 Volumen für die Wärmespeicherung. Durch diese Anlagen können 4500 kWh Wärme gespeichert werden, wenn die Differenz zwischen Rück- und Vorlauftemperatur 40 °C beträgt. Diese Wärme entsteht durch rund acht Stunden Volllastbetrieb des Holzhackschnitzelheizwerks.[72] Bei der *Energiegenossenschaft Wasenberg eG* gibt es z. B. zwei 60 m^3 große Wärmespeicher.[73]

---

66 UMSICHT, Speicher, S. 53; andere sensible Speicher wie Dampfspeicher, Thermalölspeicher, Flüssigsalze, Feststoffspeicher, aber auch latente und thermochemische Wärmespeicher werden eher nicht bei genossenschaftlichen Nahwärmenetzen eingesetzt und werden deswegen in diesem Beitrag nicht näher beleuchtet. Für eine ausführliche Darstellung dieser Wärmespeicherarten siehe UMSICHT, Speicher, S. 57–74.

67 UMSICHT, Speicher, S. 57.

68 UMSICHT, Speicher, S. 57.

69 FNR, Wege, S. 48.

70 UMSICHT, Speicher, S. 57.

71 FNR, Bioenergiedörfer, S. 101.

72 FNR, Wege, S. 70; Für nähere Erläuterungen zum gesamten Anlagenpark, der den Strom und die Wärme im *Bioenergiedorf Jühnde* produziert, siehe FNR, Wege, S. 68–70.

73 Nahwärmeversorgung in Wasenberg gestartet, nh24.de v. 29.10.2015, im Internet abrufbar unter: www.nh24.de (abgerufen am 28.02.2016).

4 Genossenschaftliche Geschäftsmodelle

4.1 Stromspeicher

Zuerst wird in Kapitel 4.1.1 ein Blick auf die Einsatzgebiete von Stromspeichern geworfen. Anschließend werden in Kapitel 4.1.2 die generell für Energiegenossenschaften infrage kommenden Geschäftsmodelle beleuchtet.

4.1.1 Einsatzgebiete für Stromspeicher im Allgemeinen

Generell bestimmen die Größe und die Technologien der Speicher ihr technisches Einsatzgebiet.[74] Zum jetzigen Zeitpunkt sind für Kurzzeitspeicher, die als Leistungsspeicher eine Entladezeit von Sekunden bis Minuten haben bzw. im lokalen kW-Leistungsbereich liegen, im Bereich der Netzstabilisierung, Netzaufrechterhaltung und Lastspitzenkappung technisch einsetzbar. Im dezentralen MW-Leistungsbereich kann der Kurzzeitspeicher zur Lastspitzenkappung, zur unterbrechungsfreien Stromversorgung und zur Bereitstellung von Regelenergie Anwendung finden. Im zentralen GW-Bereich kann sowohl Regel- als auch Ausgleichsenergie bereitgestellt werden. Speicher, die als Tagesspeicher eine Entladezeit von Minuten bis Stunden haben, können in der kW-Größenordnung zur Steigerung von Eigenverbrauch und zur Vermeidung von Netzausbau eingesetzt werden. Im MW-Bereich dienen sie als Backup-Systeme und auch zur Vermeidung von Netzausbau. Im GW-Kontext können sie Regel- und/oder Ausgleichsenergie bereitstellen. Langzeitspeicher, die eine Entladezeit von Stunden bis Tagen haben, können in der kW-Größe als Inselsysteme, im MW-Bereich zusätzlich noch als Backup-Systeme bzw. in der GW-Kategorie als Inselsysteme oder zum Ausgleich saisonaler Schwankungen eingesetzt werden.[75]

4.1.2 Einkaufsgenossenschaften für (Kleinspeicher-)Komponenten

Einkaufsgenossenschaften beschaffen für ihre Mitglieder Waren und Dienstleistungen. Im Energiebereich kann dies ein gemeinsamer, strukturierter Strom- und Gaseinkauf, der Einkauf von Dienstleistungen, wie der Direktvermarktung (z. B. bei der *reg-ina eG* und der *Regionalstrom Franken eG*), von Einsatzstoffen (z. B. bei der *BioEnergieService Marburger Land eG*) oder von Materialien (z. B. PV-Anlagenkomponenten oder PV-Kleinspeicher) sein. Durch Skaleneffekte können bessere Bezugs- und Vertragskonditionen ausgehandelt werden, um schlussendlich Kosten für die Mitglieder zu sparen. Hierdurch fördert die Einkaufsgenossenschaft

---

74 Siehe für eine grafische Darstellung zu den Einsatzgebieten und weiteren Kategorisierungen: AEE, Speicher, S. 14; Energieagentur, Geschäftsmodelle, S. 73; UMSICHT, Speicher, S. 25.

75 Siehe AEE, Speicher, S. 14; Energieagentur, Geschäftsmodelle, S. 73; UMSICHT, Speicher, S. 25.

ihre Mitglieder im Sinne des § 1 Abs. 1 GenG. Der genossenschaftliche Fachgroßhandel, wie etwa die *Dachdecker-Einkauf Süd eG,* vertreibt neben vielen anderen Produkten auch Solarspeicher.

Die Herausforderung ist, über den Einkauf und die Abnahme einer großen Menge von PV-Speicher eine so große Preisreduzierung zu erzielen, dass aus der Differenz auch die Kosten der Einkaufsgenossenschaft, wie z. B. Personalkosten, dauerhaft getragen werden können. Zusätzlich muss eine große Nachfrage an Kleinstspeichern bei den Mitgliedern bzw. bei Nichtmitgliedern der Genossenschaft bestehen. Energiegenossenschaften haben in der Phase des laufenden Geschäftsbetriebs im Durchschnitt 221 Mitglieder[76] und können sogar bis zu mehrere tausend Mitglieder haben. Ferner sind die Genossenschaften lokal und regional oft gut vernetzt. Damit haben viele dieser Unternehmen einen guten Ausgangspunkt, um eine große Anzahl an potenziellen Kunden (Mitglieder wie Nichtmitglieder) auf das Thema „Kauf und Installation" anzusprechen. Zu bedenken ist, dass Energiegenossenschaften Unternehmen sind, sodass sich eine Geschäftsidee auch insgesamt wirtschaftlich rechnen muss.

Angesichts des durchschnittlichen Startkapitals von rund 593.000 € und eines durchschnittlichen Gesamtinvestitionsvolumens von rund 2.214.000 € bei den Energiegenossenschaften[77] sollte der Einkauf von Kleinspeichern bei einem durchschnittlichen Nettopreis von Blei-Akkus von unter 1000 €/kWh und Lithium-Ionen-Systemen von 1000 €/kWh bis zu 3000 €/kWh[78] aus Finanzierungssicht kein Problem darstellen. Im Jahr 2017 soll ein System aus PV-Dachanlage und Kleinspeicher in Deutschland konkurrenzfähig zum Haushaltsstrompreis sein.[79] Somit müssen die Preise für Kleinstspeicher nur weiter sinken, sodass auch bloße Zwischenverkäufer dieser Komponenten einen Geschäftsbetrieb aufbauen können und sich so eine spezielle Einkaufsgenossenschaft lohnen könnte.

4.1.3 Modelle zur Erhöhung der Eigenversorgung

Eine der wenigen Möglichkeiten, Stromspeicher derzeit wirtschaftlich einzusetzen und zu betreiben, ist die Kombination eines Kleinspeichers mit einer Photovoltaikanlage zur Erhöhung des Eigen- oder Selbstverbrauchs vor Ort ohne Nutzung des

76 DGRV, Jahresumfrage 2016, im Internet abrufbar unter: www.genossenschaften.de (abgerufen am 12.07.2016).

77 DGRV, Jahresumfrage 2016, im Internet abrufbar unter: www.genossenschaften.de (abgerufen am 12.07.2016).

78 Siehe www.energie-datenbank.eu (abgerufen am 10.04.2016); für eine weitere Marktübersicht siehe Marktübersicht Batteriespeicher (teilweise mit Bruttopreisen), 09/2015, im Internet abrufbar unter: www.carmen-ev.de (abgerufen am 10.04.2016).

79 Siehe Energiewende gelöst: Speicher und Digitalisierung verbinden Stromerzeugung und Verbrauch, Gemeinsame Presseerklärung mit Infografiken von *Büro F* und *enviacon international,* 09.04.2016, im Internet abrufbar unter: www.burof.de (abgerufen am 10.04.2016).

öffentlichen Netzes.[80] Der Begriff der Eigenversorgung[81] wurde in § 5 Nr. 12 Erneuerbare-Energien-Gesetz (EEG) 2014[82] zum ersten Mal rechtlich definiert. Eigenversorgung ist danach „der Verbrauch von Strom, den eine natürliche oder juristische Person im unmittelbaren räumlichen Zusammenhang mit der Stromerzeugungsanlage selbst verbraucht, wenn der Strom nicht durch ein Netz durchgeleitet wird und diese Person die Stromerzeugungsanlage selbst betreibt".[83] Das heißt, eine Energiegenossenschaft kann Eigenversorgung umsetzen, wenn eine Personenidentität zwischen Anlagenbetreiber und Letztverbraucher besteht sowie der Verbrauch unmittelbar vor Ort erfolgt. Es lassen sich gute juristische Argumente finden, dass eine Energiegenossenschaft, in der die Mitglieder selbst den Strom aus der gemeinsamen genossenschaftlichen Anlage vor Ort verbrauchen, Eigenversorgung im Sinne des EEG betreibt.[84] So betreiben die Mitglieder einer Energiegenossenschaft die Stromerzeugungsanlage als Miterzeuger und können den erzeugten Strom somit auch vor Ort selbst mitverbrauchen.

Ob sich diese Meinung auch praktisch und rechtssicher gegenüber dem jeweiligen Netzbetreiber durchsetzen lässt, ist zweifelhaft. Fälle aus der Praxis sind den Autoren nicht bekannt. Wenn die Genossenschaft den Eigenverbrauch ihrer Mitglieder rechtssicher fördern will, muss hierfür das praktisch und juristisch etablierte Anlagenpachtmodell bzw. Mietmodell genutzt werden. Im Rahmen dieses Modells verpachtet die Energiegenossenschaft per Vertrag und unter Beachtung verschiedener anderer rechtlicher Vorgaben die Photovoltaikanlage in Kombination mit oder ohne Kleinstspeicher an einen Letztverbraucher, wodurch dieser Eigenverbraucher wird und nur noch die reduzierte EEG-Umlage gem. § 61 Abs. 1 EEG 2014[85] zahlen muss.

---

80 So auch Energieagentur, Geschäftsmodelle, S. 73.

81 Für die Zusammenfassung und Beantwortung aktueller Auslegungs- und Rechtsfragen zur Eigenversorgung siehe Clearingstelle EEG, Empfehlung 2014/31, im Internet abrufbar unter: www.clearingstelle-eeg.de (abgerufen am 02.10.2016); Hennig/Herz, ZNER 2016, S. 29–36; BNetzA, Leitfaden, S. 20–129.

82 Erneuerbare-Energien-Gesetz v. 21.07.2014 (BGBl. I S. 1066), das zuletzt durch Artikel 2 Absatz 10 des Gesetzes v. 21.12.2015 (BGBl. I S. 2498) geändert worden ist.

83 An der Definition von Eigenversorgung soll sich im neuen Erneuerbare-Energien-Gesetz 2017 nichts ändern, siehe Gesetzentwurf der Fraktionen der CDU/CSU und SPD, Entwurf eines Gesetzes zur Einführung von Ausschreibungen für Strom aus erneuerbaren Energien und zu weiteren Änderungen des Rechts der erneuerbaren Energien (Erneuerbare-Energien-Gesetz – EEG 2016) v. 21.06.2016, BT-Drs. 18/8860, § 3 Nr. 19 EEG-E, S. 185, Beschlussempfehlung und Bericht des Ausschusses für Wirtschaft und Energie (9. Ausschuss) zu dem Gesetzentwurf der Fraktionen der CDU/CSU und SPD – BT-Drs. 18/8860 – und zu dem Gesetzentwurf der Bundesregierung – BT-Drs. 18/8832, 18/8972 – (Erneuerbare-Energien-Gesetz – EEG 2016) v. 06.07.2016, BT-Drs. 18/9096, S. 17, im Internet abrufbar unter: http://dip21.bundestag.de (abgerufen am 02.10.2016).

84 So auch Hennig/Herz, ZNER 2016, S. 33, a. A. BNetzA, Leitfaden, S. 29. Genossenschaften können keine Eigenversorgung i. S. d. EEG betreiben, weil die Mitglieder und nicht die Genossenschaft den Strom verbraucht.

85 An dieser Regelung soll sich im neuen EEG 2017 nichts ändern, siehe Gesetzentwurf der Fraktionen, EEG 2016, § 61 Abs. 1 EEG-E, S. 62, Beschlussempfehlung, EEG 2016, S. 122.

Bei der Direktlieferung gem. § 20 Abs. 3 Nr. 2 EEG 2014[86] hingegen wird nach § 60 Abs. 1 EEG 2014[87] die volle EEG-Umlage[88] fällig. Im Bereich der Mieterstrommodelle könnte sich an der Wirtschaftlichkeit etwas ändern, wenn die Verordnungsermächtigung in § 95 Nr. 2 des novellierten EEG 2017[89] umgesetzt würde und nur noch eine anteilige EEG-Umlage zu zahlen wäre. Für die Wirtschaftlichkeit von Geschäftsmodellen spielt die Frage, ob eine reduzierte oder eine vollständige EEG-Umlage zu zahlen ist, eine entscheidende Rolle. Mehrheitlich rechnen sich Photovoltaikdachanlagen größer 10 kW installierter Leistung nur noch mit einem gewissen Anteil an Eigenversorgung. Die Wirtschaftlichkeit bei Eigenversorgungsmodellen spielt in Kombination mit Kleinstspeichern eine noch größere Rolle, weil juristisch die Meinung vertreten wird, dass die EEG-Umlage bei der Nutzung eines Zwischenspeichers doppelt anfällt.[90] Andere Stimmen sprechen sich gegen eine Doppelbelastung aus.[91] Diesen Widerspruch hat der Gesetzgeber erkannt und im EEG 2017 gelöst. Die Doppelbelastung wird abgeschafft.[92]

Aus finanzieller Sicht kann eine Energiegenossenschaft Photovoltaikanlagenpachtprojekte in Kombination mit Kleinstspeichern (bei 1300 €/kWp durchschnittlicher Endkundenpreis für fertige Aufdachanlagen von 10 bis100 kWp ohne Speicherkosten in Q1/2015)[93] stemmen. Eine möglicherweise größere Anzahl an potenziellen Kunden (Mitglieder und Nichtmitglieder) ist ein weiterer Pluspunkt für die Umsetzung von vielen Projekten in diesem Bereich. Wenn die Preise für Speicher weiter sinken, wird ein noch größeres wirtschaftliches Potenzial für Photovoltaikanlagenpachtprojekte in Kombination mit Kleinstspeichern für Energiegenossenschaften bestehen. Es gibt Prognosen, die von 600 MW installierter Leistung von Hausspeichern in Kombination mit Photovoltaikanlagen im Jahr 2020 und von 3,4 bis 6 GW im Jahr 2030 ausgehen.[94] Bei diesem Geschäftsmodell sollten die weiteren Entwicklungen des gesetzlichen Rahmens und der Tarifstrukturen immer im Blick behalten werden. So finden sich in einem Diskussionsentwurf der Bundesregierung zur Änderung im Stromsteuergesetz zahlreiche Änderungen der Stromsteuerbefreiung für Erneuerbare Energien wieder.[95]

---

86 An dieser Regelung soll sich im neuen EEG 2017 nichts ändern, siehe Gesetzentwurf der Fraktionen, EEG 2016, § 21b Abs. 4 Nr. 2 EEG-E, S. 196, Beschlussempfehlung, EEG 2016, S. 33, 34.

87 An dieser Regelung soll sich im neuen EEG 2017 nichts ändern, siehe Gesetzentwurf der Fraktionen, EEG 2016, § 60 Abs. 1 EEG-E, S. 238, Beschlussempfehlung, EEG 2016, S. 120, 121.

88 Die EEG-Umlage beträgt in Jahr 2016 6,354 ct/kWh.

89 Beschlussempfehlung, § 95 Nr. 2 EEG-E, S. 165, 369.

90 BNetzA, Leitfaden, S. 10, 25 ff.

91 Hennig/Herz, ZNER 2016, S. 36.

92 Gesetzentwurf der Fraktionen, EEG 2016, § 61 a Abs. 1 EEG-E, S. 239, 240, Beschlussempfehlung, EEG 2016, 122, 123.

93 Fraunhofer ISE, Aktuelle, S. 8.

94 Agora, Stromspeicher, S. 107.

95 Siehe §§ 8 d-e StromStG-E im Diskussionsentwurf der Bundesregierung, Entwurf eines Zweiten Gesetzes zur Änderung des Energiesteuer- und des Stromsteuergesetzes, 22.04.2016, im Internet abrufbar unter: www.bundesfinanzministerium.de (abgerufen am 02.10.2016).

Wenn diese Pläne umgesetzt werden, könnten zukünftig nur noch Anlagenpachtprojekte mit bis zu exakt 20 Megawattstunden pro Kalenderjahr und Anlagenbetreiber von der Stromsteuerbefreiung in Höhe von 2,05 ct/kWh Gebrauch machen.[96]

Auch im Rahmen von Direktlieferungsprojekten gem. § 20 Abs. 3 Nr. 2 EEG 2014 – auch Mieterstrom-, Direktverbrauchs- oder Objektversorgungsprojekte genannt – können Photovoltaikanlagen und Blockheizkraftwerke (BHKW) mit Stromspeichern kombiniert werden. In diesem Fall werden Dritte in unmittelbar räumlicher Nähe und ohne Netzdurchleitung mit Strom aus der Photovoltaikanlage auf dem Dach, dem BHKW aus dem Keller oder dem jeweilig zwischengespeicherten Strom beliefert. Diese Projekte müssen für jede aus der Photovoltaikanlage oder dem BHKW gelieferte Kilowattstunde die volle EEG-Umlage zahlen. Insbesondere im Falle der Photovoltaikanlage mit mehreren Stromkunden und ohne Stromspeicher lassen sich deswegen solche Projekte kaum wirtschaftlich realisieren.

Aus diesem Grund muss sich noch einiges an den bestehenden wirtschaftlichen und rechtlichen Rahmenbedingungen ändern, damit Direktlieferungsprojekte in Kombination mit Stromspeichern als ein lohnendes Geschäftsmodell auch für Energiegenossenschaften bezeichnet werden können. Gerade die (Energie-)Genossenschaft ist die ideale Rechtsform für solche Projekte. Die Genossenschaft betreibt die Stromerzeugungsanlage und beliefert ihre Mitglieder mit dem erzeugten Erneuerbare-Energien-Strom. Hierdurch entsteht eine Erzeuger-Verbraucher-Gemeinschaft und die Genossenschaftsmitglieder werden im Sinne des § 1 Abs. 1 GenG in Form von preiswertem Strom gefördert.

4.1.4 Elektromobilität

Stromspeicher werden auch in Elektroautos verwendet. Ende 2015 gab es rund 25.000 Elektroautos in Deutschland. Die Entwicklung der Elektromobilität wird von vielen Energiegenossenschaften mit Interesse verfolgt, denn als umwelt- und klimaschutzmotivierte Unternehmen möchten sie auch die Verkehrswende voranbringen. Einige Energiegenossenschaften setzen Carsharing-Konzepte mit Elektroautos meist im Rahmen von Förderprogrammen um, bauen ein Netz von Akkuladestationen für Elektroautos und/oder E-Bikes auf oder bieten andere Dienstleistungen im Zusammenhang mit der Elektromobilität an.[97] Die neuen Energiegenossenschaften, die

96 § 8e StromStG-E, S. 70, 71.

97 Siehe *eE4mobile eG* (Aufbau eines Netzes von Akkuladestationen für Elektroautos und E-Bikes, preiswertere Leasing- und Kaufangebote von Elektroautos für Mitglieder), *Energiegenossenschaft Rhein-Ruhr eG* (Verkauf von Elektroautos), *Inselwerke eG* (Aufbau eines Netzes von Akkuladestationen für Elektroautos), *PMC Personal Mobility Center NordWest eG* (Carsharing nur mit Elektroautos, Begleitung von Projektanträgen), *Rabenkopf BürgerEnergie eG* (Carsharing mit einem Elektroauto), *Unterfränkische Überlandzentrale eG* (Aufbau eines Netzes von Akkuladestationen für Elektroautos), *Weiler Wärme eG* (Carsharing nur mit Elektroautos); *StattAuto eG* (Carsharing-Genossenschaft auch mit Elektroautos).

Carsharing-Konzepte testen, werden erst im Laufe dieses Jahres Aussagen über deren Wirtschaftlichkeit treffen können.

Allgemein kann man Energiegenossenschaften empfehlen, die Projekte mit Partnern umsetzen und Förderungen in Anspruch zu nehmen.[98] Unternehmerisch sinnvoll ist es außerdem, Elektromobilitätsprojekte in Regionen zu starten, in denen es noch keine Konkurrenten gibt und ein hoher Bedarf an flexibler Mobilität besteht.[99] Je nach Mitgliederzahl haben Energiegenossenschaften eine gute Ausgangsbasis, Kunden für ein Mobilitätsangebot in den eigenen Reihen zu finden. Ferner ist die Energiegenossenschaft vor Ort oft gut vernetzt und kann ein großes Kundenpotenzial ansprechen.

Bei Kosten von 6950 € bis 93.800 € für ein Elektroauto[100] ist die bloße Anschaffung für eine Energiegenossenschaft wirtschaftlich zu stemmen. Wenn das Genossenschaftsmitglied das Carsharing-Auto preiswerter nutzen kann, wäre auch die Förderzweckbeziehung zwischen Energiegenossenschaft und Mitglied gemäß § 1 Abs. 1 GenG hergestellt. Auch eignet sich die Rechtsform der Genossenschaft ideal für regionale Carsharing-Konzepte, weil dauerhaft Bürger, Kommunen, Banken und Unternehmen als gleichberechtigte Partner des gemeinsamen Konzepts eingebunden werden können. Von der bloßen Anschaffung des Fahrzeugs bis hin zur Wirtschaftlichkeit eines Carsharing-Konzepts ist es jedoch ein großer Schritt.[101] Demzufolge wird es sehr interessant sein, welche Erkenntnisse die ersten Projekte bringen.

4.1.5 Bereitstellung von Systemdienstleistungen durch Batteriespeicher

Systemdienstleistungen, die die Netzbetreiber für die Anschlussnehmer bzw. -nutzer neben der Übertragung und Verteilung von Strom erbringen und damit die Qualität der Stromversorgung bestimmen, sind für die Funktionstüchtigkeit des Elektrizitätsversorgungssystems unbedingt erforderlich. Genauer werden darunter die Frequenzhaltung, die Spannungshaltung, der Versorgungswiederaufbau und die System-/Betriebsführung verstanden.[102] Die ersten drei Systemdienstleistungen können auch Batteriespeicher technisch erbringen. Wenn Batteriespeicher im Rahmen dieser Systemdienstleistungen eingesetzt werden, unterstützen sie auch die Aufgabe der System-/Betriebsführung des Netzes durch den Netzbetreiber.[103]

---

98 So auch Energieagentur, Geschäftsmodelle, S. 68.

99 So auch Energieagentur, Geschäftsmodelle, S. 69.

100 Siehe Marktübersicht Elektroautos 2016, Torsten Seibt, auto motor und sport v. 27.04.2016, im Internet abrufbar unter: www.auto-motor-und-sport.de (abgerufen am 02.10.2016).

101 Für eine aktuelle Einleitung zu Carsharing siehe BMVI, Elektromobilität, S. 4 ff.

102 Siehe TransmissionCode 2007, Version 1.1, August 2007, S. 49, Ziffer 5.1, im Internet abrufbar unter: www.bdew.de (abgerufen am 19.06.2016).

103 Schwintowski, EWeRK 2/2015, S. 82.

Für die Frequenzhaltung ist Regelenergie notwendig.[104] Mit der Regelenergie wird das physikalische Gleichgewicht zwischen Erzeugung und Verbrauch abgesichert.[105] Zuständig dafür sind die Übertragungsnetzbetreiber.[106] Sie beschaffen sich die Regelenergie durch ein diskriminierungsfreies und transparentes Ausschreibungsverfahren gemäß § 22 Abs. 2 EnWG.[107] Die Kosten für die Vorhaltung von Primärregelleistung durch die Übertragungsnetzbetreiber lagen zwischen 2011 und 2014 zwischen 82,3 und 111,8 Mio. €.[108]

Zumeist nehmen die bereits existierenden zentralen großen Batteriespeicher an den Ausschreibungen für Regelenergie teil. So sind im Bereich der Großspeicher ab einem MW Speicherkapazität in den letzten Jahren zehn Pilotanlagen entstanden. Weitere neun Batteriegroßspeicher sind von verschiedenen Unternehmen für das Jahr 2016 angekündigt worden. Die Teilnahme an den Primärregelenergieausschreibungen ist derzeit wohl das einzige Geschäftsmodell für große zentrale Batteriestromspeicher, das sich wirtschaftlich darstellen lässt.[109] Zentrale Batteriegroßspeicher sind Speicher, die direkt an das Stromnetz der allgemeinen Versorgung angeschlossen sind und nicht im Rahmen einer Kundenanlage bzw. einer Erneuerbaren-Energien-Anlage betrieben werden.[110]

Bei der Teilnahme an den Primärregelenergieausschreibungen handelt es sich jedoch um ein anspruchsvolles Geschäftsfeld, weil allein die Präqualifikation für die Ausschreibungen zum Regelenergiemarkt nicht leicht zu erreichen ist[111] oder sich ändern kann. Aus diesem Grund ist das Geschäftsmodell wohl nicht für ehrenamtlich organisierte Energiegenossenschaften, sondern höchstens für hauptamtlich geführte Energiegenossenschaften (bzw. die genossenschaftlichen Energieversorgungsunternehmen) geeignet.[112] Ob das Geschäftsmodell weiterhin wirtschaftlich bleibt, hängt auch davon ab, welches Speicherkapazitätsvolumen in den Regelenergiemarkt drängt und somit das Angebot bei gleichbleibender Nachfrage erhöht.

Die Kosten für einen MW-Großspeicher liegen zwischen 1 und 1,5 Mio. €.[113] Für eine durchschnittliche Energiegenossenschaft ist diese Investition ohne Fremdkapital

104 Schwintowski, EWeRK 2/2015, S. 82.
105 Agora, Stromspeicher, S. 97.
106 Schwintowski, EWeRK 2/2015, S. 82.
107 Energiewirtschaftsgesetz v. 7.7.2005 (BGBl. I S. 1970, 3621), das zuletzt durch Artikel 9 des Gesetzes v. 19.02.2016 (BGBl. I S. 254) geändert worden ist.
108 BNetzA, Monitoringbericht 2014, S. 121.
109 Batterie-Großspeicher im Aufwind, Meldung mit Infografik von Büro F, 20. 01/2016, im Internet abrufbar unter: www.burof.de (abgerufen am 31.05.2016).
110 Wyl, Weise, Blumenthal-Barby, RdE 2015, S. 507; für Rechtsfragen zum Netzanschluss, Anschlussnutzung und Netznutzung siehe auch Wyl, Weise, Blumenthal-Barby, RdE2015, S. 507–513.
111 Batterie-Großspeicher im Aufwind, Meldung mit Infografik von Büro F, 20.01.2016.
112 Energieagentur, Geschäftsmodelle, S. 74.
113 Siehe Stanossek, SolarRegion 04/2015, S. 19; Norbert Vollmann, Eine starke Energie-Leistung, Main-Post v. 11.01.2016, aktualisiert am 15.01.2016, im Internet abrufbar unter: www.mainpost.de (abgerufen am 19.06.2016).

kaum zu tragen. Bei einer üblichen Eigenkapitalquote von 20 Prozent ist ein MW-Batteriespeicher mit einer Investitionssumme von 200.000 € bis zu 300.000 € kein Massengeschäftsmodell für Energiegenossenschaften und fünf MW-Batteriespeicher mit einer Investitionssumme von 1.000.000 € bis zu 1.500.000 € nur von einigen Energiegenossenschaften finanziell zu stemmen. Eine Energiegenossenschaft sollte sich fachlich gut im Regelenergiemarkt auskennen, bevor sie eine solche Investition leistet.[114]

Bei den bisherigen Großbatteriespeicherprojekten haben sich oft viele verschiedene Partner zusammengeschlossen. Dies könnte auch in einer Genossenschaft ideal umgesetzt werden, weil Bürger, Kommunen, Banken und Unternehmen dauerhaft eingebunden werden und alle Akteure gleichberechtigte Partner sind. Die Bürgerenergieinitiative *Energie im ZAK* aus dem Zollernalbkreis in Baden-Württemberg arbeitet seit 2014 an einem Batteriegroßspeicherkonzept. Geplant ist ein fünf MW-Batteriespeicher für rund 5 Mio. €, der als Primärnutzung Regelenergie zur Verfügung stellen soll.[115] Voraussichtlich sollen Lithium-Ionen-Batterien eingesetzt werden.[116] Ferner ist eine Sekundärnutzung als Notstromaggregat für einen großen Stromverbraucher, wie z. B. ein Rechenzentrum, Kranken- oder Kühlhaus, angedacht. Das Projekt soll als GmbH firmieren. Gesellschafter sollen Energiegenossenschaften mit jeweils 100.000 € Beteiligung werden.[117] Wenn sich Energiegenossenschaften an diesem Projekt finanziell beteiligen, sind selbstverständlich die Vorgaben des Genossenschaftsgesetzes und des Kapitalanlagegesetzbuchs zu beachten.[118]

Spannungshaltung im Übertragungsnetz können auch Blindleistungskompensationsanlagen erbringen.[119] Blindleistung kann auch durch Batteriespeicher erbracht werden.[120] Die Kosten für die Vorhaltung dieser Systemleistung durch die Übertragungsnetzbetreiber lagen im Zeitraum von 2011 bis 2014 zwischen 27 und 68,3 Mio. €.[121] Die Bereitstellung von Blindleistung durch Batteriespeicher auf der Mittel- und Niederspannungsebene soll bis 2033 nicht erforderlich sein.[122]

Führt eine Störung in Teilen des Stromsystems oder sogar im ganzen System zu einem Versorgungsausfall,[123] muss das Stromnetz koordiniert aufgebaut werden. Für diesen Versorgungswiederaufbau sind schwarzstartfähige Erzeugungsanlagen notwendig.[124] Schwarzstartfähig sind Erzeugungsanlagen, wenn sie unabhängig vom

114 Energieagentur, Geschäftsmodelle, S. 74.
115 Stanossek, SolarRegion 04/2015, S. 19.
116 Siehe „Ein Regelkraftwerk für den Zollernalbkreis“, Konzept von Energie im ZAK, S. 13, im Internet abrufbar unter: www.energie-im-zak.com (abgerufen am 02.10.2016).
117 Stanossek, SolarRegion 04/2015, S. 19.
118 Siehe hierzu Kapitel 2.3.
119 efzn, Eignung, efzn, S. 18.
120 Schwintowski, EWeRK 2/2015, S. 85.
121 BNetzA, Monitoringbericht 2014, S. 121.
122 Agora, Stromspeicher, S. 98.
123 Auch Blackout genannt.
124 Agora, Stromspeicher, S. 98.

Netz starten, Strom erzeugen und diesen Strom ins Netz ausspeisen können.[125] Hierdurch wird das Stromnetz wieder aufgebaut, was auch durch Batteriespeicher geschehen kann.[126] Die Übertragungsnetzbetreiber müssen diese Anlagen bilateral von den Betreibern kontrahieren[127] und vergüten die Vorhaltung dieser Erzeugungseinheiten.[128] Die Kosten für die Vorhaltung der Schwarzstartfähigkeit durch die Übertragungsnetzbetreiber lagen im Zeitraum von 2011 bis 2014 zwischen 7,3 und 5,1 Mio. €.[129] Damit wird es aus wirtschaftlichen Gründen schwierig sein, mit Batteriespeichern ein Geschäftsmodell aufzubauen und zu unterhalten.

4.1.6 Geschäftsmodelle für mittlere Batteriespeicher

Geschäftsmodelle für Speicher mittlerer Größe zwischen 100 kW und 250 kW sind derzeit in der Erprobung und müssen noch zeigen, ob sie wirtschaftlich darstellbar sind. Nur wenn die Geschäftsmodelle wirtschaftlich sind, könnten sie auch für Energiegenossenschaften interessant werden. So haben die *MVV AG* und der Batteriehersteller *ADS Tec* ein Konzept namens *Strombank* entwickelt, dass bis Ende 2015 den Praxistest durchlief. Dabei nutzen mehrere private und gewerbliche Betreiber von Photovoltaik- und KWK-Anlagen anteilig einen gemeinsamen Lithium-Ionen-Speicher mit einer Speicherkapazität von 116 kW. Der erzeugte überschüssige Strom wird gespeichert und kann je nach Bedarf bzw. Verfügbarkeit genutzt werden.[130]

4.2 Wärmespeicher

Jedes genossenschaftliche Nahwärmenetz benötigt Wärmespeicher bei der Wärmeerzeugungsanlage und den Wärmekunden.[131] 145 Nahwärmegenossenschaften waren

---

125 TransmissionCode 2007, S. 82, 83, Ziffer 9.2.

126 Schwintowski, EWeRK 2/2015, S. 86.

127 TransmissionCode 2007, S. 42, Ziffer 3.3.14.3.

128 TransmissionCode 2007, S. 55, Ziffer 5.2.4.

129 BNetzA, Monitoringbericht 2014, S. 121.

130 Sven Ullrich, ADS Tec und MVV nehmen Strombank in Betrieb, Erneuerbare Energien v. 18.12.2014, im Internet abrufbar unter: www.erneuerbareenergien.de (abgerufen am 22.6.2016).

131 Siehe Kapitel 3.2; für das Geschäftsmodell „Nahwärme“ durch Genossenschaft siehe auch Energieagentur, Geschäftsmodell, S. 48–57; für die Umsetzung eines Nahwärmeprojekts siehe den elektronischen Leitfaden der *EnergieAgentur NRW*, im Internet abrufbar unter: www.nahwaermenavi.de (abgerufen am 03.10.2016) und Kreisverwaltung, Leitfaden, S. 4–41, im Internet abrufbar unter: www.kreis-sim.de (03.10.2016); für die Finanzierung von genossenschaftlichen Nahwärmenetzen siehe Degenhardt, Die Finanzierung, S. 4–13; für eine weitere Kategorisierung von Nahwärmegenossenschaften siehe Energiegenossenschaften organisieren die Nahwärmeversorgung, Gastbeitrag von Burghard Flieger v. 18.09.2014, im Internet abrufbar unter: www.energiedialog.nrw.de (abgerufen am 03.10.2016).

Ende 2015 beim DGRV organisiert.[132] In Deutschland sind 123 fertige und 56 geplante Bioenergiedörfer bei der Fachagentur *Nachwachsende Rohstoffe e. V.* (FNR) gemeldet.[133] Die Praxis geht aber von einer wesentlich größeren Dunkelziffer aus. Schätzungsweise existieren in ganz Deutschland 400 Bioenergiedörfer.[134]

Ein Bioenergiedorf ist ein Dorf, das den größten Teil seines Strom- und Wärmebedarfs selbst deckt und hierfür hauptsächlich regionale Biomasse verwendet. Dabei ist der aus Biomasse erzeugte Stromanteil mindestens so hoch, wie er in dem Dorf auch gebraucht wird. Die benötigte Wärme wird zu mindestens 50 Prozent aus Biomasse und am besten in Kraft-Wärme-Kopplungsanlagen erzeugt. Die erzeugenden Bioenergieanlagen gehören mehrheitlich – über 50 Prozent – den Wärmekunden und Landwirten. Die Voraussetzungen werden erfüllt, indem die durch die Stromproduktion aus Biomasse gleichzeitig erzeugte Wärme über ein Nahwärmenetz zu den Wärmekunden gelangt.[135]

Knapp 25 Prozent der Bioenergiedörfer firmieren als Genossenschaft und sind damit die am meisten gewählte Rechtsform.[136] Als Wärmequelle zur Wärmeversorgung werden in den Bioenergiedörfern zu 41 Prozent Biogasanlagen, zu 40 Prozent Holzheizkraftwerke und Biogasanlagen sowie zu 19 Prozent Holzheizkraftwerke verwendet.[137] 37 Prozent der rund 8000 Biogasanlagen mit Vor-Ort-Verstromung mit einer installierten elektrischen Leistung von ca. 3500 MWel speisen ihre Wärme in ein Fern- oder Nahwärmenetz ein.[138] Mit der Novellierung des EEG in den Jahren 2012 und 2014 sank der Biogasanlagenzubau auf rund 270 Anlagen und 240 MWel installierte Leistung im Jahr 2014.[139] 2015 sollen laut Prognose des Fachverbands *Biogas e. V.* 202 Neuanlagen und 272 MWel Leistung zugebaut worden sein, wobei darin jedoch auch die zur Flexibilisierung benötigte Überbauung enthalten ist.[140] Demzufolge kommen neue Biogasanlagen als Hauptwärmequelle kaum noch infrage.

---

132 145 Nahwärmegenossenschaften waren zum 31.12.2015 beim DGRV organisiert. Siehe DGRV, Jahresumfrage 2016, im Internet abrufbar unter: www.genossenschaften.de (abgerufen am 03.10.2016).

133 FNR, Liste, im Internet abrufbar unter: www.wege-zum-bioenergiedorf.de (abgerufen am 03.10.2016).

134 Impulse für die Energiewende durch Nahwärmegenossenschaften, Vortragsfolien von Martin Lohrmann v. 03.02.2015, Folie 10, im Internet abrufbar unter: www.genossenschaften.de (abgerufen am 03.10.2016).

135 FNR, Wege, S. 10; für die Umsetzung eines Bioenergiedorfprojekts vom Bau bis zum Betrieb mit Musterverträgen, Anleitungen usw. siehe FNR, Wege; FNR, Bioenergiedörfer; FNR, Geschäftsmodelle.

136 FNR, Bioenergiedörfer, S. 14, 15.

137 FNR, Bioenergiedörfer, S. 13, 14; meist handelt es sich dabei um alleinstehende oder kombinierte Hauptwärmequellen, als Nebenwärmequellen werden Ölkessel, Holzhackschnitzelwerke, Biogasanlagen, Gaskessel, Erdgas-BHKW und Pellet-Heizwerke benutzt.

138 DBFZ, Monitoringbericht, S. 2, 22, 23, im Internet abrufbar unter: www.dbfz.de (abgerufen am 03.10.2016).

139 DBFZ, Monitoringbericht, S. 16.

140 Fachverband Biogas e. V., Branchenzahlen 2014 und Prognose der Branchenentwicklung 2015, Stand: 11/2015, im Internet abrufbar unter: www.biogas.org (abgerufen am 03.10.2016).

Für neue genossenschaftliche Nahwärmenetze und damit neue Wärmespeicher muss man sich somit den Bestandsbiogasanlagen oder anderen Arten von Hauptwärmequellen zuwenden. Nahwärmenetze werden für 30 bis 40 Jahre errichtet. (Bestands-)Biogasanlagen sind keine dauerhafte Lösung, wenn die 2016 installierte Bemessungsleistung für feste und gasförmige Biomasse in Höhe von rund 4050 MWel bei Fortschreibung des EEG 2014 im Jahr 2026 auf knapp unter 3000 MWel, im Jahr 2031 auf rund 1200 MWel und im Jahr 2035 auf rund 375 MWel sinkt.[141] Die Ausschreibungsregelung für bestehende Biomasseanlagen im novellierten EEG 2017 wird noch zeigen müssen, ob sie zu einem Erhalt der Bestandsbiogasanlagen führt, wenn der jährliche Bruttozubau bei Biomassenanlagen auf 150 bzw. 200 MW gedeckelt ist[142] und der zu bietende Höchstwert in Ausschreibungen mit 16,9 ct/kWh beginnt.[143]

Interessenten genossenschaftlicher Nahwärmenetze müssen folglich alternative Hauptwärmequellen aufspüren. Hierfür kommen industrielle, solarthermische[144] und geothermischer Wärme infrage. Als Beispiel für industrielle Abwärme können das Nahwärmenetz der *Venner Energie eG*[145] und das geplante Nahwärmenetz der *BESt-F eG*[146] genannt werden. Im Bioenergiedorf in Büsingen wird im Hochsommer die Wärme aus einer 1000 m² großen Solarthermieanlage geliefert.[147] In der Ortsgemeinde Külz und Neuerkirch in Rheinland-Pfalz ist auch ein Nahwärmenetz mit Solarthermie geplant.[148] Bei einem Quartierskonzept in Ludwigsburg wird die Wärme für ein Neubaugebiet durch eine Sole-/Wasserwärmepumpe in Kombination mit einem Blockheizkraftwerk erzeugt.[149]

141 IWES, Beitrag, S. 29, im Internet abrufbar unter: www.biogas.org (abgerufen am 03.10.2016).

142 Gesetzentwurf der Fraktionen, EEG 2016, § 28 Abs. 3 EEG-E, S. 202, 203, Beschlussempfehlung, EEG 2016, S. 47.

143 Gesetzentwurf der Fraktionen, EEG 2016, § 39 f. Abs. 5 Nr. 3 EEG-E, S. 224, Beschlussempfehlung, EEG 2016, S. 82.

144 Für weitere Informationen zu solaren Wärmenetzen mit Studien, Leitfäden usw. siehe im Internet unter: http://solar-district-heating.eu/bw/Startseite.aspx (abgerufen am 27.06.2016); für einen elektronischen Rechner für Ertrags- und Wirtschaftlichkeitsprognosen von solaren Wärmenetzen siehe im Internet unter: www.sdh-online.solites.de (abgerufen am 27.06.2016).

145 Für weitere Informationen siehe die Internetseite der Genossenschaft unter www.venner-energie.de (abgerufen am 03.10.2016).

146 Für weitere Informationen siehe die Internetseite zum Projekt und der Genossenschaft unter: www.steyerberg100ee.info (abgerufen am 03.10.2016).

147 Für weitere Informationen siehe die Internetseite zum Projekt und dem Bioenergiedorf unter: www.bioenergiedorf-buesingen.de (abgerufen am 03.10.2016).

148 Für weitere Informationen siehe Kreisverwaltung, Leitfaden, S. 38.

149 Nahwärmenetz, BINE-Projektinfo 04/2015, im Internet abrufbar unter: www.bine.info (abgerufen am 03.10.2016).

5 Fazit

Genossenschaften im Bereich der Erneuerbaren Energien sind bislang v. a. als Stromproduzenten und Betreiber von Nahwärmenetzen aktiv. Vereinzelt rückt aber auch das Thema „Energiespeicher" in den Fokus der Geschäftstätigkeit. Bei einigen Technologien besteht hier ein großes Potenzial. Zu nennen sind in erster Linie Geschäftsmodelle zur Erhöhung der Eigenversorgung, sofern die wirtschaftlichen und rechtlichen Rahmenbedingungen stimmen. Im Zuge der Umsetzung der Verordnungsermächtigung für Mieterstrom könnte die Belieferung von mehreren Personen aus einer Solaranlage in Kombination mit einem Speicher in einem Gebäude mittelfristig zu einem wirtschaftlich interessanten Geschäftsmodell werden. Einkaufsgenossenschaften für Stromspeicher lohnen sich erst bei weiter sinkenden Preisen für Batteriespeicher und einem größeren Kundenkreis. Elektromobilitätskonzepte könnten ebenfalls lukrativ für Energiegenossenschaften werden. Es bleibt allerdings abzuwarten, ob die ersten betriebswirtschaftlichen Erkenntnisse aus den laufenden Pilotprojekten positiv ausfallen. Die Teilnahme am Regelenergiemarkt mit Großspeichern ist ein anspruchsvolles Geschäftsfeld. Vor allem die damit verbundenen hohen und risikoreichen Investitionen sind jungen Energiegenossenschaften grundsätzlich nicht zu empfehlen. Wärmespeicher in genossenschaftlichen Nahwärmenetzen können weiterhin von großer Bedeutung sein, insbesondere wenn die Ausschreibungsregelung für Bestandsbiomassenanlagen im EEG 2017 zu positiven Ergebnissen führt und/oder viele alternative Hauptwärmequellen erschlossen werden können.

Bei all diesen (teilweise) neuen Geschäftsmodellen ist zu beachten, dass die Regelungen des Genossenschaftsgesetzes eingehalten und auch die Vorschriften zum Anlegerschutz berücksichtigt werden müssen. Eine Genossenschaft darf nicht allein als (zusätzliches) Finanzierungsvehikel für eine größere Investition in Speichertechnologien benutzt werden. Sie muss als regionales Unternehmen auch die Betreibereigenschaft aufweisen und ihre Mitglieder fördern. Damit ist im Übrigen auch der große Vorteil von Energiegenossenschaften bei der Verbreitung von (neuen) Speichertechnologien verbunden: Genossenschaften binden viele Menschen vor Ort aktiv in die Energiewende ein. Das erhöht nicht nur die Akzeptanz für die Energiewende, sondern verstärkt auch das Interesse und die Motivation, sich mit dem Thema „Energie(-wende)" und insbesondere mit dem eigenen „energetischen" Verhalten auseinanderzusetzen. Viele der Herausforderungen beim Thema „Energieeffizienz" lassen sich nur durch ein verändertes Konsumentenverhalten überwinden. Ganz ähnlich ist es auch mit der Verbreitung von technischen Neuerungen, in der Speicher eine wichtige Rolle spielen. Akzeptanz und Motivation sind wichtige Faktoren für den Erfolg der Energiewende. Insoweit bleibt zu hoffen, dass die Erfolgsgeschichte der Energiegenossenschaften auch (partiell) im Bereich der Energiespeicher fortgeschrieben wird.

Literatur

Agentur für Erneuerbare Energien e. V., DGRV – Deutscher Genossenschafts- und Raiffeisenverband e. V. (Hrsg.), Energiegenossenschaften – Bürger, Kommunen und lokale Wirtschaft in guter Gesellschaft, 2. Aufl., 2013.

Agentur für Erneuerbare Energien e. V. (Hrsg.), RENEWS Special, Strom speichern, Nr. 75, Dezember 2014, im Internet abrufbar unter: www.unendlich-viel-energie.de (abgerufen am 03.10.2016).

Agora Energiewende (Hrsg.), Stromspeicher in der Energiewende, *Studie*, 09/2014, im Internet abrufbar unter: www.agora-energiewende.de (abgerufen am 03.10.2016).

Auer, Josef,/Moderne Stromspeicher,/Aktuelle Themen, Stand: 31.01.2012, im Internet abrufbar unter: www.dbresearch.de (abgerufen am 13.02.2016).

Böhlmann-Balan, Antje/Richter, Christoph, EEG 2014, Was ist der Privilegierungstatbestand im KAGB für Energiegenossenschaften jetzt noch wert?, *ER* 2015, S. 49 ff.

Bundesnetzagentur für Elektrizität, Gas, Telekommunikation, Post und Eisenbahnen und Bundeskartellamt, Leitfaden zur Eigenversorgung, Konsultationsfassung, Stand: Juli 2016, im Internet abrufbar unter: www.bundesnetzagentur (abgerufen am 03.10.2016).

Bundesnetzagentur für Elektrizität, Gas, Telekommunikation, Post und Eisenbahnen und Bundeskartellamt, Monitoringbericht 2015 v. 21.03.2016, im Internet abrufbar unter: www.bundesnetzagentur.de (abgerufen am 03.10.2016).

Bundesanstalt für Finanzdienstleistungsaufsicht (Hrsg.), Auslegungsschreiben zum Anwendungsbereich des KAGB und zum Begriff des „Investmentvermögens“, Stand: 14.06.2013, *zuletzt geändert am* 09.03.2015, im Internet abrufbar unter: www.bafin.de (abgerufen am 02.10.2016).

Bundesministerium für Verkehr und digitale Infrastruktur (Hrsg.), Elektromobilität im Carsharing Status Quo, *Potenziale und Erfolgsfaktoren*, 1. Aufl., 2016.

Bühler, Hans-Hilmar, Geschäftsmodelle auf dem Prüfstand, Von Bürgerenergie bis Crowdfunding, PerspektivePraxis 3/16, S. 2–3, im Internet abrufbar unter: http://www.perspektivepraxis.de (abgerufen am 03.10.2016).

C.A.R.M.E.N. e. V. (Hrsg.), Marktübersicht Batteriespeicher, Stand: 09/2015, im Internet abrufbar unter: www.carmen-ev.de (abgerufen am 03.10.2016).

Creditreform Wirtschaftsforschung, (Hrsg.), Insolvenzen in Deutschland, 1. Halbjahr 2016, Stand: 29.06.2016, im Internet abrufbar unter: www.creditreform.de (abgerufen am 03.10.2016).

DBFZ Deutsches Biomasseforschungszentrum gemeinnützige GmbH, im Auftrag vom Bundesministerium für Wirtschaft und Energie (Hrsg.) Zwischenbericht, Stromerzeugung aus Biomasse (Vorhaben IIa Biomasse) v. 31.05.2015, geändert am 17.08.2015, im Internet abrufbar unter: www.dbfz.de (abgerufen am 03.10.2016).

de Wyl, Christian/Weise, Michael/Blumenthal-Barby, Cordula, Netzintegration von zentralen Batteriegroßspeichern – Streitfragen zu Netzanschluss, Anschlussnutzung und Netznutzung, *RdE* 2015, S. 507 ff.

Degenhardt, Heinrich, Die Finanzierung von Biomasse-Nahwärme-Genossenschaften, Ein Überblick, Arbeitspapierreihe Wirtschaft & Recht, Nr. 6, 10/2010, im Internet abrufbar unter: www.leuphana.de (abgerufen am 03.10.2016).

Energieagentur Rheinland-Pfalz GmbH (Hrsg.), Geschäftsmodelle für Bürgerenergiegenossenschaften, *Markterfassung und Zukunftsperspektiven*, 12/2015.

Energie-Forschungszentrum Niedersachsen (Hrsg.), Eignung von Speichertechnologien zum Erhalt der Systemsicherheit, *Studie*, 08.03.2013, im Internet abrufbar unter: www.bmwi.de (abgerufen am 03.10.2016).

Faust, Helmut, Geschichte der Genossenschaftsbewegung, *Frankfurt*, 3. Aufl., 1977.

Fachagentur Nachwachsende Rohstoffe e. V. (Hrsg.), Wege zum Bioenergiedorf, *Leitfaden*, 3. Aufl., 2010.
Fachagentur Nachwachsende Rohstoffe e. V. (Hrsg.), Geschäftsmodelle für Bioenergieprojekte, Rechtsformen, *Vertrags- und Steuerfragen*, 2013.
Fachagentur Nachwachsende Rohstoffe e. V. (Hrsg.), Bioenergiedörfer, Leitfaden für eine praxisnahe Umsetzung, 06/2014.
FIZ Karlsruhe/Leibniz-Institut für Informationsinfrastruktur GmbH (Hrsg.), Nahwärmenetz verbindet Neubau- mit Bestandsquartier, *BINE-Projektinfo* 04/2015, im Internet abrufbar unter: www.bine.info (abgerufen am 3.10.2016).
Fraunhofer ISE (Hrsg.), Aktuelle Fakten zur Photovoltaik in Deutschland, Stand: 22.04.2016, im Internet abrufbar unter: www.ise.fraunhofer.de (abgerufen am 03.10.2016).
Fraunhofer-Institut für Windenergie und Energiesystemtechnik, Beitrag von Biogas zu einer verlässlichen Erneuerbaren Stromversorgung, im Internet abrufbar unter: www.biogas.org (abgerufen am 03.10.2016).
Fraunhofer UMSICHT (Hrsg.), Speicher für die Energiewende, September 2013, im Internet abrufbar unter: https://www.energie.fraunhofer.de (abgerufen am 03.10.2016).
Hennig, Bettina/Herz, Steffen, Ausgewählte Rechtsfragen dezentraler Energiekonzepte – Teil 1: Eigenversorgung und Energiespeicher, *ZNER* 2016, S. 29 ff.
Kreisverwaltung Rhein-Hunsrück-Kreis (Hrsg.), Leitfaden, Bürgernahwärmenetze im Rhein-Hunsrück-Kreis, 1. Aufl., 2015, im Internet abrufbar unter: www.kreis-sim.de (abgerufen am 03.10.2016).
Lang/Weidmüller, Genossenschaftsgesetz, *Kommentar*, Berlin/Boston, 38. Aufl., 2016.
Lehnert, Wieland/Vollprecht, Jens, Der energierechtliche Rahmen für Stromspeicher – noch kein maßgeschneiderter Anzug, *ZNER* 2012, S. 356 ff.
Röpcke, Ina, Von Batterie- und Speichersystemen, *Sonne Wind & Wärme*, 2015, S. 60 ff.
Sauer, Dirk Uwe, Optionen zur Speicherung elektrischer Energie in Energieversorgungssystemen mit regenerativer Stromerzeugung, *Solarzeitalter* 2006, S. 12 ff., im Internet abrufbar unter: www.eurosolar.de (abgerufen am 03.10.2016).
Schwintowski, Hans-Peter, Konfiguration und rechtliche Rahmenbedingungen für den modernen Batteriespeichermarkt, *EWeRK* 2015, S. 82 ff.
Stanossek, Georg, Batteriekraftwerke sind schon jetzt ein Geschäftsmodell für Bürgerenergiegenossenschaften, *SolarRegion* 04/2015, S. 19.
Verband der Netzbetreiber (VDN) e. V. beim VDEW (Hrsg.), TransmissionCode 2007, Netz- und Systemregeln der deutschen Übertragungsnetzbetreiber, Version 1.1, 08/2007, im Internet abrufbar unter: www.bdew.de (abgerufen am 03.10.2016).

Marcus Kottinger

Smart Energy

Wie sichert man die (digitale) Energieversorgung?

1 Anforderungen an Energieerzeugung und -versorgung

Die Energiewende führt zu einer Transformation der Energiewirtschaft. Bis vor wenigen Jahren dominierte die zentrale Energieerzeugung, eine Lieferung über nationale Netzbetreiber und eine dezentrale Abnahme von Industrie-, Gewerbe- und Haushaltskunden. Mit der Energiewende hat sich dies grundlegend geändert.

Durch den vermehrten dezentralen Einsatz von Erneuerbaren Energien kann jeder Konsument zu einem Produzenten und Konsumenten elektrischen Stromes werden. In der Regel sind Photovoltaik-, Solar- oder Windkraftanlagen Erzeuger dezentraler Energie. Doch auch überschüssige Prozessenergie wird immer häufiger in das Verteilnetz der Versorgungsunternehmen eingespeist. Ein weiterer neuer Mitspieler in diesem „Energieorchester" sind Fahrzeuge, die mit Strom betrieben werden. Je nach aktueller Ladekapazität können diese Strom aus dem Netz beziehen oder diesen in das Netz einspeisen.

Ein Nachteil der erneuerbaren und der dezentralen Energieerzeugung ist deren fluktuierende Verfügbarkeit. In Europa sind die überregionalen Übertragungsnetzbetreiber zu einem europäischen Stromnetz zusammengeschlossen. Jeder Teilnehmer stellt eine konstante Frequenz von 50 Hertz im eigenen Netz zur Verfügung (inklusive einer Toleranzgrenze). Sollte ein Netzbetreiber dies nicht leisten können, muss ein anderer umso mehr erbringen, damit es innerhalb des europäischen Verbundnetzes zu keinem Spannungsabfall kommt. Auch im Falle eines Leistungsüberschusses müssen die Übertragungsnetzbetreiber auf Basis vorhandener Regelungsmechanismen eingreifen und die Netzstabilität bei 50 Hertz wiederherstellen.

Die Energiegewinnung aus Sonne und Wind ist also eine große Herausforderung für die Energiewirtschaft. Beide Energiequellen stehen nicht kontinuierlich zur Verfügung, weshalb das Netz vermehrt ausgeregelt werden muss. Ähnliches gilt für die Energiegewinnung aus überschüssiger Prozesswärme oder für den Einsatz von Elektrofahrzeugen. Daneben ist es Vorgabe der *Europäischen Union*, dass bis zum Jahre 2020 80 Prozent der Stromzähler sog. Smart Meter sind. Smart Meter sind notwendig, um den Strombedarf dezentral zu messen und die Netzbetreiber darüber zu informieren, wann in welchem Netzteil eine Regelung erforderlich ist. Smart Meter sind zunehmend auch bei der Installation von Photovoltaikanlagen und Anschlüssen für Elektrofahrzeuge vorgeschrieben.

https://doi.org/10.1515/9783110458480-003

2 Transformation zum Smart Grid

Nicht nur von Konsumenten und Produzenten elektrischer Energie sind intelligente Messgeräte zu nutzen, auch der gesamte Streckenverlauf des derzeitigen Verteilnetzes ist mittels Mess- und Regelpunkten zu unterteilen (zentrale Energieerzeuger/Kraftwerke, Übertragungsnetzbetreiber, Verteilnetzbetreiber/Trafostationen). Eine effiziente „Orchestrierung" des Energieverbrauchs und der Energieerzeugung ist nur dann möglich, wenn umfassende Informationen hinsichtlich des Zustands des Stromnetzes vorliegen. Hierbei sind auch elektrische Speicher zu berücksichtigen, da sie in Zukunft einen wesentlichen Beitrag zur Netzregelung leisten werden. Die Harmonisierung sämtlicher Teilnehmer am elektrischen Stromnetz stellt eine weitere Herausforderung für die Energiewirtschaft dar: Viele der Anlagen wurden vor Jahrzehnten erbaut und haben noch einige Jahrzehnte Betrieb vor sich – so sah es die ursprüngliche Planung bei Konstruktion und Herstellung vor. Zum Zeitpunkt der Inbetriebnahme der Anlagen hatte niemand erwartet, dass sich der Energiemarkt von einem staatlichen Monopol hin zu einem Prosumernetz entwickeln würde und dass die Komponenten innerhalb des Stromnetzes sukzessive mit Technologien ausgestattet werden würden, die derzeit noch nahezu ausschließlich im IT-Umfeld zu finden sind. Die Steuerungen der Anlagen innerhalb eines Stromnetzes müssen folglich teilweise erweitert oder erneuert werden.

Die Steuerung der einzelnen Komponenten im Stromnetz wird heute größtenteils über sog. Supervisory-Control-and-Data-Acquisition(SCADA)-Schnittstellen bewerkstelligt, die nicht mit gängigen IT-Netzwerken kompatibel sind. Der Datenaustausch zwischen den verschiedenen Systemen ist also nicht immer möglich. Darüber hinaus wird auch das Thema „Daten- und Netzsicherheit" die Energiebranche beschäftigen. In Europa gibt es dahingehend verschiedene Pilotversuche, die eine rasche Veränderung in den nächsten Jahren prophezeien. Ohne eine technische Vereinheitlichung können Stromspeicher nicht effizient eingesetzt werden. In Abb. 1 ist die Verschmelzung des herkömmlichen Verteilnetzes mit neuen Mitspielern in der Energieerzeugung und -verwaltung dargestellt.

2.1 Von der operativen Technologie zur informativen Technologie

Damit das intelligente Netz (Smart Grid bestehend aus Energieerzeugern, -speichern und -verbrauchern) Realität wird, ist ein Wandel von operativer Technologie hin zu informativer Technologie notwendig. Dabei sind folgende Schritte zu beachten:

(1) Einheitliche Protokolle auf SCADA-Ebene
(2) Schnittstellen für IPv6-Kommunikation
(3) Digitalisierung des gesamten Netzbereichs
(4) Echtzeiterfassung der Daten seitens Erzeugung und Verbrauch
(5) Analyse vergangener Daten

(6) Erstellung vorausschauender Modelle
(7) vollständige Digitalisierung und Automatisierung des Bilanzkreismanagements

(1) Einheitliche Protokolle auf SCADA-Ebene: Ursprünglich basierte die Kommunikation von SCADA-Systemen auf einer seriellen Verbindung mit sog. Feldbussystemen. Sowohl die Anzahl möglicher Verbindungen als auch der Informationsaustausch mit anderen Systemen ist dadurch eingeschränkt. Im Rahmen von Pilotversuchen werden die Steuerleittechniken vermehrt mit Protokollen aus dem IT-Umfeld ausgestattet (z. B. Transmission Control Protocol (TCP), Open-Data-Base-Connectivity(ODBC)-Schnittstellen).
(2) Schnittstellen für IPv6-Kommunikation: Aufgrund der wachsenden Anzahl an Geräten mit Internetzugang sind Neuerungen in der Standardkommunikation innerhalb der IT-Umgebung unumgänglich. Dementsprechend bieten viele Anlagenhersteller die Möglichkeit, die sog. Internet-Protocol-Version-6(IPv6)-Datenkommunikation in ihre Mess- und Steuergeräte zu integrieren. Das IPv6 ermöglicht die Übermittlung von Daten in Form von Paketen in jedem beliebigen Datennetzwerk. Die Integration von IPv6 bildet damit die Brücke zwischen traditioneller Datenkommunikation im Energienetz und moderner Kommunikation im IT-Netz.
(3) Digitalisierung des gesamten Netzbereichs: Neben der Vereinheitlichung der Kommunikation der Steueranlagen ist eine Digitalisierung des gesamten Verteilnetzes notwendig. Bereits heute werden verschiedene Methoden zur Erfassung der Netzspannung eingesetzt. Nur so kann sichergestellt werden, dass die Regelfrequenz von 50 Hertz konstant gehalten wird und dass der Strom nie „ausgeht". Die Erfassung der Netzspannung findet lediglich an Messpunkten einzelner Schaltanlagen statt, da dies bis vor Kurzem für die Verwaltung der Netzkapazität ausreichte. Bislang wurden Verbraucher zu einem Subnetz zusammengefasst, welches entsprechend gesteuert wurde. Der Einsatz dezentraler Batterien oder Solaranlangen setzt voraus, dass alle Stromentnahmen und -einspeisungen entlang des gesamten Stromnetzes überwacht werden können. Sämtliche Komponenten der Stromerzeugung und -verteilung müssen digital erfasst und es müssen permanent Versorgungsdaten geliefert werden können.
(4) Echtzeiterfassung der Daten seitens Erzeugung und Verbrauch: Mit dem technischen Fortschritt sinkt zwar der Energieverbrauch pro Gerät, aber die Anzahl der Geräte, die Strom benötigen, steigt kontinuierlich. Auch die Anzahl dezentraler Stromerzeuger wie Solar-, Photovoltaik- und Windkraftanlagen nimmt zu. Dies führt zu einem unausgeglichenen Verhältnis von Erzeugung und Verbrauch und erfordert ein sog. Bilanzkreismanagement. Der Netzbetreiber ist verpflichtet, Verbrauch und Einspeisung im Bilanzkreis konstant zu halten, da ansonsten keine stabile 50-Hertz-Frequenz gewährleistet werden kann. Die Echtzeiterfassung von Verbrauchsdaten jedes einzelnen Teilnehmers des Bilanzkreises ermöglicht es, zukünftig effizient und effektiv auf Schwankungen zu reagieren.

(5) Analyse vergangener Daten: Ist die kontinuierliche Erfassung von Einspeise- und Verbrauchsdaten gewährleistet, kann das Verbraucherverhalten anhand von Histogrammen ausgewertet werden. In Zukunft werden Informationen über das Wetter von hoher Relevanz sein. Das Wetter übt entscheidenden Einfluss auf die Stromerzeugung mit Erneuerbaren aus und wirkt sich unmittelbar auf den Energieverbrauch aus (Temperatur, Lichtverhältnisse, schlechtes Wetter etc.). Da herkömmliche Stromerzeugung mittels Gas-, Dampf, Wasser- und Kernkraftwerke wetterunabhängig war, existieren nur wenige kontinuierlich erfasste Daten zum wetterabhängigen Verbrauch. Daneben ändert sich der Stromkonsum durch den vermehrten Einsatz elektrischer Geräte. Bisherige Zeitreihenanalysen verlieren somit ihre Gültigkeit. Mit der zunehmenden Digitalisierung der Netze muss ein Datenpool aufgebaut werden.
(6) Erstellung vorausschauender Modelle: Sobald ausreichend Informationen über den Stromverbrauch vorliegen, können Datenmodelle erstellt werden, die eine optimierte Netzsteuerung ermöglichen. Diese Datenmodelle können nicht nur die Energieerzeuger und -verbraucher abbilden, sie können auch den Einsatz von Batterien und Elektrofahrzeugen verwalten. Neue Verbraucher können in die Datenmodelle einberechnet werden.
(7) Vollständige Digitalisierung und Automatisierung des Bilanzkreismanagements: Ziel der Digitalisierung des Stromnetzes ist die (voll-)automatische Steuerung der Bilanzkreise und ein effizienter Einsatz von Strom über die gesamte Produktionskette der Energieindustrie hinweg. Neben Daten und Modelle, mangelt es v. a. am Vertrauen der Bevölkerung in selbstregulierende Systeme. Bis die vollständige Automatisierung implementiert werden kann, werden also noch einige Jahre ins Land gehen. Bis dahin können wertvolle Erfahrungen gesammelt werden.

2.2 Energiespeicher als wesentlicher Bestandteil der europäischen Energiewende

Politische Vorgaben der *Europäischen Union* verändern den Energiemarkt. Das Einspeisen von Erneuerbaren Energien in das Stromnetz führt nicht nur zu Investitionen im Bereich der Stromerzeugung, es führt v. a. Änderungen der Stromverteilung. Kraftwerke zur konventionellen Stromerzeugung können wetterunabhängig gesteuert werden und die Balance im Bilanzgruppenmanagement kann somit optimal verwaltet werden. Erfolgt die Stromerzeugung auch nur in Teilen mit Wind oder Sonnenkraft, hat dies großen Einfluss auf die Regulierung des Stromnetzes in ganz Europa.

Der Zusammenschluss der Stromnetze der EU-Länder zum europäischen Verteilnetz hat zur Folge, dass alle Verteilnetzbetreiber in Europa eine elektrische Spannung von 230 Volt (±10 %) bei der Einspeisung garantieren müssen. Kann diese elektrische Spannung nicht gewährleistet werden, muss umgehend eine Zu- oder Abführung von Stromvolumina erfolgen. Andernfalls kann die Netzstabilität nicht mehr sichergestellt werden. Abb. 1 illustriert die Folgen einer unkontrollierten Stromeinspeisung von Erneuerbaren Energien.

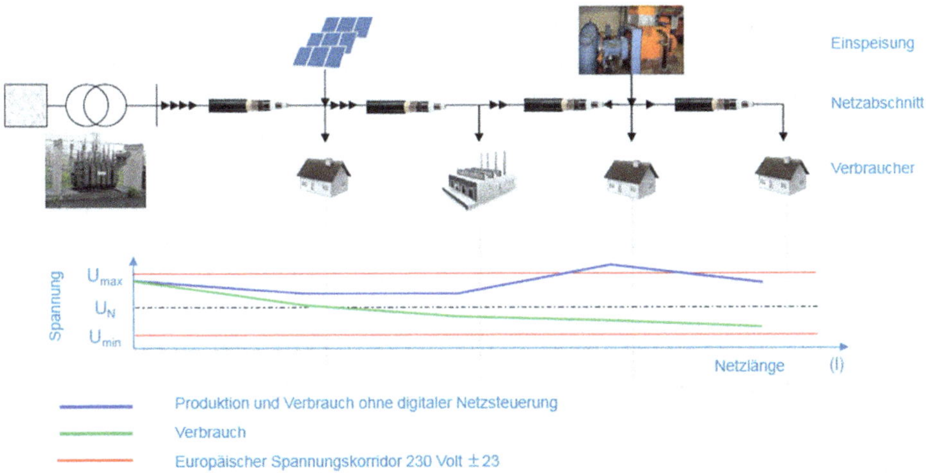

Abb. 1: Unkontrollierte Stromeinspeisung von Erneuerbaren Energien (On-Site-Dialog, 2013).

Führt der Stromverbrauch dazu, dass die Spannung außerhalb des Europäischen Spannungskorridors liegt, kann das Verteilnetz zumindest teilweise keinen Strom liefern. Um dies zu vermeiden, wurde ein sog. Fahrplanmanagement eingeführt: Jeder Energieproduzent und Verteilnetzbetreiber muss einmal täglich das Volumen, das von seiner/seinen Anlage(n) und seinem/seinen Netz(en) in das europäische Stromnetz eingespeist wird, bekannt geben. Auf Basis dieser Information wird 24 Stunden im Voraus berechnet, welche Anlangen wieviel Strom liefern und wie die Stromabnahmen erfolgen werden. Hierbei wird berücksichtigt, wieviel Speicherkapazität der Verteilnetzbetreiber anbieten kann. Die Speicherung kann erfolgen mittels
(1) Pumpspeicherkraftwerk,
(2) Druckluftspeicher und
(3) Batteriespeicher

(1) Pumpspeicherkraftwerk: Pumpspeicherkraftwerke werden häufig in Regionen eingesetzt, in denen die geografischen Gegebenheiten es zulassen, Wasser in unterschiedlichen Höhenlagen zu sammeln. Die Funktionsweise von Pumpspeicherkraftwerken ähnelt der einer Batterie, der Ladevorgang erfolgt jedoch mittels Wasservolumen: Im Tal wird Wasser gesammelt. Ist eine Stromabnahme aus dem Stromnetz erforderlich, obwohl nicht ausreichend Verbrauch vorhanden ist, wird Wasser mithilfe von Turbinen vom Tal in das obere Becken am Berg gepumpt.
Sollte zu einem späteren Zeitpunkt im Verteilnetz nicht ausreichend Strom vorhanden sein, wird Wasser in das Tal abgelassen. Dabei passiert das Wasser die Turbinen, sodass Strom erzeugt wird, der zum Verbrauch in das Netz eingespeist wird.
(2) Druckluftspeicher: Druckluftspeicher funktionieren ähnlich wie Pumpspeicherkraftwerke. Sobald überschüssiger Strom im Verteilnetz vorhanden ist, wird Druckluft in einen Hohlkörper (z. B. stillgelegtes Salzbergwerk oder Kohlegrube)

gepumpt. Die Druckluft wird gespeichert. Besteht Strombedarf, entweicht die Druckluft durch eine Turbine aus dem Hohlkörper und erzeugt somit Strom, der in das Netz eingespeist werden kann.

(3) Batteriespeicher: In Batteriespeichern lässt sich Energie am effizientesten speichern. Verteilnetzbetreiber nutzen Batteriespeicher am häufigsten in Elektrofahrzeugen. Da Elektrofahrzeuge heutzutage 80 Prozent der Zeit stehend an einer Ladestation verbringen, kann ihr Batterievolumen als Netzspeicher genutzt werden. In Köstendorf, ein Ort in der Modellregion *SmartGrids Salzburg*, werden Haushalte mit Photovoltaikanlangen und mit Elektrofahrzeugen ausgestattet. So gelingt eine optimale Balance zwischen Energieerzeugung aus Sonnenkraft, Speicherung der überschüssigen Energie in Elektrofahrzeugen und Energiebereitstellung je nach Lastprofil.

3 Orchestrierung der Erzeugung, Speicherung und des Verbrauchs mithilfe von digitalen Netzen

Die Vielzahl beteiligter Systeme im europäischen Stromnetz macht es erforderlich, eine lückenlose und v. a. sichere Kommunikation zwischen den Verteilnetzbetreibern zu gewährleisten. Auch wenn die Wettervorhersagen, die zur Planung der Stromerzeugung herangezogen werden, immer präziser werden und das Verhalten der Stromverbraucher immer genauer vorhergesagt werden kann, ist die Überwachung der Netzauslastung anhand von Echtzeitdaten unumgänglich. Die Echtzeitkommunikation ermöglicht es, Verbraucher- und Erzeugerinformationen über das gesamte Stromnetz hinweg zu sammeln. Die Daten werden in zentralen IT-Systemen gesammelt und anschließend ausgewertet. Aufgrund der Datenvorhaltung an unterschiedlichen Orten ist es wichtig, Daten verschlüsselt auszutauschen.

4 Datensicherheit zur Netzsteuerung

Mit der zunehmenden Digitalisierung des Stromnetzes wird der Schutz personenbezogener Daten immer wichtiger. Ebenso verhält es sich mit Informationen, die notwendig sind, um ein digitales Stromnetz zu betreiben.

Als die Stromnetze konstruiert und implementiert wurden, war nicht abzusehen, dass die Leitungen mehr als nur Elektronen transportieren würden. Mit der Einbindung von Smart Metern, Solaranlagen und Batteriespeichern hat sich dies grundlegend geändert. Zusätzlich zur geforderten kontinuierlichen Netzverfügbarkeit, der damit einhergehenden Vermeidung von Teilausfällen und zu hohen Stromverlusten müssen mit Einführung der Smart Grids folgende Bedingungen erfüllt sein:

- Verschlüsselung von Daten und Verwaltung von Zertifikaten
- Benutzer- und Geräteverwaltung
- Vermeidung von Angriffen von außen
- ISO 27 000 Information Security Management Systems

Um diese Bedingungen erfüllen zu können, muss eine entsprechende Security-Strategie ausgearbeitet werden. Ein Architekturmodell der Datensicherung zur Netzsteuerung ist in Abb. 2 dargestellt:

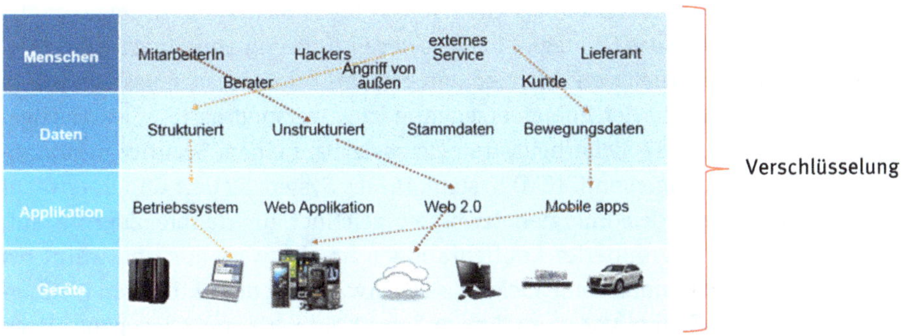

Abb. 2: Datensicherung zur Netzsteuerung (eigene Darstellung).

(1) Verschlüsselung von Daten und Verwaltung von Zertifikaten: Ein relatives neues Problem sind Angriffe von außen auf die digitalen Netze der Energieversorger. Ursprünglich waren Versorgungsnetze nicht als IT-Plattformen gedacht, sondern als elektrotechnische Verbindungen ohne Anschluss an ein digitales Netz, schon gar nicht an ein globales Datennetz. Daher ist es unerlässlich, sämtliche Daten, die zur Steuerung der Energienachfrage genutzt werden, zu verschlüsseln. Während es im IT-Bereich seit Längerem Standard ist, Benutzer und Geräte zu zertifizieren, ist mit dem Einzug von Smart Metern auch in der Energiebranche die Zertifizierung von Datenströmen notwendig. Am häufigsten wird die sog. asymmetrische (paarweise) Verschlüsselung genutzt. Jeder Benutzer bzw. jedes Gerät, das Teil des digitalen Netzes ist, erhält einen privaten und einen öffentlichen Schlüssel. Mithilfe dieser Schlüssel können Informationen unter Beteiligten ausgetauscht werden, ohne dass Dritte diese auslesen können. Die Verschlüsselung dient dem Schutz vor unbefugtem Zugriff und der Erfüllung der Datenschutzrichtlinien, die den Schutz personen- und unternehmensbezogener Daten vorsehen.

(2) Benutzer- und Geräteverwaltung: Neben dem Schutz von Daten müssen die Netzzugriffe verwaltet werden. Die Energienetze in ihrer ursprünglichen Form sahen keine Verwaltung aktiver Steuerelemente vor, da ihr Betrieb bis zur Einführung von Smart Metern nicht zentral verwaltet wurde. Sobald Verteilnetze von

IT-Netzen geschaltet und gewartet werden, ist eine standardisierte IT-Architektur vonnöten, die alle aktiven Komponenten registriert und die Benutzer verwaltet. Die Benutzerverwaltung ermöglicht es, die Anlagen des Netzes zentral zu steuern. Daneben kann mit ihr die Zugriffsberechtigung einzelner Personen bis auf Datenbankebene verwaltet werden. Auf diese Weise wird sichergestellt, dass Benutzer nur auf bestimmte Informationen zugreifen können, die Wahrscheinlichkeit des Datenmissbrauchs sinkt.

(3) Vermeidung von Angriffen von außen: Wie in Kapitel 4.1 erwähnt, wächst mit der Digitalisierung der Verteilnetze die Gefahr der Manipulation von Einspeisung und Verbrauch. Um dieser zu begegnen, muss eine IT-Sicherheitsstrategie implementiert werden. Diese Strategie, die seit der Einführung von Smart-Meter-Netzen auch die Sicherheit von Energiedaten gewährleisten muss, muss von jedem Unternehmen, das in der Energieerzeugung bzw. -versorgung tätig ist, nachgewiesen werden. Die IT-Sicherheitsstrategie basiert auf einem Security-Information-and-Event-Management(SIEM)-System. Dieses System steuert und überwacht Zugriffe innerhalb des Energienetzwerkes, zeichnet unerlaubte Zugriffe auf, wertet die Folgen veränderter Konfigurationen im Netzwerk aus und warnt bei Manipulationen. Damit ist eine lückenlose Überwachung der Aktivitäten im Energienetz und der Schutz vor unerlaubtem Zugriff auf verbrauchsbezogene Daten sichergestellt.

(4) ISO 27 000 Information Security Management Systems: Der *ISO Standard 27 000* beschreibt Standards zur IT-, Daten- und Netzsicherheit. Kernelement sind Definitionen des Informationssicherheitssystems sowie des Risikomanagements, der Auditprozesse und der Kommunikation innerhalb von Organisationen. Des Weiteren gibt der *ISO 27 000 Standard* Empfehlungen ab, wie die Dokumentation der Umsetzung der Sicherheitsanforderungen erfolgen soll, welche IT-Komponenten genutzt werden sollen und wie die laufende Geschäftstätigkeit im Unternehmen sicherzustellen ist. Der *ISO Standard 27 019* enthält neben den o. g. Punkten folgende Vorgaben für die Energieindustrie:
   - Dokumentation von IT-Systemen, die zu Steuerung des Energienetzes notwendig sind
   - Erfassung von Steuerungselementen, die den Energieverbrauch kontrollieren
   - Systeme, die die Einspeisung und Abnahme von Energievolumen visualisieren
   - Absicherung von Smart-Meter-Messpunkten

Seit 2013 dienen die ISO-Standards Energieerzeugern und -verteilern als Leitlinien, wie Energienetze der Zukunft sicher zu verwalten sind. Daher ist es für jedes Unternehmen in der Energiewirtschaft zu empfehlen, die ISO-Standards in ihre Sicherheitsstrategie einfließen zu lassen.

5 Kommunikation im Energienetz

Da das zukünftige Energieversorgungsnetz die dezentrale Erzeugung optimal verwalten muss, ist eine Orchestrierung der unterschiedlichen Teilnehmer (z. B. Batteriespeicher, mobile Anwendungen, Photovoltaik-Hausanlagen, Solarenergieanlagen, Windkraftanlagen) unumgänglich.

Die digitale Zusammenführung von Verbrauchern und Erzeugern im Stromnetz ist ein wesentlicher Bestandteil der Industrie-4.0-Initiative der *Bundesregierung*. Ein Fertigungsprozess, der nach Industrie-4.0-Rahmenbedingungen umgestaltet und digitalisiert wurde, kann eine Effizienzsteigerung in der Fertigung selbst erreichen und einen nachhaltigen Umgang mit Energie erwirken. Um Energieerzeugung und -verbrauch optimal zu gestalten, bedarf es:

(1) regelbarer Transformatoren zur Aussteuerung der Spannungsqualität,
(2) Wechselrichtern an Abnahme- und Einspeisepunkten und
(3) Smart Metern zur Erfassung von Erzeugung und Speicherung.

(1) Sobald die Energieversorgung und -speicherung im Verteilnetz dezentral erfolgt, reicht ein herkömmlicher Transformator zur Regelung der Spannung nicht mehr aus. Die kosteneffizienteste Maßnahme zur Verwaltung von Erzeugung und Speicherung ist die Installation eines regelbaren Ortsnetztransformators im Verteilnetz. Dieser ermöglicht mittels Fernwartung und unter Zuhilfenahme des Lastmanagements ein veränderbares Übersetzungsverhältnis, um die Spannungsqualität und Stabilität zu garantieren.
(2) Sobald ein Haushalt oder ein Industriebetrieb nicht mehr nur Strom abnimmt, sondern diesen auch speichert oder produziert, ist es notwendig, den Verbraucher mit einem Wechselrichter auszustatten. Dieser steuert die Einspeisung und wandelt Gleichstrom aus Batterien oder Photovoltaikanlagen in Wechsel- oder Drehstrom (Verteilnetz).
(3) Für die korrekte Erfassung des Stromverbrauchs bzw. der Stromspeicherung ist ein Smart Meter notwendig. Damit kann festgestellt werden, wie viel Strom gespeichert ist bzw. ob der Speicher weiterbefüllt oder „angezapft“ werden kann.

6 Zentrale IT-Plattform für den Datenaustausch

Die Verwaltung von regelbaren Transformatoren, Wechselrichtern und Smart Metern erfolgt über eine zentral gesteuerte IT-Plattform, die von jedem Teilnehmer in Echtzeit den aktuellen Stand der Energieerzeugung und des -verbrauchsabfragt. Die Abfrage erfolgt auf Basis der sog. Laststeuerung (Demand Side Management). Ziel der Laststeuerung ist die kostenoptimiere Stromerzeugung. Es soll also weder ein Überschuss noch eine Unterversorgung an Strom im Verteilnetz bestehen. Die IT-Plattformen

werden i. d. R. von den nationalen Verteilnetzbetreibern verwaltet, um die Information möglichst effizient an alle relevanten nationalen und internationalen Stellen weitergeben zu können. Dazu hat jeder Verteilnetzbetreiber ein sog. Operations Center eingerichtet, das rund um die Uhr besetzt ist, damit die Datenanalyse kontinuierlich und Reaktionen auf Über- oder Unterspannung unmittelbar erfolgen können. Die wesentlichen Komponenten dieser IT Plattform sind:
(1) Steuerungsebene
(2) Kognitive Analysemodelle
(3) Datensammlung
(4) Schnittstellen

6.1 Steuerungsebene

(1) Auf der Steuerungsebene werden die im Verteilnetz gesammelten Informationen ausgewertet. Diese werden
   - Entscheidungsträgern zur Verfügung gestellt, um z. B. notwendige Korrekturmaßnahmen einzuleiten.
   - zu Dokumentationszwecken genutzt und an regulative Einrichtungen innerhalb der EU weitergegeben
   - als Grundlage für zukünftige Optimierungen der Stromnetzverwaltung genutzt.

(2) Kognitive Analysemodelle bilden das Herzstück einer IT-Plattform. Sie werden mit Daten zurückliegender Zeiträume „befüllt“ und mit statistischen Regeln versehen. Diese Regeln basieren auf entsprechenden rechtlichen Rahmenbedingungen, wie garantierte Netzstabilität, und physikalischen Erfordernissen der Elektrotechnik. In die kognitiven Analysemodelle können Bedarfsplanungsinformationen und Anlagenoptimierungen einbezogen werden. Je mehr Datenpunkte in das Analysemodell eingebracht werden, desto mehr Schlussfolgerungen kann das System ziehen. Die kognitive Analyse ermöglicht Entscheidungsträgern die effiziente Nutzung der Daten. Die zukünftige Datenflut wäre ohne diese Modelle nicht zu bewältigen.
(3) Datensammlung: Entlang des Verteilnetzes existieren verschiedene Datenpunkte, deren relevante Informationen zentral zusammengeführt werden müssen (Stammdaten, Verbrauchsdaten, Bewegungsdaten, geospatiale Daten u. a.). Die Daten werden gesammelt und in ihrer Form vereinheitlicht, damit sie von kognitiven Analysemodelle zur Verarbeitung genutzt werden können.
(4) Schnittstellen: Das Verteilnetz der Zukunft wird aus unterschiedlichen Energieproduzenten, -speichern und -verbrauchern bestehen. Daher ist es notwendig, aus sämtlichen Datenquellen Informationen über den Zustand der Messgeräte, über die Energieerzeugung und den Energieverbrauch abfragen zu können. Heutige Messinstrumente und Industrieanlagen verfügen über unterschiedlichste Steuerelemente. Auch wenn es nur wenige Hersteller für diese Steuerelemente gibt,

so sind die Geräte z. T. alt, sodass die für die Datenübertragung erforderlichen Softwarekomponenten nicht genutzt werden können. Um dieses Problem zu beheben, nutzen moderne IT-Plattformen den sog. Integration Bus, welcher:

- Standardschnittstellen bietet, die abteilungs- und firmenübergreifend angebunden werden können.
- standardmäßig über Schnittstellen zu allen gängigen Enterprise-Asset-Management- und Enterprise-Ressource-Planning-Systemen verfügt.
- über Web Services unterschiedliche Protokolle und Dateiformate wie XML, CSV, SOAP, HTTP und JMS verwendet.
- die Informationen in beliebigen Zeitabständen sammelt.

7 Herausforderungen der IT-Plattform-Architektur

Bei der Konfiguration der IT-Plattformen besteht die größte Herausforderung darin, eine einheitliche Kommunikation von unterschiedlichen Schnittstellen herzustellen. Um einheitliche Industriestandards zu schaffen, wurden unternehmensübergreifende Kommunikationsplattformen ins Leben gerufen. Die wichtigsten Plattformen im deutschsprachigen Raum sind die Smart-Grid-Plattform und die Industrie-4.0-Plattform. Neben technischen Änderungen werden in auf diesen Plattformen rechtliche Anforderungen besprochen, da die Energiewirtschaft einer der größten regulierten Industriebereiche in Europa ist. Basis für diese Schnittstellen ist das technische Modell der Automatisierungspyramide, wie es heute elektrotechnischen Steuerungen Standard ist.

7.1 Automatisierungspyramide

Ausgehend vom Konzept der Automatisierungspyramide müssen auf den Prozess- und Betriebsleitungsebenen Vereinbarungen zum standardmäßigen Datenaustausch getroffen werden (s. Abb. 3). Der Aufbau der Automatisierungspyramide ist für alle Messpunkten gleich und gilt daher für Smart Meter genauso wie für Batteriespeicher oder auch Generatoren.

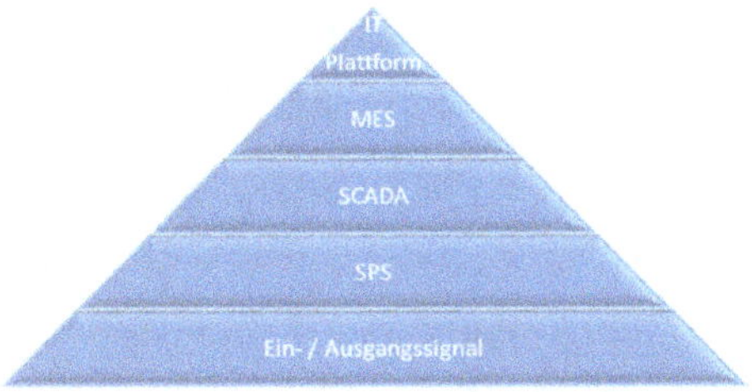

Abb. 3: Aufbau der Automatisierungspyramide (eigene Darstellung).

(1) *Manufacturing Execution System* (MES): MES ist ein Prozessleitsystem, das die Führung, Lenkung, Steuerung und Kontrolle der elektrischen Anlagen übernimmt. In der Energiewirtschaft werden hier Betriebs- und Maschinendaten erfasst.
(2) *Supervisory Control and Data Acquisition* (SCADA): SCADA-Schnittstellen sind für den Datenaustausch zwischen MES und Hardware zuständig. Die Kommunikation erfolgt sowohl auf Basis der Feldbustechnologie (Anlagenkommunikation) als auch – und immer mehr – auf Basis der TCP/IP-Technologie (IT-Kommunikation). Zu verarbeitende Informationen sind Stellgrößen, die mit Ist-Werten abgeglichen werden.
(3) *Speicherprogrammierbare Steuerung* (SPS): Die SPS ist Teil der Sensoren und Aktoren. Sie programmiert die einzelnen Prozessschritte in der Steuerung von z. B. Taster, Lichtschranken, Inkrementalgeber, Endschalter oder auch Temperaturfühler und Füllstandsensoren.

7.2 Datenaustausch zwischen Unternehmen/Organisationen

Nicht nur die Standardisierung elektrotechnischer Schnittstellen ist eine Herausforderung, sondern auch der Informationsaustausch zwischen den Unternehmen/Organisationen. Jeder Verteilnetzbetreiber muss den anderen Netzbetreibern in Europa das geplante und aktuelle Stromerzeugungs- und -verbrauchspotenzial mitteilen, da nur so die Netzstabilität gewährleistet werden kann. Auf den Kommunikationsplattformen ist daher auch zu klären, wie Informationen effizient von Unternehmen/Organisation zu Unternehmen/Organisation übermittelt werden können.

8 Der organisatorische Transformationsprozess

Die beschriebenen Standardisierungen sind nur ein Teil der Veränderungen vom konventionellen elektrischen Stromnetz hin zum effizienten Smart Grid. Neben den Änderungen auf technischer Ebene wird jeder Netzbetreiber auch eine organisatorische Transformation vornehmen müssen, damit das Verteilnetz von morgen Realität werden kann.

Anhand der Transformationspyramide (siehe Abb. 4) wird deutlich, welche Schritte erfolgen müssen, damit die neuen Geschäftsmodelle erfolgreich sind.

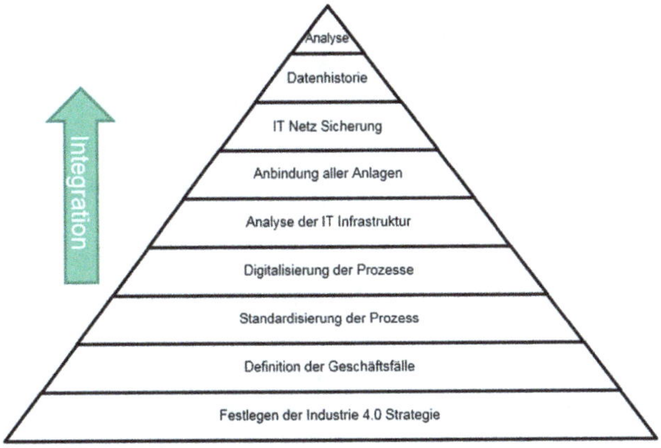

Abb. 4: Transformationspyramide (eigene Darstellung).

8.1 Projektschritte in der Transformationspyramide

Die in der Transformationspyramide dargestellten Schritte müssen von unten nach oben durchlaufen werden. Wird ein Schritt ausgelassen, kann die Transformation scheitern.

(1) Festlegen der Industrie-4.0-Strategie: Die ersten Initiativen zur Implementierung von Smart Grids gehen zurück auf die 2000er-Jahre, auch wenn von „Industrie 4.0" zu diesem Zeitpunkt noch nicht die Rede war. Wie auch in der Fertigungsindustrie ist es wichtig, dass die Geschäftsleitung den Veränderungsprozess zu einer unternehmensweiten Strategie erklärt und neben der Zurverfügungstellung des benötigten Budgets klare Zielvorgaben formuliert.

(2) Definition der Geschäftsfälle: Im Anschluss an die Kommunikation der Digitalisierungsstrategie erfolgt die Festlegung der Geschäftsfälle, in denen das Energieunternehmen zukünftig tätig sein möchte. Die neuen Betätigungsfelder können, müssen aber nicht, im energienahen Kerngeschäft angesiedelt sein (siehe auch Kap. 9).

(3) Standardisierung der Prozesse: Nachdem die Geschäftsfälle definiert wurden, werden die organisatorischen Prozesse festgelegt. In der Regel sind alle Abteilungen von diesen neuen Prozessen betroffen, weshalb deren transparente Dokumentation unumgänglich ist. Die Prozesse können nur dann von der IT-Plattform unterstützt werden, wenn alle Aufgaben im Vorfeld verteilt wurden.

(4) Digitalisierung der Prozesse: Die definierten Prozesse werden in die IT-Architektur der Plattform integriert. Um sicherstellen zu können, dass die Prozesse schlüssig und effizient sind, werden mehrere Testläufe durchgeführt. Diese Projektphase ermöglicht es allen Beteiligten, erste Erfahrungen mit den neuen Abläufen zu sammeln und Ergänzungen oder Änderungen vorzunehmen.

(5) Analyse der IT-Infrastruktur: In der Energiebranche wird eine Vielzahl unterschiedlicher IT-Systeme eingesetzt. Kommen neue IT-Plattformen für zukünftige Geschäftsfelder hinzu, sind diese in die bestehende IT-Landschaft zu integrieren. Nur so kann ein lückenloser und effizienter Datenaustausch gewährleistet werden.

(6) Anbindung aller Anlagen: Um das Smart Grid „smart" zu machen, müssen sämtliche Erzeuger, Batteriespeicher und Verbraucher an die IT-Plattform angebunden werden. Prozessschnittstellen müssen bei der Standardisierung der Prozesse berücksichtigt werden. Erst wenn die Schnittstellen Datenverantwortung tragen und wissen, wer wann an wen welche Daten zu liefern hat, ist ein reibungsloser Ablauf möglich.

(7) IT-Netz-Sicherung: Sobald die dezentralen Anlagen an die IT-Plattform angeschlossen sind, ist das Konzept der Daten- und Netzwerkssicherung zu implementieren. Dieses Sicherheitskonzept muss im Zuge der Standardisierung der Prozesse definiert und dokumentiert werden. Nicht auszuschließen ist, dass das Sicherheitskonzept im Zuge der fortschreitenden Digitalisierung überarbeitet und ergänzt werden muss.

(8) Datenhistorie: Sobald die Prozessabläufe ausreichend getestet wurden, werden Daten aller relevanten Messstellen gesammelt. Zusätzlich können historische Daten, die die Geschäftsentwicklung der vergangenen Jahre dokumentieren, eingepflegt werden. Je mehr Datenpunkte in der IT-Plattform zur Verfügung stehen, umso mehr Erkenntnisse können gewonnen werden.

(9) Analyse: Ziel jeder Industrie-4.0-Strategie im Energiebereich ist die umfassende Erkenntnis des eigenen Geschäftsablaufs, der Verhaltensweisen der Energiekonsumenten sowie der Einflussfaktoren auf die Energieproduktion (Lieferkette). Die Analyse dieser Daten und die Verknüpfung von weiteren Informationen mit diesen Daten bilden die Basis für neue Geschäftsmodelle mit dem Ziel der Optimierung der unternehmenseigenen Wertschöpfungskette.

8.2 Zeitliche Abfolge der Projektschritte

In der Regel werden einige der in Kapitel 8.1 genannten Projektschritte parallel erfolgen, da sie als Arbeitspakete von unterschiedlichen Projektverantwortlichen bearbeitet werden. Wichtig ist, dass der erste Projektschritt – das Festlegen der Industrie-4.0-Strategie – abgeschlossen ist, bevor mit den weiteren Schritten begonnen wird. Jeder Projektschritt muss am Ende abgenommen werden (Qualitätssicherung). Nur so kann die Funktionalität der IT-Plattform-Architektur gewährleistet werden.

9 Neue Geschäftsmodelle auf Basis der IT Plattform Architektur

Mit dem Einzug der Smart Meter in die europäischen Stromnetze sahen sich Netzbetreiber nicht nur mit neuen technischen Herausforderungen konfrontiert, es entwickelten sich auch neue Geschäftsmodelle. Die Netzbetreiber erkannten sehr schnell, dass Erzeuger und Verbraucher einander mittels neuer Softwarelösungen effizienter miteinander in Verbindung gebracht werden können (Demand Side Management, Abgleich von Stromentnahme und -zufuhr). Die Einbindung von Smart Metern, Erneuerbaren Energien und Batterien in das Verteilnetz haben entschieden zum Aufschwung von sog. virtuellen Kraftwerken geführt.

9.1 Das virtuelle Kraftwerk

Die Einbindung von Energie aus erneuerbaren Quellen stellt die Energiebranche vor neue Herausforderungen. Konventionelle Kraftwerke können an- und abgeschaltet werden, was bei Sonnen- und Windenergie nicht möglich ist. Folglich versucht man, mithilfe von Elektrofahrzeugen oder stationären Batteriespeichern, diese Schwankung zu mindern, den Strom bei „günstigem Wind" zu speichern, um ihn dann bei gestiegenem Bedarf in das Netz einzuspeisen.

Dieser Vorgang wird heutzutage mittels IT-Plattformen verwaltet. Ein wesentlicher Vorteil dieser virtuellen Kraftwerke ist die Skalierbarkeit von Erzeugern und Speicherkapazität. Herkömmliche Kraftwerke, seien es Wind-, Wasser-, Kohle- oder Gaskraftwerke, sind auf eine bestimmte maximale Megawatt-Kapazität ausgelegt, die nicht erhöht werden kann. Virtuelle Kraftwerke hingegen sind dazu in der Lage, unendlich viele Speicher und Energieerzeuger zu bündeln (skalieren). Aufgrund dieser Bündelung kann die optimale Balance zwischen Verbrauch und Produktion erreicht werden.

9.2 Der effiziente Energieberater

Durch die Einbindung der Verbraucher in das digitale Demand Side Management des Netzbetreibers ist es möglich, Vergleichswerte pro Kundengruppe zu erfassen, saisonale Abhängigkeiten auszumachen oder geplante Netzerweiterungen zu modellieren. Der Verteilnetzbetreiber kann dem Endkunden als Energieberater zur Seite stehen. Es eröffnet sich also ein neues neue Geschäftsfeld im Servicebereich, das gleichzeitig die Möglichkeit bietet, den Forderungen nach Energieeffizienz und CO_2-Reduktion nachzukommen.

Der Netzbetreiber ist technisch zu dieser Art von Dienstleistung imstande, kann aufgrund der aktuellen Rechtslage aber nur mit Einverständnis und im Auftrag des Energiekonsumenten agieren. Damit das neue Geschäftsfeld auch tatsächlich eröffnet werden kann, müssen bei den Energieverbrauchern (Unternehmen, Privathaushalte) Bedarfe geweckt werden, d. h. sie sind an das Thema „Energieeffizienz" heranzuführen. Dies kann z. B. in Form von Schulungen erfolgen.

IT-Plattformen bieten weitere neue Geschäftsmodelle. Kunden können Dienstleistungen angeboten werden, die abseits des Kerngeschäfts „Energie" liegen. Zu nennen ist hier das Konzept des Internet der Dinge (siehe Kap. 10).

10 Das Internet der Dinge

In den letzten Jahren hat der Wunsch der Kunden nach digitalen Dienstleistungen enorm zugenommen, auch im Bereich der Energiewirtschaft. Sollen neben allgemeinen Daten des Energieverbrauchs und der Energieerzeugung auch Wetterdaten, spezifische, individuelle Nutzungsdaten (Gebäude, Personen) einbezogen werden, entstehen neue Dienstleistungen, bei denen das Thema „Energiemanagement" nur einen Teil des Services ausmacht. Abb. 5 zeigt beispielhaft, welche Informationen mit Energiedaten gekoppelt werden können.

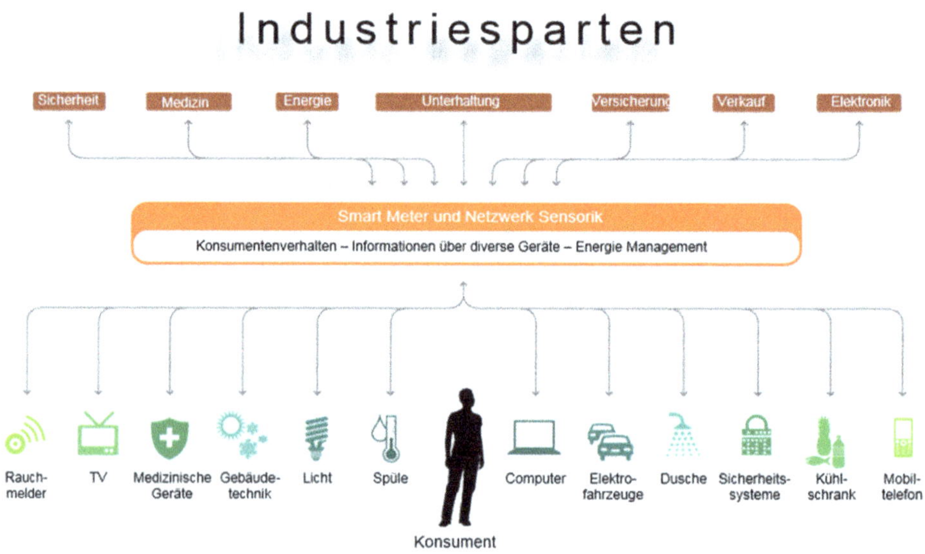

Abb. 5: Bündelung von Energiedaten mit Konsumentendaten (eigene Darstellung).

Der Einfachheit halber seien an dieser Stelle zwei Geschäftsmodelle genauer beschrieben:

(1) Vermietung von Elektrofahrzeugen
(2) Betreutes Wohnen für Senioren

- Vermietung von Elektrofahrzeugen: Bei der Vermietung von Elektrofahrzeugen in städtischen Gebieten mussten verschiedene Einflussfaktoren berücksichtigt werden: von der Ladekapazität über die Flottenstandorte bis hin zur Reservierung der Fahrzeuge durch den Kunden. Auch die Infrastruktur und die zugehörige IT-Plattform mussten skaliert werden können, da eine Expansion angestrebt war. Das Geschäftsmodell umfasste also folgende Komponenten: Batteriespeicher durch Elektrofahrzeuge, Kommunikationsplattform zwischen Fahrzeug, Vermieter und Kunde. Die IT-Architektur ermöglichte, basierend auf einer zentralen Datenspeicherung aller Nutzer und Fahrzeuge, eine Nachverfolgung der gesamten Flotte in Echtzeit. Nutzer und Fahrzeuge konnten auf der Landkarte lokalisiert werden. Der Standort verfügbarer Fahrzeuge konnte mittels App ausgemacht werden. Weiterhin musste die aktuelle Ladekapazität der Batterien eingesehen werden können, sodass im nächsten Ausbauschritt vorausberechnet werden konnte, an welcher Ladestation die in Bewegung befindlichen Fahrzeuge aller Wahrscheinlichkeit nach aufgeladen werden.

(3) Betreutes Wohnen für Senioren: Eine weiteres mögliches Geschäftsmodell für die Energiebranche ist, aufgrund des demografischen Wandels, der Ausbau von Wohnungen für hilfebedürftige Personen im fortgeschrittenen Alter. Die IT-Architektur umfasste unterschiedliche Sensoren, z. B. für Temperatur, CO_2, Wasser- und Stromverbrauch in den Wohnungen, die für die Altenbetreuung ausgebaut wurden. Daten zur Krankengeschichte und Therapiepläne der Bewohner wurden auf der IT-Plattform sicher verwaltet. So konnten maßgeschneiderte Therapien angeboten werden und betreuende Ärzte konnten über die IT-Plattform auf Gesundheitsdaten und medizinische Befunde zugreifen. Die IT-Plattform informierte das Pflegepersonal, wenn den Bewohnern etwas zugestoßen war. Somit konnte gewährleistet werden, dass sich die Mieter in ihren Wohnungen selbstbestimmt leben konnten und im Bedarfsfall Hilfe schnell verfügbar war.

11 Die Energiewende wartet nicht – nutzen wir die neuen Chancen

Mit der politischen Vorgabe, Energie verstärkt aus Erneuerbaren zu gewinnen, wurden der Wandel des zentral gesteuerten Stromnetzes hin zum Smart Grid vorangetrieben. Bei der Einspeisung von Wind- und Sonnenenergie sind die Batteriespeicher eine wesentliche Ausgleichskomponente im Demand Side Management.

Jüngste Entwicklungen in verschiedenen Pilotprojekten der europäischen Verteilnetzbetreiber haben jedoch gezeigt, dass die Energieverteilung nicht mehr den Hauptanteil am Umsatz der Energieversorger ausmachen muss. Aufgrund der derzeitigen Rechtslage ist jeder Energieversorger dazu verpflichtet, ausreichend Strom an alle Abnehmer zu liefern und Netzstabilität zu gewährleisten. Diese gesetzlichen Vorgaben werden das Kerngeschäft der Energieerzeuger und -versorger auch weiterhin bestimmen. Die Einspeisemodelle der erneuerbaren Energieträger führen jedoch dazu, dass der Umsatz der Energiebranche, der mit dem Kerngeschäft erzielt wird, schrumpfen wird. Es ist noch zu früh, davon ausgehen zu können, dass es in Europa eine großflächige Stromautarkie geben wird. Der vermehrte Einsatz dezentraler Einspeisungen und die Vorgaben der Energieeffizienz werden jedoch dazu führen, dass die Energiebranche innovative Lösungen als Erweiterung des Kerngeschäfts entwickeln muss.

Aufgrund der aktuellen Entwicklungen ist davon auszugehen, dass die IT-Branche immer mehr IT-Plattformen mit Industrielösungen zur Verfügung stellen wird. Diese IT-Plattformen können in der Energiebranche zu einer Effizienzsteigerung im Kerngeschäft führen, aber auch zu einer Erweiterung der Geschäftsmodelle führen. Wie genau diese Modelle aussehen werden, ist derzeit noch nicht absehbar, betrachtet man aber Digitalisierungsprozesse wie Industrie 4.9 im Fertigungsbereich oder Smart City im öffentlichen Bereich zeichnen sich vielversprechende Möglichkeiten für die Energiebranche ab.

Der wachsende Wunsch des Endkunden nach mehr Transparenz und Kontrollmöglichkeit des eigenen Energievolumens wird diese Entwicklung entscheidend beeinflussen. Erfahrungen u. a. aus dem Telekommunikationsbereich sollten genutzt werden, um den Wandel von einem konventionellen Energieversorger hin zu einem visionären Energie- und Informationsdienstleister erfolgreich zu vollziehen.

Heutige IT-Plattformen ermöglichen es Unternehmen jeglicher Größe, die digitale Transformation im Rahmen der europäischen Industrie-4.0-Initiative umzusetzen, frei nach dem Motto: Think big – start fast – act smart!

Stefan Nykamp

Batteriespeicher im Portfolio eines Verteilnetzbetreibers

1 Die Energiewende und die Rolle der Verteilnetzbetreiber

Die Energiewende in Deutschland geht mit einer steigenden Einspeisung von Stromerzeugung aus Wind- und Photovoltaikanlagen (PV) in die Netze einher. Diese Entwicklung führt zu einem Paradigmenwechsel und einer zunehmenden Bedeutung der Verteilnetzbetreiber. So wurde früher die Stromerzeugung nahezu ausschließlich in Großkraftwerken sichergestellt. Der Strom passierte die Übertragungsnetze (Höchstspannung mit 380 und 230 kV (Kilovolt)) und wurde zu den Verbrauchern geleitet. Diese Verbraucher waren und sind überwiegend an die Verteilnetze angeschlossen (Hochspannung mit 110 kV, Mittelspannung mit 30, 20 und 10 kV und Niederspannung mit 400 V). Der Strom kannte dabei nur eine Richtung – von den Großkraftwerken zu den Verbrauchern unter Nutzung recht passiver Verteilnetze.

Durch die zunehmende dezentrale Erzeugung ändert(e) sich dieses Grundprinzip: Laut Erhebungen der *Bundesnetzagentur* sind über 81 Prozent aller Anschlussleistungen aus Stromerzeugungsanlagen, die Elektrizität aus Erneuerbaren Energien produzieren, an die Nieder- und Mittelspannungsnetze angeschlossen (BNetzA, 2015).

Die Verteilnetze entwickeln sich damit zur Drehscheibe der Energiewende und stellen steigende Anforderungen an das (lokale) Energiemanagement. Die Stromflüsse kehren sich zeitweise um und es kommt zu bidirektionalen Energieflüssen. So existieren einerseits Situationen in Regionen mit Stromverbrauch und den konventionellen Energieflüssen über die Netze, z. B. wenn die Sonne nicht scheint und der Wind nicht weht, und damit keine Stromerzeugung aus diesen Erneuerbaren Energien erfolgt. Andererseits zeigen sich aber auch und insbesondere in ländlichen Netzen mit großen Zubauraten an Wind- und PV-Anlagen Zeitperioden mit signifikanten Überschussleistungen. In solchen Situationen kann der lokal erzeugte Strom nicht lokal verbraucht werden. Der Strom wird über die Verteilnetze zu Lastzentren transportiert und in die vorgelagerten Übertragungsnetze zurückgespeist. Ein derartiges Szenario ist mit Messwerten in Abb. 1 dargestellt. In dieser Region im Verteilnetz der *innogy S.E.* (vormals *RWE Deutschland AG*), das durch ihre Tochtergesellschaft *Westnetz GmbH* bewirtschaftet und betrieben wird, wurden zahlreiche Wind-/PV- und Biomasseanlagen installiert. Ein positiver Wert in Abb. 1 kennzeichnet einen lokalen Überschuss, der aus diesem Gebiet in die vorgelagerte 110-kV-Ebene abtransportiert werden muss. Es sind zwei unterschiedliche Lastflüsse über die Transformatoren gekennzeichnet. Diese Trafos verbinden die Spannungsebenen und weisen, ebenso wie alle anderen Netzbetriebsmittel, begrenzte Belastungskennwerte auf. So ist zu erkennen, dass über den Zeitraum von zwölf Monaten kaum Situationen bestehen, in denen Strom in der Region „netto“ verbraucht wird. Stattdessen wird in

https://doi.org/10.1515/9783110458480-004

den meisten Zeiten deutlich über Bedarf produziert und die Verteilnetze mussten in diesem Beispiel entsprechend ausgebaut werden, vor allem mit zusätzlichen Leitungen und Transformatoren. Die skizzierte Region ist also in bestimmten Zeiten „Selbstversorger" mit einem EEG-Anteil von über 1000 Prozent,[1] sodass das Verteilnetz zum Abtransport der Überschussmengen in die vorgelagerten Ebenen genutzt wird. Solche Konstellationen existieren in zahlreichen Gebieten. Da diese Verteilnetze für solche Energieflüsse ursprünglich nicht ausgelegt waren, existiert(e) ein großer Ausbaubedarf. Dieser Investitionsbedarf wurde auf bis zu 27 Mrd. € bis zum Jahr 2020 (e-bridge, 2011) und bis zu 49 Mrd. € bis 2030 (Büchner et al., 2014) taxiert.

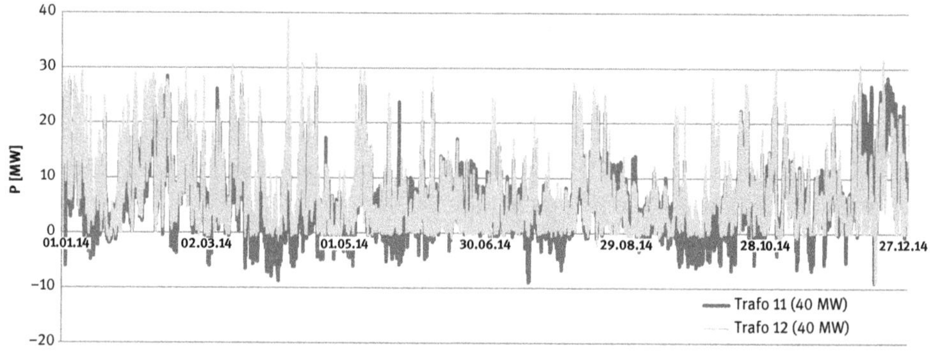

Abb. 1: Leistungsverlauf mit Überschussmomenten am Beispiel einer windenergiegeprägten ländlichen Region über einen Zeitraum von zwölf Monaten (Westnetz GmbH, 2015).

Damit übersteigt der Investitionsbedarf in Verteilnetzen den Ausbaubedarf der Übertragungsnetze,[2] was umso erstaunlicher ist, da dies in der öffentlichen Diskussion kaum wahrgenommen wird. Es ist also festzuhalten, dass die Energiewende technisch in den Verteilnetzen stattfindet und dass durch Innovationen in diesen Netzen eine effektive und effiziente Integration von Erneuerbaren Energien gefördert werden kann. Zu diesen Innovationen können auch Speicher wie Batterien und andere Flexibilitäten gehören, die bereits lokal eine Abstimmung von Erzeugung und Verbrauch verbessern und Energieflüsse optimieren. In einem Großteil der Fälle ist dabei bei heutigen Preisen eine Nutzung von Speichern teurer als der Netzausbau, wobei aktuell bereits Ausnahmesituationen bestehen. Zudem ist festzuhalten, dass Speicher für

---

1 In solchen Situationen wird also über 10-mal mehr Energie lokal und erneuerbar erzeugt, als vor Ort verbraucht werden kann.

2 So wird im 1. Entwurf zum *Netzentwicklungsplan Strom 2025* vom 30.10.2015 mit Kosten von 22 bis 25 Mrd. € bei einer Ausführung der Verstärkungsmaßnahmen im Übertragungsnetz in Form von Freileitungen gerechnet. Werden ausgewählte Trassen als HGÜ-Erdkabel ausgeführt, steigen diese Kosten bis zum Jahr 2025 auf 31 bis 36 Mrd. € an (vgl. Meinecke, 2015).

unterschiedliche Anwendungsfälle verwendet werden können – ein netzdienlicher Einsatz dient der Optimierung im (Verteil-)Netz und kann den Netzausbaubedarf reduzieren, während system- und marktdienliche Einsätze davon zu unterscheiden sind und gegenteilige Effekte mit teils gesteigertem Netzausbaubedarf auslösen können.[3]

In diesem Beitrag soll dargestellt werden, welchen Effekt die Nutzung von Batterien für Verteilnetzbetreiber entfalten könnte. Dazu wird in Kapitel 2 zunächst dargelegt, welche technischen Randbedingungen für Verteilnetze gelten. Dieses technische Grundverständnis ist erforderlich, um unterschiedliche Optionen des Netzbetreibers einschätzen zu können – wo also der Einsatz eines Speichers sinnvoll sein kann und wo es andere, bessere Optionen zur Integration von Erneuerbaren Energien gibt. In Kapitel 2 wird erläutert, wie sich ein netzdienlicher Speichereinsatz von anderen Erlösmöglichkeiten des Speicherbetriebs abgrenzt. Diese Ausführungen sind relevant, um später mögliche Geschäftsmodelle einordnen zu können. In Kapitel 3 wird kurz erläutert, wie die Regulierung von Stromnetzen funktioniert. Auch das Verständnis dieser regulatorischen Dimension ist für die Einordnung der möglichen Geschäftsmodelle erforderlich, die in Kapitel 4 diskutiert werden. Eine Übertragung auf das Pilotprojekt *ElChe Wettringen* erfolgt in Kapitel 5, um die technischen, ökonomischen und teils rechtlichen Ausführungen greifbarer zu machen.

Es ist zu betonen, dass sich dieser Beitrag zur Vereinfachung auf eine Abstraktion des derzeitigen Gesetzesrahmens stützt, wenngleich Reflexionen zu diesen Rahmenbedingungen eingestreut werden. Damit folgt die Gliederung der folgenden Logik: zuerst die unveränderlichen Naturgesetze der Technik (siehe Kap. 2), gefolgt von einer volkswirtschaftlichen (siehe Kap. 3) und betriebswirtschaftlichen (siehe Kap. 4) Perspektive, reflektiert an einem konkretem Beispiel (siehe Kap. 5) und abgeschlossen mit dem Fazit (siehe Kap. 6). So folgt die Systematik der Maxime, dass sich an diesen technischen und wirtschaftlichen Grundbedingungen auch der rechtliche Rahmen für den Speichereinsatz orientieren und weiterentwickeln lassen sollte.

2 Technische Situation – Anpassung der Verteilnetze an zukünftige Herausforderungen

In Kapitel 2 wird zunächst die Situation in Verteilnetzen näher erläutert. Diese Ausführungen dienen der Schaffung eines Grundverständnisses für den möglichen Nutzen von Speichern in Netzen und der Abgrenzung gegenüber anderen Optionen der Netzbetreiber für eine effiziente und effektive Integration von Erneuerbaren Energien.

3 Dieser Sachverhalt wird in Kapitel 2.3 detaillierter vorgestellt und anhand eines Anwendungsbeispiels erläutert. Der Speicher im Haushaltsbereich zählt wegen der Optimierung unter Berücksichtigung von Preisspreads zwischen Eigenerzeugung und Bezugspreisen meist ohne Berücksichtigung von lokalen Netzrestriktionen und Systemanforderungen zu den marktdienlichen Speichern.

2.1 Planung von Stromverteilnetzen

Um den Nutzen von Batteriespeichern in Verteilnetzen diskutieren zu können, werden in Kapitel 2.1 die Netztechnik im Allgemeinen und die Strategieoptionen zur Integration von Erzeugungsanlagen im Besonderen in Verteilnetzen beleuchtet.[4] Die Netzausbaubedarfe in den Verteilnetzen lassen sich insbesondere darauf zurückführen, dass für eine sichere und störungsfreie Versorgung der Kunden und der Netzbetriebsmittel zwei fundamentale Netzparameter unterhalb festgelegter Grenzwerte verbleiben müssen: Dies sind die anliegende Spannung, gemessen in Volt, und die Strombelastung der Betriebsmittel, gemessen in Ampere. Die Spannung muss innerhalb von Toleranzen bleiben, damit angeschlossene Verbrauchs- und Erzeugungsgeräte, z. B. die Kaffeemaschine im Haushalt, die Werkzeugmaschine bei einem Industrieunternehmen oder die Photovoltaikanlage auf dem Dach, betrieben werden können. In Deutschland gilt in Niederspannungsnetzen ein Wert von 230 V mit einer zulässigen Schwankung von ±10 % (EN 50160). Die Strombelastung ist dagegen kein Wert, der direkt die angeschlossenen Geräte in ihrem Betrieb beeinträchtigt. Stattdessen ist die Auslastung der Netzbetriebsmittel von Relevanz. Eine Überlastung kann zu einem Versagen der Betriebsmittel führen und damit zu einem Stromausfall bei dem angeschlossenen Kunden. Diese Unterscheidung ist relevant, da es für die Integration von Erneuerbaren Energien Methoden gibt, die nur einen Wert positiv beeinflussen, während einige (wie auch Speicher) in beiden Fällen durch positive Beeinflussung von Spannungs- und Belastungswerten zu einem Netz- und Kundennutzen führen können. Hier ist anzumerken, dass es sich um eine vereinfachte Beschreibung handelt und dass weitere Einflussparameter, die Netzausbau hervorrufen können, nicht weiter ausgeführt werden (z. B. weitere Elemente der Spannungsqualität, Anforderungen zum Schutzverhalten der Betriebsmittel, Maßnahmen zur Sicherstellung zulässiger Kurzschlussströme ...).[5] Zudem wird nicht näher beleuchtet, welche positiven Effekte auf die Einhaltung der Netzfrequenz, gemessen in Hertz, sich ergeben

---

4 Es wird davon ausgegangen, dass mit Batterien im eigentlichen Sinne Akkumulatoren gemeint sind. So ist eine wiederholte Aufladung und Freigabe des Stromes möglich, d. h. ein Akku hat mehr als einen Lade-/Entladezyklus. Batterien werden in der Umgangssprache häufig mit Akkus gleichgesetzt, daher wird auch hier keine Unterscheidung zwischen Batterien und Akkus vorgenommen. Batterien und Akkumulatoren wiederum sind nur eine Option zur Speicherung elektrischer Energie. Sie sind daher als mögliche Ausprägung von Speichern zu verstehen. Hierzu folgen in Kapitel 2.2 weitere Ausführungen.

5 Eine Umfrage des VDE unter Verteilnetzbetreibern hat ergeben, dass die Anwendungsfälle zuerst im Bereich der Spannungshaltung, gefolgt von der Vermeidung von Überlastungen gesehen werden. Zu geringe Kurzschlussleistung und unsymmetrische Belastung wurden nachrangig genannt. Als Hemmnis für den Einsatz von Speichern wird, neben den als hoch angenommenen Kosten, die fehlende Erfahrung und die bestehende Rechtsunsicherheit in der Entflechtung und mit Blick auf die regulatorischen Rahmenbedingungen gesehen (VDE, 2015).

können. Die Netzfrequenz ist für das jederzeit nötige Gleichgewicht von Erzeugung und Verbrauch im gesamten Netzverbund von Relevanz.[6]

In den Verteilnetzen gibt es unterschiedliche Methoden, um einen zuverlässigen Verteilnetzbetrieb zu planen. In der Regel verwendet der Netzbetreiber Berechnungsprogramme für die Simulation von aktuellen und zukünftigen Netzzuständen. Folgende Ansätze werden üblicherweise verfolgt:

- *Dynamische Netzberechnung:* Um zu berücksichtigen, dass die lokale Einspeisung und der lokale Verbrauch nicht zwingend zeitgleich auftreten, wird im Rahmen der dynamischen Netzberechnung ein zeitaufgelöstes Last- und Einspeiseprofil aller unterschiedlichen Netznutzer verwendet und berechnet, ob in dem betrachteten Netz an einer Stelle und zu einem Zeitpunkt ein kritischer Netzzustand mit unzulässigen Spannungs- und/oder Belastungswerten auftritt. Die zeitliche Auflösung muss recht hoch sein, um verlässliche Aussagen über aktuelle und zukünftige Netzzustände treffen zu können.
- *Probabilistische Netzberechnung:* Die Lastprofile der Verbraucher und Einspeiser werden hierbei ebenfalls berücksichtigt, allerdings werden sie mit einer Wahrscheinlichkeitsverteilung versehen. So kann errechnet werden, wie wahrscheinlich und wie häufig unzulässige Spannungs- und/oder Belastungswerte auftreten.
- *Statische Netzberechnung (Worst Case):* Die statische Netzberechnung ist die wohl am häufigsten verwendete Berechnungsmethode. Sie geht von der ungünstigsten Verbrauch-/Einspeisesituationen aus und wird daher als Worst-Case-Betrachtung bezeichnet. Hierbei sind zwei unterschiedliche Szenarien relevant, die kurz vorgestellt werden, um den möglichen Nutzen von Speichern in Verteilnetzen zu verdeutlichen.
  (a) *Starklastfall:* In diesem Fall wird simuliert, welche Werte bei maximaler Differenz aus gleichzeitigem Stromverbrauch und Einspeisung im Netz zu erwarten sind. Dabei wird mittels eines Gleichzeitigkeitsfaktors berücksichtigt, dass auch in lokal begrenzten Ortsnetzen nicht alle Stromverbräuche zum gleichen Zeitpunkt mit der jeweiligen maximalen Nennleistung der Verbrauchgeräte betrieben werden. Man stelle sich vor, dass Stromanschlüsse für die Summe aller Leistungen der Elektrogeräte, Lampen, Computer, Elektroautos, Sondergeräte (Sauna, Werkzeuge) etc. dimensioniert werden. Der Gleichzeitigkeitsfaktor berücksichtigt also eine gewisse Durchmischung und

---

6 In Europa koordiniert der ENTSO-E-Verbund einen Großteil von West- und Mitteleuropa auf Übertragungsnetzebene, um die Netzfrequenz in gewissen Grenzen um 50 Hertz sicherzustellen. Für Abweichungen in der Frequenz werden bspw. durch die Übertragungsnetzbetreiber Produkte im Regelenergiemarkt ausgeschrieben, an denen die Speicher mit verfügbaren Flexibilitäten anbieten und partizipieren können und so durch Einspeisung oder Verbrauch eine Unter- oder Überfrequenz ausgleichen können.

ergibt sich aus Erfahrungswerten, die mittels Messungen gestützt werden. Der Starklastfall ist dann kritisch, wenn durch den maximalen Verbrauch die Netzbetriebsmittel (zu) hoch belastet sind. Zudem geht damit ein Spannungsfall einher, d. h. die untere Spannungsbandgrenze bei den angeschlossenen Verbrauchern (230 V – 10 % = 207 V) darf nicht unterschritten werden. Eine dezentrale Erzeugung würde die Situation *ent*schärfen, da die Spannung angehoben und die Belastung der Betriebsmittel gesenkt wird. Allerdings wird durch die schwankende Erzeugung von PV- und Windstrom die minimale Einspeisung üblicherweise auf Null gesetzt, was in der Praxis vielfach belegt wurde. So ist der Starklastfall bspw. in den Abendstunden (wenn die Sonne nicht mehr scheint, die Haushalte aber maximal Strom verbrauchen) oder in den kalten Jahreszeiten (wenn bspw. in der Vorweihnachtszeit eine „Dunkelflaute" mit mehreren Wochen ohne Einspeisung aus PV- und Windstrom gegeben ist, der Stromverbrauch durch Entnahme für Beleuchtung, Heizung und Fertigung jedoch maximal ist) relevant.

(b) *Schwachlastfall:* Hierbei handelt es sich um den umgekehrten Fall zum Starklastfall. Entsprechend gilt für die Simulation eine maximale Differenz aus dezentraler Einspeisung und dezentralem Verbrauch. Auch hier sind Gleichzeitigkeitsfaktoren für die Einspeisung und für den Verbrauch relevant. Kritische Netzwerte ergeben sich bei hoher Betriebsmittelauslastung, wobei der Stromfluss umgekehrt wird und Strom von den dezentralen Erzeugern über die Netzbetriebsmittel in vorgelagerte Spannungsebenen fließt. Der obere Spannungswert ist auslegungsrelevant (d. h. 230 V + 10 % = 253 V). Er darf nicht überschritten werden. Eine weitere dezentrale Erzeugung verschärft die Situation, da Spannung und Belastung zusätzlich erhöht werden. Gegenteilig und positiv wirkt sich ein höherer dezentraler Verbrauch aus, der auf die Einspeisung abgestimmt ist. Technisch gesehen hätte die Einspeicherung von Strom in Batterien daher den gleichen Effekt wie lokaler Verbrauch. Typische Zeitpunkte für den Schwachlastfall sind Sommertage, ggf. auch verbunden mit Feiertagen, in denen mittags durch die PV-Einspeisung eine maximale Erzeugung gegeben sein kann, aber nur ein sehr geringer Verbrauch stattfindet. Wird diese Situation von starker Windeinspeisung auch in vorgelagerten Netzebenen überlagert, kann eine massive Überdeckung der Netzregionen festgestellt werden, bei der die Netze stark belastet sind (siehe Abb. 1). Dieser lokale Überschuss kann bundesweit und mit Einbeziehung der verbrauchsstarken, urbanen Regionen zu einer nahezu vollständigen Deckung des Stromverbrauchs durch Erneuerbare Energien führen (wie dies z. B. am Pfingstmontag 2015 nahezu der Fall war). Zu beachten ist, dass dafür ein massiver Überschuss in den ländlichen Regionen unter Nutzung der unterschiedlichen Netzebenen und Dimensionierung dieser Netzbetriebsmittel mit dem Verbrauch in den Städten in Einklang gebracht werden muss.

2.2 Ausbauoptionen zur Integration dezentraler Erzeugung

Die Ausführungen verdeutlichen, dass die Planung von Netzen für Verteilnetzbetreiber heutzutage deutlich komplexer ist als in der Vergangenheit. Für die Dimensionierung der Netzinfrastruktur in ländlichen Gebieten ist i. d. R. der Schwachlastfall relevant, während in städtischen Gebieten der Starklastfall mangels dezentraler Erzeugung primär von Bedeutung. Für die Netzbetreiber existieren verschiedene Optionen zur effizienten Netzbewirtschaftung und Integration von Erneuerbaren Energien. Diese bedürfen keiner Interaktion mit weiteren Akteuren.

- *Konventioneller Netzausbau:* Man spricht häufig auch vom sog. Kupferplattenszenario. Es werden zusätzlich konventionelle Betriebsmittel wie Kabel, Freileitungen und Transformatoren zwischen den unterschiedlichen Spannungsebenen eingesetzt. Sie erlauben den Transport von temporären Überschüssen in vorgelagerte Netzebenen und andere Netzregionen, in denen der Strom dann verbraucht werden kann. Maßgebliches Kriterium ist, dass Strom über Distanz transportiert wird (also von Ort A zu Ort B). Dies ist der Regelfall, insbesondere dann, wenn große Leistungen erforderlich sind und der Transport über hohe Spannungsebenen (z. B. 110 kV) von Überschussregionen in Lastzentren kosteneffizient sein soll. Im Stromnetz kann zwar lokal ein Ungleichgewicht zwischen Verbrauch und Einspeisung bestehen, ohne dass kritische Netzzustände erreicht werden (unter den beschriebenen Restriktionen im Schwach- und Starklastfall), aber auf übergeordneter Ebene im Gesamtsystem muss zu jedem Zeitpunkt ein Gleichgewicht zwischen Erzeugung und Verbrauch sichergestellt sein. Dieses (Un-) Gleichgewicht lässt sich an der Netzfrequenz erkennen (siehe Kap. 2.1). Wird ein konventioneller Netzausbau umgesetzt, um kritische Netzzustände in Verteilnetzen zu vermeiden, behebt der Netzausbau das Problem nur in der betroffenen Netzebene. Beispielsweise kann ein zusätzliches Niederspannungskabel Belastungsprobleme im Niederspannungsnetz lösen, indem die Übertragungsfähigkeit lokal erhöht wird. Die Überschussleistung aus dezentraler Erzeugung muss dann in gleicher Höhe den Transformator zum Mittelspannungsnetz, das Mittelspannungsnetz und bei Bedarf den Transformator zum Hochspannungsnetz, das Hochspannungsnetz etc. passieren – so lange, bis Kunden den Überschuss abnehmen und die Belastung im Netz somit wieder reduzieren. Beim konventionellen Netzausbau überzeugt häufig die Kosteneffizienz, es ist dann allerdings kein spannungsübergreifender Netznutzen gegeben. Dieser Netznutzen, der die Netzwerte in der relevanten Spannungsebene, aber auch die vorgelagerten Spannungsebenen, z. B. durch reduzierte Belastungswerte positiv beeinflusst, wird als kaskadierender Netznutzen bezeichnet.
- *Spannungsregelungskonzepte:* Um dem Problem der Spannungserhöhung durch dezentrale Einspeisung zu begegnen, werden zunehmend neue Spannungsregelungskonzepte umgesetzt. Hierzu gehören der regelbare Ortsnetztransformator (RONT) ebenso wie die Weitbereichsregelung oder die Spannungslängsregler

(Brunner et al., 2008, Friedrich et al., 2012). Allen Konzepten ist gemein, dass das Übersetzungsverhältnis zwischen eingehender Spannung (Primärseite) und ausgehender Spannung (Sekundärseite) im laufenden Betrieb geändert werden kann. So können Spannungsregelungskonzepte auf geänderte Last- und Einspeiseprofile reagieren. Hierzu bedienen sie sich u. a. der Informations- und Kommunikationstechnologie (IKT). Während bei einem RONT i. d. R. Mittel- und Niederspannung lokal am Transformator gemessen werden und das Übersetzungsverhältnis unmittelbar angepasst werden kann, arbeitet bspw. eine Weitbereichsregelung mit Messpunkten im Mittelspannungsnetz, wobei die Werte fernübertragen werden. Spannungsregelungskonzepte stellen eine effiziente Alternative zum Netzausbau dar und werden zunehmend eingesetzt. Ihr Einsatz beschränkt sich jedoch auf Netze, in denen ausschließlich Spannungsprobleme virulent sind. Belastungsprobleme werden damit allerdings nicht gelöst, da die gleiche Überschussmenge transportiert werden muss und lokale Lastprofile nicht beeinflusst werden.[7] Ein kaskadierender Netznutzen ist ebenfalls nicht gegeben. Eine Möglichkeit zur Spannungsregelung ohne den Einbau spezieller Betriebsmittel ist das Blindleistungsmanagement. Die Bereitstellung von Blindleistung, gemessen in kVAr, kann durch gezielte Ansteuerung von Verbrauchern und Erzeugern erfolgen. In der Praxis wird dies realisiert, indem die Erzeugeranlagen sich bei Anschluss an das Netz zu einem Blindleistungsmanagement verpflichten müssen. Blindleistung ist relevant bei der Übertragung von Wechselstrom und bspw. erforderlich für den Aufbau von Magnetfeldern. Häufig wird dabei das „Bierglasbeispiel" zur Erläuterung herangezogen: Das Bier ist dabei als Wirkleistung, gemessen in kW, zu verstehen und kann „verbraucht" werden. Die Schaumkrone ist als Blindleistung zu verstehen. Sie trägt nicht zum Verbrauch bei, ist aber für das Gesamtprodukt unersetzlich. Aktuell konzentriert sich das Blindleistungsmanagement auf dezentrale Erzeugung, indem neben der Wirkleistungserzeugung auch Blindleistungsbereitstellung erfolgt. Dadurch kann die Spannung gesenkt werden. Dies geht jedoch mit steigender Netzbelastung einher.

- *Erhöhung der Auslastung der (Freileitungs-)Betriebsmittel:* In Hochspannungsnetzen werden zwei unterschiedliche Verfahren eingesetzt, um die Übertragungsfähigkeit zu erhöhen und kritische Belastungswerte zu vermeiden. Das Freileitungsmonitoring berücksichtigt, dass der Stromfluss und die Umgebungstemperaturen die Übertragungsfähigkeit maßgeblich beeinflussen. Statt die Belastungsgrenzen anhand von Normklimabedingungen festzulegen, wird die Temperatur direkt an der Leitung gemessen oder anhand von Modellierungen berechnet. So führt z. B. in Gebieten mit hoher Windeinspeisung die kühlende Wirkung des Windes am Leiterseil zu einer höheren Übertragungsfähigkeit

7 Hier vereinfacht dargestellt, da eine geringere Spannung durch die angepassten Stufungsverhältnisse bei gleichbleibender Übertragungsleistung höhere Stromwerte verursacht, die das Belastungsproblem weiter verschärfen können.

und einem verbesserten Abtransport von Überschussleistungen. Durch Nutzung von Mess-, Rechen- und IKT-Technik kann ohne Trassenneubau eine deutlich höhere Leistung über gleiche Betriebsmittel transportiert werden. Darüber hinaus existieren Leiterseile, die bei höheren Temperaturen eingesetzt werden können (Hochtemperaturleiterseile), ohne dass ein Austausch von Masten oder der Neubau von Trassen erfolgen muss. Der Einsatz von Freileitungsmonitoring und Hochtemperaturleiterseilen erfolgt ausschließlich im Falle von Belastungsproblemen in Hoch- und Höchstspannungsleitungen.

Darüber hinaus existieren Ansätze zur Netzoptimierung, die eine aktive Einbeziehung der Verbraucher und Einspeiser beinhalten. Dieser Aktivierung von „Flexibilitäten" wird zunehmend mehr Bedeutung zugemessen.

- *Demand-Side-Management:* Bislang galt in der Stromwirtschaft vorwiegend die Maxime „Erzeugung folgt Verbrauch" und die Kraftwerkserzeugung musste den Schwankungen der Last angepasst werden. Aufgrund einer zunehmend schwankenden Einspeisung durch PV- und Windstromerzeugung, die zudem kaum zu steuern ist, ändert sich dieses Paradigma mittelfristig zu „Verbrauch folgt Erzeugung". Dieses Demand-Side-Management wird häufig im Zusammenhang mit der Aufrechterhaltung der Systemstabilität genannt. Dabei steht das „globale" Leistungsgleichgewicht von Erzeugung und Verbrauch im Fokus, wobei sich Abweichungen in Frequenzänderungen niederschlagen. Das Demand-Side-Management kann aber auch in Verteilnetzen direkten Nutzen entfalten, wenn lokale Erzeugung besser mit lokalem Verbrauch abgestimmt wird. Flexible Verbrauchsgeräte können im Haushalt (z. B. Waschmaschine, Geschirrspüler, Wärmepumpen), in Industrie und Gewerbe (z. B. Kühlhäuser) oder auch direkt am Netz (z. B. Ladeinfrastruktur für die Elektromobilität) angesteuert werden. Für einen netzdienlichen Einsatz ist es relevant, die lokale Verteilnetzinfrastruktur zu berücksichtigen. So bringt es keinen unmittelbaren Netznutzen, wenn ein Verbraucher zwar auf schwankende Einspeisung reagieren kann, aber keine räumliche Nähe gegeben ist und stattdessen mehrere Netzengpässe zum Transport dieser Leistung nötig sind. Dagegen kann eine Anpassung von *lokalem* Verbrauch auf *lokale* PV-/Windeinspeisung sowohl Spannungs- als auch Belastungsprobleme kaskadiert über Netzebenen lösen. Herausfordernd ist hier, signifikantes Verschiebepotenzial in Regionen mit Überschussleistungen zu aktivieren und entsprechende Produkte für die Kunden zu entwickeln. Es muss also ausreichend Verbrauchsleistung beim Kunden in Zeiten der PV-/Windeinspeisung verschoben werden und dafür müssen kundenseitig Anreize geschaffen werden. Die Steuerungsalgorithmen zur Erschließung und Bewertung dieses Potenzials sowie zum Aufbau von Geschäftsmodellen werden im Rahmen von Forschungsprogrammen entwickelt (vgl. z. B. Willing et al., 2013).
- *Abregelung und Flexibilisierung der Einspeisung:* Der hohe Netzausbaubedarf in den Verteilnetzen ergibt sich auch aus dem Umstand, dass bislang jede

regenerativ erzeugte kWh an Energie aufgenommen und übertragen werden muss. Mit zunehmender Integration von PV- und Windanlagen wurde deutlich, dass seltene, aber sehr hohe Einspeisespitzen auftreten, für die die Infrastruktur in Form von zusätzlichen Leitungen und Umspannanlagen bereitgestellt werden muss. Ein Einspeisemanagement zur Abregelung von Einspeiseanlagen war rechtlich nur möglich, wenn der Kunde entschädigt und gleichzeitig der Ausbau der Infrastruktur initiiert und durchgeführt wurde. Untersuchungen konnten verdeutlichen, dass bereits geringe Mengen an abgeregelter Energie zu einer deutlichen Erhöhung der Netzanschlusskapazität führen können (vgl. Wieben, Kumm, 2015 sowie Nykamp, 2014). Wieben und Kumm (2015), haben bspw. ermittelt, dass eine Drosselung von 5 Prozent der Energieerzeugung zu einer Verdoppelung der an das Netz anzuschließenden Anlagenleistung führen kann. Der Marktwert der Energie in dieser Spitzenerzeugung ist dabei i. d. R. signifikant niedriger als die Kosten für dessen Integration. Als Folge ist per Gesetz im Jahr 2016 als optionales Instrument der Netzplanung die Spitzenkappung eingeführt worden., So können Netzbetreiber bei der Auslegung ihrer Netze ein volkswirtschaftlich sinnhaftes Maß an Netzausbau realisieren, in dem eine Abregelung von bis zu 3 Prozent der Jahresenergieerzeugung von Wind- und PV-Anlagen erlaubt wird (§ 11 Abs. 2 EnWG). Die Verbindung von steuerbarer Stromerzeugung aus regenerativer Energie (z. B. Biogasverstromung) mit Energieerzeugung aus Wind- und PV-Anlagen ermöglicht eine verbesserte Integration der Erneuerbaren in Verteilnetze. So konnte nachgewiesen werden, dass eine flexible Einspeisung aus der Biogasverstromung zu verbesserten Spannungs- und Belastungswerten führt, wenn eine Kommunikation zur lokalen PV-Stromerzeugung implementiert wird. Diese Flexibilisierung wurde an einer Biogasanlage erprobt, indem die Biogasverstromung zu PV-Spitzenzeiten reduziert und die Verstromung zu Abend- und Nachzeiten erhöht wurde (vgl. Hammerschmidt et al., 2011). Eine Flexibilisierung wirkt sich somit auf Spannungs- und Belastungswerte sowie auf vorgelagerte Netzebenen aus. Allerdings geht dem System im Zuge der Abregelung gedrosselte Energie aus PV- und Windverstromung aus der Spitzenkappung verloren (im Gegensatz zu den Speichern).

- *Speicher:* Um Netzprobleme zu lösen, können Speicher eingesetzt werden, die lokale Überschüsse in Schwachlastzeiten aufnehmen und somit Spannungs- und Belastungsprobleme reduzieren. Damit können Speicher auch als eine Form von Flexibilität eingestuft werden. Da auch vorgelagerte Netzebenen entlastet werden können, kann hier von einem kaskadierenden Nutzen gesprochen werden. Es existieren zahlreiche unterschiedliche Speichermöglichkeiten, die diesen Nutzen sicherstellen. Batterien zählen zu den elektrochemischen Speichern.[8]

8 Neben elektrochemischen Speichern sind chemische Speicher in Form von Power to Gas (Wasserstoff- oder Methanerzeugung mit Einspeisung in die Gasinfrastruktur) als Energiespeicher relevant. Aus (Überschuss-)Strom kann mittels Elektrolyse und Wasserzufuhr Gas (Wasserstoff und in einem

Batterien zeichnen sich dadurch aus, dass sie den gespeicherten Strom lokal wieder abgeben und auf diese Weise das Starklastproblem lösen können. Der Strom wird ausgespeichert, wenn keine dezentrale Erzeugung mehr erfolgt und die angeschlossenen Kunden Strom verbrauchen (z. B. abends beim Kochen und Wäschewaschen). Es besteht damit ein entscheidender Unterschied zum konventionellen Netzausbau. Während bei diesem der „Transport über Distanzen" relevant war, ist es bei Batteriespeichern ein „Transport über Zeit". Verglichen mit dem konventionellen Netzausbau weisen Speicher heute in seltenen Fällen ökonomische und technische Vorteile auf:

a) Im relevanten Netz werden die Spannungs- *und* Belastungsgrenzwerten (geringfügig) überschritten, ggf. kaskadierend über mehrere Spannungsebenen hinweg. Im konventionellen Netzausbau ist eine Anpassung auf kleine Leistungswerte nur schwer möglich – durch Viertel Kabel ließe sich das Problem zwar theoretisch lösen, praktisch ist der Tiefbau, der zu einem Netzausbau mit Kabeltechnik erforderlich ist, jedoch zu kostenintensiv.
b) Im Vergleich zum (teuren) Speichereinsatz ist der konventionelle Netzausbau zu komplex und kostenintensiv. Jeder Netzausbau hat spezifischen Anforderungen zu folgen, wie z. B. örtlichen Gegebenheiten, Beschaffenheit von Oberfläche und Untergrund, geografischen Zwängen, Art der Bebauung, Naturschutzauflagen. So können bspw. aufwändige Unterkreuzungen oder auch komplexe Trassenführungen die Kosten für den Netzausbau deutlich in die Höhe treiben. Es sei jedoch darauf hingewiesen, dass der konventionelle Netzausbau, flankiert von den skizzierten, netznahen Innovationen (regelbare Ortsnetztransformatoren, Weitbereichsregelung, Blindleistungsmanagement, Freileitungsmonitoring etc.). derzeit zumeist die kostengünstigere Option darstellt.
c) Der Netzausbaubedarf besteht nur temporär, z. B. wenn bekannt ist, dass sich die Struktur des Netzes und/oder die Versorgungsaufgabe ändern werden (siehe Anwendungsbeispiel in Kap. 5).
d) Da netzkritische Situationen nur zu gewissen Zeiten im Jahr auftreten, ist darüber nachzudenken, wie netzdienliches Verhalten mit anderen Erlösquellen kombiniert werden kann. Diese Multi-Use-Perspektive wird in Kap. 4 näher erläutert. So lösen zusätzliche Kabel und Transformatoren zwar in Zeiten von hoher Wind- und PV-Einspeisung Netzprobleme, in netzunkritischen Zeiten sind diese Netzbetriebsmittel allerdings nicht von praktischem

---

weiteren Schritt Methan, also künstliches Erdgas) erzeugt werden. Thermische Speicher basieren auf dem Prinzip „Power to Heat". Es wird also Wärme aus Strom erzeugt, die kostengünstig gespeichert werden und Wärmeanwendungen zugeführt werden kann. Mechanische Speicher existieren als Druckluftspeicher, Pumpspeicherwerke oder Schwungradspeicher. Kondensatoren und Spulen zählen zu den elektrischen Speichern (für eine Übersicht über die Speichertechnologien vgl. Sterner und Stadler, 2014).

> Wert, da die zusätzlich entstehende Kapazität nicht für andere Aufgaben genutzt werden kann. Speicher und Demand-Side-Management bieten in diesem Fall einen Zusatznutzen, da auch in netzunkritischen Zeiten die Flexibilität dieser Optionen monetarisiert werden genutzt werden kann.

Speicher können positiven Einfluss auf den Betrieb in Verteilnetzen haben, z. B. indem bedarfsgerecht auf kritische Spannungs- und Belastungswerte reagiert werden kann. Es ist davon auszugehen, dass zukünftig Flexibilitätsprodukte entwickelt werden, die sich einer Kombination aus Demand-Side-Management, Einspeisekappung und Speicherung bedienen. Böcker et al. (2015) konnten aufzeigen, dass es im Jahr 2023 in Verteilnetzen zahlreiche Konstellationen geben wird, in denen der Speichereinsatz, kombiniert mit moderater Abregelung und Nutzung auch für andere Anwendungsfälle (Multi Use), sinnvoller ist als der konventionelle Netzausbau.

Damit ist zum Ersten festzuhalten, dass Speicher in Konkurrenz zu anderen Optionen stehen. Zum Zweiten kann der Nutzen sich nur dann entfalten, wenn der Speicher (auch) netzdienlich betrieben wird, da auch andere Betriebsweisen für den Speicher denkbar sind. Diese Begrifflichkeiten werden im nächsten Abschnitt aufgegriffen und näher spezifiziert (siehe Kap. 2.3).

2.3 Abgrenzung des netzdienlichen Verhaltens von Speichern und weiteren Flexibilitäten

Um den Nutzen von Flexibilitäten für netzdienliche Anwendungen bewerten zu können, ist zunächst abzugrenzen, welche Märkte zur Verfügung stehen. Der *Bundesverband der Energiewirtschaft und Wasserwirtschaft e. V.* definiert (BDEW, 2015; Hervorh. d. Verf.):

> Einerseits kann sie [die Flexibilität] vom Übertragungsnetzbetreiber zum Erhalt der Systemstabilität genutzt werden *(systemdienliche Flexibilität)*. Andererseits kann sie Marktteilnehmern als Energieausgleich oder dem Handel bei stark volatilen Marktpreisen dienen *(marktdienliche Flexibilität)*. Darüber hinaus kann Flexibilität vom Verteilnetzbetreiber zur Beherrschung kritischer lokaler Netzsituationen angefordert werden. Auf diese Weise kann Netzausbau vermieden, reduziert oder zeitlich verschoben werden. In diesem Fall handelt es sich um *netzdienliche Flexibilität*.

Es wird unterschieden zwischen netzdienlicher, systemdienlicher und marktdienlicher Flexibilität, wobei letztere z. B. auch Haushaltskunden umfasst, die sich mit Eigenstromerzeugung und Haushaltsspeichern gegen den Endkundenstrompreis absichern möchten. In diesem Kontext ist das sog. Ampelkonzept gemäß *BDEW Roadmap* (BDEW, 2013) zu nennen. Im heutigen Markt gibt es nur die grüne Ampelphase (Marktphase), die schlagartig auf Rot wechseln kann (Netzphase). Das Zusammenwirken der Verteilnetze und der netzdienlichen Flexibilität ist von besonderer

Bedeutung und ist auszugestalten. Der Netzbetreiber muss die anpassbare Erzeugungsleistung oder flexible Verbraucher steuern, um einen Netzzusammenbruch zu verhindern. In der neuen, gelben Ampelphase greift der Netzbetreiber unter Berücksichtigung der Wirkung auf den Netzengpass auf vertraglich zugesicherte Leistungen im Engpassgebiet zurück. Diese Flexibilität wird in Zeiten unkritischer Netzsituationen für system- oder marktdienlichen Einsatz genutzt, sodass es hier zu einem (neuen) Zusammenspiel von Netz und Markt kommt. Zentral ist, dass je nach Phase unterschiedliche regulatorische Rahmenbedingungen für die Anwendungsfälle existieren. Der systemdienliche und marktdienliche Nutzen sind dem wettbewerblichen Umfeld zuzuordnen.[9] Der netzdienliche Einsatz ist im natürlichen Monopolbereich des Netzbetriebs verortet, sodass die Netzregulierung greift und andere Rahmenbedingungen gelten (siehe ausführlicher Kapitel 3). Im Gegensatz zu den beiden anderen Flexibilitätsformen ist die netzdienliche Flexibilität aufgrund der *lokalen Komponente* dadurch geprägt, in einem konkreten Netzsegment zu wirken. Für einen markt- und systemdienlichen Einsatz ist der Standort mit Blick auf das Geschäftsmodell irrelevant, auch wenn der Speicher physisch im Verteilnetz angeschlossen ist. Bei dem netzdienlichen Einsatz ist der lokale Bezug zentral, da lokale Netzprobleme mit der Flexibilität behoben werden sollen. Entsprechend definiert auch der *Verband der Elektrotechnik, Elektronik und Informationstechnik e. V.* (VDE) Leistungen in einem netzdienlichem System als solche (VDE, 2015; Hervorh. d. Verf.), „die *regional* oder sogar *lokal* vom Netzbetreiber benötigt werden, um die Netzqualität in diesen Bereichen ohne einen Ausbau der physischen Netzkomponenten aufrechterhalten zu können. Bei diesen Leistungen handelt es sich vor allem um die Regelung von Wirk- und Blindleistung zur Spannungssteuerung oder Entlastung von Betriebsmitteln in einem *räumlich begrenzten* Netzbereich."

Diese Unterscheidung in die drei „Flexibilitätsdimensionen" ist elementar für die Ausgestaltung von Regeln für den effizienten Einsatz von Speichern, steuerbaren Lasten und Erzeugern in Verteilnetzen. So konnte in Studien nachgewiesen werden, dass ein Betrieb von Speichern ohne Berücksichtigung der netzdienlichen Komponenten die Netzausbaukosten noch weiter nach oben treiben kann (dena, 2012, Nykamp, 2014). Die *dena* weist bspw. in der Verteilnetzstudie nach, welche Maßnahmen für eine Integration von Erneuerbaren Energien in die Verteilnetze von Vor- und von Nachteil sind. Neben Spannungsregelung und Abregelung von Erzeugungsanlagen stellt auch der netzdienliche Einsatz von Speichern eine Möglichkeit dar, um den Ausbaubedarf in den Verteilnetzen zu reduzieren. Ein marktdienlicher Einsatz geht mit vermehrtem Netzausbaubedarf einher, da der Speicher zwar im Verteilnetz angeschlossen ist, dessen Restriktionen aber im Betrieb nicht berücksichtigt werden. Dies ergibt sich

9 Die marktdienliche Flexibilität wird bspw. über den Spotmarkt unter Zusammenspiel von Angebot und Nachfrage in den Handel eingebracht. Die systemdienliche Flexibilität von Übertragungsnetzbetreibern im Rahmen der Regelenergieprodukte unterliegt ebenfalls dem Zusammenspiel von Angebot und Nachfrage.

aus der Optimierung des Speichers auf Basis von nationalen Preissignalen (Spotmarkt mit Intraday- oder Day-ahead-Preisen) und Abrufen von Energie für den Regelenergiemarkt (z. B. Sekundär- und Primärregelleistung). Die Preissignale korrelieren nicht mit lokalen Last-/Erzeugungsprofilen (Nykamp, 2014). So kommt es dazu, dass bspw. Batterien ein Steuersignal erhalten, Energie auszuspeichern (hohe Preise am Spotmarkt, Abruf von positiver Regelenergie), lokal jedoch bereits ein grenzwertiger Erzeugungsüberschuss besteht. Durch die fehlende Korrelation von nationalen Preissignalen und lokalen Anforderungen an das Netz, in dem der Speicher angeschlossen ist, kann zusätzlicher Ausbaubedarf entstehen. Solche Situationen können mit der oben beschriebenen, gelben Ampelphase gelöst werden.

Netzbetreiber können eine aktive Rolle einnehmen, um eine effiziente Integration von Batteriespeichern in das Energiesystem gesamtwirtschaftlich im Allgemeinen und in Verteilnetzen im Besonderen zu ermöglichen. Um bewerten zu können, wann ein netzdienlicher Einsatz von Speichern für den Netzbetreiber ökonomisch sinnvoll ist, ist das regulatorische Umfeld zu betrachten (siehe Kap. 3).

3 Regulatorische Dimension

3.1 Natürliche Monopole und Regulierung von Netzen

In Deutschland wurde ab 1998 das Monopol der vertikal integrierten Energieversorgungsunternehmen „entflochten" (Unbundling) und aufgelöst. Die Bereiche, die einem wettbewerblichen Umfeld zugeordnet werden konnten, wurden aus dem regulierten Bereich der Unternehmen herausgelöst. Diese Entwicklung galt und gilt für die Erzeugung, den Handel und den Vertrieb von Energie. Übertragung und Verteilung erfolgen netzgebunden und weisen daher weiterhin Charakteristika eines natürlichen Monopols auf. Entsprechend werden die vier Übertragungsnetzbetreiber und die etwa 900 Verteilnetzbetreiber im Stromsektor durch die *Bundesnetzagentur* und Landesregulierungsbehörden reguliert, um den Marktteilnehmern diskriminierungsfreien Zugang und kosteneffizientes Agieren zu ermöglichen. 2009 wurden die Erlöse von Netzbetreibern in Form einer Anreizregulierung festgelegt.

3.2 Anreizregulierung

Die Regulierung der Verteil- und Übertragungsnetze erfolgt in Deutschland auf Basis der sog. Anreizregulierung. Im Gegensatz zu früheren Regulierungsarten soll den Netzbetreibern durch die *Anreizregulierungsverordnung* (ARegV) ein Anreiz zu Kostensenkungen und Produktivitätssteigerungen gegeben werden. Von diesen Effizienzsteigerungen profitiert der Netznutzer mittelfristig durch geringere Netznutzungsentgelte.

Wesentlicher Unterschied zu anderen Regulierungsformen ist, dass Kosten nicht jährlich von einer zentralen Regulierungsbehörde genehmigt werden, sondern eine Entkoppelung von Kosten und Erlösen erfolgt. So wird in einem Basis- oder auch Fotojahr eine Kostenprüfung vorgenommen, auf deren Basis die Erlöse mittels einer Erlösobergrenze für die Dauer einer Regulierungsperiode (5 Jahre) festgelegt werden. Gelingt es dem Netzbetreiber, die Kosten während dieser Regulierungsperiode mehr zu senken, als von der Regulierungsformel vorgesehen, kann er den zusätzlichen Erlös einbehalten. Auch das Gegenteil ist möglich und Netzbetreiber mit zu hohen Kosten laufen Gefahr, unwirtschaftlich zu agieren (siehe detailliert in Ströbele, et al., 2010).

Der Verlauf der Erlösobergrenze wirkt daher steuernd. In diesem Zusammenhang ist auch die sog. Effizienz-Benchmark aus der ARegV zu nennen. Hierbei wird festgestellt, ob ein Netzbetreiber im Vergleich zu anderen Netzbetreibern seine Versorgungsaufgabe kosteneffizient umgesetzt hat. Auf Basis des Inputs (z. B. Kosten des Netzbetreibers) und des Outputs (z. B. übertragene Leistung, versorgte Fläche) wird ein Effizienzwert ermittelt. Hat ein Netzbetreiber bei gleichen Outputparametern höhere Kosten zu verzeichnen als ein anderer Netzbetreiber, ist er weniger effizient und damit einem höheren Kostendruck ausgesetzt. Die Berechnung der Effizienzwerte einzelner Netzbetreiber im Basisjahr beeinflusst die negative Steigung der Erlösobergrenze direkt: Ist der Netzbetreiber besonders effizient, wird seine Erlösobergrenze weniger stark fallen, als die eines ineffizienten Netzbetreibers, dessen Erlösobergrenze jährlich stärker herabgesetzt wird. Dementsprechend muss er seine Kosten drastischer reduzieren, um das Netz wirtschaftlich zu betreiben.

Für den Kontext in diesem Abschnitt sind o. g. Zusammenhänge elementar, obgleich die ARegV hier deutlich vereinfacht dargestellt ist – so sind bspw. Korrekturparameter eingeführt worden, die eine ausreichende Versorgungsqualität sicherstellen sollen (Qualitätselement). Auch wird in der Novelle zur ARegV das Instrument des Kapitalkostenabgleichs neu angewendet, mit dem der Zeitverzug zwischen einer Investition und deren Berücksichtigung als Kostenposition in der Erlösobergrenzenberechnung aufgehoben werden soll. Weitere Aspekte haben einen Einfluss auf die Entscheidungen des Verteilnetzbetreibers zur Geschäftsoptimierung, werden aber hier im Zuge einer vereinfachten Diskussion ausgeblendet.

Um festzustellen, wie Verteilnetzbetreiberbelange im Zuge der Integration dezentraler, netzdienlicher Speicher berücksichtig werden, ist zu beachten, wie sich der Business Case für den Netzbetreiber darstellt. Unterschieden wird hierbei zwischen Opex (Operational Expenditures, Betriebsausgaben) und Capex (Capital Expenditures, Investitionsausgaben). Opex werden im Jahr der Ausgaben in voller Höhe bilanziert, bei Capex werden die bilanzierten Aktiva erhöht, die langfristig abgeschrieben werden.

Anreizregulierungen führen zu Kostenreduktionen (vgl. z. B. Armstrong, Sappington, 2006). Diese Kostenreduktionen können einerseits durch die Reduktion von Opex erfolgen, einhergehend mit einer direkten Verbesserung des Geschäftsergebnisses des Verteilnetzbetreibers (Entkoppelung der Kosten von zugestandenen

Erlösen). Anderseits können Investitionen getätigt werden, die mittelfristig zu einer Reduktion der Betriebsaufwandkosten beitragen (z. B. wartungsärmere Betriebsmittel). Hierbei ist zu berücksichtigen, dass die Verzinsung von Investitionen ein Bestandteil der Capex ist. Ein zusätzlicher Anreiz für den Verteilnetzbetreiber kann es sein, sich für Capex statt für Opex zu entscheiden, falls die zugestandene und realisierbare Verzinsung höher ist als die Kapitalkosten für die Finanzierung der Investition (Averch, Johnson, 1962).

4 Mögliche Geschäftsmodelle

Durch den hohen Netzausbaubedarf in den Verteilnetzen und die sinkenden Batteriepreise werden regulatorische Rahmenbedingungen für Speicher nicht nur im deutschen Raum diskutiert. In Ländern wie Italien[10] oder USA sind sich Geschäftsmodelle ermöglicht worden, die auf einen netzdienlichen Speichereinsatz fokussieren und Anreize für diesen schaffen.[11] Es sei darauf hingewiesen, dass bei Vergleichen mit anderen Ländern immer auch der dortige gesetzliche Rahmen berücksichtigt werden muss. Auch die Frage, ob Netzbetreiber eigenständige, von den übrigen Geschäftsaktivitäten eines Energieversorgers entflochtene Unternehmen sind, ist relevant. In Ländern, in denen das Unbundling nicht umgesetzt wurde, erscheint die Kombination von netzdienlichen, marktdienlichen und systemdienlichen Flexibilitäten leichter umzusetzen zu sein (vgl. China). Virulent sind hier hingegen Fragen der Diskriminierung, des Machtmissbrauchs durch das natürliche Monopol und der gesamtgesellschaftlichen Effizienz. Diese Dimensionen müssen bei einem Vergleich des Regulierungs- und Marktdesigns stets berücksichtigt und gegeneinander abgewogen werden.

Basis für die Diskussion möglicher Geschäftsmodelle ist der europäische Rechtsrahmen. Insbesondere die Binnenmarktpakete „Strom“ und „Gas“ sind hier von Relevanz. 2009 wurde vom *Europäischen Parlament* ein Energiepaket verabschiedet, um die Strom- und Gasmärkte weiter zu liberalisieren, d. h. die wettbewerblichen Aufgaben deutlicher von den monopolistischen zu trennen. Ausgehend von der europäischen Gesetzgebung erfolgt(e) die Umsetzung auf nationaler Ebene. Auch das Winter Package 2016 hat hierzu einige wichtige Aussagen aufzuweisen, die einen Speicherbetrieb durch den Verteilnetzbetreiber nur in Ausnahmefällen als durchsetzbar erscheinen lassen, zumal Auswirkungen auf das Marktgeschehen befürchtet worden.

10 So ist es den Übertragungsnetz- und Verteilnetzbetreibern in Italien möglich, den Speicher in das regulierte Asset des Netzbetreibers als Capex zu übernehmen und ihn netzdienlich zu betreiben. Dabei muss sichergestellt sein, dass der Speicher wirtschaftlicher ist als der konventionelle Netzausbau und dass keine marktbezogenen Aktivitäten wie Handel erfolgen. Von Nachteil ist, dass ein Multi-Use-Ansatz explizit ausgeschlossen wird.

11 Immer unter der Voraussetzung, dass die Entscheidung für einen Speicher mit netzdienlicher Betriebsweise dann das effizienteste Mittel ist.

In diesen Ausführungen wird bspw. aber zu derzeit in Deutschland diskutierten Modellen, in denen der Verteilnetzbetreiber Eigentümer des Speichers ist, der Betrieb aber transparent und diskriminierungsfrei vollständig im Markt realisiert wird, keine Stellung bezogen.

Im Folgenden wird für die regulatorische Diskussion die „italienische“ Vorgehensweise als Modell 1 bezeichnet (siehe Tab. 1). Ein Teil der netzbezogenen und vom *Bundeswirtschaftsministerium* geförderten Projekte kann hier abgebildet werden (vgl. BMWi und FIZ Karlsruhe, 2016). In diesem Szenario wird die Batterie wie ein Netzbetriebsmittel behandelt. Dabei ist zu beachten, dass Netzbetreiber auch für konventionelle Betriebsmittel wie Kabel, Leitungen und Transformatoren Verlustenergie diskriminierungsfrei und zu Marktpreisen beschaffen müssen. Ein Betrieb der Speicher kann transparent und nachvollziehbar mittels Ausschreibungen erfolgen. Fraglich in Bezug auf das Unbundling ist, wie der Ausspeichervorgang zu bewerten ist, da im Bilanzkreis des Netzbetreibers ein „negativer Verbrauch“ in Form von geringerem Bedarf für Verlustenergie vorherrscht.[12] Deutschland befindet sich hinsichtlich der Umsetzung von Modell 1 noch in der Anfangsphase. Ein entsprechendes Pilotprojekt wird von der *innogy S.E.* und der *Westnetz GmbH* durchgeführt (siehe Kap. 5).

Modell 2 und 3 (siehe Tab. 1) sind der aktuellen Diskussion in Großbritannien entnommen (vgl. UK Power Networks, 2014). Dabei steht ein Multi-Use-Ansatz im Vordergrund. So kann der Speicher netzdienlich betrieben werden, sobald und solange ein Netzengpass besteht. In der übrigen Zeit können weitere system- und/oder marktdienliche Erlösquellen erschlossen werden. Der entscheidende Unterschied im Vergleich zu Modell 1 besteht in der Frage, wer Eigentümer des Speichers ist. In Modell 2 (Capex) ist dies der Netzbetreiber. Er kann den Speicher in sein reguliertes Asset übernehmen und in Zeiten, in denen kein Netzengpass herrscht, die „freie“ Flexibilität diskriminierungsfrei am Markt anbieten oder diese Bewirtschaftung des Speichers komplett und damit auch für die netzkritischen Zeiten dem Markt übergeben und entsprechend vertraglich absichern. Die Mieterlöse können von der Erlösobergrenze abgezogen werden und damit z. B. durch niedrige Netznutzungsentgelte den Netzkunden zugutekommen. Von Vorteil ist, dass der Netzbetreiber elementare Größen wie Dimensionierung (Welche Größe ist erforderlich, um den Netzengpass zu lösen?), Standort (Wo befindet sich der Netzengpass?) und Einsatz (Wann ist der Netzzugriff zwingend erforderlich, um einen Netzausfall zu vermeiden?) vor der Entscheidung für oder gegen den Netzausbau festlegen kann. Der Netzbetreiber hat also eine Art „Informationsvorteil“ und kann mögliche Entwicklungen in seinem Gebiet besser abschätzen. Diese Punkte sprechen für einen direkten Zugriff des Netzbetreibers mit Eigentum des Speichers (Capex). Zudem ist der Netzbetreibers nicht abhängig von den Vertragsbeziehungen mit Dritten (siehe dazu das Opex-Modell, Tab. 1).

12 In Modell 1 würde dabei der Betrieb des Speichers vergleichbar sein mit dem Betrieb von Notstromaggregaten. Notstromaggregate werden von Netzbetreibern eingesetzt, um im Falle von Störungen oder Wartungen nicht versorgte Ortsnetze mit Strom zu versorgen.

Herausfordernd ist in jedem Fall der Steuerungsalgorithmus, da mit lokalen Netz-/Wetter-/Lastvorhersagen gearbeitet werden muss. Interessant sind auch die Anpassungen des regulatorischen und gesetzlichen Rahmens, um derartige Geschäftsmodelle überhaupt zu ermöglichen.

Bei Modell 3 (Opex) ist der Speicher Eigentum eines Dritten. Diese Third Party optimiert den Einsatz des Speichers. Eine Möglichkeit ist der netzdienliche Einsatz, der vom Netzbetreiber vergütet wird. Entsprechend handelt es sich aus Sicht des Netzbetreibers um Betriebsaufwand (Opex). Für die Realisierung des Modells müssen Verträge geschlossen werden, die die Höhe des Entgelts, die Dauer der Vertragslaufzeit, das Vorgehen bei Vertragsbruch etc. regeln. Dieses Modell kommt der gelben Phase des BDEW-Ampelkonzepts am nächsten. Von Vorteil ist, dass der Speicher effizient eingesetzt wird. Unklar ist allerdings, wie eine Anreiz für Netzbetreiber geschaffen werden können, sich für diese Option zu entscheiden, zumal diese in Konkurrenz zum konventionellen Netzausbau (Capex) mit klarem, regulatorischen Rahmen steht. Pilotprojekte der Modelle 2 und 3 mit Batterieeinsatz stellen z. B. die *Energy Storage Cloud* von *EWE*, *SmartPowerFlow* von *LEW* oder die *Strombank* von *MVV* dar (vgl. BMWi und FIZ Karlsruhe, 2016). *Innogy S.E.* und *Westnetz GmbH* entwickeln und evaluieren das Opex-Modell, allerdings ohne schwerpunktmäßigen Einsatz von Speichern, sondern allgemein auf flexible Verbraucher und Erzeuger abzielend, im ebenfalls BMWi-geförderten Projekt *Proaktives Verteilnetz*.

Tab. 1: Übersicht über Geschäftsmodelle für netzdienliches Speicherverhalten (eigene Darstellung).

Modell	nur netzdienlich (Modell 1)	Capex-Modell (DSO-contracted) (Modell 2)	Opex-Modell (Contracted Service) (Modell 3)	reiner Markt (Modell 4)
Eigentümer des Speichers	DSO (bzw. Muttergesellschaft)	DSO (bzw. Muttergesellschaft)	Third Party; DSO *definiert* Standort, Dimensionierung und Einsatz	Third Party, keine netzdienliche Nutzung
regulatorische Berücksichtigung	wie ein Netzbetriebsmittel, Betrieb ausschließlich über lokale Netzparameter Potenzial des Speichers nicht komplett genutzt	wie (Modell 1); zusätzlich: DSO *verpachtet* Speicher diskriminierungsfrei in netzunkritischen Zeiten	Kontrahierung der Flexibilität als Betriebsaufwand bei DSO	keine; Gefahr des zusätzlichen Netzausbaus in netzkritischen Gebieten, ansonsten unproblematisch

Modell 4 beschreibt den Batterieeinsatz ohne Berücksichtigung der Anforderungen des lokalen Verteilnetzes. Dieses Modell verursacht keine (externen) Kosten, solange dadurch kein Netzengpass verstärkt wird. Auch wird in diesem Modell der Nutzen eines netzdienlichen Einsatzes nicht monetarisiert, d. h., es kann keine mögliche weitere Erlösquelle für die Third Party erschlossen werden. Aus volkswirtschaftlicher Sicht ist das Modell als kritisch zu betrachten, wenn die Anlage zu erhöhtem Netzausbau führen kann, der bei seltenen Einspeisespitzen in einem ungünstigen Kosten/Nutzen-Verhältnis steht (siehe dazu die Ausführungen in Kap. 2.3).

Tab. 1 stellt die wichtigsten Erkenntnisse zu den einzelnen Geschäftsmodellen dar. Es kann festgehalten werden:

- Der netzdienliche Einsatz von Speichern in Verteilnetze ist dann sinnvoll, wenn die Speicherbewirtschaftung transparent und diskriminierungsfrei erfolgt und die Vorteile gegenüber konventionellem Netzausbau und anderen, innovativen Netzkonzepten (z. B. dezentrale Spannungsregelungen) überwiegen. Allerdings weist der Speicher dann nur geringe Benutzungsstunden auf und wird weniger effizient eingesetzt. Laut Agora-Studie (2014) sollen Speicher ein Element im Baukasten der Netzbetreiber werden.
- Wird der Speicherstandort ausschließlich aus netzdienlichen Gründen gewählt, ist Modell 2 zu empfehlen. Ausschließlich netzdienliche Gründe liegen dann vor, wenn keine Flexibilität im relevanten Netzgebiet besteht, die bspw. andere Anwendungsfälle bedient (z. B. eine Power-to-Heat-Anlage, die ein Nahwärmenetz speist und im Regelenergiemarkt angeboten wird). Ein Speichereinsatz ist dann effizient, wenn die Kosten des Netzausbaus höher sind als die Kosten des Speichereinsatzes abzüglich der Pacht für die Bewirtschaftung in netzunkritischen Zeiten. Der Speichereinsatz ist dann aber nur in Modell 2 umzusetzen, da eine Third Party den Speicher an diesem Standort und mit den vom Netzbetreiber festgelegten Spezifikationen nicht umsetzen wird (siehe Modell 3, Tab. 1, und folgender Punkt). Zudem ist in diesem Modell für den Netzbetreiber der prioritäre Zugriff und damit Planbarkeit sichergestellt. Volkswirtschaftlich sinnvoll ist das Modell dann, wenn die Flexibilität optimal eingesetzt wird. Eine genaue Ausarbeitung des Modells für die Nutzung als Geschäftsmodell muss noch erfolgen.
- Wenn ein Standort auch wegen anderer Verwertungszwecke (z. B. direkte Kundenbeteiligung) gewählt wird, ist Modell 3 zu bevorzugen. Beispielsweise ist dann die Grundvoraussetzung, dass die Flexibilität für systemdienliche oder marktdienliche Nutzung bisher genutzt wird.- Zu dieser marktdienlichen Nutzung kann auch die Eigenverbrauchsmaximierung von Haushalten mit PV-Anlage und Batteriespeichern zählen. Der vom Netzbetreiber gezahlte Preis für die Nutzung des Batteriespeichers muss oberhalb der Opportunitätskosten der Third Party liegen, d. h., es muss ein Anreiz geschaffen werden, um netzdienliches Verhalten zu erwirken. Der Netzbetreiber wird sich nur für diese Möglichkeit entscheiden, wenn der gezahlte Preis für die Nutzung des Speichers unterhalb seiner Opportunitätskosten liegt (d. h. Kosten des Netzausbaus). Für diesen Fall sind Verträge auszuarbeiten, in denen grundlegende Inhalte rechtsverbindlich geklärt sind (Dauer und Häufigkeit des Zugriffs, Vertragslaufzeit, Regelungen bei Nichterfüllung etc.).

Es wird deutlich, dass großer Forschungsbedarf besteht, um die Modelle (siehe Tab. 1) zu konkretisieren und somit eine effiziente Nutzung von Speichern zu ermöglichen. Unter der Voraussetzung verbindlicher Regelungen weiter anhaltender Preisdegression kann der Speichereinsatz zum Standard in Verteilnetzen werden, insbesondere dann, wenn netzdienlicher und marktdienlicher Einsatz kombiniert werden (vgl. Böcker et al., 2015). In Kapitel 5 wird ein Pilotprojekt vorgestellt, das technisch bereits umgesetzt wurde.

5 Anwendungsbeispiel ElChe Wettringen

Im Rahmen eines Forschungs- und Entwicklungsprojekts haben die *innogy S.E.*, Essen, und die *Westnetz GmbH*, Dortmund, ein Batteriespeicher-Pilotprojekt umgesetzt. Da bereits Erfahrungen mit Batterien im eigenen Betrieb (Notstrom der Umspannanlagen), aber auch in Form von Forschungsprojekten für einen Netzeinsatz zur Integration von Erneuerbaren Energien gemacht wurden, lag der Schwerpunkt nicht allein auf der Prüfung der Technologie, sondern auch auf der Installation in einem netzkritischen Anwendungsfall. Ausgangspunkt des Projekts war die in Abb. 2 dargestellte Netzkonstellation. Das Gebiet befindet sich im nordwestlichen Münsterland, die Umspannanlagen in Wettringen und Neuenkirchen und der Standort der Batterie im Ortsteil Brechte, Wettringen. In Abb. 2 ist ein Mittelspannungsnetz (10 kV) abgebildet, das als offener Ring betrieben wird, d. h., unterschiedliche 10-kV-Systeme werden aus der Umspannanlage (UA) herausgeführt und miteinander verschaltet. An das Mittelspannungssystem sind Ortsnetztransformatoren angeschlossen, die das Mittel- mit dem Niederspannungsnetz verbinden. An das Ortsnetz sind Haushalte angeschlossen, an das Mittelspannungsnetz auch größere Verbraucher aus der Industrie. Das Mittelspannungsnetz wird aus Umspannanlagen gespeist, die in diesem Fall mit der nächsthöheren Spannungsebene (30 kV) verbunden sind.

Die Investition in einen Batteriespeicher ist nun deshalb sinnvoll, da mehrere der in Kapitel 2.2 genannten Randbedingungen zutreffen und der Speicher, verglichen mit dem konventionellen Netzausbau, eine günstige Alternative darstellt. Wenn die Sonne scheint und PV-Strom erzeugt wird, zeichnet sich das Gebiet durch erhebliche Einspeiseüberschüsse aus. Diese Überschussleistungen zeigen sich auf der Niederspannungsebene, an den Transformatoren zur 10-kV-Ebene, auf der 10-kV-Ebene, an den Transformatoren zur 30-kV-Ebene und auch an den weiter vorgelagerten Netzen. Hinzu kommt, dass große Onshore-Windparks angeschlossen sind. Die Windeinspeisungsüberschüsse überlagern sich zeitweise mit den PV-Spitzen aus den untergelagerten Ebenen und müssen in Ballungszentren abtransportiert werden. Diese Konstellation findet sich in etlichen weiteren Regionen Deutschlands.

In Wettringen hat der Bedarf an einer mobilen Netzlösung den Einsatz des netzdienlichen Batteriespeichers bereits zum Projektstart wirtschaftlich gemacht hat.

Der Netzbetreiber *Westnetz GmbH* musste zur Vermeidung von Spannungsproblemen am Ende des ländlichen 10-kV-Strangs *unmittelbar* ein zusätzliches Netzkabel verlegen (in Abb. 2 mit (1) gekennzeichnet). Erschwerend kommt hinzu, dass fünf Jahre nach Errichtung des Speichers als Ersatz für die beiden Umspannanlagen Wettringen und Neuenkirchen (2a) eine neue Umspannanlage in Maxhafen gebaut werden soll (2b), die das 10-kV-Netz mit einem Hochspannungsnetz mit deutlich höherer Übertragungsfähigkeit verbindet (110-kV-Netz). Die 30-kV-Ebene kann dann aufgelöst werden und die Umsetzung eines an die Versorgungsaufgabe angepassten Zielnetzes ist erfolgt. Zur Einbindung der 10-kV-Systeme müssen neue 10-kV-Kabel verlegt werden, um eine technisch zulässige Versorgung mit deutlich besseren Übertragungsmöglichkeiten sicherzustellen. Das erforderliche Kabel (1) wird dann nicht mehr benötigt und ist technisch überflüssig. Diese Maßnahmen können als Stranded Investment oder Sunk Costs bezeichnet werden, da das Kabel und der für die Verlegung des Kabels erforderliche Tiefbau keiner alternativen Verwendung zugeführt werden können. Derartige Zielnetzumsetzungen sind in Verteilnetzen üblich, da sich Versorgungsaufgaben mit steigender Geschwindigkeit ändern und Netzbetreiber auch mittel- bis langfristig effiziente Netzstrukturen bauen und betreiben müssen. Auslöser für Stranded Investments können eigene Zielnetzplanungen, (teils vorhersehbare) Änderungen auf Kundenseite (z. B. deutlich größerer Anschluss mit Wechsel der Spannungsebene erforderlich) oder Änderungen im gesetzlichen Kontext (z. B. Möglichkeit zur Abregelung seltener, hoher Einspeisespitzen) sein, die inhaltlich mit den erforderlichen Netzumbaumaßnahmen für die Integration der Erneuerbaren Energien kollidieren. In solchen Fällen können mobile Speicher für den befristeten Einsatz zur Lösung von Netzproblemen besonders nützlich sein.

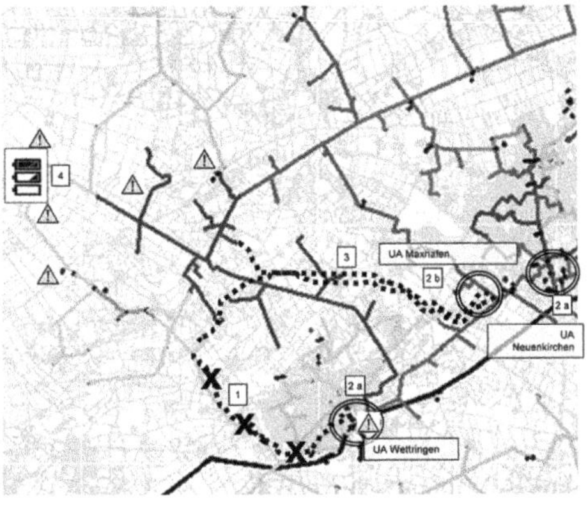

Abb. 2: Anwendungsbeispiel und Pilotprojekt ElChe Wettringen, innogy S.E. und Westnetz GmbH, topografischer Auszug (Westnetz GmbH, 2015).

Im Rahmen des Forschungsprojekts hat die *Westnetz GmbH* im Oktober 2014 eine Ausschreibung mit 14 Herstellern und vier Technologien durchgeführt und die Anlage im

September 2015 in den Probebetrieb genommen (vgl. detailliert Nykamp, et al., 2015). Bei der Anlage handelt es sich um einen 250 kW/350 kVA-Li-Ionen-Speicher des Systemintegrators *Parker Hannifin* mit Batteriemodulen von *LG Chem*. Die Kapazität beträgt 1 MWh. Der Speicher ist in der Lage, die PV-Spitze aus dem Ortsnetz so einzuspeichern, dass vor Ort keine Belastungs- und Spannungsprobleme mehr auftreten. Dadurch erfolgt auch eine Entlastung des vorgelagerten Netzes, da die Spitze erst wieder freigegeben wird, wenn der lokale Verbrauch ansteigt. Dieser Peak-Shaving-Ansatz verfolgt die Strategie des Transports von Überschüssen über die Zeit, nicht über Distanz. Technisch arbeitet die Anlage sehr präzise und schnell. Sie reagiert in ausschließlich auf lokale Spannungs- und Stromsignale. Eine Ankoppelung an die Netzleitstelle ist gegeben. Die Wirtschaftlichkeit des Speichers ist bereits erreicht, wenn in der Lebensdauer der Batterie zwei bis drei ähnliche Anwendungsfälle mit mobilem Einsatz und Vermeidung von temporären Engpässen relevant sein werden, was unter Berücksichtigung des großen Versorgungsgebiets von *Westnetz GmbH* und der zunehmenden Anzahl solcher Netzkonstellationen sehr wahrscheinlich ist. Zudem sorgen die weiter rapide sinkenden Batteriepreise dafür, dass die Wirtschaftlichkeit von Batterieoptionen versus konventionellem Netzausbau in Zukunft häufiger die effizientere Wahl sein könnte.

Die Betriebsweise des Speichers wird derzeit noch diskutiert. Praktisch umgesetzt ist das Projekt aktuell, in dem die eingehenden und ausgehenden Energieflüsse der Batterie im Differenzbilanzkreis des Netzbetreibers abgebildet sind. Da die *Westnetz GmbH* im Jahr 2014 über 2,1 TWh an Verlustenergie diskriminierungsfrei beschafft hat, ist dieser Speicher in den Bilanzkreisen des Netzbetreibers kaum wahrzunehmen. Unabhängig davon gilt es natürlich, hier Klarheit zu schaffen, damit solche Pilotprojekte in Folgeprojekte münden, sofern die Netzkonstellationen ähnlich sind. Die in Kapitel 4 skizzierten Geschäftsmodelle gewinnen zusätzlich an Bedeutung, wenn berücksichtigt wird, dass die Batterie in Wettringen etwa 1000 Benutzungsstunden pro Jahr[13] für den Peak-Shaving-Einsatz erbringen wird, sodass Potenzial für die Nutzung in weiteren Anwendungsfällen besteht.

6 Fazit und Ausblick

In diesem Beitrag wurde die Perspektive des Verteilnetzbetreibers hinsichtlich des Nutzens von Batterien eingenommen. Es wurde deutlich, dass es zur Integration von Erneuerbaren Energien im Stromnetz Alternativen gibt, die größtenteils wirtschaftlicher einzusetzen sind, als Speicher. Bereits heute gibt es allerdings Konstellationen, in denen Speicher effektiv und effizient eingesetzt werden können. Bei dem Einsatz

13 Ein Jahr hat 8760 Stunden.

von Speichern im Besonderen und Flexibilitäten im Allgemeinen ist jeweils der Verwendungszweck zu berücksichtigen. Ein lokaler, netzdienlicher Einsatz kann, verglichen mit einer globalen marktdienlichen und/oder systemdienlichen Optimierung, konträres Betriebsverhalten auslösen.

Nachdem diese Unterscheidung vorgenommen wurde, folgten Ausführungen zur Regulierung von Netzen, um schließlich mögliche Geschäftsmodelle darzustellen. Bei allen Modellen, unter Berücksichtigung der Netzrestriktionen, dem rein netzdienlichen Einsatz, der Capex- und der Opex-Variante, bleibt festzuhalten, dass der gesetzliche Rahmen gegeben sein muss, damit die Modelle in die Praxis übertragen werden können. So ist zunächst durch den Gesetzgeber festzulegen, unter welchen Bedingungen der Netzbetreiber Speicher als Betriebsmittel einsetzen kann.

Für die komplexeren, aber das Potenzial des Speichers effizienter nutzenden Capex- und Opex-Geschäftsmodelle wurden ebenfalls erste Ansatzpunkte diskutiert. Diese sind durch Wirtschaft, Wissenschaft und Gesetzgeber weiter auszudifferenzieren. Nur nach Klärung dieser Geschäftsmodellvarianten kann eine effiziente Integration von Erneuerbaren Energien und Speichern erfolgen. Dies scheint umso mehr geboten, da die Energiewende physikalisch im Verteilnetz stattfindet und diesen Netzen als Energiedrehscheibe eine elementare Rolle zukommt. Das dargestellte Pilotprojekt stellt hierfür einen Ansatzpunkt dar. Das Netzproblem konnte im Rahmen des Forschungsprojekts technisch gelöst werden, die nächsten Schritte müssen auf regulatorischer und gesetzlicher Ebene erfolgen, um einen effizienten Einsatz von Speichern in Netzen (und Märkten) voranzubringen.

Literatur

Agora Energiewende (2014). Stromspeicher in der Energiewende, Untersuchung zum Bedarf an neuen Stromspeichern in Deutschland für den Erzeugungsausgleich, Systemdienstleistungen und im Verteilnetz. URL: http://www.agora-energiewende.de/fileadmin/downloads/publikationen/Studien/Speicher_in_der_Energiewende/Agora_Speicherstudie_Web.pdf (letzter Aufruf: 02.02.2016).

Armstrong, M., Sappington, D. (2006). Regulation, Competition and Liberalization. Journal of Economic Literature, XLIV, S. 325–366.

Averch, H., Johnson, L.L. (1962). Behaviour of the firm under regulation constraint. American Economic Review, 52, S. 1052–1069.

BDEW, (2013). BDEW Roadmap, Realistische Schritte zur Umsetzung von Smart Grids in Deutschland, Berlin, 11.02.2013.

BDEW (2015). Diskussionspapier „Smart Grids Ampelkonzept" – Ausgestaltung der gelben Phase, Berlin URL: https://www.bdew.de/internet.nsf/id/20150310-diskussionspapier-smart-grids-ampelkonzept-de/$file/150310%20Smart%20Grids%20Ampelkonzept_final.pdf (letzter Aufruf: 02.02.2016).

BMWi, FIZ Karlsruhe (2016). Förderinitiative Energiespeicher. URL: http://forschung-energiespeicher.info/aktuelles/aktuelles-einzelansicht/aktuelles-detailansicht/133 (letzter Aufruf: 02.02.2016).

Böcker B., Kippelt, S., Rehtanz, C., Weber, C. (2015). Storage evaluation in congested grids. 5th INREC conference, Essen, 25.03.2015.

Bundesnetzagentur (BNetzA) (2015). EEG in Zahlen 2014, URL http://www.bundesnetzagentur.de/SharedDocs/Downloads/DE/Sachgebiete/Energie/Unternehmen_Institutionen/ErneuerbareEnergien/ZahlenDatenInformationen/EEGinZahlen_2014_BF.pdf?__blob=publicationFile&v=4 (letzter Aufruf: 26.02.2016).

Brunner, H., Bletterie, B., Prüggler, W. (2008).Technische und ökonomische Bewertung des Einsatzes von innovativen Spannungsregelungskonzepten in Verteilernetzen mit hoher Dichte an dezentralen Stromerzeugern, e & i Elektrotechnik und Informationstechnik 125 (12), S. 419–425.

Büchner, J., Katzfey, J., Flörcken, O., Moser, A., Schuster, H., Dierkes, S., van Leeuwen, T., Verheggen, L., Uslar, M., van Amelsvoort, M. (2014). „Moderne Verteilernetze für Deutschland“ (Verteilernetzstudie), URL: http://www.bmwi.de/BMWi/Redaktion/PDF/Publikationen/Studien/verteilernetzstudie,property=pdf,bereich=bmwi2012,sprache=de,rwb=true.pdf (letzter Abruf am 08.09.2016).

dena (2012). Dena Verteilnetzstudie – Ausbau – und Innovationsbedarf der Stromverteilnetze in Deutschland bis 2030. URL: http://www.dena.de/fileadmin/user_upload/Projekte/Energiesysteme/Dokumente/denaVNS_Abschlussbericht.pdf (letzter Aufruf: 02.02.2016).

E-Bridge Consulting GmbH (2011). Abschätzung des Ausbaubedarfs in deutschen Verteilungsnetzen aufgrund von Photovoltaik- und Windeinspeisungen bis 2020, Gutachten im Auftrag des BDEW, Bonn.

EN 50160 (2010). Voltage characteristics of electricity supplied by public distribution networks. Last review by 01 Feb. 2011

Friedrich, F., Enneking, G., Zdrallek, M., Stiegler, M. (2012). Intelligente Ortsnetzstation, ETG-FNN-Konferenz Schutz- und Leittechnik, 14–15. Feb 2012, Mainz.

Hammerschmidt, T., Borchard, T., Feldmann, J., Petermann, A., Rehtanz, C. (2011). Innovative Concepts for efficient electrical Distribution Grids. 21st Cired Conference, 6–9 June 2011, Frankfurt.

Meinecke, M., (2015). NEP (Netzentwicklungsplan Strom). NETZENTWICKLUNGSPLAN STROM 2025, OFFSHORE-NETZENTWICKLUNGSPLAN 2025, VERSION 2015, 1. ENTWURF, Zahlen-Daten-Fakten, http://www.netzentwicklungsplan.de/_NEP_file_transfer/NEP_ONEP_2025_1_Entwurf_Zahlen_Daten_Fakten.pdf (letzter Aufruf: 09.02.2016).

Nykamp, S. (2014). Integrating Renewables in Distribution Grids: Storage, regulation and the interaction of different stakeholders in future grids. Scholars' press, 2014.

Nykamp, S., Rott, T., Dettke, N., Küppers, S. (2015). The project “ElChe” Wettringen: storage as an alternative to grid reinforcements – experiences, benefits and challenges from a DSO point of view, International ETG congress 2015, 17–18.11.2015, Bonn.

Sterner, M., Stadler, I. (2014). Energiespeicher – Bedarf, Technologien, Integration, Springer Verlag, Berlin.

Ströbele, W., Pfaffenberger W., Heuterkes, M. (2010). Energiewirtschaft, Oldenbourg Verlag, München, 2. Auflage.

Verband der Elektrotechnik, Elektronik und Informationstechnik e. V. (VDE) (2015). Batteriespeicher in der Nieder- und Mittelspannungsebene. Anwendung und Wirtschaftlichkeit sowie Auswirkung auf die elektrischen Netze, Frankfurt am Main.

UK Power Networks (2014). Electricity storage in GB, URL: http://innovation.ukpowernetworks.co.uk/innovation/en/Projects/tier-2-projects/Smarter-Network-Storage-(SNS)/Project-Documents/Smarter-Network-Storage-LCNF-Interim-Report-Regulatory-Legal-Framework.pdf (letzter Aufruf: 02.02.2016).

Wieben, E., Kumm, T. (2015). Einsatz von Speichern in Verteilnetzen – Chancen aus Sicht eines Netzbetreibers, Vortrag BMWi-AG Flexibilität der Plattform Strommarkt, 20.01.2015, Berlin; URL: http://www.bmwi.de/BMWi/Redaktion/Binaer/ag-2-plattform-strommarkt-sitzung-20150120-praesentation-4,property=blob,bereich=bmwi2012,sprache=de,rwb=true.pptx (letzter Aufruf: 02.02.2016).

Willing, S., Nilges, J., Nykamp, S., Smolka, T., Matrose, C., Schnettler, A., Stolte, A. (2013). Improving quality of supply and usage of assets in distribution grids by introducing a "smart operator". CIRED 22nd International Conference on Electricity Distribution, 10–13 June 2013, Stockholm, Sweden.

Rico Wojanowski und Stephan A. Richter

BESS Neuhardenberg – Fallstudie eines 5 MW/5 MWh-Großspeichers in der Primärregelleistung

1 Einleitung

Der *Airportpark Berlin-Neuhardenberg* ist ein aktiver Flughafen mit 24-Stunden-Betriebsgenehmigung (VFR). Der Standort hat sich seit 2012 zu einem Leuchtturm für innovative Infrastrukturprojekte der Energiewirtschaft entwickelt. Dort entstand ab 2012 der größte Solarpark Europas mit einer Nennleistung von 155 MWp. In der Folge wurde der Fokus verstärkt auf die Netzentwicklung gelegt. So entstanden zwei kundeneigene Umspannwerke mit einer Kapazität von 2 × 40 MVA und weitere Netzverstärkungen in den höheren Netzebenen, um den gestiegenen Herausforderungen des hohen Anteils erneuerbarer Energie am Standort und in der umliegenden Region Rechnung zu tragen.

Zu diesen Aktivitäten zählt auch die Entwicklung, Installation und der Betrieb eines Batterie-Energie-Speichersystem (BESS) am Standort Neuhardenberg mit einem Leistungs- zu Kapazitätsverhältnis 5 MW/5 MWh. Die Anlage zählt damit zu den größten Speicherinstallationen mit rein privatwirtschaftlichem Geschäftsmodell in Deutschland. Die Vermarktung erfolgt seit 2015 in der Primärregelleistung. Die Erfahrung aus dem Betrieb ermöglicht den Betreibern eine kontinuierliche Weiterentwicklung der Geschäftsmodelle und technischen Komponenten des Gesamtsystems.

2 Ausgangslage

BESS eignen sich bauartbedingt insbesondere zur Erbringung dezentraler, dynamischer und kurzzeitiger Systemdienstleistungen. Diese werden umso wichtiger, je höher der Anteil des Stromes aus erneuerbaren Energiequellen ist. Das Bundesland Brandenburg entwickelt sich aufgrund seiner topografischen und wirtschaftshistorischen Merkmale zunehmend zu einem Nettostromexporteur für Strom aus erneuerbaren Energiequellen.

Bis zum Jahr 2020 sind Investitionen von mindestens 22 Mrd. €[1] erforderlich, um die Netzkriterien zugunsten der Versorgungssicherheit nach dem n-1-Kriterium[2] und dem weiteren Ausbau der erneuerbaren Energien im Zuge der Energiewende zu erfüllen.

---

1 ÜNB 2013: 85.

2 Kriterium zur Sicherstellung der Systemstabilität bei Ausfall eines beliebigen Elements des Stromnetzes (n = Kanten + Knoten) durch Ableitung der Stromflüsse über die verbliebenen n − 1 Elemente.

https://doi.org/10.1515/9783110458480-005

Derartige strukturelle Veränderungen umfassen einerseits den Neubau von Umspannwerken zur gezielten erzeugungsnahen Leistungsabführung in das Übertragungsnetz, um weiträumige Leistungstransite zu vermeiden. Andererseits werden diese strukturellen Veränderungen nur greifen, wenn sie durch intelligente Speicherlösungen ergänzt werden.

In Entsprechung des am 03.09.2009 in Kraft getretenen sog. 3. Richtlinien- oder Energiebinnenmarktpakets der *Europäischen Union* müssen die Energieinfrastrukturen Brandenburgs den Erfordernissen der grenzübergreifenden Netzinfrastruktur in einem zukünftigen europäischen Energiebinnenmarkt angepasst werden. Des Weiteren wird die EU ehrgeizige Projekte im Hinblick auf Speicherkraftwerke, Druckluftspeicherung u. a. innovative Speichertechnologien fördern, um die Integration der Erneuerbaren Energien in die existierenden Energieversorgungssysteme zu unterstützen. Dazu definiert das Land Brandenburg mit der *Energiestrategie 2030* Themenfelder und Arbeitsschwerpunkte zur Umsetzung dieser EU-Vorgaben. Die *Energiestrategie 2030* definiert den Aus- und Umbau der Netzinfrastrukturen sowie den gezielten Aufbau von Speichern an wichtigen Knotenpunkten als die wichtigsten Grundvoraussetzungen für den Übergang in ein Zeitalter der Erneuerbaren Energien. Der Ausbau der Speicherkapazitäten ist ebenfalls ein wichtiger Bestandteil des Energiekonzepts der *Bundesregierung* und wird zukünftig über Gesetzesnovellierungen und Förderung verstärkt Bedeutung erlangen. Die *Energiestrategie 2030* des Landes Brandenburg definiert den gezielten Aufbau von Speichern an wichtigen Knotenpunkten als wichtige Grundvoraussetzung für die Energiewende und zur notwendigen Angleichung von Stromerzeugung aus Erneuerbaren Energien und Stromverbrauch.

Mit dem ersten RENplus-Programm förderte das Land Brandenburg im Zeitraum 2010 bis 2013 den Einsatz erneuerbarer Energien und Maßnahmen zur Erhöhung der Energieeffizienz und der Versorgungssicherheit im Rahmen der Energiestrategie des Landes Brandenburg. Die Förderung konzentrierte sich auf die Markteinführung neu entwickelter technischer Lösungen, die eine deutliche Steigerung der Energieeffizienz erwarten lassen, sowie auf die Breitenanwendung bereits eingeführter Techniken und Verfahren.[3]

3 Herausforderung

Der *Netzentwicklungsplan Strom* der Übertragungsnetzbetreiber simuliert auf Basis von bekannten Daten, Entwicklungspfaden und Zeitreihenanalysen künftige Einspeise- und Verbrauchsszenarien in den verschiedenen Netzregionen Deutschlands. Die sich daraus ergebenden Salden weisen das Bundesland Brandenburg in dem als wahrscheinlich angenommenen Szenario B für 2023 als Stromexporteur aus.

3 ILB Kurzinformation 1694 2013.

Demnach beträgt die installierte Leistung PV in Brandenburg 3,3 GWp, weitere 6,9 GW aus Onshore-Wind sowie 0,4 GW Biomasse kommen hinzu. Der ungleichzeitige Verbrauch beträgt 1,0 bis 2,6 GW. Dieser reinen Leistungsrechnung stehen die im Jahresverlauf erzeugten Strommengen entgegen.[4]

Mehr als 100 Prozent des prognostizierten Stromverbrauchs werden dabei mit durch erneuerbare Energien produzierten Strom abgedeckt. Der sich ebenfalls entwickelnde Anteil des Braunkohlestroms kann in dieser vereinfachten Rechnung vollständig in andere Bundesländer abgeführt werden. Dem entgegen steht die fehlende Grundlastfähigkeit weiter Teile der Erneuerbaren Energien. Die natürlichen Gegebenheiten stehen einer Ausweitung etablierter Technologien wie bspw. Pumpspeicherwerken entgegen.

Verschärft wird diese Situation, weil entsprechend Netzausbauplan neu geplante Stromtrassen weitgehend am Bundesland Brandenburg vorbeiführen. Dies impliziert die Anforderung, das bestehende Stromnetz soweit zu ertüchtigen oder durch Optimierung zu entlasten, dass es das zukünftig erwartete Stromangebot aufnehmen und ggf. abführen kann. Eine solche Netzentlastung mit wenig bzw. ohne Netzausbau kann durch den Einsatz von BESS angestrebt werden, da es hiermit grundsätzlich möglich ist, die volatile Stromerzeugung aus Wind und Strom zu verstetigen und damit den vorhandenen Netzstrukturen anzupassen. Dieser Ansatz entspricht dem geforderten NOVA-Prinzip, also dem Vorrang von Netzoptimierung und -ertüchtigung vor Netzausbau.

4 Projektbeschreibung

Im Zuge der Projektentwicklung und -umsetzung des *Solarparks Neuhardenberg* mit aktuell 155 MWp Nennleistung stellte sich bereits früh die Herausforderung der Verstärkung der vorhandenen Netzinfrastruktur, um die kurzzeitig hohe Leistung sicher einspeisen zu können. Dazu wurden verschiedene Szenarien entwickelt, die u. a. eine Zwischenspeicherung des erzeugten Solarstroms und seine verzögerte Abgabe in das Stromnetz durch geeignete BESS zum Ziel hatten. Ein solches Design hätte einen direkten Nutzen sowohl für den Solarparkbetreiber und die vorgelagerten Netzbetreiber in Form eines vermiedenen Netzausbaus gehabt. Darüber hinaus erbringt ein BESS am Netzverknüpfungspunkt des Solarparks netzdienliche Leistungen, da durch die verzögerte Leistungsabgabe ein Ausgleich zwischen Stromerzeugung und -verbrauch erbracht wird. Der bisher volatil eingespeiste Solarstrom könnte so verstetigt und in Teilen grundlastfähig gemacht werden. Eine Studie des *Fraunhofer-Instituts für Solare Energiesysteme* (ISE) zeigt, dass mithilfe von Batterien Angebot und Nachfrage soweit

4 ÜNB 2013: 40 ff.

ausgeglichen werden können, dass eine 100 %ige Deckung des Energiebedarfs in Deutschland ermöglicht wird.[5] Dazu müssten etwa 252 GWp Solarleistung in Deutschland installiert und um BESS mit einer Kapazität von 56 GWh ergänzt werden.[6] Das sich daraus ergebende Verhältnis GWp/GWh von ca. 3,6: 1 bedeutet, auf den *Solarpark Neuhardenberg* übertragen, einen Bedarf von ca. 42 MWh erzeugernah installierter BESS-Kapazität.

Für diesen Ansatz existieren derzeit jedoch keine gängigen Marktmechanismen. Die Zwischenspeicherung von EEG-fähigem Strom bietet keine entgeltlichen Anreizmechanismen, sondern birgt im Gegenteil die latente Gefahr der zusätzlichen Besteuerung mit EEG-Umlage. Die rechtliche Diskussion hierzu ist noch immer nicht abgeschlossen.[7] Eine direkte Vermarktung der netzdienlichen Leistung ist nicht möglich, sodass sich diese Option wirtschaftlich nicht darstellen lässt. Obwohl gesamtwirtschaftlich nur zweitbeste Option, ist der lokale Netzausbau daher die einzelwirtschaftlich sinnvollere Option. Im Rahmen eines Forschungsprojekts hat das *Fraunhofer-Institut für Fabrikbetrieb und -automatisierung* (IFF) Magdeburg am Standort Neuhardenberg ein 1 MW BESS für die Dauer von drei Jahren aufgestellt.[8] Dort werden Strategien und Szenarien zur künftigen Integration von BESS und Solarstrom untersucht. Ziel ist die Ableitung tragfähiger Geschäftsmodelle.

Unabhängig von diesem Forschungsprojekt wurde der Gedanke der Speicherintegration am Standort Neuhardenberg kontinuierlich weiterentwickelt. Dazu wurde ein Betreibermodell entwickelt, das unabhängig von der Netzeinspeisung des Solarparks bleibt und dadurch technisch und wirtschaftlich flexibel auf veränderliche Randbedingungen reagieren kann.

Mit der physischen Trennung der Netzanbindung von Solarpark und BESS war es möglich, die Speicherintegration in ein eigenständiges Projekt und ein tragfähiges Geschäftsmodell zu überführen. Das Projekt konnte schließlich durch die *Upside Services GmbH* zur Baureife entwickelt, finanziert und umgesetzt werden. Die *Upside Services GmbH* betreibt das *BESS Neuhardenberg* seit dem Netzanschluss im April 2015. Das Unternehmen ist Teil der *Upside Group*, deren Tätigkeitsschwerpunkt im Assetsourcing und Assetmanagement im Bereich der Stromspeicher, Solarenergie sowie Planung, Bau und Betrieb dieser Großkraftwerke liegt. Die *Upside Group* beteiligt sich an den Projekten ihrer Kunden, handelt diese Projekte oder hält sie im eigenen Portfolio.[9]

---

5 Henning und Palzer 2012: 5 ff.
6 Henning und Palzer 2012: 16.
7 BNetzA 2016.
8 Mahler 2014: 12.
9 Upside 2016b.

5 Primärregelleistung

Zweck der Bereitstellung von Primärregelleistung ist die Aufrechterhaltung der Netzstabilität im Falle des plötzlichen und unerwarteten Ausfalls von bis zu 3 GW-Erzeugerkapazität im europäischen Netzverbund. In dessen Folge würde sich ein Ungleichgewicht zwischen Stromerzeugung und -verbrauch einstellen, das allein über andere Systemdienstleistungen nicht auszugleichen wäre. Daraus ergäbe sich eine Frequenzabweichung von rechnerisch 200 mHz, die es auszugleichen gelte. Die Primärregelleistungsreserve ist daher ein Pool von Marktteilnehmern, die symmetrisch innerhalb von 30 Sekunden Stromleistung erhöhen bzw. verringern können und dabei autonom, unterbrechungsfrei und ständig agieren.

Dabei folgt die Primärregelleistung dem Grundsatz der beständigen Frequenzkontrolle und Frequenzhaltung. Abweichungen von der Sollfrequenz 50 Hertz werden als Indikator für ein Auseinanderfallen von Verbrauchs- und Erzeugungsleistung gesehen. Wenn der Verbrauch die Erzeugung im Netz übersteigt, kommt es zu einer Unterspeisung, und die Netzfrequenz fällt unter 50 Hertz. In diesem Fall soll positive Primärregelleistung aktiviert werden, indem Erzeuger ihre Einspeisung erhöhen oder zugeschaltet werden. Alternativ können auch Lasten (Verbraucher) abgesenkt oder abgeschaltet werden. Umgekehrt muss im Falle einer Überspeisung (Erzeugung > Verbrauch) negative Primärregelleistung zum Ausgleich bereitgestellt werden. Auf Erzeugerseite bedeutet dies die Drosselung oder Abschaltung von Leistung. Die Ausschreibung und der Abruf von Primärregelleistung geschehen durch die Übertragungsnetzbetreiber, die systemverantwortlich sind. In dem zentral und grundlastfokussiert aufgebauten Stromnetz haben sich die Regelenergiemärkte an konventionellen Kraftwerken mit geringer Angebotsschwankung und guter Verbrauchsprognose orientiert. Entsprechend verhalten haben sich die Märkte für Primärregelleistung, Sekundärregelleistung und Minutenreserve bisher entwickelt.

Im Zuge des Ausbaus Erneuerbarer Energien und der Energiewende fallen jedoch Angebot und Nachfrage zunehmend auseinander. Die Folge sind höhere Anforderungen an die verschiedenen Regelmärkte, um die Netze stabil zu halten.

Insbesondere das symmetrische Ausschreibungsverfahren in der Primärregelleistung führt zum Ausschluss vieler Marktteilnehmer, die entweder Verbrauch oder Erzeugung, aber nicht beides steuern können. Beispielhaft gilt hier die Windenergie, die lediglich kurzfristig über Produktion oder Nichtproduktion entscheiden, aber eben nicht fest garantieren kann.

Für die sehr kurzfristige Bereitstellung von Regelleistung, die sog. Primärregelleistung und Sekundärregelleistung, werden daher heute insbesondere Pumpspeicherkraftwerke und rotierende Massen in konventionellen Kraftwerken genutzt. Diese werden jedoch den durch die Energiewende entstehenden zusätzlichen Bedarf an Regelleistung nicht bewältigen können. Rotierende Massen als „Energievernichter“ können nur als Sekundäranwendung zum Einsatz kommen. Der Ausbau der

Pumpspeicherkapazitäten stößt vielfach auf Widerstand in betroffenen Regionen, ist regional begrenzt und damit bspw. in Brandenburg keine Ausbauoption.

6 Technologiebewertung und -auswahl

In der Phase der Projektplanung hat die *Upside Services GmbH* eine umfassende technische Studie erstellt, um die Anforderungen an das BESS für das gewählte Geschäftsmodell zu spezifizieren. Dabei wurde zunächst davon ausgegangen, dass Stromspeicher grundsätzlich alle technische Einrichtungen sind, die zur Aufnahme elektrischer Energie und ihrer verzögerten Wiedergabe dienen. Die Verzögerungszeit kann dabei beliebig kurz sein, die Wiedergabe der elektrischen Energie erfolgt i. d. R. nicht zu 100 Prozent. Aufgrund der Anforderungen an Verfügbarkeit, technische Reife und Entladedauer/Leistungsverhältnis konnten alternative Technologien wie

- Pumpspeicherwerk,
- Schwungrad,
- Druckluftspeicher,
- elektrische Speicher und Temperaturspeicher

schnell ausgeschlossen werden. Lediglich die Klasse der chemischen Speicher ist aktuell in der Lage, in dezentralen Anwendungen mit hoher technischer Verfügbarkeit Einsatz zu finden.

Chemische Speicher stellen die Klasse der derzeit am häufigsten eingesetzten Speicher für elektrische Energie dar. Ihnen gemein ist die Verwendung einer chemischen Verbindung, die im festen, flüssigen oder gelösten Zustand in Ionen dissoziiert ist und die sich unter dem Einfluss eines elektrischen Feldes gerichtet bewegt. Oft wird mit „Elektrolyt“ auch das feste oder flüssige Material bezeichnet, das die beweglichen Ionen enthält. Chemische Speicher können in externe und interne Speicher unterschieden werden. Diese Unterscheidung orientiert sich an der stofflichen Abhängigkeit von Leistung und Arbeit. Bei internen Speichern sind beide Größen unmittelbar miteinander verknüpft. Mehr Speicher bedeutet also immer sowohl mehr Leistung als auch mehr Arbeit. Diese Restriktion gilt nicht bei externen Speichern, in denen die Pumpbarkeit der (flüssigen oder gasförmigen) Elektrolyten eine Trennung von (Arbeits-)Speicher und Leistungseinheit ermöglichen.

Externe Speicher werden nach der Phase des pumpbaren Mediums in flüssig oder gasförmig unterschieden. Hier sind v. a. die Redox-Flow-Technologie sowie Wasserstoffspeicher und Power-to-Gas-Technologie hervorzuheben. Die Nutzung des Gastspeichernetzes ist Ziel vieler Anwendungen der Gasgewinnung aus elektrischer Energie. Der geringe Wirkungsgrad und der verbleibende Forschungs- und

Entwicklungsbedarf verzögern eine weitere Verbreitung. Die Trennung von Leistung und Arbeit erfolgt in Redox-Flow-Speichern unter Beibehaltung der Stofflichkeit des Speichermediums. Auf absehbare Zeit kann diese Technologie nicht zu wettbewerbsfähigen Kosten am Regelenergiemarkt teilnehmen.

Interne Speicher werden unterschieden in Hoch- und Niedrigtemperaturbatterien: Hochtemperaturspeicher wie NaS und Zebra werden mit flüssigen Elektroden bei hoher Temperatur betrieben. Sie benötigen daher dauerhafte Energiezufuhr, gute Dämmung und Schutz gegen mechanische Beschädigung. Niedrigtemperaturspeicher wie Blei-Säure- und Lithium-Ionen-Speicher werden in großen Stückzahlen hergestellt und eignen sich daher am besten für den kommerziellen Einsatz im Regelenergiemarkt. Die Langzeiterfahrung und Servicequalität sichern die Einsatzfähigkeit während der gesamten Projektdauer ab.

Die Technologiewahl für ein BESS zum Einsatz im Regelenergiemarkt ist multidimensional. Es lassen sich technische, ökonomische und nicht ökonomische Zielkriterien unterscheiden. Aus der Vielzahl der Kriterien lassen sich einzelne Eigenschaften ableiten, die für den geplanten Einsatz des BESS von besonderer Bedeutung sind. Im Kontext der Einbindung erneuerbarer Energien und der Energiewende lassen sich damit insbesondere die Zielkriterien „Arbeit“ (speicherbare Energiemenge in kWh) sowie „Leistung“ (in kW) unterscheiden. Die Anwendungsfälle reichen dabei von Integration der erneuerbaren Energie bis Transmission – and-Distribution(T&D)-Systemdienstleistung. Das Geschäftsmodell der Systemdienstleistung priorisiert eindeutig das Zielkriterium der Leistung vor der speicherbaren Energiemenge. Aus der Vielzahl der klassifizierten Speichertechnologien lassen sich daher für den Regelenergiemarkt hauptsächlich solche mit hoher Leistung identifizieren. Aus der Klasse der chemischen Speicher erfüllen die internen Niedrigtemperaturspeicher diese Anforderung besser als die externen Speicher, also Redox-Flow- und Gasspeicher. Weitere technische Zielkriterien wie Zyklenzahl (Lifetime) sowie die Effizienz eines Ein- und Ausspeichervorganges lassen sich gut monetär bewerten und in der Kennziffer der *Levelised Cost of Energy* (LCOE) vergleichen. Dabei wird die nutzbare Energiemenge als Gut bewertet, das den Output des Investitionsprojekts darstellt. Die Zeitreihe solcher Outputmengen als Auszahlung wird mit dem Zinssatz i abdiskontiert zum Barwert im Investitionszeitpunkt. Da es sich hier um eine nicht monetäre Kennziffer handelt, wird diese Betrachtung nicht in einem Kapitalwert, sondern in einer Relativkennzahl über der nutzbaren Strommenge kWh ausgedrückt. Im Vergleich dazu stehen die Investitionskosten CAPEX sowie die ebenfalls abdiskontierten operativen Ausgaben (OPEX). Damit definiert sich der LCOE als

$$\mathrm{LCOE} = \frac{\sum_{n=0}^{N} \left(\mathrm{CAPEX} + {}^{\mathrm{OPEX}}\!/_{(1+i)^n} \right)}{{}^{\mathrm{kWh}_{\Delta}}\!/_{(1+i)^n}}$$

Maßgröße des LCOE sind €/kWh als relativer Wert der Kosten pro Speichereinheit im Zeitpunkt der Investitionsentscheidung.

Diese Vorgehensweise zur Ermittlung der LCOE ist in der Literatur weitgehend anerkannt.[10] In der Auswertung ergibt sich ein klares Präferenzschema des Einsatzes verschiedener Technologien in jeweils spezialisierten Anwendungsfeldern.[11] Im Regelenergiemarkt zeigt sich ein Wettbewerbsvorteil für Lithium-IonenBESS, der hauptsächlich auf die Kombination geringer Investitionskosten und guter Zyklenfestigkeit zurückzuführen ist. Die Menge der zu speichernden Energie ist in diesem Anwendungsgebiet weniger ausschlaggebend als die Verfügbarkeit auf Abrufe.

Neben den ökonomischen sind auch nicht ökonomische Zielkriterien zu berücksichtigen. Die nicht ökonomischen Zielkriterien können vielfältig sein und sind im Allgemeinen nicht monetär bewertbar. Für die Auswahl wurden hauptsächlich ökologisch relevante Kriterien herangezogen, um die Nachhaltigkeit des Projekts bewerten zu können. Zu diesen Kriterien zählen v. a.

- Primärenergiebedarf,
- Zyklenfestigkeit,
- Giftigkeit,
- Brandgefahr,
- Entsorgungs- bzw. Recyclingfähigkeit.

Der Primärenergiebedarf eines Produkts beschreibt die ursprünglich eingebrachte Energiesumme, die in der Herstellphase des Produkts benötigt wurde. Demgegenüber steht der Betriebszeitraum, der den wirtschaftlichen Betrieb der Anlage beschreibt. Da die reine Betrachtung des absoluten Primärenergiebedarfs wenig über die Nachhaltigkeit der Investition aussagt, soll diese Größe über die gesamte Betriebszeit betrachtet werden. Dazu kann die eingespeicherte Energiemenge hinzugezogen werden, die von der Zyklenfestigkeit, der Entladetiefe und elektrischen Effizienz des Ein- und Ausspeichervorgangs einer jeden Technologie abhängig ist. Im Falle eines BESS lassen sich die beiden Größen gut mittels der Kennzahl Energy Stored on Invested (ESOI) vergleichen.
In Tab. 1 ist die ESOI für verschiedene Speichertechnologien aufgezeigt. Sie beschreibt, wieviel mehr Energie in der Betriebsphase eines Speichers (Lebenszyklus) eingespeichert und genutzt werden kann im Vergleich zum Primärenergiebedarf. Unter den chemischen Speichern ist diese Kennzahl bei der Li-Ionen-Technologie am besten.

Die Zyklenzahl beschreibt die Anzahl der Ein- und Ausspeichervorgänge eines Speichersystems über der Lebenszeit. Diese ist für chemische Speicher limitierend begrenzt und hängt aufgrund der chemischen Charakteristika insbesondere von der Art der Betriebsführung ab. Neben externen Einflüssen wie Temperatur und Feuchtigkeit hat v. a. die Entladetiefe Depth of Discharge (DOD) einen wesentlichen Einfluss auf die mögliche Zyklenzahl.

10 Battke 2013.
11 Battke 2013: 246 f.

Tab. 1: ESOI für verschiedene Speichertechnologien (Barnhart und Benson 2013: 1086).

Speichertechnologie	ESOI
Druckluft	240
Pumpspeicher	210
Li-Ion	10
NaS	6
Vanadium Redox	3
ZnBr	3
Blei-Säure	2

Die Zyklenzahl hat wesentlichen Einfluss sowohl auf die monetären Aspekte der Lebenszykluskosten als auch auf die Nachhaltigkeitsbewertung eines Speichersystems. Bei vergleichbarer Betriebslaufzeit sind Systeme mit geringerer Zyklenzahl häufiger zu ersetzen als Systeme mit höherer Zyklenzahl. Dies ist insbesondere bei Fragestellungen der Entsorgungs- und Recyclingfähigkeit am Ende des Betriebszeitraums und bei Gefahren der Giftigkeit und des Brandrisikos bei den damit verbundenen Ein- und Auslager- sowie Transportvorgängen zu berücksichtigen. Die Zyklenzahl ist v. a. für Blei-Säure-Speicher recht gering, für Redox-Flow-Batterien als vergleichsweise hoch einzuordnen.[12] Li-Ionen-Speicher zeigen trotz hoher DOD-Toleranz in dieser Betrachtung ein breites Spektrum auf, was in diesem Fall auf die Vielzahl möglicher Speichertypen zurückzuführen ist. So bewegen sich Lithium-Eisen-Phosphat-Speicher am oberen Rand bis 6000 Zyklen.

Der Umwelteinfluss von Produkten ist nicht nur in der Herstellphase zu messen und zu bewerten, sondern v. a. in der End-of-Life Betrachtung. Dazu zählt insbesondere die Weiterverwertung, Weiterverwendung, Wiederverwertung oder Wiederverwendung (hier zusammen als „Recycling“ bezeichnet) der betrachteten Produkte und Anlagen. Insbesondere chemische Speichersysteme sind auf ihre Recyclingfähigkeit hin zu untersuchen, da die enthaltenen Chemikalien ein potenzielles Umweltbelastungsrisiko in sich bergen. Entsprechend ergibt sich ein potenziell negativer Umwelteinfluss für alle Technologien auf der Basis chemischer Speichersysteme. Ein solcher Umwelteinfluss tritt vornehmlich auf, wenn die Komponenten des Speichersystems unbeabsichtigt oder geplant am Ende des Lebenszyklus entsorgt statt recycelt werden. Ein geschlossener Produktkreislauf vermeidet das Problem der negativen Umwelteinflüsse. Dazu ist der Aufbau und Betrieb einer funktionierenden geschlossenen Lieferkette (Closed Loop Supply Chain) notwendig. Diese hat eine möglichst vollständige Wiedereingliederung der gesamten Anlage oder zumindest der umweltkritischen Komponenten in den Waren- und Wirtschaftsprozess zum Zweck.

Die geschlossene Lieferkette kann entweder mit oder ohne regulatorische Anreize entstehen. Im ersten Fall ist ein politischer Rahmen vorzugeben, der die

12 Ferreira et.al. 2013: 290.

Nutzer oder Hersteller zur aktiven Teilnahme verpflichtet. Den Handlungsrahmen für den Umgang mit Batterien gibt das Batteriegesetz (BattG) vom 01.12.2009 vor. Seit 01.06.2012 gelten zusätzlich die Änderungen des Kreislaufwirtschaftsgesetzes inklusive Änderungen des Batteriegesetzes. Danach müssen Hersteller ihre Marktanteile dem *Umweltbundesamt* elektronisch anzeigen. Das Batteriegesetz schreibt verbindliche Sammel-, Verwertungsquoten und Verwertungseffizienzen vor. Dies wird teilweise durch Rücknahmeverpflichtungen umgesetzt. Zur Absicherung dieser Rücknahmeverpflichtung werden bspw. Starter-Batterien, die den Hauptanteil der Blei-Säure-Anwendungen darstellen, mit einem Zwangspfand beaufschlagt, welches die Rückgabe am End-of-Life sicherstellen soll. Die Sammelquote für Starter-Batterien liegt tatsächlich bei über 80 Prozent.[13]

Die *Stiftung Gemeinsames Rücknahmesystem Batterien* (GRS) ist darüber hinaus eine Branchenlösung zur Umsetzung des Batteriegesetzes. Für die Rücknahme von stationären Stromspeichern hat die GRS einen eigenen Wertschöpfungsprozess definiert und etabliert.

7 Rechtliche Aspekte

Aus rechtlicher Sicht waren bei dem Projekt Neuhardenberg im Wesentlichen drei Themen von praktischer Bedeutung: die Umsetzung der technischen Vorgaben des ÜNB 2015, die Einhaltung der technischen Anschlussbedingungen des Verteilnetzbetreibers für Erzeugungsanlagen und die Durchsetzung der Befreiung von netzbezogenen Stromnebenkosten.

7.1 Design – Vorgaben nach ÜNB 2015

Bereits während der Planungsphase stellte sich die Frage, welchen Regelwerken Design und Ausführung der BESS zu entsprechen haben. Das Betriebsregime für Primärregelleistung wird durch den Transmission Code 2007 (VDN 2007) bzw. das ENTSO-E-Operation Handbook (ENTSO-E 2004) bestimmt. Ziel des Regimes ist es, Abweichungen in der Netzfrequenz kurzfristig entgegenzuwirken, sofern sie einen Toleranzbereich von ±10 mHz überschreiten.[14] In Bezug auf den Betrieb von BESS bestehen hier derzeit noch Unsicherheiten, da deren technologiebedingte Leistungsfähigkeit keine Berücksichtigung findet. Die deutschen Übertragungsnetzbetreiber haben versucht, diesem Umstand durch ein Regelwerk Rechnung zu tragen, in dem

13 BMUB 2016.
14 ENTSO-E 2004: A1–8.

besondere Anforderungen an BESS definiert werden.[15] In diesem Regelwerk vertreten die Übertragungsnetzbetreiber allerdings folgende Maximalposition:

> Die Regelungen im PRL-Rahmenvertrag gemäß § 6.2 sehen eine 100 %-ige Vorhaltung und Erbringung von PRL für die Produktzeitdauer von derzeit einer Woche vor. Da für eine oder mehrere Batterien mit einem begrenzten Speichervolumen eine Erbringung ohne Nachladestrategie im theoretischen Extremfall (200 mHz Frequenzabweichung) über eine Woche nicht möglich ist, werden zusätzliche Kriterien für Technische Einheiten (TE) mit begrenzten Speichervolumina sowie Anforderungen an die Nachladestrategie eingeführt, um die Verfügbarkeit zur Vorhaltung und Erbringung der PRL aus solchen TE einheitlich prüfen zu können.[16]

Das bedeutet im Ergebnis, dass abweichend von den Vorgaben des Transmission Code 2007 bzw. ENTSO-E-Operation Handbook die Primärregelleistung nicht nur für 15 Minuten, sondern für mindestens 30 Minuten zu erbringen ist. An diese 30-Minuten-Regel schließen sich formale Vorgaben für die technische Ausgestaltung von Leistung und Kapazität des BESS an. Diese Vorgaben beschränken die Optionen zur Optimierung des Betriebsregimes zusätzlich, gerade für künftig zu entwickelnde technische Lösungen, die von den Übertragungsnetzbetreibern nicht vorhergesehen werden können. Im Ergebnis führt das zu einer Verteuerung der Technologie, der kein adäquater Mehrwert gegenübersteht. Dadurch werden Innovation und Fortschritt zum technisch und wirtschaftlich sinnvollen Einsatz von BESS erheblich gebremst.

Auch im vorliegenden Fall hatte die Umsetzung der Vorgaben des ÜNB 2015 eine wesentliche Verteuerung des Projekts zur Folge, denn die 30-Minuten-Vorgabe lässt sich nur durch eine Vergrößerung der Speicherkapazität um etwa 66 Prozent umsetzen, die technisch nicht sinnvoll zu nutzen ist. Die zusätzliche Speicherkapazität wird vielmehr reserviert für einen Fall der Frequenzabweichung um mindestens 200 mHz über den Zeitraum von 15 Minuten hinaus. In diesem Fall sind Anbieter der Sekundärreserve bereits planmäßig aktiviert.

Der Konflikt zwischen ÜNB 2015 und den geltenden Regelwerken Transmission Code 2007 bzw. ENTSO-E-Operation Handbook soll mit der Verabschiedung des neuen Load Frequency Control Reserve (LFCR) Codes aufgelöst werden. Dort werden Stromspeicher bzw. BESS als Energiespeicher mit begrenzter Kapazität erstmals explizit berücksichtigt. Am 23.02.2016 wurde dieser LFCR-Code in einer neuen Entwurfsfassung veröffentlicht.[17] Danach soll den Übertragungsnetzbetreibern eine weitere Übergangsfrist von mehreren Jahren zur Diskussion und Klärung technischer Mindestvorgaben an den Betrieb von Stromspeichern in der Primärregelleistung eingeräumt werden. Das dürfte auf absehbare Zeit zu einer Fortgeltung der bisher etablierten 30-Minuten Regel für BESS führen. Diese regulatorische Unsicherheit stellt ein

---

15 ÜNB 2015.
16 ÜNB 2015: 3.
17 EC 2016.

beachtliches Hemmnis in Bezug auf Investitionsentscheidungen für BESS dar, denn die Marktzugangsbedingungen für künftige Investitionen bleiben unbekannt.

7.2 Netzanschluss – Technische Anschlussbedingungen des Verteilnetzbetreibers

Weitere rechtliche Fragen ergaben sich im Zusammenhang mit dem Netzanschluss der BESS. Hier verlangte der Verteilnetzbetreiber die Einhaltung seiner technischen Anschlussbedingungen für Erzeugungsanlagen. Naturgemäß sind diese Anschlussbedingungen auf klassische Erzeugungsanlagen zugeschnitten, d. h. im Wesentlichen auf Kraftwerke. Entsprechend umfangreich sind die mit der Netzeinspeisung des „erzeugten" Stroms verbundenen Dokumentationspflichten. Ungeachtet des Umstands, dass die BESS – anders als ein Kraftwerk – lediglich den bereits andernorts erzeugten und dem Netz entnommenen Strom in das Netz zurückspeist, tat sich der Verteilnetzbetreiber mit einer angemessenen Beschränkung dieser Dokumentationspflichten schwer.

Das ist kein Einzelfall. Die regulatorische Einordnung von Stromspeichern ist bis heute nicht abschließend geklärt. So definiert der *Verband der Bayerischen Energie- und Wasserwirtschaft e. V.* (VBEW) netzgekoppelte Stromspeicher noch immer als netzparallelbetriebene Erzeugungsanlagen.[18] Demgegenüber unterscheidet § 19 Energiewirtschaftsgesetz (EnWG) klar zwischen Erzeugungsanlagen und Stromspeichern: „(1) Betreiber von Elektrizitätsversorgungsnetzen sind verpflichtet, unter Berücksichtigung der nach § 17 festgelegten Bedingungen für den Netzanschluss von Erzeugungsanlagen, Anlagen zur Speicherung elektrischer Energie, Elektrizitätsverteilernetzen, Anlagen direkt angeschlossener Kunden, Verbindungsleitungen und Direktleitungen technische Mindestanforderungen an deren Auslegung und deren Betrieb festzulegen und im Internet zu veröffentlichen. [...]"

Das Problem der Einordnung von Stromspeichern hat nicht nur akademische Bedeutung. So betrifft § 19 Abs. 1 EnWG unmittelbar die Frage, ob Verteilnetzbetreiber die technischen Anschlussbedingungen für Erzeugungsanlagen ohne Weiteres auf Stromspeicher und insbesondere BESS anwenden dürfen. Dem dürfte zum jetzigen Zeitpunkt § 19 Abs. 4 EnWG entgegenstehen. Danach hat der Netzbetreiber technische Anschlussbedingungen rechtzeitig mit den Verbänden der Netznutzer zu konsultieren und nach Abschluss der Konsultation der Regulierungsbehörde vorzulegen. Das hat im Rahmen eines transparenten und diskriminierungsfreien Verfahrens zu erfolgen. Ein solches Verfahren wurde für Stromspeicher bisher nicht durchgeführt. Dennoch gehen einzelne Verteilnetzbetreiber dazu über, eigene technische Anschlussbedingungen zu definieren und einzufordern.

18 VBEW 2014:4.

Diese Praxis erscheint aus praktischer Sicht auch deshalb bedenklich, weil die Klassifikation von Stromspeichern als Stromerzeuger ihrer technischen und wirtschaftlichen Funktion widerspricht. Stromspeicher erzeugen keinen Strom. Sie speisen lediglich zuvor eingelagerten Strom teilweise wieder in das Netz zurück. Diese Rückspeisung ist ohne vorherige Entnahme einer mindestens genauso großen Strommenge aus dem Netz nicht möglich. Gleichzeitig geht mit jeder Stromentnahme aus dem Netz die Absicht einher, diese später abzüglich möglichst geringer, d. h. im Ergebnis nur betriebsnotwendiger, also unvermeidlicher Verluste wieder rückzuspeisen.

Diese Rückspeisung als Erzeugung zu werten, erscheint sachfremd, und setzt jedenfalls voraus, dass man – mit der wohl herrschenden Meinung[19] – einen Letztverbrauch des aus dem Netz bezogenen Stroms innerhalb des Speichers unterstellt. Dabei kommt der höchstrichterlichen Rechtsprechung entscheidende Bedeutung zu. So hat der *Bundesgerichtshof* – bisher jedoch nur für Pumpspeicherkraftwerke – entschieden, dass der Speichervorgang innerhalb dieser Kraftwerke einen Letztverbrauch im Sinne des EEG darstellt.[20] Insoweit betrachtete es der Senat als entscheidend, dass innerhalb des Pumpspeicherkraftwerks eine „Energieumwandlung" stattfindet. Daraus folgern weite Teile der Literatur eine Übertragbarkeit der BGH-Entscheidung auf alle Speichersysteme, bei denen die Zwischenspeicherung der Energie mit einem Umwandlungsprozess verbunden ist.[21] Letzteres trifft grundsätzlich auch auf BESS zu.

Dem ist nicht zu folgen: Zunächst findet bei Pumpspeicherkraftwerken eine Umwandlung in potenzielle bzw. kinetische Energie statt. Dadurch „materialisiert" sich die Umwandlung in einem besonders hohen Maß. Denn die genannten Energieformen sind mit der dem Netz entnommenen elektrischen Energie entfernter verwandt als das innerhalb eines BESS entstehende elektrochemische Potenzial, mit dem eine elektrische Spannung durchgehend erhalten bleibt. Diese „Greifbarkeit" der Umwandlung bei Pumpspeicherkraftwerken mag den Ausschlag für die Bewertung des Senats gegeben haben.

Auch erscheint eine Privilegierung von Speicherkondensatoren und anderen Speichertechnologien, die ohne Umwandlung des Stroms auskommen, als willkürlich.

Teile der Literatur halten der Argumentation des BGH eine Vielzahl weiterer stichhaltiger Argumente entgegen.[22] Aus praktischer Sicht besonders fernliegend ist die Einordnung der zwischen Einspeicherung und Rückspeisung verlorenen Energiemenge als Letztverbrauch. Nüchtern betrachtet handelt es sich dabei um technologiebedingte Stromverluste, vergleichbar mit Leitungsverlusten, die bei der Transmission entstehen.[23]

---

19 Vgl. v. Oppen 2014: 10.

20 BGH NVwZ-RR 2010, 431, dazu kritisch Lietz 2014: 96 ff.

21 v. Oppen 2014: 10 m. w. N., a. A. Sauer 2015: 178 f.

22 Sauer 2015: 178 f.; Thomas/Altrock 2013: 579 m. w. N.

23 Sauer 2015: 184.

Schließlich lässt selbst ein unterstellter Letztverbrauch innerhalb eines Speichers nicht den Rückschluss zu, dass jeder Rückspeisung durch diesen Speicher zwingend eine (erneute) Erzeugung vorausgehen muss. Andernfalls wären alle Industrieanlagen mit Rückspeisefunktion als Erzeuger zu klassifizieren. In solchen Anlagen wird z. B. mittels eines Krans elektrische Energie durch Heben einer Last (Letztverbrauch) temporär in potenzielle Energie umgewandelt und beim späteren Herablassen teilweise wieder in das Netz zurückgespeist. Die zu diesem Zweck verbauten Stromrichter sind baugleich mit den in BESS verwendeten Stromrichtern und werden nach einhelliger Auffassung nicht als Erzeuger sondern als Verbraucher mit Rückspeiseverhalten eingestuft.

Der am 17.05.2016 in Kraft getretene neue europäische Netzwerkkodex für Stromerzeuger[24] trägt dem bereits Rechnung. Gemäß Art. 3 Abs. 2 d) der EU-Verordnung, die unmittelbar auch in Deutschland gilt, sind alle Speicheranlagen, bei denen es sich nicht um Pumpspeicherstromerzeugungsanlagen handelt, vom Anwendungsbereich der Verordnung ausgenommen. Im Gegensatz zu Pumpspeicherkraftwerken gelten Batteriespeicher also nicht als Stromerzeuger im Sinne der Verordnung.

7.3 Betrieb – Netzbezogene Stromnebenkosten

Weitere Unsicherheiten im Betrieb der *BESS Neuhardenberg* ergeben sich aus dem Umstand, dass der Verteilnetzbetreiber zwar die Befreiung von der Netzentgeltentrichtung gemäß § 118 Abs. 6 EnWG anerkannt hat, jedoch nur in Bezug auf den reinen Leistungspreis. Die Netzentgeltkomponenten KWK-Umlage, § 19 Abs. 2 StromNEV-Umlage, Offshore-Umlage gem. § 17 f Abs. 1 S. 2 EnWG sowie § 18 AbLaV-Umlage stellt der Verteilnetzbetreiber hingegen in Rechnung.

Vor dem Hintergrund des § 9 Abs. 7 S. 1 KWKG 2016 erscheint das schwer vertretbar. Gemäß dieser Vorschrift sind Netzbetreiber nur berechtigt, geleistete Zuschlagszahlungen und Ausgleichszahlungen bei der Berechnung der Netznutzungsentgelte in Ansatz zu bringen. Die Abwälzung der KWK-Umlage auf den Betreiber setzt also voraus, dass überhaupt Netznutzungsentgelte berechnet werden dürfen.[25] Eine Abwälzung ist demnach nicht möglich, wenn die betreffende Anlage von der Netzentgeltpflicht befreit ist. Durch den Verweis auf den KWK-Belastungsausgleich in §§ 19 Abs. 2 StromNEV, 17 f Abs. 1 EnWG und 18 AbLaV gilt das für die jeweiligen weiteren Umlagen entsprechend.[26] In der Literatur werden die netzbezogenen

---

24 Verordnung (EU) 2016/631 der Kommission vom 14.04.2016 zur Festlegung eines Netzkodex mit Netzanschlussbestimmungen für Stromerzeuger, Amtsblatt der Europäischen Union L112/1.

25 Heller 2013: 180 m. w. N.

26 Heller 2013: 180 m. w. N.

Stromnebenkosten mitunter auch als Annex zu den Netznutzungsentgelten eingestuft.[27] Folgt man dieser Betrachtung, sind sie von der Befreiung gemäß § 118 Abs. 6 EnWG direkt erfasst.

Jedenfalls in Bezug auf die Erhebung der § 19 Abs. 2 StromNEV Umlage fehlt es derzeit an einer Rechtsgrundlage. Denn am 12.04.2016 hat der Kartellsenat des *Bundesgerichtshofs* entschieden, dass § 19 Abs. 2 S. 6 und 7 StromNEV nichtig sind und die entsprechende Festlegung der *Bundesnetzagentur* mit Wirkung für alle Netzbetreiber aufgehoben.[28] Der Umlagemechanismus sei von der Ermächtigungsgrundlage des § 24 Abs. 1 EnWG nicht gedeckt. Dadurch entfällt die Rechtsgrundlage der Erhebung rückwirkend. Bis zu einer (rückwirkenden) Korrektur der Vorschrift durch den Gesetzgeber dürfte das entsprechende Rückvergütungsansprüche der betroffenen Nutzer zur Folge haben.

8 Projektrealisierung

Mit der Technologiebewertung und -auswahl konnte gezeigt werden, dass es möglich ist, Stromspeicher zuverlässig für längere Projektlaufzeiten von mehr als 10 Jahren in der Regelleistung zu betreiben.

Dem gegenüber stehen weiterhin ungenügend geklärte regulatorische Rahmenbedingungen sowie eine ungewisse Marktentwicklung, welche die kommerzielle Umsetzung großer Stromspeicherprojekte behindern. So führt das zum Zeitpunkt der Investitionsentscheidung maßgebliche 30-Minuten-Kriterium der Bereitstellung von Primärregelleistung zu einer technischen Dimensionierung des Stromspeichers mit einem Leistungs- zu Kapazitätsverhältnis von mindestens 1 : 1. Investitionsentscheidungen in BESS zum Markteintritt in den Regelenergiemarkt werden damit unter dem Risiko einer deutlichen Überdimensionierung getroffen. Erst wenn ausreichend Betriebserfahrung mit BESS im Regelenergiemarkt vorliegt, wird nachweisbar sein, dass eine solche Überdimensionierung nicht nötig ist, um den sicheren Betrieb zu gewährleisten. Später eintretende Marktteilnehmer können von diesen Betriebserfahrungen profitieren und leichter bzw. kostengünstiger in den Regelenergiemarkt eintreten. Dort konkurrieren sie dann mit den Systemen, die zuvor zu notwendigerweise höheren Kosten installiert wurden. Die aus Investorensicht beste Strategie wäre daher zu warten, bis alle regulatorischen und technischen Risiken geklärt und eine kostenoptimale Investition möglich ist.

---

27 Lehnert/Vollprecht 2012: 361, ergebnisoffen hingegen v. Oppen 2014: 14, die mangels einer ausdrücklichen Erwähnung der Umlagen in der Vorschrift ein klärendes Wort des Gesetzgebers für erforderlich hält.

28 BGH Beschl. v. 12.04.2016, Az. EnVR 25/13.

Um die beschriebenen Risiken der Investitionsentscheidung zu dämpfen und um aufzuzeigen, dass BESS eine sichere und sinnvolle technische Alternative zu traditionellen Anbietern von Regelleistung sind, wurden verschiedene Großspeicherprojekte gefördert. Das *BESS Neuhardenberg* wird durch das Land Brandenburg im Rahmen des ersten RENplus-Programms nach den *Richtlinien zur Förderung des Einsatzes Erneuerbarer Energien*, von Maßnahmen zur Erhöhung der Energieeffizienz und der Versorgungssicherheit im Rahmen der Umsetzung der Energiestrategie des Landes Brandenburg (RENplus) sowie aus Mitteln des *Europäischen Fonds für regionale Entwicklung* (EFRE) kofinanziert.

Die weitere Finanzierung wird über Eigenmittel sowie eine Projektfinanzierung als Fremdkapitalanteil ermöglicht. Damit ist das *BESS Neuhardenberg* das erste projektfinanzierte Vorhaben eines BESS zur ausschließlichen Vermarktung im Regelenergiemarkt. Dies wurde möglich, durch die durchgängige Konzeption des Projektes, die Entwicklung eines tragfähigen Versicherungskonzepts sowie die konsequente Validierung aller Projektpartner und Lieferanten.

In Tab. 2 werden die Projektbeteiligten in den jeweiligen Funktionen dargestellt. In Tab. 3 werden die wesentlichen technischen Daten aufgelistet.

Tab. 2: Projektbeteiligte des BESS Neuhardenberg (eigene Darstellung).

Firma	Funktion
Upside Services GmbH	Eigentümer und Betreiber
Danske Commodities A/S	Vermarkter
Pfenning Elektroanlagen GmbH	Hersteller und Lieferant der Gesamtanlage
Enpla GmbH	Generalunternehmer
E.dis AG	zuständiger Verteilnetzbetreiber
50 Hertz	zuständiger Übertragungsnetzbetreiber
Fraunhofer Institut für Solare Energiesysteme (IFF)	Wissenschaftliche Begleitung

Tab. 3: Technische Daten des BESS Neuhardenberg (eigene Darstellung).

Kriterium	Ausführung
Bauweise	5 Container mit je 1 MWh Speichereinheiten sowie 5 Container mit je 1 MW Leistungselektronik
Speichereinheiten	je Container 4 × 100.000Ah LiFePO Zellen von Sinopoly
Leistungselektronik	je Container 4 × 250 kW Umrichter Siemens Sinamics
Netzanschluss	20 kV Mittelspannung im Netz der E.dis AG
Frequenzmessung	± 1 mHz umrichterintegriert
BMS	aktiv

Die Umsetzung des Projekts erfolgte im Zeitraum September 2013 bis März 2014. Mit dem Anschluss an das Verteilnetz der *E.dis AG* und der nachfolgenden Präqualifikation für Primärregelleistung beim zuständigen Übertragungsnetzbetreiber *50 Hertz* begann die Betriebsphase der wöchentlichen Vermarktung des *BESS Neuhardenberg*.

9 Betrieb des BESS Neuhardenberg

Wesentlicher Teil der Präqualifikation ist der sog. Doppelhöckertest. Dabei wird die Fähigkeit der zu präqualifizierenden technischen Einheiten zur vollständigen Erbringung von positiver und negativer Primärregelleistung nachgewiesen. Abb. 2 zeigt diesen Test für das BESS Neuhardenberg. Es ist zu erkennen, dass die Anforderungen hinsichtlich Höhe, Anpassungsgeschwindigkeit und Dauer der Leistungserbringung sicher erbracht werden. Damit ist die grundsätzliche Bereitstellung von mindestens 5 MW Primärregelleistung nachgewiesen.

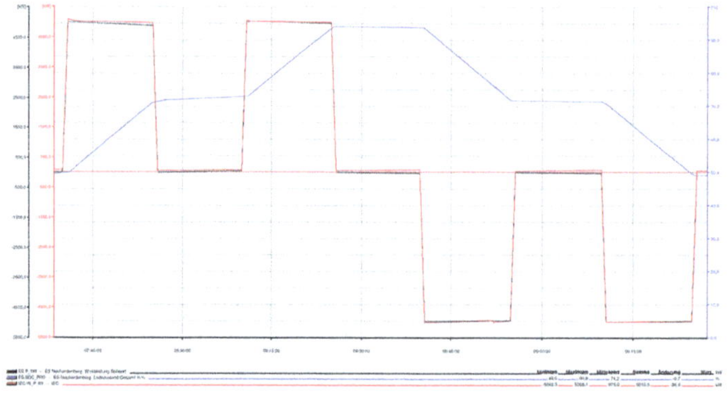

Abb. 1: Doppelhöckertest zum Nachweis der Erbringung von positiver und negativer Primärregelleistung (eigene Darstellung).

Der in Abb. 1 dargestellte Doppelhöckertest ist nicht repräsentativ für die laufenden Anforderungen der Primärregelleistungserbringung. Diese erfolgt in linearer Abhängigkeit von der Frequenzabweichung im Bereich ±200 mHz. Die Messung der Frequenz und Ermittlung der zu erbringenden Leistung erfolgt stetig im vorgegebenen Reaktionszeitraum. Die Übermittlung und Aufzeichnung der Daten erfolgt, wie im Rahmenvertrag mit den Übertragungsnetzbetreibern gefordert, im sekündlichen Intervall.

Abb. 2 zeigt einen typischen Verlauf dieser Datenaufzeichnung für den Zeitraum von 90 Min. Zur besseren Übersichtlichkeit wird die Leistungsabgabe in das Stromnetz mit positivem Vorzeichen und die Leistungsaufnahme in das BESS mit negativem Vorzeichen versehen. Die Leistungserbringung unterscheidet eine rechnerische

Soll- und eine tatsächlich erbrachte IST-Leistung. Beide Leistungskurven sind in Abb. 2 weitgehend deckungsgleich. Klar erkennbar sind die Nutzung des Totbands im Bereich ±10 mHz sowie die eigenverbrauchsbedingte Abweichung vom Nullpunkt in diesem Bereich.

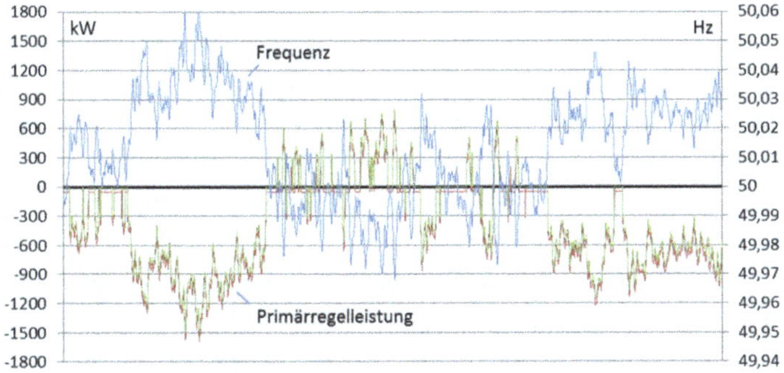

Abb. 2: Typischer Verlauf der Erbringung von Primärregelleistung in Abhängigkeit der Frequenzabweichung (eigene Darstellung).

Das *BESS Neuhardenberg* nutzt im Betrieb alle zur Verfügung stehenden Freiheitsgrade, um den Ladezustand (SOC) des Systems innerhalb der Grenzen zu halten, die eine jederzeitige Leistungsabgabe bzw. Leistungsaufnahme in voller Höhe für mindestens 30 Min. garantieren. Dazu ist das *BESS Neuhardenberg* in ein virtuelles Kraftwerk eingebunden, dessen Aufgabe eine ökonomisch optimale Bewirtschaftung ist. Als zusätzlicher Service werden die Echtzeitwerte der fortlaufend erbrachten Primärregelleistung in Abhängigkeit von der Frequenzabweichung auf der Webpage der *Upside Services GmbH* dargestellt.[29]

10 Nutzen der Primärregelleistungserbringung durch BESS

BESS sind eine effiziente Technologie, um Primärregelleistung (PRL) bereitzustellen. Mit einem Wirkungsgrad >80 % wird zuvor erzeugte Energie zur Bereitstellung von PRL zunächst eingespeichert und dann in das Stromnetz rückgespeist. Die Analyse der historischen Frequenzdaten zeigt, dass für die Bereitstellung von 1 MW PRL ca. 7 Vollzyklen pro Woche durchfahren werden. Dies entspricht einem rechnerischen Verlust von ca. 1,4 MWh/MW/Woche. Diese müssen im Nachlademanagement entsprechend am Strommarkt beschafft werden und beschreiben damit die Grenzkosten der BESS zur Teilnahme im PRL-Markt.

29 Upside 2016a.

Über den Marktpreismechanismus der wöchentlichen Auktion ersetzen BESS dabei immer den gerade teuersten Anbieter. Im Energiemix der Anbieter von PRL ist dies Steinkohle,[30] die für die PRL-Bereitstellung das Dampfspeichervermögen der Kessel und die dadurch gegebene Möglichkeit zu einer mengenmäßig begrenzten Leistungserhöhung nutzen.[31] Damit verbunden sind Effizienzverluste, die sich auf den Gesamtwirkungsgrad des thermischen Kraftwerks auswirken und zwischen 0,01 bis 0,35 % betragen.[32] Diese Effizienzverluste entsprechen einer Strommenge, die durch ein thermisches Kraftwerk zusätzlich erzeugt werden muss, um 1 MW PRL für den Zeitraum von 1 Woche bereitstellen zu können. Im deutschen Kraftwerksmix entspricht dies etwa 98 MWh/MW/Woche.[33] Im Vergleich zwischen BESS und thermischen Kraftwerk zeigt sich damit die deutlich höhere Effizienz der BESS, die sich in den Grenzkosten der PRL-Bereitstellung widerspiegeln.

BESS sind damit auch Klimaschützer. Durch das Verdrängen der jeweils teuersten und damit ineffizienten thermischen Kraftwerkseinheit in der wöchentlichen Auktion der PRL wird ein Delta der Effizienzverluste von ca. 98 MWh/MW/Woche vermieden. Unter der Annahme, dass die aus dem Markt verdrängte thermische Kraftwerkseinheit Steinkohle als Energieträger verwendet, kann der CO_2-Ausstoß auf 928 g/kWh geschätzt werden.[34] Daraus ergibt sich eine CO_2-Vermeidung von etwa 4700 t/Jahr für 1 MW PRL, welches durch BESS statt durch ein Steinkohlekraftwerk erbracht wird.

Literatur

Barnhart, C. J.; Benson, S. M. (2013): On the importance of reducing the energetic and material demands of electrical energy storage. Energy and Environmental Science, 2013, 6. 1083–1092.

Battke, B. et. al. (2013): A review and probabilistic model of lifecycle costs of stationary batteries in multiple applications. Renewable and Sustainable Energy Reviews. 240–250.

BDEW Bundesverband der Energie- und Wasserwirtschaft e. V. (2008): Technische Anschlussbedingungen für den Anschluss an das Mittelspannungsnetz. *TAB Mittelspannung*.

BMUB (2016): www.bmub.bund.de/P2741 (letzter Abruf: 01.07.2016).

BNetzA (2016): Leitfaden zur Eigenversorgung. Konsultationsfassung Stand: 16. Oktober 2015. *Bundesnetzagentur für Elektrizität, Gas, Telekommunikation, Post und Eisenbahnen Referat erneuerbare Energien* (605).

Böttger, D.; Bruckner, T. (2014): Market design improvements in the German balancing power market – A fundamental model analysis. ENERDAY – 10th Conference on Energy Economics and Technology (17. April 2015).

Büdenberger, U. (2016): Das Kraft-Wärme-Kopplungsgesetz 2016 – Ein Überblick über das neue Recht zur Förderung von KWK-Anlagen. *Recht der erneuerbaren Energien* 1/2016, 1–13.

30 Böttger und Bruckner 2014: 8.

31 Consentec 2014: 10.

32 Stenzel et al. 2016: 6 sowie Koj et al. 2015: 71.

33 Entspricht einem Effizienzverlust von 57 TWh/551 MW PRL über 20 Jahre. Koj et al. 2015: 73.

34 Quaschning 2015: 48,Wagner 2007: 44.

Burger, B. (2015): Stromerzeugung aus Solar- und Windenergie im Jahr 2014. *Studie des Fraunhofer ISE.*
Consentec (2014): Beschreibung von Regelleistungskonzepten und Regelleistungsmarkt. *Studie im Auftrag der deutschen Übertragungsnetzbetreiber.*
EC European Commission (2016): Commission Regulation (EU) …/… of XXX establishing a guideline on electricity transmission system operation. Stand 23.02.2016: https://ec.europa.eu/energy/sites/ener/files/documents/Draft GLSysOP_230216_for website.pdf (letzter Abruf: 01.07.2016).
EFZN Energieforschungszentrum Niedersachsen (2013): Studie Eignung von Speichertechnologien zum Erhalt der Systemsicherheit.
ENTSO-E (2004), *UCTE Operation Handbook.*
Ferreira, H. L.; Garde, R.; Fulli, G.; Kling, W.; Lopes, J. P. (2013): Characterisation of electrical energy storage technologies. *Elsevier Energy* Vol. 53. 288–298.
Heller, H. (2013): Optimierung der energierechtlichen Rahmenbedingungen durch den Einsatz moderner Stromspeichertechnologie. *EWeRK Zeitschrift des Instituts für Energie- und Wettbewerbsrecht in der Kommunalen Wirtschaft e. V.* 4/2013, 177–188.
Henning, H.; Palzer, A. (2012): 100 % Erneuerbare Energien für Strom und Wärme in Deutschland. *Studie des Fraunhofer-Institut für Solare Energiesysteme, ISE.*
Koj, J. C. et. al. (2015): Life Cycle Assessment of primary control provision by battery storage systems and fossil power plants. *Energy Procedia* 73. 69–78.
Lehnert, W.; Vollprecht, J. (2012): Der energierechtliche Rahmen für Stromspeicher – noch kein maßgeschneiderter Anzug. *Zeitschrift für Neues Energierecht 2012*, 356–368.
Lietz, F, (2014): Die Qualifikation von Stromspeicherbetreibern als Letztverbraucher – Eine kritische Betrachtung. *EWeRK Zeitschrift des Instituts für Energie- und Wettbewerbsrecht in der Kommunalen Wirtschaft e. V.* 2/2014, 96–102.
Mahler, A. (2014): Mit Batteriespeichern die Flaute überwinden. *IFFOCUS* 2/2014, 12–13.
v. Oppen, M. (2014): Stromspeicher: Rechtsrahmen und rechtlicher Optimierungsbedarf. *Energie-Recht* 1/2014, 9–14.
Quaschning, V. (2015): Regenerative Energiesysteme: Technologie – Berechnung – Simulation. Hanser Verlag.
Sauer, M. (2015): Energiewirtschaftliche Kostenbelastungen beim Einsatz von Batteriegroßspeichern. *EWeRK Zeitschrift des Instituts für Energie- und Wettbewerbsrecht in der Kommunalen Wirtschaft e. V.* 4/2015, 176–184.
Stenzel, P; Koj, J.C.; Schreiber, A.; Hennings, W.; Zapp, P. (2016): Primary control provided by large-scale battery energy storage systems. *Journal of Energy Storage*, Vol. 73, p. 69–78.
Thomas, H., Altrock, M. (2013): Einsatzmöglichkeiten für Energiespeicher. *Zeitschrift für Umweltrecht* 11/2013, 579–589.
ÜNB Deutsche Übertragungsnetzbetreiber (2013): Netzentwicklungsplan Strom. Zweiter Entwurf der Übertragungsnetzbetreiber.
ÜNB Deutsche Übertragungsnetzbetreiber (2015): Anforderungen an die Speicherkapazität bei Batterien für die Primärregelleistung. *Stand* 29.09.2015.
VBEW Verband der Bayerischen Energie- und Wasserwirtschaft e. V. (2014): Hinweise zum Anschluss und Betrieb von Stromspeichern am Niederspannungsnetz.
ILB Kurzinformation 1694 (2013): Einsatz erneuerbarer Energien und Erhöhung der Energieeffizienz (RENplus).
Upside (2016a): www.upsidegrp.com/meter (letzter Abruf: 01.07.2016).
Upside (2016b): www.upsidegrp.com (letzter Abruf: 01.07.2016).
VDN Verband der Netzbetreiber e. V. beim VDEW (2007): TransmissionCode 2007. Netz- und Systemregeln der deutschen Übertragungsnetzbetreiber. Version 1.1, August 2007.
Wagner, H. J.; Koch, M. K.; Burkhardt, J. (2007): CO2-Emissionen der Stromerzeugung. In: *BWK* Bd. 59 (2007) Nr. 10, 44–52.

Grit Hömke

Nutzung mobiler Speicher als sinnvolle Ergänzung zum Eigenverbrauch

Optimierung des Eigenverbrauchs durch Elektroautos als Speichermedium

1 Ausgangslage

Viel wurde bereits über die Möglichkeit von E-Autos als Speichermedium diskutiert. Die Autobatterien sollen im Sinne eines Schwarms die Netzstabilität stützen, die Abschaltung volatiler Erzeugung reduzieren und nach Möglichkeit zu hierfür sinnvollen Zeiten geladen werden.

In diesem Beitrag soll ein Blick auf die Frage der Verwendung von Nutzungsgeräten als Speicher im Zusammenhang mit der Eigenversorgung geworfen werden. Seit einiger Zeit mehren sich die Angebote der Versorger und PV-Anlagenhersteller, die mit der PV-Anlage einen Speicher liefern. Ziel ist es, die volatile Energie vor Ort effektiver zu nutzen. Strom, der abhängig vom Vorhandensein von Sonne oder Wind erzeugt wird, steht nicht immer dann zur Verfügung, wenn er tatsächlich benötigt wird. Grundsätzlich ist dies für die Erzeuger von PV-Strom kein Problem, da der „zu viel" produzierte Strom in das Netz der allgemeinen Versorgung gegen eine Vergütung eingespeist werden kann. Die Regeln des EEG ermöglichen dies.

Damit besteht für die Erzeugung durch Photovoltaik oder Wind ein privilegierendes Regelungsgeflecht. Es bedarf unter dem EEG 2017 keiner Optimierung der Erzeugung dahingehend, dass die erzeugte Energie tatsächlich dann vor Ort abrufbar ist, wenn sie vor Ort benötigt wird. Eine ökonomisch sinnvolle Nutzung ist in jedem Fall gewährleistet, sei es durch den Eigenverbrauch (s. Abb. 1), sei es durch die vergütete Einspeisung.

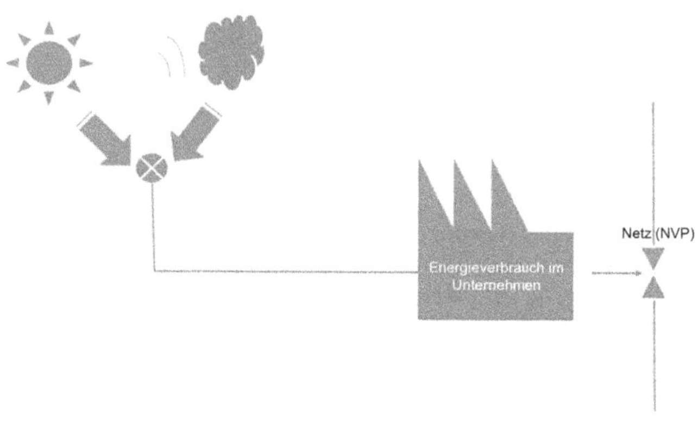

Abb. 1: Eigenverbrauch ohne Speicher (eigene Darstellung).

https://doi.org/10.1515/9783110458480-006

1.1 Optimierung des Eigenverbrauchs

Wirtschaftlich kann sich eine Optimierung des Eigenverbrauchs dennoch lohnen, da hierdurch dessen Anteil erhöht wird. Damit geht gleichzeitig eine Reduzierung der Netzentgeltzahlungen sowie der Belastung mit Abgaben, Umlagen und Steuern einher. Lediglich die EEG-Umlage ist, soweit die Erzeugungsanlage nicht unter einen der Privilegierungstatbestände der §§ 61a–61e EEG 2017 fällt, zu zahlen.

1.2 Dynamik der gesetzlichen Rahmenbedingungen

Dabei zeigt die Einführung der anteiligen Belastung der Eigenversorgung mit der EEG-Umlage durch § 61 EEG 2014 (nunmehr §§ 61–61k EEG 2017), dass der Gesetzgeber neben einer Integration der erneuerbaren Energien in den Strommarkt auch die sog. „Entsolidarisierung“ der dezentralen Erzeugung eindämmen will. Ob dies zukünftig für die dezentrale Erzeugung auch die (anteilige) Zahlung der weiteren Umlagen und Abgaben sowie der Netznutzungsentgelte auf eigenverbrauchten Strom umfasst, lässt sich noch nicht absehen. Die Diskussion, ob eine über die anteilige Zahlung der EEG-Umlage hinausgehende Belastung verfassungskonform und somit rechtmäßig ist, sei der Zukunft und einer gesonderten Abhandlung vorbehalten.

In jedem Fall muss die Ausschreibungspflicht für die Erzeugung von Strom durch Wind oder Photovoltaik für die Zukunft unterstellt werden. Unabhängig von der Erlangung eines der ausgeschriebenen Lose, kann sich für ein Unternehmen die Errichtung von Windenergieerzeugungsanlagen bzw. größeren Photovoltaikanlagen zukünftig weiterhin lohnen, wenn die so erzeugte Energie stets dann zur Verfügung steht, wenn sie benötigt wird. Die Einbindung von Speichern, gekoppelt mit meteorologischen Vorhersagen, kann eine planbare Nutzung der so erzeugten Energie ermöglichen.

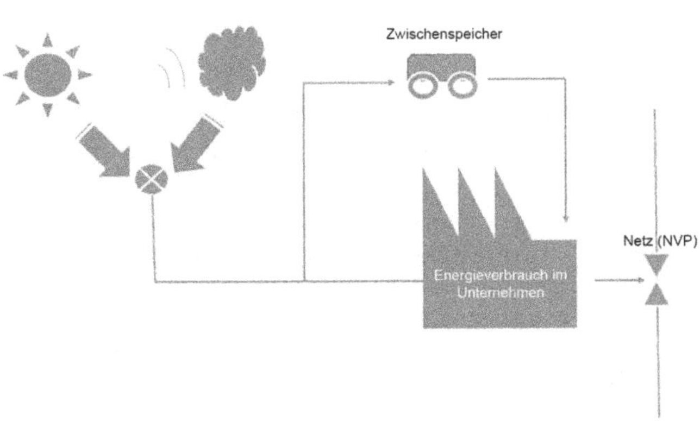

Abb. 2: Eigenverbrauch bei Einbindung eines Zwischenspeichers (hier: Fahrzeuge) (eigene Darstellung).

2 Investitionsbereitschaft und langfristiger Nutzen

Aktuell wird in Speicherlösungen nur zurückhaltend investiert. Ein Grund ist die z. T. noch nicht ausgereifte Technik bzw. die als nicht ausreichend empfundene Speicherkapazität. Ein weiterer Aspekt ist die sich ständig ändernde Gesetzgebung. Die Privilegierung des Eigenverbrauchs und die Frage des zukünftigen Ausschreibungsdesigns sind Unsicherheitsfaktoren. Gleichzeitig besteht kein gesondertes Fördersystem für Speicher – weder für die Errichtung noch für die Nutzung derselben.

Es bedarf somit kreativer Ansätze, um in dem aktuellen Regelungsgeflecht mit Blick auf die wohl zu erwartenden Veränderungen eine nachhaltige Lösung zu finden. Dabei ist der Gedanke des Schwarms nicht neu. Das Unternehmen *Lichtblick* hat diese Idee bereits umgesetzt.[1] Zwar bedarf es einigen Koordinationsaufwands, doch gilt die Kontrolle eines Schwarms mit den heutzutage zur Verfügung stehenden Technologien als beherrschbar.

Parallel hierzu bauen Unternehmen vermehrt Automobilflotten auf, die über alternative Antriebe verfügen. Soweit es sich dabei um Elektroautos handelt, ist der Zeitpunkt günstig. Unlängst hat die *Bundesregierung* mit der Autoindustrie ein Förderpaket geschnürt, das erhebliche finanzielle Unterstützungen beim Erwerb von Elektroautos gewährt.[2] Dabei amortisiert sich die Anschaffung durch die Förderung bereits nach wenigen Jahren.

Verfügt ein Unternehmen bereits über eine Flotte von Elektroautos, baut eine solche weiter aus oder etabliert diese unter den aktuellen Rahmenbedingungen – in allen Fällen erfüllen die angeschafften Fahrzeuge bereits unabhängig von der Nutzung als Speicher eine wichtige Aufgabe: Sie verschaffen dem Unternehmen bzw. den für das Unternehmen arbeitenden Personen notwendige Mobilität. Eine Zweitnutzung der Batterien von Elektroautos als Stromspeicher ist denkbar, aber für die Anschaffung dieser Fahrzeuge in wirtschaftlicher Hinsicht nicht primär notwendig. Die Anschaffung und Unterhaltung von Elektroautos lohnt sich bezogen auf die Nutzung auch dann, wenn sich der Regelungsrahmen für das in Kapitel 3 beschriebene Modell zukünftig ändert und es ggf. keine langfristige Lösung darstellt. Ein nicht nutzbares „stranded investment“ scheidet somit aus.

Die Idee, einen Schwarm von Autobatterien als Speicher für die Optimierung der Eigenversorgung aus erneuerbaren Energien zu nutzen, wird aufgrund des aktuellen Förderprogramms deutlich besser finanzierbar. Im Idealfall stellt es eine sinnvolle Ergänzung zu einer ohnehin schon gelebten Umstellung des Unternehmensfuhrparks

---

1 So bietet das Unternehmen *Lichtblick* bereits sein Produkt *Schwarm* an, mit dem es Batterien, die durch Photovoltaik erzeugten Strom vor Ort speichern, bündelt. Siehe hierzu die Produktinformation auf der Homepage des Unternehmens, abrufbar unter https://www.lichtblick.de/privatkunden/schwarm-energie/schwarmbatterie (zuletzt abgerufen am 08.06.2017).

2 Artikel der Bundesregierung vom 01.07.2016 „Gabriel: Kaufprämie startet am 02. Juli“, abrufbar unter https://www.bmwi.de/Redaktion/DE/Pressemitteilungen/2016/20160701-gabriel-kaufpraemie-startet-2-juli.html (zuletzt abgerufen am 08.06.2017).

auf eine CO_2-reduzierte Flotte dar. Die Dimensionierung dieses „Speicherschwarms" hängt dabei vom Umfang der jeweiligen Eigenerzeugung ab.

3 Eine einfache Idee – viele Aspekte

Zunächst klingt die Idee einfach: Das Unternehmen verfügt über eine EE-Anlage bzw. errichtet diese. Zusätzlich schafft das Unternehmen gemessen an dem prognostizierten, durchschnittlichen Speicherbedarf eine bestimmte Menge an Elektrofahrzeugen an, deren Gesamtspeicherkapazität eben diesen prognostizierten Speicherbedarf abbildet.

Die Erwartungshaltung der Nutzer – Mitarbeiter des Unternehmens – wird regelmäßig die uneingeschränkte Nutzung der Elektroautos je nach Bedarf sein. Primärnutzung (Mobilität) und Sekundärnutzung (Speicherkapazität) bilden ein Spannungsverhältnis in Bezug auf die Verfügbarkeit des durch die Anschaffung von Elektroautos erworbenen Speichervolumens.

3.1 Aktueller Rechtsrahmen des Eigenverbrauchs

Bereits mit dem EEG 2014 wurde das Eigenstromprivileg eingeschränkt. Das EEG 2017 regelt nunmehr in §§ 61–61e, dass selbst erzeugter Strom, der vor Ort durch den Anlagenbetreiber verbraucht wird, zumindest teilweise mit der EEG-Umlage belastet wird.[3] Hiermit verbunden ist eine Meldepflicht des Anlagenbetreibers[4] über die Höhe des Eigenverbrauchs jeweils bis zum 28.02. des Folgejahrs.

Von der Zahlung der EEG-Umlage sind nur wenige privilegierte Anlagen ausgenommen.[5] Es handelt sich dabei um sog. Insellösungen, bei denen keine Einspeisung in das Netz der allgemeinen Versorgung erfolgt, sowie reine Nebenanlagen. Weiter sind Anlagen mit einer Leistung bis 10 kWp und einer Erzeugung von maximal 10 MW pro Kalenderjahr von der Belastung befreit, wie auch Anlagen, die keine Vergütung nach dem EEG in Anspruch nehmen und deren Erzeugung vollständig im Wege des Eigenverbrauchs genutzt wird.

Ferner werden Bestandsanlagen von der anteiligen Belastung mit der EEG-Umlage ausgenommen.[6] Hier hat der Gesetzgeber unterschiedliche Fristen aufgenommen. Für jeden dieser Fälle des Bestandsschutzes bedarf es der Personenidentität von Erzeuger

3 Gesetz zur Einführung von Ausschreibungen für Strom aus erneuerbaren Energien und zu weiteren Änderungen des Rechts der erneuerbaren Energien, verkündet am 18.10.2016 (im Folgenden „EEG 2017").

4 § 74a Abs. 2 Satz 3 EEG 2017.

5 § 61a EEG 2017.

6 §§ 61c–61 f EEG 2017.

und Verbraucher. Darüber hinaus darf der selbst erzeugte Strom nicht durch das Netz der allgemeinen Versorgung geleitet werden.

Das Erfordernis der Personenidentität bedeutet in Konzernstrukturen, dass der Betrieb einer EE-Anlage durch ein Konzernunternehmen den Eigenverbrauch im Sinne des EEG 2017 nur ermöglicht, wenn dieses Unternehmen den Strom selbst verbraucht. Ist ein Unternehmen im Konzern Anlagenbetreiber und verbraucht ein anderes Konzernunternehmen den so erzeugten Strom, handelt es sich um eine Energielieferung durch einen Dritten. Das die Anlage betreibende Unternehmen wird zum Stromlieferanten im Sinne des § 3 Nr. 20 EEG 2017 mit allen damit verbundenen Rechten und Pflichten. Gleichzeitig wird der Strompreis neben den Gestehungskosten mit Netznutzungsentgelten, Abgaben, Umlagen und Steuern belastet.

Für die Idee einer Einbindung von Elektroautos als Speicher bedeutet dies: Anlagenbetreiber und Verbraucher müssen zur Nutzung der Teilprivilegierung des Eigenverbrauchs identisch sein. Die Zwischenspeicherung des erzeugten Stroms an sich schadet nicht. Zu klären ist die Frage, ob der Betreiber des „Schwarmspeichers" ebenfalls personenidentisch mit Anlagenbetreiber und Letztverbraucher sein muss, d. h. alle Funktionen in ein und derselben juristischen Person abgebildet werden müssen. Die gesetzliche Definition des Begriffs „Anlage" umfasst ausdrücklich auch „Einrichtungen, die zwischengespeicherte Energie, die ausschließlich aus erneuerbaren Energien oder Grubengas stammt, aufnehmen und in elektrische Energie umwandeln". Somit ist der Speicher ausweislich des Wortlautes wohl als Teil der Anlage im Sinne des § 3 Ziff. 1 EEG 2017 anzusehen, sodass sich das Erfordernis der Personenidentität auch auf diesen erstreckt.[7]

3.2 Einbindung von Privatfahrzeugen der Mitarbeiter

Grundsätzlich ist die Erweiterung des Schwarms um Elektrofahrzeuge von Mitarbeitern denkbar. Aufgrund der Fördermaßnahmen der Bundesregierung ist die Beladung eines Elektroautos eines Unternehmensmitarbeiters am Arbeitsplatz nicht länger als geldwerter Vorteil anzusehen.[8]

Die Einbindung von Privatfahrzeugen sollte dabei nicht ohne Abschluss einer Nutzungsvereinbarung erfolgen, welche den Mitarbeiter dazu verpflichtet, die Verfügbarkeit des Fahrzeuges im Steuerungssystem (siehe hierzu auch Kap. 3.5) anzumelden und die (Teil-)Entladung des Fahrzeugs zu erlauben. Im Gegenzug erhält der Mitarbeiter vom Unternehmen erzeugten Strom zur Aufladung seines Fahrzeugs. Ob eine solche

7 Siehe zur Frage der Gleichbehandlung von zwischengespeichertem und direkt verbrauchten/eingespeisten Strom aus EE-Anlagen auch Lehnert, ZUR 2015, 277, 285.

8 § 3 Nr. 46 EStG; BMWi, „Rahmenbedingungen und Anreize für Elektrofahrzeuge und Ladeinfrastruktur", abrufbar unter https://www.bmwi.de/Redaktion/DE/Artikel/Industrie/rahmenbedingungen-und-anreize-fuer-elektrofahrzeuge.html (zuletzt abgerufen am 08.06.2017).

Handhabung im Gesamtsystem nützlich ist, sollte im Einzelfall geprüft werden. Letztlich stellt die Nutzung allein unternehmenseigener Fahrzeuge, deren Verfügbarkeit vom Unternehmen gesteuert wird, die weitaus verlässlichere Basis für einen „Schwarmspeicher" dar.

3.3 Ladeinfrastruktur

Die Bundesregierung unterstützt den Aufbau einer bundesweiten Ladeinfrastruktur. Mit der Ladesäulenverordnung hat sie zudem einen ersten Rechtsrahmen für eine flächendeckende Nutzung aller Ladesäulen nach einheitlichen Standards geschaffen. Ziel ist es, dass Besitzer von Elektrofahrzeugen künftig ihr Auto an jeder beliebigen Ladesäule ohne umständliche Anmeldevorgänge aufladen können.

Mit der aktuellen Initiative der Bundesregierung zur Förderung von Elektroautos ist darüber hinaus die Bereitstellung einer Fördersumme von 200 Mio. Euro für Schnelladestationen und 100 Mio. Euro für normale Ladesäulen verbunden.[9] Dabei richten sich die aktuellen Förderprogramme an Errichter öffentlicher Ladeinfrastruktur.

Weiter gibt es eine Reihe von Anbietern, Autoherstellern und weiteren Dienstleistern, welche Ladeinfrastrukturen auf privaten Grundstücken realisieren.[10] Dafür bedarf es nicht länger der Errichtung einer Vielzahl von Ladesäulen. Stattdessen können Ladebuchsen realisiert werden, die nicht mehr Platz benötigen als eine Steckdose und die in Wände eingebaut werden, vor denen die Autos parken. Diese platzsparende Lösung ermöglicht somit, eine Lademöglichkeit für jeden Parkplatz einzurichten, ohne dass wertvoller Parkraum verloren geht.

Elementar für ein in sich geschlossenes System, auf das der Unternehmer vollständigen Zugriff hat, ist die Unterhaltung der Ladeinfrastruktur auf dem eigenen Betriebsgelände. Dies ermöglicht, alleine über die Koordination der Ladevorgänge und die interne Abrechnung zu bestimmen, und somit eine am individuellen Unternehmensbedarf orientierte Speichernutzung zu gewährleisten.

3.4 Privilegierte Nutzung von Elektroautos

Durch das Gesetz zur Bevorrechtigung der Verwendung elektrisch betriebener Fahrzeuge, Elektromobilitätsgesetz (EmoG),[11] können Elektrofahrzeuge im Straßenverkehr bevorzugt werden. Dies betrifft:

---

9 BMWi, „Rahmenbedingungen und Anreize für Elektrofahrzeuge und Ladeinfrastruktur", abrufbar unter https://www.bmwi.de/Redaktion/DE/Artikel/Industrie/rahmenbedingungen-und-anreize-fuer-elektrofahrzeuge.html (zuletzt abgerufen am 08.06.2017).

10 So genannte Wallbox z. B. von Renault oder BMW.

11 Inkrafttreten am 12.05.2016.

- das Parken auf öffentlichen Straßen und Wegen,
- die Nutzung von für besondere Zwecke bestimmten öffentlichen Straßen oder Wegen oder Teilen von diesen,
- das Zulassen von Ausnahmen von Zufahrtsbeschränkungen oder Durchfahrtverboten und
- die Bevorrechtigung im Hinblick auf das Erheben von Gebühren für das Parken auf öffentlichen Straßen oder Wegen.

Die nähere Bestimmung dieser Bevorrechtigungen gemäß § 3 Abs. 4 EmoG sind im Wege einer Rechtsverordnung nach § 6 Abs. 1 StVG bereits in der StVO umgesetzt worden.[12] Zuständig für die Anbringung der Zusatzzeichen, welche die Bevorrechtigung umsetzen, ist die jeweilige Straßenverkehrsbehörde. Inwieweit die Privilegierungen von Elektroautos im Straßenverkehr in der Praxis tatsächlich umgesetzt werden, bleibt abzuwarten.

3.5 Messtechnische Erfassung

Für die Kenntnis des tatsächlich gespeicherten Stromes bedarf es einer messtechnischen Erfassung der Auf- und Entladungen der Elektrofahrzeuge. Die „Tankanzeige“ des jeweiligen Fahrzeugs ist nicht ausreichend präzise für eine verlässliche Nutzung der Speicherkapazität im Rahmen eines Energiemanagementsystems.[13] Dieses sollte die jeweils aktuellen Verbräuche und Energieflüsse abbilden und eine Steuerung der Energieflüsse ermöglichen.[14] Gleichzeitig ist ein Elektrofahrzeug nicht örtlich gebunden und nicht auf eine Ladesäule festgelegt. Für die Zuordnung der Aufladung eines Elektroautos bedarf es daher einer Identifikation an der Ladesäule. Praktikable technische Lösungen hierfür sind denkbar, z. B. indem eine Beladung lediglich unter Eingabe eines Codes möglich ist, der wiederum als Identifikationsnummer für das jeweilige Fahrzeug im System hinterlegt ist.

Eine weitere praktische Schwierigkeit ist die Erfassung des aktuellen Speicherstands eines Elektrofahrzeugs, das nach seiner Nutzung als Fahrzeug in das Unternehmen zurückkehrt. Es kann zwischenzeitlich aufgeladen worden sein. In jedem

---

12 § 45 Abs. 1g StVO (Zuständigkeit für die Aufstellung der Zusatzzeichen), § 46 Abs. 1a StVO (Bevorrechtigungen).

13 Gemeint ist hier nicht die Norm, die eine Erfassung des Ist-Zustands sowie die Etablierung eines PDCA-Zyklus erfordert, sondern die IT-basierte Überwachung und Steuerung der Nutzungsgeräte und des aktuellen Energiebedarfs.

14 Beispiel einer technischen Lösung für die Mess- und Steuerungstechnik: Produktinformation „Energie messen mit ABB i-bus KNX“, abrufbar unter http://www.knx-gebaeudesysteme.de/sto_g/Deutsch/Deutschland/ABB_ibus_KNX/VERKAUFSINFORMATION/EMS_3161_FL_DE_V1-1_2CDC505119D0101.PDF (zuletzt abgerufen am: 08.06.2017).

Fall führte die Nutzung zu einer (Teil-)Entladung, die erfasst werden muss, will man den Gesamtbestand gespeicherter Energie in der „Schwarmbatterie“ erfassen. Die wohl einfachste Lösung ist es, die Mitarbeiter anzuweisen, jedes Elektrofahrzeug auf dem Unternehmensgelände stets an eine Ladesäule bzw. Ladebuchse anzudocken. Über eine Messung des Lastflusses sollte sich dann die Menge des aktuell gespeicherten Stroms ermitteln lassen.

Im Sinne einer Schwarmnutzung muss die messtechnische Erfassung zentral gebündelt werden. Basis sind die Einzelmesswerte jedes dem Schwarm zugehörigen Elektrofahrzeugs. Im Zuge der Entwicklung von Energiemanagementsystemen hat sich eine Vielzahl von Anbietern etabliert,[15] die eine Erfassung der aktuellen Verbräuche und Lastgänge aller Nutzungsgeräte eines Unternehmens in zentralen Steuerungssystemen abbilden können. Diese Systeme können auch die Stromflüsse in bzw. aus einem Elektrofahrzeug heraus erfassen.

Die technischen und rechtlichen Anforderungen an die Messsysteme werden danach bestimmt, ob diese im Eigentum des Netzbetreibers oder des Unternehmens stehen. Messeinheiten, die zur Erfassung der einzelnen Ent- und Beladevorgänge installiert werden, stehen dabei regelmäßig im Eigentum des Unternehmens. Sie sind Teil der sog. „kundeneigenen Hausinstallation“, d. h. sie erfassen die Verteilung des Energieverbrauchs innerhalb des Unternehmens. Ihr Zweck ist die Informationsgewinnung, auf deren Basis der Einsatz der Elektrofahrzeuge als Fahrzeug oder Speicher geplant und koordiniert wird.

Daneben wird der Energieverbrauch des Unternehmens insgesamt durch Messeinheiten am Netzanschluss gemessen. Dabei ist ein Messaufbau zu installieren, der den zwischengespeicherten und dann ggf. zu einem späteren Zeitpunkt in das Netz eingespeisten Strom erfasst. Gemäß § 19 Abs. 3 EEG 2017 ist dieser Strom vergütungsfähig.[16] Für die Messung durch den Netzbetreiber gelten seit 01.01.2017 neue Vorgaben. Das „Gesetz zur Digitalisierung der Energiewende“ beinhaltet das neue Messstellenbetriebsgesetz.[17] Die Verkündung des Gesetzes erfolgte am 01.09.2016.[18] Wesentliche Inhalte sind das Unbundling des Messstellenbetreibers und die Etablierung intelligenter Messsysteme. In diesem Zusammenhang bietet es sich im Sinne eines Gleichlaufs der Messsysteme an, auch im Rahmen der kundeneigenen Messinfrastruktur intelligente Messsysteme einzubauen.

---

15 Beispiele: http://www.econ-solutions.de/econ-3-0/, http://w3.siemens.com/mcms/automation-software/de/energie-management-sw/simatic-energy-suite/Seiten/Default.aspx (zuletzt abgerufen am 08.06.2017).

16 Ausführungen zur Anwendung der Norm Ekardt/Hennig in: Franz, Müggenborg, Cosack, Ekardt, EEG, 4. Aufl. 2015, § 19 Rn. 32 f.; Salje, EEG 2014, 2015, § 19 Rn. 28 f.

17 Gesetzes zur Digitalisierung der Energiewende, verkündet am 01.09.2017 (BT-Drs. 18/7555 vom 17.02.2016).

18 Bundesgesetzblatt 2016 Teil I Nr. 43, S. 2034 ff.

3.6 Steuerungssysteme

Die optimierte Nutzung eines Batterieschwarms sollte über eine RLM-Messung und eine zentrale Steuerung erfolgen. Die notwendigen IT-basierten Systeme müssen neben einer Echtzeiterfassung aller aktuell zur Verfügung stehenden Speicherkapazitäten auch die Buchung des Fuhrparks für die primäre Nutzung als Transportmittel einbeziehen.

Es ist angesichts der hohen Bedeutung der Mobilität und der ständigen Verfügbarkeit für die Kunden des Unternehmens für einen Außendienstmitarbeiter schlicht nicht machbar, jede Fahrt frühzeitig anzumelden. Die spontane Nutzung der Fahrzeuge sollte angesichts der bekanntermaßen immer wieder auftretenden ungeplanten Ereignisse im Laufe des Arbeitstags stets möglich sein.

Gleichzeitig setzt die Nutzung der „Schwarmbatterie" voraus, dass die Fahrzeuge (sekundär) als Speicher dienen, aus denen bei Bedarf Energie entnommen werden kann. In produzierenden Unternehmen mit Drei-Schicht-Systemen ist z. B. die Entnahme des in den Autobatterien über den Tag gespeicherten Stromes aus einer Photovoltaikanlage für den Stromverbrauch während der Nachtschicht denkbar. Die Nutzung des firmeneigenen Fuhrparks wird dann nur gering sein. Zudem sind die Batterien erst am nächsten Tag, nach der Entladung, wieder in der Lage, neu produzierten Strom aufzunehmen.

Dies ist nur ein Beispiel, wie die Entnahme der gespeicherten Energie sinnvoll genutzt werden kann. Eine vollständige Entladung der Elektroautos erscheint dabei nicht erstrebenswert, da diese dann am nächsten Tag nicht für die primäre Nutzung als Fortbewegungsmittel eingesetzt werden können.

Ebenfalls denkbar ist, allein die Entladung der Autos über deren Primärnutzung zu steuern und die allgemeinen Tankkosten des Fuhrparks über die Einbindung von Elektroautos, die überwiegend mit selbst erzeugtem Strom aufgeladen werden, zu reduzieren. Letztlich muss für jedes Unternehmen eine individuelle Lösung und eine Einzelfallbewertung erfolgen, um die Frage zu beantworten, ob die skizzierten Anwendungsbeispiele eine wirtschaftlich sinnvolle Option darstellt.

4 Ausblick

Zukünftig werden sich die gesetzlichen Rahmenbedingungen für die Vergütung von Strom aus erneuerbaren Energien weiter ändern. Zum Teil stehen massive Umbrüche bevor; manches Bewährte bleibt.

4.1 Ausweitung des Ausschreibungsmodells

Das EEG 2014 sah in § 55 die Erprobung von Ausschreibungen zur Ermittlung der Förderhöhe für Freiflächenphotovoltaikanlagen vor. Das aktuelle EEG 2017 unterstellt nun auch weitere Erzeugungsarten dem Ausschreibungsregime. Für Neuanlagen, die diesen Regelungen unterfallen, gilt, dass Anlagen, die im Rahmen von Ausschreibungen eine Förderung der durch sie erzeugten Energie erhalten, die gesamte Energieerzeugung in das Netz der öffentlichen Versorgung einspeisen müssen.[19] Raum für Eigenverbrauch existiert hier nicht.[20]

Bestandsanlagen genießen bezogen auf die Vergütungshöhe Bestandsschutz.[21] Anlagenbetreiber können somit bei Bestandsanlagen weiterhin einen Teil der erzeugten Energie selbst verbrauchen und sind nicht dazu verpflichtet, die gesamte Erzeugung einzuspeisen. Sofern Neuanlagen für dieses Modell genutzt werden sollen, bedarf es einer Dimensionierung, welche die Ausschreibungspflicht unter dem EEG 2017 ausschließt.

Ausweislich des EEG 2017 ist für Anlagen unter 100 kWp geregelt, dass diese eine Einspeisevergütung erhalten.[22] Für Anlagen, deren Leistung darüber liegt, gilt – wie bisher – das Prinzip der Direktvermarktung.[23] Neuanlagen, welche Strom unter Nutzung von Photovoltaik oder Wind erzeugen, unterliegen ab einer Leistung von 750 kWp der Ausschreibungspflicht.[24]

Alternativ kann die EE-Anlage so dimensioniert werden, dass die selbst erzeugte Energie vollumfänglich von den Verbrauchsgeräten des Unternehmens, ggf. nach Zwischenspeicherung, genutzt wird. Wenn keine Einspeisung in das Netz erfolgt, stellt sich die Frage der Vergütung nicht und somit wohl auch nicht die Frage der Beteiligung an der Direktvermarktung bzw. des Ausschreibungsverfahrens. Die Frage der technischen Umsetzbarkeit einer solchen Lösung bedarf dabei einer gesonderten Betrachtung.

4.2 Einbindung von Neuanlagen

Bei der Einbindung von Neuanlagen bleibt der Netzbetreiber auch gemäß des verabschiedeten EEG 2017 weiterhin verpflichtet, Anlagen zur Erzeugung von Strom aus erneuerbaren Energien bevorzugt an das Netz der allgemeinen Versorgung anzuschließen. Die Frage der Vergütungsfähigkeit der Anlage ist dabei keine Voraussetzung für den Anspruch des Anlagebetreibers auf Einbindung seiner Anlage. Die zu erwartende Vergütungshöhe kann im Rahmen der Berechnung des technisch

---

19 § 27a EEG 2017.

20 § 27a EEG 2017

21 Dies ergibt sich bereits aus der Kopplung der durch den Netzbetreiber zu zahlenden Vergütung an den Inbetriebnahmezeitpunkt. Dabei wurde den Anlagenbetreibern im Rahmen der bisherigen Regelungen jeweils die zu diesem Zeitpunkt festgelegte Höhe der Vergütung für die Dauer von 20 Jahren gesetzlich zugestanden.

22 § 21 Abs. 1 EEG 2017.

23 § 2 Abs. 2 EEG 2017.

24 § 22 Abs. 2 und 3 EEG 2017.

und wirtschaftlich günstigsten Verknüpfungspunkts eine Rolle spielen, wenn die wirtschaftliche Zumutbarkeit von ggf. notwendigen Netzoptimierungs-, Netzerweiterungs- und oder Netzausbaumaßnahmen geprüft wird. Doch ist zu diesem Zeitpunkt die zu erwartende Vergütung im Falle der Einspeisung zugrunde zu legen, nicht die noch nicht prognostizierbare Nutzung des Stroms im Wege des Eigenverbrauchs.

4.3 Zukünftiger Eigenverbrauch

Grundsätzlich kann auch in der Zukunft das Modell des Eigenverbrauchs fortgesetzt und ggf. ausgebaut werden. Hierfür sind und bleiben Lösungen für die (Zwischen-) Speicherung der vorübergehenden Überproduktion von Strom durch Sonne und/ oder Wind im Rahmen einer Optimierung des Eigenverbrauchs notwendig. Die Förderprogramme zur Weiterentwicklung von Speichern und Speichertechnologien unterschiedlicher Art zeigen, dass dies auch der Politik bewusst ist. Speicher werden ein wichtiger Baustein im Rahmen des Umbaus der Energieinfrastruktur sein und bleiben.

Dabei stellt die Nutzung einer Flotte von Elektroautos nur eine von vielen Möglichkeiten dar. Diese Variante kann und sollte mit vor Ort fest installierten Speichern kombiniert werden, um das Spannungsverhältnis zwischen Primär- und Sekundärnutzung mindestens für einen Teil der Speicherkapazitäten zu vermeiden.

5 Fazit

Das Modell der „Schwarmbatterie“ in Form einer unternehmenseigenen Flotte von Elektroautos wird sich aufgrund des nicht unerheblichen, wenn auch beherrschbaren Steuerungsaufwands für eine geringe Anzahl von Elektrofahrzeugen nicht rentieren. Gleichzeitig können die Elektroautos ohne erheblichen Mehraufwand in ein softwaregestütztes Energiemanagementsystem eingebunden und die Speicherkapazität hierüber verwaltet werden. In jedem Fall bedarf es eines ganzheitlichen Konzepts, das die Erzeugung vor Ort, den Eigenverbrauch sowie die Speicherung im Unternehmen bündelt. Darüber hinaus müssen entsprechende Abwicklungsprozesse für die Primärnutzung der Elektroautos etabliert werden, welche die Sekundärnutzung als Speicher grundsätzlich ermöglichen. Inwieweit die in diesem Artikel vorgestellte Speicherlösung für das individuelle Unternehmen sinnvoll ist, sollte Inhalt einer wirtschaftlich-technischen Einzelfallprüfung sein. Vom juristischen Standpunkt aus betrachtet sind die damit verbundenen Abwicklungsprozesse in jedem Fall beherrschbar.

Literatur

ABB, Produktinformation „Energie messen mit ABB i-bus KNX“, abrufbar unter http://www.knx-gebaeudesysteme.de/sto_g/Deutsch/Deutschland/ABB_ibus_KNX/VERKAUFSINFORMATION/EMS_3161_FL_DE_V1-1_2CDC505119D0101.PDF, zuletzt abgerufen am 08.06.2017.

Asendorpf, Dirk, Aufbruch mit Akku – Deutschlands Autos sollen in Zukunft mit Strom fahren. Wie weit sind sie denn schon? *ZEIT Wissen* Nr. 5/2015, 18. August 2015, abrufbar unter http://www.zeit.de/zeit-wissen/2015/05/elektroauto-entwicklung-akku-geraeusche-klima, zuletzt abgerufen am 08.06.2017.

BMWi, „Rahmenbedingungen und Anreize für Elektrofahrzeuge und Ladeinfrastruktur“, abrufbar unter https://www.bmwi.de/Redaktion/DE/Artikel/Industrie/rahmenbedingungen-und-anreize-fuer-elektrofahrzeuge.html, zuletzt abgerufen am 08.06.2017

Bundesregierung vom 01.07.2016 „Gabriel: Kaufprämie startet am 02. Juli“, abrufbar unter https://www.bmwi.de/Redaktion/DE/Pressemitteilungen/2016/20160701-gabriel-kaufpraemie-startet-2-juli.html, zuletzt abgerufen am 08.06.2017

econ, http://www.econ-solutions.de/econ-3-0/, zuletzt abgerufen am 08.06.2017

Frenz, Müggenborg, Cosack, Ekardt (Hrsg.), EEG, Kommentar, 4. völlig neu bearbeitete und erweiterte Auflage, *Erich Schmidt*, 2016.

Girbig, Grase, Janson-Mundel, Schuberth, Seifert, Energiemanagement gemäß DIN EN ISO 50001, 1. Auflage, Beuth, 2013.

Karle, Anton, Elektromobilität – Grundlagen und Praxis, Carl Hanser, 2015.

Korthauer, Reiner (Hrsg.), Handbuch Elektromobilität 2015, *EW Medien und Kongresse*, 2015.

Lehnert, Wieland, Direktvermarktung und Netzintegration von Strom aus erneuerbaren Energien im EEG 2014: Gesetzliche Vorgaben und Rechtspraxis, *ZUR* 2015, S. 277.

Lichtblick Produkt „Schwarm“, siehe hierzu die Produktinformation auf der Homepage des Unternehmens, abrufbar unter https://www.lichtblick.de/privatkunden/schwarm-energie/schwarm-batterie, zuletzt abgerufen am 08.06.2017.

Salje, Peter, EEG 2014, *Kommentar*, 7. Auflage, Carl Heymanns, 2015.

Schulz, Dietmar, Akkus und Ladetechniken: Das Praxisbuch für alle Akkutypen, Ladegeräte und Ladeverfahren, *Franzis*, 1. Auflage, 2014.

Siemens, SIMATIC Energy Suite, http://w3.siemens.com/mcms/automation-software/de/energie-management-sw/simatic-energy-suite/Seiten/Default.aspx, zuletzt abgerufen am 08.06.2017.

Ullrich, Sven, Das Auto wird zum Speicher, *Erneuerbare Energien* 01/2016, SunMedia Verlag, auch abrufbar unter http://www.erneuerbareenergien.de/das-auto-wird-zum-speicher/150/3882/93468/, zuletzt abgerufen am 08.06.2017.

Teil II: **Technik und Nutzen von Batteriespeichern**

Bernd Engel, Holger Hesse, Andreas Jossen, Hauke Loges, Marcus Müller, Maik Naumann, Björn Osterkamp, Matthias Puchta, Michael Schimpe, Michael Schwalm und Nam Truong

Technik der Batteriespeicher

1 Grundlagen elektrochemischer Speichertechnologien

Energiespeicher dienen einem zeitlichen Transfer von Energie: Sie erfüllen die Funktion der Einspeicherung (Ladevorgang), Speicherung und der Ausspeicherung (Entladevorgang) von Energie. Die Energie kann für den Speicherungsprozess in unterschiedliche physikalische Formen umgewandelt oder auch direkt gespeichert werden:

- elektrische Energiespeicher (direkte Speicherung): elektrostatische oder elektromagnetische Energie
- chemische und elektrochemische Energiespeicher (indirekte Speicherung): Bindungsenergie der chemischen Verbindungen
- mechanische Energiespeicher (indirekte Speicherung): kinetische oder potenzielle Energie
- thermische Energiespeicher (indirekte Speicherung): thermische Energie

Aus der Form der Speicherung lassen sich die unterschiedlichen Energiespeichertechnologien auf Basis ihrer physikalischen Prozesse gruppieren. Tab. 1 gibt einen Überblick über die fünf Gruppen von Energiespeichern mit ihren wichtigsten Speichertechnologien und typischen Anwendungen für stationäre Speicher in elektrischen Energieversorgungsnetzen.

Beim aktuellen Wandel der Stromversorgung (Stand: Februar 2016) werden durch die zunehmende Integration von fluktuierend einspeisenden Erneuerbaren Energien und einer gleichzeitigen Reduktion von regelbaren thermischen Kraftwerken zunehmend Technologien nachgefragt, die elektrische Energie ein- und zu anderen Zeiten wieder ausspeichern können. So können Differenzen zwischen nicht vorhersagbarer und nur bedingt steuerbarer Einspeisung und Verbrauch ausgeglichen werden. Elektrochemische Speicher, eine Untergruppe der chemischen Speicher, eignen sich technisch hierfür aufgrund ihrer hohen Dynamik, Regelbarkeit und Effizienz besonders. In

Elektrochemische Speicher bestehen typischerweise aus mehreren zusammengeschalteten einzelnen Zellen. Diese Zellen lassen sich in *Primärzellen*, die sich nur einmalig entladen lassen, und *Sekundärzellen*, die sich mehrmalig be- und entladen lassen, unterteilen. Als *Batterie* werden verschaltete *Zellen* bezeichnet. Sekundärzellen werden auch *Akkumulatoren* genannt. Im allgemeinen Sprachgebrauch und in diesem Beitrag werden für die behandelten elektrochemischen Speichersysteme, die sich mehrmalig be- und entladen lassen, die Begriffe „Zelle“ und „Batterie“ synonym verwendet und für das einsatzfähige Gesamtsystem mit der notwendigen Peripherie der Begriff „Batteriespeichersystem“. Eine *Zelle* ist ein galvanisches Element, das aus

https://doi.org/10.1515/9783110458480-007

einem Elektrodenpaar und dem Elektrolyt besteht. Abb. 1 zeigt das Prinzip einer galvanischen Zelle.

Tab. 1: Übersicht über Energiespeichertechnologien (eigene Darstellung).

	physikalisches Prinzip	typische Speichertechnologien	typische Anwendungen
elektrisch	elektrische Ladung, magnetisches Feld	Kondensator, supraleitende magnetische Energiespeicher	Schwankungen im Hochfrequenzbereich (Spannungsversorgung von Leistungselektronik)
chemisch	Änderung der Bindungsenergie des Trägerstoffs	Wasserstoff (Methan) aus Elektrolyse (und Methanisierung); Rückverstromung in Brennstoffzelle/thermische Wandler	Ausgleich mittel- bis langfristiger Schwankungen (Wetter, Saison)
elektrochemisch	Änderung der Bindungsenergie des Aktivmaterials in der galvanische Zelle	Lithium-Ionen, Blei-Säure, Hochtemperaturbatterien, Redox-Flow	Kurzzeitspeicher (Netzdienstleistungen), Mittelfristspeicher (Heimenergiespeicher, Inselnetze)
mechanisch	potenzielle oder kinetische Energie	Schwungradspeicher, Pumpspeicher, Druckluftspeicher	Schwungradspeicher: Ausgleich von Leistungsspitzen, Pump-/Druckluftspeicher: Ausgleich im Tagesrhythmus
thermisch	kalorische Energie (Wärme, Kälte), Reaktionsenthalpie	sensible/latent chemische/thermochemische Wärmespeicher	Nachtspeicherheizungen, Fernwärmepufferspeicher

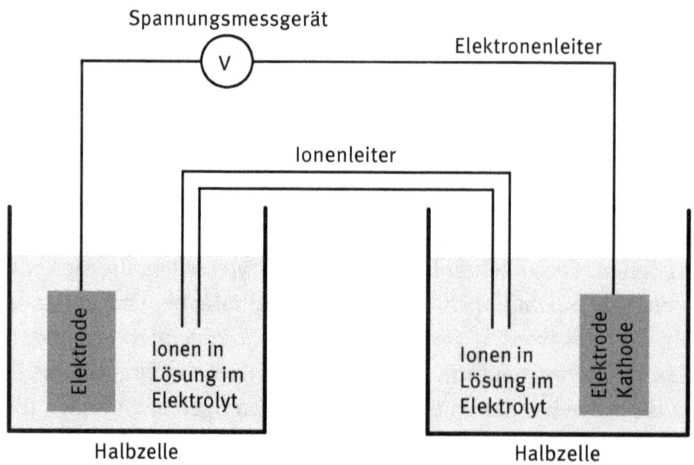

Abb. 1: Prinzip einer galvanischen Zelle mit Spannungsmessgerät (eigene Darstellung).

Die zwei Elektroden sind im Elektrolyt eingetaucht und stehen mit diesem in Kontakt, was jeweils als Halbzelle bezeichnet wird. Der *Elektrolyt* ist für elektrisch geladene Moleküle bzw. Atome, sog. Ionen, leitfähig. An den Elektroden sind Stromabnehmer angeschlossen. Die Materialien der Elektroden und Stromabnehmer sind elektrische Leiter. Die Elektroden sind räumlich voneinander getrennt, um einen direkten Materialkontakt und somit eine direkte Entladung zu verhindern. In integrierten Batteriezellen wird dazu ein Separator verwendet, der nur Ionen, aber keine Elektronen leitet. Zwischen den Elektroden besteht, abhängig vom Material der Elektroden, ein elektrisches Potenzial, die sog. *Zellspannung* (Einheit: Volt, V). Beim Ein- und Ausspeichern von Energie, üblicherweise als Be- und Entladen bezeichnet, wird das Aktivmaterial einer Elektrode chemisch oxidiert und an der entgegengesetzten Elektrode chemisch reduziert. Elektronen fließen dabei über die Stromabnehmer außerhalb der Zelle. In der Zelle findet zwischen den Elektroden durch den Elektrolyten der Transport von Ionen statt – damit ist der Stromkreis geschlossen. Der Be- und Entladefall unterscheidet sich durch die Flussrichtungen von Ionen und Elektronen. Die beim Be- und Entladen maximal nutzbare Menge an Ladung wird als *Kapazität* (Einheit: Amperestunden, Ah) bezeichnet. Da Spannung und Kapazität durch den Zustand der Zelle variieren, werden mit den Begriffen der *Nennspannung* $U_{N,Cell}$ und der *Nennkapazität* $C_{N,Cell}$ gemittelte Werte für den Neuzustand der Zelle bei Standardbedingungen vom Hersteller angegeben. Eine Stromstärke im Betrieb I kann damit als C-Rate normiert zur Nennkapazität der Zelle angegeben werden:

$$C - Rate = I/C_{N,Cell}$$

Eine (Ent-)Ladung der Zelle in einer Stunde entspricht der C-Rate = 1, eine (Ent-) Ladung in einer halben Stunde entspricht der C-Rate = 2. Typische Standardbedingungen zur Angaben von der Nennkapazität sind eine Temperatur von 25 °C und eine C-Rate = 1. Das Verhältnis von nutzbarer Kapazität zur Nennkapazität ist die Zyklentiefe. Eine Zyklentiefe von 50 Prozent bedeutet, dass die Hälfte der Nennkapazität für den Betrieb zur Verfügung steht.

Grundsätzlich lassen sich Batterietechnologien in folgende Gruppen, mit Beispielen der wichtigsten Technologien, unterteilen:
- *Niedertemperaturbatterien:* bspw. Lithium-Ionen- oder Blei-Säure-Batterien
- *Hochtemperaturbatterien:* bspw. Natrium-Schwefel- oder Natrium-Nickel-Batterien
- *Flussbatterien:* bspw. Vanadium-Redox-Flow-Batterien

Die beim Be- bzw. Entladen stattfindende Wandlung von elektrischer zu chemischer Energie bzw. chemischer zu elektrischer Energie erfolgt an den Elektroden oder bei den Flussbatterien im Elektrolyt der Zelle. In den genannten Nieder- und Hochtemperaturbatterien erfolgt die Speicherung in den Elektroden und auch im Elektrolyt der Zellen. Die Unterscheidung bezieht sich, wie aus dem Namen hervorgeht, auf die übliche Betriebstemperatur von unter 150 °C für Niedertemperaturbatterien, während

Natrium-Schwefel-Batterien bei einer Betriebstemperatur von über 300 °C arbeiten, bei der die Reaktanten in flüssiger Phase vorliegen. In Flussbatterien, wie der Vanadium-Redox-Flow-Batterien dient der Elektrolyt als Trägermaterial zur Energiespeicherung. Das Be- und Entladen des Elektrolyten erfolgt getrennt von dessen Aufbewahrung und wird in einem externen Tank gelagert. Damit lässt sich die Dimensionierung der Ein- und Ausspeicherleistung von der Speichergröße entkoppeln. Angemerkt sei, dass Brennstoffzellen keine elektrochemischen Speichersysteme darstellen, da diese ausschließlich Energie von chemischer zu elektrischer Form wandeln. Zusammen mit einem Elektrolyseur und Wasserstoffspeicher kann ein sog. Power-to-Gas-Speichersystem dargestellt werden, welches zur Klasse der chemischen Energiespeicher gehört.

Im Folgenden wird die detailliertere Funktion der wichtigsten Batterietechnologien für stationäre Anwendungen für den aktuellen Stand der Technologie (Stand: Januar 2016) beschrieben. Wichtige Kenndaten zur Beschreibung elektrochemischer Speichersysteme sind:

- *Gesamtwirkungsgrad inklusive Leistungselektronik:* Wirkungsgrad für den gesamten Pfad der Einspeicherung, Speicherung und Ausspeicherung inklusive der Verluste durch Wandlungen der Leistungselektronik
- *Zyklenlebensdauer:* maximal mögliche Zyklenzahl der Zelle,, Definition eines Zyklus: Lade- und Entladevorgang mit der vorgegeben Zyklentiefe
- *kalendarische Lebensdauer:* Zeitangabe zur begrenzten Nutzbarkeit des Speichersystems aufgrund von Alterungsprozessen, die ohne elektrische Belastung auftreten
- *volumetrische Energiedichte (Zellebene):* Energie pro Volumeneinheit auf Zellebene (ohne Gehäuse, Peripherie, da diese durch herstellerabhängige Konstruktionen den Vergleich erschweren)
- *gravimetrische Energiedichte (Zellebene):* Energie pro Masseneinheit auf Zellebene (ohne Gehäuse, Peripherie, da diese durch herstellerabhängige Konstruktionen den Vergleich erschweren)
- *Selbstentladung:* Angabe zum abnehmenden Ladezustand des geladenen Energiespeichers (Einheit: Prozentualer Verlust Ladezustand/Zeit)
- *Entladetiefe:* Vorgesehene maximale zu nutzende Kapazität des Speichersystems, oft geringer als 100 Prozent, um die Zyklenlebensdauer zu erhöhen

1.1 Lithium-Batterie

Die Lithium-Batterie aus der Gruppe der Niedertemperaturbatterien stellt derzeit in Bezug auf Leistungs- und Energiedichte die leistungsfähigste Batterietechnologie dar. Der Begriff „Lithium-Batterie" (chem.: Li) fasst alle Systeme auf Basis einer Lithium-Chemie zusammen. Die derzeit eingesetzten Lithium-Ionen-Systeme bezeichnen die Untergruppe, bei denen Lithium-Ionen ausgetauscht und in den Aktivmaterialien der Elektroden eingelagert werden. Nicht zu den Lithium-Ionen-Systemen gehören

Lithium-Metall-Batterien, z. B. Lithium-Luft. Der aktuelle Stand (Stand: Februar 2016) und die zukünftigen Entwicklungen dieser Lithium-Systeme werden in Kapitel 4 detailliert beschrieben.

Nachdem Lithium-Ionen-Zellen bereits über längere Zeit in mobilen Elektrogeräten verwendet werden (z. B. Laptop, Mobiltelefon), erlaubt der technische Fortschritt mittlerweile auch den Einsatz in der Elektromobilität und als stationäre elektrische Energiespeicher. Obwohl die Lithium-Ionen-Zelltechnologie noch deutliche Verbesserungspotenziale besitzt, verfügen die Zellen bereits heute über gute Performanz sowie hohe Energie- und Leistungsdichten im Vergleich zu anderen Batterietechnologien. Besonders der im Vergleich zu anderen Systemen hohe Gesamtwirkungsgrad von meist über 90 Prozent und die lange Lebensdauer von bis zu mehreren tausend Zyklen und über zehn Jahre Einsatzdauer erfüllen bereits die Anforderungen an einen technisch nutzbaren und ökonomischen Einsatz. Allgemein lassen sich Lithium-Ionen-Zellen in Hochenergie- und Hochleistungszellen einteilen, welche im Bereich der Elektromobilität einen Einsatz in rein elektrischen bzw. Hybridfahrzeugen erlauben. Im stationären Bereich sind die Belastungen typischerweise geringer, Hochenergiezellen werden häufiger eingesetzt und der Fokus liegt auf der Optimierung des ökonomischen Nutzens und somit der Optimierung von Kosten und Lebensdauer der Zellen.

Alle Lithium-Ionen-Systeme verwenden unterschiedliche Aktivmaterialien für die negative und die positive Elektrode. Für die positive Elektrode gibt es verschiedene Materialien, die sich bezüglich ihrer Sicherheit, Kosten, Lebensdauer und Energiedichten deutlich voneinander unterscheiden, wie in Kapitel 1.1.1 genauer detailliert wird. Die typischen Materialkombinationen ergeben Nennspannungen von 1,8 V bis 3,8 V.

Die Zellen werden für den kommerziellen Einsatz in Energiespeichern in Kapazitäten (Einheit: Amperestunde, Ah) von derzeit ca. 1 Ah bis über 200 Ah produziert. Um die erforderliche Systemspannung und -kapazität für technisch sinnvolle Anwendungen zu erreichen, können bis zu mehrere Tausend Zellen zu einem System verschaltet werden. Damit lässt sich das System flexibel skalieren. Typische Systemgrößen beginnen ab einer Kilowattstunde für Heimenergiespeicher und erreichen bis zu 200 Kilowattstunden in Containerspeichern, welche in Systemparks mit über einer Megawattstunde Kapazität kombiniert werden können. Zu beachten gilt, dass die im System eingesetzten Zellen hinsichtlich Spannung und Temperatur einzeln überwacht werden müssen, um einen sicheren und langen Betrieb zu ermöglichen. Kapitel 1.1.2 beschreibt die Grundlagen der Systemtechnik von Lithium-Ionen-Speichern, was die notwendige Verschaltung und Peripherie zu einem vollständigen Batteriespeichersystem darstellt. Tab. 2 gibt einen Überblick über die Eigenschaften derzeit verfügbarer Lithium-Ionen-Speichersysteme.

Die Hauptvorteile der Lithium-Ionen-Batteriesysteme sind die gute Skalierbarkeit, hohe Lebensdauer, geringer Wartungsaufwand, hohe Energiedichte und damit geringe Anforderungen an den Einsatzort. Nachteilig sind die vergleichsweise noch hohen, aber bereits stark sinkenden Investitionskosten und die auf reaktiven Zellmaterialien basierende Zellchemie mit Gefährdungspotenzial bei Betrieb außerhalb der

Vorgaben, welche ein komplexes Batteriemanagementsystem im Vergleich zu Blei-Säure-Batterien erfordern. Der Markt in Deutschland (Stand: Februar 2016) zeigt ein großes Potenzial im Heimspeicherbereich (siehe Kap. 2.2) für kleine Systeme und es befinden sich mehrere Großspeicher für Systemdienstleistungen (siehe Kap. 2.3) im Bau oder bereits in Betrieb.

Tab. 2: Technische Eigenschaften stationärer Lithium-Ionen-Speichersysteme (Stand: Januar 2016) (eigene Darstellung).

Parameter	Daten
Gesamtwirkungsgrad inklusive Leistungselektronik	80 %–90 %
Zyklenlebensdauer	800–10.000 Vollzyklen
kalendarische Lebensdauer	8–20 Jahre
volumetrische Energiedichte (Zellebene)	bis zu 650 Wh/l
Selbstentladung	1–3 % pro Monat
Entladetiefe	80 %–100 %

1.2 Blei-Säure-Batterie

Die Blei-Säure-Batterie aus der Gruppe der Niedertemperaturbatterien gehört aufgrund der langen Entwicklungsgeschichte zu den technisch ausgereiftesten Technologien. In Bezug auf die aktuell installierte Kapazität stellt sie derzeit noch die wichtigste Batterietechnologie dar. Aufgrund des großen und lange bestehenden Marktes für Starterbatterien in Fahrzeugen gibt es ein Sammel- und Recyclingsystem in Europa, das nahezu 100 Prozent der Blei-Batterien sammelt und die Produktion von neuen Blei-Batterien aus einem geschlossenen Rohstoffkreislauf für Blei ermöglicht. Auch ist die Verfügbarkeit von Herstellern und verschiedenen Varianten weltweit gewährleistet. Zusammen mit dem günstig verfügbaren Basismaterial sind die energiespezifischen Kosten gering und unter den Kosten für Lithium-Ionen-Systeme einzuordnen. Die Elektroden von Blei-Säure-Zellen bestehen aus Blei bzw. Bleidioxid. Sie werden durch einen Separator voneinander getrennt. Die Komponenten sind zusammen in einem mit Schwefelsäure befüllten säurefesten Gehäuse verbaut. Die Schwefelsäure dient dabei als Elektrolyt. Die Nennspannung einer Zelle beträgt 2 Volt. Die erreichten Energie- und Leistungsdichten auf Zellebene sind im Vergleich zu anderen Batterietechnologien niedrig. Durch die bei der Nutzung entstehende Gasung des Elektrolyten muss eine Belüftung des Aufstellorts sichergestellt sein. Auch wird die Leistungsfähigkeit und Lebensdauer der Zelle durch die Umgebungstemperatur stark beeinflusst. Die Anforderungen für den Aufstellort der Batterien sind damit vergleichsweise mittel bis hoch.

Die Zellen können für den Einsatz in Energiespeichern in nahezu beliebigen Größen produziert werden, auch Zellen mit Kapazitäten größer 1000 Ah sind verfügbar. Das Batteriesystem lässt sich flexibel skalieren. Typische Systemgrößen beginnen bereits bei unter einer Kilowattstunde. Die Zellchemie und damit das Batteriesystem

benötigen keine zwingende Überwachung der einzelnen Zellspannungen und sind daher im Vergleich zur Lithium-Ionen-Technologie ohne komplexe Batteriemanagementsysteme einsetzbar. In Kapitel 1.4 wird der aktuelle Stand der Technologie, Produktion und Nutzung von Blei-Säure Batterien detailliert ausgeführt. Tab. 3 gibt einen Überblick über die Eigenschaften derzeit verfügbarer Blei-Säure-Speichersysteme.
Die Vorteile der Blei-Säure-Technologie sind damit die gute Skalierbarkeit, die bereits

Tab. 3: Technische Eigenschaften stationärer Blei-Säure-Speichersysteme (Stand: Januar 2016) (eigene Darstellung).

Parameter	Daten
Gesamtwirkungsgrad inklusive Leistungselektronik	70 %–80 %
Zyklenlebensdauer	500–1500 Vollzyklen
kalendarische Lebensdauer	5–12 Jahre
volumetrische Energiedichte (Zellebene)	< 75 Wh/l
Selbstentladung	3–5 % pro Monat
Entladetiefe	50 %–80 %

gut entwickelte und vergleichsweise günstige Technik, die einfache Handhabung, die keine komplexe Überwachungstechnik erfordert. Für die Produktion ist der nahezu geschlossene Rohstoffkreislauf für Blei in Deutschland vorteilhaft, womit keine Einschränkungen in der Materialversorgung zu erwarten sind. Nachteilig sind die Anforderungen an die Belüftung des Aufbauorts und die geringe Energiedichte, was beides die Anforderungen an den Standort erhöht. Der Markt für stationäre Blei-Säure-Batteriespeicher verliert derzeit (Stand: Februar 2016) im Heimspeicherbereich Marktanteile gegenüber der Lithium-Ionen-Technologie. Vor allem in Entwicklungsländern ist die Blei-Säure-Technologie die derzeit noch wichtigste Technologie für kleine stationäre Energiespeichersysteme.

1.3 Nickel-Batterien

Die Nickel-Cadmium- und Nickel-Metallhydrid-Batterien sind, wie die Bleibatterie, technisch ausgereifte Technologien. Die Nickel-Cadmium-Technologie wurde im stationären Energiespeicherbereich eingesetzt und verfügt über eine hohe Lebensdauer, jedoch nur über einen für Batterien vergleichsweise geringen Wirkungsgrad von unter 75 Prozent. Die Verwendung von Cadmium ist in der *Europäischen Union* aufgrund der Toxizität des Materials für den Haushaltselektronikbereich verboten, jedoch wäre eine Erlaubnis zum Betrieb von Batteriespeichern auch im Heimenergiesektor zumindest nicht auszuschließen. Nickel-Metallhydrid-Batterien sind für den Einsatz im stationären Bereich aufgrund ihrer geringen nutzbaren Zyklentiefe und ihrer hohen Kosten ungeeignet. Wie bei Bleibatterien ist bei den Nickel-basierten Systemen auf eine Entlüftung des Batterieraumes zu achten. Aufgrund der Nachteile der Nickel-basierten Systeme sind derzeit (Stand: Februar 2016) keine großtechnischen Entwicklungen und Projekte im Bereich stationärer Energiespeicher bekannt, da die Vorteile alternativer Batterietechnologien überwiegen.

1.4 Natrium-Hochtemperaturbatterien

In der Gruppe der Natrium-Hochtemperaturbatterien sind, im Gegensatz zu den Niedertemperaturbatterien, im Betrieb die Aktivmassen der Elektroden im flüssigen Zustand und der Elektrolyt ist ein fester Keramikstoff. Um die Aktivmassen der Elektroden in den flüssigen Zustand zu versetzen und damit die Batterie nutzbar zu machen, ist eine Betriebstemperatur von circa 300 °C notwendig. Dieser Zustand muss möglichst aufrechterhalten werden, da bei einer Abkühlung die Batterie nicht mehr ge- oder entladen werden kann und das Risiko der Beschädigung durch mechanische Spannungen besteht. Aufgrund dieser hohen Betriebstemperatur benötigt die Batterie eine aufwändige Sicherheitstechnik. Wird die Batterie stark ausgelastet, ist aufgrund der internen Verlustwärme keine zusätzliche Beheizung erforderlich. Dennoch sind immer eine aufwändige thermische Isolation und die technische Möglichkeit der Beheizung notwendig. Ist die Auslastung gering, muss die Betriebstemperatur gehalten werden, was durch die elektrische Beheizung erfolgt. Schließt man dies in die Berechnung des Systemverhaltens ein, kann dies daraus resultierend zu einer extrem hohen Selbstentladung führen.

Die wichtigsten Vertreter dieser Technologie stellen derzeit die Natrium-Nickelchlorid-Batterie (chem.: $NaNiCl_2$), auch Zebra-Batterie genannt und die Natrium-Schwefel-Batterie (chem.: NaS) dar. Die Natrium-Ionen-Batterie gehört nicht zur Gruppe der Hochtemperaturbatterien. Zu den Vorteilen der Natrium-Hochtemperaturbatterien gehören die günstigen und gut verfügbaren Ausgangsmaterialien der Batteriechemie. Aufgrund der thermischen Eigenschaften sind nur größere Speichersysteme sinnvoll, um die Verluste durch Beheizung zu minimieren. Tab. 4 gibt einen Überblick über die allgemeinen Eigenschaften der Natrium-Hochtemperatur-Speichersysteme.

Tab. 4: Technische Eigenschaften von Natrium-Speichersystemen (Stand: Januar 2016) (eigene Darstellung).

Parameter	Daten
Gesamtwirkungsgrad inklusive Leistungselektronik	65 %–75 %
Zyklenlebensdauer	2000–10.000 Vollzyklen
kalendarische Lebensdauer	10–20 Jahre
volumetrische Energiedichte (Zellebene)	80 Wh/l–250 Wh/l
Selbstentladung	Bis zu 15 %/ Tag bei Stillstand
Entladetiefe	80 %–100 %

Die Vorteile der Natriumtechnologie sind hauptsächlich die günstigen Ausgangsmaterialien. Die je nach Auslastung sehr hohe Selbstentladung und die Sicherheitsrisiken aufgrund der hohen Temperatur sind jedoch große Nachteile. Die Technologie eignet sich daher nicht für den Einsatz als Heimenergiespeicher, sondern nur für größere, freistehende Anwendungen, wie Speicher für Systemdienstleistungen.

1.5 Redox-Flow-Batterie

Die Redox-Flow-Batterie gehört zu der Gruppe der Flussbatterien. In Flussbatterien speichert der Elektrolyt die Energie und dient so als Aktivmaterial. Aufgrund der von den Elektroden getrennten Speicherung der Ladungsträger ist eine flexible Skalierbarkeit durch das getrennte Tanksystem möglich. Die Reaktionseinheit zur Umsetzung der Be- und Entladung besteht aus Elektroden und einer Membran. Die die Leistung definierende Reaktionseinheit und die Kapazität des Speichersystems dimensionierende Größe des Tanksystems lassen sich getrennt skalieren und daher optimal an die Anforderungen der Anwendung anpassen. Die derzeit (Stand: Februar 2016) wichtigste Redox-Flow-Technologie ist die Vanadium-Redox-Flow-Batterie. Die Systeme verfügen über eine hohe kalendarische und zyklische Lebensdauer. Prinzipiell sind kleine Speichereinheiten möglich, sie sind jedoch derzeit nicht verbreitet. Aufgrund des höheren Wartungsaufwands durch die Dichtungen und Pumpen im System stellt ein Einsatz im Heimenergiesektor größere Herausforderungen an den Systembetrieb. Tab. 5 gibt einen Überblick über die Eigenschaften der Vanadium-Redox-Flow-Speichersysteme.

Tab. 5: Technische Eigenschaften von Redox-Flow-Speichersystemen (Stand: Januar 2016) (eigene Darstellung).

Parameter	Daten
Gesamtwirkungsgrad inklusive Leistungselektronik	70 %–90 %
Zyklenlebensdauer	> 10.000 Vollzyklen
kalendarische Lebensdauer	10–15 Jahre
volumetrische Energiedichte (Zellebene)	80 Wh/l–250 Wh/l
Selbstentladung	vernachlässigbar
Entladetiefe	100 %

Die Hauptvorteile der Redox-Flow-Systeme sind die hohe Lebensdauer und die getrennte Skalierbarkeit von Leistung und Kapazität der Speichersysteme. Aufgrund der aufwändigen mechanischen Komponenten sind die Systeme v. a. für großtechnische Anlagen und weniger für den Heimspeichermarkt geeignet.

Tab. 6 zeigt einen qualitativen Vergleich der wichtigsten Batteriespeichertechnologien im stationären Anwendungsbereich.

Tab. 6: Vergleich der wichtigsten Batteriespeichertechnologien (Stand: Januar 2016) (eigene Darstellung).

	Lithium-Ionen	Blei-Säure	Natrium-Schwefel	Redox-Flow
typische Systemgrößen	ab 1 kWh	ab 1 kWh	ab 50 kWh	ab 10 kWh
Wirkungsgrad	sehr hoch	hoch	mittel	hoch
Lebensdauer	mittel hoch bis	niedrig bis mittel	sehr hoch	sehr hoch
Anwendung	Heimenergie, Systemdienstleistungen	Heimenergie, Systemdienstleistungen	Systemdienstleistungen	Systemdienstleistungen, Saisonal Speicher
energiespezifische Kosten	mittel bis hoch	niedrig	mittel	mittel

1.6 Grundlagen der Lithium-Ionen-Systeme

Wiederaufladbare Lithium-Ionen-Batterien haben seit ihrer ersten kommerziellen Verwendung in den 1990er-Jahren äußerst schnell an Bedeutung gewonnen: Die Steigerung der Energie- und Leistungsdichte sowie stetig sinkende Herstellungskosten durch neue Materialkombinationen und kontinuierliche Prozessoptimierung ermöglichten die hohe Verbreitung in der Unterhaltungselektronik (Mobiltelefone, Laptop, Elektrowerkzeuge usw.). Weitere Systemoptimierungen erlaubten in jüngerer Zeit die zunehmende Verbreitung als Energiespeicher für die Elektromobilität und stromnetzintegrierte stationäre Energiespeicher. In den Kapiteln 1.1 und 1.2 soll die stark an Verbreitung gewinnende Technologie genauer beschrieben und mit der etablierten und kostengünstigeren Blei-Säure Batterie verglichen werden. Tab. 7 zeigt beispielhaft die Anzahl installierter Heimspeichersysteme in den miteinander konkurrierenden Technologien Blei-Säure und Lithium-Ionen im Vergleich.

Tab. 7: Anteil an Blei-Säure- und Lithium-Ionen-Batterien in Heimspeichersystemen (eigene Darstellung auf Basis von Speichermonitoring 2015, RWTH Aachen).

	Lithium-Ionen	Blei-Säure
Q4 2013	35 %	65 %
Q1 2014	45 %	55 %
Q2 2014	45 %	55 %
Q3 2014	55 %	45 %
Q4 2014	65 %	35 %
Q1 2015	70 %	30 %
Q2 2015	78 %	22 %
Q3 2015	82 %	18 %
Q4 2015	89 %	11 %

Die bereits erwähnten Speichertechnologien Natrium-Schwefel und Redox-Flow sind für die hier untersuchten Anwendungsfälle aus heutiger Sicht (Stand: Februar 2016) eher von untergeordneter Bedeutung und werden im Rahmen des Kurzüberblicks über Batteriespeichertechnik nicht behandelt.

1.6.1 Grundlagen der Lithium-Ionen-Zelle

Wie bei allen geschlossenen Batteriezellen finden in der Lithium-Ionen-Zelle bei Lade- und Entladevorgängen chemische Reaktionen an positiver und negativer Elektrode statt. Dabei werden in dieser Überklasse von Batterien Lithium-Ionen (Li^+) zwischen den Elektroden transferiert und dort gebunden. Das einfach positiv geladene Lithium-Ion ist eines der kleinsten Ionen des Periodensystems und besitzt so auch eine extrem hohe theoretische Packungsdichte. Zudem zeigt die Reaktion von atomarem Lithium (Li) in das Lithium-Ion, unter Abgabe eines Elektrons ($Li \rightarrow Li^+ + \mathrm{e}$), mit einem Wert niedriger –3 V das am weitesten negative elektrochemische Standardpotenzial aller Metalle auf. Lithium-Ionen-Batterien zeichnen sich im Vergleich zu anderen Batterietypen durch eine sehr hohe theoretische Energiedichte aus. Allerdings kann diese in Lithium-Ionen-Zellen nicht in Gänze ausgeschöpft werden: An den Elektroden findet im klassischen Lithium-Ionen-System (anders als bei der Lithium-Luft- und der Lithium-Schwefel-Batterie) keine direkte Reaktion zu metallischem Lithium statt, sondern vielmehr werden die Lithium-Ionen durch sog. *Interkalation* in den Kristallgitter-Wirtsstrukturen der beiden Elektroden gespeichert. Die ansonsten auftretende Abscheidung von metallischem Lithium ist hingegen extrem schwer zu steuern; eine unkontrollierte kristallische Lithiumabscheidung kann den inneren Zellaufbau mechanisch zerstören und so im Extremfall, das sog. thermische Durchgehen (Thermal Runaway) der Zelle verursachen, welches eines der größten *Sicherheitsrisiken* der Zelle darstellt. Im Lithium-Metall-System, welches rein metallisches Lithium für eine der Elektroden nutzt, und das Lithium-Luft-System, in dem sich Lithium mit der Umgebungsluft zur Elektrode verbindet, stellt dies eine der größten Herausforderungen dar, wie im Detail in Kapitel 4 beschrieben ist.

Zum Transport der Ionen wird ein typischerweise flüssiger oder gelförmiger *Elektrolyt* verwendet. In Flüssig-Elektrolyten werden häufig Lithiumsalze, bspw. Lithiumhexafluorphosphat, in wasserfreiem Lösungsmittel gelöst, eingesetzt. Auch Polymere und Feststoffelektrolyte können verwendet werden, bieten jedoch typischerweise eine geringere Ionenleitfähigkeit und somit auch eine niedrigere Leistungsfähigkeit der Zelle.

Die beiden Elektroden sind durch einen *Separator* voneinander getrennt, um einen direkten Materialkontakt und Kurzschluss der Zelle zu vermeiden. Der Separator besteht typischerweise aus einer mikroporösen Kunststoff- oder Vliesstoffmembran (z. B. Polyprophyle, kurz PP, oder Polyethylen, kurz PE), welche für Lithium-Ionen durchlässig ist, nicht aber für Elektronen. Durch den Separator kann ein Transport von Ionen zwischen den Elektroden stattfinden. Im Überhitzungsfall oder bei punktueller

Verletzung der Membran würden die nur bis etwa 150 °C stabilen Stoffe schmelzen und so eine großflächigere Reaktion mit weiterer Wärmefreigabe bewirken. Um dieses zuvor bereits genannte thermische Durchgehen zu vermeiden, wird häufig eine keramische, temperaturstabile Beschichtung auf dem Separator verwendet.

Zudem reagiert Lithium äußerst stark mit Wasser unter Freisetzung von Wärme und Wasserstoff, welcher wiederum an Luft explosiv reagieren kann. Um einen direkten Kontakt mit Wasser im Inneren der Li-Ionen-Zelle dauerhaft zu vermeiden, wird die Zelle luftdicht verschlossen. Es kommen daher nur *Elektrolytmaterialien* zum Einsatz, die auch unter chemischen Reaktionen kein Wasser freisetzen können, sog. aprotische Lösungsmittel. Die verwendeten organischen Elektrolyte sind typischerweise brennbar und ein Zellbetrieb oberhalb der Zersetzungstemperatur des Elektrolyten kann zur Gasbildung und Explosion der Zelle führen. Auch aktive *Sicherheitsmechanismen* spielen in Lithium-Ionen-Zellen daher eine entscheidende Rolle und werden häufig in kommerziellen Zellen verbaut, um größere Schäden im Fehlerfall zu vermeiden: Ein elektrischer Kontakt über ein *PTC-Element*[1] (Positive Temperature Coefficient) erlaubt es, bei Übertemperatur den elektrischen Kontakt der Zelle zu unterbrechen und kann so eine weitere Überhitzung der Zelle durch zu hohen Stromfluss verhindern. Ein sogenanntes *CID-Element* (Current Interrupt Device) in der Zelle kann den elektrischen Kontakt beim Entstehen von Überdruck unterbrechen – der hier verwendete Metallkontakt schlägt bei Überdruck um und unterbricht den elektrischen Kontakt.

Als *negative Elektrode* (im Entladefall, übliche Namenskonvention: *Anode*) bietet sich zur Interkalation insbesondere in hoch regelmäßigen Schichten organisiertes Graphit an. Zwischen den einzelnen Schichten befindet sich gerade ausreichend Platz, um eine Einlagerung von Lithium-Ionen zu ermöglichen. Bei einem ersten Ladezyklus der Zelle bildet sich an der Außenfläche der Graphit-Elektrode zudem eine sog. *SEI-Grenzschicht* (Solid Electrolyte Interphase), das ist eine Schutzschicht, die eine weitere direkte Reaktion des Elektrolyten mit dem Graphit nahezu verhindert (dieser Prozess wird auch als sog. Zellformation bezeichnet). Ein fortwährend stattfindendes geringes Wachstum dieser SEI-Schicht während des Betriebs der Zelle ist im Übrigen eine der maßgeblichen Alterungsursachen von typischen Lithium-Ionen-Zellen. Es kommen jedoch auch andere Materialien als negative Elektrode infrage, z. B. das Lithium-Titanat (LTO), das eine Olivin-Kristallstruktur ausbildet, in welcher ebenso eine Einlagerung von Lithium-Ionen möglich ist. An dieser Elektrode bildet sich hingegen keine SEI-Grenzschicht durch den Kontakt mit typischen Elektrolyten aus.

Für die *positive Elektrode* (im Entladefall, übliche Namenskonvention: *Kathode*) hingegen eignet sich eine Vielzahl von lithiumhaltigen Verbindungen für die Interkalation, welche eine Vielzahl von Eigenschaften der Zelle mitbestimmen. Entsprechend

1 Ein Bauteil, das bei Erwärmung durch steigenden Innenwiderstand den Stromfluss begrenzt.

wird für die Bezeichnung der Zellchemie meistens das Material der positiven Elektrode genannt. Wichtige Materialien sind:

- *Lithium-Kobalt-Oxid* ($LiCoO_2$ – Lithium Cobalt Oxide, LCO): eine Schichtstruktur, die v. a. in der ersten Generation der Lithium-Ionen-Zellen häufig Anwendung fand. Kobalt ist ein giftiges Schwermetall und ein teurer Rohstoff (derzeit 20.000 €/t), was sich wesentlich auf den Zellpreis niederschlägt.
- *Nickel-Mangan-Kobalt-Oxid* ($LiNi_xMn_yCo_zO_2$ – Nickel Manganese Cobalt Oxide, NMC): eine Verbindung, welche die Vorteile der entstehenden Oxid-Wirtsstruktur bei Zugabe von Nickel (hilfreich für eine erhöhte spezifische Energie der Zelle), Mangan (hilfreich für eine Erhöhung der spezifischen Leistung der Zelle) und Kobalt in Verbindung bringen kann. Der Anteil des kostentreibenden Kobalts wird bei der Zelle deutlich reduziert. Die NMC-Verbindung wird häufig für Zellen in Elektrowerkzeugen und elektrischen Fahrrädern verwendet.
- *Nickel-Kobalt-Aluminium-Oxid* ($LiNiCoAlO_2$ – Nickel Cobalt Aluminium Oxide, NCA): erlaubt, ähnlich wie NMC, eine hohe spezifische Energie bei guter Stabilität und Leistungsfähigkeit. Die intrinsische Sicherheit und die Materialkosten stellen jedoch eine Herausforderung dar.
- *Lithium-Eisen-Phosphat* ($LiFePO_4$ – Lithium Iron Phosphate, *LFP*): kostengünstiger als Verbindungen mit Kobalt oder Nickel, weist jedoch eine geringere Zellspannung und eine vergleichsweise niedrige Leitfähigkeit auf. Zu den Vorteilen dieser Verbindung gehört eine hohe Materialstabilität, die eine hohe Lebensdauer ermöglicht.

Zum direkten Vergleich der Materialien und zur *Klassifikation* bietet sich eine quantitative Bewertung anhand von ausgewählten Performance-Indikatoren an. An erster Stelle sei hier die *Sicherheit* des Speichersystems genannt, die für einen Speicherbetrieb gewährleistet sein muss: Bei einem thermischen Durchgehen und einer Kettenreaktion werden extrem hohe Energiemengen freigesetzt. Diese setzen sich sowohl aus dem Heizwert von Elektrolyt und weiteren Bestandteilen der Zelle, also auch aus der aktuell in der Zelle gespeicherten elektrischen Energie, zusammen. Auch aus diesem Grund wurde 2014 durch den *Bundesverband Solarwirtschaft* (BSW) ein Sicherheitsleitfaden für den Betrieb von Lithium-Ionen-Hausspeichern erstellt. Kapitel 1.2.3. führt die Sicherheit von Lithium-Ionen-Systemen detailliert aus.

Anders als bei der Verwendung von Zellen in mobilen Anwendungen steht im stationären Einsatzfall die *Energie- und Leistungsdichte* an eher untergeordneter Stelle. Dennoch ist dieser Parameter für eine Realisierung von größeren Speicherkapazitäten auf begrenztem Raum und mit vertretbarem Aufwand für den Systemaufbau von Bedeutung. Die *Lebensdauer* von Lithium-Ionen-Zellen ist durch eine Vielzahl gleichzeitig ablaufender Reaktionen bestimmt und bedarf einer genauen Analyse. Zu einer einfachen Analyse werden häufig eine sog. zyklische Alterung und eine kalendarische Alterung getrennt voneinander betrachtet. Durch kontinuierliche und schnelle Lade- und Entladevorgänge der Zelle wird v. a. ein Wachstum der bereits erwähnten

SEI-Grenzschicht hervorgerufen, was einen Verlust von zyklisierbarem Lithium und somit einen Kapazitätsverlust verursacht. Bei hoher Belastung kann jedoch auch eine Schädigung der Elektroden auftreten, z. B. das Ablösen der Graphit-Kristallstruktur vom Stromableiter der negativen Elektrode. Jedoch auch alleine durch Lagerung der Zellen findet eine sog. kalendarische Alterung von Lithium-Ionen-Zellen statt. Vor allem bei hohen Temperaturen und hohen Ladezuständen tritt eine Kapazitätsabnahme und Verschlechterung der Zellperformance auf, die auf eine Zersetzung der aktiven Materialien in Lithium-Ionen-Zellen zurückgeführt werden kann: Thermisch aktiviert treten parasitäre Nebenreaktionen auf, die die aktiven Materialien in der Zelle meist irreversibel verbrauchen und zz. T. eine Abscheidung von Nebenprodukten auf den Elektroden hervorrufen. Eine Erhöhung der Zelltemperatur um 10 °C ausgehend von der Raumtemperatur hat eine Verdoppelung der kalendarischen Alterung zur Folge. Abschließend zum Thema „Alterung“ sei hier erwähnt, dass auch ein Zellbetrieb bei besonders niedrigen Temperaturen, eine übermäßig schnelle Be- und Entladung sowie eine Überladung und Tiefentladung der Lithium-Zellen schnell eine nicht reversible Schädigung der Zelle verursachen können. Die Modellierung der Zellalterung ist ein hochkomplexes Feld, das Auftreten der einzelnen Alterungsmechanismen für jede zuvor genannte Zellchemie unterschiedlich und Gegenstand aktueller Forschung (Stand: Februar 2016).

In Abb. 2 sind abschließend die Eigenschaften der zuvor beschriebenen typischen Materialkombinationen für Lithium-Ionen-Zellen schematisch gegenübergestellt. Es lässt sich hier klar feststellen, dass jede der Materialkombinationen ihre individuellen Vor- und Nachteile bietet und keine der aktuell kommerziell verfügbaren Materialpaare ein universelles Optimum darstellt. Vielmehr stellt sich zunehmend heraus, dass für individuelle Anwendungsfälle eine spezifisch optimierte Zellchemie eingesetzt wird, zum Beispiel NMC und NCA in mobilen Anwendungen wegen der möglichen hohen spezifischen Energiedichte und LFP in stationären Anwendungen, bei denen eine hohe Lebensdauer und Kostenoptimum wesentliche Treiber sind.

Aufgabe des *Zellgehäuses* ist es, die aktiven Materialien in kompakter Form zusammenzuhalten und vor externen Einwirkungen (Staub, Feuchtigkeit, Gasaustausch) zu schützen. Neben der elektrischen Kontaktierung (Plus- und Minuspol) findet über den Zellmantel der für den Batteriebetrieb wichtige Temperaturaustausch mit der Umgebung bzw. dem Kühlmedium des Speichersystems statt. Zudem werden innerhalb des Gehäusemantels die genannten Sicherheitsfunktionen, die bei überhöhter Zelltemperatur oder Überdruck auslösen, ausgeführt. Für Lithium-Ionen-Zellen kommen vornehmlich drei unterschiedliche Zellformate infrage, die in Abb. 3 dargestellt sind:

– In *Rundzellen* werden die Elektroden in zylindrischer Form aufgewickelt – eine Technologie, die in Produktionsverfahren bereits optimiert wurde und dem Privatanwender aus typischen Nickel-Metallhydrid (NiMH)- und Nickel-Cadmium (NiCd)-Akkumulatoren für den Betrieb von Radioweckern o. Ä. vertraut ist. Bei

Lithium-Ionen-Zellen haben sich jedoch abweichend andere Abmessungen bei der zylindrischen Bauart als Standard herausgebildet, z. B. die sog. Bauform 18650 (18 mm Durchmesser, 65 mm Zylinderhöhe) mit typischen Zellkapazitäten im Bereich von ca. 2 bis 4 Ah. Dieses Zellformat wird bspw. in dem Heimenergiespeicher *Powerwall* der Firma *Tesla* verwendet (Stand: Februar 2016).

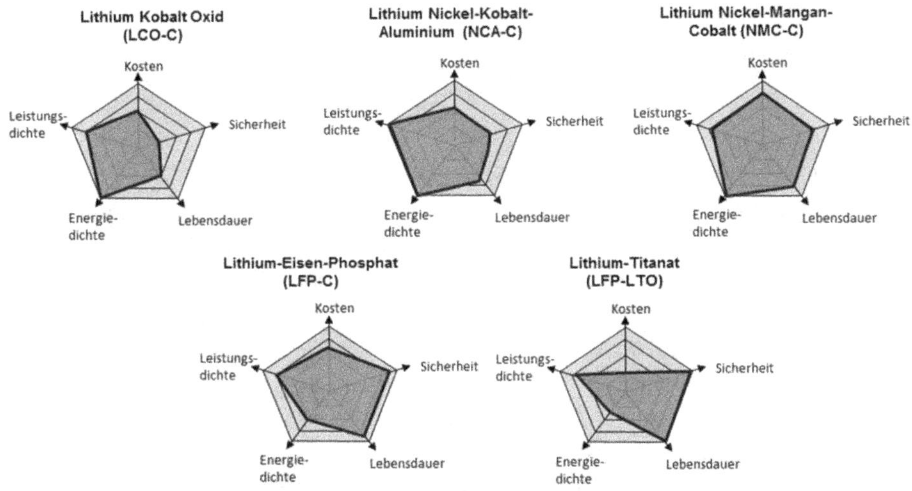

Abb. 2: Vergleich der Eigenschaften gängiger Lithium-Ionen-Zellen für die Verwendung in stationären Speichern; je nach Zellchemie werden unterschiedliche Eigenschaften vorteilig erreicht (eigene Darstellung).

- Alternativ werden auch *prismatische Zellen* mit einem rechteckigen Zellcontainerformat verwendet, bei dem typischerweise beide Zellkontakte zu einer Seite ausgeführt sind. Dies ermöglicht eine einfachere Packung und erlaubt eine einseitige elektrische Kontaktierung. Das aufwändigere Tiefziehen des Gehäusemantels lässt sich v. a. bei Herstellung größerer Kapazitäten innerhalb einer Zelle (bis über 100 Ah) rechtfertigen. Als ein typisches Anwendungsbeispiel in stationären Speichern sei der von der Firma *Younicos* projektierte Speicher im Netzgebiet der *WEMAG* in Schwerin genannt, der zur Bereitstellung von Primärregelleistung genutzt wird (Stand: Februar 2016).
- In sog. *Coffeebag-* oder *Pouch-Zellen* werden die aktiven Materialien hingegen nur durch einen dünnen Laminatmantel geschützt. Die so erzielbaren Einsparungen am Gehäusematerial müssen jedoch durch ein geschicktes Modulkonzept, welches hier verstärkt auch Aufgaben der gleichmäßigen Zelltemperierung und des Schutzes gegen mechanische Einwirkungen übernimmt, kompensiert werden. Als Beispiel sei hier das Heimspeichersystem *MyReserve* der Firma *Solarwatt* genannt (Stand: Februar 2016).

Es lässt sich festhalten, dass sich bislang kein Zellformat für stationäre Speicher als eindeutig favorisiert herausgestellt hat. Alle drei Zellformate werden in heutigen Batteriespeichersystemen erfolgreich eingesetzt (Stand: Februar 2016).

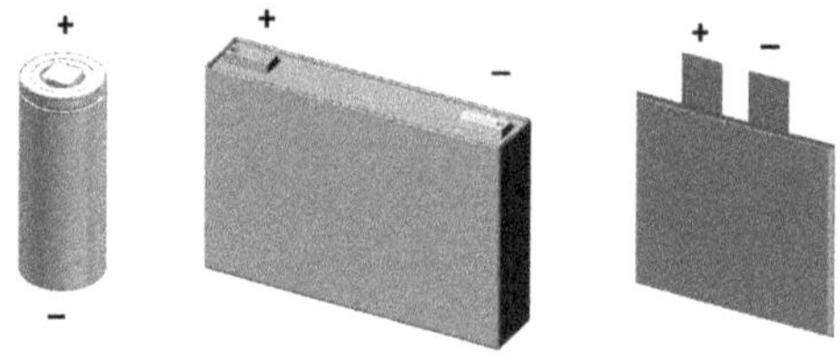

Abb. 3: Die Zellformate „rund", „prismatisch" und „pouch" im Vergleich; alle drei Gehäuseformen finden bei Li-Ionen-Batterien in stationären Speichern Anwendung (eigene Darstellung).

1.6.2 Grundlagen der Lithium-Ionen-Systemtechnik

Um den Anforderungen bezüglich Energieinhalt und Leistungsfähigkeit der üblichen Anwendungen zu entsprechen, werden Systemspannungen und -kapazitäten benötigt, die eine Verschaltung einer Vielzahl von Zellen erfordern. Weiterhin werden zum Netzanschluss eine Leistungselektronik und weitere Systemperipherie für den effizienten, zuverlässigen und sicheren Betrieb von Batteriespeichersystemen benötigt. In Kapitel 1.1.2 werden, ausgehend von der Verschaltung von mehreren Zellen bis zum gesamten System, die notwendigen Baugruppen und Komponenten eines Lithium-Ionen-Batteriespeichersystems beschrieben.

Für den Aufbau von Batteriesystemen wird zwischen der Block- und der Modulbauweise unterschieden. Beim Aufbau eines Batteriespeichers als Block werden alle verschalteten Zellen in einem einzelnen, nicht trenn- oder erweiterbaren Block verbaut. Diese Bauweise eignet sich besonders für vergleichsweise kleine Batteriespeicher. Für größere Systeme, besonders im stationären Bereich, hat sich der Aufbau in der Modulbauweise bewährt. Dabei werden häufig mehrere tausend Zellen in kleinere Einheiten, die Module, aufgeteilt, um Transport, Aufbau und Skalierung des Systems zu vereinfachen.

Die Spannung und verfügbare Kapazität einer *Zelle* sind abhängig von Faktoren wie der aktuellen Belastung, der Temperatur und dem Ladezustand der Zelle. Die Angabe einer *Nennspannung* und *Nennkapazität* können als Näherungen für den Neuzustand der Zellen dienen. Damit können für vereinfachten Berechnungen, wie zur Systemauslegung, die Nennspannung $U_{N,Cell}$ (Einheit: Volt, V) und die Nennkapazität $C_{N,Cell}$ (Einheit: Amperestunden, Ah) verwendet werden. Die Nennenergie einer Zelle berechnet sich daraus wie folgt:

$$E_{N,Cell} = U_{N,Cell} \cdot C_{N,Cell}$$

In einem *Modul* können Zellen seriell und parallel verschaltet werden. Abb. 4 zeigt verschiedene Verschaltungstopologien. Üblicherweise werden nur Zellen des gleichen Typs in einem System verwendet. Die folgenden Berechnungen gelten daher nur für identische Zelltypen in einem Modul.

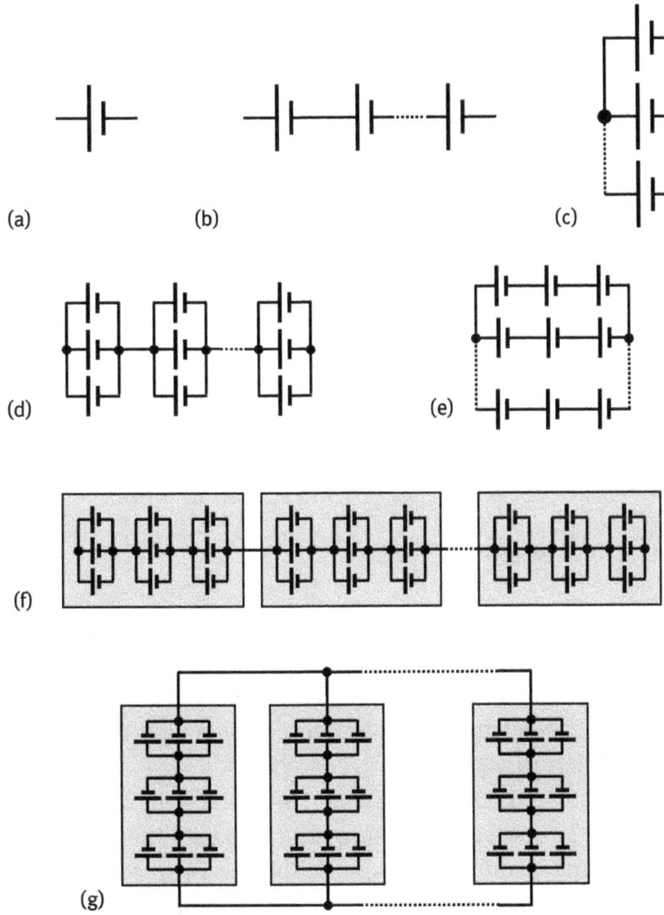

Abb. 4: Verschaltungstopologien von Zellen: (a) Schaltzeichen für einzelne Zelle; (b) serielle Verschaltung mehrerer Zellen (Zellstrang); (c) parallele Verschaltung mehrerer Zellen (Zellblock); (d) serielle Verschaltung von Blöcken parallel geschalteter Zellen (e) parallele Verschaltung mehrerer Zellstränge (f) serielle Verschaltung von Modulen; (g) parallele Verschaltung von Modulen (eigene Darstellung).

Die *serielle Verschaltung* von einzelnen Zellen (a) zu einem Zellstrang (b) erhöht die Modulspannung. Diese addiert sich aus der Anzahl n_s der seriell verschalteten Zellen der einzelnen Zellspannungen zur Modulspannung:

$$U_{N,Mod} = n_s \cdot U_{N,Cell}.$$

Dabei wird die Modulspannung typischerweise um ca. 50 V festgelegt, um auch im vollgeladenen Zustand sicherzustellen, dass das Modul eine Spannung unterhalb von 60 V hat. Dies ist vorteilhaft, da unterhalb einer Spannung von 60 V Gleichstrom (Sicherheitskleinspannung) auf spezielle Hochvolt-Sicherheitsrichtlinien in Bezug auf Umgang und Bauweise verzichtet und das Risiko eines elektrischen Schlags bei Produktion, Installation und Wartung minimiert werden kann. Nachteilig an der rein seriellen Verschaltung von Zellen ist, dass bei einem Ausfall auch nur einer Zelle kein Strom mehr durch den Strang fließen kann. Auch bei Unterschieden des Ladezustandes oder der Zellkapazität zwischen den einzelnen Zellen durch Produktionsschwankungen, Alterung oder Selbstentladung sinkt die nutzbare Kapazität des Stranges, da, sobald eine Zelle vollständig ge- und entladen ist, der Vorgang für den gesamten Zellstrang gestoppt werden muss. Ein Batteriemanagementsystem (BMS) muss jede einzelne Zellspannung daher überwachen. Verfügt das BMS über eine Ladungsausgleichsfunktion, auch Balancing-Funktion genannt, zum Ansteuern einzelner Zellen, dann können diese Effekte jedoch teilweise reduziert werden.

Die *parallele Verschaltung* von Zellen (c) erhöht die Kapazität des Moduls. Die Kapazitäten der parallel verschalteten n_p Zellen in einem Modul addieren sich damit zur Nennkapazität des Moduls:

$$C_{N,Mod} = n_p \cdot C_{N,Cell}.$$

Unterschiedliche Kapazitäten oder der Ausfall der elektrischen Leitung zu einer Zelle führen nicht zu einem Ausfall des Systems, da der Strom weiterhin über die anderen Zellen fließen kann. Die Spannung an den parallel verschalteten Zellen ist dabei auf dem gleichen Wert und unterschiedliche Ladezustände gleichen sich durch Ausgleichsströme zwischen den Zellen aus.

Parallel- und Serienschaltungen können kombiniert werden (siehe (d) bis (e)), um die gewünschte Dimensionierung von Spannung und Kapazität zu erreichen. Dabei werden in seriellen Strängen nur Zellen und Zellblöcke identischer Nennkapazität eingesetzt, um die beschriebenen Limitierungen bei unterschiedlichen Zuständen in Zellsträngen zu vermeiden. Die Verschaltungstopologien haben unterschiedliche Vor- und Nachteile in Bezug auf die Ausfallsicherheit und den Überwachungsaufwand.

Die Nennenergie eines Moduls berechnet sich letztendlich aus der gesamten Anzahl von Zellen n_{Mod} zu:

$$E_{N,Mod} = U_{N,Mod} \cdot C_{N,Mod} = n_{Mod} \cdot U_{N,Cell} \cdot C_{N,Cell}$$

Die Nennenergie lässt sich daher durch die gesamte Zahl von Zellen skalieren und erlaubt dabei unterschiedliche Kombinationen von Spannungen und Kapazität.

Da in den Zellen und leitenden Verbindungen im Modul Verlustwärme auftritt, muss sichergestellt sein, dass die Zellen ihre zulässige Betriebstemperatur nicht überschreiten. Im stationären Bereich treten, im Vergleich zum Automobilbereich, meist nur geringe Leistungen auf, da die Systemleistung durch die Leistungselektronik limitiert wird. Auch gibt es nur geringe Einschränkungen im Platz und es können größere Abstände zwischen Zellen und Modulen eingeplant werden. Daher ist derzeit (Stand:

Februar 2016) eine Luftkühlung durch die Module oder sogar nur um das Modulgehäuse herum üblich; die Flüssigkühlung ist wenig verbreitet.

Die einzelnen Module können, ähnlich wie einzelne Zellen, wieder seriell (f) und parallel (g) in einem sog. *Rack* verschaltet werden. Durch serielle Verschaltung kann die Spannung des Batteriesystems erhöht werden, wobei Werte unter 1000 Volt (Niederspannung nach VDE-Vorschriften: unter 1000 Volt Wechselspannung bzw. 1500 Volt Gleichspannung) üblich sind. Durch höhere Spannungen im Batteriesystem können Leistungen mit niedrigeren Verlusten übertragen werden, bzw. höhere Leistungen über Kabel des gleichen Querschnitts. Werden die Module üblicherweise wie beschrieben unter 60 Volt parallelgeschaltet, bleibt die Spannung des Batteriesystems insgesamt unter 60 Volt. Jedoch steigt die Stromstärke bei hohen Leistungen stark an und die notwendigen Kabelquerschnitte führen zu hohem Material- und Kostenaufwand.

Racks werden aufgrund der hohen Spannung nicht mehr seriell verschaltet. Ob die Zusammenschaltung von Racks parallel oder durch jeweils eine einzelne Leistungselektronik pro Rack erfolgt, ist stark anwendungsspezifisch. Die Nennenergie des Systems, bestehend aus allen Racks, berechnet sich wiederum aus der gesamten Anzahl von Zellen $n_{System,ges}$ zu:

$$E_{N,Sys} = U_{N,Sys} \cdot C_{N,Sys} = n_{System,ges} \cdot U_{N,Cell} \cdot C_{N,Cell}$$

Das *Batteriemanagementsystem* (BMS) ist für den Betrieb von Lithium-Ionen-Systemen eine notwendige Schaltung, die den Betrieb überwacht. In einem System mit seriell verschalteten Zellen sind die Spannungen nicht identisch, da die einzelnen Zellen unterschiedliche Ladezustände, Zellkapazitäten oder Innenwiderstände vorweisen können. Eine reine Betrachtung der Spannung des Zellstrangs ist daher nicht ausreichend und jede einzelne Spannung im System muss durch das Batteriemanagementsystem überwacht werden, um beim Verlassen des zulässigen Spannungsbereiches den Lade- oder Entladevorgang zu stoppen. Damit sinkt die nutzbare Kapazität gegenüber der theoretisch verfügbaren Kapazität. Durch ein Ladungsausgleichssystem können diese Einschränkungen teilweise ausgeglichen werden. Neben den Spannungen wird aus Sicherheitsgründen auch die Temperatur im Modul überwacht, um einen Fehlerfall wie ausfallende Kühlung oder Zellversagen zu detektieren und das System in einen sicheren Zustand zu überführen. Üblicherweise wird in Batteriesystemen auf Modulbauweise eine BMS-Topologie verwendet, die der Modul-Topologie folgt. Spannungen und Temperaturen werden in den einzelnen Modulen durch Sub-Einheiten des BMS, sogenannte BMS-Slaves, gemessen. Diese kommunizieren ihre Messungen zum BMS-Master. In diesem werden aus den gesammelten Messungen (Temperaturen, Spannungen, Strom) Kennwerte (Funktionszustand, Ladezustand, Alterungszustand, Leistungsfähigkeit) berechnet. Diese werden an das *Energiemanagementsystem* (EMS) des Systems kommuniziert, das die Steuerung der Leistungselektronik und das Lade-/Entladeverhalten des Speichers kontrolliert und den Betrieb protokolliert.

Um die Sicherheit bei Installation, Wartung und Betrieb zu gewähren, sind weitere Komponenten notwendig. Im Modul oder auch zusätzlich im Rack werden Wartungsstecker verbaut. Diese trennen bei Entfernen die Verschaltung des Batteriespeichers im Modul bzw. Rack vom Rest des Systems. Zum Schutz der Zellen bei Kurzschlüssen in der Leistungselektronik oder im Batteriesystem werden Schmelzsicherungen verbaut, die im Fehlerfall die Verbindung trennen und die Zellen und die Verkabelung schützen. Mechanische Schalter, sog. Schütze, werden am verschalteten Batteriesystem verbaut, um eine galvanische, mechanische Trennung im Fehlerfall oder beim Abschalten des Systems zu ermöglichen. Eine Isolationsüberwachung detektiert, wenn eine ungewünschte leitende Verbindung zwischen Batteriepol und dem Schutzleiter, welcher an das Gehäuse angeschlossen ist, besteht. Zusammengefasst besteht das Batteriesystem aus der Zusammenschaltung von Modulen im Rack, dem Batteriemanagementsystem, dem Energiemanagementsystem und zusätzlichen Sicherheitskomponenten.

Das Batteriesystem stellt Gleichstrom zur Verfügung. Eine *Leistungselektronik* wandelt zwischen Gleichstrom des Batteriesystems und Wechselstrom des Netzanschlusses in beide Richtungen die Leistung auf unterschiedliche Spannungsniveaus und – arten um. Abhängig von der Batteriespannung und dem Anwendungszweck sind unterschiedliche Topologien und Anschlussvarianten möglich.

Speichersysteme können mit geeigneter Leistungselektronik prinzipiell in allen Spannungsebenen des Stromnetzes eingebunden werden. Aufgrund der bisher (Stand: Februar 2016) typischen Systemleistungen von Speichersystemen mit unter 1 MW, werden die meisten Systeme jedoch in der Niederspannungs- oder Mittelspannungsebene eingesetzt. Im Folgenden wird auf den Anschluss im Niederspannungsnetz eingegangen, welcher im Heimspeicherbereich ausschließlich vorzufinden ist.

Die Spannung wird im Niederspannungsnetz auf einer Wechselspannung von 230 V/400 V (einphasig/dreiphasig) übertragen. Speicher, die eigens an das Netz angeschlossen sind, werden generell an allen drei Phasen angeschlossen. Heimenergiespeicher können aus Kostengründen auch nur an eine der drei Phasen im Stromnetz eines Hauses angeschlossen werden, damit sinkt jedoch entsprechend die maximale Leistung. Für die zum Anschluss an das Wechselstromnetz notwendige Verbindung der unterschiedlichen Spannungsarten und -niveaus werden Wandler benötigt. Der DC-DC-Wandler wandelt Gleichstrom (Direct Current) auf ein höheres oder niedrigeres Spannungsniveau. AC-DC-Wandler, auch Gleichrichter, wandeln Wechselstrom (Alternating Current) zu Gleichstrom, während DC-AC-Wandler, auch Inverter oder Wechselrichter genannt, Gleichstrom in Wechselstrom wandeln.

Zum Betrieb des Gesamtsystems sind weitere Komponenten notwendig, die unter dem Begriff „Systemperipherie“ zusammengefasst werden. In Systemen mit großer Leistung oder in im Freien aufgestellten Systemen wird für die Kühlung und Heizung üblicherweise eine Split-Klimaanlage eingesetzt, die über eine Heiz- und Kühlfunktion verfügt. Für im Freien aufgestellte Systeme sind Container als Systemgehäuse verbreitet, da sich diese mit gängigen Methoden transportieren lassen. Das gesamte Batteriespeichersystem umfasst damit das Batteriesystem, die Leistungselektronik und die Systemperipherie. Tab. 8 fasst die wichtigsten Komponenten und Baugruppen in Lithium-Ionen-Systemen zusammen.

Tab. 8: Begriffsdefinitionen Lithium-Ionen-Systemtechnik (eigene Darstellung).

Begriff	Erklärung
Einzelzelle oder Zelle	galvanisches Element bestehend aus einem Elektrodenpaar, Separator, Elektrolyt und Zellgehäuse
Batterie	mehrere zusammen verschaltete Zellen, allgemeiner Begriff
Batteriemodul	mehrere parallel und/oder seriell verschaltete Zellen in modularer Bauform
Rack	mehrere parallel und/oder seriell verschaltete Batteriemodule oder großformatige Zellen „vor Anschluss an die Leistungselektronik“
Batteriemanagementsystem (BMS)	Elektronik zur Überwachung (Spannungen, Temperaturen) und Diagnose (Energieinhalt, Funktionszustand, Alterungszustand) des Batteriesystems;; Balancing zum Ausgleich von Abweichungen innerhalb der Verschaltung
Energiemanagementsystem (EMS)	Elektronik zur Steuerung des Batteriespeichersystems, basierend auf Anwendung, Batteriezustand und Betriebsstrategie
Batteriesystem	gesamtes System von Racks inklusive Batteriemanagementsystem
Leistungselektronik	Leistungsumwandlung zwischen Gleichstrom des Batteriesystems und Wechselstrom des Netzanschlusses
Systemperipherie	Komponenten, die neben dem Batteriesystem und Leistungselektronik für den Systembetrieb notwendig sind, wie Heizung/Kühlung/Ventilation, Kommunikation und Systemgehäuse
Batteriespeichersystem	gesamtes System bestehend aus Batteriesystem, Leistungselektronik und Systemperipherie

Im Heimenergiesektor ist die modulare Bauweise von Speichern verbreitet. Während zu Beginn der Lithium-Ionen-Systeme im Heimenergiesektor ausschließlich Systeme unter 60 V Gleichstrom, also mit Parallelschaltung der Module, verbreitet waren, folgen nun auch Batteriesysteme mit höheren Spannungen.

Es haben sich verschiedene Verschaltungstopologien der Leistungselektronik zum Anschluss des Batteriespeichersystems entwickelt, die in DC-Kopplung und AC-Kopplung gruppiert werden können. Abb. 5 zeigt beide Topologien zum Anschluss eines Batteriespeichersystems in ein Heimenergiesystem mit Photovoltaikanlage, Verbrauchern und Netzanschluss.

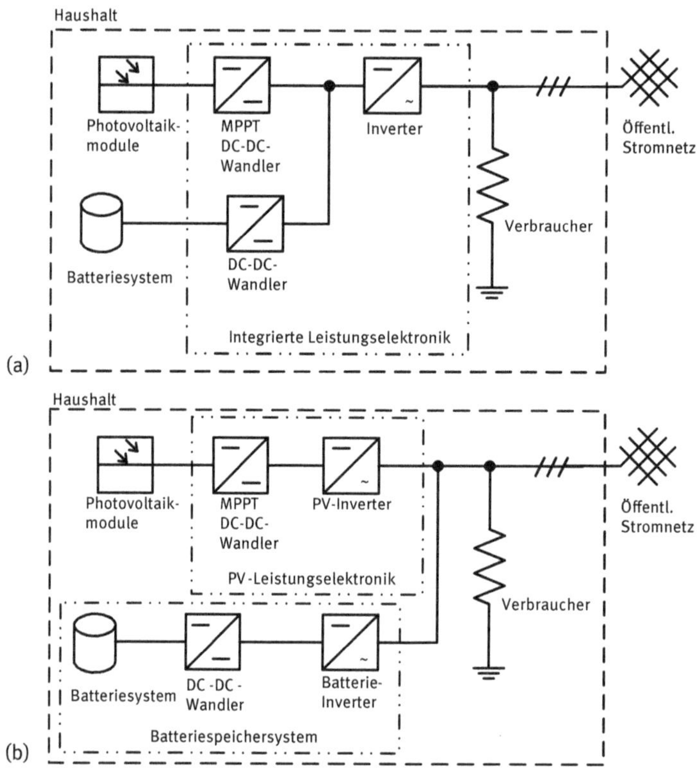

Abb. 5: Aufbau eines Heimenergiesystems mit Photovoltaikanalage, Netzanschluss und Batteriespeichersystem mit (a) DC-Kopplung oder (b) AC-Kopplung als Einliniendiagramm (eigene Darstellung).

Die Photovoltaikpanels geben Gleichstrom aus und werden über den Maximum-Power-Point-Tracking-DC-DC-Wandler[2] (MPPT-DC-DC) an den DC-Zwischenkreis angeschlossen. Die Anbindung durch DC-Kopplung (a) bindet das Batteriesystem auf Gleichstrom-Basis in die Leistungselektronik ein. Die Leistungselektronik ist hier eine integrierte Einheit zum Anschluss aller Komponenten. Dies ermöglicht die Verwendung desselben Gleichstrom-Zwischenkreises zur Wandlung zwischen den Komponenten (gekoppelt). Das Batteriespeichersystem wird über einen DC-DC-Wandler an den Zwischenkreis angeschlossen. Der DC-DC-Wandler muss bidirektional arbeiten können, also das Batteriesystem laden und entladen. Dieser muss nur unidirektional Leistung wandeln. Photovoltaiksystem und Batteriesystem können daher beide den gleichen AC-DC-Wandler nutzen. Der Netzanschluss zur Einspeisung erfolgt über einen DC-AC-Wandler.

2 System zur Ansteuerung des Betriebspunkts der maximalen Leistung eines Photovoltaikmoduls.

Eine Alternative zur dargestellten DC-Kopplung ist der direkte Anschluss des Batteriesystems an den MPPT-DC-DC-Wandler, die sog. MPP-DC-Kopplung.

Bei der Anbindung durch AC-Kopplung (b) wird das Batteriesystem separat vom Photovoltaiksystem angeschlossen. Batteriespeichersystem und Photovoltaiksystem haben jeweils einen separaten DC-AC-Wandler. Der DC-DC-Wandler und der DC-AC-Wandler des Batteriespeichersystems müssen beide bidirektional arbeiten können um, je nach Lastflussrichtung, die Funktion eines Wechselrichters und eines Gleichrichters zu erfüllen.

Eine DC-Kopplung weist allgemein Vorteile im Wirkungsgrad des Batteriespeichers auf, da Umwandlungsschritte für Ein- und Ausspeicherung entfallen und in den Systemkosten der zusätzliche AC-DC-Wandler eingespart werden kann. Nachteilig ist, dass das gesamte System aufeinander abgestimmt sein muss und daher meist nur bei einer kompletten Neuinstallation verbaut werden kann. Ein AC-gekoppeltes Batteriespeichersystem kann hingegen nachträglich zu einer bestehenden Photovoltaikanlage installiert werden. Die detaillierte Beschreibung der technischen Anforderungen und Richtlinien zum Netzanschluss folgen in Kapitel 2.1.

Tab. 9 und 10 zeigen jeweils beispielhaft technische Daten von Heimenergiespeichern bzw. Containerspeichern. Dabei werden Systeme identischer Leistung und Größe gewählt, die die charakteristischen Unterschiede eines komplexen, effizienten und eines simpleren, günstigeren Systems zeigen.

Tab. 9: Technische Daten typischer Photovoltaik-Heimenergiespeicher auf Lithium-Ionen Basis (eigene Darstellung).

	System A komplex, hohe Effizienz hohe Spannung, niedrige Kapazität	**System B simple Topologie, günstig niedrige Spannung, hohe Kapazität**
Nennenergie	7,4 kWh	7,4 kWh
Nennleistung Leistungselektronik	5 kW (dreiphasig)	3,5 kW (einphasig)
Nennleistung Batterie	7,4 kW	7,4 kW
Nennkapazität	24 Ah	158 Ah
Nennspannung	307 V	47 V
Zellchemie	Lithium-Eisenphosphat	Lithium-Nickel-Mangan-Cobalt-Oxid
Lebensdauer	20 Jahre/6000 Zyklen	10 Jahre/2500 Zyklen
Batterietopologie	7 serielle Module	7 parallele Module
Betriebsstrategie	prädiktiv optimiert für erhöhte Effizienz	kein vorrausschauender Betrieb

1.7 Exkurs: Effizienz von Batteriespeichersystemen

Die Speicherung von Energie mithilfe eines Batteriespeichers ist unweigerlich mit energetischen Verlusten verbunden. Die vier wesentlichen Verlustarten sowie deren ungefähre Größenordnung können Abb. 6 entnommen werden.

Tab. 10: Technische Daten typischer Containerspeicher auf Lithium-Ionen Basis (eigene Darstellung).

	System A komplex, effizient	System B simpel, günstig
Nennenergie	200 kWh	200 kWh
Nennleistung Batterie	250 kW	250 kW
Nennkapazität	300 Ah	570 Ah
Nennspannung	660 V	350 V
Zellchemie	Lithium-Eisenphosphat	Lithium-Nickel-Mangan-Cobalt-Oxid
Leistungselektronik Anbindung	6 × 36 kW + 2 × 18 kW, separater Betrieb für optimale Effizienz	2 × 220 kW, symmetrischer Betrieb
Kühlung	Zwei-Zonen-Klimatisierung (Batterie/Leistungselektronik) Belüftung mit Umgebungsluft und Split-Klimaanlage aktive Belüftung der Module/Racks	Ein-Zonen-Klimatisierung nur Split-Klimaanlage, kein Luftaustausch keine direkte aktive Kühlung der einzelnen Module/ Racks

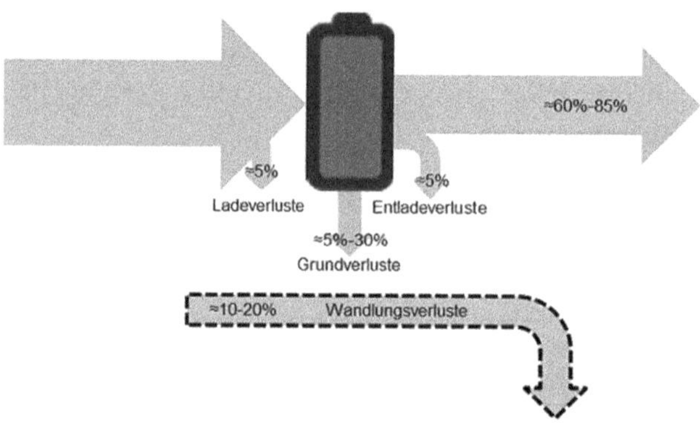

Abb. 6: Verlustarten (eigene Darstellung).

Abhängig vom gewählten Speichersystem und von der gewählten Anschlussart (siehe Kap. 2.1) können zwischen 60 Prozent und 90 Prozent der eingespeicherten Energie auch tatsächlich genutzt werden. Die breite Spanne verdeutlicht die Notwendigkeit der richtigen *Dimensionierung des Gesamtsystems* sowie die Wahl des passenden Batteriespeichers. Die angegebenen Prozentwerte verstehen sich hier jeweils nur als Richtwerte und können sowohl nach oben als auch nach unten abweichen. Hohe *Verluste* entstehen i. d. R. bei der Wandlung von Wechsel- zu Gleichspannung bzw. Gleich- zu Wechselspannung. Bei DC-Systemen (siehe Kap. 2.1) entfällt diese Verlustart zum Großteil, da hier die Spannung nicht gewandelt, sondern nur transformiert werden muss. Eine optimale Dimensionierung des Systems, wo die Komponenten aufeinander abgestimmt sind, (siehe Kap. 3.2) verbessert hier den Wirkungsgrad. Ebenfalls systemabhängig (und damit schwankend) sind die Grundverluste. Diese können zwischen 5 Prozent und 25 Prozent liegen und haben daher i. d. R. den höchsten Anteil an den Verlusten. Die Lade- und Entladeverluste liegen in der Praxis bei jeweils um 5 Prozent.

Der Systemwirkungsgrad (η_{BS}) setzt sich aus dem Produkt der Einzelwirkungsgrade (Lade-/Entladewirkungsgrad ($\eta_{BS,L}/\eta_{BS,EL}$) (= Batteriewirkungsgrad), Wechselrichterwirkungsgrad ($\eta_{WR,L}/\eta_{WR,EL}$)) zusammen und ist für den Nutzer der entscheidende Vergleichswert:

$$\eta_{BS} = \eta_{BS,L} \cdot \eta_{BS,EL} \cdot \eta_{WR,L} \cdot \eta_{WR,EL} \cdot \eta_{BS,G}$$

1.7.1 Lade- und Entladeverluste

Sowohl der Lade- als auch der Entladevorgang der Batterie sind mit Verlusten verbunden. Das Verhältnis der entnommenen Ladung (Q_{ab}) zur zugeführten Ladung (Q_{zu}) bei Durchfahren eines Zyklus gibt den Batteriewirkungsgrad an. Beim Batteriewirkungsgrad wird zwischen dem Amperestunden (Ah)-Wirkungsgrad und dem Wattstunden (Wh)-Wirkungsgrad unterschieden. Der Ah-Wirkungsgrad wird auf Basis der integrierten Ströme (I) berechnet:

$$\eta_{Ah} = \frac{Q_E}{Q_L} = \frac{\int_0^t I_E * dt}{\int_0^t I_L * dt}$$

Beim Wh-Wirkungsgrad werden hingegen Strom und Spannung über die Entlade- und Ladezeit (jeweils auf den gleichen Ladezustand) berücksichtigt:

$$\eta_{Wh} = \frac{W_E}{W_L} = \frac{\int_0^t U * I_E * dt}{\int_0^t U * I_L * dt}$$

Eine Amperestunde gibt die Ladungsmenge an, die innerhalb einer Stunde bei konstantem Strom durch einen Leiter fließt. Durch Multiplikation mit der Klemmenspannung erhält man den für die Anwendung relevanteren Wert der Energiemenge in Wattstunden (Wh). Die maximale Lade- bzw. Entladeleistung des Batteriesystems wird durch die Leistungsfähigkeit von Batteriezellen und Leistungselektronik oder durch eine softwareseitige Limitierung des Batterieladereglers oder Batteriewechselrichters bestimmt.

1.7.2 Grundverluste

Durch die Selbstentladung kommt es in der Batterie zu zusätzlichen Verlusten, die den Systemwirkungsgrad verschlechtern. Die monatlichen Selbstentladungen bei einer Lagerung von 15 °C betragen bei Blei-Säure 5 bis 10 Prozent, bei Blei-Gel etwa 3 bis 5 Prozent und bei Lithium-Ionen-Batterien 1 bis 3 Prozent der Nennkapazität. In Kombination mit PV-Anlagen ist die Selbstentladung hingegen weitestgehend zu vernachlässigen, da der Batteriespeicher in der Regel nur über einzelne Tage die Energie einspeichert. Zu den Grundverlusten zählen auch der Standby-Verbrauch der Batterie und des Batteriewechselrichters. Dies ist der Bedarf, den der Speicher benötigt, wenn er nicht genutzt wird. Ausgereifte Speichersysteme verfügen über eine intelligente Nachtabschaltung, um diesen Bedarf möglichst zu minimieren. Weiterhin benötigt die Leistungselektronik auch während des Betriebs einen Eigenbedarf. Auch dieser wird in den Grundverlusten erfasst.

1.7.3 Wechselverluste

Die durch das PV-System bereitgestellte und durch einen PV-Wechselrichter umgewandelte PV-Energie kann dem Batteriesystem, dem öffentlichen Stromnetz oder den haushaltsinternen Verbrauchern zugeführt werden. Mit der Zwischenspeicherung durch das Batteriesystem sind energetische Umwandlungsverluste verbunden. Haushaltsinterne elektrische Verbraucher benötigen für den Betrieb Wechselstrom (Alternating Current, AC). Daher muss der vom PV- oder Batteriesystem bereitgestellte Gleichstrom (Direct Current, DC) mithilfe von Wechselrichtern umgewandelt werden. Daraus ergeben sich verschiedene Möglichkeiten hinsichtlich der Verschaltung der einzelnen Komponenten und des Systemaufbaus (siehe Kap. 1.1.2). Grundsätzlich ist dabei zwischen AC- und DC-Anschlusskonzepten zu unterscheiden.

Für das AC-Anschlusskonzept sprechen die geringe Komplexität im Falle einer Nachrüstung des Batteriesystems und die hohe Effizienz bei direkter Anführung an die AC-Verbraucher. Für das Laden der Batterie ist ein zusätzlicher Umwandlungsprozess notwendig, da Batterien nur mit Gleichstrom geladen werden können. Nach der Zwischenspeicherung muss eine weitere Umwandlung zurück zu Wechselstrom stattfinden.

Die in das Stromnetz eingespeisten Energiemengen können ggf. durch technisch oder vertraglich gegebene Bedingungen hinsichtlich der maximalen Einspeiseleistung limitiert werden. Daraus können energetische Abregelungsverluste resultieren. Abregelungsverluste entstehen bei der Begrenzung der Einspeiseleistung der PV-Anlage. Wird das KfW-Marktanreizprogramm für Speicher in Anspruch genommen, so darf der Anlagenbetreiber maximal 60 Prozent der installierten Anlagenleistung in das Netz einspeisen (ab 01.03.2016 reduziert sich dieser Wert auf 50 Prozent, siehe Kap. 2.4). Im Gegenzug erhält der Antragsteller dafür einen Tilgungszuschuss für seinen Speicher. Seit Mai 2013 gibt es das Marktanreizprogramm für Batteriespeicher. Für die Effizienz von Batteriespeichern spielen diese Verluste hingegen keine Rolle (siehe Kap. 2.4). Um den haushaltsinternen elektrischen Energiebedarf decken zu können, kann ein zusätzlicher Energiebezug aus dem öffentlichen Stromnetz notwendig sein. Die mit dem zusätzlichen Umwandlungsprozess zum Laden der Batterie verbundenen Verluste können durch den Anschluss nach dem DC-Konzept vermieden werden. Der aus dem PV-System stammende DC-Strom muss hier durch einen DC-DC-Steller auf die richtige Spannung gewandelt werden und kann anschließend dem Batteriesystem direkt zugeführt werden. Eine Umwandlung des DC-Stroms findet nur statt, wenn die Energiemengen AC-Verbrauchern zur Verfügung gestellt oder in das öffentliche Stromnetz eingespeist werden sollen. Umwandlungsverluste sind von der dem Batteriesystem zugeführten Energiemenge und dem Ladewirkungsgrad abhängig.

1.8 Exkurs: Sicherheit von Batteriespeichersystemen

Allgemein muss bei der Sicherheit von Batteriespeichersystemen nach dem jeweiligen Batterietyp, der eingesetzt wird, unterschieden werden. Grundsätzlich gilt jedoch, dass es immer auch spezielle Anforderungen an den Aufstellungsort, die im Fehlerfall einzuleitenden Schritte, die Beschilderung des Aufstellungsorts und für die Einhaltung der Betriebsgrenzen gibt.

1.8.1 Sicherheit von Blei-Säure-Batterien

Bleibatterien zeichnen sich selbst bei nicht bestimmungsgemäßem Gebrauch durch eine hohe Sicherheit und Zuverlässigkeit aus. Dies stellt einen großen Vorteil gegenüber der Lithium-Ionen Technologie dar, welche aufwändige Sicherheits- und Überwachungsmechanismen benötigt. Hierzu tragen mehrere Eigenschaften bei. So sind die einzelnen Bestandteile nicht brennbar, weniger toxisch als bei vielen anderen elektrochemischen Speichersystemen und nicht flüchtig. Im Fall einer Überladung fließt, wie in Kapitel 1.4 geschildert, der gesamte Strom in die elektrolytische Zersetzung des enthaltenen Wassers, wodurch eine Überhitzung und Zerstörung wirkungsvoll verhindert wird. Je nach Bauform werden die Zellen hierbei zwar irreversibel geschädigt, sie fallen aber nicht vollständig aus. Eine Tiefentladung führt auch zur irreversiblen Schädigung, verursacht aber ebenfalls weder den Totalausfall noch einen gefährlichen Zustand. Da die Blei-Säure-Batterie somit weniger stark auf ein Verlassen der Betriebsgrenzen reagiert, wird hier i. d. R. auf ein teures Batteriemanagementsystem verzichtet.

Dennoch bedingt die auch im normalen Betrieb unvermeidbare Wasserelektrolyse ein Sicherheitsrisiko in Folge der frei werdenden brennbaren Gase. Sie können in der Umgebung eine explosive Atmosphäre verursachen, weshalb sowohl bei geschlossenen als auch bei verschlossenen Batterien grundsätzlich auf eine ausreichende Belüftung geachtet werden muss. Weiterhin besteht die Gefahr der Verätzung oder Korrosion, sollte die enthaltene Schwefelsäure austreten und mit der Haut oder mit empfindlichen Gegenständen in Kontakt kommen.

Die zum Installationszeitpunkt gültigen Normen und die Anweisungen des Batterieherstellers sind zu beachten, insbesondere was die entsprechende Kennzeichnung und die sonstigen baulichen Anforderungen an den Aufstellungsort angeht.

1.8.2 Sicherheit von Lithium-Ionen-Batterien

Im Gegensatz zu Blei-Säure-Batterien können Lithium-Ionen-Batterien bei unsachgemäßem Gebrauch schnell in sicherheitskritische Zustände gelangen. So ist bspw. der in den Zellen verwendete Elektrolyt brennbar und bildet in Verbindung mit Wasser oder Umgebungsfeuchte giftige Flusssäure. Das genaue Verhalten muss dem Datenblatt des Zellherstellers entnommen werden und hängt von der eingesetzten Zellchemie, dem Elektrolyten und dem konstruktiven Aufbau der Zelle ab.

Daher müssen bei diesem Batterietyp sowohl die Spannungs- als auch die Temperaturgrenzen jeder einzelnen Zelle im Batteriepack eingehalten werden. Je nach Zellchemie (siehe Kap. 1.1.1) verhält sich eine Lithium-Ionen-Zelle mehr oder weniger tolerant gegenüber unsachgemäßem Gebrauch. Um die Einhaltung der Betriebsgrenzen zu gewährleisten, sind Batteriemanagementsysteme notwendig, ohne diese ein sicherer Betrieb des Speichers nicht gewährleistet werden kann. Des Weiteren müssen auch stromabhängige Temperatur-, Ladezustands- und Spannungsgrenzen berücksichtigt werden, um die Lithium-Ionen-Zellen nicht zu schädigen. Je nach Zellhersteller, Zelltyp und Anwendung sind teilweise auch verschiedene Kombinationen von Sicherheitsmechanismen verbaut. Tab. 11 zeigt typische Sicherheitsmechanismen in Li-Ionen Zellen. Nicht alle Sicherheitsmechanismen werden für jeden Zelltyp eingesetzt.

Tab. 11: Typische Sicherheitseinrichtungen in Lithium-Ionen-Zellen; je nach Anwendung kommen verschiedene Sicherheitseinrichtungen zum Einsatz (eigene Darstellung).

Sicherheitselement	Bauweise	Prinzip
PTC-Widerstand (engl. positve temperature coefficient)	Widerstand mit positivem Temperaturkoeffizienten parallel zu Kontakt(en)	Mit steigender Zelltemperatur bzw. zu hohem Zellstrom steigt die Ableitertemperatur. Temperaturanstieg führt zur Widerstandserhöhung. Diese führt zur Strombegrenzung, was wiederum zu einer Abkühlung führt.
CID-Stromunterbrechung	elektrischer Kontakt zu den Polen wird unterbrochen	Zu hoher Druck in der Zelle führt zum Unterbrechen des Stromes, was wiederum weitere kritische Zustände verhindern soll.
Shutdown Separator	Separator wird in Zelle integriert	Durch den Verlust der Ionen-Leitfähigkeit (ab ca. 130 °C) wird der Stromfluss in der Zelle unterbrochen, was eine weitere Erwärmung verhindern soll.
Berstschutz	in das Gehäuse der Zelle integriert	Sollte es im Fehlerfall zu einem sehr hohen Innendruck der Zelle kommen, muss eine Explosion der Zelle verhindert werden. Übersteigt der Innendruck einen gewissen Wert, wird zuvor der Berstschutz ausgelöst und baut den Innendruck ab.

1.9 Grundlagen der Blei-Säure-Systeme

Die Erfindung der Bleibatterie, oder besser gesagt: des Blei-Säure-Akkumulators, geht auf das Jahr 1854 zurück, als der deutsche Arzt und Physiker Wilhelm Josef Sinsteden erstmals Bleiplatten in verdünnter Schwefelsäure zur Speicherung elektrischer Energie nutzte. Obwohl zu jener Zeit seiner Erfindung noch keine praktische Bedeutung zukam, wurde sie in den folgenden Jahrzehnten von vielen Wissenschaftlern erforscht und bis zur Anwendungsreife weiterentwickelt. Mit der aufkommenden Elektrifizierung stieg der Bedarf an Speichern für elektrische Energie gegen Ende des 19. Jahrhunderts rasant an, was schließlich zum wirtschaftlichen Durchbruch der Bleibatterie führte. Aufgrund ihres niedrigen Preises sowie der vielen Vorteile in Bezug auf Sicherheit, Zuverlässigkeit, Lebensdauer und Wiederverwertbarkeit nahezu aller Bestandteile ist sie bis heute der weltweit am häufigsten eingesetzte elektrochemische Energiespeicher. So entfielen im Jahr 2015 über zwei Drittel der installierten Gesamtkapazität aller Batterien auf diesen Typ, wobei die Bedeutung von Lithium-Ionen-Systemen stetig zunimmt.

In Kapitel 1.4 werden die elektrochemischen und technologischen Grundlagen moderner Bleibatterien näher beschrieben, ihre typischen Anwendungsgebiete vorgestellt sowie der Herstellungs- und Recyclingprozess erläutert. Ein Ausblick auf die zukünftige Entwicklung schließt Kapitel 1.4 ab.

1.9.1 Elektrochemische und technologische Grundlagen von Blei-Säure-Zellen

Die Elektroden geladener Blei-Säure-Zellen bestehen aus porösem Blei auf der negativen bzw. Bleidioxid auf der positiven Seite. Grundgerüste aus harten Bleilegierungen gewährleisten jeweils die notwendige mechanische Stabilität und dienen gleichzeitig als elektrische Ableiter. Zusammen bilden sie die sog. Platten, welche durch einen isolierenden, ionendurchlässigen Separator, der je nach Bauform unterschiedlich konstruiert sein kann, voneinander getrennt. Verdünnte Schwefelsäure stellt als Elektrolyt die ionische Leitfähigkeit zwischen den Elektroden sicher, nimmt aber auch aktiv an den chemischen Reaktionen teil:

$$positive\,Elektrode : PbO_2 + 4H^+ + SO_4^{2-} + 2e^- \rightarrow PbSO_4 + 2\,H_2O$$

$$negative\,Elektrode : Pb + SO_4^{2-} \rightarrow PbSO_4 + 2e^-$$

$$Gesamtreaktion : Pb + PbO_2 + 2\,H_2SO_4 \rightarrow 2\,PbSO_4 + 2\,H_2O$$

Die Gleichungen beschreiben die Reduktion von Bleidioxid einhergehend sowie die Oxidation von Blei zu Bleisulfat, wenn der Zelle Strom entnommen wird. Eine Stromzufuhr, z. B. durch ein Ladegerät, führt zu einer Umkehr beider Prozesse. Auf diese Weise lassen sich in modernen Zellen 20 bis 45 Wattstunden (Wh) elektrischer Energie pro Kilogramm aktiven Materials speichern, wobei hohe Werte i. d. R. mit einer niedrigen Haltbarkeit erkauft werden müssen. Da die Schwefelsäure an den chemischen Reaktionen teilnimmt, ändert sich ihre Konzentration mit dem Ladezustand, wodurch wiederum die Spannung zwischen etwa 1,95 V und 2,15 V variiert. Den genauen Zusammenhang zwischen Säurekonzentration, Temperatur und Gleichgewichtsspannung beschreibt die Nernst'sche Gleichung. Für 25 °C ergibt sich hieraus der in Abb. 7 gezeigte Verlauf.

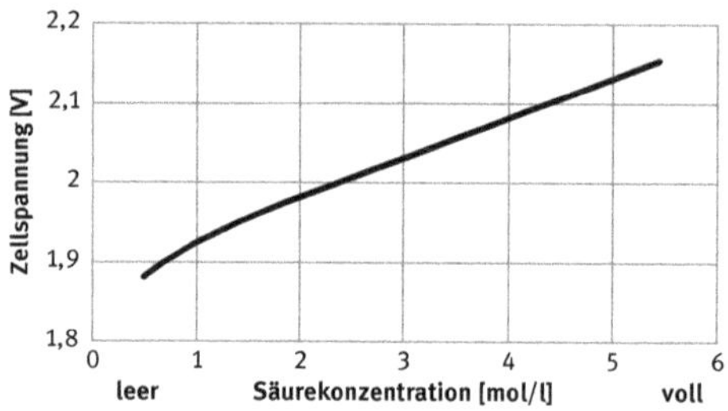

Abb. 7: Gleichgewichtsspannung einer Blei-Säure-Zelle (eigene Darstellung nach Pavlov, 2011).

Die dargestellten Werte erhöhen sich um etwa 0,2 mV je Grad Celsius. Neben den oben geschilderten Vorgängen zur Speicherung elektrischer Energie finden an beiden Elektroden diverse Nebenreaktionen statt, welche die Eigenschaften dieses Systems merklich beeinflussen. Hierbei ist insbesondere die elektrolytische Zersetzung des enthaltenen Wassers zu nennen, wobei gasförmiger Wasser- und Sauerstoff entstehen:

$$2\,H_2O \leftrightarrow 2\,H_2 \uparrow + O_2 \uparrow$$

Dies führt zu einer fortwährenden Zellentladung von etwa 3 bis 10 Prozent pro Monat bei Raumtemperatur. Sie kann allerdings je nach Aufbau und Alter auch deutlich höher liegen und verdoppelt sich in etwa je 10 °C Erwärmung. Die Begrenzung dieses Mechanismus stellt eine große Herausforderung im Batteriebau dar und geht in aller Regel mit einer Verschlechterung anderer Eigenschaften wie der Lebensdauer einher. Vollständig unterbinden lässt er sich aufgrund der hohen Elektrodenpotenziale allerdings nicht. Eine wichtige Rolle spielt dies beim Überladen. Hier kommt die Hauptreaktion durch Mangel an Bleisulfat praktisch zum Erliegen und nahezu der gesamte Strom fließt in diesen Nebenzweig. Dies führt zwar zu einem Verlust an Wasser, wirkt aber einer gefährlichen Überhitzung entgegen.

Neben den Reaktionsüberspannungen an beiden Elektroden und den elektrischen Widerständen der stromdurchflossenen Bestandteile wie Ableiter, Aktivmaterialien und Elektrolyt tragen auch die gerade erläuterten Effekte zu den unvermeidbaren Verlusten einer Energiespeicherung in Blei-Säure-Zellen bei. Unter normalen Betriebsbedingungen wird ein Wirkungsgrad von etwa 80 bis 90 Prozent bei Raumtemperatur erreicht.

Die verfügbare Kapazität C hängt stark vom Entladestrom I ab. Sind die entsprechenden Nennwerte C_N und I_N bekannt, die in aller Regel aus dem Datenblatt hervorgehen, so liefert die phänomenologische Peukert-Gleichung eine adäquate Abschätzung:

$$C = C_N \cdot (I_N/I)^{k-1}$$

Der Exponent k hängt von der Temperatur sowie konstruktionsbedingten Parametern ab und nimmt typischerweise Werte zwischen 1,1 und 1,4 an. Die Nennkapazität ist ebenfalls temperaturabhängig und erhöht sich um etwa 0,6 Prozent bis 0,8 Prozent je Grad Celsius.

Verschiedene Mechanismen führen, wie in praktisch jedem elektrochemischen Speichersystem, zu einem schleichenden, irreversiblen Verlust von Kapazität und Leistungsfähigkeit. In erster Linie sind hierbei die Korrosion der inneren Bleigerüste der positiven Platten und deren Verbindungselementen zum äußeren Pol zu nennen. Aufgrund ihres hohen Potenzials sind diese Komponenten einer fortschreitenden Oxidation unterworfen, die zwar durch eine geeignete Wahl der Legierungsbestandteile und Herstellungsverfahren verlangsamt, aber nicht vollständig unterbunden werden kann. Dies führt zu einem wachsenden elektrischen Innenwiderstand, Kontaktverlust des Bleidioxids und einer Ausdehnung des Gitters, wodurch wiederum die Zellkapazität sinkt und interne Kurzschlüsse entstehen können. Ein weiterer wichtiger Aspekt ist die sog. Sulfatierung. Je tiefer eine Zelle entladen wird, desto größere Bleisulfatkristalle entstehen. Auch bei längerem Betrieb ohne vollständige Ladung lösen sich kleinere Kristalle auf und lagern sich an größeren an. Letztere können, aufgrund ihrer geringen spezifischen Oberfläche, im normalen Betrieb nicht mehr umgewandelt werden und binden somit aktives Material, was wiederum einen Kapazitätsverlust nach sich zieht. Dementsprechend sind solche Bedingungen, wie sie bspw. durch eine falsche Dimensionierung oder die Selbstentladung bei längerer Lagerung auftreten können, zu vermeiden. Moderne Batterien enthalten darüber hinaus spezielle Additive, die dem geschilderten Mechanismus entgegenwirken. Eine Desulfatierung gealterter Platten ist hingegen nur in wenigen Fällen und unter großem Aufwand möglich. Der vielfach beworbene Einsatz von Strompulsen wird von Fachleuten allgemein kritisch bewertet.

Die Umwandlung der Elektrodenmaterialien zu Bleisulfat und umgekehrt geht mit einer erheblichen Volumenarbeit einher und erzeugt bei jedem Zyklus mechanischen Stress. Dieser führt zu Kontaktverlusten, welche wiederum eine Verringerung der Kapazität sowie eine Erhöhung des Innenwiderstands bewirken. Abfallendes Material sammelt sich im sog. Schlammraum am Gehäuseboden. Ist dieser bis zu den Unterkanten der Platten gefüllt, entstehen interne Kurzschlüsse, die zu einem Ausfall der entsprechenden Zelle führen.

Hohe Temperaturen beschleunigen sämtliche Prozesse innerhalb von Blei-Säure-Zellen deutlich, wodurch sowohl die Leistungsfähigkeit als auch die Kapazität zunehmen. Allerdings führt dies, neben einer erhöhten Wasserelektrolyse, auch zu einer stärkeren kalendarischen Alterung. Tiefe Temperaturen wirken sich dementsprechend negativ auf die Kapazität und Leistungsfähigkeit aus, sind aber andererseits für die Lebensdauer vorteilhaft. In diesem Zusammenhang muss allerdings noch eine Besonderheit beachtet werden: Leere Zellen können schon bei knapp unter 0 °C einfrieren, was mechanische Beschädigungen und einen zumindest vorübergehenden Ausfall bewirkt. Dies liegt an der entsprechend niedrigen Konzentration der enthaltenen Schwefelsäure. Hinreichend geladene Zellen können dagegen auch bis unter –20 °C gelagert und betrieben werden.

Die Lebenserwartung einer Bleibatterie hängt von vielen Einflussfaktoren ab: Neben den Betriebsbedingungen und der Qualität spielen hier insbesondere die genaue Bauart und die Auslegung des gesamten Speichers eine Rolle. Betrachtet man die Eigenschaften der geschilderten Alterungsmechanismen, so lässt sich allgemein sagen, dass ein Betrieb zwischen 0 °C und normaler Raumtemperatur mit regelmäßiger Vollladung und Nutzung eines relativ geringen Teils der verfügbaren Kapazität von 20 Prozent bis maximal 50 Prozent mit der geringsten Alterung einhergeht.

1.9.2 Bauformen und Anwendungsgebiete von Bleibatterien

Seit ihrer Erfindung wurde die Bleibatterie stetig weiterentwickelt und zählt somit zu den ausgereiftesten elektrochemischen Energiespeichern. Insbesondere haben sich im Laufe der Zeit unterschiedliche Typen und Bauformen für die einzelnen Anwendungsfelder etabliert. Die wichtigsten sollen mit ihren speziellen Vor- und Nachteilen kurz vorgestellt werden.

Ihr größtes Anwendungsfeld finden Blei-Säure-Zellen derzeit im Automobilbereich. Hier stellen sie in *Starterbatterien* (*Starting Lighting Ignition*, SLI) einen elementaren Bestandteil fast aller konventionell angetriebenen Fahrzeuge dar und liefern die nötige Energie für den Anlasser und den Betrieb aller elektrischer Verbraucher bei Stillstand des Motors. *Nassbatterien* (*Flooded Lead-Acid*, FLA) sind die einfachste Bauform. Bleigitter enthalten die aktiven Substanzen der Elektroden. Diese 1 bis 3 mm dicken, positiven und negativen Platten sind abwechselnd hintereinander angeordnet und elektrisch parallel geschaltet. Sie werden durch mikroporöse Separatoren voneinander getrennt, die aus verschiedenen säurefesten, temperaturbeständigen Kunststoffen bestehen können. Die Schwefelsäure liegt in flüssiger Form vor und verteilt sich über alle Poren und Zwischenräume. Als Gehäusematerial kommt meist Polypropylen zum Einsatz, da es nichtleitend und gegen Schwefelsäure beständig ist sowie die erforderliche Stabilität zu geringen Kosten aufweist. Nassbatterien sind besonders günstig und haben bei fachgerechter Behandlung eine Lebenserwartung von einigen Jahren und wenigen hundert Zyklen. Durch ihre Bauweise mit flüssigem Elektrolyt dürfen sie nicht lageunabhängig aufbewahrt und betrieben werden. Verdunstung und elektrolytische Zersetzung führen zu einem ständigen Wasserverlust, der typischerweise mindestens einmal jährlich kontrolliert und ggf. ausgeglichen werden muss. Ein weiterer Nachteil dieser Bauform liegt in der sog. Säureschichtung. Im normalen Lade- und Entladebetrieb setzt sich die Schwefelsäure ab, sodass ihre Konzentration im unteren Bereich der Zellen höher ist als im oberen, was zu einer geringeren Kapazität, v. a. aber zu einer beschleunigten Alterung führt. Ein Ausgleich der Konzentrationen ist nur durch lange Ruhephasen oder eine gezielte Überladung mit entsprechender Gasbildung möglich.

Eine Weiterentwicklung stellen *Vlies-* (*Absorbent Glass Mat*, AGM) und *Gelbatterien* dar. Beide zeichnen sich insbesondere durch ihre Wartungsfreiheit aus, wodurch die sonst notwendigen Stopfen zum gelegentlichen Nachfüllen von Wasser entfallen und die Gehäuse somit vollständig verschlossen sind. Aus Sicherheitsgründen werden allerdings nach wie vor Überdruckventile benötigt. Anhand dieser besonderen Merkmale spricht man hier auch von *verschlossenen Bleibatterien* (*Valve-Regulated Lead-Acid*, VRLA). Eine solche Konstruktionsweise setzt allerdings eine nahezu vollständige Umkehr der unvermeidbaren Wasserelektrolyse innerhalb der Zellen voraus. Gaskanäle im Elektrolyten können hierzu den entstehenden Sauerstoff von der positiven zur negativen Elektrode leiten, wo dieser gemäß der Gleichung

$$O_2 + 4H^+ + 4e^- \rightarrow 2H_2O$$

wieder rekombiniert. Speziell bei starker Überladung kann allerdings nicht mehr die gesamte Gasmenge auf diese Weise umgewandelt werden. Ein Teil strömt dann über die Sicherheitsventile ab, um ein Bersten des Gehäuses zu verhindern. Dies führt allerdings zu einem irreversiblen Wasserverlust und verursacht somit einen dauerhaften Schaden.

Vliesbatterien enthalten Glasmatten zwischen ihren Platten, welche den Elektrolyten aufsaugen. Abb. 8 zeigt den schematischen Aufbau. Ihre Energiedichte ist etwas höher als die von Nassbatterien, neigen weniger stark zur Säureschichtung und können in gewissen Grenzen auch schräg betrieben und gelagert werden. Bei fachgerechter Behandlung sind außerdem die zyklische und kalendarische Lebenserwartung etwas höher. Der Innenwiderstand ist niedrig, was hohe Stromstärken ermöglicht, wie sie z. B. bei modernen Bremsenergierückgewinnungs- oder Start-Stopp-Systemen auftreten.

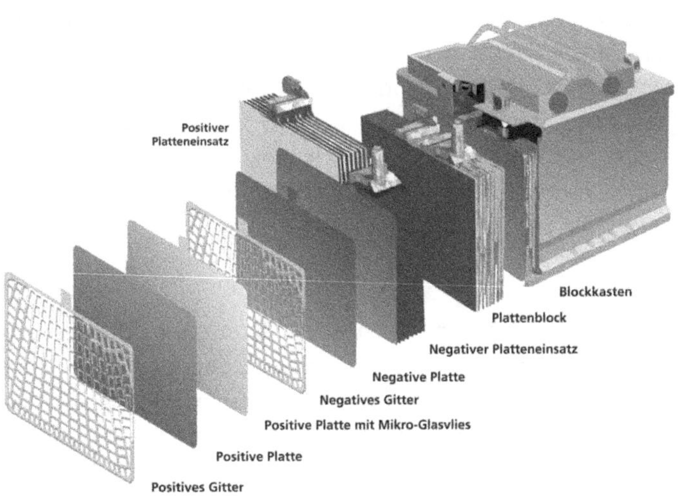

Abb. 8: Schematischer Aufbau einer Vliesbatterie (eigene Darstellung, Fraunhofer-IWES, 2015).

Die Zellen von *Gelbatterien* setzen sich ebenfalls aus mehreren Plattenpaaren zusammen, die durch Separatoren aus säurefesten, temperaturbeständigen Kunststoffen räumlich voneinander getrennt sind. Der Elektrolyt ist mit Kieselsäure gebunden und somit nicht mehr flüssig. Eine Säureschichtung tritt dementsprechend nicht auf und eine Lagerung bzw. ein Betrieb in schräger Position sind unproblematisch. Wie bei Vliesbatterien lässt sich die unvermeidbare Wasserzersetzung in einem internen Prozess nahezu vollständig umkehren, wodurch die Zellen wartungsfrei sind. Bei richtiger Behandlung zeigen sie darüber hinaus eine höhere zyklische und kalendarische Lebensdauer als vergleichbare Varianten mit flüssigem Elektrolyt. Eine starke Überladung führt allerdings auch hier zu einer irreversiblen Schädigung. Ferner besitzen sie einen relativ hohen elektrischen Innenwiderstand und sind damit für Hochstromanwendungen, wie dem Starten eines Autos, weniger geeignet. Typische Anwendungsfelder sind stationäre Energiespeicher, z. B. für Photovoltaikanlagen, Elektrotraktion und Bereiche mit hohen Umweltschutzauflagen.

In stationären Anwendungen und Traktionsanwendungen kommen häufig *Röhren-* bzw. *Panzerplattenbatterien* zum Einsatz. Typische Felder sind unterbrechungsfreie Stromversorgung, Netzdienstleistungen und der Antrieb von Spezialfahrzeugen. Den Namen verdanken sie der besonderen Konstruktionsweise ihrer positiven Elektroden. Das poröse Bleidioxid befindet sich in 6 bis 8 mm dünnen Röhren mit offenporigen Hüllen aus Kunststoff und Glasgewebe und inneren Stäben aus hartem Blei, die parallel nebeneinander angeordnet sind. Auf diese Weise ist das aktive Material mechanisch fest mit den Ableitern verbunden, wodurch der alterungsbedingte elektrische Kontaktverlust verringert und ein Abfallen fast vollständig unterbunden wird. Dementsprechend erreichen solche Systeme bei fachgerechter Behandlung eine sehr hohe Lebensdauer von mitunter mehr als 10 Jahren und deutlich über 1000 Zyklen, sind aber auch relativ teuer. Die notwendigen Mengen an Blei- und Bleidioxid fallen bei gleicher Kapazität etwas geringer aus als für Gitterplatten. Der Elektrolyt kann entweder flüssig vorliegen oder als Gel gebunden sein. Im ersten Fall sind die Zellen nicht wartungsfrei und müssen waagerecht betrieben und gelagert werden. Die unvermeidbare Säureschichtung lässt sich speziell bei großformatigen Systemen durch eine Elektrolytumwälzung wirkungsvoll verhindern.

1.9.3 Herstellung und Recycling

Viele namhafte Hersteller von Bleibatterien haben ihren Ursprung in Deutschland und verfügen hier nach wie vor über Produktions-, Entwicklungs- und Recyclingstandorte. In diesem Zusammenhang sind insbesondere die Firmen *Johnson Controls* mit ihrer Tochter *Varta*, *Exide Technologies* mit *Sonnenschein*, *Akkumulatorenfabrik Moll* und *Accumulatorenwerke Hoppecke* zu nennen (Stand: Februar 2016). Sie fertigen einen Großteil der in Deutschland verkauften Bleibatterien unter Einhaltung hoher Umweltschutz- und Sicherheitsstandards.

Die einzelnen Bestandteile lassen sich mit vergleichsweise geringem Aufwand zu über 90 Prozent wiederverwerten. Dies betrifft insbesondere das verbaute Blei, aber auch die Schwefelsäure, diverse Kunststoffkomponenten und ggf. weitere Inhaltsstoffe wie Kupfer oder Legierungsmetalle. Da in Deutschland ein Pfandsystem für Fahrzeugbatterien besteht, beträgt ihre Rückführungsquote nahezu 100 Prozent.

Aus Sicht der Umwelt- und Ressourcenschonung gehören sie somit zu den besten elektrochemischen Speichern.

1.9.4 Zukünftige Entwicklung

Bleibatterien gehören mit ihrer über hundertjährigen Entwicklungsgeschichte zu den ausgereiftesten elektrischen Energiespeichern. Eine sprunghafte und signifikante Verbesserung ihrer Eigenschaften in der Zukunft ist damit kaum noch zu erwarten. In Folge der stetigen Weiterentwicklung von Lithium-Ionen-Systemen, v. a. in Bezug auf Sicherheit und Kosten, werden die Bleibatterien zunehmend aus ihren klassischen Anwendungsfeldern verdrängt. Dies gilt speziell für den Premiumautomobil- und Traktionsbereich, da hier Gewicht und Platzbedarf eine entscheidende Rolle spielen und der höhere Anschaffungspreis vertretbar ist. Ferner gibt es Bestrebungen seitens der Europäischen Union, den Einsatz bleihaltiger Stoffe zunehmend zu beschränken, was einen deutlichen Einfluss auf die zukünftige Verwendung haben könnte. Nichtsdestoweniger werden Bleibatterien aus heutiger Sicht (Stand: Februar 2016) auf absehbare Zeit die beste Speichertechnologie für viele Anwendungen sein und somit auch mittelfristig eines der wichtigsten und verbreitetsten elektrochemischen Energiespeichersysteme bleiben.

1.10 Historische Entwicklung von Batteriespeicherpreisen

Der aktuelle Durchschnittswert (Stand: März 2017) für den Netto-Endkundenpreis (exklusive der Installationskosten) für Lithium-Ionen-Batteriespeicher beträgt laut einer aktuellen Marktanalyse des Solar Clusters Baden-Württemberg ca. 1150 €/kWh. Noch 2014 lagen die Preise für Batteriespeicher zum Teil deutlich über 3000 €/kWh. Der (durchschnittliche) Preis wird laut (Solar Cluster Baden-Württemberg 2017) weiter fallen, sodass noch 2017 mit Kosten von unter 1000 €/kWh gerechnet werden kann. Einzelne Systeme können diese Grenze bereits unterschreiten.

Eine übersichtliche Darstellung des Netto-Endkundenpreises lässt sich durch die Verwendung einer Kostenfunktion, die fixe (z. B. Leistungselektronik) und variable (z. B. Zellen) Bestandteile berücksichtigt, erreichen. Abb. 9 zeigt die Annäherung durch eine datenbasierte Beschreibung des aktuellen Gesamtpreises als kapazitätsunabhängiger Fixbetrag von 5500 € und kapazitätsabhängiger Betrag von 500 €/kWh. Ein Batteriespeicher mit einer Kapazität von 7 kWh kostet somit rund 9000 €. Zusätzlich werden die Ergebnisse der vom *BSW-Solar* durchgeführten Befragung dargestellt. Die Ergebnisse des *BSW-Solar* werden hier als minimaler bzw. maximaler (unterer und oberer Querstrich) und durchschnittlicher Netto-Endkundenpreis inklusive Installationskosten dargestellt. Die Spanne zwischen diesen Punkten lässt keine Rückschlüsse auf die Verteilung zu.

Eine optimierte Massenproduktion und erweiterte Marktkonkurrenz werden eine weitere Minderung des aktuellen Verkaufspreises von Batteriespeichern bewirken. Das größte Einsparungspotenzial weisen hierbei die Batterieproduktion bzw. die Batteriezellen auf.

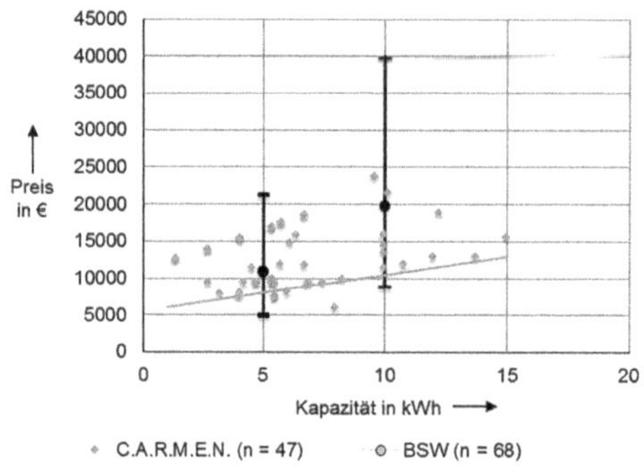

Abb. 9: Netto-Endkundenpreis von Batteriespeichern (eigene Darstellung).

Damit liegen die Preise für stationäre Batteriespeicher deutlich über den üblichen Preisspannen der Elektromobilitätsindustrie. Das Wachstum im Bereich der Elektromobilität und das steigende Interesse bezüglich des Einsatzes von Batteriespeichern in der elektrischen Energieversorgung führen zu einem steigenden Absatz von Batterien. Damit verbundene Skaleneffekte können eine Minderung des Verkaufspreises bewirken. Studien prognostizieren, dass der Preis von Lithium-Ionen-Batterien innerhalb von ca. 10 Jahren mindestens halbiert werden und spezifische Preise von unter 400 €/kWh realisiert werden könnten. Dadurch könnte sich der Endkundenpreis für haushaltsinterne Li-Ionen-Batteriespeicher um 30 bis 45 Prozent reduzieren.

Beispielhaft kann für einen Batteriespeicher mit einer Nennkapazität von 5 kWh und einem aktuellen Netto-Endkundenpreis von 6000 € die in Abb. 10 dargestellte Preisentwicklung erwartet werden. Es wird von einem Kostenanteil der Batterie von 60 Prozent einer auf den Wert des Vorjahres bezogenen Preissenkung der Batterie von 8 Prozent und einer jährlichen Preissenkung durch sonstigen Komponenten und Dienstleistungen von 4 Prozent ausgegangen.

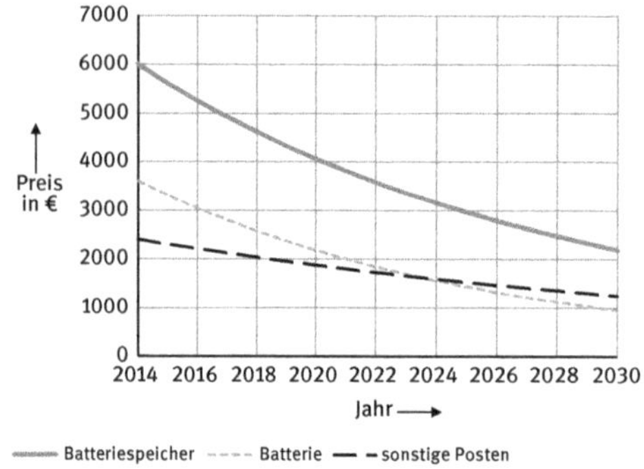

Abb. 10: Beispielhafte Preisentwicklung eines 5-kWh-Batteriespeichers (eigene Darstellung).

Bis zum Jahr 2017 zeichnet sich somit ein beispielhafter Preis von unter 5000 € (= 1000 €/kWh) ab (Anmerkung: Es gibt bereits heute Systeme mit Preisen von ungefähr 1000 €/kWh). Spätestens im Jahr 2018 wird bei der aktuellen Entwicklung (und in diesem Beispiel) somit auch die Netzparität für Batteriespeicher *(Battery Parity,* siehe Kap. 3.1) erreicht werden. In Erweiterung zur bekannten *Grid Parity* (*Netzparität*) bedeutet dies, dass die (zusätzlichen) Kosten für eine Kilowattstunde aus einem PV-Speichersystem unterhalb der Strompreise liegen. An dieser Stelle sei noch einmal darauf hingewiesen, dass Prognosen stets mit Vorsicht zu genießen sind, da unvorhergesehene Ereignisse eintreten können, die zu einer Änderung des tatsächlichen Preises in beide Richtungen führen kann, wie bspw. technische Innovationen, aber auch Produktions- oder Rohstoffverknappungen. Weiterhin ist die hier dargestellte Preisentwicklung eher qualitativ zu sehen.

Großspeicher (MW-Systeme) sind bereits heute deutlich preisgünstiger. So liegt der Preis pro Kilowattstunde (Stand: Februar 2016) zwischen 500 €/kWh und 700 €/kWh. In den nächsten zehn Jahren ist hier mit weiteren Kostenreduktionen zu rechnen, so dass Experten Preise zwischen 150 €/kWh und 300 €/kWh für realistisch halten.

2 Anwendungen stationärer Batteriespeicher

Für eine sichere und unterbrechungsfreie Stromversorgung ist eine optimale Abstimmung von Erzeugung und Verbrauch notwendig: Ein momentan auftretendes Ungleichgewicht zwischen Erzeugung (z. B. durch fossile Kraftwerke und Erneuerbare-Energien-Anlagen) und Verbrauch (z. B. durch Endkundenverbrauch und Verluste in Leitungen) muss für die Systemstabilität der Netze unbedingt kompensiert werden. In einem großen Verbund-Wechselstromnetz wie dem *ENTSO-E Netz* (UCTE-Regelzone) in Europa, zu welchem auch das deutsche Versorgungsgebiet zählt, kann ein momentanes Ungleichgewicht in Erzeugung und Verbrauch durch einen *lokalen Stromaustausch über Stromleitungen* und eine Systemdämpfung[3] durch Änderung der Netzfrequenz kurzzeitig aufgefangen werden. Findet keine *zeitliche Anpassung des Stromflusses durch Speichereinheiten* oder durch ein Zu-/Abschalten von Erzeugung und Verbrauch statt, wird das Versorgungssystem zunehmend instabiler und kann schließlich vollständig zusammenbrechen. Stationäre Batteriespeicher erlauben eine flexible zeitliche Entkopplung von Erzeugung und Verbrauch und können so eine Vielzahl unterschiedlicher Aufgaben in der Stromversorgung übernehmen.

Für den lückenlosen Betrieb von besonders wichtigen Versorgungsleistungen, bspw. in der Notversorgung von Krankenhäusern, Telekommunikationseinrichtungen, Flughäfen, kritischen Produktionsprozessen oder IT-Rechenzentren, ist eine *Unterbrechungsfreie Stromversorgung* (USV) oft essenziell: Ein Speichersystem wird im Standby typischerweise im geladenen Zustand gehalten. Im Fehlerfall der externen Stromversorgung springt die Speichereinheit für eine Überbrückung des Versorgungsfehlers ein. Typischerweise müssen durch den USV-Speicher nur kurze Zeiten

3 Trägheit aller rotierenden Massen im Verbundnetz.

von wenigen Millisekunden bis hin zu einigen Minuten überbrückt werden. Im Falle eines sehr seltenen länger anhaltenden Fehlerfalls kann eine Netzersatzanlage (z. B. ein Dieselgenerator) die lokale Stromversorgung übernehmen. Batteriespeicher sind aufgrund ihrer hohen Zuverlässigkeit und der geringen Selbstentladung für diese Aufgabe hervorragend geeignet, als Alternativen kommen jedoch auch Kondensator- oder Schwungmassenspeicher infrage.

Seit der Liberalisierung des Strommarkts ist ein Handel mit Stromprodukten möglich und aufgrund fluktuierender Angebote – v. a. durch Erneuerbare Energien – und Nachfrage von Strom können sich zeitliche Variationen im Strompreis ergeben. Durch Einsatz eines Speichers ist es möglich, diese *Arbitrage*, also das Auftreten von Preisunterschieden zu nutzen, um Erlöse zu erzielen. Typischerweise werden an Strombörsen, wie der EEX (European Energy Exchange) unterschiedliche Produkte für kurz- und langfristiges Stromangebot und Nachfrage verhandelt (derzeit ab 15 Minuten bis zu mehrjährigen Kontrakten, Stand: Februar 2016). Für Batteriespeicher erscheint dabei besonders ein kurzfristiger und häufiger Handel mit Strommengen interessant, hier ergeben sich die größtmöglichen Erlöse durch einen häufigen Speichereinsatz und die stärksten Arbitragen des Ein- und Verkaufspreis.

Gerade für die Anbindung von industriellen Kunden und Großverbrauchern mit einer hohen Spitzenlast liegt eine besondere Herausforderung nicht nur in der Bereitstellung der benötigten Energiemenge, sondern auch bei der Übertragung angeforderter Spitzenleistung. Alle Betriebsmittel, also der Netzanschluss mit Erdkabel und/oder Überlandleitung sowie die Transformatoren des darüber liegenden Netzverbunds müssen für die maximal bezogene Spitzenlast ausgelegt werden. Daher werden typischerweise vom Stromversorger ab einer bestimmten Stromabnahmemenge Tarife angeboten, die zwischen einem Arbeitspreis (also der Strommenge, die bezogen wird) und einem Leistungspreis (also der maximal bereitgestellten Leistung) unterscheiden. Für Betriebe, die nur selten hohe Lastspitzen zu bewältigen haben, kann es sich daher lohnen, ein speichergestütztes *Spitzenlastmanagement* (Peak Shaving/Peak Shifting) zu betreiben. Zu niedrigen Lastzeiten wird zusätzlich Leistung bezogen, um einen lokal beim Verbraucher aufgestellten Speicher zu füllen und diesen dann bei Spitzenlastbedarf zuzuschalten und den Netzbezug zu reduzieren. Eine ganz ähnliche Form des Spitzenlastmanagements kann auch für größere Erzeuger mit Erzeugungsspitzen sinnvoll sein, bspw. die Koppelung einer Freiflächensolaranlage mit einem Batteriespeicher, der die maximale Netzeinspeisung während der Mittagszeit reduziert und zeitversetzt erst in den Abendstunden dem Netz zur Verfügung stellt. In diesem Fall können der Netzanschluss und die Betriebsmittel (z. B. Leitungen oder Transformatoren) kleiner und somit kostengünstiger ausgelegt werden.

Die Aufstellung von Speicheranlagen kann auch in der Nähe von fossilen oder Nuklearkraftwerken einen Nutzen bringen: Da alle rotierenden und beweglichen Anlagenteile eines Kraftwerks eine besonders hohe Abnutzung erfahren, wenn sich Änderungen in der thermischen oder mechanischen Belastung ergeben, ist typischerweise für den kostenoptimalen Kraftwerksbetrieb ein häufiges An- und Abfahren der

Anlage zu vermeiden oder es ist zumindest möglichst langsam ablaufen zu lassen. Im sog. Ramping Control kann mithilfe eines Speichers versucht werden, die Leistungsabgabe eines Kraftwerks oder einer fluktuierenden EE-Erzeugung (z. B. Windfall/Bewölkungszug bei Windkraft/Photovoltaikanlagen) zu glätten bzw. dem Erzeuger zu einer sonst nicht möglichen Flexibilität in der Erzeugung zu verhelfen. So lassen sich Kosten durch Verschleiß des Kraftwerks einsparen und ggf. zusätzliche Erlöse durch flexiblere Leistungsgradienten erreichen. Mit *Ramping Control* wird daneben auch die Verstetigung der Erzeugung aus fluktuierender, erneuerbarer Energie bezeichnet. Plötzliche Windänderungen oder vorbeiziehende Wolkenfronten verursachen sehr schnelle und unter Umständen auch sehr starke Schwankungen bei der Stromerzeugung durch Wind- und Sonnenkraft. Je nach Ausmaß und Größe des Kraftwerkparks können diese Schwankungen den Betrieb des Netzes erheblich erschweren und sogar zu Netzinstabilitäten führen. Batteriespeicher können bei diesen Kraftwerkparks die Erzeugung verstetigen und die auftretenden Probleme verringern.

In Deutschland kann sich auch bei Privatkunden die Aufstellung eines Speichers lohnen. Kunden, die eine lokale Erzeugungsanlage (Photovoltaik- oder Kraft-Wärme-Kopplung-Anlage) besitzen, können den produzierten Strom gemäß dem EEG entweder selbst nutzen oder in das Verbundnetz einspeisen und dafür eine festgesetzte Vergütung beziehen (Stand: Februar 2016). Der Strombedarf im Haushalt, der die aktuelle lokale Erzeugung übersteigt, kann aus dem Verbundnetz zum Haushaltskunden-Strompreis bezogen werden. Da die Einspeisevergütung für lokal erzeugten Photovoltaikstrom seit 2011 niedriger ausfällt als der (mit Umlagen und Entgelten belastete) durchschnittliche Haushaltskunden-Bezugspreis, kann es lohnend sein, überschüssigen Strom nicht ins Netz einzuspeisen, sondern diesen lokal in einem *Heimspeicher* zwischenzulagern und anschließend selbst zu verbrauchen. Neben einem erhöhten Eigenverbrauch ergibt sich zwangsläufig durch die Speicherung eine Erhöhung der sog. Autarkiequote (Steigerung des Selbstverbrauchs und Minderung der Energie-Abnahmemenge vom Stromversorger), die eine stärkere Unabhängigkeit von potenziell steigenden Endkunden-Strompreisen bewirkt und von vielen Speicherkäufern als wichtiger Kaufgrund angeführt wird. Auch bieten Heimspeichersysteme z. T. Zusatzfunktionen an, wie z. B. eine Überbrückungsfunktion bei Stromnetz-Störungen („lokaler Inselnetzbetrieb") oder eine Vernetzungsfunktion zur Bereitstellung von Regelleistung für die Frequenzhaltung im Verbund mit weiteren Anlagen. Nach Schätzungen des *Speichermonitoring 2015* (RWTH Aachen), waren im Jahr 2015 bereits über 17.000 Heimspeicheranlagen in Deutschland in Betrieb.

Wie bereits beschrieben, müssen in einem Stromnetz Erzeugung und Verbrauch dauerhaft ausgewogen sein. Tritt jedoch ein kurzzeitiges Ungleichgewicht auf, so hat dies, aufgrund der direkten Kopplung von Synchronmotoren/-generatoren, eine Änderung der Netzfrequenz zur Folge. Größere Abweichungen von der Nennfrequenz (im ENTSO-E Netz im Regelfall 50,00 Hz) können im Extremfall eine Abschaltung oder Beschädigung von Anlagen in der Stromerzeugung oder dem Verbrauch verursachen. Es ist daher eine Aufgabe der Übertragungsnetzbetreiber, dauerhaft die Netzfrequenz stabil zu halten. Für die *Frequenzhaltung*, die in Kapitel 2.3 genauer beschrieben wird und die verschiedenen Zeitbereiche der Frequenzhaltung (Momentanreserve, Primärregelleistung, Sekundärregelleistung und Minutenreserve) unterscheidet, müssen schnell reagierende Einheiten ihre aktuelle Erzeugungs- oder Verbrauchsleistung an die aktuellen Netzbedürfnisse anpassen. Speicher mit einer schnellen Reaktionszeit (im Sekunden- bis Minutenbereich) bieten sich für diese hochdynamische Frequenzhaltung an.

Ein starkes Ungleichgewicht von Erzeugung und Verbrauch kann in einem Verbundnetz z. B. durch Unterbrechung einer Versorgungsleitung durch Blitzeinschlag oder aber auch wegen des Ausfalls großer Stromerzeuger oder Verbraucher auftreten. Dies kann zu einem lokalen, regionalen oder gar überregionalen Stromausfall führen. Falls die Stromversorgung in dieser Folge auch Kraftwerke mit einem dauerhaften Eigenverbrauch (z. B. Großkraftwerke und Kernkraftwerke mit dauerhaft notwendigen Kontroll- und Sicherheitsmechanismen) nicht mehr ausreichend mit Strom versorgen kann, ist eine Abschaltung von Versorgungskraftwerken und ein kompletter Zusammenbruch der Versorgung nicht auszuschließen (sog. Schwarzfall). In einem solchen Ereignis ist es notwendig, durch sog. schwarzstartfähige Kraftwerke einen Neuaufbau der Stromversorgung zu ermöglichen – diese schwarzstartfähigen Kraftwerke können dann genutzt werden, um auch nicht schwarzstartfähige Kraftwerke wieder in den Regelbetrieb zu bringen. Stationär aufgestellte Speicher können jedoch auch einen Schwarzstart eines Kraftwerkblocks mit Eigenverbrauch ermöglichen und so zum *Versorgungswiederaufbau* beitragen.

Für einen sicheren und fehlerfreien Betrieb von Geräten und Betriebsmitteln im Wechselspannungsnetz muss dauerhaft eine genau vorgegebene Spannung eingehalten werden (z. B. 230 V (±10 Prozent) in der Niederspannung für einphasig angeschlossene Haushaltsstromgeräte). Eine genaue Vorgabe der Verbundnetzspannung an jedem Ort im Versorgungsnetz gestaltet sich schwierig: Jede Stromleitung hat einen gewissen Widerstand, der abhängig von der lokalen Einspeisung und dem Verbrauch zu einer Spannungsdifferenz führt. Gerade in einer langen Strangleitung im Stromnetz ist es daher eine Herausforderung, die Spannungslage für alle angeschlossenen Stromverbraucher im vorgegebenen Toleranzband zu halten. Dies ist insbesondere bei stark schwankender Stromeinspeisung und -entnahme der Fall, wie z. B. in einer Ortsnetzleitung mit vielen angeschlossenen Photovoltaikanlagen. Für die *Spannungshaltung* können (neben stellbaren Transformatoren oder einem Netzausbau) auch stationäre Speicher genutzt werden, welche die Leistungsflüsse über die Stromleitungen regulieren.

Generell lassen sich, durch eine zeitliche Ausregelung von Schwankungen in einem Netzabschnitt mittels Speichern, direkt Leitungen, Transformatoren, Leistungsschalter usw. im Versorgungsnetz entlasten. Zur *Betriebsmittelentlastung* kann ein Speicher zum Beispiel die Mittagsspitze der Photovoltaikeinspeisung in einem Ortsnetz abfedern, produzierten Strom teilweise einspeichern und zu Hochbedarfszeiten wieder an dieser Stelle in direkter Nähe zum Endverbrauch in das Netz abgeben. So kann für den Stromnetzbetreiber eine Verzögerung oder Vermeidung eines ansonsten ggf. notwendig werdenden Netzausbaus erreicht werden (*Netzausbauvermeidung*).

Gerade im Betrieb von sog. *Inselnetzen*, also kleineren Einheiten mit wenigen Stromerzeugern und -verbrauchern können Speicher eine wichtige Rolle übernehmen: Es liegen in diesen kleineren Netzen häufig mehrere der bereits zuvor genannten Herausforderungen gleichzeitig vor, sodass ein Speicher mehrere Anwendungen zeitgleich übernehmen kann (z. B. Schwarzstart, Frequenzhaltung, Spannungshaltung, Peakshaving).

Die dargestellten Anwendungsfälle konzentrieren sich auf eine typische Lade-/ Entladedauer von wenigen Millisekunden („Kurzzeitspeicher") bis hin zur Überbrückung eines oder mehrerer Tage („Mittelfristspeicher"). Für eine längerfristige *saisonale Speicherung* von Energie sind Batteriespeicher hingegen eher ungeeignet: Diese Aufgabe können Speicher mit einer größeren und skalierbaren Speicherkapazität und gleichzeitig sehr niedriger Selbstentladungsrate (bei eher geringeren Systemleistungen) besser verrichten. Gerade chemische Speicher (z. B. Power to Gas) bieten sich für diesen Anwendungsfall an.

Die hier vorgestellten Anwendungsfälle sind in Tab. 12 kurz zur Übersicht zusammengefasst und beispielhafte Speicherprojekte zur jeweiligen Anwendung genannt. Wichtig ist dabei festzuhalten, dass Speicher durchaus technisch in der Lage sind, mehrere Anwendungsfälle gleichzeitig erfüllen zu können. Diese Mehrfachnutzung (Multitasking) erlaubt es, den Nutzen und Mehrwert der typischerweise kapitalintensiven Speicherprojekte deutlich zu erhöhen. So dient z. B. der Energy-Neighbor-Speicher im bayerischen Moosham neben der Spannungshaltung im Ortsnetz gleichzeitig auch der Betriebsmittelentlastung. In Zeiten geringer Auslastung ist zudem die Teilnahme am Regelenergiemarkt oder dem Arbitragehandel durch den Speicher technisch umsetzbar.

2.1 Anschluss und Betrieb von Speichern am Niederspannungsnetz

Für den Anschluss von Speichern im Niederspannungsnetz gelten, wie für alle Betriebsmittel, die Anforderungen des Anschlussnetzbetreibers. Diese Anforderungen gewährleisten ein vorhersehbares und sicheres Verhalten des Speichersystems an dem jeweiligen Netzanschlusspunkt. Für den sicheren Netz- und Systembetrieb ist die Einhaltung dieser Anforderungen elementar. Aufgrund des grundlegenden Charakters dieser Anforderungen an den Netzanschluss wurde im Rahmen des Forums Netztechnik/Netzbetrieb (FNN) im VDE bereits im Juni 2013 ein FNN-Hinweis zum „Anschluss und Betrieb von Speichern am Niederspannungsnetz" veröffentlicht, der in einer Version vom 6. Oktober 2014 überarbeitet wurde (FNN | VDE 2016). Der FNN-Hinweis dient maßgeblich zur näheren Einordnung der Speicher in bestehende technische Regelwerke (wie VDE-AR-N 4105, TAB Niederspannung, D-A-CH-CZ, VDE V 0124-100, VDE-AR-N-4400 oder ENTSO-E Network Codes). Hierbei unterscheidet der FNN bei Speichern die drei verschiedenen Betriebsmodi:

(1) Energiebezug
(2) Energielieferung
(3) Inselnetz

Tab. 12: Übersicht von Anwendungsfällen für Energiespeicher, typischer Zeitbereich für einen Speichervorgang und Nennung eines Beispielprojektes (Stand: Februar 2016) (eigene Darstellung).

Anwendungsfall	Typischer Zeitbereich je Speichereinsatz	Beispielprojekt, Produkt- oder Herstellername (Stand 2016)
unterbrechungsfreie Stromversorgung	Millisekunden bis wenige Stunden	Fa. *APC, Riello, Piller*
Arbitragehandel	Viertelstunde bis mehrere Stunden	Pumpspeicherkraftwerk Goldisthal (Fa. *Vattenfall*)
Spitzenlastmanagement	Minuten bis wenige Stunden	Produkt: z. B. Weekly Powerwall (Fa. *Tesla*)
Ramping Control	Sekunden bis Minuten	Produkt: z. B. *Siestorage (*Fa. *Siemens)*
Heimspeicher	Minuten bis wenige Tage	Firmen: z. B. *Senec, Sonnen, IBC, E3DC, BMZ, Varta Storage*
Frequenzhaltung (PRL, SRL)	Sekunden bis wenige Stunden	Produkt: z. B. PRL Speicher in Schwerin *(Fa. Younicos)*
Versorgungswiederaufbau (Schwarzstart)	bis zu einige Minuten	Produkt: z. B. *Siestorage (*Fa. *Siemens)*
Spannungshaltung	Sekunden bis Minuten	Energy Neighbor (*TUM*, Fa, *Varta Storage*)
Betriebsmittelentlastung	Minuten bis Stunden	Energy Neighbor (TUM, Fa, Varta Storage)
Inselnetz	Millisekunden bis Tage	Z. B. Inselspeicher Graciosa (Fa. *Younicos)*
saisonale Speicherung	Wochen bis mehrere Monate	Power-to-Gas-Pilotanlage im Emsland (Fa. *AUDI)*

Diese verschiedenen Modi werden in den Kapiteln 2.1.1 bis 2.1.3 näher erläutert und die jeweils geltenden Anforderungen ausschnitthaft dargestellt. Darüber hinaus sind ebenfalls folgende Eigenschaften und deren Kombinationen möglich:
– Speicher ohne/mit Leistungsbezug aus dem öffentlichen Netz
– Speicher ohne/mit Lieferung in das öffentliche Netz

Besonders für eine korrekte Abrechnung bei gesetzlich vergüteter Energie (z. B. EEG- oder KWK-G-Vergütung) sind Zähl- und Überwachungseinrichtungen nötig. Hierdurch soll sichergestellt werden, dass keine Energie aus dem Netz bezogen wird und später als EEG-Strom in das Netz gespeist wird. Eine denkbare Umsetzung ist bei Hausspeichern im Niederspannungsnetz dann, dass keine Lieferung in das öffentliche Netz möglich ist. Die Speicher dienen dann lediglich der Optimierung des Eigenverbrauchs.

2.1.1 Anforderungen für den Modus „Energiebezug"

Energiebezug bedeutet hier, dass der Speicher entweder aus dem öffentlichen Versorgungsnetz oder aus einer Erzeugungsanlage am selben Netzanschlusspunkt geladen wird. Der Speicher verhält sich also aus Netzsicht wie eine Bezugsanlage bzw. Last. Demnach gelten die TAB 2007 (Technische Anschlussbedingungen für den Anschluss an das Niederspannungsnetz) und ggf. zusätzlich ergänzende Bestimmungen des Anschlussnetzbetreibers. In den TAB 2007 sind u. a. der Netzanschluss, der Aufbau der Hauptstromversorgung und Mess-, Steuer- und Zähleinrichtungen beschrieben (BDEW – Bundesverband der Energie- und Wasserwirtschaft e. V. 2011).

Laut FNN-Hinweis ist bei Speichern mit Volleinspeisung ein Anschluss direkt am Zählerplatz notwendig. Wird der Speicher zur Eigenbedarfsoptimierung oder zur Reduzierung der Einspeiseleistung eingesetzt, darf dieser bis zu einer maximalen Anschlusswirkleistung von bis zu 30 kW in Unterverteilungen angeschlossen sein. Ein Anschluss an einen Endstromkreis ist nicht zulässig. Darüber hinaus müssen für Zählerplatz, Unterverteilung und Elektroinstallation (Leitungsdimensionierung und Schutz) die anerkannten Regeln berücksichtigt werden.

2.1.2 Anforderungen für den Modus „Energielieferung"

Für den Betriebsmodus „Energielieferung" wird die VDE-Anwendungsrichtlinie Niederspannung 4105 (VDE-AR-N 4105 – Technische Mindestanforderungen für Anschluss und Parallelbetrieb von Erzeugungsanlagen am Niederspannungsnetz) angewendet (VDE-AR-N-4105). Der Begriff „Energielieferung" bezieht sich sowohl auf das Niederspannungsnetz des Versorgers, als auch auf das Hausanschlussnetz des Speicherbetreibers. Spannungsasymmetrien sind zu verhindern, daher ist ein einphasiger Anschluss einer Erzeugungsanlage nur bis zu einer Scheinleistung von maximal 4,6 kVA erlaubt. Die Scheinleistung (in VA – Volt Ampere angegeben) lässt sich durch geometrische Addition von Wirkleistung (in W – Watt angegeben) und Blindleistung (in VAr – Volt Ampere reaktiv angegeben) errechnen. Bei einer größeren (Schein-)Leistung ist die Anlage grundsätzlich dreiphasig an das Netz anzuschließen. Darüber hinaus beschreibt die VDE-AR-N-4105 ebenfalls grundlegende Aspekte zu Systemdienstleistungen aus am Niederspannungsnetz angeschlossenen Erzeugungsanlagen. Systemdienstleistungen und deren Erbringung durch Speicher werden in Kapitel 2.3 beschrieben. Herauszustellen ist hierbei eine frequenzabhängige Wirkleistungsregelung. Die Erzeugungsanlage darf sich im Frequenzbereich von 47,5 und 51,5 Hz nicht automatisch vom Netz trennen. Darüber hinaus ist seit dem sog. 50,2-Hz-Problem eine Wirkleistungsreduktion bei Überfrequenz vorgeschrieben: Sollte die Frequenz im Versorgungssystem über den Wert von 50,2 Hz ansteigen, befindet sich also ein Überschuss an Erzeugungsleistung im System, erfolgt eine schrittweise Absenkung der Netzeinspeisung mit einem Gradienten von 40 Prozent der bei Überschreiten von 50,2 Hz anliegenden Leistung pro Hertz. Diese Regelung wurde eingeführt, da sich ansonsten alle entsprechenden Erzeugungsanlagen exakt bei Erreichen der 50,2 Hz gleichzeitig vom Netz getrennt hätten, welches zu einer starken Reduktion der Erzeugung und infolgedessen schlagartiger Frequenzänderung und ggf. Unterfrequenz geführt hätte. Sie stellten also ein Stabilitätsrisiko dar.

Eine analoge Vorgehensweise ist ebenfalls für die zusätzliche Einspeisung von Wirkleistung bei einer Unterfrequenzsituation denkbar. Im FNN-Hinweis zum Anschluss und Betrieb von Speichern am Niederspannungsnetz ist ein Wirkleistungs-Frequenzverhalten für Unterfrequenzereignisse bereits auf freiwilliger Basis verankert. Verbindliche Anforderungen sollen durch die Überarbeitung der VDE-AR-N 4105 verankert werden.

Neben der global wirkenden frequenzabhängigen Wirkleistungseinspeisung, als Systemdienstleistung über Netzanschlussbedingungen definiert, existiert ebenfalls die lokal wirkende wirkleistungsabhängige Blindleistungseinspeisung bei Erzeugungsanlagen am Niederspannungsnetz. Hier wird dem Netzbetreiber i. d. R. die Freiheit der genauen Ausgestaltung gelassen. Zur Spannungshaltung am Netzanschlusspunkt sind also verschiedene Verfahren möglich. Hierbei wird für unterschiedliche Scheinleistungen ein zulässiger Blindleistungsbetriebsbereich angegeben, der fest von den Netzbetreibern in den jeweiligen Anlagen eingestellt werden kann. Eine weitere Möglichkeit ist die Umsetzung über die in den Wechselrichtern (von Speichern oder PV-Anlagen) hinterlegte Standardkennlinien, die abhängig von der jeweiligen Wirkleistung eine Blindleistung einspeisen und so die Spannung stützen.

2.1.3 Anforderungen für den Modus „Inselnetz"

Im Betriebsmodus „Inselnetz" stellt der Speicher ein eigenes Wechselstromnetz. Dieser Betriebsmodus wird z. B. bei Anlagen genutzt, die den Kunden im Falle einer Versorgungsunterbrechung oder eines Netzausfalls für einen begrenzten Zeitraum mit Elektrizität versorgen können. Hierbei ist das Speichersystem vollständig vom öffentlichen Versorgungsnetz getrennt. Der Speicher wird aus dem Wechselstromnetz durch Erzeugungsanlagen geladen oder in die anliegende Haushaltslast entladen. Im Übergang vom netzparallelen Betriebsmodus in den Inselnetzbetrieb ist ein zulässiger Netzparallelbetrieb im Modus Inselnetz von weniger als 100 ms vorgeschrieben. Grundsätzlich gelten die Regeln der Richtlinie für Notstromaggregate (Richtlinie für Planung, Errichtung und Betrieb von Anlagen mit Notstromaggregaten).

2.1.4 Anforderungen an die Mess- und Zähleinrichtung

Losgelöst von den drei Betriebsmodi gelten Anforderungen an die Mess- und Zähleinrichtung bei stationären Batteriespeichern. Hier gilt es sicherzustellen, dass

z. B. elektrische Energie aus dem Netz nicht als EEG-Strom wieder in das Netz eingespeist wird. Nachzuweisen ist dies vom Anlagenbetreiber über das jeweilige Messkonzept bzw. über eine Herstellerbescheinigung (z. B. bei kombinierten PV-Speicher-Systemlösungen). Grundsätzlich wird davon ausgegangen, dass nach dem Ferraris-Messprinzip die Einspeisemenge sowie die Menge der eigenverbrauchten Energie gemessen werden kann. Daher wird standardmäßig ebenfalls davon ausgegangen, dass zur Energiemengenbilanzierung in Verbindung mit Erzeugungsanlage, Speichersystem und Haushaltslasten jenes Messprinzip angewendet werden kann. Hierzu werden im FNN-Hinweis technisch-bilanzielle Anforderungen gestellt. Im Folgenden sollen einige verbreitete Anschlussbeispiele erläutert werden.

Zunächst wird eine Situation beschrieben, bei der das Speichersystem im Erzeugungspfad angeschlossen ist. Der Speicher hat dabei keinen Leistungsbezug aus dem öffentlichen Netz. Diese Kombination tritt bspw. auf, wenn ein kombiniertes PV-Speicher-System angeschlossen wird. Die Erzeugungsanlage wird also gemeinsam mit dem Speichersystem über einen gemeinsamen Zähler erfasst. Die Verbrauchseinrichtungen werden über einen separaten Zähler abgerechnet. Bei dieser Anordnung ist sicherzustellen, dass bei einem Leistungsbezug der Erzeugungsanlagen/Speicher-Kombination das Speichersystem nicht geladen wird. Es darf also nur eine Eigenversorgung der Erzeugungsanlage stattfinden. Die Überwachung einer nötigen Wirkleistungsbegrenzung findet entweder direkt im Hausanschlusskasten hinter dem Hauptzähler oder über jeweilige Sensoren im Verbrauchs- sowie im Erzeugungs-/Speicherpfad statt.

Als zweite Variante wird eine Topologie betrachtet, bei der das Speichersystem separat ausgeführt und unabhängig von der Erzeugungsanlage ist (siehe Abb. 5(b)). Das Zählkonzept ist ähnlich wie oben beschrieben. Jedoch ist hier zu unterscheiden, ob der Speicher ohne Leistungsbezug aus dem öffentlichen Netz oder ohne Lieferung in das öffentliche Netz betrieben wird. Im ersten Fall ist es möglich, die in der Erzeugungsanlage erzeugte und im Speicher zwischengespeicherte Energie bei Bedarf in das Netz zu speisen. Demnach darf der Speicher also nicht aus dem Netz geladen werden, um z. B. „Nicht-EEG-Strom" in EEG-Strom umzuwandeln. Es ist somit sicherzustellen, dass der Speicher bei Energiefluss in Richtung Verbraucher/Speicher/Erzeugungsanlage nicht geladen wird. Im zweiten Fall findet eine Speicherladung aus dem öffentlichen Netz statt, eine Zurückspeisung darf also nicht geschehen. Eine Entladung des Speichers ist demnach nicht zulässig, wenn Wirkleistung in das Netz fließt.

Darüber hinaus ist eine Vielzahl von unterschiedlichen Zähl- und Messkonzepten möglich. Insbesondere wenn mehrere, unterschiedliche Erzeugungsanlagen und somit auch unterschiedliche Vergütungshöhen in einem Hausanschluss genutzt werden sollen. Hier findet eine sog. Kaskadenschaltung statt. In jedem Falle sind die Anschluss- und Messkonzepte mit dem jeweiligen Anschlussnetzbetreiber abzustimmen.

Ein weiteres wichtiges Thema bei Anschluss von stationären Speichersystemen in der Niederspannung ist die Vermeidung von *Schieflasten* bzw. *Asymmetrien*. Da viele

Speichersysteme für den Heimgebrauch optimal auf die meist kleinen PV-Anlagen abgestimmt sind, erfolgt eine einphasige Auslegung dieser. Hier gibt z. B. die VDE-AR-N 4105 die maximal einphasig anzuschließende Leistung mit 4,6 kVA an. Der FNN-Hinweis schränkt hier weiter ein und gibt eine maximale Asymmetrie zwischen zwei Außenleitern mit 4,6 kVA an. Hier sind verschiedene Kombinationen möglich. In jedem Falle ist mit dem Anschlussnetzbetreiber abzustimmen, an welchem Außenleiter das einphasige Speichersystem zu installieren ist. Ist bspw. der Speicher auf einer anderen Phase als die Erzeugungsanlage angeschlossen, so muss sichergestellt werden, dass die maximale Asymmetrie bei 4,6 kVA liegt. Hat die Erzeugungsanlage z. B. eine Leistung von 3 kVA, darf der Speicher auf der anderen Phase nur eine Leistung von maximal 1,6 kVA haben, um die Asymmetrie-Bedingung nicht zu verletzen. Durch einphasigen Anschluss von Speichersystemen wird der Neutralleiter zusätzlich belastet, da der asymmetrische Strom über den Niederspannungstransformator ausgeglichen werden muss. Bilanziell hat dies durch den dreiphasigen Ferraris-Zähler keine Auswirkungen. Der FNN-Speicherhinweis besagt hingegen, dass die PV-Anlage und der Speicher auf der gleichen Phase angeschlossen werden sollen.

2.2 Anwendungsfall: Photovoltaik-Heimenergiespeicher

Photovoltaik-Heimenergiespeicher dienen dazu, den Verbrauch möglichst aus eigenerzeugter Energie zu decken. Die Erhöhung des Eigenverbrauchs kann sowohl ökologisch als auch ökonomisch motiviert sein. Die ökologische Absicht zur Eigenverbrauchserhöhung ist eine möglichst hohe Deckung des häuslichen Stromverbrauchs aus regenerativer PV-Energie und somit eine Reduktion des eigenen Anteils zur Kohlendioxidemission.

Der ökologische Gesamtnutzen des erhöhten Eigenverbrauchs ist jedoch nicht eindeutig geklärt, da Eigenheimspeicher heutzutage (Stand: Februar 2016) nicht aktiv zur Gesamtnetz-Entlastung beitragen. Zur Entlastung und Stabilisierung des Gesamtnetzes sind weiterhin Spitzenlastkraftwerke nötig, die in Teillast betrieben werden, um Fluktuationen bei der Energieerzeugung aus regenerativen Quellen ausgleichen zu können. Weitere Flexibilitätsoptionen sind bspw. Lastmanagement, Abregelung der Erzeugung oder Regelleistung. Diese Betriebsmittel und -mechanismen wirken sich meist negativ auf die Ökobilanz der gesamten Stromversorgung aus.

Der Einsatz von Energiespeichern zur Eigenverbrauchserhöhung wirkt sich vorteilhaft auf die Stromabrechnung des Anwenders aus, wenn bei der lokalen Anlage bereits die Netzparität erreicht wurde (Installation nach 2011) – die Tatsache, dass sowohl die Stromerzeugung aus der hauseigenen PV-Anlage als auch die – durch das EEG-garantierte – Einspeisevergütung der betroffenen Anlage geringer sind als der Bezugspreis für Strom aus dem öffentlichen Netz.

Zur Eigenverbrauchserhöhung kann die fluktuierend erzeugte PV-Energie in Zeiten überschüssiger Stromerzeugung durch den PV-Heimspeicher eingespeichert werden, statt diese in das Netz zu speisen. In Zeiten mit höherem Verbrauch als PV-Erzeugung kann die Energie wieder ausgespeichert werden, um den Verbrauch zu decken. Technische und typische Kennzahlen, die den Anteil dieser eigenverbrauchten Energie darstellen, sind die *Eigenverbrauchsquote* und die *Autarkiequote*. Beide basieren auf der gesamten verbrauchten Energie aus der PV-Anlage (direkt oder über einen PV-Heimspeicher) und unterscheiden sich in ihrer Bezugsgröße. Typischerweise werden die beiden Kennzahlen auf ein Kalenderjahr bezogen.

Die *Eigenverbrauchsquote e* bezeichnet die eigenverbrauchte Energie, bezogen auf die gesamte erzeugte Energie aus der PV-Anlage. Die Zahl bewegt sich zwischen 0 Prozent und 100 Prozent, wobei 100 Prozent bedeutet, dass der gesamte erzeugte Strom aus der PV-Anlage im Haushalt verbraucht wird. Die Eigenverbrauchsquote berechnet sich aus der Summe des Direktverbrauchs E_D und der Energie zur Ladung des Batteriespeichers E_{BattL}, dividiert durch die erzeugte Energie aus der PV-Anlage E_{PV}.

$$e = \frac{E_D + E_{BattL}}{E_{PV}}$$

Die *Autarkiequote a* bezeichnet die eigenverbrauchte Energie, bezogen auf den gesamten Jahresstromverbrauch des Haushalts. Der Wertebereich liegt auch hier zwischen 0 Prozent und 100 Prozent, wobei 100 Prozent bedeutet, dass der gesamte Stromverbrauch des Haushalts durch die erzeugte Energie aus der PV-Anlage abgedeckt wurde. Die Autarkiequote *a* berechnet sich aus dem Direktverbrauch E_D, die Energie aus Entladung des Batteriespeichers E_{BattE} und der verbrauchten Energie E_{Last}.

$$a = \frac{E_D + E_{BattE}}{E_{Last}}$$

Im Gegensatz zur *Eigenverbrauchsquote* wirken sich hier Verluste durch PV-Heimspeicher negativ auf die Zahl aus. Die Performance von PV-Heimspeichern wird mit der *Autarkiequote* daher präziser abgebildet.

Die beiden Kenngrößen werden neben der installierten Leistung der PV-Anlage durch die Größe des PV-Eigenheimspeichers beeinflusst. Bereits kleine Speicher erhöhen die Eigenverbrauchsquote und die Autarkiequote. Mit zunehmender Speichergröße verringert sich anteilig die Erhöhung der beiden Größen. Bei größeren Speichern wird die eingespeicherte Energie nachts nicht vollständig verbraucht, weshalb am Folgetag die Kapazität zur Einspeicherung von Energie nur begrenzt ist. Nimmt man eine PV-Leistung von 1 kWp je MWh Jahresstromverbrauch an, werden etwa 30 Prozent Eigenverbrauchsquote und Autarkiequote erreicht. Ein PV-Eigenheimspeicher von 1 kWh je MWh Jahresstromverbrauch erhöht den Eigenverbrauchsanteil auf etwa 60 Prozent und die Autarkiequote auf 55 Prozent. PV-Anlagen von 1,5 kWp je MWh Jahresverbrauch zusammen mit einem Speicher von 1,5 kWh je MWh Jahresverbrauch führen zu einer Eigenverbrauchsquote von 50 Prozent und einer Autarkiequote von 70 Prozent. Eine weitere Vergrößerung der installierten PV-Anlage führt zu weiterer Verringerung der Eigenverbrauchsquote und, bis zu einem gewissen Maße, zu einer Erhöhung der Autarkiequote (Weniger, 2015). Die genannten Werte sind Durchschnittswerte und weichen für konkrete Haushalte ab, weil diese stark vom Verbrauchsverhalten und dem daraus resultierenden Lastprofil abhängen. Zusätzlich beeinflussen auch der Standort und die Ausrichtung der PV-Anlage die Erzeugung und somit auch die erzielbaren Werte für die Eigenverbrauchsquote und die Autarkiequote.

Mit der Novelle des EEG 2012 wurde die Einspeisung aus Photovoltaik erzeugter Energie für neue Anlagen eingeschränkt. Dabei musste die maximale Netzeinspeisung („Rückspeisung vom lokalen Stromkunden") durch PV-Anlagen entweder auf 70 Prozent der installierten PV-Leistung begrenzt oder eine ferngesteuerte Abregelung durch Netzbetreiber gewährleistet werden. In beiden Fällen können Situationen auftreten, in denen der PV-Strom durch diese *Abregelung* ungenutzt bleibt. Die Maßnahme soll der Netzentlastung dienen und kann eine erhöhte Integration erneuerbarer Energien erlauben. Der Trend geht zu verstärkter Abregelung der PV-Erzeugungsspitzen, als technische Vorgabe verschiedener Subventionen wie der KfW-Speicherförderung (50 Prozent Abregelung), dem 10.000-Häuser-Programm des Freistaat Bayern (50 Prozent Abregelung) oder der Förderung netzgekoppelter, dezentraler Stromspeicher der *Sächsischen AufbauBank* (40 Prozent Abregelung) – (Stand: Februar 2016).

Betragen die Abregelungsverluste bei einer Abregelungsgrenze von 70 Prozent nur wenige Prozentpunkte von der gesamten PV-Erzeugung, so erhöht sich dieser Anteil überproportional mit strikteren Abregelungsgrenzen und/oder – mechanismen. Energiespeicher sind in der Lage, diese Verluste zu vermeiden, indem sie die ins Netz zu speisende Leistung durch Einspeichern reduzieren. Die Einspeicherleistung und der -zeitpunkt müssen entsprechend der vorhandenen Systeme deswegen geschickt gewählt werden, um eine erhöhte Abregelung zu vermeiden.

Heutige kommerzielle PV-Heimenergiespeicher verfolgen eine *Ladestrategie*, die den Eigenverbrauch maximiert, jedoch mögliche Abregelungsverluste nicht in Betracht zieht. Diese konventionelle Ladestrategie führt dazu, dass die gesamte erzeugte Leistung, die den Bedarf übersteigt, (tagsüber) in den PV-Eigenheimspeicher eingespeichert wird. Ist der Strombedarf größer als die aktuelle Erzeugungsleistung (nachts), so wird diese aus dem PV-Eigenheimspeicher bezogen, bis dieser leer ist. Die geringen Abregelungsverluste durch die heute geltenden Grenzen bieten noch nicht ausreichend Anreize, diese bei der Lade- und Entladestrategie des Speichers zu berücksichtigen. Bei entsprechend ausreichender Dimensionierung des Wechselrichters wird der Speicher an sonnenreichen und bewölkungsarmen Tagen vormittags schnell geladen und erreicht den vollen Ladezustand, bevor die PV-Erzeugungsspitze zur Mittagszeit erreicht wird. In diesem kritischen Zeitraum ist der Speicher dann bereits vollgeladen und die einzuspeisende Leistung verhält sich identisch zu PV-Anlagen ohne PV-Eigenheimspeichersysteme, weshalb die Abregelungsverluste und Netzbelastung durch den Speicher nicht verringert werden.

Verbesserte, prognosebasierte Ladestrategien, die neben der Eigenverbrauchserhöhung die Spitzenleistung der Einspeisung verringern, benötigen i. d. R. zusätzliche Kommunikationsinfrastruktur und – abhängig von der Komplexität der Strategie – auch leistungsstärkere Computer für deren Berechnung. Solche Betriebsstrategien haben üblicherweise das Ziel, das Netz durch die geringeren Einspeisespitzen zu entlasten. Einige dieser Algorithmen werden in Kapitel 2.4 vorgestellt und beschrieben.

PV-Heimspeicher können über verschiedene *Topologien* an das häusliche Energiesystem angeschlossen werden. Sie können direkt an die Gleichspannungsseite des PV-Wechselrichters angeschlossen werden oder über einen eigenen Wechselrichter direkt an das Wechselspannungsnetz des Hauses. Dies kann über alle drei Phasen des Stromanschlusses geschehen oder über eine einzelne Phase. Eine genauere Ausführung über die Anschlusstopologien ist in Kapitel 2.1 zu finden.

Die Wirtschaftlichkeit von PV-Heimenergiespeichern wird maßgeblich beeinflusst durch den Systempreis, der die Investition darstellt, und der Differenz zwischen Einspeisevergütung für den PV-erzeugten Strom und dem Netzstrompreis als Einsparquelle. Eine detailliertere wirtschaftliche Betrachtung findet sich in Kapitel 3. Weitere potenzielle Einnahmequellen bieten die Möglichkeit, einen PV-Heimspeicher systemdienlich oder netzdienlich zu betreiben, was technisch bereits möglich, rechtlich jedoch noch nicht eindeutig festgelegt ist. Daher existieren noch keine finanziellen Anreize für diese zusätzlichen Einnahmequellen.

Eine weitere mögliche Anwendung von Heimspeichern ist die Notstromversorgung. Damit wird die temporäre Aufrechterhaltung der Stromversorgung bei Ausfall des öffentlichen Netzes bezeichnet. Aufgrund der hohen Stabilität des deutschen Stromnetzes spielt diese Anwendung im Heimbereich kaum eine Rolle.

2.3 Anwendungsfall: Systemdienstleistungen

Batteriespeicher können grundsätzlich für verschiedene *Systemdienstleistungen* eingesetzt werden. Bevor allerdings erläutert wird, welche Dienstleistungen von Batteriespeichern erbracht werden können, erfolgt eine kurze Definition der Systemdienstleistungen. Im Sinne des EnWG wird allgemein von Ausgleichsleistungen gesprochen, welche nach § 3 Abs. 1 EnWG als „Dienstleistungen zur Bereitstellung von Energie, die zur Deckung von Verlusten und für den Ausgleich von Differenzen zwischen Ein- und Ausspeisung benötigt wird, zu denen insbesondere auch Regelenergie gehört“ definiert werden. Beachtenswert ist hier, dass von der „Bereitstellung von Energie“ die Rede ist, obwohl diese eine Multiplikation der Leistung, welche erbracht wird, mit der Dauer, in der diese Leistung bereitgestellt wird, darstellt. Je nach Gesetzes- oder Literaturquelle können also *Regelenergie* und *Regelleistung* als äquivalent betrachtet werden. Im eigentlichen Sinne wird jedoch meist eine Leistung zur Verfügung gestellt und je nach Bedarf Energie respektive Arbeit für eine bestimmte Zeit oder einen festen Zeitraum abgerufen. Grundsätzlich liegt die Systemverantwortung bei den Übertragungsnetzbetreibern (ÜNB). Die ÜNB haben somit die Pflicht zur Bereitstellung der folgenden vier Systemdienstleistungen: *Frequenzhaltung* (siehe Kap. 2.3.1), *Spannungshaltung* (siehe Kap. 2.3.2), *Versorgungswiederaufbau* (siehe Kap. 2.3.3) und *Betriebsführung* (siehe Kap. 2.3.4).

2.3.1 Frequenzhaltung

Der Sollwert der Netzfrequenz im europäischen Verbundnetz beträgt 50,0 Hertz (Hz) (siehe Kap. 2.3.5). Zur Aufrechterhaltung der Sollfrequenz ist ein Leistungsgleichgewicht von Erzeugung und Verbrauch im gesamten Verbundnetz notwendig. Es muss zu jedem Zeitpunkt so viel Energie verbraucht werden, wie erzeugt wird. Die Frequenzhaltung wird im Verbundnetz durch eine Reihe von Mechanismen nacheinander übernommen. Zur Beseitigung von Gefährdung oder Störung der Elektrizitätsversorgung müssen u. a. marktbezogene Maßnahmen wie der Einsatz von Regelenergie ergriffen werden. Um die Frequenzerhaltung sicherzustellen bzw. die Aufgaben der Leistungs-Frequenz-Regelung zu erfüllen, gibt es insgesamt drei Arten von Regelleistung. Diese variieren nach Aktivierungszeit und Einsatzdauer und werden im Folgenden kurz dargestellt.

Bei der Primärregelleistung (PRL) und Sekundärregelleistung (SRL) erfolgt die Ausschreibung wöchentlich, bei der Minutenreserve (MRL), auch Tertiärregelleistung genannt, werktäglich. Batteriespeicher können Regelleistung erbringen, indem einzelne Batterieeinheiten zu großen Batteriesystemen gebündelt werden. Hierbei können einzelne Systeme, wie z. B. eine hohe Anzahl von PV-Heimspeichersystemen (siehe Kap. 2.3.4), zusammengeschaltet („gepoolt“) werden oder es können größere Systeme aus mehreren Batteriemodulen und -racks aufgebaut werden (siehe Kap. 1.1.2 und 2.3.5 für die Beschreibung dieser Speicherklasse). Um Regelleistung zur Frequenzhaltung erbringen zu können, müssen Anlagen Leistungen größer als 1 MW in der PRL und Energieinhalte größer 1 MWh und in der SRL mindestens 5 MW an Leistung anbieten (Stand: Februar 2016). An das Verbundnetz angeschlossen, können Batteriespeichersysteme nun so gesteuert werden, dass sie die Netzfrequenz automatisch stabilisieren, indem sie Regelleistung bereitstellen und entweder Energie aufnehmen oder abgeben. In § 13 Abs. 3 EnWG wird insbesondere auf die Frequenzerhaltung eingegangen. Abb. 11 zeigt zum besseren Verständnis den Zusammenhang der verschiedenen Arten von Regelleistungen/Regelreserven.

Seit 2011 stieg die Anzahl der Anbieter im Regelleistungsmarkt und betrug Ende 2015 bei der Primärregelleistung 21, bei der Sekundärregelleistung 33 und bei der Tertiärregelleistung 45 Anbieter. Die wachsende Anzahl an Anbietern zeigt eine gewisse Attraktivität in diesem Markt. Die Gesamtkosten der Systemdienstleistungen der deutschen ÜNB beliefen sich im Jahr 2014 auf 1096 Mio. Euro, wobei die Regelleistung mit insgesamt 437 Mio. Euro knapp die Hälfte beitrug. Zusätzlich zur derzeitigen Attraktivität verschiedener Marktsegmente der Regelleistungsmärkte wirken die Maßnahmen der *International Grid Control Cooperation* (IGCC). Nebst dem Marktangebot selbst arbeiten die ÜNBs gemeinsam an einer europaweiten Kooperation zur Bereitstellung von Regelleistung. Die IGCC arbeitet über die Angebotsmärkte hinaus an dem Ziel, die benötigte Regelleistung zu verringern. Testbetriebe in der Kopplung von Regelleistungserbringung zwischen Deutschland, den Niederlande, der Schweiz, Tschechien, Belgien und Österreich sind äußerst erfolgreich und seit Februar 2016 wird Frankreich (500 MW) mit eingegliedert werden. Dieser Effekt wird langfristig einen Rückgang der Kosten für Regelleistung haben und ist heute (Stand: März 2017) schon in dem leichten Rückgang der Regelleistung bemerkbar.

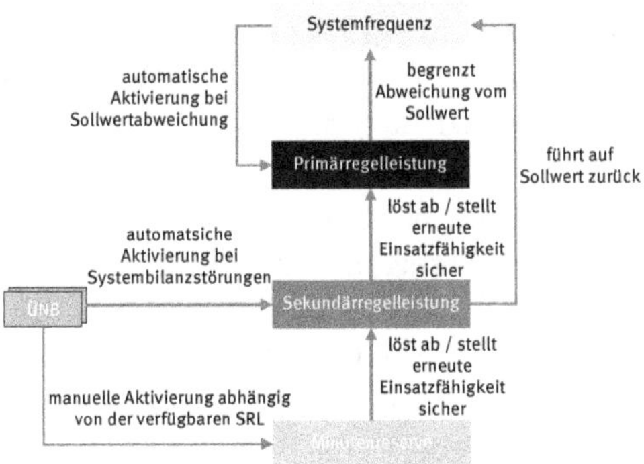

Abb. 11: Verbund der Regelleistungen und deren Funktionshierarchie (eigene Darstellung in Anlehnung an „Consentec GmbH, Description of load-frequency control concept and market for control reserves – Study commissioned by the German TSOs (2014) " consentec).

Die *Beschaffung* von Regelenergie erfolgt laut § 6 Abs. 1 StromNZV über eine anonymisierte Ausschreibung im Internet. Hierzu wurde 2007 von den deutschen ÜNB die gemeinsame regelzonenübergreifende Internetplattform *www.regelleistung.net* eingeführt. Das Ausschreibungsverfahren ist diskriminierungsfrei und transparent. Die Abrechnung der Kosten für PRL und die damit verbundene Arbeit sowie die Vorhaltung von SRL und MRL erfolgt als eigenständige Dienstleistung und ist gemäß § 8 Abs. 1 StromNZV von den Nutzern der Übertragungsnetze zu tragen. Folglich fließen die Kosten der Regelleistungsvorhaltung in die Netznutzungsentgelte ein, die eigentliche Regelarbeit wird über Bilanzkreisverantwortliche (Händler, Lieferanten) anhand der Ausgleichsenergie abgerechnet. Die konkrete Abrechnung von Regelenergie erfolgt nach § 8 StromNZV. Festlegungen der BNetzA im Jahr 2011 führten zu einer Verkürzung von Ausschreibungszeiträumen, zu einer Reduktion der Mindestangebotsgrößen, zu einer Besicherung der Anlagen sowie zur Möglichkeit des Poolings, also dem Zusammenschluss mehrerer kleiner Anlagen zu einem „virtuellen Kraftwerk" zur Bereitstellung von Regelenergie. Erleichterter Marktzutritt und Öffnung des Regelenergiemarkts hinsichtlich neuer Technologien waren die Folge. Hierzu gehören bspw. zu- und abschaltbare Verbraucher und v. a. Stromspeicher. Die §§ 6 bis 11 StromNZV machen detaillierte Angaben zu Regelenergie hinsichtlich Beschaffung, Erbringung, Transparenz, Behandlung von Verlustenergie sowie Schnittpunkten zum EEG.

Die bereitzustellende Leistung für die *Primärregelleistung* (PRL) ist von der Größe des Stromnetzes und der Netztopologie abhängig. Im UCTE-Netz beträgt der Frequenzgradient ca. 20 GW pro Hz Abweichung der Netzfrequenz, zur Sicherstellung der Frequenzstabilität werden etwa 3000 MW PRL vorgehalten. Diese Zahl begründet sich in der Vorgabe des ENTSO-E *Operation Handbook* für Kontinentaleuropa, woraus die Menge an PRL aus dem Ziel des Abfangens von zwei hintereinander auftretenden Referenzereignissen hervorgeht. Ein Referenzereignis beschreibt hierbei den spontanen Ausfall des größten derzeit im Netzverbund operierenden Kernkraftwerks mit 1500 MW. Daher werden 3000 MW PRL vorgehalten. Derzeit schreiben die Länder Schweiz, Österreich, Niederlande und Deutschland ihre Regelleistung gemeinsam aus und der Markt beträgt derzeit 793 MW PRL. Die Primärregelleistung wird innerhalb von wenigen Sekunden automatisch aktiviert und proportional zur Frequenzabweichung unselektiv und solidarisch abgerufen. Dies bedeutet, dass zwar bei der Ausschreibung und beim Gebotszuschlag der Regelleistung die Merit-Order, d. h. eine nach Aktivierungskosten geordnete Einsatzreihenfolge gilt, beim Abruf der Regelenergie allerdings nicht weiter unterschieden wird. Die zur Verfügung gestellte Energie wird bei PRL nicht separat vergütet. Die Ausschreibung der PRL erfolgt symmetrisch, d. h. es erfolgt keine getrennte Ausschreibung von Leistungserzeugung (positive Regelleistung) und Leistungsabnahme (negative Regelleistung). Die Beteiligung am Primärregelleistungsmarkt setzt eine Präqualifikation voraus. Hierbei ist die technische Fähigkeit zur Lieferung der Leistung nachzuweisen. Als technische Einheiten sind hierbei sowohl Erzeugungseinheiten, Energiespeicher als auch regelbare Verbraucherlasten zulässig. Der Anschluss-ÜNB führt in seiner Regelzone die Präqualifikation durch und ist auch alleiniger Vertragspartner des Anbieters. Die dabei zur Verfügung stehende Primärregelleistung, das sog. Primärregelband, muss dabei mindestens 2 Prozent der Nennleistung der Anlage entsprechen. Wenn die Abweichung kleiner als 10 mHz beträgt, erfolgt bei konventionellen Kraftwerken i. d. R. keine Aktivierung der Primärregelung. Bei Einsatz von sehr dynamischen Systemen wie Batteriespeichern ist aber auch eine Regelung innerhalb des 10-mHz-Bandes, auch Totband genannt, durchführbar. Vermarktet ein Anbieter technische Einheiten in mehreren Regelzonen, ist jeweils ein Rahmenvertrag mit dem betreffenden Anschluss-ÜNB abzuschließen. Voraussetzung zum Abschluss des Rahmenvertrags ist die erfolgreiche Präqualifikation mit einer präqualifizierten Leistung mindestens in Höhe der Mindestangebotsgröße. Der Rahmenvertrag ist die Voraussetzung für eine Teilnahme an der gemeinsamen Ausschreibung für PRL. Für die Durchführung der gemeinsamen Ausschreibung wird seit dem 01.12.2007 die gemeinsame Internetplattform der ÜNB *www.regelleistung.net* genutzt. Über diese gemeinsame Internetplattform erfolgen die Veröffentlichung der Ausschreibungsbedarfe, die Abwicklung der Angebotsabgabe und die Information der Anbieter über erteilte Zuschläge bzw. Absagen. Die Mindestangebotsgröße ist seitens der *Bundesnetz Agentur* (BNetzA) seit 27.06.2011 auf ±1 MW festgelegt. Es ist aber zulässig, durch Aggregation der Leistung kleinerer Einheiten, das sog. Pooling, die Mindestleistung zu gewährleisten. Energiespeicher mit ihrem schnellen Ansprechverhalten eignen sich hervorragend zur Bereitstellung von Primärregelleistung. Sie werden deshalb als Möglichkeit angesehen, die Primärregelleistung ggf. nicht mehr zur Verfügung stehender Großkraftwerke zu liefern. Mittlerweile sind mehrere zentrale Batteriegroßspeicher im europäischen Verbundnetz in Betrieb und stellen Systemdienstleistungen bereit. Somit erfolgt die Aktivierung der RPL unselektiv und nach dem Solidaritätsprinzip durch alle im europäischen Verbundnetz (*Union for the Coordination of Transmission of Electricity*, UCTE) synchron verbundenen Übertragungsnetzbetreiber überall im Netz zeitgleich, gemeinsam im Kollektiv und unabhängig vom jeweiligen Grund. Hierbei muss innerhalb von 30 Sekunden die vollständige Aktivierung möglich sein und bis zu 15 Minuten zur Verfügung stehen.

Die PRL wird anschließend durch SRL abgelöst, wobei die SRL innerhalb von fünf Minuten automatisch aktiviert wird. Nach 15 Minuten wird letztlich MRL aktiviert und löst nach und nach die SRL ab, welche zuvor die PRL abgelöst hat. Folglich treten verschiedene Regelleistungsarten überlappend auf. Die SRL und MRL werden, anders als die PRL, nicht solidarisch und unselektiv abgerufen, sondern selektiv von dem verursachenden ÜNB und dem geringsten Arbeitspreis folgend ortsspezifisch aktiviert. SRL und MRL führen Störungen im Netz somit auf deren Ursache zurück, bis schließlich eine lokale Eingrenzung möglich ist und die Störung durch weitere Maßnahmen behoben werden kann. Sollte eine Störung länger andauern, wird nach einer Stunde ein Bilanzkreisausgleich gefordert, welcher thematisch nicht mehr der Regelleistung zuzuordnen ist. Nach § 13 Abs. 1 Nr. 2 EnWG sind die ÜNB für den Einsatz von Regelleistung verantwortlich. Für die Vorhaltung der SRL wird ein *Leistungspreis* und für den Abruf zusätzlich ein *Arbeitspreis* bezahlt. Im Gegensatz zur PRL ist hier nicht nur die Frequenzsteuerung entsprechend der P-f-Charakteristik entscheidend, sondern die Leistungssteuerung. Für die Bereitstellung können bspw. thermische Kraftwerke oder (Pump-)Speicherkraftwerke eingesetzt werden. Aufgrund technischer und ökonomischer Gesichtspunkte erfolgt die Vorhaltung von SRL häufig in Kraftwerkspools. Bei SRL wird, anders als bei der PRL, positiver und negativer Regelleistungsbedarf getrennt ausgeschrieben (§ 6 Abs. 3 Satz 2 StromNZV). Weiterhin wird noch zwischen den Zeitbereichen „Hochtarif" (HT, Mo bis Fr, 08:00 bis 20:00 Uhr) und „Niedertarif" (NT, restlicher Zeitraum, insbesondere Wochenende sowie Feiertage) unterschieden. Daraus ergeben sich bei SRL vier unterschiedliche Produkte. Im Jahr 2014 war SRL mit 228 Mio. Euro nach der MRL der teuerste Bestandteil der Systemdienstleistungen der ÜNB. Dennoch ist sowohl positive als auch negative SRL rückläufig, wobei eine leichte Verschiebung hinsichtlich negativer SRL zu erkennen ist. Batteriespeichersysteme eignen sich generell für die Bereitstellung von SRL, da die vorgeschriebenen Ansprechzeiten, Leistungen und Energien nur eine Frage der korrekten Dimensionierung sind. Dennoch ist das Bereitstellen von SRL durch Batteriespeicher nicht einfach durchzuführen. Die SRL muss mit einer Mindestleistung von 5 MW angeboten werden und nach 30 Sekunden muss bereits 1 MW Leistung vorliegen. Um diese Anforderungen zu erfüllen, müsste ein sehr großes Batteriespeichersystem dimensioniert und dementsprechend eine technische Großanlage konstruiert werden. Auf Basis der

Ausschreibungsergebnisse der Jahre 2012 bis 2016 kommt man zu dem Schluss, dass Batteriespeicher grundsätzlich SRL erbringen können, dies jedoch nicht ausschließlich wirtschaftlich betrieben werden kann. Ein Batteriespeichersystem, das nur SRL erbringt, konnte 2012 noch wirtschaftlich betrieben werden, aufgrund des Preisverfalls in einigen Marktsegmenten ist dies 2015 allerdings nicht mehr der Fall gewesen.

Die Minutenreserveleistung ist ein Teil des Regelleistungsbedarfs und wird vorgehalten, um die SRL sinnvoll zu dimensionieren. Die MRL hat hierbei geringere Anforderungen als die PRL und SRL. MRL muss innerhalb von 15 Minuten aktiviert werden können und folgt keinem kontinuierlichen Regelsignal, sondern wird über Fahrplanlieferungen in 15-Minuten-Intervallen abgerufen. Somit kommen technische Einheiten für die MRL infrage, welche längere Anfahrzeiten haben, als für die Bereitstellung von SRL notwendig wäre. Heute (Stand Juni 2017) müssen 5 MW für mindestens 15 Minuten angeboten werden, um am MRL Markt teilnehmen zu können. Dies können z. B. vollkommen im Stillstand befindliche Gasturbinen sein, nachfrageseitige Flexibilität, virtuelle Kraftwerke oder direktvermarktete EEG-Anlagen, wie z. B. Biogasanlagen. MRL wird von den ÜNB von Fall zu Fall und abhängig von der tatsächlichen Inanspruchnahme der SRL eingesetzt. Ziel ist auch hier, ein Ablösen der vorangegangenen Regelstufe, der SRL zu erreichen. MRL wird ebenfalls wie die SRL über eine MOL über die Webseite *www.regelleistung.net* abgerufen. Es ist technisch kein Problem, MRL mit Batteriespeichersystemen zu erbringen. Aufgrund der geringen Preise – verglichen mit SRL und PRL – ist allerdings heute (Stand: März 2016) das alleinige Erbringen von MRL keine wirtschaftliche Applikation für Batteriespeichersysteme. Mit zunehmendem Ausbau von Speichersystemen im Stromnetz wird jedoch auch die Bereitstellung von MRL durch Batteriespeichersysteme immer wahrscheinlicher und wirtschaftlicher werden.

Ebenfalls können Batteriespeicher zur Bereitstellung der sog. Momentanreserve genutzt werden. Diese ist derzeit nicht explizit durch gesetzliche Regelungen beschrieben oder durch einen Markt zugänglich gemacht. Von anderen Ländern ist bekannt, dass aber z. B. auch die Erbringungsgeschwindigkeit bei der Bewertung von systemdienstleistenden Anlagen eine Rolle spielen kann. Die Momentanreserve ist eine entscheidende Komponente des Stromversorgungssystems, welche durch die rotierenden Schwungmassen in den Generatoren konventioneller Kraftwerke derzeit gegeben ist. Die Trägheit der rotierenden Massen dämpft einen Frequenzabfall oder -anstieg bei Störungen im Netz, sodass das Netz kurzfristig, im Bereich weniger Millisekunden, stabilisiert und Zeit für den Einsatz von Regelleistung geschaffen wird. In zukünftigen Netzen mit rein erneuerbarer Stromversorgung werden sehr viel weniger dieser trägen Massen am Netz sein. Batteriespeicher sind technisch in der Lage, Momentanreserve zur Verfügung zu stellen, und können hier eingesetzt werden.

2.3.2 Spannungshaltung

Zur *Spannungshaltung* sind Batteriespeichersysteme besonders in Niederspannungsnetzen geeignet. Mit einem marktüblichen dreiphasigen Hausanschluss können typischerweise kleine bis mittelgroße, d. h. von ca. 50 kWh bis zu 300 kWh, Batteriespeichersysteme in lokale Niederspannungsnetze integriert werden und durch verschiedene technische Maßnahmen die Spannungsqualität im lokalen Netz deutlich verbessern. Spannungshaltung unterscheidet sich von der Frequenzhaltung, da, anders als die Netzfrequenz, die Netzspannung nicht an allen Anschlusspunkten im Verbundnetz gleich ist. Die Netzfrequenz hängt maßgeblich von der Wirkleistung und der Wirkleistungsanforderung des gesamten Netzverbunds ab, daher wirken sich Schwankungen in der Leistungsanforderung in Relation zur Gesamtleistung des Netzes vernachlässigbar auf die Netzfrequenz aus. Die Netzspannung hingegen ist nicht global von der Gesamtleistung des Netzes abhängig, sondern wird v. a. von lokalen Netzgegebenheiten beeinflusst. Den größten Einfluss auf die Netzspannung haben die sog. Blindleistung und die Leitungslänge. Werden z. B. in einem lokalen Netz größere Maschinen hochgefahren, werden hohe Blindleistungsstöße in das Netz abgegeben, wobei es zu erheblichen lokalen Spannungsschwankungen kommen kann. Die Länge einer Leitung wirkt sich auf zwei Arten aus: In einem lokalen Ortsnetz bspw. ist die Spannung am Ende einer Leitung bei Energiebezug umso niedriger, je länger die Leitung, damit weiter vom Ortsnetztransformator entfernt, und je höher die Leistung am Leitungsende ist. Der gleiche Effekt tritt auf, wenn in einem lokalen Ortsnetz viele einspeisende Anlagen, z. B. Photovoltaikanlagen, hohe Leistungen in das Netz einspeisen. Je weiter eine Erzeugungsanlage vom Ortsnetztransformator entfernt einspeist und je länger somit die Leitung ist, desto höher wird die Spannung am Leistungsende. Hier kann ein Batteriespeicher am Ende einer langen Leitung eingesetzt werden, um die maximal bezogene Leistung zu verringern oder die maximal eingespeiste Leistung zu verringern und so größere Spannungsabfälle/-erhöhungen über die Leitung zu verhindern. In höheren Netzebenen als der Niederspannung werden diese Erscheinungen durch geeignete Kompensationsmaßnahmen automatisch unterbunden bzw. adressiert. In Niederspannungsnetzen hingegen werden diese Umstände meistens durch lokalen Netzausbau oder sog. Regelbare Ortsnetztransformatoren kompensiert. Batteriespeichersysteme eignen sich technisch dazu, diese Anforderung zu übernehmen, und können in Niederspannungsnetzen bzw. lokalen Netzen maßgeblich zur Spannungshaltung durch Blindleistungsbereitstellung oder geeignete Regelung von Wirkleistungen beitragen. Außerdem ist es ebenfalls möglich, Batteriespeicher in induktivem oder kapazitivem Verhalten am Netzverknüpfungspunkt zu betreiben, und so zur Spannungshaltung beizutragen. In einfachen Worten ausgedrückt ist die Frequenz im europäischen Verbundnetz jederzeit und an allen Orten gleich, wohingegen die Spannung überall unterschiedlich ist. In einem lokalen Ortsnetz bspw., ist die Spannung am Ende einer Leitung umso niedriger, je länger die Stromleitung ist, und damit weiter entfernt vom Ortsnetztransformator, wenn Leistung bezogen wird (siehe Kap. 2.3.7). Hier kann ein Batteriespeicher am Ende einer langen Stromleitung eingesetzt werden, um den maximalen Leistungsbezug zu verringern und so größere Spannungsabfälle über die Leitung zu verhindern.

2.3.3 Versorgungswiederaufbau

Der *Versorgungswiederaufbau*, häufig auch als Schwarzstartleistung oder -kapazität bezeichnet, kann ebenfalls mithilfe von Batteriespeichersystemen unterstützt werden. Fällt ein Stromnetz bspw. aufgrund eines Kraftwerkfehlers aus, muss das jeweilige Kraftwerk wieder angefahren werden. Die dafür benötigte Leistung und Energie beziehen moderne Kraftwerke direkt aus dem Stromnetz oder über eigenversorgende Generatoreinheiten, welche interne kleine Notversorgungen aufbauen, um die Kraftwerksteuerung wieder anzufahren. Hier könnten Batteriespeichersysteme in gleicher Qualität Netze wiederaufbauen und Ersatzenergie bereitstellen. Besonders attraktiv ist die Überlegung, Batteriespeichersysteme bei Teilausfällen oder kompletten Netzausfällen zu nutzen. Durch die äußerst schnelle Reaktionszeit von wenigen Millisekunden bis zur vollständigen Bereitstellung der geforderten Leistung können Batteriespeicher schneller reagieren als herkömmliche Schwarzstartkapazitäten. Ein Beispiel sind Dieselgeneratoren, welche kraftwerksinterne Netze stabilisieren, um einen Schwarzstart von Kraftwerken bei einem kompletten Netzausfall zu führen. Batteriespeicher könnten hier besonders schnell reagieren, da sie praktisch keine Anlaufzeit haben.

Die *Betriebsführung*, als letzte der aufgeführten Systemdienstleistungen, kann ebenfalls mithilfe von Batteriespeichern gestützt werden. Die Betriebsführung beschreibt im Allgemeinen die für die Betriebs- und Versorgungssicherheit sowie die Funktionsfähigkeit der Netze notwendigen Investitionen in die Netze und Anreize zu netzentlastender Energieeinspeisung und netzentlastendem Energieverbrauch. So können Batteriespeicher bspw. in Niederspannungsnetzen den Ausbau von Transformatoreinheiten zeitlich verschieben oder ersetzen oder sie können in der Mittelspannung bei Großabnehmern in Abstimmung mit Netzbetreibern zur Glättung von Lasten installiert werden. Der Einsatz von Batteriespeichern zur Betriebsführung ist derzeit (Stand: Januar 2016) rechtlich nicht geklärt, technisch jedoch sind mehrere Ansätze denkbar: Ein Beispiel ist der zeitlich begrenzte Einsatz von Batteriespeichersystemen zur Netzausbauvermeidung. Werden heute in Netzen aufgrund der unterwarteten Entwicklung und dem raschen Zubau von Erneuerbaren Einspeisern Netzausbaumaßnahmen fällig, welche in ein paar Jahren aufgrund bereits geplanter Maßnahmen hinfällig werden, können Batteriespeichersysteme dies explizit verhindern.

Stellen wir uns einen Mittelspannungsstrang vor, an dessen Ende in zahlreichen Niederspannungsnetzen ein erheblicher PV-Zubau stattgefunden hat. Ein geplanter Netzausbau in Form einer Erweiterung des Mittelspannungsstrangs war in fünf Jahren geplant. Die Notwendigkeit nach einem direkten Ausbau aufgrund der Extrema durch Rückspeiseleistungspeaks der PV in Niederspannungsnetzen, kann hier erfolgreich durch einen Batteriespeicher abgefangen werden. Ein Zubau heute hätte zur Folge, dass der in fünf Jahren geplante und notwendige Zubau parallele Netzkapazitäten zur Folge hätte und somit der heute stattfindende Zubau von Mittelspannungsleitung obsolet wäre.

2.3.4 Systemdienstleistungen durch dezentrale PV-Heimspeichersysteme

In Kapitel 2.1 wurden bereits die durch Anschlussbedingungen vom Anschlussnetzbetreiber geforderten Systemdienstleistungen beschrieben. Wie in Kapitel 2.3 beschrieben, eignen sich stationäre Speichersysteme ebenfalls zur Erbringung für über Anschlussbedingungen hinausgehende Systemdienstleistungen. Elementar ist bei den zumeist kleinen Anschlussleistungen und Speicherkapazitäten im Heimspeicherbereich die Vernetzung der Speicher zu einem größeren Verbund, einem sog. virtuellen Kraftwerk. Hierdurch ergeben sich besondere Anforderungen an die leittechnische Integration von Heimspeichersystemen in die der jeweiligen Akteure (Netzbetreiber, Vermarkter). Zunächst wird die *Frequenzhaltung* bzw. die Teilnahme an der Regelleistung betrachtet. Hier können die PV-Heimspeichersysteme genutzt werden, um die Netzfrequenz zu stützen. Wichtig ist hierbei, dass der eigentliche Speicherzweck, also zumeist die Maximierung des Eigenverbrauchs, nicht durch die Erbringung der Systemdienstleistung beeinflusst wird. Das heißt, es können für die Frequenzhaltung nur Teilbereiche der Speicherkapazität und -leistung genutzt werden. Die genaue Abschätzung und Vorhersage, wann welcher Speicher wie voll ist und welcher Teil des Speichers durch einen Dritten (z. B. den Vermarkter/Aggregator) genutzt werden kann, ist sehr anspruchsvoll. Hier spielen Aspekte der korrekten Abrechnung und Zählung eine entscheidende Rolle. Es muss zu Abrechnungszwecken unterschieden werden, ob die Kilowattstunde im Speicher nun durch den Vermarkter oder durch die kundeneigene PV-Anlage erzeugt wurde. Ein weiterer Aspekt, der bedacht werden muss, ist die IKT-Anbindung der dezentralen Speicher. Die ÜNB (50Hertz, Amprion, Tennet, TransnetBW) haben hohe Anforderungen an die Anbindung der regelleistungserbringenden technischen Einheiten. Hier erfolgt eine Absicherung der Verbindungen mithilfe eines *Virtual Private Network* (VPN) und einer AES256-Verschlüsselung, die die Übertragung der nötigen Steuerungsinformationen sicher zu den einzelnen technischen Einheiten überträgt. Eine geschlossene Benutzergruppe ist ebenfalls für die Ansteuerung des virtuellen Kraftwerks bzw. der einzelnen Speichersysteme nötig. Diese geschlossene Benutzergruppe stellt sicher, dass die Übertragung getrennt vom Internetverkehr vollzogen werden kann. Sie ist dann nicht aus dem Internetbereich zugänglich. Die geschlossene Benutzergruppe darf ausschließlich zum Zwecke der jeweiligen Frequenzhaltungsart (z. B. Sekundärregelleistung) genutzt werden. Häufig werden Drittanbieter mit der IKT-Anbindung der einzelnen technischen Einheiten beauftragt (sog. Software-as-a-Service-Anbieter). Einige Forschungsprojekte in diesem Bereich haben gezeigt, dass eine vernetzte Nutzung von Speichern in der Niederspannung möglich ist. Im konkreten Fall wurden Heimspeicher zur Erbringung von Regelleistung vernetzt (Caterva GmbH 2016).

Die *Spannungshaltung* ist etwas differenzierter zu betrachten. Da die Spannungshaltung i. d. R. über eine Blindleistungseinspeisung abgebildet wird, und diese zumeist lokal begrenzt wirkt, sind hier Einschränkungen bei PV-Heimspeichersystemen zu machen. Eine über die Netzanschlussbedingungen hinausgehende

Blindleistungsbereitstellung ist in vielen Fällen für die Niederspannungsebene nicht sinnvoll. Durch eine zusätzliche Spannungshaltung mithilfe von Blindleistung ergeben sich höhere Netzströme, die in einigen Situationen über die Stromtragfähigkeit der Leitungen hinausgehen können. Insbesondere eine dynamische Blindleistungseinspeisung für höhere Netzebenen aus der Niederspannungsebene, z. B. für die Mittel- oder Hochspannungsebene, ist aufgrund der begrenzten Übertragungskapazität im Verteilungsnetz nicht möglich. Die lokale Spannungshaltung am Netzanschlusspunkt kann darüber hinaus über dynamische Regelungen, z. B. einer dynamischen Blindleistungseinspeisung abhängig vom Spannungswert am Netzverknüpfungspunkt der sog. Q(U)-Regelung, verbessert werden. Eine Aggregation von vielen verteilten PV-Speichern ergibt nach aktuellem Stand der Technik keinen Sinn.

Aktuell wird ein *Versorgungswiederaufbau* nach einem Schwarzfall, also dem Ausfall einzelner Teile oder des gesamten Verbundnetzes, durch sog. schwarzstartfähige Kraftwerke aus dem Übertragungsnetz geleistet. Diese Kraftwerke können im Schwarzfall ein eigenes Netz stellen und so mit anderen Kraftwerken, die nicht schwarzstartfähig sind, kaskadenartig das Versorgungssystem wieder herstellen. In der Regel sind speziell ausgestattete thermische Kraftwerke und einige Wasserkraftwerke schwarzstartfähig. Dieser Prozess wird in regelmäßigen Schulungen trainiert und laufend verbessert. In einem zukünftigen Netz mit regenerativer, dezentraler Erzeugung sind diese schwarzstartfähigen Kraftwerke evtl. nicht mehr vorhanden. Hier müssen also andere Erzeugungseinheiten im Falle eines Blackouts diese Systemdienstleistung übernehmen. Um einen Netzwiederaufbau für das Verbundnetz auf dezentraler Niederspannungsebene umzusetzen, sind umfangreiche Kommunikations- und Steuerungseinheiten in der Niederspannungsebene nötig. Diese IKT muss auch im Schwarzfall funktionieren, um einen Netzwiederaufbau aus der Niederspannungsebene zu ermöglichen. Hier steht den nicht abzuschätzenden Kosten ein geringer Mehrwert gegenüber.

Das Thema „Betriebsführung" ist aus der Sicht von stationären Speichern interessant. Gerade für Verteilnetzbetreiber kann es sinnvoll sein, Niederspannungsspeicher in ihren Netzen zur aktiven Beeinflussung der Lastflüsse zu nutzen, um einen nötigen Netzausbau zu vermeiden. Allein durch die Kappung der Solarspitze in der Mittagszeit können hohe Lastflüsse innerhalb der Niederspannungsnetze und in (vor- oder nachgelagerte) Netzebenen vermieden werden. Dies wird bereits in Forschungsprojekten umgesetzt. Jedoch ist die regulatorische Behandlung dieser Speichersysteme, die von Netzbetreibern mitgenutzt werden, noch nicht abschließend geklärt.

2.3.5 Systemdienstleistungen durch zentrale Großspeicher

Eine Möglichkeit, Systemdienstleistungen durch Batteriespeicher zu erbringen, ist die Bereitstellung von PRL. In Kapitel 2.5 soll die Erbringung von PRL durch Batteriespeicher genauer betrachtet und deren Eigenschaften dargestellt werden. Batteriespeichersysteme, die zentral (z. B. in der Mittelspannungsebene) eingesetzt werden, können somit problemlos Regelleistung anbieten. Es ist (Stand: Januar 2016) in Zukunft ein starkes Wachstum von Batteriespeichersystemen in der Primärregelleistung zu erwarten. Zentrale Batteriespeichersysteme mit einer Größe von 1 MW+ sind nahezu ausschließlich über Transformatoren in der Mittelspannung angeschlossen. Somit können die Batteriespeichersysteme unter aktuellen Rahmenbedingungen Regelleistung für das Verbundnetz bereitstellen, tragen allerdings sonst zu keinen System- oder Netzdienstleistungen bei. Es sind Einzelfälle im europäischen Verbundnetz bekannt, in denen Batteriespeichersysteme neben Regelleistung auch andere System- oder Netzdienstleistungen direkt in der Mittelspannung anbieten. Diese Systeme unterliegen jedoch weitgehend noch Ausnahmeregelungen der einzelnen Regulierungsbehörden oder der Netzbetreiber, technisch jedoch sind auch hier Kombinationen von Anwendungsfällen möglich.

2.3.5.1 Erbringungscharakteristik der Primärregelleistung im Detail

Die Aktivierung von PRL geschieht zeitgleich und dezentral an jeder teilnehmenden Stelle automatisch. Dies geschieht über die sog. P-f-Charakteristik. Hierbei wird die Leistung (P) in Abhängigkeit der Netzfrequenz (f) automatisch berechnet und somit von den Marktteilnehmern abgerufen. Gemäß der P-f-Charakteristik existiert ein sog. Toleranzband (Totband), welches v. a. Messungenauigkeiten der P-Regler ausgleichen soll. Innerhalb von 50,01 Hz und 49,99 Hz muss demnach keine Primärregelleistung bereitgestellt werden. Für Abweichungen der Netzfrequenz von ±10 mHz und ±200 mHz wird der Leistungsabruf linear auf 100 Prozent erhöht. Die Erbringung von PRL wird generell automatisiert durchgeführt. Die Netzfrequenz wird gemessen und Regelleistung gemäß der P-f-Charakteristik (siehe Abb. 12) anhand der Frequenzabweichung von 50 Hz abgerufen.

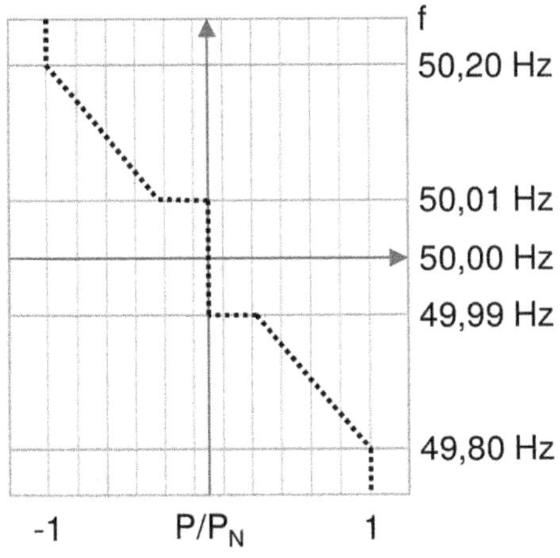

Abb. 12: P-f-Charakteristik der ÜNB zur Erbringung von Primärregelleistung (eigene Darstellung).

2.3.6 Regularien hinsichtlich des Ladezustandes von PRL erbringenden Batteriespeichersystemen

Zur Erbringung von Primärregelleistung schreiben die ÜNBs bestimmte Zustände für Batteriespeichersysteme vor. Zu jeder Zeit muss demnach ein am Primärregelleistungsmarkt teilnehmender Batteriespeicher einen vordefinierten Energievorrat vorhalten. Der Batteriespeicher muss in der Lage sein, die volle präqualifizierte Reserveleistung in positiver und negativer Richtung für mindestens 30 Minuten bereitzustellen. Das sog. 30-Minuten-Kriterium ist eine Regelung aus dem Jahr 2015 und steht derzeit (Stand: Februar 2016) zur Diskussion. Das Marktdesign der Regelleistungsmärkte und rechtliche Vorgaben sehen normalerweise eine Ablösung der PRL durch die SRL in einem so kurzen Zeitraum vor, dass die durchgehende Erbringung von PRL für einen Zeitraum von 30 Minuten sich technisch ausschließt. Dementsprechend ist derzeit (Stand: Februar 2016) damit zu rechnen, dass das 30-Minuten-Kriterium wieder auf den alten Wert von 15 Minuten reduziert wird. Die unterschiedlichen Anforderungen an die Batteriespeicher wirken sich v. a. auf die Kapazität aus, die notwendig ist, um einen Batteriespeicher am Netz für die Erbringung von Regelleistung anerkennen zu lassen. Das Verhältnis von am Markt angebotener Leistung durch einen Batteriespeicher zur Energie, welche der Energiespeicher enthält, ist entscheidend für die Wirtschaftlichkeit eines solchen Systems. Bietet ein Marktteilnehmer zum Beispiel 1 MW Regelleistung an, muss das Verhältnis von Kapazität zu Leistung 1 : 1 bei einem Ladezustand zwischen 25 und 75 Prozent Ladezustand betragen. Dies bedeutet, dass der Batteriespeicher jederzeit in der Lage ist, für 15 Minuten die volle Leistung an das Netz abzugeben. Soll jedoch für 30 Minuten die volle Leistung abgegeben werden, muss der Batteriespeicher stets auf 50 Prozent Ladezustand gehalten werden. Tab. 13 zeigt die Zusammenhänge zwischen dem Ladezustand eines Speichers und dem notwendigen Verhältnis bei angewandtem 15- und 30-Minuten-Kriterium.

Tab. 13: Ladezustandsbereiche von Batteriespeichersystemen in der Primärregelleistung und die dazu gehörigen Verhältnisse von Leistung und Energie bei angewandtem 15- oder 30-Minuten-Kriterium (eigene Darstellung).

Ladezustandsbereich des Batteriesystems im Betrieb	notwendiges Verhältnis der Leistung zur Kapazität bei angewandtem 15-Minuten-Kriterium	notwendiges Verhältnis der Leistung zur Kapazität bei angewandtem 30-Minuten-Kriterium
25 %–75 %	1 : 1	1 : 2
20 %–80 %	1 : 1,2	1 : 2,5
15 %–95 %	1 : 1,6	1 : 3
10 %–90 %	1 : 2,4	1 : 5

Das 30-Minuten-Kriterium gilt nach den Vorgaben der ÜNB als verletzt, wenn der Ladezustand des Batteriespeichers während normaler Frequenzverläufe im Netz die vorgegebenen Grenzen verlässt. Hierbei ist der Normalbetrieb des Speichers definiert, für den Fall, dass die Frequenzabweichung kontinuierlich kleiner als 50 Hz oder keines der nachfolgenden Kriterien erfüllt ist:

- Vorliegen einer Frequenzabweichung außerhalb von ±200 mHz
- Vorliegen einer Frequenzabweichung außerhalb von ±100 mHz für länger als 5 Minuten
- Vorliegen einer Frequenzabweichung außerhalb von ±50 mHz für länger als 15 Minuten

Weiterhin sind Betreiber von Batteriespeichersystemen in der PRL verpflichtet, nach Rückkehr der Frequenz in den definierten Normalbereich den Arbeitsbereich des Batteriespeichersystems innerhalb von 2 Stunden wieder zu erreichen.

2.3.6.1 Freiheitsgrade in der Erbringung von Primärregelleistung

Um einen Batteriespeicher in den von den ÜNB erlaubten Ladezustandsgrenzen zu halten, stellen die ÜNB verschiedene Freiheitsgrade bei der Erbringung von PRL zur Verfügung:

- die Übererfüllung
- das Laden und Entladen im Toleranzband
- die Erbringungsgeschwindigkeit
- die Teilnahme am Energiehandel am EEX

Bei der *Übererfüllung* ist es dem Batteriespeicher erlaubt, generell 20 Prozent mehr Leistung zu erbringen als es die P-f-Charakteristik vorschreiben würde. Dies bedeutet, dass ein Batteriespeichersystem bei einer Anforderung von 100 Prozent PRL-Leistungsabgabe in z. B. positiver Richtung von diesen 120 Prozent erbringen kann, um den Ladezustand zu beeinflussen. Das Laden und Entladen im *Toleranzband* der P-f-Charakteristik beschreibt, dass der Speicher zwischen 49,99 Hz und 50 Hz ebenfalls Regelleistung aufnehmen oder abgeben kann, obwohl dies seitens der Systemanforderung nicht benötigt wird. Zusätzlich kann der Batteriespeicher seine äußerst schnelle Reaktionszeit ausnutzen. Eine PRL-Leistungsanforderung muss normalerweise innerhalb von 30 Sekunden erbracht und gehalten werden. Hier können Batteriespeicher schon nach wenigen Millisekunden reagieren und somit die Erbringungsgeschwindigkeit als zusätzlichen Freiheitsgrad nutzen. Dies bedeutet, dass ein PRL-Speicher direkt volle Leistung bereitstellen kann, um so den Lastzustand zu beeinflussen. Der wichtigste der vier Freiheitsgrade allerdings ist der Energiehandel an der Strombörse EEX. Hierdurch kann der Betreiber des Batteriespeichers sicherstellen, dass der Batteriespeicher in den von den ÜNB festgelegten Ladezustandsgrenzen betrieben wird. Dies kann zeitgleich zur Erbringung der PRL erfolgen. Dementsprechend ist es ein übliches Vorgehen, einen Batteriespeicher mit an der EEX gehandelter Energie nachzuladen.

2.3.6.2 Kostenstruktur und Abgaben

Batteriespeichersysteme, die zur Bereitstellung von Regelleistung durch Ein- und Ausspeisen von Energie mit der vom Netz geforderten Leistung am Markt agieren, sind von einigen Umlagen und Abgaben befreit (Stand: März 2016). Ein Batteriespeicher, der Primärregelleistung erbringt, muss somit keine Netzentgelte und keine EEG-Umlage für die umgesetzte Energie umlegen. Dies ergibt sich aus § 118 EnWG und beschreibt, dass Speichersysteme jeglicher Art, die vor 2026 installiert werden, von Netzentgelten befreit sind. Tab. 14 gibt einen Überblick über die Abgaben- und Umlagensituation. Weiterhin gilt nach § 60 EEG, dass Speichersysteme, welche die Summe eingespeicherter Energie wieder an das Netz abgeben, von der EEG-Umlage befreit sind.

Tab. 14: Übersicht von Anwendungsfällen für Energiespeicher, typischer Zeitbereich für einen Speichervorgang und Nennung eines Beispielprojekts (Stand: März 2017) (eigene Darstellung).

Umlagen und Abgaben	normaler Speicher	PRL-Speicher
Stromsteuer	Ja	Ja
Konzessionsabgaben	Ja	Ja
EEG Umlage	Ja	Nein
Netzentgelte	Ja	Nein
Costs for Generation and Marketing	Ja	Ja
Mehrwertsteuer	Ja	Ja

2.3.7 Systemdienstleistungen durch dezentrale Batteriespeichersysteme

Kapitel 2.3.5 zeigte bereits im Detail auf, wie zentrale Batteriespeichersysteme technisch in der Lage sind, Systemdienstleistungen zu erbringen. Im Fokus der genannten Systemdienstleistungen steht die Bereitstellung von Regelleistung in der Primär- und Sekundärreserve. Batteriespeichersysteme, die eigenständig Regelleistung erbringen, müssen in der Primärreserve mindestens 1 MW an Leistung, in der Sekundärreserve mindestens 5 MW an Leistung bereitstellen. Da Batteriespeichersysteme dieser Größe technisch komplexe Einheiten sind und meist in für diesen Zweck errichteten Hallen oder Gebäuden stehen müssen, werden im Folgenden die Möglichkeiten zur Erbringung von Regelleistung durch dezentrale Batteriespeichersysteme aufgezeigt.

Dezentrale Batteriespeichersysteme sind zunächst ein loser Begriff, der häufig damit assoziiert wird, dass Batteriespeichersysteme mittlerer (≤ 5 MW) bis kleiner (≤ 100 kW) Größe direkt in Niederspannungsnetzen, somit der Verteilnetzebene, eingesetzt werden. Wie Kapitel 2.3.4 gezeigt hat, können in der Niederspannungsebene Kleinstspeicher (≤ 15 kW) und PV-Heimspeichersysteme durch die Bündelung zu sog. Speicherpools Regelleistung erbringen. Im Gegensatz zu zentralen Batteriespeichersystemen in der Mittelspannung, können diese Systeme zeitgleich netzdienlich wirken und Aufgaben in Niederspannungsnetzen erfüllen, wie z. B. die in Kapitel 2.2

aufgezeigte Erhöhung des Eigenverbrauchs von privat Haushalten. Dezentrale Batteriespeichersysteme beschreiben somit lediglich die Eigenschaft eines Batteriespeichersystems, das nicht zentral an einzelnen Knotenpunkten angeschlossen ist, sondern kleinere Systeme, die in dezentralen Punkten angeschlossen sind.

Batteriespeichersysteme in Netzen sind in ihrer heutigen Form eine relativ neue Erscheinung. Getrieben durch den starken Zubau von Photovoltaiksystemen setzen sich allerdings immer mehr Batteriespeichersysteme am Markt durch. Dies ist v. a. auf den Wunsch der Konsumenten nach zusätzlicher Autarkie bzw. einer Erhöhung des Verbrauchs des eigenen erzeugten Solarstroms zurückzuführen. Verstärkend wirken Effekte wie stetig zurückgehende Einspeisevergütungen im EEG.

Aktuell gibt es verschiedene Forschungsrichtungen und Projekte, die an verschiedenen Technologien der *Kopplung dezentraler Batteriespeichersysteme* arbeiten. Unter der Kopplung von Batteriespeichersystemen, auch *Pooling* oder *Schwarmeinsatz* genannt, versteht man das zentrale Steuern mehrerer kleiner Batteriespeichersysteme durch eine zentrale Speicherlogik. So gibt es bereits heute (Stand: Januar 2016) Bestrebungen verschiedener Unternehmen der deutschen Industrie, zentrale Speichersteuereinheiten zu entwickeln und auf den Markt zu bringen, um die bereits beschriebenen Batteriespeicherschwärme zu realisieren. Im Folgenden werden kurz die Umstände beschrieben, warum sich ein Speicherpooling anbietet, und welche Effekte, positive wie negative, zu erwarten sind.

Grundsätzlich muss festgehalten werden, dass Batteriespeicher nicht beliebig in ihrer Energie und Leistung variiert werden können. Zahlreiche Grenzen zur Leistungsfähigkeit, die in die Planung eines Batteriespeichersystems einfließen, werden bereits durch die verbaute Zellchemie vorgegeben. So weisen bspw. Systeme mit hoher Energie eine niedrigere Zellspannung auf, als Zellen, die für sehr hohe Leistungen entwickelt wurden. Dies kann in einem gewissen Maße durch die verwendete Modul- und Systembautechnik ausgeglichen werden, jedoch nicht beliebig. In der Konsequenz befinden sich am Markt Batteriespeichersysteme unterschiedlicher kWh-Größen mit verschiedensten Eigenschaften, wie z. B. der Lebensdauer oder maximaler Leistung. Konsumenten in diesem noch sehr jungen Markt neigen dazu, Speicher aus bestimmten persönlichen Kaufmotiven heraus zu beziehen: Wo Konsument A Wert auf eine lange Lebensdauer legt, spricht sich Konsument B für hohe Leistungen aus. In Summe führt das nicht vorhersehbare Kaufverhalten bei allen Beratungsbemühungen zu einer nicht optimalen Speicherverteilung im Heimspeichermarkt. Konsumenten besitzen somit i. d. R. einen nicht zu 100 Prozent optimalen Speicher für ihre persönliche Anwendung. Dies zeichnet sich v. a. bei der Betrachtung eines längeren Zeitraums, z. B. eines Jahres, ab. Betreibt ein Konsument ein Speichersystem mit zu hoher Kapazität, wird der Speicher in weiten Teilen eines Kalenderjahrs nicht voll genutzt. Ein 8-kWh-Speichersystem, der in einem Vierpersonenhaushalt mit 4300 kWh Jahresverbrauch und einer Solarleistung von 11 kWp installiert ist, wird nur in wenigen Monaten optimal genutzt werden. An Tagen mit geringer Solareinstrahlung, in den Wintermonaten, ist es unwahrscheinlich, dass das System über den

Tag hinweg einen hohen Ladezustand erreichen wird. Es kann somit nur einen geringen Beitrag zur Deckung des Strombezugs aus dem Netz leisten. An Tagen mit hoher Solareinstrahlung und geringen Bezugs ist es hingegen möglich, dass das System bereits zu früher Stunde am Tag vollgeladen ist es und somit nicht mehr für die restliche Dauer zur Verfügung steht. Wie in den Kapiteln 2.1 und 2.2 beschrieben, kann dies zu einer ungewünschten Abregelung der Einspeisung von Solarstrom führen. Es kann somit hergeleitet werden, dass ein Heimspeicher einer bestimmten Größe i. d. R. über- oder unterdimensioniert ist. Sprich: Der Heimspeicher ist im Sommer immer zu schnell vollgeladen und wird im Winter nicht vollständig geladen. Abgesehen von diesen eindeutigen, jahreszeitbedingten Umständen sind Ferienzeiten oder andere Umstände sehr niedrigen Verbrauchs oder sehr niedriger Erzeugung noch nicht betrachtet. Aus diesem Verhalten von Heimspeichern leiten sich größtenteils die Bestrebungen ab, Heimspeicher miteinander virtuell zu einem sog. Schwarm zu koppeln. Es geht darum, nicht genutzte Kapazität, egal ob in positiver oder negativer Richtung, zu utilisieren und nicht ungenutzt zu lassen.

Schwarmspeicher dienen in erster Linie dazu, nicht genutzte Kapazitäten in Heimspeichersystemen bzw. dezentral verteilten Batteriespeichersystemen nutzbar zu machen. Somit ist festzuhalten, dass grundsätzlich die Überlegung besteht, finanziellen Mehrwert aus der Nutzung eines dezentralen Speichers im Schwarm zu generieren. Dieser Mehrwert kann dem Kunden oder auch Betreiber der Schwarmanlage zugutekommen. Die Funktionsweise eines dezentralen Batteriespeichersystems, das in einem Pool organisiert ist, wird im Folgenden beschrieben.

Um einen Schwarm von Batteriespeichersystemen betreiben zu können, bedarf es zunächst einer geeigneten Infrastruktur, einer geeigneten rechtlichen Rahmensituation sowie eines Anwendungsfalls für dessen Ergebnis es sich wirtschaftlich abbilden lässt, Batteriespeichersysteme in einem Schwarm, in einem Pooling oder gekoppelt zu betreiben.

- *Geeignete Infrastruktur*: Grundsätzlich lassen sich, bei einer entsprechenden Einbindung des Batteriespeichersystems in einen ordnungspolitischen Rahmen, verschiedenste Batteriespeichersysteme in einem Pool betreiben, es bedarf also keines einheitlichen Herstellers. Jedoch bedarf es einer geeigneten einheitlichen Schnittstelle bzw. Steuerungsplattform. Ein schwarmführendes Managementsystem benötigt eine dauerhafte Verbindung zu den im Schwarm betriebenen Speichersystemen. Dies bedeutet meist eine Internetanbindung des Speichers. Über diese kann der aktuelle und prognostizierte Ladezustand des Speichers zentral erfasst und eine entsprechende Strategie zur weiteren Auslastung des Speichers errechnet werden.
- *Rechtlicher* Rahmen: Umfangreiche vertragliche Regelungen sind zu ergreifen, um die Nutzung eines privaten Speichers, der meist in einem privaten Haushalt gelegen ist, durch Dritte zu ermöglichen (siehe Kap. 2.3.4 und 2.2).
- *Anwendungsfälle*: Das Betreiben von Batteriespeichersystemen in einem Schwarm oder Pool ist nicht neu. Beispielsweise ist es schon seit geraumer Zeit möglich,

Regelleistung durch das virtuelle Zusammenfassen verschiedener Kraftwerke/ Verbraucher sicherzustellen. Es entstehen sog. virtuelle Kraftwerke. Dieses Konzept kann auf Batteriespeichersysteme übertragen werden. Aktuell denkbare Szenarien für die wirtschaftliche Anwendung von Batteriespeichersystemen sind z. B. das Bereitstellen von Primärregelleistung durch einen Schwarm von Heimspeichersystemen. So addieren sich ungenutzte Kapazitäten und Leistungen dieser meist kleinen Systeme in Masse so auf, dass Markteintrittshürden genommen und eine entsprechende Präqualifikation durch die Übertragungsnetzbetreiber möglich wären. Andere Anwendungsfälle sind ein Herbeiführen netzdienlichen Verhaltens entsprechend gepoolter/im Schwarm betriebener Systeme. Größere Batteriespeichersysteme, etwa Ortsnetzspeicher mittlerer Größe, können neben ihren originären Aufgaben eine entlastende Wirkung auf Transformatoren aufweisen. Weitere größere Verbünde von Energiespeichersystemen werden derzeit erforscht, jedoch gibt es bereits aus dem BHKW-Betrieb positive Ergebnisse. Der Anbieter *Lichtblick SE* hat bspw. nach eigenen Angaben mehr als 1000 BHKW-Systeme, davon 436 Biogasanlagen, in einem Schwarm kombiniert, um mit deren Überkapazitäten und -leistungen Strom an der Börse zu vermarkten oder aktiv am Regelleistungsmarkt teilzunehmen. Wissenschaftliche Ergebnisse zeigen, dass im Schwarm gesteuerte Anlagen in lokalen Netzen dazu in der Lage sind, lokale Netzlastspitzen auszugleichen. Batteriespeichersysteme eignen sich aufgrund ihrer schnellen Ansprechrate und ihrer grundlegenden Eigenschaften für diese Art von Anwendung.

2.4 Netzdienlicher Einsatz von Batteriespeicher

Neben der in Kapitel 2.2 beschriebenen Betriebsweise zur Optimierung des Eigenverbrauchs werden Batteriespeicher zunehmend netzdienlich betrieben. Die Definition der *Netzdienlichkeit* wird in der Fachwelt jedoch noch diskutiert. Die Notwendigkeit für netzdienliche Betriebsweisen besteht aufgrund der zusätzlichen Belastung des Stromnetzes durch dezentrale PV-Einspeisung. Diese führt zu Spannungsschwankungen, die im Extremfall die erlaubten Grenzen verletzen. Zudem treten aufgrund der Gleichzeitigkeit der PV-Erzeugung zur Mittagsspitze bei Ortsnetzen mit hoher PV-Durchdringung hohe Leistungen auf, die u. U. Leitungen und Transformatoren überlasten können. Dies gefährdet einerseits die Netzstabilität, andererseits muss entweder der Zubau erneuerbarer Erzeuger begrenzt werden oder Betriebsmittel (z. B. Leitungen, Transformatoren) müssen kostenintensiv ausgebaut werden. Schwankungen der Stromerzeugung oder des -verbrauchs müssen durch flexible und regelbare Stromerzeugung ausgeglichen werden. Dies geschieht i. d. R. durch Systemdienstleistungen, die zu erhöhten Kosten für den Netzbetreiber führen. Diese Kosten werden letztlich auf den Endverbraucher umgelegt.

Ein netzdienlicher Einsatz verfolgt also das Ziel, die Häufigkeit und Intensität von Netzaustauschprozessen zu minimieren, um so die Belastung des öffentlichen

Stromnetzes zu mindern. Dabei wird die unbegrenzte (oder freie) Einspeisung durch eine limitierte Regelung ersetzt. Für neu gebaute Anlagen (Stand: Januar 2016) beträgt die Einspeisegrenze für Haushalte nach EEG maximal 70 Prozent der Anlagenleistung (sofern kein Rundfunksteuerempfänger installiert wird). In den Kapiteln 2.4.1, 2.4.2 und 2.4.3 werden drei prinzipielle Betriebsmodi für den Betrieb von PV-Anlagen mit Speichern erläutert.

2.4.1 Freie Einspeisung

Die überschüssige PV-Energie (Energie, die nicht direkt im Haushalt verbraucht werden kann) wird sofort in die Batterie eingespeichert, bis diese den maximalen SOC erreicht hat. Der Eigenverbrauch bzw. die Zwischenspeicherung in der Batterie wird gegenüber der Netzeinspeisung priorisiert. Eine unbegrenzte Einspeiseleistung ermöglicht die Abführung der gesamten Energieüberschüsse in das öffentliche Stromnetz. Auf Abregelungen des PV-Systems kann folglich verzichtet werden. Dieser Algorithmus wird auch Greedy-Verfahren genannt. An sonnenreichen Tagen füllt sich der Energiespeicher sofort mit der überschüssigen Energie und ist möglicherweise (bzw. in der Regel) schon vollständig geladen, bevor die Mittagsspitze erreicht ist. In diesem Fall trägt der Energiespeicher nicht zur Reduktion der wahrscheinlich höchsten Netzbelastung zur Mittagszeit bei. Der Greedy-Algorithmus trägt daher bei v. a. kleinen Speichern nicht zur Entlastung des Stromnetzes bei. Damit werden folglich nur Batteriespeicher betrieben, die ausschließlich zur Maximierung des Eigenverbrauchsanteils eingesetzt werden. Das öffentliche Stromnetz muss weiterhin für die Belastung durch Einspeisespitzen dimensioniert werden. Dieser Betrieb ist heute (Stand: Februar 2016) nur bei älteren PV-Anlagen möglich. Anlagen, die seit 2013 installiert und betrieben werden, müssen für den Netzbetreiber steuerbar am Einspeisemanagement teilnehmen (Rundfunksteuerempfänger) oder ihre Einspeiseleistung am Netzanschlusspunkt auf 70 Prozent der installierten PV-Leistung begrenzen. Dadurch fällt deren Betrieb oftmals unter die *limitierte Einspeisung*.

2.4.2 Limitierte Einspeisung

Die Limitierung der maximalen Einspeiseleistung kann die Belastung des öffentlichen Stromnetzes reduzieren. Der Anlagenbetreiber darf nur einen gewissen Teil der installierten PV-Leistung einspeisen. Eine Überschreitung der maximalen Einspeiseleistung muss ggf. durch Abregelung (die nicht vergütet wird) des PV-Systems verhindert werden. Seit dem 1. Mai 2013 bietet das *KfW-Programm 275* hierbei einen finanziellen Anreiz in Form eines Tilgungszuschusses für Batteriespeicher, die Einspeiseleistung zu limitieren. Dieser ist an die Bedingung gebunden, die Einspeiseleistung auf 60 Prozent der Nennleistung des PV-Systems zu reduzieren, um Leistungsspitzen zu vermeiden und das Stromnetz zu entlasten. Ziel dieser Förderung ist einerseits die steigende Marktentwicklung und andererseits die schnellere

Technologieentwicklung von stationären Batteriespeichersystemen zur Speicherung von elektrischer Energie. So kann der Absatz von Batteriespeichertechnologien erhöht werden und zur Kostensenkung durch weitere technologische Entwicklungen beitragen. Die Höhe der Förderung hängt von der Größe der PV-Anlage sowie von den Kosten des gewählten Batteriespeichersystems ab. Das Programm lief zum 31.12.2015 aus und wurde ab dem 01.03.2016 unter neuen Voraussetzungen fortgesetzt. Wesentliche Änderungen betreffen die maximal zulässige Einspeiseleistung sowie die Zeitwertgarantie der Batterie. Die maximale Einspeiseleistung beträgt nun 50 Prozent der installierten PV-Anlagenleistung und die Zeitwertgarantie für die Batterie beträgt fortan 10 Jahre (vorher 7 Jahre). Wenn in den ersten 10 Jahren also ein Defekt an der Batterie entsteht, muss der Hersteller den Zeitwert der Batterie ersetzen. Weiterhin hängt die Höhe der Förderung vom Antragsdatum ab. Bis zum 30.06.2016 wurde der Batteriespeicher noch mit 25 Prozent Zuschuss gefördert. Diese Förderung nimmt bis zum Ende (31.12.2018) der Laufzeit des Programms in mehreren Schritten auf einen 10-Prozent-Zuschuss ab.

In Abb. 13 ist ein typischer Ladeverlauf eines PV-Speichers dargestellt, der mittels Greedy-Algorithmus betrieben wird. Der Speicher weist in diesem Beispiel eine Kapazität von 3 kWh auf und ist mit einer 5 kWp PV-Anlage kombiniert.

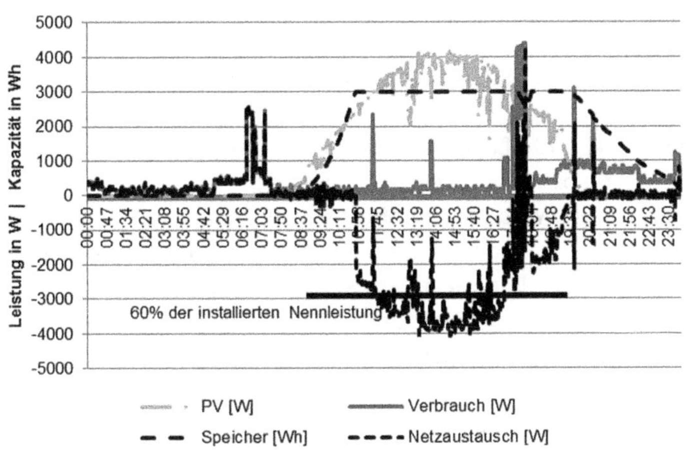

Abb. 13: Tagesverlauf des Speicherfüllstands und der Netzeinspeisung eines PV-Speichersystems (eigene Darstellung).

Bereits um 10 Uhr ist der Speicher in diesem Beispiel vollständig geladen (grau gestrichelt). Er kann somit nicht zur Reduzierung der maximalen Einspeiseleistung zur Mittagszeit beitragen. Diese Erzeugungsspitze wird bei einer freien Einspeisung komplett in das Netz eingespeist. Wird der Batteriespeicher nach Definition der KfW netzdienlich betrieben, so wird die Energie, die oberhalb der 60-Prozent-Grenze (bzw. 50-Prozent-Grenze) liegt, abgeregelt und geht somit energetisch verloren.

Batteriespeicher sind in der Lage, die Abregelungsverluste durch Beschränkung der Einspeiseleistung zu verringern. Werden diese jedoch mit einem Greedy-Algorithmus betrieben, treten weiterhin Abregelungsverluste auf, die den PV-Anlagen-Betreiber finanziell benachteiligen. Die Abregelung geschieht bspw. an sonnenreichen Tagen mit geringem Haushaltsverbrauch. Der Speicher wird bis zur Mittagsspitze bereits vollgeladen und kann die abzuregelnde Einspeisespitze nicht mehr speichern. Bei einer gültigen Grenze von 70 Prozent sind nur sehr geringe Abregelungsverluste zu erwarten, jedoch steigen diese für geringer gewählte Einspeiselimits an.

2.4.3 Limitierung der Ladeleistung

Eine weitere Möglichkeit, die Schwankungen der Netzaustauschprozesse zu reduzieren, ist die Limitierung der Ladeleistung. Die Limitierung der Ladeleistung des Batteriesystems kann einen optimierten Ladevorgang durch Verstetigung ermöglichen. Die Ladung des Energiespeichers mit geringer Ladeleistung führt dazu, dass er zur Mittagsspitze nicht schon vollgeladen ist. Es wird ein über möglichst große Zeiträume verteiltes konstantes Laden der Batterie angestrebt. Dabei soll das frühzeitige Erreichen des maximalen Ladezustands verhindert und daraus resultierende Abregelungsverluste oder Extremwerte bzgl. der Netzeinspeisung minimiert werden. Das konstante Laden bei reduzierter Leistung kann zusätzlich positive Auswirkung auf die Lebensdauer der Komponenten und Netzstabilität haben. Im Folgenden werden beispielhaft zwei vielversprechende Steueralgorithmen für den Betrieb von Heimspeichern erklärt.

Beim Feed-In-Damping wird die Ladeleistung des Energiespeichers dynamisch von der noch freien Speicherkapazität und der verbleibenden Zeit bis zum Sonnenuntergang bestimmt. Die Leistung wird umso größer, je mehr freie Speicherkapazität vorhanden ist und umso kleiner, je mehr Zeit bis zum Sonnenuntergang verbleibt. Dadurch ist gewährleistet, dass die Batterie an kritischen Zeitpunkten (Erzeugungsspitze am Mittag) nicht ihre maximale Kapazität erreicht und an diesen Zeitpunkten das Gesamtsystem unterstützen kann. Durch das Vorhalten der Speicherkapazität ist die Batterie in der Lage, diese mittägliche Einspeisespitze durch Einspeichern zu reduzieren und die Abregelung zu verhindern oder zumindest zu verringern. Die Begrenzung der Netzrückspeisung durch den Algorithmus ist flexibel wählbar, weshalb der Feed-in-Damping-Algorithmus das Potenzial hat, zur Netzentlastung beizutragen.

Ein weiterer Algorithmus für PV-Heimspeicher ist der Dynamic-Feed-in-Limit-Algorithmus. Auf Basis von Vorhersagedaten ermittelt dieser, wann und wie viel überschüssiger Strom erzeugt wird, der im Energiespeicher gespeichert werden kann. Auf Basis der prognostizierten Residuallast wird eine Sollgrenze für die Netzeinspeisung des erzeugten Stromes berechnet. Der Energiespeicher begrenzt die Netzeinspeisung im Idealfall auf diese Sollgrenze, indem er zum entsprechenden Zeitpunkt mit der richtigen Leistung lädt. Für die Berechnung dieser Sollgrenze benötigt der Algorithmus den genauen Verlauf der Residuallast und die verfügbare freie Kapazität des

Energiespeichers an dem jeweiligen Tag, um diese Sollgrenze minimal zu wählen. Mit diesem Algorithmus werden die Abregelverluste und die Einspeiseleistung der PV-Anlage minimiert. Die Implementierung ist jedoch sehr aufwändig, weil der Algorithmus auf Prognosedaten angewiesen ist und daher eine technische Schnittstelle benötigt, um auf solche zugreifen zu können. Weiterhin muss das System sehr speziell auf den Standort und auf das PV-System ausgelegt sein. Die Genauigkeit dieser Vorhersagedaten beeinflusst zudem maßgeblich die Qualität des Algorithmus.

Die beschriebenen Algorithmen beziehen sich auf das Ladeverhalten des Speichers, weil sich primär die PV-Rückspeisung negativ auf die Netzstabilität auswirkt. Der Strombezug aus dem Netz belastet zum heutigen Zeitpunkt (Stand: Februar 2016) das Netz nicht kritisch, weshalb kein Grund besteht, das Entladeverhalten des Energiespeichers anders zu gestalten, als den Stromverbrauch sofort vollständig zu decken.

2.4.4 Ortsnetzspeicher

Eine weitere Möglichkeit des netzdienlichen Einsatzes von Batteriespeichersystemen sind *Ortsnetzspeicher*. Grundlegend verfolgen Ortsnetzspeicher die Idee, einzelne Heimspeichersysteme durch einen örtlich nahen und lokal installierten größeren Batteriespeicher für eine größere Anzahl an Eigenheimen zu ersetzen. Der Ansatz verfolgt die Vermeidung einer Über- oder Unterdimensionierung eines Heimspeichersystems, den einfacheren rechtlichen und regulatorischen Zugriff auf ein solches Batteriespeichersystem sowie weitere Anwendungsfälle. Ein Beispiel für einen Ortsnetzspeicher ist in Abb. 14 dargestellt. In einer Ortschaft mit ca. 50 Häusern und somit potenziell 50 Heimspeichersystemen wird im Ort ein zentral angeordnetes Batteriespeichersystem installiert. Ein Ortsnetzspeicher kann in dieser Anordnung durch Messungen der örtlichen Transformatorstation auf diese regeln und Überlastungen durch überhöhte Einspeisung der PV-Anlagen kompensieren.

Weitere Details zu Möglichkeiten von Ortsnetzspeichern finden sich in Kapitel 2.3.6. Der Schwarmverbund von Ortsnetzspeichern allerdings ermöglicht grundsätzlich die gleichen Funktionen wie schon mit PV-Heimspeichersystemen beschrieben, bietet jedoch die Möglichkeit, direkt vor Ort Last- und Bezugsspitzen auszugleichen.

2.5 Kombination von Anwendungsfällen

Batteriespeichersysteme können weitrechende und vielfältige Anwendungen wie z. B. Spannungshaltung ermöglichen, Blindleistung bereitstellen, Netzengpassmanagement betreiben oder den Eigenverbrauch eines Haushalts mit PV Anlage erhöhen. Außerdem eignen sich, wie in Kapitel 2.3 beschrieben, Batteriespeicher auch für die Bereitstellung von Regelleistung.

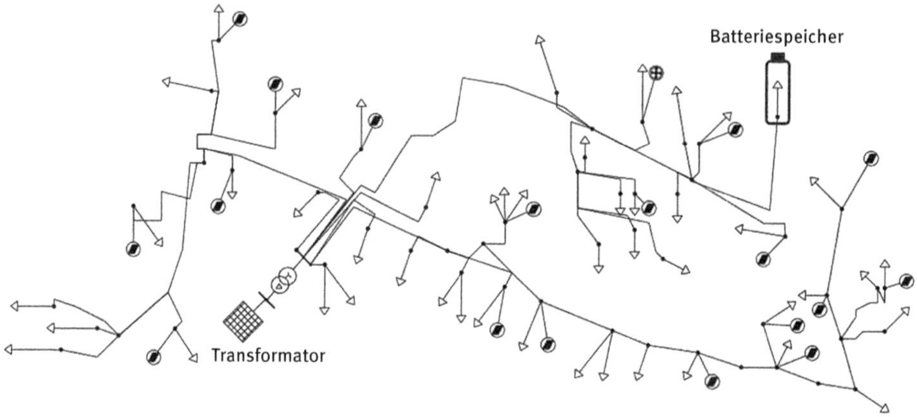

Abb. 14: Ortschaft mit einem zentralen Batteriespeichersystem als Ortsnetzspeicher; dargestellt sind die Stromleitungen eines Ortsnetzes, PV-Anlagen (Rechtecke), Lasten (Dreiecke) sowie ein Windrad (Kreuz) (eigene Darstellung).

Aufgrund der hohen Investitionskosten für stationäre Batteriespeichersysteme (1000 bis 2000 €/kWh Systemkosten, Stand: Januar 2016) ist der Betrieb eines von Batteriespeichersystemen mit einer einzigen Anwendung in den meisten Fällen noch nicht wirtschaftlich abzubilden. Dies liegt neben den hohen Investitionskosten v. a. an der niedrigen Auslastung des Batteriespeichersystems und den Betriebskosten. Tab. 15 zeigt verschiedene typische zeitliche Auslastungsraten eines Batteriespeichersystems über ein Kalenderjahr verschiedener Anwendungsfälle. Die Auslastung eines Batteriespeichersystems betrachtet hierbei nicht den gesamten Ladungsumsatz, also nicht die Summe der ein- und ausgeladenen Energie, sondern die Zeit, in der der Speicher aktiv einen Anwendungsfall bedient. Das reine Bedienen einer netzdienlichen Anwendung weist eine Auslastung von lediglich 1 bis 4 Prozent über ein Kalenderjahr auf. Hierbei beschreibt diese Anwendung den Einsatz des Speichers anstelle neuer Leitungen oder zur Entlastung von Transformatoren der Nieder- in die Mittelspannungsebene. Untersuchungen zeigen, dass Batteriespeichersysteme die Belastung von Transformatoren signifikant positiv beeinflussen können und unter bestimmten Voraussetzungen beispielsweise den Ersatz eines Transformators obsolet machen. Der reine Einsatz eines Batteriespeichersystems zur Eigenverbrauchserhöhung in bspw. einem Eigenheim oder auch in Ortsnetzen weisen Auslastungen von typischerweise 20 bis 30 Prozent auf. Selbst mit den in Kapitel 2.4 beschriebenen Algorithmen, bspw. der Einspeisedämpfung, wird ein Eigenheim- oder Ortsnetzspeicher besonders nachts wenig oder – nach Ausladen der gesamten vorrätigen Energie – gar nicht betrieben. Ein einfaches Beispiel ist die Betrachtung des Standardverfahrens für die Steuerung von Eigenheimspeichern: sobald mehr Erzeugung als Last vorhanden ist, wird der Speicher geladen. Dies kann dazu führen, dass der Speicher bereits zu frühen Stunden am Tag vollgeladen ist und bereits nach wenigen Stunden in der

Nacht vollständig entladen ist. Dies wiederum führt zu langen Zeitspannen, in denen der Speicher nicht arbeitet. In Kombination der beiden genannten Anwendungen lassen sich Auslastungen von 30 Prozent bis 40 Prozent erzielen. Durch das zusätzliche Anbieten von Sekundärregelleistung lassen sich Auslastungen von 60 Prozent bis 70 Prozent erzielen.

Tab. 15: Zeitliche Auslastungen verschiedener Anwendungsfälle von Batteriespeichersystemen im Betrachtungszeitraum von einem Kalenderjahr (eigene Darstellung).

Anwendung	Auslastung des Speichers
reine Netzentlastung	1–4 %
Eigenverbrauchserhöhung	20–30 %
Netzentlastung + Eigenverbrauchserhöhung	30–40 %
Netzentlastung + Eigenverbrauchserhöhung + Sekundärregelleistung	60–70 %
Primärregelleistung	>80 %

Eine Ausnahme in dieser Betrachtung bilden Batteriespeichersysteme, welche als Primärregelleistungsspeicher eingesetzt werden. Ein Batteriespeichersystem, das in der Primärregelleistung eingesetzt ist (siehe Kap. 2.3.1), weist eine Auslastungsrate von mehr als 80 Prozent auf. Systeme dieser Art können bereits heute (Stand: Februar 2016) wirtschaftlich betrieben werden. Wie in Kapitel 2.3.6 erwähnt und in Kapitel 2.4 beschrieben, ist es sinnvoll, die Auslastung eines Batteriespeichersystems durch Mehrfachnutzung zu erhöhen. Es wurde bereits das Beispiel eines PV-Heimspeichersystems angeführt, dessen Betreiber (Familie mit zwei Erwachsenen, zwei Kindern, 4800 kWh Jahresverbrauch, 9 kWp Solaranlage, 8 kWh Batteriespeicher) den Batteriespeicher über ein Kalenderjahr, bis auf wenige Tage, nicht in Gänze nutzen können.

Wichtig für die weiteren Ausführungen ist das Verständnis für den Mehrfachnutzen eines Batteriespeichers. Wie in Kapitel 2.2 gezeigt wurde, können bspw. PV-Heimspeicher mit unterschiedlichen Betriebsstrategien gesteuert werden. Diese Strategien orientieren sich zum einen an der Erhöhung des Eigenverbrauchs eines im privaten Haushalt betriebenen PV-Heimspeichersystems, zum anderen an einer Entlastung der maximalen Einspeiseleistung der durch den Haushalt betriebenen PV-Anlage. Die Mehrfachnutzung eines Batteriespeichers zielt in diesem Sinn in keinem Fall darauf ab, einen möglichst hohen Ladungsdurchsatz in einem Batteriespeicher innerhalb eines Tages herbeizuführen. Vielmehr beschreibt die Mehrfachnutzung, dass die nutzbare Kapazität eines Batteriespeichers möglichst sinnvoll und vollständig ausgelastet wird. Die sinnvolle Auslastung eines Speichers findet bspw. dann statt, wenn zu Zeiten geringer oder keiner Nutzung freie Kapazität und Leistung des Speichers möglichst automatisch für zusätzliche Anwendungen bereitgestellt werden. Ebenfalls lassen sich Überlagerungen von Anwendungen zu einer sinnvollen Mehrfachnutzung dazuzählen. Ein Beispiel hierfür wäre die Überlagerung eines für die Erhöhung des Eigenverbrauchs eingesetzten Batteriespeichersystems mit einer netzentlastenden Betriebsstrategie. Um die Wirtschaftlichkeit eines Batteriespeichersystems zu erhöhen, kann somit der Mehrfachnutzen eines Speichers dazu verwendet werden, um an verschiedenen Märkten zeitgleich mit einer Speichereinheit agieren zu können.

Der *Mehrfachnutzen* kann allerdings auch über das reine Kombinieren von Anwendungen hinausgehen. Im Folgenden soll ein Beispiel beschrieben werden, wie dies technisch umsetzbar ist. Der Einsatz von Batteriespeichersystemen als Ortsnetzspeicher bildet einen solchen Fall ab. Ortsnetzspeicher, das bedeutet Batteriespeichersysteme, die direkt und mit einem eigenen Anschluss in der Niederspannungsebene einer Ortschaft angeschlossen sind, können grundsätzlich in kleinen bis mittleren Ortschaften, meist im eher ländlich geprägten Bereich, installiert werden. Diese Systeme weisen Größen ab ungefähr 25 kWh bis zu mehreren MWh auf. In Kapitel 2.3.6 wurde beschrieben, dass Ortsnetzspeicher eingesetzt werden können, um Systemdienstleistungen zu erbringen. Die *Funktion eines Ortsnetzspeichers* kann grundsätzlich damit beschrieben werden, die Zeitabhängigkeit von einzelnen Systemen und deren Betreibern aufzulösen. Dies bedeutet, dass die Substitution mehrerer kleiner Batteriespeichersysteme durch einen zentral im Ortsnetz eingesetzten Speicher dazu führt, dass Über- oder Unterdimensionierungen von Batteriespeichersystemen in Haushalten vermieden werden und der Ortsnetzspeicher von jedem Nutzer in dem gleichen Niederspannungsnetz genutzt werden kann. Somit ist der Ansatz eines solchen Systems, dass der Ortsnetzspeicher nicht länger nur den Last- und Erzeugungsgang eines einzelnen Haushalts regelt, sondern die Summe von mehreren Haushalten in einem Ortsnetz. Dadurch glätten sich Erzeugungs- und Lastprofile und das Batteriespeichersystem, der Ortsnetzspeicher, kann präziser gesteuert und ausgelastet werden. Der Ortsnetzspeicher erhöht somit den Eigenverbrauch eines gesamten Niederspannungsnetzes. Zudem kann der Ortsnetzspeicher zeitgleich die Last am Ortsnetztransformator beeinflussen. In Zeiten besonders hoher Einspeisung durch Erneuerbare kann der Ortsnetzspeicher auf den Transformator regeln, die Laderate am Speicher erhöhen und somit den Transformator entlasten. Eine weitere Kombination mit weiteren Anwendungsfällen ist möglich.

Trotz der bereits bestehenden Wirtschaftlichkeit von Batteriespeichern zur Bereitstellung von Primärregelleistung ist eine sinnvolle Kombination mit einem Ortsnetzspeicher nicht gegeben. Sollte bspw. ein Ortsnetzspeicher gerade zu Zeiten höchster Rückspeiseleistung des Ortsnetzes die Last am Ortsnetztransformator verringern müssen, aber gleichzeitig die Primärregelleistung höchste Einspeisung erfordern, würde der Ortsnetztransformator überlastet und somit ein Regelkriterium des Ortsnetzspeichers verletzt. Dies bedeutet, dass bei der Kombination von Anwendungsfällen nicht nur die Machbarkeit, sondern auch die Rang- oder Reihenfolge einzuhaltender Randbedingungen gegeben sein muss. Außerdem ist die Kombination von Primärregelleistung mit anderen Anwendungen aufgrund der restriktiven Rahmenbedingungen für Batteriespeichersysteme im Primärregelleistungsmarkt (Stand:

März 2016) nicht sinnvoll, da der Ladezustand des Batteriespeichers nicht im erlaubten Band gehalten werden kann.

Eine *Kombination von Sekundärregelleistung* in einem Ortsnetzspeicher mit der Erhöhung des Eigenverbrauchs kann zum Hochtarif (08:00 bis 20:00 Uhr an Werktagen) und zum Niedertarif (20:00 bis 08:00 Uhr an Feiertagen, Samstag und Sonntag) erfolgen. Dies bedeutet, dass das Batteriespeichersystem neben der ursprünglichen Funktion als Ortsnetzspeicher, (a) die Erhöhung der eigenverbrauchten Energie im Netz sowie (b) die Entlastung des Ortsnetztransformators, in Zeiten geringer Auslastung des Systems an Regelmärkten teilnehmen kann. Gerade im Niedertarif und besonders nachts bietet sich die sinnvolle Kombination mit einem Ortsnetzspeicher an. Dies begründet sich darin, dass typischerweise ein Batteriespeichersystem auf Ortsnetzebene ähnliche Verhaltensweisen zeigt, wie jene Systeme in Haushalten. Somit wird ein zur Eigenverbrauchserhöhung eingesetzter Ortsnetzspeicher nach Sonnenuntergang beginnen, Energie für die Deckung der Last in der Ortschaft bereitzustellen und in Nachtzeiten einen geringen Ladezustand erreichen. Zu Zeiten geringer Ladezustände und Aktivitäten im Speicher kann dieser nun dazu genutzt werden, negative Sekundärregelleistung zu erbringen und somit Energie aufnehmen. Untersuchungen haben gezeigt, dass die Auslastung eines Ortsnetzspeichers typischerweise im Bereich von 30 Prozent bis zu 40 Prozent liegt. Dies ist der Fall, wenn der Ortsnetzspeicher netzdienlich zur Eigenverbrauchserhöhung eingesetzt wird. Eine Kombination mit der Bereitstellung negativer Sekundärregelleistung erhöht die Auslastung des Ortsnetzspeichers auf über 60 Prozent im Jahresmittel und führt zu einer höheren Wirtschaftlichkeit.

Technisch ist dies möglich, da ein Ortsnetzspeicher in logische und technische Einheiten, sog. Batterieracks unterteilt sein muss, um zeitgleich mehrere Netz- und Systemdienstleistungen zu erbringen und abzurechnen. Hierbei spielen v. a. das speicherinterne Energiemanagementsystem sowie der technische Aufbau eine große Rolle, deren Hauptaufgabe die Koordination von Leistungs- und Energieflüssen des Systems ist. Jede Einheit besitzt eine eigene Leistungselektronik, die in ihrer Größe variieren kann. Mit jeweils einem eigenen Energiemanagementsystem pro Rack ist ein so aufgebauter Ortsnetzspeicher in der Lage, mit jedem Rack eine bestimmte Applikation zu verfolgen. Je nach Art der Kombination von Anwendungen werden Racks zu virtuellen Gruppen gebündelt, um bspw. die notwendigen minimalen Erbringungsgrößen und rechtlichen Rahmenbedingungen der einzelnen Applikationen erfüllen zu können.

3 Technoökonomie von Batteriespeichersystemen

Damit innovative Komponenten wie Batteriespeicher in der Praxis auch zum Einsatz kommen, reichen die technischen Eigenschaften oftmals nicht aus, da es, wie in Kapitel 1 gezeigt, für viele Anwendungen technische Alternativen zu Batteriespeichern gibt. Neben der technischen Eignung muss auch die Wirtschaftlichkeit des Batteriespeichers gegeben sein. Kapitel 3 beschäftigt sich daher primär mit der wirtschaftlichen Bewertung von Batteriespeichern.

3.1 Stromgestehungskosten von Batteriespeichern

Mithilfe der Stromgestehungskosten (Levelized Costs of Electricity, LCOE) können unterschiedliche (Energieerzeugungs-) Technologien und Systemdimensionierungen einfach miteinander verglichen werden. Während das LCOE-Verfahren im Bereich der Bewertung von (konventionellen) Kraftwerksprojekten als etabliert gilt, ist eine verbreitete Anwendung im Bereich der Bewertung der Energiebereitstellung durch Energiespeicher bisher noch nicht zu erkennen. Während das grundsätzliche Vorgehen bei der Berechnung der LCOE als allgemein akzeptiert gilt, kommt es regelmäßig zu unterschiedlichen Auffassungen bzgl. der Bilanzgrenzen und Deklaration der Variablen. Aufgrund dieser Variation der Annahmen ist eine Vergleichbarkeit der Ergebnisse unterschiedlicher Quellen nicht gewährleistet.

Grundsätzlich gilt aber, dass der LCOE den theoretisch minimalen Verkaufspreis der erzeugten Energiemengen darstellt, wenn ein Projekt wirtschaftlich durchgeführt werden soll. Für die Berechnung der Stromgestehungskosten werden einerseits die Gesamtkosten, die über die Projektlaufzeit anfallen (Total Costs of Ownership, TCO), als auch die Energiemenge, die während der planmäßigen Lebenszeit erzeugt werden kann, benötigt (Total Energy Generated, TEG):

$$\mathrm{LCOE} = \frac{\mathrm{TCO}}{\mathrm{TEG}} \left[\frac{€}{\mathrm{kWh}}\right]$$

Aus dem Quotienten ergeben sich die Stromgestehungskosten mit der Einheit „Euro pro Kilowattstunde“. Da laut Definition hier die erzeugte Energie berücksichtigt wird, ist die Berechnung des LCOE für einen Batteriespeicher daher nur sinnvoll anwendbar, wenn auch die Kosten des angeschlossenen Erzeugers berücksichtigt werden, weil ein Batteriespeicher an sich über keine eigene Erzeugung verfügt.

Mithilfe einer TCO-Analyse lässt sich ein detaillierter Überblick über sämtliche relevanten Kostenbestandteile gewinnen. Es wird folglich eine Betrachtung über den gesamten Lebenszyklus durchgeführt. Zu den TCO zählen neben den Anschaffungskosten auch die Betriebskosten und die späteren Entsorgungskosten. Fixe Betriebskosten bei Batteriespeichern sind Steuern und Versicherungsprämien. Zu den variablen Betriebskosten zählen z. B. Energiekosten für die Klimatisierung der Batterie oder energetische Verluste.

Oftmals noch schwieriger abzuschätzen als die TCO ist die voraussichtlich erzeugte Energiemenge, da die tatsächliche Laufzeit bei den meisten Erzeugungsanlagen (und insbesondere auch bei Batteriespeichern) nur schwer zu prognostizieren ist. Gründe hierfür sind unplanmäßige Stopps der Anlagen, schwankende Jahreserzeugung oder auch eine unklare Laufzeit.

Die Berechnung beruht grundsätzlich auf Basis der Kapitalwertmethode. Da im Falle eines PV-Speichersystems alle vom Investitionsobjekt bereitgestellten Energiemengen bis zum Umwandlungsprozess des PV-Systems zurückverfolgt werden können, wird die Summe der diskontierten finanziellen Belastungen durch die Summe der diskontierten Jahres-PV-Energie (E(t)) geteilt. Neben der Anfangsauszahlung (AAZ) werden die jährlichen Kosten (A(t)) aufsummiert. Die Abzinsung einer Energiemenge im Nenner erscheint hier zunächst ungewöhnlich. Grund hierfür ist eine mathematische Umformung bei der Herleitung der Kosten, die einen Verkauf der Energiemenge impliziert.

$$LCOE = \frac{AAZ + \sum_{t=0}^{T_P-1} \frac{A(t)}{(1+i)^t}}{\sum_{t=0}^{T_P-1} \frac{E(t)}{(1+i)^t}}$$

Aus dem LCOE-Verfahren kann als zusätzliche Variante die Berechnung von Speicherungskosten (Levelized Cost of Storage, LCOS) abgeleitet werden. Dazu werden die mit dem Batteriespeicher verbundenen Auszahlungen erfasst und der vom Batteriespeicher bereitgestellten bzw. ausgespeicherten Energiemenge über die gesamte Laufzeit (T_p) gegenübergestellt. Man erhält mit diesem Verfahren die Speichergestehungskosten. Die Kosten ergeben sich aus der Anfangsinvestition inklusive den Installationskosten (AAZ_{BS}), den Betriebskosten (A_B,Wartung, Versicherung) und ggf. den Ersatzinvestitionen für die Batterie oder für den Batteriewechselrichter (A_E) (hier nicht weiter berücksichtigt). Die ausgespeicherte Energiemenge ($E_{BS,out}$) ergibt sich rein rechnerisch aus dem Produkt des Systemwirkungsgrads mit der (nutzbaren) Speicherkapazität und der jährlichen Zahl an Vollzyklen.

$$LCOS = \frac{AAZ_{BS} - \sum_{t=0}^{T_p-1} \frac{A_B(t)}{(1+i)^t}}{\sum_{t=0}^{T_p-1} \frac{E_{BS,out}(t)}{(1+i)^t}}$$

Die Speichergestehungskosten verbessern sich folglich mit einer Reduktion der Kosten, mit verbessertem Wirkungsgrad oder mit einer Erhöhung der Zyklenzahl.

Abb. 15 stellt exemplarisch den Verlauf des LCOE für kleine PV-Anlagen mit dem Bruttostrompreis für Haushaltskunden ins Verhältnis. Hieraus lassen sich Aussagen über den wirtschaftlichen Betrieb treffen.

Die graue Linie stellt die Entwicklung des Bruttostrompreises dar, die schwarze Linie die Stromgestehungskosten von PV-Anlagen. Der Schnittpunkt beschreibt die Netzparität von PV-Anlagen, diese wurde 2011 erreicht. Es ist nun also günstiger, die Kilowattstunde selbst zu erzeugen, als sie einzukaufen. Die Preise für Batteriespeicher fluktuieren deutlich stärker als die von PV-Anlagen. Ein genauer Schnittpunkt kann demnach eher nicht ausgemacht werden (siehe Kap. 1.5). Die Battery Parity ist somit stark systemabhängig und wird voraussichtlich zwischen 2016 und 2018 eintreten. Die Spanne zwischen LCOE (PV) und des Strompreises liegt hier zwischen 18 und 21 ct/kWh. Um diesen Wert kann der zusätzliche Batteriespeicher im PV-Speichersystem den LCOE folglich erhöhen.

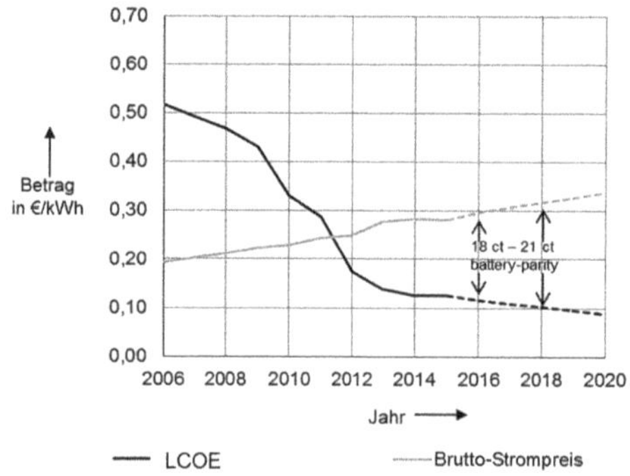

Abb. 15: Netzparität und Battery Parity (eigene Darstellung).

3.2 Dimensionierung von Batteriespeichersystemen

Bei der Auslegung und Dimensionierung von Batteriespeichersystemen für stationäre Anwendungen gibt es eine Reihe von Freiheitsgraden, die zueinander bestimmt werden müssen, um die resultierende Wirtschaftlichkeit des Systems zu maximieren. Neben der Wirtschaftlichkeit können in bestimmten Anwendungen, wie dem PV-Heimenergiespeicher, auch andere Ziele der Maximierung stehen, wie z. B. ein möglichst hoher Autarkiegrad oder die Optimierung nach ökologischen Kriterien. In Kapitel 3.2 soll allerdings nur die Wirtschaftlichkeit eines Batteriespeichersystems als Kriterium diskutiert werden. Dabei können für die verschiedenen Anwendungsfälle keine generellen Aussagen zu der optimalen Auslegung von Batteriespeichersystemen gemacht werden, da die Wirtschaftlichkeit von den Investitionskosten, den Betriebskosten und den Erlösmöglichkeiten bedingt ist. Diese Bestandteile der Wirtschaftlichkeit beeinflussen sich stark untereinander und hängen zudem von äußeren Rahmenbedingungen (z. B. Entwicklung der Strom- und Speicherpreise, Regularien) der jeweiligen Anwendung ab.

Jedoch sollen in diesem Kapitel die Einflüsse der wichtigsten Freiheitsgrade zueinander dargestellt und diskutiert werden. In Tab. 16 werden dazu die generellen Freiheitsgrade in der Dimensionierung eines Batteriespeichersystems aufgezeigt. Zu jedem Freiheitsgrad ist eine Bezugsgröße angegeben, die maßgeblich die Auslegung des jeweiligen Freiheitsgrads bestimmt. In der letzten Spalte ist der Einfluss des jeweiligen Freiheitsgrades auf die Wirtschaftlichkeit qualitativ bewertet.

Tab. 16: Freiheitsgrade in der Dimensionierung einzelner Systemkomponenten eines Batteriespeichersystems mit deren Bezugsgröße und deren Einfluss auf die Wirtschaftlichkeit (eigene Darstellung).

System-komponente	Freiheitsgrad	Bezugsgröße	Einfluss auf Wirtschaftlichkeit
Batterie	Energieinhalt	benötigte Speicherenergie der Anwendung	groß; Primärkriterium
	Leistung	Leistung der Leistungs-elektronik	gering; Sekundärkriterium
	Wirkungsgrad	Energieumsatz des Systems	gering, da nur geringe Unterschiede zwischen Batterietechnologien
	Selbstentladung	Energieumsatz des Systems	gering; nur bei Langzeitspeichern relevant
	kalendarische Lebensdauer	Nutzungsdauer des Systems	Einfluss variiert je nach Nutzung des Systems
	zyklische Lebensdauer	Energieumsatz des Systems	Einfluss variiert je nach Nutzung des Systems
Leistungs-elektronik	Leistung	benötigte Leistung der Anwendung	groß; Sekundärkriterium
	Wirkungsgrad	Energieumsatz des Systems	mittel bis großer Einfluss; abhängig von Effizienz und Verschaltungs-topologie
	Anbindungs-topologie	Charakteristik der Leis-tungsanforderung	groß; Primärkriterium

Als wichtigste Freiheitsgrade sind der Energieinhalt bzw. die energetische Kapazität und die Leistung eines Batteriespeichersystems einzuordnen, da diese Größen proportional mit den Investitionskosten des Gesamtsystems skalieren. Üblicherweise wird zunächst der Energieinhalt zu der Anforderung des Belastungsprofils der jeweiligen Anwendung ausgelegt. Beispielsweise dient bei PV-Heimenergiespeichern zur Optimierung der Eigenverbrauchsrate der mittlere tägliche Energieverbrauch, der nicht direkt durch PV-Erzeugung gedeckt werden kann, als Bezugsgröße für den Energieinhalt des Speichers. Bei anderen Anwendungen, wie zum Beispiel USV-Anlagen oder Inselnetzen, die zum Teil unabhängig von einem Verbundnetz funktionieren müssen, wird der Energieinhalt des Speichers über die geforderte Absicherungsdauer oder den Autarkiegrad festgelegt. Meist sind diese Absicherungsdauer und damit der Energiehalt auf die Zeit bezogen, die eine sekundäre USV-Anlage, wie z. B. ein Dieselaggregat, maximal zum Anlaufen benötigt, die dann den Batteriespeicher ablöst.

Im Falle der USV-Anlage muss die Ausgangsleistung des Batteriesystems und damit die Leistung der Leistungselektronik der maximalen Verbraucherlast entsprechen. Aufgrund der Wirkungsgradverluste von Leistungselektronik muss die Batterieleistung größer dimensioniert werden als die der Leistungselektronik. Dabei sind die jeweiligen technisch zulässigen Grenzen für die Lade- und Entladerichtung der Batterie zu berücksichtigen, die je nach Batterietechnologie, Zellchemie und Systemaufbau variieren können. Mit einer fest vorgegebenen Absicherungsdauer von Stromunterbrechungen von z. B. 15 Minuten, ergibt sich für diese Anwendung ein Verhältnis der Leistung in W zum Energieinhalt in Wh des Systems (P/E-Verhältnis) von höchstens 4.

In bestimmten Anwendungen bspw. bei der Bereitstellung von Primärregelleistung durch ein Batteriespeichersystem, ist das P/E-Verhältnis die relevante Auslegungsgröße für den Energieinhalt des Systems. Hier bestimmt die Angebotsgröße an Primärregelleistung mit dem durch die Präqualifikationsbedingungen vorgegebenen P/E-Verhältnis den mindestens benötigten Energieinhalt des Systems.

Der Wirkungsgrad der Batterie variiert einerseits zwischen den einzelnen Batterietechnologien, wobei zwischen den kommerziell eingesetzten Lithium-Ionen-Zelltechnologien keine größeren Unterschiede existieren. Andererseits ist der Wirkungsgrad nicht konstant, sondern umgekehrt proportional zur jeweiligen Stromrate (C-Rate) in Lade- und Entladerichtung. Somit sind bei höheren spezifischen Batteriebelastungen höhere Wirkungsgradverluste zu erwarten. Bei der Leistungselektronik hängt der Wirkungsgrad von der Verschaltungstopologie und der Schaltfrequenz des jeweiligen Technologietyps ab. Weiterhin ist der Wirkungsgrad für eine Topologie nicht für jede relative Leistung, bezogen auf die Nennleistung, konstant. Im Vergleich zum Wirkungsgradverlauf der Batterie nimmt hierbei der Wirkungsgrad mit steigender relativer Leistung zu. Um die Umwandlungsverluste des Gesamtsystems möglichst gering zu halten, muss somit darauf geachtet werden, dass die Leistungselektronik weder zu groß noch zu klein für die jeweiligen Anforderungen dimensioniert wird oder sie in kaskadiert aufgebauten Systemen auch im Teillastbereich akzeptable Wirkungsgrade erreicht.

Die Selbstentladung als Auslegungskriterium von Batterien im Allgemeinen ist nur bei stationären Anwendungen relevant, in denen die gespeicherte Energie über Zeiträume länger als einen Monat vorgehalten werden muss. Bei Selbstentladeraten von unter 1 Prozent pro Monat von Lithium-Ionen-Batterien sind die Selbstentladungsverluste in einer täglichen Nutzung des Batteriesystems nicht von Bedeutung.

Die kalendarische und zyklische Lebensdauer der Batterie können einen entscheidenden Einfluss auf die Wirtschaftlichkeit des Batteriesystems haben. Allerdings sind sie als sekundäre Kriterien zu betrachten, da meist eine optimale Anpassung der Batterielebensdauer an die jeweilige Nutzungsdauer des Batteriesystems und des zu erwartenden Energieumsatzes der Anwendung über die Auswahl der Batterietechnologie und der Batteriedimensionierung erfolgt. Dabei wird mit der prognostizierten Degradation des Energieinhalts sowie der Leistung, das Batteriesystem in beiden Größen in den meisten Fällen überdimensioniert, um über die Nutzungsdauer die Mindestanforderungen der jeweiligen Anwendung zu erfüllen. Maßgeblich ist bei der Batterielebensdauer hierbei zunächst die Auswahl der Batterietechnologie, mit den jeweiligen spezifischen kalendarischen und zyklischen Lebensdauern, wie in Kapitel 1 gezeigt. Die kalendarische Alterung wird kaum von der Dimensionierung, aber stärker von der Betriebsweise beeinflusst, wie in Kapitel 3.3 dargestellt. Die zyklische Alterung hingegen hängt auch von der Dimensionierung des Systems ab. In Tab. 17 ist beispielhaft für die Anwendung „PV-Heimenergiespeicher" für verschiedene Batteriegrößen die resultierende Zyklenzahl für verschiedene Zyklentiefen über eine Nutzungsdauer von 20 Jahren dargestellt. Es wird deutlich, dass sich mit größeren Batterien für fast alle Zyklentiefen kleinere Summen der durchfahrenen Zyklen ergeben. Da die Absolutwerte des Belastungsprofils für die verschiedenen Batteriegrößen gleich sind, wird mit größeren Batterien jeweils ein kleinerer Teil des Energieinhalts genutzt, woraus kleinere Zyklentiefen resultieren. Es ergibt sich damit eine geringere zyklische Alterung als Summe der Balkenflächen über alle Halbzyklentiefen von größeren Speichern bei annähernd gleicher kalendarischer Alterung (s. Abb. 16). Die Kennzahl „Äquivalente Vollzyklen" beschreibt dabei die Summe aller einzelnen Zyklentiefen geteilt durch 2, um die Anzahl der Vollzyklen wiederzugeben. Damit gibt diese Kennzahl umgerechnet an, wie oft der Speicher über einen Zeitraum komplett entladen und geladen wurde. Diese Zahl wird auch als relativer Energieumsatz des Speichersystems verstanden. In Tab. 17 wird deutlich, dass kleinere Speicher, die 20 Jahre genutzt wurden, mit mehr Äquivalenten Vollzyklen belastet werden und sich damit eine größere zyklische Alterung ergibt.

Tab. 17: Ergebnisse der Alterung über 20 Jahre, Simulation für verschiedene Speichergrößen (eigene Darstellung).

Batteriekapazität	**2 kWh**	**4 kWh**	**6 kWh**
Äquivalente Vollzyklen (ÄVZ/EFC)	~6641	~5543	~4673
Kalendarischer Kapazitätsverlust	~27 %	~27 %	~27 %
Zyklischer Kapazitätsverlust	~17 %	~14 %	~11 %

Somit kann geschlussfolgert werden, dass mit der Wahl eines größeren Energieinhalts der Batterie die gesamte Lebensdauer des Systems verlängert werden kann. Die verbesserte Lebensdauer wird jedoch mit erhöhten Investitionskosten erkauft.

3.3 Betrieb von Batteriespeichersystemen

Die Betriebskosten eines Batteriespeichersystems setzen sich hauptsächlich aus den folgenden Komponenten zusammen:
- Wartungskosten
- Stromkosten für die Klimatisierung

- entgangene Erlösmöglichkeiten durch energetische Wirkungsgrad- und Selbstentladungsverluste
- Stromkosten für elektrische Steuerung und Überwachung des Systems
- Kosten für den evtl. Ersatz von gealterten Batterien und der Leistungselektronik

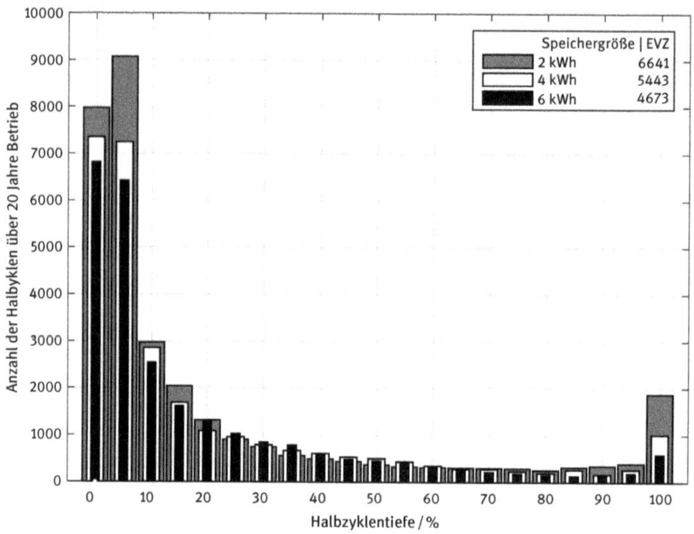

Abb. 16: Anzahl durchlaufener Halbzyklen je Zyklentiefe für verschiedene PV-Heimenergiespeicher bei 20 Jahren Betrieb (eigene Darstellung).

Die Wartungskosten sind v. a. bei größeren Speichersystem relevant, bei denen regelmäßig die beweglichen Teile der Klimatisierung gewartet werden müssen. Bei kleineren Speichersystemen, wie PV-Heimenergiespeichern, die oft geschützt vor Umwelteinflüssen in Gebäuden stehen, entfallen z. T. die Wartungskosten. Diese Systeme sind auf Wartungsfreiheit ausgelegt und außer der Batterie weisen die weiteren Komponenten kaum Verschleißerscheinungen auf.

Bei Systemen mit aktiver Klimatisierung der Batterien und der Leistungselektronik sind die Stromkosten für den Betrieb dieser Komponenten nicht zu vernachlässigen. Je nach Aufstellungsort und damit der Außentemperatur muss die Klimatisierung die Batterien und die Leistungselektronik im jeweils zulässigen und für den Betrieb gewählten Temperaturbereich halten. Dabei hat die Temperatur einen großen Einfluss auf die Lebensdauer von Batterien. Zu niedrige Temperaturen im Betrieb können je nach Technologie die Batterie irreversibel schädigen. Zu hohe Temperaturen führen zu einer erhöhten kalendarischen Alterung. Hierbei muss mit der Abschätzung der Alterung und den Stromkosten je nach einzustellender Temperatur der Klimatisierung die wirtschaftlich optimale Betriebstemperatur des Systems bestimmt werden (siehe Kapitel 1.1.2).

Die im Betrieb des Batteriespeichersystems anfallenden energetischen Wirkungsgrad- und Selbstentladungsverluste verringern die Erlöse direkt. Die Verlustenergie kann dabei nicht in allen Anwendungsfällen mit den Stromkosten bewertet werden, sondern sollte mit den entgangenen möglichen Erlösen als Kosten verbucht werden.

Die Stromkosten für die Steuerung und Überwachung des Batteriesystems skalieren mit der Größe des Speichersystems und sind nicht von der Betriebsführung abhängig. Allerdings sind diese Stromkosten im Vergleich zu den Stromkosten für die Klimatisierung und der energetischen Verluste vernachlässigbar.

Die Kosten für den Ersatz von Batterien des Systems kommen auf, falls Batterien innerhalb der Nutzungsdauer soweit gealtert sind, dass sie nicht mehr die Anforderungen der Anwendung erfüllen. Diese Ersatzkosten hängen stark von dem Verlauf der jeweiligen Batteriealterung und den Mindestanforderungen der jeweiligen Anwendung ab. Bei Annahme weiterhin abnehmender Batteriepreise (Stand: Februar 2016) kann es hierbei wirtschaftlich sinnvoll sein, bei der Batteriedimensionierung zu Beginn der Lebensdauer bereits eine entsprechende optimale Strategie des zeitlichen Batterieersatzes zu berücksichtigen. Bei dem Ersatz von einzelnen Batterien des Gesamtsystems müssen neben den zusätzlichen Investitionskosten für die neuen Batterien auch die Installationskosten des Ersatzes veranschlagt werden.

Im Folgenden sollen die Einflüsse des Betriebs auf die kalendarische und zyklische Alterung als wichtigste Komponente der Betriebskosten in Form der resultierenden Batterieersatzkosten dargestellt werden. In Abb. 17 ist exemplarisch der Einfluss der mittleren Batterietemperatur und des mittleren Ladezustands auf die kalendarische Lebensdauer einer Batterie aufgezeigt. Höhere Ladezustände und höhere Temperaturen bedingen eine stärkere Alterung und damit eine kürzere kalendarische Lebensdauer. In bestimmten Anwendungen kann im Betrieb der mittlere Ladezustand hinsichtlich der kalendarischen Alterung angepasst werden. Jedoch kann die Optimierung des Ladezustands in bestimmten Situationen die Folge haben, dass mit vorzeitigem Erreichen der unteren und oberen Ladezustandsgrenzen Erlösmöglichkeiten verhindert werden. Die Temperatur als Betriebsparameter kann theoretisch mit einer entsprechenden Klimatisierung hinsichtlich des Einflusses auf die kalendarische Alterung gesenkt werden. Allerdings kann dann mit einer entsprechend großen Klimatisierungsleistung der Stromverbrauch zur Regulierung je nach Temperaturdifferenz zwischen Umgebung und Batterie in der Gesamtwirtschaftlichkeit nicht vernachlässigt werden.

Neben der Speichergröße, wie in Kapitel 3.2 gezeigt, hat das je nach Batterietechnologie unterschiedliche Alterungsverhalten in Abhängigkeit von verschiedenen Parametern wie der Stromrate, der Zyklentiefe und dem Ladezustandsbereich der Zyklisierung einen großen Einfluss auf die im Betrieb erreichbare zyklische Lebensdauer. In Abb. 19 ist dafür exemplarisch die zyklische Lebensdauer für unterschiedliche konstante Stromraten aufgetragen. Bei einer konstanten Belastung mit Vollzyklen, also einer Zyklentiefe von 100 Prozent, würde in diesem Beispiel die zyklische Lebensdauer, gemessen in erreichbaren äquivalenten Vollzyklen bis zum Lebensdauerende, in einem Bereich zwischen 3000 bis 12.000 je nach Höhe der Belastung, C-Rate, liegen. Es wird deutlich, dass mit höheren C-Raten weniger Vollzyklen auch für den Bereich kleinerer Zyklentiefen erreicht werden können. Somit kann mit einer Begrenzung der Ströme mit einer vorausschauenden Betriebsstrategie die zyklische Lebensdauer prinzipiell positiv beeinflusst werden, um die Wirtschaftlichkeit des Systems zu verbessern.

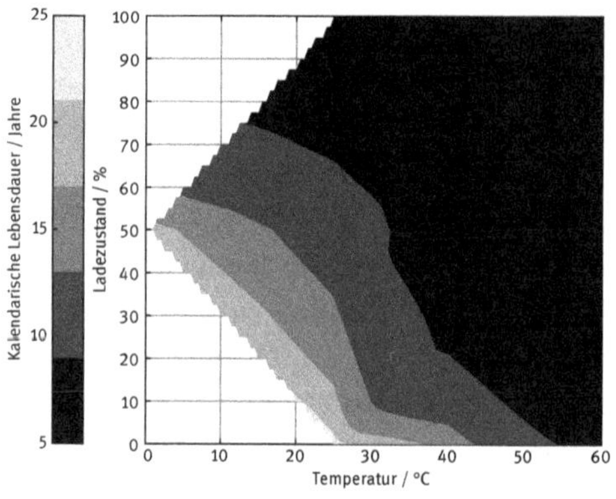

Abb. 17: Kalendarische Lebensdauer in Jahren in Abhängigkeit von mittlerem Batterieladezustand und mittlerer Speichertemperatur (eigene Darstellung).

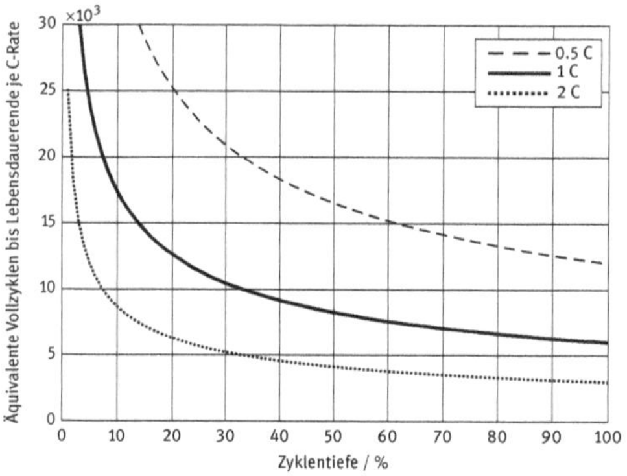

Abb. 18: Exemplarische Darstellung erreichbarer Äquivalenter Vollzyklen bis zum Lebensdauerende einer Batterie je nach Stromrate (C-Rate) (eigene Darstellung).

Wie in Tab. 17 dargestellt, gibt es über die angenommenen 20 Jahre Nutzungsdauer einen deutlichen Kapazitätsverlust durch die kalendarische und zyklische Alterung, die hier in allen Fällen 30 Prozent überschreitet. Grundsätzlich werden kalendarische und zyklische Batterielebensdauern auf ein Kriterium für das Lebensdauerende der Batterie bei einer Restkapazität von 80 Prozent bzw. teilweise auch 70 Prozent der Nennkapazität zu Lebensdauerbeginn bezogen. Dieser Wert stammt aus dem Automobilbereich und wird seitdem als Referenzwert für das Lebensdauerende verwendet. Batterien sind auch nach Erreichen dieses Wertes in den meisten Fällen funktionsfähig und ein Tausch ist im stationären Bereich nur dann als sinnvoll zu erachten, wenn die verbleibende Restkapazität oder der geringere Wirkungsgrad die Anwendungsanforderung unterschreitet oder die Erlöseinbußen die Ersatzkosten übersteigen. In den in Tab. 12 gezeigten Szenarien wäre für alle Speichergrößen das Lebensdauerende der Batterie vor Erreichen der 20 Jahre Nutzungsdauer mit einem Kapazitätsverlust >20 Prozent erreicht worden. Da nur die Batterien von der Alterung betroffen sind, die Leistungselektronik aber längere Lebensdauern aufweist, könnte mit einem Batterieersatz in diesem Fall das Gesamtsystem länger genutzt werden können, um eine bessere Wirtschaftlichkeit zu erreichen. Der Batterieersatz geht dabei aber nicht nur mit weiteren Investitionskosten in die Gesamtwirtschaftlichkeit ein, sondern es müssen auch weitere Installationskosten angenommen werden.

Zusammenfassend müssen bei der Auslegung eines Batteriespeichersystems neben der Dimensionierung auch die resultierende Alterung (Kapazitäts- Leistungs- und Effizienzabnahme) und der evtl. Batterieersatz in der Gesamtwirtschaftlichkeitsrechnung berücksichtigt werden. Je nach Batterietechnologie, Belastungsprofil und Betriebsweise ergeben sich unterschiedliche Alterungsgeschwindigkeiten, die zum Zeitpunkt der Auslegung abgeschätzt werden müssen. Mit einer optimalen Auslegung können dann, je nach Anwendung und je nach gefordertem Belastungsprofil, die optimale Batterietechnologie, Dimensionierung und Vorgaben für den Betrieb gefunden werden.

4 Entwicklung der Li-Ion-Zelltechnologie in der Zukunft

Kommerzielle Anwendung finden Lithium-basierte Sekundärbatterien seit den 1990er-Jahren v. a. für Unterhaltungselektronik. Seitdem werden Lithium-basierte Zelltechnologien kontinuierlich weiterentwickelt. Das Element „Lithium" wird auch weiterhin bei der Entwicklung zukünftiger Zelltechnologien eine wesentliche Rolle spielen, insbesondere, da es mit einer Dichte von 0,53 g/m^3 das leichteste Metall im Periodensystem darstellt und in der elektrochemischen Spannungsreihe mit –3,04 V das negativste Standardpotenzial gegenüber Wasserstoff aufweist. Damit ist Lithium aufgrund seiner physikalischen Eigenschaften ein, in Bezug auf die erreichbare Energiedichte der Zelle, optimales Anodenmaterial, vorzugsweise in Verbindung mit Kathodenmaterialien, die ein hohes positives elektrisches Potenzial besitzen und infolgedessen eine hohe Zellspannung ermöglichen. Dementsprechend können mit Lithium prinzipiell sehr hohe theoretische Energiedichten erreicht werden, was in Anwendungen wie der Elektromobilität und der Unterhaltungselektronik wichtig ist. So beträgt die theoretische volumetrische Energiedichte einer Li-Luft-Batterie mit LiO_2-Kathode und Lithium-Anode rund 10,49 kWh/l, was etwa der volumetrischen Energiedichte von Ottokraftstoff mit 8,9 kWh/l entspricht. Da metallisches Lithium jedoch eine sehr hohe Reaktivität mit Wasser/Luftfeuchtigkeit aufweist und beim Wiederaufladen zur Bildung von Dendriten neigt, die den Separator durchdringen und einen Kurzschluss der Zelle bedingen, haben sich Lithium-basierte Systeme erst durch den Einsatz der Lithium-Ionen-Batterien in den 1990er-Jahren flächendeckend durchgesetzt. Das Lithium-Ionen-System beinhaltet kein metallisches Lithium, sondern basiert auf Interkalationselektroden und dem Transport von Lithium-Ionen, und bietet daher einen entscheidenden Sicherheitsvorteil gegenüber rein metallischen Systemen. Nichtsdestoweniger werden bei zukünftigen Lithium-basierten Technologien auch Anoden aus metallischem Lithium eingesetzt, um gegenüber gegenwärtigen Lithium-Ionen-Batterien (Stand: Februar 2016) deutlich höhere Energiedichten zu ermöglichen. Nach *Fraunhofer ISI, Gesamt-Roadmap-Lithium-Ionen-Batterien 2030* können die wesentlichen Entwicklungsschritte der Lithium-basierten Zelltechnologien in vier Generationen zusammengefasst werden.

Eine Zusammenfassung der wichtigsten Aspekte aller vier Generationen der Lithium-basierten Technologie ist in Tab. 18 zu finden.

Tab. 18: Übersicht über die verschiedenen Generationen der Lithium-basierten Zelltechnologien (eigene Darstellung nach Fraunhofer ISI, Gesamt-Roadmap-Lithium-Ionen Batterien 2030).

Eigenschaft	Generation 1	Generation 2	Generation 3	Generation 4
Marktreife	1991 bis heute	aktuelle Generation	Übergang von Generation 2 zu Generation 3	ab 2020–2030
Kathode	LCO	NMC, NCA, LFP, LMO, diverse „Blends“	wie Generation 2	Li-Ionen (Zellspannung bis 5 V), Li-Schwefel, Li-Luft, Li-Ionen-Feststoff
Anode	Graphit	Graphit, LTO, Li-Legierungen	wie Generation 2, Graphen	
Elektrolyt	$LiPF_6$ + Karbonate	$LiPF_6$, Gel (Polymer), Diverse Additive	wie Generation 2, Additive für Zellspannungen bis 4,4 V	
Anwendungen	Unterhaltungselektronik	Unterhaltungselektronik, Elektromobilität, stationäre Speicher	wie Generation 2	wie Generation 2
Format	kleinformatig	klein-, großformatig	wie Generation 2	wie Generation 2
Innovation	erste kommerzielle Anwendung der Li-Ionen Technologie	erste großformatige Li-Ionen-Zellen, erhöhte Sicherheit bei guten Energiedichten, Lebensdauerverbesserung	erhöhte Energiedichten, Lebensdauerverbesserung, erhöhte Zellspannungen bis 4,4 V	Technologiesprünge ermöglichen deutlich höhere Energiedichten und/oder verbesserte Sicherheit.

4.1 Generation 1

Als Generation 1 werden die seit den 1990er-Jahren in der Unterhaltungselektronik erstmalig kommerziell eingesetzten Lithium-Ionen-Batterien auf Basis von LCO-Kathoden und Graphitanoden bezeichnet. Als Elektrolyt kommt eine Mischung aus organischen Lösungsmitteln (Karbonate) und den darin gelösten Lithiumsalzen (z. B. $LiPF_6$) zum Einsatz. Es handelt sich dabei grundsätzlich um kleinformatige Lithium-Ionen-Zellen mit Kapazitäten im einstelligen Ah-Bereich für mobile Geräte bzw. Unterhaltungselektronik. Diese Zelltechnologie war die erste kommerziell eingesetzte Zelltechnologie mit Interkalationselektroden und bildet die Basis für die gegenwärtigen Lithium-Ionen-Batterien (Stand: Februar 2016). Bis heute werden Lithium-Ionen-Zellen dieser Bauart für Unterhaltungselektronik kommerziell verwendet.

4.2 Generation 2

Lithium-Ionen-Zellen mit LCO-Kathoden weisen insbesondere bei großformatigen Zellen mit Kapazitäten im zweistelligen Ah-Bereich Nachteile in Bezug auf Sicherheit, Lebensdauer und Kosten auf. Daher sind heutzutage Lithium-Ionen-Batterien mit NMC-, LFP-, NCA-, LMO-Kathoden und deren Mischungen (sog. Blends) Stand der Technik, um die spezifischen Vorteile eines Materials mit den spezifischen Vorteilen eines anderen Materials in der jeweiligen Anwendung kombinieren zu können. Typische kommerzielle Anwendungen der zweiten Generation Lithium-basierter Zellen finden sich sowohl in der Unterhaltungselektronik, in Form von kleinformatigen Zellen, als auch in der Elektromobilität und in stationären Speichern, in Form von groß- und kleinformatigen Zellen. Weiterhin können statt des flüssigen Elektrolyten und eines Separators aus Polyolefinen/Kunststoff oder Keramik auch Elektrolyte zum Einsatz kommen, die in einer Polymermatrix eingebunden sind. Bei dieser Bauart wird kein festes Metallgehäuse mehr benötigt, sondern es genügen Gehäuse aus metallbeschichteten Folien (Coffeebags), welche kompaktere Bauweisen erlauben. Diese Zellen besitzen aufgrund ihres Foliengehäuses eine höhere Energiedichte und ermöglichen flexiblere Bauformen und damit insbesondere im Bereich der Unterhaltungselektronik eine verbesserte Platzausnutzung.

Eine weitere Verbesserung im Hinblick auf die Ionen-Leitfähigkeit und die zyklische Lebensdauer stellt die Beimischung von Elektrolytzusätzen dar.

4.3 Generation 3

Zur Erhöhung der Energiedichte und Senkung der Kosten von Lithium-Ionen-Batterien wird die zweite Generation der Lithium-Ionen-Zellen aktuell um Lithium-Ionen-Zellen der dritten Generation ergänzt. Diese weisen ähnliche Materialien für Anoden,

Kathoden und Elektrolyte auf wie die zweite Generation von Zellen, jedoch werden durch spannungsfestere Materialien, im Wesentlichen Elektrolyte, höhere Zellspannungen (bis 4,4 V) bei ansonsten gleicher Bauart möglich. Die höhere Spannung wiederum erhöht entsprechend die Energiedichte. Weiterhin ist abzusehen, dass durch einen geringeren Materialeinsatz in der Zellfertigung, Lerneffekte bei der Zellproduktion und Skalierungseffekte durch hohe Stückzahlen die Kosten der dritten Generation von Lithium-Ionen-Zellen zukünftig stärker sinken werden. Kurzfristig werden Lithium-Ionen-Zellen der dritten Generation jedoch vermehrt in Anwendungen eingesetzt, die besonders kritisch in Bezug auf Energiedichte sind, wie z. B. in der Elektromobilität.

4.4 Generation 4

Lithium-basierte Zelltechnologien, die einen deutlichen Technologiesprung in Bezug auf die dritte Generation von Lithium-Ionen-Zellen erfordern, werden als Technologien der vierten Generation bezeichnet. Ein wesentliches Ziel der vierten Generation ist die signifikante Erhöhung der Energiedichte durch die Verwendung von metallischem Lithium als Anode (Lithium-Schwefel-, Lithium-Luft-Batterie), durch eine Kathode aus Luft (Lithium-Luft) und durch den Einsatz von Hochvolt-Elektrolyten (bis 5 V Zellspannung) mit neuen Lösungsmitteln/Additiven (Lithium-Ionen-Batterie). Weitere Aspekte der nächsten Generation von Lithium-basierten Technologien sind eine höhere Sicherheit, ein verbessertes Temperaturverhalten und optimierte und standardisierte Fertigungsprozesse, die u. a. durch die Verwendung von festen Polymeren als Elektrolyt-Separator realisiert werden sollen (Lithium-Ionen-Feststoff).

Bei den Lithium-basierten Zelltechnologien mit metallischem Lithium als Anode handelt es sich, im Gegensatz zu den Verbesserungen/Optimierungen der Lithium-Ionen Zelltechnologien, um eigenständige, neue Typen von Batterien. Aufgrund der sich von Lithium-Ionen-Batterien stark unterscheidenden Funktionsweise (keine Interkalationselektroden) ergeben sich für diesen Batterietyp auch grundsätzlich neue, derzeit noch schwieriger zu beherrschende Herausforderungen.

Eine Zusammenfassung der wichtigsten Aspekte der unterschiedlichen Typen der vierten Generation ist in Tab. 19 zu finden. Trotz des hohen Potenzials der vierten Generation wird an diesen Lithium-basierten Technologien aktuell (Stand: 2016) überwiegend im Labor geforscht, so dass diese Technologien noch nicht mit einer hohen Marktreife verfügbar sind.

Grundsätzlich muss bei allen Batterietypen zwischen sog. Hochleistungszellen und Hochenergiezellen unterschieden werden. Das Verhältnis aus Leistung und Energie einer Batterie ist im Wesentlichen durch konstruktive Eigenschaften der Zelle und den jeweiligen Materialeigenschaften gegeben. Zu den konstruktiven Eigenschaften gehören z. B. die Ausführung der Zellverbinder, die Dicke der Ableiter, der Aufbau der aktiven Masse und der Aufbau der passiven Massen. Zu den Materialeigenschaften gehören z. B. die aktiven Oberflächen und die Porosität.

Tab. 19: Übersicht über Lithium-basierte Zelltechnologien der vierten Generation (eigene Darstellung nach Thielmann et al. 2015).

Eigenschaft	5 V-Lithium-Ionen	Li-Schwefel	Li-(Ionen-) Feststoff	Li-Luft
Marktrelevanz	ab ca. 2020	ab ca. 2020	ab ca. 2025	ab ca. 2030
Kathode	ähnlich Generation 3	Schwefel/Kohlenstoff	wie Generation 3	Luft
Anode	ähnlich Generation 3	Lithium	wie Generation 3	Lithium
Elektrolyt	neuartige Lösungsmittel und neue Additive	Leitsalze und Lösungsmittel auf Ether-Basis	Festkörper (feste Polymere)	wässrige und nicht wässrige Elektrolyte
Vorteile	rund 20 % höhere Energiedichte als Li-Ionen	hohe gravimetrische Energiedichte, Schwefel als Rohstoff sehr gut verfügbar	Sicherheit, Temperaturbeständigkeit	sehr hohe Energiedichte
Nachteile		geringe elektrische Leitfähigkeit von Schwefel, volumetrische Energiedichte	Ionenleitfähigkeit von Festkörpern gering	hoch reaktive Lithium-Anode, hohes Überpotenzial
Herausforderungen	hohe Zellspannungen, spannungsfeste Elektrolyte	Zyklenstabilität, kalendarische Lebensdauer	Produktionstechnik	Verstopfung der porösen Kathode, Schutz der Lithium-Anode, reversible Zellchemie

Ein Vergleich der potenziellen gravimetrischen Energiedichten und gravimetrischen Leistungsdichten zukünftiger Lithium-basierter Zelltechnologien mit gegenwärtigen Batterietechnologien ist in Abb. 19 dargestellt (Ragone-Diagramm). Es wird deutlich, dass eine Zellauslegung bei allen Batterietechnologien immer einen Kompromiss zwischen einer Auslegung mit hoher Leistung bzw. geringerer Energiedichte und niedrigerer Leistung bzw. höherer Energiedichte darstellt. Es ist nicht möglich, mit einem Batterietyp sowohl hohe Leistungsdichten, als auch hohe Energiedichten gleichzeitig zu erhalten. Ob eine höhere Leistungsdichte oder eine höhere Energiedichte gewählt werden muss, hängt wesentlich von der jeweiligen Anwendung ab. So erfordern Hybridfahrzeuge höhere spezifische Leistungen und geringere Energiedichten, wohingegen Elektrofahrzeuge höhere Energiedichten und geringere spezifische Leistungen benötigen.

Anhand von Abb. 19 wird deutlich, dass Lithium-basierte Zelltechnologien mit metallischem Lithium als Anode (Post-Lithium-Ionen-Technologien der vierten Generation) insbesondere für Anwendungen mit geringerer spezifischer Leistung und höherer spezifischer Energiedichte einsetzbar sind. Aufgrund dieser Eigenschaft erscheint die Anwendung der Post-Lithium-Ionen-Batterien, vom Kosten-Nutzenverhältnis her betrachtet, insbesondere in batterieelektrischen Fahrzeugen sinnvoll.

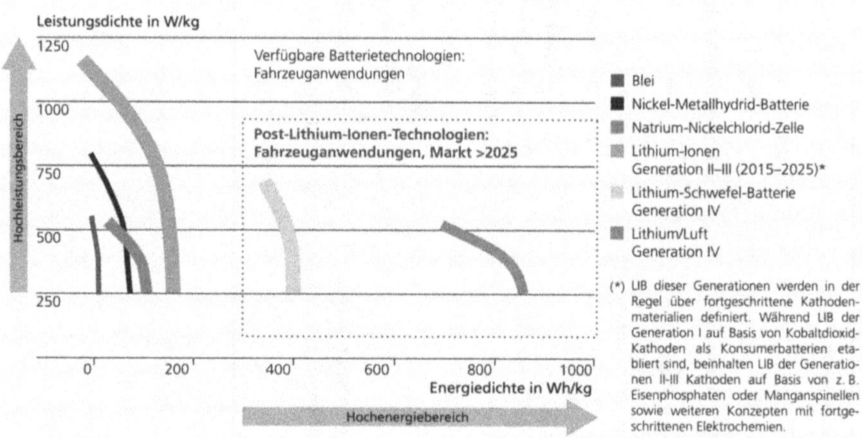

Abb. 19: Energiedichte und Leistungsdichte von verschiedenen Batterietypen sowie aktuellen und zukünftigen Lithium-basierten Zellen (Post-Lithium-Ionen-Technologien) (Thielmann et al. 2012).

Bei der Entwicklung der Zelltechnologien sind bis zum Jahr 2030 also signifikante Verbesserungen der technischen Eigenschaften und der Produktionskosten zu erwarten.

Tab.20 zeigt die Quantifizierung dieser Verbesserungen aus Sicht der *Europäischen Kommission* für Elektrofahrzeuge (Zielwerte). Es wird deutlich, dass insbesondere die Kosten der Batterien deutlich absinken und die Energiedichten deutlich zunehmen werden. Die Lebensdauer, Leistungsdichte und erreichbaren Zyklenzahlen verändern sich hingegen weniger stark.

Aufgrund der starken Kostendegression der Batterien wird auch die Wertschöpfung am gesamten Elektrofahrzeug bis 2030 geringer sein als heute (Stand: Februar 2016). Weiterhin sinkt das Gewicht der Batterie stark ab, bei gleichzeitiger starker Erhöhung der Reichweite des Elektrofahrzeugs. Da bei der zukünftigen Entwicklung von stationären Speichern insbesondere auch davon auszugehen ist, dass Zelltechnologien aus dem automobilen Sektor in den stationären Speichermarkt übertragen werden, sind diese Ergebnisse sinngemäß auch auf den stationären Speichermarkt übertragbar.

Tab. 20: Auszug aus Zielen des „Issues Paper No 7" der Europäischen Kommission für Packebene (European Commission 2016).

Eigenschaft	2011	2020	2030	>2030
Energiedichte [Wh/kg]	60–100	250	500	700
Leistungsdichte [W/kg]	330–600	<1500	<1500	<1500
Kosten [€/kWh] (100Y = 1 €)	700–1000	<200	ca. 100	ca. 50
Lebensdauer [J]	5–10	10–15	10–15	10–15
Zyklen [–]	500–1000	1000–1500	1000–1500	1000–1500

4.5 Entwicklung der Batteriekosten

Da die Lithium-Ionen-Zelltechnologie die am weitesten entwickelte Lithium-basierte Zelltechnologie ist (Stand: Februar 2016), wird diese Technologie aller Voraussicht nach auch bis 2030 eine wesentliche Rolle bei der Anwendung in Unterhaltungselektronik, stationären Speichern und Elektrofahrzeugen spielen. Durch die vermehrte kommerzielle Nutzung dieser Technologie und deren Anwendung in Massenmärkten ist bis 2030 von einer signifikanten Kostenreduktion der Zellpreise auszugehen.

Abb. 20 zeigt die (Stand: 2015) zu erwartende Kostendegression der Lithium-basierten Zelltechnologien für kleinformatige und großformatige Lithium-Ionen-Zellen.

Die Entwicklung der Kostendegression zwischen kleinformatigen und großformatigen Lithium-Ionen-Zellen weist einen Abstand von 10 bis 15 Jahren auf. Es wird deutlich, dass Lithium-Ionen Zellpreise von ungefähr 100 €/kWh ab 2030 zu erwarten sind.

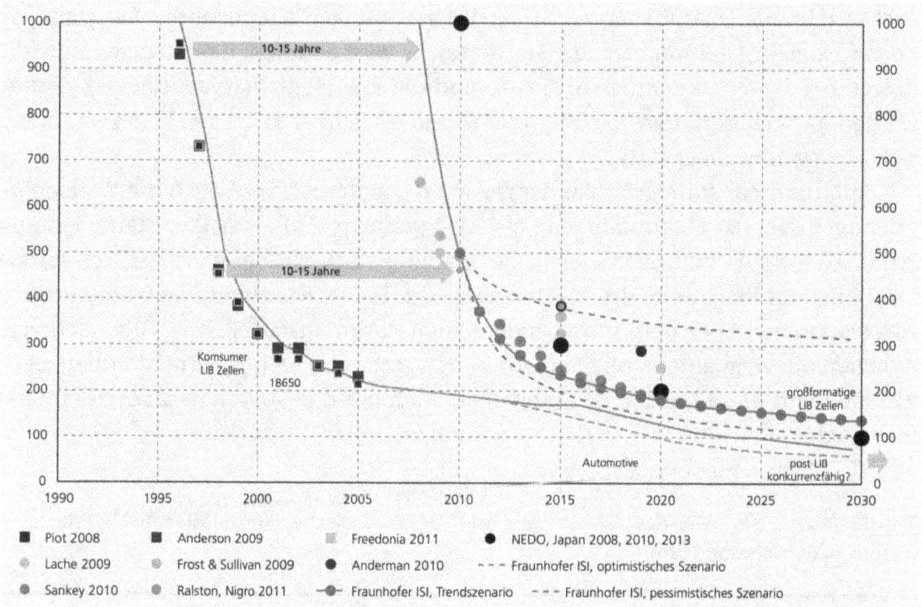

Abb. 20: Entwicklung der Zellkosten in €/kWh für verschiedene Szenarien; großformatige Zellen besitzen einen Abstand von 10 bis 15 Jahren zu der Kostenentwicklung kleinformatiger Lithium-Ionen-Zellen (Thielmann et al. 2015).

4.6 Entwicklung der Batterieproduktion

Um Lithium-Ionen-Zellen herzustellen, werden zunächst die Elektrodenmaterialien unter genau festgelegten Bedingungen gemischt und anschließend auf die Ableiterfolien aufgebracht. Die beschichteten Folien werden anschließend getrocknet und über Walzen auf eine feste Dicke geglättet (Kalandern). Anschließend werden die Folien auf die gewünschte Größe geschnitten, vereinzelt und gestapelt bzw. gewickelt. Anschließend werden die Stapel verpackt, mit Elektrolyt befüllt und die ersten Lade- und Entladezyklen, bei denen sich die SEI-Schicht bildet, durchgeführt (Formation). Die bei der Formation entstehenden Gase werden anschließend entfernt und die Zellen mehrere Wochen im Lager überwacht (Aging). Anschließend wird die Zelle vor der Auslieferung noch einmal kontrolliert.

Um Kostensenkungen bei verbesserter Produktionsqualität zu erreichen, sind zusätzliche Innovationen und weitere Forschungen im Bereich der Batterieproduktion notwendig. Tab. 21 zeigt den notwendigen Forschungs- und Entwicklungsbedarf für die Produktion von Lithium-Ionen-Batterien.

Tab. 21: Herausforderungen zur Qualitätssteigerung bei gleichzeitiger Kostensenkung bei der Produktion von Batterien bis 2030 (eigene Darstellung basierend auf VDMA Roadmap nach Maiser et al. 2014).

Herausforderung	Stand der Technik (2014)	notwendiger FuE-Bedarf	FuE-Zeitraum	Parameter
Prozessstabilität bei höherem Durchsatz	Vereinzelungsprozess Partikelkontamination	Vereinzelungsprozess keine Partikelkontamination	2020	Qualität
	breiter Siegelbalken für Abdichtung Folienzellen	neue Siegelverfahren für Folienzellen mit 100 % Dichtheit	2020	Qualität
	Formationszeit 24 Std.	Formationszeit <2 Std.	2030	Zeit, Kosten
	Langzeitprognose mit zeitintensiven, zerstörenden Prüfverfahren	Langzeitprognose mit nicht zerstörenden Prüfverfahren	2030	Zeit, Kosten
	Rein- und Trockenräume Hohe Betriebskosten	Rein- und Trockenräume Kostenreduzierung durch Mini-Environments	2020	Kosten
	unzureichendes Verständnis der Einzelprozesse auf Gesamtqualität	relevante Prozesskontrolle durch erweitertes Prozesswissen und neue Messtechnik	2030	Qualität
Scale-up der Produktion	Mischen batchweise	Mischen kontinuierlich	2030	Zeit, Kosten
	Beschichten 30 m/min bei 0,6 m Breite	Beschichten 100 m/min bei 2 m Breite	2030	Zeit
	Beschichten und Trocknen seriell	Beschichten und Trocknen doppelseitig simultan	2020	Zeit
	Einzelblattstapeln oder Wickeln	Stapelvorgang <1 Sek.	2020	Zeit
	Tiefziehen 5–6mm	Tiefziehen >11 mm	2020	Kosten
	Befüllen Elektrolyt 30 Sek.	Befüllen Elektrolyt < 5 Sek.	2030	Zeit
	Formationszeit 24 Std.	Formationszeit <2 Std.	2030	Zeit, Kosten
	Aluminium-Packgehäuse	Kunststoff-Packgehäuse	2020	Kosten
	Individualanfertigung	Standardisierung	2030	Kosten
Nachhaltigkeit	Mischen batchweise	Mischen kontinuierlich	2030	Zeit, Kosten
	Befüllen Elektrolyt 30 Sek.	Befüllen Elektrolyt < 5 Sek.	2030	Zeit
	Aluminium-Packgehäuse	Kunststoff-Packgehäuse	2020	Kosten
	teilweise Recyceln durch mechanische und chemische Trennverfahren	spezielles Zelldesign zum Recyceln bis nahezu 100 %	2030	Kosten

Literatur

50Hertz, Amprion, Tennet, TransnetBW (2017): Mindestanforderungen an die Informationstechnik des Anbieters für die Erbringung von Regelleistung, zuletzt geprüft am 07.06.2017.

BDEW – Bundesverband der Energie- und Wasserwirtschaft e. V. (2011): Technische Anschlusbedingungen (TAB 2007) für den Anschluss an das Niederspannungsnetz.

Caterva GmbH (2016): Das Caterva Energiespeichersystem (ESS), zuletzt geprüft am 07.06.2017.

Consentec GmbH (2014): Description of load-frequency control concept and market for control reserves. *Study commissioned by the German TSOs. Hg. v.* Consentec GmbH. Online. Online verfügbar unter https://www.regelleistung.net/ext/download/marktbeschreibungEn, zuletzt aktualisiert am 27.02.2014, zuletzt geprüft am 26.12.2016.

Dr. Axel Thielmann; Andreas Sauer; Priv.-Doz. Dr. habil. Ralf Isenmann; Prof. Dr. Martin Wietschel; Dr. Patrick Plötz (2012): Produkt-Roadmap Lithium-Ionen-Batterien 2030. Hg. v. Fraunhofer-Institut für System- und Innovationsforschung ISI. *Karlsruhe*. Online verfügbar unter http://www.isi.fraunhofer.de/isi-wAssets/docs/t/de/publikationen/PRM-LIB2030.pdf.

Dr. Axel Thielmann; Andreas Sauer; Prof. Dr. Martin Wietschel (2015): Gesamt-Roadmap Lithium-ionen-Batterien 2030. Hg. v. Fraunhofer-Institut für System- und Innovationsforschung ISI. *Karlsruhe*. Online verfügbar unter http://www.isi.fraunhofer.de/isi-wAssets/docs/t/de/publikationen/GRM-LIB.pdf.

Dr. Eric Maiser; Dr. Sarah Michaelis; Daniel Müller; Prof. Dr. Achim Kamper; Christoph Deutskens; Heiner Heimes et al. (2014): Roadmap Batterie-Produktionsmittel 2030. Hg. v. VDMA Batterieproduktion. Frankfurt am Main. Online verfügbar unter http://prod.vdma.org/documents/105963/5521486/Roadmap%20Batterie-Produktionsmittel%202030/f422a080-dfaf-4620-acc3-ed747d33fae1.

VDE-AR-N-4105, 2011: Erzeugungsanlagen am Niederspannungsnetz – Technische Mindestanforderungen für Anschluss und Parallelbetrieb von Erzeugungsanlagen am Niederspannungsnetz.

European Commission (2016): ISSUES PAPER No 7. Become competitive in the global battery sector to drive e-mobility forward. Hg. v. European Commission. Online verfügbar unter https://setis.ec.europa.eu/system/files/integrated_set-plan/action7_issues_paper.pdf.

FNN | VDE (2016): FNN-Hinweis – Anschluss und Betrieb von Speichern am Niederspannngsnetz.

Solar Cluster Baden-Würtemmberg (2017): Solarstromspeicher werden wirtschaftlich. Solarstromspeicher werden wirtschaftlich. Online verfügbar unter http://www.solarcluster-bw.de/blog/wp-content/uploads/2017/05/170511_SolarCluster_PM_WirtschaftlichkeitBatteriespeicher.pdf.

Solar Cluster Baden-Württemberg (2017): Solarstromspeicher werden wirtschaftlich. Solarstromspeicher werden wirtschaftlich. Online verfügbar unter http://www.solarcluster-bw.de/blog/wp-content/uploads/2017/05/170511_SolarCluster_PM_WirtschaftlichkeitBatteriespeicher.pdf.

Teil III: Batteriespeicher und ihre Bedeutung für die Energiewende

Alfons Haber

Netz- und Systemintegration

Die Rolle von Batteriespeichern

Die Ausführungen in diesem Beitrag zu Netz- und Systemintegration in Bezug auf die Rolle von Batteriespeichern befassen sich insbesondere mit dem Parallelbetrieb und den technischen Anforderungen. Einleitend wird mit den Energiespeichern im Zusammenhang mit dem Netz ein Überblick geschaffen (siehe Kap. 2 und 3), auf dem aufbauend die Auswirkungen auf Lastfluss und Spannung behandelt werden (siehe Kap. 4 und 5). Die Einsatzmöglichkeiten von Batteriespeichern werden anhand von Beispielen in Bezug auf unterschiedliche Betriebsmodi dargestellt (siehe Kap. 6 und 7) und daraus resultierend die Ergebnisse zusammengefasst (siehe Kap. 8).

1 Einleitung

Als Energiespeicherung, bezogen auf die nachfolgende Netz- und Systemintegration, kann eine Aufnahme und spätere Abgabe von Energie in einer bestimmten bzw. definierten Form verstanden werden. Hierzu stehen grundsätzlich mehrere Technologien zur Verfügung. Die Ausführungen in diesem Beitrag beziehen sich auf Batteriespeicher bzw. technisch gesprochen auf Akkumulatoren.

In den Stromnetzen werden die resultierenden Lastflüsse mit den jeweiligen Richtungen, z. B. auf Basis des Verbraucherzählpfeilsystems, betrachtet und deren Auswirkungen auf das System analysiert, konkret z. B. für Verteilnetze in Bezug auf die Auslastung der Betriebsmittel, die Spannungsänderung und die Netzverluste.

Um die Einspeisung leistungsbezogen an der Last bzw. den Verbrauch anpassen zu können, bedarf es einer veränderbaren Einspeisung. Energiespeicher werden heute bereits mit großen Energieinhalten und Leistungen betrieben, wie z. B. in der Wasserkraft als Speicher- oder Pumpspeicherkraftwerke. Nun besteht die Anforderung an die Stromnetze der Zukunft, die dezentralen – meist volatilen und nicht an den Verbrauch angepassten – Erzeugungsanlagen besser in das elektrische System zu integrieren. Hier können lokale Energiespeicher zum Einsatz kommen, welche die Energie von z. B. Photovoltaik(PV)-Anlagen in der Mittagszeit speichern und die gespeicherte Energie am Abend wieder in das Netz abgeben. Durch einen solchen Einsatz von Speichern kann es über die kollektive Wirkung u. a. zu einer besseren Ausnutzung der Netzkapazitäten (keine zusätzlichen Lastflüsse im Netz) sowie bei angesteuerten Ein- und Ausspeicherungen zur Reduktion der Spannungsanhebungen kommen.

https://doi.org/10.1515/9783110458480-008

2 Stromnetz – Einführung

Grundsätzlich besteht das Drehstromnetz aus Verteil- und Übertragungsnetzen. Die Verteilung wird nach den Spannungsebenen in Hoch-, Mittel- und Niederspannungsnetze unterschieden und dient der Versorgung der Kunden. Die Übertragung beschreibt den überregionalen Transport von elektrischer Energie über Höchst- und Hochspannungsnetze. Über Drehstromtransformatoren sind die Spannungsebenen verbunden und damit wird der Energie- bzw. Lastfluss von den Erzeugungsanlagen hin zum Kunden ermöglicht. Das Netz wird als Gesamtheit der miteinander verbundenen Leitungen, Schalt-, Umspann- und Umrichteranlagen sowie Transformatorstationen verstanden und beschrieben. Das Verbundnetz besteht aus Übertragungs- und Verteilnetzen, die durch eine oder mehrere Verbindungsleitungen miteinander verbunden sind.

Bei der sicheren Stromversorgung im Verbundnetz ist u. a. zu berücksichtigen, dass ein Wirkleistungsgleichgewicht besteht. Andernfalls kommt es zu Frequenzstabilitätsproblemen. Diesem Gleichgewicht wird große Bedeutung beigemessen und es werden erhebliche Anstrengungen unternommen, um u. a. den Synchronlauf der einzelnen Maschinen aufrechtzuerhalten. Spannungsstabilitätsprobleme treten normalerweise in stark ausgelasteten Netzen auf, die sich bei Übertragungsleitungen ebenfalls über die Blindleistungsstabilität beschreiben lassen. So kann ein Blindleistungsmangel in extremen Störungsfällen zu kritischen Spannungszuständen im Netz führen und Spannungszusammenbrüche nach sich ziehen.

Unter dem elektrotechnischen System, insbesondere in Bezug auf die Netz- und Systemintegration, werden alle synchron miteinander verbundenen elektrischen Netze, Erzeugungs- und Verbrauchsanlagen verstanden.

3 Aufbau des Verteilnetzes – Überblick

Die Ausführungen in Kapitel 3 beziehen sich schwerpunktmäßig auf öffentliche Verteilnetze. Die Netze unterscheiden sich allgemein nach ihren Strukturen und Formen. Die Netzstrukturen ergeben sich aus den Frei- und Kabelleitungen und durch den Verkabelungsgrad. Letzterer beschreibt den Anteil der Kabelsystemlänge an der Gesamtlänge des Systems, jeweils bezogen auf eine Spannungsebene. Aufgrund der topografischen Gegebenheiten ergibt sich in den städtischen bzw. dichter bebauten Gebieten ein höherer Verkabelungsgrad gegenüber den ländlichen Gebieten. Die Netze lassen sich ebenfalls nach ihren Netzformen unterscheiden in

(1) Strahlennetze,
(2) Ringnetze und
(3) Maschennetze.

(1) Im *Strahlennetz* sind die Leitungen strahlenförmig angeordnet, sie werden einseitig gespeist und finden vorwiegend in Niederspannungs- und Mittelspannungsnetzen ihre Anwendung. Zu den Vorteilen zählen die einfache Netzstruktur, die einfache Planung, der einfache Netzschutz, die einfach zu ermittelnde Leitungsbelastung und die Spannungshaltung am zentralen Netzknoten (z. B. Transformator). Nachteile liegen bei einfachen Ausführungen insbesondere darin, dass Störungen auf Leitungen zu Versorgungsunterbrechungen des gesamten Leitungsstrangs führen und Instandhaltungsarbeiten an Leitungsabschnitten Abschaltungen des Stranges erfordern.

(2) Beim *Ringnetz* können aufgrund der ringförmigen Anordnung die Leitungen in beiden Richtungen durchflossen werden. In diesen Netzen sind die einzelnen Stationen bzw. Schaltstationen nur mit den zwei benachbarten Stationen verbunden (Anwendung in Mittel-, Hoch- und Höchstspannungsnetzen, partiell in Niederspannungsnetzen). Fällt eine Leitung aus, so kann die Versorgung über die andere Leitung erfolgen. Im Normalbetrieb wird insbesondere in Verteilnetzen der Ring (z. B. in der Mitte) aufgetrennt, sodass betrieblich wieder ein Strahlennetz vorliegt. Im Falle eines Fehlers wird der fehlerbehaftete Abschnitt durch Öffnen der beiden angrenzenden Trennstellen freigeschaltet und zugleich die Trennstelle in der Ringmitte wieder geschlossen. Die Versorgung wird so für die Stationen aufrechterhalten, was vorteilhaft für eine hohe Versorgungszuverlässigkeit ist.

(3) Das *Maschennetz* ist über Leitungen an mehreren Knotenpunkten zusammengeführt. Es ist durch vielfache Leitungsverbindungen und mehrere Speisepunkte gekennzeichnet. Dabei werden die einzelnen Leitungen zu Maschen- und Ringstrukturen vernetzt. Im einfachsten Fall ist eine Leitung mit mehreren Verbraucheranschlüssen an zwei zentralen Netzknoten angeschlossen. Maschennetze finden in Höchst- und Hochspannungsnetzen sowie teilweise auch in Mittelspannungsnetzen ihre Anwendung. Die Vorteile sind die hohe Versorgungszuverlässigkeit, die Verteilung von Verbraucherlasten auf mehrere Leitungen und Einspeiseknoten, die leichtere Freischaltung von Leitungsabschnitten (z. B. für Instandhaltungsarbeiten) sowie die Umschaltbarkeit von Lastflüssen auf Leitungen. Zu den Nachteilen zählen u. a. aufgrund der resultierenden Lastflüsse der aufwändige Netzschutz, die erschwerte lokale Identifikation bei Fehlern im Netz sowie die Komplexität bei Lastflussberechnung und Spannungshaltung.

4 Netzplanung und Netzbetrieb – Überblick

Die Netzplanung und auch der Netzbetrieb richten sich nach dem Lastfluss und der Einhaltung der Spannungen, u. a. im Verteilnetz gemäß der Norm EN 50160 (DIN EN

50160, 2011). Die Auslegung bzw. Dimensionierung der Betriebsmittel, nachfolgend mit dem Fokus auf die Mittel- und Niederspannungsnetze, erfolgt insbesondere nach der thermischen Belastbarkeit sowie der Kurzschlussfestigkeit, der Spannungsregelung und der Schutz- und Leittechnik. In diesem Zusammenhang sind u. a. folgende Kenngrößen von Bedeutung:

(1) Mittelspannungsnetz
   - Kurzschlussleistung (Anschlussstelle an das Hochspannungsnetz)
   - Nenndaten des Hoch-/Mittelspannungs-Transformators
   - Leitungstypen und Leitungslängen im Mittelspannungsnetz
   - Leistungen an den Abgängen bzw. Netzteilen (Erzeugung, Speicher und Verbrauch)

(2) Niederspannungsnetz
   - Kurzschlussleistung (Anschlussstelle an das Mittelspannungsnetz)
   - Nenndaten des Mittel-/Niederspannungs-Transformators
   - Leitungstypen und Leitungslängen im Niederspannungsnetz
   - Leistungen an den Abgängen bzw. Netzteilen (Erzeugung, Speicher und Verbrauch)

Im Rahmen der Änderung der Lastflussrichtung bzw. deren Höhe durch vermehrte dezentrale Einspeisungen sind die Auswirkungen auf die Netzplanung und den Betrieb zu verifizieren (siehe z. B. technische Anschlussbedingungen sowie technische Regeln zur Beurteilung von Netzrückwirkungen). In den technischen Regeln wird insbesondere auf Netzimpedanz, Kurzschlussleistung, Spannungsänderungen, Flicker, Spannungsunsymmetrie, Oberschwingungen, Kommutierungseinbrüche und zwischenharmonische Spannungen eingegangen. Neben den angegebenen Berechnungen werden ebenfalls Lastflussberechnungsprogramme eingesetzt, mit denen sich die Auswirkungen auf Verteilnetzsysteme betrachten lassen, diese betreffen u. a.:

- Lastflussänderungen,
- Netzkapazitäten,
- Blindleistung,
- Netzanschluss sowie Bewertung der Netzintegration,
- Kurzschlussleistung,
- Netzrückwirkungen,
- Spannungsqualität,
- Versorgungssicherheit,
- Versorgungszuverlässigkeit,
- Inselbetrieb,
- Leittechnik,
- Netzschutz und
- Netzverluste.

Bei der Netzintegration bzw. dem Parallelbetrieb von Verbrauchs- und Erzeugungsanlagen (inklusive Batteriespeichern) sind in Verteilnetzen neben der Versorgungssicherheit insbesondere die Versorgungszuverlässigkeit, die Spannungsqualität und die Netzrückwirkungen zu berücksichtigen.

Beim Betrieb und der Planung von Netzen sind neben den technischen Aspekten auch eine Reihe von gesetzlichen Aufgaben für Betreiber zu berücksichtigen, wie z. B. die Netzausbauplanung sowie Maßnahmen zur Optimierung und zur Verstärkung des Netzes. Der Betrieb eines elektrischen Netzes unterliegt einer Vielzahl von Einflüssen, dabei ist es sinnvoll, zwischen geplanten, vorhersehbaren und unvorhersehbaren Einflüssen zu unterscheiden. Geplante oder vorhersehbare Einflüsse können beim Betriebsgeschehen weitgehend berücksichtigt werden. Unvorhersehbaren Störungen kann dagegen nur durch vorbeugende Maßnahmen eingeschränkt begegnet werden. Der Netzbetrieb muss den Anforderungen der Wirtschaftlichkeit, Versorgungssicherheit und Umweltverträglichkeit genügen.

Bei der Netzplanung kann eine operative von einer strategischen Netzplanung unterschieden werden. Die Planung von Netzen lässt sich als Optimierungsaufgabe formulieren, mit dem Ziel, die von den Netzbenutzern gestellte Versorgungsaufgabe (Verbrauch/Last und Einspeisung – ebenfalls mit dem Einsatz von Speichern) zu erfüllen, unter Berücksichtigung von technischen, topografischen und qualitativen Anforderungen und mit möglichst „optimalen" Gesamtkosten (Investitions- und Betriebskosten). Mit der Leistungsfähigkeit der Netze sei auf einige Planungsgrundsätze hingewiesen, welche die Basis für die Dimensionierung eines Netzes bzw. für die Ausführung von Netzprojekten bilden. Die Netzplanung schafft die Voraussetzung für einen sicheren Betrieb der Netze. Hierbei kann man von der Analyse bestehender Netze – unter Berücksichtigung der aktuellen Leistungsfähigkeit und Betriebssicherheit – ausgehen. Statistische Daten der bisherigen Lastentwicklung und der Kundenstrukturen bilden neben den Prognosen für den Ausbau von Erzeugungs- und Speicheranlagen die Grundlage einer Lastprognose. Diese ist wiederum eine wesentliche Basis für den weiteren Netzausbau in verschiedenen Ausbaustufen eines definierten Planungszeitraums.

Die Standorte der (dezentralen bzw. verteilten) Erzeugungsanlagen, Speicher, Kunden, Umspannwerke, Umspannstationen und Transformatorstationen, die Trassen der Leitungsführungen und die Art der Leitung (Freileitung oder Kabel) müssen in die Planung integriert werden. Die eventuelle Einführung einer höheren Spannungsebene kann parallel geprüft werden. Das so entstandene Planungskonzept muss auf sein Betriebsverhalten bei normalem Lastfluss, bei Kurzschluss und auf Sonderfälle hin untersucht werden. Der technisch-wirtschaftliche Vergleich verschiedener Planungsvarianten und das iterative Planungsvorgehen sowie sog. Variantenrechnungen können schließlich zu einer Planungsgrundlage führen.

Für den sicheren und zuverlässigen Netzbetrieb sind eine Reihe von Anforderungen bzw. Einflussfaktoren zu berücksichtigen. Neben den beschriebenen Kennziffern und Auswirkungen gilt es, die Anforderungen an den Netzbetrieb mit dem

Schwerpunkt „Einflussfaktoren", deren Erfassung sowie Vorgaben im Überblick darzustellen. Im Rahmen des Netzbetriebs gilt es somit, die Netze zu überwachen – dies erfolgt in Leitwarten. Weiterführend sind die in der Norm EN 50160 (DIN EN 50160, 2011) beschriebenen Merkmale der Spannung in öffentlichen Elektrizitätsversorgungsnetzen zu monitoren. Dies erfolgt über Spannungsqualitätsmessungen, auch Power-Quality(PQ)-Messungen genannt (siehe DIN EN 61000-4-30, 2016).

Die installierten elektrischen Leistungen von Anlagen, hier im Konkreten die Batteriespeicher, gilt es, bei der Netz- und Systemintegration auf folgende technischen Parameter zu verifizieren:

- die Spannungsanhebung am Verknüpfungspunkt,
- die schaltbedingte Spannungsänderung,
- das zulässige Spannungsband,
- die Belastbarkeit der Betriebsmittel.

Die Beurteilung der Netzrückwirkungen beim Parallelbetrieb von Speichern erfolgt wiederum insbesondere mit Fokus auf die Einhaltung der Norm EN 50160 (DIN EN 50160, 2011).

5 Netze und Spannungsanhebung

Die Leistungsfähigkeit der Netze wird u. a. neben der Last durch die Einspeisung und in weiterer Folge durch die Speicher bzw. die Batteriespeicher beeinflusst. Somit bestimmt der resultierende Lastfluss die Dimensionierung der Leitung, welche wiederum von dem Ort des Netzanschlusses abhängt und ebenfalls in der Netzplanung zu berücksichtigen ist. Die Netzbetreiber sind für die Einhaltung der Spannungsqualitätsmerkmale verantwortlich, siehe EN 50160 (DIN EN 50160, 2011).

Um so früh wie möglich mit der Planung für den Netzparallelbetrieb beginnen zu können, sollen Daten zu den Anlagen und dem Netz ausgetauscht bzw. zur Verfügung gestellt werden. Deshalb ist eine gute Abstimmung aller Beteiligten erforderlich. In diesem Zusammenhang wird ebenfalls auf bestehende technische Regeln und Hinweise verwiesen (Anschluss und Betrieb von Speichern am Niederspannungsnetz vgl. FNN, 2016).

Ein wesentliches Merkmal der Netzplanung ist, dass diese anhand von mittel- und langfristigen Prognosen stattfindet und immer mit einem bestimmten Maß an Unsicherheit verbunden ist. Es ist Aufgabe des jeweiligen Netzbetreibers, entsprechende Prognosen für die Nachfrage (Verbrauch, Speicher) aber auch für die Erzeugungsanlagen sowie für die Speicher zu erstellen und anhand dieser das erforderliche Ausbauniveau festzulegen. Ebenfalls gilt es, den sicheren und zuverlässigen Netzbetrieb zu erhalten sowie eine Integration von Speichersystemen zu ermöglichen. Eine Reihe von Untersuchungen geht davon aus, dass Speicher zur Lastoptimierung innerhalb der Kundenanlage, einer Vergleichmäßigung von Lastflüssen im Netz sowie der Netzstützung (z. B. durch Spannungshaltung) beitragen können. Im Rahmen dessen wird ebenfalls ein Speichermanagement notwendig sein, welches eine koordinierte und zielführende Betriebs- und Einsatzweise der Speicher, z. B. aus Netzsicht, gewährleistet. Hierfür ist eine geeignete Informations- und Kommunikationstechnik (IKT) mit standardisierten Schnittstellen erforderlich, u. a. in Anlehnung an bereits vorhandene Systeme des Erzeugungs- bzw. Einspeisemanagements. Mithilfe dieses Speichermanagementsystems ist, neben den bereits angeführten Vorteilen wie der Spannungshaltung unter Berücksichtigung der kollektiven Speichergrößen, eine allfällige Vermeidung bzw. Verzögerung von Netzausbaumaßnahmen sowie eine Erbringung von Systemdienstleistungen gegeben. Durch diese Maßnahmen im Netz, welche neben der netztechnischen Anbindung eine Verknüpfung über IKT vorsieht, entsteht über eine zeitnahe und bidirektionale Kommunikation zwischen den genannten Akteuren die Grundlage für sog. intelligente Netze bzw. Smart Grids.

Zur Analyse der Auswirkungen von Batteriespeichern im Netz sind Erhebungen zu netzspezifischen Merkmalen notwendig, elektrotechnische Größen von Netzen (z. B. gemäß Hinweisen für Anschluss und Betrieb sowie technischer Anschlussbedingungen und technischer Regeln) und die Merkmale der Spannung in öffentlichen Elektrizitätsversorgungsnetzen gemäß EN 50160 (DIN EN 50160, 2011) sind zu berücksichtigen.

Bei Niederspannungsnetzen bzw. Betrachtungen von Netzregionen mit mehreren Netzen können charakteristische Merkmale, insbesondere die Anzahl der Hausanschlüsse, inkl. möglicher Erzeugungsanlagen und Speichern, die Transformatorstationen und deren Nennleistungen, die Anzahl der Netzknoten (z. B. Anschlüsse), die Abgänge und resultierenden Leitungen von Material über Querschnitt bis hin zur jeweiligen Länge und die Netzstruktur (z. B. Stichleitung), hilfreich sein. Es ist eine Reihe von Daten erforderlich, die z. B. aufgrund der Historie des Netzausbaus nicht immer vollständig in digitaler Form vorliegen. Die nachfolgenden Ausführungen dienen der Betrachtung von Batteriespeichern im Netz.

Für den Netzparallelbetrieb von Batteriespeichern gibt es seitens des *Forums Netztechnik/Netzbetrieb im VDE* (FNN) für den Anschluss und Betrieb von Speichern am Niederspannungsnetz (FNN, 2016) einen technischen Hinweis. Dieser Hinweis umfasst u. a. neben den normativen Verweisen die Begriffe die technischen Anforderungen sowie die Anschluss- und Betriebskonzepte.

Die Betrachtungen im vorliegenden Beitrag dienen somit der Übersicht; Detailbetrachtungen und z. B. individuelle Lastflussberechnungen zu den Spannungsänderungen müssen immer unter Berücksichtigung der jeweiligen technischen Richtlinien erfolgen. Zu den Speichern, im Konkreten zu den Batteriespeichern, wird angemerkt, dass die angeführten Betriebsmodi der Speicher, wieder unter Bezugnahme auf die jeweils geltenden Richtlinien, zu betrachten bzw. zu analysieren sind. Ebenfalls sollten zukünftige Einsatzmöglichkeiten des Speichermanagements, inklusive der notwendigen Schnittstellen für die Ansteuerung, klar geregelt werden.

Bei den Analysen zum Lastfluss, insbesondere zu den Spannungsänderungen im Einsatz von Last und Einspeisung, wird generell das Spannungsniveau durch das Verhalten des Kollektivs aller Verbraucher und Erzeuger sowie Speicher bestimmt. So kann ein Speicher insbesondere folgende *Betriebsmodi* im Zusammenhang mit dem Netz aufweisen:

- *Einspeicherung:* Energiebezug aus dem Netz (netzgekoppelter Betrieb wie Verbraucher/Last)
- *Ausspeicherung:* Energieeinlieferung in das Netz (netzgekoppelter Betrieb wie Einspeiser/Erzeugung)
- *Inselnetz:* vom öffentlichen Netz getrennte lokale Energieversorgung mit „Einspeicherung" und „Ausspeicherung"
- *Speicherung und Entladung* im Netz in Verbindung mit Erzeugungsanlagen oder zum Lastmanagement (z. B. lokal mit PV-Anlagen, Kundenanlagen, Ladestationen für Elektromobile)

Die nachfolgenden Betrachtungen beziehen sich vorwiegend auf die Betriebsmodi „Einspeicherung" und „Ausspeicherung".

Die *Spannungsanhebung* wird über die Differenz zwischen Versorgungsspannung bei Einspeisung aus dem Netz der nächsthöheren Spannungsebene einschließlich aller Erzeugungsanlagen im betrachteten Netzbereich und der Versorgungsspannung ohne Einspeisung dieser Erzeugungsanlagen an einem beliebigen Punkt im Netz beschrieben. Resultierend ist bei Einspeisung in das Netz ein Spannungsband zu berücksichtigen.

Für die Netz- und Systemintegration werden aufgrund der zeitlichen Variabilität von Verbrauchern und Einspeisern – auch bezogen auf die Betriebsmodi des Speichers – die unterschiedlichen tages- und jahreszeitlichen Leistungsschwankungen betrachtet. Zu unterscheiden sind insbesondere im Verteilnetz die zwei Grenzsituationen, welche das minimale und das maximale Spannungsniveau im Netz bestimmen:

(1) Starklast mit minimaler Einspeisung
(2) Schwachlast mit maximaler Einspeisung

Die Starklast sowie die Schwachlast können messtechnisch je Netzabschnitt erfasst oder näherungsweise über z. B. Lastprofile bestimmt werden, wobei hier speziell bei Schwachlast auch netz- bzw. kundenspezifische Annahmen möglich sind.

Zur Ermittlung des Spannungsniveaus müssen sämtliche Verbraucher- und Einspeiseleistungen, insbesondere unter Berücksichtigung der Batteriespeicher, bekannt sein und berechnet bzw. mit einem entsprechenden Lastflussprogramm ermittelt werden.

In diesen beiden Situationen, unter Berücksichtigung des Kollektivs, müssen im Netz sowohl das Niederspannungstoleranzband in den einzelnen Netzen als auch das Mittelspannungstoleranzband im übergeordneten Mittelspannungsnetz im Sinne der Merkmale gemäß EN 50160 (DIN EN 50160, 2011) eingehalten werden. So wird bspw. für die Niederspannung und die Spannungsänderungen unter normalen Betriebsbedingungen, mit der Ausnahme von Intervallen mit Unterbrechungen Änderungen der Versorgungsspannung, mit ±10 Prozent der Nennspannung U_n beschrieben. Weiterführend müssen unter normalen Betriebsbedingungen 95 Prozent der 10-Minuten-Mittelwerte des Effektivwerts der Versorgungsspannung jedes Wochenintervalls innerhalb des Bereichs U_n ± 10 Prozent und alle 10-Minuten-Mittelwerte des Effektivwerts der Versorgungsspannung innerhalb des Bereichs U_n + 10 Prozent bzw. –15 Prozent liegen. Spannungseinbrüche müssen in Übereinstimmung mit EN 61000-4-30 (DIN EN 61000-4-30, 2016) ermittelt werden, die sich z. B. über laufende Spannungsqualitätsmessungen erfassen lassen.

Bei Betrachtungen zum Lastfluss und den Spannungsänderungen ist die Berücksichtigung von Gleichzeitigkeitsfaktoren hilfreich, die sich auf die Last und die Einspeisung beziehen. Mithilfe des Gleichzeitigkeitsfaktors $g(n)$ (siehe Formel (1)) wird der Sachverhalt berücksichtigt, dass z. B. nicht alle Lasten zur gleichen Zeit in Betrieb oder mit der Bemessungsleistung betrieben werden; so ist die maximal auftretende Spitzenleistung $P_{\mathrm{S,max}}$ kleiner als die Summe der einzelnen Leistungen $P_{\mathrm{max},i}$ der Verbraucher. Somit ergeben sich für unterschiedliche Benutzergruppen abweichende Gleichzeitigkeitsfaktoren (siehe z. B. die Untersuchungen von Wieland et al., 2014).

$$g(n) = \frac{P_{S,\max}}{\sum_{i=1}^{N} P_{\max,i}} \tag{1}$$

Dieser Gleichzeitigkeitsfaktor $g(n)$ wird zukünftig immer wichtiger, insbesondere in Zusammenhang mit PV-Erzeugungsanlagen und Batteriespeichern. Denn hier kommt es nicht zur selben Vergleichmäßigung der gleichzeitig auftretenden Leistungen, sondern, im Gegenteil, zu einer Konzentration bzw. kumulativen Leistung. Aufgrund der Primärverfügbarkeit erzeugen die PV-Anlagen zeitgleich über den Tag Strom und die Summe lässt sich gut mittels eines technischen Reduktionsfaktors der installierten PV-Leistung in $\mathrm{kW_{peak}}$ ermitteln; der Gleichzeitigkeitsfaktor liegt somit bei nahezu „1". Dies lässt sich ebenfalls auf Batteriespeicher umlegen, konkret, wenn der Einsatz ohne ein Speichermanagement erfolgt. In diesem Fall kommt es, unter Berücksichtigung der Speicherkenndaten und der Speicherkapazität, zu einem im Kollektiv zeitgleichen Laden („Einspeicherung") und Entladen („Ausspeicherung"). Dies ist somit insbesondere für die Lastflussbetrachtungen, die Spannungsverläufe sowie die netzbetriebliche Auslastung der Betriebsmittel inklusive daraus resultierender tageszeitlicher Lastverläufe von Bedeutung. Sinngemäß können diese Betrachtungen beim Betriebsmodus „Speicherung" und „Endladung" im Kontext von Ladestationen für Elektromobile angewendet werden, wobei hier ebenfalls das Lastmanagement bei Spitzenlast von Interesse ist.

Betrachtet man die Rolle von Batteriespeichern im Rahmen der Netz- und Systemintegration, ist eine Beurteilung der einzelnen Verbrauchs- und Einspeisesituationen der Speicher bezogen auf die Störemissionen erforderlich. So gilt es, die Auswirkungen bei Spannungsänderungen sowie die üblichen in den technischen Regeln vorgegebenen Parameter zu berücksichtigen. Diese umfassen insbesondere die Spannung, Flicker, Spannungsunsymmetrie, Oberschwingungen, Kommutierungseinbrüche und zwischenharmonische Spannungen.

Nachfolgend werden zur Übersicht und vereinfacht am Beispiel der Spannungsänderung am Verknüpfungspunkt die Vorgehensweise sowie der allgemeine Zusammenhang von Systemimpedanz und Spannung beschrieben. Unter „Verknüpfungspunkt" wird der Punkt in einem öffentlichen Netz verstanden, der elektrisch einer bestimmten Anlage eines Netzbenutzers zugeordnet ist und an den andere Netzbenutzer angeschlossen sind oder werden können. Bei der mathematischen Berechnung, wie die Formeln (2) bis (4) zeigen, gilt für die Ermittlung der Spannungen und Ströme im Netzwerk das Superpositionsprinzip, d. h. es überlagern sich in jedem Knoten bzw. Zweig die Teilspannungen bzw. -ströme, die sich in Folge der einzelnen Spannungs- und Stromquellen im Netz ergeben (Sakulin et al., 2004).

$$\Delta U_{i(i)} = Z_{ii}\, i\, \Delta I_i \tag{2}$$

$$\Delta U_{j(i)} = Z_{ij} \cdot \Delta I_i = \Delta U_{i(i)} \cdot \frac{Z_{ij}}{Z_{ii}} \tag{3}$$

$$\Delta U_j = \sum_i \Delta U_{j(i)} \tag{4}$$

Z_{ii}, Z_{ij} Elemente der Systemimpedanzmatrix
ΔI_i Änderung des *i*-ten Knotenstroms
$\Delta U_{i(i)}$ Teil-Spannungsänderung im Knoten *i* durch Änderung des *i*-ten Knotenstroms
$\Delta U_{j(i)}$ Teil-Spannungsänderung im Knoten *j* durch Änderung des *i*-ten Knotenstroms
ΔU_j Kumulierte Spannungsänderung im Knoten *j*

Die Ermittlung der Knotenströme bzw. -stromänderungen erfolgt aus den Knotenleistungen bzw. Knotenleistungsänderungen. Zu unterscheiden ist hierbei, ob es sich um Konstantleistungs-, Konstantstrom- oder Konstantimpedanz-Verbraucher oder -Erzeuger handelt. Diese Charakteristik führt zu (geringfügigen) Unterschieden in den resultierenden Spannungsänderungen (siehe Abb. 1):

Die relative Spannungsänderung in einem Knoten (in p. u.), ausgedrückt über die Änderung des Spannungsbetrages bzw. der Längsspannungsänderung, kann über die Laständerung am Verknüpfungspunkt berechnet werden, siehe Formel (5).

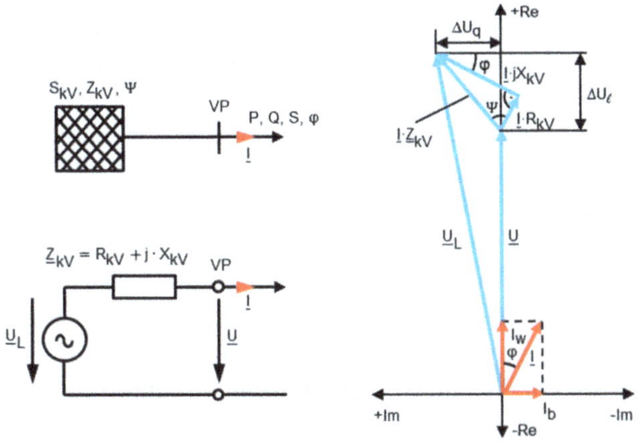

Abb. 1: Spannungsänderung am Verknüpfungspunkt VP (Sakulin et al. 2004).

$$d = -\frac{R_{kV} \cdot P + X_{kV} \cdot Q}{U^2} \tag{5}$$

d Relative Spannungsänderung im Knoten VP (Änderung des Spannungsbetrags bzw. Längsspannungsänderung); positives Vorzeichen bedeutet Spannungsanstieg bei Anschluss von P, Q; bei negativer Wirkleistung (Einspeisung) ergibt sich eine positive Spannungsänderung (Spannungsanhebung)

P, Q Wirk-/Blindleistungsänderung in Knoten VP; positives Vorzeichen bedeutet Verbrauch, negatives Vorzeichen Einspeisung

R_{kV} Netzresistanz des Verknüpfungspunkts (VP)

X_{kV} Netzreaktanz des Verknüpfungspunkts (VP)

U Spannung am Verknüpfungspunkt (VP)

Die Spannung im Zwischenknoten eines Netzabschnitts kann durch Anwendung der Spannungsteilerregel berechnet werden. Die Spannungsänderung zwischen zwei Knoten eines Netzabschnitts errechnet sich, wie in Formel (6) dargestellt (Sakulin et al., 2004):

$$d_{12} = -\frac{R \cdot P + X \cdot Q}{U^2} \tag{6}$$

d_{12} Relative Spannungsänderung zwischen Knoten 1 und 2 (Änderung des Spannungsbetrags bzw. Längsspannungsänderung) positives Vorzeichen bedeutet Spannungsanstieg in Knoten 2 (bei Leistungstransport in Richtung Knoten 2)

P, Q Wirk-/Blindleistung in Knoten VP; positives Vorzeichen bedeutet Verbrauch, negatives Vorzeichen Einspeisung

R, X Impedanz zwischen Knoten 1 und 2

U Spannung am Verknüpfungspunkt (VP)

Diese Berechnungen können weiterführend für jeden Netzknoten bei Anwendung des Superpositionsprinzips für die Einzelbetrachtung sowie für allfällige kollektive Betrachtungen über *n* Knoten durchgeführt werden.

Betrachtet man Spannungshaltung und Spannungsanhebung, gilt es somit, den Verknüpfungspunkt und das kollektive Wirken der Batteriespeicher auf das Netz bzw. den Netzabschnitt, z. B. einen Leitungsstrang, zu berücksichtigen. Unter *Spannungshaltung* wird allgemein die Aufrechterhaltung eines akzeptablen Spannungsbands im gesamten Netz verstanden, wobei diese u. a. durch eine ausgeglichene Blindleistungsbilanz in Abhängigkeit vom jeweiligen Blindleistungsbedarf (z. B. Blindleistungsmanagement) erreicht werden kann. Die Spannungsanhebungen im Netz werden aktuell vorwiegend über die Änderung der Wirkleistungseinspeisung, ein Blindleistungsmanagement (z. B. Anpassung des Blindleistungsbezugs), regelbare Ortsnetztransformatoren oder Längsspannungsregelung beeinflusst.

Aufgrund dessen soll bei den Betrachtungen zu den Batteriespeichern neben der Wirk- auch die Blindleistungslieferung berücksichtigt werden.

Es kann zusammengefasst werden, dass die Spannung innerhalb des zulässigen Spannungsbandes gehalten wird. Ebenfalls wird auf die Merkmale der elektrischen Spannung an einem bestimmten Punkt eines elektrischen Netzes verwiesen, ausgedrückt durch eine Anzahl von technischen Referenzwerten – Spannungsqualität – Power Quality (DIN EN 61000-4-30, 2016), sowie insbesondere auf

- die statische Spannungshaltung,
- die dynamische Spannungshaltung und
- das Ein- und Ausspeisen von Wirkleistung und Blindleistung.

Die statische Spannungshaltung wird üblicherweise durch induktive und kapazitive Blindleistung direkt von ans Netz gekoppelten Erzeugungsanlagen sowie konventionellen Erzeugungsanlagen, Phasenschiebern oder andere Betriebsmittel bereitgestellt.

Die dynamische Spannungshaltung berücksichtigt v. a. die ausreichend große Bereitstellung von Kurzschlussleistung, da sie ebenfalls maßgeblich für die Funktionalität von Schutzeinrichtungen im Fehlerfall ist. Die Kurzschlussleistung an einem Netzverknüpfungspunkt ist eine Bemessungsgröße der Leistung, die das vorgelagerte Netz bei einem Kurzschluss bereitstellen kann. Die dreipolige Kurzschlussleistung am Verknüpfungspunkt ist für die Beurteilung von Netzrückwirkungen maßgebend. Die Netzrückwirkungen gilt es allgemein gering zu halten, um so keine gegenseitige Beeinflussung von elektrischen Betriebsmitteln über das Netz zu haben und die Beeinflussung des Netzes durch die angeschlossenen elektrischen Betriebsmittel zu vermeiden.

Hier lässt sich somit die Notwendigkeit einer aktiven Ein- und Ausspeisung von Wirkleistung erkennen; die Batteriespeicher können über die angeführten Betriebsmodi bei größerem Leistungsumfang sowie im Kollektiv ebenfalls einen Beitrag leisten. Zur Blindleistung wird auf Vorgaben beim Betrieb durch den Netzbetreiber und den Beitrag zur Spannungshaltung verwiesen (Blindleistungsmanagement, Blindleistungsbereitstellung bzw. Kompensation).

Zur zulässigen *Spannungsänderung* wird ausgeführt, dass diese im ungestörten Betrieb des Netzes den Betrag von allen Erzeugungsanlagen, mit dem Anschlusspunkt im betrachteten Netz, an keinem Verknüpfungspunkt im Mittelspannungsnetz 2 Prozent und im Niederspannungsnetz 3 Prozent gegenüber der Spannung ohne Erzeugungsanlagen überschreiten soll. In den nationalen Richtlinien zur Einhaltung der Spannungsanhebung sowie Spannungsänderungen wird auf technische Anschlussregeln in Bezug auf die Erzeugungsanlagen im Nieder- und Mittelspannungsnetz verwiesen (siehe u. a. die BDEW-Richtlinien (BDEW, 2008), inklusive zugehörigen Ergänzungen und die VDE-Richtlinien (VDE-AR-N 4105, 2011)). Neben den Grenzwerten für die zulässigen Spannungsänderungen und den Netzrückwirkungen werden in den genannten technischen Richtlinien u. a. das Verhalten der Erzeugungsanlagen im Netz sowie die Blindleistung geregelt. Für Speicher wird insbesondere auf den Netzparallelbetrieb, die Symmetrie, die Blindleistung – bei Energiebezug (Einspeicherung) und Energielieferung (Ausspeicherung) – sowie das Verhalten bei Frequenzabweichungen hingewiesen. Diese Bereiche werden bspw. im *technischen Hinweis* für den Anschluss und Betrieb von Speichern am Niederspannungsnetz (siehe FNN, 2016) behandelt und dienen der technischen Umsetzung des Anschlusses und Betriebs von Speichersystemen.

6 Einsatz der Batteriespeicher

Eine umfassende bzw. übergeordnete verbindliche rechtliche bzw. energiewirtschaftliche Definition von Speichern bzw. Batteriespeichern liegt in Deutschland aktuell nicht vor (Stand: Mai 2017). Im *technischen Hinweis* (FNN, 2016) wird der Batteriespeicher bzw. werden Batteriespeichersysteme als „spezifische Speicher bzw. Speichersysteme auf Basis der Umwandlung chemischer Energie" beschrieben. Eine Konkretisierung der Definition des Speichers, insbesondere hinsichtlich elektrischer, chemischer, elektrochemischer, mechanischer oder thermischer Speicherung von Energie und einer zeitlich verzögerten Energieabgabe bzw. Nutzung, kann zur besseren Beschreibung beitragen. Durch eine klare (gesetzliche) Regelung und Definition könnte auch die Integration in den Markt, mit den unterschiedlichen Anforderungen an den Betrieb und die Betreiber, erleichtert sowie die Netz- und Systemintegration verbessert werden.

Resultierend aus den Netzbetrachtungen wird nachfolgend der Einsatz von Batteriespeichern im Zusammenhang mit den Auswirkungen auf das Netz betrachtet. Die Annahme, dass es durch den Einsatz von Speichern zu einer Entlastung im Netz kommt, ist nicht unmittelbar gegeben und bedarf einer regional/lokal differenzierten Betrachtung. Dies begründet sich insbesondere in der vorwiegend fehlenden zeitlichen Korrelation von Last und Erzeugung bzw. Bezug und Einspeisung, in den möglichen regionalen/lokalen Konzentrationen von Erzeugungs-, Verbrauchs- und Speicheranlagen sowie den jeweiligen Gleichzeitigkeitsfaktoren. So ist es wichtig, die zeitgleiche

Lastdeckung in Verbindung mit der Einspeisung in das Netz und den daraus resultierenden, möglichen bidirektionalen Lastfluss leistungsbezogen zu betrachten.

Über ein abgestimmtes Speichermanagement können hier eine Optimierung der Energieerzeugung bei zeitgleicher minimaler Beanspruchung der Netze sowie allfällige Beiträge, z. B. zur Spannungshaltung, erfolgen. Diese können sich neben den individuellen wirtschaftlichen Aspekten für den Speicherbetreiber auch positiv über einen gegebenenfalls geringeren Ausbaubedarf an Netzen widerspiegeln.

Folgend lässt sich die Rolle der Batteriespeicher ableiten, wobei grundsätzlich die drei genannten Einsatzmöglichkeiten bestehen (siehe Abb. 2). Eine restriktive Abgrenzung zwischen den Einsatzmöglichkeiten ist nicht immer möglich und muss aufgrund der dienlichen An- und Einsätze auch nicht immer getroffen werden, insbesondere unter dem Gesichtspunkt, dass bspw. alle Einsatzmöglichkeiten auch netzdienlich sein können. So können Batteriespeicher die Netzkapazitätsauslastung reduzieren und zur Spannungshaltung beitragen, mit der Bereitstellung von Regelleistung markt- und netzdienlich die Netzstabilität gewährleisten und über die unterbrechungsfreie Stromversorgung kundendienlich die Spannungsqualität verbessern. Wie die Speicher lokal implementiert sind, z. B. als Haus- oder Quartierspeicher, ist für die hier vorgenommenen Betrachtungen des Einsatzes nicht immer essenziell.

Ebenso sei hier angeführt, dass die Betriebsweisen von Batteriespeichern über mehrere Bereiche der Strom- oder Energieversorgung positive Aspekte liefern können: Beispielsweise können die Anpassungen von Verbrauch und volatiler Erzeugung in einem (regionalen) System über die Minimierung der Residuallast (Differenz zwischen dezentraler volatiler Erzeugungs- und Verbrauchsleistung) positiv für Markt und Netz sein. Mit der Eigenversorgungsoptimierung kann das Ziel verfolgt werden, möglichst viel Energie in Verbindung mit der Erzeugungsanlage (z. B. PV-Anlage) selbst zu nutzen. In diesem Anwendungsfall kann dies über die Leistung des Hausanschlusses bzw. des Verbrauchs erfolgen, wobei wiederum die Leistungen des Batteriespeichers zu berücksichtigen sind.

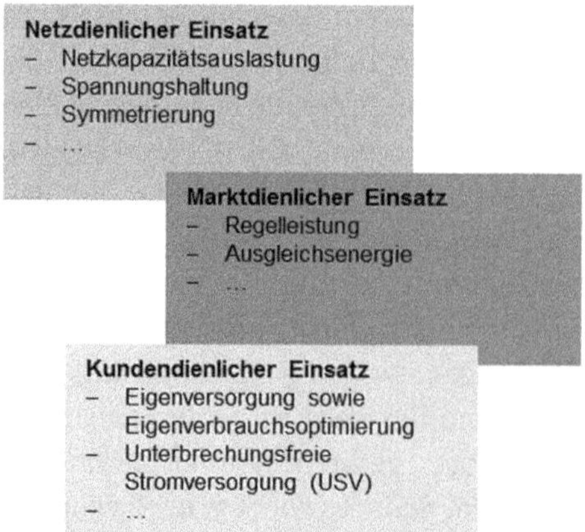

Abb. 2: Beispiel für Speichereinsatzmöglichkeiten (eigene Darstellung).

Die Rolle der Batteriespeicher im Netz ist somit umfassend und zukünftig vielfältiger, u. a. über die aktive bzw. bidirektionale Informations- und Kommunikationstechnik (IKT). Somit kann ein Beitrag zu den intelligenten Netzen der Zukunft (Smart Grids), insbesondere über den zeitnahen Austausch der Informationen und Energie je Marktteilnehmer, geschaffen werden.

7 Rolle der Batteriespeicher über ein Speichermanagement

Im Sinne der bisherigen Ausführungen werden die nachfolgenden Definitionen verwendet, wobei sich diese (Stand: Mai 2017) in dieser Form nicht im deutschen Energierecht bzw. im Energiemarkt wiederfinden.

- *Speichermanagement:* alle Arten der Ladung und Entladung (Ein- und Ausspeicherung) von Batteriespeichern, die unter Berücksichtigung der Lade- und Entladecharakteristik möglich sind und bei denen in weiterer Folge die Möglichkeit der Ansteuerung über ein Informations- und Kommunikationsnetz durch einen Aggregator oder einen anderen Marktteilnehmer erfolgt, wobei sich hier unterschiedliche Betriebsmodi und Einsatzmöglichkeiten – unterschieden nach Markt, Netz oder Kunden – ergeben.
- *Aggregator:* ein Dienstleister/Marktteilnehmer, der über ein Informations- und Kommunikationsnetz verschiedene Verbraucher-, Erzeuger- oder Speicherleistungen (Kapazitäten) für unterschiedliche Einsatzmöglichkeiten – differenziert nach den Marktteilnehmern sowie dem System – bündelt und einsetzt.

Zum Netzparallelbetrieb und dessen Beurteilungen von Batteriespeichern kann im Fall der „Ausspeicherung“ auf die technischen Richtlinien von Erzeugungsanlagen (z. B. Schalt- und Entkupplungsstelle, Schutzeinrichtungen, Zählung) verwiesen werden (siehe u. a. BDEW, 2008 inklusive zugehörige Ergänzungen und VDE-AR-N 4105, 2011).

Bei Betrachtungen im Zusammenhang mit einem derzeit noch fehlenden koordinierten Einsatz der Speicher kann angemerkt werden, dass bspw. ein allgemeiner Einsatz der Speicher (Einspeicherung) unabhängig von der Erzeugung bzw. der resultierenden Einspeisung zu keiner unmittelbaren Reduktion der Einspeiseleistung führt. Die Ausspeicherung, ohne Berücksichtigung der Last bzw. des Lastverlaufs, führt nicht zwangsläufig zu einer Verringerung der Lastspitze. Die resultierenden Energieflüsse in und aus dem Netz können sich hier ebenfalls verändern.

Zu den Betrachtungen der Speicher als Verbraucher und deren Beitrag für das Netz gilt es insbesondere bei den Batteriespeichern folgende Ladungen (Betriebsmodus „Einspeicherung“ und „Speicherung“) zu berücksichtigen, die weiterführend ebenfalls über das Speichermanagement angesteuert bzw. geregelt werden können:

- *Direktes Laden:* Die Ladung der Speicher erfolgt nicht zeitgesteuert, sondern z. B. bedarfsgesteuert bei Unterschreitung einer Speicherkenngröße.
- *Verzögertes Laden:* Erfolgt die Ladung der Speicher beispielsweise erst ab einer bestimmten Leistung der Einspeisung (z. B. PV), kann hier auch von einer leistungsgesteuerten oder verzögerten Ladung gesprochen werden.
- *Laden nach Netzvorgaben:* Der Speicher kann unter Berücksichtigung von z. B. Netzauslastungen oder Spannungswerten geladen werden und so den Lastfluss beeinflussen.
- *Spitzenreduziertes Laden (Peak Shaving):* Der Speicher wird bewusst zur Reduktion der Lastspitzen, verursacht durch einen hohen Anteil von zeitgleicher Einspeisung, eingesetzt. Die Ladung erfolgt z. B. häufig in Kombination mit den prognostizierten PV-Einspeiseleistungen.

Die beschriebenen Arten der Ladung können dementsprechend auch für die Entladung der Speicher (Betriebsmodus „Ausspeicherung“ und „Entladung“) angewandt werden, wobei hier z. B. die Vorgabe (leistungsbasiert) über den Verbrauch bzw. die Last erfolgt (direktes Entladen, verzögertes Entladen, Entladen nach Netzvorgaben und spitzenlastreduziertes Entladen).

Bei allen Arten der Ladung gilt es, die Lade- und Entladecharakteristik der eingesetzten (Batterie-)Speicher, entsprechend der jeweiligen Speicherkenndaten, sowie in weiterer Folge die Möglichkeit der Ansteuerung (Speichermanagement) zu berücksichtigen. Anhand von weiterführenden lastflussbezogenen Analysen können individuelle bzw. regionale Speicheralgorithmen entwickelt werden, die es im täglichen Betrieb einzusetzen gilt. Solche Betrachtungen können ebenfalls in weitere „Modelle“, wie z. B. dem Modell LES (Haber et al., 2016), implementiert werden.

Bei den Betriebsmodi „Einspeicherung“ und „Ausspeicherung“ bzw. „Speicherung“ und „Entladung“ im Netz in Verbindung mit Erzeugungsanlagen oder zum Lastmanagement (z. B. lokal mit PV-Anlagen, Kundenanlagen, Ladestationen für Elektromobile) zeigen sich unterschiedliche Charakteristika, die sich aufgrund der Leistung wieder auf die Spannung bzw. den Spannungsverlauf auswirken. So kann kein lineares Verhalten vorausgesetzt werden, das ebenfalls in die Betrachtungen der resultierenden Auswirkungen auf die Spannung und Netzrückwirkungen einfließen muss. Ein Beispiel für einen möglichen vorgegebenen Verlauf der Lade- und Entladeleistung mit der zugehörigen Speicherenergie ist in Abb. 3 ersichtlich.

Abb. 3 zeigt ein Beispiel, wie bei vorgegebener Lade- bzw. Entladeleistung die gespeicherte Energie des Batteriespeichers für einen netzdienlichen Einsatz über ein dynamisches Speichermanagement gesteuert wird. Wie aus Abb. 3 zu entnehmen ist, wird der Batteriespeicher von 11:15 Uhr bis 13:30 Uhr mit einem hohen gestuften Leistungsgradienten geladen, sodass mehr als die Hälfte der Speicherenergie erreicht wird (Betriebsmodus „Einspeicherung“ bzw. „Speicherung“). Anschließend wird die Ladeleistung langsam reduziert, bis der Speicher ungefähr gegen 17:30 Uhr die volle Speicherkapazität (Aufladung gegen 100 %) erreicht. Ab diesem Zeitpunkt wird der

Speicher mit einem konstanten Leistungswert entladen, befindet sich also im Betriebsmodus „Ausspeicherung“ bzw. „Entladung“, die Speicherenergie reicht bis zum darauffolgenden Tag. Anhand dieser intelligenten Steuerung des Batteriespeichers kann vermieden werden, dass z. B. die gesamte aus den PV-Anlagen erzeugte, typischerweise während den Mittagsstunden höchste Einspeiseleistung ins Netz eingespeist wird. Somit können Spannungsanhebungen im Netz unter den typischen Grenzen (siehe technische Anschlussregeln und EN 50160 (DIN EN 50160, 2011)), gehalten werden.

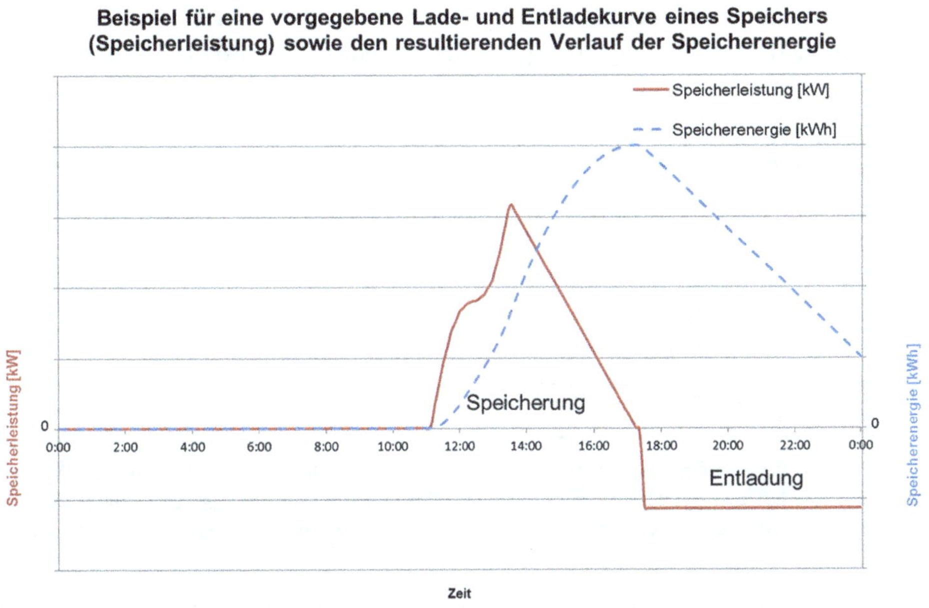

Abb. 3: Beispiel für eine vorgegebene Lade- und Entladekurve eines Speichers (Speicherleistung) sowie des daraus resultierenden Verlaufs der Speicherenergie mit unterschiedlichen Skalierungen der jeweiligen *y*-Achsen (eigene Darstellung).

Als weiteres Beispiel für ein signifikantes Senken der Spannungsanhebung, hervorgerufen durch Photovoltaikanlagen (PV-Anlagen), durch den Einsatz eines intelligent gesteuerten Batteriespeichers wird u. a. auf Underbrink et al., 2016 verwiesen.

Auf diesen Betrachtungen aufbauend kann ein dynamisches Speichermanagement zum Einsatz kommen, wobei ein Ziel sein kann, eine möglichst hohe Flexibilisierung der Last bzw. der Stromnachfrage auf der Verbrauchsseite in Abstimmung mit der Erzeugung zu erreichen oder die Auswirkungen von Laständerungen so gering wie möglich zu halten (z. B. Ladestationen für Elektromobile).

Über das Modell LES lassen sich unterschiedliche Situationen im Netz, z. B. eine knotenbezogene Last und Einspeisung, mit oder ohne Speicher, sowie über weitläufige Netzabschnitte inkl. der Auswirkungen auf die Quellen, vorgelagerte Netze und Spannungsebenen simulieren. Hieraus können weiterführend auf Basis der Eingangs- und

Ausgangsgrößen dynamische Simulationen und daraus resultierende Optimierungen, bezogen auf unterschiedliche Ausgangsgrößen, wie z. B. Spannung oder Lastfluss, durchgeführt werden, die schlussendlich in Algorithmen für das Speichermanagement münden. Diese können in die reale Netzplanung und den Netzbetrieb einfließen. Ein Ergebnis kann bspw. sein, dass über ein kollektives Speichermanagement der Netzausbau oder z. B. der Einbau eines regelbaren Ortsnetztransformators, getrieben durch den Erzeugungsausbau, zeitlich verzögert bis ganz verhindert wird. (Haber et al., 2016).

Abb. 4 stellt eine Visualisierung des entwickelten Modells LES dar, welches das Zusammenwirken von Last, Erzeugungsanlage und Speichersystem anhand einer implementierten Regelung für das Speichermanagementsystem dynamisch simuliert.

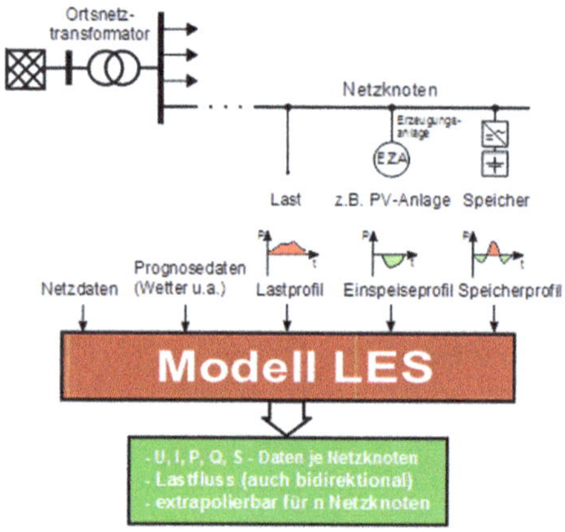

Abb. 4: Visualisierung des Modells LES für ein Zusammenwirken von Last, Erzeugungsanlage und Speichersystem (Haber et al. 2016).

Mit einem Speichermanagement können in weiterer Folge die Hausspeicher, z. B. über einen Aggregator, in Abhängigkeit der prognostizierten Einspeisung von z. B. PV-Anlagen zeitlich als Last („Einspeicherung“) gesteuert werden, wobei sich dies wiederum positiv auf die Spannungsanhebung im Netz auswirkt. Durch den Einsatz von Speichern kann somit, wie beim Lastmanagement, eine Anpassung des Lastflusses erfolgen.

Der Einsatz von energetisch größeren Batteriespeichern im Netz – z. B. Quartierspeicher in der Mitte eines Leitungsstrangs – kann über eine koordinierte Einsatzplanung, wie nachfolgend beschrieben, ebenfalls positive Effekte auf die Spannungsänderungen erzielen, wobei sich diese Lösung auch als zwischenzeitlicher Einsatz bei möglichen Kapazitätseinschränkungen oder einem allfälligen Netzausbau anbieten könnte.

In Abb. 5 sind beispielhaft Spannungsverläufe in Abhängigkeit von Starklast, Schwachlast mit maximaler Einspeisung sowie unterschiedlichen Speichereinsätzen dargestellt. Hier wird ein Niederspannungsabgang mit gleichmäßig verteilten Knotenlasten betrachtet, an dem bei jedem zweiten Knoten eine PV-Erzeugungsanlage und ein Speicher positioniert sind. Es wurden die Spannungen in Abhängigkeit der Lasten, Erzeugungsanlagen und Speicher analysiert, wobei beispielhaft für die Darstellung der Spannungsverläufe auch Worst-Case-Annahmen vorliegen, z. B. wurden bei Schwachlast mit Einspeisung die Lasten auf ein Minimum und die Einspeiseleistungen auf ein Maximum gesetzt. Wesentlich sind hier die exemplarischen Spannungsverläufe. Es zeigt, wie die Spannung bei Starklast ohne Einspeisung (E) entlang des Leitungsstrangs sinkt und bei Schwachlast mit maximaler Einspeisung aus PV (A) ansteigt und sich eine Rückspeisung in das vorgelagerte Netz ergibt (Umkehr des Lastflusses). Wenn bei Schwachlast mit maximaler Einspeisung an jeder PV-Anlage ein Speicher (B) mit 25 % der PV-Leistung positioniert ist (z. B. Hausspeicher) und im Betriebsmodus „Einspeicherung“ betrieben wird, kann die Spannung entlang der Leitung gesenkt werden. Dies erfolgt über eine Anpassung bzw. Annäherung des Verbrauchs an die Einspeisung, die eine Verringerung des Lastflusses im Netz zur Folge hat. Als weitere Variante wurde bei Schwachlast mit maximaler Einspeisung in der Mitte des Leitungsstrangs ein Speicher (C) positioniert, mit der Summe der oben angeführten prozentuellen Speicherleistung (z. B. als Quartierspeicher). In diesem Fall ist der Spannungsverlauf im Betriebsmodus „Einspeicherung“ ähnlich wie bei Hausspeichern. Zusätzlich wurde der positive Beitrag bei Starklast mit Einspeisung der Speicher (z. B. Hausspeicher) im Betriebsmodus „Ausspeicherung“ (D) berechnet und es zeigt sich, dass die Spannungsabsenkung entlang des Leitungsstrangs reduziert werden kann. Dies erfolgt über eine Anpassung bzw. Annäherung der Einspeisung an den Verbrauch, die eine Verringerung des Lastflusses im Netz zur Folge hat.

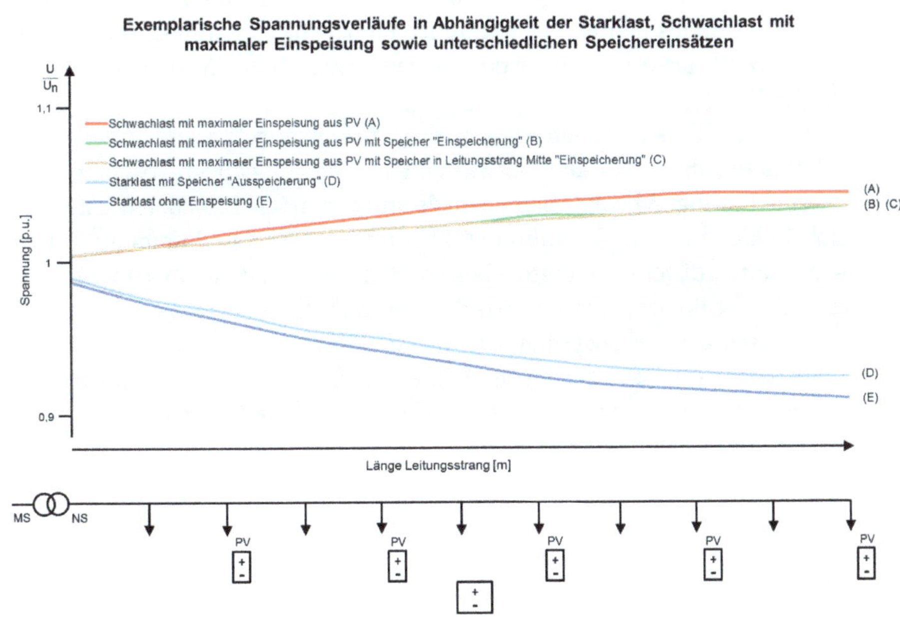

Abb. 5: Beispielhafte Spannungsverläufe in Abhängigkeit von Starklast, Schwachlast mit maximaler Einspeisung sowie unterschiedlicher Speichereinsätze (eigene Darstellung).

Anhand dieser Analysen zeigt sich der Beitrag der Speicher in unterschiedlichen Betriebsmodi und Positionierungen zum Spannungsverlauf entlang eines Leitungsstrangs. Jedenfalls sind entsprechend der jeweiligen Netzkonstellation gesonderte Lastflussberechnungen durchzuführen. Hieraus kann weiterführend ein Algorithmus für ein dynamisches Speichermanagement entwickelt werden.

8 Batteriespeicher – Zusammenfassung

Die Ausführungen beziehen sich auf die öffentlichen Stromnetze, um so die Netz- und Systemintegration in Bezug auf die Rolle von Batteriespeichern darzustellen. Bei den Betrachtungen zum Lastfluss, insbesondere zu den Spannungsänderungen im Einsatz von Last und Einspeisung, wird generell das Spannungsniveau durch das Verhalten des Kollektivs aller Verbraucher und Erzeuger sowie Speicher entsprechend der Betriebsmodi bestimmt. Zusätzlich gilt es, den Gleichzeitigkeitsfaktor und die Vorgaben entsprechend der jeweiligen technischen Regeln und Normen zu berücksichtigen. Batteriespeicher können insbesondere im Niederspannungsnetz positiv auf die statische Spannungshaltung wirken, weiterführende Analysen, z. B. zu den Lastflüssen, sind grundsätzlich netzspezifisch durchzuführen.

Bei den Betrachtungen wurden unterschiedliche Einsatzmöglichkeiten angewandt, die von netz- über markt- bis kundendienlich reichen. Für den Betrieb der Speicher sind ebenfalls mehrere Anwendungen möglich, im Rahmen der in diesem Beitrag durchgeführten Analysen lag der Schwerpunkt auf der „Einspeicherung" und der „Ausspeicherung".

Durch ein Speichermanagementsystem ist neben angeführten Vorteilen, wie z. B. der Spannungshaltung unter Berücksichtigung der kollektiven Speichergrößen, ebenfalls eine Erbringung von Systemdienstleistungen möglich. Neben der netztechnischen Anbindung ist eine Verknüpfung über Informations- und Kommunikationstechnik mit standardisierten Schnittstellen empfehlenswert, denn über eine zeitnahe und bidirektionale Kommunikation zwischen den Marktteilnehmern wird die Grundlage für sog. intelligente Netze (Smart Grids) geschaffen.

Exemplarische Analysen zeigen den Beitrag der Speicher zum Spannungsverlauf entlang eines Leitungsstrangs. Hier gilt es, insbesondere die Positionierung im Netz und die Betriebsweise der Batteriespeicher zu berücksichtigen.

Bei der Netz- und Systemintegration von Batteriespeichern kann die Rolle umfassend sein. Die Ziele des Einsatzes von Batteriespeichern sollten insbesondere sein, die Netzrückwirkungen zu vermeiden, einen Beitrag zur Reduktion der Netzbelastung, z. B. über den Betriebsmodus „Einspeicherung", zu leisten, eine Vergleichmäßigung von Lastflüssen im Netz herbeizuführen, die Spannungshaltung positiv zu beeinflussen und weiterführend einen resultierenden Netzausbau allenfalls zu vermeiden bzw. zu verschieben. Diese Aufzählung ist nicht abschließend, insbesondere durch den

Einsatz von innovativen Ansätzen, wie z. B. dem Speichermanagement, können hier noch weitere Anforderungen seitens des Netzes, des Marktes oder der Kunden je nach Betriebsmodus der Speicher erfüllt werden.

Literatur

BDEW (2008): Technische Richtlinie: Erzeugungsanlagen am Mittelspannungsnetz, Richtlinie für den Anschluss und Parallelbetrieb von Erzeugungsanlagen am Mittelspannungsnetz, Ausgabe Juni 2008, *inklusive zugehörige Ergänzungen*, https://www.bdew.de/internet.nsf/id/DE_NetzCodes-und-Richtlinien (letzter Aufruf: Mai 2016).

DIN EN 50160:2011-02 (2011): *Merkmale der Spannung in öffentlichen Elektrizitätsversorgungsnetzen; Deutsche Fassung EN 50160:2010 + Cor.: 2010.*

DIN EN 61000-4-30 VDE 0847-4-30:2016-01 (2016): Elektromagnetische Verträglichkeit (EMV), *Teil 4–30: Prüf- und Messverfahren – Verfahren zur Messung der Spannungsqualität (IEC 61000-4-30:2015); Deutsche Fassung EN 61000-4-30:2015.*

FNN (2017): Anschluss und Betrieb von Speichern am Niederspannungsnetz (Oktober 2016). *Technischer Hinweis. Forum Netztechnik/Netzbetrieb im VDE*, https://www.vde.com/resource/blob/972830/bcb00e83abc88c6ed0d4a26572063f92/hinweis-speicher-data.pdf, (letzter Aufruf: Juni 2017).

Haber, A.; Laribi, O.: (2016) Speichermanagement – Aktueller Stand und Überblick über künftige Anforderungen an Energiespeicher im Niederspannungsnetz am Beispiel Deutschland, 14. *Symposium Energieinnovation*, 10.-12.02.2016, Graz/Austria.

Sakulin, M.; Hipp, W.: (2004) Netzaspekte von dezentralen Erzeugungseinheiten, Studie, Institut für Elektrische Anlagen, Technische Universität Graz, https://www.e-control.at/documents/20903/-/-/1109e85c-63ca-4add-8c7e-a6376e309acd (letzter Aufruf: Mai 2016).

Underbrink, A.; Libuda, L.; Vogt, W.: (2016) Netzdienlicher Batteriespeichereinsatz in Niederspannungsnetzen – Beitrag intelligent gesteuerter Batterien zur Verringerung des Spannungshubs, *EW, Sonderdruck Pdf 337 aus ew 4*, 2016, S. 58–63.

VDE-AR-N 4105 (2011): Technische Anschlussbedingungen: Erzeugungsanlagen am Niederspannungsnetz – Technische Mindestanforderungen für Anschluss und Parallelbetrieb von Erzeugungsanlagen am Niederspannungsnetz, *VDE-AR-N 4105*:2011-08.

Wieland, T.; Reiter, M.; Schmautzer, E.; Fickert, L.; Lagler, M. A.; Eberhart, S.: (2014) Gleichzeitigkeitsfaktoren in der elektrischen Energieversorgung – Konventioneller und probabilistischer Ansatz, *Elektrotechnik & Informationstechnik*. 131/8: 249–255. DOI 10.1007/s00502-014-0259-0, Wien, Springer.

Eva Hauser

Konturen eines dekarbonisierten Stromsystems

Welches Stromsystemdesign für einen großflächigen Einsatz von Batteriespeichern?

1 Zielsetzung – die Dekarbonisierung des Stromsystems

Der Ausbau dezentraler Speichersysteme ist ein Baustein der Umwandlung des bisherigen Stromsystems hin zu einem *dekarbonisierten Stromsystem* als Bestandteil eines dekarbonisierten Energiesystems. Ein dekarbonisiertes Energiesystem ist notwendig, da die Weltgemeinschaft Lösungen finden muss, wie sie den Anstieg der globalen Treibhausgaskonzentration der Atmosphäre annähernd auf dem heutigen Niveau belassen kann, um den weiteren Anstieg der Erdtemperatur zu begrenzen. Damit wird unser bestehendes Stromsystem einem grundlegenden Wandel unterworfen.

Während der *United Nations Framework Convention on Climate Change, 21st Conference of the Parties* (COP 21) im November und Dezember 2015 hat sich die internationale Staatengemeinschaft im Pariser Klimaschutzabkommen auf gemeinsame Klimaschutzziele geeinigt. Der Anstieg der Erdtemperatur[1] soll im Vergleich zum vorindustriellen Niveau nicht mehr als 2 °C, idealerweise nicht mehr als 1,5 °C betragen. Diese Obergrenzen wurden erstmal in einem völkerrechtlichen Vertrag festgeschrieben. Um dies zu erreichen, dürfen in der zweiten Hälfte des 21. Jahrhunderts nicht mehr Treibhausgase ausgestoßen werden, als der Atmosphäre im Ganzen durch sog. Senken, z. B. Wälder, entzogen werden. Diese „Treibhausgas-Neutralität" kann nur erreicht werden, indem die Erdbevölkerung rasch und konsequent deutlich weniger Kohlenstoff (Dekarbonisierung) umsetzt (BMUB, 2016).

Die *Bundesrepublik* hat sich mit dem Energiekonzept vom 28.09.2010 dazu verpflichtet, die Treibhausgasemissionen bis 2050 um 80 bis 95 Prozent zu reduzieren (Bundesregierung, 2010). Will die Weltgemeinschaft das 1,5 °C-Ziel erreichen, muss Deutschland – auch aus Gründen der internationalen Klimagerechtigkeit – die obere Zielmarke, d. h. eine 95 %ige Reduktion seiner Treibhausgasemissionen, spätestens 2050 erlangen (Klima-Allianz Deutschland, 2016, S. 4). Da die unterschiedlichen Emissionssektoren verschieden großen Restriktionen hinsichtlich ihrer jeweiligen Reduktionsmöglichkeiten unterworfen sind (z. B. Landwirtschaft oder Industrie), muss gerade der Energiesektor seine Treibhausgasausstöße bis zum Jahr 2050 vollständig einstellen. Der Energiesektor kann also die verbleibenden Emissionen v. a. der Landwirtschaft, in geringerem Maße der Industrie, des Abfallbereichs und der Landnutzungsänderungen (LULUCF) kompensieren (UBA, 2014). Hierzu ist die Umstellung

---

1 Vgl. zur Nutzung des Begriffes „Erdtemperatur": http://phasenpruefer.info/von-einem-fiebrigen-planeten-und-seinen-unbeholfenen-krankenpflegern/.

https://doi.org/10.1515/9783110458480-009

des Energiesystems auf eine fast vollständige Stromproduktion aus Erneuerbaren Energiequellen erforderlich (vgl. hierzu die Modellierungen z. B. in IWES et al., 2015, S. 193 oder in Öko-Institut/Fraunhofer ISI, 2015, S. 19–21).

Die Transformation des gesamten Energiesektors und die in diesem Beitrag betrachtete Transformation des Stromsektors sollte daher als Mittel zum Zweck der Dekarbonisierung betrachtet werden und mitnichten als Selbstzweck. Die gegenwärtig anstehenden Veränderungen des Stromsystems sind also beständig daraufhin zu prüfen, ob sie die notwendige Transformation des Systems unterstützen oder ob sie alte und der Transformation nicht dienliche Strukturen bewahren.

In diesem Beitrag soll daher das bundesdeutsche Stromsystem[2] betrachtet werden, um im Anschluss auf die Aspekte „Rolle" und „Diffusion" von Batteriespeichern mittels dafür notwendiger Refinanzierungsmechanismen innerhalb des Stromsystems einzugehen.

2 Das Stromsystem während der Transformationsphase: Funktionen, Strukturen und Prozesse

Betrachtungsgegenstand ist das Stromsystem der *Bundesrepublik Deutschland*, wobei die aktuelle Gesetzgebung und die Suche nach einem neuen Stromsystemdesign thematisiert wird. Das bundesdeutsche Stromsystem kann nicht mehr unabhängig vom europäischen Stromsystem betrachtet werden und ist ggf. nur ein Subsystem des Europäischen Stromsystems. Sicherlich gilt, dass die hier aufgeworfenen Fragen in vielen anderen Staaten der EU in sehr ähnlicher Form auftreten (werden). Zu beachten ist auch, dass das bundesdeutsche Stromsystem mehrere Subsysteme umfasst, die sich durch die in Abb. 1 dargestellten Prozesse im Wandel befinden. Insbesondere innerhalb des Strukturelements „FEE-Standorte und Anlagenverbünde" findet gegenwärtig ein Wandel der Subsysteme statt, der gerade durch die Entwicklung und Diffusion von Batteriespeichern geprägt werden könnte.

Grundlegend für eine systemtheoretische Betrachtung sind Fragen nach der Interdependenz und der Integration der Teile eines Systems hinsichtlich „Funktion", „Struktur" und „Prozess" (Waschkuhn, 1996, S. 760). In Kapitel 2.1 werden die in diesem Zusammenhang besonders wichtigen *Funktionen des Stromsystems* (siehe Abb. 1), die durch die Transformation des Stromsystems im Rahmen der Dekarbonisierung entstehen, beschrieben.

2 Dieser Beitrag besitzt nicht den Anspruch, eine detaillierte systemtheoretische Untersuchung durchzuführen. Vielmehr soll anhand der in diesem Beitrag erfolgenden einfachen Anwendung systemtheoretischer Grundgedanken der Aspekt der Refinanzierung (annähernd) grenzkostenfreier Anlagen untersucht werden.

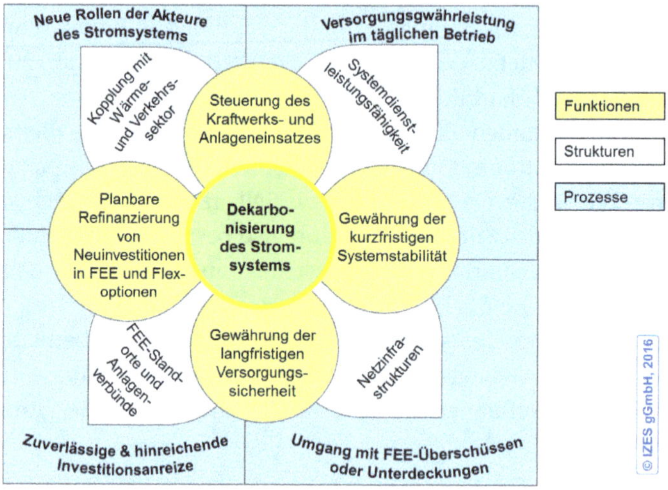

Abb. 1: Funktionen, Strukturen und Prozesse während der Transformation des deutschen Stromsystems (eigene Darstellung).

2.1 Vier wesentliche Funktionen des Stromsektors

Untersucht wird, welche *Funktionen* das Stromsystem erfüllen sollte. Das Stromsystem kann nicht von der Gesellschaft isoliert betrachtet werden, da es die wichtige Funktion erfüllt, uns mit Strom zu versorgen. Die wesentliche Funktion, Bevölkerung und Wirtschaft möglichst zuverlässig mit Strom zu versorgen, muss auch im Rahmen des Transformationsprozesses aufrechterhalten werden. Dafür lassen sich vier Funktionen ableiten (IZES, 2012):

- Steuerung des Kraftwerks- und Anlageneinsatzes
- Gewährung der kurzfristigen Systemstabilität
- Gewährung der langfristigen Versorgungssicherheit
- Planbare Refinanzierung von Neu- oder Reinvestitionen in Anlagen zur Erzeugung von Strom aus fluktuierenden Erneuerbaren Energieerzeugungsanlagen (FEE) und in sog. Flexibilitätsoptionen

Die *Steuerung des Kraftwerks- und Anlageneinsatzes* wird heute auf einer sehr kurzfristigen Basis (vom Vortag bis zur Echtzeit) geregelt. Dies bedeutet, dass die einzelnen Anlagen zur Bereitstellung von Strom und der Verbrauch (inklusiver aller flexibler Lasten, inklusive der Speicher und ggf. der Stromsenken) so geregelt werden müssen, dass das Angebot an und die Nachfrage nach Strom in Einklang gebracht werden können.

Da Strom eine leitungsgebundene Energie ist, können bereits geringe Abweichungen zwischen der eingespeisten Erzeugung und der nachgefragten Menge zu Schwierigkeiten für das Stromnetz führen. Der Vermeidung (schwerwiegender) Probleme dient daher die zweite Funktion des Stromsektors, die *Gewährung der kurzfristigen Systemstabilität.*

Zur Steuerung des Kraftwerks- und Anlageneinsatzes sowie zur Gewährung der kurzfristigen Systemstabilität dienen ineinandergreifende Teilmärkte des Stromsektors (v. a. der Day-ahead-Markt, die beiden Intraday-Märkte, die verschiedenen Teilmärkte zur Frequenzhaltung) sowie weitere (Markt-)Mechanismen bzw. die verschiedenen Systemdienstleistungen, derer die Übertragungsnetzbetreiber sich bedienen können. Abb. 2 zeigt diese Teilmärkte des Stromsektors im Überblick.

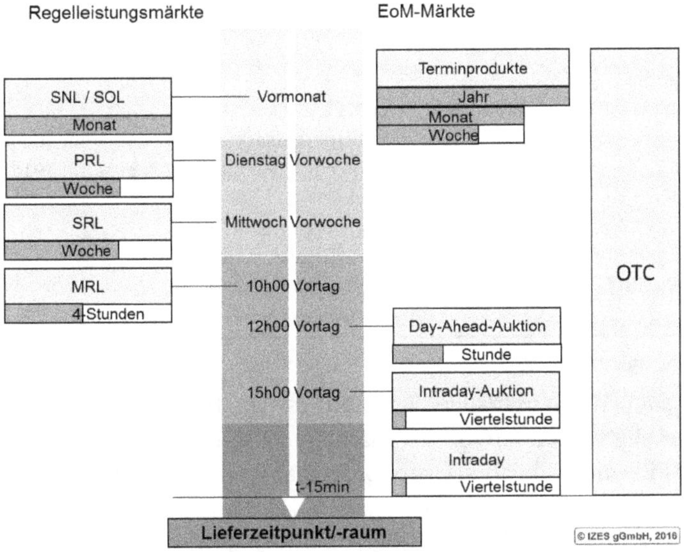

Abb. 2: Teilmärkte des Stromsektors (eigene Darstellung).

Die Entwicklung der Teilmärkte zeugt von den vielfältigen Veränderungen, die im Stromsektor seit der Liberalisierung (Leprich, 2011) vollzogen wurden. Die Strombörsen (anfänglich LPX und EEX, im Jahr 2001 zur EEX AG fusioniert) bestehen erst seit Beginn der 2000er-Jahre und sollen als zentrale Stromhandelsplätze fungieren (Grimm et al., 2008, S. 163). Die Vortagesauktion ist der wesentliche Handelsplatz für den Strom aus Erneuerbaren Energien, insbesondere für die nur kurzfristig präzise prognostizierbaren Energieträger PV und Wind. Durch die beständig zunehmenden Mengen an EE-Strom wurden im Laufe der Zeit die Handelszeitpunkte vielfach an die Lieferzeitpunkte angenähert und die Lieferfristen verkürzt. Flankiert wurde und wird diese Entwicklung durch die Bestrebungen des Gesetzgebers und der *Bundesnetzagentur*, mehr Teilnehmer und mehr Wettbewerb in den Teilmärkten des Stromsektors zu ermöglichen.

Beide Entwicklungen greifen Hand in Hand und helfen dabei, durch kurzfristigeren Handel die Aufnahme der steigenden Mengen an EE-Strom im Stromsystem zu ermöglichen. Tab. 1 skizziert die Veränderungen im Stromhandel seit 2011. Damit erweisen sich Erneuerbare Energien als wichtiger Treiber des Wandels im Stromsektor im Allgemeinen und im Stromhandel im Besonderen.

Tab. 1 Veränderungen (der Handels- und Lieferfristen) an den Stromkurzfristmärkten seit 2011 (eigene Zusammenstellung gemäß der Daten auf https://www.regelleistung.net/ext/tender/ und http://www.epexspot.com/en/press-media/press/details/press/_Successful_launch_of_15-Minute_Intraday_Call_Auction_in_Germany).

Kurzfristmarkt	Veränderung seit 2011
Day-ahead-Markt	–/–
kontinuierlicher Intradayhandel	–/–
15-Minuten-Intraday-Auktion	existiert seit dem 09.12.2014
Primärregelleistung (PRL)	Einführung wöchentlicher Ausschreibungen ab ~ Juli 2011
Sekundärregelleistung (SRL)	Einführung wöchentlicher Ausschreibungen ab ~ Juli 2011
Minutenreserveleistung (MRL)	–/–
Sofort abschaltbare Lasten (SOL)	Erste Ausschreibung am 24.06.2013; Verordnungsnovelle (AbLaV) am 16.08.2016 erlassen
Schnell abschaltbare Lasten (SNL)	Erste Ausschreibung am 25.06.2013; Verordnungsnovelle (AbLaV) am 16.08.2016 erlassen

Der Stromsektor soll auch die langfristige Versorgungssicherheit mit Elektrizität gewährleisten. Diese ist eng verbunden mit der planbaren Refinanzierung von Neu- oder Reinvestitionen in FEE und in Flexibilitätsoptionen. Dabei umfasst die langfristige Versorgungssicherheit zwei Aspekte: (1) das Vorhandensein der notwendigen Erzeugungs- und Netzinfrastruktur und (2) die Bezahlbarkeit des Energieträgers Strom. Die „Bezahlbarkeit" von Strom wird häufig nur anhand des Indikators „Cent pro Kilowattstunde Endkundenpreis" festgemacht, doch greift dieser Indikator allein bei Weitem zu kurz. Vielmehr gibt es für Haushalts-, für gewerbliche und industrielle Kunden je unterschiedliche Kriterien, an denen sich Bezahlbarkeit festmachen lässt. Zu den messbaren Kriterien gehört sicherlich der jeweils geltende Endkundenpreis, wobei dieser nur einen Teil des gesamten Energiebudgets und letztlich auch der gesamten Ausgaben eines Haushalts und eines Unternehmens ausmacht. Für den Durchschnitt der Haushalte in der Bundesrepublik im Jahr 2011 beliefen sich die Stromkosten auf ungefähr 2,2 Prozent der gesamten Ausgaben eines Privathaushalts (Leprich, 2013, S. 25, Bofinger, 2013, S. 13). Diese Ausgaben sind das Produkt aus Strompreis und verbrauchter Menge, weswegen eine Senkung der gesamten Stromkosten in vielen Fällen auch durch Effizienz erzielt werden kann (IASS, 2013, S. 6). Schwieriger messbar hingegen ist die Zahlungsbereitschaft von Haushalten und Unternehmen für Strom oder weitere Energieträger. Während es sicherlich möglich ist, diese für den gegenwärtigen Zeitpunkt zu ermitteln, ist es schwierig, verlässliche Aussagen über die zukünftige

Zahlungsbereitschaft zu treffen. Insgesamt ist die Akzeptanz der Energiewende in der Bevölkerung sehr hoch, auch die Bereitschaft, für umweltfreundlich erzeugten Strom Mehrkosten in Kauf zu nehmen, ist vorhanden (Matschoss, 2016). Der Indikator „Bezahlbarkeit" sollte dynamisch betrachtet werden, denn die Komponenten unseres Stromsystems (insbesondere die Erzeugungseinheiten) müssen turnusmäßig erneuert werden. So müssen die Aufwendungen für den Ausbau der Erneuerbaren Energien möglichen Kosten für die Erneuerung des fossil-nuklearen Kraftwerksparks (inklusive aller durch letztere verursachten externen Kosten) gegenübergestellt werden (IASS, 2013, S. 6). Dies verweist wiederum auf den zweiten Aspekt der „Gewährung der langfristigen Versorgungssicherheit": Diese kann nur dann gewährleistet werden, wenn ausreichend Erzeugungskapazitäten und notwendige Netzinfrastrukturen vorhanden sind. Zu diskutieren ist, inwieweit die üblicherweise in der Ökonomie getroffene Annahme, die Refinanzierung in Produktionskapazitäten könne letztlich durch die Erträge aus dem Verkauf der hiermit generierten Produkte „gestemmt" werden, im Stromsektor ebenso zutrifft (vgl. hierzu u. a. Pahle et al., 2014, S. 21). Diese Forderung, die oft unter dem Schlagwort „Marktintegration der EE" subsumiert wird, impliziert, dass Erneuerbare Energien im bestehenden Energy-only-Markt als „normale" Strommarktteilnehmer prinzipiell marktfähig seien. Damit EE „aus dem EEG herauswachsen" und marktbasiert refinanziert werden können, wird eine Vermarktung der FEE in den diversen Teilmärkten des Stromsektors gefordert.

Um diese These diskutieren zu können und ebenso zu erörtern, welche Auswirkungen die überwiegende Nutzung von FEE im Stromsektor auf die Refinanzierung der notwendigen Flexibilitätsoptionen haben sollte, ist es wichtig, die grundlegenden Charakteristika der Preisbildung am Strommarkt und der Fluktuierenden Erneuerbaren Energien zu kennen.

2.2 Fokus – die Funktion der planbaren Refinanzierung von Neu- oder Reinvestitionen in FEE und in Flexibilitätsoptionen

Seit Beginn der Liberalisierung des Stromsektors 1998 sollen sich Neuinvestitionen im Erzeugungsbereich vollständig durch den Stromverkauf im Wettbewerb, v. a. an den sog. Kilowattstundenmärkten (Märkte, an denen ausschließlich elektrische Arbeit gehandelt wird), refinanzieren. Viele Kraftwerke, die zuvor gebaut worden waren (und die seither die überwiegende Menge des konventionellen Kraftwerksparks darstellen), waren zu diesem Zeitpunkt schon über den regulierten Strompreis refinanziert. Die heute erzielbaren Einkommen an den neuen Kilowattstundenmärkten können für den Großteil der alten, bereits abgeschriebenen Großkraftwerke als sog. Stranded Benefits gelten (DLR et al., 2011, S. 24). Warum diese – in der ökonomischen Theorie angenommene – Reinvestitionsfähigkeit für Neuinvestitionen jeglicher Art nicht unbedingt gegeben sein muss, soll im Folgenden erläutert werden:

Ein grundlegendes Merkmal an Kilowattstundenmärkten ist, dass die Preisbildung prinzipiell „grenzkostenbasiert“ stattfindet: Das bedeutet, dass für einen bestimmten, kurzfristigen Lieferzeitraum (zumeist eine Stunde, auf kurzfristiger Basis sogar Viertelstunden (siehe Abb. 2)) genau die Kosten pro angebotener Megawattstunde geboten und gezahlt werden, die zur Bereitstellung dieser Megawattstunde anfallen: die Brennstoffkosten, die CO_2-Zertifikatekosten und die übrigen laufenden Kosten, die bei der Produktion dieser Megawattstunde anfallen. Weiterhin können auch Kosten für das Anfahren eines Kraftwerks aus dem Kalt- oder Warmstart oder die Kosten für eine kurzfristige Drosselung und die folgende Leistungserhöhung anfallen. In den grenzkostenbasierten Kilowattstundenmärkten werden in den Auktionen alle Bieter anhand des Kriteriums „Preis pro Megawattstunde“ entlang der sog. Merit Order sortiert. Der konkrete Einsatz der Kraftwerke im Stunden- und Tagesverlauf (der sog. Dispatch) ergibt sich durch die Merit-Order des im Day-ahead-Markt erzielbaren Strompreises.

Ein zweites grundlegendes Merkmal der heute angewendeten Preisbildung ist ein einheitlicher Markträumungspreis. Das bedeutet, dass zu jeder Stunde im Day-ahead-Markt (und zu allen Viertelstunden in der 15-Minuten-Intraday-Auktion) alle Bieter den Preis erhalten, den das letzte, noch benötigte Kraftwerk erzielt, und dass alle Käufer diesen Preis zahlen. Insbesondere der für jede einzelne Stunde am Day-ahead-Markt ermittelte Preis gilt als Referenzpreis bzw. als Opportunität für die Terminmärkte und für weitere Kurzfristmärkte.

Der Liberalisierung der Strommärkte lag die Annahme zugrunde, dass der einheitliche Markträumungspreis es den Kraftwerken, die zwar hohe Investitionskosten, aber eher niedrige Grenzkosten aufweisen (Grundlastkraftwerke, d. h. Atom und Braunkohle) ermöglicht, in vielen Stunden des Jahres hohe Deckungsbeiträge zu erzielen. Somit seien sie dazu in der Lage, ihre Investitionskosten zu refinanzieren. Umgekehrt sollten die sog. Spitzenlastkraftwerke (Gas und Öl), die eher geringe Investitionskosten, aber hohe Grenzkosten aufweisen, ihre Deckungsbeiträge durch Knappheitspreise erzielen, die in Stunden mit sehr hoher Nachfrage eintreten sollten. Steinkohlekraftwerke fungieren in diesem System als Mittellastkraftwerke.

Ob eine reine Refinanzierung von Neuinvestitionen an einem Grenzkostenmarkt (bzw. einem reinen Energy-only-Markt, d. h. einem Markt, in dem ausschließlich gelieferte Arbeit gehandelt und vergütet wird) möglich ist, wird unter dem Stichwort des Missing-Money-Problems seit einigen Jahren diskutiert (Cramton, Stoft, 2006; Joskow, 2006). Als Hauptproblem wird gesehen, dass in liberalisierten Märkten keine ausreichend hohe Anzahl an Stunden mit hohen Spotmarktpreisen besteht, um neue (insbesondere Spitzenlast-)Kapazitäten zu refinanzieren. Zwar besteht im bundesdeutschen Stromsektor kein reiner Energy-only-Markt, da dieser auch durch leistungsbezogene Komponenten, wie z. B. die Regelenergiemärkte, ergänzt wird. Diese sind gegenwärtig jedoch zumeist von Überkapazitäten und hohem Wettbewerbsdruck geprägt und weisen ein recht geringes Preisniveau auf. Damit dienen sie sicherlich zu einer Kofinanzierung bereits bestehender Kraftwerke, sie sind hierzulande jedoch nicht maßgeblich bei der Investitionsentscheidung für Kraftwerksneubauten.

Dieses Missing-Money-Problem wird verstärkt durch den Ausbau der Erneuerbaren Energien und den damit verbundenen Merit-Order-Effekt der EE: Erneuerbare Energien werden „unlimitiert" (d. h. zum geringstmöglichen Preis) an der Börse eingestellt und verdrängen damit die übrigen Erzeugungstechnologien auf der Merit-Order „nach rechts".[3] Entsprechend werden Kraftwerke mit niedrigeren Grenzkosten zu preissetzenden Kraftwerken. Durch den sinkenden Spotmarktpreis sinken die Erträge nicht nur für alle konventionellen Technologien, sondern auch für die EE. Der Merit-Order-Effekt der EE findet sich auch an den Terminmärkten des Stromsektors wieder, sodass auch hier geringere oder kaum Deckungsbeiträge erzielt werden können. Zusätzlich sinkt nicht nur der durchschnittliche Strompreis, sondern für viele Kraftwerke verringert sich auch die Zahl der Einsatzstunden. Je höher der Anteil der Erneuerbaren, desto häufiger wird es zu Zeiten kommen, in denen große Anteile des Strombedarfs aus Erneuerbaren gedeckt werden können. Aufgrund der Logik der Merit-Order, die die Einsatzreihenfolge entsprechend der Grenzkosten vornimmt, wobei die annähernd grenzkostenfreien FEE grundsätzlich am linken Ende der Einsatzreihenfolge[4] platziert werden, ist zukünftig mit immer mehr Stunden mit niedrigen Markträumungspreisen zu rechnen.

Damit erscheint auch eine rein grenzkostenbasierte Refinanzierung von FEE-Neuinvestitionen eher unwahrscheinlich; eine Gleichbehandlung von FEE und Flexibilitätsoptionen hingegen erscheint für die Systemtransformation und die Dekarbonisierung aus mehreren Gründen nicht dienlich.

(1) Für Wind- und PV-Strom gilt, dass seine Einspeisung aufgrund der gegen null tendierenden variablen Kosten und der weitgehenden Gleichzeitigkeit der Einspeisung die Spotmarktpreise stark reduziert, die zur eigenen Refinanzierung benötigt werden (siehe Abb. 3). Diese Auswirkungen auf die Preisbildung am Spotmarkt wirken gerade auch auf die beiden Energieträger zurück. Die sog. relativen Marktwerte der PV sind in den letzten Jahren beständig gefallen und liegen nun fast bei der 100-Prozent-Marke. Die Marktwerte der Windstromerzeugung liegen ausnahmslos darunter. Neben der Beobachtung historischer Preis- und FEE-Erzeugungsdaten (vgl. Zipp) zeigen Modellrechnungen bei einem hohen Ausbau der FEE-Erzeugung eine Fortführung dieser Tendenz (vgl. Hirth, 2013 und Kopp, Eßer-Frey, Engelhorn, 2012). Die in den Studien berechneten, zukünftig sehr geringen FEE-Marktwerte führen gemeinsam mit einem generellen Verfall der durchschnittlichen Preise am Stromgroßhandelsmarkt dazu, dass eine sich selbst tragende Vermarktung der gesamten FEE-Erzeugung in den Teilmärkten

3 Durch die FEE entsteht ein zusätzliches, annähernd grenzkostenfreies Angebot zu dem bereits bestehenden Angebot aus konventionellen Kraftwerken; die Angebotskurve verlängert sich also und die konventionellen Anbieter rücken somit weiter nach rechts.

4 D. h. zu den Anbietern mit den niedrigsten Grenzkosten.

des Stromsektors aus heutiger Sicht infrage gestellt werden muss. Sehr hohe Emissionszertifikats- sowie Knappheitspreise und weitere Maßnahmen zur Steigerung des Marktwerts der FEE könnten dem Verfall der FEE-Marktwerte entgegenwirken. Doch selbst unter diesen Umständen wäre in Zeiten einer vollständigen FEE-Deckung eine Preistendenz gegen null zu erwarten.

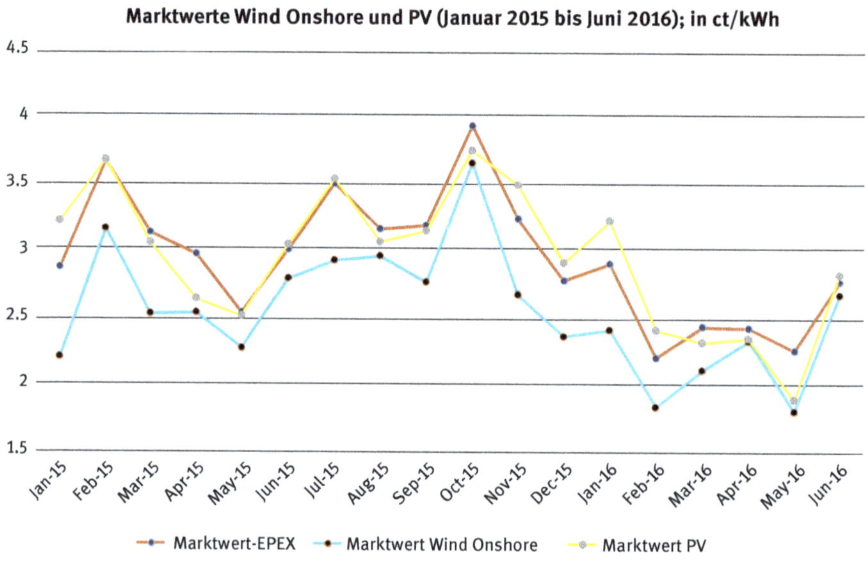

Quelle: http://www.netztransparenz.de/de/Marktwerte.htm

Abb. 3: Monatliche EPEX-Marktwerte von Wind- und PV-Strom von Januar 2015 bis Juni 2016 (eigene Berechnungen und eigene Darstellung auf der Basis von Daten aus www.netztransparenz.de).

(2) Die dargebotsabhängigen erneuerbaren Stromerzeugungstechnologien können – im Gegensatz zu fast allen anderen Wirtschaftsgütern – die Produktionsmenge nicht über ihr jeweiliges Dargebot ausweiten. Die einzige Anpassungsmöglichkeit bei der Produktionsmenge der FEE besteht darin, dass sie im Rahmen des vorhandenen Dargebots ggf. gedrosselt werden oder bei durchgeführter Drosselung dann wieder bis auf die Dargebotsmenge angehoben werden kann.

(3) Aufgrund ihrer geringen variablen Kosten am linken Ende der Einsatzreihenfolge sichert die Platzierung der FEE – unter Vernachlässigung von Flexibilitätsrestriktionen sonstiger Kraftwerke – im aktuellen grenzkostenbasierten Strommarktdesign in den meisten Stunden den ökonomischen Einspeisevorrang der FEE. Treten negative Preise an der Strombörse auf, können temporäre FEE-Abregelungen aus einer kurzfristigen Perspektive kostensenkend wirken. Betreiber von konventioneller und FEE-Kapazität oder der Dispatch als Ganzes können bei Einsatzentscheidungen u. U. An- und Abfahrkosten der konventionellen Erzeugungskapazität

einsparen, indem auf die Einspeisung der auch bei einer Abregelung grenzkostenfreien FEE verzichtet wird. Sollen die FEE jedoch, wie es für die Dekarbonisierung notwendig ist, zu Systemsäulen werden, verlangt dies eine vorrangige Nutzung vor den zur Flankierung dienenden Flexibilitätsoptionen. Der hieraus folgende Kraftwerkseinsatz mag zwar das Kriterium der statischen Kosteneffizienz verletzen, aus einer mittel- bis langfristigen Perspektive wird aber ein für die Transformation des Stromsystems stärkerer ökonomischer Druck zur Flexibilisierung des Kraftwerkparks erzeugt. Gleichzeitig wird das Risiko von schwer vorhersehbaren Abregelungen für FEE-Anlagenbetreiber reduziert.

Perspektivisch lässt sich die These vertreten, dass auch in einer FEE-basierten Regenerativwirtschaft viele Flexibilitätsoptionen nur noch kurzfristig planbare ertragsmaximierende Produktionsentscheidungen treffen können, da die Ermittlung der Grenzkosten immer stärker von *probabilistischer* Art sein wird. Dies liegt daran, dass die Grenzkosten zu großen Teilen eine Funktion sich beständig wandelnder, und ebenso nur bedingt zeitlich präzise vorhersehbarer externer Faktoren sind, nämlich der Residuallast zu einer bestimmten Viertelstunde (sofern diese der bestimmende Handelszeitraum wird) und dem sich dann einstellenden Strompreis im grenzkostenbasierten Stromspotmarkt. Zusätzlich erschwert wird die Produktions- bzw. Einsatzentscheidung für die Stromerzeugungsanlagen unter Flexibilitätsoptionen dadurch, dass die Anlagen weitaus höhere Anteile an Fixkosten im Vergleich zu den variablen Kosten aufweisen werden, je geringer ihre Vollbenutzungsstundenzahlen ausfallen. Auch die Bestimmung der Kosten von Kraftwerksdrosselungen oder von An- und Abfahrkosten ist zeitlich variabel, je nachdem, wie lange kein oder nur verminderter Bedarf an konventioneller Kraftwerkskapazität vorherrscht. Die Speicher bzw. angebotsseitigen Flexibilitätsoptionen des Demand-Side-Managements sehen sich der Herausforderung gegenüber, in ihre Grenzkostenberechnung als Grundlage für die Einsatzentscheidung vielfältige Opportunitätskosten mit einzubeziehen, so z. B. Entladezeiten und -kosten und Kosten für die Verschiebung der Stromnutzung bzw. der Güterproduktion. Auch die „negativen Preise" der konventionellen Erzeuger können als probabilistisch bezeichnet werden. Dies hat zur Folge, dass Investitionen in Flexibilitätsoptionen im Generellen und in Speicher im Besonderen relativ risikobehaftet sind, da das Erlöskalkül einerseits vom Dargebot der FEE, andererseits vom Preisniveau an den Strombörsen und den sich daraus ergebenden Preis-Spreads abhängig ist. Die kurzfristige Einsatzplanung von Speichern bei einer am Großhandelsmarktpreis orientierten Fahrweise ist damit stets das Ergebnis eines Erwartungswerts, der aus bekannten Werten (Speichermengen und -verluste) und probabilistisch ermittelten Werten (Verlauf des Strompreises) gebildet wird.

Es ist also zu fragen, inwieweit die heutigen Grenzkosten der Stromproduktion zukünftig eine langfristige Planungsgrundlage für den Zubau regelbarer Stromerzeugungsanlagen bilden können, da ihre Ermittlung in der sehr kurzen Frist eine nicht beeinflussbare Funktion der zeitlichen Abfolge der Residuallast ist. Einerseits würde eine Unterordnung des Einsatzes der FEE unter die Preise des grenzkostenbasierten

Stromspotmarkts zu einer Unterausnutzung des eigenen Dargebots führen. Dies kann im Sinne der Systemtransformation als nicht zielführend gelten, da FEE als künftige Systemsäulen die Substitution der Arbeit aus fossil-nuklearen Stromerzeugungstechnologien leisten müssen. Dementsprechend muss der Einspeisevorrang der FEE weiterhin gewährleistet bleiben und sich in den Marktregeln widerspiegeln. Andererseits erscheinen Differenzierungen notwendig, die den verschiedenen Charakteristika beider Arten von Stromerzeugungsanlagen (regelbar versus fluktuierend) Rechnung tragen und auch die Refinanzierung der Flexibilitätsoptionen gewährleisten können.

2.3 Refinanzierungsmechanismen für Batteriespeicher

Somit stellt sich auch für Batteriespeicher die Frage, welche Finanzierungsmechanismen für eine breite Marktdiffusion notwendig werden und wie diese Finanzierung in ein zukünftiges Stromsystemdesign eingebettet werden kann. Eine rein marktbasierte Refinanzierung im aktuellen System der grenzkostenbasierten Kilowattstundenmärkte scheint nicht gesichert.

Ein Beitrag zur Stärkung der Erlöse könnte im Abbau bestehender Überkapazitäten, insbesondere von treibhausgasintensiven (Braun-)Kohlekraftwerken in der Bundesrepublik (Energy Brainpool, 2015), liegen. Mit einer solchen Maßnahme wäre v.a. der Verminderung der Kohlendioxid- sowie weiterer gesundheitsschädlicher Emissionen gedient; zusätzlich wäre hiervon eine Steigerung der Spotmarktpreise zu erwarten. Allerdings könnte dieser für Speicher und weitere Flexibilitätsoptionen sicherlich positive Effekt überkompensiert werden durch den mit einem Braunkohleausstieg verbundenen Abbau von Inflexibilitäten im Stromsystem (IZES/Klinski, 2015, S. 28–33). Dadurch könnte einerseits die Anzahl an möglichen Zeiten negativer Preise gesenkt werden, da die Anzahl der Kraftwerke, die bereit sind, dafür zu bezahlen, dass sie nicht abgeschaltet werden, abnehmen wird. Gleichzeitig sollte sich die Konkurrenzsituation für Speicher verändern, da – zumindest solange nicht ausreichend FEE-Überschüsse zur zeitversetzten Deckung der Residuallast mittels Speichern zur Verfügung stehen – auch die Anzahl flexibler Kraftwerke (Gas-GuD oder BHKW) zunehmen sollte. Dabei stellt sich die Frage, inwieweit sich in einem solch flexibilisierten Übergangssystem ein Preiswettbewerb zwischen den Flexibilitätsoptionen einstellen wird. Aufgrund der dann im Wesentlichen auf probabilistischer Basis erfolgenden Preisbildung könnten die Betreiber der verschiedenen Flexibilitätsoptionen versuchen, ihre Wettbewerber zu unterbieten, um ihre Investitionskosten zu refinanzieren. Dies könnte sowohl im Bereich des Angebots an Strom als auch im Bereich der Nachfrage nach Strom (durch Speicher oder andere Stromsenken) eintreten. Insbesondere im Nachfragebereich (d.h. im Bereich negativer Preise) könnte dann ein weiterer Merit-Order-Effekt eintreten, der dazu führen könnte, dass die Spreads für Speicher und auch die Beträge negativer Preise sinken (Hauser, 2015). Damit kann zumindest angezweifelt werden, dass auch die Besitzer von Batteriespeichern dazu in der Lage sein werden, ihre Investitionen am grenzkostenbasierten Strommarkt zu refinanzieren.

Eine weitere Möglichkeit der Refinanzierung sind die Modelle des Eigenverbrauchs. Diese stellen den bestehenden Stromsektor vor bedeutende Herausforderungen, da sie an wesentlichen Strukturmerkmalen, insbesondere an den FEE-Standorten und Anlagenverbünden, ansetzen und zu einer bedeutenden Dynamik in Bezug auf die Rollen der Akteure des Stromsystems führen (siehe Abb. 1). Da der Stromsektor netzgebunden ist, galten im „alten", vornehmlich zentral organisierten Stromsystem sowohl die Erzeugungs- als auch die Netzinfrastrukturen über Jahrzehnte v. a. als „Gemeinschaftsangelegenheit". Im Gegensatz zu den Sektoren „Wärme" und „Verkehr" in denen, wenn überhaupt, nur die Netzinfrastrukturen reguliert oder als Aufgabe des Staates betrachtet wurden (insbesondere im Verkehrsbereich), waren und sind Investitionen in „Erzeugungskapazitäten" in diesen Sektoren zumeist eher „Privatsache" als Aufgabe des Staates. Die Investitionen in Erzeugungsanlagen in den Bereichen „Wärme" und „Verkehr" sind von jeher geprägt von Mischstrukturen aus privaten und staatlichen Infrastrukturelementen, die Millionen von Erzeugern bzw. Verbrauchern unterschiedlicher Größen umfassen (vom Fahrrad bis zum ICE, vom Kaminofen bis zum Heizkraftwerk und zum Fernwärmenetz größerer Städte). Nichtsdestotrotz besteht eine grundsätzlich unterschiedliche Herangehensweise des Gesetzgebers an den Stromsektor im Vergleich zum Wärme- oder Verkehrssektor: Investitionen in Stromerzeugungsanlagen wurden bislang stets mittels Gesetzen und Verordnungen geregelt und nie nur „dem Markt" und den dort zu treffenden Rentabilitätsrechnungen überlassen. Diese betrafen auch die Ausgestaltung ihrer Refinanzierung. Im Verkehrs- und Wärmesektor hingegen werden v. a. aufgrund des Umweltschutzes und der Energieeffizienz eher „technische Details" mittels Vorgaben reguliert und den Einzelinvestoren Zuschüsse für umweltfreundliche Investitionen vergeben. Die Entscheidung für oder gegen eine umweltfreundliche Investition blieb dem Einzelnen überlassen. Erst das EEG (sowie die Trennung von Netzbetrieb und Erzeugung sowie die Schaffung eines freien Zugangs zum Stromnetz für alle Stromerzeuger) haben den Grundstein für diese Angleichung des Stromsektors an den Wärme- und Verkehrsbereich gelegt. Spätestens durch die Zulassung des Stromeigenverbrauchs im EEG 2009 (Fraunhofer ISI et al., 2011, S. 70 ff.) wurde die Stromerzeugung und Nutzung des Stroms „Privatsache". Diese Entwicklung wird durch die Einführung von Batteriespeichern verstärkt, da es den Stromerzeugern möglich ist, ihre eigene Erzeugung zeitlich versetzt zu nutzen oder ggf. zu anderen Preis-/Zeitfernstern einzuspeisen.

Darüber hinaus stellt sich die Frage, inwieweit die Eigennutzung von Strom als betriebswirtschaftlich „rational", d. h. als monetär lohnend einzustufen ist. Dabei wird teilweise unterstellt, dass sich die Nutzung von Batteriespeichern zukünftig v. a. durch die Senkung der Investitionskosten in solche Speicher lohnen würde. So werden z. B. in (Ammon, o. J., S. 4) vier Stufen von Rentabilitätsschwellen für den Speichereinsatz genannt:

- T1: Grid Parity
- T2: Self consumption is better than feed-in
- T3: Storage pays off
- T4: Storage pays off without support scheme

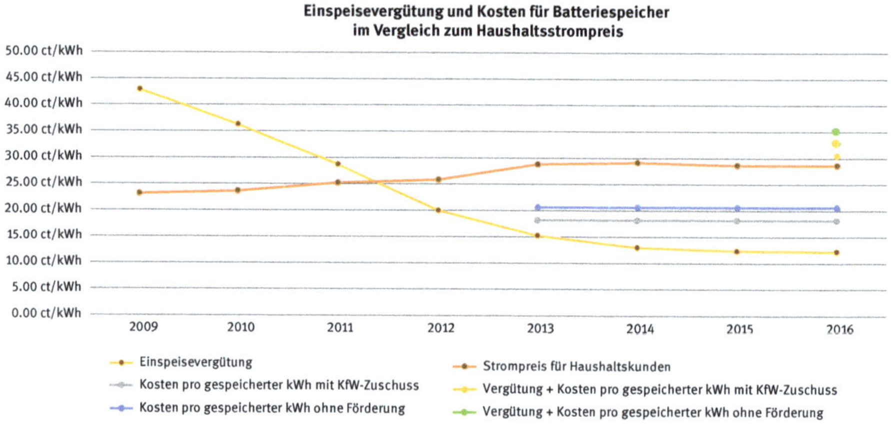

Abb. 4: Einspeisevergütung und Kosten für Batteriespeicher pro eingespeicherter kWh im Vergleich zum Haushaltsstrompreis (eigene Darstellung).

Damit Speicher für den Hausbesitzer ohne die KfW oder eine andere Förderung finanziell attraktiv werden, müssen mehrere Faktoren zusammenkommen. Insbesondere die zukünftige Entwicklung des Haushaltsstrompreises ist hier von Belang. Aktuell kann nicht darauf geschlossen werden, dass der Haushaltsstrompreis auf ein Niveau ansteigt, das die Investition in Speicher kurzfristig rentabel macht. Zu einer zukünftigen Steigerung des Strompreises könnte insbesondere die Entwicklung der EEG-Umlage und der Netzentgelte beitragen. Eine mögliche Zunahme der Strompreise wird, sofern beide, EEG-Umlage und Netzentgelte, ansteigen, jedoch durch die Entwicklung der Großhandelspreise bzw. der Futures-Preise gebremst, die zum gegenwärtigen Zeitpunkt bei rund 25 €/ MWh stagnieren. Auf der anderen Seite muss die Senkung der Speicherkosten (in Abb. 4 in Cent pro Kilowattstunde auf die unterstellte Lebensdauer der Batterie umgerechnet) in der Summe eine mögliche Steigerung der Stromkosten überwiegen. BDEW (2015) gibt einen Überblick über die hierbei gemachten Annahmen zur Strompreisentwicklung. Dabei werden bereits die Kosten eines Speichers von Tesla unterstellt sowie eine Nutzung über 15 Jahre und ein Autarkiegrad von 92 Prozent. Der zugrunde liegende Strompreis (über den Nutzungszeitraum gemittelt) liegt hier bei 31 ct./kWh. Dabei wurde nur die Rentabilität des Speichers bei der gegenwärtig geltenden Vergütungshöhe im Jahr 2016 berechnet, nicht aber die der PV-Anlage. Es zeigt sich, dass der Kauf eines Tesla-Speichers inkl. eines KfW-Darlehens mit Tilgungszuschuss zum heutigen

Zeitpunkt gegenüber einer direkten Geldanlage minimale Vorteile bringt. Der Kauf eines teureren Speichers oder eine geringere Lebensdauer bzw. höhere Kosten während der Lebensdauer würden die Investition im betriebswirtschaftlichen Sinn unrentabel machen.

Zwar ist festzuhalten, dass sich das Kalkül für jeden Haushalt letztlich aufgrund der individuellen Gegebenheiten etwas anders darstellen würde. Dennoch ist zu konstatieren, dass der Kauf eines Batteriespeichers für ein Eigenheim zum gegenwärtigen Zeitpunkt ohne eine Förderung nicht rentabel wäre und der Eintrittszeitpunkt des „T4: Storage pays off without support scheme" möglicherweise weiter weg liegt als häufig angenommen. Zu beachten ist hierbei jedoch, dass ein geringer negativer Zinsfuß für einige Speicherkäufer kein Hemmnis darstellt, da die Anschaffungsmotivation oft ideell bedingt ist oder der Wunsch nach Autarkie stärker ist, als der Wunsch nach finanziellem Gewinn. Laut dem *Jahresbericht zum Speichermonitoring* 2015 nehmen 6 Prozent der Befragten mit installiertem Komplettsystem (PV-Anlage und Speicher) bzw. 10 Prozent der Speicherkäufer mit nachgerüstetem Batteriespeicher (beide mit Förderung) bewusst einen finanziellen Verlust hin (vgl. RWTH Aachen ISEA, 2015, S. 58 f).

Diese nicht monetäre Motivation ist sicherlich ein wesentlicher Faktor beim Speicherkauf, da für viele Menschen das Gefühl, etwas zur „Vergrünung" des Stromsektors durch das eigene Verhalten beitragen zu können, eine wichtige Motivation darstellt (vgl. hierzu IZES, 2015, S. 41–45) und durchaus als ein wichtiger Treiber des weiteren Speicherausbaus gelten und genutzt werden kann. Allerdings darf hierüber nicht vergessen werden, dass der letztliche Indikator für die Energiewende nicht die Anzahl an Speichern ist, sondern der Anteil an dekarbonisiert und erneuerbar erzeugtem Strom. So sollte der Wunsch der Menschen nach der Möglichkeit, sich an der Energiewende zu beteiligen, nicht nur ernst genommen werden, sondern auch durch angemessene gesetzliche Maßnahmen (insbesondere zur Ermöglichung des weiteren EE-und Speicherausbaus) ermöglicht und vereinfacht werden. Dazu gehört zum gegenwärtigen Zeitpunkt sicherlich die Schaffung verlässlicher und hinreichender Refinanzierungsmechanismen für EE-Anlagen einerseits, aber auch für Flexibilitätsoptionen andererseits. Die aktuell gewählte Variante des Investitionszuschusses erweist sich daher als angemessen, insbesondere um die technologische Entwicklung von Speichern in einem Umfeld niedriger Stromgroßhandelspreise und die Nutzbarkeit der Speichertechnologie zur Erbringung von netzbedingten Systemdienstleistungen und zur späteren Nutzung echter FEE-Überschüsse voranzubringen.

2.4 Fazit: Grundlegende Konturen eines Stromsystemdesign für Speicher

Genauso wichtig wie die Frage nach den für eine Technologie- und Marktdiffusion wichtigen Finanzierungsmechanismen für Speicher ist die nach einem zukünftigen

Stromsystemdesign. Speicher können hier eine wichtige Rolle spielen, da sie ein mehrfaches Strukturelement des neuen Stromsystemdesigns sind:
- Sie tragen zur Kopplung mit dem Verkehrssektor bei.
- Sie bringen die Fähigkeit zur Erbringung von Systemdienstleistungen mit.
- Sie können Teil der Netzinfrastruktur werden.
- Sie können ein wichtiger Bestandteil lokaler oder regionaler Anlagenverbünde (als Subsystem des gesamten Systems) werden.

Wie genau das zukünftige, auf Erneuerbaren Energien basierende Stromsystem aussehen wird, lässt sich aus heutiger Sicht noch nicht sagen. Sicherlich ist die Vision Jeremy Rifkins von einer „zero marginal cost society" (Rifkin, 2014),[5] in der die Menschen „Energie für ein öffentliches Gut halten [werden] wie die Luft, die wir atmen, für etwas, das der ganzen Menschheit gehört" (Rifkin, 2011, S. 237) eine sehr vielversprechende. In dieser grenzkostenfreien Welt wird, laut Rifkin, der ebenso grenzkostenfrei erzeugte Strom mittels der Kommunikationsmöglichkeiten des Internets in „kollaborativer Weise" [Übersetzung der Autorin] zwischen den Orten und Regionen getauscht, sodass man in der ganzen Welt von ausreichend Skaleneffekten profitiert, die den Strom für alle möglichst günstig machen (Rifkin, 2014, S. 44). Dabei sind die Markteintrittsbarrieren für neue Stromproduzenten so niedrig, dass eine große Anzahl an Menschen in dieses System des gemeinschaftlichen Tausches eintreten kann (Rifkin, 2014, S. 44) und sich die Entwicklung neuer Technologien und Kommunikationswege ebenso in einer Open-Source-Umgebung vollzieht (Rifkin, 2014, S. 40). Allerdings weist auch Rifkin auf die immensen ökonomischen, sozialen, politischen und psychologischen Veränderungen hin, die ein solcher gesellschaftlicher und ökonomischer Paradigmenwechsel mit sich bringen würde (Rifkin, 2014, S. 45 f). Für diese Übergangszeit erscheint daher eher die Position der britisch-amerikanischen Ökonomin Mariana Mazzucato sachdienlich: „State support for clean technologies must continue until they overcome the sunk cost advantage of incumbent technologies, and these sunk costs are a century long in some cases." (Mazzucato, 2014, S. 114)

Aus dieser Perspektive erscheint es für Speicher als Netzbetriebsmittel und für FEE-Anlagenverbünde mit Speichern besonders wichtig, dass im Stromsystem als Ganzes Prozesse in Gang gesetzt werden, die diese neuen Mischstrukturen aus privaten und staatlichen Infrastrukturen vorwärts bringen und gestalten. Dieses Mischsystem umfasst einerseits eine Netzinfrastruktur, die sehr wahrscheinlich weiterhin ein natürliches Monopol darstellt, wenngleich darin neue, dezentrale Subsysteme mehr Aufgaben und Verantwortung übernehmen. Andererseits wird gerade die

5 Hier in der französischen Ausgabe zitiert. Alle Zitate stammen aus dem 1. Kapitel: „Le grand changement de paradigme: du capitalisme de marché aux communaux collaboratifs".

Erzeugungsinfrastruktur in beträchtlichen Teilen aus einer von der Gemeinschaft über das EEG finanzierten Erzeugungsinfrastruktur bestehen, die notwendig sein wird, da gerade in der jetzigen Übergangszeit eine gelungene Dekarbonisierung mittels eigenwirtschaftlich rentabler Investitionen sehr unwahrscheinlich erscheint. Insbesondere braucht es in der jetzigen Phase der Systemtransformation Regeln und Finanzierungsmechanismen, die das private und gemeinschaftliche Engagement von Menschen ermöglichen und gleichzeitig eine hinreichende und gerecht ausgestaltete Gewährleistung von Versorgungssicherheit ermöglichen.

Literatur

Ammon, M. P. (o. J.). Der deutsche Markt für Solarstromspeicher – Erfahrungen und Einschätzungen. In E. Research, *2nd Storage & Solar Briefing*. Bonn: EuPD Research.

BDEW (31.08.2015). *BDEW-Strompresianalyse August 2015*. Berlin.

BMUB. (06.07.2016). *Die Klimakonferenz in Paris*. Abgerufen am 17.07.2016 von http://www.bmub.bund.de/themen/klima-energie/klimaschutz/internationale-klimapolitik/pariser-abkommen/

Bofinger, P. (2013). EEG oder Quote: Gibt es einen dritten Weg? *Vortrag auf dem* 3. Saarbrücker Energiekongress. Würzburg.

Bundesregierung. (28.09.2010). *Energiekonzept für eine umweltschonende, zuverlässige und bezahlbare Energieversorgung*.

DLR et al. (2011). *Vorbereitung und Begleitung der Erstellung des Erfahrungsberichtes 2011 gemäß § 65 EEG im Auftrag des BMUB. Vorhaben V: Integration der Stromerzeugung aus Erneuerbaren Energien und konventionellen Energieträgern. Endbericht*. Stuttgart.

Energy Brainpool. (2015). *Kurzanalyse: Bedarf nach einer Kapazitätsreserve aus Kohlekraft im deutschen Markt bis 2023*. Berlin.

EPEXSPOT. (09.12.2014). *Successful launch of 15-minute intraday call auction in Germany*. [EPEX SPOT Pressemitteilung]. Abgerufen am 19.06.2017 von http://www.epexspot.com/en/press-media/press/details/press/_Successful_launch_of_15-Minute_Intraday_Call_Auction_in_Germany.

Fraunhofer ISI et al. (2011). *Vorbereitung und Begleitung der Erstellung des Erfahrungsberichtes 2011 gemäß § 65 EEG im Auftrag des BMU. Vorhaben IV: Instrumentelle und rechtliche Weiterentwicklung im EEG*. Karlsruhe u. a.

Grimm, Verena et al. (2008). Ein Vergleich ausgewählter europäischer Strombörsen. *Zeitschrift für Energiewirtschaft*(03/2008).

Hauser, E. (2015). Storage and electricity markets: What's competitivity good for? Vortrag im Rahmen der IEA PVPS Task 1 Conferences; *Hamburg*, den 14.09.2015.

Hirth, L. (2013). The market value of variable renewable. The effect of solar and wind power variability on their relative price. *Energy Economics*.

IASS. (2013). *Beiträge zur sozialen Bilanzierung der Energiewende*. Potsdam: Institute for Advanced Sustainability Studies e. V.

IWES et al. (2015). *Interaktion EE-Strom, Wärme und Verkehr*. Kassel et al.

IZES. (2012). *Kompassstudie. Leitideen für ein Design eines Stromsystems mit hohem Anteil fluktuierender Erneuerbarer Energien*. Saarbrücken.

IZES. (2015). *Nutzeneffekte von Bürgerenergie. Eine wissenschaftliche Qualifizierung und Quantifizierung der Nutzeneffekte der Bürgerenergie und ihrer möglichen Bedeutung für die Energiewende*. Saarbrücken.

IZES/ Stefan Klinski. (2015). *Kraftwerks-Stilllegungen zur Emissionsreduzierung und Flexibilisierung des deutschen Kraftwerksparks: Möglichkeiten und Auswirkungen*. Saarbrücken und Berlin.

Klima-Allianz Deutschland. (04/2016). *Klimaschutzplan 2050 der deutschen Zivilgesellschaft*. Abgerufen am 18.07.2016 von http://germanwatch.org/de/download/14935.pdf

Kopp, O./ Eßer-Frey, A./ Engelhorn, T. (2012). Können sich erneuerbare Energien langfristig auf wettbewerblich organisierten Strommärkten finanzieren? *Zeitschrift für Energiewirtschaft, Issue* 4, S. 243–255.

Krämer, M. (2016). *Batteriestromspeicher. Stromspeicher als Freiheitsgrade der Erzeugung. Marktliche und systemische Einordnung von Stromspeichern im Rahmen der Systemtransformation. Unveröffentlichte Masterthesis*. HTW saar.

Leprich, U. (2011). Systemtransformation statt Systemintegration: auf dem Weg zu einem zukunftsfähigen Stromsystem. In D. S. Björn Klusmann, *Die Zukunft des Strommarktes. Anregungen für den Weg zu 100 Prozent Erneuerbare Energien*. Bochum: Ponte Press.

Leprich, U. (2013). Tranformation of the Electricity System: A German Perspective. Athen.

Matschoss, P. (07.07.2016). *Den Klima-Vertrag von Paris erfüllen statt Strompreise senken: ein Beitrag zur Debatte über den EEG-Fonds*. Abgerufen am 21. Juli 2016 von blog.iass-potsdam.de: http://blog.iass-potsdam.de/de/2016/06/den-klima-vertrag-von-paris-erfuellen-statt-strompreise-senken-ein-beitrag-zur-debatte-ueber-den-eeg-fonds/

Mazzucato, M. (2014). *The entrepreneurial state: debunking public vs. private sector myths*. London/New York: Anthem Press.

Öko-Institut/ Fraunhofer ISI. (2015). *Klimaschutzszenario 2050. Zusammenfassung des 2. Endberichts*. Berlin und Karlsruhe.

P. Cramton; S. Stoft. (2006). *The Convergence of Market esigns for Adquate Generating Capacity. White Paper for Electricity Oversight Board*. Cambridge (Mass.): Massachusetts Institute of Technology (MIT).

P. Joskow. (2006). *Competitive Electricity Markets and Investment in New Generation Capacity. CEEPR Working Paper 06–009*. Cambridge (Mass.): Massachusetts Institute of Technology (MIT).

Pahle, M et al. (2014). *EE Förderinstrumente & Risiken: Eine ökonomische Aufarbeitung der Debatte zur EEG-Reform*. Potsdam: Potsdam-Institut für Klimafolgenforschung.

Rifkin, J. (2011). *Die dritte industrielle Revolution. Die Zukunft der Wirtschaft nach dem Atomzeitalter*. Frankfurt/New York: Campus Verlag GmbH.

Rifkin, J. (2014). *La nouvelle société du coût marginal zéro*. Arles: Actes Sud.

RWTH Aachen ISEA, Kaires et al. (2015). *Wissenschaftliches Mess- und Evaluierungsprogramm Solarstromspeicher. Jahresbericht 2015*. Aachen u. a.

UBA. (2014). *Treibhausgasneutrales Deutschland im Jahr 2050 – Studie*.

Übertragungsnetzbetreiber. (2016). *Regelleistung*. Von www.regelleistung.net abgerufen

Waschkuhn, A. (1996). Systemtheorie. In D. Nohlen, *Wörterbuch Staat und Politik*. München: Piper, Sonderauflage für die Landeszentralen für politische Bildung.

Zipp, A. (2016). *Die Marktfähigkeit von fluktuierenden erneuerbaren Energien im liberalisierten Stromsektor. Dissertation, vorgelegt am 10.06.2015.*

Teil IV: Rechtliche Rahmenbedingungen von Batteriespeichern

Markus Adam

Der regulatorische Rahmen für die Erbringung von Sekundärregelenergie aus stationären Energiespeichern

1 Einführung

Das elektrische Energieversorgungssystem muss ein Gleichgewicht von Erzeugung und Verbrauch gewährleisten, da andernfalls das System nicht dauerhaft aufrechterhalten werden kann. Das Gleichgewicht der Leistung von Erzeugung und Verbrauch liegt in Deutschland bei einer Frequenz von 50 Hertz. Ungleichgewichte werden an einer Frequenz, die ober- oder unterhalb dieses Wertes liegt, sichtbar. Die Schwankungen müssen dann durch Regelenergie bzw. Regelleistung ausgeglichen werden.

Bis vor Kurzem waren es v. a. konventionelle, fossile Erzeugungsanlagen, die Regelenergie erbracht haben. Der Ausbau der Erneuerbaren Energien bringt für die Regelenergie gleich zwei Herausforderungen mit sich: Zum einen sind Erneuerbare Energien anspruchsvoller in der Prognose, mit der Folge, dass Fahrplanabweichungen bei Erneuerbaren Energien tendenziell häufiger auftreten können als bei konventioneller Erzeugung, d. h. mit den fluktuierenden Erneuerbaren Energien wird das Energieversorgungssystem volatiler und der Regelbedarf steigt. Zum anderen wird der Betrieb von fossilen Erzeugungsanlagen zunehmend unwirtschaftlicher, was auch zu einem Rückgang von fossilen Anlagen, die Regelenergie erbringen können, führt. Gerade Gaskraftwerke stellten in der Vergangenheit maßgeblich Regelenergie bereit. Aber auch Braunkohlekraftwerke, die bereits angefahren sind, können kurzfristig ihre Leistung anpassen und sind daher grundsätzlich ebenfalls auf den Regelenergiemärkten einsatzfähig.[1] Die geplante Stilllegung von Braunkohlekraftwerken dürfte daher dazu führen, dass weitere Kraftwerke dauerhaft aus dem Regelenergiemarkt ausscheiden.

Diesen beiden Herausforderungen, mehr fluktuierende Einspeiser und weniger fossile Regelenergieerbringer, kann auf mehrfache Weise begegnet werden: Der erste Lösungsansatz ist, dass Erneuerbare Energien zukünftig ebenfalls Regelenergie bereitstellen können müssen. Für Biogas-BHKW ist dies schon seit Längerem möglich und die Einführung der Direktvermarktung im EEG zielte u. a. darauf ab, EEG-Anlagen die Teilnahme am Regelenergiemarkt zu ermöglichen.[2] Erste Windenergieanlagen nehmen seit Kurzem auch am Regelenergiemarkt teil.[3] Ein weiterer Ansatz

---

1 Swider, Handel an Regelenergie- und Spotmärkten, S. 17.

2 Siehe z. B. die Änderungen in §§ 16 und 56 EEG 2012, BT-Drucksache 17/6071, S. 13 und 36.

3 So z. B. ein Windpark der *Statkraft Germany GmbH* mit einer Regelleistung vom 60 MW; Windkraft-Journal vom 17.02.2016, „Statkraft liefert 60 MW Regelenergie aus zwei Windparks“;

https://doi.org/10.1515/9783110458480-010

ist das Lastmanagement, d. h. Verbrauch, der regelbar ist, wird ebenfalls zur Bereitstellung von Regelenergie genutzt. Mit dem deutlichen Sinken der Kosten für Batteriespeicher sind diese nun in den Fokus zur Bereitstellung von Regelenergie gerückt. Batteriespeicher bieten v. a. eine sehr schnelle Reaktionszeit, einer der maßgeblichen Voraussetzungen für die Erbringung von Regelenergie.

Lange Zeit waren Pumpspeicherkraftwerke eine der wenigen Speichermöglichkeiten für Strom, jedoch wurden bereits in den 1980er-Jahren mit einem großen Batteriespeicher in Westberlin erfolgreich Netzschwankungen im Verteilnetz ausgeglichen.[4] In den letzten Jahren waren steigende Installationszahlen von Batteriespeichern zu beobachten, sowohl bei großen Einzelspeichern als auch bei kleineren Speichern für den Hausgebrauch. Das Förderprogramm der KfW *Erneuerbare Energien – Speicher – Strom aus Sonnenenergie erzeugen und speichern*,[5] erstmals im Jahr 2013 aufgelegt und 2016 verlängert, brachte den gewünschten Schub für Neuinstallationen für die sog. Solarstromspeicher. Wie bei technischen Neuerungen oft zu beobachten, verläuft hier der Anstieg der Neuinstallationen nicht linear, sondern exponentiell: Während im Jahr 2014 rund 15.000 Batterien[6] zusammen mit einem PV-System installiert waren, erhöhte sich die Zahl der Gesamtinstallationen im Jahr 2015 nach Schätzungen des BSW Solar auf rund 32.000 Batterien.[7]

Neben der Subvention dieser Batteriespeicher sind auch kurzfristig regulatorische Weichstellungen geplant, die den Ausbau von Batteriespeicherkapazitäten weiter fördern dürften. Das Grünbuch der Bundesregierung zum Strommarkt 2.0[8] enthält eine ganze Reihe von Vorschlägen, welche den Batteriespeicher begünstigen werden, insbesondere Maßnahmen zur Verkürzung der Angebotszeiten für Sekundärregelenergie. Diese werden bereits in einem Festlegungsverfahren der Bundesnetzagentur konsultiert.[9] Auch auf europäischer Ebene finden sich entsprechende Weichenstellungen mit dem *Sommerpaket der EU-Kommission*, welches im Juli 2015

---

http://www.windkraft-journal.de/2016/02/17/statkraft-liefert-60-mw-regelenergie-aus-zwei-windparks/79355; abgerufen am 20.05.2016.

4 Pavlov/Papazov/Gerganska, Battery Energy Storage Systems, UNESCO ROSTE technical report Vol.: 7, S. 64; http://unesdoc.unesco.org/images/0009/000916/091670eo.pdf; abgerufen am 20.05.2016.

5 KfW, „Erneuerbare Energien – Speicher", https://www.kfw.de/inlandsfoerderung/Unternehmen/Energie-Umwelt/Förderprodukte/Erneuerbare-Energien-–-Speicher-(275)/; abgerufen am 22.05.2016.

6 BSW Solar, Statistikpapier „Photovoltaik" 04/2015, S. 1; https://www.solarwirtschaft.de/fileadmin/media/pdf/2015_4_BSW_Solar_ Faktenblatt_Photovoltaik.pdf; abgerufen am 20.05.2016.

7 BSW Solar, Statistikpapier „Photovoltaik" 03/2106, S. 1; https://www.solarwirtschaft.de/fileadmin/media/pdf/2016_3_BSW_Solar_ Faktenblatt_Photovoltaik.pdf; abgerufen am 20.05.2016.

8 BMWi, Weißbuch – Ein Strommarkt für die Energiewende; http://www.bmwi.de/DE/Mediathek/publikationen,did=718200.html; abgerufen am 20.05.2016.

9 BNetzA, BK6-15-158, Festlegungsverfahren zu den Ausschreibungsbedingungen und Veröffentlichungspflichten von Sekundärregelung.

zur Konsultation gestellt wurde und einen Schwerpunkt bei der Schaffung von Flexibilitäten setzt.[10]

Parallel zu diesen Maßnahmen hat sich das Angebot von Batteriespeichern für Letztverbraucher deutlich erweitert: So will die *LichtBlick SE* in Kürze Batterien für Letztverbraucher von *Tesla Motors, Inc.* und der *Sonnen GmbH* vermitteln[11] und auch *Solarwatt* bietet mit *MyReserve 500* ein Speichersystem für Haushaltskunden an.[12] Mit *Nissan*[13] und *Daimler*[14] sind zwei weitere Autobauer in den Markt für stationäre Speicher eingestiegen. Es zeichnet sich also ab, dass Batteriespeicher im zukünftigen Energieversorgungssystem eine wichtige Rolle spielen werden.

2 Der Markt für Regelenergie

Wenn der aktuelle Verbrauch im Versorgungsnetz nicht durch die zeitgleich eingespeiste Energie abgedeckt werden kann, liegt eine Unterdeckung vor, die durch positive Regelenergie ausgeglichen werden muss. Im Falle der Überdeckung, d. h., es wird mehr Energie eingespeist als gerade verbraucht wird, muss dieser Überschuss durch negative Regelenergie ausgeglichen werden. Sowohl positive als auch negative Regelenergie muss kurzfristig bereitgestellt werden und diese Bereitstellung erfolgt kaskadierend in einem dreistufigen System:

(1) Primärregelenergie wird zur schnellen Stabilisierung des Netzes innerhalb von 30 Sekunden benötigt.
(2) Sekundärregelenergie muss innerhalb von fünf Minuten in voller Höhe zur Verfügung stehen.
(3) Minutenreserve wird zur Ablösung der Sekundärregelenergie eingesetzt, ist mit einer Vorlaufzeit von bis hinunter zu 7,5 Minuten zu erbringen und wird mindestens 15 Minuten lang in konstanter Höhe abgerufen.[15]

---

10 EU-Kommission, Commission proposes ‚new deal' for energy consumers, redesign of electricity market and revision of energy label for more clarity; https://ec.europa.eu/energy/en/news/new-electricity-market-consumers; abgerufen am 20.05.2016.

11 LichtBlick SE, SchwarmBatterie – die schlaue Batterie für Ihr Zuhause, https://www.lichtblick.de/privatkunden/schwarm-energie/schwarmbatterie; abgerufen am 22.05.2016.

12 SOLARWATT GmbH, Stromspeicher SOLARWATT MyReserve 500 – Der effizienteste Solarspeicher, https://www.solarwatt.de/de/komponenten/stromspeicher/myreserve_500/; abgerufen am 22.05.2016.

13 Handelsblatt, Die japanische Antwort auf Tesla, Meldung vom 15.05.2016, http://www.handelsblatt.com/unternehmen/industrie/nissan-und-elektroauto-die-japanische-antwort-auf-tesla/13597328.html; abgerufen am 22.05.2016.

14 Deutsche ACCUMOTIVE GmbH & Co. KG, Mercedes-Benz Energiespeicher, https://www.mercedes-benz.com/de/mercedes-benz/next/ vernetzung/ mercedes-benz-energiespeicher/; abgerufen am 22.05.2016.

15 BNetzA, Regelenergie, http://www.bundesnetzagentur.de/DE/Sachgebiete/ElektrizitaetundGas/Unternehmen_Institutionen/Versorgungs-sicherheit/Stromnetze/Engpassmanagement/Regelenergie/regelenergie-node.html; abgerufen am 22.05.2016.

Für jede dieser Regelenergiearten gibt es spezielle Vorschriften und jeweils separate Ausschreibungen. Der vorliegende Beitrag wird sich ausschließlich auf den Markt für Sekundärregelenergie konzentrieren.

3 Die rechtlichen Rahmenbedingungen

Die rechtlichen Rahmenbedingungen für die Erbringung von Sekundärregelenergie lassen sich in fünf Kategorien unterteilen:
(1) Netzanschluss: der Anschluss der Speicher an das Verteilnetz (siehe Kap. 3.1)
(2) Netzzugang: der Zugang zum Verteilnetz und zum Übertragungsnetz (siehe Kap. 3.2)
(3) Transparenzpflichten (siehe Kap. 3.3)
(4) Entgelte (siehe Kap. 3.4)
(5) Messwesen (siehe Kap. 3.5)

3.1 Netzanschluss

Der Netzanschluss eines stationären Batteriespeichers regelt sich zunächst nach den Vorschriften des EnWG. Für Netzanschlüsse von Letztverbrauchern in der Niederspannung ist in § 18 EnWG eine allgemeine Anschlusspflicht geregelt, die letztlich den Netzanschluss für diese Fälle in der Abwicklung weitestgehend standarisiert und stark vereinfacht. Jedoch soll gemäß § 18 Abs. 2 EnWG ein Anspruch auf die allgemeine Anschlusspflicht ausgeschlossen sein, sofern eine Anlage zur Speicherung von elektrischer Energie ebenfalls Gegenstand des Anschlussbegehrens ist. Damit sind Betreiber von Batteriespeichern grundsätzlich auf den Netzanschluss gemäß § 17 EnWG verwiesen, welcher eine stärkere Einzelfallprüfung und gegebenenfalls ein längeres Genehmigungsverfahren des Netzbetreibers nach sich zieht.

Jedoch hat der Gesetzgeber in § 18 Abs. 2 S. 3 EnWG eine Ausnahme von der Ausnahme vorgesehen: KWK-Anlagen und Erneuerbare-Energie-Anlagen, die von Letztverbrauchern zur Deckung des Eigenbedarfs betrieben werden, fallen danach auch unter die allgemeine Anschlusspflicht des § 18 Abs. 1 EnWG. Wird der Batteriespeicher also zusammen mit einer PV-Anlage an das Verteilnetz angeschlossen, wird regelmäßig die Privilegierung des § 18 Abs. 2 S. 3 EnWG greifen und es wird in diesen Fällen auch gemäß § 3 Nr. 1 i. V. m. § 8 Abs. 1 EEG ein Anspruch auf vorrangigen Netzanschluss bestehen.[16]

16 So auch Lehnert/Vollprecht, Der energierechtliche Rahmen für Stromspeicher – noch kein maßgeschneiderter Anzug, in ZNER 2012, Heft 4, S. 359 f. mwN.

Soweit es sich um einen Anschluss gemäß § 18 EnWG handelt, sind die detaillierten Vorgaben in der Netzanschlussverordnung geregelt, etwa Fragen zur Zuständigkeit und Lastenverteilung und zur Möglichkeit der Erhebung von Baukostenzuschüssen. Neben diesen gesetzlichen und verordnungsrechtlichen Vorgaben sehen sich Anlagenbetreiber im Detail mit den technischen Vorgaben des örtlichen Verteilnetzbetreibers konfrontiert. Die Grundlage hierfür legt § 19 EnWG i. V. m. § 49 Abs. 1 EnWG, wonach Energieanlagen so zu errichten und zu betreiben sind, dass die technische Sicherheit gewährleistet ist. Dabei sind die allgemein anerkannten Regeln der Technik zu beachten. Die Einhaltung der allgemein anerkannten Regeln der Technik wird gemäß § 49 Abs. 2 EnWG vermutet, wenn die technischen Regeln des *Verbands der Elektrotechnik Elektronik Informationstechnik e. V.* (VDE) eingehalten werden. Diese Regelung führt in der Praxis dazu, dass den VDE-Vorschriften gerade von Netzbetreiberseite eine quasigesetzliche Wirkung zugeschrieben wird, obgleich die VDE-Vorschriften gerade nicht mit einer demokratischen Legitimation ausgestattet sind, sondern in weitestgehend nicht öffentlichen Gremien, die mehrheitlich mit Vertretern von Netzbetreibern besetzt sind, erarbeitet werden.[17] Die VDE-Vorschriften werden von den Netzbetreibern durch Einfügung in die technischen Anschlussbedingungen (TAB) zu einer (vertraglich) verpflichtenden Voraussetzung für den Netzanschluss. Dies führt gerade bei innovativen Gestaltungen von Netzanschlüssen und Messkonzepten regelmäßig zu Konflikten.[18] Die Gestaltungsmöglichkeiten des Netzbetreibers mit Blick auf die Netzanschlussbedingungen sind jedoch mit den Vorgaben des § 17 Abs. 1 EnWG, wonach die Bedingungen des Netzbetreibers angemessen, diskriminierungsfrei und transparent sein müssen, eingegrenzt.

Für den Netzanschluss von Letztverbrauchern in der Niederspannungsebene hat der Verordnungsgeber den Gestaltungsspielraum des Netzbetreibers in § 20 NAV noch weitergehend konkretisiert: Technische Anforderungen darf der Netzbetreiber an den Netzanschluss nur insoweit stellen, *soweit dies aus Gründen der sicheren und störungsfreien Versorgung, insbesondere im Hinblick auf die Erfordernisse des Verteilernetzes, notwendig ist.* Abstrakte Gefahren sind nach der Rechtsprechung des Bundesgerichtshofs nicht ausreichend, um technische Anforderungen des Netzbetreibers zu rechtfertigen.[19]

---

17 Entwürfe von VDE-Vorschriften werden öffentlich konsultiert und es besteht grundsätzlich die Möglichkeit, eine Stellungnahme abzugeben und diese auch vor dem zuständigen Gremium des VDE zu erläutern. Aufgrund der Stimmrechtsverteilung im FNN, dem zuständigen Forum des VDE, wird eine solche externe Stellungnahme jedoch regelmäßig keine Auswirkung haben.

18 Vgl. BNetzA, Beschluss vom 16.03.2016, BK6-15-174 (Zählerschrank); BNetzA, Beschluss vom 19.03.2012, BK6-11-113 (Anordnung von Messeinrichtungen); BNetzA, Beschluss vom 22.04.2010, BK6-09-141 (technische Mindestanforderungen an Messeinrichtungen).

19 BGH, Beschluss vom 14.04.2015, EnVR 45/13, Rn. 33.

Neben der technischen Ausgestaltung des Netzschlusses stellt sich beim Anschluss von Batteriespeichern auch immer wieder die Frage der Zulässigkeit der Erhebung von Baukostenzuschüssen durch den Netzbetreiber. Für die Niederspannungsebene ist in § 11 Abs. 3 NAV bestimmt, dass für Leistungsanforderungen bis einschließlich 30 kW keine Baukostenzuschüsse erhoben werden dürfen. Einzelne Haushalte werden daher bei einer Erstellung oder Erweiterung des Netzanschlusses aufgrund der Installation von Batteriespeichern regelmäßig keine Baukostenzuschüsse zahlen müssen. Für große Batteriespeicher, die meist aufgrund ihrer Leistung in höheren Netzebenen angeschlossen werden, ist die Rechtslage weniger eindeutig. Die *Bundesnetzagentur* vertritt in einem Positionspapier aus dem Jahre 2009 die Meinung, dass die Erhebung von Baukostenzuschüssen in Spannungsebenen oberhalb der Niederspannung grundsätzlich zulässig ist.[20] Diese Ansicht zur grundsätzlichen Zulässigkeit von Baukostenzuschüssen ist so auch von der Rechtsprechung gedeckt[21] und es ist ihr auch zuzustimmen, findet sich in § 17 EnWG doch die Regelung, dass Netzbetreiber Energieanlagen *„zu technischen und wirtschaftlichen Bedingungen an ihr Netz anzuschließen“* haben, die unter anderem angemessen und diskriminierungsfrei sein müssen. Die ausdrückliche Erwähnung *„von wirtschaftlichen Bedingungen“* bietet insoweit ein ausreichendes Indiz, dass die Erhebung von Baukostenzuschüssen durch den Netzbetreiber zulässig ist. Gleichwohl bietet das Gesetz selbst keine Rechtsgrundlage dafür, sodass diese letztlich immer nur vertraglich hergeleitet werden kann. Ein gewichtiges Argument für die Erhebung von Baukostenzuschüssen ist, dass sie die Netzkosten senken, die im Rahmen der Netzentgeltkalkulation zugrunde gelegt werden, und so durch die verringerten Netzentgelte allen Netznutzern zugutekommen.[22] Es handelt sich dabei um den Grundsatz der Verursachungsgerechtigkeit. Batteriespeicher sind jedoch gemäß § 118 Abs. 6 EnWG unter gewissen Voraussetzungen von der Zahlung von Netzentgelten und damit vom Grundsatz der Verursachungsgerechtigkeit ausgenommen, sodass viel dafür spricht, dass die Erhebung von Baukostenzuschüssen für Batteriespeicher unzulässig ist. Ausgehend von der Prämisse, dass Baukostenzuschüsse einmalige Aufwendungen für die Erstellung oder Verstärkung von Verteilungsanlagen des Netzes darstellen,[23] sind Erzeugungsanlagen regelmäßig von derartigen Aufwendungen befreit, so u. a. gemäß § 17 EEG, § 3 KWKG und § 8 Abs. 3 KraftNAV. Auch unter dem Gesichtspunkt der Diskriminierungsfreiheit wird man für Batteriespeicher daher nur schwerlich eine Zulässigkeit von Baukostenzuschüssen herleiten können.

20 BNetzA, Positionspapier vom 27.03.2009, BK6p-06-003.

21 OLG Düsseldorf, Beschluss vom 8.11.2006, Az. VI-3 Kart 291/06 (V), Rn 27; BGH, Beschluss vom 18.11.2014, Az. EnVZ 23/14, Rn. 5.

22 OLG Düsseldorf, Beschluss vom 19.03.2014, Az. VI-3 Kart 64/13 (V), Rn. 39.

23 OLG Düsseldorf, Beschluss vom 19.03.2014, Az. VI-3 Kart 64/13 (V), Rn. 39.

3.2 Netzzugang

Die rechtlichen Fragen zum Betrieb des Speichers werden maßgeblich von den Vorschriften zum Netzzugang dominiert und insbesondere die Erbringung von Sekundärregelenergie wäre ohne diskriminierungsfreien Netzzugang des Speicherbetreibers nicht möglich. Der diskriminierungsfreie Netzzugang kommt bei der Erbringung von Sekundärregelenergie gleich zweifach zum Tragen: Zum einen ermöglicht der diskriminierungsfreie Netzzugang ein „level playing field" beim Zugang zum Verteilnetz und regelt damit die Rechte und Pflichten des Batteriespeicherbetreibers im Verhältnis zum Verteilnetzbetreiber, zum anderen ermöglicht der diskriminierungsfreie Netzzugang aber auch den Zugang zum Übertragungsnetz und damit letztlich den Zugang zum Markt für Regelenergie.[24]

3.2.1 Europarecht

Grundlagen für den Netzzugang finden sich zunächst auf der europäischen Ebene. Zentrale Vorschrift ist hier die Richtlinie 2009/92/EG des *Europäischen Parlaments* und des *Europäischen Rates* vom 13. Juli 2009 über gemeinsame Vorschriften für den Elektrizitätsbinnenmarkt und zur Aufhebung der Richtlinie 2003/54/EG (*Binnenmarktrichtlinie Strom*), allerdings kann auch Art. 102 AEUV dem Netznutzer bei Netzzugangsfragen zum Übertragungsnetz wichtige Rechte einräumen, denn es wird eine Marktbeherrschung naturgemäß vorliegen und gerade mit Blick auf die Übertragungsnetzebene wird man eine Relevanz für den europäischen Binnenmarkt regelmäßig herleiten können.

Die *Binnenmarktrichtlinie Strom* verweist bereits unter den Erwägungsgründen 4 und 26 auf den diskriminierungsfreien Netzzugang als einen der tragenden Grundsätze der Richtlinie 2009/72/EG. Die Bedeutung des Zugangs zum Markt für Ausgleichsenergie – und damit zum Markt für Regelenergie – wird in Erwägungsgrund 35 betont. Die Pflicht des Übertragungsnetzbetreibers, einen diskriminierungsfreien Netzzugang zu gewähren, ist in Art. 12 lit. f) und lit. g) der Richtlinie 2009/72/EG niedergelegt. Die speziellen Marktzugangsregelungen für die Erbringung von Regelenergie finden sich in Art. 15 Abs. 7 der Richtlinie 2009/72/EG, wonach die von den Übertragungsnetzbetreibern festgelegten Ausgleichsregelungen für das Elektrizitätsnetz objektiv, transparent und nichtdiskriminierend sein müssen. Entsprechend des Effet-utile-Grundsatzes des Gemeinschaftsrechts,[25] werden sich alle Bedingungen für die Erbringung von Regelenergie letztlich an diesen Vorgaben messen müssen.

---

24 Vgl. insoweit auch § 3 Abs. 1 StromNZV, wonach unabhängig von der Anschlussebene durch den Netznutzungsvertrag der Zugang zum gesamten Netz vermittelt wird.

25 Für eine umfassende Darstellung siehe Potacs, Effet utile als Auslegungsgrundsatz, in EuR, Heft 4, 2009, S. 465 f.

3.2.2 Nationales Recht

Die Vorgaben der Richtlinie 2009/72/EG hat Deutschland in Form des Energiewirtschaftsgesetzes und den dazugehörigen Verordnungen umgesetzt. Die Regelverantwortung der Übertragungsnetzbetreiber ist in den §§ 12, 13 EnWG normiert, während sich die Vorgaben zum Netzzugang aus den §§ 20, 21 EnWG ergeben. Gemäß § 22 EnWG sind die Übertragungsnetzbetreiber verpflichtet, „Energie, die sie zur Deckung von Verlusten und für den Ausgleich von Differenzen zwischen Ein- und Ausspeisung benötigen, nach transparenten, auch in Bezug auf verbundene oder assoziierte Unternehmen nichtdiskriminierenden und marktorientierten Verfahren zu beschaffen“.

Ausgehend von dieser Regelung hat der Verordnungsgeber die Vorgaben für die Beschaffung von Regelenergie in §§ 6 bis 9 StromNZV weiter spezifiziert. Die Regelungen beschreiben dabei die Grundsätze für das Ausschreibungsverfahren und die Abrechnung der Regelenergie. Die genaue Ausgestaltung der Ausschreibung ist wiederum in Festlegungen der *Bundesnetzagentur* geregelt.[26] Aktuell muss die Ausschreibung der Sekundärregelleistung in der Vorwoche, und zwar grundsätzlich jeweils mittwochs für die Folgewoche, stattfinden. Die Angebote erfolgen für zwei Zeitscheiben, die Haupt- und die Nebenzeit. Die Hauptzeit ist für den Zeitraum von Montag bis Freitag jeweils von 08:00 Uhr bis 20:00 Uhr, die Nebenzeit ist für die Zeiten von 20:00 Uhr bis 24:00 Uhr sowie von 0:00 Uhr bis 8:00 Uhr festgelegt. Samstag, Sonntag und Feiertage gelten von 0:00 Uhr bis 24:00 Uhr als Nebenzeit.[27] Diese Angebotszeiträume machen es naturgemäß Erneuerbaren Energien und auch Batteriespeichern nahezu unmöglich, am Regelenergiemarkt teilzunehmen, denn sowohl eine Prognose als auch eine Fahrweise für diese langen Zeiträume sind selbst im Poolverbund mehrerer Anlagen nur schwer darstellbar.

Dieses Problem hat bereits das Weißbuch *Ein Strommarkt für die Energiewende* des *Bundeswirtschaftsministeriums*[28] adressiert, in dem dort kürzere Angebotsscheiben vorgeschlagen wurden, und dies wurde nun jüngst auch durch ein Konsultationsverfahren der *Bundesnetzagentur* aufgegriffen. In dem zugrunde liegenden Eckpunktepapier der *Bundesnetzagentur*[29] sind mit einem kalendertäglichen Ausschreibungszyklus und sechs Zeitscheiben von jeweils vier Stunden Vorschläge enthalten, die eine grundsätzliche Teilnahme von Batteriespeichern ermöglichen können. Die vorgeschlagene Mindestangebotsgröße von 1 MW dürfte ebenfalls die Teilnahme von (gepoolten) Batteriespeichern fördern. Sofern die finale Festlegung der *Bundesnetzagentur* diese zentralen Punkte auch in dieser Form umsetzt, dürften

26 Für die hier relevante Ausschreibung von Sekundärregelenergie sind die aktuellen Vorgaben in der Festlegung der BNetzA vom 12.04.2011, BK6-10-098, getroffen worden.

27 BNetzA, Festlegung vom 12.04.2011, BK6-10-098, Ziffer 4 des Tenors.

28 BMWi, Weißbuch – Ein Strommarkt für die Energiewende; http://www.bmwi.de/DE/Mediathek/publikationen,did=718200.html; abgeru-fen am 20.05.2016.

29 BNetzA, Eckpunktepapier im Festlegungsverfahren zu den Ausschreibungsbedingungen und Veröffentlichungspflichten von Sekundärregelung, BK6-15-158.

maßgebliche Hindernisse für die Teilnahme von Batteriespeichern am Sekundärregelenergiemarkt beseitigt sein.

3.2.3 Bedingungen der Übertragungsnetzbetreiber

Neben diesen gesetzlichen und behördlichen Vorgaben, die sich in erster Linie an die Übertragungsnetzbetreiber richten, müssen Betreiber von stationären Speichern jedoch auch die Vorgaben der Übertragungsnetzbetreiber einhalten, wenn sie am Markt für Sekundärregelenergie teilnehmen wollen. Diese sog. Präqualifikationsanforderungen regeln zahlreiche technische Vorgaben, namentlich

- die technischen Anforderungen an die einzelnen Technischen Einheiten,
- die technische Anforderungen an den Sekundärregelleistungspool des Anbieters,
- die Anforderungen für die leittechnische Anbindung und
- organisatorische Anforderungen.[30]

Während die zuvor beschriebenen gesetzlichen Vorgaben und die Festlegungen der Bundesnetzagentur v. a. das *„Wie“* des Zugangs regeln, regeln die Präqualifikationsanforderungen der Übertragungsnetzbetreiber nicht nur das *„Wie“*, sondern faktisch auch das *„Ob“* des Zugangs der Anbieter zum Markt für Sekundärregelenergie. Mit anderen Worten: Der Zugang zum Markt für Regelenergie ist maßgeblich von den Präqualifikationsanforderungen der Übertragungsnetzbetreiber abhängig.

Es überrascht insoweit, dass die Ausgestaltung des Marktes für Regelenergie in Form der Festlegungen der *Bundesnetzagentur* stark regulierungsrechtlich geformt ist, während die Stufe davor, also der grundsätzliche Zugang, weitestgehend ohne regulierungsrechtliche Vorgaben der *Bundesnetzagentur* auskommen muss. Anbietern von Regelenergie bleibt insoweit im Falle eines Konflikts lediglich die behördliche Kontrolle im Wege des Missbrauchsverfahrens oder der gerichtliche Weg. Dabei müssen sich die Präqualifikationsanforderungen der Übertragungsnetzbetreiber einerseits an den Vorgaben der §§ 20, 21 und 22 EnWG messen lassen, da es sich aber um formularmäßige Geschäftsbedingungen der Übertragungsnetzbetreiber handelt, kommt andererseits grundsätzlich auch eine Überprüfung der Präqualifikationsanforderungen gemäß § 305 ff. BGB in Betracht, da der Konkurrenzfall gemäß § 310 Abs. 2 BGB, die Versorgung von Sonderabnehmern mit elektrischer Energie, gerade nicht vorliegt.

3.2.3.1 Technische Präqualifikationsanforderungen der Übertragungsnetzbetreiber

Ein grundsätzliches Problem der Präqualifikationsanforderungen der Übertragungsnetzbetreiber ist die Aktualität dieser Vorgaben. Entwickelt und publiziert wurden die

---

30 FNN, TransmissionCode 2007: Netz- und Systemregeln der deutschen Übertragungsnetzbetreiber Anhang D2, Teil 1 „Präqualifikationsbedingungen“.

Vorgaben im Jahr 2009, sodass jüngste Entwicklungen wie der Zuwachs der Erneuerbaren Energien und die Verfügbarkeit von Batteriespeichern in diesen Vorgaben derzeit keine Berücksichtigung finden. Die Präqualifikationsanforderungen der Übertragungsnetzbetreiber sind aktuell immer noch am Leitbild der thermischen Großkraftwerke ausgerichtet.

Für die Sekundärregelenergie gilt eine Vorhaltezeit von 15 Minuten, denn danach kommt die Minutenreserve zum Tragen. Gleichwohl müssen Anbieter von Sekundärregelenergie als Nachweis der technischen Leistungsfähigkeit eine sog. Doppelhöckerkurve abfahren, d. h., die technischen Einheiten des Anbieters müssen zweimal in Folge den Nachweis erbringen, dass sie entsprechende Regelleistung erbringen können.[31] Dies kann bei stationären Energiespeichern zu erheblichen Problemen führen, da diese dann in Summe 30 Minuten lang Regelleistung erbringen müssen. Für ähnlich strenge Vorgaben der Übertragungsnetzbetreiber im Bereich der Primärregelenergie hat die *Europäische Kommission* jedoch bereits eine Ablehnung solcher Anforderungen signalisiert.[32] In Anbetracht der Punktgenauigkeit, mit der stationäre Speicher Regelenergie erbringen können, erscheint ein solches 30-Minuten-Kriterium dann auch wenig angemessen und nicht sachlich gerechtfertigt im Sinne der §§ 20, 21 und 22 EnWG. Da mit den Präqualifikationsanforderungen der Zugang zum Markt geregelt wird, ist der Eingriff der Übertragungsnetzbetreiber in die Rechte der Regelenergieanbieter als sehr schwerwiegend einzuordnen und dementsprechend müssen auch hohe Anforderungen an die Rechtfertigungsgründe der Übertragungsnetzbetreiber gestellt werden. Lediglich technisch wünschenswerte Vorgaben werden dafür nicht ausreichen, sondern es muss sich dabei um zwingend notwendige Vorgaben handeln. Spätestens mit der Verkürzung der Zeitscheiben auf vier Stunden (bzw. perspektivisch nur noch eine Stunde) im aktuellen Festlegungsverfahren der *Bundesnetzagentur* werden derartige Vorgaben nicht mehr gerechtfertigt sein.

Die Präqualifikationsanforderungen unterscheiden zwischen der Ansteuerung eines Pools von mehreren technischen Einheiten und der Einzelansteuerung der technischen Einheit. Während es bei der Ansteuerung eines Pools von Batteriespeichern maßgeblich auf den zuvor beschriebenen Nachweis der Doppelhöckerkurve ankommt, sind die technischen Anforderungen an einen Batteriespeicher im Falle der Einzelansteuerung, sprich: bei einem Batteriespeicher, der als einzelne Einheit Sekundärregelenergie erbringen will, um ein Vielfaches höher. So muss ein Sekundärregelband von 10 MW vorliegen und die technische Einheit muss für mindestens

---

31 FNN, TransmissionCode 2007: Netz- und Systemregeln der deutschen Übertragungsnetzbetreiber Anhang D2, Teil 1 „Präqualifikationsbedingungen“, S. 12.

32 ErneuerbareEnergien.de, „Große Chancen für große Stromspeicher“, Artikel vom 26.11.2015, http://www.erneuerbareenergien.de/grosse-chancen-fuer-grosse-stromspeicher/150/437/91945/; abgerufen am 22.05.2016.

vier Stunden Sekundärregelleistung erbringen können.[33] Die Angemessenheit dieser Vorgaben ist zweifelhaft, spätestens mit der Umsetzung der kürzeren Zeitscheiben von vier Stunden Dauer bzw. perspektivisch von nur noch einer Stunde im aktuellen Festlegungsverfahren der *Bundesnetzagentur* werden auch diese Vorgaben mit Blick auf die Kriterien der Angemessenheit und Diskriminierungsfreiheit gemäß §§ 20, 21 und 22 EnWG nicht mehr haltbar sein.

3.2.3.2 IT-Bedingungen der Übertragungsnetzbetreiber

Neben den technischen Vorgaben, die sich auf die Eigenschaften des Pools sowie der einzelnen technischen Einheiten beziehen, gibt es darüber hinaus auch einen sehr detaillierten Anforderungskatalog an die leittechnische Anbindung der technischen Einheiten, die sog. IT-Bedingungen.[34]

Auch diese Vorgaben müssen sich im Einklang mit den geltenden rechtlichen Regelungen befinden. Diese rechtlichen Regelungen des EnWG und der StromNZV sind für den Bereich der Sekundärregelenergie durch die Festlegung der *Bundesnetzagentur* vom 12.04.2011, Az. BK6-10-098, näher ausgestaltet worden. Wie sich aus § 1 StromNZV und aus den §§ 6 ff. StromNZV selbst ergibt, handelt es sich bei der Regelenergieerbringung um einen Spezialfall – im Sinne eines Unterfalls – des Netzzugangs. Die Vorschriften über den Netzzugang finden daher ergänzend ebenfalls Anwendung. Gemäß § 22 EnWG müssen die Übertragungsnetzbetreiber die Regelenergie *„nach transparenten, auch in Bezug auf verbundene oder assoziierte Unternehmen nichtdiskriminierenden und marktorientierten Verfahren“* beschaffen. Die Beschaffung der Regelenergie muss sich im Übrigen an den Grundsätzen des effizienten und nicht diskriminierenden Netzzugangs gemäß § 20 EnWG sowie an der Zielsetzung des § 1 EnWG, also der sicheren, preisgünstigen, verbraucherfreundlichen, effizienten und umweltverträglichen leitungsgebundenen Versorgung der Allgemeinheit mit Elektrizität, orientieren. Detaillierte Vorgaben an Regelleistungsanbieter finden sich in § 6 Abs. 5 StromNZV, wonach potenzielle Anbieter von Regelenergieprodukten den Nachweis erbringen müssen, *„dass sie die zur Gewährleistung der Versorgungssicherheit erforderlichen Anforderungen für die Erbringung der unterschiedlichen Regelenergiearten erfüllen“*. Die Anbieter haben dabei *„insbesondere die notwendigen technischen Fähigkeiten und die ordnungsgemäße Erbringung der Regelleistung unter betrieblichen Bedingungen“* nachzuweisen.

33 FNN, TransmissionCode 2007: Netz- und Systemregeln der deutschen Übertragungsnetzbetreiber Anhang D2 Teil 1, Kapitel 3.2.5 Erbringung der Sekundärregelleistung bei ÜNB-seitiger Einzelansteuerung, S. 14.

34 50Hertz Transmission GmbH, Amprion GmbH, TenneT TSO GmbH und TransnetBW GmbH, „Mindestanforderungen an die Informationstechnik des Anbieters für die Erbringung von Regelleistung“; https://www.regelleistung.net/ext/static/srl/it; abgerufen am 22.05.2016.

Eine konkrete Regelung in den „Mindestanforderungen an die Informationstechnik des Anbieters für die Erbringung von Sekundärregelleistung“, die zu einer Markteintrittshürde für Batteriespeicher werden kann, betrifft die Vorgabe zur Verwendung von seriellen Schnittstellen. Die konkrete Regelung lautet: *„3.1.2.4: Die TEs sind über eine serielle Schnittstelle anzubinden. Ein Medienbruch zum IP-Protokoll ist zwingend erforderlich.“*[35] Diese Vorgabe führt bei Bestandsanlagen, die nicht über eine solche serielle Schnittstelle verfügen, zu erheblichen Mehrkosten und wird bei kleinteiligen Anlagen wie Batteriespeichern zum absoluten Zugangshindernis. Die Anforderung stellt sich in mehrfacher Hinsicht als zweifelhaft dar: Der Medienbruch, der durch die serielle Schnittstelle erzeugt wird, stellt ein Sicherheitsmerkmal dar, das grundsätzlich erstrebenswert ist. Jedoch existiert bereits eine serielle Anbindung zwischen dem Übertragungsnetzbetreiber und dem Anlagenbetreiber, sodass an dieser Stelle bereits ein – aus Sicherheitsgründen erwünschter – Medienbruch vorliegt. Die zusätzliche Unterbrechung zwischen Technischer Einheit und der IP-Anbindung zum Anlagenbetreiber ist damit (lediglich) eine weitere Unterbrechung, welche die Sicherheit erhöht, aber insoweit keine zwingende Anforderung darstellt, da ja bereits ein Medienbruch vorliegt. Mit Blick auf die Verhältnismäßigkeit der Anforderung darf daher die Rechtmäßigkeit dieser Anforderung bezweifelt werden. Dies gilt umso mehr, als dass die Verbindung als solche auch zusätzlich verschlüsselt ist und die serielle Schnittstelle zwischen Übertragungsnetzbetreiber und Anlagenbetreiber also nicht die einzige Sicherheitsvorkehrung ist. Last, but not least, fehlt es auch an alternativen Lösungen, die einem Anbieter dennoch eine Teilnahme am SRL-Markt ermöglichen, auch wenn keine serielle Verbindung vorliegt. Derartige Lösungen sind vorhanden, so z. B. das Application Layer Gateway, und bedürften daher auch einer Berücksichtigung bei den SRL-Vorgaben. Da die Vorgabe einer seriellen Schnittstelle bei kleinteiligen Bestandsanlagen, wie Batteriespeichern oder auch Mini- und Micro-BHKW, zu einem absoluten Marktzugangshindernis führt, bedarf es kostengünstiger Alternativlösungen, die bislang jedoch – obwohl verfügbar – nicht von den Übertragungsnetzbetreibern akzeptiert werden. Solange dies nicht der Fall ist, muss aus Gründen des Bestandsschutzes und der Diskriminierungsfreiheit eine Teilnahme am SRL-Markt auch ohne serielle Schnittstelle zwischen Technischer Einheit und Anlagenbetreiber möglich sein. Neben den beschriebenen Sicherheitsvorkehrungen werden im Übrigen zusätzlich technische Einheiten als Reserve vorgehalten, sodass es also mehrere Sicherheitsstufen gibt, die ein hohes Maß an SRL-Verfügbarkeit gewährleisten. Ein Untersagen der Teilnahme von Bestandsanlagen ohne serielle Schnittstelle wäre somit missbräuchlich. Perspektivisch ist an dieser Stelle auf die zukünftigen Regelungen zum Messwesen, das Messstellenbetriebsgesetz (MsbG), hinzuweisen.

---

35 50Hertz Transmission GmbH, Amprion GmbH, TenneT TSO GmbH und TransnetBW GmbH, „Mindestanforderungen an die Informationstechnik des Anbieters für die Erbringung von Regelleistung“, https://www.regelleistung.net/ext/static/srl/it, S. 13; abgerufen am 22.05.2016.

Intelligente Messsysteme nach dem MsbG sind mit einem sogenannten Smart-Meter-Gateway ausgestattet, das einen neuen und sehr hohen Sicherheitsstandard des BSI erfüllen wird. Eine Steuerung von stationären Energiespeichern über ein derartiges intelligentes Messsystem im Rahmen der Erbringung von Regelenergie wäre eine zusätzliche Sicherheitsvorkehrung.

Eine weitere Regelung in den IT-Anforderungen, die eine Teilnahme von kleinteiligen Batteriespeichern verhindern könnte, betrifft den Zutritts-, Zugangs- und Zugriffschutz beim Regelleistungsanbieter. So heißt es unter Ziffer 3.1.2.5: „Es ist ein angemessener Zutritts-, Zugangs- und Zugriffschutz zu Räumlichkeiten, Systemen und Netzwerken, die zur Erbringung der RL erforderlich sind, sicher zu stellen (z. B. Zutritts- und Schlüsselkonzepte, Berechtigungsmanagement und physikalische Sicherheitsmaßnahmen in Verbindung mit einem angemessenen Anweisungswesen und Kontrollen). Elektrische Betriebsräume müssen abgeschlossen sein. Die Geräte des RL-Anbieters müssen zusätzlich in einem alarmgesicherten, verschlossenen Sicherheitsschrank untergebracht sein.“[36]

Zunächst ist auffällig, dass die Regelung wenig konkret ist und dem Anbieter kaum Anhaltspunkte bietet, wie ein „angemessenes“ Zutritts- und Zugangssystem mit Zugriffsschutz aussehen soll. Diese Unbestimmtheit der Anforderungen verstößt gegen das Transparenzgebot aus § 22 EnWG, wonach Regelenergie nach einem transparenten Verfahren zu beschaffen ist. Da es sich bei den Präqualifizierungsvorgaben um Zugangsbeschränkungen für den Markt der Regelenergieerbringung handelt, kommt dem Begründungserfordernis aufseiten der Übertragungsnetzbetreiber aber eine erhöhte Bedeutung zu, da nur so für die potenziellen Anbieter sichtbar wird, welche *„notwendigen technischen Fähigkeiten“* gemäß § 6 StromNZV vorliegen müssen. Die Rechtfertigung der Marktzugangsbeschränkung fußt auf der Erwägung des § 6 StromNZV, wonach die Anforderungen *„zur Gewährleistung der Versorgungssicherheit erforderlich“* sein müssen. Fehlt es an der Bestimmtheit der Vorgaben, liegt somit ein Verstoß gegen § 22 EnWG vor. Es handelt sich dann um einen verbotenen Missbrauch der Marktstellung gemäß § 30 Abs. 1 Nr. 1 EnWG. Dieser wäre durch die Regulierungsbehörde im Wege des Missbrauchsverfahrens oder auch im Wege eines Gerichtsverfahrens (Klage auf Unterlassung und Beseitigung sowie ggf. Schadensersatz) angreifbar.

Auch hinsichtlich der Formulierung *„Geräte des Anbieters in einem alarmgesicherten, verschlossenen Sicherheitsschrank“* wird nicht klar, welche Geräte des Anbieters gemeint sind, sodass auch hier der Vorwurf der Intransparenz und Unbestimmtheit greift. Doch selbst wenn man unterstellt, die Unbestimmtheit der Regelung ließe sich lösen, so bliebe die Anforderung, dass – neben den verschlossenen

36 50Hertz Transmission GmbH, Amprion GmbH, TenneT TSO GmbH und TransnetBW GmbH, „Mindestanforderungen an die Informationstechnik des Anbieters für die Erbringung von Regelleistung“, https://www.regelleistung.net/ext/static/srl/it, S. 15; abgerufen am 22.05.2016.

Räumlichkeiten selbst – die Geräte zusätzlich in einem alarmgesicherten, verschlossenen Sicherheitsschrank unterzubringen sind. Es wird also deutlich, dass bei jeder technischen Einheit ein alarmgesicherter, verschlossener Sicherheitsschrank vorgehalten werden soll. Gerade im kleinteiligen Bereich wird diese Vorgabe zu einer echten Marktzutrittshürde, da die Kosten für die Installation des Schranks zusätzlich erwirtschaftet werden müssen. Eine Internetrecherche des Autors hat ergeben, dass die Anschaffung und Installation eines solchen Schrankes leicht mehr als 1000 € kostet. Für den Leistungsbereich der Photovoltaikspeicher mit wenigen kW Leistung stellt sich die Forderung nach einem Sicherheitsschrank als absolutes Markthindernis dar, da diese Kosten keinen wirtschaftlichen Betrieb ermöglichen. Die Forderung wäre daher nur dann gerechtfertigt, wenn sich die *„Gewährleistung der Versorgungssicherheit“* gemäß § 6 StromNZV nicht auch auf anderem Wege, also weniger einschneidend für den Anbieter, sicherstellen ließe. Dies wäre aber z. B. durch ein aktives Anlagen-Monitoring, das Auskunft über den jeweiligen Anlagenzustand (online/offline etc.) gibt, in ausreichendem Maße sichergestellt. Wenn zudem ein grundsätzliches Zugangsmanagementsystem besteht (ein verschlossener Betriebsraum), ist die zusätzliche Anforderung eines Sicherheitsschranks nicht begründbar. Ein Sicherheitsschrank ist daher keine zur *„Gewährleistung der Versorgungssicherheit erforderliche Anforderung“*, die technische Notwendigkeit gemäß § 6 Abs. 5 StromNZV ist nicht gegeben. Auch diese Anforderung stellt sich daher als ein verbotener Missbrauch gemäß § 30 Abs. 1 Nr. 1 EnWG dar.

3.3 Transparenzpflichten

Ein Regelleistungsanbieter bewegt sich auf dem Energiehandelsmarkt, denn er verkauft Regelenergie an die Übertragungsnetzbetreiber und muss sich daher gemäß Art. 9 Verordnung (EU) Nr. 1227/2011 über die Integrität und Transparenz des Energiegroßhandelsmarkts (REMIT) als Marktteilnehmer, der meldepflichtige Transaktionen abschließt, bei der Bundesnetzagentur registrieren.

Neben dieser Registrierungspflicht besteht auch eine Verpflichtung zur Veröffentlichung von Insiderinformationen gemäß Art. 4 REMIT. Der Begriff *„Insider-Information“* wird in Art. 2 Nr. 1 REMIT als *„eine nicht öffentlich bekannte präzise Information, die direkt oder indirekt ein oder mehrere Energiegroßhandelsprodukte betrifft und die, wenn sie öffentlich bekannt würde, die Preise dieser Energiegroßhandelsprodukte wahrscheinlich erheblich beeinflussen würde“* definiert. Darunter fallen gemäß Art. 2 Nr. 1 b) REMIT insbesondere auch Informationen, die die Kapazität und die Nutzung von Anlagen zur Speicherung von Strom, einschließlich der geplanten oder ungeplanten Nichtverfügbarkeit dieser Anlagen, betreffen. In der Praxis wird sich dabei schnell die Frage stellen, ab welcher Größenordnung eine Nichtverfügbarkeit der Speicher eine Meldepflicht auslöst. Mit Blick auf die generelle Meldepflicht oberhalb von 10 MW Leistung gemäß Art. 4 Abs. 1 b) der Durchführungsverordnung

(EU) Nr. 1348/2014 (REMIT-DVO) muss im Wege eines „Erst-Recht-Schlusses" also bei einer Nichtverfügbarkeit ab einer Leistung von 10 MW in jedem Fall eine Meldung im Sinne des Art. 4 REMIT erfolgen.

Zentrale Pflicht gemäß REMIT ist die regelmäßige Meldung von Handelstransaktionen, hierbei sind jedoch Verträge über Regelenergieleistungen gemäß Art. 4 Abs. 1 d) REMIT-DVO ausgenommen, soweit ACER davon absieht.[37] Strittig ist in diesem Zusammenhang, inwieweit Regelenergieanbieter dennoch von einer Meldepflicht betroffen sein könnten, wenn der Vertrag über die Erbringung der Regelenergie nicht mit einem Übertragungsnetzbetreiber geschlossen wurde, sondern mit einem Poolanbieter, der wiederum den Vertrag über die Erbringung von Regelenergie mit dem jeweiligen Übertragungsnetzbetreiber abgeschlossen hat. So wird argumentiert, dass der Vertrag zwischen Regelenergieanbieter und Poolbetreiber kein typischer Vertrag über die Erbringung von Regelenergie sei, sondern je nach Vertragsgestaltung auch als Stromliefervertrag zu qualifizieren sei und daher keine Befreiung von der Meldepflicht gemäß Art. 4 Abs. 1 d) REMIT-DVO bestehe.[38] In der Tat wird es auf die konkrete Ausgestaltung des Vertrags zwischen Regelenergieanbieter und Poolanbieter ankommen. In der Praxis findet sich aber in diesen Verträgen regelmäßig entweder eine direkte Bezugnahme auf die Präqualifikationsanforderungen der Übertragungsnetzbetreiber und das zu liefernde Stromprodukt wird so eindeutig als Regelenergie definiert oder es erfolgt sogar eine direkte Präqualifikation durch den Regelenergieanbieter. Es wäre also in beiden Fallgestaltungen klargestellt, dass auch zwischen Regelenergieanbieter und Poolbetreiber ein Vertrag über Regelenergieleistungen vorliegt. Eine Meldepflicht besteht in diesen Fällen dann nicht.

3.4 Entgelte

Neben den beschriebenen Vorgaben spielen die finanziellen Belastungen, denen sich der Anlagenbetreiber bei der Erbringung von Regelenergie ausgesetzt sieht, eine maßgebliche Rolle bei der Frage der praktischen Umsetzbarkeit. Hierbei ist die Richtung der erbrachten Regelenergie, also positive oder negative Regelenergie, entscheidend.

3.4.1 Positive Regelenergie – Einspeisung von Strom in das Verteilnetz

Der Abruf von positiver Sekundärregelenergie bedeutet, dass der Batteriespeicher entladen wird und so Strom in das Verteilnetz eingespeist wird. Dies bedeutet, dass

37 Derzeit sieht ACER von derartigen Anforderungen ab, siehe „No-Action-Letter", https://www.acer-remit.eu/portal/acer-staff-letters-doc; abgerufen am 22.05.2016.

38 Wesche, Einbringung von Erzeugungsanlagen in Regelenergie-Pools, http://www2.deloitte.com/de/de/pages/energy-and-resources/articles/einbringung-von-erzeugungsanlagen.html; abgerufen am 28.05.2016.

bei der Erbringung von positiver Regelenergie keine Netzentgelte anfallen, denn in §15 Abs. 1 S. 3 StromNEV ist ausdrücklich geregelt, dass für die Einspeisung elektrischer Energie keine Netzentgelte zu entrichten sind.

Auch die Konzessionsabgabe fällt nicht an, da diese an die Belieferung von Letztverbrauchern gekoppelt ist und bei der Einspeisung von Strom gerade keine Belieferung von Letztverbrauchern vorliegt. Darüber hinaus resultiert die Pflicht zur Zahlung der Konzessionsabgabe allenfalls aus einer vertraglichen Grundlage, denn eine gesetzliche Grundlage zur Zahlung der Konzessionsabgabe durch den Netznutzer existiert nicht. An einer solchen vertraglichen Grundlage, typischerweise ist dies der Netznutzungs- bzw. Lieferantenrahmenvertrag, wird es jedoch im Falle der Einspeisung von Strom regelmäßig fehlen.

Die Pflicht zur Zahlung der EEG-Umlage gemäß §60 EEG richtet sich an Energieversorgungsunternehmen und knüpft darüber hinaus ebenfalls an die Belieferung von Strom an. Die Pflicht zur Zahlung der EEG-Umlage gemäß §61 EEG knüpft wiederum an den Verbrauch von Strom an, sodass auch diese Norm nicht einschlägig ist.

Die KWK-Umlage fällt gemäß §26 KWKG bei der Einspeisung von Strom nicht an, da diese gemäß Absatz 1 nur bei der Berechnung der Netzentgelte in Ansatz gebracht werden kann. Weiterhin zeigt §26 Abs. 4 KWKG ausdrücklich, dass die KWK-Umlage nur bei Bezug von Strom anfallen soll. Gleiches gilt für Offshore-Haftungsumlage gemäß §17f EnWG, die Umlage gemäß §18 AbLaV und die Umlage gemäß §19 Abs. 2 StromNEV, welche alle auf die Regelungen des §26 KWKG verweisen.

Gemäß §5 Abs. 1 StromStG fällt die Stromsteuer bei der Entnahme von Strom aus dem Versorgungsnetz an. Bei positiver Regelenergie wird jedoch gerade kein Strom entnommen, sondern Strom eingespeist, sodass auch keine Stromsteuer anfällt.

Fraglich ist, ob Betreiber von stationären Energiespeichern im Falle der Erbringung von positiver Regelenergie ein Entgelt für dezentrale Einspeisung gemäß §18 StromNEV vom Netzbetreiber beanspruchen können. Dagegen spricht zunächst der Wortlaut, wonach dieses Entgelt für dezentrale Erzeugungsanlagen gelten soll. Stationäre Energiespeicher verhalten sich bei der Einspeisung zwar wie Erzeugungsanlagen, sind aber keine. Begrifflich fällt es schwer, in der Speicherentladung eine Erzeugung zu sehen, denn schließlich ist die Erzeugung des Stroms an anderer Stelle erfolgt. Gleichwohl stellt sich mit der Einspeisung des Stroms durch einen Energiespeicher genau der gewünschte Effekt ein, der mit §18 StromNEV honoriert werden soll: Es wird Strombezug aus vorgelagerten, höheren Netzebenen vermieden. An den so vermiedenen Netzkosten sollen Betreiber von Erzeugungsanlagen und auch Betreiber von nachgelagerten Netzen durch die Auszahlung von vermiedenen Netzentgelten partizipieren. Damit wird man unter dem Gesichtspunkt der Diskriminierungsfreiheit einen Anspruch von einspeisenden Energiespeichern gemäß §18 StromNEV annehmen müssen. Die Tatsache, dass Energiespeicher weder in der StromNEV noch in den Begriffsbestimmungen des §3 EnWG Erwähnung finden, ist ein Indiz dafür, dass hier tatsächlich auch eine planwidrige Regelungslücke vorliegt und eine analoge Anwendung des § 18 StromNEV geboten ist.[39]

3.4.2 Negative Regelenergie – Bezug von Strom aus dem Verteilnetz

Der Abruf von negativer Sekundärregelenergie bedeutet, dass der Batteriespeicher aufgeladen wird und so Strom aus dem Verteilnetz entnommen wird. Dies bedeutet, dass bei der Erbringung von negativer Regelenergie grundsätzlich Netzentgelte anfallen, denn es liegt ein Strombezug aus dem Netz, mithin eine herkömmliche Stromlieferung, vor. Allerdings gewährt § 118 Abs. 6 EnWG unter bestimmten Voraussetzungen eine Freistellung für Energiespeicher für 20 Jahre ab Inbetriebnahme. Maßgeblich ist dabei, dass die elektrische Energie zur Speicherung aus einem Transport- oder Verteilernetz entnommen und die zur Ausspeisung zurückgewonnene elektrische Energie zeitlich verzögert wieder in dasselbe Netz eingespeist wird. Hier ist also eine Nachweisführung in Richtung Netzbetreiber notwendig, um die Rückspeisung zu belegen. Dies ist über entsprechende Lastgänge grundsätzlich möglich, aber in der Praxis ein nicht zu unterschätzender Aufwand, zumal es keine automatisierten Prozesse hierfür gibt, sodass jede Netzentgeltbefreiung eines Speichers mit hohem Personalaufwand verbunden ist. Für kleine Photovoltaikspeicher ist dies schlicht nicht umsetzbar. Zwar spricht der Gesetzeswortlaut von einer Freistellung, d. h. eigentlich müsste der Speicherbetreiber überhaupt keine Netzentgelte zahlen. Da der Speicherbetreiber aber den Nachweis der Rückspeisung führen muss, bedeutet dies in der Praxis, dass der Speicherbetreiber regelmäßig die Netzentgelte zunächst wird bezahlen müssen und erst nachdem ihm die Nachweisführung gegenüber dem Netzbetreiber gelungen ist, wird eine Rückerstattung der Netzentgelte erfolgen. Das Kapital des Speicherbetreibers wird also zunächst gebunden, obwohl genau dies eigentlich vermieden werden soll. Die Regelung in § 118 Abs. 6 EnWG ist daher nicht für einen Massenmarkt mit kleinen, dezentralen Speichern geeignet.

Sofern die Befreiung von den Netzentgelten gemäß § 118 Abs. 6 EnWG nicht greift, wird die Konzessionsabgabe ebenfalls fällig, denn gemäß § 4 Abs. 1 KAV ist die Konzessionsabgabe *„in den Entgelten für den Netzzugang und allgemeinen Tarifen auszuweisen“*. Strittig ist, ob die Konzessionsabgabe auch dann anfällt, wenn eine Befreiung von den Netzentgelten gemäß § 118 Abs. 6 EnWG vorliegt. Die Literatur stellt darauf ab, dass § 4 Abs. 1 und 2 KAV die Konzessionsabgabe dem Wortlaut nach als Teil des Netzentgelts und nicht als Aufschlag zum Netzentgelt oder als eine Umlage oder sonstige Abgabe definiert.[40] Die *Bundesnetzagentur* sieht hingegen in der Konzessionsabgabe

---

39 So im Ergebnis auch Lehnert/Vollprecht, Der energierechtliche Rahmen für Stromspeicher – noch kein maßgeschneiderter Anzug, in ZNER 2012, Heft 4, S. 366.

40 Schneider/Kirch, Rechtliche Rahmenbedingungen für Stromspeicher, in RdE, S. 170.

keinen Bestandteil des Netzentgelts[41] und lehnt in Folge dessen eine Befreiung von der Konzessionsabgabe im Falle einer vorliegenden Befreiung gemäß § 118 Abs. 6 EnWG ab.[42] Die Rechtsansicht der *Bundesnetzagentur* ist letztlich dogmatisch die stringentere Lösung, denn tatsächlich sind der Umfang und die Zusammensetzung der Netzentgelte in der StromNEV abschließend geregelt. Konzessionsabgaben sind danach weder eine Kostenstelle noch ein Kostenträger gemäß Anlage 2 und 3 der StromNEV, noch sonst in irgendeiner Form Bestandteil des Netzentgelts. Die Formulierung in § 4 Abs. 1 und 2 KAV stammt aus der Zeit vor der Regulierung durch das EnWG 2005, sodass dem Wortlaut der KAV in diesem Fall keine übermäßig hohe Bedeutung zukommen sollte. Solange Energiespeicher als Letztverbraucher eingeordnet werden, sind Energiespeicher auch zwangsläufig Kunden im Sinne der KAV. Damit fehlt es an einer klaren Befreiung von der Konzessionsabgabe.

Die gleichen Erwägungen treffen auf die KWK-Umlage gemäß § 26 KWKG, die Offshore-Haftungsumlage gemäß § 17 f EnWG, die Umlage gemäß § 18 AbLaV und die Umlage gemäß § 19 Abs. 2 StromNEV zu: Betrachtet man diese Umlagen als Bestandteil des Netzentgelts, umfasst die Befreiung gemäß § 118 Abs. 6 EnWG auch diese Umlagen. Betrachtet man diese Umlagen als separat vom Netzentgelt, fehlt es an einem Befreiungstatbestand und diese Umlagen müssen vom Speicherbetreiber trotz Befreiung gemäß § 118 Abs. 6 EnWG bei der Erbringung von negativer Regelenergie gezahlt werden. Wie bereits aufgeführt, gibt es bis auf den Wortlaut („Aufschlag auf die Netzentgelte“) keine Argumente, die für eine Befreiung sprechen. Aus dogmatischer Sicht wird man daher eine Befreiung aufgrund des § 118 Abs. 6 EnWG ablehnen müssen, denn gemäß der StromNEV handelt es sich nicht um Netzentgelte oder Bestandteile von Netzentgelten und auch die Branche selbst betrachtet diese Umlagen als genau das – als Umlagen, nicht als Netzentgelte.

Eine Sonderstellung nimmt hier jedoch die Umlage gemäß § 17 f EnWG ein, denn hierbei handelt es sich um Kosten des Netzbetriebs und damit um Netzkosten im engeren Sinne, die auf der Übertragungsebene bei einem verzögerten Anschluss von Windenergieanlagen auf See anfallen. Damit ist die Umlage gemäß § 17 f EnWG zwar kein Netzentgelt gemäß der StromNEV, aber ein Netzentgelt im weiteren Sinne, das über den Belastungsausgleich gemäß § 17 f EnWG in Ansatz gebracht wird. Für die Umlage gemäß § 17 f EnWG wird man daher den Befreiungstatbestand des § 118 Abs. 6 EnWG anwenden können.

Mit der Regelung des § 61k EEG griff der Gesetzgeber das Problem der doppelten Zahlung der EEG-Umlage auf und führte eine Befreiung von der Zahlung der EEG-Umlage für Speicher ein. Die Voraussetzungen hierfür sind zwar eher umfangreich

---

41 BNetzA, Beschluss vom 11.12.2103, BK4-13-739, S. 49.

42 BNetzA, Eine regulatorische Einordnung von Stromspeichern im aktuellen Rechtsrahmen, Präsentation vom 20.01.2015; https://www.bmwi.de/BMWi/Redaktion/PDF/A/ag-2-plattform-strommarkt-sitzung-20150120-praesentation-1,property=pdf,bereich=bmwi2012,sprache=de,rwb=true.pdf; abgerufen am 22.05.2016.

und auch der Bürokratieaufwand wird nicht zu unterschätzen sein, aber letztlich handelt es sich bei dieser Gesetzesänderung um einen wichtigen Schritt in die richtige Richtung. Der Mischbetrieb aus Photovoltaikspeicher und Erbringung von Regelenergie wird also grundsätzlich gefördert und die Regelung wird sicherlich dazu beitragen, dass das Potential der Photovoltaikspeicher auch für die Regelenergieerbringung erschlossen werden kann.

Die Stromsteuer fällt gemäß § 5 Abs. 1 StromStG an, wenn der Strom durch Letztverbraucher aus dem Versorgungsnetz entnommen wird. Mit der aktuellen Einordnung von Energiespeichern als Letztverbraucher führt dies bei der Erbringung von negativer Regelenergie zwangsläufig zu einer Pflicht zur Zahlung der Stromsteuer. Die Befreiungstatbestände des § 9 Abs. 1 StromStG greifen bei der Erbringung von negativer Regelenergie, die letztlich ein Strombezug aus dem öffentlichen Versorgungsnetz ist, auf den ersten Blick nicht. Gegen eine Zahlungspflicht spricht jedoch der Einwand der Doppelbelastung, denn die Stromsteuer wird so bei der Einspeicherung fällig und dann erneut bei der Ausspeicherung und Lieferung an einen Letztverbraucher. Die Regelung in § 9 Abs. 1 Nr. 2 StromStG zeigt, dass eine solche Doppelbelastung vom Gesetzgeber nicht gewollt ist. Insoweit dürfte eine planwidrige Regelungslücke vorliegen, denn Energiespeicher sind als verhältnismäßig neue Technologie nicht Gegenstand des Gesetzgebungsverfahrens gewesen.[43] Eine Befreiung von der Stromsteuerpflicht in analoger Anwendung von § 9 Abs. 1 S. 2 StromStG ist daher möglich.

3.5 Messwesen

Bei der Erbringung von Regelenergie handelt es sich um Lieferung von Elektrizität im geschäftlichen Verkehr, so dass gemäß § 1 MessEV regelmäßig ein geeichtes Messgerät bei der Regelenergieerbringung verwendet werden muss. In § 5 Abs. 1 Nr. 1 Buchst. f) MessEV ist eine Ausnahme *„für Elektrizität mit einer höchsten dauernd zulässigen Betriebsspannung von mindestens 123 Kilovolt oder bei einer Nennstromstärke von mehr als 5 Kiloampere“* geregelt. Dies wird allerdings nur Anschlüsse in der Höchstspannungsebene betreffen, so dass bei Erbringung von Regelenergie durch Batteriespeicher immer ein geeichtes Messgerät vorgehalten werden muss.

Im Zuge der Neuordnung des Messwesens durch das Gesetz zur Digitalisierung der Energiewende[44] wird es in den nächsten Jahren zu einem flächendeckenden Rollout von intelligenten Messsystemen (Smart Meter) kommen. Diese Smart Meter werden grundsätzlich auch bei Batteriespeichern Verwendung finden. Das sog. Smart

---

43 Lehnert/Vollprecht, Der energierechtliche Rahmen für Stromspeicher – noch kein maßgeschneiderter Anzug, in ZNER 2012, Heft 4, S. 362.

44 Deutscher Bundestag, Entwurf eines Gesetzes zur Digitalisierung der Energiewende, Drucksache 18/7555 vom 17.02.2016.

Meter Gateway erlaubt neben der Erhebung und Verarbeitung der Messwerte auch eine Steuerung der Anlagen, sodass zukünftig auch die Erbringung von Regelenergie aus Batteriespeichern mittels dieser Smart Meter gesteuert werden könnte. Dafür braucht es aber entsprechend kurze Latenzzeiten, die zumindest bei Markteinführung der Smart Meter noch nicht vorliegen werden. Ein weiteres Problem ist die verpflichtende Anwendung der Zählerstandsgangmessung bei Anlagen mit einer Leistung von höchstens 100 kW, vgl. § 55 Abs. 4 MsbG. Da es sich bei der Erbringung von Regelenergie um die Erbringung von Leistung – und nicht nur von Arbeit – handelt, wird eine Messung und Bilanzierung nach der Zählerstandsgangmessung keine Leistungswerte liefern können und somit keine nachweisfähigen Messwerte für die Übertragungsnetzbetreiber. Vielmehr braucht es für die Erbringung von Regelleistung immer eine registrierende Lastgangmessung, die im Viertelstundenraster die Leistungswerte der Anlage erfasst. Kleinere Batteriespeicher sehen sich so zunächst einem Markthindernis bei der Erbringung von Regelenergie ausgesetzt, wenn nicht noch eine entsprechende Änderung im Gesetz erfolgt.

Neben den registrierenden Lastgangdaten, die ein Viertelstundenraster aufweisen, verlangen die Übertragungsnetzbetreiber auch sekündliche Lastgangdaten. Diese dienen dem Nachweis, dass die Erbringung der Sekundärregelenergie auch innerhalb der ersten 30 Sekunden nach einer Anforderung durch den Übertragungsnetzbetreiber erfolgt ist. Da diese Daten nicht der Abrechnung dienen, stellt sich die Frage, ob der Sekundenzähler auch ein geeichtes Messgerät sein muss. Gemäß § 2 Abs. 2 Nr. 1 MessEV findet das MessEG und die MessEV immer dann Anwendung, wenn der Messwert zur Verwendung im geschäftlichen oder amtlichen Verkehr erfolgt. In § 6 MessEV wird in Ziffer 6 der Begriff des *„geschäftlichen Verkehrs“* als „jede Tätigkeit, die nicht rein privater, innerbetrieblicher oder amtlicher Natur ist, sofern dabei Messwerte ermittelt oder verwendet werden, die geeignet sind, den wirtschaftlichen Wert einer Sache oder einer Dienstleistung näher zu bestimmen“ definiert.

Der wirtschaftliche Wert der erbrachten Sekundärregelenergie wird jedoch durch den Viertelstundenlastgang ermittelt, denn dieser ist die Abrechnungsgrundlage und auch Grundlage für die Korrektur der Bilanzkreiszeitreihe des Regelenergieanbieters. Der sekündliche Lastgang muss daher nicht notwendigerweise von einem geeichten Messgerät erfasst werden, wenngleich eine Klarstellung im Gesetz bzw. in der Verordnung hier sicher hilfreich wäre.

4 Fazit und Ausblick

Die Untersuchung der regulatorischen Rahmenbedingungen hat gezeigt, dass ein wirtschaftlicher Betrieb von Batteriespeichern im Bereich der Erbringung von Sekundärregelenergie derzeit nicht möglich ist. Obwohl Batteriespeicher aus technischer Sicht für die Erbringung von Sekundärregelenergie gut geeignet sind und so grundsätzlich einen wertvollen Beitrag zur Systemsicherheit leisten könnten, wird dieses Potenzial aktuell nicht genutzt. Der Gesetzgeber und die Bundesnetzagentur haben den Handlungsbedarf bereits erkannt, gleichwohl sind die aktuellen Maßnahmen allein noch nicht ausreichend, um in Zukunft Batteriespeichern den Zugang zum Markt für Sekundärregelenergie zu gewährleisten.

Die Gesetzesvorhaben der *Bundesregierung* für die Jahre 2016 und 2017, namentlich das *Strommarktgesetz*, das *Gesetz zur Digitalisierung der Energiewende* und das *Erneuerbare-Energien-Gesetz*, bringen zwar gute und wichtige Neuerungen für den Betrieb von stationären Energiespeichern, adressieren aber nicht alle der hier angesprochenen Markthindernisse.

Neben der notwendigen Freistellung von finanziellen Belastungen wäre eine grundsätzliche Neudefinition von stationären Energiespeichern im EnWG und EEG sicher hilfreich, denn die aktuelle Einordnung als Letztverbraucher führt dazu, dass das Potenzial dieser relativ neuen Art von Energieanlage nicht genutzt werden kann. Im Bereich der Präqualifikationsanforderungen der Übertragungsnetzbetreiber besteht erheblicher Regulierungsbedarf, da die aktuellen Fassungen den aktuellen Stand der Technik, insbesondere im Bereich der Energiespeicher, nicht einmal annähernd abbilden.

Literatur

50Hertz Transmission GmbH, Amprion GmbH, TenneT TSO GmbH und TransnetBW GmbH (2016). „Mindestanforderungen an die Informationstechnik des Anbieters für die Erbringung von Regelleistung“; Quelle: https://www.regelleistung.net/ext/static/srl/it; abgerufen am 22.05.2016.

ACER Agency for the Cooperation of Energy Regulators (2015), ACER Staff Letters, „No-Action-Letter“; Quelle: https://www.acer-remit.eu/portal/acer-staff-letters-doc; abgerufen am 22.05.2016.

BSW – Bundesverband Solarwirtschaft e. V. (2015). Statistikpapier „Photovoltaik“ 04/2015, Quelle:https://www.solarwirtschaft.de/fileadmin/media/pdf/2015_4_BSW_Solar_ Faktenblatt_Photovoltaik.pdf; abgerufen am 20.05.2016.

BSW – Bundesverband Solarwirtschaft e. V. (2016). „Photovoltaik“ 03/2106; Quelle: https://www.solarwirtschaft.de/fileadmin/media/pdf/2016_3_BSW_Solar_ Faktenblatt_Photovoltaik.pdf; abgerufen am 20.05.2016.

Bundesministerium für Wirtschaft und Energie (2015). Weißbuch – Ein Strommarkt für die Energiewende; Quelle: http://www.bmwi.de/DE/Mediathek/publikationen,did=718200.html; abgerufen am 20.05.2016.

Bundesministerium für Wirtschaft und Energie (2016). Entwurf eines Gesetzes zur Einführung von Ausschreibungen für Strom aus erneuerbaren Energien und zu weiteren Änderungen des Rechts der erneuerbaren Energien vom 14.04.2016; Quelle: http://www.bmwi.de/BMWi/Redaktion/PDF/P-R/referentenentwurf-aenderung-eeg,property=pdf,bereich=bmwi2012,sprache=de,rwb=true.pdf; abgerufen am 22.05.2016.

Bundesnetzagentur für Elektrizität, Gas, Telekommunikation, Post und Eisenbahnen (2009). Positionspapier vom 27.03.2009, BK6p-06-003 (Positionspapier zur Erhebung von Baukostenzuschüssen (BKZ) für Netzanschlüsse im Bereich von Netzebenen oberhalb der Niederspannung).

Bundesnetzagentur für Elektrizität, Gas, Telekommunikation, Post und Eisenbahnen (2010). Beschluss vom 22.04.2010, BK6-09-141 (technische Mindestanforderungen an Messeinrichtungen).

Bundesnetzagentur für Elektrizität, Gas, Telekommunikation, Post und Eisenbahnen (2011). Beschluss vom 12.04.2011, BK6-10-098 (Festlegung zu Verfahren zur Ausschreibung von Regelenergie in Gestalt der Sekundärregelung).

Bundesnetzagentur für Elektrizität, Gas, Telekommunikation, Post und Eisenbahnen (2012). Beschluss vom 19.03.2012, BK6-11-113 (Anordnung von Messeinrichtungen).

Bundesnetzagentur für Elektrizität, Gas, Telekommunikation, Post und Eisenbahnen (2013). Regelenergie; Quelle: http://www.bundesnetzagentur.de/DE/Sachgebiete/ElektrizitaetundGas/Unternehmen_Institutionen/Versorgungssicherheit/Stromnetze/Engpassmanagement/Regelenergie/regelenergie-node.html; abgerufen am 22.05.2016.

Bundesnetzagentur für Elektrizität, Gas, Telekommunikation, Post und Eisenbahnen (2013). Beschluss vom 11.12.2103, BK4-13-739 (Festlegung hinsichtlich der sachgerechten Ermittlung individueller Netzentgelte).

Bundesnetzagentur für Elektrizität, Gas, Telekommunikation, Post und Eisenbahnen (2015). Eine regulatorische Einordnung von Stromspeichern im aktuellen Rechtsrahmen, Präsentation vom 20.01.2015; Quelle: https://www.bmwi.de/BMWi/Redaktion/PDF/A/ag-2-plattform-strommarkt-sitzung-20150120-praesentation-1,property=pdf,bereich=bmwi2012,sprache=de,rwb=true.pdf; abgerufen am 22.05.2016.

Bundesnetzagentur für Elektrizität, Gas, Telekommunikation, Post und Eisenbahnen (2015). Festlegungsverfahren zu den Ausschreibungsbedingungen und Veröffentlichungspflichten von Sekundärregelung, BK6-15-158.

Bundesnetzagentur für Elektrizität, Gas, Telekommunikation, Post und Eisenbahnen (2016). Beschluss vom 16.03.2016, BK6-15-174 (Zählerschrank).

Deutsche ACCUMOTIVE GmbH & Co. KG (2016). Mercedes-Benz Energiespeicher; Quelle: https://www.mercedes-benz.com/de/mercedes-benz/next/vernetzung/ mercedes-benz-energiespeicher/; abgerufen am 22.05.2016.

Deutscher Bundestag (2011). Entwurf eines Gesetzes zur Neuregelung des Rechtsrahmens für die Förderung der Stromerzeugung aus erneuerbaren Energien, Drucksache 17/6071 vom 06.06.2011.

Deutscher Bundestag (2016). Entwurf eines Gesetzes zur Digitalisierung der Energiewende, Drucksache 18/7555 vom 17.02.2016.

ErneuerbareEnergien.de (2015). „Große Chancen für große Stromspeicher", Artikel vom 26.11.2015; Quelle: http://www.erneuerbareenergien.de/grosse-chancen-fuer-grosse-stromspeicher/150/437/91945/; abgerufen am 22.05.2016. Hannover: SunMedia Verlags GmbH.

Europäische Kommission (2015). Commission proposes 'new deal' for energy consumers, redesign of electricity market and revision of energy label for more clarity; Quelle: https://ec.europa.eu/energy/en/news/new-electricity-market-consumers; abgerufen am 20.05.2016.

Forum Netztechnik/Netzbetrieb (FNN) im VDE Verband der Elektrotechnik Elektronik Informationstechnik e. V. (2009). TransmissionCode 2007: Netz- und Systemregeln der deutschen Übertragungsnetzbetreiber Anhang D2, Teil 1 „Präqualifikationsbedingungen".

Handelsblatt Online (2016). Die japanische Antwort auf Tesla, Meldung vom 15.05.2016; Quelle: http://www.handelsblatt.com/unternehmen/industrie/nissan-und-elektroauto-die-japanische-antwort-auf-tesla/13597328.html; abgerufen am 22.05.2016. Düsseldorf: Handelsblatt GmbH.

KfW (2016). Förderprodukt: Erneuerbare Energien – Speicher, Strom aus Sonnenenergie erzeugen und speichern; Quelle: https://www.kfw.de/inlandsfoerderung/Unternehmen/Energie-Umwelt/Förderprodukte/Erneuer-bare-Energien-—-Speicher-(275)/; abgerufen am 22.05.2016.

Lehnert, Wieland; Vollprecht, Jens (2012). Der energierechtliche Rahmen für Stromspeicher – noch kein maßgeschneiderter Anzug. In *ZNER* 2012, Heft 4, S. 357–368. Bochum: Ponte-Press-Verlag.
LichtBlick SE (2015). SchwarmBatterie® – die schlaue Batterie für Ihr Zuhause; Quelle: https://www.lichtblick.de/privatkunden/schwarm-energie/schwarmbatterie; abgerufen am 22.05.2016.
Pavlov, D.; Papazov, G. und Gerganska, M. (1992). Battery Energy Storage Systems, UNESCO ROSTE technical report; Vol.:7; Quelle: http://unesdoc.unesco.org/images/0009/000916/091670eo.pdf; abgerufen am 20.05.2016.
Potacs, Michael (2009). Effet utile als Auslegungsgrundsatz. In *EuR*, Heft 4, 2009, S. 465–487.
Schneider, Carmen; Kirch, Thorsten (2016). Rechtliche Rahmenbedingungen für Stromspeicher. In *RdE*, S. 165–171. Köln: Carl Heymanns Verlag.
SOLARWATT GmbH (2016). Stromspeicher SOLARWATT MyReserve 500 – Der effizienteste Solarspeicher; Quelle: https://www.solarwatt.de/de/komponenten/stromspeicher/myreserve_500/; abgerufen am 22.05.2016.
Swider, Derk Jan (2006). *Handel an Regelenergie- und Spotmärkten – Methoden zur Entscheidungsunterstützung für Netz- und Kraftwerksbetreiber*. Wiesbaden: Springer Verlag.
Wesche, Florian-Alexander (2016). Einbringung von Erzeugungsanlagen in Regelenergie-Pools; Quelle: http://www2.deloitte.com/de/de/pages/energy-and-resources/articles/einbringung-von-erzeugungsanlagen.html; abgerufen am 28.05.2016.
Windkraft-Journal (2016). Meldung vom 17.02.2016: „Statkraft liefert 60 MW Regelenergie aus zwei Windparks“; Quelle: http://www.windkraft-journal.de/2016/02/17/statkraft-liefert-60-mw-regelenergie-aus-zwei-windparks/79355; abgerufen am 20.05.2016.

Wolfdieter v. Hesler

Einbindung von Speichern und deren Privilegierung im Rahmen der Netzentgelte und der EEG-Umlage

1 Einleitung

Neben den Kosten für die Speicherinvestition und die einzuspeisende Energie sowie den technischen Verlusten im Rahmen der Speicherung stellen die staatlich regulierten und/oder induzierten Kosten einen bedeutenden Faktor für die Wirtschaftlichkeit des Einsatzes von Stromspeichern dar. Der folgende Beitrag stellt die Rechtslage im Hinblick auf Netzentgelte und netzentgeltverbundene Umlagen (siehe Kap. 2) sowie auf die EEG-Umlage (siehe Kap. 3) dar. Dabei soll auf die teilweise deutlichen Unterschiede im Hinblick auf Eigenversorgungen und Fremdversorgungen/Dienstleistungen eingegangen werden. Schließlich wird die Frage nach einer etwaigen Auflösung der hochkomplexen Rechtslage gestellt (siehe Kap. 4).

2 Netzentgelte und netzentgeltverbundene Umlagen

Stromspeicher sollen die Problematik lösen, dass Elektrizität als solche grundsätzlich nicht speicherbar ist, sondern dass stets ein Gleichgewicht zwischen Erzeugung und Verbrauch herrschen muss, um den Zusammenbruch des Systems zu vermeiden.[1]

Im Folgenden betrachten wir

- netzverbundene Speicher
  (1) an der Erzeugungsanlage
  (2) im Netz
  (3) beim Letztverbraucher
- sowie Speicher
  (4) im Inselbetrieb.

Betreiber von Energieversorgungsnetzen haben Anlagen zur Speicherung von elektrischer Energie ebenso wie Letztverbraucher und Erzeugungsanlagen diskriminierungsfrei an ihr Netz anzuschließen, § 17 Abs. 1 EnWG. Der Zugang zu den Energieversorgungsnetzen

---

1 v. Hesler, Stromspeicher und EEG-Umlage: Eine Analyse der geltenden Rechtslage, REE 2015, 150 ff.; Schneider/Kirch, Rechtliche Rahmenbedingungen für Stromspeicher, RdE 2016, 165, 166; zur Einbindung von Speichern in das System der Energieversorgung der Debattenbeitrag v. Hammerschmidt/Knop, Flexibilität im Verteilnetz, technisch machbar und ökonomisch umsetzbar, Tagesspiegel vom 04.08.2015; nicht gesondert betrachtet werden sollen spezifische Fragen der Speicherung im Zusammenhang mit Elektromobilen, vgl. hierzu Herz/Hennig, Ausgewählte Rechtsfragen dezentraler Energiekonzepte – Teil 2: Mobile Energiespeicherung (Elektromobilität), ZNER 2016, 132 ff.

https://doi.org/10.1515/9783110458480-011

erfolgt entgeltlich, § 20 Abs. 1 EnWG. Dabei wird ein Entgelt nur für die Entnahme von elektrischer Energie aus dem Netz gezahlt, § 17 StromNEV, während die Einspeisung als solche mit Ausnahme der Erstellung des Netzanschlusses ohne weiteres Entgelt erfolgt, § 17 Abs. 8 StromNEV. Im Einzelfall hat der Betreiber hingegen einen Anspruch auf ein Entgelt für dezentrale Einspeisung, § 18 StromNEV.

2.1 Der Stromspeicher bei der Erzeugungsanlage

Stromspeicher können in direktem Zusammenhang mit Erzeugungsanlagen errichtet werden. Dies kann z. B. erfolgen, um dargebotsabhängige Erzeugung aus Wind oder Photovoltaik in den abnahmeorientierten Markt zu integrieren oder die Abgabe zeitlich zu verschieben, um Netzengpässe und damit technische Restriktionen oder Marktengpässe wie Zeiten geringer oder gar negativer Strompreise zu umgehen.[2]

Das EnWG macht hierzu keine Vorgaben. Das EEG sieht derartige Konstellationen ausdrücklich vor, § 19 Abs. 3 EEG 2017.[3] Der Stromfluss geht dabei von der Erzeugungsanlage im Rahmen der Kundenanlagen zum Stromspeicher. Erst im Anschluss an die Ausspeicherung aus dem Stromspeicher folgt die Einspeisung in das öffentliche Stromnetz.[4] In diesen Fällen fällt für die Nutzung des öffentlichen Stromnetzes kein Entgelt an. Eine kostenpflichtige Entnahme aus dem öffentlichen Netz erfolgt nicht. Die Einspeisung des zwischengespeicherten Stromes nach Ausspeicherung in das öffentliche Netz ist nicht entgeltpflichtig.

Bei der Dimensionierung des Netzanschlusses, den der Anschlussnehmer zu finanzieren hat, ist die Fahrweise des Speichers alternativ oder parallel zur Erzeugungsanlage zu beachten.[5]

Sofern der erzeugte und zwischengespeicherte Strom nicht nach § 19 EEG 2017 gefördert wird (durch Einspeisevergütung oder Marktprämie) oder nach § 4 Abs. 3 S. 1 KWKG 2002 einschließlich vermiedener Netzentgelte, S. 2, vergütet wird,[6] hat der

---

2 v. Hesler, Stromspeicher und EEG-Umlage: Eine Analyse der geltenden Rechtslage, REE 2015, 150 ff.; bei Biomasse oder fossilen Energieträgern erfolgt stattdessen bei geeigneter Stromerzeugungskapazität i. d. R. eine Zwischenspeicherung auf der Ebene des Einsatzstoffs und eine nachfrageorientierte Erzeugung.

3 Bis zum 31.12.2016 § 19 Abs. 4 EEG 2014; Änderung des EEG durch Art. 1 des „Gesetz zur Einführung von Ausschreibungen für Strom aus erneuerbaren Energien und zu weiteren Änderungen des Rechts der erneuerbaren Energien“ vom 13.10.2016 (BGBl. I S. 2258), Inkrafttreten gem. Art. 25 des Gesetzes zum 01.01.2017.

4 Dabei wird die technische Sperrung des Speichers gegenüber dem öffentlichen Netz für die Einspeicherung vorausgesetzt, sonst liegt Konstellation 2 vor.

5 Zur Reichweite der Kostentragungspflicht des Kraftwerksbetreibers siehe § 8 KraftNAV.

6 Die Regelung gilt für Bestandsanlagen weiter, die vor dem 01.01.2016 in Betrieb genommen worden sind, § 35 Abs. 2 KWKG 2016/2017, und ist auf Übergangsanlagen nach § 35 Abs. 3-5 KWKG 2016 auf

Speicherbetreiber gegen den Netzbetreiber einen Anspruch auf das Entgelt für dezentrale Einspeisung, § 18 StromNEV.

2.2 Der Stromspeicher im (öffentlichen) Netz

2.2.1 Netzentgeltpflicht im Grundsatz und Freistellung

Die Einordnung von Stromspeichern in das System der Energieversorgung war und ist umstritten. Netzwirtschaftlich wurde und wird teilweise heute noch darauf abgestellt, dass es sich um Bestandteile des Versorgungssystems handele, die dem Stromnetz im weiteren Sinne zugeordnet werden.[7] Dies entsprach der langjährigen Praxis, Pumpspeicherwerke nicht als (netzentgeltpflichtige) Letztverbraucher, sondern als Systemdienstleistung anzusehen.[8] Auch der Gesetzgeber hat in seiner Regelung zum Netzanschluss, § 17 EnWG, die Anlagen zur Speicherung elektrischer Energie ausdrücklich neben den Letztverbrauchern und den Erzeugungsanlagen genannt. In ihrer vom OLG Düsseldorf und BGH[9] bestätigten Entscheidung hat die BNetzA die Stromspeicher jedoch den Letztverbrauchern gleichgestellt mit der Folge, dass die Entnahme von Strom aus dem öffentlichen Netz zum Zweck der Einspeicherung als Letztverbrauch netzentgeltpflichtig wurde.[10]

Diese Auslegung wird durch den Gesetzgeber insoweit geteilt, als er im Rahmen des § 118 Abs. 6 EnWG[11] eine ausdrückliche Regelung zur Befreiung neuer Anlagen zur Speicherung elektrischer Energie von Netzentgelten vorgesehen hat. Damit sind

---

Verlangen des Anlagenbetreibers ebenfalls anzuwenden; für Neuanlagen verweist § 6 Abs. 4 KWKG 2017, bis zum 31.12.2016 § 6 Abs. 5 KWKG 2016, direkt auf den Anspruch nach § 18 StromNEV. Der Anspruch wurde für neue KWK-Anlagen, die der Ausschreibungspflicht unterliegen, durch die Änderung des § 6 KWKG ausgeschlossen, Art. 1 Gesetz zur Änderung der Bestimmungen zur Stromerzeugung aus Kraft-Wärme-Kopplung und zur Eigenerzeugung vom 22.12.2016, BGBl. I, S. 3108, Inkrafttreten gem. Art. 19 des Gesetzes zum 01.01.2017.

7 Vergleichbar den „netzdienlichen (Gas-)Speicheranlagen", § 3 Nr. 31 letzter Teil EnWG; hierzu ausdrücklich die Entschließung des Bundesrats: „Aus Sicht des Bundesrates sind Anlagen zur Speicherung von Strom energiewirtschaftlich und physikalisch betrachtet keine ‚Letztverbraucher'. Sie verbrauchen den Strom nicht endgültig, sondern entnehmen Strom aus dem Netz, um ihn später wiedereinzuspeisen. Entscheidend ist die stabilisierende Wirkung vor allem von Pumpspeicherwerken für das Stromsystem insgesamt, die im gegenwärtigen gesetzlichen Rahmen nicht hinreichend berücksichtigt ist." BR-Drs. 740/12 (B).

8 Darstellung im OLG Düsseldorf, Beschluss vom 24.09.2008, VI-3 Kart 5/08 (V) Tz 3–15.

9 BGH, Beschluss vom 17.11.2009, EnVR 56/08.

10 Zur Doppelnatur des Stromspeichers als Letztverbraucher und Erzeugungsanlage Schneider/Kirch, Rechtliche Rahmenbedingungen für Stromspeicher, RdE 2016, 165, 167.

11 Eingefügt als § 118 Abs. 7 EnWG durch das Energieleitungsausbaugesetz vom 21.08.2009 (BGBl. I S. 2870), neu gefasst durch das Gesetz zur Neuregelung energiewirtschaftsrechtlicher Vorschriften vom 26.07.2011, BGBl. I, S. 1554, nunmehr Abs. 6 gemäß Gesetz über Maßnahmen zur Beschleunigung des Netzausbaus Elektrizitätsnetze (NABEG) vom 28.07.2011, BGBl. I, S. 1690.

Stromspeicher, die den einzuspeisenden Strom über das öffentliche Netz beziehen, mit Netzentgelten belastet, sofern es sich nicht um Anlagen handelt, die in der Zeit ab dem 01.01.2009 neu errichtet wurden oder werden und in der Zeit ab 04.08.2011 bis einschließlich 03.08.2026 in Betrieb gehen.

Mit der Neuregelung in § 19 Abs. 4 StromNEV[12] hat der Gesetzgeber jedoch der Besonderheit der Speicheranlagen in Stromnetzen Rechnung getragen. Mit der Neuregelung werden Stromspeicher am öffentlichen Netz, deren ausgespeicherte Strommengen vollständig in das Netz zurückgespeist werden, deutlich bessergestellt. Die Erhebung eines Arbeitsentgelts entfällt und das Leistungsentgelt wird auf den Anteil des Stromes begrenzt, der nicht mehr in das Netz zurückgespeist wird. Da die vollständige Einspeisung des ausgespeicherten Stromes Voraussetzung für diese Privilegierung ist, handelt es sich damit um ein Leistungsentgelt auf die Speicherverluste.

Die Freistellung von Netzentgelten für die im Zeitfenster des § 118 Abs. 6 S. 1 EnWG errichteten und in Betrieb genommenen Anlagen hat damit deutlich an Bedeutung verloren. Sie wird für die Dauer von 20 Jahren ab Inbetriebnahme[13] gewährt. Sie umfasst den zum Zweck der Einspeicherung bezogenen Strom und damit auch die Verluste, die bei der Speicherung und Wiederausspeicherung anfallen.

Die ursprüngliche, „missverständliche“ Regelung, die vorsah, die Freistellung nur für die Energiemenge zu gewähren, die „wieder in das Netz der allgemeinen Versorgung eingespeist wird“ und damit eine Netzentgeltpflicht für die bei der Speicherung „verbrauchten“ Verlustmengen indiziert, wurde insoweit korrigiert.[14]

Voraussetzung für die Freistellung von Netzentgelten ist darüber hinaus, dass die Entnahme der eingespeicherten Energie und die Abgabe der zurückgewonnenen (ausgespeicherten) Energie dasselbe Transport- oder Verteilnetz betreffen, § 118 Abs. 6 S. 3 EnWG.[15] Damit ist die Netzentgeltbefreiung für etwa als Speicher (mit-)genutzte Elektrofahrzeuge de lege lata ausgeschlossen,[16] da nicht gewährleistet werden kann, dass die Entnahme des zwischengespeicherten Stromes und die Abgabe in das öffentliche Netz in demselben Verteilnetz erfolgt. Dies jedenfalls dann, wenn das Fahrzeug nicht nachweislich stets in demselben Verteilnetz „betankt“ und entladen wird.[17]

---

12 Art. 3 Gesetz zur Weiterentwicklung des Strommarktes (Strommarktgesetz) v. 26.07.2016 BGBl. I S. 1786; die Neuregelung ist am Tag nach der Verkündung ohne Übergangsregelung in Kraft getreten. Das hiernach anzubietende Netzentgelt dürfte damit für 2016 pro rata als anteiliger Jahresleistungspreis anzuwenden sein.

13 Definition in § 118 Abs. 6 S. 6 EnWG.

14 Drittes Gesetz zur Neuregelung Energiewirtschaftlicher Vorschriften vom 20.12.2012, BGBl. I, S. 2730, vgl. die Begründung BT-Drs. 17/10754, S. 33 f.

15 „Speicherung“ durch Herstellung von Speichergas und Wiederverstromung des in das Erdgasnetz eingespeisten Gases im Wärmeäquivalent ist von der Nämlichkeit des Netzes ausgenommen, § 118 Abs. 6 S. 7 EnWG.

16 Begründung zum Entwurf eines Gesetzes zur Neuregelung energiewirtschaftsrechtlicher Vorschriften (zu § 14a EnWG), BT-Drs. 17/6072, S. 74.

17 In praxi dürfte dies ausgeschlossen sein, da jedenfalls mit derzeitiger Dokumentation nicht nachgewiesen werden kann, dass das Fahrzeug niemals in einem weiteren Verteilnetz aufgetankt wurde.

Die Speichertechnik ist nach § 118 Abs. 1 S. 3 EnWG nach derzeitigem Stand der Technik im Übrigen umfassend abgedeckt.

2.2.2 Pumpspeicherwerke

Darüber hinaus sieht § 118 Abs. 6 S. 2 EnWG eine auf zehn Jahre befristete Freistellung von Pumpspeicherwerken von Netzentgelten vor, wenn deren elektrische Leistung oder deren speicherbare Energiemenge nach dem Stichtag 04.08.2011 in dem vorgegebenen Rahmen erhöht wurde. Erst im Zuge der Halbierung der Anforderung an die Steigerung der elektrischen Leistung von zunächst 15 % auf 7,5 % und der Entkopplung von der speicherbaren Energiemenge [18] konnten in praxi Genehmigungen zur Freistellung von Netzentgelten aufgrund eines Ausbaus eines Pumpspeicherwerks tatsächlich in Anspruch genommen werden.[19]

Die Freistellung erfolgt im Übrigen nur, wenn die Anlage die Kriterien für sog. atypische Netznutzung entsprechend den in § 19 Abs. 2 S. 1 StromNEV niedergelegten Anforderungen erfüllt, § 118 Abs. 6 S. 4 EnWG. Der Anreiz für das netzdienliche Nutzungsverhalten soll durch die Freistellung nach § 118 Abs. 6 (seinerzeit Abs. 7) EnWG nicht unterlaufen werden, sondern erst recht im Rahmen der kompletten Befreiung von Netzentgelten Anwendung finden.[20] Dafür ist eine Genehmigung entsprechend der Vorgaben des § 19 Abs. 2 StromNEV durch die BNetzA zu erwirken.[21]

Der Verweis auf die anzuwendenden Verfahrensvorschriften § 19 Abs. 2 S. 3-5 und 8-10 StromNEV wurde nach der Novellierung der StromNEV durch die VO zur Änderung von Verordnungen auf dem Gebiet des Energiewirtschaftsrechts vom 14.08.2013, BGBl. I, S. 3250, in § 118 Abs. 6 EnWG nicht aktualisiert und bezieht sich damit auf die Verfahrensregeln zur Genehmigung von Netzentgelten für atypische Netznutzung, § 19 Abs. 2 S. 5 und 11 sowie S. 16 und 17 StromNEV. Die Möglichkeit der Antragstellung ist seit der Neufassung der StromNEV auf den Letztverbraucher beschränkt und darf daher durch den Netzbetreiber nur noch im Auftrag und mit Vollmacht des

---

18 Die ursprünglichen restriktiven Vorgaben des Gesetzes zur Neuregelung energiewirtschaftlicher Vorschriften vom 26.08.2011, BGBl. I, S. 1554, wurden durch das Dritte Gesetz zur Neuregelung energiewirtschaftlicher Vorschriften vom 20.12.2012, BGBl. I, S. 2730, deutlich herabgesetzt. Dabei wurde die ursprüngliche Und-Verknüpfung zwischen Erhöhung der elektrischen Leistung und der Speichermenge in die heute geltende Oder-Verknüpfung abgewandelt.

19 Die BNetzA weist unter http://www.bundesnetzagentur.de/cln_1431/DE/Service-Funktionen/Beschlusskammern/Beschlusskammer4/BK4_73_Freistellung_Netzentgelte/BK4_Freistellung_Netzentgelte_node.html, derzeit (Stand 31.05.2017) 14 Antragsverfahren aus, die sämtliche nach der Neuregelung der Voraussetzungen durch das Dritte Gesetz zur Neuregelung energiewirtschaftlicher Vorschriften vom 20.12.2012, BGBl. I, S. 2730, eingeleitet worden sind; 6 Verfahren weisen veröffentlichte Genehmigungen aus, ein Verfahren eine Ablehnung; darüber hinaus sind weitere Anträge beschieden worden. Die Veröffentlichung steht insoweit noch aus.

20 Begründung zur Änderung von § 118 Abs. 7 EnWG, BT-Drs. 17/6072, S. 97.

21 Begründung zur Änderung von § 118 Abs. 7 EnWG, BT-Drs. 17/6072, S. 97.

Pumpspeicherwerksbetreibers erfolgen. Da die seinerzeitige Fassung der StromNEV das heutige Anzeigeverfahren, § 19 Abs. 2 S. 7 ff. StromNEV, noch nicht vorsah und die Bezugnahme in § 118 Abs. 6 EnWG nicht angepasst wurde, ist für die Freistellung von Pumpspeicherwerken von Netzentgelten nach § 118 Abs. 6 S. 2 EnWG vorsorglich ein Genehmigungsverfahren durchzuführen. Das Anzeigeverfahren nach § 19 Abs. 2 S. 7 ff. StromNEV ist im Rahmen des § 118 Abs. 6 EnWG nicht anwendbar. Dies entspricht jedenfalls der Vorgehensweise in den von der BNetzA auf ihrer Homepage bekanntgemachten Verfahren.[22]

In diesem Zusammenhang sind die Vorgaben der BNetzA aus deren Festlegung BK4-13-739 vom 11.12.2013 zu beachten. Ergäbe sich nach den dortigen Kriterien ein Anspruch auf ein individuelles Netzentgelt, so sind auch die Voraussetzungen nach § 118 Abs. 6 S. 4 EnWG für eine Freistellung des betreffenden Pumpspeicherwerkes von Netzentgelten im Rahmen des § 118 Abs. 6 S. 2 EnWG gegeben.

2.2.3 Bestandsanlagen

Für Speicheranlagen, die nicht unter die Regelung für Neuanlagen, § 118 Abs. 6 Satz 1 EnWG oder für den Ausbau von Pumpspeicherkraftwerken, § 118 Abs. 6 Satz 2 EnWG fallen, verbleibt es bei der Netzentgeltpflicht. Diese ist jedoch durch die Neuregelung des § 19 Abs. 4 StromNEV deutlich eingeschränkt auf ein Leistungsentgelt für die als Speicherverluste nicht mehr ins öffentliche Netz zurückgespeiste Strommenge.

Ein ausschließlich an der Arbitrierung von Commodity-Börsenpreisen orientierter Einsatz von Stromspeichern im Netz ist für Bestandsanlagen regelmäßig wirtschaftlich nicht darstellbar. Entsprechendes gilt für den nach § 118 Abs. 6 S. 2 EnWG begünstigten Ausbau von Pumpspeicherkraftwerken. Dort ist die Einhaltung der netzgebundenen Voraussetzungen des § 19 Abs. 2 S. 1 StromNEV durch Übernahme der tatbestandlichen Voraussetzungen in die Befreiungsvorschrift konstitutiv, siehe Kapitel 2.2.2.

Damit ist wirtschaftlich sichergestellt, dass die Nutzung von Speichern im Netz jedenfalls nicht gegen die netzbezogenen Belange erfolgt.

Daneben stellt sich die Frage der Optimierungsmöglichkeiten im Hinblick auf derzeit nicht genutzte Bestandsspeicherkapazitäten.

Soweit ein Stromspeicher die netzbezogenen Anforderungen des § 19 Abs. 2 S. 1 StromNEV nicht erfüllt, ist bei Bestandsanlagen das volle Netzentgelt zu bezahlen, sofern nicht die Voraussetzungen für die Anwendung der Begünstigung nach § 19 Abs. 4 StromNEV vorliegen.[23]

---

22 Siehe Fn. 19.

23 Inwieweit dies zur Stilllegung von Speicheranlagen, siehe Anzeige der Mark-E im Hinblick auf das Pumpspeicherwerk Rönkhausen, führt, kann nur vermutet werden (BNetzA, http://www.bundesnetzagentur.de/SharedDocs/Downloads/DE/Sachgebiete/Energie/Unternehmen_Institutionen/Versorgungssicherheit/Erzeugungskapazitaeten/KWSAL/KWSAL_2015_02_12.pdf?__blob=publicationFile&v=34, abgerufen am 21.06.2016).

Derzeit sind derartige Bestandsanlagen nur im Bereich der Pumpspeicherkraftwerke vorhanden, sodass sich die Frage nach dem nicht netzorientierten Einsatz von Speichern anderer Techniken nicht stellt. Diese sind als Neuanlagen derzeit von Netzentgelten befreit.

Für den anschließend an die Wiederausspeicherung über das öffentliche Netz an Letztverbraucher gelieferten Strom fallen volle Netzentgelte und alle Umlagen in gesetzlicher Höhe an.[24]

2.3 Speicheranlagen beim Letztverbraucher

Neben der Speicheranlage bei den Stromerzeugungsanlagen und im Netz ist auch die Anordnung beim Letztverbraucher denkbar, mit oder ohne Kombination mit einer Eigenerzeugungsanlage.

Soweit die Einspeicherung ohne Nutzung des öffentlichen Netzes aus einer in der Kundenanlage angeschlossenen Erzeugungsanlage erfolgt, wird das öffentliche Netz nicht genutzt. Dieser Vorgang ist netzentgeltfrei. Gleiches gilt für die Ausspeicherung mit anschließender Nutzung durch Letztverbraucher vor Ort ohne Nutzung des öffentlichen Netzes. Anders als im Rahmen der EEG-Umlage (siehe Kap. 3) kommt es dabei nicht darauf an, ob Anlagenbetreiber, Speicherbetreiber und/oder Letztverbraucher personenidentisch sind. Allein ausschlaggebend ist die (Nicht-)Nutzung des öffentlichen Netzes.

Soweit die Einspeicherung mittels Bezug aus dem öffentlichen Netz erfolgt, handelt es sich um netzentgeltpflichtige Letztverbraucher.[25] Dem Netzentgelt zugrunde gelegt wird die volle aus dem Netz entnommene Strommenge, also einschließlich der Speicherverluste. Eine Freistellung des Bezugs von Netzentgelten nach § 118 Abs. 6 S. 1 EnWG sowie für Bestandsanlagen nach § 19 Abs. 4 StromNEV kommt nicht in Betracht, da die zwischengespeicherte Strommenge nicht der Wiedereinspeisung in das öffentliche Netz dient, § 118 Abs. 6 S. 3 EnWG, sondern in der Kundenanlage zum Letztverbrauch verwendet wird. Allerdings ist für diesen Schritt der Wiederausspeicherung vom Letztverbraucher ohne Nutzung des öffentlichen Netzes mangels Anknüpfungspunkt kein weiteres Netzentgelt zu zahlen.

Sollte der Letztverbraucher tatsächlich Strom (zentral) speichern und (teilweise) über das öffentliche Netz seinen Abnahmestellen zuführen, so handelt es sich insoweit und für den abermals nach Ausspeicherung über das öffentliche Netz geleiteten Strom um einen Speicher im Netz (siehe Kap. 2.2). Für Neuanlagen mit Errichtung und Inbetriebnahme im Zeitfenster nach § 118 Abs. 6 S. 1 EnWG besteht eine (anteilige) Freistellung von Netzentgelten. Bei entsprechender messtechnischer Erfassung (der

24 Schneider/Kirch, Rechtliche Rahmenbedingungen für Stromspeicher, RdE 2016, 165, 171.
25 BGH, Beschluss vom 17.11.2009, EnVR 56/08.

Verhältnisse zwischen eingespeicherter und ausgespeicherter Energiemenge) können auch die Netzentgelte im Hinblick auf die Speicherverlustmenge für die wieder über das öffentliche Netz zu den anderen Abnahmestellen des Letztverbrauchers geleiteten Strommengen netzentgeltfrei gestellt werden.

Da jedoch die Zuordnung des Leistungsentgelts zu der in der Kundenanlage weiter verwendeten Strommenge einerseits oder der der Wiederausspeisung nach Zwischenspeicherung zuzuordnenden Strommenge andererseits nicht möglich ist, ist selbst bei messtechnischer Erfassung des auf den Speicher entfallenen Anteils am Leistungspreis die Freistellung nach § 118 Abs. 6 EnWG bezüglich eines Leistungspreisanteils aufgrund fehlenden Nachweises in dieser Konstellation nicht möglich. Die Freistellung bezieht sich also insoweit nur auf den Arbeitspreis des Netzentgelts für den Bezug von zwischenzuspeicherndem Strom bei Wiederausspeisung zu Abnahmestellen des Letztverbrauchers im öffentlichen Netz. Dort ist für den Bezug des Stromes aus dem Netz das „normale" Netzentgelt zu zahlen.

Gegebenenfalls ist die Netznutzung für den Bezug an der Abnahmestelle unter Einbeziehung des Stromspeichers mit einem individuellen Netzentgelt nach § 19 Abs. 2 S. 1 oder 2 StromNEV zu vergüten. Insoweit bestehen in Abhängigkeit von der Struktur der Abnahme des Letztverbrauchers Optimierungsmöglichkeiten im Rahmen der allgemeinen Netzentgeltregelungen.

2.4 Speicher im Inselbetrieb

Für den Ausgleich von etwa dargebotsabhängiger Stromerzeugung und den jeweiligen Stromverbrauch oder zur Abpufferung von Spitzenlasten in der Kundenanlage über die Erzeugungskapazität hinaus ist gerade in nicht mit dem Stromnetz der allgemeinen Versorgung verbundenen Kundenanlagen (Inselanlagen) eine Speicherung von Strom unabdingbar. Da der Speicher ebenso wie die Kundenanlage im Inselnetz definitionsgemäß kein Netz der öffentlichen Versorgung nutzt, fallen keine vertraglichen Netzentgelte an. Gleiches gilt für den Fall, dass die Kundenanlage zwar mit dem öffentlichen Netz verbunden ist, aber keine Entnahme aus diesem Netz erfolgt.

2.5 Netzentgeltverbundene Umlagen

Neben die Netzentgelte i. e. S. treten die Abgaben/Umlagen, die „bei der Berechnung der Netznutzungsentgelte" in Ansatz gebracht werden. Dies betrifft die Umlagen nach § 9 Abs. 7 KWKG und § 19 Abs. 2 S. 15 StromNEV, die Offshore-Haftungsumlage nach § 17 EnWG und die Umlage nach § 18 AbLaV sowie die Konzessionsabgabe.

Soweit nach den in Kap. 2.1 bis 2.4 erörterten Regelungen eine Freistellung von Netzentgelten erfolgt, umfasst diese Freistellung auch die diesbezüglichen Umlagen und Abgaben, sofern diese als Bestandteil der Netzentgelte anzusehen sind.

Die Reichweite der Befreiung von Netzentgelten im Hinblick darauf, welche Bestandteile der Netzentgelte von der Regelung erfasst sind, ist jedoch streitig. Die Bundesnetzagentur hat den plausiblen Ansatz von Anlagenbetreiber und Netzbetreiber in deren zur Genehmigung vorgelegten Vereinbarung abgelehnt, auch die netzbezogenen Umlagen[26] in die Reichweite des Erlasses der Netzentgelte einzubeziehen.

Das OLG Düsseldorf[27] hat diese Auffassung bestätigt.[28] Es hat sich damit unter Verweis auf den Wortlaut des § 17 Abs. 2 StromNEV dagegen ausgesprochen, die nach § 9 Abs. 7 KWKG 2002 „bei der Berechnung der Netzentgelte in Ansatz zu bringenden" Kosten[29] als Bestandteile dieser Netzentgelte im Sinn der Erlassvorschrift des § 118 Abs. 6 EnWG anzuerkennen.[30] Damit werden nicht unerhebliche Kostenbestandteile trotz der vom Gesetzgeber angeordneten und für die Wirtschaftlichkeit des Speicherbetriebs für erforderlich gehaltenen Netzentgeltbefreiung weiterhin zulasten der Speicheranlagen fällig.[31] Das OLG übersieht in dieser Entscheidung, dass jedenfalls für die gemeinsam mit den Netzentgelten erhobenen Umlagen ausdrücklich angeordnet wird, dass diese als Bestandteile der Netzentgelte anzusehen sind, vgl. § 26 Abs. 1 S. 1 KWKG für den KWK-Zuschlag: „Netzbetreiber sind berechtigt, die KWKG-Umlage nach § 27 Absatz 3 *bei der Berechnung der Netzentgelte* als Aufschlag in Ansatz zu bringen." (Hervorh. d. Verf.). Noch deutlicher drückt § 26 Abs. 2 KWKG aus, dass sich „das Netzentgelt" durch die Erhebung des Zuschlags für privilegierte Netznutzer „um höchstens 0,04 ct/kWh ... erhöhen [darf]".

Damit sind vorbehaltlich einer das OLG Düsseldorf korrigierenden Entscheidung des BGH auch diejenigen Speicheranlagen, die von einer Netzentgeltbefreiung

26 KWK-Umlage, nunmehr auch § 19 Abs. 2 StromNEV-Umlage, AbLaV-Umlage sowie Offshore-Haftungsumlage nach § 17 f EnWG und ggf. die Konzessionsabgabe.

27 Beschluss vom 09.03.2016, VI-3 Kart 17/15 (V), https://www.justiz.nrw.de/nrwe/olgs/duesseldorf/j2016/VI_3_Kart_17_15_V_Beschluss_20160309.html, insoweit nicht rechtskräftig, abgerufen am 31.05.2017.

28 Leitsatz 3: „Der Anspruch auf Freistellung von den Entgelten für den Netzzugang erfasst nicht die über den Arbeits- und Leistungspreis hinausgehenden Entgeltkomponenten. Die gesetzlichen Umlagen, die Entgelte für den Messstellenbetrieb, die Messung und Abrechnung sowie die Konzessionsabgaben sind nicht Bestandteil des Entgelts für die Netznutzung im Sinne des § 118 Abs. 6 EnWG."; a. A. Schneider/Kirch, Rechtliche Rahmenbedingungen für Stromspeicher, RdE 2016, 165, 170.

29 § 26 Abs. 1 KWKG 2016 stellt darüber hinaus lediglich die Form des Ansatzes „als Aufschlag" klar.

30 OLG Düsseldorf, Beschluss vom 09.03.2016, VI-3 Kart 17/15 (V), https://www.justiz.nrw.de/nrwe/olgs/duesseldorf/j2016/VI_3_Kart_17_15_V_Beschluss_20160309.html, Tz. 60 ff.

31 Insbesondere problematisch wird dies im Hinblick auf die KWK-Umlage, da die Minderung der KWK-Umlage für Letztverbraucher mit hohen Abnahmemengen im Rahmen des Änderungsgesetzes zum KWKG 2016 aufgrund der Forderung der EU-Kommission im Notifizierungsverfahren für das KWKG 2016 und das EEG 2017 an die Minderung der EEG-Umlage nach § 64 EEG 2014/2017 angeglichen werden soll und Speicheranlagen nicht zu den privilegierten Wirtschaftszweigen nach Anlage 4 EEG 2014/2017 gehören. Damit fällt bei Umsetzung der in dem Referentenentwurf vorgesehenen Regelung für Speicheranlagen die volle KWK-Umlage von 0,445 ct/kWh (Stand 2016) statt der abgesenkten KWK-Umlage von max. 0,04 ct/kWh an.

nach § 118 Abs. 6 EnWG begünstigt sind, jedenfalls mit allen netzbezogenen Umlagen[32] belastet, soweit sie den einzuspeichernden Strom über das öffentliche Netz beziehen.

Soweit nach den in Kap. 2.1 bis 2.4 erörterten Regelungen lediglich eine Verringerung der Netzentgelte erfolgt, z. B. im Rahmen eines individuellen Netzentgelts nach § 19 Abs. 2 S. 1 StromNEV oder im Rahmen der Neuregelung für Speicheranlagen nach § 19 Abs. 4 StromNEV, fallen die Umlagen in der gesetzlich vorgesehenen Höhe an.[33]

3 EEG-Umlage

Neben den Kostenanteilen für Strombeschaffung und Vertrieb (6,15 ct/kWh netto, 7,32 ct/kWh brutto) und Netzentgelten mit Umlagen und Konzessionsabgaben (9,14 ct/kWh netto, 10,88 ct/kWh brutto) ist die EEG-Umlage (6,354 ct/kWh netto, 7,56 ct/kWh brutto) für den Niederspannungskunden der dritte große Bestandteil der Stromentgelte.[34] Für den Industriekunden fällt der Anteil der EEG-Umlage mit 6,354 ct/kWh vom Gesamtstrompreis 13,50 ct/kWh[35] noch drastischer aus. Auch für die Wirtschaftlichkeit des Einsatzes eines Stromspeichers ist die Frage der Einbeziehung in die EEG-Umlagepflicht von essenzieller Bedeutung.

Auch hier sind

- netzverbundene Speicher
  (1) an der Erzeugungsanlage
  (2) im Netz
  (3) beim Letztverbraucher
- sowie Speicher
  (4) im Inselbetrieb

zu betrachten.

---

32 Neben der KWK-Umlage materiell bedeutend ist hier insbesondere die Umlage auf Basis der vom BGH mit Beschluss vom 12.04.2016, EnVR 25/13, in der seinerzeitigen Fassung für nichtig erklärten Regelung des § 19 Abs. 2 S. 13-16 StromNEV; nach Heilung durch Neufassung der beanstandeten fehlenden Ermächtigungsgrundlage in § 24 EnWG und Anordnung der Rückwirkung in § 118 Abs. 9 EnWG gem. Art. 1 Gesetz zur Weiterentwicklung des Strommarktes (Strommarktgesetz) v. 26.07.2016 BGBl. I S. 1786 ist diese Umlage weiterhin zu erheben; sie beträgt (Stand 2016) 0,378 ct/kWh.

33 Dies betrifft auch bei nach § 19 Abs. 2 S. 1 StromNEV gewährten individuellen Netzentgelten die Umlage nach § 19 Abs. 2 S. 15 StromNEV in der jeweiligen Letztverbraucherkategorie. Nach § 19 Abs. 2 S. 1 StromNEV wird das Netzentgelt nach § 17 Abs. 2 StromNEV individuell bestimmt, nicht die an das Netzentgelt anknüpfenden Umlagen. Vgl. dazu die Festlegung der BNetzA BK4-13-739, Begründung, Berechnungsbeispiel S. 21, ausdrücklich II 6a S. 49; zur Frage der Nichtigkeit der Rechtsgrundlage für die Umlage nach § 19 Abs. 2 StromNEV siehe Fn. 331.

34 Hinzu kommen noch 2,05 ct/kWh netto, 2,44 ct/kWh brutto Stromsteuer, alles bezogen auf Haushaltskunden, Gesamtkosten 28,81 ct/kWh, Quelle: BDEW Strompreisanalyse Mai 2016.

35 Ohne Stromsteuer, nicht privilegierter Kunde, Quelle siehe Fn. 34.

Allerdings fällt die EEG-Umlage nach § 60 Abs. 1 EEG 2017 im Fall der Lieferung seitens eines EVU an Letztverbraucher sowie nach §§ 61 ff. EEG 2017 für Eigenversorgung und sonstigen Stromverbrauch[36] an.[37] Die entsprechenden Konstellationen müssen daher jeweils im Einzelnen analysiert werden.

Schließlich ist die vollständig neu konzipierte Ausnahme von der Pflicht zur Zahlung der EEG-Umlage für Stromspeicher, § 61 k Abs. 1-1b EEG 2017 zu beachten.[38]

3.1 Der Stromspeicher bei der Erzeugungsanlage

Wie in Kapitel 2.1 dargelegt, sieht § 19 Abs. 4 EEG 2014, künftig § 19 Abs. 3 EEG 2017,[39] diese Konstellation eines Stromspeichers bei der EEG-Erzeugungsanlage ausdrücklich vor. Dabei stellt nach § 5 Nr. 1 Hs. 2 EEG 2014, künftig § 3 Nr. 1 Hs. 2 EEG 2017, auch der Stromspeicher eine Anlage i. S. des EEG 2014/2017 dar, wenn er denn ausschließlich Energie aus erneuerbaren Energien oder Grubengas einspeichert und wieder ausspeichert.

3.1.1 Personenidentität zwischen Erzeugungsanlagen- und Speicheranlagenbetreiber

Nach § 19 Abs. 3 EEG 2017 ist in der Konstellation, dass der aus erneuerbaren Energien erzeugte Strom vor der Einspeisung in das öffentliche Netz (also wie hier angenommen) in einem Stromspeicher bei der Erzeugungsanlage zwischengespeichert wird, der aus dem Speicher ausgespeicherte Strom wie derjenige Strom förderfähig, der in

36 Die Regelungen zur Belastung der Eigenversorgung mit EEG-Umlage wurden durch Art. 2 Gesetz zur Änderung der Bestimmungen zur Stromerzeugung aus Kraft-Wärme-Kopplung und zur Eigenerzeugung vom 22.12.2016, BGBl. I, S. 3108, Inkrafttreten gem. Art. 19 des Gesetzes zum 01.01.2017 vollständig neu gefasst. Dabei wurde § 61 EEG 2014 aufgeteilt in die Regelungen §§ 61-61j EEG 2017.

37 Hennig/Herz, Ausgewählte Rechtsfragen dezentraler Energiekonzepte – Teil 1: Eigenversorgung und Energiespeicher, ZNER 2016, 30 ff. zur Rechtslage nach dem EEG 2014.

38 Die Regelungen zur Befreiung von Stromspeichern von der EEG-Umlage wurden durch Art. 2 Gesetz zur Änderung der Bestimmungen zur Stromerzeugung aus Kraft-Wärme-Kopplung und zur Eigenerzeugung vom 22.12.2016, BGBl. I, S. 3108, Inkrafttreten gem. Art. 19 des Gesetzes zum 01.01.2017 vollständig neu gefasst. Dabei wurde die bereits durch Art. 1 Gesetz zur Einführung von Ausschreibungen für Strom aus erneuerbaren Energien und zu weiteren Änderungen des Rechts der erneuerbaren Energien“ vom 13.10.2016 (BGBl. I S. 2258) aus § 60 EEG 2014 herausgelöste und in § 61a EEG 2017 überführte Befreiung von Stromspeichern von der EEG-Umlage noch vor Inkrafttreten der Neuregelung nach § 61 k EEG 2017 übergeführt und dort neu gefasst.

39 Bis zum 31.12.2016 § 19 Abs. 4 EEG 2014; Änderung des EEG durch Art. 1 des „Gesetz zur Einführung von Ausschreibungen für Strom aus erneuerbaren Energien und zu weiteren Änderungen des Rechts der erneuerbaren Energien“ vom 13.10.2016 (BGBl. I S. 2258), Inkrafttreten gem. Art. 25 des Gesetzes zum 01.01.2017.

der Erzeugungsanlage aus erneuerbaren Energien erzeugt wurde. Dabei ist nur die Strommenge förderfähig, die aus dem Zwischenspeicher ins Netz eingespeist wird[40] (oder auch per kaufmännisch-bilanzieller Weitergabe in ein Netz angeboten wird, § 11 Abs. 2 EEG 2014/2017).[41] In Kap. 3.1.1.1 soll daher zunächst die Speicherung von ausschließlich aus erneuerbaren Energien gewonnenem Strom betrachtet werden.

3.1.1.1 Erzeugungsanlage nach dem EEG

Fraglich ist, ob hier eine (ggf. reduzierte) EEG-Umlage für Eigenversorgung nach § 61 Abs. 1 Nr. 1 EEG 2017 anfällt.

Eigenversorgung, § 3 Nr. 19 EEG 2017, liegt vor, wenn eine natürliche oder juristische Person Strom in einer selbst betriebenen Stromerzeugungsanlage erzeugt und diesen ohne Nutzung des öffentlichen Netzes in unmittelbarem räumlichen Zusammenhang (Speicher bei der Erzeugungsanlage) verbraucht.[42]

Nach der Entscheidung des BGH zu Stromnetzentgelten[43] ist der Strom, der in einem Pumpspeicherkraftwerk eingesetzt wird, dort als Letztverbrauch anzusehen. Letztverbrauch ist danach auch der Verbrauch, der nur zu einer Energieumwandlung führt.[44] Die diesbezügliche Definition des Letztverbrauchers, § 3 Nr. 25 EnWG, ist in Kenntnis der Rechtsprechung des BGH zur Definition des Letztverbrauchs nach § 3 Nr. 25 EnWG durch die seinerzeitige Regelung in § 5 Nr. 24 EEG 2014, nunmehr § 3 Nr. 33 EEG 2017, lediglich dadurch erweitert worden, dass der verbrauchte Strom vom Letztverbraucher (wie hier) nicht gekauft werden muss, damit auch die Eigenversorgung unter die Begriffsbestimmung des Letztverbrauchs fällt.[45] Eine eingeschränkte Definition des Letztverbrauchs i. S. des EEG 2017 verbietet sich insoweit.

Nach der diese Definition aufgreifenden Entscheidung der Clearingstelle[46] stellt das Einspeichern von Strom einen Verbrauch des Stromes i. S. des § 61 EEG 2014 dar. Diese Entscheidung ist auf die Neuregelung in §§ 61 ff. EEG 2017 vollständig übertragbar.

Bei ungeprüfter Anwendung der beiden Vorschriften zur Vergütung und zur EEG-Umlage bedeutet dies, dass – vorbehaltlich der in Kap. 3.1.1.1.3 dargestellten neuen Befreiungsregelung – für den in der Anlage erzeugten und in der Speicheranlage

40 Eckardt/Henning in Frenz/Müggenborg, 3. Aufl. 2013, § 16 Rn. 20 zur insoweit identischen Vorgängerfassung § 16 Abs. 2 EEG 2012.

41 Die textliche Neufassung durch Art. 1 des „Gesetz zur Einführung von Ausschreibungen für Strom aus erneuerbaren Energien und zu weiteren Änderungen des Rechts der erneuerbaren Energien" vom 13.10.2016 (BGBl. I S. 2258), hat insoweit materiell keine Auswirkungen.

42 v. Hesler, Stromspeicher und EEG-Umlage: Eine Analyse der geltenden Rechtslage, REE 2015, 150 ff.

43 BGH, Beschluss vom 17.11.2009, EnVR 56/08.

44 BGH, Beschluss vom 17.11.2009, EnVR 56/08, Tz. 10.

45 BT-Drs. 18/1304, S. 114.

46 Clearingstelle EEG, Empfehlung vom 02.06.2015, Az 2014/31.

zwischengespeicherten Strom zunächst auf die gesamte einzuspeichernde Strommenge die (verringerte) EEG-Umlage zu entrichten wäre und anschließend nach Tragung der Speicherverluste durch den Betreiber nur die um die Verlustmenge reduzierte Strommenge i. S. des EEG förderfähig wäre.

Diese Lösung steht im eklatanten Widerspruch zu dem bereits im EEG 2009 umgesetzten Ziel, das Stromangebot der Stromnachfrage durch eine Förderung auch von zwischengespeichertem Strom besser anpassen zu können.[47]

Auch die Freistellung des Kraftwerkseigenbedarfs nach § 61a Nr. 1 EEG 2017[48] führt angesichts des eingeschränkten Anwendungsbereichs im Zusammenhang mit der Erzeugung von Strom im technischen Sinn[49] in Anlehnung an § 12 Abs. 1 Nr. 1 StromStV nicht zu einem anderen Ergebnis.[50] Selbst für den Fall, dass neben der Erzeugungsanlage ein Pumpspeicherkraftwerk vorhanden wäre, dessen Pumpstrom nach § 12 Abs. 1 Nr. 2 StromStV zur Erzeugung von Strom im technischen Sinn verbraucht wird, griffe § 61a Nr. 1 EEG 2017 nicht, da diese Pumpen in § 12 StromStV ausdrücklich neben den allein befreiten Neben- und Hilfsanlagen aufgeführt werden. Konsequenterweise erörtert die Clearingstelle diese mögliche Hilfsüberlegung nicht einmal.

Die Regelung zur Freistellung des Eigenversorgers mit vollständiger Eigenversorgung aus erneuerbaren Energien, § 61a Nr. 3 EEG 2017,[51] stellt für diese Konstellation ebenfalls keine Lösung dar, da es gerade Ziel ist, den zunächst zwischengespeicherten Strom im Rahmen einer Förderung nach § 19 EEG 2017 weiter zu veräußern.

Auch die Regelung des § 60 Abs. 3 EEG 2014 zum Wegfall des Anspruchs des ÜNB auf Zahlung der EEG-Umlage bei Stromspeichern griff nicht direkt. Zwar stellte § 60 Abs. 3 S. 1 EEG 2014 ebenso wie nunmehr die Neuregelung nach § 61 k Abs. 1–2 EEG 2017 nicht nur den nach § 60 Abs. 1 EEG 2014/2017 von einem EVU gelieferten Strom bei Einspeicherung frei.

Durch die Neuregelung in § 61 k EEG 2017 wird zwar das Problem aufgelöst, dass in der hier besprochenen Konstellation die eingespeicherte Strommenge nicht zur *Wieder*einspeisung verwendet wird. Seit dem Inkrafttreten der Neuregelung kommt es nicht mehr darauf an, dass der Strom in der hier betrachteten Konstellation nach Zwischenspeicherung erstmalig in das öffentliche Netz eingespeist wird. Aufgrund

---

47 Salje, EEG 2012, 6. Aufl. 2012, § 16 Rn. 44, unter Bezugnahme auf den Erfahrungsbericht 2007 des BMU zum EEG.

48 Bis zum 31.12.2016: § 61 Abs. 2 Nr. 1 EEG 2014.

49 BT-Drs. 18/1891, S. 208, vgl. die ausführliche Darstellung in Begründung zu § 58 Abs. 4 EEG, RegE BT-Drs. 18/1304, S. 155.

50 v. Hesler, Stromspeicher und EEG-Umlage: Eine Analyse der geltenden Rechtslage, REE 2015, 150, 151.

51 Bis 31.12.2016: § 61 Abs. 2 Nr. 3 EEG 2014; ausführlich hierzu in ausdrücklicher Konfrontation mit der Rechtsauffassung der Clearingstelle EEG Hennig/Herz, Ausgewählte Rechtsfragen dezentraler Energiekonzepte – Teil 1: Eigenversorgung und Energiespeicher, ZNER 2016, 30, 33, in kritischer Auseinandersetzung mit der Auffassung der BNetzA.

der in Kap. 3.1.1.1.3 dargestellten deutlichen Einschränkungen der Befreiungstatbestände ist zur Sicherung einer Auslegung nach Sinn und Zweck des EEG 2017 weiterhin eine ergänzende Auslegung erforderlich.

3.1.1.1.1 Keine Zusammenfassung von Erzeugungsanlage und Speicher zu einer einheitlichen Anlage

Problematisch erscheint eine denkbare Zusammenfassung der Erzeugungsanlage mit dem Stromspeicher zu einer einheitlichen Anlage. Jedenfalls für den Fall, dass eine Speicheranlage bei der Erzeugungsanlage zur Zwischenspeicherung und ausschließlich erstmaligen Einspeisung des Stromes in das öffentliche Netz eingesetzt wird, böte es sich zwar an, die Erzeugungsanlage und die Speicheranlage als einheitliche (Erzeugungs-)Anlage anzusprechen mit der Folge, dass die Zwischenspeicherung des Stromes einen internen Vorgang darstellte und jedenfalls keinen EEG-umlagepflichtigen Verbrauch von bereits erzeugtem Strom. Damit fiele in dieser Konstellation keine EEG-Umlage nach § 61 Abs. 1 EEG 2017 für einen Verbrauch von Strom bei der Zwischenspeicherung an. Die Lösung entspräche zwar im Ergebnis der Bestimmung der Förderfähigkeit nach § 19 Abs. 3 EEG 2017, stünde jedoch möglicherweise im Wertungswiderspruch zu § 61 k EEG 2017. Dagegen spricht jedoch vor allem, dass § 3 Nr. 1 EEG 2017 den Stromspeicher, sofern er ausschließlich mit Strom aus erneuerbaren Energien gespeist wird, als eigene Anlage definiert und gerade nicht als Teil der vorgeschalteten Erzeugungsanlage. Besonders deutlich wird dies für den Fall, dass mehrere Erzeugungsanlagen mit unterschiedlichen Einsatzstoffen genutzt werden und Strom aus dieser Mehrzahl von Anlagen in einem Speicher zwischengespeichert werden soll.

3.1.1.1.2 Analoge Anwendung der Vorschrift über Speicher im Netz überholt

Die im Rahmen der Geltung des EEG 2014 erörterte[52] analoge Anwendung der Regelung des § 60 Abs. 3 EEG 2014 für die EEG-Umlagefreiheit von *wieder* eingespeistem Strom auf die Speicherung von erstmals einzuspeisendem nach der Erzeugung direkt zwischengespeichertem Strom ist durch die Neuregelung § 61 k Abs. 1-2 EEG 2017 obsolet geworden. Die vollständige Freistellung der Einspeicherung von Strom in ausschließlich netzgekoppelte Speicher wurde durch die Neuregelung beseitigt.

3.1.1.1.3 Neuregelung im Rahmen des EEG 2017

Durch die Neufassung der Regelung in § 61a Abs. 1 EEG 2017[53] wurde die Formulierung aus § 60 Abs. 3 EEG 2014 „Wiedereinspeisung" durch „Einspeisung" ersetzt und

---

52 v. Hesler, Stromspeicher und EEG-Umlage: Eine Analyse der geltenden Rechtslage, REE 2015, 150.

53 Fassung gemäß Art. 1 des „Gesetz zur Einführung von Ausschreibungen für Strom aus erneuerbaren Energien und zu weiteren Änderungen des Rechts der erneuerbaren Energien" vom 13.10.2016 (BGBl. I S. 2258); die Regelung wurde durch Art. 2 Gesetz zur Änderung der Bestimmungen zur

damit die seinerzeitige problematische Wortwahl korrigiert.[54] Auch im Rahmen des § 61 k Abs. 1 EEG 2017 ist unabhängig davon, ob der EEG-Strom „wieder“ eingespeist wird, zwischengespeicherter Strom, soweit die ausgespeicherten Strommengen in das öffentliche Netz eingespeist werden, eindeutig bei der Einspeicherung von der EEG-Umlage befreit.

Die Neuregelung § 61 k Abs. 1 S. 1 EEG 2017 greift nunmehr ausdrücklich die Vermeidung der Doppelbelastung von zwischengespeichertem Strom mit der EEG-Umlage auf. Soweit für den wieder ausgespeicherten Strom EEG-Umlage gezahlt wird, wird der eingespeicherte Strom innerhalb der „Saldierungsperiode“ genannten Abrechnungsperiode von der EEG-Umlage befreit. Für Strommengen, die in das öffentliche Netz eingespeist werden, wird vermutet, dass für diese die volle EEG-Umlage bezahlt wird, § 61 k Abs. 1 S. 2 EEG 2017. Damit fällt für die insoweit nach der Erzeugung zwischengespeicherte Strommenge bei Ausspeicherung und Ausspeisung in das öffentliche Netz jedenfalls im Rahmen der Einspeicherung keine EEG-Umlage an. Strom, der mittels kaufmännisch-bilanzieller Weitergabe angeboten wird, gilt für die Zwecke des EEG als in das Netz eingespeist, § 11 Abs. 2 Hs. 2 EEG 2017. Hier ist also eine bilanzielle und keine physikalische Betrachtungsweise angezeigt.

Darüber hinaus werden auch technische Speicherverluste von der EEG-Umlage freigestellt, § 61 k Abs. 1 S. 3 EEG 2017.

Problematisch ist jedoch die Einführung der Saldierungsperiode durch die Neuregelung, § 61 k Abs. 1 S. 1, Abs. 1a EEG 2017. Für die hier betrachtete Konstellation der vollständigen Ausspeisung der zwischengespeicherten Strommenge nach Wiederausspeicherung in das öffentliche Netz ist das Kalenderjahr die Saldierungsperiode. Soweit die in einem Kalenderjahr eingespeicherte Strommenge (nach Abzug der wie auch immer festzustellenden Verlustenergie) also in diesem Kalenderjahr nicht wieder ausgespeichert wird, fällt für diese Strommenge EEG-Umlage an, hier ggf. reduziert nach § 61b Nr. 1 EEG 2017, da der eingespeicherte Strom in einer Anlage, also aus erneuerbaren Energien, erzeugt wurde.

Aufgrund der Schwankungen zwischen Einspeicherung und Ausspeicherung während der Saldierungsperiode wird also regelmäßig ein Teil der Strommenge bei der Einspeicherung mit EEG-Umlage belastet, auch wenn er nach der Wiederausspeicherung bei der Lieferung an Letztverbraucher abermals mit EEG-Umlage und dann wegen der Nutzung des öffentlichen Netzes in jedem Fall mit 100 % Umlage belastet wird.

Eine Übertragung der eingespeicherten Strommenge ist nicht zulässig. Allerdings kommt es im eingeschwungenen Zustand aufgrund der kalenderjährlichen

---

Stromerzeugung aus Kraft-Wärme-Kopplung und zur Eigenerzeugung vom 22.12.2016, BGBl. I, S. 3108, als § 61 k Abs. 1-2 EEG 2017 vollständig neu gefasst; Inkrafttreten gem. Art. 19 des Gesetzes zum 01.01.2017.

54 Die Begründung in BT-Drs. 18/8860, S. 239, geht nicht auf die Änderung ein und behauptet die schlichte Überführung der bisherigen Regelung des § 60 Abs. 3 EEG 2014 in § 61a Abs. 1 EEG 2017.

Betrachtungsweise der Saldierungsperiode nicht darauf an, dass die Strommenge in der Saldierungsperiode zunächst ein- und erst dann wieder ausgespeichert werden muss. Vielmehr ist eine einfache Saldobetrachtung vorzunehmen, so dass also aus dem gefüllten Speicher zu Jahresanfang entnommene Strommengen ebenso zur Umlagebefreiung der (später) eingespeicherten Strommengen führen wie die nach Wiederauffüllung des Speichers entnommenen Strommengen.

3.1.1.1.4 Keine eingeschränkte Anwendung der Neuregelung

Die Einführung der Saldierungsperiode stellt eine deutliche Belastung der Speicheranlage bei der Erzeugungsanlage dar und steht im Wertungswiderspruch zu § 19 Abs. 3 EEG 2017. Mit guten Gründen kann daher dahingehend argumentiert werden, dass auch im Rahmen der Neuregelung des § 61 k Abs. 1 EEG 2017 jedenfalls für die Konstellation der Volleinspeisung nach Zwischenspeicherung von EEG-Strom im Rahmen einer teleologischen Reduktion auch außerhalb der Betrachtung von Saldierungsperioden der eingespeicherte Strom aus der EEG-Anlage insgesamt von der EEG-Umlage befreit ist.

Angesichts der Neuregelung für alle Speicheranlagen dürfte dieser Forderung entgegengehalten werden, dass angesichts der umfassenden Diskussion der Speicherproblematik von einer unbeabsichtigten Gesetzeslücke nicht mehr ausgegangen werden kann.

Insbesondere vor dem Hintergrund, dass die in Kap. 3.2.3 behandelten komplexen Kundenanlagen ebenfalls zu Strommengen führen, die nach Erzeugung zwischengespeichert werden und anschließend in das öffentliche Netz ausgespeichert werden können, dürfte eine hier nochmals differenzierende Betrachtungsweise jedenfalls de lege lata nur noch schwer argumentierbar sein. Es ist daher davon auszugehen, dass mit der Neuregelung des § 61 k Abs. 1 EEG 2017 weiterhin erhebliche Belastungen für Speicheranlagen bei der Erzeugungsanlage bestehen.

3.1.1.2 Andere Erzeugungsanlagen

Diese Herangehensweise ist auch im Hinblick auf KWK-Anlagen und andere Erzeugungsanlagen geboten.[55] Auch und gerade hier ist bei Identität von Erzeugungsanlagenbetreiber und Speicherbetreiber für den Fall des Stromspeichers bei der Erzeugungsanlage nicht von einer einheitlichen Anlage auszugehen. Die Definition der Speicherung als mögliche EEG-Anlage findet sich gerade nicht so im KWKG 2017. Die Zusammenfassung beider Anlagen würde hingegen bei KWK-Anlagen zu drastischen Weiterungen führen, da die Einbindung des Speichers erhebliche negative Auswirkungen auf die Effizienz der Anlage (Verhältnis von eingesetzter und erzeugter

55 v. Hesler, Stromspeicher und EEG-Umlage: Eine Analyse der geltenden Rechtslage, REE 2015, 150, 151.

Energie) und damit die Förderfähigkeit im Rahmen des KWKG[56] und des EnergieStG hätte.

Weiterhin findet sich der Stromspeicher gerade nicht in der Begriffsbestimmung des § 2 KWKG 2017 und die Netto-Stromerzeugung der KWK-Anlagen nach der Definition in § 2 Nr. 20 KWKG 2017 widerspricht ebenfalls dem Ansatz, den Stromspeicher als Bestandteil der KWK-Anlagen anzusehen.[57]

Für Erzeugungsanlagen, die weder dem EEG noch dem KWKG unterfallen, ist keine andere Herangehensweise angezeigt.

Damit entfällt in dem in Kap. 3.1.1.1.3 dargelegten Rahmen für die Einspeicherung von Strom im Speicher bei der Erzeugungsanlage der Anspruch des ÜNB auf EEG-Umlage nach § 61 k EEG 2017.

3.1.2 Personenverschiedenheit zwischen Erzeugungsanlagen- und Speicheranlagenbetreiber

Es ist durchaus denkbar, dass die Erzeugungsanlage und die Speicheranlage bei der Erzeugungsanlage von unterschiedlichen Personen betrieben werden. In diesem Fall liegt zunächst eine Lieferung von elektrischer Energie vom Erzeugungsanlagenbetreiber an den Stromspeicherbetreiber vor. Der Erzeugungsanlagenbetreiber wird damit in seiner Rolle als Elektrizitätsversorgungsunternehmen tätig. Wie in Kap. 3.1.1.1 dargestellt, handelt es sich nach der Rechtsprechung des BGH zu § 3 Nr. 25 EnWG um Letztverbrauch, wenn der Speicheranlagenbetreiber den Strom durch Einspeicherung in eine andere Energieform umwandelt. Damit wäre zunächst die *volle* EEG-Umlagepflicht für den gelieferten Strom anzusetzen, § 60 Abs. 1 EEG 2017. Eine Zusammenfassung von Erzeugungsanlagen und Speicher verbietet sich bereits durch die unterschiedlichen Betreiber.[58]

Ein Wegfall der EEG-Umlage nach §§ 61 ff. EEG 2017 greift nicht, da es sich aufgrund der Personenverschiedenheit von Erzeugungsanlagenbetreiber und Speicherbetreiber nicht um Eigenversorgung handelt. Auch hier wird durch die Neuregelung in § 61 k Abs. 1 S. 1 EEG 2017 eine Entlastung in direkter Anwendung des EEG geschaffen, so dass es auf die komplexen Begründungen von Analogien[59] nicht mehr ankommt. Die Ausnahme greift ausdrücklich auch für an einen Stromspeicher gelieferten Strom, also für Strommengen, die dem Speicherbetreiber verkauft werden.[60] Da die

---

56 Bereits die privilegierte Anschlusspflicht ist an das Merkmal „hocheffizient" geknüpft, vgl. § 2 Nr. 8 KWKG 2016/2017, § 3 Abs. 1 KWKG 2016/2017.

57 v. Hesler, Stromspeicher und EEG-Umlage: Eine Analyse der geltenden Rechtslage, REE 2015, 150, 152, zur insoweit gleichen Rechtslage nach dem KWKG 2016.

58 v. Hesler, Stromspeicher und EEG-Umlage: Eine Analyse der geltenden Rechtslage, REE 2015, 150, 152.

59 v. Hesler, Stromspeicher und EEG-Umlage: Eine Analyse der geltenden Rechtslage, REE 2015, 150.

60 In der Begründung zum Fraktionsentwurf, BT-Drs. 18/8860, S. 239, zu § 61a wird ausdrücklich darauf verwiesen, dass für den Fall, dass aufgrund einer Bestandsanlagenregelung zur Eigenerzeugung und Selbstverbrauch, § 61 Abs. 3 und 4 EEG 2014/2017, sowieso eine Befreiung von der EEG-Umlage

Neuregelung unabhängig vom Weg des Stromes zum Speicher konstruiert ist, findet auch hier die Entlastung wie in Kap. 3.1.1.1.3 dargelegt Anwendung.

3.2 Stromspeicher im Netz

Sofern der Strom vom Erzeugungsanlagenbetreiber oder einem anderen Energieversorgungsunternehmen an den Speicheranlagenbetreiber geliefert wird, handelt es sich um eine nach § 60 Abs. 1 EEG 2017 grundsätzlich EEG-umlagepflichtige Lieferung an Letztverbraucher. Die Letztverbrauchereigenschaft des Speicherbetreibers ist, wie in Kapitel 3.1 dargestellt, im Rahmen des § 3 Nr. 33 EEG 2017, zu bejahen.[61]

Sofern der Speicheranlagenbetreiber den einzuspeisenden Strom selbst erzeugt und über das öffentliche Netz zu seinem Speicher leitet, ergibt sich grundsätzlich eine EEG-Umlagepflicht aus § 61 Abs. 1 Nr. 2 EEG 2017. Aufgrund der Durchleitung durch das öffentliche Netz sind die Voraussetzungen für eine Eigenversorgung, § 3 Nr. 19 EEG 2017, nicht gegeben.[62] Nach §§ 61 k Abs. 1S. 1 i. V. m. der Vermutung nach S. 2 EEG 2017, entfällt jedoch für die Lieferung von Strom zur Zwischenspeicherung die EEG-Umlage, wenn – wie hier postuliert – der wieder ausgespeicherte Strom in das öffentliche Netz zurückgespeist wird.[63] Darüber hinaus wird gem. § 61 k Abs. 1 S. 3 EEG 2017 auch die Strommenge, die im Rahmen der Speicherung als Verlust anfällt, von der EEG-Umlage freigestellt. Vorsorglich ist darauf zu achten, dass der wiederausgespeicherte Strom nicht anders als zur Wiedereinspeisung in das öffentliche Netz genutzt wird, soweit die Vermutung nach § 61 k Abs. 1 S. 2 EEG 2017 genutzt werden soll.

Die Regelung gilt für selbst erzeugten und an den Speicher über das öffentliche Netz geleiteten Strom gleichermaßen.

Der wieder ausgespeicherte und über das Netz an Letztverbraucher gelieferte Strom ist der standardmäßigen EEG-Umlage unterworfen.[64]

---

greift, die Ausnahme nicht erforderlich ist. Die Begründung bestätigt darüber hinaus die Intention des Gesetzgebers, Strom auch im Fall der Speicherung nur einmal der EEG-Umlage zu unterwerfen. Dies wurde in der Neuregelung § 61 k ausdrücklich umgesetzt.

61 v. Hesler, Stromspeicher und EEG-Umlage: Eine Analyse der geltenden Rechtslage, REE 2015, 150, 152.

62 Im Einzelfall ist zu prüfen, ob die Umlage aufgrund Bezugs aus Bestandsanlagen nach §§ 61c oder 61d EEG 2017 entfällt.

63 Wie in Kapitel 3.1. dargestellt, entfällt im Rahmen der Neuregelung die im Rahmen des EEG 2014 für die dortigen Konstellationen problematische Formulierung „wiedereingespeist". Für die Speicher im Netz ist diese Korrektur ohne Bedeutung, da diese – wie dargestellt – auch im Rahmen der problematischen Vorgängerregelung bereits befreit sind. Zu beachten sind jedoch die neuen Einschränkungen aus der Einführung der Saldierungsperiode, s. Kap. 3.1.1.1.3.

64 In der Begründung zum Fraktionsentwurf, BT-Drs. 18/8860, S. 239 wird ausdrücklich darauf verwiesen, dass eine Ausnahme für den Fall, dass aufgrund einer Bestandsanlagenregelung zur

Eine Förderung des Stromes, soweit er ursprünglich in einer EEG-Erzeugungsanlage hergestellt wurde, ist nur im Falle der Lieferung seitens des Erzeugungsanlagenbetreibers an den Speicherbetreiber im Rahmen der geförderten Direktvermarktung möglich.[65] Die wieder ausgespeicherte Strommenge erhält ihrerseits keine Förderung nach dem EEG, da die Förderung von zwischengespeichertem Strom nach § 19 Abs. 3 EEG 2017 ausschließlich auf Strom beschränkt ist, der vor der Einspeisung in das öffentliche Netz zwischengespeichert wurde. Allerdings umfasst die geförderte Direktvermarktung in diesem Fall die gesamte an den Speicherbetreiber gelieferte Strommenge einschließlich der Speicherverluste und ist nicht auf die wieder ausgespeicherte und in das öffentliche Netz zurückgespeiste Strommenge beschränkt.

Für den Fall, dass Personenidentität zwischen Erzeugungsanlagenbetreiber und Stromspeicherbetreiber besteht, ist eine Förderung des in einer EEG-Anlage erzeugten Stromes ausgeschlossen. Die Weiterleitung an den vom Erzeugungsanlagenbetreiber selbst betriebenen Speicher stellt keine Vermarktung und „Abnahme durch einen Dritten" nach §§ 20 Abs. 1 Nr. 1, 3 Nr. 16 EEG 2017 [66] dar. Der nicht direkt an der Erzeugungsanlage angesiedelte Speicher erfüllt nicht das Kriterium „ausschließlich aus erneuerbaren Energien oder Grubengas", das physikalisch nur durch den Speicher an der Erzeugungsanlage erfüllt werden kann, und stellt damit bereits keine Anlage i. S. des EEG 2014/2017 dar. Der wiederausgespeicherte Strom ist damit – wie ausdrücklich auch in § 19 Abs. 3 EEG 20017 festgehalten – nicht förderfähig.

3.3 Stromspeicher beim Letztverbraucher

Die Behandlung von Stromspeichern beim Letztverbraucher im Rahmen des EEG stellt sich teilweise sehr komplex dar und führt bei den Nutzern aufgrund unerwarteter Ergebnisse zu Irritationen.[67] In Kap. 3.2.2 und 3.2.3 sollen die Rechtslage bei Stromspeichern ohne Kombination mit Erzeugungsanlagen (siehe Kap. 3.3.1) und in Kombination mit Erzeugungsanlagen (siehe Kap. 3.3.2) erörtert werden.[68]

Eigenerzeugung und Selbstverbrauch, § 61 Abs. 3 und 4 EEG 2014/2017, sowieso eine Befreiung von der EEG-Umlage greift, die Ausnahme nicht erforderlich ist. Die Begründung bestätigt darüber hinaus die Intention des Gesetzgebers, Strom auch im Fall der Speicherung nur einmal der EEG-Umlage zu unterwerfen.

65 v. Hesler, Stromspeicher und EEG-Umlage: Eine Analyse der geltenden Rechtslage, REE 2015, 150, 153.

66 Bis 31.12.2016: § 34 Abs. 1 EEG 2014.

67 v. Hesler, Stromspeicher und EEG-Umlage: Eine Analyse der geltenden Rechtslage, REE 2015, 150, 153.

68 Zu den verschiedenen komplexen Sachverhalten der Direkt- und Eigenversorgung unter Einbeziehung von Speichern Hennig/Herz, Ausgewählte Rechtsfragen dezentraler Energiekonzepte – Teil 1: Eigenversorgung und Energiespeicher, ZNER 2016, 30, 31.

3.3.1 Stromspeicher beim Letztverbraucher ohne Erzeugungsanlage

In dieser Konstellation werden Stromspeicher betrachtet, die aus dem Netz befüllt werden, aber abweichend von der Situation Speicher im Netz (siehe Kap. 3.2) ganz oder teilweise dazu genutzt werden, mit wieder ausgespeichertem Strom den Letztverbrauch eines Kunden vor Ort zu decken. Denkbar ist dies im Hinblick auf die Nutzung zur Optimierung des Netzentgelts, etwa als unterbrechbare Verbrauchseinrichtung in Niederspannung, § 14a S. 1 EnWG, oder zur Optimierung der Strompreise durch Verschiebung in kostengünstige Bezugszeiten. Daneben ist die teilweise Nutzung im Rahmen von Regelenergie bei entsprechender Qualifikation denkbar.[69]

3.3.1.1 Der Strombezug aus dem Netz

Der Speicherbetreiber muss zunächst Strom aus dem öffentlichen Netz von einem Elektrizitätsversorgungsunternehmen beziehen oder aus einer eigenen Erzeugungsanlage über das öffentliche Netz herbeileiten. Die Einspeisung stellt – wie in Kapitel 3.1 erläutert – Letztverbrauch dar.[70]

Der Strombezug von einem EVU ist bei Abgabe an Letztverbraucher voll EEG-umlagepflichtig, § 60 Abs. 1 EEG 2017. Der Verbrauch von selbsterzeugtem Strom ist – da er über das öffentliche Netz geleitet wird – ebenfalls voll EEG-umlagepflichtig.[71] Ein Fall der Eigenversorgung liegt bei Nutzung des öffentlichen Netzes nicht vor, § 3 Nr. 19 EEG 2017. Da der Speicher beim Letztverbraucher nicht ausschließlich dazu genutzt wird, Strom zur Wiedereinspeisung in das Netz auszuspeichern (siehe Kap. 3.2), entfiel ursprünglich die Möglichkeit der Entlastung von der EEG-Umlage nach § 60 Abs. 3 EEG 2014.[72] Der einzuspeichernde Strom einschließlich des Anteils zur Deckung der Speicherverluste wurde im Rahmen des EEG 2014 vollständig der EEG-Umlage unterworfen.

Mit der Neufassung der Ausnahmeregelung durch das EEG 2017 wurde jedoch eine Korrektur vorgenommen. Gemäß § 61 k Abs. 1 S. 1 EEG 2017 entfällt ab dem 01.01.2017 die EEG-Umlage für Strom, der zum Zweck der Zwischenspeicherung geliefert wird, wenn für den wiederausgespeicherten Strom die EEG-Umlage gezahlt ist. Dies ist

---

69 v. Hesler, Stromspeicher und EEG-Umlage: Eine Analyse der geltenden Rechtslage, REE 2015, 150, 153.

70 Für Speicher in der Kundenanlage ausdrücklich Clearingstelle EEG, Empfehlung vom 02.06.2015. AZ. 2014/31, Tz. 142; die Empfehlung der Clearingstelle, die auf die Rechtslage nach dem EEG 2017 voll übertragbar ist, bindet den WP, der die Abrechnung des VNB testieren muss, § 75 S. 3 Nr. 3 EEG 2017; kritisch zur dogmatischen Einordnung der Speicher Hennig/Herz, Ausgewählte Rechtsfragen dezentraler Energiekonzepte – Teil 1: Eigenversorgung und Energiespeicher, ZNER 2016, 30, 36.

71 Ggf. ist die Umlagenfreiheit beim Bezug aus Bestandsanlagen zu beachten, §§ 61c und 61d EEG 2017.

72 v. Hesler, Stromspeicher und EEG-Umlage: Eine Analyse der geltenden Rechtslage, REE 2015, 150, 153; Schneider/Kirch, Rechtliche Rahmenbedingungen für Stromspeicher, RdE 2016, 165, 168.

jedenfalls dann der Fall, wenn die wiederausgespeicherte Strommenge vollständig in der Kundenanlage verbleibt (technische Blockade der Ausspeicherung bei gleichzeitiger Rückspeisung aus der Kundenanlage in das öffentliche Netz) und damit der Eigenversorgungs-EEG-Umlage unterworfen ist und diese EEG-Umlage auch gezahlt wurde. Für Strom, der in das Netz wieder ausgespeichert wird, wird die vollständige Zahlung der EEG-Umlage nach § 61 k Abs. 1 S. 2 EEG 2017 vermutet.

Von besonderer Bedeutung ist hier die Regelung zur Dauer der Saldierungsperiode. Wird der Speicher ausschließlich zur Eigenversorgung genutzt, ist die Saldierungsperiode, wie bereits für Speicher, die bei einer Erzeugungsanlage ohne Letztverbrauch oder im Netz betrieben werden, das Kalenderjahr, vgl. Kap. 3.1.1.1.3. Wird der Speicher jedoch nicht derart ausschließlich eingesetzt, sondern dient sowohl der Lieferung von Strom in der Kundenanlage als auch der Wiederausspeisung in das öffentliche Netz, so ist die Saldierungsperiode auf den Kalendermonat verkürzt. Entsprechend häufiger werden Teilmengen an eingespeichertem Strom der EEG-Umlage unterworfen sein, wenn die entsprechenden Ausspeicherungen nicht in derselben Saldierungsperiode erfolgen.

Handelt es sich jedoch um einen Kleinspeicher mit einer Ausspeicherleistung unter 10 kW, der gemäß § 61a Nr. 4 EEG 2017 zur (teilweise) von der EEG-Umlage befreiten Eigenversorgung genutzt werden kann, so greift die neue Ausnahmeregelung insoweit nicht. Da nicht die gesamte wiederausgespeicherte Strommenge aus dem Speicher der EEG-Umlage unterworfen ist, ist für diesen Anteil der für die Einspeicherung bezogenen Strommenge einschließlich der Speicherverluste die Stromlieferung weiterhin EEG-umlagepflichtig.

Gleichermaßen nicht EEG-umlagepflichtig ist weiterhin der zur Einspeicherung bezogene Strom, wenn der Speicher teilweise zur Lieferung von Regelenergie in das öffentliche Netz genutzt wird. Hier liegt insoweit zwar eine EEG-umlagefreie Lieferung der ausgespeicherten Strommenge vor. Da die Strommenge jedoch in das öffentliche Netz geliefert wird, greift die Vermutung nach § 61 k Abs. 1 S. 2 EEG 2014 auch für diese Strommengen. Dies ist auch insoweit mit dem Grundsatz des § 61 k Abs. 1 EEG 2017 vereinbar, als die vom ÜNB bezogene Regelenergie schlussendlich im Rahmen einer Stromlieferung von einem Lieferanten an einen Letztverbraucher geliefert wird und damit der EEG-Umlage unterworfen ist. § 61 k Abs. 1 S. 2 EEG 2017 differenziert im Hinblick auf die damit unwiderlegliche Vermutung nicht zwischen einer direkten Lieferung an einen Letztverbraucher, einer Lieferung an einen Händler oder im Rahmen der Regelenergie an einen ÜNB.

Damit wird der Tatsache Rechnung getragen, dass die Möglichkeit, für den wiederausgespeicherten und über das öffentliche Netz geleiteten Strom – im Rahmen einer Veräußerung an dritte Letztverbraucher oder eines Selbstverbrauchs – den Nachweis der vollständigen EEG-Umlage zu erbringen, um auf diese Weise die Befreiung der eingespeicherten Strommenge von der EEG-Umlage zu erreichen, mit erheblichem, regelmäßig nicht darzustellendem messtechnischen und Nachweisaufwand verbunden wäre.

3.3.1.2 Die Stromabgabe aus dem Speicher zum Letztverbrauch

Das Ausspeichern von Strom beinhaltet einen neuerlichen Erzeugungsvorgang, bei dem die in anderer Form zurückgespeicherte Energie in elektrische Energie zurückgewandelt wird.[73] Der so erzeugte Strom wird vom Letztverbraucher erneut letztverbraucht.[74] Sind Speicheranlagenbetreiber und Letztverbraucher personenidentisch, handelt es sich um Eigenversorgung, auch wenn der eingespeicherte Strom aus dem Netz von einem EVU bezogen wurde.[75]

Die relevante Stromerzeugungsanlage ist der Speicher, sodass bei einer Speicheranlage beim Letztverbraucher der dort erzeugte Strom auf dem Weg zum Letztverbraucher nicht durch das öffentliche Netz durchgeleitet wird. Da der Speicher beim Strombezug aus dem öffentlichen Netz keine EEG-Anlage i. S. des § 3 Nr. 1 Alt. 2 EEG 2017 ist (siehe Kap. 3.2), fällt für die Eigenversorgung mit Strom aus dem Speicher abermals die volle EEG-Umlage, § 61 Abs. 1 Nr. 1 EEG 2017, an. Dies ist jedenfalls das Ergebnis der Clearingstelle EEG in ihrer Empfehlung 2014/31, in der sie den etwaigen Wegfall der EEG-Umlage bei Stromspeichern nach § 61 Abs. 2 Nr. 4 EEG 2014 prüft und bejaht. Eine derartige Prüfung wäre nicht erforderlich und systemwidrig, wenn die EEG-Umlage bereits gar nicht anfiele.[76]

Die nur rudimentär begründete Herangehensweise der Clearingstelle EEG überzeugt nicht. Der BSW Solar seinerseits stellt ohne Berücksichtigung der Rechtsprechung des BGH apodiktisch die Behauptung auf: „der Speicher ist kein Letztverbraucher ..., anderenfalls würde der Letztverbraucher die doppelte EEG-Umlage zahlen müssen".[77] Dieser Ansicht kann de lege lata angesichts der überzeugenden Argumentation des BGH zu Pumpspeicherwerken nicht gefolgt werden.

Sollte der aus dem Stromspeicher ausgespeiste und in der Kundenanlage selbst verbrauchte Strom jedoch abermals als EEG-umlagepflichtiger Letztverbrauch einzustufen sein, ergäbe sich ohne die Neuregelung in § 61 k Abs. 1 S. 1 EEG 2017 eine systemwidrige Doppelbelastung des zwischengespeicherten Stromes. Durch die Neuregelung wird diese Doppelbelastung durch eine EEG-Umlagebefreiung des eingespeicherten Stroms vermieden (siehe Kap. 3.1.1.1.3).

Gleichzeitig wird berücksichtigt, dass nach der Wertung des EEG, § 61 k Abs. 1 EEG 2017, die Einspeicherung als Letztverbrauch eingestuft wird, die nur dann privilegiert

73 Clearingstelle EEG, Empfehlung vom 02.06.2015, AZ. 2014/31, Tz. 144.

74 Hennig/Herz, Ausgewählte Rechtsfragen dezentraler Energiekonzepte – Teil 1: Eigenversorgung und Energiespeicher, ZNER 2016, 30, 31.

75 v. Hesler, Stromspeicher und EEG-Umlage: Eine Analyse der geltenden Rechtslage, REE 2015, 150, 153.

76 v. Hesler, Stromspeicher und EEG-Umlage: Eine Analyse der geltenden Rechtslage, REE 2015, 150, 154.

77 Siehe https://www.clearingstelle-eeg.de/files/Stellungnahme_BSW_Solar_2014_31.pdf, abgerufen am 21.06.2016.

und EEG-umlagefrei gestellt wird, wenn die ausgespeicherte Strommenge nachweislich der EEG-Umlage unterworfen ist.

Durch § 61 k Abs. 1 S. 3 EEG 2017 wird schließlich sichergestellt, dass die Speicherverluste auch bei Kunden nicht mit der EEG-Umlage belastet werden. Damit wird die ursprünglich auf Speicher mit ausschließlicher Wiederausspeicherung ins öffentliche Netz beschränkte Berücksichtigung der netzwirtschaftlichen Gegebenheiten von Speicherverlusten und ihre Privilegierung im Rahmen der EEG-Umlage auf Speicher ungeachtet ihrer Anordnung im System ausgedehnt.

Soweit der Stromspeicher beim Letztverbraucher nicht nur betriebsführend für den Letztverbraucher, sondern in Betreibereigenschaft personenverschieden zwischen Speicherbetreiber und Letztverbraucher betrieben wird, liegt zwischen Speicherbetreiber und Letztverbraucher eine Lieferung von Elektrizität vor. Diese ist nach § 60 Abs. 1 EEG 2014/2017 voll EEG-umlagepflichtig. Ein etwaiger Wegfall der EEG-Umlagepflicht nach § 61b Nr. 4 EEG 2017 für Kleinspeicher kommt ebenfalls nicht in Betracht, da bei Personenverschiedenheit die Tatbestandsvoraussetzung „Eigenversorgung" nicht vorliegt.

Mit der Neuregelung durch § 61 k Abs. 1 S. 1 EEG 2017 hat der Gesetzgeber die Problematik der Doppelbelastung von zwischengespeichertem Strom mit der EEG-Umlage erkannt und einer ausdrücklichen Regelung zugeführt. Dabei hat er sich für die an Voraussetzungen geknüpfte Ausnahme für die EEG-Umlagebelastung des eingespeicherten Stromes entschieden. Auch wenn diese Ausnahme, wie in Kap. 3.3.1.1. dargestellt, aufgrund der Saldierungsregelung lückenhaft und im Hinblick auf Kleinspeicher nicht vollständig konsistent erscheint, so ist doch davon auszugehen, dass jedenfalls mit Inkrafttreten der Neuregelung eine Begründung für die Nichterfassung des abermaligen Letztverbrauchs von zwischengespeichertem Strom nach der Ausspeicherung nicht mehr konsistent möglich ist. Soweit also keine Befreiung der ausgespeicherten Strommenge im Rahmen der Kleinanlagenregelung nach § 61b Nr. 4 EEG 2017 vorliegt, ist der ausgespeicherte und in der Kundenanlage letztverbrauchte Strom EEG-umlagepflichtig nach § 61 Abs. 1 S. 3 EEG 2017.

3.3.1.3 Der Speicher beim Letztverbraucher als Anbieter von Regelenergie

In neueren Geschäftsmodellen werden Speicher – in der Regel aggregiert – als Anlagen zur (teilweisen) Darstellung von Regelenergie propagiert.

Positive Regelenergie wird durch Ausspeisung von bereits vorab eingespeichertem Strom in das öffentliche Netz und Lieferung an den Übertragungsnetzbetreiber dargestellt. Der ursprünglich eingespeicherte Strom wird in diesem Fall, wie in Kapitel 3.3.1.1 dargestellt, im Rahmen der Grenzen der Saldierungsperiode, auch für diese Ausspeisung in das öffentliche Netz von der EEG-Umlage für Elektrizitätslieferung oder eigenerzeugten Strom mit Durchleitung durch das öffentliche Netz freigestellt. Der wieder ausgespeicherte und als Regelenergie gelieferte Strom wird an den Übertragungsnetzbetreiber und nicht an einen Letztverbraucher geliefert und ist in diesem Lieferverhältnis nicht unmittelbar der EEG-Umlage unterworfen. Die Belastung mit der EEG-Umlage erfolgt schlussendlich bei der Lieferung an den Letztverbraucher durch ein Liefer-EVU.

Ggf. erfolgt eine anteilige Befreiung des Speichers von der EEG-Umlage nach § 61 k Abs. 1 S. 1 i. V. m. der Vermutung nach S. 3 EEG 2017. Das Kriterium „ausschließlich zur Wiedereinspeisung" wird im Rahmen der Neuregelung aufgegeben.[78]

Negative Regelenergie durch zusätzlichen Strombezug aus dem Netz führt dazu, dass dieser Strombezug, da der Übertragungsnetzbetreiber nicht als Elektrizitätsversorgungsunternehmen auftreten darf, als „sonstiger Verbrauch" nach § 61 Abs. 1 Nr. 2 der vollen EEG-Umlage unterworfen wird. Für die anschließende Wiederausspeicherung zum zeitversetzten Letztverbrauch gelten die Ausführungen in Kapitel 3.3.1.2.

Aufgrund der Neuregelung in § 61 k Abs. 1 S. 1 EEG 2017 kann dieser Bezug vom ÜNB ggf. von der EEG-Umlage nach § 61 Abs. 1 Nr. 2 EEG 2017 befreit sein, soweit für die wiederausgespeicherte Strommenge die vollständige Unterwerfung unter die EEG-Umlage sichergestellt ist.[79] Im Ergebnis ist der Regelenergieeinsatz von Speichern beim Letztverbraucher im Rahmen des § 61 k Abs. 1 EEG 2017 nicht mehr mit doppelter EEG-Umlage belastet, soweit nicht saldierungsperiodenbedingt EEG-Umlagebelastungen verbleiben.

3.3.2 Der Stromspeicher in der komplexen Kundenanlage

Wird der Stromspeicher in komplexen Kundenanlagen mit Stromerzeugungsanlagen kombiniert oder zur Versorgung Dritter Letztverbraucher in der Kundenanlage genutzt, so werden auch die diesbezüglichen Regelungen nach dem EEG komplexer. Der Einsatz von Stromspeichern in Kombination mit Stromerzeugungsanlagen in der Kundenanlage dient vielfach dem Ausgleich zwischen dargebotsabhängiger Stromerzeugung aus volatiler erneuerbarer Energie oder wärmegefüllter KWK und Eigenverbrauch oder der Erhöhung der Eigenversorgungsquote.[80]

3.3.2.1 Die Einspeicherung von selbst erzeugtem Strom

Wird Strom vom Speicherbetreiber vor Ort selbst erzeugt und ohne Nutzung des öffentlichen Netzes eingespeichert, so liegt Eigenversorgung vor.[81] Wie dargelegt, stellt die

---

78 Zur Rechtslage nach dem EEG 2014 vgl. v. Hesler, Stromspeicher und EEG-Umlage: Eine Analyse der geltenden Rechtslage, REE 2015, 150, 154. Die Neuregelung verzichtete zunächst lediglich auf das Kriterium der „Wieder-„Einspeisung, nicht jedoch auf das Kriterium der Volleinspeisung der ausgespeicherten Strommenge in das öffentliche Netz. Die Abkehr von dieser Voraussetzung erfolgte erst im Rahmen der Neuordnung durch § 61 k EEG 2017.

79 Kapitel 3.3.1.1. Der Strombezug aus dem Netz.

80 v. Hesler, Stromspeicher und EEG-Umlage: Eine Analyse der geltenden Rechtslage, REE 2015, 150, 155.

81 v. Hesler, Stromspeicher und EEG-Umlage: Eine Analyse der geltenden Rechtslage, REE 2015, 150, 155; Schneider/Kirch, Rechtliche Rahmenbedingungen für Stromspeicher, RdE 2016, 165, 169.

Einspeicherung einen Letztverbrauch dar. Die für die Einspeicherung als Letztverbrauch anfallende EEG-Umlage richtet sich nach §§ 61 ff. EEG 2017. Wird der Strom in einer EEG-Anlage oder einer qualifiziert hocheffizienten KWK-Anlage erzeugt, so fällt für den zwischengespeicherten Strom nur die reduzierte EEG-Umlage nach § 61b EEG 2017 an. Für den Fall der Erzeugung in einer Kleinanlage – unabhängig von dem Primärenergieeinsatz – bis 10 kW installierte Leistung wird die Umlage erst ab einer Jahresmenge über 10.000 kWh/a fällig; § 61a Nr. 4 EEG 2017.[82]

Auch hier greift ggf. die Neuregelung in § 61 k Abs. 1 S. 1-3 EEG 2017. Die in Kapitel 3.3.1.1 dargestellte Möglichkeit der Befreiung für den zwischenzuspeichernden Strom von der EEG-Umlage greift nicht nur für an den Speicherbetreiber gelieferten Strom, sondern gleichermaßen für (selbst erzeugten) „geleiteten" Strom.

3.3.2.2 Stromausspeicherung bei Erzeugungsanlagen- und Speicherbetreibern zum eigenen Letztverbrauch

Nach der in Kapitel 3.1 dargestellten Ansicht der Clearingstelle EEG[83] handelt es sich auch bei der Ausspeicherung um einen Fall der EEG-umlagepflichtigen Eigenversorgung. Für den Fall, dass der Stromspeicher ausschließlich aus der Erzeugungsanlage mittels erneuerbarer Energien oder Grubengas gespeist wird, also technisch gegen Aufladung aus dem Netz geblockt ist, stellt auch der Speicher eine EEG-Anlage dar und die Eigenversorgung ist nach § 61b Nr. 1 EEG 2014 mit der reduzierten EEG-Umlage privilegiert.[84] Ist jedoch der Bezug von Strom aus dem Netz zur Einspeicherung möglich, so entfällt diese Qualifikation und der ausgespeicherte letztverbrauchte Strom unterliegt der vollen EEG-Umlage nach § 61 Nr. 2 EEG 2017. Ebenfalls fällig wird die volle EEG-Umlage mangels vergleichbarer Speicherqualifikation auch bei (nur anteiliger) Einspeicherung von Strom aus einer Nicht-EEG-Anlage oder auch einer hocheffizienten qualifizierten KWK-Anlage nach § 61b Nr. 2 EEG 2014/2017 für den wieder ausgespeicherten letztverbrauchten Strom.

Sofern die Ausspeicherung des Speichers 10 kW nicht übersteigt, ist auch hier der Wegfall der EEG-Umlage nach § 61a Nr. 4 EEG 2017 zu beachten. Da der Speicher zwar ggf. als EEG-Anlage gilt, § 3 Nr. 1 Hs. 2 EEG 2017, ist er dennoch nicht nach § 61a Nr. 4 i. V. m. § 24 Abs. 1 S. 1 EEG 2017, mit einer EEG-Erzeugungsanlage leistungsmäßig zusammenzufassen. Zu Recht verneint die Clearingstelle EEG, dass beispielsweise eine PV-Anlage, die Strom aus Sonnenenergie umwandelt, und ein Batteriespeicher, der den so gewonnenen Strom in chemische Energie umwandelt und aus dieser wieder elektrischen Strom erzeugt, „gleichartige" erneuerbare Energien einsetzen

82 Der eher theoretische Fall einer vollständigen Vor-Ort-Verwendung mit erneuerbaren Energien, § 61a Nr. 3 EEG 2017, soll hier außer Acht bleiben.

83 Empfehlung der Clearingstelle EEG vom 02.06.2015, AZ. 2014/31.

84 v. Hesler, Stromspeicher und EEG-Umlage: Eine Analyse der geltenden Rechtslage, REE 2015, 150, 155.

und daher zusammenzufassen wären, wenn das Zeitmoment des § 32 Abs. 1 S. 1 EEG 2014 erfüllt wäre.[85]

Gleiches gilt für die Nicht-Zusammenfassung einer KWK-Anlage mit einem Speicher. Hier wird in § 61aEEG 2017 bereits nicht auf die ausschließlich für die Bestimmung des KWKG anzuwendende Regelung des § 2 Nr. 14 KWKG 2017 verwiesen. Etwa vorhandene Kombinationen aus EEG-Anlagen, KWK-Anlagen und Speicher können die Privilegierung des § 61a Nr. 4 EEG 2017 für Eigenversorgung für alle Anlagen in Anspruch nehmen, die selbst nicht mehr als 10 kW installierte Leistung aufweisen. Da allerdings die freigestellte Menge je Letztverbraucher insgesamt auf 10.000 kWh begrenzt ist und nicht je Anlage zur Verfügung steht, führt die von der Clearingstelle EEG vorgegebene Ansicht der doppelten Eigenversorgungstatbestände Einspeicherung einerseits und Letztverbrauch nach Wiederausspeicherung unter Berücksichtigung der Speicherverluste andererseits zu einer Senkung der tatsächlichen Privilegierung auf deutlich unter 50 % der Strommenge von 10.000 kWh nach § 61a Nr. 4 EEG 2017.

Durch die Neuregelung in § 61 k Abs. 1 S. 1 EEG 2017 hat der Gesetzgeber für die dort erfassten Fälle die Doppelbelastung durch die Freistellung des eingespeicherten Stromes von der EEG-Umlage beseitigt, sich also ausdrücklich für die EEG-Umlagepflicht des nach der Ausspeicherung letztverbrauchten Stromes entschieden.

3.3.2.3 Personenverschiedenheit und Belieferung Dritter

Bei Personenverschiedenheit zwischen Erzeugungsanlagenbetreiber, Speicherbetreiber und/oder Letztverbraucher fällt bei jeder Lieferung über die Personengrenze hinweg jeweils die volle EEG-Umlage für den jeweils betroffenen Stromanteil an.[86]

Da die Neuregelung in § 61 k Abs. 1 S. 1 EEG 2017 aufgrund der Umstellung der Freistellungsvoraussetzungen ausschließlich auf die Zahlung der EEG-Umlage auf den wieder ausgespeicherten Strom auch für die Lieferung über Personengrenzen anzuwenden ist, entfällt in den in Kapitel 33.1.1 dargestellten Fällen die EEG-Umlagepflicht für den zur Zwischenspeicherung vom Erzeugungsanlagenbetreiber an den Speicherbetreiber gelieferten Strom unabhängig von der Personenungleichheit auch im Fall der technischen Anordnung in einer Kundenanlage.

3.4 Der Stromspeicher im Inselbetrieb

Der Ausgleich zwischen volatiler Stromerzeugung und Stromverbrauch ist besonders in den Fällen relevant, in denen keine Absicherung über das öffentliche Netz erfolgt.

85 Clearingstelle EEG, Empfehlung vom 02.06.2015, AZ. 2014/31, Tz. 148.

86 v. Hesler, Stromspeicher und EEG-Umlage: Eine Analyse der geltenden Rechtslage, REE 2015, 150, 155; zur Frage der Personenidentität bei Mehrpersonenverhältnissen Hennig/Herz, Ausgewählte Rechtsfragen dezentraler Energiekonzepte – Teil 1: Eigenversorgung und Energiespeicher, ZNER 2016, 30, 33. in kritischer Auseinandersetzung mit der Auffassung der BNetzA.

Bei Personenidentität zwischen Stromerzeugungsanlagenbetreiber und Speicherbetreiber liegt für den Letztverbrauch durch Einspeicherung ein Fall der Eigenversorgung vor. Das öffentliche Netz wird definitionsgemäß nicht in Anspruch genommen. Damit entfällt unabhängig von der Art und Größe der Stromerzeugungsanlage der Anspruch auf EEG-Umlage seitens des Übertragungsnetzbetreibers, § 61a Nr. 2 EEG 2017.

Für den Fall, dass auch zwischen Speicherbetreiber und Letztverbraucher des Stromes nach Wiederausspeicherung Personenidentität besteht, stellt der „endgültige" Letztverbrauch ebenfalls einen Fall der Eigenversorgung dar. Auch dieser ist im Inselnetz ohne Anschluss an das Netz der allgemeinen Versorgung nach § 61a Nr. 2 EEG 2017 nicht EEG-umlagepflichtig.

Für den Fall, dass die Betreiber der Erzeugungsanlage, des Stromspeichers und/oder der endgültige Letztverbraucher personenverschieden sind, ist für jeden Fall der Lieferung über die Personengrenze hinweg die volle EEG-Umlage zu bezahlen. Ein Wegfall der EEG-Umlagepflicht nach § 61a Nr. 2 EEG 2017 ist nicht möglich, da es sich bei Personendifferenz gerade nicht um Eigenversorgung handelt. Ebenso ist wegen des Fehlens des Tatbestands der Eigenversorgung auch die Privilegierung nach §§ 61 Abs. 2, 61b EEG 2017 nicht möglich, selbst wenn es sich bei der Erzeugungsanlage um eine EEG-Anlage handelt und der Stromspeicher ausschließlich aus dieser Erzeugungsanlage gespeist wird, somit ebenfalls eine EEG-Anlage darstellt.

Allerdings besteht auch in dieser Konstellation die Möglichkeit der Privilegierung nach §§ 61 Abs. 2, 61b EEG 2017, soweit teilweise Personenidentität besteht. Dies gilt für die dann vorliegende Eigenversorgung im Rahmen der Einspeicherung in den Speicher bei Personenidentität zwischen Erzeugungsanlagenbetreiber und Speicherbetreiber sowie für den endgültigen Letztverbrauch bei Personenidentität zwischen Speicherbetreiber und endgültigem Letztverbraucher.

Lediglich für den Fall, dass der Speicheranlagenbetreiber personenverschieden vom Stromerzeuger und vom endgültigen Letztverbraucher ist, fällt selbst für den Fall, dass die Erzeugungsanlage von dem endgültigen Letztverbraucher betrieben wird, wegen des doppelten Liefervorgangs von dem Stromerzeuger an den Speicheranlagenbetreiber und zurück an den Letztverbraucher auch in diesem Falle zunächst jeweils die EEG-Umlage an. Eine derartige Konstellation würde ein etwaiges Betreiber-Contracting im Hinblick auf den Speicher in jedem Falle unwirtschaftlich machen.

Im Rahmen der Neuregelung des § 61 k Abs. 1 EEG 2017 ist auch hier zu beachten, dass für den Fall, dass die wieder ausgespeicherte Strommenge vollständig der EEG-Umlagepflicht unterfällt, die eingespeicherte Strommenge unabhängig von der Personenidentität von der EEG-Umlage freigestellt ist, soweit die Ausspeisung der eingespeicherten Strommenge innerhalb der Saldierungsperiode erfolgt. Die Saldierungsperiode (Kalenderjahr oder Kalendermonat) ist dabei davon abhängig, ob der Speicher vom endgültigen Letztverbraucher betrieben wird, § 61 k Abs. 1a S. 2 Alt. 2 EEG 2017, unabhängig davon, ob Personenidentität zwischen

Stromerzeugungs-Anlagenbetreiber und Speicherbetreiber besteht. Hier wird die fehlende Sinnhaftigkeit der Regelung des § 61 k Abs. 1-1b EEG 2017 eklatant deutlich. Die Privilegierung wegen ausschließlicher Ausspeisung in das öffentliche Netz kann hier mangels Netzverknüpfung tatbestandlich nicht greifen.

Speicherverluste sind jedoch in jedem Fall auch im Inselnetz von der EEG-Umlagepflicht befreit, § 61 k Abs. 1 S. 3 EEG 2017.

4 Zusammenfassung und Ausblick

4.1 Kritik der Ist-Situation – Netzentgelte

Der Betrieb von Stromspeichern ist auch nach Überarbeitung der Rechtslage im Rahmen des EEG 2017[87] in einer Vielzahl von Konstellationen mit der Verpflichtung zur Zahlung von Netzentgelten einerseits und EEG-Umlage andererseits wirtschaftlich belastet. Diese Rechtslage ermöglicht weiterhin nur in wenigen Fällen einen wirtschaftlichen Einsatz von Stromspeichern.[88]

Im Hinblick auf die Netzentgelte besteht eine befristete Befreiung von neuen Speicheranlagen oder erweiterten Pumpspeicheranlagen. Unter Berücksichtigung der netzwirtschaftlichen Erfordernisse bietet sich eine technische wie rechtliche Zuordnung von netzdienlich eingesetzten Speichern zum System der Energieversorgung anstelle zu den Letztverbrauchern an. De lege ferenda wäre eine Nichteinbeziehung von netzdienlich betriebenen Speichern in die Netzentgelte anzustreben. Nur auf diese Weise kann die wirtschaftliche Nutzung derzeit akut von der Nichtweiternutzung bedrohter Speicheranlagen systemkonform gesichert werden.[89]

Ein wesentlicher erster Schritt hierzu ist durch die Neuregelung des § 19 Abs. 4 StromNEV erfolgt. Es bleibt abzuwarten, ob die insoweit verbliebene systemwidrige Belastung der Speicherbetreiber mit Leistungspreisen für die Speicherverluste einerseits und mit für die Strommengen anschließend doppelt zu bezahlenden Umlagen andererseits den Erfolg der Neuregelung infrage stellt.

---

87 Zur Rechtslage nach dem EEG 2017 siehe v. Hesler, Stromspeicher und EEG-Umlage: Eine Analyse der geltenden Rechtslage, REE 2015, 150.

88 v. Hesler, Stromspeicher und EEG-Umlage: Eine Analyse der geltenden Rechtslage, REE 2015, 150, 155; Hennig/Herz, Ausgewählte Rechtsfragen dezentraler Energiekonzepte – Teil 1: Eigenversorgung und Energiespeicher, ZNER 2016, 30, 37, gehen von einer ungewollten Regelungslücke im Rahmen der Einbeziehung der Eigenversorgung in die EEG-Umlage aus.

89 Deutlich hierzu BR-Drs. 740/12 (B); die Forderung wird jedoch, soweit ersichtlich, in keinem Gesetz zur Änderung des EnWG aufgegriffen, insbesondere hat das Gesetz zur Weiterentwicklung des Strommarktes (Strommarktgesetz) vom 26.7.2016, BGBl. 2016, S. 1786, keine Änderung im Hinblick auf § 118 Abs. 6 EnWG gebracht.

4.2 Die Neuregelung durch das EEG 2017

Die Neuregelung durch § 61 k EEG 2017[90] stellt einen ersten, jedoch nicht konsistenten Schritt zur Korrektur der bisherigen unbefriedigenden Rechtslage dar.[91]

In Bezug auf die EEG-Umlage besteht eine Freistellung von Speichern für den isoliert in das Netz ausspeisenden Speicher. Die seit Einführung der EEG-Umlage auf Eigenversorgung problematische Rechtslage für den Speicher bei der Erzeugungsanlage ist insoweit aus der rechtlichen Grauzone gelöst.

Stromspeicher in der Kundenanlage werden im Rahmen des EEG 2017 einer hochkomplexen Neuregelung zur teilweisen Vermeidung der Belastung mit doppelter EEG-Umlage unterworfen. Diese weiterhin bestehende teilweise doppelte Belastung ist systemwidrig und de lege ferenda durch eine eindeutige Regelung, dass einzuspeichernder Strom insgesamt nicht mit EEG-Umlage zu belasten ist (Einspeicherung stellt elektrizitätswirtschaftlich keinen Letztverbrauch dar), aufzulösen.

Zwar wird die bisherige Rechtslage nach § 60 Abs. 3 S. 1 EEG 2014 im Wesentlichen in § 61 k Abs. 1 S. 1-3 EEG 2017 übernommen. Die Einführung der Saldierungsperiode führt jedoch zu zusätzlichen Lasten aus der EEG-Umlage für über den Jahreswechsel mehr eingespeicherten Strom, soweit der im Folgejahr ausgespeicherten Strommenge keine vollständige Wiedereinspeicherung gegenübersteht. Vor allem führt die Regelung zu deutlichem Nachweismehraufwand, der energiewirtschaftlich jedenfalls für den ausschließlich netzeinspeisenden Speicher nicht gerechtfertigt ist.

Die Regelung zur Speicherung über den Einsatz von Speichergas, bisher § 60 Abs. 3 S. 2 EEG 2014, findet sich ebenfalls wieder, künftig als § 61 k Abs. 2 EEG 2017. Die damit verbundene Verpflichtung, den Speichergaseinsatz nach den Regelungen des § 44b Abs. 5 EEG 2017 nachzuweisen, verdeutlicht lediglich die schon heute gegebene Anwendbarkeit der bereits in § 47 Abs. 6 EEG 2014 enthaltenen Regelung auch im Rahmen der Begünstigung des Speichergases durch Befreiung der Erzeugungsanlage von der EEG-Umlage.

Allerdings wird die Regelung deutlich eingeschränkt durch die hinzutretende weitere Bedingung, dass für die gesamte erzeugte Strommenge die (volle oder herabgesetzte) EEG-Umlage anfällt. Damit dürfte die Veräußerung des in der mit Speichergas betriebenen Anlage erzeugten Strommenge am Strommarkt erheblich erschwert werden, wenn ein etwa aufkaufender Händler verpflichtet werden müsste, diese Voraussetzung gegenüber dem Anlagenbetreiber nachzuweisen. Hier liegt eine offenbar unbeabsichtigte Lücke vor. Eine Klarstellung, dass die Vermutung des § 61 k Abs. 1 S. 2

---

90 Fassung gem. Art. 2 Gesetz zur Änderung der Bestimmungen zur Stromerzeugung aus Kraft-Wärme-Kopplung und zur Eigenerzeugung vom 22.12.2016, BGBl. I, S. 3108; Inkrafttreten gem. Art. 19 des Gesetzes zum 01.01.2017.

91 Zur mangelnden Berücksichtigung der Stromspeicherung im Rahmen der Neuordnung durch das Strommarktgesetz Schneider/Kirch, Rechtliche Rahmenbedingungen für Stromspeicher, RdE 2016, 165 ff.

EEG 2017, dass für in das öffentliche Netz ausgespeisten und ordnungsgemäß bilanzierten Strom die EEG-Umlage gezahlt worden ist, auch im Rahmen der Speichergasverstromung gilt, wäre wünschenswert.

Die Befreiung des eingespeicherten Stroms beim Einsatz der wieder ausgespeicherten Strommenge außerhalb des EEG-umlagepflichtigen Letztverbrauchs, also zur Bereitstellung von Regelenergie oder zu der nach § 61 k Abs. 3 EEG 2017 weiterhin befreiten Deckung von Verlusten der Netzbetreiber, ist nur dadurch abgesichert, dass bei Ausspeisung der diesbezüglichen Strommenge die (notwendig unwiderlegliche) Vermutung des § 61 k Abs. 1 S. 2 EEG 2017 greift. Richtigerweise wäre in diesem Fall von einer Fiktion zu sprechen.

Der kombinierte Einsatz von Stromspeichern zur Eigenversorgung einerseits und zur Darstellung von positiver Regelenergie andererseits (oder im Rahmen des Stromhandels für Arbitragegeschäfte) wird ausdrücklich benachteiligt. Es ist nicht nachvollziehbar, warum bei einem Stromspeicher im Fall der doppelt ausgerichteten Nutzung die EEG-Umlage im Rahmen einer monatlichen Saldierung anfällt, wenn bei getrennter Nutzung beide Nutzungsarten (Netzausspeisung und Eigenversorgung) durch Einräumung der jährlichen Saldierungsperiode „privilegiert“ werden.

Schließlich wird die Befreiung der in einen Stromspeicher eingespeicherten Strommenge von der EEG-Umlage außerhalb der Ausspeisung des Stroms in das öffentliche Netz dem Grunde und der Höhe nach[92] an die Zahlung der EEG-Umlage für den ausgespeicherten Strom geknüpft. Contracting, also der Betrieb eines Stromspeichers durch einen unabhängigen Betreiber, der ein Unternehmen als Letztverbraucher beliefert, das im Rahmen der Regelung für stromkostenintensive Unternehmen begünstigt wird, wird aufgrund dessen Privilegierung nach § 64 EEG 2017 wirtschaftlich benachteiligt, weil die Entlastung der eingespeicherten Strommenge von der EEG-Umlage nur insoweit erfolgt, als für die letztverbrauchte Menge die EEG-Umlage tatsächlich gezahlt wird. Erfolgt der Betrieb des Stromspeichers im Rahmen des stromkostenintensiven Betriebs des begünstigten Unternehmens selbst, wird die eingespeicherte Strommenge als begünstigter Letztverbrauch anzusehen sein und damit bei entsprechender Belastung des wieder ausgespeicherten und eigenverbrauchten Stroms innerhalb einer Saldierungsperiode die vollständige Entlastung des eingespeicherten Stroms erreicht.

Richtigerweise wäre eine Regelung zu erwarten, die die Zwischenspeicherung nicht mehr als Letztverbrauch einstuft und ausschließlich an die letztmalige Verwendung auch des zwischengespeicherten Stromes für die Bestimmung der EEG-Umlagepflicht anknüpft. Für Speichergashersteller dürfte in diesem Fall ausreichen, die Wiederverstromung des Speichergases als nachzuweisenden Befreiungstatbestand vorzusehen.

---

92 Beschlussempfehlung und Bericht des Ausschusses für Wirtschaft und Energie zum Gesetz zur Änderung der Bestimmungen zur Stromerzeugung aus Kraft-Wärme-Kopplung und zur Eigenerzeugung, BT-Drs. 18/10668, S. 145.

Literatur

BDEW (2016), BDEW-Strompreisanalyse Mai 2016, verfügbar unter URL: https://www.bdew.de/internet.nsf/res/886756C1635C3399C1257FC500326489/$file/160524_BDEW_Strompreisanalyse_Mai2016.pdf, abgerufen am 02.02.2017.

BNetzA, Kraftwerksstilllegungsanzeigenliste der Bundesnetzagentur, Stand: 10.02.2015, verfügbar unter URL: http://www.bundesnetzagentur.de/SharedDocs/Downloads/DE/Sachgebiete/Energie/Unternehmen_Institutionen/Versorgungssicherheit/Erzeugungskapazitaeten/KWSAL/KWSAL_2015_02_12.pdf?__blob=publicationFile&v=34, abgerufen am 31.05.2017.

Clearingstelle EEG, Empfehlung vom 02.06.2015, AZ. 2014/31.

Eckardt Henning, in Frenz/Müggenborg, 3. Aufl. 2013.

v.Hammerschmidt/Knop, Flexibilität im Verteilnetz, technisch machbar und ökonomisch umsetzbar, Tagesspiegel vom 04.08.2015.

v. Hesler, Stromspeicher und EEG-Umlage: Eine Analyse der geltenden Rechtslage, *REE* 2015, 150 ff.

Herz/Hennig, Ausgewählte Rechtsfragen dezentraler Energiekonzepte – Teil 2: Mobile Energiespeicherung (Elektromobilität), *ZNER* 2016, 132 ff.

Salje, Peter (2012), EEG 2012, Gesetz für den Ausbau erneuerbarer Energien, *Köln*, 6. Aufl. 2012.

Schneider/Kirch, Rechtliche Rahmenbedingungen für Stromspeicher, *RdE* 2016, 165 ff.

Florian Brahms

Der Speichereinsatz zur Eigenversorgung im EEG

Die EEG-Umlage bei der Nutzung von Stromspeichern

1 Einleitung

Unter der Überschrift „EEG-Umlage für Letztverbraucher und Eigenversorger" in § 61 EEG 2014[1] hat der Gesetzgeber wohl eine der umstrittensten Neuregelungen aufgenommen und aufgrund der schnellen Durchführung des Gesetzgebungsprozesses den Zusammenhang zwischen Stromspeichern und der Eigenversorgung nur unzureichend berücksichtigt. Die bisher in § 37 Abs. 3 Satz 2 EEG 2012[2] normierte Befreiung von der EEG-Umlage im Rahmen des Eigenverbrauchs überführte der Gesetzgeber in eine stark ausdifferenzierte Regelung, bei der im Grundsatz jeder Verbrauch von Strom von der EEG-Umlage erfasst wird.[3] Die Möglichkeit des Einsatzes von Stromspeichern zur Flexibilisierung des Strommarktes oder des Stromnetzes[4] ließ der Gesetzgeber bei seinen Erwägungen weitestgehend unberücksichtigt. Im Übrigen trägt der vorliegende Leitfaden zur Eigenversorgung der Bundesnetzagentur (kurz: *BNetzA*)[5] aufgrund fehlender Rechtsverbindlichkeit und nur wenig juristisch belastbaren Aussagen nicht zu einer Klärung der wesentlichen Rechtsfragen im Zusammenhang mit Stromspeichern bei.

Gesetzessystematisch findet sich die Neuregelung zur Eigenversorgung in Teil 4 des EEG 2014, der dem Ausgleichsmechanismus der Förderung für die Einspeisung von Strom aus Erneuerbaren Energien gewidmet ist.[6] Nach § 61 Abs. 1 EEG 2014 können Übertragungsnetzbetreiber (kurz: ÜNB) von Letztverbrauchern für die Eigenversorgung die vollständige EEG-Umlage verlangen, soweit nicht eine Erneuerbaren-Energien-Anlage, eine Kraft-Wärme-Kopplungsanlage oder eine Bestandserzeugungsanlage zur Eigenversorgung betrieben wird. Unmittelbar der Regelung zur Erhebung der EEG-Umlage auf die Eigenversorgung vorangestellt wird in § 60 EEG 2014

1 Erneuerbare-Energien-Gesetz vom 21.07.2014 (BGBl. I S. 1066), das durch Art. 1 des Gesetzes vom 22.12.2014 (BGBl. I S. 2406) geändert worden ist.

2 Erneuerbare-Energien-Gesetz vom 25.10.2008 (BGBl. I S. 2074), zuletzt geändert durch Art. 5 des dritten Gesetzes zur Neuregelung energiewirtschaftsrechtlicher Vorschriften vom 20.12.2012 (BGBl. I S. 2730).

3 Vgl. Bremer/Thalhauser, ZNER 2015, 16; Loibl, ZNER 2014, 437.

4 So zumindest gefordert in BT-Drs. 18/1304, S. 153.

5 BNetzA, Leitfaden zur Eigenversorgung, Stand: Juli 2015, abrufbar unter: https://www.clearingstelle-eeg.de/politisches-programm/2923; zuletzt abgerufen am: 08.10.2016.

6 Vgl. zum Umlagemechanismus des EEG: Brahms, Die Integration der Erneuerbaren Energien im Strommarkt, 2016, S. 93 ff. .

https://doi.org/10.1515/9783110458480-012

die EEG-Umlage für Elektrizitätsversorgungsunternehmen (kurz: EVU) durch den Gesetzgeber geregelt. Nach § 60 Abs. 1 EEG 2014 können ÜNB von EVU, die Strom an Letztverbraucher liefern, anteilig zu den jeweils von dem EVU an den Letztverbraucher gelieferten Strom die Kosten für die erforderlichen Ausgaben nach Abzug der erzielten Einnahmen und nach Maßgabe der AusglMechV,[7] d. h. die EEG-Umlage, verlangen. Insoweit verdeutlicht der Gesetzgeber, dass entweder eine Lieferung im Sinne des § 60 EEG 2014 oder eine Eigenversorgung nach § 61 EEG 2014 anzunehmen sei.[8] Andere Nutzungsformen – also auch die Nutzung von Stromspeichern – sind stets einer der beiden Regelungen zuzuordnen.[9] Bereits bevor das EEG 2014 zum 01.08.2014 in Kraft getreten war, wurden an der Absicht des Gesetzgebers, die EEG-Umlage auch auf die Eigenversorgung zu erheben, verfassungsrechtliche Bedenken in der Literatur geäußert.[10] Diese beruhten maßgeblich auf der Rechtsauffassung, dass bei Fehlen eines Gegenseitigkeitsverhältnisses § 61 EEG 2014 nicht mehr als eine im Hinblick auf Art. 104a ff. GG[11] verfassungsrechtlich unbedenkliche Preisregelung, sondern als eine unzulässige parafiskalische Sonderabgabe zu qualifizieren sei. In der Gesetzesbegründung zur Einbeziehung der Eigenversorgung in die EEG-Umlage greift der Gesetzgeber die bestehenden finanzverfassungsrechtlichen Bedenken auf und führt hierzu an, dass es an einer für die Anwendbarkeit des Finanzverfassungsrechts notwendigen Aufkommenswirkung zugunsten der Allgemeinheit aufgrund der rein privatrechtlich ausgestalteten Zahlungsströme im EEG 2014 fehle. Insbesondere sollen sich die mit der EEG-Umlage befassten Gerichte nicht der in der Literatur vertretenen Auffassung angeschlossen haben, dass die EEG-Umlage eine parafiskalische Sonderabgabe darstelle.[12] Zutreffend ist insoweit, dass der BGH für das EEG 2012 entschieden hat, dass die EEG-Umlage aufgrund des Wälzungsmechanismus verfassungsrechtlich zulässig ist.

Wörtlich spricht der BGH jedoch davon, dass es sich bei § 37 Abs. 2 EEG 2012 um eine „gesetzliche Preisregelung“ handele, die auf den unterschiedlichen Stufen des Ausgleichsmechanismus fortgeschrieben würde.[13] Auch dass der Gesetzgeber mit dem EEG 2012 unterschiedliche Ziele verfolge, sei im Hinblick auf die Ausnahmeregelungen für stromintensive Unternehmen unbeachtlich.[14] Der BGH hebt den Sinn und Zweck der einschränkenden Bestimmungen des Finanzverfassungsrechts

7 Ausgleichsmechanismus-Ausführungsverordnung vom 22.02.2010 (BGBl. I S. 134), die durch Artikel 2 der Verordnung vom 17.02.2015 (BGBl. I S. 146) geändert worden ist

8 Vgl. Scholtka/Günther, ER Sonderheft 1/14, 9 (10).

9 Vgl. BT-Drs. 18/1304, S. 168; Brahms, ER 2014, 235 (237).

10 Vgl. Riedel/Weiß, EnWZ 2013, 402 ff.; Brahms/Maslaton, NVwZ 2014, 760 ff.

11 Grundgesetz für die Bundesrepublik Deutschland in der im Bundesgesetzblatt Teil III, Gliederungsnummer 100–1, veröffentlichten bereinigten Fassung, das zuletzt durch Artikel 1 des Gesetzes vom 23.12.2014 (BGBl. I S. 2438) geändert worden ist.

12 Vgl. BT-Drs. 18/1304, S. 158.

13 Vgl. BGH, Urt. v. 25.06.2014 – Az.: VIII ZR 169/13, NVwZ 2014, 1180 (1181 f.).

14 Vgl. Scholtka/Baumbach, NJW 2015, 911, 916.

hervor. „Preisregelungen des Staates sind dagegen zulässig", so der BGH, da diese nicht unter Rückgriff auf die Kompetenzregelungen des Art. 70 ff. GG die Finanzverfassung des Grundgesetzes aushöhlen könnten.[15] Auch das BVerfG hat bereits anerkannt, dass es rechtlich zulässig ist, wenn der Gesetzgeber Preisinterventionen in privatautonomen Leistungsbeziehungen regeln würde.[16] Der BNetzA als staatliche Behörde werden lediglich durch das EEG Überwachungsfunktionen vermittelt, ohne dass eine Zugriffsmöglichkeit auf die Finanzströme des EEG-Belastungsausgleichs bestehe. Der Leistung der EEG-Umlage für den Eigenversorger steht keine Gegenleistung gegenüber und die Rechtsprechung des BGH kann mithin nicht auf das EEG 2014 übertragbar sein.[17] Grundlage einer Preisregelung ist hierbei das Gegenseitigkeitsverhältnis auf Grundlage des Liefervorgangs vom Elektrizitätsversorgungsunternehmen an den Letztverbraucher.[18] Dieser Liefervorgang wurde vom BGH auch bereits dann angenommen, wenn die Lieferung des Stromes außerhalb des Netzes der allgemeinen Versorgung und zwischen unterschiedlichen juristischen oder natürlichen Personen erfolgte.[19] Tatbestandlich knüpfte der Gesetzgeber mithin die Entstehung der EEG-Umlagepflicht nicht an den Verbrauch des Stromes, sondern an den Liefervorgang an. Deswegen ist auch nach dem Urteil des BGH zur EEG-Umlage im EEG 2012 eher fraglich denn gesichert, dass die Einbeziehung der Eigenversorgung in die EEG-Umlage verfassungsrechtlich zulässig ist.[20] Zumindest trägt die Regelung des § 61 EEG 2014 nicht zu einer Vereinfachung des Gesetzes bei[21] und es bleibt abzuwarten, ob diese angesichts anhängiger Verfahren Bestand haben dürfte. Sollte sich herausstellen, dass die Regelung nicht im Einklang mit dem Verfassungsrecht steht, so dürfte im Hinblick auf den Einsatz von Stromspeicher die EEG-Umlage für die Ein- oder Ausspeisung bei einer Eigenversorgung nicht zur Entstehung gelangen.

Der Stromspeicher zur Eigenversorgung kann unterschiedlich eingesetzt werden und ist in der Folge auch für den jeweils eingesetzten Strom rechtlich anders zu bewerten. Betrachtet werden die Fallgestaltungen des Einsatzes eines Stromspeichers in Kombination mit einer Erneuerbaren-Energien- oder Kraft-Wärme-Kopplungsanlage zur Erhöhung der Autarkie und Verringerung des Strombezugs aus dem Netz der allgemeinen Versorgung, der kombinierte Einsatz sowohl zur Eigenversorgung als auch zum netzdienlichen Einsatz (sog. Multi-Use-Konzepte) und sog. Inselanlagen, bei denen kein mittelbarer oder unmittelbarer Netzanschluss zur Versorgung

15 Vgl. BGH, Urt. v. 25.06.2014 – Az.: VIII ZR 169/13, NVwZ 2014, 1180 (1182).

16 Vgl. BVerfG, NVwZ 2006, 191 ff.

17 Entgegen Wustlich, in: NVwZ 2014, 1113 (1120); Rutloff, NVwZ 2014, 1128 (1130).

18 Vgl. Altrock, in: Altrock/Oschmann/Theobald (Hrsg.), EEG-Kommentar, 4. Aufl. 2013, § 37 Rn. 26.

19 Vgl. BGH, Urt. v. 09.12.2009 – Az.: VIII ZR 35/09, ZNER 2010, 67 ff.; ausführlich hierzu: Gent/Nünemann/Marig, ZNER 2010, 451 ff; Scholtka/Günther, ER Sonderheft 01/14, 9 f.

20 Ehrmann stellt heraus, dass der Nachweis gelingen müsste, dass die Regelung der Eigenversorgung im EEG 2014 sich wesentlich vom EEG-Umlagemechanismus des EEG 2012 unterscheide, vgl. NVwZ 2014, 1183 (1184).

21 So das angestrebte Ziel in: BT-Drs. 18/1304, S. 158.

des Letztverbrauchers erhalten bleibt. Zudem wird dargestellt, ob sich angesichts der Novelle des EEG eine Änderung der Rechtslage für Stromspeicher abzeichnet.

2 Regelung der Eigenversorgung im EEG

In Kapitel 2.1 wird zunächst auf die Systematik der Regelung zur EEG-Umlage für Letztverbraucher und Eigenversorger nach § 61 EEG 2014 unter Einbeziehung der Nutzung von Speichern eingegangen, bevor in Kapitel 2.2 die Definition der Eigenversorgung nach § 5 Nr. 12 EEG 2014 und die damit verbundenen Voraussetzungen dargestellt und bewertet werden. Im Anschluss daran werden in Kapitel 2.5 die spezifischen Fragestellungen für Betreibermehrheiten und das Prinzip der Zeitgleichheit erörtert. Abschließend werden in Kapitel 2.6 die Meldevorschriften nach der AuslgMechV kurz zusammengefasst.

2.1 Systematik des § 61 EEG 2014

§ 61 EEG 2014 ist gesetzgeberisch komplex innerhalb einer Norm ausgestaltet worden.[22] Zunächst regelt der Gesetzgeber in § 61 Abs. 1 Satz 1 EEG 2014 eine nach Jahren des Stromverbrauchs und unabhängig vom Inbetriebnahmedatum der jeweiligen in Eigenversorgung betriebenen Stromerzeugungsanlage steigende, anteilige EEG-Umlage bis zu 40 % ab dem Jahr 2016. Im Satz 2 nimmt der Gesetzgeber den Grundsatz auf, dass in allen anderen Fällen die EEG-Umlage vollständig durch den Eigenversorger zu entrichten ist. Dies ist entweder dann der Fall, wenn keine Erneuerbare-Energien-Anlage oder keine hocheffiziente KWK-Anlage zur Eigenversorgung genutzt wird oder der Eigenversorger seine Meldeverpflichtungen nach § 74 EEG 2014 nicht rechtzeitig erfüllt hat.[23] Eine explizite Regelung, ob Strom, der in Stromspeichern ein- oder ausgespeist wird, ebenfalls unter den Tatbestand der Eigenversorgung fällt, fehlt, könnte sich aber aus § 5 Abs. 1 2. HS EEG 2014 ableiten. Dieser sieht vor, dass „Einrichtungen“ als Erneuerbare-Energien-Anlage gelten, wenn sie zwischengespeicherte Energie, die ausschließlich aus erneuerbare Energien oder Grubengas stammt, aufnehmen und in elektrische Energie umwandeln.

Zudem ist im selben Absatz geregelt, dass selbst bei einem fehlenden Liefervorgang durch ein EVU 100 % der EEG-Umlage vom Letztverbraucher durch den ÜNB verlangt werden können. Diese Regelung entspricht § 37 Abs. 3 Satz 1 EEG 2012 und soll

22 Auch wenn gerade dies durch die Neufassung und Strukturierung der Regelung im Gesetzgebungsprozess wohl erreicht werden sollte, vgl. BT-Drs. 18/1891, S. 207.

23 Durch § 9 Abs. 2 AusglMechV wurde die Meldefrist für Betreiber von Stromerzeugungsanlagen auf den 28. Februar vorverlegt.

die Fälle zum Gegenstand haben, bei denen der Letztverbraucher den Strom entweder aus dem Ausland von keinem ansonsten verpflichteten EVU bezieht[24] bzw. an der Strombörse selbst einkauft. Zudem regelt § 61 Abs. 1 Satz 4 EEG 2014, dass die gleichen Anforderungen durch die in den vorgenannten Sätzen aufgezählten Letztverbraucher zu erfüllen sind, die nach diesem Gesetz auch EVUs auferlegt werden. In der Folge sind die Ausnahmen vom Anfall der EEG-Umlage in Abs. 2 und Bestandsanlagen nach Abs. 3 von diesen Verpflichtungen befreit. In Absatz 2 werden der Kraftwerkseigenverbrauch, der Eigenversorger ohne mittelbaren oder unmittelbaren Netzanschluss, ausschließlich sich selbst aus einer Erneuerbare-Energien-Anlage versorgende Eigenversorger, die für den überschüssigen Strom auf die Förderung nach dem EEG verzichten, und kleine Stromerzeugungsanlagen mit einer elektrischen Leistung von bis zu 10 kW bis zu einer Strommenge von 10 MW pro Kalenderjahr von der EEG-Umlage befreit.[25] Für Stromspeicher könnte überlegt werden, ob die Einspeisung als Kraftwerkseigenverbrauch qualifiziert werden könnte oder aufgrund der ausschließlichen Versorgung durch eine Kombination aus Stromspeicherung und unterschiedlichen Stromerzeugungsanlagen eine vollständige Versorgung möglich sein kann.

Für Bestandsanlagen, die bereits vor dem 01.09.2011 in Betrieb genommen worden sind, ist in § 61 Abs. 4 EEG 2014 eine Sonderregelung vorgesehen, die bereits die Einschränkungen des § 37 Abs. 3 EEG 2012 bei der Eigenversorgung im EEG berücksichtigt. In § 61 Abs. 5 EEG 2014 regelt der Gesetzgeber umfassende Möglichkeiten zugunsten der ÜNB, Informationen darüber zu erhalten, ob eine Pflicht zum Abführen der EEG-Umlage besteht.[26] Hierzu können die ÜNB Daten von den Hauptzollämtern (kurz: HZA), vom Bundesamt für Wirtschaft und Ausfuhrkontrolle (kurz: BAFA) und von nachgelagerten Netzbetreibern verlangen. Präzisierend wird darüber hinaus in § 61 Abs. 5 Satz 2 EEG 2014 der Umgang mit den bezogenen Daten normiert. Die ÜNB werden hierbei verstärkt zur Wahrnehmung von öffentlichen Aufgaben herangezogen und mit entsprechenden Informationsrechten ausgestattet. Insoweit ist stets zu prüfen, ob die Indienstnahme der ÜNB über die verfassungsrechtlich zulässige Aufgabenzuweisung des Gesetzgebers[27] – vorliegend zur Einziehung der EEG-Umlage bei Eigenversorgungsmodellen – hinausgeht.

Die Messung der eigenverbrauchten Strommengen wird in § 61 Abs. 6 EEG 2014 aufgegriffen. Dieser regelt, dass Strom, für den die Übertragungsnetzbetreiber nach Abs. 1 die Zahlung der EEG-Umlage verlangen können, durch den Letztverbraucher durch geeichte Messeinrichtung erfasst sei muss. Hierbei ist zu hinterfragen, wie die

---

24 Vgl. BT-Drs. 16/8148, S. 63; Salje (Hrsg), EEG-Kommentar, 7. Aufl. 2015, § 61 Rn. 11; Schäfermeier, in: Reshöft/Schäfermeier (Hrsg.), EEG-Kommentar, 4. Aufl. 2014, § 37 Rn. 30.

25 Ausführlich zu den Voraussetzungen der Ausnahmen: Scholtka/Günther, ER Sonderheft 01/14, 9 (12); Kachel/Charles, ree 2014, 197 (203 f.).

26 Vgl. BT-Drs. 18/1304, S. 239.

27 Vgl. zu den Voraussetzungen: BVerfG, Beschl. v. 16.03.1971 – Az.: 1 BvR 52, 665, 667, 754/66, NJW 1971, 1255 ff; BVerfG Beschl. v. 19.03.2014 – Az.: 1 BvR 1417/10, BeckRS 2014, 51208.

Messung auch unter Einsatz eines Speichers ausgestaltet sein muss. Abschließend findet sich in § 61 Abs. 7 EEG 2014 die Regelung zum sog. Prinzip der Zeitgleichheit, bei der der Gesetzgeber in Bezug auf den Eigenstrom vorgibt, wann dieser neben den Voraussetzungen zur Definition der Eigenversorgung in § 5 Nr. 12 EEG 2014 nicht oder nur teilweise von der EEG-Umlage erfasst sein soll. Das Prinzip der Zeitgleichheit soll nach dem Willen des Gesetzgebers von allen Eigenversorgern, die Gegenstand der Regelungen in § 61 Abs. 1 bis 6 EEG 2014 sind und mithin auch gerade Bestandsanlagen nach § 61 Abs. 3 und Abs. 4 EEG 2014 erfasst, eingehalten werden. Aufgrund des Funktionsprinzips der zeitlichen Verzögerung zwischen Einspeisung und Ausspeisung muss hinterfragt werden, ob diese Regelung dem Einsatz von Speichern zur Eigenversorgung entgegensteht.

2.2 Definition und Voraussetzung der Eigenversorgung

§ 61 Abs. 1 Satz 1 EEG 2014 greift als Grundtatbestand auf Letztverbraucher zurück, die eine Eigenversorgung nutzen. Hierdurch nimmt der Gesetzgeber unmittelbar Bezug auf die Definition der Eigenversorgung in § 5 Nr. 12 EEG 2014. Danach ist die Eigenversorgung *„der Verbrauch von Strom, den eine natürliche oder juristische Person im unmittelbaren räumlichen Zusammenhang mit der Stromerzeugungsanlage selbst verbraucht, wenn der Strom nicht durch ein Netz durchgeleitet wird und diese Person die Stromerzeugungsanlage selbst betreibt"*.

Insofern greift die Definition der Eigenversorgung den Verbrauch gegenüber der Regelung in § 61 Abs. 1 Satz 1 EEG 2014 erneut auf, ohne dass hierin zunächst für die Anwendbarkeit des § 61 EEG 2014 oder die Voraussetzungen der Eigenversorgung eine qualitative Änderung zu erblicken ist. Gleichwohl ist fraglich, wie ein Verbrauch im Sinne des Gesetzes zu verstehen ist. § 61 Abs. 1 Satz 1 EEG 2014 sieht als Anspruchsgegner den Letztverbraucher im Sinne des § 5 Nr. 24 EEG 2014 vor, wohingegen die Definition der Eigenversorgung nur auf den Verbrauch abstellt.

Durch den letzten Halbsatz innerhalb der Definition kommt zum Ausdruck, dass bei jeder Versorgung über das Netz der allgemeinen Versorgung die EEG-Umlage in voller Höhe zu entrichten ist.[28] Derjenige, der das Netz der allgemeinen Versorgung in Anspruch nimmt, könnte im Zweifel die Direktvermarktung und deren Förderung in Form der Marktprämie nach § 19 Abs. 1 Nr. 1 EEG 2014 in Anspruch nehmen. Jedoch setzt gerade die Direktvermarktung stets voraus, dass eine Veräußerung an Dritte erfolgt,[29] sodass die vollständige EEG-Umlage auch durch diesen Anlagenbetreiber einer Erneuerbaren-Energien-Anlage zu entrichten ist und zudem keine Förderung nach dem EEG 2014 in Anspruch genommen werden kann, obwohl er das Ziel einer

---

28 Vgl. Brahms/Held, in: Maslaton (Hrsg.), Windenergieanlagen, S. 363 Rn. 433; Loibl, ZNER 2014, 437.
29 Vgl. Hinsch/Reshöft, in: Reshöft/Schäfermeier (Hrsg.), EEG-Kommentar, 4. Aufl. 2014, § 33a Rn. 23.

CO_2-freien Stromerzeugung in seiner Person verwirklicht. Aufgrund der Restriktion des Gesetzgebers, dass die Nutzung des Netzes der allgemeinen Versorgung stets zum Entstehen der vollen EEG-Umlage führt, dürften Speicherkonzepte von der EEG-Umlage erfasst sein, bei denen mehrere Anlagenbetreiber von Erzeugungsanlagen gemeinsam einen netzgekoppelten Stromspeicher nutzen, um über ein „virtuelles Stromkonto" faktisch eine Eigenversorgung darzustellen. Die Einspeisung in den Stromspeicher dürfte nach § 60 Abs. 3 EEG 2014 von der EEG-Umlage befreit sein,[30] wobei die Rücklieferung aus dem Speicher über das Netz der allgemeinen Versorgung an den faktischen Eigenversorger mit der vollen EEG-Umlage belastet ist.

2.2.1 Letztverbrauch im Sinne des EEG

Als weitere Voraussetzung wird an den Letztverbraucher angeknüpft, der erstmals in § 5 Nr. 24 EEG 2014 mit der Begründung definiert wurde, dass die Regelung des § 3 Nr. 25 EnWG nicht ausreichend für die Feststellung sei, wer zur EEG-Umlage herangezogen werden könne.[31] Der Letztverbraucherbegriff des EnWG beziehe sich darauf, dass der Letztverbraucher den Strom zum eigenen Verbrauch kauft.[32] Ein Verbrauch im Sinne des EnWG wird darin erkannt, dass der Strom für eine bestimmte energieabhängige Funktion, auch zur Umwandlung in andere Energieformen wie Wärme, Licht oder Kraft, entnommen wurde.[33]

Das hanseatische Oberlandesgericht verdeutlicht im Zusammenhang mit dem Anfall der EEG-Umlage auf Grundlage des § 37 Abs. 3 EEG 2012, dass für die Annahme eines Verbrauchs eine tatsächliche Sachherrschaft über die elektrischen Geräte und Nutzung getragen von der Möglichkeit der Steuerung bestehen müsse, damit von einem Eigenverbrauch ausgegangen werden könne.[34] Der Auffassung des Gerichts ist zuzustimmen. Für die Annahme eines Letztverbrauchs muss in die rechtliche Wertung einbezogen werden, wer das wirtschaftliche Risiko des Umwandlungsmechanismus bzw. der Verbrauchseinrichtung zu tragen und über die Einsatzweise zu bestimmen hat. Auf das Eigentum der Verbrauchseinrichtung dürfte es nach diesseitiger Auffassung in entsprechender Anwendung des § 5 Nr. 1 EEG 2014 nicht ankommen. In Abgrenzung zu einer Nutzenergielieferung muss vertraglich gesichert sein, dass das wirtschaftliche Risiko etwaiger Ausfälle der Verbrauchseinrichtung beim Betreiber der Stromerzeugungsanlage liegt und gerade keine Abrechnung anhand

---

30 Vgl. hierzu auch den Beitrag v. Hesler in diesem Buch.

31 Vgl. BT-Drs. 18/1304, S. 235.

32 Vgl. BT-Drs. 18/1304, S. 235; Salje (Hrsg.), EEG-Kommentar, 7. Aufl. 2015, § 5 Rn. 118; Cosack, in: Frenz/Müggenborg (Hrsg.), EEG-Kommentar, 3. Aufl. 2013, §. 37 Rn. 41.

33 Vgl. Boesche, in: Säcker (Hrsg.), Energierecht 3. Aufl. 2014, § 3 Rn. 132; Hellermann, in: Britz/Hellermann/Hermes (Hrsg.) EnWG-Kommentar, 3. Aufl. 2015, § 3 Rn. 44.

34 Vgl. OLG Hamburg, Urt. v. 12.08.2014 – Az.: 9 U 198/13, BeckRS 2014, 16421; Brahms, ER 2014, 235 (237); Beverungen, ER 2014, 58 (59).

der Stromerzeugung oder des Stromverbrauchs vorgenommen wird. Eine virtuelle Zuordnung ohne ausreichende Abgrenzung des wirtschaftlichen Risikos dürfte nicht genügen.[35]

Es kommt nach der Gesetzesbegründung darauf an, dass der Strom unabhängig davon verbraucht werde, ob dieser geliefert oder in Form der Eigenversorgung bereitgestellt wird.[36] Aufgrund der ausdrücklichen Neuregelung des Letztverbraucherbegriffs in § 5 Nr. 24 EEG 2014 ist die bisherige einheitliche Verwendung im EnWG, EEG und KWKG[37] nicht mehr zutreffend.[38] Fraglich ist jedoch, ob aufgrund der weiteren Begriffsbestimmung des Letztverbrauches im EEG auch Rückschlüsse für die Auslegung in § 3 Nr. 25 EnWG möglich sind. In der Konsequenz dürfte sich der energiewirtschaftliche Letztverbraucherbegriff allein auf kaufvertragliche Lieferungen von Strom oder Gas beziehen, wobei dies angesichts der mit dem EnWG auch verfolgten Schutzfunktion der Regulierung mit dem Ausschluss alternativer Versorgungsmodelle nicht in Einklang zu bringen sein dürfte. Durch das Strommarktgesetz[39] wurde zudem der Letztverbraucherbegriff dahingehend ergänzt, dass auch der Strombezug der Ladepunkte für Elektromobile dem Letztverbrauch im Sinne des EnWG und den auf den Grund dieses Gesetzes erlassenen Verordnungen gleichstehe.

2.2.2 Stromspeicher als Letztverbraucher im Sinne des EEG

Zudem hat der Gesetzgeber nach Darstellung in der Gesetzesbegründung zum Letztverbraucher ausdrücklich offengelassen, ob Speicher die Letztverbrauchereigenschaft zugesprochen wird.[40] Innerhalb des EEG hat der Gesetzgeber die Nutzung von Stromspeichern mehrfach aufgegriffen. Zunächst wird innerhalb der Definition der Anlage nach § 5 Nr. 1 HS. 1 EEG 2014 die Gleichstellung des Speichers unverändert aus den vorangegangenen Gesetzesfassungen übernommen und eine Fiktion für Stromspeicher im zweiten Halbsatz integriert. Danach gelten auch Einrichtungen als Anlage, die zwischengespeicherte Energie, die ausschließlich aus erneuerbaren Energien oder Grubengas stammt, aufnehmen. Der Begriff der Anlage ist hierbei zentraler Anknüpfungspunkt für die Förderung nach dem EEG.[41] Interessanterweise wird der Prozess vor Speicherung als „Aufnahme" bezeichnet und gerade nicht auf einen Verbrauch vor Umwandlung in elektrische Energie abgestellt. Folglich spricht

35 Vgl. LG Heidelberg, Urt. v. 28.12.2015 – Az.: 11 O 15/15 KfH, BeckRS 2016, 03639.

36 Vgl. BT-Drs. 18/1304, S. 170.

37 Vgl. OLG Hamburg, Urt. v. 12.08.2014 – Az.: 9 U 198/13, BeckRS 2014, 16421; Boesche, in: Säcker (Hrsg.), Energierecht 3. Aufl. 2014, § 3 Rn. 132; Altrock, in: Altrock/Oschmann/Theobald (Hrsg.), EEG-Kommentar, 4. Aufl. 2013, § 37 Rn. 18.

38 So auch Salje (Hrsg.), EEG-Kommentar, 7. Aufl. 2015, § 5 Rn. 118.

39 Gesetz zur Weiterentwicklung des Strommarktes (kurz: Strommarktgesetz) v. 29.07.2016 (BGBl. I, S. 1786).

40 Vgl. BT-Drs. 18/1304, S. 235, Brahms, ER 2014, 235 (237).

41 Vgl. hierzu insgesamt: Richter, Der Begriff der Anlage im Umwelt und Energierecht, 2012, S. 118 ff.

dies zunächst dafür, dass – insbesondere aufgrund der Darstellung im Definitionskatalog des EEG – Stromspeicher nicht als Verbraucher gelten dürften. Für diese Argumentation streitet zudem die Regelung des §60 Abs. 3 EEG 2014, der für rein netzgekoppelte Stromspeicher von einem Anfall der EEG-Umlage absieht. Auch in diesem Regelungszusammenhang nutzt der Gesetzgeber begrifflich „liefern" und „leiten" anstelle des Verbes „verbrauchen". Weiterhin sieht §19 Abs. 4 EEG 2014 vor, dass auch eine Zwischenspeicherung des Stromes vor Einspeisung einem Förderanspruch nach §19 Abs. 1 EEG 2014 nicht entgegensteht, jedoch Speicherverluste vor Einspeisung durch den Anlagen- oder Speicherbetreiber zu tragen sind.[42] Sollte die Speicherung als Verbrauch angesehen werden, so müsste widersinnig bereits bei Einspeicherung des Stromes vor Netzeinspeisung die EEG-Umlage nach §61 EEG 2014 zu entrichten sein.

Ein weiteres Argument, dass der Stromspeicher nicht als Letztverbraucher im Sinne des §61 Abs. 1 EEG gelten dürfte, liegt in dem Umstand begründet, dass der Speicher nur im Umfang seiner Speicherverluste als Letztverbraucher zu qualifizieren sein dürfte. Der Stromspeicher dient gerade dazu, zu einem späteren als dem unter Umständen dargebotsabhängigen Erzeugungszeitpunkt einen Letztverbrauch zu ermöglichen. Der Letztverbrauch dürfte darin zu sehen sein, dass eine Energieumwandlung dergestalt erfolgt, dass die umgewandelte Energie genutzt und nicht wieder in Strom umgewandelt wird. Wenn zwar der Speicher als Verbraucher im Sinne der Definition der Eigenversorgung nach §5 Nr. 12 EEG 2014 zu werten wäre, und der Anspruch erst beim Letztverbrauch im Sinne des §61 Abs. 1 Satz 1 EEG 2014 entstünde, könnte mithin der Einspeisung in den Speicher nicht die EEG-Umlagepflicht entstehen lassen.

Vergleichbar dieser Argumentation hat auch der BFH aus steuerrechtlicher Sicht geurteilt, dass die Entnahme von Strom aus dem Netz zur Zwischenspeicherung nach dem UStG als neutral zu bewerten sei.[43] Demgegenüber hat der BGH für die Entnahme von Strom aus dem Netz der allgemeinen Versorgung zur Verwendung in einem Pumpspeicherkraftwerk entschieden, dass die Entnahme einen Letztverbrauch im Sinne des §3 Nr. 25 EnWG begründe und der Anspruch auf Netzentgelte durch den vorgelagerten Netzbetreiber bestehe.[44] Dies bestätige auch gerade die Ausnahmeregelung in §118 Abs. 6 EnWG, der es nicht bedürfte, wenn die Speicherung von Strom keinen Letztverbrauch im Sinne des EnWG darstellen würde.[45] Letztlich würde die Einbeziehung der Stromspeicher in die EEG-Umlagepflicht dem politisch gewollten Ziel einer Flexibilisierung der Stromerzeugung und der Möglichkeit der Anpassung

42 Vgl. BT-Drs. 17/6071, S. 66; Reshöft, in: Reshöft/Schäfermeier (Hrsg.), EEG-Kommentar, 4. Aufl. 2014, §16 Rn. 40.

43 Vgl. BFH, Urt. v. Urt. v. 12.05.1993 – Az.: XI R 56/90, DStR 1993, 1783.

44 Vgl. BGH, Beschl. v. 17.11.2009 – Az.: EnWVR 56/08, NVwZ-RR 2010, 431 (432 f.).

45 Zur Gefahr einer Doppelbelastung vgl. auch Thomas/Altrock, ZUR 2010, 579 ff.; von Oppen, ER 2014, 9 ff.

der Einspeisung auch aus fluktuierenden erneuerbaren Energien entgegenstehen, sodass diesseitig vertreten wird, dass die Zwischenspeicherung von Strom auch im Rahmen der Eigenversorgung nach § 61 EEG 2014 kein Letztverbrauch darstellt.[46] Gleichwohl wird die Annahme, dass die Einspeisung in den Stromspeicher als Letztverbrauch qualifiziert werden kann, bei der Erörterung der weiteren Voraussetzungen der Eigenversorgung im EEG berücksichtigt.

2.2.3 Personenidentität zwischen Verbraucher und Erzeuger

Nach der Definition der Eigenversorgung ist es erforderlich, dass die natürliche oder juristische Person den Strom selbst erzeugt und auch selbst verbraucht. Hierbei wird die bisher auch im Rahmen des § 37 Abs. 3 EEG 2012 geforderte, sogenannte Personenidentität[47] aufgegriffen. Zur Bestimmung des Betreibers der Stromerzeugungsanlage kann auf die Definition des Anlagenbetreibers im Sinne des § 5 Nr. 2 EEG 2014 zurückgegriffen werden, die unverändert gegenüber dem EEG 2012 übernommen wurde.[48] Maßgeblich kommt es darauf an, dass der Anlagenbetreiber das wirtschaftliche Risiko des Betriebs der Erzeugungsanlage trägt und die wirtschaftliche Verfügungsbefugnis innehat.[49] Es muss dieselbe juristische oder natürliche Person mithin sowohl das wirtschaftliche Risiko der Stromerzeugungsanlage als auch der Verbrauchseinrichtung tragen.[50] Der BGH hatte bereits zum EEG 2004 deutlich hervorgehoben, dass selbst bei einem Liefervorgang außerhalb des Netzes der allgemeinen Versorgung in einem Konzernverhältnis zwischen zwei juristischen Personen die Pflicht zur Zahlung der EEG-Umlage bestehe.[51]

Insoweit wird diesseitig vertreten, dass bei wirtschaftlich abgrenzbaren Verpachtungs- und Betriebsführungsmodellen eine Personenidentität hergestellt werden kann,[52] soweit keine virtuelle Zuordnung erfolgt,[53] sondern faktisch das gesamte Risiko des Betriebs der Stromerzeugungsanlage übertragen wird. Jedoch dürfte gerade bei Nutzung des Stroms durch die Gesellschafter einer Gesellschaft bürgerlichen Rechts (kurz: GbR) oder einer offenen Handelsgesellschaft (kurz: OHG) und wirtschaftlichem Betrieb der Stromerzeugungsanlage durch die Gesellschaft ein Liefervorgang

---

46 so bereits: Brahms, ER 2014, 235 (238).

47 Vgl. Loibl, ZNER 2014, 437; Brahms/Held, in: Maslaton (Hrsg.), Windenergieanlagen, S. 363 Rn. 432; Pankin, EnWG 2013, 13 ff.; Cosack, in: Frenz/Müggenborg (Hrsg.), EEG-Kommentar, 3. Aufl. 2013, § 37 Rn. 81; Klemm, ree 2013, 1 (5); Ruttloff, NVwZ 2014,1128 (1129).

48 Vgl. BT-Drs. 18/1304, S. 112.

49 Vgl. BT-Drs. 16/8148, S. 38; Ekardt/Hennig, in: Frenz/Müggenborg (Hrsg.), EEG-Kommentar, 3. Aufl. 2013, § 3 Rn. 20; Scholtka/Günther, ER Sonderheft 1/14, 9 (11).

50 So auch Schäfermeier, in: Reshöft/Schäfermeier (Hrsg.) EEG-Kommentar, 3. Aufl. 2013, § 37 Rn. 33.

51 Vgl. BGH, Urt. v. 09.12.2009 – Az.: VIII ZR 35/09, ZUR 2010, 143 ff.

52 Vgl. Altrock, in: Altrock/Oschmann/Theobald (Hrsg.), EEG-Kommentar, 4. Aufl. 2013, § 37 Rn. 27; Brahms/Maslaton, NVwZ 2014, 760 (761).

53 Vgl. LG Heidelberg, Urt. v. 28.12.2015 – Az.: 11 O 15/15 KfH, BeckRS 2016, 03639.

angenommen werden. Diese Erwägung beruht darauf, dass durch die Entwicklung der Rechtsprechung zur Rechts- und Parteifähigkeit der GbR,[54] die Gesellschaft auch im Verhältnis zu ihren Gesellschaftern als rechts- und parteifähig anzusehen ist. Insoweit kommt auch bei einer GbR eine Eigenversorgung im Sinne des EEG 2014 nur in Betracht, wenn der Strom durch die GbR selbst verbraucht und nicht lediglich den Gesellschaftern zur Verfügung gestellt wird. Auch bei der Verwaltung des gemeinschaftlichen Eigentums von Wohnungseigentümergemeinschaften, die nach der Rechtsprechung als rechtfähiger Verband sui generis zu qualifizieren sind,[55] stehen den Wohnungseigentümern Rechte und Pflichten nach § 10 Abs. 6 WoEigG[56] gegenüber der Gemeinschaft zu.[57] In der Folge dürfte auch bei einer im Gemeinschaftseigentum stehenden Stromerzeugungsanlage ggf. nur die Verwendung des Stromes für das Gemeinschaftseigentum als Eigenversorgung der Wohnungseigentümergesellschaft gelten. Sofern die Personenidentität nicht besteht und das Netz der allgemeinen Versorgung zur Belieferung des Dritten nicht in Anspruch genommen wird, handelt es sich um einen Fall der sog. Direktversorgung, bei welchem für diese Strommengen die vollständige EEG-Umlage anfällt.[58]

In Übertragung auf die Sachverhalte, die im Zusammenhang mit der Eigenversorgung und Kombination mit Speichern zu berücksichtigen sind, muss – unterstellt, alle weiteren Voraussetzungen des § 61 EEG 2014 sind erfüllt – einerseits Personenidentität zwischen dem Betreiber der Erneuerbaren-Energien-Anlage und dem Speicherbetreiber bestehen als auch zwischen dem Speicherbetreiber und dem Letztverbraucher. Sofern auch nur in einem Verhältnis diese Voraussetzung nicht gegeben ist, muss zumindest einmal von einem Liefervorgang ausgegangen werden, der zum vollständigen Anfall der EEG-Umlage führt. Sofern beispielsweise der Speicherbetreiber ein Dritter wäre, so würde bei der Einspeisung in den Speicher die vollständige EEG-Umlage anfallen als auch bei der Lieferung vom Speicherbetreiber an den Letztverbraucher. Auch wenn diese Doppelbelastung sinnwidrig erscheint, dürfte dies angesichts des Ausnahmecharakters und mithin restriktiven Auslegung der Voraussetzung dem Gesetzeswortlaut entsprechen. Im letztgenannten Fall dürfte dann ein Pacht- und Betriebsführungsmodell über den Stromspeicher sinnvoll sein, indem das wirtschaftliche Risiko des Speicherbetriebs auf den Anlagenbetreiber der Erneuerbaren-Energien- oder KWK-Anlage und zeitgleich Letztverbraucher übertragen wird.

---

54 Vgl. BGH, Urt. v. 29.01.2001 – Az.: II ZR 331/00, BeckRS 2001, 30158147.

55 Vgl. BGH, Urt. v. 02.06.2005 – Az.: V ZB 32/05, BeckRS 2005, 07084.

56 Wohnungseigentumsgesetz in der im Bundesgesetzblatt Teil III, Gliederungsnummer 403-1, veröffentlichten bereinigten Fassung, das zuletzt durch Artikel 4 des Gesetzes vom 5.12.2014 (BGBl. I S. 1962) geändert worden ist.

57 Vgl. auch Klein, in: Bärmann (Hrsg.), WEG-Kommentar, 12. Aufl. 2013, § 10 Rn. 204 und Rn. 217.

58 In Abgrenzung zur Direktvermarktung: Thomas/Altrock, ZUR 2013, 579 (581).

2.2.4 Unmittelbar räumlicher Zusammenhang

Die Voraussetzung des unmittelbaren räumlichen Zusammenhangs des Verbrauchs zum Standort der Stromerzeugungsanlage ist gegenüber der Regelung in § 37 Abs. 3 S. 2 Nr. 2 EEG 2012 zumindest vom Wortlaut her enger gefasst.[59] Das EEG 2012 ließ noch eine „räumliche Nähe" genügen, wobei wohl aufgrund fehlender Begründung durch den Gesetzgeber[60] von einem qualitativen Unterschied ausgegangen werden muss.[61] Dies wird auch durch die „räumliche Nähe" bei den Voraussetzungen von Bestandsanlagen im Sinne des § 61 Abs. 3 Satz 1 Nr. 3 EEG 2014 unterstrichen. Die ohnehin vom Einzelfall abhängige Entscheidung, ob eine räumliche Nähe gegeben war, die zumeist unter Verweis auf die Rechtsprechung des BFH zur Ausnahmeregelung des § 9 StromStG dann noch angenommen wurde, wenn in einer ländlichen Gegend im Umkreis von 4,5 km Letztverbraucher aus einer Stromerzeugungsanlage versorgt wurden,[62] gewinnt durch den neuen Wortlaut nicht an Kontur.[63] Ob jedoch allein bereits die Querung einer öffentlichen Straße dazu führt, dass nicht mehr von einer unmittelbaren räumlichen Nähe zwischen Erzeugung und Verbrauch ausgegangen werden kann, ist zu bezweifeln.[64] Zwar bezieht sich das Energierecht auch auf die Nutzung von öffentlichen Wegen zur Verlegung und Betrieb von Netzen in § 46 EnWG, jedoch erscheint dieses Kriterium als ebenso wenig sachgerecht wie eine Konkretisierung anhand von Grundstücksgrenzen, die zuweilen sehr groß oder sehr klein bemessen sein können.

Entscheidend kann es darauf ankommen, wie sich im Einzelfall die Netzgegebenheiten darstellen, da parallele Netzstrukturen volkswirtschaftlich nicht sinnvoll sein können. Als Auslegungskriterien könnten die Art der Stromerzeugungsanlage, die elektrischen Kapazität, die zur Eigenversorgung verwendet werden, und die örtlichen Gegebenheiten bzw. Bevölkerungsdichte herangezogen werden. Allein die Beteiligung an den mit der Energiewende verbundenen Kosten dürfte jedoch in diesem Zusammenhang kein rechtlich handhabbares Kriterium darstellen. Beispielsweise könnte bei einer Eigenversorgung aus Windenergieanlagen aufgrund baurechtlicher und bauplanerischen Beschränkungen und einer Leistung oberhalb von 2 MW gegenüber der Regelung in § 9 Abs. 1 Nr. 3 StromStG bei gleichen örtlichen und netztechnischen Gegebenheiten eine Eigenversorgung mittels einer Direktleitung auch jenseits der 4,5 km noch den Anforderungen des § 5 Nr. 12 EEG 2014 entsprechen. Da der Gesetzgeber

---

59 So auch Kachel/Charles, REE 2014, 197 (200); Brahms/Held, in: Maslaton (Hrsg.), Windenergieanlagen, S. 363, S. 433; Brahms, ER 2014 235 (237).

60 Vgl. BT-Drs. 18/1891, S. 192; ggf. als redaktionelles Versehen anzusehen, so: Kachel/Charles, REE 2014, 197 (199).

61 So wohl auch Cosack, in: Frenz/Müggenborg/Cosack/Ekardt (Hrsg), EEG-Kommentar, 4. Aufl. 2015, § 61 Rn. 27; BNetzA, Leitfaden zur Eigenversorgung, Konsultationsfassung, Stand: 16.10.2015, S. 28.

62 Vgl. BT-Drs. 17/6071, S. 83; BFH, Urt. v. 20.04.2004 – Az.: VII R 44/03, DStRE 2004, 1180 (1182 f.).

63 Ähnlich Salje (Hrsg.), EEG-Kommentar, 7. Aufl. 2015, § 61 Rn. 22.

64 So aber BNetzA, Leitfaden zur Eigenversorgung, Konsultationsfassung, Stand: 16.10.2015, S. 28.

in dezentralen Versorgungsmodellen auch eine „Entsolidarisierung" meint erkennen zu können,[65] müsste gegenüber dem bisherigen Rückgriff auf die BFH-Rechtsprechung eine eigenständige Auslegung erfolgen. Vor diesem Hintergrund dürfte nach diesseitiger Auffassung in Stadtgebieten mit einer hohen Netzdichte bereits bei einer Eigenversorgung über einen Häuserblock hinweg die Voraussetzung der unmittelbaren räumlichen Nähe nicht mehr vorliegen, wohingegen im ländlichen Raum weitere Strecken überbrückt werden dürften.

Wenn sowohl die Einspeisung in den Stromspeicher als auch die Entnahme zum Letztverbrauch als zwei separate Eigenversorgungsvorgänge im Sinne des § 61 Abs. 1 EEG 2014 begriffen würden, dürfte für jeden Vorgang eine Distanz überwunden werden, die im räumlichen Zusammenhang liegen muss. Auch dieser Aspekt zeigt, dass die Annahme eines Letztverbrauches bei Einspeisung in den Speicher als sinnwidrig einzustufen ist. Gleichwohl dürfte mittels des Einsatzes von Speichern zur Eigenversorgung zwar ggf. unter zweimalig zu zahlender verringerter EEG-Umlage die Distanz zwischen Erzeugung und Letztverbrauch vergrößert werden können.

2.2.5 Stromerzeugungsanlage im Sinne des EEG

Die Begrifflichkeit der Stromerzeugungsanlage war bereits Gegenstand des § 37 Abs. 3 Satz 2 Nr. 2 EEG 2012. Der Begriff der Stromerzeugungsanlage bedarf jedoch auch bei ihrer jetzigen Verwendung einer weiteren Konkretisierung, da auch der Begriff der Anlage im Sinne des § 5 Nr. 1 EEG 2014 bereits Anknüpfungspunkt für Diskussionen in Rechtsprechung und Literatur war.[66] Der Gesetzgeber selbst hat eine Definition der Stromerzeugungsanlage im EEG 2014 nicht eingeführt. Jedwede Stromerzeugungsanlage, unabhängig von der eingesetzten Technik oder des Energieträgers, kommt als Stromerzeugungsanlage in Betracht.[67] Nach diesseitiger Auffassung hat ein Speicher als eigenständige Stromerzeugungsanlage im Sinne des EEG zu gelten. Hierfür streitet, dass ein Speicher nach dem Wortlaut des § 3 Nr. 15 EnWG bereits als Energieanlage gilt und ferner – unterstellt man den Stromspeicher als Letztverbraucher – eine erneute Umwandlung und mithin Erzeugung von Strom erforderlich ist.

Ferner gewinnt der Begriff der Stromerzeugungsanlage an Gewicht durch den Umstand, dass die Leistung der Stromerzeugungsanlage bei einer Erneuerung, Erweiterung oder Ersetzung von Bestandsanlagen nach § 61 Abs. 3 Nr. 3 EEG 2014 maßgeblich sein kann.[68] Zunächst bietet es sich bei einer Auslegung an, auf den Anlagenbegriff des EEG und des KWKG zurückzugreifen. Diese sind bei systematischer Betrachtung

---

65 Vgl. Schütte/Winkler, ZUR 2013, 242 (243); Brahms/Maslaton, NVwZ 2014, 760 (761).

66 Vgl. BGH, Urt. v. 23.10.2013 – Az.: VIII ZR 262/12; Richter/Herms, ER 2014, 3 ff.; Brahms, ER 2014, 235.

67 Vgl. Schäfermeier, in: Reshöft/Schäfermeier (Hrsg.), EEG-Kommentar, 4. Aufl. 2014, § 37 Rn. 32; Kachel/Charles, ree 2014, 197 (201).

68 Vgl. Bremer/Thalhauser, ZNER 2015, 16 (17).

bereits selbst Gegenstand der Regelung in § 61 Abs. 1 Satz 2 Nr. 1 EEG 2014.[69] Jedoch kann kritisch gesehen werden, ob bspw. bei einer Biogasanlage mit zwei angeschlossenen Blockheizkraftwerken (kurz: BHKW) oder bei Solaranlagen, die nach der Auffassung des BGH in ihrer Gesamtheit als Solarkraftwerk,[70] der weite Anlagenbegriff des EEG nach der Auffassung des BGH zum Tragen kommt oder aufgrund der eingesetzten Technik der Anlagenbegriff des KWKG zur Anwendung gerät.[71] Letztgenannter wird enger gefasst und bezieht sich auf jedes Modul,[72] sodass an der Biogasanlage zwei Stromerzeugungsanlagen angeschlossen wären. In der Folge ist fraglich, ob beide BHWK von § 61 Abs. 3 EEG 2014 erfasst wären, wenn bisher ggf. nur ein BHKW zur Eigenversorgung eingesetzt worden ist. Auch aufgrund des anderen Zwecks der Regelung der Eigenversorgung scheint eine Übertragbarkeit der Anlagenbegriffe aus § 5 Nr. 1 EEG 2014 und § 3 Abs. 2 KWKG nicht zwingend,[73] jedoch dürften eine andere Auslegung und die Verwendung unterschiedlicher Anlagenbegriffe sogar innerhalb der Regelung des § 61 EEG 2014 kaum vertretbar sein. Angesichts des Willens des Gesetzgebers, möglichst viele Letztverbraucher von der EEG-Umlage erfasst zu sehen, sprechen zwar gute Gründe dafür, dass eine restriktive Auslegung des Begriffs der Stromerzeugungsanlage angezeigt sein könnte. Eine Aufteilung einer bisher einheitlich betriebenen Erzeugungsanlage, die jedoch nur teilweise für die Eigenstromversorgung genutzt wurde, in nach § 61 Abs. 3 EEG 2014 unterschiedlich zu bewertende Stromerzeugungsanlagen dürfte allein deswegen nicht zum Tragen kommen, da eine ausdrückliche Regelung der vorangegangenen ausschließlichen oder vollständigen Eigenversorgung vor Inkrafttreten des EEG 2014 fehlt.

In der Folge der Qualifizierung des Stromspeichers als eigene Stromerzeugungsanlage kann dies sowohl Auswirkungen auf Konzeptionen haben, bei denen bisher bereits in Eigenversorgung betriebene Erneuerbare-Energien-Anlagen im zeitlichen Anwendungsbereich des EEG 2014 um einen Stromspeicher ergänzt werden, als auch hierdurch die Ausnahmevorschriften des § 61 Abs. 2 EEG 2014 nicht greifen. Kritisch zu betrachten ist hierbei auch die Rechtsprechung des BGH, der entgegen der einhelligen Rechtsprechung und Literaturmeinungen bei der Bewertung einer Photovoltaikanlage nicht auf das konkrete Modul als Bezugspunkt für die Vergütung des Stromes abstellte, sondern meinte, dass im Wege eines funktionalen Begriffsverständnisses das Solarkraftwerk die Anlage im Sinne der Definition des EEG sei.[74] Ob

69 So bereits Brahms, ER 2014, 235 (238).

70 Vgl. BGH, Urt. v. 04.11.2015 – Az.: VIII ZR 244/14, BeckRS 2015, 19673.

71 Kritisch ist dies auch bei Nutzung verschiedener Stromerzeugungstechniken, Aufteilung auf Kraftwerksschreiben oder verschiedene Verbrauchsstellen, so Bremer/Thalhauser, ZNER 2015, 16 (17) und Kachel/Charles, ree 2014, 197 (201).

72 Vgl. Jacobshagen/Kachel, in: Danner/Theobald (Hrsg.), Energierecht, 82. Ergl. 2014, KWKG § 3 Rn. 8.

73 Vgl. Bremer/Thalhauser, ZNER 2015, 16 (17).

74 Vgl. BGH, Urt. v. 04.11.2015 – VIII ZR 244/14, NVwZ-RR 2016, 172; kritisch: Herms/Richter, ER 2016, 62 ff.

auf Grundlage dieses Urteils aufgrund einer natürlichen Betrachtungsweise auch eine Solaranlage und ein Speicher zu einer einheitlichen Anlage zusammenzufassen sind, kann nicht ausgeschlossen werden. Im Zweifel dürfte dies für die Annahme sprechen, dass die Leistung des Speichers und der PV-Anlage im Sinne des § 32 Abs. 1 EEG 2014 zu addieren wären und bei Überschreiten der Schwelle von 10 kW die Ausnahmeregelung für Kleinanlagen im Sinne des § 61 Abs. 2 Nr. 4 EEG 2014 nicht zum Tragen kommen dürfte.

2.3 Ausnahmen von der EEG-Umlage

§ 61 Abs. 2 EEG 2014 zählt unterschiedliche Ausnahmen auf, bei denen der Einsatz von Stromspeichern ggf. sinnvoll sein kann. Da es sich bei den aufgezählten Konstellationen um Ausnahmen von der Regel des Anfalls der EEG-Umlage handelt und der Gesetzgeber die EEG-Finanzierung auf möglichst viele Schultern verteilen wollte, sind die darin genannten Voraussetzungen restriktiv auszulegen.[75]

2.3.1 Kraftwerkseigenverbrauch

Der Anspruch des Netzbetreibers gegenüber dem Eigenversorger entfällt nach § 61 Abs. 2 Nr. 1 EEG 2014 für den Fall, dass der Strom in den Neben- und Hilfsanlagen einer Stromerzeugungsanlage zur Erzeugung von Strom im technischen Sinne verbraucht wurde. Hierbei soll von einer Befreiung von der EEG-Umlage ausgegangen werden können, wenn der Strom der faktischen Stromerzeugung dient.[76] Bei der Auslegung bezieht sich der Gesetzgeber auf § 12 Abs. 1 Nr. 1 StromStV.[77,78] Zwar hatte der BFH entschieden, dass für den in den Wechselrichtern verbrauchten Strom keine Stromsteuer aufgrund dieser Ausnahme zu zahlen ist, und hierbei gleichsam auf eine unveröffentlichte Entscheidung bestätigend Bezug genommen.[79] Ausgehend jedoch von dem Umstand, dass es sich beim Stromspeicher um eine eigenständige Stromerzeugungsanlage und um eine Energieanlage im Sinne des § 3 Nr. 18 EnWG handeln dürfte, muss auch davon ausgegangen werden, dass im Verhältnis zur Erneuerbaren-Energien-Anlagen oder KWK-Anlagen die Einspeisung weder kausal für die Erzeugung des Stromes in den vorgenannten Anlagen ist, noch dass es sich beim Stromspeicher daher um eine Hilfsanlage im Verhältnis zur eigentlichen Stromerzeugungsanlage

---

75 Vgl. Brahms, ER 2014, 235 (238).

76 Vgl. Salje (Hrsg.), EEG-Kommentar, 7. Aufl. 2015, § 61 Rn. 42.

77 Stromsteuer-Durchführungsverordnung vom 31.05.2000 (BGBl. I S. 794), die zuletzt durch Artikel 3 der Verordnung vom 4.05.2016 (BGBl. I S. 1158) geändert worden ist.

78 Vgl. BT-Drs. 18/1891, S. 208; Cosack, in: Frenz/Müggenborg/Cosack/Ekardt (Hrsg.), 4. Aufl. 2015, § 61 Rn. 63.

79 Vgl. BFH, Urt. v. 06.10.2015 – VII R 25/14, BeckRS 2015, 96148.

handeln kann.[80] In der Folge dürfte diese Ausnahme im Zusammenhang mit Speichern selbst dann nicht zum Tragen kommen, wenn die Zwischenspeicherung zum Zwecke der Nutzung in den Hilfs- und Nebenanlagen der eigentlichen Stromerzeugungsanlage erfolgt.

2.3.2 Inselnetze

Als weitere Ausnahme von der Pflicht zur Zahlung der EEG-Umlage im Zusammenhang mit einem Stromspeicher könnte in § 61 Abs. 2 Nr. 2 EEG 2016 gesehen werden. Danach entsteht kein Anspruch auf die EEG-Umlage, wenn weder mittelbar noch unmittelbar eine Verbindung zum Netz der allgemeinen Versorgung besteht. Hierdurch sollen gerade völlig autarke Inselanlagen erfasst sein, da auch bei mittelbarem Anschluss bspw. über Direktleitungen oder geschlossenen Verteilernetzen die Ausnahme nicht greift.[81] Hintergrund der Regelung sind insbesondere Fahrzeuge wie Schiffe oder Flugzeuge, die über Generatoren von über 10 kW verfügen und deshalb für den selbst generierten Strom die EEG-Umlage abführen müssten. Bezogen auf elektrische PKW dürfte zwar für Strom, der aus dem Netz der allgemeinen Versorgung bezogen wird, die EEG-Umlage anfallen, jedoch der selbst durch das Fahrzeug generierte Strom nicht von der Umlagepflicht erfasst sein.

Sofern mithin Stromspeicher in Kombination mit anderen Erzeugungsanlagen eine vollständige Loslösung vom Stromnetz ermöglichen, könnte unter Rückgriff auf diese Ausnahmeregelung eine EEG-Umlagebefreiung erreicht werden. Demgegenüber kommt definitorisch diese Ausnahme nicht zum Tragen, wenn auch außerhalb des Netzes ein Liefervorgang vorliegt. Bei dieser Fallgestaltung ist gleichwohl die EEG-Umlage im Rahmen eines Liefervorganges zu entrichten.

2.3.3 Vollständige Versorgung ohne finanzielle Förderung

Für den Einsatz von Stromspeichern besonders geeignet erscheint zudem die Regelung des § 61 Abs. 2 Nr. 3 EEG 2014. Danach entfällt der Anspruch auf die EEG-Umlage, wenn sich der Eigenversorger selbst vollständig mit Strom aus erneuerbaren Energien versorgt und für den Strom aus seiner Anlage, den er selbst nicht verbraucht, keine finanzielle Förderung in Anspruch nimmt. Die Begründung für die vollständige Befreiung ist darin zu erblicken, dass diese Eigenversorger bereits vollständig die Energiewende vollzogen hätten.[82] Der Einsatz eines Stromspeichers kann sinnvoll sein, wenn hierdurch der Letztverbraucher nicht mehr Strom aus dem Netz der allgemeinen Versorgung beziehen muss und zugleich auf den Anspruch auf die finanzielle

---

80 So bereits Brahms, ER 2014, 235 (238), a. A. wohl Ruttloff/Lippert, NVwZ 2015, 1716, (1721).
81 Vgl. BT-Drs. 18/1304, S. 154; Salje (Hrsg.), EEG-Kommentar, 7. Aufl. 2015, § 61 Rn. 43.
82 Vgl. BT-Drs. 18/1304, S. 154.

Förderung, d. h. sowohl in Form der Marktprämie als auch der Einspeisevergütung, verzichtet.

Der Bezug aus dem Netz ist auch dann nicht ausreichend, wenn es sich hierbei um „Ökostrom" handelt, da nach dem Wortlaut der Vorschrift eine selbstständige Versorgung erfolgen soll.[83] Fraglich könnte hierbei sein, ob jederzeit oder auf welchen konkreten Zeitraum bezogen die selbstständige Versorgung aus seiner Anlage gewährleistet sein muss. Nach Auffassung der Clearingstelle EEG ist diese Voraussetzung nur gegeben, wenn über ein Kalenderjahr eine selbstständige Versorgung erfolgen kann. Zwar greift der Gesetzgeber auf das Wort „vollständig" zurück, was vermuten lässt, dass ein längerer Zeitraum erfasst sein soll,[84] jedoch dürfte dies zu einer inhaltsleeren Norm führen. Soweit messtechnisch erfasst werden kann, in welchen Zeiträumen die Versorgung des Letztverbrauchers ausschließlich durch die Anlage erfolgt, dürfte auch die Versorgung als vollständig bezeichnet werden. Insoweit müsste, der restriktiven Auffassung folgend, gerade in Kombination mit einem Speicher in jeder Viertelstunde eines Jahres eine vollständige Versorgung des Letztverbrauchers gewährleistet werden. Sofern dies nicht gewährleistet ist, käme aber i. d. R. die anteilige EEG-Umlage nach § 61 Abs. 1 EEG 2014 zum Tragen.

Hinterfragt werden muss, ob der aus dem Strom ausgespeiste Strom im Zweifel auch als Strom aus erneuerbaren Energien gilt. Ausdrücklich hat der Gesetzgeber dies nicht geregelt, sodass allein im Wege einer Analogie § 19 Abs. 4 EEG 2014 zur Anwendung geraten könnte. Danach wird der finanzielle Förderanspruch nach dem EEG für zwischengespeicherten Strom vor Netzeinspeisung nicht gefährdet. Insoweit könnte vertreten werden, dass dies in entsprechender Anwendung auch für die Zwischenspeicherung zum Zwecke der Eigenversorgung zum Tragen kommt.

Da lediglich der Anspruch auf die finanzielle Förderung des Teils 3 des EEG nicht beansprucht werden darf, bedeutet dies nicht, dass der Strom an den Netzbetreiber verschenkt oder angedient werden muss. Wenn und soweit der Eigenversorger für den übrigen Strom aus der Anlage einen Abnehmer findet, ist er berechtigt, für den gelieferten Strom eine Vergütung zu verlangen. Soweit hierfür eine Netznutzung erforderlich ist, müssen zwar neben der EEG-Umlage auch alle Netzentgelte etc. gezahlt werden, jedoch besteht bei einer dezentralen Einspeisung zumindest auch ein Anspruch gegenüber dem Netzbetreiber auf die Zahlung vermiedener Netzentgelte nach § 18 StromNEV.[85] Beachtlich ist zudem, dass der Privilegierungstatbestand nur für Erneuerbare Energien zum Tragen kommt und bspw. bei KWK-Anlagen durch den Eigenversorger nicht beansprucht werden kann. Ferner müsste auch sichergestellt

83 So auch Cosack, in: Frenz/Müggenborg/Cosack/Ekardt (Hrsg.), EEG-Kommentar, 4. Aufl. 2015, § 61 Rn. 70; Clearingstelle EEG, Empfehlung v. 02.06.2015 – 2014/31 LS. 1.

84 So Cosack, in: Frenz/Müggenborg/Cosack/Ekardt (Hrsg.), EEG-Kommentar, 4. Aufl. 2015, § 61 Rn. 78.

85 Stromnetzentgeltverordnung vom 25. Juli 2005 (BGBl. I S. 2225), die durch Artikel 1b der Verordnung vom 14. September 2016 (BGBl. I S. 2147) geändert worden ist.

werden, dass auch der Stromspeicher kein Strom aus dem Netz der allgemeinen Versorgung bezieht und diesen an den Eigenversorger weiterleitet, da auch in diesem Fall von einer vollständigen selbstständigen Eigenversorgung aus erneuerbaren Energien nicht ausgegangen werden kann.

2.3.4 Privilegierung von Kleinanlagen

Als letzter Privilegierungstatbestand sieht § 61 Abs. 2 Nr. 4 EEG 2014 eine Regelung für Kleinanlagen, unabhängig davon, ob diese durch erneuerbare Energien betrieben wird, mit einer elektrischen Leistung von bis zu 10 kW vor. Die Eigenversorgung mit dem Strom aus der Kleinanlage ist bis zu einer Strommenge von höchstens 10 Megawattstunden befreit. Zudem gewährt der Gesetzgeber im Verhältnis zu den anderen Ausnahmeregelungen eine Art Bestandsschutz, da nur in diesem Ausnahmetatbestand die Befreiung für die Dauer von 20 Jahren gewährt wird. Im Umkehrschluss ergibt sich, dass die zuvor aufgeführten Ausnahmen bei zukünftigen Reformen des EEG wegfallen können.

Die Regelung beinhaltet zwei zu beachtende Restriktionen, die auch für die Kombination von kleinen Erzeugungsanlagen und kleinen Speichern zum Tragen kommen. Zunächst könnte kritisch sein, ob die Leistung bspw. einer Photovoltaikanlage und die Leistung des Speichers für die Höchstleistung von 10 kW addiert werden müssten. Hierbei bezieht sich die installierte Leistung auf die Wirkleistung im Sinne des § 5 Nr. 22 EEG 2014.[86] Nach Halbsatz 2 ist § 32 Abs. 1 S. 1 EEG 2014 entsprechend anzuwenden. Mehrere Anlagen gelten danach unabhängig von den Eigentumsverhältnissen und ausschließlich zum Zwecke der Ermittlung des Anspruchs auf finanzielle Förderung – in diesem Fall zur Bestimmung der Verpflichtung zur Zahlung der EEG-Umlage – für den jeweils zuletzt in Betrieb gesetzten Generator als eine Anlage, wenn

- sie sich auf demselben Grundstück oder sonst in unmittelbar räumlicher Nähe befinden,
- sie Strom aus gleichartigen erneuerbaren Energien erzeugen,
- der in ihnen erzeugte Strom nach den Regelungen dieses Gesetzes in Abhängigkeit von der Bemessungsleistung oder der installierten Leistung der Anlage finanziell gefördert wird und
- sie innerhalb von zwölf aufeinanderfolgenden Kalendermonaten in Betrieb genommen worden sind.

Wie eine entsprechende Anwendbarkeit in Kombination mit Stromspeichern aussieht, ist fraglich.[87] Da auch alle vorgenannten Voraussetzungen kumulativ vorliegen

---

86 Vgl. Cosack, in: Frenz/Müggenborg/Cosack/Ekardt (Hrsg.), EEG-Kommentar, 4. Aufl. 2015, § 61 Rn. 81.

87 Siehe dazu auch den Beitrag von Nagel/Cappel in diesem Buch.

müssen, käme eine Addition bereits dann nicht in Betracht, wenn zwischen der Inbetriebnahme des Stromspeichers und der Stromerzeugungsanlage ein Zeitraum von mehr als zwölf Kalendermonaten liegt, bspw. im Falle einer Nachrüstung einer bereits in Betrieb befindlichen Photovoltaikanlage zur Steigerung des Autarkiegrades. Sofern zeitgleich die Stromerzeugungsanlage als auch der Stromspeicher in Betrieb genommen werden, ist fraglich, ob eine gleichartige erneuerbare Energie durch den Stromspeicher bei Ausspeisung erzeugt wird. Auch wenn unter § 5 Nr. 1 HS. 2 EEG 2014 aufgeführt ist, dass der Stromspeicher bei ausschließlicher Speisung aus erneuerbaren Energien oder Grubengas als Anlage im Sinne des EEG gilt, so bedeutet dies nicht notwendigerweise, dass der aus einer Erneuerbaren-Energien-Anlage entstammende Strom zugleich gleichartiger Strom im Sinne des § 32 Abs. 1 S. 1 Nr. 2 EEG 2014 ist. Sofern man den Stromspeicher als eigenständige Stromerzeugungsanlage begreift, könnte zwar unter Berücksichtigung des § 19 Abs. 4 EEG 2014 überlegt werden, dass ein Förderanspruch nach dem EEG durch die Zwischenspeicherung nicht ausgeschlossen ist, jedoch wird zu Recht darauf hingewiesen, dass der Gesetzgeber sich einer Fiktion bedient.[88] In der Folge handelt es sich gerade nicht um eine gleichartige erneuerbare Energie und eine Addition der Leistung des Stromspeichers und der Stromerzeugungsanlage dürfte nach diesseitiger Auffassung nicht erfolgen. Mithin könnte eine 10-kW-Stromerzeugungsanlage neben einem Stromspeicher mit gleicher Leistung für das Erfüllen der Voraussetzung des § 61 Abs. 2 Nr. 4 EEG 2014 unschädlich sein.

Gegenüber der Voraussetzung der Leistung, bei dessen Überschreiten auch anteilig kein Entfall der EEG-Umlage zum Tragen kommt,[89] besteht bei der mengenmäßigen Überschreitung des selbst verbrauchten Stromes von mehr als 10 MWh pro Kalenderjahr lediglich für den überschießenden Eigenverbrauch ein Anspruch des Netzbetreibers bzw. des ÜNB auf die EEG-Umlage. Für den darüber hinausgehenden Eigenverbrauch dürfte dieser Strom – bei Vorliegen der Voraussetzung des § 61 Abs. 1 EEG 2014 – auch nur mit der anteiligen EEG-Umlage belastet sein. Im Übrigen verweist die Gesetzesbegründung darauf, dass auch bei der nach § 61 Abs. 6 EEG 2014 notwendigen messtechnischen Erfassung bei Anlagen nicht stets eine solche erforderlich sei, wenn aufgrund natürlicher Gegebenheiten die Überschreitung der 10 MWh nicht erreicht werden kann.[90] Hierbei kann sowohl auf die Fähigkeit zur Stromproduktion von unter 10 MWh als auch auf die Fähigkeit zur Abnahme von nur geringeren Strommengen abgestellt werden.[91] Beim Einsatz von Stromspeichern wird i. d. R. eine Optimierung der Eigenverbrauchsquote durch den Eigenversorger angestrebt. Ob daher

---

88 Vgl. Ekardt/Hennig, in: Frenz/Müggenborg/Cosack/Ekardt (Hrsg.), EEG-Kommentar, 4. Aufl. 2015, § 19 Rn. 35.

89 Vgl. Clearingstelle EEG, Empfehlung v. 02.06.2015 – 2014/31, 4 LS.

90 Vgl. BT-Drs. 18/1304, S. 155; Cosack, in: Frenz/Müggenborg/Cosack/Ekardt (Hrsg.), EEG-Kommentar, 4. Aufl. 2015, § 61 Rn. 87.

91 Vgl. Clearingstelle EEG, Empfehlung v. 02.06.2015 – 2014/31, 6 LS.

gleichwohl die Annahme zutrifft, dass eine Eigenversorgung nur unter 10 MWh erfolgen kann, ist anhand des Einzelfalls zu bestimmen und ggf. gegenüber dem Netzbetreiber oder dem ÜNB nachzuweisen.

2.4 Bestandsanlagen im Sinne des § 61 Abs. 3 EEG 2014

Grundsätzlich vermitteln die Regelungen für Bestandsanlagen den Eindruck, dass Betreiber von Eigenversorgungsanlagen Bestandschutz im Sinne des Grundgesetzes genießen könnten, da für bereits praktizierte Eigenversorgungsmodelle bisher von der Erhebung der EEG-Umlage nach den § 61 Abs. 3 und Abs. 4 EEG 2014 abgesehen wurde. Eine vergleichbare Regelung des Gesetzgebers, die für die finanzielle Förderung des in das Netz eingespeisten Stroms in § 22 EEG 2014 ausgesprochen wurde und nach diesseitiger Auffassung vom Vertrauensschutz der Art. 12 und 14 GG erfasst wird,[92] findet sich jedoch lediglich für kleine Erzeugungsanlagen mit einer elektrischen Leistung von unter 10 kW und bis zu einer Strommenge von 10 MWh pro Jahr. Bei diesen Anlagen wird die vollständige Befreiung gemäß § 61 Abs. 2 Nr. 4 EEG 2014 für die Dauer von 20 Kalenderjahren zuzüglich dem Inbetriebnahmejahr[93] gewährt. Im Umkehrschluss aus § 61 Abs. 2 Nr. 4 EEG 2014 und aufgrund der Möglichkeit zur Erhebung der EEG-Umlage auf Grundlage einer Verordnung im Sinne des § 91 Nr. 7 EEG 2014 kann kein vergleichbarer Vertrauensschutz für Eigenversorgungsmodelle auch in Kombination mit Stromspeichern entstanden sein. Eine vertrauensschaffende Regelung im Sinne des § 22 EEG 2014 war für die Eigenversorgung in den vorangegangenen Fassungen des EEG ebenfalls nicht enthalten.

Bei Bestandsanlagen besteht gegenüber den Neuanlagen die Möglichkeit, dass diese nach wie vor das Netz der allgemeinen Versorgung zur Eigenversorgung nutzen können, soweit der Verbrauch im räumlichen Zusammenhang zur Stromerzeugungsanlage erfolgt. Hierbei dürfte – wie in Kapitel 2.2.4 dargestellt – von einem größeren Radius zwischen Stromerzeugungsanlage und Letztverbrauch ausgegangen werden. Damit jedoch von einer Bestandsanlage ausgegangen werden kann, muss bereits vor Inkrafttreten des EEG 2014 nach § 61 Abs. 3 Satz 2 Nr. 1 EEG 2014 der Letztverbraucher die Stromerzeugungsanlage als Eigenerzeuger betrieben haben bzw. eine der weiteren Ausnahmen vorgelegen haben. Im Hinblick auf den Wortlaut des übrigen § 61 EEG 2014 ist fraglich, ob ein Unterschied zum Eigenversorger vorliegt. Kritisch kann auch sein, ob die gesamte Stromerzeugungsanlage für die Eigenversorgung eingesetzt worden sein musste oder bereits ein minimaler Eigenverbrauch ausreichen würde. Zu denken wäre in diesem Zusammenhang bspw. an den Stromverbrauch der

---

92 So Brahms, Die Integration der Erneuerbaren Energien im Strommarkt, 2016, S. 449 ff.; a.A. Goldhammer, NVwZ 2013, 475 f.

93 Freilich lässt der Gesetzgeber offen, ob es sich um eine zumindest entsprechende Anwendung der Voraussetzungen der Regelungen zur Inbetriebnahme im Sinne des § 5 Nr. 21 EEG 2014 handeln soll.

Wechselrichter einer Photovoltaikanlage. Da eine Regelung zum Umfang der Eigenerzeugung bzw. Eigenversorgung gerade nicht getroffen wurde, dürfte auch eine minimale oder nur zeitweise Eigenversorgung den Anforderungen genügen.

Soweit auch der Stromspeicher bereits im Rahmen eines dezentralen Stromkonzeptes vor Inkrafttreten des EEG 2014 in Betrieb gesetzt worden ist, dürfte insgesamt ein Anspruch auf die EEG-Umlage unter den Voraussetzungen des § 61 Abs. 3 EEG 2014 nicht gegeben sein. Angesichts der diesseitig vertretenen Auffassung, dass der Stromspeicher seinerseits als eigenständige Energieanlagen im Sinne des EnWG auch als Stromerzeugungsanlage zu qualifizieren sein dürfte, könnte aber die spätere Integration eines Stromspeichers zur Optimierung anders zu bewerten sein. Zwar dürfte der Vorgang der Erzeugung in der bereits betriebenen Stromerzeugungsanlage und dessen Einspeisung in den Stromspeicher bei Vorliegen einer Personenidentität als Bestand von der EEG-Umlage befreit sein, da der Gesetzgeber keine Regelung dahingehend getroffen hat, dass auch ein gleichbleibender oder gleichartiger Verbrauch vorliegen muss. Im Hinblick auf die Ausspeisung des Stromes aus dem nicht unter den Bestandsschutz fallenden Stromspeicher und dem tatsächlichen Letztverbrauch des Eigenversorgers müsste dann entweder die volle EEG-Umlage oder, unter den Voraussetzungen des § 61 Abs. 1 EEG 2014, die anteilige EEG-Umlage zum Tragen kommen. Auch an dieser Stelle ist jedoch zu berücksichtigen, dass eine analoge Anwendbarkeit des § 19 Abs. 4 EEG 2014 erst zu dem Ergebnis führen dürfte, dass auch dieser Strom als Strom aus erneuerbaren Energien oder Kraft-Wärme-Kopplung gelten dürfte.

2.5 Zeitgleichheit und Betreibermehrheiten

Gerade bei Betreibermehrheiten[94] spielt die Regelung des § 61 Abs. 7 Satz 1 EEG 2014 eine entscheidende Rolle, da gefordert wird, dass bei der Berechnung der selbst erzeugten und verbrauchten Strommengen nach den Abs. 1 bis Abs. 6 nur der Strom bis zur Höhe des aggregierten Eigenverbrauchs, bezogen auf jedes 15-Minuten-Intervall, berücksichtigt werden könne. Das Prinzip der Zeitgleichheit war bereits in einem Gutachten im Auftrag des *Bundesministeriums für Umwelt, Naturschutz und Reaktorsicherheit* (kurz: BMU) als Voraussetzung ohne konkreten Gesetzesbezug aufgegriffen worden und war rechtlich umstritten.[95] In der Gesetzesbegründung zu dieser Voraussetzung bezieht sich der Gesetzgeber darauf, dass die Anforderung der geltenden Rechtslage entsprochen habe und daher nur als Klarstellung zu werten sei.[96] Mit überzeugender Begründung hatten bereits Sinning/Ringwald dargestellt und anhand

94 Sofern diese entgegen dem Wortlaut überhaupt eine Stromerzeugungsanlage zur Eigenversorgung betreiben können; verneinend: BNetzA, Leitfaden zur Eigenversorgung, Stand Juli 2016, S. 24.
95 So auch Sinning/Ringwald, IR 2014, 50 (51 ff); Scholtka/Günther, ER Sonderheft 1/14, 9 (13).
96 Vgl. BT-Drs. 18/1304, S. 156.

juristischer Auslegungsmethoden umfassend belegt, dass das Prinzip der Zeitgleichheit nicht in § 37 Abs. 3 EEG 2012 hineingelesen werden konnte.[97]

Für Eigenversorgungvorgänge im zeitlichen Anwendungsbereich des EEG 2012 bzw. EEG 2009 dürfte nach hiesiger Auffassung das Prinzip der Zeitgleichheit nicht zum Anfall der EEG-Umlage geführt haben. Jedoch kann – wie bereits dargestellt – kritisch hinterfragt werden, ob hier zugunsten von Bestandsanlagen von einem Vertrauensschutz zugunsten dieser Eigenversorgungsmodelle ausgegangen werden kann. Vor diesem Hintergrund dürfte diese Anforderung erst mit dem Inkrafttreten des EEG 2014 zum 01.08.2014 zusätzlich auch durch Bestandsanlagen zu beachten sein.[98] Das grundsätzliche Erfordernis des Prinzips der Zeitgleichheit erschließt sich einem jedoch nicht und das Bedürfnis, die Belastung des EEG auf möglichst vielen Schultern zu verteilen, vermag allein nicht zu überzeugen. Es zeigt vielmehr, dass der Gesetzgeber kein Interesse an dezentralen Versorgungslösungen bspw. mit mehreren Letztverbrauchern und unterschiedlichen Erzeugungsanlagen hat. Auch eine technisch mögliche registrierende Messung, wie gerade bei Betreibermehrheiten nach § 61 Abs. 7 Satz 1 EEG 2014 erforderlich, sowohl der Erzeugung als auch des Verbrauchs eines jeden einzelnen Eigenversorgers führt rein wirtschaftlich zum Ausschluss von kleinen Lösungen und kann als diskriminierend empfunden werden. Die BNetzA schließt per se die Möglichkeit aus, dass mehrere Anlagenbetreiber sich aus einer Erzeugungsanlage selbst versorgen können.[99]

Ferner scheint der Gesetzgeber sich mit der Problematik des Einsatzes von Stromspeichern im Rahmen der Eigenversorgung nicht auseinandergesetzt zu haben. Folgt man der hiesig vertretenen Auffassung, dass die Einspeisung des bereits erzeugten Stromes in den Speicher keinen Letztverbrauch darstellt, so liegt eine zeitliche Diskrepanz zwischen der Erzeugung des Stromes in der Stromerzeugungsanlage und dem Letztverbrauch durch den Eigenversorger, die mit dem Prinzip der Zeitgleichheit nicht in Einklang zu bringen ist. Sofern die Einspeisung in den Speicher als Letztverbrauch gewertet würde, wäre zwar dem Prinzip der Zeitgleichheit in § 61 Abs. 7 Satz 1 EEG 2014 Genüge getan, jedoch wären zwei Eigenversorgungsvorgänge zu bewerten, die zu einer doppelten Belastung[100] mit der EEG-Umlage vor dem tatsächlichen Letztverbrauch führen würden. Auch wenn der Gesetzgeber in der Gesetzesbegründung zu § 5 Nr. 24 EEG 2014 darauf verweist, dass die Letztverbrauchereigenschaft von Speichern durch die Definition des Letztverbrauchers nicht vorweggenommen würde,[101] dürfte

97 Ausführlich Sinning/Ringwald, IR 2014, 50 ff.; Rutloff, NVwZ, 2014, 1128 (1132).

98 Vgl. Cosack, in: Frenz/Müggenborg/Cosack/Ekardt (Hrsg.), EEG-Kommentar, 4. Aufl. 2015, § 61 Rn. 129.

99 BNetzA, Leitfaden zur Eigenversorgung, Konsultationsfassung, Stand: 16.10.2015, S. 23.

100 Bei der Eigenversorgung aus dem Speicher bis zum tatsächlichen Verbrauch des Stromes müsste in Ansehung des § 5 Nr. 1 2. HS. EEG 2014 der Strom aus dem Speicher nach § 61 Abs. 1 Satz 2 Nr. 1 EEG 2014 nur von der nach Satz 1 verringerten EEG-Umlage erfasst sein, so auch: Ruttloff/Lippert, NVwZ 2015, 1716 (1721).

101 Vgl. BT-Drs. 18/1304, S. 115.

mit hiesig vertretener Auffassung eine analoge Anwendung des § 19 Abs. 4 EEG 2014, der die Zwischenspeicherung von Erneuerbaren-Energien-Strom als für den finanziellen Förderanspruch unbeachtlich darstellt, in Betracht kommen.[102] Insoweit ist eine für eine Analogie notwendige planwidrige Regelungslücke darin zu erkennen, dass der Gesetzgeber innerhalb des § 61 EEG 2014 eine wertende Betrachtung ausweislich der Gesetzesmaterialien nicht vorgenommen hat und es gegenüber der Regelung in § 19 Abs. 4 EEG zu einer unbilligen Benachteiligung käme.

Wie konkret die Messung zu erfolgen hat, hat der Gesetzgeber nicht ausdrücklich formuliert. Zwar wird in der Gesetzesbegründung die „Lastgangmessung" in Bezug gesetzt,[103] jedoch wird zu Recht darauf hingewiesen, dass eine Zuordnung der verbrauchten Strommengen neben einer registrierenden Lastgangmessung (RLM) auch ein Rückgriff auf Standardlastprofile zulässig sein dürfte.[104]

2.6 Meldeerfordernisse nach der AusglMechV

Im Rahmen der Eigenversorgung besteht die Pflicht nach § 61 Abs. 1 S. 2 Nr. 2 EEG 2014, dass der Eigenversorger seine Meldepflichten nach § 74 EEG 2014 bis zum 31. Mai des Folgejahres erfüllt. Sofern diese Frist durch den Eigenversorger nicht eingehalten wird, ist für den gesamten Strom die vollständige EEG-Umlage zu entrichten. Nach § 74 EEG 2014 müssen Elektrizitätsversorgungsunternehmen ihrem regelverantwortlichen ÜNB unverzüglich die an Letztverbraucher gelieferte Energiemenge elektronisch mitteilen und bis zum 31. Mai die Endabrechnung für das Vorjahr vorlegen. Diese Regelung ist auf Eigenversorger entsprechend anzuwenden, wobei Strom aus Bestandsanlagen ausgenommen ist, wenn und soweit für den Strom nach § 61 Abs. 3 und Abs. 4 EEG 2014 keine Umlagepflicht besteht. Dies gilt entsprechend für Kleinanlagen i. S. d. § 61 Abs. 2 Nr. 4 EEG 2014, wenn die installierte Leistung der Eigenerzeugungsanlage 10 kW und die selbst verbrauchte Strommenge 10 MW pro Kalenderjahr nicht überschreiten.

Der Gesetzgeber hat im Nachgang zum Inkrafttreten auf Grundlage einer Verordnungsermächtigung die Meldeerfordernisse durch die AusglMechV[105] angepasst. In § 9 Abs. 2 AusglMechV ist zunächst für den Zeitpunkt ein Gleichlauf mit den übrigen Meldefristen im EEG 2014 für die förderfähigen Strommengen hergestellt worden. Nunmehr müssen die erforderlichen Angaben bis zum 28.02. des Folgejahres übermittelt werden. Ferner wird danach differenziert, ob entweder allein eine Eigenversorgung erfolgt oder ob auch eine Direktlieferung an einen Dritten wahrgenommen

102 So bereits angedeutet Brahms, ER 2014, 235 (238).

103 Vgl. BT-Drs. 18/1891, S. 209.

104 Vgl. Cosack, in: Frenz/Müggenborg/Cosack/Ekardt (Hrsg.), EEG-Kommentar, 4. Aufl. 2015, § 61 Rn. 132; Kachel/Charles, REE 2014, 197 (205).

105 Ausgleichsmechanismusverordnung vom 17.02.2015 (BGBl. I S. 146).

wird. Soweit entweder unmittelbar aus der Erneuerbaren-Energien-Anlage direkt oder aus dem Speicher der Strom an einen Dritten geliefert wird, der nicht Eigenversorger ist, so sind die entsprechenden Meldungen beim ÜNB vorzunehmen, vgl. § 7 Abs. 1 AusglMechV. Dies gilt entsprechend, wenn der Eigenversorger ausschließlich am Höchstspannungsnetz angeschlossen ist. Im Übrigen ist der vorgelagerte Netzbetreiber Adressat der vom Eigenversorger zu übermittelnden Daten.

3 Auswirkungen des EEG 2017

Der Gesetzgeber hat bereits frühzeitig damit begonnen, das EEG 2014 zu überarbeiten. Der Gesetzentwurf vom 20.06.2016[106] beinhaltet insbesondere eine Neuregelung für Stromspeicher in der Eigenversorgung. Dieser hat auch Eingang in den Gesetzesbeschluss zum EEG 2017 gefunden.[107] Unter der Überschrift „Ausnahmen von der Pflicht zur Zahlung der EEG-Umlage" schafft der Gesetzgeber einen neuen § 61a EEG 2016, der in drei Absätze gegliedert ist. In den Absätzen 2 und 3 wird die Umwandlung von Strom in Speichergas unter bestimmten Voraussetzungen von der EEG-Umlagepflicht befreit als auch der Entfall des Zahlungsanspruchs auf die EEG-Umlage für den Ausgleich physikalisch bedingter Netzverluste nach § 10 StromNEV.[108] Für die Nutzung von Stromspeichern zur Eigenversorgung sieht § 61a Abs. 1 EEG 2017 vor, dass für Strom, der zum Zwecke der Zwischenspeicherung an einen elektrischen, chemischen oder physikalischen Stromspeicher geliefert oder geleitet wird, wenn entweder dem Stromspeicher Energie ausschließlich zur Einspeisung von Strom in das Netz entnommen wird oder für den gesamten Strom, der dem Speicher entnommen wird, die EEG-Umlage nach § 60 Abs. 1 EEG 2017 oder § 61 Abs. 1 EEG 2017 gezahlt wird. Im Übrigen ist keine eigenständige Definition eines Stromspeichers oder eine Konkretisierung zum Letztverbrauch in § 3 Nr. 33 EEG 2017 gegenüber den bisherigen Regelungen ersichtlich.

Ausweislich des Wortlauts des § 61a Abs. 1 EEG 2017 und der Gesetzesbegründung[109] ist davon auszugehen, dass die Ausnahmeregelung nur dann zum Tragen kommt, wenn überhaupt der Anspruch auf Zahlung der EEG-Umlage besteht. Dies betrifft insbesondere die bisherigen Ausnahmen von der EEG-Umlage von Bestandsanlagen als auch die Regelungen des § 61 Abs. 2 EEG 2014, die seitens des Gesetzgebers nicht weiter modifiziert werden sollen.

Die Regelung des § 61a Abs. 1 Nr. 1 EEG 2017 bezieht sich einerseits auf den rein netzgekoppelten Stromspeicher, der bisher in der Regelung des § 60 Abs. 3 EEG 2014

106 Entwurf eines Gesetzes zur Einführung von Ausschreibungen für Strom aus erneuerbaren Energien und zu weiteren Änderungen des Rechts der erneuerbaren Energien, BT-Drs. 18/8832.

107 Vgl. BR-Drs. 355/16, S. 58.

108 Stromnetzentgeltverordnung vom 25.07.2005 (BGBl. I S. 2225), die zuletzt durch Art. 2 Abs. 4 des Gesetzes vom 21.12.2015 (BGBl. I S. 2498) geändert worden ist.

109 Vgl. BT-Drs. 18/8832, S. 246.

geregelt und von der EEG-Umlage befreit war.[110] In der Folge wurde auch die vorgenannte Regelung auch nicht wieder in § 60 EEG 2017 aufgegriffen.[111] Ferner wird hierdurch aber auch der ansonsten als Eigenversorgung zu qualifizierende Vorgang erfasst, in dem der Strom aus der Stromerzeugungsanlage, der Erneuerbaren-Energien- oder der KWK-Anlage vor Einspeisung in das Netz zur Optimierung der Vermarktung zwischengespeichert wurde.

Demgegenüber dürfte die Neuregelung in § 61a Abs. 1 Nr. 2 EEG 2017 sich gerade auf die dargestellte Doppelbelastung von Stromspeichern im EEG 2014 beziehen. Erfasst werden sowohl der in Eigenversorgung produzierte Strom als auch der aus dem Netz der allgemeinen Versorgung entnommene Strom, der vor dem Letztverbrauch zwischengespeichert wurde.[112] Zunächst kann hierbei eine Differenzierung danach erkannt werden, dass der gesamte in den Speicher gelieferte oder geleitete Strom von der EEG-Umlage befreit ist, soweit für den ausgespeisten Strom ein Anspruch auf die EEG-Umlage besteht. Hieraus folgt, dass die Speicherverluste ebenfalls nicht von der Pflicht zur Zahlung der EEG-Umlage erfasst sein dürften. Ferner weist die Gesetzesbegründung ausdrücklich darauf hin, dass bei Einspeicherung von Strom aus einer Erneuerbaren-Energien- oder KWK-Anlage, die mittels einer Direktleitung mit dem Stromspeicher verbunden sind, auch nur die anteilige EEG-Umlage im Sinne des § 61 Abs. 1 EEG 2017 zu entrichten sein wird.[113] Kritisch ist dabei, dass der Eigenversorger nach dem gesetzlichen Vorbild dazu verpflichtet ist, den Nachweis zu erbringen, dass letztendlich für den Strom auch die EEG-Umlage entrichtet wird. Dies bedeutet gerade, dass bei einer Einspeicherung des Stromes in Stromspeicher und nachfolgender Ausspeisung in das Netz der allgemeinen Versorgung der Speicherbetreiber nachweisen können muss, dass die EEG-Umlage entrichtet wurde. Da im EEG-Umlagemechanismus aber gerade erst das den Letztverbraucher beliefernde Elektrizitätsversorgungsunternehmen mit der Verpflichtung belastet ist, dürfte dieser Nachweis bspw. bei einer börslichen Veräußerung des Stromes schwierig werden. Ferner fehlt nach wie vor eine Klarstellung dergestalt, dass ein Stromspeicher als eine eigenständige Stromerzeugungsanlage gilt, bzw. dass der Strom aus einem Stromspeicher als erneuerbar gilt, wenn der eingespeiste Strom erneuerbar war. Insoweit kann die moderate Anpassung zwar begrüßt werden, wird aber insgesamt dem zunehmenden Bedarf an Flexibilität nicht gerecht.

Bevor das EEG 2017 in Kraft treten wird, hat der Gesetzgeber bereits nach eine Verständigung mit der EU-Kommission einen Referentenentwurf am 26.09.2016[114]

110 Vgl. BT-Drs. 18/8832, S. 246.

111 Vgl. BT-Drs. 18/8832, S. 245.

112 Vgl. BT-Drs. 18/8832, S. 246.

113 Vgl. BT-Drs. 18/8832, S. 246 f.

114 BMWi, Entwurf eines Gesetzes zur Änderung der Bestimmungen zur Stromerzeugung aus Kraft-Wärme-Kopplung und zur Eigenversorgung, Bearbeitungsstand 26.09.2016, abrufbar unter: https://www.clearingstelle-eeg.de/eeg2017/aenderung1/material, zuletzt abgerufen am 08.10.2016. (kurz: EEG 2017-E)

vorgelegt, der eine grundlegende Überarbeitung der Vorschriften zur Eigenversorgung vorgesehen hat. Neu aufgenommen werden soll hierbei eine Definition der Stromerzeugungsanlage in § 3 Nr. 43a EEG 2017-E, wonach „jede technische Einrichtung, unabhängig vom eingesetzten Energieträger, die direkt Strom erzeugt" als Stromerzeugungsanlage gilt. Im Falle von Solarstromanlagen soll jedes Modul als eine Stromerzeugungsanlage gelten. Eine Konkretisierung hinsichtlich der Einordnung von Stromspeichern findet sich im Wortlaut des Entwurfs nicht. Ferner sollen die Regelungen des § 61 EEG 2014 sowie der neu eingeführte § 61a EEG 2017 vollständig neu strukturiert werden. Die Regelung des § 61a EEG 2017 wird in § 61j EEG 2017-E überführt, ohne dass gegenüber der bisherigen Regelung in EEG 2017 eine maßgebliche Änderung für Stromspeicher zu erkennen ist.

4 Zusammenfassung

Zusammenfassend kann festgehalten werden, dass das Urteil des BGH zur finanzverfassungsrechtlichen Zulässigkeit der EEG-Umlage im zeitlichen Anwendungsbereich des EEG 2012 zu begrüßen ist. Die Umlage im EEG 2012 stellt insbesondere keine unzulässige parafiskalische Sonderabgabe dar, sondern ist als reine – wenn auch komplexe – Preisregelung mit dem Finanzverfassungsrecht der Art. 104a ff. GG vereinbar. Die Entscheidung ist aber nach diesseitiger Auffassung auf die Belastung der EEG-Umlage im Rahmen der Eigenversorgung aufgrund des fehlenden Gegenseitigkeitsverhältnisses nicht unmittelbar zu übertragen. Der mit der Einbeziehung der Eigenversorgung in die EEG-Umlagepflicht beabsichtigte Zweck der Verringerung der Belastung der übrigen Letztverbraucher dürfte zudem in keinem Verhältnis zum Verfehlen der Ziele des Ausbaus von 25 % Stromerzeugung aus KWK-Anlagen nach § 1 KWKG und der damit zusammenhängenden Reduzierung von CO^2-Emissionen und dem damit verbundenen Bürokratieaufwand stehen.[115]

Auch wenn nicht alle Problemstellungen der Eigenversorgung im Sinne des § 61 EEG 2014 im Rahmen dieses Beitrages beleuchtet werden konnten, wird deutlich, dass der Gesetzgeber eine Regelung mit erheblichem Konfliktpotenzial geschaffen hat. Das durch die Regelung des § 61 EEG 2014 zudem bezweckte Ziel, Eigenversorger zur Reaktion auf Strompreissignale anzureizen,[116] wird nicht erreicht werden. Der Einsatz von Speichern ist gerade zur Optimierung des eigen genutzten Stromes nicht konsequent geregelt und birgt erhebliche rechtliche Risiken. Zudem werden Speicher aufgrund entweder der ausschließlichen Nutzung zur netzgekoppelten Fahrweise nach § 60 Abs. 3 EEG 2014 oder ausschließlich zum Zwecke der Einspeisung nach § 19 Abs. 4 EEG 2014 in ihrer für die Energiewende notwendigen Flexibilität unnötig

---

115 Ähnlich Scholtka/Günther, ER Sonderheft 1/14, 9 (10).
116 Vgl. BT-Drs. 18/1304, S. 153.

und sinnwidrig beschränkt. Eine Flexibilisierung ober Bereitstellung von Kapazitäten wird durch die Neuregelung gerade verhindert.

Auch das erstmalig in § 61 Abs. 7 EEG 2014 aufgenommene Prinzip der Zeitgleichheit wurde, obwohl es dafür keine Anhaltspunkte in § 37 Abs. 3 Satz 2 Nr. 2 EEG 2012 gab, in der Gesetzesbegründung als Klarstellung deklariert. Insoweit wird diesseitig bis zum 31.07.2014 die Einhaltung dieses Prinzips für nicht erforderlich gehalten. Die Regelung ist jedoch aufgrund eindeutigen Anwendungsbefehls durch Verweis auch auf die Abs. 3 und Abs. 4 nunmehr einzuhalten, auch wenn der Sinn und Zweck der Regelung nicht nachvollziehbar ist. Ferner ist für kleinere dezentrale Versorgungskonzepte, die ggf. bei Betreibermehrheiten einer registrierenden und wirtschaftlich unnötigen Messung bedürften, ein diskriminierender Charakter der Regelung nicht von der Hand zu weisen.

Die Neuregelung in § 61a EEG 2017 ist zu begrüßen, da die Doppelbelastung von Stromspeichern mit der EEG-Umlage nicht sinnvoll bzw. sogar diskriminierend ist. Wünschenswert wäre es gewesen, wenn der Gesetzgeber sich dem komplexen Thema nicht lediglich punktuell gewidmet und zudem eine eindeutige Aussage dazu getroffen, ob der Stromspeicher als Letztverbraucher anzusehen ist, auch wenn die bisherige Konsequenz dieser Qualifizierung in § 61a EEG 2017 aufgehoben wird.

Literatur

Altrock/Oschmann/Theobald (Hrsg.), *EEG-Kommentar*, 4. Aufl. 2013.

Bärmann (Hrsg.), *WEG-Kommentar*, 12. Aufl. 2013.

Beverungen, Letztverbrauchereigenschaft und EEG-Umlage bei Lieferung von Nutzenergie, *ER* 2014, S. 58 ff.

BNetzA, Leitfaden zur Eigenversorgung, Konsultationsfassung, Stand: 16.10.2015, abrufbar unter: http://www.bundesnetzagentur.de/SharedDocs/Downloads/DE/Sachgebiete/Energie/Unternehmen_Institutionen/ErneuerbareEnergien/Eigenversorgung/Entwurf_Leitfaden_151016.pdf;jsessionid=FBE16B8B77F5E72EBF6653BC4B2256BF?__blob=publicationFile&v=3; zuletzt abgerufen am: 29.06.2016.

Brahms, Stromspeicher im EEG 2014, *ER* 2014, S. 235 ff.

Brahms, *Die Integration der Erneuerbaren Energien im Strommarkt – die Direktvermarktung zwischen Mindestvergütung und freiem Markt*, 2016.

Brahms/Maslaton, Der Regierungsentwurf des Erneuerbaren-Energien-Gesetzes 2014, *NVwZ* 2014, S. 760 ff.

Bremer/Thalhauser, EEG-umlagefreie Eigenversorgung – Praxisrelevante Fragen bei Modernisierung und Ersetzung von Bestandsanlagen, *ZNER* 2015, S. 16 ff.

Clearingstelle EEG, Empfehlung vom 02.06.2015 – 2014/31, abrufbar unter: https://www.clearingstelle-eeg.de/empfv/2014/31, zuletzt abgerufen am 30.06.2016.

Frenz/Müggenborg (Hrsg.), *EEG-Kommentar*, 3. Aufl. 2013.

Frenz/Müggenborg/Cosack/Ekardt (Hrsg.), *EEG-Kommentar*, 4. Aufl. 2015.

Gent/Nünemann/Marig, Zur Rückwirkenden EEG-Belastung von Arealnetzkunden, *ZNER* 2010, S. 451 ff.

Goldhammer, Energiesoli nicht verfassungswidrig, *NVwZ* 2013, 475 f.

Herms/Richter, Von Modulen und Solarkraftwerken und Gesamtkonzepten – Die Auswirkung der BGH-Rechtsprechung zum Anlagenbegriff bei Photovoltaik-Anlagen *ER* 2016, S. 62 ff.
Ehrmann, Anmerkung zu BGH, Urt. v. 25.06.2014 – VIII ZR 169/13, in: *NVwZ* 2014, S. 1183 f.
Kachel/Charles, Der Rechtsrahmen für die Eigenversorgung mit Strom gemäß *EEG* 2014, ree 2014, S. 197 ff.
Klemm, EEG-Umlage und Eigenstromprivileg – Eine rechtliche Analyse des Pacht- und Betriebsführungsmodells, *ree* 2013, S. 1 ff.
Loibl, Die Eigenstromnutzung nach dem EEG 2014, *ZNER* 2014, S. 437 ff.
Maslaton, Windenergieanlagen – Rechtshandbuch, 2015.
v. Oppen, Stromspeicher: Rechtsrahmen und rechtlicher Optimierungsbedarf, *ER* 2014, S. 9 ff.
Reshöft/Schäfermeier (Hrsg.), *EEG-Kommentar*, 4. Aufl. 2014.
Richter, Der Begriff der Anlage im Umwelt- und Energierecht, 2012
Richter/Herms, Die Rechtsprechung des BGH zum Anlagenbegriff im EEG – Vorhang zu und alle Fragen offen, *ER* 2014, S. 3 ff.
Riedel/Weiß, Ausgleichsmechanismus des Erneuerbaren-Energien-Gesetzes: Finanzverfassungsrechtliche Grenzen der Einbeziehung der Eigenversorgung, *EnWZ* 2013, S. 402 ff.
Ruttloff, Eigenversorgung durch Bestandsanlagen unter dem EEG 2.0 – wie weit reicht der Bestandsschutz, *NVwZ* 2014, S. 1128 ff.
Ruttloff/Lippert, Neues und Altbekanntes zur Eigenversorgung, *NVwZ* 2015, S. 1716 ff.
Säcker (Hrsg.), *Energierecht*, 3. Aufl. 2014.
Salje (Hrsg.), *EEG-Kommentar*, 7. Aufl. 2015.
Scholtka/Baumbach, Entwicklung des Energierechts im Jahr 2014, *NJW* 2015, S. 911 ff.
Scholtka/Günther, Die Privilegierung der Eigenerzeugung im EEG 2014, *ER Sonderheft* 2014, S. 9 ff.
Schütte/Winkler, Aktuelle Entwicklung im Bundesumweltrecht, *ZUR* 2013, S. 242 ff.
Sinning/Ringwald, Zu den Voraussetzungen einer EEG-umlagefreien Erzeugung, *IR* 2014, S. 50 ff.
Thomas/Altrock, Einsatzmöglichkeiten für Energiespeicher, *ZUR* 2013, S. 579 ff.
Wustlich, Das Erneuerbaren-Energien-Gesetz 2014, *NVwZ* 2014, S. 1113 ff.

Sebastian Helmes

Genehmigung und Netzanschluss von Batteriegroßspeichern

Es gehört zu den maßgeblichen Herausforderungen der Energiewende, zeitliche Differenzen zwischen Erzeugung und Verbrauch auszugleichen. Solche „Netzungleichheiten" nehmen durch die Zunahme fluktuierender Stromerzeugung aus Erneuerbaren Energien zu – ihre Vermeidung wird künftig eine der wichtigsten Herausforderungen sein.

Eine im wahrsten Sinne des Wortes zentrale Rolle können hierbei Batteriespeicheranlagen einnehmen, deren Funktion im Energieversorgungssystem darin besteht, Strom aus dem Netz der allgemeinen Versorgung aufzunehmen und zeitlich versetzt wieder in das Netz der allgemeinen Versorgung einzuspeisen. Batteriegroßspeicher eignen sich u. a., um Regelenergie in der Regelzone des Übertragungsnetzbetreibers bereitzustellen.[1]

In diesem Zusammenhang ist von erheblicher praktischer Bedeutung, nach welchen Vorschriften und zu welchen Bedingungen Batteriegroßspeicher behördlich genehmigt und an das Netz angeschlossen werden. Dieser Beitrag soll einen Überblick über die rechtlichen Grundlagen und ihre praktische Anwendung geben.

1 Überblick über die Genehmigung

Die Frage, ob und wie Batteriegroßspeicher einer behördlichen Genehmigungspflicht unterliegen, löst – angesichts der technischen Neuartigkeit und der damit einhergehenden fehlenden behördlichen Praxis im Umgang mit diesen Anlagen – gewisse Unsicherheiten sowohl bei den Anlagenbetreibern als auch bei den Behörden aus.

1.1 Keine immissionsschutzrechtliche Genehmigung

Naheliegend wäre es, wenn Batteriegroßspeicher einer Genehmigungspflicht nach dem Bundesimmissionsschutzgesetz unterlägen, wie dies bspw. für Umspannwerke, aber auch für Erzeugungsanlagen wie Windenergieanlagen der Fall ist.

Dem ist gleichwohl nicht so: Batteriespeicher bedürfen keiner immissionsschutzrechtlichen Genehmigung nach § 4 Abs. 1 BImSchG, schlicht weil sie keine genehmigungspflichtige Anlage im Sinne der 4. BImSchV darstellen. In der letztgenannten Verordnung sind alle Vorhaben enumerativ aufgezählt, die einer

1 Schwintowski/Wojanowski/Sauer, EWeRK 2016, S. 94.

https://doi.org/10.1515/9783110458480-013

immissionsschutzrechtlichen Genehmigung bedürfen. Eine analoge Anwendung auf nicht aufgezählte Anlagentypen, wie Batteriespeicher, ist angesichts des abschließenden Charakters der 4. BImSchV nicht zulässig.[2]

1.2 Keine energiewirtschaftsrechtliche Planfeststellung

Ebenfalls nicht erforderlich ist die Durchführung eines Planfeststellungsverfahrens, wie es bspw. für Errichtung und Betrieb von Pumpspeicherkraftwerken,[3] aber auch für Hochspannungsleitungen[4] geboten ist.

Etwas anderes könnte sich nur dann ergeben, wenn der Batteriegroßspeicher als „für den Betrieb von Energieleitungen notwendigen Anlagen" (§ 43 S. 2 EnWG, § 18 Abs. 2 NABEG) anzusehen wäre und gleichzeitig mit der planfeststellungsbedürftigen Hochspannungsleitung errichtet werden soll. Eine solche Konstellation wird allerdings nur in Ausnahmefällen gegeben sein. Hierfür müsste zunächst der Netzbetreiber auch Betreiber des Batteriespeichers sein. Außerdem müsste der Batteriespeicher im zeitlichen und räumlichen Zusammenhang mit dem Netzausbauvorhaben errichtet werden. Schließlich müsste es sich um eine „für den Betrieb der Energieleitungen notwendige Anlage" handeln. Ob dies der Fall ist, ist zweifelhaft. Regelbeispiel für eine derart „notwendige" Nebenanlage ist das Umspannwerk,[5] das die zu errichtende Leitung mit dem nachgelagerten Netz verknüpft. In einem solchen Fall leuchtet es unmittelbar ein, dass das Umspannwerk für den Betrieb der Leitung „notwendig" ist. Eine vergleichbare Abhängigkeit besteht zwischen einem Hochspannungsnetz und einem Batteriegroßspeicher nicht.

Doch selbst wenn die Voraussetzungen erfüllt wären, würde der Batteriespeicher nur auf Antrag des Trägers des Vorhabens in das Planfeststellungsverfahren integriert und durch Planfeststellung zugelassen werden. Grundsätzlich besteht damit ein Wahlrecht des Vorhabenträgers, ob er die Anlage in die Planfeststellung einbeziehen möchte oder nicht. Die zuständige Behörde kann die Nebenanlage weder von Amts wegen in das Verfahren einbeziehen, noch kann sie es ablehnen, wenn der Vorhabenträger es wünscht.[6]

Angesichts der Komplexität eines Planfeststellungsverfahrens und der damit verbundenen Öffentlichkeitsbeteiligung ist durchaus fraglich, ob es sinnvoll ist, das Verfahren „freiwillig" um ein – potenziell streitträchtiges – Thema wie die Errichtung eines Batteriegroßspeichers zu ergänzen. Dies kann als freiwillige Maßnahme zur Schaffung von Transparenz zwar durchaus eine Berechtigung haben. Auf der

---

2 Dietlein in Landmann/Rohmer, Umweltrecht, § 4 BImSchG Rn. 19.
3 Reuter, ZUR 2013, 458 (459).
4 Greinacher, ZUR 2011, 305.
5 BT-Drucks. 17/1673, 34
6 Elspaß, NVwZ 2014, 489 (493).

anderen Seite würde die Zulassung des Batteriespeichers aber nicht nur in ein förmliches Verfahren mit Öffentlichkeitsbeteiligung überführt, ohne dass dies gesetzlich vorgeschrieben wäre, vielmehr würde auch die Zahl möglicher Kläger gegen den Batteriespeicher steigen. Denn alle vom Planfeststellungsbeschluss betroffenen Anwohner könnten etwaige Anfechtungsklagen gegen den Beschluss auch auf Fehler bei der Planfeststellung des Batteriespeichers stützen. Wegen der enteignungsrechtlichen Vorwirkung des Planfeststellungsbeschlusses haben alle Anwohner, die in ihrem Eigentumsgrundrecht aus Art. 14 Abs. 1 GG betroffen sind, einen Anspruch auf umfassende gerichtliche Überprüfung, ohne dass sie – wie ansonsten üblich – eine Betroffenheit in eigenen Rechten darlegen müssten.

1.3 Baugenehmigung

Scheiden nach dem eben Gesagten sowohl ein Planfeststellungs- als auch ein immissionsschutzrechtliches Genehmigungsverfahren aus, so bleibt als behördliche Zulassung nur die Baugenehmigung übrig. Der Anspruch auf Erteilung ergibt sich aus der jeweils geltenden Bauordnung des Bundeslands, in dem der Batteriegroßspeicher errichtet werden soll.

Materielle Voraussetzung der Erteilung einer Baugenehmigung ist, dass der zur Genehmigung gestellten baulichen Anlage keine öffentlich-rechtlichen Vorschriften entgegenstehen, die im bauaufsichtlichen Genehmigungsverfahren zu prüfen sind. Die Behörden prüfen damit insbesondere, ob die Anlage mit den Vorgaben des Bauplanungs- und Bauordnungsrechts übereinstimmt.

Materielle Anforderungen können sich zudem im Hinblick auf elektromagnetische Felder ergeben, die in der 26. BImSchV niedergelegt sind. Diese Verordnung ist auch auf solche Anlagen anwendbar, die wie Batteriegroßspeicher gar keiner Genehmigung nach dem BImSchG bedürfen. Ob die Einhaltung der Vorgaben der 26. BImSchV bereits im Baugenehmigungsverfahren zu prüfen ist, ist eine Frage des Einzelfalls. Doch selbst wenn dies nicht der Fall ist, entbindet dies den Anlagenbetreiber nicht davon, die dauerhafte Einhaltung der Vorgaben der 26. BImSchV sicherzustellen, weil ansonsten auch nachträglich Anordnungen bis hin zur Betriebsuntersagung möglich wären.

2 Gesetzliche Grundlagen des Netzanschlusses

Neben der behördlichen Genehmigung des Batteriespeichers ist auch der Netzanschluss von erheblicher Bedeutung. Als normative Grundlage des Netzanschlusses kommen das allgemeine Energiewirtschaftsrecht als auch das spezifische Recht der Erneuerbaren Energien in Betracht: Sowohl § 17 Abs. 1 EnWG als auch § 8 Abs. 1 EEG

2017 enthalten entsprechende Verpflichtungen, die sich allerdings sowohl in ihrer inhaltlichen Anwendbarkeit als auch in ihren Rechtsfolgen deutlich unterscheiden.

2.1 Anspruch aus § 8 Abs. 1 EEG 2017

Die speziellere Netzanschlussverpflichtung enthält § 8 Abs. 1 EEG 2017. Sie verpflichtet Netzbetreiber, Anlagen, die Strom aus erneuerbaren Energien erzeugen, vorrangig und unverzüglich an das Netz anzuschließen (siehe Kap. 2.1.1). Die Vorschrift ist auf Batteriespeicher allerdings nur ausnahmsweise anwendbar (siehe Kap. 2.1.2).

2.1.1 Inhalt und Rechtsnatur des Anspruchs

Inhaltlich verpflichtet § 8 Abs. 1 EEG 2017 den jeweiligen Netzbetreiber, die Anlage unverzüglich und vorrangig anzuschließen. Unverzüglichkeit bedeutet in entsprechender Anwendung des § 121 BGB „ohne schuldhaftes Zögern". Vorrangigkeit bedeutet, dass in Fällen der Anschlusskonkurrenz mit konventionellen Anlagen, wenn also bspw. mehrere Anlagen aus Kapazitätsgründen nicht gleichzeitig angeschlossen werden können, der Anlage im Sinne des EEG 2017 der Vorrang einzuräumen ist.

Der Netzanschlussanspruch aus § 8 Abs. 1 EEG 2017 enthält einen unmittelbaren gesetzlichen Anspruch auf Herstellung des Netzanschlusses, den der Anschlussnehmer auch gerichtlich durchsetzen kann. Gemäß § 7 Abs. 1 EEG 2017 ist es dem Netzbetreiber ausdrücklich untersagt, die Erfüllung seiner Pflichten von vorherigen Abschluss eines Vertrags abhängig zu machen. Zu den davon erfassten Pflichten gehört namentlich der Netzanschluss nach § 8 Abs. 1 EEG 2017.[7] Für die Annahme eines bloßen Kontrahierungszwangs ist insoweit im Anwendungsbereich des § 8 Abs. 1 EEG 2017 kein Raum.

Damit bietet der Netzanschluss nach § 8 Abs. 1 EEG 2017 aus Sicht des Speicherbetreibers eine komfortablere Rechtsposition als dies durch § 17 Abs. 1 EnWG (siehe Kap. 2.2) gewährleistet ist.

2.1.2 Anwendbarkeit auf Batteriespeicher

Auch wenn ein Batteriespeicher bei unbefangener Betrachtung keine Anlage ist, die Strom aus erneuerbaren Energien erzeugt, so kann er gleichwohl von der Vorschrift erfasst sein. Denn gemäß § 3 Abs. 1 Nr. 1 EEG 2017 gehören dazu nicht nur die „klassischen" Anlagen zur Stromerzeugung aus erneuerbaren Energien. Vielmehr enthält die Vorschrift in ihrem dritten Teilsatz eine gesetzliche Fiktion, wonach als Anlage auch solche Einrichtungen gelten, „die zwischengespeicherte Energie, die

7 BT-Drs. 16/8148, S. 41.

ausschließlich aus erneuerbaren Energien [...] stammt, aufnehmen und in elektrische Energie umwandeln".

Tatbestandliche Voraussetzung hierfür ist nach § 8 Abs. 1 EEG 2017 aber, dass die zwischengespeicherte Energie „ausschließlich aus erneuerbaren Energien oder aus Grubengas stammt".[8] Zwar ist die genaue Bedeutung dieser Formulierung umstritten.[9] Für den hier interessierenden Aspekt des Netzanschlusses reicht es aber aus, dass der erzeugte Strom ausschließlich aus solchen Quellen stammen muss.

Dies wird bei Batteriegroßspeichern indessen in den meisten Konstellationen nicht der Fall sein. Insbesondere dann, wenn der Speicher an das Netz der allgemeinen Versorgung angeschlossen wird, um den dortigen „Überschussstrom" im Bedarfsfall aufzunehmen, wird die Ausschließlichkeit nicht gewährleistet sein. Nur dann, wenn der Speicher im Zusammenhang mit einer Anlage zur Stromerzeugung aus erneuerbaren Energien betrieben wird und ausschließlich Strom aus dieser Quelle aufnimmt, kann davon ausgegangen werden, dass ein Fall der Ausschließlichkeit vorliegt. Ob und wie diese Voraussetzung zum Zeitpunkt des Netzanschlusses geprüft werden soll, ist aber unklar.[10]

2.2 Anspruch aus § 17 Abs. 1 EnWG

Die allgemeine Vorschrift, nach der Netzbetreiber Anschlussnehmer an ihr Netz anschließen müssen, findet sich in § 17 Abs. 1 EnWG. Seit einigen Jahren sind in dieser Vorschrift ausdrücklich auch „Anlagen zur Speicherung elektrischer Energie" genannt, die der jeweilige Netzbetreiber anschließen muss. Die ausdrückliche Erwähnung von „Anlagen zur Speicherung elektrischer Energie" im Kontext der Netzanschlussverpflichtung wurde im Zuge der Reform des Energiewirtschaftsrechts im Jahr 2011 eingeführt.[11] Nach dem Willen des Gesetzgebers sollte damit der wachsenden Bedeutung der Speichertechnologien für die Integration Erneuerbarer Energien Rechnung getragen werden.[12]

2.2.1 Inhalt des Anspruchs

Der Netzanschluss muss zu technischen und wirtschaftlichen Bedingungen stattfinden, die angemessen, diskriminierungsfrei, transparent und nicht ungünstiger sind, als sie von dem jeweiligen Netzbetreiber in vergleichbaren Fällen gegenüber

---

8 Lehnert/Vollrecht, ZNER 2012, S. 356 (359).

9 Zu den Unsicherheiten der genauen Bedeutung dieser Formulierung: Hennig/v. Bredow/Valentin, in: Frenz/Müggenborg/Cosack/Eckhardt, EEG, § 5 Rn. 23 m. w. N.

10 Sailer/Reuter, VDI Wissensforum 2014, S. 6.

11 Scholtka/Helmes, NJW 2011, 3185 (3189).

12 BT-Drs. 17/6072, S. 97.

Anschlusspetenten aus dem eigenen oder aus verbundenen Unternehmen angewendet werden.

Technische Bedingungen sind sinngemäß alle Umstände, die aus Gründen einer sicheren und störungsfreien Versorgung zur Herstellung des Anschlusses erforderlich sind.[13] Insoweit geht es v. a. um die Interessen des Netzbetreibers. Die wirtschaftlichen Bedingungen sind demgegenüber stets aus Sicht des Netzbetreibers und des Anschlussnehmers zu beurteilen.[14] Die Angemessenheit ist nur dann gewährleistet, wenn an den Anschlussnehmer keine überzogenen Forderungen gestellt werden.[15] Das Diskriminierungsverbot zielt auf die Gleichbehandlung aller Anschlussnehmer ab.[16]

Der Netzanschluss darf gemäß Abs. 2 nur dann verweigert werden, wenn der Anschluss dem Netzbetreiber aus betriebsbedingten oder sonstigen wirtschaftlichen oder technischen Gründen nicht möglich oder nicht zumutbar ist. Dies ist nach der gesetzlichen Wertung als Ausnahmefall ausgestaltet und insoweit restriktiv zu behandeln. Für das Vorliegen eines Verweigerungsgrunds ist der Netzbetreiber darlegungs- und beweispflichtig.

Flankiert wird die Anschlussverpflichtung nach § 17 Abs. 1 EnWG von der ebenfalls dem Netzbetreiber obliegenden Verpflichtung, technische Bedingungen, zu denen der Anschluss erfolgen muss, festzulegen und im Internet zu veröffentlichen, § 19 Abs. 1 EnWG (siehe Kap. 2.2.2).

2.2.2 Rechtsnatur des Anspruchs

Für die konkrete Umsetzung eines Netzanschlusses ist von Bedeutung, ob es sich um einen unmittelbar durchsetzbaren Anspruch auf Anschluss handelt oder ob der verpflichtete Netzbetreiber seinerseits einen Anspruch auf vorherige Konkretisierung der Rechte und Pflichten durch Abschluss eines gegenseitigen Vertrags hat. Im Anwendungsbereich des § 17 Abs. 1 EnWG ist traditionell umstritten, ob der Netzbetreiber berechtigt ist, den Abschluss eines schriftlichen Vertrags zu verlangen, mit der die genaue Ausgestaltung und Umsetzung des Netzanschlussanspruchs geregelt wird. Dies wäre dann nicht der Fall, wenn § 17 Abs. 1 EnWG einen unmittelbaren gesetzlichen Anspruch auf Herstellung des Netzanschlusses enthielte.

Diese Frage wird seit Langem kontrovers diskutiert. Teilweise wird vertreten, dass § 17 Abs. 1 EnWG – ähnlich wie § 8 Abs. 1 EEG – einen unmittelbaren gesetzlichen Anspruch darstelle, sodass der Abschluss eines Netzanschlussvertrags entbehrlich sei.[17] Demgegenüber wird von anderen vertreten, dass dies gerade nicht der Fall sei

13 Säcker/Boesche, in: Säcker, Energierecht, § 17 EnWG Rn. 23.
14 Säcker/Boesche, in: Säcker, Energierecht, § 17 EnWG Rn. 23 f.
15 Salje, EnWG, § 17 Rn. 15.
16 Säcker/Boesche, in: Säcker, Energierecht, § 17 EnWG Rn. 28.
17 Säcker/Boesche, in: Säcker, Energierecht, § 17 EnWG Rn. 6.

und die Vorschrift dem Netzbetreiber einen Anspruch auf vorherigen Vertragsabschluss gewähre.[18]

Zu folgen sein dürfte der letztgenannten Auffassung: Bereits nach dem Wortlaut „haben" die Netzbetreiber den Batteriespeicher anzuschließen; dies hat allerdings „zu angemessenen Bedingungen" zu erfolgen. Diese Bedingungen selbst legt das Gesetz nicht fest; sie bedürfen denklogisch noch der Ausgestaltung durch einen Vertrag.[19] Auch in systematischer Hinsicht dürfte es sich um keinen unmittelbaren gesetzlichen Anspruch auf Netzanschluss handeln, denn es fehlt im Hinblick auf § 17 Abs. 1 EnWG eine dem § 7 Abs. 1 EEG 2017 vergleichbare Vorschrift, die es dem Netzbetreiber ausdrücklich untersagt, die Erfüllung seiner Verpflichtungen von dem Abschluss eines Vertrags abhängig zu machen.[20] Zudem wird mit der Leitbildfunktion des § 2 Abs. 2 NAV argumentiert, der im Hinblick auf den (hier nicht anwendbaren) Netzanschluss nach § 18 Abs. 1 EnWG ausdrücklich einen schriftlichen Netzanschlussvertrag fordert.[21] Dieses Argument ist freilich angreifbar, weil nicht ersichtlich ist, wie die Regelung einer bloßen Rechtsverordnung, die ihrerseits auf Grundlage des § 18 Abs. 3 EnWG zur Ausgestaltung des Anspruchs nach § 18 Abs. 1 EnWG erlassen worden ist, eine Leitbildfunktion außerhalb des § 18 EnWG einnehmen könnte.[22]

Letztlich kommt diesem dogmatischen Streit keine besonders große Bedeutung zu, weil auch nach der letztgenannten Auffassung jedenfalls ein Kontrahierungszwang besteht.[23] Im Hinblick auf die inhaltliche Ausgestaltung des Netzzugangs ergeben sich deswegen gar keine Unterschiede aus den beiden Auffassungen. Relevant wird der Streit allenfalls im Hinblick auf die gerichtliche Durchsetzung eines Netzanschlussbegehrens. Bei Annahme eines unmittelbaren gesetzlichen Netzanschlussanspruchs wäre es statthaft, dass ein Anschlussberechtigter im Falle einer ungerechtfertigten Anschlussverweigerung den verpflichteten Netzbetreiber auf Vornahme des Anschlusses verklagt. Sieht man in der Vorschrift nur einen Anspruch auf Vertragsabschluss, so müsste der Anschlusswillige den Netzbetreiber zunächst auf die Abgabe einer Willenserklärung zum Abschluss eines Vertrags verklagen (§ 894 ZPO). Doch auch in dieser Hinsicht spielt der Rechtsstreit – trotz der genannten Unterschiede – in der Praxis keine große Rolle, weil sich Anschlussnehmer und Netzbetreiber in den allermeisten Fällen völlig unproblematisch auf den Abschluss eines Vertrags einigen.[24]

---

18 Hartmann, in: Danner/Theobald, Energierecht, § 17 EnWG, Rn. 22 ff.; Gerstner, in: Kment, EnWG, § 17 Rn. 9; Stappert/Johannsen, in: Rosin u. a., Praxiskommentar zum EnWG, § 17 Rn. 37 ff.; Bourwieg, in: Britz/Hellermann/Hermes, EnWG Kommentar, § 17 Rn. 8, 46; de Wyl/Weise/Blumenthal-Barby, RdE 2016, 507 (508).

19 Hartmann, in: Danner/Theobald, Energierecht, § 17 EnWG, Rn. 22 ff.; Gerstner, in: Kment, EnWG, § 17 Rn. 9; de Wyl/Weise/Blumenthal-Barby, RdE 2016, 507 (508).

20 Gerstner, in: Kment, EnWG, § 17 Rn. 9.

21 De Wyl/Weise/Blumenthal-Barby, RdE 2016, 507 (508).

22 Säcker/Boesche, in: Säcker, Energierecht, § 17 EnWG Rn. 6.

23 Gerstner, in: Kment, EnWG, § 17 Rn. 9.

24 Säcker/Boesche, in: Säcker, Energierecht, § 17 EnWG Rn. 8.

2.2.3 Anwendbarkeit auf Batteriespeicher

Die Netzanschlussverpflichtung nach § 17 Abs. 1 EnWG findet in allen Fällen Anwendung, in denen nicht ausnahmsweise ein Fall des § 8 Abs. 1 EEG 2017 vorliegt. Sie ist damit umfassend auf alle verbleibenden Netzanschlussbegehren von Batteriespeicherbetreibern anwendbar.

Keine praktische Relevanz entfaltet in diesem Zusammenhang die Netzanschlussverpflichtung nach § 18 Abs. 1 EnWG. Auf diese Vorschrift, die in ihrem Anwendungsbereich dem § 17 Abs. 1 EnWG vorgeht, können sich Speicherbetreiber zwar grundsätzlich berufen.[25] Allerdings ist die Norm tatbestandlich auf Anschlussbegehren in der Niederspannungsebene begrenzt, was für Batteriegroßspeicher regelmäßig nicht in Betracht kommt.

3 Vertragliche Umsetzung des Netzanschlusses

Im Anwendungsbereich des § 17 Abs. 1 EnWG kommt der vertraglichen Ausgestaltung des Netzanschlusses eine ganz entscheidende Bedeutung zu. Dabei sind verschiedene Aspekte zu beachten.

3.1 Vertragsarten und -parteien

In der Praxis werden regelmäßig zwei unterschiedliche Vertragswerke abgeschlossen: der Netzanschlussvertrag einerseits sowie der Anschlussnutzungsvertrag andererseits.[26] Beide Verträge sind zivilrechtlicher Natur und stellen Dauerschuldverhältnisse dar. Inhaltlich regelt der Netzanschlussvertrag die Herstellung und Vorhaltung des Netzanschlusses. Demgegenüber regelt der Anschlussnutzungsvertrag die Nutzung des Anschlusses zum Bezug und zur Ausspeisung von Strom im laufenden Betrieb.[27]

Die Verträge sind zwischen dem anschlussverpflichteten Netzbetreiber und dem Anschlussberechtigten abzuschließen. Während auf der einen Seite bei der Ermittlung des anspruchsverpflichteten betroffenen Netzbetreibers regelmäßig keine Schwierigkeiten auftreten, ist beim Netzanschlussvertrag nicht immer eindeutig, wer als Vertragspartner in Betracht kommt. Regelmäßig wird dies der Betreiber des Batteriespeichers sein.[28] In diesem Fall ist die Zustimmung des Grundstückseigentümers erforderlich, auf dessen Grundstück der Netzanschluss entstehen soll.[29] Denkbar ist

---

25 Sailer, ZNER 2012, S. 153 (156).
26 Bourwieg, in: Britz/Hellerman/Hermes, EnWG Kommentar, § 17 Rn. 9 f.
27 Ausführlich: Hartmann, in: Danner/Theobald, Energierecht, § 17 EnWG, Rn. 86 ff.
28 Säcker/Boesche, in: Säcker, Energierecht, § 17 Rn. 18; Kment, EnWG, § 17 Rn. 29.
29 De Wyl/Weise/Blumenthal-Barby, RdE 2016, 507 (508).

es aber auch, den Netzanschlussvertrag unmittelbar zwischen Netzbetreiber und Grundstückseigentümer abzuschließen.[30]

Als Vertragspartner des Anschlussnutzungsvertrags kommt hingegen regelmäßig nur der Betreiber des Batteriespeichers in Betracht, weil er derjenige ist, der den Anschluss durch Ein- bzw. Ausspeisung von Energie in das Netz nutzt.

3.2 Wesentliche Vertragsinhalte

Wesentliche Inhalte der Verträge sind unter anderem Fragen der Haftung und ihrer Begrenzung (siehe Kap. 3.2.1), zu den technischen Anschlussbedingungen (siehe Kap. 3.2.2) sowie zu Baukostenzuschüssen (siehe Kap. 3.2.3).

3.2.1 Haftung und Haftungsbegrenzung

Üblicherweise verlangen die Netzbetreiber eine Haftungsbegrenzung gegenüber dem Anschlussnehmer, da auch der Anschlussnehmer geschädigt werden kann.

Dabei wird im Allgemeinen v. a. die entsprechende Anwendung des § 18 NAV verlangt. Diese Regelung, die generell nur auf Anschlussverhältnisse im Niederspannungsbereich unmittelbare Anwendung findet, sieht eine deutliche Haftungsbegrenzung der Netzbetreiber für Versorgungsunterbrechungen und -unregelmäßigkeiten vor. Eine entsprechende Anwendung auf Anschlussvertragsverhältnisse außerhalb der Niederspannungsebene ist zulässig,[31] und zwar nach herrschender Auffassung auch dann, wenn es sich um allgemeine Geschäftsbedingungen handelt.[32] Ob dies im Hinblick auf Batteriegroßspeicher eine große Bedeutung erlangen wird, ist derzeit noch offen. Tendenziell sind Batteriespeicher im Hinblick auf Versorgungsunterbrechungen nicht unbedingt „schadensgeneigt".

Außerhalb von Versorgungsunterbrechungen können allgemeine Haftungsbegrenzungen vereinbart werden. Unzulässig wäre es allerdings, die entsprechende Anwendung des § 18 NAV auf die Haftung außerhalb von Versorgungsstörungen auszudehnen.

3.2.2 Technische Anschlussbedingungen

Gegenstand des Netzanschlussvertrags sind regelmäßig auch die technischen Netzanschlussbedingungen, auf die im einzelnen Vertrag verwiesen wird. Der rechtliche Hintergrund dieses Vorgehens ist, dass die technischen Anschlussbedingungen vom

---

30 De Wyl/Weise/Blumenthal-Barby, RdE 2016, 507 (508) halten dies sogar für den Regelfall.

31 Bundesnetzagentur, Veröffentlichung zur Haftungsregelung in Netzanschluss- und Anschlussnutzungsverträgen oberhalb der Niederspannung (Az.: BK6p-07-013).

32 Hartmann, in: Danner/Theobald, Energierecht, § 17 EnWG, Rn. 128.

Netzbetreiber gemäß § 19 Abs. 1 EnWG einseitig durch den Netzbetreiber festzulegen und im Internet zu veröffentlichen sind. Dabei sind die in § 17 Abs. 1 EnWG genannten Bedingungen zu berücksichtigen.

In der Praxis ist es üblich, dass der *Bundesverband der Energie- und Wasserwirtschaft* die entsprechenden Bedingungen erarbeitet. Für Batteriespeicher im Speziellen oder Speicher im Allgemeinen liegen derzeit noch keine technischen Anschlussbedingungen vor. Insoweit greifen Netzbetreiber auf die bestehenden technischen Regeln für Erzeugungsanlagen zurück,[33] wozu auch die „Technische Richtlinie Erzeugungsanlagen am Mittelspannungsnetz“[34] gehört.

Ob dieses Vorgehen rechtmäßig ist, ist nicht frei von Zweifeln. Denn der Netzbetreiber darf gemäß § 19 EnWG nur „angemessene“ technische Bedingungen vorgeben. Es ist insoweit Voraussetzung der (rechtmäßigen) Anwendung, dass die Anschlussbedingungen sich auch konkret im Hinblick auf Batteriegroßspeicher als angemessen darstellen.[35] Angesichts dessen wäre es wünschenswert, wenn künftig spezielle technische Anschlussbedingungen entwickelt würden, die den Besonderheiten des Netzanschlusses von Batteriegroßspeichern Rechnung tragen.

3.2.3 Baukostenzuschüsse

Umstritten ist, ob die allgemeine Praxis der Netzbetreiber, Baukostenzuschüsse im Rahmen des Netzanschlusses zu erheben, auch beim Anschluss von Batteriegroßspeichern zulässig ist. Unter Baukostenzuschüssen sind einmalig zu leistende Geldbeträge zu verstehen, die dem Umstand Rechnung tragen, dass das Netz, an das angeschlossen werden soll, dauerhaft die Bereitstellung von Anschlusskapazität gewährleistet.

Normativ geregelt sind Baukostenzuschüsse nur für die Niederspannungsebene in § 11 NAV. Gleichwohl gehen die Regulierungsbehörden,[36] die Rechtsprechung[37] und die herrschende Auffassung[38] davon aus, dass es grundsätzlich auch in höheren Spannungsebenen nicht zu beanstanden ist, wenn der verpflichtete Netzbetreiber von einem Letztverbraucher einen Baukostenzuschuss verlangt. Dem steht namentlich nicht das Angemessenheitsgebot des § 17 Abs. 1 EnWG entgegen.[39]

---

33 De Wyl/Weise/Blumenthal-Barby, RdE 2016, 507 (511).

34 BDEW, „Erzeugungsanlagen am Mittelspannungsnetz – Richtlinie für Anschluss und Parallelbetrieb von Erzeugungsanlagen am Mittelspannungsnetz“, 06/2008, ergänzt 01/2010.

35 De Wyl/Weise/Blumenthal-Barby, RdE 2016, 507 (510).

36 Bundesnetzagentur, Positionspapier vom 05.01.2009 (Az.: BK6p-06-003).

37 OLG Düsseldorf, Beschl. v. 08.11.2006 – VI-3 Kart 291/06 (V), LG Hannover, Urt. v. 26.01.2011 – 21 O 70/09.

38 Säcker/Boesche, in: Säcker, Energierecht, § 17 Rn. 26; Gerstner, in: Kment, EnWG, § 17 Rn. 29; Bourwieg, in: Britz/Hellermann/Hermes, EnWG, § 17 Rn. 19b; de Wyl/Weise/Blumenthal-Barby, RdE 2016, 507 (509); zweifelnd: Schwintowski/Wojanowski/Sauer, EWeRK 2016, S. 94 (96).

39 Gerstner, in: Kment, EnWG, § 17 Rn. 29.

Umstritten ist dem gegenüber, ob dies auch auf den Anschluss von Batteriespeichern übertragbar ist. Für eine Übertragbarkeit wird angeführt, dass sich ein Batteriespeicher, der Strom aus dem Netz entnimmt, aus Sicht des Netzbetreibers wie ein Letztverbraucher darstellt.[40] Dagegen wird eingewandt, dass Batteriespeicher ihrem Wesen und ihrer Zweckbestimmung nach eine systemstabilisierende und netzdienliche Wirkung haben oder zumindest haben können.[41]

Aktuell ist das Problem noch nicht von großer Relevanz, weil die Befreiung von Entgelten für den Netzzugang für Speicheranlagen in § 118 Abs. 6 EnWG nach herrschender Auffassung auch für Baukostenzuschüsse gilt.[42] Nach dieser Vorschrift sind alle nach dem 31.12.2008 errichteten Anlagen zur Speicherung elektrischer Energie, die ab dem 04.08.2011 innerhalb von 15 Jahren in Betrieb genommen werden, für den Zeitraum von 20 Jahren ab Inbetriebnahme hinsichtlich des Bezugs der zu speichernden elektrischen Energie von den Entgelten für den Netzzugang freigestellt. Zwar sind Baukostenzuschüsse keine solchen Netzentgelte im engeren Sinne. Sinn und Zweck der Vorschrift verlangen jedoch, sie auf Baukostenzuschüsse zu erstrecken.[43]

In zeitlicher Hinsicht stellt sich die Frage, ob ein Netzbetreiber berechtigt ist, nach Ablauf der 20 Jahre gleichwohl noch einen Baukostenzuschuss zu verlangen – und dies bereits jetzt im Rahmen des Netzanschlussvertrags zu vereinbaren.[44] Dies dürfte indessen zu verneinen sein, weil die Baukostenzuschüsse gemäß § 9 Abs. 1 S. 2 StromNEV über eine Dauer von 20 Jahren linear aufzulösen und jährlich netzkostenmindernd anzusetzen sind. Ist ein Anschlussnehmer für die Dauer von ebenfalls 20 Jahren von der Entrichtung von Baukostenzuschüssen befreit, kann nach Ablauf dieses Zeitraums systematisch kein Baukostenzuschuss mehr erhoben werden.[45]

4 Zusammenfassung

Der Netzanschluss von Batteriegroßspeichern richtet sich in aller Regel nach § 17 Abs. 1 EnWG. Ein Netzanschluss auf Grundlage von § 8 Abs. 1 EEG 2017 kommt demgegenüber allenfalls in Ausnahmekonstellationen in Betracht.

Dies zugrunde gelegt, besteht ein Kontrahierungszwang des Netzbetreibers, sodass der Anschlussanspruch durch vertragliche Vereinbarungen konkretisiert werden muss. Besonderes Augenmerk ist auf die Ausgestaltung der Haftungsbegrenzung sowie auf die anwendbaren technischen Anschlussbedingungen zu richten.

40 De Wyl/Weise/Blumenthal-Barby, RdE 2016, 507 (510).
41 Schwintowski/Wojanowski/Sauer, EWeRK 2016, S. 94 (96).
42 De Wyl/Weise/Blumenthal-Barby, RdE 2016, 507 (510); Schwintowski/Wojanowski/Sauer, EWeRK 2016, S. 94 (97).
43 De Wyl/Weise/Blumenthal-Barby, RdE 2016, 507 (510).
44 De Wyl/Weise/Blumenthal-Barby, RdE 2016, 507 (510).
45 Schwintowski/Wojanowski/Sauer, EWeRK 2016, S. 94 (97).

Baukostenzuschüsse sind nach hiesiger Auffassung nicht nur temporär, sondern dauerhaft ausgeschlossen.

Literatur

Danner, Wolfgang/Theobald, Christian (Hrsg.): *Energierecht* Band 1, Stand 2016.

Beckmann, Martin/Durner, Wolfgang/Mann, Thomas/Röckinghausen, Marc (Hrsg.): Landmann/Rohmer, *Umweltrecht*, Stand 2016.

Britz, Gabriele/Hellermann, Johannes/Hermes, Georg (Hrsg.): *Energiewirtschaftsgesetz*, 3. Aufl. 2015.

De Wyl, Christian/Weise, Michael/Blumenthal-Barby, Cordula: „Netzintegration von zentralen Batteriegroßspeichern", *RdE* 2015, S. 507–513.

Elspaß, Matthias: „Planung und Genehmigung von Nebenanlagen im Kontext der Bedarfsplanung für Höchstspannungsleitungen", *NVwZ* 2014, S. 489–494.

Frenz, Walter/Müggenborg, Hans-Jürgen/Cosack, Tilman/Eckardt, Felix (Hrsg.): *Erneuerbare Energien Gesetz*, 4. Aufl. 2015

Greinacher, Dominik: „Energieleitungsausbau: Tatsächliche Herausforderungen und rechtliche Lösungen", *ZUR* 2011, S. 305–312.

Kment, Martin (Hrsg.): *Energiewirtschaftsgesetz*, 1. Aufl. 2015.

Lehnert, Wieland/Vollprecht, Jens: „Der energierechtliche Rahmen für Stromspeicher – noch kein maßgeschneiderter Anzug", *ZNER* 2012, S. 356–368.

Reuter, Simon: „Rechtsfragen bei der Zulassung von Pumpspeicherkraftwerken", *ZUR* 2013, S. 458–467.

Rosin, Peter/Pohlmann, Mario/Metzenthin, Andreas/Böwing, Andreas/Gentzsch, Andrees (Hrsg.): *Praxiskommentar zum Energiewirtschaftsgesetz – Gesetze und Verordnungen*, Stand 2015.

Säcker, Franz Jürgen (Hrsg.): *Energierecht* Band 1, Halbband 1, 3. Aufl. 2014.

Sailer, Frank: „Das Recht der Energiespeicherung nach der Energiewende", *ZNER* 2012, S. 153–162.

Sailer, Frank/Reuter, Simon: „Rechtliche Rahmenbedingungen für Stromspeicher – Stand und Anpassungsbedarf", *VDI Wissensforum* 2014 (http://stiftung-umweltenergierecht.de/wp-content/uploads/2016/02/stiftungumweltenergierecht_Online-Publikation_Stromspeicher_Sailer-Reuter_2014.pdf – zuletzt aufgerufen am 15.07.2016)

Salje, Peter: Energiewirtschaftsgesetz Band 1, 1. Aufl. 2006.

Scholtka, Boris/Helmes, Sebastian: „Energiewende 2011 – Schwerpunkte der Neuregelungen im Energiewirtschafts- und Energieumweltrecht", *NJW* 2011, S. 3185–3191.

Schwintowski, Hans-Peter/Wojanowski, Rico/Sauer, Mirko: „Der Baukostenzuschuss bei der Netzintegration von Batteriegroßspeichern", *EWeRK* 2016, S. 94–99.

Franziska Lietz und Hartmut Weyer

EEG-Einspeisemanagement und Zwischenspeicherung in Batteriespeichern

1 Einleitung

Im Falle von Netzengpässen muss aus Gründen der Netzsicherheit die Netzbelastung reduziert werden. In Betracht kommt hierfür zunächst eine Reduzierung der Erzeugungsleistung der EE-Anlage. Das gesetzliche Mittel hierfür ist das Einspeisemanagement nach § 14 EEG 2017, ergänzt durch die Zahlung einer Entschädigung nach § 15 EEG 2017. Das Grundsystem der §§ 14 und 15 EEG 2017 ist nachfolgend darzustellen (siehe Kap. 2).

Anstelle einer Reduzierung der Erzeugungsleistung kommt auch in Betracht, den erzeugten Strom vor der Einspeisung in das Netz zwischenzuspeichern (Speicherung „vor dem Netz"). Gegebenenfalls ist außerdem denkbar, den Strom nach Einspeisung, aber vor dem Netzengpass, zu speichern (Speicherung „im Netz"). Dem Netzbetreiber stünden damit zusätzliche Handlungsmöglichkeiten im Rahmen des Engpassmanagements zur Verfügung. Hiermit könnte eine höhere Einspeisung von EE-Strom in das Netz ermöglicht werden, wobei diese Strommengen für die Belieferung von Kunden allerdings erst zeitverzögert und um Speicherverluste reduziert zur Verfügung stehen. Die Option, anstelle der Abregelung von Erzeugungsanlagen überschüssige Strommengen einzuspeichern, ist im Regelungsregime des EEG-Einspeisemanagements nicht explizit vorgesehen. Hierzu sollen im Folgenden erste Überlegungen entwickelt werden. Darzustellen ist, ob und inwieweit eine Stromspeicherung anstelle der (vollständigen oder teilweisen) Abregelung von Erzeugungsanlagen im geltenden Rechtsrahmen zulässig ist und ob damit eine Entschädigungspflicht des Netzbetreibers nach § 15 EEG 2017 verbunden ist (siehe Kap. 3). Hierbei ist zu unterscheiden, ob die Speicherung „vor dem Netz" (siehe Kap. 3.2) oder „im Netz" (siehe Kap. 3.3) erfolgt. Unterschieden werden muss jeweils zudem, ob der zu speichernde EE-Strom nach dem System der Einspeisevergütung oder der (geförderten oder sonstigen) Direktvermarktung vermarktet wird. Schließlich können auch Stromspeicher selbst im Rahmen des Engpassmanagements abzuregeln sein. Darzustellen ist insoweit, inwieweit Stromspeicher den Regelungen des EEG-Einspeisemanagements unterfallen und inwieweit hieraus Ansprüche auf Härtefallentschädigung entstehen (siehe Kap. 4).

https://doi.org/10.1515/9783110458480-014

2 Generelle Voraussetzungen von Einspeisemanagement und Härtefallentschädigung

Das Einspeisemanagement für Anlagen zur Erzeugung von Strom aus erneuerbaren Energien, Grubengas oder Kraft-Wärme-Kopplung sowie die daran anknüpfende Pflicht zur Entschädigung des Anlagenbetreibers sind in den §§ 14, 15 EEG 2017 geregelt.[1] Gemäß § 14 EEG 2017 können Netzbetreiber unter bestimmten Umständen EE-, Grubengas- und KWK-Anlagen zeitweise (vollständig oder teilweise) abregeln, wenn andernfalls im jeweiligen Netzbereich einschließlich des vorgelagerten Netzes ein Netzengpass entstünde, d. h. die Spannungsbänder nicht eingehalten werden können oder die Strombelastbarkeit der Leitungen überschritten wird. Das Einspeisemanagement erlaubt daher Abweichungen von der Pflicht des Netzbetreibers nach § 11 Abs. 1 S. 1 EEG 2017 zur unverzüglichen physikalischen Abnahme, Übertragung und Verteilung des gesamten aus erneuerbaren Energien oder Grubengas erzeugten Stroms.[2] Für KWK-Strom ergibt sich eine entsprechende Pflicht des Netzbetreibers aus § 3 Abs. 1 S. 1 Nr. 2 KWKG. Die Vorgaben zum Einspeisemanagement liegen in der System- bzw. Netzverantwortung des Netzbetreibers begründet und ergänzen die Pflicht des Netzbetreibers zur Erweiterung der Netzkapazität bei Netzengpässen.[3] Das Einspeisemanagement stellt eine speziell geregelte Netzsicherheitsmaßnahme gegenüber EE-, Grubengas- und KWK-Anlagen dar.[4] Die §§ 14, 15 EEG 2017 sollen zudem gewährleisten, dass die Anwendung des Einspeisemanagements zu Zwecken der Netzsicherheit und -stabilität auf die geringstmögliche Strommenge aus erneuerbaren Energien und KWK beschränkt wird.[5]

Der Netzbetreiber muss im Fall des Einspeisemanagements dem Betreiber der abgeregelten Anlage die entgangenen Einnahmen nach Maßgabe des § 15 EEG 2017 zu mindestens 95 Prozent, in bestimmten Fällen sogar zu 100 Prozent entschädigen (sog. Härtefallentschädigung). Soweit die Maßnahme des Einspeisemanagements erforderlich und nicht vom Netzbetreiber zu vertreten war, kann dieser die gezahlte Entschädigung über seine Netzentgelte auf die Netznutzer umlegen, vgl. § 15 Abs. 2 S. 1 EEG 2017. Der Nachweis dieser Voraussetzungen obliegt dem Netzbetreiber. Anzuwenden ist der Vergleichsmaßstab eines sorgfältig und gewissenhaft handelnden Netzbetreibers.[6] Der Netzbetreiber hat die Maßnahme insbesondere dann zu

1 Für Kraft-Wärme-Kopplung vgl. auch § 3 Abs. 1 S. 3 KWKG.

2 Salje, EEG 2014, § 14 Rn. 2.

3 Vgl. Frenz, in: Frenz/Müggenborg et al., EEG, § 14 Rn. 10; König, in: Säcker, BerlKomEnR, Sonderband EEG 2014, § 14 Rn. 7.

4 BNetzA, Leitfaden zum EEG-Einspeisemanagement – Abschaltrangfolge, Berechnung von Entschädigungszahlungen und Auswirkungen auf die Netzentgelte, Version 2.1, Stand: 07.03.2014, S. 4.

5 König, in: Säcker, BerlKomEnR, Sonderband EEG 2014, § 14 Rn. 7; Salje, EEG 2014, § 14, Rn. 6; zur Vorgängervorschrift § 11 EEG 2012 Wustlich/Hoppenbrock, in: Altrock/Oschmann/Theobald, EEG, § 11 Rn. 6.

6 Salje, EEG 2014, § 15 Rn. 12.

vertreten, wenn er nicht alle Möglichkeiten zur Optimierung, zur Verstärkung und zum Ausbau des Netzes ausgeschöpft hatte, vgl. § 15 Abs. 2 S. 2 EEG 2017.

3 Einspeicherung von Strommengen statt Abregelung von Erzeugungsanlagen nach dem EEG-Einspeisemanagement

Die Speicherung von Strom bei einem Netzengpass als Alternative zur Abregelung der Erzeugungsanlage trägt zumindest partiell dem Abnahmevorrang nach § 11 EEG 2017 Rechnung (siehe Kap. 3.1). Hinsichtlich Zulässigkeit und wirtschaftlichen Auswirkungen ist zwischen zwei verschiedenen Konstellationen zu differenzieren: der Speicherung „vor dem Netz" (siehe Kap. 3.2) und der Speicherung „im Netz" (siehe Kap. 3.3). Zudem ergeben sich Unterschiede, je nachdem, ob der erzeugte Strom im System der Einspeisevergütung oder der Direktvermarktung vermarktet wird.

3.1 Stromspeicherung und Abnahmevorrang

Gemäß § 11 Abs. 1 S. 1 EEG 2017 ist der Netzbetreiber verpflichtet, grundsätzlich den gesamten Strom aus erneuerbaren Energien unverzüglich vorrangig physikalisch abzunehmen, zu übertragen und zu verteilen. Dementsprechend ergibt sich aus § 14 Abs. 1 S. 1 EEG 2017, dass der Netzbetreiber das Einspeisemanagement nur „ausnahmsweise" in Abweichung von dieser Pflicht einsetzen darf. Die Zulässigkeit von Maßnahmen des Einspeisemanagements ist daher generell eng auszulegen, vgl. auch § 11 Abs. 3 EEG 2017.[7]

Der Netzbetreiber muss im Falle des Einspeisemanagements sicherstellen, „dass insgesamt die größtmögliche Strommenge aus erneuerbaren Energien und Kraft-Wärme-Kopplung abgenommen wird", vgl. § 14 Abs. 1 S. 3 EEG 2017. Eine zeitversetzte Abnahme von Strom durch Stromspeicherung „vor dem Netz" anstatt einer Abregelung entspricht diesem Ziel jedenfalls teilweise. Eine Speicherung „im Netz", aber „vor dem Netzengpass", ermöglicht sogar die sofortige Abnahme von EE- und KWK-Strom, allerdings nur den zeitversetzten Transport des zwischengespeicherten Stroms. Damit ergibt sich eine gewisse Kongruenz einer Stromspeicherung, die anstatt der Abregelung von EE-Erzeugungsanlagen erfolgt, mit dem Grundgedanken der unverzüglichen vorrangigen Abnahme-, Übertragungs- und Verteilungspflicht für Strom aus erneuerbaren Energien. Eine Verpflichtung des Netzbetreibers zur Stromspeicherung lässt sich hieraus mangels gesetzlicher Grundlage aber nicht entnehmen.[8]

7 Frenz, in Frenz/Müggenborg et al., EEG, § 14 Rn. 19; zu § 11 EEG 2012 Wustlich/Hoppenbrock, in: Altrock/Oschmann/Theobald, EEG, § 11 Rn. 17.

8 A.A. wohl Schwintowski, EWeRK 2014, 271, 272; Riewe/Sauer, EWeRK 2014, 79, 83 f.; Schwintowski, EWeRK 2015, 81, 86 f.

3.2 Speicherung „vor dem Netz“

Bei einer Speicherung „vor dem Netz“ wird die erzeugte Elektrizität eingespeichert, ohne vorher durch das Netz der allgemeinen Versorgung geleitet worden zu sein.[9] In Betracht kommt die Zuleitung zum Speicher über Direktleitungen, Kundenanlagen oder auch geschlossene Verteilernetze, die nach der Rechtsprechung des BGH ebenfalls keine Netze der allgemeinen Versorgung darstellen.[10] Vorliegend wird die Speicherung „vor dem Netz“ durch den Anlagenbetreiber betrachtet.

3.2.1 Zulässigkeit einer Speicherung statt Abregelung

Hinsichtlich der Zulässigkeit einer Speicherung „vor dem Netz“ ist zu unterscheiden zwischen der Speicherung von Strom, den der Anlagenbetreiber im System der Einspeisevergütung zur Verfügung stellt (siehe Kap. 3.2.1.1), und Strom, der direkt vermarktet wird (siehe Kap. 3.2.1.2).

3.2.1.1 Zulässigkeit im System der Einspeisevergütung

Wird der aus der Anlage in das Netz eingespeiste Strom im System der Einspeisevergütung nach § 21 EEG 2017 vermarktet, besteht gemäß § 21 Abs. 2 EEG 2017 die Pflicht, dem Netzbetreiber den gesamten in diesem Zeitraum in der Anlage erzeugten Strom zur Verfügung zu stellen, der nicht in unmittelbarer räumlicher Nähe zur Anlage verbraucht wird und durch ein Netz durchgeleitet wird. Auf den ersten Blick könnte diese sog. Gesamtandienungspflicht einer Speicherung seitens des Anlagenbetreibers widersprechen. Allerdings erfolgt eine Speicherung „vor dem Netz“ per definitionem ohne Netznutzung und zumindest in aller Regel in unmittelbarer räumlicher Nähe zur Erzeugungsanlage, wobei die Einspeicherung nach dem gesetzlichen Verständnis einen Verbrauch darstellt (vgl. etwa § 61 k Abs. 1 S. 1 EEG 2017). Die spätere Netzeinspeisung des ausgespeicherten Stroms dürfte insoweit gesondert zu betrachten sein, so dass bereits aus diesem Grund ein Verstoß gegen die Gesamtandienungspflicht ausscheidet. Zudem ergibt sich jedenfalls aus § 19 Abs. 3 EEG 2017, der die Möglichkeit der Inanspruchnahme von Einspeisevergütung bei „vor dem Netz“ gespeichertem Strom ausdrücklich vorsieht, dass eine derartige Zwischenspeicherung ungeachtet einer etwaigen Gesamtandienungspflicht rechtlich zulässig ist.[11]

---

9 Thomas/Altrock, ZUR 2013, 579, 580.

10 Vgl. BGH, Urt. v. 16.12.2014, Az. EnZR 81/13, Rn. 23; so auch Topp in: BerlKomEnR, § 3 KWKG, Rn. 60; Schex, in: Kment, EnWG, § 3 Rn. 37; Wolf, in: Säcker, BerlKomEnR, § 110 EnWG Rn. 178 sieht dagegen grundsätzlich die Möglichkeit, dass auch geschlossene Verteilernetze i. S. d. § 110 EnWG „Netze der allgemeinen Versorgung“ darstellen können.

11 Vgl. Begründung des Gesetzgebers zur Vorläufervorschrift § 16 Abs. 2 EEG 2012: BT-Drs. 17/6071, S. 65 f.

3.2.1.2 Zulässigkeit im System der Direktvermarktung

Im Fall der geförderten und der sonstigen Direktvermarktung liegt das Verfügungsrecht über den erzeugten Strom bei dem Anlagenbetreiber (bzw. einem zwischengeschalteten Direktvermarktungsunternehmer). Dieser ist daher grundsätzlich zur Zwischenspeicherung berechtigt. Allerdings könnte eine Verletzung vertraglicher Pflichten vorliegen, da sich der Anlagenbetreiber im Falle der Direktvermarktung gegenüber Dritten zur Lieferung elektrischer Energie verpflichtet hat. Grundsätzlich wird diese Lieferverpflichtung durch eine etwaige Zwischenspeicherung seitens des Anlagenbetreibers nicht berührt. Doch kann der Anlagenbetreiber seine Lieferpflicht i. d. R. auch durch eine sonstige Stromlieferung erfüllen. In diesem Fall begründet die Zwischenspeicherung schon aus diesem Grunde keine Vertragsverletzung.

Davon abgesehen könnten die Lieferpflichten des Anlagenbetreibers ruhen, wenn eine Zwischenspeicherung zur Vermeidung einer Abregelung der Erzeugungsanlage erfolgt. Das EEG selbst trifft keine Regelung für diesen Fall. In Betracht kommt jedoch die – ggf. entsprechende – Anwendung des § 13 Abs. 5 S. 1 EnWG, für Verteilernetzbetreiber i. V. m. § 14 Abs. 1 EnWG. Danach ruhen die Leistungspflichten von Stromerzeugern, wenn der Netzbetreiber Stromeinspeisungen aus Gründen der Netzsicherheit oder Netzzuverlässigkeit anpasst oder deren Anpassung verlangt, weil sich eine Gefährdung oder Störung der Netzsicherheit oder -zuverlässigkeit nicht durch Maßnahmen nach § 13 Abs. 1 EnWG beseitigen lässt. Diese Regelung ist auch dann anwendbar, wenn eine Anlage im Wege des Einspeisemanagements nach § 14 EEG 2017 abgeregelt wird.[12] Denn auch in diesem Fall greift der Netzbetreiber zwangsweise in die Lieferbeziehungen des Stromerzeugers ein, wobei netz- oder marktbezogene Maßnahmen nach § 13 Abs. 1 EnWG bzw. § 11 Abs. 3 EEG 2017 nicht zur Verfügung stehen. Die grundsätzliche Anwendbarkeit des § 13 Abs. 5 S. 1 EnWG verdeutlicht auch § 15 Abs. 1 EEG 2017, der eine Entschädigung des Anlagenbetreibers im Falle des Einspeisemanagements „abweichend von § 13 Absatz 4 des Energiewirtschaftsgesetzes“[13] vorsieht.

Die Leistungspflichten des Anlagenbetreibers (bzw. Direktvermarktungsunternehmers) müssen auch dann ruhen, wenn die Erzeugungsanlage zwar nicht abgeregelt wird, der Strom jedoch „vor dem Netz“ eingespeichert wird, um eine Abregelung der Erzeugungsanlage zu vermeiden. Hierfür spricht bereits, dass die Speicherung vor dem Netz häufig als Maßnahme des Einspeisemanagements eingeordnet werden kann (siehe Kap. 3.2.2). Doch selbst wenn dies nicht der Fall sein sollte, liegt eine entsprechende Anwendung des § 13 Abs. 5 S. 1 (ggf. i. V. m. § 14 Abs. 1) EnWG nahe, da der

---

12 Vergleiche zu den Vorgängerregelungen Salje, EEG 2014, § 14, Rn. 5; Frenz, in: Frenz/Müggenborg, EEG, 3. Aufl., § 11 Rn. 50 f. (in der Kommentierung des § 14 EEG 2014 durch Frenz, 4. Aufl. 2015, nicht mehr ausdrücklich wiederholt); zum EEG 2012 Wustlich/Hoppenbrock, in: Altrock/Oschmann/Theobald, EEG, § 11 Rn. 33 f.

13 Nach Verschiebung der Regelung des § 13 Abs. 4 EnWG a. F. in § 13 Abs. 5 EnWG n. F. ist ersichtlich die letztere Vorschrift gemeint. Es handelt sich insoweit um ein redaktionelles Versehen.

Netzbetreiber in die Lieferbeziehung eingreift und eine Erfüllung der Lieferverpflichtung durch den Anlagenbetreiber verhindert. Die Einspeicherung zur Vermeidung der Abregelung der Erzeugungsanlage ist für die Erfüllbarkeit der Lieferverpflichtung des Anlagenbetreibers ohne Relevanz. Eine Schlechterstellung gegenüber anderen Anlagenbetreibern, die keinen Speicher nutzen, sondern eine Abregelung der Erzeugungsanlage in Kauf nehmen, ist nicht gerechtfertigt, zumal angesichts der grundsätzlich positiven Bewertung der Stromspeicherung vor dem Netz, die in § 19 Abs. 3 EEG 2017 zum Ausdruck kommt.

Folgt man der dargestellten Rechtsauffassung, so liegt in der Speicherung vor dem Netz zur Vermeidung einer Abregelung der Erzeugungsanlage auch kein Verstoß gegen das Doppelvermarktungsverbot des § 80 EEG 2017. Nach § 80 Abs. 1 S. 1 EEG 2017 darf Strom aus erneuerbaren Energien nicht mehrfach verkauft, anderweitig überlassen oder entgegen § 56 EEG 2017 an eine dritte Person veräußert werden. Sofern das Doppelvermarktungsverbot eingreift, ist ein erneuter Verkauf an einen Stromkunden rechtswidrig. Erfolgt er dennoch, führt dies zum Wegfall der Marktprämie, vgl. § 52 Abs. 2 S. 1 Nr. 5, S. 2 EEG 2017, und ggf. zu einem Bußgeld, vgl. § 86 Abs. 1 Nr. 1 EEG 2017. Zwar könnte in einer späteren Vermarktung des zwischengespeicherten Stroms möglicherweise eine „zweite" Vermarktung des bereits zuvor im Rahmen der Direktvermarktung verkauften Stroms gesehen werden. Da jedoch die Leistungspflichten aus der „ersten" Vermarktung gemäß oder entsprechend § 13 Abs. 5 S. 1 EnWG ruhen, begründet die spätere Vermarktung des zwischengespeicherten Stroms als solche nicht die Gefahr einer mehrfachen wirtschaftlichen Nutzung der ökologischen Vorteile des Stroms aus erneuerbaren Energien. Wie unten darzustellen, besteht auch nicht die Gefahr einer unzulässigen doppelten wirtschaftlichen Nutzung durch gleichzeitige Inanspruchnahme von Marktprämie und Härtefallentschädigung (siehe Kap. 3.2.2). Selbst wenn das Doppelvermarktungsverbot dahingehend verstanden wird, dass es bereits die abstrakte Gefahr einer wirtschaftlichen Doppelnutzung verhindern soll, erscheint seine Anwendbarkeit dann nicht begründet, wenn – aufgrund des Ruhens der Leistungspflichten aus der „ersten" Vermarktung – keine mehrfache Lieferpflicht besteht. Die Vereinbarkeit mit dem Doppelvermarktungsverbot entspricht im Übrigen auch dem Grundgedanken des § 19 Abs. 3 EEG 2017, die grundsätzlich die Zwischenspeicherung von Strom vor dem Netz durch Erhalt der EEG-Förderung unterstützt. Im Ergebnis ergeben sich daher keine Bedenken aus dem Doppelvermarktungsverbot.

3.2.2 Härtefallentschädigung nach § 15 Abs. 1 EEG

Die Zwischenspeicherung von Strom durch den Anlagenbetreiber, um eine Abregelung der Erzeugungsanlage zu vermeiden, wirft die Frage auf, ob und in welcher Höhe ihm Härtefallentschädigung nach § 15 Abs. 1 EEG 2017 zusteht. Für den Netzbetreiber stellt sich die Frage, ob er gezahlte Härtefallentschädigung in den Netzentgelten in Ansatz bringen kann.

3.2.2.1 Voraussetzungen der Entschädigung

§ 15 Abs. 1 EEG 2017 stellt seinem Wortlaut nach auf die Reduzierung der „Einspeisung von Strom [...] wegen eines Netzengpasses im Sinne von § 14 Absatz 1" ab. Nicht ausdrücklich gefordert ist, dass die Erzeugungsanlage (vollständig oder teilweise) abgeregelt wird. Der Entschädigungsanspruch knüpft systematisch allerdings an Maßnahmen des Einspeisemanagements an. Dies ergab sich eindeutig aus § 12 Abs. 1 EEG 2009 („[...] die aufgrund von Maßnahmen nach § 11 Abs. 1 [EEG 2009] Strom nicht einspeisen konnten [...]"). Ebenso spricht die Begründung zu § 12 EEG 2012 von der Entschädigung von Anlagen, die „aufgrund von Netzengpässen geregelt [werden]". Es wurde jedoch nicht als erforderlich angesehen, dass alle Voraussetzungen des Einspeisemanagements nach § 11 EEG 2012 vorliegen, sondern es reichte aus, wenn ein Netzengpass i. S. v. § 11 EEG 2012 vorlag.[14] Aufgrund der Anknüpfung der Begründung an eine „Regelung" der Anlage bestanden jedenfalls im Hinblick auf das EEG 2012 aber Bedenken, auf eine Abregelung der Erzeugungsanlage als Voraussetzung des Entschädigungsanspruchs zu verzichten.[15] § 15 EEG 2017 entspricht weitgehend § 12 EEG 2012, sodass eine Übertragung des dortigen Verständnisses naheliegt. Insbesondere verlangt § 14 EEG 2017 i. V. m. § 9 Abs. 1 oder 2 EEG 2017 grundsätzlich die Ausstattung von EE- und KWK-Anlagen mit einer Einrichtung zur ferngesteuerten Reduzierung der Einspeiseleistung bei Netzüberlastung und stellt auf die Regelung der jeweiligen Erzeugungsanlage ab, nicht lediglich auf die Unterbindung der Einspeisung in das Netz.[16] § 9 Abs. 1 S. 2, Abs. 2 EEG 2017 lässt zwar seit der EEG-Novelle 2014 ausdrücklich zu, dass mehrere Anlagen über eine gemeinsame technische Einrichtung regelbar sind, fordert also nicht mehr zwingend die Regelung der einzelnen Anlage. Der Wortlaut des § 14 EEG 2017 knüpft aber weiterhin an die Regelung der Erzeugungsanlage(n) an.

Auf der anderen Seite dienen technische Einrichtungen nach § 9 EEG 2017 ausdrücklich der ferngesteuerten Reduzierung der Einspeiseleistung bei Netzüberlastung und damit zur (teilweisen) Unterbindung der Einspeisung in das Netz. Daher wird teilweise ausgeführt, dass eine Reduzierung der Einspeiseleistung nicht gleichbedeutend mit der Reduzierung der Erzeugungsleistung der Anlage sei und ein Entschädigungsanspruch auch bestehen könne, wenn der Netzbetreiber „Reduktionsziele vorgibt" und der Anlagenbetreiber diese durch eine Stromspeicherung

---

14 BT-Drs. 16/8148 S. 47.

15 Vgl. auch König, in: Säcker, BerlKomEnR Sonderband 2014, § 15 Rn. 21 und (zum EEG 2012) Hoppenbrock, in: Altrock/Oschmann/Theobald, EEG, § 12 Rn. 12: „Abregelung"; (ebenfalls zum EEG 2012) Ehricke, in: Frenz/Müggenborg, EEG, 3. Aufl., § 12 Rn. 17: „Regelung nach § 11 Abs. 1"; Salje, EEG 2014, § 15 Rn. 3 und Ehricke/Frenz in Frenz/Müggenborg et al., EEG, § 15 Rn. 15 ff.: „Maßnahme des Einspeisemanagements". a. A. aber Walter/Huber, in: Loibl/Maslaton et al., Biogasanlagen im EEG, § 8 Rn. 88, 90: nur „kausale Reduzierung der Stromeinspeisung wegen des Netzengpasses" erforderlich.

16 Zweifelnd aus diesem Grunde Thomas/Altrock, ZUR 2013, 579, 585, die zudem darauf verweisen, dass der Speicher dann nicht mehr als (weitere) Last am Stromnetz zur Verfügung stehe.

umsetzt.[17] Ausgehend von dem Zweck des Einspeisemanagements bestehen insoweit keine Bedenken, auch andere Maßnahmen des Netzbetreibers einzubeziehen, die auf eine Reduzierung der Einspeiseleistung zielen. Es kann damit als vom Normzweck der §§ 14, 15 EEG 2017 gedeckt angesehen werden, dass Maßnahmen wie die Zwischenspeicherung vor dem Netz, die lediglich die Einspeisung in das Netz reduzieren, dem Begriff der „Regelung" unterfallen und einen Anspruch auf Härtefallentschädigung begründen können.

Davon zu trennen ist die Frage, welche Anforderungen § 14 EEG 2017 an die „Regelung" durch den Netzbetreiber stellt und inwieweit diese Voraussetzung für einen Entschädigungsanspruch nach § 15 EEG 2017 sind. Die Durchführung einer Stromspeicherung vor dem Netz statt der Abregelung der Erzeugungsanlage kann technisch auf verschiedene Weise realisiert werden. In Betracht kommen unterschiedliche Eingriffstiefen des Netzbetreibers in den Anlagenbetrieb, von der unmittelbaren Veranlassung der Speicherung bis zu einer bloßen Information des Anlagenbetreibers über ein bevorstehendes Einspeisemanagement, woraufhin dieser eigenständig die Einspeicherung des erzeugten Stromes veranlasst. § 14 EEG 2017 i. V. m. § 9 Abs. 1 Nr. 1 EEG 2017 spricht von „technischen Einrichtungen", „mit denen der Netzbetreiber jederzeit die gesamte Einspeiseleistung bei Netzüberlastung ferngesteuert reduzieren kann [...]", was auf eine unmittelbare Einwirkung des Netzbetreibers hinweist. Diese Anforderung wird teilweise allgemeiner so verstanden, dass der Netzbetreiber bei Netzüberlastung fernsteuernd, regelnd oder unter Einsatz von automatisierten Schaltungen die Einspeiseleistung reduzieren kann.[18] Dagegen ist bereits mit dem EEG 2012 die noch in § 6 EEG 2009 zugelassene Alternative einer „betrieblichen Einrichtung" des Anlagenbetreibers entfallen. Anderes gilt nur im Hinblick auf Anlagen, die aus einer ständig besetzten Leitwarte betrieben werden, mit der Begründung, dass aus betriebs- und sicherheitstechnischen Erwägungen nicht an dem Personal der Leitwarte vorbei vom Netzbetreiber ferngesteuert eingegriffen werden könne.[19] Erfolgt eine nicht automatisierte Entscheidung des Anlagenbetreibers zur Stromspeicherung, ohne dass die Anlage über eine diesen Anforderungen genügende Leitwarte verfügt, bestehen erhebliche Bedenken gegen das Vorliegen einer Regelung i. S. v. § 14 EEG 2017.[20] Angesichts der Anknüpfung an Maßnahmen des Einspeisemanagements nach § 14 EEG 2017 liegt nahe, dass Entsprechendes auch für den Entschädigungsanspruch nach § 15 EEG 2017 gelten muss.[21] Auch das OLG Hamm hat in einer jüngeren

---

17 Walter/Huber, in: Loibl/Maslaton et al., Biogasanlagen im EEG, § 8 Rn. 90.

18 Salje, EEG 2014, § 9 Rn. 3.

19 Begründung RegE, BT-Dr. 17/6071 S. 62 f. Vgl. auch Scholz, in: BerlKomEnR, Sonderband EEG 2014, § 9 Rn. 21; zum EEG 2012 Schäfermeier, in: Reshöft/ Schäfermeier, EEG, § 6 Rn. 10.

20 Vgl. allgemein zu den technischen Vorrichtungen auch OLG Stuttgart v. 23.10.2014 – 2 U 4/14, ZNER 2015, 55, 57. Großzügiger möglicherweise Wustlich/Hoppenbrock, in: Altrock/Oschmann/Theobald, EEG, § 11 Rn. 59, wonach bei Reduktion der Einspeiseleistung durch eine Maßnahme des Netzbetreibers, „eine Mitwirkung des Anlagenbetreibers [...] nicht zwingend erforderlich" ist.

21 A. A. offenbar Walter/Huber, in: Loibl/Maslaton et al., Biogasanlagen im EEG, § 8 Rn. 90.

Entscheidung zwar auf eine durch den Netzbetreiber ferngesteuerte Einspeisereduzierung verzichtet, doch lag zumindest eine automatisierte Regelung aufgrund vorgegebener Einstellungen an Sicherheitseinrichtungen vor.[22]

Im Ergebnis ist davon auszugehen, dass der Anspruch auf Entschädigungszahlung nicht nur die Reduzierung der Einspeisung in das Netz, sondern auch eine „Regelung" i. S. v. § 14 EEG 2017 durch den Netzbetreiber erfordert. Eine solche liegt jedenfalls dann vor, wenn die Zwischenspeicherung vom Netzbetreiber ferngesteuert veranlasst wird. Beruht die Zwischenspeicherung dagegen auf einer zusätzlichen, nicht automatisiert vom Netzbetreiber veranlassten Entscheidung des Anlagenbetreibers, handelt es sich nicht um eine „Regelung", sodass auch ein Entschädigungsanspruch nach § 15 Abs. 1 EEG 2017 ausscheidet.

3.2.2.2 Umfang der Entschädigung

Wird die Einspeisung von Strom aus einer Anlage zur Erzeugung von Strom aus erneuerbaren Energien, Grubengas oder Kraft-Wärme-Kopplung wegen eines Netzengpasses im Sinne von § 14 Abs. 1 EEG 2017 reduziert, muss der Netzbetreiber, an dessen Netz die Anlage angeschlossen ist, gemäß § 15 Abs. 1 EEG 2017 die von der Maßnahme betroffenen Betreiber grundsätzlich für 95 Prozent der entgangenen Einnahmen zuzüglich der zusätzlichen Aufwendungen und abzüglich der ersparten Aufwendungen entschädigen. Die Entschädigung erhöht sich auf 100 Prozent ab den Zeitpunkt, zu dem die entgangenen Einnahmen in einem Jahr 1 Prozent der Jahreseinnahmen übersteigen, § 15 Abs. 1 S. 2 EEG 2017. Bei Inbetriebnahme der Erzeugungsanlage vor dem 01.01.2012 werden aus Gründen des Vertrauensschutzes i. d. R. von Anfang an 100 Prozent der entgangenen Einnahmen entschädigt, vgl. § 66 Abs. 1 Nr. 5a EEG 2012.[23] Soweit für die Ermittlung der entgangenen Einnahmen nach dem Zeitpunkt der Inbetriebnahme zu differenzieren ist, kommt es entsprechend § 19 Abs. 3 S. 3 EEG 2017 auf die Inbetriebnahme der Erzeugungsanlage und nicht des Stromspeichers an.

Da der gespeicherte Strom zu einem späteren Zeitpunkt und gem. § 19 Abs. 3 S. 1 EEG 2017 auch unter Inanspruchnahme von EEG-Förderung in das Netz eingespeist werden kann, ist fraglich, ob entschädigungspflichtige „entgangene Einnahmen" i. S. d. § 15 Abs. 1 EEG 2017 entstehen.[24] Eine Gegenposition bejaht die Entschädigungspflicht bezüglich der gesamten infolge einer Zwischenspeicherung nicht eingespeisten Strommengen, da die Voraussetzungen des § 15 EEG 2017 erfüllt seien. Später mit dem gespeicherten Strom erzielte Erlöse beruhten auf überpflichtgemäßen Anstrengungen des Anlagenbetreibers und seien nicht entschädigungsmindernd anzusetzen.

---

22 OLG Hamm Urt. v. 16.1.2015, Az. I-7 U 42/14, ZNER 2015, 54 f.; dem folgend König in: BerlKomEnR, Sonderband EEG 2014, § 15 Rn. 18.

23 Vgl. BT-Drs. 17/8877, S. 27.

24 Verneinend (zu § 12 EEG 2012) Ehricke, in: Frenz/ Müggenborg, EEG, 3. Aufl., § 12 Rn. 28; Vergoßen, Das Einspeisemanagement nach dem Erneuerbare-Energien-Gesetz: im Spannungsverhältnis der Versorgungssicherheit und des Vorrangprinzips, S. 146, 147.

Zugleich fördere diese Handhabung den Zubau von Speichern.[25] Eine weitere Auffassung will die mit dem zwischengespeicherten Strom erzielten Erlöse zumindest nicht unbesehen und in jedem Fall von den entgangenen Einnahmen aufgrund des Einspeisemanagements abziehen, da Anlage und Speicher z. B. auch unterschiedlichen Personen gehören könnten.[26]

Nach ihrem Normzweck dient die Härtefallentschädigung zur Minimierung von Einnahmenausfällen, insbesondere zur Ermöglichung einer Fremdfinanzierung von EE-Anlagen. Damit ist für die Höhe der Entschädigung insbesondere maßgeblich, inwieweit dem Anlagenbetreiber bei wirtschaftlicher Betrachtung im Ergebnis Einnahmen entgehen. Es ist daher davon auszugehen, dass eine Entschädigung (nur) für die infolge der Einspeicherung entstandenen Nachteile zu leisten ist. Vornehmlich erfolgt daher eine Entschädigung für die entstandenen Speicherverluste.[27] Darüber hinaus kommt im Einzelfall eine Entschädigung für im Vergleich zur ursprünglich geplanten Direktvermarktung geringere Erlöse aus der zeitversetzten Vermarktung des Speicherstroms in Betracht. Dagegen begründen die Kosten für den Bau vom Stromspeichern keine entgangenen Einnahmen.[28]

Bei diesem Verständnis liegt in der Gewährung der Härtefallentschädigung auch kein Verstoß gegen das Doppelvermarktungsverbot nach § 80 EEG 2017 (siehe auch Kap. 3.2.1).[29] Zum einen erfolgt keine doppelte Vermarktung des vom Einspeisemanagement betroffenen Stroms, da die Entschädigung nach § 15 EEG 2017 kein Entgelt für die Überlassung des Stroms, sondern einen Ausgleich für die entgangenen Einnahmen aufgrund der (zunächst) unterbliebenen Vermarktung darstellt. Zum anderen zielt das Doppelvermarktungsverbot auf die Verhinderung einer „Überförderung“,[30] die jedoch nicht eintritt, wenn nur die Speicherverluste und sonstige Nachteile aus der Zwischenspeicherung ausgeglichen werden.

Im Ergebnis wird der Anlagenbetreiber, der zur Vermeidung einer Abregelung der Erzeugungsanlage den Strom „vor dem Netz“ speichert, wirtschaftlich ähnlich gestellt wie im Falle der Abregelung der Erzeugungsanlage. Ein wirtschaftlicher Vorteil aufgrund der Speicherung kann sich für den Anlagenbetreiber nur insoweit ergeben, als er für den nach der Speicherung in das Netz eingespeisten Strom die volle Einspeisevergütung bzw. den erzielbaren Markterlös (einschließlich Marktprämie) erhält, während die Härtefallentschädigung bei neueren Erzeugungsanlagen im Regelfall auf 95 Prozent der entgangenen Erlöse beschränkt ist. Dieser Vorteil erscheint aber

---

25 Zu § 12 EEG 2012 Schäfermeier, in: Reshöft/Schäfermeier, EEG, § 12 Rn. 16.

26 Thomas/Altrock, ZUR 2013, 579, 585 f.

27 Zu § 12 EEG 2012 Hoppenbrock, in: Altrock/Oschmann/Theobald, § 12 Rn. 73; ähnlich Walter/Huber, in: Loibl/Maslaton et al., § 7 Rn. 76.

28 Vgl. auch Ehricke/Frenz, in: Frenz/Müggenborg et al., EEG, § 15 Rn. 38.

29 Vgl. zu dieser Frage (zu § 12 EEG 2012) Ehricke, in: Frenz/Müggenborg, EEG, 3. Aufl., § 12 Rn. 28; Thomas/Altrock, ZUR 2013, 579, 585 f.

30 BT-Drs. 5/2864, S. 53; Kröger, in: Danner/Theobald, § 80 EEG Rn. 2; Kahle, in: Reshöft/Schäfermeister, EEG, § 56 Rn. 2 ff.

kaum geeignet, einen hinreichenden Anreiz für die Stromspeicherung zu bieten. Zusätzliche finanzielle Anreize für den Anlagenbetreiber könnten gesamtwirtschaftlich vorteilhaft erscheinen, soweit sie den Wert der zwischengespeicherten Strommengen nicht überschreiten, doch fehlt es hierfür an einer gesetzlichen Regelung.

3.2.2.3 Berücksichtigung in den Netzentgelten

Grundsätzlich sind Netzbetreiber nach § 15 Abs. 2 S. 1 EEG 2017 berechtigt, Entschädigungsleistungen nach § 15 Abs. 1 EEG 2017 bei der Ermittlung der Netzentgelte in Ansatz bringen. Für die Berücksichtigung der Entschädigungsleistungen in den Netzentgelten setzt die Regelung allerdings voraus, dass die Maßnahme des Einspeisemanagements erforderlich war, und dass der Netzbetreiber sie nicht zu vertreten hat. Von einem „Vertretenmüssen" des Netzbetreibers ist nach § 15 Abs. 2 S. 2 EEG 2017 insbesondere auszugehen, soweit dieser nicht alle Möglichkeiten zur Optimierung, zur Verstärkung und zum Ausbau des Netzes i. S. d. § 12 EEG 2017 ausgeschöpft hat. Dies korrespondiert mit dem Anspruch Einspeisewilliger, also insbesondere Anlagenbetreiber, auf Optimierung, Verstärkung und Ausbau des Netzes nach § 12 Abs. 1 EEG 2017, um die Abnahme, Übertragung und Verteilung des Stroms aus erneuerbaren Energien oder Grubengas sicherzustellen. Dieser Netzausbauanspruch besteht bis zur Grenze wirtschaftlicher Unzumutbarkeit, vgl. § 12 Abs. 3 EEG 2017.

Entschädigungsleistungen nach § 15 Abs. 1 EEG 2017 können jedenfalls dann bei der Ermittlung der Netzentgelte in Ansatz gebracht werden, wenn die Netzkapazität trotz pflichtgemäßer Einleitung von Netzausbaumaßnahmen nicht rechtzeitig im erforderlichen Umfang erhöht werden konnte. Darüber hinaus sind Entschädigungsleistungen dann in den Netzentgelten zu berücksichtigen, wenn Netzausbaumaßnahmen wirtschaftlich unzumutbar sind. Denkbar ist dies insbesondere im Falle eines nur vorübergehenden zusätzlichen Kapazitätsbedarfs, z. B. bei befristetem Ausfall anderer Leitungen oder bis zur Fertigstellung anderer Netzausbaumaßnahmen (z. B. im Übertragungsnetz).

Problematisch ist die Berücksichtigung von Entschädigungsleistungen in den Netzentgelten, wenn der Netzbetreiber trotz wirtschaftlicher Zumutbarkeit auf die Durchführung von Netzausbaumaßnahmen verzichtet, weil der Anlagenbetreiber über Möglichkeiten zur Zwischenspeicherung der (sonst abzuregelnden) Strommengen verfügt. Die Speicherung von Strom kann dem Netzausbau nicht vollständig gleichgestellt werden, weil die Stromspeicherung „vor dem Netz" die Transportkapazität des Netzes nicht erweitert.[31] Stromspeicherung kann lediglich die Einspeisung

31 Vgl. auch Sterner/Thema/Eckert/Moser/Schäfer/Drees/Rehtanz/Häger/Kays/Seack/Sauer/Leuthold/Stöcker, Stromspeicher in der Energiewende, Studie der Agora Energiewende, September 2014, abrufbar unter: https://www.agora-energiewende.de/fileadmin/downloads/publikationen/Studien/Speicher_in_der_Energiewende/Agora_Speicherstudie_Web.pdf (letzter Aufruf: 25.05.2016), S. 37 ff., 44. Tendenziell a. A. Heller, EWeRK 2014, 177, 187; Schwintowski, EWeRK 2014, 271, 272; Schwintowski, EWeRK 2015, 81, 86.

aus einer Anlage zeitlich strecken und damit dafür sorgen, dass aus einer Anlage insgesamt eine größere Menge erneuerbarer Energie abgenommen, übertragen und verteilt werden kann.[32] Dem entspricht, dass im Falle der Abregelung einer Anlage, deren Strom im System der Direktvermarktung veräußert wird, die vom Kunden entnommene Strommenge anderweitig ausgeglichen werden muss, insbesondere durch Rückgriff auf Regelenergie.[33] Im Falle der Stromspeicherung entstehen zudem zusätzlich zu den beim Transport auftretenden Netzverlusten auch Speicherverluste, die durch Entschädigungszahlungen nach § 15 Abs. 1 EEG 2017 auszugleichen sind (siehe Kap. 3.2.2) und die nicht zu leisten wären, wenn der Netzbetreiber seine Netzkapazität erweitert und den Netzengpass damit behoben hätte. Bei Verzicht auf eine Erweiterung der Netzkapazität trotz bestehender Netzausbaupflicht hat der Netzbetreiber damit nicht i. S. v. § 15 Abs. 2 S. 2 EEG 2017 alle Möglichkeiten zum Netzausbau ausgeschöpft. Somit hat er die Reduzierung der Netzeinspeisung grundsätzlich zu vertreten und kann die resultierenden Entschädigungsleistungen nicht in den Netzentgelten berücksichtigen.

Dies gilt nach derzeitiger Rechtslage auch dann, wenn der Netzbetreiber durch den Einsatz eines Stromspeichers – höhere – Netzausbaukosten vermeidet. Ein Verzicht auf Netzausbau ist nur im Falle wirtschaftlicher Unzumutbarkeit vorgesehen. Auch die Einführung der sog. Spitzenkappung, vgl. § 11 Abs. 2 EnWG, erfolgte erst nach Schaffung einer ausdrücklichen gesetzlichen Grundlage. Auch für den Einsatz von Stromspeichern zur Vermeidung der Abregelung von Erzeugungsanlagen wäre daher eine Regelung erforderlich, wonach unter bestimmten (Kosten-) Voraussetzungen die Netzausbaupflicht entfällt und daher Entschädigungsleistungen nach § 15 Abs. 1 EEG 2017 bei der Berechnung der Netzentgelte in Ansatz gebracht werden können.

3.3 Speicherung „im Netz"

Zur Behebung von Netzengpässen kommt ggf. auch in Betracht, den erzeugten Strom nach der Einspeisung in das Netz, aber vor dem Netzengpass, zwischenzuspeichern. Bei einer Einspeicherung „im Netz" wird der Strom aus der Erzeugungsanlage also zunächst in das Netz der allgemeinen Versorgung und dann erst in einen Speicher eingeleitet.[34]

3.3.1 Zulässigkeit einer Speicherung „im Netz"

Auch hinsichtlich einer Zulässigkeit der Speicherung „im Netz" ist zwischen der Speicherung von Strom, den der Anlagenbetreiber im System der Einspeisevergütung

32 Vgl. insoweit auch Riewe/Sauer, EWeRK 2014, 79, 93.
33 Wustlich/Hoppenbrock, in: Altrock/Oschmann/Theobald, EEG, § 11 Rn. 83.
34 Von Hesler, REE 2015, 150, 152.

zur Verfügung stellt (siehe Kap. 3.3.1.1), und Strom, der direkt vermarktet wird (siehe Kap. 3.3.1.2) zu differenzieren.

3.3.1.1 Zulässigkeit im System der Einspeisevergütung

Der Verteilernetzbetreiber ist nach § 56 Nr. 1 EEG 2017 verpflichtet, den im System der Einspeisevergütung geförderten Strom unverzüglich an den vorgelagerten Übertragungsnetzbetreiber weiterzugeben. Der Begriff „unverzüglich" erfordert in Anlehnung an § 121 BGB eine Weitergabe ohne schuldhaftes Zögern, wobei eine einzelfallabhängige Beurteilung unter Berücksichtigung der berechtigten Interessen des Netzbetreibers sowie unvermeidlicher „faktischer Zwänge" zugrundezulegen ist.[35] Im Falle der Zwischenspeicherung aufgrund eines Netzengpasses ist eine kurzfristige Weitergabe nach Wegfall des Netzengpasses daher noch „unverzüglich" und verstößt nicht gegen § 56 Nr. 1 EEG 2017. Es bestehen auch keine Bedenken gegen den Zugriff des Netzbetreibers auf die Strommenge, die aufgrund des Netzengpasses andernfalls hätte abgeregelt werden müssen, da diese Strommenge dem Netzbetreiber vom Anlagenbetreiber übergeben wurde. Ebenso wenig steht das Doppelvermarktungsverbot nach § 80 EEG 2017 entgegen, da der Strom auf der jeweiligen Wirtschaftsstufe jeweils nur einmal vermarktet wird. Schließlich bestehen auch keine entflechtungsrechtlichen Bedenken, da die Weitergabe des zwischengespeicherten Stroms durch einen Verteilernetzbetreiber an den Übertragungsnetzbetreiber dem gesetzlich vorgeschriebenen bundesweiten Ausgleichssystem nach §§ 56 ff. EEG 2017 entspricht.

3.3.1.2 Zulässigkeit im System der Direktvermarktung

Im Falle der Direktvermarktung ist der Netzbetreiber nach § 11 Abs. 1 S. 1 EEG 2017 zur unverzüglichen Übertragung und Verteilung des Stroms verpflichtet. Dieser Verpflichtung wird der Netzbetreiber bei Bestehen eines Netzengpasses i. S. d. § 14 EEG 2017 auch dann noch gerecht, wenn eine Übertragung und Verteilung des zwischengespeicherten Stroms kurzfristig nach Wegfall des Netzengpasses erfolgt.

Im Falle der Direktvermarktung besitzt der Verteilernetzbetreiber, anders als im System der Einspeisevergütung, allerdings keine Verfügungsbefugnis über die direkt vermarkteten Strommengen. Diese steht vielmehr dem Anlagenbetreiber (bzw. dem Direktvermarktungsunternehmer) zu. Auch wenn die Zwischenspeicherung als Maßnahme des Engpassmanagements i.S.v. § 13 Abs. 1 Nr. 2 EnWG aufgefasst wird, erscheint es nicht möglich, hieraus eine Verfügungsbefugnis des Netzbetreibers über den zwischengespeicherten Strom abzuleiten. Daher erfordert eine durch den Netzbetreiber veranlasste Zwischenspeicherung zunächst die vertragliche Übertragung

35 Zu § 34 EEG 2012 Altrock, in: Altrock/Oschmann/Theobald, EEG, § 34 Rn. 29.

der Verfügungsbefugnis über den zu speichernden Strom, da ansonsten ohne Rechtsgrund in fremde Vermögenspositionen eingegriffen würde.[36]

Bedenken bestehen gegen die Vereinbarkeit einer Übertragung der Verfügungsbefugnis auf den Netzbetreiber mit dem Doppelvermarktungsverbot des § 80 EEG 2017. Nach § 80 Abs. 1 S. 1 EEG 2017 darf Strom aus erneuerbaren Energien nicht mehrfach verkauft, anderweitig überlassen oder entgegen § 56 EEG 2017 an eine dritte Person veräußert werden (siehe auch Kap. 3.2.1). Wird der Strom direkt vermarktet, bleibt der Anlagenbetreiber bzw. der Direktvermarktungsunternehmer trotz Speicherung „im Netz" grundsätzlich gegenüber seinen Kunden zur Lieferung von Strom verpflichtet. Anders als bei einer Speicherung „vor dem Netz" lässt sich ein Ruhen der Lieferpflicht nicht auf § 13 Abs. 5 S. 1 EnWG stützen, da dieser eine Anpassung der Einspeisung voraussetzt. Eine entsprechende Anwendung erscheint deshalb nicht gerechtfertigt, weil der Netzbetreiber nicht zwangsweise in die Lieferbeziehung eingreift, sondern die Verfügungsbefugnis vertraglich vom Anlagenbetreiber auf den Netzbetreiber übertragen wird. Eine Regelung, die auch in diesem Falle ein Ruhen der Lieferpflicht vorsieht, erscheint daher nur de lege ferenda denkbar. Überträgt der Anlagenbetreiber (bzw. ein zwischengeschalteter Direktvermarktungsunternehmer) die Verfügungsbefugnis über den erzeugten Strom trotz der fortbestehenden Lieferpflicht gegenüber dem „ersten" Käufer auf den Netzbetreiber, so kann hierin eine „zweite" Vermarktung der Strommenge gesehen werden. Wird das Doppelvermarktungsverbot dahingehend verstanden, dass es bereits die abstrakte Gefahr einer wirtschaftlichen Doppelnutzung verhindern soll, so erscheint seine Anwendbarkeit– anders als im Falle der Speicherung „vor dem Netz" (siehe Kap. 3.2.1) – nicht ausgeschlossen, da eine doppelte Lieferpflicht begründet wird. Insofern unterliegt die Vereinbarkeit der Zwischenspeicherung mit dem Doppelvermarktungsverbot in dieser Konstellation erheblichen Zweifeln.

Eine Zwischenspeicherung durch den Netzbetreiber aufgrund vertraglicher Übertragung der Verfügungsbefugnis wirft zudem Fragen nach der entflechtungsrechtlichen Zulässigkeit auf.[37] In gewissen Grenzen können entflechtungsrechtliche Bedenken allerdings durch Zwischenschaltung Dritter bei der Vermarktung des gespeicherten Stroms verringert werden.[38]

Im Ergebnis bestehen erhebliche Bedenken gegen eine Zwischenspeicherung „im Netz" durch den Netzbetreiber zur Vermeidung der Abregelung von Erzeugungsanlagen.

---

36 Alternativ wäre eine Vereinbarung denkbar, nach der der Anlagenbetreiber die Verfügungsbefugnis behält und den Netzbetreiber beauftragt, die Zwischenspeicherung für ihn durchzuführen.

37 Vgl. zu den entflechtungsrechtlichen Einschränkungen der Stromspeicherung durch Netzbetreiber Weyer/Lietz, ZNER 2014, 241 und 356.

38 Vgl. Weyer/Lietz/Nadler/Hochholzer, Batteriespeicheranlagen im Multi-Purpose-Betrieb: Energiewirtschaftsrechtliche Rahmenbedingungen, S. 116 f.

3.3.2 Finanzielle Situation des Anlagenbetreibers

Bei einer Einspeicherung von eingespeistem EE-Strom „im Netz“ greifen die §§ 14, 15 EEG 2017 mangels Reduktion der Einspeisung nicht ein, sodass kein Anspruch auf Härtefallentschädigung entstehen kann. Allerdings kann der Anlagenbetreiber in diesem Fall EEG-Förderung für den eingespeisten Strom in Anspruch nehmen.

Wird der Strom direkt vermarktet, bleibt der Anlagenbetreiber bzw. der Direktvermarktungsunternehmer trotz Speicherung „im Netz“ grundsätzlich gegenüber seinen Kunden zur Lieferung von Strom verpflichtet (siehe Kap. 3.3.1). In wirtschaftlicher Hinsicht dürfte eine vertragliche Regelung über eine Stromspeicherung „im Netz“ zwischen dem Netzbetreiber und dem Anlagenbetreiber für letzteren damit nur dann erstrebenswert sein, wenn er Erlöse in gleicher (oder größerer) Höhe erzielt wie im Falle der geförderten oder sonstigen Direktvermarktung und er insbesondere nicht durch Zusatzkosten für die Ersatzbeschaffung des zu liefernden Stroms belastet wird.

3.3.3 Finanzielle Situation des Verteilernetzbetreibers

Für die finanzielle Situation des Verteilernetzbetreibers bei einer Speicherung „im Netz“ ist von Bedeutung, ob diesem auf Grundlage des § 57 Abs. 1 EEG 2017 die finanzielle Förderung für die gesamte in das Netz eingespeiste Strommenge zu erstatten ist oder nur für die vom Netzbetreiber an den Übertragungsnetzbetreiber weitergegebene Strommenge abzüglich der Speicherverluste (siehe Kap. 3.3.3.1). Aus der Verwertung des zwischengespeicherten Stroms erlangt der Netzbetreiber grundsätzlich aber keine zusätzlichen finanziellen Vorteile (siehe Kap. 3.3.3.2).

3.3.3.1 Kosten der EEG-Förderung

Gemäß § 57 Abs. 1 EEG 2017 haben vorgelagerte Übertragungsnetzbetreiber den Netzbetreibern die von diesen nach § 19 EEG 2017 geleisteten finanziellen Förderungen (Einspeisevergütung, Marktprämie) zu erstatten. Teilweise wird angenommen, dass die Erstattungspflicht des Übertragungsnetzbetreibers nach § 57 Abs. 1 EEG 2017 mit der Weitergabepflicht des nachgelagerten Verteilernetzbetreibers gem. § 56 Nr. 1 EEG 2017 hinsichtlich des von ihm nach § 19 Abs. 1 Nr. 2 EEG 2017 vergüteten Stroms korrespondiert.[39] Damit könnte eine Erstattung insoweit ausgeschlossen sein, als Speicherverluste infolge der Zwischenspeicherung eintreten. Eine solche Einschränkung ist vom Wortlaut des § 57 Abs. 1 EEG 2017 aber nicht gedeckt.

39 Zu den Vorgängerregelungen Salje, EEG 2014, § 57, Rn. 3 ff. mit Hinweis auch auf die Regierungsbegründung zu § 35 Abs. 1 EEG 2009, BT-Drs.16/8148; so auch noch zu § 35 EEG 2012 Hendrich, in: Säcker, BerlKomEnR, Sonderband EEG 2014, § 35 EEG Rn. 6 ff.

Vielmehr spricht dieser, anders als noch § 35 Abs. 1 EEG 2012, nicht mehr von einer „Vergütung", sondern von einer „Erstattung" der vom Netzbetreiber geleisteten finanziellen Förderungen.[40] Jedenfalls soweit die Speicherung durch den Verteilernetzbetreiber „im Netz" eine sinnvolle Wahrnehmung seiner Aufgaben darstellt, erscheint auch in der Sache gerechtfertigt, dass dem Netzbetreiber durch die auftretenden Speicherverluste keine Nachteile entstehen.

Im Ergebnis besteht daher ein Erstattungsanspruch des Verteilernetzbetreibers hinsichtlich der gesamten von ihm an den Anlagenbetreiber geleisteten EEG-Förderung ungeachtet möglicher Speicherverluste. Auch wenn der Wortlaut des § 57 EEG 2017 insoweit keine Einschränkung erkennen lässt, dürften letztere allerdings dann nicht von dem Erstattungsanspruch umfasst sein, wenn der Netzbetreiber seiner Netzausbaupflicht nach § 12 EEG 2017 nicht nachgekommen ist (siehe dazu Kap. 3.2.2). Dies entspricht auch der Wertung des § 15 Abs. 2 EEG 2017.

3.3.3.2 Verwertung des gespeicherten Stromes durch den Netzbetreiber

Unterfällt der eingespeicherte Strom dem System der Einspeisevergütung, besteht nach § 56 EEG 2017 die Pflicht des Netzbetreibers, den Strom nach Wegfall des Netzengpasses unverzüglich an den vorgelagerten Übertragungsnetzbetreiber weiterzugeben. Weitere Handlungsoptionen und damit Möglichkeiten zur Erlangung eines zusätzlichen wirtschaftlichen Vorteils – neben der Erstattung der Einspeisevergütung – bestehen für den Netzbetreiber nicht.

Wird der gespeicherte Strom im System der geförderten oder sonstigen Direktvermarktung vermarktet, ist, wie in Kapitel 3.3.1 dargestellt, eine Speicherung durch den Netzbetreiber nur zulässig, wenn diesem vertraglich die Verfügungsbefugnis über die sonst abzuregelnde Strommenge übertragen wird. In diesem Fall steht dem Netzbetreiber der wirtschaftliche Wert dieser Strommenge zu. Wie in Kapitel 3.3.2 dargestellt wird der Anlagenbetreiber aber Erlöse in gleicher (oder größerer) Höhe erzielen wollen wie im Falle der geförderten oder sonstigen Direktvermarktung und insbesondere nicht durch Zusatzkosten für die Ersatzbeschaffung des zu liefernden Stroms belastet werden wollen. Demnach kann der Netzbetreiber auch in dieser Situation – neben der Erstattung etwaiger Marktprämienzahlungen – i. d. R. keinen zusätzlichen wirtschaftlichen Vorteil erlangen.

Zusätzliche finanzielle Anreize für den Netzbetreiber könnten gesamtwirtschaftlich vorteilhaft erscheinen, soweit sie den Wert der zwischengespeicherten Strommengen nicht überschreiten, doch fehlt es hierfür an einer gesetzlichen Regelung.

---

40 Hendrich, in: Säcker, BerlKomEnR, Sonderband EEG 2014, § 57 Rn. 6. Vgl. auch Salje, EEG 2014, § 57 Rn. 4 ff., der allerdings weiterhin eine Kopplung an die vom Übertragungsnetzbetreiber abgenommenen Strommengen befürwortet.

4 Anwendbarkeit der Regeln des Einspeisemanagements und der Härtefallentschädigung auf Stromspeicher

Netzengpässe können Anlass für eine Reduzierung der Einspeisung aus Stromspeichern geben. Insoweit können auch Stromspeicher selbst Adressaten des EEG-Einspeisemanagements sein (siehe Kap. 4.1), sodass Entschädigungsleistungen nach § 15 EEG 2017 ausgelöst werden (siehe Kap. 4.2).

4.1 Einspeisemanagement von Stromspeichern

Netzbetreiber dürfen gemäß § 14 Abs. 1 EEG 2017 Maßnahmen des Einspeisemanagements gegenüber den an ihr Netz unmittelbar oder mittelbar angeschlossenen und mit entsprechenden technischen Einrichtungen ausgestatteten „Anlagen und KWK-Anlagen" ergreifen. Dem Anlagenbegriff unterfallen neben Anlagen zur Erzeugung von Strom aus erneuerbaren Energien oder Grubengas (§ 3 Nr. 1 Halbs. 1 EEG 2017) gemäß der Fiktion des § 3 Nr. 1 Halbs. 2 EEG 2017 auch Einrichtungen, die zwischengespeicherte Energie, die ausschließlich aus erneuerbaren Energien oder Grubengas stammt, aufnehmen und in elektrische Energie umwandeln. Damit erfasst der Anlagenbegriff auch die Stromerzeugung durch Stromspeicher, die ausschließlich Strom aus erneuerbaren Energien speichern.[41] Gemäß § 9 Abs. 1 EEG 2017 sind Stromspeicher jedenfalls bei einer installierten Leistung von mehr als 100 Kilowatt mit den dort genannten technischen Einrichtungen auszustatten. Dementsprechend können diese Anlagen dem Einspeisemanagement unterfallen.[42] Da § 3 Nr. 1 Halbs. 2 EEG 2017 jedoch nur eingreift, wenn der Strombezug ausschließlich aus EE-Anlagen erfolgt,[43] kommen nur Stromspeicher „vor dem Netz" in Betracht.

Bei Maßnahmen des Einspeisemanagements muss der Netzbetreiber auch im Hinblick auf Stromspeicher die sog. Abschaltreihenfolge einhalten. Zur Abschaltreihenfolge ergeben sich nur wenige gesetzliche Vorgaben. Nach § 14 Abs. 1 S. 2 EEG 2017 sind kleine Photovoltaikanlagen mit einer installierten Leistung von bis zu 100 Kilowatt gegenüber anderen Anlagen nachrangig zu regeln.[44] Zudem ist aus der mangelnden Erwähnung von Grubengas in § 14 Abs. 1 S. 3 EEG 2017 zu schließen, dass Anlagen zur Erzeugung von Strom aus Grubengas gegenüber EE- und KWK-Anlagen vorrangig

---

41 Vgl. Salje, EEG 2014, 2015, § 5, Rn. 10; Hennig/Von Bredow/Valentin, in: Frenz/Müggenborg et al., EEG, § 5 EEG Rn. 21.

42 So auch Walter/Huber, in: Biogasanlagen im EEG, § 8, Rn. 24.

43 Schumacher, in: Säcker, BerlKomEnR, Sonderband EEG 2014, § 5, Rn. 33.

44 Zum Hintergrund dieser Vorgabe König, in: Säcker, BerlKomEnR, Sonderband EEG 2014, § 14, Rn. 44.

zu regeln sind.[45] Da § 14 Abs. 1 S. 3 EEG 2017 vorsieht, dass insgesamt die größtmögliche Menge EE- und KWK-Strom einzuspeisen ist, hat der Netzbetreiber durch eine sog. Sensitivitätsanalyse zu ermitteln, welche Einspeisungen sich wie auf den Netzzustand auswirken und wo damit am wirkungsvollsten und schonendsten eingegriffen werden kann.[46] Hierbei sind Anlagen i. S. d. § 3 Nr. 1 EEG 2017 und KWK-Anlagen im Ausgangspunkt gleich zu behandeln, vgl. auch § 3 Abs. 2 KWKG.[47] Spezielle Vorgaben zur Einordnung von Stromspeichern in die Abschaltreihenfolge bestehen nicht; auch Festlegungen nach § 85 Abs. 3 Nr. 2 EEG 2017 sind bislang nicht ergangen. Die Leitfäden der *Bundesnetzagentur*[48] enthalten ebenfalls keine diesbezüglichen Hinweise.

Entsprechend der Anlagenfiktion des § 3 Nr. 1 Halbs. 2 EEG 2017 liegt es nahe, bei Stromspeichern auf die Herkunft der gespeicherten Energie abzustellen. Wird Strom aus kleineren Solaranlagen oder aus Grubengas gespeichert, muss die Stellung innerhalb der Abschaltreihenfolge daher derjenigen der ursprünglichen Erzeugungsanlage entsprechen. Darauf weist auch § 19 Abs. 3 S. 3 EEG 2017 hin, der die Förderhöhe entsprechend der Einspeisung ohne Zwischenspeicherung bestimmt. Wird im Stromspeicher daher ausschließlich Strom aus kleinen Photovoltaikanlagen gespeichert, ist dieser nachrangig abzuregeln, bei der Speicherung ausschließlich von Strom aus Grubengas hat eine vorrangige Abregelung zu erfolgen. Schwierigkeiten bereitet allerdings die Abschaltreihenfolge im Falle der gemeinsamen Speicherung von Strommengen aus verschiedenen Erzeugungsanlagen, da dem Speicher nur ein einheitlicher Rang zugeordnet werden kann. Denkbar wäre, dass keinem Erzeuger durch die gemeinsame Nutzung des Speichers ein Vorteil in Form einer besseren Position in der Abschaltreihenfolge entstehen soll, doch würde dies zugleich für einige beteiligte Erzeuger mit einer Verschlechterung ihres Rangs einhergehen. In Betracht kommt daher auch eine Einordnung der Anlage nach dem „Normalfall", d. h. ohne Vor- oder Nachrang beim Einspeisemanagement, um mögliche Vor- und Nachteile der gemeinsamen Speicherung auszugleichen.

Modifikationen der Abschaltreihenfolge ergeben sich, wenn eine vorrangige Regelung solcher Anlagen angenommen wird, die ein „speicherbares" Medium einsetzen (z. B. Biomasse- oder KWK-Anlagen), um das „Verlagerungspotenzial" nutzbar zu machen.[49] Bei Zugrundelegung dieses Ansatzes könnten auch Stromspeicher

45 Walter/Huber, in: Loibl/Maslaton et al., Biogasanlagen im EEG, § 8, Rn. 56 ff.; König, in: Säcker, BerlKomEnR, Sonderband EEG 2014, § 14, Rn. 46; a. A. Frenz, in: Frenz/Müggenborg et al., EEG, § 14 Rn. 26.

46 Im Einzelnen König, in: Säcker, BerlKomEnR, Sonderband EEG 2014, § 14, Rn. 48; Frenz, in: Frenz/Müggenborg et al., EEG, § 14 Rn. 28.

47 Frenz, in: Frenz/Müggenborg et al., EEG, § 14 Rn. 30.

48 BNetzA, Leitfaden zum EEG-Einspeisemanagement, Version 1.0, 2011 und BNetzA, Leitfaden zum EEG-Einspeisemanagement, Version 2.1, 2014.

49 Schumacher, ZUR 2012, 17, 20 f. unter Verweis auf Wustlich/Hoppenbrock in Altrock/Oschmann/Theobald, EEG, 3. Aufl. 2011, § 11 Rn. 51 ff.; a. A. Walter/Huber (Müller), in: Loibl/Maslaton et al., Biogasanlagen im EEG, 4. Aufl., Rn. 57.

aufgrund des bestehenden „Verlagerungspotenzials“ generell vorrangig zu regeln sein. Doch findet bereits die Berücksichtigung des gegebenen Verlagerungspotenzials auf die Abschaltreihenfolge im Wortlaut des § 14 EEG 2017 keine Stütze.[50] Eine solche Sichtweise würde zudem die Nutzungsmöglichkeiten des Stromspeichers durch seinen Betreiber einschränken, obwohl der Betrieb von Stromspeichern im Zusammenhang mit EEG-Anlagen vom Gesetzgeber grundsätzlich unterstützt wird, vgl. §§ 3 Nr. 1 Halbs. 2, 19 Abs. 3 EEG 2017. Stromspeicher sind daher nicht generell vorrangig zu regeln.

4.2 Härtefallentschädigung für Stromspeicher

§ 15 Abs. 1 EEG 2017 sieht eine Entschädigungspflicht des Netzbetreibers vor, wenn die Einspeisung von Strom aus einer Anlage zur Erzeugung von Strom aus erneuerbaren Energien, Grubengas oder Kraft-Wärme-Kopplung wegen eines Netzengpasses im Sinne von § 14 Abs. 1 reduziert wird. Damit stellt der Wortlaut ausdrücklich auf eine Erzeugungsanlage ab. Stromspeicher sind daher nicht explizit vom Wortlaut umfasst. Für „Einrichtungen, die zwischengespeicherte Energie, die ausschließlich aus erneuerbaren Energien oder Grubengas stammt, aufnehmen und in elektrische Energie umwandeln“, wird allerdings gem. § 3 Nr. 1 Halbs. 2 EEG 2017 die Eigenschaft als „Anlage“ i. S. d. EEG fingiert. Aufgrund dieser grundsätzlichen Gleichstellung und angesichts des sachlichen Zusammenhangs mit § 14 EEG 2017 ist davon auszugehen, dass auch Stromspeicher im Wege der Auslegung einzubeziehen sind.

Nach § 15 Abs. 1 EEG 2017 werden die entgangenen Einnahmen grundsätzlich zu 95 Prozent zuzüglich der zusätzlichen Aufwendungen und abzüglich der ersparten Aufwendungen ersetzt. Soweit die entgangenen Einnahmen in einem Jahr 1 Prozent der Jahreseinnahmen übersteigen, erhöht sich die Entschädigung für weitere entgangene Einnahmen auf 100 Prozent. Im Falle der Abregelung eines Stromspeichers können sich entgangene Einnahmen ergeben, sofern aufgrund der verlängerten Speicherdauer zusätzliche Speicherverluste entstehen sollten. Sofern der Speicher nicht zur Vermeidung einer Abregelung der Erzeugungsanlage beladen wurde, sondern etwa zur Bereitstellung von Regelenergie oder von zusätzlicher Flexibilität im Rahmen eines virtuellen Kraftwerks, können sich weitere finanzielle Nachteile aufgrund entgangener Vermarktungsmöglichkeiten des gespeicherten Stroms ergeben. Denkbar ist auch die Ansetzbarkeit von Opportunitätskosten, wenn der Speicher aufgrund des Einspeisemanagements nicht für die (erneute) Beladung mit Energie zur Verfügung stand.

50 So auch König, in: Säcker, BerlKomEnR, Sonderband EEG 2014, § 14 Rn. 50 f.

5 Fazit und Ausblick

Grundsätzlich ist die Speicherung von Strom „vor dem Netz“ sowohl dann, wenn der Anlagenbetreiber die Einspeisevergütung in Anspruch nimmt, als auch dann, wenn der in der Anlage erzeugte Strom direkt vermarktet wird, zulässig. Entschädigungsansprüche des Anlagenbetreibers nach § 15 EEG 2017 ergeben sich jedenfalls dann, wenn aufgrund der veranlassten Einspeicherung Maßnahmen des Einspeisemanagements vermieden werden können. Bedenken bestehen allerdings dann, wenn die Einspeicherung durch (bloße) betriebliche, nicht automatisiert durchgeführte Maßnahmen des Anlagenbetreibers selbst erfolgt. Aufgrund der gebotenen wirtschaftlichen Betrachtungsweise stehen dem Anlagenbetreiber Entschädigungsansprüche nur in Bezug auf die Speicherverluste sowie ggf. für etwaige weitere Nachteile aufgrund der verzögerten Netzeinspeisung, wie z. B. geringere Vermarktungserlöse, zu.

Wird Strom, der im System der Einspeisevergütung vermarktet wird, „im Netz“ durch den Verteilernetzbetreiber gespeichert, ist dessen Pflicht zur unverzüglichen Weitergabe an den Übertragungsnetzbetreiber jedenfalls so lange gewahrt, wie eine solche Weitergabe aufgrund eines bestehenden Netzengpasses nicht möglich ist. Es erscheint naheliegend, dass der Übertragungsnetzbetreiber in diesem Fall dem Verteilernetzbetreiber grundsätzlich die gesamte gezahlte EEG-Förderung ohne Abzug hinsichtlich etwaiger Speicherverluste erstatten muss. Für die Weitergabe der zwischengespeicherten Strommenge an den Übertragungsnetzbetreiber erlangt der Verteilernetzbetreiber allerdings keine weiteren finanziellen Vorteile.

Die Speicherung von Strom „im Netz“, der im System der Direktvermarktung gefördert wird, durch den Verteilernetzbetreiber bedarf einer vertraglichen Vereinbarung mit dem Anlagenbetreiber (bzw. dem Direktvermarktungsunternehmer). Es liegt nahe, dass der Anlagenbetreiber Erlöse in gleicher (oder größerer) Höhe erzielen will wie im Falle der geförderten oder sonstigen Direktvermarktung und insbesondere nicht durch Zusatzkosten für die Ersatzbeschaffung des zu liefernden Stroms belastet werden will. Damit wird der Netzbetreiber i. d. R. keinen zusätzlichen wirtschaftlichen Vorteil erlangen. Die Speicherung „im Netz“ durch den Netzbetreiber begegnet zudem erheblichen Bedenken im Hinblick auf das Doppelvermarktungsverbot des § 80 EEG 2017 wie auch unter entflechtungsrechtlichen Gesichtspunkten.

Sollte zukünftig eine Förderung der Stromspeicherung „vor dem Netz“ bzw. „im Netz“ zur Vermeidung der Abregelung von Erzeugungsanlagen gewollt sein, wäre die Gewährung zusätzlicher finanzieller Anreize für den Anlagenbetreiber bzw. den Verteilernetzbetreiber denkbar. Aus einer gesamtwirtschaftlichen Perspektive kann es vorteilhaft sein, wenn aufgrund Zwischenspeicherung dem finanziellen Aufwand des Netzbetreibers für Härtefallentschädigung bzw. EEG-Förderung auch eine erzeugte EE-Strommenge gegenübersteht, anstatt dass Härtefallentschädigung für nicht erzeugten Strom geleistet wird. Die Gewährung zusätzlicher finanzieller Anreize bedarf allerdings einer gesetzlichen Grundlage. Zu überlegen wäre auch, ob im Falle einer Zwischenspeicherung „im Netz“ zur Vermeidung der Abregelung von

Erzeugungsanlagen – ähnlich wie bei der Speicherung „vor dem Netz“ – das Ruhen der Leistungspflichten des Anlagenbetreibers entsprechend der Risikoverteilung nach § 13 Abs. 5 S. 1 EnWG vorgesehen werden könnte. Damit würden zugleich die Bedenken aufgrund eines Verstoßes gegen das Doppelvermarktungsverbot behoben. Eine weitere Klärung wäre auch hinsichtlich der entflechtungsrechtlichen Grenzen einer Speicherung durch den Netzbetreiber wünschenswert.

Literatur

Altrock, M., Oschmann, V., Theobald, C. (Hrsg.) (2013). EEG – Erneuerbar-Energien-Gesetz, *Kommentar*, 4. Aufl.

Säcker, F. J. (Hrsg.) (2013). *Berliner Kommentar zum Energierecht*, 3. Aufl.

Danner, W., Theobald, C. (Hrsg.) (2016). *Energierecht, 87. Ergänzungslieferung.*

Frenz, W., Müggenborg, H.-J., Cosack, T., Ekardt, F. (Hrsg.) (2013). *Erneuerbare-Energien-Gesetz Kommentar*, 3. Aufl.

Frenz, W., Müggenborg, H.-J., Cosack, T., Ekardt, F. (Hrsg.) (2015). *Erneuerbare-Energien-Gesetz Kommentar*, 4. Aufl.

Heller, H. (2013). Optimierung der energierechtlichen Rahmenbedingungen durch Einsatz moderner Stromspeichertechnologie, *EWeRK* 2013, S. 177–188.

Von Hesler, W. (2015). Stromspeicher und EEG-Umlage: Eine Analyse der geltenden Rechtslage, *REE* 2015, S. 150–155.

Kment, M. (Hrsg.) (2015). *Energiewirtschaftsgesetz.*

Loibl, H., Maslaton, M., Von Bredow, H., Walter, R. (Hrsg.). (2016) *Biogasanlagen im EEG*, 4. Aufl.

Reshöft, J., Schäfermeier, A. (Hrsg.) (2014). *EEG Kommentar*, 4. Aufl.

Riewe, J., Sauer, M. (2014). Einsatz- und Rechtsrahmen für moderne Batteriegroßspeicher, *EWeRK* 2014, S. 79–96.

Salje, P. (2015). EEG 2014, *Kommentar*, 7. Aufl.

Schumacher, H. (2012). Die Neuregelungen zum Einspeise- und Engpassmanagement, *ZUR* 2012, 17–22.

Schwintowski, H.-P. (2014). Die Rolle von Stromspeichern im Marktdesign, *EWeRK* 2014, S. 271–273.

Schwintowski, H.-P. (2015). Konfiguration und rechtliche Rahmenbedingungen für den modernen Batteriespeichermarkt, *EWeRK* 2015, 81–98.

Sterner, M., Thema, M., Eckert, F., Moser, A., Schäfer, A., Drees, T., Rehtanz, C., Häger, U., Kays, J., Seack, A., Sauer, U., Leuthold, M., Stöcker, P. (2014). Stromspeicher in der Energiewende, Studie der Agora Energiewende, abrufbar unter: https://www.agora-energiewen-de.de/filead-min/downloads/publikationen/Studien/Speicher_in_der_Energiewende/Agora_Speicherstu-die_Web.pdf (letzter Aufruf: 25.5.2016).

Thomas, H., Altrock, M. (2013). Einsatzmöglichkeiten für Energiespeicher, *ZUR* 2013, S. 579–589.

Vergoßen, J. (2012). *Das Einspeisemanagement nach dem Erneuerbare-Energien-Gesetz im Spannungsverhältnis der Versorgungssicherheit und des Vorrangprinzips*, Nomos Baden-Baden (Hrsg.: Ulrich Ehricke).

Weyer, H., Lietz, F. (2014). *Entflechtungsvorgaben für den Betrieb von Stromspeichern – Teil 1, ZNER* 2014, S. 241–245.

Weyer, H., Lietz, F. (2014). *Entflechtungsvorgaben für den Betrieb von Stromspeichern – Teil 2, ZNER* 2014, S. 356–362.

Weyer, H., Lietz, F., Nadler, C., Hochholzer, C. (2016). *Batteriespeicheranlagen im Multi-Purpose-Betrieb: Energiewirtschaftsrechtliche Rahmenbedingungen*, Cuvillier Göttingen (Hrsg.: Weyer u.a.).

Sebastian Schnurre

Speichereinsatz zur Erbringung von dezentral einsetzbarer Flexibilität

1 Einleitung

Aus energiewirtschaftsrechtlichem Blickwinkel wird man sich dem Speicher im Energiesystem über die Suche nach einem einheitlichen Begriffsverständnis nähern. Dies verdeutlicht die in der Fachöffentlichkeit geführte Diskussion über eine geeignete Speicherdefinition.[1]

Wählt man als Startpunkt dagegen die Frage, wie viele Speicher im Energiesystem notwendig sein werden,[2] um die Energiewende zum Erfolg zu bringen, steht eine andere Frage im Fokus. Diese lässt sich im Kern auf zwei widerstreitende Positionen reduzieren: Etwas überspitzt werden von der einen Seite Argumente vorgebracht, warum Speicher im Energiesystem vor 2030 keinesfalls in größerem Umfang benötigt werden.[3] Die Schlussfolgerung liegt nahe: Anpassungen des Rechtsrahmens sind vorerst entbehrlich – beziehungsweise die Verbesserung der Wirtschaftlichkeit von Speichern sei nicht im gesellschaftlichen Interesse. Die Gegenseite trägt vor, dass Speicher bereits jetzt in großem Stil für die Systemstabilität erforderlich sein sollen.[4] Die sich daraus ergebende Schlussfolgerung lautet: Der Rechtsrahmen ist sofort anzupassen – und zwar dergestalt, dass die sich aus den Rahmenbedingungen ergebende Wirtschaftlichkeit von Speichern zu verbessern ist.

Da die energiewirtschaftliche Begriffsbestimmung (insbesondere der Letztverbraucherbegriff) entscheidende Kostenzuordnungen beinhaltet, ist die Frage nach der Definition mit der Frage nach dem Systemnutzen verwoben.

Dabei verstellen die beiden Positionen zur „Systemnutzendebatte" den Blick auf die zentrale Frage, die alles andere als trivial ist: „Wie sieht eine systemisch und juristisch sinnvolle Einbindung von Speichertechnologien in den bestehenden Rechtsrahmen aus?" Die „Systemnutzendebatte" kann und will diese Frage nicht beantworten – denn

1 Z. B. Riewe/Meyer; Stromspeicherdefinition im EnWG – Ein Werkzeugkasten aus rechtswissenschaftlicher Sicht in: EWerk 3/2015 m. w. N.

2 Im Folgenden: „Systemnutzendebatte".

3 Beispielhaft Agora Energiewende in einer Pressemitteilung im September 2014 anlässlich der Veröffentlichung einer Studie: „Im Stromsektor werden neue Stromspeicher erst bei einem sehr hohen Anteil Erneuerbarer Energien benötigt."

4 So z. B. die Positionierung des Speicherverbands BVES zum Weißbuch des *Bundeswirtschaftsministeriums*, die m. E. energiewirtschaftlich hier mit dem Verweis auf die Systemstabilität nicht trägt: „Entschieden zu widersprechen ist jedoch der Position, dass zusätzliche Speicher erst in der weiteren Zukunft notwendig sind. Bereits heute übersteigt in vielen regionalen Gebieten, insbesondere im windreichen Norden Deutschlands, die EE-Erzeugung häufig den Verbrauch. Ohne Energiespeicher wäre die Systemstabilität schwierig."

https://doi.org/10.1515/9783110458480-015

im Kern steht die Beantwortung der Frage: „Wie viel Speicher braucht das Energiesystem?“ Dieser Frage wohnt allerdings die Vorstellung inne, dass der Zubau von Speichern anhand eines Zielkorridors staatlich gelenkt werden sollte – eine Vorstellung, die bei dem Kauf von anderen „elektrischen Konsumgütern“ niemals zum Tragen käme. Ob man den Speicher nun eher als ein Konsumgut oder einen „besonderen Typus einer energiewirtschaftlichen Anlage“ versteht, kann zwar nicht pauschal beantwortet werden, dennoch ist dies in jedem Fall ein wesentlicher Ausgangspunkt für die weitere Betrachtung.

Deshalb wählt dieser Beitrag eine alternative Herangehensweise gegenüber der „Systemnutzendebatte“. Geht man nach der mittlerweile beendeten ersten Phase der Energiewende, die v. a. durch ein quantitatives Aufwachsen der erneuerbaren Erzeugung gekennzeichnet war, davon aus, dass sich in einigen Jahren bzw. Jahrzehnten Stromanwendungen durchgesetzt haben,[5] werden sich aus verschiedensten Gründen Speichertechnologien im Besitz natürlicher und juristischer Personen befinden – und zwar unabhängig davon, ob diese aus Systemsicht gebraucht oder nicht gebraucht werden. Der aktuell zu beobachtende Preisverfall bei den Batteriespeichern[6] kann dabei als starkes Indiz gelten. Ab Mitte der 2020er-Jahre wird sich mit großer Wahrscheinlichkeit eine nicht unerhebliche Zahl von Elektromobilen und Speichern verbunden mit Eigenerzeugungsanlagen (ggf. in Verbindung mit elektrischen Heizanwendungen) im Energiesystem befinden.[7] Auf diese beiden mengenmäßig zahlreichen, leistungsmäßig aber v. a. in der Summe relevanten Speichertypen, die auch dem Konsum- und Luxusgütersegment, nicht ausschließlich dem Segment der „klassischen Energiewirtschaft“ zuzuordnen sind, konzentriert sich der Beitrag. Bei diesen beiden Speichertypen stehen folgerichtig auch andere Betriebszwecke im Fokus als beim klassischen Kraftwerksbetrieb. Derjenige, der sich einen Speicher anschafft, wird selbstverständlich Wirtschaftlichkeitserwägungen berücksichtigen, aber nicht ausschließlich. Beim Kauf eines E-Autos werden Motive sicherlich Komfort, Beschleunigung, Mobilität sein. Bei der Einbindung von Speichern im Falle der Eigenerzeugung ist demgegenüber der Treiber v. a. das Streben nach Autarkie, selbst wenn diese Autarkie in den meisten Fällen aufgrund der notwendigen Vorhaltung und Nutzung eines Netzanschlusses mehr Illusion als Wirklichkeit ist.[8]

---

5 Sofern man die CO_2-Ziele dahingehend herunterrechnet, dass nicht substituierbare Prozesse z. B. in der Chemie abgezogen werden, bleibt für fossile Energieträger kein Raum. Vgl. z. B. Umweltbundesamt, Treibhausgasneutrales Deutschland im Jahr 2050, Oktober 2013, S. 8. Demnach werden die verbleibenden Emissionen bereits durch Landwirtschaft, Industrieprozesse und Abfall komplett ausgeschöpft.

6 Auf der *Consumer Electronic 2016* hat das Unternehmen *Tesla* einen 10 kWh-Speicher für 3500 US-Dollar vorgestellt.

7 Eine Analyse der LBD geht davon aus, dass 2025 2,25 Mio. stationäre und 750.000 mobile (Elektrofahrzeuge) Speicher mit einem Flexibilitätsangebot von 30.000 MW im Einsatz sein werden.

8 Interne Analysen der Speicherhersteller bzw. -betreiber belegen klar das Potenzial. Dies lässt sich daraus ableiten, dass das Wort „Unabhängigkeit“ als Schlüsselwort in zahlreichen Werbeunterlagen und Broschüren enthalten ist.

Diese kleineren Speicher können beachtliche positive wie negative Auswirkungen auf das Energiesystem haben und müssen demnach in ein passendes Umlagen- und Abgabenregime eingebunden werden. Dies gilt umso mehr, als dass der Strompreis der Haushaltskunden zu etwa 75 bis 80 Prozent[9] aus staatlich beeinflussbaren Preisbestandteilen besteht.

Der Beitrag beleuchtet die Eignung der regulatorischen Rahmenbedingungen, und dabei insbesondere die Fragestellung, wie das hier voraussichtlich erhebliche Flexibilitätspotenzial sinnvoll in das Energiesystem und damit in die das Netz betreffenden Vorschriften eingebunden werden kann.

2 Flexibilitätspotenzial der Speicher und ihr Einsatz

Bevor der aktuell geltende Rechtsrahmen, Probleme und Lösungsansätze behandelt werden, werden einige Aspekte behandelt, die die Fragestellung in einen größeren Kontext einordnen. Dabei wird ausgehend von der prinzipiellen Funktionalität der Speicher (siehe Kap. 2.1) die marktliche Einbettung als Grundanwendungsfall (siehe Kap. 2.2) und die regulatorische Einbindung in die Netzentgeltstruktur (siehe Kap. 2.3) in Grundzügen dargestellt, um in der Folge die Begrifflichkeit der dezentral eingesetzten Flexibilität (siehe Kap. 2.4) aufzugreifen.

2.1 Zeitgleiche Funktionalitätszuordnung

Die aktuell als ein Hauptanwendungsfall für stationäre Batteriespeicher dominierende Eigenverbrauchsoptimierung illustriert, welche unterschiedlichen Betriebs- und Fahrweisen des Speichers denkbar sind. Diese reichen vom direkten Laden (dies kann problematisch für das Netz sein, da der Speicher bis zum Erreichen des Füllstands aufgeladen wird und ab diesem Moment die Einspeisung sprunghaft ansteigt) bis hin zu einem prognosebasierten Laden (hier findet der jeweilige Marktpreis Berücksichtigung und es entstehen deutlich flachere Einspeisegradienten durch die Eigenerzeugungsanlage als beim direkten Laden).[10] Je nach Betriebs- und Fahrweise können Speicher demnach netzentlastend aber auch -belastend wirken.[11]

9 Energiebeschaffung, Vertrieb, sonstige Kosten und Marge machen beim Strompreis für Haushaltskunden 26,6 Prozent des Gesamtpreises aus. (Stand: 01.04.2014, Monitoringbericht 2014 der Bundesnetzagentur). Die neuesten Datensätze des BDEW (*Bundesverband für Elektrizitäts- und Wasserwirtschaft*) gehen für Anfang 2016 gar von mittlerweile 21 Prozent aus.

10 Weitere Betriebsweisen sind z. B. Peak Shaving und verzögertes Laden. Vgl. Sterner et. al: Der positive Beitrag dezentraler Batteriespeicher für eine stabile Stromversorgung, S. 13 ff., Kurzstudie im Auftrag von BEE e. V. und Hannover Messe, 2015.

11 Vgl. Abschätzungen zum markt- und netzgetriebenen Einsatz von Speichern in: Dena-Verteilnetzstudie, 2012.

Die hier im Fokus stehenden Speicher haben gemeinsam, dass eine räumliche Nähebeziehung[12] des Speichers zu einem Erzeuger und/oder Verbraucher besteht bzw. beim Elektrofahrzeug der Verbraucher mit dem Speicher zusammenfällt (liegt eine räumliche Nähebeziehung i. w. S. vor, werden diese hier „Verbundspeicher" bezeichnet). Letztlich vermag ein Verbundspeicher im Rahmen der technischen Möglichkeiten aus einem Verbraucher einen Erzeuger und aus einem Erzeuger einen Verbraucher zu machen. Diese Eigenschaft in Verbindung mit messtechnischen Fragestellungen ist der Hauptgrund, weshalb die sich in aller Regel am Leitbild der klassischen Erzeugung oder des klassischen Letztverbrauchs ausrichtenden Vorschriften erhebliche Schwierigkeiten[13] verursachen.

Wie das Beispiel belegt, kann niemals per se festgestellt werden, ob eine Technologie system- oder netzdienlich oder per se system- oder netzschädlich ist. Dies ist immer davon abhängig, welche Betriebsweise im jeweiligen Zeitraum gewählt wird. Insofern ergeben sich für den mit Erzeugung oder Verbrauch verknüpften Verbundspeicher folgende Rückschlüsse: Nimmt der Verbundspeicher von einer Erzeugungsanlage Strom auf und gibt diesen zu einem späteren Zeitpunkt an das Netz ab, sind ein (oder zwei, sofern eine Netzdurchleitung erfolgt) Zeitpunkt(e) von Relevanz – in jedem Fall der Zeitpunkt, zu dem durch den Speicher in das öffentliche Netz eingespeist wird und gegebenenfalls der Zeitpunkt, an dem der Strom von der Erzeugungsanlage über das Netz zu einem Speicher „transportiert" wird. Im Fall des Verbrauchs ist jedenfalls der Zeitpunkt der Entnahme des Stroms aus dem Netz relevant und ggf. der Zeitpunkt der Weiterleitung über ein Netz an einen Verbraucher.

Daraus leitet sich das Prinzip der zeitgleichen Betrachtung ab. Dieses findet sich im Ansatz in einer Reihe an Normen. Der Gesetzgeber hat bspw. die Zeitgleichheit in § 61 Abs. 7 S. 1 EEG[14] als geltendes Prinzip für die Ermittlung des aggregierten Eigenverbrauchs aufgenommen. Auch im Leitfaden zur Eigenversorgung der *Bundesnetzagentur* findet sich die „Zeitgleichheit" als zentrales Kriterium.[15] Die Zeiteinheit in § 61 EEG orientiert sich dabei als 15-Minuten-Intervall an der minimalen Produktgröße auf den Großhandelsmärkten und den üblichen Bilanzierungsintervallen.

Auch im Messstellenbetriebsgesetz findet sich gem. §§ 55 Abs. 1 , 60 Abs. 3 i. V. m. 2 Nr. 27 MsbG die Vorgabe, bei allen Verbrauchern mit intelligenten Messsystemen

12 Hier wird nicht der Begriff der „unmittelbar räumlichen Beziehung" gem. § 5 Nr. 12 EEG (gleichlautend in § 3 Nr. 19 EEG 2017) gewählt, der Voraussetzung für die Eigenversorgung ist, sondern im ersten Schritt ein weiter Begriff verwendet (siehe auch Kap. 3.3).

13 Vgl. die politische Diskussion zu „Doppelbelastungen". Beispielhaft: Der Appell der Branchenverbände BDEW, BEE, bne, BVES, VDMA und VKU an die Politik vom 26.01.2016.

14 Mit dem EEG 2017 wurde die Regelung wortgleich in § 61h Abs. 2 S. 1 EEG überführt.

15 Vgl. BNetzA, Leitfaden zur Eigenversorgung, Juli 2016, Abb. 9, S. 38. Die *Bundesnetzagentur* äußert hier die Ansicht, dieses Grundverständnis trifft in gleicher Weise auf jeden selbsterzeugten Letztverbrauch zu.

(von dem alle Verbraucher mit mehr als 10.000 kWh Jahresverbrauch[16] und alle Erneuerbaren-Anlagen von mehr als 7 kW zwingend umfasst sind) eine Zählerstandsgangmessung im 15-Minuten-Intervall durchzuführen. Dabei sind gem. § 55 Abs. 5 MsbG im Falle von zusammenfallenden Erzeugungs- und Verbrauchssituationen an einem Anschlusspunkt zumindest entnommene und eingespeiste Energie getrennt zu bestimmen.

Eine zeitgleiche funktionale Zuordnung[17] des Verbundspeichers ist damit von zentraler Bedeutung. Dies wird ersichtlich in der Begründung zu § 19 MsbG oder zu § 55 MsbG. Diese lautet: „Die Regelung fixiert zur Abhilfe des uneinheitlichen und wenig netzdienlichen Zustandes eine Verpflichtung zur feingranularen Messung (registrierende Lastgang- oder Zählerstandsgangmessung)."

Das Kriterium der Netzdienlichkeit ist grundlegend als zeitabhängig (zumindest bezogen auf das 15-Minuten-Intervall) einzuordnen.

2.2 Ausrichtung als wettbewerblicher Markt

Marktwirtschaftliche Instrumente verbunden mit Steuerung oder Regelung betreffenden Algorithmen sind zur Einbindung der Verbundspeicher der sich in der Praxis abzeichnende Weg. Angesichts der auch auf dem Energiemarkt zu erwartenden Atomisierung[18] sind Geschäftsmodelle, Betriebsführung und Fahrplanmanagement dem Markt und Preissignalen zu überlassen. Nur diese Signale sind in der Lage, eine millionenfache Anlagenzahl effizient zu einer der Erzeugungs- und Verbrauchssituation angepassten Fahrweise zu bewegen.

Ansätze, die die Kapital- und Betriebskosten der Speicher direkt über den Netzbetreiber und die Anreizregulierung auf die Gesamtheit der Netzentgelte verlagern, sind dabei aus Gründen der damit zusammenhängenden Verzerrung des Wettbewerbs nicht zielführend.[19] Insofern ist bei der Verstetigung der Regeln ein bedeutender Aspekt, die Schnittstelle zwischen regulierten und wettbewerblichen Akteuren klar und trennscharf auszugestalten.

Aus der marktlichen Einbettung erwächst für Verbundspeichertechnologien eine große Chance. Flexibilität hat im zukünftigen Energiesystem einen hohen Wert: als unerlässlicher Baustein, um den erwarteten und absehbaren täglichen und stündlichen Hub der mittleren Systemlastkurve in den Griff zu bekommen. Untersuchungen gehen zum Teil für das Jahr 2050 von Szenarien aus, in denen kurzfristig innerhalb

16 Vgl. § 60 Abs. 3 MsbG.

17 Die messtechnischen Voraussetzungen werden in Kapitel 3 im Kontext von § 14a EnWG vertieft.

18 Beispielhaft: Jani, O., in: Wandtke, A. (Hrsg.). Medienrecht: Praxishandbuch, S. 275 ff.

19 Der Speichereinsatz gilt als gegenüber dem Netzbetrieb „anderer Tätigkeitsbereich der Energieversorgung" i. S. d. der Entflechtungsvorschrift des § 7 Abs. 1 EnWG; für einen anderen Ansatz tritt bspw. Schwintowski ein in: EWerk 5/2014, S. 271–273.

einer Stunde bis zu etwa 30 Gigawatt (zum Vergleich: die mittlere Last beträgt heute i. d. R. zwischen 50 und 60 Gigawatt) zu- und abgeschaltet werden müssen.[20] Ein großer Anteil an diesen steilen Rampen wird auch dem Fahr- und Aufladeverhalten von E-Mobilen zugeschrieben. Es liegt damit auf der Hand, die voraussichtlich zur Verfügung stehende flexible Leistung durch Verbundspeicher (stationär und mobil) regulatorisch dergestalt in das System einzubinden, dass Preissignale zur Reduktion der Steigung und Bewältigung der Rampen insgesamt eingesetzt werden können. Hierfür sind im Grundsatz mit den verschiedenen Flexibilitätsmärkten (insbesondere mit den Regelleistungs- und den Spotmärkten) geeignete marktwirtschaftliche Instrumente zur Aktivierung dieser Flexibilitäten vorhanden. Diese setzen allerdings bei der Systemlast insgesamt ein und gehen von einer engpass- und störungsfreien Netzsituation auf allen Spannungsebenen aus („Kupferplattenprinzip"). Grundbedingung für die marktliche Nutzung ist damit die Einbindung in das Netznutzungsregime. Erfüllt der Speicher die damit verbundenen (sowie die sonstigen) Anforderungen, kann er im Markt frei verwendet werden.

2.3 Grundsätzlicher Umgang mit Netzrestriktionen und Entgeltstruktur

Die Netznutzung im Falle der Entnahme von Strom führt grundsätzlich zur Entrichtung eines Netzentgelts. Einspeiser sind demgegenüber gem. § 15 Abs. 1 S. 3 StromNEV von der Kostenbeteiligung freigestellt und erhalten unter zusätzlichen Voraussetzungen vermiedene Netzentgelte. Zwar sollten diese nach dem Kabinettsbeschluss für ein Strommarktgesetz[21] ab 2021 für Neuanlagen abgeschafft werden, angesichts des Widerstands gegen die Abschaffung erscheint dies zum Zeitpunkt des Redaktionsschlusses weiter offen.

§ 3 Abs. 2 StromNEV macht dabei einen Grundsatz der Netzentgeltstruktur deutlich: „Mit der Entrichtung des Netzentgelts wird die Nutzung der Netz- oder Umspannebene des jeweiligen Betreibers des Elektrizitätsversorgungsnetzes, an die der Netznutzer angeschlossen ist, und aller vorgelagerten Netz- und Umspannebenen abgegolten".

Aus der Nutzungsbezogenheit leitet sich mit der verursachungsgerechten Beteiligung an den Netzkosten ein zentrales Prinzip hinsichtlich der Kostenverteilung ab.[22] Die verursachungsgerechte Zuordnung hinsichtlich der einzelnen entnehmenden Netznutzer wird heute maßgeblich durch die Gleichzeitigkeitsfunktion nach § 16 StromNEV i. V. m. Anlage 4 definiert. Dabei wirkt die zeitgleiche Jahreshöchstlast als Bestimmungskriterium für Netzdimensionierung und damit als Leitkriterium.

20 Vgl. bspw. Boßmann/Wietschel: Lastmanagement als bedeutender Baustein für die Energiewende in: E/T, Zeitschrift für energiewirtschaftliche Tagesfragen, 11/2015.

21 Kabinettsbeschluss vom 04.11.2015.

22 Vgl. § 16 Abs. 1 S. 1 StromNEV: „Die Zuteilung der Kosten [...] hat möglichst verursachungsgerecht zu erfolgen."

Jedem gemessenen Letztverbraucher[23] wird aktuell auf Basis der Jahreshöchstlast ein Gleichzeitigkeitsgrad zwischen 0 und 1 zugewiesen, der für die Erstellung der Koeffizienten und damit die konkrete Entgeltbildung im jeweiligen Netzgebiet maßgeblich ist. Dazu kommt die Benutzungsstundenzahl: Anhand des Quotienten aus der in einem Jahr entnommenen Arbeit und der individuellen Jahreshöchstleistung ergibt sich gem. Nr. 3 der Anlage 4 der StromNEV die Zahl der Benutzungsstunden. In Verbindung mit der Jahreshöchstleistung ergibt sich daraus ein bestimmter Punkt auf dem Diagramm. Alle Punkte zusammengenommen, ergeben sich zwei Funktionen, die sich nach der gesetzlichen Vorgabe bei 2500 Benutzungsstunden schneiden. Unterhalb von 2500 Benutzungsstunden besteht ein stärkeres Arbeitspreisgewicht, oberhalb ein stärkeres Leistungspreisgewicht aufgrund der größeren Wahrscheinlichkeit einer höheren Leistung zum nicht vorab bestimmbaren Zeitpunkt der Jahreshöchstlast im entsprechenden Netzgebiet.

Auf dieser Basis wird für beide Letztverbrauchergruppen oberhalb und unterhalb von 2500 Benutzungsstunden (und nach aktueller Praxis und herrschender Meinung damit grundsätzlich auch der Speicher) die Beteiligung an den Netzentgelten festgelegt, von der allerdings im Falle der Erfüllung von Ausnahmetatbeständen abgewichen werden kann. Hier ist insbesondere der stark in die Kritik geratene § 19 Abs. 2 StromNEV hinsichtlich der beiden zentralen Alternativtatbestände atypischer Netznutzer (S. 1) und Großverbraucher ab 10 GWh Jahresverbrauch (S. 2) zu nennen.[24] Die Ausnahmetatbestände knüpfen daran an, dass im konkreten Fall die Einstufung in die Gruppe hinsichtlich der zu erwartenden Gleichzeitigkeit zum Zeitpunkt der Jahreshöchstlast nicht gerechtfertigt ist.

Dies zeigt, dass eine energiewirtschaftsrechtlich konsistente Einbindung der Speichertechnologien eine Lösung innerhalb der Netzentgeltsystematik notwendig macht. Dabei spielt als Beurteilungskriterium die Auswirkung der Speicher auf die beschriebene Gleichzeitigkeitsfunktion eine zentrale Rolle.

2.4 Dezentral eingesetzte Flexibilität

Unter Flexibilität wird hier die Differenz zwischen Baseline und tatsächlichem Leistungsverlauf verstanden. Die Baseline ist dabei, allgemein gehalten, der Leistungsverlauf, der ohne Erbringung von Flexibilität eingetreten wäre.[25]

23 Auch nachgelagerte Netzbetreiber erhalten einen zugewiesenen Gleichzeitigkeitsgrad.

24 Diese Ausnahmetatbestände werden selbst durch das zuständige *Bundesministerium für Wirtschaft und Energie* im sog. Weißbuch, Ein Strommarkt für die Energiewende, Ergebnispapier vom Juli 2015, S. 71 deutlich kritisiert.

25 Insoweit wird die Definition aus dem bne-Positionspapier „Flexibilitätsvermarktung im deutschen Strommarkt“ vom 17.09.2015 verwendet.

Um den dezentralen Einsatzzweck zu beschreiben, eignet sich am besten eine Kombination aus Negativ- und Positivumschreibung. Negativ abgegrenzt werden kann der dezentrale Einsatz vom zentralen Einsatz, der i. d. R. durch ein marktweites Preissignal ausgelöst wird, also bspw. der Einsatz am Regelleistungsmarkt, an den Spotmärkten, über die Verordnung über Vereinbarungen zu abschaltbaren Lasten etc. Positiv kann als Tatbestandsmerkmal festgehalten werden, dass der Einsatz zumindest im Interesse der übrigen Netznutzer sein sollte. Das heißt als Mindestvoraussetzung, dass im Vergleich der Einsatz bzw. die Zusicherung einer entsprechenden Fahrweise verbunden mit der Erstattung der Kosten bzw. Reduktion der Netzentgelte insgesamt günstiger für die Gesamtheit der Netznutzer sein sollte, als ein Nichteinsatz der Flexibilität verbunden mit den weiteren anfallenden Kosten. Ansonsten wäre das Merkmal der Verursachungsgerechtigkeit nicht zu halten. Das heißt allerdings nicht, dass jeder konkrete Einsatz als solcher Basis dieser Kosten-Nutzen-Abwägung sein muss, denn dafür sind die Pauschalisierungen im jetzigen System ohnehin zu ausgeprägt. Vielmehr muss eine nachvollziehbare Begründung für eine gesicherte Wahrscheinlichkeit eines derartig vorteilhaften Effekts vorliegen.

Auf Basis einer Festlegung der *Bundesnetzagentur*[26] werden dabei für jedes Netzgebiet jährlich im Voraus jahreszeitliche Hoch- und Schwachlastzeitfenster für die einzelnen Spannungsebenen definiert, die eine derartige positive Wirkung bei entsprechender Berücksichtigung indizieren sollen.

Diese Vorgaben entstammen aus der Zeit, in der unwidersprochen die Höchstlast als alleiniges und maßgebliches Auslegungskriterium für die Netzplanung gelten durfte. Doch wie bereits die BMWi-Verteilernetzstudie aus dem Jahr 2014[27] insbesondere für PV- und windgeprägte Regionen belegt, ist für die zukünftige Dimensionierung des Netzes bereits heute die maximale Einspeisung ein relevanter Faktor. Perspektivisch kommt ein weiterer Effekt hinzu, der durch automatisiertes zeitgleiches Verbrauchsverhalten der Letztverbraucher entsteht. Insbesondere bei Berücksichtigung der in Kapitel 2.2 beschriebenen Zielstellung, Speicher möglichst umfänglich an Marktpreissignale zu koppeln, sind damit Reaktionen erwartbar, die Aggregationsbereiche einzelner Netzgebiete überfordern. Bei aller Zurückhaltung gegenüber Pauschalisierungen lässt sich grundsätzlich auf Basis der genannten Studie als tendenzielle Leitkriterien für ländliche Regionen die maximale zeitgleiche Einspeisung vermuten. Für IKT-durchdrungene städtische Regionen wird demgegenüber eher eine hohe Gleichzeitigkeit des Verbrauchs aufgrund automatisierter Reaktionen die Netzplanung und -auslegung beeinflussen.

Die starre Vorgabe vorab festgelegter großflächiger Zeitfenster wird damit mit zunehmendem Ausbau der volatilen Energien immer ungeeigneter für die Indikation. Aus diesem Grund wurde in den letzten Jahren eine v. a. in Fachkreisen viel beachtete

26 Beschluss BNetzA, BK 4-13-739.

27 „Moderne Verteilernetze für Deutschland", Studie im Auftrag des Bundesministeriums für Wirtschaft und Energie vom 12.09.2014.

Diskussion um kurzfristigere Flexibilitätsmodelle im Bereich der Verteilernetze losgetreten. Ausgehend von dem Grundgedanken der im Rahmen einer Arbeitsgruppe im *Bundeswirtschaftsministerium* erarbeiteten Netzampel[28] wurden verschiedene aktuell diskutierte Konzeptionen[29] zur Koordination zwischen Netz und Markt vorgelegt.

Die Koordinationsmodelle lassen sich in Anlehnung an eine Studie des *Schweizerischen Bundesamts für Energie*[30] unterscheiden nach Modellen mit (1) Echtzeit-Engpass-Vorhersage und Engpassbeseitigung, (2) vorausschauende Engpass-Vorhersage und Engpassbeseitigung und (3) Modellen mit vorausschauender Engpassbewirtschaftung und Kapazitätsermittlung.

Verbundspeicher werden aufgrund der Möglichkeit, sowohl die regionale Erzeugung als auch den regionalen Verbrauch optimieren zu können, in derartigen Koordinationsmodellen eine große Rolle spielen können. Allerdings ist auch zu erwähnen, dass die Diskussion über die beschriebenen Koordinationsmodelle im Detail noch aussteht.

3 Der aktuelle Rechtsrahmen

In Kapitel 3 werden der aktuelle Rechtsrahmen für Speicher skizziert und dabei die entsprechenden Handlungsfelder herausgearbeitet. Dabei liegt der Fokus auf Speichern, die Elektrizität ein- und ausspeichern und tendenziell dem Konsumgütersegment und damit dem Massenmarkt zuzuordnen sind.

3.1 Netzentgeltpflicht

Ausnahmen vom regulären Netzentgelt benötigen als Rechtsgrundlage mindestens eine Norm in einer Verordnung, vgl. § 24 S. 1 Nr. 3 EnWG. Die Ermittlung der Netzentgelte richtet sich dabei nach § 17 Abs. 1 S. 2 StromNEV.[31] Maßgeblich ist die Messvorrichtung an der Entnahmestelle. Die Entnahmestelle ist in § 2 Nr. 3 StromNEV definiert als „Ort der Entnahme elektrischer Energie aus einer Netz- oder Umspannebene

28 Die Netzampel ist in erster Linie ein Bild dafür, dass jeder Verbraucher bzw. Erzeuger bei „Grün" verbrauchen und einspeisen kann, wie er will; in der gelben Phase greifen Maßnahmen, die die kontrahierten Flexibilitäten nutzen und in der roten Phase finden Zwangsmaßnahmen statt, die das EnWG in den §§ 13 ff. aufstellt.

29 U. a. durch BDEW, bne („Flexmarkt"), VDE („regio-Flex").

30 Vgl. „Koordination von Markt und Netz – Ausgestaltung der Schnittstelle", Untersuchung im Auftrag des BFE- Bundesamt für Energie, Abschlussbericht von consentec vom 09.07.2015.

31 „Die Netzentgelte richten sich nach der Anschlussnetzebene der Entnahmestelle, den jeweils vorhandenen Messvorrichtungen an der Entnahmestelle sowie der jeweiligen Benutzungsstundenzahl."

durch Letztverbraucher, Weiterverteiler oder die jeweils nachgelagerte Netz- oder Umspannebene".

Die Entnahmestelle ist aufgrund der Ortsbezogenheit räumlich zu bestimmen.[32] Ihr können grundsätzlich mehrere Letztverbraucher zugeordnet werden. Die Entnahme als Kriterium selbst ist insoweit zeitunabhängig und wird erst bei der Netzentgeltermittlung zumindest im Falle der Bestimmung der Jahreshöchstleistung relevant. Unterschieden werden können zwei Fälle.[33]

3.1.1 Fall 1: Der Speicher wird einem anderen Letztverbraucher zugeordnet (Verbundspeicher)

In diesem Fall greift die sich aus den §§ 15 und 17 StromNEV i. V. m. § 2 Nr. 2 Netznutzungsvertrag[34] ergebende Vergütungspflicht nur für die bezogenen Strommenge der Entnahmestelle des Letztverbrauchs, in die der Speicher eingebunden ist. Diese Konstellation ist die in der Praxis (insbesondere im Bereich der Eigenversorgung) regelmäßig angestrebte Lösung, denn die Einbindung des Speichers hat zumeist vorteilhafte Wirkungen hinsichtlich der Entgelthöhe. Dies setzt allerdings voraus, dass die Beladung des Speichers unmittelbar und nicht über den Umweg des Netzes erfolgt, ansonsten läge aufgrund der räumlichen Trennung mit der Aufladung ebenfalls ein netzentgeltpflichtiger Entnahmevorgang vor.[35]

Der Speicher übernimmt dabei nach aktueller Praxis die Funktion, dass die aus dem Netz entnommene Energiemenge absolut reduziert wird. Insofern entfällt für die nicht entnommene Menge auch die Vergütungspflicht – zumindest insoweit diese an die Energiemenge und nicht die Leistung oder den Grundpreis gekoppelt ist. Dies ist heute insbesondere unterhalb von 100.000 kWh Jahresverbrauch der Regelfall gem. § 17 Abs. 6 StromNEV. Die netzentgeltbezogene Einsparung lässt sich somit durch die Multiplikation der reduzierten Energiemenge mit dem jeweiligen Arbeitspreis ermitteln. Hinsichtlich des Grundpreises oder des Leistungspreises im Falle von RLM-gemessenen[36] Kunden hat diese Reduktion prinzipiell keine Auswirkungen, sofern durch den Speicher nicht gleichzeitig eine Veränderung der gemessenen Jahreshöchstleistung erfolgt. Üblicherweise liegt dabei in den PV-Eigenverbrauchskonstellationen keine Änderung der Jahreshöchstleistung vor, da die Aktivierung des Speichers im Winter nicht erfolgt – dies ist im aktuellen Regime allerdings unwesentlich, da die Leistungspreise erst bei Jahresverbräuchen ab 100.000 kWh von größerer Relevanz sind.

---

32 So auch Danner/Theobald/Balzer/Missling StromNEV § 2 Rn. 8 ff..

33 Vgl. Heller: Optimierung der energierechtlichen Rahmenbedingungen durch den Einsatz moderner Stromspeichertechnologien in EWerk 4/2013, S. 177 ff..

34 Anlage 1 zum Beschluss BK 6-13-042 der Bundesnetzagentur vom 16.04.2015.

35 Das räumliche Erfordernis wird in Kapitel 3.3 konkretisiert.

36 Registrierende Leistungsmessung gem. § 18 StromNZV i. V. m. § 55 Abs. 1 Nr. 1 MsbG.

Dies hat zur Folge, dass eine differenzierte Behandlung je nach Betriebsweise des Speichers prinzipiell nicht erfolgt. Diese würde voraussetzen, dass die Wirkweise des Speichers, der von Netzentgelten freigestellt ist, eine weitere Reduktion der Netzentgelte der Entnahmestelle des Letztverbrauchers benötigen würde, um hier einen Anreiz zu einer bestimmten Betriebsweise zu geben. Betrachtet man nur die Netzentgeltsystematik, erfolgt somit eine vollständige Gleichbehandlung netz- und systemdienlicher Betriebs- und Fahrweise mit netz- und systemschädlicher Betriebs- und Fahrweise.[37] Wie bereits dargestellt, kann ein Speicher im schlechtesten Fall dergestalt eingesetzt werden, dass sich der Letztverbrauch der Entnahmestelle insgesamt sprunghaft verändert.

Bei einer näheren Betrachtung der Auswirkungen der für die Netzentgeltsystematik maßgeblichen Gleichzeitigkeitsfunktion (Anlage 4 der StromNEV) kommt man zum Ergebnis, dass sich durch die Reduktion der individuellen Benutzungsstunden (Quotient aus bezogener Energiemenge im Jahr und Jahreshöchstleistung) die jeweiligen Punkte auf der Funktion nach links bewegen. Dies führt zu einem steileren Anstieg und damit zu einer relativ erhöhten Mehrbelastung der übrigen Netznutzer.

Aufgrund dieser Ausgangslage wird bereits seit Langem eine Diskussion darüber geführt, ob eine stärkere Fixpreis- oder Leistungspreiskomponente nicht ein sinnvollerer Ausgangspunkt wäre.

3.1.2 Fall 2: zentraler Speicher

Anders gestaltet sich die Situation beim zentralen Speicher. Dadurch, dass dieser von der Erzeugungsanlage physisch durch das Netz getrennt ist, führt jeder durch den Speicher verursachte Strombezug gem. § 14 Abs. 1 StromNEV grundsätzlich zur Zahlungspflicht von Netzentgelten. Auch in den Fällen, in denen Speicher z. B. zur Regelleistungserbringung eingesetzt werden, um die gesicherte Leistungserbringung zu garantieren, führt dies grundsätzlich zur separaten Netzentgeltpflichtigkeit. Bei den zentralen Speichern greifen dabei zwei wesentliche Ausnahmetatbestände. Zum einen handelt es sich um die Netzentgeltfreistellung gem. § 118 Abs. 6 EnWG.[38] Der

---

Anmerkung: Ist der Speicher über ein Netz der allgemeinen Versorgung mit der Erzeugungsanlage verbunden, gilt der Strombezug des Speichers unmittelbar als Letztverbrauch und ist damit grundsätzlich netzentgeltpflichtig (zentraler Speicher).

---

37 An dieser Stelle wird vorerst offengelassen, wie eine solche dienliche oder schädliche Betriebsweise zu definieren ist.

38 „Nach dem 31.12.2008 neu errichtete Anlagen zur Speicherung elektrischer Energie, die ab 04.08.2011 innerhalb von 15 Jahren in Betrieb genommen werden, sind für einen Zeitraum von 20 Jahren ab Inbetriebnahme hinsichtlich des Bezugs der zu speichernden elektrischen Energie von den Entgelten für den Netzzugang freigestellt. [...] Die Freistellung nach Satz 1 wird nur gewährt, wenn die elektrische Energie zur Speicherung in einem elektrischen, chemischen, mechanischen oder physikalischen Stromspeicher aus einem Transport- oder Verteilernetz entnommen und die zur Ausspeisung zurückgewonnene elektrische Energie zeitlich verzögert wieder in dasselbe Netz eingespeist wird. [...]“

Befreiungstatbestand stellt den in Fallkonstellation 2 vom Speicher bezogenen Strom von Netzentgelten frei. Diese Befreiung gilt für 20 Jahre für Anlagen, die ab dem 04.08.2011 innerhalb von 15 Jahren in Betrieb genommen werden. Zudem muss gemäß S. 3 die entnommene Strommenge abzüglich der Speicherverluste in gleicher Menge wieder in das Stromnetz zurückgespeist werden. Der Anlagenbegriff führt zu einer Wortlautauslegung, die nur stationäre Speicher und damit keine Elektromobile einbezieht. Eine Regelungslücke als Basis für eine Analogie fehlt ebenfalls.[39]

Zum anderen ist der Ermäßigungstatbestand des § 19 Abs. 2 S. 1 StromNEV (atypischer Netznutzer) zu nennen.

Speicher können – selbst wenn sie nicht unter § 118 Abs 6 EnWG subsumierbar sind – grundsätzlich von der Entgeltreduktion bis auf 20 Prozent des regulären Netzentgelts gem. § 19 Abs. 2 S. 1 StromNEV im Fall einer atypischen Netznutzung profitieren, sofern offensichtlich ist, dass der Höchstlastbeitrag erheblich von der zeitgleichen Jahreshöchstlast aller Entnahmen aus dieser Netzebene abweicht. Allerdings setzt dies nach der Festlegung der *Bundesnetzagentur*[40] eine Mindestverlagerung von 100 kW voraus. Auch die Bagatellgrenze von mindestens 500 Euro Einsparung ist zu beachten. Für den hier zentralen Massenmarkt hat die Vorschrift damit unabhängig von den sonstigen Voraussetzungen keine größere Relevanz. Zudem ist aufgrund der vorjährigen Festlegung der Höchstlastzeitfenster die perspektivische Eignung der Vorschrift ohnehin fragwürdig.

3.2 Zentraltatbestand eines netzdienlichen Flexibilitätsmechanismus § 14a EnWG

Der erste Satz der gesetzlichen Begründung des 2011 eingeführten § 14a EnWG ist vielsagend: „Die neu eingeführte Vorschrift schafft erste Voraussetzungen für eine so genannte intelligente Netzsteuerung im Bereich der Verteilernetze."[41]

Dementsprechend ist Sinn und Zweck der Vorschrift, verbrauchsseitige Flexibilitäten stärker zur Entlastung des Netzes zu nutzen.[42] In der Tat scheint es absehbar, dass der Kerngedanke des § 14a EnWG auch zentraler Anknüpfungspunkt für den Einsatz dezentraler Flexibilität im Zuge weiterer rechtspolitischer Anpassungen sein wird. Bereits jetzt ist § 14a EnWG der Tatbestand, der trotz immer noch fehlender konkretisierender Verordnung informell als Ermäßigungstatbestand für die etwa 2,1

---

39 Dies ergibt sich explizit aus der Gesetzesbegründung zu § 14a EnWG: „[...] weil Elektromobile nicht unter die begünstigende Regelung des § 118 EnWG für ortsfeste Speicheranlagen fallen." Vgl. BT-Drs. 17/6072, S. 74.

40 Festlegung BK 4-13-739 der Bundesnetzagentur vom 11.12.2013.

41 Vgl. BT-Drs. 17/6072 S. 73.

42 Vgl. Sötebier in: Britz/Hellermann/Hermes, Energiewirtschaftsgesetz 3. Aufl. 2015 zu § 14a EnWG Rn. 3.

Millionen deutschen Heizstromkunden angesehen wird.[43] Dabei fallen in Verbindung mit der Konzessionsabgabenverordnung für die bezogene Kilowattstunde zwischen 8 bis 9 Cent pro kWh weniger an, die Marktrelevanz ist damit erheblich.[44] Die Änderungen im Gesetz zur Digitalisierung der Energiewende[45] verdeutlichen ebenfalls die steigende Relevanz dieser Vorschrift. Statt „unterbrechbarer Verbrauchseinrichtungen" sind nunmehr die „steuerbaren Verbrauchseinrichtungen" in der Niederspannungsebene adressiert. Nunmehr ist als Voraussetzung nicht mehr die Gestattung der Steuerung durch den Netzbetreiber vorgesehen, sondern eine Vereinbarung mit dem Netzbetreiber. Die voraussichtliche Ausweitung der Vorschrift macht es lohnenswert, hier einen detaillierten Blick auf die in die Entwicklung befindliche Formulierung und weitere Ausgestaltung aus Speicherperspektive zu werfen.

Bei den folgenden Betrachtungen werden zwei Konstellationen unterschieden. Einmal der Fall, dass ein Zentralspeicher selbst hinsichtlich der Anwendbarkeit des § 14a EnWG untersucht wird. Zum anderen die künftig praxisrelevantere Betrachtung, dass ein Verbundspeicher eingesetzt wird, um den Verbrauch der mit ihm verbundenen Verbraucher zu verändern.

3.2.1 Begriff der Verbrauchseinrichtung

Nach alter Rechtslage betraf die Regelung ausschließlich vollständig unterbrechbare Verbrauchseinrichtungen und bezog dabei insbesondere Elektromobile gem. S. 2 ein. Die Verbrauchseinrichtung umfasst vom Wortlaut her jede technische Einheit, die Strom verbraucht bzw. eine entsprechende funktionale Einheit mehrerer technischer Einheiten. Nach der Letztverbraucherentscheidung des BGH[46] steht dies der Einbeziehung von Speichern erst einmal nicht entgegen. Man könnte allerdings aufgrund der expliziten Einbeziehung von Elektromobilen schlussfolgern, dass als Ausschlusskriterium die Verbrauchseinrichtung nicht die Fähigkeit zur Zurückspeisung des bezogenen Stroms haben darf, da ansonsten die Klarstellung in S. 2 überflüssig wäre. Diese Auslegung ist allerdings mit Blick auf die Gesetzesbegründung nicht zu rechtfertigen, da explizit als Grund genannt wird, dass Elektromobile von der Ausnahmeregelung des § 118 Abs. 6 EnWG nicht umfasst seien. Im Umkehrschluss sind Speicher deshalb nicht genannt, da sie von § 118 Abs. 6 EnWG umfasst sind. Da auch nur Verbrauchseinrichtungen netzentgeltpflichtig sind, ist insofern der Einspeisefall keine Konstellation, die vom Wortlaut gesondert erfasst

43 § 19 Abs. 2 S. 1 StromNEV scheitert i. d. R. an der Mindestverlagerung von 100 kW, S. 2 gilt ohnehin nur für Großverbraucher, andere geeignete Rechtsgrundlagen sind nicht ersichtlich. Vgl. insoweit auch die praktische Auslegung durch die Landesregulierungsbehörden, z. B. Rundschreiben 2015/03 Az. 4-4455.3.

44 Vgl. Monitoringbericht BNetzA/BKartA 2015, S. 219.

45 Gesetz zur Digitalisierung der Energiewende v. 29.08.2016, BGBl. I 2016, S. 2032.

46 BGH, Beschluss vom 17.11.2009, EnVR 56/08.

werden müsste. Damit ist auch der Speicher selbst als Verbrauchseinrichtung i. S. d. § 14a EnWG anzusehen.

Bei der Betrachtung eines nicht separat netzentgeltpflichtigen Verbundspeichers sind die einzelnen Verbraucher bzw. die funktionale Einheit als Verbrauchseinrichtung oder mehrere Verbrauchseinrichtungen anzusehen.

3.2.2 Vollständige Unterbrechbarkeit (EnWG 2011) bzw. Steuerbarkeit (EnWG 2016)

Bis zur Änderung des § 14a EnWG durch das GDEW[47] war die vollständige Unterbrechbarkeit Tatbestandsvoraussetzung. Zum Teil wurde hierzu auch mit Blick auf den Kontrahierungszwang des Netzbetreibers ein objektiv benennbarer Katalog von besonders gut geeigneten Verbrauchseinrichtungen gefordert.[48] Im Falle des Zentralspeichers ist die vollständige Unterbrechbarkeit gegeben – im Falle des Verbundspeichers und der damit einbezogenen Verbrauchseinrichtungen als technischer Einheit ist dieses Kriterium schwieriger zu erfüllen, da die Netzentgeltpflicht sich üblicherweise auf die Gesamtheit der Verbrauchseinheiten erstreckt, und damit der Betriebsführer des Speicher sicherstellen muss, dass er über einen zeitlich vorher durchgeführten Aufladevorgang den Verbrauch der Verbrauchseinheit intern vollständig decken kann.

Mit der Ersetzung des Begriffs der vollständigen Unterbrechbarkeit durch die Steuerbarkeit ergibt sich bereits aus der Gesetzesbegründung, dass ein breiterer Ansatz an Technologien unter § 14a EnWG subsumiert werden soll. Bereits die Begrifflichkeit, die nunmehr nicht ausschließlich auf die Abschaltbarkeit abstellt, macht deutlich, dass Speichern in einem solchen Flexibilitätsmechanismus gezielt Raum gegeben werden soll.

3.2.3 Separater Zählpunkt

Das Erfordernis eines separaten Zählpunkts bleibt auch im neuen § 14a EnWG weiter enthalten. Beim Zentralspeicher ist ein separater Zählpunkt eher unproblematisch. Schwieriger ist die Situation beim Verbundspeicher. Da in dieser Konstellation die Netzentgeltpflicht und auch das Erfordernis eines separaten Zählpunkts auf dem Verbrauch der funktionalen Einheit liegt, in die der Speicher eingebunden ist, stellt sich die Frage, ob die Steuerbarkeit, die sich auf den Speicher bezieht, davon abweichen darf. Die Steuerbarkeit der Verbrauchseinrichtung wird in diesem Falle nicht durch die Steuerung der Verbrauchseinrichtung, sondern durch die mit dem Verbrauch zusammenfallende, durch eine Steuerung erzwungene Ausspeicherung erzielt. Der

47 Gesetz zur Digitalisierung der Energiewende v. 29.08.2016, BGBl. I 2016, S. 2032.

48 Vgl. z. B. Sötebier in: Britz/Hellermann/Hermes, Energiewirtschaftsgesetz 3. Aufl. 2015 zu § 14a EnWG Rn. 8.

Wortlaut spricht hier dagegen, da sich die Verfügbarkeit eines separaten Zählpunkts explizit auf die Verbrauchseinrichtung bezieht.

Um diese Frage zu beantworten, ist ein näheres Eingehen auf den Begriff „Zählpunkt" erforderlich. Im EnWG selbst findet sich dazu keine Definition. Durch den neu formulierten § 14a S. 4 EnWG sind bei der kommunikativen Einbindung der steuerbaren Verbrauchseinrichtungen die Neuregelungen des Messstellenbetriebsgesetzes zu beachten. In § 2 Nr. 28 MsbG ist ein Zählpunkt als Punkt definiert, an dem der Energiefluss messtechnisch erfasst wird. In der Gesetzesbegründung heißt es weiter: „Verwendet wird eine Definition, die auf Einspeise- und Verbrauchssituationen genauso wie auf Konstellationen ‚Unterzähler in Kundenanlagen' Anwendung finden kann."

Der Begriff ist aufgrund der einbezogenen unterschiedlichen Konstellationen damit nicht technisch ausgeprägt, sondern im Lichte der jeweiligen Vorschrift auszulegen. Da die Rechtsfolge des § 14a EnWG auf eine Entgeltreduktion ausgerichtet ist, muss das Erfordernis des separaten Zählpunkts sicherstellen, dass der Verbrauch, der die Ausgangslage für die Entgeltreduktion bildet, messtechnisch korrekt erfasst wird. Im Falle eines Verbundspeichers bedeutet dies, dass die funktionale Einheit, für die eine Netzentgeltreduktion erreicht werden soll, abgegrenzt betrachtet werden kann. Dies würde aber gerade nicht mit einer Betrachtung eines Zählpunkts am Speicher erzielt, sondern vielmehr mittels eines Zählpunkts an der funktionalen Einheit, da hier die Leistungsflüsse aus dem Netz vorliegen, die für die Beurteilung des Gesamtverbrauchsverhaltens relevant sind. Das Zählpunkterfordernis bezieht sich damit in diesem Fall nicht auf den Verbundspeicher, sondern entsprechend des Wortlauts auf die Verbrauchseinheit.

3.2.4 Steuerung einer steuerbaren Verbrauchseinrichtung

Auch hinsichtlich der Vereinbarung einer Steuerung ist die Auslegung im Fall des Verbundspeichers komplex, da die Steuerung gerade nicht über die Steuerung der Verbrauchseinheit, sondern entweder über die Steuerung des Verbundspeichers oder die damit kombinierte Anpassung einzelner Verbrauchswerte in der funktionalen Einheit vorgenommen würde. Der Wortlaut des § 14a EnWG ist dabei allerdings nicht eng gefasst, sodass die mittelbare Steuerung über den Verbundspeicher begrifflich nicht ausgeschlossen ist. Im Gegenteil würde sich aus dem grundsätzlichen Kontrahierungszwang sogar ergeben, dass ein gleichermaßen wirksames Steuern der funktionalen Einheit – belegt durch die Messung am Zählpunkt – nicht schlechter gestellt werden darf. Eine Schwierigkeit liegt allerdings darin, dass nicht verlangt werden kann, dass der Netzbetreiber jede einzelne Messkonzeption, verbunden mit einer mittelbaren Steuerung, selbst durchführt oder durchführen kann. Allerdings ist auch insofern mit einer Entschärfung des Problems durch die Neuformulierung zu rechnen, da die Verordnungsermächtigung insofern explizit Steuerungshandlungen umfasst, die von Dritten, insbesondere dem Energielieferanten, durchzuführen sind.

Eine solche mittelbare Steuerung eines Verbundspeichers wäre darunter zu fassen. Weitere Konkretisierungen sind mit der ausstehenden Verordnung zu erwarten.

3.2.5 Verordnungsermächtigung und Rechtsfolge

Eine Reihe weiterer Fragen werden abschließend wohl erst ab Vorliegen des Verordnungstextes beantwortet werden können. Ursprünglich war vorgesehen, dass die Verordnung gemeinsam mit dem Gesetzesentwurf zur Digitalisierung der Energiewende bzw. den ursprünglich als Verordnungspaket angekündigten Normierungen vorliegen sollte. Geregelt werden müsste insbesondere der zeitliche Vorlauf und die Kommunikationsanforderungen, über den die am Flexibilitätsmechanismus teilnehmenden Verbrauchseinheiten erfahren, zu welchen Zeiten zusätzliche Verbrauchsanforderungen greifen, Vorgaben, wie lange insgesamt und zeitlich zusammenhängend der Verbrauch bzw. die Leistung reduziert oder evtl. erhöht werden muss. Auch ist ein gestuftes System mit unterschiedlich strengen Vorgaben denkbar. Weiter ist auch bei der Rechtsfolge klarzustellen, in welchem Umfang Netzentgeltreduktionen vorgenommen werden müssen – der Kontrahierungszwang als solcher ist aktuell gesetzlich vorgegeben.

3.2.6 Exkurs: Ergänzende Regelungen des MsbG

Wie bereits dargestellt, sind weiter die ergänzenden Regelungen des MsbG zu beachten. Hier finden sich eine Reihe von Regeln, die § 14a-Anlagen betreffen. Zum einen ist die Messstelle gem. § 31 Abs. 1 Nr. 5 MsbG mit einem intelligenten Messsystem am Zählpunkt der an § 14a EnWG teilnehmenden Verbrauchseinrichtung auszustatten. Dies gilt ab 01.01.2017 bzw. mit Eintritt der technischen Möglichkeit gem. § 30 MsbG. Entscheidend ist zudem, dass der Entwurfstext dies als verpflichtend „vor" der Teilnahme am Flexibilitätsmechanismus festlegt. Das „vor" deutet darauf hin, dass ein ermäßigtes Entgelt anderenfalls auch nicht innerhalb einer Übergangsregelung zugelassen ist. Es bleibt abzuwarten, ob im Gesetzgebungsverfahren noch eine Übergangsregelung aufgenommen wird.

Innerhalb der Preisobergrenze von 100 Euro ist zudem als Standardleistung gem. § 35 Abs. 1 S. 2 Nr. 5 MsbG das Bereithalten einer Kommunikationslösung vorgesehen, mit der bis zu zweimal am Tag eine Änderung des Schaltprofils vorgenommen werden kann. Das Schaltprofil ist dabei gem. § 2 Nr. 18 MsbG eine Einstellung zum Stromeinspeise- oder -entnahmeverhalten an Erzeugungs- oder Verbrauchsanlagen. Inwiefern hier bereits die Messstellenbetreiber als Gatewayadministratoren am Markt sachgerechte Lösungen für Verbundspeicher anbieten werden, bleibt allerdings abzuwarten. Auch hinsichtlich der Messung und Bilanzierung trifft der Gesetzesentwurf Festlegungen. Hierbei ist bei der Messung eine Zählerstandsgangmessung (vgl. § 2 Nr. 27 MsbG, § 12 StromNZV) gem. § 55 Abs. 1 Nr. 3 MsbG verpflichtend vorgeschrieben. Das heißt, bei der Verbrauchseinheit bzw. funktionalen

Einheit wird jede Viertelstunde messtechnisch abgegrenzt, sodass sich hieraus Verbrauchs- bzw. Leistungswerte ergeben. Diese 96 Tageswerte sollen im Falle des § 14a EnWG einmal täglich gem. § 60 Abs. 3 Nr. 1b), Nr. 2b), Nr. 3b), Nr. 4b) MsbG dem Verteilernetzbetreiber, dem Übertragungsnetzbetreiber und dem Stromlieferanten zur Verfügung gestellt werden. Die Bilanzierung wird damit viertelstundenscharf durchgeführt und nicht mehr auf Basis von Standardlastprofildaten. Mit dieser Änderung könnte im Rahmen der Freigabezeiträume, in denen keine Einschränkung durch § 14a EnWG erfolgt, eine Vermarktung der Flexibilität auf den Kurzfristmärkten erfolgen.

Inwieweit diese Änderung auch zu einer Anpassung des Netzentgelts führt, bleibt abzuwarten. Der Ausnahmetatbestand des § 17 Abs. 6 StromNEV, der im Falle einer fehlenden Leistungsmessung eine Netzentgeltkalkulation aus Grundpreis und Arbeitspreis zulässt, ist insoweit nicht mehr direkt anwendbar, da über die Zählerstandsgangmessung Leistungsdaten vorliegen bzw. über einen Mittelwert leicht zu ermitteln sind. Insoweit würden sich starke wirtschaftliche Anreize ergeben, bei der Betriebsführung eines Speichers, der auf die Adressierung von Flexibilitätsmärkten abzielt, auch den Flexibilitätsmechanismus des § 14a EnWG zu nutzen.

Allerdings soll hierbei nicht unterschlagen werden, dass weitere speicherrelevante Konkretisierungen, Festlegungen und technische Richtlinien noch fehlen. Hierzu zählen genauso der dargestellte Konkretisierungsbedarf der § 14a-Vorgaben wie auch technische Normierungen einer BSI-schutzprofilkonformen Steuerbox sowie die fehlende Umsetzung der Vorgaben der Marktkommunikation in WiM, MaBiS, bzw. entsprechende Übergangsregelungen.

3.2.7 Zwischenfazit

Viele Gesetze und Regelungen zum dezentralen Einsatz von Flexibilitäten und damit auch von Speichern sind noch im Fluss. Es ist allerdings abzusehen, dass bei Entstehung eines Speichermassenmarkts die Einbindung in die Netzentgeltstruktur ein für die Wirtschaftlichkeit elementares Themenfeld sein wird. Die Regelungen des Gesetzes zur Digitalisierung der Energiewende weisen darauf hin, dass hier erhebliche Rückwirkungen auf die Speichertechnologie hinsichtlich der Messkonzeptionen und Betriebsführungsansätze zu erwarten sein werden. § 14a EnWG lässt vom Wortlaut bereits heute die Speichereinbindung zu, wenngleich sich die bisher am Markt verfolgten Konzepte größtenteils auf die Eigenverbrauchsoptimierung und die Regelungen des EEG konzentrieren.

3.3 Ableitung eines räumlichen Nähekriteriums aus dem EEG und Stromsteuerrecht

Die Eigenversorgung bei Stromspeichern und die diesbezüglichen Regelungen des EEG sind ein weites Feld, auf das hier nicht detailliert eingegangen werden soll. Der von der *Bundesnetzagentur* erstellte Leitfaden zur Eigenversorgung gibt insoweit einen guten Überblick über die Vielzahl an aufgeworfenen rechtlichen Fragen.[49]

Ein Aspekt, der allerdings im Rahmen der hier dargelegten Netzentgeltsystematik von großer Relevanz ist, ist die begriffliche Trennung der Zentralspeicher vom Verbundspeicher. Aufgrund des räumlichen Näheverhältnisses im letzten Fall scheint es sachgerecht, hinsichtlich der Netzdienlichkeitsaspekte auf den Verbraucher oder Erzeuger abzustellen. Damit ist allerdings nicht geklärt, was die Voraussetzungen eines derartigen räumlichen Näheverhältnisses sind. Die Begriffe in EnWG/StromNEV, EEG und Stromsteuergesetz unterscheiden sich insoweit. Während bei der Netzentgeltsystematik die Netzdurchleitung Anknüpfungspunkt ist, findet sich für die Eigenversorgung gem. § 5 Nr. 12 EEG[50] die kumulierte Anforderung des unmittelbaren räumlichen Zusammenhangs und der entfallenden Netzdurchleitung. Für die Stromsteuer kann wiederum ein räumlicher Zusammenhang gegeben sein, selbst wenn eine Netzdurchleitung vorgenommen wird.[51]

Dieses Auseinanderfallen erschwert die Praktikabilität von sachgerechten Verbundspeicherlösungen. Aus diesem Grund plädiert der Verfasser für eine Verbundspeicherdefinition, die im Falle einer mit Speichern verbundenen Erzeugungs- oder Verbrauchseinheit die Zuordnung der Entnahme oder Ausspeisung auf diese Einheiten unter der Voraussetzung der viertelstundenscharfen Genauigkeit zulässt. Eine solche Zuordnung sollte dann erfolgen dürfen, wenn ein netztechnisch zu beurteilendes räumliches Näheverhältnis vorliegt, das gegeben ist, wenn sich aus netzphysikalischer Sicht der Vorgang gleichwertig dazu verhält, wie wenn die Entnahme oder Beladung am Netzverknüpfungspunkt der Erzeugungs- oder Verbrauchsanlage direkt anfallen würde. Der Verbundspeicherbetreiber kann auf eigene Kosten diese Situation herstellen – gegenüber dem Netzbetreiber wäre insoweit ein Auskunftsanspruch über den erforderlichen Zubaubedarf Voraussetzung.

3.4 Ergänzungsbedarf in Konzessionabgabenverordnung (KAV)

In diesem Kontext ergibt sich zudem weiterer Anpassungsbedarf von veralteten Regelungen der KAV. Gem. § 2 Abs. 2 Nr. 1a) KAV gilt für Strom, der im Rahmen eines Schwachlasttarifs nach § 9 der Bundestarifordnung Elektrizität oder der dem Schwachlasttarif entsprechenden Zone eines zeitvariablen Tarifs geliefert wurde, eine reduzierte Konzessionsabgabe. Da die Bundestarifverordnung Elektrizität zum 30.06.2007 aufgehoben wurde und die Bestimmung allgemein gehaltener Schwachlastzeitfenster energiewirtschaftlich nicht sinnvoll ist, sollte hierzu eine Verzahnung

49 Vgl. BNetzA, Leitfaden zur Eigenversorgung, Juli 2016.
50 Vgl. Fußnote 12.
51 Vgl. Bundesfinanzhof v. 20.04.2011, AZ. VII R 44/03, VII R 54/03 und VII 57/03.

mit dem dezentralen Flexibilitätsmechanismus des § 14a EnWG erfolgen. Auch die Höchstbetragsregel des § 2 Abs. 7 S. 3 KAV ist insoweit anzupassen.

4 Fazit

Speicher bieten ein enormes Flexibilitätspotenzial, das auch sinnvoll und kostenmindernd für das regionale Netz eingesetzt werden könnte. Die rechtlichen Regelungen dazu existieren allerdings nur rudimentär. Im Gegenteil: Einheitliche Maßstäbe sind kaum zu finden. Allerdings bietet die weitere Diskussion um § 14a EnWG und die Umsetzung einer konkretisierenden Verordnung großes Potenzial, hier einen Rahmen für den Einsatz dieser Potenziale aufzubauen.

Dazu ist allerdings eine fachliche Diskussion und rechtspolitische Entscheidung darüber erforderlich, wie die einzelnen Fragenkomplexe zusammengesetzt werden sollten. In diesem Zusammenhang ist es elementar, die Frage zu klären, wie ein Speicher hinsichtlich seiner Funktionalitäten zu behandeln ist. Dieser Beitrag plädiert dafür, im Rahmen der vorgeschlagenen Verbundspeicherdefinition Erzeugung und Verbrauch einer Letztverbrauchereinheit oder Erzeugungseinheit zuordnen zu können. Allerdings unter der Voraussetzung energiewirtschaftlicher und netztechnischer Prämissen. Damit könnte der Speicher, wie jede andere Flexibilitätsoption, dieses Potenzial im Rahmen eines einheitlichen Flexibilitätsmechanismus einsetzen. Dieser Flexibilitätsmechanismus sollte zentral auf der Vorschrift des § 14a EnWG aufbauen. Die prinzipiellen Vorgaben hinsichtlich der Messinfrastruktur, Nachweisführung und Bilanzierung sind mit dem MsbG nunmehr geklärt. Eine Frage, die dann ausschließlich politisch zu klären ist, wäre, wie mit sonstigen Zentralspeichern umgegangen werden soll.

Die dargestellte Differenzierung hat grundsätzlich das Potenzial, sich prinzipiell auf die übrigen Regelungstatbestände zu erstrecken. Insofern könnte im Bereich der Erzeugung eine verpflichtende Direktvermarktung auf Basis der funktionalen Einheit aus Speicher und Erzeugung greifen, die an der Verbundspeicherlogik ansetzt.

Insgesamt zeigt die Analyse, dass die Lösung der zugrunde liegenden Fragen in einem komplexen, interdisziplinären Diskurs zu suchen ist. Der Beitrag soll dazu Anregungen geben.

Literatur

BDEW (2015). Smart Grids Ampelkonzept. Verfügbar unter URL: https://www.bdew.de/internet.nsf/id/20150310-diskussionspapier-smart-grids-ampelkonzept-de/$file/150310%20Smart%20Grids%20Ampelkonzept_final.pdf (letzter Aufruf 17.05.2016).

bne (2014). Der Flexmarkt. Verfügbar unter URL: http://www.bne-online.de/de/system/files/files/attachment/20141120%20Positionspapier_Flexmarkt_0.pdf (letzter Aufruf 17.05.2016).

bne (2015). Flexibilitätsvermarktung im deutschen Strommarkt. Verfügbar unter URL: http://www.bne-online.de/de/system/files/files/attachment/20150917_bne-Positionspapier_Flexibilitaetsvermarktung.pdf (letzter Aufruf 17.05.2016).

Boßmann, T. & Wietschel, E. (2015). Lastmanagement als bedeutender Baustein für die Energiewende in: *E/T, Zeitschrift für energiewirtschaftliche Tagesfragen*, 11/2015.

Britz, G., Hellermann J., Hermes G. (2015). *Kommentar zum Energiewirtschaftsgesetz*, München, 3. Auflage.

Bundesministerium für Wirtschaft und Energie (2015). Ein Strommarkt für die Energiewende (Weißbuch).

Bundesnetzagentur (2014). Monitoringbericht 2014.

Bundesnetzagentur (2015). Leitfaden zur Eigenversorgung, Konsultationsfassung vom 16.10.2015.

Bundesnetzagentur und Bundeskartellamt (2015). Monitoringbericht 2015.

Verfügbar unter URL: http://www.bundesnetzagentur.de/SharedDocs/Downloads/DE/Sachgebiete/Energie/Unternehmen_Institutionen/ErneuerbareEnergien/Eigenversorgung/Entwurf_Leitfaden_151016.pdf?__blob=publicationFile&v=2 (letzter Aufruf 17.05.2016).

Danner, W., Theobald C. (2016). *Kommentar zum Energierecht* (Stand: 87. Ergänzungslieferung), München.

dena (2012). Ausbau- und Innovationsbedarf in den deutschen Stromverteilnetzen bis 2030 (Endbericht).

Fritz, W., Cronenberg, A. (2015). *Koordination von Markt und Netz – Ausgestaltung der Schnittstelle, Untersuchung im Auftrag des BFE- Bundesamt für Energie, Abschlussbericht.*

Heller, H. (2013): Optimierung der energierechtlichen Rahmenbedingungen durch den Einsatz moderner Stromspeichertechnologien in: *EWerk Zeitschrift für Energie- und Wettbewerbsrecht in der kommunalen Wirtschaft* 4/2013.

Riewe, J., Meyer J. (2015). Stromspeicherdefinition im EnWG – Ein Werkzeugkasten aus rechtswissenschaftlicher Sicht in: *EWerk Zeitschrift für Energie- und Wettbewerbsrecht in der kommunalen Wirtschaft* 3/2015.

Schwintowski, H. (2014): Die Rolle von Stromspeichern im zukünftigen Marktdesign in: *EWerk Zeitschrift für Energie- und Wettbewerbsrecht in der kommunalen Wirtschaft* 5/2014.

Sterner, M., Eckert, F, Thema, M., Bauer, F. (2015). Der positive Beitrag dezentraler Batteriespeicher für eine stabile Stromversorgung, Forschungsstelle Energienetze und Energiespeicher (FENES) OTH Regensburg, Kurzstudie im Auftrag von BEE e. V. und Hannover Messe, Regensburg/Berlin/Hannover.

Wandtke, A. (2011). *Medienrecht*: Praxishandbuch, Berlin.

Achim-Rüdiger Börner

Stromspeicher und Binnenmarkt

1 Rasante Entwicklung

Die Stromspeicherungstechnologien[1] entwickeln sich rasant,[2] wenn auch nicht problemfrei[3] und unwidersprochen.[4] Stromspeicher haben aufgrund ihrer unterschiedlichen Technologien und Verwendungen ein großes Potenzial in Deutschland[5] und im europäischen Binnenmarkt,[6] v. a. bei zunehmendem Einsatz Erneuerbarer Energien,[7]

1 Bundesministerium für Wirtschaft, Storage Technology, abrufbar unter www.bmwi.de/EN/Topics/Energy/Strorage/storage-technology,did=679972.html; auch J. Heidjann, Stromspeicher – Herausforderung für die Energiewirtschaft, abrufbar unter www.strom-speicher.org; die Thematik ist so neu, dass im Handbuch J. F. Baur/P. Salje/M. Schmidt-Preuss (Hrsg.), Regulierung in der Energiewirtschaft, 2. Aufl. Köln 2015, wie auch im Kommentar P. Salje, EEG 2014, Köln 2015, entsprechende Stichworte für Elektrizitätsspeicher noch nicht ausgeworfen sind.

2 Überblick bei P. Rundel et al., Speicher für die Energiewende, Fraunhofer-Institut für Umwelt-, Sicherheits- und Energietechnik, Sept. 2013, 116 S., hier S. 24 ff., abrufbar unterwww.umsicht-suro.fraunhofer.de/content/dam/umsicht-suro/de/documents/studien/studie_speicher_energiewende; für neueste Entwicklungen siehe z. B. Fn 108, 737, 738 und S. Gust, Relevanz von Batteriespeichern steigt, ZfK vom 09.05.2016, S. 7; W. Kempkens, Energiewende: Bauen Engländer den billigsten Stromspeicher der Welt? WiWoGreen 12.07.2013, abrufbar unter http://green.wiwo.de/energiewende-bauen-englander-den-billigsten-stromspeicher-der-welt.

3 W. Schmid, Ernüchterung bei Stromspeichern, SBZ-Sanitär-Heizung-Klima 04/15, S. 42 ff., abrufbar unter http://www.sbz-online.de/SBZ-2015-4/Ernuechterung-bei-Stromspeichern,QUlEPTYzMTg2OSZNSUQ9MTA2NDU4.html.

4 Kritisch zuletzt Agora, Stromspeicher in der Energiewende, September 2014, S. 152 abrufbar unter http://www.agora-energiewende.de/fileadmin/downloads/publikationen/Studien/Speicher_in_der_Energiewende/Agora_Speicherstudie_Web.pdf; siehe auch N. N., Die Energiewende braucht keine Stromspeicher, FAZ vom 14.09.2014, abrufbar unter http://www.faz.net/aktuell/wirtschaft/wirtschaftspolitik/studie-von-agora-energiewende-die-energiewende-braucht-keine-stromspeicher-13153058.html.

5 Für Deutschland grundlegend ZfK und trend:research, Stromspeicher – Chancen und Risiken für Stadtwerke, Hersteller und Verbraucher, Studie 15-01132 von 2013, S. 1126; schon früh zu den Systemen und ihren Potentialen in Deutschland P. Radgen, Zukunftsmarkt Energiespeicherung, Umweltbundesamt Dez. 2007, S. 6 ff., abrufbar unter www.umweltbundesamt.de/sites/default/medien/publikation/long/3448.pdf, mit Überblick über die Einsatzmöglichkeiten auf S. 2 ff., und den Stand der Verwendung in den Mitgliedstaaten auf S. 25 ff.; Überblick H. Wraneschitz, Von „Riesen-Peaks" und „intelligenten Dingern", ZfK vom 02.11.2015, S. 20.

6 European Commission, Directorate General for Energy, DG ENER Working paper – The future role and challenges of energy storage, Brüssel ohne Datum, S. 35, abrufbar unter ec.europa.eu/energy/sites/files/energy-storage.pdf; siehe auch M. Stone, The future of energy storage in Europe, Energy Post Sept. 5, 2014, abrufbar unter www.energypost.eu/future-energy-storage-europe.

7 Siehe Fn. 30; W.-P. Schill et al., Stromspeicher, eine wichtige Option für die Energiewende, DIW-Wochenspiegel 2015 Nr. 10, S. 195 ff., abrufbar unter http://www.diw.de/sixcms/detail.

https://doi.org/10.1515/9783110458480-016

deren fluktierende Erzeugung auszutarieren ist.[8] Es gibt eine lebhafte Forschung,[9] einen europäischen Verband[10] und diverse Fachmessen.[11]

Die Euphorie aufgrund des technischen Potenzials[12] führt mitunter zu abenteuerlichen Vorschlägen, etwa dem, Elektroautos als Speicher zu benutzen,[13] wobei dann nicht bedacht wird, dass der Autofahrer, der erst nach der morgendlichen Elektrizitätsbedarfsspitze zur Arbeit will, nicht mit „leerem Tank", d. h. entspeicherter Batterie, starten kann. Elektroautos sind also nur Stromverbraucher wie andere auch.

Speicher sind teils wegen des eingesetzten Materials (seltene Erden), teils wegen der Verluste bei Ein- und Ausspeicherung teuer. Ohne den Binnenmarkt und die inzwischen auch europäische Energiewende sowie die gesellschaftlich akzeptierte

---

php?id=diw_01.c.497924.de; kurz DIW, Speicherbedarf steigt mit EE-Zunahme, 06.03.2015, abrufbar unter www.soarify.eu/2015/03/06/344-diw-speicherbedarf-steigt-mit-ee-zunahme/; Überblick über die bisherigen Technologien für Energiewende-Speicher per 2009 bei J. Paska et al., Technical and economical aspects of electricity storage systems co-operating with renewable energy sources, Electrical Power Quality and Utilisation 15.09.2009, abrufbar unter http://www.researchgate.net/publication/224078035_Technical_and_economic_aspects_of_electricity_storage_systems_co-operating_with_renewable_energy_sources; speziell zu Pumpspeicherwerken dena, Analyse der Notwendigkeit des Ausbaus von Pumpspeicherwerken und anderen Stromspeichern zur Integration der erneuerbaren Energien – Abschlussbericht, Berlin 05.02.2010, S. 176, abrufbar unter http://www.dena.de/fileadmin/user_upload/Publikationen/Energiesysteme/Dokumente/Endbericht_PSW_-_Integration_EE_dena.pdf; J. Hobohm/F. Ess, Bedeutung der internationalen Wasserkraftspeicherung für die deutsche Energiewende, ET 2013, H. 1/2, S. 86 ff. gehen von einem langfristig erheblichen Beitrag aus, obwohl die günstigen Lagen schon ausgeschöpft sind und der internationale Stromtransport hinzukommt.

8 F. Grote et al., Entwicklung einer gesicherten Leistung, e/m/w 2015, Heft 1, S. 62, 65 f.: „Die geringen Leistungskredite der EE-Anlagen verdeutlichen, warum ein reiner Zubau neuer EE-Anlagen keine erzeugungsseitige Versorgungssicherheit garantieren kann." L. Dietrich/S. Ansehl, Förderung der Energiespeicherung nach der Energiewende, ET 2013, H. 1/2, S. 135 ff.

9 Vgl. Institut für Gründungs- und Innovationsforschung, Wuppertal Institut für Klima, Umwelt, Energie GmbH, Energiespeicher – Herausforderungen an Forschung und Entwicklung, Bizeps-Gazelles (Wuppertal) Technologiebrief vom Juni 2010, abrufbar unter http://www.bizeps.de/fileadmin/user/Texte/Clean-tech/Clean_Tech_2/Technologiebrief_2_Netz.pdf; zuletzt: 50 Millionen Euro für Younicos, FAZ vom 10.12.2015, S. 25.

10 EASE – European Association for Storage of Energy, www.ease-storage.de.

11 Siehe z. B. www.energy-storage-online.de; das Energie-Forschungszentrum Niedersachen richtete im Nov. 2015 die 3. Pumpspeicher-Tagung aus (siehe auch www.efzn.de/veranstaltungen/pumpspeicher mit weiteren Hinweisen) und hat im November die Jahrestagungen oft mit einer eine Sparte „Speicher".

12 M. Kühne et al., Wirtschaftliches Potential großtechnischer Energiespeicher im deutschen Stromsystem, ET 2012, Heft 12, S. 86 ff.

13 V. Gerstner et al., Elektromobilität als dezentrale Speichertechnologie, ZNER 19 (2015), 424 ff.; T. Serafimova, Renewable energy storage will end capacity payments, EurActiv 15.05.2015, abrufbar unter www.euractiv.com/sections/transport/renewable_energy_storage_will_end_capacity_payments-314609; A. Schueller/F. Rieper, Assessing the economic potential of electric vehicles to provide ancillary services: the case of Germany, ZEnergiewirtsch 37(2013), S. 177 ff.; Ugarte et al. (Fn. 17), S. 63.

Verlagerung von Umweltschäden ins ferne Ausland[14] kämen die teuren Speichertechnologien nicht zum Zuge.[15]

2 Der rechtliche Rahmen

Machen wir also erst einmal v. a. auf Ebene der EU[16] eine Bestandaufnahme der lex lata und der bereits festgelegten bzw. absehbaren Politiken mit Auswirkung auf die Stromspeicher.[17]

2.1 Die EU-Rechtslage

Die EU-Rechtslage speziell für Speicher ist Gegenstand zweier Studien, auf die hier zu verweisen ist.[18] Hier daher nur ein kurzer Überblick:

Die Richtlinie 96/92/EG des Europäischen Parlaments und des Rates vom 19.12.1996 betreffend gemeinsame Vorschriften für den Elektrizitätsbinnenmarkt[19]

14 Stratfor, The Rise and (Eventual) Fall of a Battery Technology, 24.03.2016, abrufbar unter: https://ww.stratfor/com/analysis/raise-and-fall-battery-technology?utm_source=paidlist-a&utm_medium=email&utm_camapign"*&utm_contents3A+March+24%2C+2016, über die Lithium-Knappheit.

15 Gesamtüberblick mit rechtlichem Schwerpunkt bei S. Schulte-Beckhausen, Stromspeicherung: Markt oder Regulierung, Präsentation im Institut für Energierecht an der Universität zu Köln vom 21.02.2013, 34 Folien, abrufbar unter www.energierecht.uni-koeln.de/downloads/praesentation_koelner_gespr_022013.pptx; C. Schneider/T. Kirch, Rechtliche Rahmenbedingungen für Stromspeicher, RdE 2016, 165 und H. Weyer/F. Lietz, Neuregelungen für Stromspeicher, Versorgungswirtschaft 2016, 261 ff.

16 Aktueller Überblick über das EU-Recht bei G. Hermes, Energierecht, in: R. Schulze/M. Zuleeg/S. Kadenbach, Europarecht, 3. Aufl. Baden-Baden 2015, § 35, S. 2153 ff.

17 Wegen des Bezugs auf unterschiedliche Rechtsfolgen machtes wenig Sinn, nach einer einheitlichen Gesetzesdefinition für Speicher zu forschen, anders J. Riewe/J. H. Meyer, Stromspeicherdefinition im EnWG, EWeRK 2015, 138 ff., die zwischen einer deskriptiv-funktionalen Definition, einer Einheitsdefinition und einer Definition für netzzugehörige Speicher unterscheiden. Dementsprechend offen die Empfehlung der Kommission für eine Definition durch die Mitgliedstaaten, vgl. Energate, EU-Kommission empfiehlt Definition für Speicher, Berlin 22.02.2017, abrufbar unter www.energate-messenger.de/news/172068/eu-kommission-empfiehlt-definition-fuer-energiespeicher.

18 M. Papapetrou et al., European Regulatory and Market Framework for Electricity Storage Infrastructure, Store 21.06.2013, S. 42, abrufbar unter http://www.store-project.eu/en_GB/project-results; S. Ugarte et al., Energy Storage: Which Market Designs and Regulatory Incentives Are Needed? European Parliament, Directorate General for Internal Policies, Policy Dept. A: Economic and Scientific Policy, IP/A/ITRE/2014-05, October 2015, abrufbar unter www.europarl.europa.eu/RegData/etudes/STUD/2015/563469/IPOL_STU%282015%29563469_EN.pdf.

19 ABl L 27 vom 20.01.1997, S. 20.

hat einen wesentlichen Beitrag zur Schaffung eines Elektrizitätsbinnenmarkts geleistet.[20] Inzwischen hat die EU diese Richtlinie erst durch die sog. Beschleunigungs-[21] und später diese durch die sog. Vollendungsrichtlinie[22] ersetzt und dazu ein Konvolut von Sekundär- und Tertiärrecht geschaffen, das durch Regeln neu geschaffener Institutionen[23] ergänzt wird.[24] Hervorzuheben sind hier die Verordnung über die Netzzugangsbedingungen für den grenzüberschreitenden Stromhandel[25] und die Infrastrukturinvestitionsrichtlinie.[26] Während es Richtlinien für Anlagen zur Stromerzeugung aus Erneuerbaren Energien[27] und aus Kraft-Wärme-Kopplung[28] und ein Programm zur Förderung des Ausbaus v. a. der grenzüberschreitenden Leitungen gibt,[29] fehlt eine Richtlinie zur Koordination von Förderung und Ausbau von Stromspeichern.[30] Aber ihre Bedeutung wird in verschiedenen Programmen (insb. Energy 2020,[31]

---

20 Ziff. 1 und 2 der Präambel der gleichnamigen sog. Beschleunigungsrichtlinie 2003/54/EG und der gleichnamigen sog. Vollendungsrichtlinie 2009/72.

21 ABl L 176 vom 15.07.2002, S. 37.

22 ABl L 211 vom 14.08.2009, S. 55.

23 J. F. Baur, Das Dritte Binnenmarktpaket für Strom und Gas, in: Baur et al., Regulierung (Fn. 1), Kap. 13 Rn. 53 ff., S. 173 ff.

24 Z. B. M. Stamati, Die Zusammenarbeit von ENTSO-E, ACER und der EU-Kommission, Berlin 09.05.2014, 19 Folien, abrufbar unter http://files.enreg.eu/2014/14_05_09_Energie/Stamati.pdf.

25 Verordnung (EG) Nr. 1228/2003 des Europäischen Parlaments und des Rates vom 26.06.2003 über die Netzzugangsbedingungen für den grenzüberschreitenden Stromhandel, ABl L 176 vom 15.07.2003, S. 1; ersetzt durch gleichnamige Verordnung (EG) Nr. 714/2009 vom 13.07.2009, ABl L 211 vom 14.08.2009, S. 13.

26 Richtlinie 2005/89/EG des Europäischen Parlaments und des Rates vom 18.01.2006 über Maßnahmen zur Gewährleistung der Sicherheit der Elektrizitätsversorgung und von Infrastrukturinvestitionen, ABl L 33 vom 18.01.2006, S. 22; dazu M. Schmidt-Preuss, Die Richtlinie 2005/89, in Baur et al., Regulierung (Fn. 1), Kap. 14, S. 182 ff.

27 Zunächst Richtlinie 2001/77/EG des Europäischen Parlaments und des Rates vom 27.09.2001 zur Förderung der Stromerzeugung aus erneuerbaren Energiequellen im Elektrizitätsbinnenmarkt, ABl L 283 vom 27.10.2001, S. 33; ersetzt durch Richtlinie 2009/28/EG des Europäischen Parlaments und des Rates vom 23.04.2009 über die Förderung der Nutzung von Energie aus erneuerbaren Quellen, ABl L 140 vom 05.06.2009, S. 16.

28 Zunächst Richtlinie 2004/8/EG des Europäischen Parlaments und des Rates vom 27.09.2001 über die Förderung einer am Nutzwärmebedarf orientierten Kraft-Wärme-Kopplung im Energiebinnenmarkt, ABl L 52 vom 21.02.2004, S. 50; in deren Ausführung siehe § 3 XI KWK-G 2002.

29 Verordnung 347/2013 des Europäischen Parlaments und des Rates vom 17.04.2013 zu Leitlinien für die transeuropäische Energieinfrastruktur, ABl L 115 vom 25.04.2013, S. 39; zum Hintergrund S. Fischenauer, Die Verordnung zu Leitlinien für die transeuropäische Energieinfrastruktur, EnWZ 2013, 56 ff.

30 Einen Ansatz für die Einbeziehung von Speichern in die Integration der Elektrizität aus Erneuerbarer Energien bringt EU-Kommission, Mitteilung „Vollendung des Binnenmarkts und optimale Nutzung staatlicher Interventionen", Dokument C (2013)7243 F 1, Brüssel 05.11.2013; siehe dazu Pressemitteilung IP/13/1021 vom 05.11.2013.

31 COM (2010) 639, dazu Verf., Die Energiestrategie der EU – Prioritäten für die Energie-Infrastruktur 2020, ET 2011, Heft 1/2, S. 34 ff.

European Strategic Energy Technolgy Plan,[32] Energy Roadmap 2050)[33] betont,[34] und sie werden in Forschung und Entwicklung gefördert.[35]

Während die Richtlinien über den Erdgasbinnenmarkt[36] von Anfang an Regelungen über die Aufgaben (Art. 13 und 23 der Richtlinie 2009/73) sowie die Entflechtung (Art. 15 und 16 der Richtlinie 2009/73) der Betreiber von Erdgasspeichern und den Zugang zu bestehenden Speicheranlagen (Art. 33 der Richtlinie 2009/73) sowie den Möglichkeiten der Beschränkung des Zugangs zu neuen Speicheranlagen (Art. 26 der Richtlinie 2009/73) enthalten haben,[37] fehlen entsprechende Vorgaben in der Elektrizitätsbinnenmarktrichtlinie, offenbar weil es bis 2009 in der Elektrizitätswirtschaft der EG außer Pumpspeicherwerken keine Speicher von grenzüberschreitender Bedeutung gab; es gibt sie auch heute noch nicht.

Der Auslegungsvermerk[38] der *Generaldirektion Energie und Verkehr* von 2004,[39] dessen Text sich allein mit den Regelungen der Erdgas-Binnenmarkt-Richtlinie über den Zugang zu Erdgasspeichern beschäftigt,[40] ist zwar ausweislich seiner Überschrift auch auf Stromspeicher zu beziehen. Meines Erachtens ist aber eine derartige analoge Anwendung der Regeln für Erdgasspeicher[41] auf Stromspeicher grundsätzlich

---

32 COM (2009) 519; dazu Verf., Die erneuerbaren Energien in der aktuellen EU-Energiepolitik, ET 2011, Heft (10), S. 93, 96.

33 COM (2011) 885, dazu Verf., Der Energiefahrplan 2050 der EU, EW 111 (2012), Heft 6, S. 20 ff.

34 Überblick zu den EU-Fördermaßnahmen: M. Papapetrou et al., a. a. O. (Fn. 18), S. 22 f.

35 Vgl. dena, Energiespeicher – Förderprogramm in der EU, abrufbar unter http://www.effiziente-energiesysteme.de/themen/energiespeicher/foerderprogramme-fuer-energiespeicher.html mit weiteren Links.

36 Richtlinie 98/30 /EG des Europäischen Parlamentes und des Rates vom 22.06.1998 betreffend gemeinsame Vorschriften für den Erdgasbinnenmarkt, ABl L 204 vom 21.07.1998, S. 1; ersetzt zunächst durch die gleichnamige Richtlinie 2003/55/EG des Europäischen Parlaments und des Rates vom 26.06.2003, ABl L 176 vom 15.07.2003 und später durch die gleichnamige Richtlinie 2009/73/EG vom 13.07.2009, ABl L 211 vom 14.08.2009, S. 94.

37 Art. 19 und 22; zur Bedeutung der Erdgasspeicher zuletzt European Commission, Directorate General for Energy, The role of gas storage in internal market and in ensuring security of supply, Luxemburg 2014 (EUR 2015.1391 EN), S. 303, abrufbar unter http://www.europeangashub.com/custom/domain_1/extra_files/attach_496.pdf.

38 Zur Rechtsnatur und Verbindlichkeit der Auslegungsvermerke vgl. U. Ehricke, Vermerke der Kommission zur Umsetzung von Richtlinien, EuZW 2004, 359 ff.

39 Vermerk der Generaldirektion Energie und Verkehr zu den Richtlinien 2003/35/54/EG und 2003/55/EG über den Elektrizitäts- und Erdgasbinnenmarkt: Zugang Dritter zu den Speicheranlagen, vom 16.01.2004, abrufbar unter http://www.mariewagener.de/files/active/0/Zugang_Dritter_zu_den_Speicheranlagen.pdf.

40 Zu Erdgasspeichern nach dem EnWG (2011) siehe die Übersicht von C. Robles y Zepf/M. Rademacher, Begriff und Pflichten von Speicheranlagenbetreibern im EnWG, RdE 2013, 201 ff.; zur Speicherungspflicht für die Versorgungssicherheit ausführlich B. Kaiser, Rechtsfragen einer Erdgasbevorratung, RdE 2015, 455 ff.

41 Dazu ausführlich Merk, Zugang zu Gasspeichern nach europäischem Recht, in: Baur et al., Regulierung (Fn. 1), Kap. 20, S. 308 ff.

abzulehnen. Die kartellrechtlichen Regeln der *essential facilities doctrine*[42] ermöglichen den Zugang weder in die netzdienlichen Stromspeicher, weil sie in die Transportaufgabe der Netze eingebunden sind, die dem Netzbetreiber anvertraut ist, noch in die „freien" Stromspeicher, soweit sie die Funktion von Ergänzungsverbrauchern und -erzeugern haben. Bei den „freien" Speichern geht es nicht um die Funktion als mittelbarer Bestandteil des Netzes, der der Sicherung des Transports von Elektrizität (z. B. zur Überwindung von Netzengpässen) dient, und damit vom Netzbetreiber im Rahmen seiner Transportleistung eingesetzt und im Rahmen der Netzentgelte abgerechnet wird;[43] vielmehr geht es um einen direkten Zugang zu Verbrauchs- und Erzeugungsanlagen, die keine unersetzliche Infrastruktur sind[44] und unterschiedliche Leistungen in unterschiedlichen Wettbewerbssituationen erbringen.[45]

Auch beim Erdgas gibt es den Speicherzugang nur, „soweit dieser für einen effizienten Netzzugang im Hinblick auf die Versorgung der Kunden technisch und/oder wirtschaftlich erforderlich ist" (Art. 33 Abs. 1 der Richtlinie 2009/73). Die Verhältnisse beim Erdgas liegen insofern anders, als dort die Differenz zwischen Höchst- und Mindestlast im Netz – klimatisch bedingt (Stichwort: Heizgas) – ein Mehrfaches von der bei der Elektrizität beträgt; eine derartige netzstabilisierende Funktion haben die Stromspeicher nur, wenn sie hinter Netzengpässen eingesetzt werden. Ansonsten entsprechen sie in ihrer Funktion der Förder- und Speicherpolitik der Erdgasproduzenten. Das werden die nachstehenden Überlegungen verdeutlichen. Ob für Speicher in dieser über die Netzstabilität hinausreichenden Funktion für die Versorgungssicherheit überhaupt eine Kompetenz der EU besteht, ist angesichts von Art. 194 Abs. 2 AEUV fraglich; für die Erdgasversorgungssicherheit wird eine solche Kompetenz der EU mit guten Gründen verneint.[46] Bei der Elektrizität als Sekundärenergie liegen die technischen Verhältnisse und damit die Binnenmarktverhältnisse jedoch anders. Auch ließe sich mit allgemeinen Regeln des Kartellrechts kaum der gesetzliche Schutz für neue Speicher begründen, den für Erdgasspeicheranlagen Art. 36 der Richtlinie 2009/73 vorsieht.

42 Guter Überblick bei Cliodhna O'Connell, Evolution and development of the essential facilities doctrine in a European competition law context, abrufbar unter https://sjeldraft.files.wordpress.com/2014/05/evolution-and-development-of-the-essential-facilities-doctrine-in-a-european-competition-law-context.pdf.

43 Siehe auch J. Ecke/C.Wöstmann, Redispatch im Spanungsfeld von Recht und Markt, ET 2015, Heft 1/2, S. 108.

44 In diese Richtung auch R. Hempel, Der Wettbewerb wird den Markt schaffen, ZfK vom 09.01.2013, S. 8.

45 Dazu mehr unten in Kap. 3. Zum Zusammenspiel von Netz, Speicher und market coupling vgl. K.U. Pritzsche, Grenzüberschreitendes Engpassmanagement, in: Baur et al., Regulierung (Fn. 1), Kap. 19 Rn. 58 ff. und 76 ff., S. 288 ff., 294 ff.; F.-D. Drake et al., Sind Speicher wirklich der fehlende Baustein zur Energiewende? ET 2013, Heft 8, S. 34 ff.

46 Kaiser (Fn. 40), RdE 2015, 455, 456 ff.

Schließlich ist zu bedenken, dass mit zunehmender Durchsetzung von Speichertechnologien[47] und der Anwendung von Speichern die Bereitstellung von Speicherdiensten auf der Basis der unterschiedlichen Speichertechnologien zu einem eigenen Markt wird[48] und die damit verbundenen Preissignale wichtige Marken für Investitionen und Verhalten im Strommarkt setzen werden.[49] Dies sieht auch die Studie für das Europaparlament[50] und schlägt für unseren Bereich vor: mehr Forschung und Entwicklung, den verbesserten Netzzugang für gespeicherte Energie aus Erneuerbaren Energiequellen, die Wahrung der Neutralität von Kapazitätsmechanismen gegenüber Speichern, die Möglichkeit der Zuordnung von Speichern zum Netzbetrieb und die Neutralität gegenüber einem Speichereinsatz bei Endverbrauchern.[51] Das sei ein Beitrag u. a. zur Dekarbonisierung, Versorgungssicherheit und Energieeffizienz.[52]

Dem trägt Rechnung das sog. Winterpaket der EU-Kommission vom 30.11.2016[53] nebst Folge-Entwürfen: Nach dem Entwurf der neuen Elektrizitäts-Binnenmarkt-Richtlinie[54] sollen[55] die Speicher als Flexibilitätsquelle dienen,[56] sollen in Netze[57] und Handel[58] integriert werden und dürfen nicht benachteiligt werden.[59] Der Entwurf zur Richtlinie über Erneuerbare Energien[60] gibt den

47 Ugarte et al. (Fn. 18), S. 54 mit Abb. 13: Überblick über den Entwicklungsstand der Speichertechnologien.

48 Siehe oben Fn. 5 und z. B. die Überlegung der RAG, Untertage-Zechen-Pumpspeicherkraftwerke zu errichten und deren Leistungen anzubieten, laut Hi, Grüner Strom aus schwarzen Löchern, ZfK vom 05.03.2014, S. 21, sowie das konträre Vorhaben, Betonkugeln im Wasser zu versenken, vgl. N.N., Hohle Betonkugeln für die Energiewende, FAZ vom 04.03.3017, S. 19.

49 Dies betrifft v. a. die Koordination des EE-Ausbaus in den Mitgliedstaaten, die Abgleichung von Netzausbau und Kapazitätsvorhalt, aber auch die Akkumulation in virtuellen Kraftwerken; vgl. auch die Ansätze in E. Gawel et al., Wie viel Europa braucht die Energiewende? ZEnergiewirtsch 38 (2014), S. 163 ff.

50 Ugarte (Fn. 18) unter Aufgliederung der Speicherfunktionen nach Zweck, S. 21 (Tab. 1), und Einsatzgebiet, S. 22 ff. und Tab. 2, sowie Auflistung der Hemmnisse, S. 38 ff. und Tab. 5.

51 Ugarte (Fn. 18) S. 68 f., 70 ff.

52 Ugarte et al. (Fn. 18), S. 73.

53 Abrufbar unter ec.europa.eu/energy/en/news/commission-proposes-new-rules-comers-centred-clean-energy-transition.

54 EU-Kommission, Vorschlag für eine Verordnung des Europäischen Parlamentes und des Rates über den Elektrizitätsbinnenmarkt, COM(2016) 861 vom 23.02.2016.

55 Vorschlag (FN 53), S. 4, 5, 12, 18, 22, 23, 25.

56 Vorschlag (FN 53): Erwägungsgründe 5, 8, 9, 11 und Art. 1 lit f), i), Art. 12 Abs. 1, Art. 18 Abs. 3 und Art. 53 Abs. 3.

57 Vorschlag (FN 53): Erwägung 38, Art. 12 Abs. 1, Art. 18 Abs. 3.

58 Vorschlag (FN 53): Art. 7 Abs. 3.

59 Vorschlag (FN 53): Erwägung 22 und Entwurf Art. 4 lit. I, Art. 5 Abs. 2 und Art. 16 Abs. 1.

60 EU-Kommission, Vorschlag für eine Richtlinie des Europäischen Parlaments und des Rates zur Förderung der Nutzung von Energie aus erneuerbaren Quellen, COM(2016) 767 vom 23.02.2017

Kunden, die Elektrizität aus Erneuerbaren Energien erzeugen, das Recht auf deren Speicherung.[61]

2.2 Besondere Regeln in Deutschland

In Deutschland gibt es einige besondere Regeln, die die Wirtschaftlichkeit des Einsatzes von Stromspeichern begünstigen:[62]

- Speicher als Energieanlagen, § 1 Abs. 4 Nr. 3 EnWG 2017;
- Grundsatz der Wettbewerbsneutralität für Speicher, § 1a Abs. 3 EnWG 2107;
- vorrangiger Netzanschluss von Speichern, die zu EEG-Anlagen gehören und EEG-Strom aufnehmen und demzufolge auch abgeben, nach § 8 i. V. m. § 5 Nr. 1, 2. Hs EEG[63] bzw. § 19 Abs. 4 EEG 2014; § 4, insbes. Abs. 1 S. 2 KWK-G i. V. m. § 35 KWK-G

61 Vorschlag (FN 59): Art. 15 i. V. m. Art. 2 lit. aa, bb; s. auch S. 12, 21 sowie Erwägungsgründe 48, 53 und Art. 22 Abs. 1.

62 Überblicke dazu in Fn. 15: K. Bourwieg, Eine regulatorische Einordnung von Stromspeichern im aktuellen Rechtsrahmen, Berlin 20.01.2015, 25 Folien, abrufbar unter http://www.bmwi.de/BMWi/Redaktion/PDF/A/ag-2-plattform-strommarkt-sitzung-20150120-praesentation-1,property=pdf,bereich=bmwi2012,sprache=de,rwb=true.pdf; etg/VDE, Batteriespeicher in der Nieder- und Mittelspannungsebene, Frankfurt/Main 2015, S. 31 ff.; F. Lietz, Die Qualifikation von Stromspeicherbetreibern als Letztverbraucher, EWeRK 2014, 96 ff.; M. von Oppen, Stromspeicher – Rechtsrahmen und rechtlicher Optimierungsbedarf, ER 2014, 1, S. 9; H. Thomas/M. Altrock, Einsatzmöglichkeiten für Energiespeicher, ZUR 2013, S. 579 ff. (betrifft Stromspeicher);
speziell zu Batteriespeichern J. Riewe/M. Altrock, Einsatz- und Rechtsrahmen für moderne Batteriegroßspeicher, EWeRK 2014, 2, S. 79 ff., abrufbar unter http://www.ewerk.nomos.de/fileadmin/ewerk/doc/2014/Ewerk_2014_02_00.pdf; F. Sailer, Kosten- und Abgabensituation von Batteriespeichern, Aachen 21.05.2014, 19 Folien, abrufbar unter http://www.stiftung-umweltenergierecht.de/fileadmin/pdf_aushaenge/Vortraege/SAILER-SUER_Kosten_Abgaben_Batteriespeicher.pdf; H.-P. Schwintowski, Konfiguration und rechtliche Rahmenbedingungen für den modernen Batteriespeichermarkt, EWeRK 2015, 81 ff.; C. de Wyl/M. Weise/C. Blumenthal-Barby, Netzintegration von zentralen Batteriegroßspeichern, RdE 2015, 507 ff.;
speziell zu Power-to-Gas H. von Bredow/L. Balzer, Rechtlicher Rahmen für Power-to-Gas, ET 2015, Heft 4, S. 72 ff.;
zur Fortentwicklung der Regulierung H. Weyer, Energiespeicherausbau – Regulative Herausforderungen, München 16.09.2014, 23 Folien, abrufbar unter http://www.iber.tu-clausthal.de/fileadmin/IBER/Vortraege/140916_Vortrag_Stromspeicher_Ifo-Institut.pdf; zur Fortentwicklung der lex lata allgemein T. Müller, Stromspeicher im Recht, Bonn 27.04.2012, 19 Folien, abrufbar unter http://www.stiftung-umweltenergierecht.de/fileadmin/_temp_/Praesentation_T.Mueller_Speicher_2012-04-27.pdf; kritisch zum beschränkten Umfang der Privilegien für Pumpspeicherwerke P. Bachmann/U. Erling, Pumpspeicherkraftwerke im Energiemix der Zukunft – eine rechtliche Einordnung, ET 2012, Heft 6, S. 97 ff. und v. a. bezüglich der in die Netzentgelte integrierbaren Kosten für Speicher mit netz- und systemdienlichen Aufgaben H. Forster, Lückenhafter Rahmen – Stromspeicher, ZfK vom 04.08.2014, S. 5; zur technischen Lage im Verteilnetz siehe auch P. Birkner, Neuer Ordnungsrahmen nötig, ZfK vom 04.08.2014, S. 22.

63 Für die a.F. von Oppen, a. a. O. (Fn. 62), S. 10 f.

2016 sowie § 3 Abs. 1a KWK-G 2016; vorbehaltlich der Anpassung der Wirk- und Blindleistung größerer Speicher nach § 13a Abs. 1 EnWG 2017 allgemeines Recht auf Netzanschluss nach § 17 EnWG,[64] nicht nach § 18 EnWG, und auf Netznutzung nach § 20 EnWG;[65] Geltung technischer Anschlussbedingungen nach § 19 EnWG;[66] entsprechend für geförderte KWK-Anlagen, einschl. Kälte- und Wärmespeichern (§ 2 Nr. 11 und Nr. 33 KWK-G 2016); Informationspflicht der Betreiber größerer Speicher an Netzbetreiber nach § 12 Abs. 4 Nr. 2 EnWG 2017 nebst Pflicht zur Stilllegungsanzeige nach § 13b Abs. 1 EnWG 2017 und Erfassung im Monitoring nach § 51 EnWG sowie Pflicht zur Eintragung ins Marktdatenstammregister nach § 111e Nr. 1 lit. a EnWG 2017;

- Netzentgeltbefreiung (für Einspeichermengen)[67] nach § 118 EnWG; [68] sie dürfte eine Anrechnung vermiedener Netznutzungsentgelte nach § 18 StromNEV überkompensieren;[69] über das besondere Netzentgelt nach § 19 Abs. 2 S. 1 StromNEV für Großabnehmer hinaus gilt jetzt neu die Regelung zum individuellen Netzentgelt gemäß § 19 Abs. 4 StromNEV 2016;[70] ansonsten sind Speicher Letztverbraucher i. S. v. § 3 Nr. 25 EnWG[71] und ohne besondere Bestimmung nicht vom Netzentgelt befreit.
- Befreiung von der EEG-Umlage nach § 37 Abs. 4 EEG 2012[72] und für Eigenverbrauch auch nach § 37 Abs. 3 EEG 2012,[73] soweit die Elektrizität nicht zuvor ins öffentliche Netz eingespeist wurde,[74] bzw. nach neuem Recht (a) für Speicherbezug, soweit wieder ins Netz zurückgespeist wird (§ 60 Abs. 3 EEG 2014), oder wenn der (Speicherstrom-)Verbraucher nicht ans öffentliche Netz angeschlossen ist oder er als

64 Für die a.F. von Oppen, a. a. O. (Fn. 62), S. 9, 11; zur Geltung von § 13a EnWG für jede Einzelanlage: OLG Düsseldorf, VI-3 Kart 357/121(V), Beschluss vom 28.04.2015, Versorgungswirtschaft 2015, 278.

65 Für die a.F. C. de Wyl, a. a. O. (Fn. 62), S. 507, 512 f.

66 Für die a.F. von Oppen, a. a. O. (Fn. 62), S. 9, 11; derzeit wird für Stromspeicher, wie sie in § 1 Abs. 4 Nr. 3 EnWG 2017 definiert sind, eine technische Normung erarbeitet, vgl. VDI/DVGW/DKE/DIN, Deutsche Normungsroadmap Energiespeicher, Version 1, 2016, abrufbar unter: www.vdi.de/fileadmin/vdi_de/redakteur_dateien/geu_dateien/FB3/2016_03_Normungsroadmap_Energiespeicher.pdf.

67 Für Einspeisungen in ein Netz wird in Deutschland kein Netzentgelt erhoben.

68 Zu den Einzelheiten für die a.F. siehe H. Stappert/V. Allone/F.-R. Groß, Die Netzentgeltbefreiung für Energiespeicher nach § 118 Abs. 6 EnWG, RdE 2015, 62 ff.; zuvor ebenso von Oppen, a. a. O. (Fn. 62), S. 9, 13 f; zum Vergleich s. auch: M. Weise et al., Zur „energierechtlichen Einordnung" von Umspannkunden, IR 2015, 2 ff.; _ Weyer/Lietz, a. a. O. (Fn. 15), 262 f.

69 Siehe auch de Wyl, a. a. O. (Fn. 62), 507, 513; C. Hampel, Energieregulierung IV/2015, RdE 2015, 549, 550 ff.

70 Weyer/Lietz, a. a. O. (Fn. 15), 262.

71 BGH, Beschluss vom 17.11.2009, EnVR 56/08, bestätigt durch BGH Urteil vom 09.10.2012, EnVR 47/11, zit. nach Schneider/Kirch a. a. O. (Fn. 15), S. 165, 166.

72 von Oppen, a. a. O. (Fn. 62), S. 9, 12.

73 von Oppen, a. a. O. (Fn. 62), S. 9, 12 f.

74 von Oppen, a. a. O. (Fn. 62), S. 9, 16.

Selbstversorger keine Förderung per Umlage in Anspruch nimmt oder er keinen Strom, also auch keinen Ergänzungs- oder Reservebezug, aus dem öffentlichen Netz bezieht, es sei denn in unmittelbarem räumlichen Zusammenhang mit der Erzeugungsanlage;[75] diese Förderung wird noch komplexer nach dem EEG 2017,[76] insbesondere dessen anfänglichen § 61a und späteren § 61 k;[77]
- Stromsteuerbefreiung für Einspeichermengen nach § 9 und § 12 StromSteuerG;[78]
- Förderung von Zwischenspeichern nach § 19 IV EEG 2015 bzw. § 19 IV EEG 2017;[79]
- Förderungen und Kredite für Speicheranlagen, insbesondere Solarstromspeicher[80] und Kälte- und Wärmespeicher von KWK-Anlagen;[81]
- Förderung von Forschung und Entwicklung;[82]
- für Batteriespeicher das Batteriegesetz,[83] das die Hersteller und ggf. ihren Vertrieb zur Rücknahme entleerter Batterien verpflichtet.

Nicht ganz geklärt ist die Rechtslage für Speicher, die keine Elektrizität, sondern andere Energien oder Stoffe ausspeichern (und nicht zu KWK-Anlagen gehören).[84]

---

75 W. von Hesler, Stromspeicher und EEG-Umlage, REE 2015, 150, 155; ders., 154 f. mit Recht für eine teleologische Reduktion von § 61 Abs. 1 EEG für Kunden ohne Erzeugungsanlage dahin, dass die Ausspeisung für den eigenen Bedarf nicht EEG-umlagebelastet ist; diese Privilegierung müsste dann aber auch für Speicher gelten, die zu einer EEG-Anlage gehören, aber auch Fremdstrom einspeichern, anders die EEG-Clearingstelle.

76 Weyer/Lietz (Fn. 15), 263 ff.

77 Zum neuen EEG 2017 vgl. Hennig, Befreiungsschlag für Batteriespeicher und innovative Geschäftsmodelle?, abrufbar unter: www.speicher-bar.de/was-bringt-das-eeg-2017-fuer-die-energiespeicher-branche.

78 von Oppen, a. a. O. (Fn. 62), S. 9, 13 f.; Weyer/Lietz (Fn. 15), 266 f.; zur Kumulation von Förderungen dies., S. 243.

79 Weyer /Lietz (Fn. 62), 264 f.

80 Stromspeicher – Förderung, abrufbar unter www.strom-speicher.org/stromspeicher-foerderung/; außerdem www.solarserver.de/solar-foerderung/foerderung-des-bundes/neu-bundesfoerderung-fuer-solarstrom-speicher-ab-mai-2013.html; N.N., KfW förderte bisher 4000 Stromspeicher, abrufbar unter http://www.photovoltaik.eu/Archiv/Meldungsarchiv/KfW-foerderte-bisher-4-000-Stromspeicher,QUlEPTU4OTk5NSZNSUQ9MTEwOTQ5JlBBR0U9MQ.html; per 15.04.2015 waren es ca. 10.000 Anlagen, vgl. http://www.sbz-online.de/KfW-foerdert-10-000-Solarstromspeicher, QUlEPTY1MjM4NiZNSUQ9MzAwMDQ.html?UID=2BFB68F53265A588033D941F473B417D5D6E5345C2BB92; zum steigenden Förderbedarf vgl. Lengsdorf, Batteriespeicher am Scheideweg, ZfK vom 05.12.2016, S. 14.

81 § 5b i. V. m. § 3 Nrn. 18–20, § 7b KWK-G; § 1 I Nr. 4 und 5 i. V. m. §§ 22 ff. KWK-G 2016.

82 Vgl. dena, Energiespeicher: Förderprogramme in Deutschland, und dena, Energiespeicher: Bundesländerspezifische Förderprogramme in den Bundesländern, beides abrufbar unter http://www.effiziente-energiesysteme.de/themen/energiespeicher/foerderprogramme-fuer-energiespeicher.html mit weiteren Links.

83 BGBl 2009 I 1582.

84 Siehe Fn. 15, 62 (Überblicke) passim; für Power-to-Heat siehe M. Nallinger, Gespeicherte Optionen, ZfK vom 04.08.2014, S. 1; siehe auch P. Birkner, a. a. O. (Fn. 62 a. E.) und von Oppen, a. a. O. (Fn. 62),

Meines Erachtens sind das einfache Produktionsbetriebe ohne besondere Privilegien.[85] Demgegenüber bedeutet der bloße Einsatz einer anderen Energieform als Speichermedium für sich allein keinen schädlichen Letztverbrauch von Elektrizität, da die geldwerte Abgabeleistung wiederum Elektrizität ist und es nicht auf die internen, d. h. nicht marktlich relevanten Zwischenschritte, sondern die Endleistung ankommt.[86] Bei Dual-Use-Anlagen[87] ist nach den konkreten Produktionsmengen abzugrenzen. So auch im Endeffekt der neue § 19 Abs. 4 StromNEV 2016.[88]

Soweit – außerhalb von Netzspeichern zur Netzstabilisierung durch Systemleistungen – Elektrizität ins öffentliche Netz oder anderweitig (z. B. über eine Kundenanlage oder ein geschlossenes Verteilernetz) zugunsten anderer eingespeist wird, ist der Speicherbetreiber Energieversorgungsunternehmen,[89] steht nicht anders als jeder Kraftwerksbetreiber und handelt als Unternehmer gewerblich, sodass – anders als bei der Speicherung nur für den Eigenbedarf – Umsatz- und Gewerbesteuer zu entrichten sind. Das kann insbesondere den Betrieb von Kleinspeichern an EEG-Anlagen bzw. in sog. Quartierskonzepten belasten.[90]

Andererseits ist bereits heute eine Förderung der Investition in Speicher über eine Qualifikation als entgeltwirksamer Netzbestandteil oder als Bestandteil einer EEG-Anlage, der eine Abregelung ersetzt (vgl. § 19 Abs. 4 EEG 2012 bzw. § 19 Abs. 3 EEG 2016), denkbar. Dabei wird es zur Frage des Einzelfalls, inwieweit sich derartige Förderungen und eine Entlastung im Netzentgelt infolge Verteilernetzentlastung (vgl. § 19 Abs. 4 StromNEV)[91] und die neuen Belastungen aus der Digitalisierung[92] kompensieren.

S. 9, 13; Praxisbeispiel bei R. Grosse, Speicher mit Großwärmepumpe, ZfK vom 04.08.2014, S. 19; zur Steuerbarkeit G. Friesinger, Leistungselektroniik macht Power to Heat erst netzverträglich, ZfK vom 02.08.2015, S. 13.

85 BGH, EnVR 56/08, Urt. vom 17.11.2009, NVwZ-RR 2010, 431. Für Power-to-Gas siehe Fn. 62 (und 102) und G. Volk, Ökonomisch-juristische Analyse von Power to gas im Energierecht, RdE 2013, 361 ff.; zuvor F. Valentin/H. von Bredow, Power-to-Gas: Rechtlicher Rahmen, ET 2011, Heft 12, S. 99 ff.; anders offenbar die Forderung 5 von A. C. Agricola & A. Weber, Der Fünf-Stufen-Plan, ZfK vom 05.10.2015, S. 21.

86 Zutreffend daher BFH, Urt. vom 12.05.1993, DStR 1993, 1783; m. E. macht es insoweit auch keinen Unterschied, ob langfristig/saisonal oder kurzfristig/lastausgleichend gespeichert wird, Zur Unterscheidung siehe et-Redaktion, Stromspeicher- eine viable Option für das Energiesystem? ET 2014, Heft 6, S. 30.

87 Siehe z. B. A. Lessner, Wärme vom Strom entzerren, ZfK vom 13.01.2014, S. 21 zur Erzeugung von Wärme und Sekundärregelleistung in München.

88 Einzelheiten bei Weyer/Lietz (Fn. 15), 262.

89 Statt aller Salje, Energieaufsicht, in: Baur et al., Regulierung (Fn. 1), Kap. 34 Rn. 5 ff., S. 474 f.

90 P. Stenzel/W. Kuckshinrich/J. Linssen/F. Busch, Einzelwirtschaftliche Bewertung von Photovoltaik-Batteriespeichersystemen, ET 2015, Heft 8, S. 20 ff. mit Modellrechnungen: „nicht einzelwirtschaftlich sinnvoll" (S. 24).

91 Weyer/Lietz (FN 15), 265 f.

92 Weyer/Lietz (FN15), 265 f.

2.3 Die weitere Entwicklung

Wenn man einmal die FuE-Förderung[93] ausblendet, beschränkt man sich in der EU auf die Errichtung des Binnenmarkts durch Ausbau der Netze,[94] insbesondere der Grenzkuppelstellen und transnationalen Verbindungen,[95] und in Deutschland auf den Netzausbau[96] zur Bewältigung der Energiewende,[97] die außerhalb dezentraler Kleinanlagen v. a. die großräumige Trennung von Erzeugung (Offshore-Wind in Nord- und Ostsee, Onshore-Wind in den neuen Bundesländern, Photovoltaik im Südwesten) und Verbrauch (v. a. im Westen und Süden: Ruhrgebiet, Rhein-Main-Gebiet, Großraum Stuttgart, Großraum München) bewirkt.

Es gibt Forderungen, zusätzlich Speicher zu fördern.[98] Diese Forderungen harren aber noch der rechtlichen Umsetzung; sie würde eine weitere staatliche

93 Überblick Bundesministerium für Wirtschaft und Energie, Bundesbericht Energieforschung 2014, Berlin Juli 2014, S. 18 ff.: Forschungsinitiative Energiespeicher mit 254 Projekten und 191 Mio. EUR Förderung p. a., darin Batterieforschung mit 36 Projekten und 12 Mio. EUR Förderung p. a.; zuvor im September 2013 Rundel (Fn. 2), S. 75 ff.; zuvor: Bundesministerium für Bildung und Forschung, Bekanntmachung einer gemeinsamen Initiative des BMWi, des BMU und des BMBF zur Förderung von Forschung und Entwicklung auf dem Gebiet von Energiespeichertechnologien (Förderinitiative Energiespeicher) vom 21.04.2011, abrufbar unter www.bmbf.de/foerderungen/16431.php.

94 Verordnung 347/2013 des Europäischen Parlaments und des Rates vom 17.04.2013 zu Leitlinien für die transeuropäische Energieinfrastruktur, ABl L 115 vom 25.04.2013, S. 39; Richtlinie 2005/89/EG des Europäischen Parlaments und des Rates vom 18.01.2006 über Maßnahmen zur Gewährleistung der Sicherheit der Elektrizitätsversorgung und von Infrastrukturinvestitionen, ABl L 33 vom 04.02.2006, S. 22; Übersicht K. Staschus, Die europäischen Netzentwicklungspläne, e/m/w 2015, Heft 1, S. 18 ff.; der Anteil fluktuierender Erzeugung soll von heute ca. 20 % auf ca. 70 % steigen (S. 18 f); die Marktintegration ergänzt das starke Netz (S. 24) „Ein hoher Anteil von Solar- und Windenergie erfordert aufgrund der niedrigen Kapazitätsfaktoren und Korrelationseffekte zwingend ein starkes Netz" (S. 20).

95 Im Rahmen der Europäischen Energieunion wird ein grenzüberschreitender Netzverbund in der Größe von mindestens 10 %, besser 15 % der Erzeugungskapazitäten des jeweiligen Mitgliedstaates angestrebt, vgl. Europäische Kommission: Factsheet – Zusammenschluss der Strommärkte zur Gewährleistung der Versorgungssicherheit, Marktintegration und großflächiger Nutzung erneuerbarer Energien, Brüssel 25.02.2015, abrufbar unter: http://europa.eu/rapid/press-release_MEMO-15-4486_de.htm; siehe auch G. Reichert/J. Voßwinkel, Europäische Kommission: Leitlinien für den Ausbau transeuropäischer Energienetze, IR 2012, 98 ff.; mit Recht kritisch zur Energieunion G. Zachmann, Die Europäische Energieunion, Bonn (Friedrich-Ebert-Stiftung, ISBN 95861-177-1) 08.2015, S. 4.

96 Gesetz zum Ausbau von Energieleitungen (Energieleitungsausbaugesetz, EAL) vom 21.08.2009, BGBl 2009 I 2870; Netzausbaubeschleunigungsgesetz Übertragungsnetz (NABEG) vom 28.07.2011, BGBl 2011 I 1690.

97 Bundesministerium für Wirtschaft, Ein Strommarkt für die Energiewende (Grünbuch), Berlin Okt. 2014, 55 S.; kritisch dazu z. B. A. Mihm, Reparaturarbeiten an der Energiewende, FAZ vom 13.01.2015, S. 1.

98 Für die EU vgl. die Handlungsempfehlungen J. Vasconcelos et al., Electricity storage: How to facilitate its deployment and operation in the EU, Eilat 15.10.2012, 25 S., abrufbar unter www.eui.eu/Projects/THINK/Home.aspx; M. Papapetrou et al., European Regulatory and Market framework for electricity storage infrastructure, Store, draft version of 02.04.2013, 40 S. mit Überblick S. 9 ff.,

Investitionslenkung mit der Schaffung neuer Imbalancen im Energiemarkt bedeuten. Das neue Strommarktgesetz[99] wird die Speicher wie Erzeugungsanlagen in den Netzbetrieb einbinden, vgl. insbes. §§ 1 Abs. 4 Nr. 3, § 13a Abs. 1 S. 1, § 13b Abs. 1 EnWG i. d. F. des StrommarktG. Die Regelung zur Entlastung von Netzentgelten für den Strombezug durch Abzug von Ausspeicherungsmengen in der neuen StromNEV ist bereits angesprochen.

Meines Erachtens stellt sich die Frage, ob nicht bereits ohne zusätzliche Forderungen allein aufgrund der Verteuerung der Elektrizität durch die Energiewende und den zunehmenden Speichereinsatz der Netzausbau viel zu groß geplant ist und im Extrem das Konzept des Binnenmarktes zu implodieren droht. Dazu die folgenden Überlegungen.

3 Die besondere Position der Stromspeicher im Elektrizitätsmarkt

Die technisch-funktionale und die mikroökonomische Funktion der Speicher sind aufs Engste miteinander verknüpft und zeitigen im Strommarkt besondere Folgen mit Bedeutung für den Gesamtmarkt wie auch den weiteren Einsatz der unterschiedlichen Stromspeicher (zirkulare Ursachen-Folge-Beziehung). Für diese Betrachtung konzentrieren wir uns hier auf Stromspeicher, also Speicher, die Elektrizität ein- und ausspeichern, und stellen die Speicher hintan, die auch andere Energieformen ausspeichern und damit die aufgenommene Elektrizität ganz oder teilweise für eine endgültige Umformung verwenden.

3.1 Die marktwirksame Funktion der Stromspeicher

Der Trend zu einer Minimierung der Elektrizitätserzeugung aus fossilen und nuklearen Brennstoffen hat zwei Folgen: Zum einen den Ausbau der Erzeugung aus Erneuerbaren Energieträgern und in Kraft-Wärme-Kopplung. Dieser Ausbau ist problematisch, da v. a. Sonne und Wind nur eine unregelmäßige Erzeugung ermöglichen (d. h. fluktuierende Produktion) und nur die wärmegeführte Kuppelproduktion den Effizienzvorteil bringt, damit aber die Ausrichtung der Erzeugung an der Nachfrage im Strommarkt verhindert (d. h. eine im Grundsatz strommarktunabhängige

---

Infrastrukturplanung S. 17 ff., Marktdesign S. 28 ff. und Empfehlungen S. 35 ff.; abrufbar unter www.store-project.eu/uploads/docs/draft-store-4-2-april-2013.pdf; für Deutschland vgl. P. Stenzel, Standpunkt „Stromspeicher“, ET 2015, Heft 9, S. 38 f; L. Dietrich/S. Ansehl, Förderung der Energiespeicherung nach der Energiewende, ET 2012, 135 ff.; zu praktischen Problemen mit dem geltenden Rechtsrahmen vgl. G. Eble, Diskriminierte Batterien, ZfK vom 07.09.2015, S. 34.

99 Gesetz zur Weiterentwicklung des Strommarkts vom 26.07.2016, BGBl 2016 I 1786, siehe auch BT-Drs. 18/7317; die integrierte Fassung ist zitiert als EnWG 2107.

Produktion). Zum anderen die Beschränkung des Verbrauchs (durch Sparmaßnahmen) und seine Einstellung auf eine schwankende Verfügbarkeit (mithilfe von Smart Metering).

Diese Folgen können durch Stromspeicher abgemildert werden.[100] Aus der Sicht der Erzeuger hat ein Speicher zwei Funktionen: Eine überschießende Stromerzeugung kann vom Speicher durch Einspeicherung eingefangen und wirtschaftlich verwertbar gemacht werden. Dabei ist zu unterscheiden nach dem Speichermedium: Die Elektrizität kann so eingespeichert werden, dass sie nur als Elektrizität ausspeicherbar ist (Batteriespeicher) oder dass sie auch in der Speicherenergieform (Gas, Wärme, Kraft) verwertet werden und eine verlustreiche Rückumwandlung des Speichermediums in Elektrizität unterbleiben kann. Eine unterschießende Stromerzeugung kann durch die Ausspeicherung aus Stromspeichern (bzw. Speichern mit anschließender Stromerzeugung) kompensiert werden. Der Stromspeicher (i. w. S.) wirkt wie ein Ergänzungskraftwerk. Parallel ist die verbrauchsseitige Lage: Eine überschießende Nachfrage kann aus dem Speicher durch Ausspeicherung wie aus einem Ergänzungskraftwerk gedeckt werden. Eine unterschießende Nachfrage kann durch Einspeicherung dem Angebot angepasst werden. Später hat man den Speicherstrom zur Verfügung für die Deckung einer überschießenden Nachfrage. Beide Funktionen sind entscheidend davon abhängig, wie reagibel der Speicher in Ein- und Ausspeicherung ist. Auf je geringere Über- und Unterschüsse der Speicher ein- bzw. ausspeichernd reagieren kann, umso größer seine Glättungsfunktion. Es liegt auf der Hand, dass auf lokale Lastschwankungen kleine, dezentrale Speicher schneller reagieren als große, zentrale Anlagen. Demzufolge finden sich große Speicher eher auf der Übertragungs- und Verteilnetzebene, kleine Speicher eher bei dezentralen kleinen Erzeugungs- und Verbrauchsanlagen, und so wird es auch künftig sein.

3.2 Die Speicher im Wettbewerb

Wenn man einmal von der Vermarktung von nicht elektrischen Speicherenergien absieht, stehen alle Folgen eines Speichereinsatzes grundsätzlich im Wettbewerb mit dem bzw. im Strommarkt: Eine überschießende Erzeugung könnte auch verkauft, eine unterschießende auch durch Zukauf ausgeglichen, eine überschießende Nachfrage könnte auch durch Einkauf, eine unterschießende durch (Weiter-)Verkauf ausgeglichen werden. Während Erzeugungs- und Verbrauchsanlagen jeweils eindirektional wirkende Marktfaktoren sind, wirken Speicher zweidirektional und sind damit auch von der jeweiligen Marktgegenseite einsetzbar.

---

100 Siehe auch die neue große Studie von etg/VDE (Fn. 62) über Anwendung und Wirtschaftlichkeit sowie Auswirkungen von Batteriespeichern auf die elektrischen Netze, die parallel zu diesem Beitrag entstand.

Hinzu kommt, dass die Situation von Unter- oder Überschuss auf beiden Marktseiten anhand des Mengenverhältnisses von Marktangebot und -nachfrage, ausgedrückt im markträumenden Preis, beurteilt wird und im perfekten Markt die jeweilige Wirtschaftlichkeit des Speichereinsatzes anhand der Marktpreisbildung bestimmt wird. Speicher müssen sich also wie Kraftwerke und wie Sparmaßnahmen in die *merit order* der Bedarfsdeckung einfügen. Wie Kraftwerke und investive Sparmaßnahmen sind Speicherinvestitionen langfristig zu kalkulieren; wie der Kraftwerkseinsatz und verhaltensbedingte Sparmaßnahmen kann der Speichereinsatz kurzfristig kalkuliert/optimiert werden; damit entsteht eine Spannung zwischen langfristigen Kosten und kurzfristigen Einkünften, die derzeit wegen der hohen Kosten und der zahlreichen Alternativen,[101] die eine Einkunftserzielung unsicher machen, die Entwicklung des Speichereinsatzes hemmt.[102]

Nun gibt es den perfekten Markt nicht. Zum einen wird der Marktpreis durch weitere Kosten für die Kalkulation verändert: Neben allgemeinen steuerlichen Lasten wie der Gewerbe- und der Umsatzsteuer anlässlich der Versorgung Dritter verändern v. a. die Netzentgelte, aber auch spezielle staatliche Lasten wie EEG-Umlage, Stromsteuer usw. den Marktpreis der Bezugsvollkosten des Verbrauchers. Während die Erzeuger mangels Einspeisenetzentgelt mit dem Marktpreis als Endpreis kalkulieren können, hat der Verbraucher die zusätzlichen Strombezugskosten mit der Folge, dass sich seine und ggf. auch weitere verbrauchsnahe Speicher grundsätzlich eher rechnen: Im Vergleich zu verbrauchernahen Speichern werden erzeugungsnahe erst durch *economies of scale* rentabel.[103]

---

101 Siehe z. B. E. Hauser, Leitideen für ein Stromsystem mit einem hohen Anteil fluktuierender erneuerbarer Erzeugung, ER 2013, 102, 107 f., der bei seiner Betrachtung der Alternativen einen Speichereinsatz (außerhalb gesondert anbietender Pumpspeicherwerke) nicht in Betracht zieht. Zum Ausgleich fluktuierender EE-Strommengen s. auch D. L. Chandler, Energy Storage can be a good investment today, 13.07.2016, abrufbar unter news.mit.edu/2016/energy-storage-renewables-good-investment-solar-wind-0613; dem liegt die MIT-Studie zugrunde: W.A. Braff/J.M. Mueller/J.E. Trancik, Value of storage technologies for wind and solar energy, Nature Climate Change 6/2016, doi 10.1038/nclimate3045, abrufbar unter www.nature.com/nclimate/journal/vaop/ncurrent/bull/nclimate3045.html.

102 Ausdrücklich M. Fuchs/S. Brunnert, Perspektive Power-to-Gas, e/m/w 2015, Heft 1, S. 68, 71: „Die Wirtschaftlichkeit ist auch längerfristig ungewiss." Ebenso kritisch zu lokalen Speichern Stenzel (Fn. 98), S. 38, 39. Anders wohl in den USA, vgl. EIA, Power-to-gas brings a new focus to the issue of energy storage from renewable sources, Washington 24.07.2015, abrufbar unter eia.gov/todayinenergy/detail.cfm?id=22212src=email.

103 Siehe z. B. C. Thielitz, Größere Batterien sind effektiver, ZfK vom 02.02.2015, S. 20; dementsprechend will man jetzt dezentrale Produktion in sog. Quartierspeichern sammeln, vgl. P. Bretschneider, Der hybride Stadtspeicher, ZfK vom 17.06.2016, Beilage EUNA-Kompendium 2016, S. 18 ff.; A. Lessner, Kombination der Neuen, Quartierskonzept, ZfK vom 11.01.2016, S. 21; H. Schäffler, Geringere Investitionskosten, höherer Wirkungsgrad, ZfK vom 02.11.2015, S. 21; zum technischen Fortschritt bei Batteriespeichern U. Bilow, Die Batterien von morgen?, FAZ vom 25.11.2015, S. N2.

Das zeigt sich bereits in der heutigen Entwicklung. Neben Großspeichern für Windkraft[104] und Kleinspeichern für die dezentrale, verbrauchsnahe Erzeugung[105] sind v. a. Speicher in der verbrauchsnahen Verteilung[106] gefragt. Sie ergeben vor allem Sinn, wenn es um die Sekunden- und Minutenreserve geht, soweit unter Beachtung der Ausspeisekapazität die geforderte Leistung durch Speicher schneller als von thermischen Kraftwerken bereitgestellt werden kann, und wenn es um den Ausgleich kleinerer Schwankungen für einen überschaubaren Zeitraum geht, sodass die Speicherkapazität ausreicht.[107] Im Vergleich dazu stehen netzzugehörige Speicher in einer Mittelposition: Einerseits werden sie mit dem gebotenen Netzausbau überflüssig, andererseits können sie als Netzbestandteile mit ihren Kosten in die regulierten Netzentgelte aufgenommen werden.

Des Weiteren bieten v. a. verbrauchsnahe Speicher eine erhöhte Versorgungssicherheit; der Verbraucher ist notfalls vom Markt und auch von den vorgelagerten Netzen unabhängig.[108]

---

104 Zu Offshore-Pumpspeicherwerken siehe msz, Vision: Pumpspeicherkraftwerke im Meer, ZfK vom 08.07.2013, S. 16; A. Lessner, Der Turm als Speicher, ZfK vom 11.07.2016, S. 17; ansonsten siehe oben Fn. 7; zu großen Batteriespeichern A. Recke, Enercon baut den größten Batteriespeicher. Es geht um eine Speicherkapazität von zehn Megawatt, Ostfriesische Nachrichten vom 14.04.2015, abrufbar unter www.on-online.de/news/artikel/123141/Enercon-baut-den-groessten-Batteriespeicher; D. Stolle, In Feldheim entsteht Deutschlands größter Energiespeicher, Ingenieur.de vom 07.05.2014, abrufbar unter http://www.ingenieur.de/Themen/Energiespeicher/In-Feldheim-entsteht-Deutschlands-groesster-Batteriespeicher; M5bat, Projektbeschreibung, abrufbar unter http:///m5bat.de/Projekt/Projekbeschreibung; siehe auch emw 8/2015, S. 1; es geht um einen hybriden Batteriespeicher mit 5 MW in Aachen mit Einsatz zur Netzstabilisierung.

105 Zu Batteriespeichern für die Erzeugungsglättung C. Wittwer, Wie Batteriespeicher für Photovoltaikanlagen der Energiewende nützen können, ET 2013, Heft 11, S. 104 ff.; für die praktische Anwendung siehe K. Fischer, Sonne auf Abruf: Energie aus Solarspeichern nutzen, Rhein-Zeitung vom 29.08.2015; M. Nallinger, Präzise gesteuerter Ökostrom, ZfK vom 07.09.2015, S. 16; Poiry Management Consulting, Dezentrale Batteriespeicher: Einfluss auf Geschäftsmodelle steigt, ew-aktuell vom 26.11.2015, S. 8, auch abrufbar unter www.poyry.de/de/nmews/dezentrale-batteriespeicher-einfluss-auf -geschaeftsmodelle-der -energiewirtschaft.pdf; im Verteilnetz H.-C. Neidheim, Flexibel und netzdienlich, ZfK vom 30.03.2015, S. 19; als Schwarm für das Leisten von Regelenergie N. N., Privatbatterien liefern Regelleistung, ZfK vom 03.08.2015, S. 1.

106 Z. B. A. Lessner, Mit der Kraft einer 50 MW-Turbine, ZfK vom 13.10.2014, S. 25; W. Kempgens, Größter Batteriespeicher Europas geht in Schwerin ans Netz, Ingenieur.de vom 17.09.2014, abrufbar unter www.ingenieur.de/Themen/Energiespeicher/Groesster-Batteriespeicher-Europas-geht -in-Schwerin-ans-Netz; in Kalifornien kommt jetzt ein 100-MW-Batteriespeicher, siehe J. Fialka, World's Largest Battery Will Power Los Angeles, Scientific American 2016, abrufbar unter www.scientificamerican.com/Article/world-s-largest-storage-battery-will-power-los-angeles/July7,2016.

107 Siehe auch G. Eble/M. Nallinger, Die Lastkurve kriegen, ZfK 2015, Nr. 7, S. 1.

108 B. Weilharter/M. Obexer, Versorgungsautonomie 2.0 durch dezentrale Speicher, ET 2014, Heft 4, S. 65.

3.3 Die Kalkulation für Speicher

Die Betrachtung der Position der Speicher im Gesamtmarkt bedarf der Verfeinerung anhand der Preis- und Kostenkalkulation, denn alle Beteiligten stehen letztlich vor Make-or-Buy-Entscheidungen: Je teurer der Strom für die Verbraucher wird, umso eher rechnen sich Einsparmaßnahmen. Die Preisverzerrung durch die staatlich veranlassten Strompreisbestandteile macht Einsparmaßnahmen noch wettbewerbsfähiger und attraktiver.

Je größer die Differenz zwischen Hoch- und Schwachlastpreisen ist, umso eher rechnet sich im Grundsatz ein Speichereinsatz. Die Größe der Preisdifferenz ergibt sich als Addition der Preise der Menge der zum Ausgleich benötigten Zusatzeinheiten, denn es kann sein, dass mit steigender Differenz die Zusatzeinheiten zur Abdeckung der Hochlast teurer oder auch billiger werden, nämlich als Folge von Grenzkostensprüngen; man denke nur z. B. an den Wettbewerb durch virtuelle Kraftwerke aus der Bündelung von Kleinspeicherkapazitäten, die nicht zur Glättung von Erzeugung aus Erneuerbaren oder von Verbrauch belegt sind. Bei kostendeckenden Preisen entspricht das der marktlichen *merit order*.

Für die Erzeuger kommt es darauf an, ob diese Differenz besser mit den erhöhten Kosten einer Mehrerzeugung und den verringerten Kosten einer Mindererzeugung aus bestehenden, steuerbaren Erzeugungsanlagen abgedeckt wird oder durch deren gleichmäßige Produktion mit stetigen Kosten und einem Zusatzaufwand für den dauernden Speichereinsatz oder für einen gelegentlichen Zukauf. Für die fluktuierende Erzeugung kommt es darauf an, durch stochastische Bündelung, Abregelung (vgl. § 14, § 35 S. 1 Nr. 2 i. V. m. § 36 EEG 2015,[109] außerdem § 9 EEG 2015, § 4 KWK-G) und/oder Speicherung überhaupt erst ein Stromband als verkaufsfähige Einheit herzustellen. Hier geht es um eine Mischkalkulation der Produktionskosten.

Für das Netz kommt es darauf an, im Rahmen des Managements von Netzengpässen Zusatzerzeugung und Systemstabilität[110] darzustellen, wobei man i. d. R. diese selbst herstellen oder – per Ausschreibung – günstig einkaufen kann, und im Rahmen der Herstellung von Systemstabilität Regelenergie darzustellen bzw. zu beziehen.[111]

---

109 S. Fischenauer, Die Nachrüstungsverpflichtung für EE- und KWK-Anlagen, EnWZ 2015, 953 ff.

110 Vgl. auch O. Däupner/J. O. Voß, Die Netzreserve nach der Reservekraftwerksverordnung, IR 2013, 170; dazu inzwischen Anforderungen an die Präqualifikation von Großspeichern, vgl. I. Zenke/S. Helling, Ist der eine Batteriespeicher im Regelenergiemarkt besser als der andere? ZfK vom 02.11.2015, S. 21; s. auch Anon, Energiespeicher im Regelenergiemarkt, abrufbar unter www.speicher-bar.de/recht-und-politik/rechtliche-rahmenbedingungen/eneriespeicher-im-regelenergiemarkt.

111 Bei der Regelenergie haben herkömmliche Kraftwerke meist Kostenvorteile und, da die Intensität und Dauer des Regelenergiebezuges nur in Grenzen prognostizierbar sind, Sicherheitsvorteile gegenüber den erschöpflichen Speichern. Siehe auch J. Michaelis et al., Eine Bewertung der Regelenergievermarktung im Power-to-Gas-Konzept, ZEnergiewirtsch 37 (2013), 161 ff. mit dem Ergebnis, dass die Wirtschaftlichkeit solcher Speicher in dieser Funktion eine Frage des Preises ist. Ähnlich M. Fuchs/S. Brunnert (Fn. 102) S. 68 ff., 71: Die Wirtschaftlichkeit ist langfristig ungewiss. Schwarzstartfähige

Es ist also nicht so, dass aller Speichereinsatz einer gleichen Preis- und Kostenkalkulation unterliegt.[112] Vielmehr kommt es auf die Funktion des Speichers (Produktionshilfe, angebots- oder nachfrageseitiges Ergänzungskraftwerk) und seine Position in der Absatzkette (Stromanbieter, -transporteur oder -verbraucher) an.

Jeder Marktakteur „spielt", indem er investiert oder von einer Investition Abstand nimmt, gegen eine Vielzahl von Akteuren auf unterschiedlichen Marktstufen mit unterschiedlicher Regulierung. Bildlich heißt das: Es geht nicht nur um „Erzeugung mit Speicher" vs. „Erzeugung plus bezogene Erzeugung (Marktzukauf oder Bildung eines virtuellen Kraftwerks") oder um „Eigenerzeugung mit Speicher" vs. „Einkauf", sondern auch um die Fragen, was die Netzbetreiber in ihrem staatlich gesteuerten System tun[113] und was das kostet,[114] zu welchen Preisen importiert oder exportiert werden kann und wie der Mitgliedstaat z. B. bzgl. EEG, KWK-G und Emissionshandel sowie staatlichen Lasten künftig regulierend und fördernd in den Markt eingreift. Diese umfangreiche Unsicherheit lähmt die Investitionsbereitschaft, nicht nur für Speicher, sondern ganz allgemein im Sektor. Allerdings zählen Speicher – ausgenommen Pumpspeicherwerke – eher zu den kleineren Investitionen, und zu ihnen sind mehr Investoren in der Lage und die Investoren eher bereit, sodass jedenfalls in der überwiegend technisch getriebenen Literatur die Aussichten für eine umfangreiche Integration von Speichern in den Energiemarkt eher optimistisch beurteilt werden.

3.4 Entwicklungstrends

Aufgrund dieser Betrachtung lassen sich folgende Trends identifizieren:[115] Mit steigenden Preisen sinkt die Nachfrage. Das wirkt preissenkend und vermindert den teuren Speichereinsatz. Staatlich veranlasste Zusatzkosten der Erzeugung (CO_2-Zertifikate und -Speicherung, Einspeiseglättungen) verteuern den Preis und schaffen Räume für den Speichereinsatz in der Stromproduktion und -verteilung. Staatlich veranlasste Strompreiserhöhungen (EEG-Umlage, KA, Steuern) verteuern den Preis für die Verbraucher und sorgen für dortigen, dezentralen Speichereinsatz.

Zunehmender Speichereinsatz glättet Produktion und Verbrauch, Angebot und Nachfrage durch Vergleichmäßigung über die Zeit. Damit verringert sich dauerhaft

---

Batteriespeicher gibt es m.W. nicht, und für den Schwarzstart von Kraftwerken sind Speicher (ausgenommen Pumpspeicherwerke) bisher zu klein, so dass Speicher als Anbieter für diese Systemdienstleistung bisher ausfallen, anders offenbar H.-P. Schwintowski (Fn. 62), S. 81, 84.

112 Siehe Fn. 110; vereinheitlicht aber unter dem Gesichtspunkt der *merit order* für Power-to-Gas A. Lessner, Besser als die Back-up-Lösung, ZfK vom 05.10.2015, S. 21.

113 Daher sind die Netzbetreiber die wohl aktivsten Investoren für Speicher, vgl. Redaktion, Depot für die Elektronen, ZfK vom 02.11.2015, S. 20 f. mit einer Liste der neuen Speicherprojekte in den Netzen.

114 Das ist wohl eher eine Frage für die BNA als Regulierer, denn für die Netzbetreiber bedeuten die Investitionen eine Absicherung des Einkommens.

115 Etwas pauschal daher A. Lessner, Steht ein Boom bei den Speichern bevor? ZfK vom 02.11.2015, S. 22.

der Abstand von Schwach- und Höchstlast. Mit der Angleichung der Preise ehemaliger Hochlast- und Schwachlastzeiten werden teure Speicher unrentabel und z. T. durch günstige Produktion ersetzt. Speicher sind also grundsätzlich Instrumente des Übergangs.[116]

Die Verringerung des Preisabstands von Schwach- und Höchstlast bedeutet u. a., dass die Höchstlast sinkt, indem sie in ein über die Zeit geglättetes Angebot und eine über die Zeit geglättete Nachfrage verwandelt wird. Die verminderte Höchstlast bedeutet, wenn sie nicht durch neuartige Zusatzverbräuche wettgemacht wird, die verminderte Inanspruchnahme von Netztransportleistung, und zwar in Übertragungs- wie in Verteilnetzen. Daraus folgt im Grundsatz:

- Mit dem Ausbau der Erneuerbaren Energien und der Glättung von Angebot und Nachfrage (durch Abregelung, Speicher und DSM) bleiben national jeweils nur noch Grund- und Mittellast übrig, die Mittellast schwankend gemäß Jahreszeit (Klima, Ferien), Wirtschaftsentwicklung und Unglücken.
- Damit vermindert sich das dem Handel zugängliche Potenzial. Der Börsenhandel lebt von Marktimbalancen, und die werden u. a. durch den Speichereinsatz ausnivelliert. Der Wettbewerb wird angebotsseitig zu einem der Wirtschafts- bzw. Fördersysteme und Kraftwerksklassen. Mit sinkender Verbrauchsfluktuation sinken die Chancen für den grenzüberschreitenden Stromhandel, für Importe und Exporte, dies jedenfalls, solange in den Mitgliedstaaten dramatische Unterinvestitionen und deren Folgen ausbleiben.
- Mit zunehmend sinkender und flacher Last und ohne geografische Lastverschiebungen vermindert sich der Netzausbaubedarf drastisch.[117] Das ist nicht unbedingt nachteilig: Ein Netzausbau für den grenzüberschreitenden Handel würde die heimischen Investitionen in Speicher und Kraftwerke gefährden und auswärtige Risiken importieren. Der Netzausbau muss nicht die preiswertere Alternative sein und ist manchmal keine Alternative, nämlich dann nicht, wenn jeder Mitgliedstaat mithilfe eines geförderten Ausbaus erneuerbarer Energien nur die nationale Versorgung im Auge hat und mangels Marktchancen im Ausland keine Exportkapazitäten errichten und betreiben lässt. Der gegenwärtige Netzausbau wird auf lange Sicht überdimensioniert, aber unverändert kostenwirksam sein und den Einsatz von Speichern fördern, sodass immer weniger Verbrauch eine zunehmende Netzkostenlast tragen muss und eine Spirale in Gang kommt, an deren Ende der Binnenmarkt implodiert und das zu große Netz als Kostenfaktor bleibt. Dann haben wir als Ergebnis das Scheitern des Binnenmarktmodells, das den europäischen Verbrauchern – v. a. durch die Hebung von Effizienzen – billigere Energie versprochen hatte.

---

116 Siehe auch H. Höfling et al., Der Bedarf für Speicherung im Stromsystem der Zukunft, ET 2014, Heft 6, S. 26 ff.

117 So schon P.-Y. Oei et al., Szenarienrechnungen zum Netzentwicklungsplan 2012 – HGÜ-Leitungen überdimensioniert, ET 2014, Heft 9, S. 80, 82.

4 Erkenntnisse

Die EU[118] und Deutschland[119] sehen die zunehmende Bedeutung von Stromspeichern zur Ausgleichung von Produktion und Nachfrage. Bisher ist aber nur der Netzausbau im Fokus.[120] Er verteuert die Netzentgelte (die Rede ist von 0,1 bis 0,15 ct/kWh) und schafft damit den Anreiz zur Verbrauchs- und zur Bezugsminderung, sodass alternative Investitionen wie z. B. die Eigenerzeugung und die Speicherung attraktiver werden. Infolge der diversen staatlichen Vorgaben zu preislichen Belastungen wie auch zur Bildung der Netzentgelte gibt es kein „technologieindifferentes bzw. -offenes *level playing field*“ für die Technologien.[121] Vielmehr gibt es diverse Marktsituationen, in denen Speicher „mitspielen“ können.[122]

Bei den Speichern steht bisher die Betrachtung der mikrowirtschaftlichen Entscheidungen zum Einsatz bestimmter Speichertechnologien in bestimmten

118 Dazu rechtlich (Fn. 18) M. Papapetrou et al., European Regulatory and Market Framework for Electricity Storage Infrastructure, Store 21.06.2013, S. 42, abrufbar unter http://www.store-project.eu/en_GB/project-results; ökonomisch (Fn. 7) J. Paska et al., Technical and economical aspects of electricity storage systems co-operating with renewable energy sources, Electrical Power Quality and Utilisation 15.09.2009, abrufbar unter http://www.researchgate.net/publication/224078035_Technical_and_economic_aspects_of_electricity_storage_systems_co-operating_with_renewable_energy_sources; zur Stromspeichertechnik läuft eine ausgeschriebene EU-Studie ab März 2015, vgl. http://ec.europa.eu/research/participants/portal/desktop/en/opportunities/h2020/topics/1149-lce-09-2015.html.

119 Insbesondere zu Pumpspeicherwerken z. B. http://www.bmwi.de/EN/Topics/Energy/Storage/storage-technology,did=679986.html; siehe auch die Münchener Stromspeichermesse, http://www.ees-europe.com/de/home.html. Infolgedessen sollen auch die neuen Vorgaben zur weiteren Entwicklung des deutschen Strommarkts weitgehend technologieoffen ausgestaltet werden, vgl. Bundesministerium für Wirtschaft und Energie, Ein Strommarkt für die Energiewende, Weißbuch, Berlin (Bundesministerium für Wirtschaft und Energie) Juli 2015, passim, z. B. S. 14, 23, 48, 49, 54.

120 Die EU bezeichnet die Ausbauten als Projects of Common Interest (PCI), vgl. http://ec.europa.eu/energy/en/news/commission-unveils-list-195-key-energy-infrastructure-projects. Derzeit gilt die Liste vom 18.11.2015, vgl. https://ec.europa.eu/energy/sites/ener/files/documents/5_2%20PCI%20annex.pdf; Stromspeicher sind offenbar nicht dabei. Auch in Deutschland stehen im Fokus – nach den erzeugungsseitigen Vorgaben – nicht Speicher, sondern neue Trassen und intelligente Netze, vgl. Eckpunkte für eine erfolgreiche Umsetzung der Energiewende, Politische Vereinbarungen der Parteivorsitzenden von CDU, CSU und SPD vom 01.07.2015, S. 9 ff. und S. 3, abrufbar unter www.bmwi.de/BMWi/Redaktion/PDF/E/eckpunkte-energiewende,property=pdf,bereich=bmwi2012,sprache=de,rwb=true.pdf; mit Recht kritisch zum Eckpunktepapier A. Mihm, Neue Energie für die Energiewende?, FAZ vom 02.07.2015, S. 15.

121 So aber der Ansatz von Schwintowski (Fn. 62), S. 92 ff.

122 Schwintowski (Fn. 62), S. 93 unterscheidet drei Märkte, im Grunde sind es aber zwei Funktionen in unterschiedlichen Marktstufen, nämlich Versorgungs- und Systemdienstleistungen einschließlich Kapazitätsmarkt vor und im Netz der öffentlichen Versorgung einerseits und sog. Autarkieleistungen (zur Glättung der Erzeugung für den Verkauf sowie im Hausnetz, in der Kundenanlage bzw. im geschlossenen Verteilernetz die Lastdeckung zur Vermeidung anderweitigen Bezuges) andererseits.

Bedarfssituationen[123] im Vordergrund. Daher haben bisher weder die EU noch Deutschland die makrowirtschaftlichen Folgen eines zunehmenden Speichereinsatzes, nämlich seine Folgen für den Binnenmarkt und die Netzinfrastruktur, klar ausgemacht und in ihren Politiken berücksichtigt. In Verbindung mit der mitgliedstaatlich und europäisch veranlassten Energiewende, die neue Möglichkeiten für den Speichereinsatz eröffnet, steht also die Wahl an zwischen:

- einer Glättung von Erzeugung und Verbrauch durch Speicher, was den Netzbetrieb erheblich erleichtert und durch Dezentralität die Versorgungssicherheit erhöht, aber den Binnenmarkt drastisch einkürzt,
- einem Ausgleich fluktuierender Erzeugung und – ungeachtet DSM – weiter schwankendem Verbrauch durch großräumige Verschiebung fluktuierender Strommengen mithilfe groß ausgebauter transeuropäischer Netze, was den Binnenmarkt lebhaft macht, aber die Beherrschbarkeit der Netze vor große Herausforderungen stellt, zunehmenden Naturverbrauch durch Netzausbau bedeutet und letztlich durch die Netzkosten nicht nur die Stromeinsparung, sondern auch die Verbraucher nach Autarkie durch Eigenerzeugung und Speicherausbau streben lässt.

Die Alternative „Speicherausbau auf allen Ebene“ vs. „großer Netzausbau“ ist also eine Frage, die nicht nur unter kurzfristigen Aspekten und heutiger Wirtschaftlichkeit zu entscheiden ist und die darüber hinaus auch politische Auswirkungen haben kann.

123 Rundel, a. a. O. (Fn. 2), S. 93 ff.; C. Doetsch et al., Abschlussbericht Metastudie „Energiespeicher“, Fraunhofer-Institut für Umwelt-, Sicherheits- und Energietechnik 30.10.2014, 272 S., abrufbar unter http://www.umsicht.fraunhofer.de/de/presse-medien/2015/metastudie-energiespeicher.html mit dem Fazit (S. 241): „Insgesamt ist (die) Anzahl verfügbarer Quellen zum Marktdesign mit Bezug auf Speicher und andere flexible Kapazitäten noch sehr klein. Auf Basis der vorliegenden Daten lässt sich das Problemfeld aufzeigen, jedoch ist eine Ableitung konsensfähiger Handlungsempfehlungen nicht möglich. Erste Studien, die das Marktdesign adressieren, favorisieren überwiegend die Schaffung neuer Märkte (bspw. Kapazitätsmärkte) mit einem starken Fokus auf der nationalen Versorgungssicherheit und Wirtschaftlichkeit. Neuere Studien analysieren mehr Details des Strommarktdesigns und priorisieren zunächst einen Abbau von Hemmnissen zur Reduzierung des Flexibilitätsbedarfs, z. B. durch eine stärkere europäische Koordination oder einen verbesserten Marktzugang potentieller flexibler Kapazitäten. Zusätzlich empfehlen sie die Schaffung eines einheitlichen Rechtsrahmens für Speicher und andere Flexibilitätsoptionen. Das Thema Marktdesign wird in den Studien vorrangig auf der Ebene des Stromgroßhandels behandelt. Mit deutlich geringerer Tiefe werden der Einfluss oder die Rückwirkungen des Strommarktdesigns auf das Verteilnetz untersucht. Es ist nicht untersucht, welche Effekte ein marktorientierter Einsatz vieler dezentraler Speicher und Lasten (z. B. als PV-Speichersysteme oder Wärmepumpen in Haushalten) auf die Verteilnetze hat und umgekehrt.“

Literatur

Alle angegebenen Internetfundstellen wurden im Mai 2016 aufgerufen, sofern sie nicht ein späteres Datum tragen.

Agora: Stromspeicher in der Energiewende, September 2014, S. 152, abrufbar unter http://www.agora-energiewende.de/fileadmin/downloads/publikationen/Studien/Speicher_in_der_Energiewende/Agora_Speicherstudie_Web.pdf.

Agricola, A. C. & A. Weber, Der Fünf-Stufen-Plan, *ZfK* vom 05.10.2015, S. 21.

Anon, Energiespeicher im Regelenergiemarkt, 2016 (laufend aktualisierte Einführung zum Blog: „speicher-bar"), abrufbar unter www.speicher-bar.de/recht-und-politik/rechtliche-rahmenbedingungen/eneriespeicher-im-regelenergiemarkt.

Bachmann, P. & U. Erling, Pumpspeicherkraftwerke im Energiemix der Zukunft – eine rechtliche Einordnung, *ET* 2012, Heft 6, S. 97.

Baur, J. F., P. Salje, M. Schmidt-Preuss (Hrsg.), Regulierung in der Energiewirtschaft, 2. Aufl. Köln 2015.

Bilow, U., Die Batterien von morgen? *FAZ* vom 25.11.2015, S. N2.

Birkner, P., Neuer Ordnungsrahmen nötig, *ZfK* vom 04.08.2014, S. 2.

Börner, A.-R., Die Energiestrategie der EU – Prioritäten für die Energie-Infrastruktur 2020, *ET* 2011, Heft 1/2, S. 34.

Börner, A.-R., Die erneuerbaren Energien in der aktuellen EU-Energiepolitik, *ET* 2011, Heft (10), S. 93.

Börner, A.-R., Der Energiefahrplan 2050 der EU, *EW* 111 (2012), Heft 6, S. 20.

Börner, A.-R., Das Problem des Kapazitätsvorhalts im Grünbuch ..., Versorgungswirtschaft 2015, 17.

Bourwieg, K., Eine regulatorische Einordnung von Stromspeichern im aktuellen Rechtsrahmen, Berlin 20.01.2015, 25, Folien abrufbar unter http://www.bmwi.de/BMWi/Redaktion/PDF/A/ag-2-plattform-strommarkt-sitzung-20150120-praesentation-1,property=pdf,bereich=bmwi2012,sprache=de,rwb=true.pdf.

Braff, W. A., J. M. Mueller & J. E. Trancik, Value of storage technologies for wind and solar energy, *Nature Climate Change* 2016 – doi 10.1038/nclimate3045, abrufbar unter www.nature.com/nclimate/journal/vaop/ncurrent/full/nclimate3045.html.

Bredow, H. von & L. Balzer; Rechtlicher Rahmen für Power-to-Gas, *ET* 2015, Heft 4, S. 72.

Bretschneider, P., Der hybride Stadtspeicher, *ZfK* vom 11.07.2016, Beilage EUNA-Kompendium 2016, S. 18.

Bundesministerium für Bildung und Forschung, Bekanntmachung einer gemeinsamen Initiative des BMWi, des BMU und des BMBF zur Förderung von Forschung und Entwicklung auf dem Gebiet von Energiespeichertechnologien (Förderinitiative Energiespeicher) vom 21.04.2011, abrufbar unter www.bmbf.de/foerderungen/16431.php.

Bundesministerium für Wirtschaft, Storage Technology, abrufbar unter www.bmwi.de/EN/Topics/Energy/Strorage/storage-technology,did=679972.html.

Bundesministerium für Wirtschaft und Energie, Bundesbericht Energieforschung 2014, Berlin Juli 2014.

Bundesministerium für Wirtschaft und Energie, Ein Strommarkt für die Energiewende, Weißbuch, Berlin (Bundesministerium für Wirtschaft und Energie) Juli 2015.

Chandler, D. L., Energy Storage for Renewables can be a good investment today, 13.07.2016, abrufbar unter news.mit.edu/2016/energy-storage-renewables-good-investment-solar-wind-0613.

CDU et al., Eckpunkte für eine erfolgreiche Umsetzung der Energiewende, Politische Vereinbarungen der Parteivorsitzenden von CDU, CSU und SPD vom 01.07.2015, S. 9 ff. und S. 3, abrufbar unter www.bmwi.de/BMWi/Redaktion/PDF/E/eckpunkte-energiewende,property=pdf,bereich=bmwi2012,sprache=de,rwb=true.pdf.

Däupner, O. & J. O. Voß, Die Netzreserve nach der Reservekraftwerksverordnung, IR 2013, 170.
Dena, Analyse der Notwendigkeit des Ausbaus von Pumpspeicherwerken und anderen Stromspeichern zur Integration der erneuerbaren Energien – Abschlussbericht, Berlin 05.02.2010, S. 176, abrufbar unter http://www.dena.de/fileadmin/user_upload/Publikationen/Energiesysteme/Dokumente/Endbericht_PSW_-_Integration_EE_dena.pdf.
Dena, Energiespeicher – Förderprogramme, abrufbar unter http://www.effiziente-energiesysteme.de/themen/energiespeicher/foerderprogramme-fuer-energiespeicher.html.
Dietrich, L. & S. Ansehl, Förderung der Energiespeicherung nach der Energiewende, ET 2012, 135.
DIW, Speicherbedarf steigt mit EE-Zunahme, 06.03.2015, abrufbar unter www.soarify.eu/2015/03/06/344-diw-speicherbedarf-steigt-mit-ee-zunahme/.
Doetsch, C. et al., Abschlussbericht Metastudie „Energiespeicher", Fraunhofer-Institut für Umwelt-, Sicherheits- und Energietechnik 30.10.2014, S. 272, abrufbar unter http://www.umsicht.fraunhofer.de/de/presse-medien/2015/metastudie-energiespeicher.html.
Drake, F.-D. et al., Sind Speicher wirklich der fehlende Baustein zur Energiewende?, ET 2013, Heft 8, S. 34.
Eble, G., Diskriminierte Batterien, ZfK vom 07.09.2015, S. 34.
Eble, G. & M. Nallinger, Die Lastkurve kriegen, ZfK 2015, Nr. 7, S. 1.
Ecke, J. & C. Wöstmann, Redispatch im Spanungsfeld von Recht und Markt, ET 2015, Heft 1/2, S. 108.
Ehricke, U., Vermerke der Kommission zur Umsetzung von Richtlinien, EuZW 2004, 359.
EIA (Energy Information Agency), Power-to-gas brings a new focus to the issue of energy storage from renewable sources, Washington 24.07.2015, abrufbar unter eia.gov/todayinenergy/detail.cfm?id=22212src=email.
Energate, EU-Kommission empfiehlt Definition für Speicher, Berlin 22.02.2017, abrufbar unter www.energate-messenger.de/news/172068/eu-kommission-empfiehlt-definition-fuer-energiespeicher.
etg/VDE, Batteriespeicher in der Nieder- und Mittelspannungsebene, Frankfurt/Main 2015, S. 200.
EU-Kommission, Mitteilung „Vollendung des Binnenmarkts und optimale Nutzung staatlicher Interventionen", Dokument C (2013)7243 F 1, Brüssel 05.11.2013.
EU-Kommission, Factsheet – Zusammenschluss der Strommärkte zur Gewährleistung der Versorgungssicherheit, Marktintegration und großflächiger Nutzung erneuerbarer Energien, Brüssel 25.02.2015, abrufbar unter http://europa.eu/rapid/press-release_MEMO-15-4486_de.htm.
European Commission, Directorate General for Energy, DG ENER Working paper – The future role and challenges of energy storage, Brüssel ohne Datum, S. 35, abrufbar unter ec.europa.eu/energy/sites/files/energy-storage.pdf.
European Commission, Directorate General for Energy, The role of gas storage in internal market and in ensuring security of supply, Luxemburg 2014 (EUR 2015.1391 EN), S. 303, abrufbar unter http://www.europeangashub.com/custom/domain_1/extra_files/attach_496.pdf.
Fialka, J., World's Largest Battery Will Power Los Angeles, Sciencific American 2016, abrufbar unter www.scientific American.com/article/world-s-largest-storage-battery-will-power-los-angeles/July7,2016.
Fischenauer, S., Die Nachrüstungsverpflichtung für EE- und KWK-Anlagen, EnWZ 2015, 953.
Fischer, K., Sonne auf Abruf, Energie aus Solarspeichern nutzen, Rhein-Zeitung (Koblenz) vom 29.08.2015.
Forster, H., Lückenhafter Rahmen – Stromspeicher, ZfK vom 04.08.2014, S. 5
Friesinger, G., Leistungselektronik macht Power to Heat erst netzverträglich, ZfK vom 02.08.2015, S. 13.
Fuchs, M. & S. Brunnert, Perspektive Power-to-Gas, e/m/w 2015, Heft 1, S. 68.
Gawel, E. et al., Wie viel Europa braucht die Energiewende?, ZEnergiewirtsch 38 (2014), S. 163.

Generaldirektion Energie und Verkehr, Vermerk zu den Richtlinien 2003/35/54/EG und 2003/55/EG über den Elektrizitäts- und Erdgasbinnenmarkt: Zugang Dritter zu den Speicheranlagen, vom 16.01.2004, abrufbar unter http://www.mariewagener.de/files/active/0/Zugang_Dritter_zu_den_Speicheranlagen.pdf.

Gerstner, V. et al., Elektromobilität als dezentrale Speichertechnologie, ZNER 19 (2015), 424 ff.

Grote, F. et al., Entwicklung einer gesicherten Leistung, e/m/w 2015, Heft 1, S. 62.

Gust, S., Relevanz von Batteriespeichern steigt, ZfK vom 09.05.2016, S. 7.

Hampel, C., Energieregulierung IV/2015, RdE 2015, 549.

Hauser, E., Leitideen für ein Stromsystem mit einem hohen Anteil fluktuierender erneuerbarer Erzeugung, ER 2013, 102

Heidjann, J., Stromspeicher – Herausforderung für die Energiewirtschaft, abrufbar unter www.stromspeicher.org.

Hempel, R., Der Wettbewerb wird den Markt schaffen, ZfK vom 09.01.2013, S. 8.

Hennig, B., Befreiungsschlag für Batteriespeicher und innovative Geschäftsmodelle?,abrufbar unter: www.speicher-bar.de/was-bringt-das-eeg-2017-fuer-die-energiespeicher-branche.

Hesler, W. von, Stromspeicher und EEG-Umlage, ree 2015, 150.

Hi, Grüner Strom aus schwarzen Löchern, ZfK vom 05.03.3014, S. 21.

Hobohm, J. & F. Ess, Bedeutung der internationalen Wasserkraftspeicherung für die deutsche Energiewende, ET 2013, Heft 1/2, S. 86 ff.

Höfling, H. et al., Der Bedarf für Speicherung im Stromsystem der Zukunft, ET 2014, Heft 6, S. 26.

Institut für Gründungs- und Innovationsforschung, Wuppertal Institut für Klima, Umwelt, Energie GmbH, Energiespeicher – Herausforderungen an Forschung und Entwicklung, Bizeps-Gazelles (Wuppertal) Technologiebrief vom Juni 2010, abrufbar unter http://www.bizeps.de/fileadmin/user/Texte/Clean-tech/Clean_Tech_2/Technologiebrief_2_Netz.pdf.

Kaiser, B., Rechtsfragen einer Erdgasbevorratung, RdE 2015, 455.

Kempkens, W., Energiewende: Bauen Engländer den billigsten Stromspeicher der Welt?, WiWoGreen 12.07.2013, abrufbar unter http://green.wiwo.de/energiewende-bauen-englander-den-billigsten-stromspeicher-der-welt/.

Kempgens, W., Größter Batteriespeicher Europas geht in Schwerin ans Netz, Ingenieur.de vom 17.09.2014, abrufbar unter www.ingenieur.de/Themen/Energiespeicher/Groesster-Batteriespeicher-Europas-geht -in-Schwerin-ans-Netz.

Kühne, M. et al., Wirtschaftliches Potential großtechnischer Energiespeicher im deutschen Stromsystem, ET 2012, Heft 12, S. 86.

Lengsdorf, G., Batteriespeicher am Scheideweg, ZfK vom 05.12.2016, S. 14.

Lessner, A., Wärme vom Strom entzerren, ZfK vom 13.01.2014, S. 21.

Lessner, A., Mit der Kraft einer 50 MW-Turbine, ZfK vom 13.10.2014, S. 25.

Lessner, A., Besser als die backup-Lösung, ZfK vom 05.10.2015, S. 21.

Lessner, A., Steht ein Boom bei den Speichern bevor? *ZfK* vom 02.11.2015, S. 22.

Lessner, A., Kombination der Neuen, Quartierskonzept, *ZfK* vom 11.01.2016, S. 21.

Lessner, A., Der Turm als Speicher, *ZfK* vom 11.07.2016, S. 17.

Lietz, F., Die Qualifikation von Stromspeicherbetreibern als Letztverbraucher, EWeRK 2014, 96.

Michaelis, J. et al., Eine Bewertung der Regelenergievermarktung im Power-to-Gas-Konzept, *ZEnergiewirtsch* 37 (2013), 161.

Mihm, A., Reparaturarbeiten an der Energiewende, *FAZ* vom 13.01.2015, S. 1.

Mihm, A., Neue Energie für die Energiewende?, *FAZ* vom 02.07.2015, S. 15.

Msz, Vision: Pumpspeicherkraftwerke im Meer, *ZfK* vom 08.07.2013, S. 16.

Müller, T., Stromspeicher im Recht, Bonn 27.04.2012, 19 Folien, abrufbar unter http://www.stiftung-umweltenergierecht.de/fileadmin/_temp_/Praesentation_T.Mueller_Speicher_2012-04-27.pdf.

M5bat, Projektbeschreibung, abrufbar unter http:///m5bat.de/Projekt/Projekbeschreibung.

Nallinger, M., Gespeicherte Optionen, ZfK vom 04.08.2014, S. 1.
Nallinger, M., Präzise gesteuerter Ökostrom, ZfK vom 07.09.2015, S. 16.
Neidheim, H.-C., Flexibel und netzdienlich, ZfK vom 30.03.2015, S. 19.
N. N. KfW förderte bisher 4.000 Stromspeicher, SBZ-Sanitär-Heizung-Klima 12.05.2014, abrufbar unter www.photovoltaik.eu/KfW-foerderte -bisher-4-000-Stromspeicher, QUlEP-TU4OTk5NSZNSUQ9MzAwMjE.html.
N. N., Die Energiewende braucht keine Stromspeicher, FAZ vom 14.09.2014, abrufbar unter http://www.faz.net/aktuell/wirtschaft/wirtschaftspolitik/studie-von-agora-energiewende-die-energiewende-braucht-keine-stromspeicher-13153058.html.
N. N., Privatbatterien liefern Regelleistung, ZfK vom 03.08.2015, S. 1.
N. N., Hohle Betonkugeln für die Energiewende, FAZ vom 04.03.3017, S. 19.
O'Connell, C., Evolution and development of the essential facilities doctrine in a European competition law context, abrufbar unter https://sjeldraft.files.wordpress.com/2014/05/evolution-and-development-of-the-essential-facilities-doctrine-in-a-european-competition-law-context.pdf.
Oei, P.-Y. et al., Szenarienrechnungen zum Netzentwicklungsplan 2012 – HGÜ-Leitungen überdimensioniert, ET 2014, Heft 9, S. 80.
Oppen, M. von, Stromspeicher – Rechtsrahmen und rechtlicher Optimierungsbedarf, ER 2014, 1, S. 9.
Papapetrou, M. et al., European Regulatory and Market Framework for Electricity Storage Infrastructure, Store 21.06.2013, S. 42, abrufbar unter http://www.store-project.eu/en_GB/project-results.
Paska, J. et al., Technical and economical aspects of electricity storage systems co-operating with renewable energy sources, Electrical Power Quality and Utilisation 15.09.2009, abrufbar unter http://www.researchgate.net/publication/224078035_Technical_and_economic_aspects_of_electricity_storage_systems_co-operating_with_renewable_energy_sources.
Poiry Management Consulting, Dezentrale Batteriespeicher: Einfluss auf Geschäftsmodelle steigt, ew-aktuell vom 26.11.2015, S. 8, auch abrufbar unter www.poyry.de/de/nmews/dezentrale-batteriespeicher-einfluss-auf -geschaeftsmodelle-der -energiewirtschaft.pdf.
Radgen, P., Zukunftsmarkt Energiespeicherung, Umweltbundesamt Dez. 2007, S. 6 ff., abrufbar unter www.umweltbundesamt.de/sites/default/medien/publikation/long/3448.pdf.
Reichert, G. & J. Voßwinkel, Europäische Kommission: Leitlinien für den Ausbau transeuropäischer Energienetze, IR 2012, 98.
Rundel, P. et al., Speicher für die Energiewende, Fraunhofer-Institut für Umwelt-, Sicherheits- und Energietechnik Sept. 2013, S. 116, hier S. 24 ff., abrufbar unter www.umsicht-suro.fraunhofer.de/content/dam/umsicht-suro/de/documents/studien/studie_speicher_energiewende.
Recke, A., Enercon baut den größten Batteriespeicher. Es geht um eine Speicherkapazität von zehn Megawatt, Ostfriesische Nachrichten vom 14.04.2015, abrufbar unter www.on-online.de/news/artikel/123141/Enercon-baut-den-groessten-Batteriespeicher.
Redaktion (ZfK), Depot für die Elektronen, ZfK vom 02.11.2015, S. 20.
Riewe, J. & M. Altrock, Einsatz- und Rechtsrahmen für moderne Batteriegroßspeicher, EWeRK 2014, 79, abrufbar unter http://www.ewerk.nomos.de/fileadmin/ewerk/doc/2014/Ewerk_2014_02_00.pdf.
Riewe, J. & J. H. Meyer, Stromspeicherdefinition im EnWG, EWeRK 2015, 138.
Robles y Zepf, C. & M. Rademacher, Begriff und Pflichten von Speicheranlagenbetreibern im EnWG, RdE 2013, 201.
Sailer, F.: Kosten- und Abgabensituation von Batteriespeichern, Aachen 21.05.2014, 19 Folien, abrufbar unter http://www.stiftung-umweltenergierecht.de/fileadmin/pdf_aushaenge/Vortraege/SAILER-SUER_Kosten_Abgaben_Batteriespeicher.pdf.
Salje, P.,EEG 2014, Köln 2015.

Schäffler, H., Geringere Investitionskosten, höherer Wirkungsgrad, ZfK vom 02.11.2015, S. 2.

Schill, W.-P. et al., Stromspeicher, eine wichtige Option für die Energiewende, DIW-Wochenspiegel 2015 Nr. 10, S. 195 ff., abrufbar unter http://www.diw.de/sixcms/detail.php?id=diw_01.c.497924.de.

Schmid, W., Ernüchterung bei Stromspeichern, SBZ-Sanitär-Heizung-Klima 04/15, S. 42 ff., abrufbar unter http://www.sbz-online.de/SBZ-2015-4/Ernuechterung-bei-Stromspeichern,QUlEP-TYzMTg2OSZNSUQ9MTA2NDU4.html.

Schneider, C. & T. Kirch, Rechtliche Rahmenbedingungen für Stromspeicher, RdE 2016, 165.

Schueller, A. & F. Rieper, Assessing the economic potential of electric vehicles to provide ancillary services: the case of Germany, ZEnergiewirtsch 37(2013), 177.

Schulte-Beckhausen, S., Stromspeicherung: Markt oder Regulierung, Präsentation im Institut für Energierecht an der Universität zu Köln vom 21.02.2013, 34 Folien, abrufbar unter www.energierecht.uni-koeln.de/downloads/praesentation_koelner_gespr_022013.pptx.

Schulze, R., M. Zuleeg & S. Kadenbach, Europarecht, 3. Aufl. Baden-Baden 2015.

Schwintowski, H.-P., Konfiguration und rechtliche Rahmenbedingungen für den modernen Batteriespeichermarkt, EWeRK 2015, 81.

Serafimova, T., Renewable energy storage will end capacity payments, EurActiv 15.05.2015, abrufbar unter www.euractiv.com/sections/transport/renewable_energy_storage_will_end_capacity_payments-314609.

Stamati, M., Die Zusammenarbeit von ENTSO-E, ACER und der EU-Kommission, Berlin 09.05.2014, 19 Folien, abrufbar unter http://files.enreg.eu/2014/14_05_09_Energie/Stamati.pdf.

Stappert, H. et al., Die Netzentgeltbefreiung für Energiespeicher nach § 118 Abs. 6 EnWG, RdE 2015, 62.

Staschus, K., Die europäischen Netzentwicklungspläne, e/m/w 2015, Heft 1, S. 18.

Stenzel, P.,Standpunkt „Stromspeicher“, ET 2015 Heft 9, S. 38.

Stenzel, P. et al., Einzelwirtschaftliche Bewertung von Photovoltaik-Batteriespeichersystemen, ET 2015, Heft 8, S. 20.

Stolle, D., In Feldheim entsteht Deutschlands größter Energiespeicher, Ingenieur.de vom 07.05.2014, abrufbar unter http://www.ingenieur.de/Themen/Energiespeicher/In-Feldheim-entsteht-Deutschlands-groesster-Batteriespeicher.

Stone, M., The future of energy storage in Europe, Energy Post Sept. 5, 2014, abrufbar unter www.energypost.eu/future-energy-storage-europe.

Stratfor, The Rise and (Eventual) Fall of a Battery Technology, 24.03.2016, abrufbar unter: https://ww.stratfor/com/analysis/raise-and-fall-battery-technology?utm_source=paidlist-a&utm_medium=email&utm_camapign“*&utm_contents3A+March+24%2C+2016.

Thielitz, A., *Größere Batterien sind effektiver*, ZfK vom 02.02.2015, S. 20.

Thomas, H. & M. Altrock, *Einsatzmöglichkeiten für Energiespeicher*, ZUR 2013, S. 579.

Ugarte, S. et al., Energy Storage: Which Market Designs and Regulatory Incentives Are Needed?, European Parliament, Directorate General for Internal Policies, Policy Dept. A: Economic and Scientific Policy, IP/A/ITRE/2014-05, October 2015, abrufbar unter www.europarl.europa.eu/RegData/etudes/STUD/2015/563469/IPOL_STU%282015%29563469_EN.pdf.

Valentin, F. & H. von Bredow, Power-to-Gas: Rechtlicher Rahmen, ET 2011, Heft 12, S. 99.

Vasconcelos, J. et al., Electricity storage: How to facilitate its deployment and operation in the EU, Eilat 15.10.2012, S. 25, abrufbar unter www.eui.eu/Projects/THINK/Home.aspx.

Volk, G., Ökonomisch-juristische Analyse von Power to gas im Energierecht, RdE 2013, 361.

Weilharter, B. & M. Obexer, Versorgungsautonomie 2.0 durch dezentrale Speicher, ET 2014, Heft 4, S. 65.

Weise, M. et al., Zur „energierechtlichen Einordnung“ von Umspannkunden, IR 2015, 2.

Weyer, H., Energiespeicherausbau – Regulative Herausforderungen, München 16.09.2014, 23 Folien, abrufbar unter http://www.iber.tu-clausthal.de/fileadmin/IBER/Vortraege/140916_Vortrag_Stromspeicher_Ifo-Institut.pdf.

Weyer, H. & F. Lietz, Neuregelung für Stromspeicher, Versorgungswirtschaft 2016, 261.

Wittwer, C., Wie Batteriespeicher für Photovoltaikanlagen der Energiewende nützen können, *ET* 2013, Heft 11, S. 104.

Wraneschitz, H., Von „Riesen-Peaks" und „intelligenten Dingern", ZfK vom 02.11.2015, S. 20.

Wyl, C. de et al., Netzintegration von zentralen Batteriegroßspeichern, RdE 2015, 507.

Zachmann, G., *Die Europäische Energieunion*, Bonn (Friedrich-Ebert-Striftung, ISBN 95861-177-1) 08.2015, S. 4.

ZfK und trend:research, Stromspeicher – Chancen und Risiken für Stadtwerke, Hersteller und Verbraucher, Studie 15-01132 von 2013, S. 1126.

Teil V: Wirtschaftlichkeit und Finanzierung von Batteriespeichern

Falko Tappen, Stefanie Traub und Christian Frohberg

Investment in Speichermedien

Steuerliche Rahmenbedingungen

1 Einleitung

Themen wie die Energiewende und die vermehrte Energiegewinnung aus Erneuerbaren Energien beschäftigen Politik, Wirtschaft und Forschung seit vielen Jahren. Der Energiesektor verändert sich dabei ständig und es werden immer mehr Möglichkeiten geschaffen, um eine effektivere Energieerzeugung und Energienutzung voranzutreiben. Ein wichtiger Bestandteil dessen ist die Speicherung der erzeugten Energie in Batterien. Der Markt für Stromspeicher wird sich in den folgenden Jahren voraussichtlich immer weiter entwickeln und größer werden. Bereits jetzt vergrößert sich das Angebot an Batteriespeichern laufend und es können viele technische Fortschritte in diesem Bereich verzeichnet werden. Ob stationäre Batterien in Häusern, in der Industrie oder in mobilen Batterien in Pkw: Die dezentrale Speicherung von Strom wird immer populärer.[1]

In Kapitel 2 werden die steuerlichen Vorschriften dargestellt, die bei einem Investment in ein Speichermedium zur Anwendung kommen. Hierbei liegt der Schwerpunkt der Ausführungen in der Investitionsphase. Zum besseren Verständnis wird auch auf die laufende Besteuerung von Strom und Stromspeichern eingegangen. Dies erfolgt unter Beachtung des Rechtsstands zum Januar 2016, wobei geplante Gesetzesänderungen dazu ergänzend genannt werden.

Zunächst werden in Kapitel 3 kurz die technischen Voraussetzungen eines Batteriespeichers erläutert und die Zielgruppen definiert, für die das Investment in ein Speichermedium von Interesse sein könnte.

Im Anschluss daran (siehe Kap. 4) erfolgt die Erläuterung der ertragsteuerlichen Behandlung von Stromspeichern. Hierbei werden wichtige Bereiche in der Investitionsphase aufgezeigt. Dies betrifft hauptsächlich die Zuordnung eines Speichermediums zum Betriebsvermögen, die Voraussetzungen der Inanspruchnahme eines Investitionsabzugsbetrags und der Sonderabschreibung nach § 7g EStG und die Ansatzwahlrechte bei erhaltenen Zuschüssen.

Zuletzt (siehe Kap. 5) werden die umsatzsteuerlichen Vorschriften aufgezeigt, die ausschlaggebend für die Besteuerung eines Batteriespeichers sind. Wichtig hierbei sind die unternehmerische Nutzung und die Zuordnung zum Unternehmensvermögen. Ziel ist es, dem potenziellen Investor eines Speichermediums einen Überblick über die verschiedenen steuerlichen Vorschriften in den Bereichen der

1 Vgl. Weniger/Bergner/Tjaden u. a., Solarstromspeicher, 2015, S. 9.

https://doi.org/10.1515/9783110458480-017

Strom-, Ertrags- und Umsatzsteuer zu geben, die er bereits in der Investitionsphase des Speichermediums beachten sollte. Dazu gehören auch steuerliche Ansatzwahlrechte und Vorschriften, die bereits vor der Investitionsphase zur Anwendung kommen können.

2 Stromspeicher – steuerliche Zielgruppen

2.1 Einführung

Batteriespeicher können zukünftig in verschiedenen Bereichen zur Anwendung kommen: zum einen im öffentlichen Stromnetz, um die Stromversorgung zu unterstützen, es Weiteren in der Automobilbranche für Elektroautos und vermehrt auch im privaten Bereich. Es kann zusammen mit dem Einbau einer Solaranlage oder eines Blockheizkraftwerks bereits auch ein Batteriespeicher eingebaut werden.[2] Dementsprechend dürfte das Investment in Speichermedien für die öffentliche Energieversorgungsunternehmen (siehe Kap. 2.2), Gewerbebetriebe (siehe Kap. 2.3) und Privatpersonen (siehe Kap. 2.4) von Interesse sein.

2.2 Öffentliche Energieversorgungsunternehmen

Als eine Gruppe von potenziellen Investoren kommen juristische Personen des öffentlichen Rechts infrage. Sie sind zwar grundsätzlich hoheitlich tätig, doch viele staatliche Einrichtungen unterhalten zur Stromversorgung ihrer Bürger eigene Energieversorgungsunternehmen und werden dadurch auch wirtschaftlich tätig. Weil sie in dieser wirtschaftlichen Tätigkeit gegenüber den Unternehmen aus der privaten Wirtschaft nicht bevorzugt werden dürfen, können auch sie der Besteuerung unterliegen. Das Steuerrecht spricht dabei von Betrieben gewerblicher Art.[3] Nach der Begriffsdefinition in § 4 Abs. 1 KStG handelt es sich bei Betrieben gewerblicher Art um Einrichtungen, die einer juristischen Person des öffentlichen Rechts zur Erzielung von Einnahmen nachhaltig und wirtschaftlich dienen. Die Tätigkeit muss sich dabei wirtschaftlich aus der gesamten Betätigung der juristischen Person hervorheben. Ob dabei eine Gewinnerzielungsabsicht verfolgt wird oder am allgemeinen wirtschaftlichen Verkehr teilgenommen wird, spielt keine Rolle.[4] Betriebe, die mit Elektrizität die Bevölkerung versorgen, werden im Körperschaftsteuergesetz sogar gesondert als Betrieb gewerblicher Art aufgeführt. In der Fachliteratur sind sie v. a. unter dem

---

2 Vgl. Wenzel/Kunz, Metaanalyse, 2015, S. 7.

3 Vgl. Arbeitshilfe OFD Nordrhein-Westfalen v. 01.10.2014, S. 11.

4 Vgl. § 4 Abs. 1 KStG.

Begriff „Versorgungsbetriebe“ zu finden. Versorgt ein öffentlich-rechtlicher Rechtsträger seine Bevölkerung also mit Strom, egal, ob dieser selbst erzeugt oder entgeltlich erworben und anschließend eventuell zwischengespeichert wurde, kann von einem Betrieb gewerblicher Art ausgegangen werden.[5]

2.3 Gewerbebetrieb

Neben den juristischen Personen des öffentlichen Rechts kann auch für private Energieversorger oder Gewerbebetriebe, die Strom erzeugen oder Strom abnehmen, der Einsatz eines Batteriespeichers für die Stromspeicherung von Interesse sein. Gerade Industriebetriebe, die hohe Strommengen für die Produktion benötigen, können sich von den Strompreisen unabhängiger machen, indem sie durch die Stromspeicherung weniger Strom aus dem Netz zukaufen müssen. Neben den Kosten für den erworbenen Strom kann für Gewerbebetriebe auch das Image ein Grund für die Investition in ein Speichermedium sein, wie das Beispiel eines Bowlingcenters mit angeschlossenem Restaurant zeigt. Hier wissen die Gäste, dass der Strom aus selbst erzeugter Energie stammt und nehmen dies sehr positiv auf. Dies stellt einen großen Imagegewinn für das Unternehmen dar.[6]

2.4 Privatpersonen

Für viele Privatpersonen, die ein Ein- oder Zweifamilienhaus besitzen und sich mit der Anschaffung einer Solaranlage auseinandersetzen, stellt sich die Frage, ob gleichzeitig ein Batteriespeicher erworben werden soll. Hierzu kann der Käufer unter vielen verschiedenen Stromspeichersystemen auswählen. Neben der Auswahl des Anbieters spielt auch die Nutzung des Speichers eine Rolle: Soll er ausschließlich für den Eigenverbrauch genutzt werden? Soll der nicht zur Ladung des Batteriespeichers benötigte Strom in das öffentliche Netz eingespeist werden können? Diese Entscheidungen sind nicht nur für das Volumen der Speicherkapazität des Speichermediums wichtig, auch steuerlich wird dies Konsequenzen mit sich bringen. Denn Strom in das öffentliche Netz einzuspreisen und somit zu veräußern, stellt grundsätzlich eine gewerbliche bzw. unternehmerische Tätigkeit dar.[7]

Welche steuerlichen Folgen die Investition in ein Speichermedium für den Betrieb gewerblicher Art, für einen Gewerbebetrieb oder eine Privatperson mit sich bringt

5 Vgl. § 4 Abs. 3 KStG; Birkenfeld, in: Birkenfeld/Wäger, Umsatzsteuer-Handbuch, Loseblattsammlung, § 46 JPdÖR Rn. 271 ff.

6 Vgl. Senec-ies.com: Großspeicher am Netz.

7 Vgl. Bayerisches Landesamt für Steuern, Hilfe zu PV-Anlagen Januar 2015, S. 4.

und was bei den einzelnen Steuerarten dabei zu beachten ist, werden die Kapitel 3 und 4 verdeutlichen.

3 Die stromsteuerliche Behandlung

3.1 Grundlagen des Stromsteuerrechts

Mit der ökologischen Steuerreform trat zum 01.04.1999 das Stromsteuergesetz in Kraft. Die mit dem Stromsteuergesetz eingeführte Stromsteuer ist eine Verbrauchsteuer i. S. der Abgabenordnung. Als Rechtsgrundlage der Erhebung der Stromsteuer dienen das Stromsteuergesetz und die Stromsteuer-Durchführungsverordnung. Diese Vorschriften enthalten die Voraussetzungen für die Besteuerung von elektrischem Strom.[8] Auch für die Erhebung der Stromsteuer im Zusammenhang mit elektrischem Strom und Batteriespeichern kommen diese Vorschriften zur Anwendung.[9]

Zum leichteren Verständnis einige wichtige Begriffe, die im Stromsteuergesetz verwendet werden. Sie sind unter anderem in § 2 StromStG zu finden, wie bspw. die Definition von Versorger und Eigenerzeuger. Als Versorger gilt gem. § 2 Nr. 1 StromStG jede natürliche Person und jede juristische Person des privaten und öffentlichen Rechts, die elektrischen Strom aufgrund einer vertraglichen Verpflichtung leistet.[10] Unter den Begriff „Eigenerzeuger" fallen gem. § 2 Nr. 2 StromStG diejenigen, die Strom selbst erzeugen und diesen anschließend selbst nutzen.[11]

3.2 Steuergegenstand

Die Stromsteuer wird gem. § 1 StromStG auf elektrischen Strom in der Bundesrepublik Deutschland erhoben.[12] Es wird hierbei explizit auf elektrischen Strom laut der Position 2716 der Kombinierten Nomenklatur hingewiesen.[13] Dementsprechend wird jede Art von Stromerzeugnis, sei es Gleichstrom, Wechselstrom, oder Strom aus

---

8 Vgl. § 1 Abs. 1 Satz 3 StromStG; Heil, Stromsteuer, 2015, Rn. 1; Wundrack, in: Bongartz/Jatzke/Schröer-Schallenberg, StromStG, Loseblattsammlung, § 1 StromStG Rn. 25.

9 Das Bundesministerium der Finanzen (BMF) hat mit Schreiben vom 26.04.2016 den Referentenentwurf eines Zweiten Gesetzes zur Änderung des Energiesteuer- und des Stromsteuergesetzes vorgelegt.

10 Vgl. Soyk, Stromsteuerrecht, 2013, S. 393.

11 Vgl. Wundrack, in: Bongartz/Jatzke/Schröer-Schallenberg, StromStG, Loseblattsammlung, § 2 StromStG Rn. 15.

12 Vgl. § 1 Abs. 1 Satz 1 ff. StromStG.

13 Kombinierte Nomenklatur ist eine Nummernkombination, die innerhalb der EU einheitlich für den Warenhandel verwendet wird. Sie gilt seit der Verordnung Nr. 2658/87 des Rates vom 23.7.1987 über die zolltarifliche und statistische Nomenklatur sowie über den gemeinsamen Zolltarif.

verschiedenen Erzeugungsquellen wie erneuerbaren Energieträgern, als elektrischer Strom angesehen.[14] Problematisch ist jedoch die Behandlung von Batteriespeichern. Elektrische Batterien in geladenem Zustand fallen unter die Positionen 8505 und 8506 der Kombinierten Nomenklatur. Diese Positionen sind jedoch nicht Steuergegenstand gem. § 1 Abs. 1 StromStG.[15] Daraus lässt sich folgern, dass nicht der Batteriespeicher als Steuergegenstand anzusehen ist, sondern lediglich der elektrische Strom, der das Speichermedium auf- bzw. entlädt.

3.3 Steuerentstehung

Grundsätzlich entsteht Stromsteuer, sobald Strom aus dem Stromnetz entnommen wird. Dieser Zeitpunkt fällt meist mit dem Verbrauchszeitpunkt zusammen.[16] In § 5 Abs. 1 StromStG wird unterschieden, ob der Strom von einem Versorger oder von einem Eigenerzeuger geleistet wird. Gemäß § 5 Abs. 1 Satz 1 StromStG entsteht die Stromsteuer durch vom Versorger geleisteten Strom zum Zeitpunkt der Stromentnahme aus dem öffentlichen Stromnetz durch den Letztverbraucher.[17] Letztverbraucher ist dabei jede natürliche und juristische Person, die aufgrund vertraglicher Vereinbarungen Strom aus dem Stromnetz des Versorgers entnehmen darf.[18] Auch bei Versorgern, die den Strom zum Selbstverbrauch entnehmen, entsteht die Stromsteuer zum Entnahmezeitpunkt.[19] Unter dem in § 5 Abs. 1 StromStG verwendeten Begriff „Versorgungsnetz“ ist dementsprechend das öffentliche bzw. allgemeine Stromnetz zu verstehen.[20] Bei einem Eigenerzeuger entsteht gem. § 5 Abs. 1 Satz 2 StromStG die Stromsteuer, sobald dieser den Strom zum Selbstverbrauch entnimmt. Dies ist bspw. dann der Fall, wenn der erzeugte Strom von Solaranlagen auf dem eigenen Dach selbst genutzt wird.[21]

In Bezug auf die Steuerentstehung unter Einbindung eines Batteriespeichers stellt sich die Frage, ob die Stromsteuer beim Laden oder Entladen des Speichermediums entsteht. Des Weiteren darf nicht außer Acht gelassen werden, dass auch die Nutzung des gespeicherten Stromes eine Rolle spielt. Wird dieser lediglich selbst verbraucht

14 Vgl. § 2 Nr. 7 StromStG; Friedrich, in: Friedrich/Meißner/Soyk, StromStG, Loseblattsammlung, § 1 StromStG Rn. 8; Soyk, Stromsteuerrecht, 2013, S. 391.

15 Vgl. Friedrich, in: Friedrich/Meißner/Soyk, StromStG, Loseblattsammlung, § 1 StromStG Rn. 9.

16 Vgl. § 5 Abs. 1 StromStG; Milewski, in: Möhlenkamp/Milewski, StromStG 2012, § 5 StromStG Rn. 3.

17 Vgl. Köthe, in: Friedrich/Meißner/Soyk, StromStG, Loseblattsammlung, § 5 StromStG Rn. 13 ff.

18 Vgl. FG Hamburg v. 27.12.2001, IV 327/01, BeckRS 2001, 21009797.

19 Vgl. § 5 Abs. 1 Satz 1 Alt. 2 StromStG; Köthe, in: Friedrich/Meißner/Soyk, StromStG, Loseblattsammlung, § 5 StromStG Rn. 26.

20 Vgl. Schröer-Schallenberg, in: Bongartz/Jatzke/Schröer-Schallenberg, EnergieStG & StromStG, Loseblattsammlung, § 5 StromStG Rn. 9.

21 Vgl. Schröer-Schallenberg, in: Bongartz/Jatzke/Schröer-Schallenberg, EnergieStG & StromStG, Loseblattsammlung, § 5 StromStG Rn. 48 ff.; Stein/Thoms, Energiesteuer, 2013, S. 221 f.

oder nach der Speicherung wieder in das öffentliche Netz eingespeist? Allein die Tatsache, dass die Batterie den Strom speichert, führt noch nicht zu einem steuerbaren Vorgang. Auch der Umwandlungsvorgang von Wechsel- in Gleichstrom stellt noch keine Stromentnahme dar.[22] Nach Auffassung der Bundesfinanzverwaltung entsteht die Stromsteuer nicht beim Entladen der Batterie, sondern beim Aufladen, wenn hierzu Strom aus dem Versorgungsnetz entnommen wird. Durch diese Regelung soll ein steuerfreier Verbrauch des Stromes vermieden werden, wenn der Batteriespeicher mit Strom aus dem Versorgungsnetz geladen und anschließend selbst verbraucht wird, denn ein Besteuerungstatbestand für die Stromentnahme aus einem Batteriespeicher ist im Stromsteuergesetz nicht geregelt.[23] Problematisch ist dabei die Tatsache, dass der Strom, der zunächst zum Laden der Batterie gebraucht wurde, auch wieder in das Versorgungsnetz eingespeist werden kann, wenn der Speicher zur Zwischenspeicherung genutzt wird. Dies führt allerdings dazu, dass durch die erneute Entnahme des Stromes aus dem Versorgungsnetz nochmals ein Steuertatbestand entsteht. Dementsprechend würde aufgrund der Vorschriften des §5 Abs. 1 StromStG eine doppelte Besteuerung vorliegen. Um dies zu umgehen, wird nach dem Erlass der Finanzverwaltung vom 31.07.2014 bis zu einer Gesetzesänderung fingiert, dass der Batteriespeicher und die dazu erforderlichen Netzanschlüsse als Teil des Versorgungsnetzes behandelt werden.[24]

3.4 Steuerschuldner

Da Steuerschuldner und Steuerträger bei der Stromsteuer nicht identisch sind, handelt es sich hierbei um eine indirekte Steuer.[25] Die Stromsteuer wird vom Endverbraucher wirtschaftlich getragen, indem sie im Rechnungsbetrag der zu zahlenden Stromrechnung enthalten ist.[26] Der Strom unterliegt dabei einem Steuersatz von 20,50 Euro pro Megawattstunde.[27] Der Endverbraucher zahlt zwar die Stromsteuer, angemeldet und abgeführt wird sie jedoch vom Versorger oder Eigenerzeuger.

Sofern der Strom von einem Versorger geleistet wurde, ist dieser als Steuerschuldner dazu verpflichtet, die Stromsteuer in einer Steueranmeldung anzugeben und die Steuerschuld beim Hauptzollamt abzuführen.[28] Dasselbe gilt für den Eigenerzeuger, der elektrischen Strom zum Selbstverbrauch entnimmt.[29]

---

22 Vgl. BFH v. 19.06.2012, VII R 33/10, juris; BFH 19.06.2012, VII R 49/11, juris.

23 Vgl. §5 Abs. 1 Satz 1 StromStG, BMF v. 31.07.2014, III B 6 –V 4220/14/10001 DOK 2014/0679957, E-VSF-N 40/2014, Nr. 184, S. 5; BFH v. 19.06.2012, VII R 33/10, juris; BFH 19.06.2012, VII R 49/11, juris.

24 Vgl. BMF v. 31.07.2014, III B 6 –V 4220/14/10001 DOK 2014/0679957, E-VSF-N 40/2014, Nr. 184, S. 5.

25 Vgl. Grashoff/Kleinmanns, Steuerrechtsverordnung, 2015, 1. Kapitel Rn. 24.

26 Vgl. Stein/Thoms, Stromsteuer, 2013, S. 214.

27 Vgl. §3 StromStG.

28 Vgl. §8 Abs. 1–3 StromStG; Köthe, in: Friedrich/Meißner/Soyk, StromStG, Loseblattsammlung, §5 StromStG Rn. 38–40.

29 Vgl. §5 Abs. 2 StromStG, Milewski, in: Möhlenkamp/Milewski, StromStG 2012, §5 StromStG Rn. 30.

3.5 Steuerbegünstigungen

3.5.1 Steuerbefreiungen gem. § 9 Abs. 1 StromStG

3.5.1.1 Erneuerbare Energien – § 9 Abs. 1 Nr. 1 StromStG

Um sowohl ökologische als auch wirtschaftliche Interessen zu vereinbaren, wurden in den §§ 9 ff. StromStG verschiedene Steuerbegünstigungen festgelegt. Zum einen sind darin Vorschriften zu Steuerbefreiungen, zum anderen diverse Steuerermäßigungen enthalten.[30]

Unter die Steuerbefreiungen gem. § 9 Abs. 1 StromStG fällt bspw. Strom, der nur aus einem Netz entnommen wird, das ausschließlich mit erneuerbaren Energieträgern versorgt wird. Sobald aber Strom aus einem Netz entnommen wird, das sowohl aus Erneuerbaren Energien, als auch aus anderen Energieträgern stammt, entfällt die Steuerfreiheit.[31] Zu Strom aus Erneuerbaren Energien gehört laut § 2 Nr. 7 StromStG u. a. Strom aus Wind- und Wasserkraft, aber auch aus Sonnenenergie.[32] Diese Vorschrift dürfte demzufolge für das Laden von Batteriespeichern interessant sein, die nur mit Strom aus Erneuerbaren Energien geladen werden.

3.5.1.2 Stromentnahme zur Stromerzeugung – § 9 Abs. 1 Nr. 2 StromStG

Steuerfrei ist gem. § 9 Abs. 1 Nr. 2 StromStG auch Strom, der zur Stromerzeugung entnommen wird. Darunter ist nur der Strom zu verstehen, ohne den die Maschine technisch nicht funktionstüchtig ist und somit kein Strom erzeugt werden kann.[33] Mit der Frage, ob für die Stromentnahme zum Betreiben eines Batteriespeichers diese Befreiung auch greift, beschäftigen sich sowohl die Finanzverwaltung als auch diverse Autoren in der Fachliteratur. Ein Anhaltspunkt dazu gibt es in § 9 Abs. 1 Nr. 2 StromStG i. V. m. § 12 Abs. 1 Nr. 2 StromStV. Hier wird bspw. nur von Speichermedien in Pumpspeicherkraftwerken gesprochen und nicht von anderen Speichermedien wie Batteriespeicher bzw. Speichermedien, die mit Solar- oder Photovoltaikanlagen in Verbindung stehen.[34]

Der BFH stellt in einem nicht veröffentlichten Urteil dazu fest, dass der Ladevorgang eines Batteriespeichers nicht als Stromerzeugung angesehen werden kann. Bei der Speicherung von Strom sei weder ein Verbrauch noch eine Herstellung von Strom

---

30 Vgl. Wundrack, in: Bongartz/Jatzke/Schröer-Schallenberg, StromStG, Loseblattsammlung, § 9 StromStG Rn. 1 ff; Friedrich, in: Friedrich/Meißner/Soyk, StromStG, Loseblattsammlung, § 9 StromStG Rn. 11.

31 Vgl. Wundrack, in: Bongartz/Jatzke/Schröer-Schallenberg, StromStG, Loseblattsammlung, § 9 StromStG Rn. 8.

32 Vgl. § 2 Nr. 7 StromStG.

33 Vgl. Wundrack, in: Bongartz/Jatzke/Schröer-Schallenberg, StromStG, Loseblattsammlung, Rn. 9; Möhlenkamp, in: Möhlenkamp/Milewski, StromStG 2012, § 9 StromStG Rn. 9; FG München v. 03.04.2014, 14 K 1039/11, juris.

34 Vgl. Riewe/Sauer, Ewerk 2014, S. 79; Thomas/Altrock, ZUR 2013, S. 584.

möglich. Nur wenn erstmalig Strom erzeugt und dabei für eine Haupt-, Hilfs- oder Nebenanlage Strom benötigt wird, greift die Steuerbefreiung. Dementsprechend ist ein Speichermedium nicht als Stromerzeugungsanlage zu betrachten.[35]

Auch die Bundesregierung sieht im Stromsteuergesetz keine spezielle Begünstigungsnorm für Speichermedien vor, weshalb sie § 9 Abs. 1 Nr. 2 StromStG nicht als Steuerbefreiungsvorschrift für Batteriespeicher betrachtet.[36] Demzufolge muss geprüft werden, ob der erzeugte Strom bisher steuerfrei war und deshalb der Speichervorgang keine weitere Stromsteuer auslöst. Hierzu äußerte sich die Finanzverwaltung, dass Strom, der zum laufenden Betrieb der Batterie notwendig ist, wie bspw. die gleichmäßige Betriebstemperatur der Anlage, nicht unter die Stromsteuerbefreiung nach § 9 Abs. 1 Nr. 2 StromStG fällt. Der Strom hierfür ist stromsteuerpflichtig.[37]

Ebenso entschied das FG München in einem Fall, in dem ein Solarparkbetreiber Strom für einen Wechselrichter entnahm, damit der erzeugte Strom von Wechsel- in Gleichstrom umgewandelt werden konnte. Es wurde entschieden, dass dieser Wechselrichter keine Neben- oder Hilfsanlage sei und somit die Steuerbefreiung nach § 9 Abs. 1 Nr. 2 StromStG nicht greife.[38] Ein solcher Wechselrichter ist auch im Zusammenhang mit einem Batteriespeicher notwendig. Dieser würde diesem Urteil zufolge ebenfalls Stromsteuer auslösen.

Das Urteil des FG München wurde allerdings im Revisionsverfahren vom BFH anderweitig entschieden. Der BFH stellte fest, dass Wechselrichter als Hilfs- und Nebenanalgen i. S. des § 12 Abs. 1 Nr. 1 StromStV zu behandeln sind. Demnach ist der Strom, der für diese Wechselrichter benötigt wird, nach § 9 Abs. 1 Nr. 2 StromStG von der Stromsteuer befreit.[39] Maßgebender Entscheidungsgrund, der zu dem vom Bundesfinanzhof gefundenen Ergebnis führte, war, dass das Steuerrecht hinsichtlich des Steuergegenstands nicht zwischen Wechsel- und Gleichstrom unterscheidet und der Vorgang der Umwandlung von Wechsel- oder Gleichstrom in die jeweils andere Stromart daher keinen Verbrauch darstellt. Da § 9 Abs. 1 Nr. 2 StromStG nur die Stromerzeugung als solche anspreche und nicht nach Wechsel- oder Gleichstrom unterscheide, beschränke sich nach dieser Entscheidung des Bundesfinanzhofs der Begriff der Stromerzeugung jedenfalls nicht auf die Gleichstromerzeugung. Demnach sei vom Sinn und Zweck der Regelung der Umfang des stromsteuerrechtlichen Herstellerprivilegs nach dem Produkt zu bestimmen, das der Hersteller in seinem Betrieb erzeugt und auf dem Markt anbietet. Ist die Produktion auf die Erzeugung von Wechselstrom

---

35 Vgl. BFH v. 19.06.2012, VII R 33/10, juris; Möhlenkamp/Palme, wts Newsletter Oktober 2013, S. 32; FG München v. 03.04.2014, 14 k 1039/11, juris; Friedrich, in: Friedrich/Meißner/Soyk, StromStG, Loseblattsammlung, § 9 StromStG Rn. 23.

36 Vgl. BT-Drs. 17/10314, S. 12 ff.

37 Vgl. BMF v. 31.07.2014, III B 6 –V 4220/14/10001 DOK 2014/0679957, E-VSF-N 40/2014, Nr. 184, S. 5; FG Düsseldorf v. 24.03.2010 4 K 2523/09, BeckRS 2010, 26028880.

38 Vgl. FG München v. 03.04.2014, 14 k 1039/11, juris.

39 Vgl. BFH v. 06.10.2015, VII R 25/14, BeckRS 2015, 96148, Rn. 7 ff.

zur Einspeisung in das öffentliche Netz ausgerichtet, so führt der Bundesfinanzhof aus, erfasse die Steuerbefreiung sämtliche Strommengen, die in Neben- und Hilfsanlagen zur Erzeugung des Wechselstroms eingesetzt werden. Folglich ist auch der Strom für den Betrieb von Wechselrichtern erfasst, da eine Einspeisung des in den PV-Modulen erzeugten Gleichstroms in das mit Wechselstrom betriebene öffentliche Netz andernfalls technisch nicht möglich sei.

Dieses Urteil des Bundesfinanzhofs wurde insbesondere von der Solarbranche seit Längerem erwartet; mit diesem Urteil ist nunmehr höchstrichterlich entschieden, dass künftig auf den für den Betrieb von Wechselrichtern einer PV-Anlage verbrauchten Strom keine Stromsteuer zu entrichten ist.

Darüber hinaus ist dieses Urteil auch für Betreiber von Stromspeichern von Bedeutung. Diesbezüglich käme es maßgebend auf die (steuer-)rechtliche Einordnung von Stromspeichern an. Würde die Beladung eines Speichers als Letztverbrauch und somit der Speicher als Letztverbraucher angesehen werden, wie dies im Rahmen des Energiewirtschaftsgesetzes diskutiert wird, wäre bei konsequenter Betrachtung die Entladung des Speichers, d. h. die Ausspeisung des Stroms, als Stromerzeugung zu bewerten. Da Batteriespeicher gleichstrombasiert arbeiten, wäre auch hier die Ausspeisung des gespeicherten Stromes in das mit Wechselstrom betriebene öffentliche Netz ohne die Verwendung von Wechselrichtern nicht möglich. Insofern dürfte vor dem Hintergrund dieses Urteils des BFH auch der für den Betrieb von Wechselrichtern im Zusammenhang mit Batteriespeichern aus dem Versorgungsnetz entnommene Strom von der Stromsteuer befreit sein. Der BFH bezieht sich in seiner Urteilsbegründung insbesondere auch auf ein bisher nicht veröffentlichtes Senatsurteil, in dem bereits begründet worden ist, dass ein Umwandlungsvorgang von Gleich- und Wechselstrom keinen Letztverbrauch darstelle.[40]

3.5.1.3 Kleinanlagen bis 2 MW – § 9 Abs. 1 Nr. 3 StromStG

Gemäß § 9 Abs. 1 Nr. 3 lit a und b StromStG sind Stromlieferungen an Dritte oder der Eigenverbrauch des Stromes aus kleinen Stromerzeugungsanlagen mit einer elektrischen Nennleistung von maximal 2 MW steuerbegünstigt, soweit die Stromentnahme im räumlichen Zusammenhang mit der Stromerzeugungsanlage steht.[41] Diese Vorschriften sind auch auf Strom anzuwenden, der für einen Batteriespeicher bezogen wird. Zur Definition einer Stromerzeugungsanlage und den Verbund von mehreren Stromerzeugungseinheiten gibt § 12b Abs. 1 und 2 StromStV Auskunft. Demnach bilden mehrere Einheiten zur Stromerzeugung an einem Standort nur eine Anlage, sofern sie unmittelbar verbunden sind, wie beispielsweise Anlagen in Modulbauweisen im gleichen baulichen Objekt.[42] Außerdem ist nach § 12b Abs. 2 StromStV auch nur

40 Vgl. BFH v. 06.10.2015, VII R 25/14 mit Hinweis auf BFH, Urt. v. 19.06.2012 – Az.: VII R 33/10.
41 Vgl. § 9 Abs. 1 Nr. 3 lit. a und b StromStG.
42 Vgl. § 12b Abs. 1 StomStV; BMF v. 30.03.2012, III B 6 – V 4250/05/10003:004, Tz. 1.

eine Anlage nach Stromsteuerrecht anzunehmen, wenn mehrere Stromerzeugungseinheiten an verschiedenen Standorten betrieben werden, diese aber zentral gesteuert und der damit erzeugte Strom teilweise ins öffentliche Netz eingespeist wird.[43] Der erzeugte Strom der einzelnen Einheiten darf dabei in der Summe nicht mehr als 2 MW betragen.[44]

Die beschriebene gesetzliche Regelung des § 9 Abs. 1 Nr. 3b StromStG wurde durch zwei BMF-Schreiben im März 2015 stark eingeschränkt.[45] Bisher konnte neben der Stromsteuerbefreiung eine Begünstigung nach dem Erneuerbaren-Energien-Gesetz (EEG) in Anspruch genommen werden. Das EEG, welches eingeführt wurde, um die Einspeisung von Erneuerbaren Energien im Stromnetz zu fördern und zu bevorzugen, beinhaltet einzelne Regelungen zur Abnahme- und Anschlussverpflichtung und auch feste Vergütungssätze für den eingespeisten Strom.[46] Diese Begünstigungen sollen zukünftig nicht mehr neben der Stromsteuerbefreiung nach § 9 Abs. 1 Nr. 3b StromStG möglich sein. Dies soll laut einem Gesetzesentwurf zum Strommarktgesetz durch Einführung eines neuen Absatzes in § 19 Abs. 1a EEG gesetzlich festgehalten werden.[47]

3.5.2 Erlass/Erstattung/Vergütung der Stromsteuer – §§ 9a, 9b, 10 StromStG

Neben den Steuerbefreiungen gibt es einige Stromsteuerbegünstigungen, die in den §§ 9a, 9b und 10 StromStG geregelt sind. Sie werden hier der Vollständigkeit halber genannt, aber aufgrund der Komplexität nicht näher erläutert. Bei diesen Vorschriften sollen Unternehmen des produzierenden Gewerbes i. S. des § 2 Nr. 3 StromStG oder land- und forstwirtschaftliche Betriebe i. S. des § 2 Nr. 5 StromStG begünstigt werden. Es wird hierbei ausschließlich das Unternehmen, welches den Strom erzeugt, betrachtet und nicht der Stromverbrauch oder die Stromspeicherung an sich.[48] Gemäß § 9a Abs. 1 Nr. 1 und 4 StromStG fällt für Unternehmen des produzierenden Gewerbes für Elektrolyse und chemische Reduktionsverfahren keine Stromsteuer an. Hier stellt sich die Frage, ob nach dieser Vorschrift der Ladevorgang von Batteriespeichern steuerbegünstigt ist. Diese Frage wird allerdings von § 17a Abs. 5 StromStV geklärt. Dort wird deutlich, dass Strom zum Laden und Wiederaufladen von Batterien nicht als Elektrolyse oder chemisches Reduktionsverfahren betrachtet wird. Demzufolge greift die Steuerbegünstigung nicht für das Laden der Batteriespeicher.[49]

43 Vgl. § 12b Abs. 2 StromStV.
44 Vgl. § 12b Abs. 3 StromStV.
45 Vgl. BMF v. 23.03.2015, III B 6 -V 4250/05/10003; BMF v. 25.03.2015, III B 6 – V 4250/05/10003:004.
46 Vgl. Böttcher/Faßbender, EEG, 2013, Teil 1–S. 7.
47 Vgl. BMWi.de: Gesetzesentwurf zur Weiterentwicklung des Strommarktes.
48 Vgl. Stein/Thoms, Energiesteuer, 2013, S. 236 f.
49 Vgl. § 9a Abs. 1 Nr. 1 und 4 StromStG.

4 Die ertragsteuerliche Behandlung

4.1 Einführung

Die ertragsteuerliche Behandlung im Zusammenhang mit Speichermedien ist zuerst einmal von der Rechtsform abhängig. So ist für natürliche Personen das Einkommensteuergesetz maßgebend, für juristische Personen des privaten oder öffentlichen Rechts die Vorschriften des Körperschaftsteuergesetztes. Bei Personengesellschaften ist zu beachten, dass aufgrund des sog. Transparenzprinzips nicht die Gesellschaft mit der Einkommen- oder Körperschaftsteuer belastet wird, sondern durch die Gesellschaft hindurch auf den dahinterstehenden Gesellschafter geblickt und diese dementsprechend besteuert werden.[50] Eine Ausnahme bildet hier jedoch die Gewerbesteuer. Für diese Ertragsteuerart gilt unabhängig von der Rechtsform, dass jeder inländische stehende Gewerbebetrieb der Gewerbesteuer unterliegt.[51] Für das Betreiben eines Stromspeichers gibt es keine speziellen ertragsteuerlichen Vorschriften, weshalb die allgemeinen Vorschriften zu beachten sind.

4.2 Einkommensteuer

4.2.1 Allgemeine Grundlagen

Durch den Betrieb eines Stromspeichers können steuerpflichtige Einkünfte entstehen, sofern die Einkünfte im Zusammenhang mit einem Stromspeicher unter eine der in § 2 Abs. 1 EStG aufgelisteten Einkunftsarten fallen.[52] Wird Strom mithilfe einer Solaranlage erzeugt und anschließend veräußert, führt dies grundsätzlich zu Einkünften aus Gewerbebetrieb.[53] Die Voraussetzung eines Gewerbebetriebs ist nach § 15 Abs. 2 EStG das Vorliegen einer Betätigung, die selbstständig, nachhaltig und mit Gewinnerzielungsabsicht ausgeübt wird und auch am allgemeinen wirtschaftlichen Verkehr teilnimmt. Die Art der Betätigung ist dabei von den Einkünften aus Land- und Forstwirtschaft, selbstständiger Arbeit und der vermögensverwaltenden Tätigkeit abzugrenzen.[54] Treffen diese Voraussetzungen auf den Betrieb der Solaranlage und des Batteriespeichers zu, liegen Einkünfte aus Gewerbebetrieb vor. Für diese Einkünfte ist ein Gewinn oder Verlust aus Gewerbebetrieb zu ermitteln.[55] Dieser kann nach den Vorschriften des § 4 Abs. 1 EStG durch einen Betriebsvermögensvergleich ermittelt werden. Dabei wird durch die Ermittlung des Unterschiedsbetrags

---

50 Vgl. Waldhoff/Engler, Transparenzprinzip, § 1, S. 59.
51 Vgl. § 2 Abs. 1 Sätze 1 und 2 GewStG.
52 Vgl. § 2 Abs. 1 EStG.
53 Vgl. R 15.5 Abs. 12 Satz 2 EstR.
54 Vgl. § 15 Abs. 2 EStG; R 15.7 Abs. 1 EstR.
55 Vgl. § 15 EStG, § 2 Abs. 2 Nr. 1 EstG.

von Betriebsvermögen am Ende des Wirtschaftsjahrs und dem Betriebsvermögen am Ende des vorangegangenen Wirtschaftsjahrs der Gewinn oder Verlust festgestellt. Falls im laufenden Wirtschaftsjahr Privateinlagen oder Privatentnahmen getätigt wurden, sind die Entnahmen entsprechend zum Betriebsvermögen hinzuzurechnen und die Privateinlagen davon abzuziehen.[56] Es gibt für Gewerbebetriebe, die nicht aufgrund von gesetzlichen Vorschriften dazu verpflichtet sind, Jahresabschlüsse zu erstellen und Bücher zu führen, die Möglichkeit, den Gewinn aus Gewerbebetrieb durch Ermittlung des Überschusses von Betriebseinnahmen abzüglich der Betriebsausgaben zu ermitteln.[57] Neben der Art der Gewinnermittlung sind zahlreiche andere steuerliche Vorschriften näher zu beleuchten. In den Kapiteln 4.2.2 bis 4.2.5 werden primär steuerliche Vorschriften betrachtet, die in der Investitionsphase von Bedeutung sind.

Zu beachten ist, dass bei Stromerzeugungsanlagen mit Stromspeichern, die zu einem großen Teil für den Selbstverbrauch betrieben werden und auch aufgrund ihrer bisherigen hohen Kosten für den Speicher nur zu Verlusten führen, die sog. Liebhaberei von der Finanzverwaltung ertragsteuerlich überprüft werden wird. Unter Liebhaberei versteht man das Tätigwerden ohne Gewinnerzielungsabsicht. Dabei erwirtschaftet der Steuerpflichtige nur Verluste, die aufgrund der fehlenden Gewinnerzielungsabsicht keine Einkünfte aus Gewerbebetrieb darstellen. Es liegt dementsprechend ein nicht steuerbarer Vorgang vor, was zur Folge hat, dass die durch einen Batteriespeicher entstandenen Verluste nicht mit einer anderen positiven Einkunftsart verrechnet werden können. Dies wird in der Praxis hauptsächlich Privatpersonen oder kleine Gewerbetreibende betreffen.[58]

4.2.2 Zuordnung des Wirtschaftsguts

4.2.2.1 Definition Wirtschaftsgut

Der aus dem Handelsrecht bekannte Begriff des Vermögensgegenstands greift das Steuergesetz nicht auf, hier wird vielmehr von Wirtschaftsgütern gesprochen. Für die Bilanzierung, die ertragsteuerliche Behandlung, aber auch für die Abschreibung ist die in Abb. 1 dargestellte Unterscheidung eines Wirtschaftsguts von Bedeutung:[59]

Wendet man die in Abb. 1 dargestellten Punkte auf einen Batteriespeicher an, lässt sich daraus schlussfolgern, dass ein materielles Wirtschaftsgut vorliegt, wenn ein Batteriespeicher als körperlicher Gegenstand angesehen wird. Des Weiteren kann der Speicher – muss aber nicht – beweglich sein. Zum Punkt der Abnutzbarkeit des Speichermediums ist anzumerken, dass eine Batterie technisch gesehen nur für

56 Vgl. § 4 Abs. 1 EstG.

57 Vgl. § 4 Abs. 3 EstG.

58 Vgl. Seltmann, stbverband-thueringen.de: Photovoltaik im Steuerrecht, v. 07.07.2014; Lindberg, in: Frotscher/Geurts, EStG, Loseblattsammlung, § 2 EStG Rn. 76.

59 Vgl. Nolte, Haufe Steuer Office Kanzlei-Edition Online, HI1638766, Tz. 1.1.

eine bestimmte Dauer genutzt werden kann. Demzufolge liegt ein abnutzbares Wirtschaftsgut vor.[60] Laut den unterschiedlichen Herstellerangaben geht man im Schnitt von einer Lebensdauer des Batteriespeichers zwischen zehn und zwanzig Jahren aus. Diese wird mangels Praxiserfahrung, unterschiedlicher Batteriebeschaffenheit und Nutzungsverhalten aber sehr unterschiedlich angesetzt.[61] Natürlich kann man sich auch die Frage stellen, ob ein Batteriespeicher ein selbstständiges Wirtschaftsgut ist oder ein Wirtschaftsgut, welches mit mehreren Teilen verbunden wurde. Das bayerische Landesamt für Steuern verweist zur Lösung dieser Frage in einem Leitfaden für Photovoltaikanlagen auf ein BFH-Urteil aus dem Jahr 2011. Demnach können mehrere bewegliche Wirtschaftsgüter, die zusammengeschlossen werden und dann eine Anlage bilden, vorliegen; diese können aber trotzdem noch eigenständig bewertbar und als jeweils eigenes Wirtschaftsgut zu behandeln sein. Demzufolge muss in der Praxis geprüft werden, ob der Batteriespeicher und die Stromerzeugungsanlage als jeweils eigenständige Wirtschaftsgüter bewertet werden können oder ob sie eine zusammenhängende Anlage bilden.[62] Maßgeblich dafür dürfte auch die Beschaffenheit des Stromspeichers sein, also ob er unabhängig von der Stromerzeugungsanlage genutzt werden kann oder technisch nur beide Bestandteile zusammen funktionsfähig sind.[63]

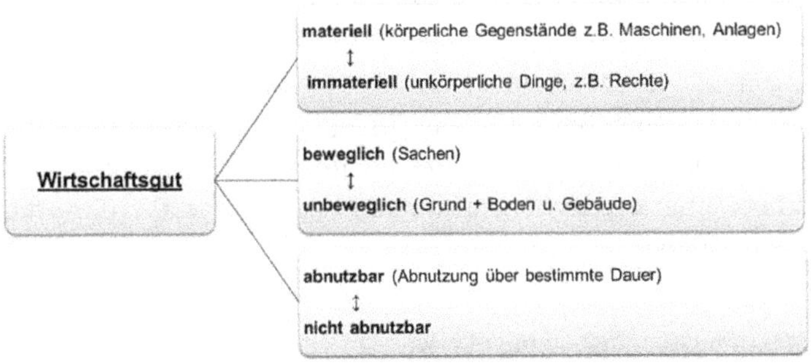

Abb. 1: Unterscheidung eines Wirtschaftsguts (eigene Darstellung).

4.2.2.2 Wirtschaftsgut einer natürlichen Person

Im Einkommensteuergesetz gibt es keine spezielle gesetzliche Vorschrift, wann ein Wirtschaftsgut zum Betriebsvermögen gehört. Doch die Unterscheidung in Betriebs- und Privatvermögen ist wichtig, da diese Auswirkungen auf die Abschreibung und die

60 Vgl. Maier, Wirtschaftsgut, 2015, Rn. 1 ff..

61 Vgl. Senec-ies.com: Installationsanleitung.

62 Vgl. BFH v. 14.04.2011, IV R 46/09, BStBl II 2011,S. 696; Bayerisches Landesamt für Steuern, Hilfe zu PV-Anlagen Juli 2014, S. 31.

63 Vgl. FG München v. 09.06.2015, 14 K 2776/14, juris, Tz. 16.

Inanspruchnahme des Investitionsabzugsbetrags mit sich bringt.[64] In der Praxis hat sich die Aufteilung in notwendiges Betriebsvermögen, gewillkürtes Betriebsvermögen und notwendiges Privatvermögen durchgesetzt.[65] Wird ein Wirtschaftsgut aus betrieblichem Anlass erworben oder dient es ausschließlich und unmittelbar dem Betrieb, liegt notwendiges Betriebsvermögen vor.[66] Bei einem Batteriespeicher, der zusammen mit einer Photovoltaikanlage angeschafft wird, gehört der Speicher zum notwendigen Betriebsvermögen, wenn dieser betrieblich genutzt wird.[67] Dabei liegt Betriebsvermögen vor, sobald der Batteriespeicher angeschafft oder hergestellt wird oder in einen bereits bestehenden Betrieb durch einen Einlagevorgang integriert wird.[68] Als gewillkürtes Betriebsvermögen wird ein Wirtschaftsgut angesehen, welches zwar objektiv dem Betrieb dient und auch dazu geeignet ist, aber nicht zwingend zum notwendigen Betriebsvermögen gehört.[69] Zum notwendigen Privatvermögen gehören Wirtschaftsgüter, die für die private Lebensführung benötigt werden und somit weder zum notwendigen noch zum gewillkürten Betriebsvermögen gehören.[70] Wird mit dem Batteriespeicher ausschließlich Strom, der selbst erzeugt wurde, gespeichert und anschließend auch selbst genutzt, liegt hier zwingend notwendiges Privatvermögen vor. Dies ist bspw. der Fall, wenn der Stromspeicher dazu angeschafft wird, um den Selbstverbrauch zu erhöhen.[71]

Auch gemischt genutzte Wirtschaftsgüter können nur einem der drei Bereiche zugeordnet werden. Deshalb ist in den Einkommensteuerrichtlinien eine Aufteilung anhand der betrieblichen Nutzung zu finden. Die Aufteilung ist für Wirtschaftsgüter anwendbar, die keine Grundstücksteile oder Grundstücke darstellen. Beträgt bspw. die betriebliche Nutzung eines Wirtschaftsguts mehr als 50 Prozent, so liegt notwendiges Betriebsvermögen vor. Bei einer betrieblichen Nutzung zwischen 10 Prozent bis 50 Prozent würde ein Wirtschaftsgut komplett dem gewillkürten Betriebsvermögen zugeordnet werden und bei einer betrieblichen Nutzung von weniger als 10 Prozent dem notwendigen Privatvermögen.[72]

4.2.2.3 Wirtschaftsgut von Personengesellschaften

Bei Personengesellschaften erfolgt eine zweistufige Gewinnermittlung, da nicht die Personengesellschaft mit dem Gewinn der Einkommensteuer unterliegt, sondern die

---

64 Vgl. Musil, in: Herrmann/Heuer/Raupach, EStG/KStG, Loseblattsammlung, § 4 EStG Rn. 28; Hiby, in: Lippross/Seibel, Basiskommentar Steuerrecht, Loseblattsammlung, § 4 EStG Rn. 24 f..

65 Vgl. R 4.2 Abs. 1 EStR; Bode, in: Kirchhof, EStG 2015, § 4 EStG Rn. 36 ff.

66 Vgl. Bode, in: Kirchhof, EStG 2015, § 4 EStG Rn. 36, 40.

67 Vgl. BT-Drs. 17/14536, S. 5 Nr. 19.

68 Vgl. Stöcker, in: Korn, EStG, Loseblattsammlung, § 4 EStG Rn. 194.

69 Vgl. BFH v. 07.11.1995, III B 66/93, BFH/NV 1996 S. 327, Tz. 10 ff.; Wied, in: Blümich, EStG, Loseblattsammlung, § 4 EStG Rn. 366; Kirchhof, EStG 2015, § 4 EStG Rn. 36, 43.

70 Vgl. Wied, in: Blümich, EStG, Loseblattsammlung, § 4 EStG Rn. 366.

71 Vgl. Bayerisches Landesamt für Steuern, Hilfe zu PV-Anlagen Juli 2014, S. 31; Bayerisches Landesamt für Steuern, Hilfe zu PV-Anlagen Januar 2015, S. 32.

72 Vgl. R 4.2 Abs. 1 Sätze 4–6 EStR.

Mitunternehmer entsprechend ihren Gewinnanteilen.[73] Hierfür sind die Wirtschaftsgüter, die der Personengesellschaft gehören und als Gesamthandsvermögen bezeichnet werden, von den Wirtschaftsgütern des Sonderbetriebsvermögens zu unterscheiden. Das Sonderbetriebsvermögen gehört zum Eigentum der einzelnen Mitunternehmer, dient aber der Personengesellschaft. Hierbei wird zwischen Sonderbetriebsvermögen I und Sonderbetriebsvermögen II unterschieden und zusätzlich danach, ob es sich um notwendiges oder gewillkürtes Vermögen handelt. Zum Sonderbetriebsvermögen I gehören alle Wirtschaftsgüter, die der Personengesellschaft zur Nutzung überlassen werden. Zum Sonderbetriebsvermögen II gehören Wirtschaftsgüter, die der Beteiligung des Mitunternehmers an der Gesellschaft dienen.[74]

4.2.2.4 Wirtschaftsgut von Kapitalgesellschaften

Eine Kapitalgesellschaft kann gemäß § 8 Abs. 2 KStG nur gewerbliche Einkünfte erzielen. Außerdem liegt laut der Rechtsprechung des BFH bei Kapitalgesellschaften kein außerbetrieblicher Bereich vor. Deshalb gehören alle Wirtschaftsgüter, die der Kapitalgesellschaft nach den allgemeinen steuerlichen Vorschriften zuzurechnen sind, zum Betriebsvermögen. Demzufolge wäre ein Batteriespeicher, wenn er von der Kapitalgesellschaft erworben wird, Betriebsvermögen.[75] Sobald allerdings ein Gesellschafter der Kapitalgesellschaft den Batteriespeicher privat nutzt, kann eine verdeckte Gewinnausschüttung in Höhe des Nutzungswerts vorliegen.[76]

Für Betriebe gewerblicher Art, die von juristischen Personen des öffentlichen Rechts betrieben werden, ist allerdings eine Unterscheidung in notwendiges und gewillkürtes Betriebsvermögen möglich. Soweit der Batteriespeicher nur dem Betrieb gewerblicher Art zuzurechnen ist, da er für dessen Betrieb von Bedeutung und nicht dem Hoheitsbereich zuzuordnen ist, liegt notwendiges Betriebsvermögen vor. Auch gewillkürtes Betriebsvermögen kann vorliegen, wobei hier noch laut der Fachliteratur und der Finanzverwaltung die einzelnen Voraussetzungen und der Umfang zu klären sind.[77]

4.2.3 Investitionsabzugsbetrag – § 7g Abs. 1–4 EStG

Zur Förderung kleinerer und mittlerer Betriebe gibt es die Möglichkeit, für zukünftige Anschaffungs- oder Herstellungskosten eines abnutzbaren beweglichen

73 Vgl. § 15 Abs. 1 Satz 1 Nr. 2 EStG.

74 Vgl. Kolbe, NWB InfoCenter: Betriebsvermögen, S. 5 f.; Kauffmann/Seppelt, in: Frotscher/Geurts, EStG, Loseblattsammlung, § 15 EStG Rn. 415 ff.

75 Vgl. Kolbe, NWB InfoCenter: Betriebsvermögen, S. 4; BFH v. 06.07.2000, I B 34/00, BStBl 2002 II S. 490; § 39 Abs. 2 AO; Wied, in: Blümich, EStG, Loseblattsammlung, § 4 EStG Rn. 391; Stöcker, in: Korn, EStG, Loseblattsammlung, § 4 EStG Rn. 213, 215.

76 Vgl. Heinicke, in: Schmidt, EStG, 2011, § 4 EStG Rn. 171; Stöcker, in: Korn, EStG, Loseblattsammlung, § 4 EStG Rn. 214.

77 Vgl. Mai, in: Frotscher/Maas, KStG, Loseblattsammlung, § 4 KStG Rn. 40; Arbeitshilfe OFD Nordrhein-Westfalen v. 01.10.2014, S 41 f..

Wirtschaftsguts des Anlagevermögens, einen Investitionsabzugsbetrag zu bilden. Dieser kann bis zu 40 Prozent der voraussichtlichen Anschaffungs- oder Herstellungskosten betragen, darf den Betrag von 200.000 Euro aber nicht übersteigen. Der Investitionsabzugsbetrag kann bereits vor der eigentlichen Investition gewinnmindernd berücksichtigt werden.[78] Durch hohe Kosten bei der Investition in einen Batteriespeicher kann die Steuerentlastung durch den beschriebenen Investitionsabzugsbetrag für den Steuerpflichtigen von Interesse sein.

Mit der Einführung des Steueränderungsgesetzes 2015 gab es zahlreiche Neuerungen zur Regelung des Investitionsabzugsbetrags. Diese Neuerungen sind erstmals für die Wirtschaftsjahre ab dem 01.01.2016 anzuwenden. Für die Wirtschaftsjahre bis zum 31.12.2015 wird noch die alte Regelung angewandt.[79] Die Neuregelung des §7g Abs. 1–4 EStG soll dem Steuerpflichtigen Erleichterungen für die Inanspruchnahme des Investitionsabzugsbetrags bringen. Außerdem kann die Inanspruchnahme des Investitionsabzugsbetrags so flexibler gestaltet werden. Dabei bleiben die bisher vorgeschriebenen Betriebsgrößenmerkmale und die Betriebsbezogenheit bestehen.[80] Begünstigt sind demnach weiterhin sowohl neue als auch gebrauchte Wirtschaftsgüter, sofern sie abnutzbar und beweglich sind. Die Geltendmachung des Investitionsabzugsbetrags ist allerdings nicht für jeden Betrieb zulässig. Da nur kleine und mittelgroße Betriebe diesen steuerlichen Vorteil erhalten, müssen die in §7g Abs. 1 Satz 2 Nr. 1 EStG genannten Größenmerkmale für Betriebe im Jahr der Geltendmachung des Abzugsbetrags erfüllt sein. Dies bedeutet, dass Gewerbebetriebe, die ihren Gewinn nach §4 Abs. 1 und §5 EStG ermitteln, nur bis zu einem Betriebsvermögen von 235.000 Euro begünstigt sind. Bei Unternehmen, die eine Gewinnermittlung nach §4 Abs. 3 EStG gewählt haben, liegt die Grenze bei einem Gewinn von 100.000 Euro.[81]

Weiterhin ist nach altem und neuem Recht auch zu beachten, dass ein Wirtschaftsgut, für welches ein Investitionsabzugsbetrag gebildet wurde, innerhalb von drei Jahren nach Bildung des Abzugsbetrags angeschafft oder hergestellt werden muss.[82] Nach Anschaffung oder Herstellung des Wirtschaftsguts ist dieses dann für eine bestimmte Zeit im Inland betrieblich zu nutzen. Das Einkommensteuergesetz spricht hierbei von einer Dauer von zwei Jahren, was dem Jahr der Anschaffung oder Herstellung des Wirtschaftsguts und dem darauffolgenden Jahr entspricht.[83]

Nach den bis zum 31.12.2015 geltenden Vorschriften sind als weitere Voraussetzung für die Inanspruchnahme des Investitionsabzugsbetrags dem zuständigen Finanzamt das Wirtschaftsgut, dessen Funktion und die voraussichtliche Höhe der

78 Vgl. §7g Abs. 1 Sätze 1, 4 EStG.

79 Vgl. §52 Abs. 16 EStG.

80 Vgl. Grützner, StuB 2015, S. 904.

81 Vgl. BMF v. 20.11.2013, IV C 6-S 2139-b/07/10002, BStBl. I S. 1493, Rn. 1ff.; §7g Abs. 1 Satz 2 Nr. 1 EStG.

82 Vgl. §7g Abs. 1 Satz 2 Nr. 2 lit. a EStG a. F.; §7g Abs. 3 Satz 1 EStG n. F.

83 Vgl. §7g Abs. 1 Satz 2 Nr. 2 lit. b EStG a. F.; §7g Abs. 4 Satz 1 EStG n. F.

Kosten mitzuteilen. Hierbei ist mit geeigneten Unterlagen zu belegen, welches Wirtschaftsgut voraussichtlich angeschafft oder hergestellt und zu welchem Zweck es im Unternehmen genutzt werden soll.[84] Eine wirksame Bestellung oder die Vorlage eines Investitionsplans ist nicht nötig. Es ist ausreichend, wenn die Funktionsweise stichwortartig dokumentiert wird, sodass das Finanzamt nachvollziehen kann, für welchen Zweck das Wirtschaftsgut im Betrieb verwendet werden soll.[85]

Für die Wirtschaftsjahre nach dem 31.12.2015 muss keine Investitionsabsicht und Nennung der voraussichtlichen Anschaffungs- oder Herstellungskosten gegenüber der Finanzverwaltung mehr erfolgen. Lediglich die Summen der Abzugsbeträge und die gem. § 7g Abs. 2–4 EStG hinzuzurechnenden oder rückgängig zu machenden Beträge sind der Finanzverwaltung per Datenfernübertragung nach amtlich vorgeschriebenen Datensätzen zu übermitteln. Nur in Härtefällen kann auf Antrag auf die elektronische Datenübermittlung verzichtet werden. Dann müssen die Beträge aus Unterlagen ersichtlich sein, die beim Finanzamt einzureichen sind.[86]

Nach neuem und altem Recht sind im Jahr der Anschaffung oder Herstellung des Wirtschaftsguts, für das ein Investitionsabzugsbetrag gebildet wurde, 40 Prozent der tatsächlichen Anschaffungs- oder Herstellungskosten gewinnerhöhend außerhalb der Bilanz hinzuzurechnen. Dabei darf der Hinzurechnungsbetrag nicht höher sein als der gebildete Investitionsabzugsbetrag.[87] Um die gewinnerhöhende Hinzurechnung wieder auszugleichen, bietet die Vorschrift in § 7g Abs. 2 Satz 2 EStG die Möglichkeit, 40 Prozent der tatsächlichen Anschaffungs- oder Herstellungskosten, höchstens jedoch die Höhe des Hinzurechnungsbetrags, im Jahr der Anschaffung gewinnmindernd abzuziehen. Bei Ausübung dieses Wahlrechts ist dann die Bemessungsgrundlage für Abschreibungen entsprechend herabzusetzen.[88]

Für den Fall, dass innerhalb des Investitionszeitraums von drei Jahren kein Wirtschaftsgut angeschafft oder hergestellt wird, obwohl ein Investitionsabzugsbetrag gebildet wurde, ist der Abzugsbetrag im Jahr der Bildung rückgängig zu machen. Falls für den Gewinn im Jahr der Bildung des Investitionsabzugsbetrags schon eine Steuerfestsetzung des Gewinns vorliegt, ist diese zu ändern. Eine Änderung hat auch zu erfolgen, wenn der Bescheid bereits bestandskräftig ist. Die durch die Änderung entstehende Steuernachforderung ist gem. § 233a AO zu verzinsen.[89] Neu in § 7g Abs. 3 Satz 1 2. HS EStG ist die Möglichkeit, die Bildung des Investitionsabzugsbetrags schon

84 Vgl. § 7g Abs. 1 Satz 2 Nr. 3 EStG a. F.; BMF v. 20.11.2013, IV C 6-S 2139-b/07/10002, BStBl. I S. 1493, Rn. 36.

85 Vgl. Lambrecht, in: Kirchhof, EStG 2015, § 7g Rn. 24; Bartone, in: Korn, EStG, Loseblattsammlung, § 7g EStG, Rn. 73 f..

86 Vgl. § 7g Abs. 1 Satz 2 Nr. 2 EStG n. F.

87 Vgl. § 7g Abs. 2 Satz 1 EStG.

88 Vgl. § 7g Abs. 2 Satz 2 EStG; Meyer, in: Herrmann/Heuer/Raupach, EStG, Loseblattsammlung, § 7g Rn. 106.

89 Vgl. § 7g Abs. 3 EStG; Brandis, in: Blümich, EStG, Loseblattsammlung, § 7g Rn. 66; BMF v. 20.11.2013, IV C 6-S 2139-b/07/10002, BStBl. I S. 1493, Rn. 49 ff.

vor Ende der dreijährigen Investitionsfrist rückgängig zu machen. Hierdurch kann gegebenenfalls der Zinslauf verkürzt werden.[90]

Eine weitere Korrekturvorschrift regelt § 7g Abs. 4 EStG, welche nicht durch das Steueränderungsgesetz 2015 verändert wurde. Hiernach muss der Investitionsabzugsbetrag auch rückgängig gemacht werden, wenn ein Wirtschaftsgut nicht im Anschaffungs- oder Herstellungsjahr und dem kompletten folgenden Wirtschaftsjahr in einer inländischen Betriebsstätte genutzt wird.[91]

Beispiel

Der Lebensmitteleinzelhändler Ökoblitz, der seinen Gewinn nach § 5 EStG ermittelt, hatte im Jahr 2016 einen Rekordumsatz. Er fragt deshalb seinen Steuerberater, ob es eine Möglichkeit gäbe, die Steuerzahllast trotz seines hohen Gewinns etwas zu minimieren. Er wolle noch im Jahr 2017 in eine Photovoltaikanlage mit integriertem Batteriespeicher investieren, die ca. 150.000 Euro kosten wird. Dies würde auch sein Image für einen Ökobetrieb deutlich anheben. Sein Steuerberater schlägt ihm deshalb vor, dafür im Jahr 2016 einen Investitionsabzugsbetrag zu bilden. Da es sich bei der Stromerzeugungs- und Stromspeicherungsanlage um ein abnutzbares bewegliches Anlagegut handelt und der Gewerbebetrieb die in § 7g Abs. 1 Satz 2 Nr. 1 lit. a EStG genannten Größenmerkmale nicht überschreitet, können in Höhe von 40 Prozent der Anschaffungskosten 60.000 Euro gewinnmindert abgezogen werden. Mit der Einkommensteuererklärung für das Jahr 2016 veranlasst der Steuerberater des Einzelhändlers die erforderliche Datenübermittlung an die Finanzverwaltung.[92]

Unabhängig von der Bildung des Investitionsabzugsbetrags gibt es für bewegliche, abnutzbare Wirtschaftsgüter des Anlagevermögens die Möglichkeit der Inanspruchnahme einer Sonderabschreibung. Diese Sonderabschreibung ist zusätzlich zur linearen Abschreibung möglich und war für Wirtschaftsjahre bis zum 31.12.2010 auch neben der dort geltenden degressiven Abschreibung erlaubt. Die Sonderabschreibung ist im Jahr der Anschaffung oder Herstellung und den darauffolgenden vier Jahren mit insgesamt maximal 20 Prozent der Anschaffungs- oder Herstellungskosten möglich.[93] Der Steuerpflichtige hat hierbei das Wahlrecht, die Sonderabschreibung bereits im Jahr der Anschaffung oder Herstellung voll zu nutzen oder diese über den begünstigten Zeitraum von fünf Jahren beliebig zu verteilen.[94] Um die Sonderabschreibung in Anspruch nehmen zu können, müssen die folgenden in § 7g Abs. 6 EStG genannten Voraussetzungen erfüllt sein. Zum einen müssen die Größenmerkmale, die bereits für den Investitionsabzugsbetrag maßgeblich und in § 7g Abs. 1 Satz 2 Nr. 1 EStG genannt sind, eingehalten werden. Zum anderen müssen die Verbleibens- und

---

90 Vgl. § 7g Abs. 3 Satz 1 HS 2 EStG n. F.

91 Vgl. § 7 Abs. 4 EStG; Grote, in: Lippross/Seibel, Basiskommentar Steuerrecht, Loseblattsammlung, § 7g EStG Rn. 56.

92 Beispiel in Anlehnung an: Grützner, StuB 2015, S. 905.

93 Vgl. § 7g Abs. 5 EStG.

94 Vgl. Kratzsch, in: Frotscher/Geurts, EStG, Loseblattsammlung, § 7g EStG Rn. 86.

Nutzungsvoraussetzungen erfüllt sein. Das Wirtschaftsgut muss sowohl im Jahr der Anschaffung oder Herstellung als auch im darauffolgenden Wirtschaftsjahr ausschließlich oder fast ausschließlich betrieblich genutzt werden. Zusätzlich dazu muss es für diesen Zeitraum in einer inländischen Betriebstätte verbleiben.[95] Sollten die Verbleibens- und Nutzungsvoraussetzungen nicht erfüllt sein, ist gem. § 7g Abs. 4 EStG die Sonderabschreibung rückgängig zu machen. Gegebenenfalls können hierbei Nachzahlungszinsen gem. § 233a Abs. 2a AO anfallen.[96] Bereits angesprochene Neuerungen, die durch das Steueränderungsgesetz 2015 entstanden sind, betreffen die Sonderabschreibungen nicht.

4.2.5 Behandlung von Zuschüssen

Staatliche Zuschüsse und Förderungen, wie bspw. der KfW-Tilgungszuschuss, die ein Steuerpflichtiger für die Investition eines Speichermediums erhält, müssen steuerlich berücksichtigt werden.[97] Steuerrechtlich besteht ein Wahlrecht, wie Zuschüsse für Anlagevermögen behandelt werden können. Entweder kann der Zuschuss als Betriebseinnahme angesetzt werden, was die sofortige Besteuerung des Zuschusses zur Folge hat. Dadurch hat der Zuschuss aber keine Auswirkung auf die Anschaffungs- und Herstellungskosten des Anlageguts. Es besteht aber auch die Möglichkeit, den Zuschuss erfolgsneutral zu behandeln. In diesem Fall werden die Anschaffungs- und Herstellungskosten um den Zuschuss gemindert. Dadurch ergibt sich eine Minderung der Anschaffungs- oder Herstellungskosten des Speichermediums, was eine geringere Abschreibungsbemessungsgrundlage mit sich bringt. Durch das verminderte Abschreibungspotenzial verteilt sich die steuerliche Belastung dann über einen längeren Zeitraum.[98] Zu beachten ist, dass der Zuschuss im Falle einer Gewinnermittlung nach § 4 Abs. 3 EStG bereits zum Bewilligungszeitpunkt die Anschaffungs- und Herstellungskosten mindert und nicht erst bei tatsächlichem Zufluss. Dies gilt auch bei Ansetzung des Zuschusses als Betriebseinnahmen, auch hier zählt der Bewilligungszeitpunkt und nicht der Auszahlungstermin.[99]

Sachverhalt

Der Gewerbetreibende Müller erwirbt zum 01.01.2015 eine Stromerzeugungsanlage mit integriertem Batteriespeicher, welche voraussichtlich eine Nutzungsdauer von 20 Jahren hat. Die Anschaffungskosten belaufen sich auf 50.000 Euro, ein staatlicher Zuschuss wird in Höhe von 30 Prozent der Anschaffungskosten gewährt.

---

95 Vgl. § 7g Abs. 6 Nr. 1 und 2 EStG; Bartone, in: Korn, EStG, Loseblattsammlung, § 7g EStG, Rn. 127 ff.

96 Vgl. § 7g Abs. 6 Nr. 2 2. HS EStG, Kratzsch, in: Frotscher/Geurts, EStG, Loseblattsammlung, § 7g EStG Rn. 90.

97 Vgl. Verlagsprojekte.de: KfW Förderung.

98 Vgl. R. 6.5 Abs. 2 EStR.

99 Vgl. H 6.5 „Investitionszuschüsse bei Einnahmeüberschussrechnung" EStH.

Lösung

Herr Müller hat die Möglichkeit, den staatlichen Zuschuss entweder als erfolgswirksam zu behandeln oder als erfolgsneutral. Dementsprechend ändert sich aber auch die Abschreibungsbemessungsgrundlage:

(1) Zuschuss erfolgswirksam

Wird der Zuschuss erfolgswirksam als Betriebseinnahme behandelt, ergibt sich eine Gewinnauswirkung i. H. v. 15.000 Euro. Im Gegenzug bleibt es bei den Anschaffungskosten, die mit einem Betrag von 50.000 Euro als Bemessungsgrundlage für die Abschreibung herangezogen werden. Bei einer Nutzungsdauer von 20 Jahren ergibt sich demzufolge ein jährlicher Abschreibungsbetrag von 2.500 Euro.

(2) Zuschuss erfolgsneutral

Alternativ dazu hat der Gewerbetreibende Müller die Möglichkeit, den Zuschuss steuerlich neutral zu behandeln. Dadurch wirkt sich der Zuschuss nicht auf die steuerliche Gewinnermittlung aus. Im Gegenzug dazu muss der Zuschuss von den Anschaffungskosten abgezogen werden. Die geminderten Anschaffungskosten betragen folglich nur noch 35.000 Euro (50.000 Euro – 15.000 Euro). Infolgedessen vermindert sich der jährliche Abschreibungsbetrag auf 1750 Euro.

Vergleicht man die beiden Alternativen zahlenmäßig miteinander, ergibt sich folgendes Ergebnis:

Gewinnauswirkung	Zuschuss erfolgswirksam	Zuschuss erfolgsneutral
Zuschuss	+15.000 Euro	–
Abschreibung Jahr 1	−2500 Euro	−1750 Euro
Ergebnis Jahr 1	+12.500 Euro	−1750 Euro
Abschreibung Jahr 2 etc.	−2500 Euro	−1750 Euro
Ergebnis Jahr 2 etc.	−2500 Euro	−1750 Euro

4.3 Gewerbesteuer

Bei der Überlegung, wie und ob in ein Speichermedium investiert werden soll, ist das Anfallen der Gewerbesteuer nicht außer Acht zu lassen. Die Gewerbesteuer ist eine Objektsteuer, welche den Gewerbebetrieb besteuert und nicht auf die dahinterstehende Person schaut.[100] Gewerbesteuerpflichtig ist gem. § 2 Abs. 1 GewStG jeder stehende Gewerbebetrieb, der im Inland betrieben wird. Hierfür muss zuerst überprüft werden, ob ein Gewerbebetrieb i. S. des § 15 Abs. 2 EStG vorliegt. Dies ist der Fall, wenn eine Tätigkeit selbstständig, nachhaltig und durch Teilnahme am allgemeinen wirtschaftlichen Verkehr ausgeübt wird und dabei auch eine Gewinnerzielungsabsicht besteht. Demzufolge ist der Betrieb einer Photovoltaikanlage mit einem Speicher ein stehender Gewerbebetrieb, da hier gewerbliche Einkünfte gem. § 15 Abs. 1 Satz 1 Nr. 1 i. V. m. § 15 Abs. 2 EStG vorliegen.[101] Für Kapitalgesellschaften müssen diese Voraussetzungen nicht überprüft werden, sie sind aufgrund ihrer Rechtsform grundsätzlich

100 Vgl. Drüen, in: Blümich, GewStG, Loseblattsammlung, § 2 GewStG Rn. 30.

101 Vgl. § 2 GewStG; § 15 Abs. 2 EStG; Drüen, in: Blümich, GewStG, Loseblattsammlung, § 2 GewStG Rn. 34.

immer gewerbesteuerpflichtig.[102] Für juristische Personen des öffentlichen Rechts, die einen Betrieb gewerblicher Art unterhalten, ergibt sich die Gewerbesteuerpflicht nach § 2 Abs. 1 GewStDV. Auch sie sind bei Vorliegen eines stehenden Gewerbebetriebs steuerpflichtig.[103] Allerdings muss bei juristischen Personen des öffentlichen Rechts neben dem Vorliegen eines Betriebs gewerblicher Art i. S. des Körperschaftsteuergesetzes auch die Gewinnerzielungsabsicht gegeben sein. Es reicht nicht aus, wenn der öffentliche Energieversorger nur eine Einnahmeerzielungsabsicht mit der Stromerzeugungs- und Stromspeicheranlage verfolgt.[104]

Die Gewerbesteuer wird von der Gemeinde erhoben, in der eine Betriebsstätte des gewerblichen Unternehmens betrieben wird.[105] Eine Betriebsstätte ist gem. § 12 AO jede Anlage oder feste Geschäftseinrichtung, die dem Unternehmen dient. Demzufolge kann eine Stromerzeugungs- und Stromspeicheranlage zur Betriebsstätte werden. Falls ein Gewerbebetrieb mehrere Betriebsstätten in unterschiedlichen Gemeinden unterhält, wird der ermittelte Gewerbesteuermessbetrag nach einem Zerlegungsmaßstab gem. § 28 ff. GewStG auf die verschiedenen Gemeinden verteilt.[106] Da jede Gemeinde die Höhe des Gewerbesteuerhebesatzes selbst festlegt, solange dieser den Mindestsatz von 200 Prozent erreicht, kann es eine wichtige Überlegung sein, in welcher Gemeinde die Betriebsstätte errichtet werden soll.[107]

Die Bemessungsgrundlage für die Gewerbesteuer ist der Gewerbeertrag. Dieser ermittelt sich aus dem Gewinn des Gewerbebetriebs, welcher nach den Vorschriften des Einkommen- oder Körperschaftsteuergesetzes ermittelt wird, aus den gewerbesteuerlicher Hinzurechnungen und Kürzungen und aus einem eventuellen Freibetrag.[108] Für kleinere Photovoltaikanlagen mit Batteriespeichern wird die Gewerbesteuer keine Belastung darstellen, da für natürliche Personen und Personengesellschaften ein Freibetrag in Höhe von 24.500 Euro gewährt wird. Für Betriebe gewerblicher Art beträgt der Freibetrag nur 5000 Euro.[109] Die zu leistende Gewerbesteuer ist von der Gesellschaft als Steuerschuldner gem. § 5 Abs. 1 GewStG zu leisten.[110]

Sollte bei natürlichen Personen oder Personengesellschaften eine große Stromerzeugungs- und Stromspeicherungsanlage vorliegen und deshalb der Freibetrag

---

102 Vgl. § 2 Abs. 2 GewStG; Drüen, in: Blümich, GewStG, Loseblattsammlung, § 2 GewStG Rn. 34.

103 Vgl. § 2 Abs. 1 GewStDV; Arbeitshilfe OFD Nordrhein-Westfalen v. 01.10.2014, S. 193.

104 Vgl. R 2.1 Abs. 6 GewStR i. V. m. § 15 Abs. 2 EStG; Arbeitshilfe OFD Nordrhein-Westfahlen v. 01.10.2014, S. 193.

105 Vgl. § 1 GewStG; § 4 Abs. 1 Satz 1 GewStG.

106 Vgl. Sarrazin, in: Lenski/Steinberg, GewStG, Loseblattsammlung, § 4 GewStG Rn. 10 ff..

107 Vgl. § 16 Abs. 1, 4 GewStG; Schnitter, in: Frotscher/Maas, GewStG, Loseblattsammlung, § 16 GewStG Rn. 4.

108 Vgl. § 6 GewStG; Sarrazin, in: Lenski/Steinberg, GewStG, Loseblattsammlung, § 2 GewStG Rn. 5; § 7 Satz 1 GewStG.

109 Vgl. § 11 Abs. 1 Nr. 1 und 2 GewStG; Bayerisches Landesamt für Steuern, Hilfe zu PV-Anlagen Januar 2015, S. 41.

110 Vgl. § 5 Abs. 1 GewStG.

überschritten werden, ist zu beachten, dass auf Gesellschafterebene die gezahlte Gewerbesteuer nach den Vorschriften des § 35 EStG auf die Einkommensteuer angerechnet werden kann. Die Anrechnung der Gewerbesteuer auf Gesellschafterebene ist allerdings nur bei natürlichen Personen möglich.[111]

5 Die umsatzsteuerliche Behandlung

5.1 Grundlagen der Umsatzsteuer

Für Batteriespeicher sind die allgemeinen Vorschriften des Umsatzsteuergesetzes anzuwenden.[112] Wie bei der Stromsteuer handelt es sich bei der Umsatzsteuer um eine indirekte Steuer. Sie wird bis auf ein paar Ausnahmen zwar vom leistenden Unternehmer abgeführt, wirtschaftlich aber vom Endverbraucher getragen.[113] Dies ist durch das System der Allphasen-Nettoumsatzsteuer mit Vorsteuerabzug möglich. Hierbei wird auf jeder einzelnen Stufe die Leistung besteuert. Um aber nur auf der letzten Stufe eine Steuerbelastung zu erreichen, kann auf den vorigen Stufen ein Vorsteuerabzug geltend gemacht werden. So tritt im Ergebnis durch die zu zahlende Umsatzsteuer und den im Gegenzug geltend gemachten Vorsteuerabzug keine Steuerlast ein, nur der Endverbraucher wird belastet.[114] Durch die Erhebung der Umsatzsteuer konnten im Jahr 2014 Steuereinnahmen in Höhe von 154.228 Mio. Euro verzeichnet werden. Bei einem Gesamtsteueraufkommen von 643.617 Mio. Euro beträgt der Anteil der Umsatzsteuer 23,9 Prozent.[115] Dies verdeutlicht die Wichtigkeit und Einnahmenstärke dieser Steuerart.[116] Umsatzsteuerpflichtig ist gem. § 1 UStG jede Lieferung oder sonstige Leistung, Einfuhren und innergemeinschaftliche Erwerbe. Dies zeigt, dass im Gegensatz zu den Ertragsteuern nicht der Gewinn besteuert wird, sondern der durch eine Lieferung oder sonstige Leistung erbrachte Umsatz.[117] Die Umsätze müssen dabei gegen Entgelt im Inland erbracht und von einem Unternehmer im Rahmen seines Unternehmens ausgeführt werden.[118] Liegen die genannten Voraussetzungen vor, spricht man im Umsatzsteuerrecht von einem steuerbaren Umsatz. Dieser Umsatz muss auch steuerpflichtig sein, damit Umsatzsteuer erhoben werden kann.[119]

---

111 Vgl. § 35 EStG; Rohrlack-Soth, in: Blümich, EStG, Loseblattsammlung, § 35 EStG Rn. 19; Schiffers, in: Korn, EStG, Loseblattsammlung, § 35 EStG Rn. 4, 7.
112 Vgl. BT-Drs. 17/14536, S. 5, Nr. 19.
113 Vgl. Robisch, in UStG 2015, § 1 Rn. 18.
114 Vgl. Tehler, in: Reiß/Kraeusel/Langer, UStG, Loseblattsammlung, § 1UStG Rn. 4.
115 Vgl. destatis.de: Umsatzsteuer 2014.
116 Vgl. Tehler, in: Reiß/Kraeusel/Langer, UStG, Loseblattsammlung, § 1UStG Rn. 1.
117 Vgl. Koisiak, in eKommentar 2015, § 1 UStG Rn. 3; Bayerisches Landesamt für Steuern, Hilfe zu PV-Anlagen Januar 2015, S. 3.
118 Vgl. § 1 Abs. 1 Nr. 1 UStG.
119 Vgl. Peltner, in: Weymüller, UStG 2015, §1 UStG Rn. 8.

Da die Nutzung eines Speichermediums im engen Zusammenhang mit Strom steht, wird zum besseren Verständnis kurz der Grundfall der Besteuerung dessen dargestellt. Im Rahmen des Umsatzsteuerrechts wird Elektrizität als körperlicher Gegenstand bzw. gleichgestelltes ähnliches Wirtschaftsgut behandelt.[120] Dadurch liegt bei der Veräußerung von Strom im Regelfall eine steuerbare und steuerpflichtige Lieferung gem. § 3 Abs. 1 UStG vor. Es ist dabei unerheblich, was für eine Spannungsstufe vorliegt und ob der Strom aus einem Stromnetz stammt. Denn nicht die Erlaubnis zur Stromentnahme wird als Leistung angesehen. Es kommt vielmehr auf das Endergebnis an, bei dem jemand käuflich eine bestimmte Menge Strom erwirbt und ihm hierfür die Verfügungsmacht verschafft wird.[121] Erfolgt die Lieferung unentgeltlich, ist sie in den Fällen des § 3 Abs. 1b UStG der entgeltlichen Lieferung gleichgestellt.[122] Für die Bestimmung des Ortes einer Lieferung von Elektrizität gibt es die Spezialvorschrift im § 3g UStG. Von dieser Vorschrift werden alle Lieferungen von Elektrizität erfasst. Dabei ist es unerheblich, ob der Strom aus einer Solaranlage stammt oder aus einem öffentlichen Stromverteilungsnetz.[123] Was allerdings zu beachten ist, wenn der Strom jetzt zuerst durch einen Batteriespeicher gespeichert wird, bzw. welche Konsequenzen dabei in der Investitionsphase bedacht werden müssen, zeigen die folgenden Ausführungen.

5.2 Unternehmereigenschaft und Unternehmen

5.2.1 Definition Unternehmer

Eine der zentralen Begrifflichkeiten im Umsatzsteuergesetz sind die Definitionen des Unternehmens und des Unternehmers. Sie sind besonders wichtig, da die in § 2 UStG bestimmten Vorschriften des Unternehmers für das ganze Umsatzsteuergesetz von Bedeutung sind und entsprechende Rechtsfolgen mit sich bringen. Besonders für den Vorsteuerabzug und die Besteuerungsgrundlage ist diese Begrifflichkeit wichtig.[124] Als Unternehmer definiert das Umsatzsteuergesetz jemanden, der eine berufliche oder gewerbliche Tätigkeit selbstständig ausübt. Dabei ist es unerheblich, ob mit dieser Tätigkeit ein Gewinn erzielt werden soll, es ist lediglich die nachhaltige

---

120 Vgl. Fritsch, in: Reiß/Kraeusel/Langer, UStG, Loseblattsammlung, § 3 UStG Rn. 119; Nieskens, in: Rau/Dürrwächter, UStG, Loseblattsammlung, § 3 UStG Rn. 555; Martin, in: Sölch/Ringleb, UStG, Loseblattsammlung, § 3 Rn. 31; Fritsch, in eKommentar 2015, § 3 Rn. 27; A 3.1 Abs. 1 Satz 2 UStAE.

121 Vgl. Stadie, in: Rau/Dürrwächter, UStG, Loseblattsammlung, § 3g UStG Rn. 30–30; Nieskens in: Rau/Dürrwächter, UStG, Loseblattsammlung, § 3 UStG Rn. 555; Martin, in: Sölch/Ringleb, UStG, Loseblattsammlung, § 3 Rn. 31; Fritsch, in eKommentar 2015, § 3 Rn. 27; A 3.1 Abs. 1 Satz 2 UStAE; A 3g Abs. 1 UStAE.

122 Vgl. § 3 Abs. 1b UStG; Abschnitt 3.3 Abs. 1–2 UStAE.

123 Vgl. Stadie, in: Rau/Dürrwächter, UStG, Loseblattsammlung, § 3g UStG Rn. 30.

124 Vgl. Kirch, in eKommentar 2015, § 2 UStG Rn. 1.

Einnahmenerzielung maßgebend.[125] Als Unternehmer kommen dabei natürliche und juristische Personen infrage oder auch Personengesellschaften.[126]

Zur Prüfung der Erfüllung der Unternehmereigenschaft, auch bei Betreibern eines Batteriespeichers, müssen die oben genannten einzelnen Voraussetzungen genauer betrachtet werden. Zum einen muss eine selbstständige Tätigkeit vorliegen. Das Umsatzsteuergesetz hat hierzu keine genaue Definition, lediglich einzelne Erläuterungen, wann keine Selbstständigkeit gegeben ist. So sind bspw. natürliche Personen nicht selbstständig tätig, wenn sie weisungsgebunden sind. Bei juristischen Personen dagegen wird als Ausschlussgrund das Vorliegen einer Organschaft genannt.[127] Nähere Hinweise zur Selbstständigkeit liefern der Umsatzsteueranwendungserlass und die Fachliteratur. Demnach liegt eine selbstständige Tätigkeit vor, wenn die Leistung auf eigene Rechnung und auf eigene Verantwortung ausgeführt wird. Dabei ist auf das Innenverhältnis zum Auftraggeber der Leistung abzustellen.[128] Eine weitere Voraussetzung ist die Ausübung einer gewerblichen oder beruflichen Tätigkeit. Dieser Begriff ist im Gegensatz zum Einkommen- und Gewerbesteuergesetz viel weiter gefasst. Er umfasst im Umsatzsteuergesetz die Erbringung einer Leistung im wirtschaftlichen Sinne.[129] Doch dies alleine reicht noch nicht aus, der Unternehmer muss auch nachhaltig tätig sein. Demzufolge muss er für eine längere Zeit immer wieder Leistungen ausführen und dadurch Einnahmen erzielen.[130] Die Einnahmeerzielungsabsicht ist als weiterer Bestandteil der gewerblichen und beruflichen Tätigkeit im Gesetz genannt. Demzufolge müssen Leistungen gegen ein Entgelt oder den Austausch einer anderen Leistung erbracht werden. Ein Gewinn muss dabei nicht erzielt werden.[131]

5.2.2 Juristische Personen des öffentlichen Rechts als Unternehmer

Bei juristischen Personen des öffentlichen Rechts sind nur diejenigen als Unternehmer anzusehen, die einen Betrieb gewerblicher Art unterhalten.[132] Die Vorschrift für juristische Personen des öffentlichen Rechts war uneingeschränkt bis zum 31.12.2016 anzuwenden. Ab dem 01.01.2017 gilt grundsätzlich § 2b UStG, der die Unternehmereigenschaft neu regelt.[133] Allerdings gab es die Möglichkeit, einmalig bis zum 31.12.2016

125 Vgl. § 2 Abs. 1 Sätze 1 und 3 UStG.

126 Vgl. A 2.1 Abs. 1 UStAE.

127 Vgl. § 2 Abs. 2 UStG; Klenk, in: Sölch/Ringleb, UStG, Loseblattsammlung, § 2 UStG Rn. 60.

128 Vgl. A 2.2 Abs. 1 UStAE; Radeisen, in: Schwarz/Widmann/Radeisen, UStG, Loseblattsammlung, § 2 UStG Rn. 63.

129 Vgl. A 2.3 Abs. 1 UStAE; Klenk, in: Sölch/Ringleb, UStG, Loseblattsammlung, § 2 UStG Rn. 169.

130 Vgl. A 2.3 Abs. 5 UStAE; Reiß, in: Reiß/Kraeusel/Langer, UStG, Loseblattsammlung, § 2 UStG Rn. 38.2.

131 Vgl. A 2.3 Abs. 8 UStAE; Korn, in UStG 2015, § 2 UStG Rn. 61.

132 Vgl. § 2 Abs. 3 UStG a. F.; Radeisen, in Schwarz/Widmann/Radeisen, UStG, Loseblattsammlung, § 2 UStG Rn. 371.

133 Vgl. § 27 Abs. 22 UStG; Müller, in: Weymüller, UStG 2015, § 2b UStG.

formlos einen Antrag bei der Finanzverwaltung zu stellen und für den Zeitraum vom 01.01.2017 bis 31.12.2020 die Vorschrift des § 2 Abs. 3 UStG a. F. weiter anzuwenden.[134] Die Neuregelungen des Paragraphen, welche hauptsächlich aus europarechtlichen Gründen vollzogen wurde, beruhen nicht mehr auf der Grundlage, dass für eine unternehmerische Tätigkeit ein Betrieb gewerblicher Art i. S. des Körperschaftsteuergesetzes vorliegen muss.[135] Vielmehr wird nun darauf abgestellt, ob die Tätigkeit der juristischen Person des öffentlichen Rechts der öffentlichen Gewalt obliegt oder auf privatrechtlicher Grundlage beruht.[136] Sofern sie der öffentlichen Gewalt unterliegt, fällt keine Umsatzsteuer an, außer es würde zu größeren Wettbewerbsverzerrungen i. S. des § 2b Abs. 2 UStG kommen bzw. andere Umsätze als die in § 2b Abs. 3 UStG genannten Leistungen betreffen. Dies würde zu einem Wettbewerbsvorteil gegenüber privatrechtlichen Unternehmern führen. Eine unternehmerische Tätigkeit liegt deshalb stets vor, wenn die Leistung aufgrund von privatrechtlichen Verträgen erbracht wird.[137] Gemäß § 2b Abs. 4 Nr. 5 UStG i. V. m. Anhang I der MwStSystRL sind demzufolge Versorgungsbetriebe, die die Bevölkerung mit Strom versorgen, Unternehmer nach dem Umsatzsteuergesetz.[138]

5.2.3 Besonderheiten der Unternehmereigenschaft bei Speichermedien

Bei der Erzeugung und Speicherung von Strom durch Anlagen, die unter das EEG bzw. KWKG fallen wie bspw. Photovoltaikanlagen und Blockheizkraftwerke, ist zusätzlich zu der allgemeinen Unternehmervorschrift der Abschnitt 2.5 des UStAE anzuwenden.[139] Demnach ist bei der regelmäßigen Veräußerung von erzeugtem Strom in den meisten Fällen von einer Unternehmereigenschaft auszugehen. Dabei spielt es keine Rolle, wie hoch die dadurch erzielten Umsätze sind. Die Stromerzeugungsanlage muss allerdings technisch in der Lage sein, den Strom in das allgemeine Stromnetz einzuspeisen. Ist dies nicht der Fall, kann mangels eines Leistungsaustauschs zwischen dem allgemeinen Stromnetz und dem Anlagenbetreiber keine Unternehmereigenschaft vorliegen.[140] Für das Vorliegen der Unternehmereigenschaft muss der erzeugte Strom außerdem vollständig oder teilweise regelmäßig in das allgemeine Stromnetz eingespeist werden. Eine gelegentliche Einspeisung reicht nicht aus.[141] Auch bei einer

---

134 Vgl. § 27 Abs. 22 UStG.
135 Vgl. Heidner, UR 2016, S. 45.
136 Vgl. § 2b Abs. 1 Satz 1 UStG i. V. m. § 2b Abs. 2 Nr. 2 UStG.
137 Vgl. § 2b Abs. 1–3 UStG; Eckert, BBK 2015, S. 1087.
138 Vgl. Weber, Neuerungen Umsatzsteuer, UVR 2015, S. 367.
139 Vgl. A 2.5 Abs. 1 Satz 1 UStAE; § 5 EEG 2014; § 5 KWKG 2002.
140 Vgl. A 2.5 Abs. 1 UStAE; Reiß, in: Reiß/Kraeusel/Langer, UStG, Loseblattsammlung, § 2 UStG – Stichwort „Strom“; Fritsch, in: Reiß/Kraeusel/Langer, UStG, Loseblattsammlung, § 3g UStG Rn. 14.3; Reiß, in: Reiß/Kraeusel/Langer, UStG, Loseblattsammlung, § 2 UStG Rn. 180; OFD Karlsruhe v. 19.02.2015, S. 7104.
141 Vgl. OFD Karlsruhe v 19.02.2015, S 7104; BFH v. 12.12.2012, XI R 3/10, BStBl II 2014, S 809; EuGH v. 20.6.2013, C-219/12, (Vorsteuerabzug Photovoltaik), DStRE 2013, S. 1378.

sog. kaufmännisch-bilanziellen Einspeisung nach § 11 Abs. 2 EEG[142] liegt die Unternehmereigenschaft vor. Hier wird die Einspeisung des Stroms dem Netzbetreiber nur rein rechnerisch angeboten und dabei fingiert, dass dieser den Strom für sein Netz geliefert bekommt. Auch wenn rein physisch kein Strom eingespeist wird, erhält der Betreiber der Anlage aufgrund eines abgeschlossenen Stromlieferungsvertrags eine nach dem EEG vorgeschriebene erhöhte Einspeisevergütung.[143]

Doch was passiert in den Fällen, in denen aufgrund eines Speichermediums kein Strom oder nur ab und zu eine geringe Menge in das öffentliche Stromnetz eingespeist wird? Nach der aktuellen Rechtsprechung des BFH dürfte in diesem Fall keine unternehmerische Tätigkeit mehr vorliegen. Denn diese verlangt eine regelmäßige und nicht nur gelegentliche Einspeisung des Stromes.[144] Es darf allerdings nicht außer Acht gelassen werden, dass im Falle einer bereits anderweitigen unternehmerischen Tätigkeit, bspw. bei Vorliegen eines Gewerbebetriebs, die Unternehmereigenschaft bereits gegeben ist.[145]

5.2.4 Beginn der Unternehmereigenschaft

Wichtig für den potenziellen Investor ist auch die Frage nach dem Beginn der Unternehmereigenschaft. Diese beginnt bei natürlichen Personen und Personengesellschaften bereits mit dem ersten nach außen erkennbaren Tätigwerden. Hierzu reichen Vorbereitungshandlungen aus, die für die Ausführung von entgeltlichen Leistungen später wichtig sind, wie bspw. die Anschaffung einer Stromerzeugungs- und Stromspeicherungsanlage. Es müssen zu Beginn nicht schon Umsätze ausgeführt werden.[146] Der Beginn der Unternehmereigenschaft bei Kapitalgesellschaften gestaltet sich dagegen wesentlich komplexer. Hierfür muss auf die verschiedenen Phasen der Gründung eingegangen werden. Dazu gehört die Phase der Vorgründungsgesellschaft, die bis zum Abschluss eines Gesellschaftsvertrags in Form einer GbR oder OHG besteht. Darauf folgt mit Abschluss des Gesellschaftsvertrags die Vorgesellschaft und ab Eintragung ins Handelsregister besteht dann die eingetragene Kapitalgesellschaft. Bereits ab der Vorgründungsgesellschaft kann die Unternehmereigenschaft bestehen, wenn nachhaltige Leistungen am Markt erbracht werden und Investitionen in Anlagen erfolgt sind.[147] Der Beginn der Unternehmereigenschaft ist für den Steuerpflichtigen sehr wichtig, denn sie ermöglicht ihm, die Vorsteuer auf Investitionen für

---

142 In A 2.5 Abs. 2 UStAE wird auf die kaufmännisch-bilanzielle Einspeisung nach § 8 Abs. 2 EEG verwiesen. Dies ist nach der Gesetzesänderung im September 2014 allerdings § 11 Abs. 2 EEG.

143 Vgl. A 2.5 Abs. 2 UStAE, OFD Karlsruhe v. 19.02.2015, S. 7104.

144 Vgl. BFH v. 12.12.2012, XI R 3/10, BStBl II 2014, S. 809; BFH v. 18.12.2008 – V R 80/07 – BStBl II 2011, S. 292; Sterzinger, SteuK 2015, S. 199.

145 Vgl. Radeisen, in: Schwarz/Widmann/Radeisen, UStG, Loseblattsammlung, § 2 UStG Rn. 62.

146 Vgl. Radeisen, in: Schwarz/Widmann/Radeisen, UStG, Loseblattsammlung, § 2 UStG Rn. 277.

147 Vgl. Radeisen, in: Schwarz/Widmann/Radeisen, UStG, Loseblattsammlung, § 2 UStG Rn. 285 ff.

seine unternehmerische Tätigkeit geltend zu machen, und ist ausschlaggebend dafür, dass auf Ausgangsleistungen Umsatzsteuer zu erheben ist.[148]

5.2.5 Unternehmen

Zum Unternehmen gehören sämtliche berufliche und gewerbliche Tätigkeiten des Unternehmers.[149] Jeder Unternehmer kann nur ein Unternehmen haben, auch wenn er verschiedenen Tätigkeiten nachgeht und dadurch ertragsteuerlich verschiedene Betriebe führt.[150] Dieser Grundsatz der Unternehmenseinheit hat auch Auswirkungen auf Umsätze, die zwischen den einzelnen Betrieben des Unternehmers ausgeführt werden. Innerhalb eines einheitlichen Unternehmens können im Normalfall keine steuerbaren Umsätze zwischen den einzelnen Unternehmen vorliegen, weshalb man von einem nicht steuerbaren Innenumsatz spricht.[151] Innerhalb des einheitlichen Unternehmens können verschiedene Tätigkeiten ausgeübt werden, die zur nachhaltigen Einnahmenerzielung dienen. Dabei werden diese Umsätze in Grundgeschäfte, Hilfsgeschäfte und Nebengeschäfte aufgeteilt. Als Grundgeschäft sind die Umsätze zu verstehen, die der eigentliche Gegenstand der Betätigung sind, sie müssen auch nachhaltig ausgeübt werden. Tätigkeiten wie bspw. die Veräußerung von Anlagevermögen, die das Grundgeschäft mit sich bringt, bilden das Hilfsgeschäft. Wie das Hilfsgeschäft muss das Nebengeschäft nicht nachhaltig ausgeübt werden. Es ergänzt zwar durch seinen sachlichen Zusammenhang zum Grundgeschäft die Tätigkeit des Unternehmers, gehört aber nicht zum eigentlichen Gegenstand der gewerblichen oder beruflichen Betätigung. Ob die Erzeugung und Speicherung von Strom zum Grundgeschäft des Unternehmens gehören, ist je nach Sachverhalt zu entscheiden.[152]

5.2.6 Kleinunternehmerregelung

Für Unternehmer mit einer kleinen Photovoltaikanlage und Batteriespeicher kann die Kleinunternehmerregelung von Interesse sein. Erzielt ein Unternehmer im Kalenderjahr einen Umsatz von weniger als 17.500 Euro, ist er gem. § 19 UStG als Kleinunternehmer anzusehen.[153] Im Kalenderjahr der Aufnahme der Unternehmertätigkeit ist

---

148 Vgl. A 2.6 Abs. 1 UStAE; Stadie, in: Rau/Dürrwächter, UStG, Loseblattsammlung, § 2 UStG Rn. 200; Radeisen, in: Schwarz/Widmann/Radeisen, UStG, Loseblattsammlung, § 2 UStG Rn. 273.

149 Vgl. § 2 Abs. 1 Satz 2 UStG.

150 Vgl. Korn, in UStG 2015, § 2 UStG Rn. 150; Kirch, in eKommentar 2015, § 2 UStG Rn. 85; Stadie, in: Rau/Dürrwächter, UStG, Loseblattsammlung, § 2 UStG Rn. 606.

151 Vgl. A 2.7 Abs. 1 Satz 3 UStAE; Reiß, in: Reiß/Kraeusel/Langer, UStG, Loseblattsammlung, § 2 UStG Rn. 96.1.

152 Vgl. A 2.7 Abs. 2 UStAE; Reiß, in: Reiß/Kraeusel/Langer, UStG, Loseblattsammlung, § 2 UStG Rn. 96.4.

153 Vgl. § 19 Abs. 1 UStG.

der tatsächliche Umsatz in einen Jahresumsatz hochzurechnen.[154] Zusätzlich zu der Umsatzgrenze von 17.500 Euro für das vorangegangene Kalenderjahr ist der voraussichtliche Umsatz des laufenden Jahres zu überprüfen. Dieser darf die Grenze von 50.000 Euro nicht überschreiten. Ist dies erfüllt, wird auf die Erhebung der Umsatzsteuer verzichtet.[155] Die Frage, ob ein Unternehmer als Kleinunternehmer anzusehen ist, wird bei der Aufnahme der unternehmerischen Tätigkeit mithilfe des Fragebogens zur steuerlichen Erfassung geklärt. Dieser Fragebogen wird vom Finanzamt versandt, wenn ein Gewerbe angemeldet oder eine Steuernummer beantragt wird. In dem Fragebogen sind die voraussichtlichen Umsätze im Jahr der Aufnahme der unternehmerischen Tätigkeit und die des Folgejahrs anzugeben und es kann angekreuzt werden, ob auf die Kleinunternehmerregelung verzichtet werden möchte.[156] Der Verzicht auf die Kleinunternehmerregelung kann auch gem. § 19 Abs. 2 UStG beim Finanzamt gestellt werden, solange die Steuerfestsetzung anfechtbar ist. Die Option zur Regelbesteuerung gilt für einen Zeitraum von fünf Kalenderjahren.[157] Durch die Option zur Regelbesteuerung wird das Finanzamt zwar auf steuerpflichtige Umsätze die Umsatzsteuer erheben, gleichzeitig ist aber auch ein Vorsteuerabzug möglich. Dieser Vorsteuerabzug wäre bei der Kleinunternehmerregelung nicht möglich. Dementsprechend rechnet sich der Verzicht auf die Kleinunternehmerregelung v. a. bei großen Investitionen, bei denen ein hoher Vorsteuerabzug möglich wird.[158]

5.3 Zuordnung zum Unternehmensvermögen

5.3.1 Allgemeine Zuordnungsvoraussetzungen

Nachdem die Frage der unternehmerischen Tätigkeit und das Vorliegen eines Unternehmens geklärt wurden, ist die Zuordnung eines Batteriespeichers zum Unternehmensvermögen zu überprüfen. Dies ist besonders für den Vorsteuerabzug von Bedeutung. Hierfür muss geprüft werden, ob der Speicher zum Privatvermögen oder Unternehmensvermögen gehört. Dies ist anhand des Prozentsatzes der unternehmerischen Nutzung zu entscheiden. Wird ein Gegenstand zu weniger als 10 Prozent für unternehmerische Zwecke genutzt, so darf dieser nicht zum Unternehmensvermögen gerechnet werden. Es greift ein Zuordnungsverbot gemäß § 15 Abs. 1 Satz 2 UStG.[159] Wird der Gegenstand hingegen zu mehr als 90 Prozent unternehmerisch genutzt, liegt ein Zuordnungsgebot vor. Der Gegenstand gehört zwingend zum

154 Vgl. § 19 Abs. 3 Satz 3 UStG.
155 Vgl. § 19 Abs. 1 UStG.
156 Vgl. formulare-bfinv.de: Steuerliche Erfassung.
157 Vgl. § 19 Abs. 2 Satz 2 UStG.
158 Vgl. Janzen, in: Lippross/Seibel, Basiskommentar Steuerrecht, Loseblattsammlung, § 19 UStG Rn. 68–69.
159 Vgl. § 15 Abs. 1 Satz 2 UStG.

Unternehmensvermögen. Ein Wahlrecht hat der Unternehmer dementsprechend nur bei einer unternehmerischen Nutzung zwischen 10 Prozent bis 90 Prozent. Hier kann er entscheiden, ob der Gegenstand dem Unternehmensvermögen vollständig oder gar nicht zugeordnet werden soll. Auch eine teilweise Zuordnung ist in diesem Fall möglich. Dabei wird geschätzt, zu wieviel Prozent der Gegenstand unternehmerisch genutzt wird. Zu diesem Prozentsatz wird er dem Unternehmensvermögen zugeordnet und der restliche Anteil dem Privatvermögen.[160] Wie der Gegenstand zugeordnet werden soll, muss im Zeitpunkt der Anschaffung bzw. Herstellung entschieden werden. Dies geschieht durch eine zeitnahe Geltendmachung des Vorsteuerabzugs der Anschaffungs- oder Herstellungskosten. Am sinnvollsten ist die Geltendmachung in der Umsatzsteuervoranmeldung, um eine zeitnahe Dokumentation zu gewährleisten. Spätestens in der Umsatzsteuererklärung für das Kalenderjahr, in der der Vorsteuerabzug für den angeschafften bzw. hergestellten Gegenstand geltend gemacht werden soll, muss die Zuordnung erfolgen. Die gesetzliche Frist zum 31.05. des Folgejahres ist dabei zu beachten.[161]

5.3.2 Exkurs – Inbetriebnahme vor dem 01.04.2012

Für die Frage, ob ein Batteriespeicher zum Unternehmens- oder Privatvermögen zugeordnet werden soll, ist Folgendes zu klären: Handelt es sich bei dem Batteriespeicher um ein eigenständiges Zuordnungsobjekt oder wurde er bspw. zusammen mit einer Photovoltaikanlage angeschafft?[162] Wichtig ist außerdem die Unterscheidung, ob der Batteriespeicher zu einer Photovoltaikanlage gehört, die zwischen dem 01.01.2009 bis 31.03.2012 in Betrieb genommen wurde oder erst nach dem 31.03.2012. Für Anlagen mit Inbetriebnahme vor dem 01.04.2012 ist nämlich zu beachten, dass es bis zu diesem Zeitpunkt eine sog. Direktverbrauchsvergütung gab. Dabei wurde gem. § 33 Abs. 2 EEG a. F. auch für den selbst verbrauchten Strom eine Vergütung bezahlt. Bei dieser Konstellation wurden zwei Lieferungen fingiert: eine Lieferung des Stromerzeugers an den Betreiber des Netzes und gleichzeitig eine zweite Lieferung, bei der der Netzbetreiber den Strom zurück an den Stromerzeuger liefert.[163] Aufgrund dieser Fiktion der Hin- und Rücklieferung lag auch für den selbst verbrauchten Strom eine 100 %ige unternehmerische Nutzung vor. Diese galt bei einer gemeinsamen Anschaffung oder Herstellung des Speichers mit der Stromerzeugungsanlage sowohl für den Batteriespeicher als auch für die Photovoltaikanlage. Dementsprechend waren sie als einheitliches Zuordnungsobjekt zu behandeln und gehörten einheitlich zum Unternehmensvermögen.[164]

---

160 Vgl. A 15.2c Abs. 1 UStAE; Leonard, in UStG 2015, § 3 UStG Rn. 133.
161 Vgl. Leonard, in UStG 2015, § 3 UStG Rn. 134; A 15.2c Abs. 16 UStAE.
162 Vgl. OFD Karlsruhe v. 19.02.2015, S. 7104.
163 Vgl. A 2.5 Abs. 4–6 UStAE; BMF v. 19.09.2014, IV D2 – S 7124/12/10001-02, BStBl. I 2014, S. 1287.
164 Vgl. A 2.5 Abs. 8 UStAE.

Wurde das Speichermedium nicht zusammen mit der Photovoltaikanlage angeschafft, war für den Zeitraum vor dem 01.04.2012 trotzdem von einer 100 %igen unternehmerischen Nutzung auszugehen. Der Batteriespeicher war zwar als ein selbstständiges Zuordnungsobjekt zu behandeln, aber aufgrund der fiktiven Lieferung des Stromes an einen Netzbetreiber auch wieder wie im ersten Fall vollständig unternehmerisch genutzt. Diese Regelungen gelten allerdings nur noch für Anlagen, die vor dem oben genannten Datum in Betrieb genommen wurden.[165]

5.3.3 Zuordnungsvoraussetzungen für Inbetriebnahme nach dem 31.03.2012

Für Batteriespeicher, die erst nach dem 31.03.2012 angeschafft wurden, ist die Behandlung etwas anders, da es keinen Eigenverbrauchsbonus mehr gibt. Vielmehr wird nur noch die Stromlieferung vergütet, die auch tatsächlich in das Netz eingespeist wird.[166] Dies hat zur Folge, dass nicht grundsätzlich von einer 100 %igen unternehmerischen Nutzung ausgegangen werden kann. Soweit eine Photovoltaikanlage mit einem integrierten Batteriespeicher erworben wird, handelt es sich beim Speichermedium um einen unselbstständigen Bestandteil der Photovoltaikanlage, weshalb nur eine einheitliche Zuordnung möglich ist.[167] Wichtig ist hierbei nur, dass sowohl die Photovoltaikanlage als auch das Speichermedium zusammen geliefert und in Betrieb genommen werden sollten. Falls dies dann doch zeitversetzt geschieht und der Unternehmer die Verzögerung nicht zu vertreten hat, liegt weiterhin ein einheitliches Zuordnungsobjekt vor. Zur Überprüfung, ob eine unternehmerische Nutzung von mehr als 10 Prozent vorliegt und somit Unternehmensvermögen vorliegen kann, ist auf die Verwendung des produzierten Stromes abzustellen.[168]

Wird ein Batteriespeicher erst nachträglich angeschafft und in Betrieb genommen, handelt es sich um ein eigenständiges Zuordnungsobjekt. Er wird als beweglicher Gegenstand nicht Teil der Photovoltaikanlage, auch wenn er mit der Stromerzeugungsanlage verbunden ist und ohne diese nicht nutzbar wäre. Der Stromspeicher ist eigenständig zu bewerten, weshalb die unternehmerische Nutzung ausschlaggebend für die Zuordnung zum Privat- oder Unternehmensvermögen ist. Der durch das Speichermedium gespeicherte Strom muss zu mehr als 10 Prozent für unternehmerische Zwecke genutzt werden, um ein Zuordnungswahlrecht zu haben.[169] Dies ist gegeben, wenn der Batteriespeicher aufgrund seiner Beschaffenheit technisch dazu in der Lage ist, den zuvor gespeicherten Strom in das öffentliche Netz einzuspeisen. In diesem Fall kann der Speicher durch die vollständige

165 Vgl. A 2.5 Abs. 6 UStAE; A 15.2c Abs. 9 UStAE.

166 Vgl. A 2.5 Abs. 9 und 10 UStAE.

167 Vgl. A 2.5 Abs. 14 UStAE.

168 Vgl. Bayerisches Landesamt für Steuern, Hilfe zu PV-Anlagen Januar 2015, S. 12 ff.

169 Vgl. A 2.5 Abs. 14 UStAE i. V. m. A 15.2c Abs. 9 UStAE; FG München v. 09.06.2015, 14 K 2776/14, juris, Tz. 14.

unternehmerische Nutzung vollständig dem Unternehmen zugeordnet werden. Eine andere Möglichkeit der unternehmerischen Nutzung des Batteriespeichers wäre, wenn der gespeicherte Strom für eine andere unternehmerische Tätigkeit des Unternehmens genutzt wird.[170]

5.4 Unentgeltliche Wertabgabe

Grundsätzlich hat ein Unternehmer für die Entnahme eines Gegenstands, welcher dem Unternehmensvermögen zugeordnet wurde und für den der volle oder teilweise Vorsteuerabzug in Anspruch genommen wurde, eine unentgeltliche Wertabgabe zu leisten.[171] Diese ist gem. § 3 Abs. 1b Satz 1 Nr. 1 UStG der entgeltlichen Lieferung gleichgestellt und somit umsatzsteuerpflichtig. Liegen dieselben Voraussetzungen vor, der Gegenstand wird aber nicht entnommen, sondern nur genutzt, liegt eine unentgeltliche Wertabgabe gem. § 3 Abs. 9a Nr. 1 UStG vor. Auch diese unentgeltliche sonstige Leistung eines Unternehmers ist der entgeltlichen Leistung gleichgestellt.[172]

Wird Strom für die Speicherung in einer Batterie verwendet, liegt ein Eigenverbrauch vor. Dies ist ebenfalls gegeben, wenn der Batteriespeicher für Zwecke außerhalb des Unternehmens genutzt wird. Hierbei ist für die Feststellung, ob eine unentgeltliche Wertabgabe anfällt, zu unterscheiden, wann der Batteriespeicher angeschafft wurde, ob er zusammen oder getrennt von der Stromerzeugungsanlage gekauft wurde und ob der verbrauchte Strom für unternehmensfremde Zwecke oder nicht wirtschaftliche Tätigkeiten verbraucht wird. Sofern ein unternehmensfremder Zweck, z. B. der private Verbrauch, gegeben ist, ist die bereits beschriebene Wertabgabenbesteuerung anzusetzen.[173] Falls aber nichtwirtschaftliche Tätigkeiten vorliegen, wie zum Beispiel die Nutzung des Stromes für den Hoheitsbereich der Gemeinde bei juristischen Personen des öffentlichen Rechts, ist im Normalfall keine Wertabgabenbesteuerung nötig. Allerdings wurde der Gegenstand davor auch nicht dem Unternehmensvermögen zugeordnet und die Vorsteuer dafür geltend gemacht. Sollte sich in den Folgejahren der Anteil der Nutzung für nicht wirtschaftliche Zwecke jedoch erhöhen, ist für den erhöhten Betrag eine unentgeltliche Wertabgabe gemäß § 3 Abs. 1b Satz 1 Nr 1 UStG nötig.[174]

Bei Strom, der für einen Batteriespeicher genutzt wird, der vor dem 01.04.2012 angeschafft wurde, gilt der Eigenverbrauchsbonus. Demzufolge wird der Strom, der zum Laden der Batterie genutzt wurde, als Strom behandelt, der für den

170 Vgl. § 15 Abs. 1 Satz 2 UStG; A 15.2c Abs. 2 UStAE.

171 Vgl. § 3 Satz 1 Abs. 1b UStG; A 3.3 Abs. 1–2 UStAE.

172 Vgl. § 3 Abs. 9a Nr. 1 UStG; A 3.4 Abs. 1–2 UStAE.

173 Vgl. A 2.5 Abs. 13 UStAE; OFD Karlsruhe v. 19.02.2015, S. 7104.

174 Vgl. A 2.3 Abs. 1a UStAE; A 2.5 Abs. 12 UStAE; OFD Karlsruhe v. 19.02.2015, S. 7104.

Selbstverbrauch vergütet wird. Deshalb liegt hier keine unentgeltliche Lieferung gem. § 3 Abs. 1b UStG vor. Der selbst verbrauchte Strom für den nicht unternehmerischen Teil wird einer entgeltlichen Lieferung gleichgestellt.

Für Batteriespeicher, die nach dem 31.03.2012 zusammen mit einer Photovoltaikanlage angeschafft wurden und dem Unternehmensvermögen voll zugeordnet sind, ist für die zuvor gespeicherte und dann für unternehmensfremde Zwecke verbrauchte Strommenge eine steuerpflichtige unentgeltliche Wertabgabe nach § 3 Abs. 1b Satz 1 Nr. 1 UStG anzusetzen.[175] Aufgrund der einheitlichen Zuordnung von Speicher und Stromerzeugungsanlage liegt keine unentgeltliche Wertabgabe für die außerbetriebliche Nutzung des Stromspeichers nach § 3 Abs. 9a Satz 1 Nr. 1 UStG vor.[176]

Sofern das Speichermedium ab dem 01.04.2012 getrennt von der Stromerzeugungsanlage angeschafft wurde und der Stromspeicher vollständig dem Unternehmen zugeordnet ist, ist Strom, der für den unternehmensfremden Verbrauch entnommen wird, durch eine steuerpflichtige unentgeltliche Lieferung nach § 3 Abs. 1b UStG zu besteuern. Für die unternehmensfremde Verwendung des Stromspeichers ist zusätzlich auch eine unentgeltliche Wertabgabe nach § 3 Abs. 9a Nr. 1 UStG zu versteuern.[177]

Die Bemessungsgrundlage der unentgeltlichen Wertabgabe gem. § 3 Abs. 1b UStG bemisst sich nach dem fiktiven Einkaufspreis zum Zeitpunkt des Umsatzes. Dieser kann aufgrund des Preises angesetzt werden, der für zusätzlich bezogenen Strom gezahlt wird, da dieser gleich sein dürfte wie der entnommene Strom. Falls kein zusätzlicher Strom von einem Stromversorger hinzugekauft wird, ist der Strompreis eines Stromgrundversorgers heranzuziehen. Nur wenn dies alles nicht möglich ist, können statt dem Einkaufspreis die Selbstkosten als Bemessungsgrundlage herangezogen werden.[178] Der zu ermittelnde Strompreis besteht aus vielen verschiedenen Bestandteilen, zu denen neben dem Anteil für Erzeugung und Vertrieb des Stromes auch Netzentgelte und sog. staatlich veranlasste Strompreisbestandteile gehören. Die staatlichen Anteile bestehen meist aus der Strom- und Umsatzsteuer, einer EEG-Umlage, dem KWK-Aufschlag, einer Konzessionsabgabe, eine Offshore-Umlage und einer Umlage nach § 19 Abs. 2 StromNEV.[179]

Für die unentgeltliche Wertabgabe gem. § 3 Abs. 9a Nr. 1 UStG, die für die Nutzung des Batteriespeichers anfällt, besteht die Bemessungsgrundlage aus den entstandenen Ausgaben.[180]

---

175 Vgl. A 2.5 Abs. 12–13 UStAE; OFD Karlsruhe v. 19.02.2015 S. 7104.

176 Vgl. Bayerisches Landesamt für Steuern, Hilfe zu PV-Anlagen Januar 2015, S. 13.

177 Vgl. A 2.5 Abs. 14 UStAE; A 2.5 Abs. 13 UStAE; A 3.4 Abs. 1–2 UStAE; Bayerisches Landesamt für Steuern, Hilfe zu PV-Anlagen Januar 2015, S. 14.

178 Vgl. § 10 Abs. 4 Satz 1 Nr. 1 UStG, A 2.5 Abs. 15 UStAE.

179 Vgl. BMWi.de: Strompreisbestandteile.

180 Vgl. § 10 Abs. 4 Satz 1 Nr. 2 UStG; A 10.6 Abs. 3 UStAE.

5.5 Vorsteuerabzug

Der Abzug der Vorsteuer spielt im Umsatzsteuerrecht eine sehr wichtige Rolle und ist durch die Steuerentlastung für jeden Unternehmer von großer Bedeutung. Der Unternehmer hat im Rahmen des Vorsteuerabzugs die Möglichkeit, die Umsatzsteuer, welche ihm von einem anderen Unternehmer für eine Leistung in Rechnung gestellt wurde, als Vorsteuer geltend zu machen.[181] Die einzelnen Voraussetzungen für den Vorsteuerabzug werden in § 15 UStG geregelt. Dieser besagt, dass der Vorsteuerabzug nur von einem Unternehmer i. S. des § 2 UStG geltend gemacht werden kann. Der Unternehmer darf allerdings kein Kleinunternehmer nach § 19 UStG sein. Hierzu wird in der Fachliteratur folgende Problematik aufgegriffen: Was passiert, wenn bereits vor der Ausübung der eigentlichen Tätigkeit der Vorsteuerabzug in Betracht käme, weil schon investiert wurde, aber noch keine Umsätze ausgeführt sind und vielleicht auch nie ausgeführt werden? Ein Urteil des EuGH, welches auch von der Finanzverwaltung so umgesetzt wird, besagt, dass die Unternehmereigenschaft nicht rückwirkend erlischt, auch wenn keine Umsätze erzielt werden. Es muss aber nachgewiesen werden, dass eine ernsthafte Absicht zur Erzielung von steuerpflichtigen Umsätzen bestand.[182]

Die erhaltene Leistung, in unserem Fall für die Stromspeicheranlage, muss für den Vorsteuerabzug von einem anderen Unternehmer erbracht werden, der hierfür eine ordnungsgemäße Rechnung zu stellen hat, in der die abziehbare Umsatzsteuer gesondert ausgewiesen wurde. Wird die Leistung nicht von einem Unternehmer ausgeführt, darf keine Vorsteuer abgezogen werden. Dies gilt auch, wenn die Vorsteuer zu Unrecht ausgewiesen wird. Die Überprüfung der Unternehmereigenschaft des Rechnungsausstellers obliegt dem Leistungsempfänger.[183] Eine ordnungsgemäße Rechnung gem. §§ 14, 14a UStG muss sowohl den Steuerausweis als auch das Entgelt beinhalten. Des Weiteren sind die in § 14 Abs. 4 UStG genannten Angaben wie bspw. vollständiger Name und Anschrift des Leistungsempfängers, Steuernummer vom leistenden Unternehmen, Rechnungsnummer, Leistungsart und Leistungsdatum, Steuersatz etc. in der Rechnung zu vermerken.[184] Sollte der Bruttobetrag der Rechnung nicht mehr als 150 Euro betragen, findet die Vereinfachungsregelung für Kleinbeträge Anwendung. Aufgrund der Kleinbetragsregelung sind nur der vollständige Name und die Anschrift des leistenden Unternehmers, das Ausstellungsdatum, Menge und Art

181 Vgl. Stadie, in: Rau/Dürrwächter, UStG, Loseblattsammlung, § 15 UStG Rn. 1.

182 Vgl. Stadie, in: Rau/Dürrwächter, UStG, Loseblattsammlung, § 15 UStG Rn. 96; EuGH vom 29.02.1996, C-110/94, (Vorsteuerabzug), BStBl. II 1996, S. 655; Widmann, in: Schwarz/Widmann/Radeisen, UStG, Loseblattsammlung, § 15 UStG Rn. 26,158 ff.; A 2.6 Abs. 1 UStAE.

183 Vgl. § 15 Abs. 1 UStG; Widmann, in: Schwarz/Widmann/Radeisen, UStG, Loseblattsammlung, § 15 UStG Rn. 58 ff.

184 Vgl. § 14 Abs. 4 UStG, A. 15.2a Abs. 1und 3 UStAE.

der Leistung und der Bruttobetrag der Rechnung mit dem dazugehörigen Steuersatz auszuweisen.[185]

Als weitere Voraussetzung für den Vorsteuerabzug muss die bezogene Lieferung für das Unternehmen erfolgen. Demzufolge ist der Leistungsempfänger der schuldrechtliche Vertragspartner des leistenden Unternehmers. Dies ist im Fall der Bestellung eines Stromspeichers der Auftraggeber bzw. Besteller.[186] Natürlich sind auch die unternehmerische Nutzung und die in Kapitel 5.3 erwähnte Zuordnung zum Unternehmensvermögen zu prüfen. Nur bei einer unternehmerischen Nutzung von mindestens 10 Prozent ist für den Stromspeicher der Vorsteuerabzug möglich. Wird der durch den Stromspeicher zwischengespeicherte Strom demzufolge zu weniger als 10 Prozent für unternehmerische Zwecke genutzt, darf keine Vorsteuer abgezogen werden, sofern der Stromspeicher ein eigenständiges Zuordnungsobjekt darstellt. Wird der Stromspeicher zusammen mit einer Photovoltaikanlage angeschafft, ist für die Mindestnutzung von 10 Prozent die Verwendung des erzeugten Stroms zu überprüfen. Beträgt diese mehr als 10 Prozent, darf für das einheitliche Zuordnungsobjekt, bestehend aus Stromspeicher und Stromerzeugungsanlage, die Vorsteuer abgezogen werden.[187] Da die Finanzverwaltung nicht immer wissen kann, inwiefern das Speichermedium dem Unternehmen zugeordnet werden soll, muss diese Information entweder im Voranmeldungszeitraum in der Umsatzsteuervoranmeldung oder spätestens bis zum 31.05. des Folgejahrs in der Umsatzsteuerjahreserklärung mitgeteilt werden. Bei nicht rechtzeitiger Zuordnungsmitteilung gegenüber der Finanzbehörde kann der Vorsteuerabzug verwehrt bleiben, auch wenn der Batteriespeicher unternehmerisch genutzt wird.[188]

Zusätzlich darf kein in § 15 Abs. 2 UStG genannter Ausschlussgrund vorliegen. Dies wäre bspw. der Fall, wenn der erworbene Gegenstand, für den ein Vorsteuerabzug geltend gemacht werden soll, nur für steuerfreie Umsätze verwendet wird.[189] Die weiteren Voraussetzungen zum Vorsteuerabzug bei einem innergemeinschaftlichen Erwerb oder der Einfuhrumsatzsteuer werden aufgrund der geringen Praxisrelevanz bei Speichermedien nicht näher erläutert.[190]

Die Vorsteuer darf geltend gemacht werden, sobald für die erhaltene Leistung eine Rechnung vorliegt und die Zahlung geleistet wurde. Die Leistung muss dabei noch nicht zwingend ausgeführt worden sein.[191]

---

185 Vgl. § 33 UStDV.
186 Vgl. A 15.2b Abs. 1 UStAE.
187 Vgl. A 2.5 Abs. 14 i. V. m. A 15.2c Abs. 9 UStAE; FG München v. 09.06.2015, 14 K 2776/14, juris, Tz. 13 ff.
188 Vgl. A 15.2c Abs. 18 UStAE.
189 Vgl. § 15 Abs. 2 UStG.
190 Vgl. § 15 Abs. 1 Nr. 2 und 3 UStG.
191 Vgl. § 15 Abs. 1 Nr. 1 Satz 3 UStG; Widmann, in: Schwarz/Widmann/Radeisen, UStG, Loseblattsammlung, § 15 UStG Rn. 251.

5.6 Beispiele aus der Praxis

Sachverhalt 1
Der Einzelunternehmer Häberle, der Teigwaren produziert, hatte für das Jahr 2013 einen Rekordumsatz, aber auch sehr hohe Stromkosten durch den hohen Stromverbrauch der vielen Produktionsanlagen. Deshalb möchte er sich unabhängiger vom Strompreis machen. Er entschließt sich dazu, einen Teil des benötigten Stromes mithilfe einer Photovoltaikanlage selbst zu erzeugen. Für die Zeiten, in denen kein Strom zur Produktion benötigt wird, soll der Überschuss in einem Batteriespeicher gespeichert werden und bei erhöhtem Verbrauch genutzt werden. Dadurch soll der Zukauf von Strom zukünftig drastisch reduziert werden. Die neue Stromerzeugungsanlage mit integriertem Batteriespeicher erwirbt Herr Häberle zum 01.08.2014 für 45.000 Euro zuzüglich 8550 Euro Umsatzsteuer.

Lösung
(1) Unternehmereigenschaft
Herr Häberle ist durch seine Tätigkeit als Einzelunternehmer, welche eine gewerbliche und berufliche Tätigkeit darstellt und die er auch selbstständig ausübt, bereits Unternehmer gem. § 2 UStG.
(2) Zuordnung zum Unternehmensvermögen
Die Photovoltaikanlage mit dem integrierten Stromspeicher kann Herr Häberle vollständig dem Unternehmensvermögen zuordnen. Da beide Geräte zusammen angeschafft werden, handelt es sich hierbei um ein einheitliches Zuordnungsobjekt. Der erzeugte und gespeicherte Strom soll den Angaben Herrn Häberles zufolge vollumfänglich zur Produktion der Teigwaren genutzt werden. Demzufolge liegt eine unternehmerische Nutzung von 100 Prozent vor.
(3) Vorsteuerabzug
Herr Häberle hat die Stromerzeugungs- und Stromspeicheranlage vollständig dem Unternehmen zugeordnet. Demzufolge darf er den kompletten Vorsteuerabzug in Höhe von 8550 Euro geltend machen. Da er eine monatliche Umsatzsteuervoranmeldung abgibt, macht er den Vorsteuerbetrag im September 2014 geltend.
(4) Unentgeltliche Wertabgabe
Eine unentgeltliche Wertabgabe fällt für Herrn Häberle nicht an, da im vorliegenden Fall kein privater Stromverbrauch vorliegt.

Sachverhalt 2
Frau Müller betreibt seit dem 01.05.2013 eine Photovoltaikanlage in ihrem Privathaus. Den dadurch erzeugten Strom speist sie bisher zu 70 Prozent ein und verwendet den Rest für den privaten Haushalt. In den letzten Wochen hat sie vermehrt von Stromspeichern gehört und möchte deshalb jetzt in einen investieren. Zum 01.01.2016 erwirbt sie einen Batteriespeicher und erhält hierfür eine ordnungsgemäße Rechnung in Höhe von 7000 Euro zuzüglich 1330 Euro Umsatzsteuer. Durch den Einbau des Batteriespeichers möchte sie unabhängiger von den Strompreisschwankungen sein und ihren Eigenverbrauch größtenteils selbst decken. Die unternehmerische Nutzung des durch die Photovoltaikanlage erzeugten Stroms sinkt auf 50 Prozent. Der Speicher wird ausschließlich für die private Nutzung verwendet.[192]

192 Fall in Anlehnung an Bayerisches Landesamt für Steuern, Hilfe zu PV-Anlagen Januar 2015, S. 14 ff.

Lösung

Für Frau Müller ist zunächst wichtig, ob sie die Vorsteuer i. H. v. 1330 Euro für den Batteriespeicher geltend machen kann. Hierzu werden folgende Prüfungsschritte vorgenommen:

(1) Unternehmereigenschaft

Frau Müller ist Unternehmerin gem. § 2 UStG, da sie seit der Inbetriebnahme der Photovoltaikanlage im Jahr 2013 eine gewerbliche und berufliche Tätigkeit selbstständig ausübt. Durch das regelmäßige Einspeisen des Stromes in das öffentliche Stromnetz erzielt sie nachhaltig Einnahmen. Frau Müller hätte aufgrund ihrer geringen Umsätze, die weniger als 17.500 EUR Euro pro Jahr betrugen, zwar die Kleinunternehmerregelung nach § 19 UStG in Anspruch nehmen können. Da sie aber den Vorsteuerabzug für die Photovoltaikanlage geltend machen wollte, optierte sie zur Regelbesteuerung und verzichtete auf die Kleinunternehmerregelung für die nächsten fünf Jahre. Demzufolge ist Frau Müller zum Zeitpunkt der Anschaffung des Stromspeichers bereits Unternehmerin.

(2) Zuordnung zum Unternehmensvermögen

Die im Jahr 2013 angeschaffte Photovoltaikanlage ordnete Frau Müller zu 100 Prozent dem Unternehmensvermögen zu, was aufgrund der unternehmerischen Nutzung von 70 Prozent auch kein Problem war. Auch den Stromspeicher würde sie gerne dem Unternehmensvermögen zuordnen, was sie aber nicht darf. Beim Stromspeicher handelt es sich um ein eigenes Zuordnungsobjekt, welches nur für unternehmensfremde Zwecke verwendet wird und somit nicht mindestens 10 Prozent unternehmerisch genutzt wird. Demzufolge ist es Privatvermögen.

(3) Vorsteuerabzug

Nur wenn der Stromspeicher zu mindestens 10 Prozent unternehmerisch genutzt wird, darf die Vorsteuer i. H. v. 1330 Euro geltend gemacht werden. Da Frau Müller den Stromspeicher gar nicht unternehmerisch nutzt, entfällt für sie der Vorsteuerabzug.

(4) Unentgeltliche Wertabgabe

Im Gegenzug zum fehlenden Vorsteuerabzug muss Frau Müller für die unternehmensfremde Nutzung des Stromspeichers keine unentgeltliche Wertabgabe gem. § 3 Abs. 9a Nr. 1 UStG ansetzen. Lediglich die unentgeltliche Wertabgabe aus der unternehmensfremden Nutzung der Photovoltaikanlage ändert sich. Da jetzt für den Stromspeicher 50 Prozent für private Zwecke genutzt wird, erhöht sich die unentgeltliche Lieferung gem. § 3 Abs. 1b Satz 1 Nr. 1 UStG von 30 auf 50 Prozent.

6 Fazit

Der Beitrag hat gezeigt, wie umfassend die steuerlichen Vorschriften in der Investitionsphase eines Speichermediums sind. So ist es ertragsteuerlich v. a. für die Inanspruchnahme eines Investitionsabzugsbetrags und einer Sonderabschreibung von Bedeutung, ob der Batteriespeicher dem Betriebsvermögen zugeordnet werden kann. Diese beiden Möglichkeiten erlauben es, die Steuerzahllast eines Gewerbebetriebs in der Investitionsphase zu senken. Auch durch die erfolgsneutrale Behandlung eines staatlichen Zuschusses wird der Steuerpflichtige in der Investitionsphase entlastet. Neben der Zuordnung des Speichermediums hat auch die Wahl des Standorts und der Rechtsform Auswirkungen auf die Höhe der Gewerbesteuer. Hier können unterschiedlich hohe Gewerbesteuerhebesätze und Freibeträge vorteilhaft genutzt werden.

In den Ausführungen wurde außerdem gezeigt, dass die Zuordnung zum Unternehmensvermögen und die unternehmerische Nutzung des Speichermediums ausschlaggebend für den Vorsteuerabzug sind. Sollte keine vollumfängliche unternehmerische Nutzung vorliegen, ist ggf. eine unentgeltliche Wertabgabe für den privaten Gebrauch anzusetzen. Auch die Option von der Kleinunternehmerregelung zur Regelbesteuerung kann für einen Steuerpflichtigen steuerlich sinnvoll sein.

Zusammenfassend kann festgestellt werden, dass für eine individuelle, steueroptimale Gestaltung bereits bei der Investition in ein Speichermedium viele Möglichkeiten für den Steuerpflichtigen bestehen. Aufgrund der größeren Etablierung von Speichermedien auf dem Strommarkt und den sinkenden Anschaffungskosten aufgrund der technischen Weiterentwicklung könnten Batteriespeicher ein wichtiger Baustein in der zukünftigen Energieversorgung werden. Demzufolge werden sich in den nächsten Jahren nicht nur Investoren und steuerberatende Berufsgruppen vermehrt mit der Besteuerung von Speichermedien beschäftigen. Auch der Gesetzgeber und die Finanzverwaltung werden sich mit dem Thema vermehrt beschäftigen müssen, denn bisher gibt es dazu noch wenig Fachliteratur und Rechtsprechung.

Literatur

Bartone, R. (2015). EStG. In: K. Korn (Hrsg.), *EStG Kommentar, § 7g EStG*. Bonn: Verlag Stollfuss Medien,90. Ergänzungslieferung.

Bayerisches Landesamt für Steuern vom 30.07.2014, S. 2240. 1. 1–4 St 32 – Hilfe zu Photovoltaikanlagen.

Bayerisches Landesamt für Steuern vom Januar 2015 – Hilfe zu Photovoltaikanlagen, abrufbar unter: http://www.finanzamt.bayern.de/Informationen/Steuerinfos/Weitere_Themen/Photovoltaikanlagen.

Beck'sche Textausgaben (2016): *Steuergesetze (AO, EStG, GewStG, KStG, UStG)*. München: Verlag C.H. Beck.

Beck'sche Steuerrichtlinien (2016): *(EStR, UStAE)*, München: Verlag C.H. Beck.

Birkenfeld, W. (2015). UStG. In: W. Birkenfeld & C. Wäger (Hrsg.), *Das große Umsatzsteuer-Handbuch, § 46 JPdÖR*. Köln: Verlag Dr. Otto Schmidt KG, 70. Ergänzungslieferung.

BMWi (2016): Staatlich veranlasste Bestandteile des Strompreises. unter: http://www.bmwi.de/DE/Themen/Energie/Energiemarkt-und-Verbraucherinformationen/preise,did=649352.html (abgerufen am: 18.01.2016).

Bode, W. (2015). EStG. In P. Kirchhof (Hrsg.), *EStG Kommentar, § 4 EStG.*, 14. Auflage, Köln: Verlag Dr. Otto Schmidt KG.

Böttcher, L., Faßbender, K. (2014). In: L. Böttcher, K. Faßbender, C. Waldhoff (Hrsg.), *Erneuerbare Energien in der Notar- und Gestaltungspraxis*, 1. Auflage, München: Verlag C.H. Beck.

Brandis, P. (2015). EStG. In: W. Blümich (Hrsg.), *EStG Kommentar, § 7g EStG*. München: Verlag Franz Vahlen GmbH, 130. Ergänzungslieferung.

destatis.(2016) Statistik über das Steueraufkommen, unter: https://www.destatis.de/DE/ZahlenFakten/GesellschaftStaat/OeffentlicheFinanzenSteuern/Steuern/Steuerhaushalt/Tabellen/KassenmaessigeSteuereinnahmenVorSteuerverteilung.html (abgerufen am: 05.01.2016)

Drüen, K.-D. (2015). GewStG. In: W. Blümich (Hrsg.), *GewStG Kommentar, § 2 GewStG*. München: Verlag Franz Vahlen GmbH, 127. Ergänzungslieferung.

Eckert, K-H. (2015). *Umsatzsteuerliche Änderungen durch das Steueränderungsgesetz 2015, BBK 2015 S. 1083–1090*. Herne: NWB Verlag.

Friedrich, K. (2015). StromStG. In: K. Friedrich & C. Meißner (Hrsg.), *Energiesteuern, §§1, 9 StromStG*. Freiburg: Haufe-Lexware, 37. Ergänzungslieferung.
Fritsch, F. (2015). UStG. In: W. Reiß & J. Kraeusel & M. Langer (Hrsg.), *Umsatzsteuergesetz, §§3, 3g UStG*. Bonn: Stollfuß Medien GmbH & Co. KG, 123. Ergänzungslieferung.
Fritsch, F. (2015). *UStG, eKommentar, §3 UstG*. Bonn: Stollfuß Medien GmbH & Co. KG.
Grashoff, D., Kleinmanns, F. (2015). *Aktuelles Steuerrecht 2015*, 11. Auflage, München: Verlag C.H. Beck.
Grote, B. (2015). Steuerrecht. In O.-G. Lippross & W. Seibel (Hrsg.), *Basiskommentar Steuerrecht, §7g EStG*. Köln: Verlag Dr. Otto Schmidt KG, 92. Ergänzungslieferung.
Grützner, D. (2015). *Die Neufassung des §7g Abs. 1 bis 4 EStG Änderungen durch das Steueränderungsgesetz 2015, StuB 2015, S. 904–908*. Herne: NWB Verlag.
Heidner, H.-H. (2016). *Umsatzbesteuerung der öffentlichen Hand, UR 2016*, S. 45–49. Köln: Verlag Dr. Otto Schmidt KG.
Heil, M. (2015). Stromsteuer. In: *Beck'sches Steuer- und Bilanzrechtslexikon*. München: Verlag C.H. Beck.
Heinicke, W. (2011). EStG. In: L. Schmidt (Hrsg.), *§4 EStG*, 30. Auflage, München: Verlag C.H. Beck.
Hiby, J. (2015). Steuerrecht. In O.-G. Lippross & W. Seibel (Hrsg.), *Basiskommentar Steuerrecht, §4 EStG*. Köln: Verlag Dr. Otto Schmidt KG, 92. Ergänzungslieferung.
Janzen, H.-G. (2015). Steuerrecht. In O.-G. Lippross & W. Seibel (Hrsg.), *Basiskommentar Steuerrecht, §19 UStG*. Köln: Verlag Dr. Otto Schmidt KG, 92. Ergänzungslieferung.
Kirch, F. (2015). *UStG, eKommentar, §2 UstG*. Bonn: Stollfuß Medien GmbH & Co. KG.
Klenk, F. (2015). UStG. In: O. Sölch & K. Ringleb (Hrsg.), *Umsatzsteuergesetz, §2 UStG*. München: Verlag C.H. Beck, 75. Ergänzungslieferung.
Koisiak, D. (2015). *UStG, eKommentar, §1 UstG*. Bonn: Stollfuß Medien GmbH & Co. KG.
Kolbe, S. (2015). *NWB InfoCenter, Betriebsvermögen, S. 4 Kolbe NWB InfoCenter, BAAB-14222, Stand 30.09.2015*. Herne: NWB Verlag.
Köthe, G. (2015). StromStG. In: K. Friedrich & C. Meißner (Hrsg.), *Energiesteuern, §§5 StromStG*. Freiburg: Haufe-Lexware, 37. Ergänzungslieferung.
Korn, C. (2015). UStG. In: J. Bunjes (Hrsg.), *§2 UStG*, 14. Auflage, München: Verkag C.H .Beck.
Kratzsch, A. (2015). EStG. In: M. Frotscher & G. Geurts (Hrsg.), *§7g EStG*, Freiburg, Haufe-Lexware, 189. Ergänzungslieferung.
Lambrecht, C. (2015). EStG. In: P. Kirchhof (Hrsg.), *EStG Kommentar, §7g EStG.*, 14. Auflage, Köln: Verlag Dr. Otto Schmidt KG.
Leonard, A. (2015). UStG. In: J. Bunjes (Hrsg.), *§3 UStG*, 14. Auflage, München: Verkag C.H .Beck.
Lindberg, K. (2015). EStG. In: M. Frotscher & G. Geurts (Hrsg.), *§2 EStG*. Freiburg: Haufe-Lexware, 189. Ergänzungslieferung.
Mai, B. (2015). KStG. In: M. Frotscher & E. Maas (Hrsg.), *§4 KStG*. Freiburg: Haufe-Lexware, 130. Ergänzungslieferung.
Maier, W. (2015). Wirtschaftsgut. In *Beck'sches Steuer- und Bilanzrechtslexikon*. München: Verlag C.H. Beck.
Martin, S. (2015). UStG. In: O. Sölch & K. Ringleb (Hrsg.), *Umsatzsteuergesetz, §3 UStG*. München: Verlag C.H. Beck, 75. Ergänzungslieferung.
Meyer, B. (2015). EStG. In: C. Herrmann & G. Heuer & A. Raupach (Hrsg.), *§7g EStG*. Köln: Verlag Dr. Otto Schmidt KG, 271. Ergänzungslieferung.
Milewski, K. (2012). StromStG. In: K. Möhlenkamp & K. Milewski, *§5 Energiesteuergesetz/Stromsteuergesetz*. München: Verlag C.H. Beck.
Möhlenkamp, K. (2012). StromStG. In: K. Möhlenkamp & K. Milewski, *§5 Energiesteuergesetz/ Stromsteuergesetz*. München: Verlag C.H. Beck.
Müller, S. (2015). UStG. In: R. Weymüller (Hrsg.), *§2b UStG*, 1. Auflage, München: Verlag C.H. Beck.
Musil, Andreas (2015). EStG. In: C. Herrmann & G. Heuer & A. Raupach (Hrsg.), *§4 EStG*. Köln: Verlag Dr. Otto Schmidt KG, 270. Ergänzungslieferung.

Nieskens, H. (2015). UStG. In: G. Rau & E. Dürrwächter (Hrsg.), *§§2, 3g, 15 UStG*. Köln, Verlag Dr. Otto Schmidt KG, 164. Ergänzungslieferung.

Nolte, A. (2015). *Wirtschaftsgut, Haufe Steuer Office Kanzlei-Edition Online, HI1638766, Stand: 20.05.2015*. Freiburg: Haufe-Lexware.

OFD Nordrhein-Westfalen vom 01.10.2014 – Besteuerung der juristischen Personen des öffentlichen Rechts.

Peltner, H.-M. (2015). UStG. In: R. Weymüller (Hrsg.), *§1 UStG*, 1. Auflage, München: Verlag C.H. Beck.

Radeisen, R.-R. (2015). UStG, B. Schwarz & W. Widmann & R.-R. Radeisen (Hrsg.), *§2 UStG*. Freiburg: Haufe-Lexware, 182. Ergänzungslieferung.

Reiß, W. (2015). UStG. In: W. Reiß & J. Kraeusel & M. Langer, *§2 UStG*. Bonn: Verlag Stollfuss Medien, 123. Ergänzungslieferung.

Riewe, J.,Sauer, M. (2014). *Einsatz- und Rechtsrahmen für moderne Batteriegroßspeicher – Eigenständiger Speichermarkt oder Modell der Netzbetriebsintegration?, Ewerk 2014*, S. 79–96, Baden-Baden: Nomos Verlag.

Robisch, M. (2015). UStG. In: J. Bunjes (Hrsg.), *§1 UStG*, 14. Auflage, München: Verlag C.H .Beck.

Rohrlack-Soth, L. (2015). EStG, In: W. Blümich (Hrsg.), *EStG Kommentar, §35 EStG*. München: Verlag Franz Vahlen GmbH, 130. Ergänzungslieferung.

Sarrazin, V. (2015). GewStG. In: E. Lenski & W. Steinberg (Hrsg.), *§§2, 4 GewStG*. Köln: Verlag Dr. Otto Schmidt KG, 114. Ergänzungslieferung.

Schiffers, J. (2015). EStG. In: K. Korn (Hrsg.), *EStG Kommentar, §35 EStG*. Bonn: Verlag Stollfuss Medien, 90. Ergänzungslieferung.

Schnitter, G. (2015). GewStG. In: M. Frotscher & E. Maas (Hrsg.), *§16 GewStG*. Freiburg: Haufe-Lexware, 130. Ergänzungslieferung.

Schröer-Schallenberg, S. (2015). StromStG. In: M. Bongartz & H. Jatzke & S. Schröer-Schallenberg (Hrsg.), *§5 EnergieStG und StromStG*. München: Verlag Franz Vahlen GmbH, 11. Ergänzungslieferung.

Seltmann,T. (2015). Photovoltaik im Steuerrecht, unter: https://www.stbverband-thueringen.de/top-menue/news/news-einzelansicht/?tx_ttnews[tt_news]=135&cHash=83073191877b1b2eb6bd50f221b96b74 (abgerufen am: 02.12.2015).

Senec.ies (2015). Der Stromspeicher für Privathaushalte, unter: http://www.senec-ies.com/stromspeicher-fuer-privathaushalte(abgerufen am: 28.11.2015).

Senec.ies (2016). Erster 180 kWh Blei-Großspeicher am Netz, unter: http://www.energy-storageonline.de/cipp/md_energy/custom/pub/content,oid,1409/lang,1/ticket,g_u_e_s_t/~/Erster_180_kWh_Blei-Gro%C3%9Fspeicher_am_Netz.html (abgerufen am: 26.01.2016).

Senec.ies (2016). Installationsanleitung, unter: http://www.senec-ies.com/files/Dateien/Downloads/G1/290315_Installationsanleitung_SENEC.Home_G1.pdf (abgerufen am: 25.01.2016).

Soyk, S. (2013). Energie- und Stromsteuerrecht: die besonderen Verbrauchsteuern auf die Energieverwendung, 3. Auflage, Köln: Carl Heymanns Verlag.

Stadie, H. (2015). UStG. In: G. Rau & E. Dürrwächter (Hrsg.), *§§2, 3g, 15 UStG*. Köln: Verlag Dr. Otto Schmidt KG, 164. Ergänzungslieferung.

Stein, R., Thoms, A. (2013). *Energiesteuern in der Praxis: Energiesteuer – Stromsteuer – Biokraftstoffquote – Energiesteuer-Compliance*, 2. Auflage, Köln: Bundesanzeiger Verlag.

Sterzinger, C. (2015). *Unternehmereigenschaft und Umsatzbesteuerung beim Betrieb von Photovoltaikanlagen, SteuK 2015*, S. 199–204. München: C.H. Beck.

Stöcker, E. (2015). EStG. In: K. Korn (Hrsg.), *EStG Kommentar, §4 EStG*. Bonn: Verlag Stollfuss Medien, 90. Ergänzungslieferung.

Tehler, H.-J. (2015). UStG. In: W. Reiß & J. Kraeusel & M. Langer (Hrsg.), *Umsatzsteuergesetz, §1 UStG*. Bonn: Stollfuß Medien GmbH & Co. KG, 123. Ergänzungslieferung.

Verlagsprojekte.de (2016). Merkblatt Bauen, Wohnen, Energie sparen, unter: http://www.verlagsprojekte.de/images/Dateien_divers/Merkblatt_153.pdf (abgerufen am: 19.01.2016).

Weber, C. (2015). *Steueränderungsgesetz 2015: Änderungen des Umsatzsteuerrechts, UVR 2015*, S. 364–371, Bonn: Stollfuß Medien GmbH & Co. KG.

Weniger, J., Bergner, J., Tjaden, T. (2015). *Dezentrale Solarstromspeicher für die Energiewende*, Berlin: Berliner Wissenschafts Verlag.

Wenzel, B., Kunz, C. (2015). Metaanalyse Januar 2015 – Stromspeicher in Deutschland, unter: http://www.forschungsradar.de/fileadmin/content/bilder/Vergleichsgrafiken/meta_speicher_jan2015/AEE_Metaanalyse_Stromspeicher_feb15_neu.pdf (abgerufen am: 26.01.2016).

Widmann, W. (2015). UStG, B. Schwarz & W. Widmann & R.-R. Radeisen (Hrsg.), *§ 15 UStG*. Freiburg: Haufe-Lexware, 182. Ergänzungslieferung.

Wied, Edgar (2015). EStG, In: W. Blümich (Hrsg.), *EStG Kommentar, § 4 EStG*. München: Verlag Franz Vahlen GmbH, 130. Ergänzungslieferung.

Wundrack, R. (2015). StromStG. In: M. Bongartz & H. Jatzke & S. Schröer-Schallenberg (Hrsg.), *§§ 2, 9 EnergieStG und StromStG*. München: Verlag Franz Vahlen GmbH, 11. Ergänzungslieferung.

Petr Svoboda

Randbedingungen für große stationäre Batteriespeicher

1 Einleitung

Geht es um Batteriespeicher für stationäre Anwendungen in Deutschland, sorgen zwei Entwicklungen für Diskussionsstoff: die Preissenkungen für Batterien im Rahmen der Elektromobilität und die Energiewende. Speicher können grundsätzlich Energie aufnehmen, speichern und zu einem späteren Zeitpunkt wieder abgeben. Damit spielen sie im Rahmen der Energiewende für die Energiewirtschaft eine besondere Rolle. Sie sind prinzipiell in der Lage, das Problem der fluktuierenden Einspeisung der Erneuerbaren Energien (EE) zu lösen.

Ziel der Energiewende ist es, eine möglichst CO_2-freie Energieerzeugung – die sog. Dekarbonisierung – zu erreichen, um die Erderwärmung einzudämmen. Dazu wurden Zielanteile der Stromerzeugung aus Erneuerbaren Energien festgelegt: 40 bis 45 Prozent im Jahr 2025, 55 bis 60 Prozent 2035 und mindestens 80 Prozent im Jahr 2050,[1] die über einen bestimmten Mix an EE-Technologien erreicht werden sollen. Diese Ziele werden mit verschiedenen Mitteln angereizt und gesteuert, im Wesentlichen aber durch das EEG. In der jüngsten Vergangenheit wurden die ursprünglichen Zubauziele oft übertroffen, weshalb einige Änderungen eingeführt wurden – u. a. die sog. Zubaukorridore, die den Aufbau neuer Kapazitäten begrenzen sollen.

Bereits im Jahr 2015 übertraf der Anteil der Erneuerbaren Energien an der Bruttostromerzeugung 30 Prozent bei Weitem. Die gesamte in Deutschland installierte Kapazität von Anlagen Erneuerbarer Energien belief sich Ende 2015 auf über 100 GW, was einen Anteil von knapp 50 Prozent der gesamten Leistung darstellt.

Um hohe Anteile der Stromerzeugung aus erneuerbaren Quellen zu erreichen, gehen die meisten Szenarien von einer noch höheren installierten Kapazität in der Zukunft aus: Sie sehen für 2030 bis 2035 Leistungen von 53 bis 66 GW für PV und 82 bis 104 GW für Wind (davon 70 bis 85 GW onshore und 12,6 bis 19 GW offshore). Für das Stadium im Endausbau mit 90 Prozent EE-Erzeugung nehmen einige Studien installierte Leistungen von jeweils über 120 GW für Wind und PV an. Stromverbrauch sowie Höchstlast (Lastspitze) bleiben dagegen im Rahmen der heutigen Werte: Der Nettostromverbrauch bewegt sich zwischen 510 und 543 GWh, die Höchstlast schwankt je nach Annahmen zwischen 85 und 87 GW. So werden bei dieser Entwicklung die konventionellen Kapazitäten von heutigen 106 GW auf 65 bis 79 GW verringert, da insbesondere die installierte Leistung von Kernkraft (ganz), aber auch Braunkohle (stark) zurückgeht.

1 Fortgeschriebenes Eckpunktepapier zum Vorschlag des BMWi für das neue EEG, BMWi, 2/2016.

https://doi.org/10.1515/9783110458480-018

Mit einer vorgegebenen Zusammensetzung der erneuerbaren Erzeugungskapazitäten kann die Volatilität der Erzeugung, die vom Dargebot abhängt, eingeschätzt werden. Abb. 1 verdeutlicht, wie sich die Struktur der Kapazitäten auf das Stromaufkommen im Zusammenspiel mit dem Verbrauch auswirkt.[2] Während im Jahr 2012 die Erzeugung aus Erneuerbaren Energien stets geringer war als der Bedarf, wird sie ihn ab 2030 des Öfteren übersteigen (siehe Abb. 1): Durch den steigenden Anteil Erneuerbarer Energien an der Bruttostromerzeugung steigt die negative Residuallast (oder auch: Überschuss) an.

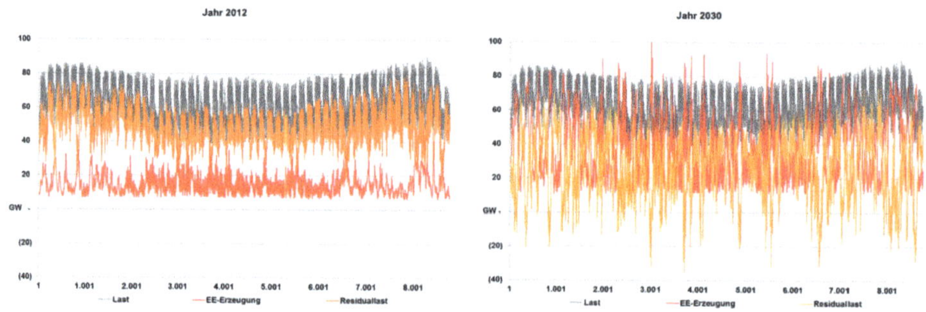

Abb. 1: Residuallast in den Jahren 2012 und 2030 (BET, Studie Ausgleichsmöglichkeiten, 2013).

Aus dem Problem der „negativen Residuallast“ wird in der Literatur ein erhöhter Speicherbedarf abgeleitet. „Energiespeicher entwickeln“[3] ist ein zentraler Punkt des Energiekonzepts der Bundesregierung (BMWi, 2014).

Die verstärkte Einspeisung Erneuerbarer Energien führt energiewirtschaftlich aber nicht direkt zu einem höheren Speicherbedarf, sondern zunächst zu einem Bedarf an Flexibilität. Dieser entsteht durch die Differenz zwischen der Energieeinspeisung und dem tatsächlichen Energiebedarf. Dabei kann beides innerhalb gewisser Grenzen mit unterschiedlichen Mitteln gesteuert werden. Speicher sind demnach eine wirtschaftlich zu bewertende Option unter vielen. Die Flexibilitätspotenziale in der Stromwirtschaft sind u. a.: flexible Fahrweise der konventionellen und erneuerbaren Kraftwerke, Entkopplung der Strom- und Wärmeproduktion bei KWK, Lastmanagement durch die Verbraucher, aber auch bedarfsgerechte Einspeisung von EE-Anlagen (Abregelung) etc.

Zudem gilt es, die Transportaufgabe durch das Netz zu berücksichtigen. Viele Autoren argumentieren, dass Speicher wie die anderen Flexibilitäten grundsätzlich

2 Das dabei verwendete, eher moderate Szenario unterstellt für 2030 eine installierte Leistung bei Wind von 67 GW und bei PV von 61 GW.

3 Für Forschung und Entwicklung von Energiespeichern wurden bis 2014 rund 200 Mio. Euro bereitgestellt. Erste Leuchtturmprojekte wurden 2012 gestartet. Energiespeicher werden außerdem von Netzentgelten und der EEG-Umlage befreit.

nur den zeitlichen Ausgleich erzielen, Netze dagegen für den räumlichen Ausgleich sorgen.[4] Bei der konkreten Lösung eines Problems (z. B. einem Netzengpass), das durch äußere Restriktionen entsteht, sind aber stets beide Optionen abzuwägen. So können Speicher den Bedarf an Netzausbau verringern oder ihn ersetzen. In manchen Situationen ist Netzbau gar nicht möglich, wenn topografische oder politische Gründe ihn verhindern. Dies gilt typischerweise für Inselsysteme: Als Beispiel sei hier Berlin genannt, wo 1986 ein Batteriespeichersystem mit 17 MW und rund 14 MWh aufgebaut wurde. Es diente als Energiereserve und zur Frequenzstabilisierung.[5]

So werden im Kontext der Energiewende Speicher auch in Verteilnetzen diskutiert, die einen Netzausbau ersetzen könnten. Durch die Speicherung und spätere Abgabe kann der Speicher den Output der EE-Anlagen verstetigen, wodurch die nachgelagerten Systeme (bei gleicher Dimensionierung) besser ausgenutzt werden.

Schließlich müssen Speicher in Deutschland aufgrund des Zusammenhangs mit der Netzfrage stets im europäischen Kontext diskutiert werden. So spielen die von der Politik vorgesehenen Energieszenarien anderer EU-Länder eine große Rolle, zusammen mit den Netzausbauplänen, Kuppelstellen etc. Stärkere Netze können über den europäischen Binnenmarkt weitere Durchmischungseffekte erzielen, wodurch insbesondere eine Reduktion der Spitzen erreicht werden kann[6] und sich der Bedarf an Speichern verringert.

In Zusammenhang mit dem europäischen Kontext rückt nicht zuletzt die Regulierung und Gestaltung der Energiemärkte in den Fokus – nicht nur, dass sie zunehmend (europäisch) durch die EU-Kommission geprägt wird, sie hat auf die Speicher in Deutschland eine enorme, wenn nicht die entscheidende Auswirkung.

2 Rolle der Speicher in der Energiewirtschaft

Im Stromsystem wurde schon immer eine gewisse Flexibilität benötigt und wurde auf verschiedene Arten bereitgestellt. Kapitel 2 befasst sich mit dem Rahmen, der sich für Batteriespeicher bietet.

2.1 Flexibilitätsoptionen auf der Erzeugerseite

Die Flexibilität in unserem Stromerzeugungssystem wurde bisher überwiegend auf Erzeugerseite bereitgestellt – die Bedarfsseite blieb bis auf wenige Ausnahmen

4 „Stromspeicher in der Energiewende“, Agora, ef Ruhr, FENES, IAEW, ISEA, 9/2014.

5 Nach dem Anschluss an das deutsche Netz wurde der Bleibatteriespeicher 1994 wieder außer Betrieb genommen.

6 Leitstudie Strommarkt 2015, BMWi, 5/2015.

unangetastet. Die erzeugerseitige Flexibilität kann sowohl durch Einsatz verschiedener Kraftwerke als auch dem Regeln der Leistung einzelner Kraftwerke (z. B. zwischen minimaler und maximaler Last) realisiert werden.

Eine höhere Flexibilität kann einerseits durch den Umbau des Kraftwerksparks erreicht werden. Dieser Strukturwandel erfolgt derzeit mit dem Kernenergieausstieg und der Verringerung der Braunkohlekapazitäten, was im Wesentlichen die Grundlastkapazität verringert. In Erwartung erhöhter Flexibilitätsbedarfe wurden in Deutschland bereits zahlreiche GuD-Kraftwerke gebaut. Diese Maßnahmen sind kostenintensiv und langwierig.

Einfacher kann zusätzliche Flexibilität erreicht werden, indem Veränderungen (z. B. Verringerung der Mindestlasten) an bestehenden Kraftwerken vorgenommen werden. Da flexible Anlagen nicht dauerhaft im optimalen Betriebspunkt laufen können, stoßen sie i. d. R. auf technische Grenzen hinsichtlich der Emissionen oder der stabilen Verbrennungs- und Strömungsprozesse. Dennoch wurden an bestehenden Kraftwerken nach Möglichkeit Maßnahmen durchgeführt, um den geänderten Marktbedingungen gerecht zu werden.

Eine Besonderheit des thermischen Kraftwerksparks ist die Flexibilität bei der Kraft-Wärme-Kopplung: Wird eine Entnahmekondensationsturbine eingesetzt, können die Anteile der Strom- und Wärmeproduktion verändert werden. In letzter Zeit wurden in Fernwärmenetzen zusätzlich Wärmespeicher installiert, die Strom- und Wärmeproduktion zeitlich trennen und so auf Preissignale der Strommärkte reagieren können.

Bei Biogasanlagen kann Flexibilisierung durch einen Umbau erreicht werden. Bisher wurden Biogasanlagen überwiegend mit konstanter Last gefahren, obwohl sie steuerbar sind. Seit einiger Zeit wird in Deutschland die Erhöhung ihrer Leistung gefördert, damit sie in der Lage sind, die Stromerzeugung über die Zeit erheblich zu variieren. Die Menge der zur Verfügung stehenden Primärenergie und damit die Produktion bleiben dabei in etwa gleich. Dennoch sollen die Anlagen bei bedarfsgerechter Einspeisung über höhere Vermarktungspreise und verstärkte Teilnahme an den Regelenergiemärkten eine bessere Wirtschaftlichkeit erzielen.

Um eine bedarfsgerechte Produktion durch rein dargebotsabhängige Erneuerbare Energien wie Wind und PV zu erreichen, besteht nur die Möglichkeit der Drosselung, wenn deren Produktion zu hoch sein sollte. Diese „Abregelung“ wird derzeit in Deutschland aus verschiedenen Gründen durchgeführt: durch den Netzbetreiber aus Gründen der Netzstabilität oder aufgrund der Überlastung (insbesondere Redispatch bei Netzengpässen). Schließlich können die Anlagen auch durch den Betreiber abgeregelt werden, wenn sie in der Direktvermarktung an der Strombörse keine auskömmlichen Preise erzielen können.

All diese Mechanismen können die Stromproduktion einschränken, wobei die Brennstoffe z. T. für einen späteren Zeitpunkt aufgespart werden können. Diese Maßnahmen können jedoch keine überschüssige Energie aufnehmen – dazu sind nur Laststeuerung oder Speicher in der Lage.

2.2 Flexibilitätsoptionen auf Verbraucherseite

Von Lastmanagement ist aktuell in Zusammenhang mit intelligenten Netzen, intelligenten Zählern und auch virtuellen Kraftwerken die Rede. Maßnahmen zur Lasterhöhung und -verringerung gibt es schon seit Langem, allerdings waren diese Maßnahmen in Zeiten der integrierten Energieversorgung oft einfacher umzusetzen. So wurden Nachtspeicherheizungen eingeführt (und bestehen heute noch in gewissem Umfang), um die gesunkene Nachfrage in der Nacht zu erhöhen und die eigenen Kraftwerke gleichmäßiger auszulasten. Z.B. wurde in den 1980er-Jahren in Kalifornien das Demand Side Management (DSM) eingeführt, um Lastspitzen zu reduzieren. Angewendet wurden variable Tarife (Time of Use) oder kostenlos abgegebene Energiesparlampen.

Derzeit können Netzbetreiber in Deutschland unterbrechbare Verbraucher (u. a. Elektroheizungen und Wärmepumpen in Haushalten) steuern, um die Netzlast zu verringern oder, im Falle der Nachtspeicherheizungen, zu erhöhen. Der Anreiz besteht dabei nur netzseitig, indem die Netzentgelte für diese Verbraucher verringert werden.[7] Bei Nachtspeicherheizungen wurde ein früheres Verbot zurückgenommen, Wärmepumpen werden derzeit gefördert. Sie weisen in Deutschland eine installierte Leistung von derzeit rund 2 GWel auf.

Die Potenziale für Laststeuerung in der Industrie werden allgemein als groß eingeschätzt; es wurden sowohl Möglichkeiten untersucht, die Last zeitlich vorzuziehen, zu verlagern oder sie zu reduzieren (Verzicht) bzw. sie zu erhöhen. Dabei hängen die realisierbaren Potenziale von der Dauer der Lastverschiebung und den gebotenen Preisen ab. Einige Untersuchungen gehen von Potenzialen um die 3 GW aus, die für kurzfristige Verschiebungen um 1 Stunde angewendet werden können; für längere Zeiträume sinken die Potenziale auf 1 bis 2 GW.[8] Im Fokus der Untersuchungen standen stromintensive Industrien wie Aluminium- und Chlorelektrolyse, Elektrostahlproduktion und die Herstellung von Papier, Glas und Zement. Da diese Industrien einen Gesamtverbrauch von über 100 TWh aufweisen, ist das Potenzial insgesamt als bedeutend einzuschätzen. Die Preise für die Lastverschiebung wurden auf bis zu 500 €/MWh beziffert, der Lastverzicht auf bis zu 2000 €/MWh. Im Sektor „Gewerbe, Handel und Dienstleistungen" (GHD-Segment) werden Potenziale zwischen 1,5 und 4 GW für die Vorverlegung und zwischen 1,5 und 6,5 GW beim Nachholen der Last von 1 Stunde Dauer bei 2 Stunden Verlagerungszeitraum gesehen. Der Verbrauch im GHD-Segment beläuft sich auf über 50 TWh, sodass auch hier erhebliches Potenzial besteht. Andere Untersuchungen zeigen gesamte DSM-Potenziale von weit über 10 GW auf, die jedoch noch höhere Preise von 4000 €/MWh und mehr erfordern.[9]

---

7 Der Vertrieb ist nicht betroffen, womit die Abbildung der Strompreise bei den Kunden ausbleibt, sodass keine Dynamisierung der Nachfrage erfolgen kann – sie bleibt unelastisch.

8 Studie für UBA 2015; BET/Trianel.

9 Angaben R2B.

Dennoch bestehen bei der Anwendung hohe Hürden: In Zusammenhang mit der energieintensiven Industrie sind vornehmlich verfahrenstechnische Unklarheiten, geringe Erlöspotenziale und die regulatorisch bedingte Netzentgeltsystematik zu nennen. Im Segment GHD sind wiederum die fehlende stundengenaue Bilanzierung sowie hohe Erschließungskosten aufgrund fehlender Standardisierung als Haupthemmnisse anzuführen. Ähnliches gilt für Haushalte.

Eine besondere Form der Laststeuerung bilden die seit einigen Jahren eingesetzten Elektrokessel (Power-to-Heat-Anlagen, P2H), die günstigen Strom nutzen, um Wärme zu erzeugen. Im Wesentlichen werden sie in Zusammenhang mit überschüssigem EE-Strom diskutiert, der ansonsten nicht genutzt werden könnte und folglich abgeregelt werden müsste. Die Wirtschaftlichkeit der P2H ist derzeit dann gegeben, wenn Umlagen, Netzentgelte oder Steuern entfallen, teure, alternative Wärmeerzeugung ersetzt wird oder gleichzeitig Systemdienstleistungen erbracht werden.

2.3 Batteriespeicher und ihre Alternativen

Im Zuge der Energiewende werden unterschiedliche Speichertypen diskutiert, die einander im Folgenden (bis auf Langzeitspeicher wie z. B. Power to Gas) gegenübergestellt werden.

Pumpspeicherkraftwerke – aktuell in Deutschland als einzige Speichertechnologie im großen Maßstab eingesetzt – haben eine installierte Leistung von ca. 7 GW und ein Speichervermögen von rund 40 GWh.[10] Sie sind mit durchschnittlich 6 Stunden

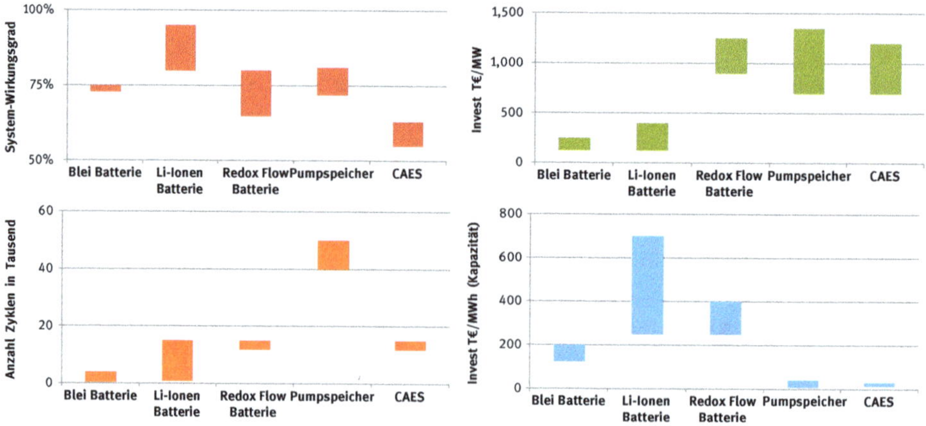

Abb. 2: Charakteristika verschiedener Speichertechnologien (eigene Darstellung in Anlehnung an Kompendium Li-Ionen-Batterien, IKT/BMWi 7/2015).

10 Aufgrund der Topografie und der Besiedlungsdichte ist das Speichervermögen von Pumpspeicherkraftwerken in Deutschland begrenzt.

Speicherfähigkeit typische Kurzzeitspeicher, die sich für das Einspeichern von Strom im Tagesrhythmus eignen.

Abb. 2 stellt die wesentlichen Unterschiede von Kurzzeitspeichern dar. Von großer Bedeutung ist der Wirkungsgrad, der die Verluste bestimmt. Bei Mobilanwendungen sind die Verluste z. B. von untergeordneter Bedeutung, während der niedrige Wirkungsgrad bspw. beim Druckluftspeicher (Compressed Air Energy Storage, CAES) der Haupthinderungsgrund für stationäre Anwendungen darstellt. Bleibatterien werden wegen ihres niedrigen Wirkungsgrads eher zur Systemstabilisierung verwendet. Li-Ion-Batteriespeicher sind hinsichtlich des Wirkungsgrads den Redox-Flow- und Pumpspeicherkraftwerken überlegen.

Eine weitere wichtige Eigenschaft ist die Zyklenfestigkeit bzw. Lebensdauer. Pumpspeicher sind besonders langlebig. Batterien auf Li-Ion-Basis haben verglichen mit Bleibatterien eine höhere Lebensdauer, allerdings besteht hier insgesamt noch Verbesserungsbedarf.

Die Technologien Redox-Flow, Pumpspeicher und CAES weisen sehr hohe leistungsspezifische Kosten auf, weshalb sie für Kleinanwendungen ungeeignet sind. Pumpspeicher werden typischerweise ab 100 MW Größe gebaut. Batteriespeicher verursachen die geringsten leistungsbezogenen Kosten und sind daher gut abwärts skalierbar. Gleichzeitig weisen sie bezogen auf die Speicherkapazität die höchsten Investitionskosten auf. Sollen Batteriespeicher in größerem Maße für die Energieeinspeicherung genutzt werden, bedarf es also einer erheblichen Kostendegression.

Die Li-Ion-Technologie wurde in den letzten Jahren intensiv weiterentwickelt, sodass sie als „Batterietechnologie der Zukunft“ anzusehen ist. Es gibt diese Technologie in zahlreichen Varianten, die sich z. T. erheblich voneinander unterscheiden (siehe Abb. 3). Lithium-Cobalt-Oxid(LCO)-, Lithium-Nickel-Mangan-Cobalt-Oxid(NMC)- und Lithium-Nickel-Cobalt-Aluminium-Oxid(NCA)-Batterien erreichen hohe Energiedichten, was sie für mobile Anwendungen interessant macht. Die Lithium-Mangan-Oxid(LMO)-Technologie weist klare Nachteile hinsichtlich der Zyklenfestigkeit im Vergleich zur Lithium-Eisen-Phosphat(LFP)- oder der Lithium-Titanat-Oxid(LTO)-Technologie auf. Die beiden letzteren Technologien haben überragende Ent- und Beladeeigenschaften, weshalb sie für die schnelle „Betankung“ von Elektromobilen geeignet sind. Sie sind jedoch die teuersten Technologien hinsichtlich Investitionskosten je Energieeinheit, was über die höhere Zyklenfestigkeit jedoch z. T. überkompensiert werden kann.

Wie aus Abb. 4 hervorgeht, erfordern stationäre Anwendungen, bei denen eine Projektlebensdauer von 20 Jahren und mehr üblich ist, eine höhere kalendarische Lebensdauer als mobile Anwendungen. Die erforderliche Zyklenfestigkeit von Speichern für stationäre Anwendungen variiert von Fall zu Fall, liegt i. d. R. jedoch weit über der von mobilen Anwendungen.

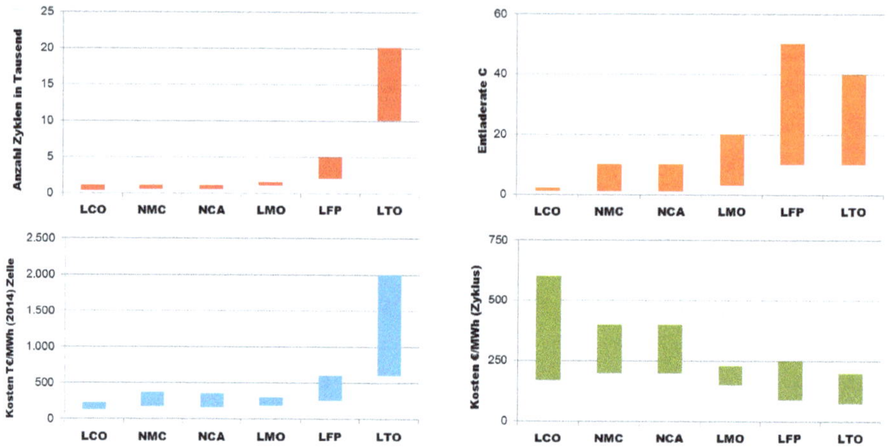

Abb. 3: Eigenschaften verschiedener Li-Ion-Technologien (eigene Darstellung).

An Batteriespeicher, die der Netzstabilisierung dienen sollen, werden vergleichsweise geringe Anforderungen hinsichtlich Lebensdauer und Zyklenfestigkeit gestellt. Batterien für die Primärregelleistung benötigen eine geringere Zyklenfestigkeit als Batterien für die Sekundärregelleistung (obwohl bei letzterer der Abruf mittels Preisstellung variiert werden kann). Hinsichtlich der Belastung der Anlagen unterscheiden sich die Regelleistungsarten erheblich: Bei der Primärregelleistung werden bspw. überwiegend sehr kurze und flache Zyklen, sog. Mikrozyklen, gefahren. Für den Einsatz im SPOT- (Stromgroßhandel) und v. a. im Intraday-Markt werden schließlich die höchsten Anforderungen an die dort eingesetzten Batterien gestellt.

Abb. 4: Batterieanwendungen und ihre typische Lebensdauer (eigene Darstellung).

Obwohl sich Li-Ion-Technologien im Wesentlichen nur hinsichtlich der Dotierung des Anodenmaterials unterscheiden, bleibt offen, ob diese Batterien für stationäre Anwendungen mit ihren spezifischen Anforderungen von der Entwicklung im mobilen Sektor profitieren werden.

3 Netzaspekte

Kapitel 3 befasst sich mit den Netzaspekten von Speichern. Als natürliche Monopole sind sie von Handel und Vertrieb ausgeschlossen. Sie unterliegen einer besonderen Regulierung, die u. a. den gesetzlichen Anspruch der Anlagenbetreiber auf Netzanschluss bei gleichzeitiger Kostenminimierung für die Nutzer sicherstellen soll. Dies gilt auch für Prosumer, die das Netz „in beiden Richtungen" zur Einspeisung und zum Verbrauch nutzen.

3.1 Speicher im Übertragungsnetz

Das Übertragungsnetz umfasst die 380-kV- und die 220-kV-Ebene. Ferner zählen hierzu auch HGÜ-Leitungen sowie Kupplungen und Interkonnektoren zum europäischen Netz.

Der im Zuge der Energiewende notwendig gewordene Ausbau des Übertragungsnetzes muss stets im europäischen Kontext betrachtet werden. Treibend ist im Wesentlichen der gemeinsame Binnenmarkt, in dem bereits eine starke Kopplung der Großhandelsmärkte erreicht wurde. Wenn die Übertragungskapazitäten nicht ausreichen, stößt der Binnenmarkt jedoch an seine Grenzen.

In diesem Zusammenhang muss auch das bisher überwiegend deutsche Phänomen des Redispatches diskutiert werden; bei guten Windverhältnissen wird im Norden und Osten mehr Strom erzeugt, als lokal verbraucht und über die verfügbaren Transportkapazitäten zu den Verbrauchszentren im Süden transportiert werden kann. An der Strombörse besteht dagegen eine einheitliche Preiszone: Der Erzeugungsüberschuss drückt die Preise, sodass teurere thermische Kapazitäten nicht produzieren. Wenn die Übertragungsnetzbetreiber in ihren Berechnungen aber einen Engpass (Nord-Süd-Richtung) erkennen, steuern sie den Einsatz der Kraftwerke neu: Die Kraftwerke im Süden werden hochgefahren und die im Norden gedrosselt. Nach diesem Redispatch werden die Anlagenbetreiber für ihre Minderproduktion wirtschaftlich entschädigt. Die Entschädigungskosten liegen mittlerweile (2015) im dreistelligen Millionenbereich, da der Umfang der Minderproduktion mehrere TWh erreicht hat. Dennoch wird der Redispatch bisher als lediglich temporäres Problem angesehen, weshalb es durch den geplanten Netzausbau gelöst werden soll. Daher würde sich ein Speicherzubau in diesem Zusammenhang nicht lohnen.

Übertragungsnetze erreichen durch die räumliche Abdeckung Ausgleichseffekte, wodurch sie den Flexibilitäts- und Speicherbedarf tendenziell mindern. Sie können auch verwendet werden, um günstige Speichermöglichkeiten für einen Markt zu erschließen. Daher wird z.B. diskutiert, die norwegischen Speicherkraftwerke an das deutsche Stromnetz anzubinden. Mit ihren über 80 TWh[11] weisen sie eine rund 2000-fach höhere Speicherkapazität auf als deutsche Pumpspeicher.[12]

Generell stehen im Übertragungsnetz unterschiedliche Arten von Flexibilität zur Verfügung, von denen der Speicherzubau nur eine darstellt. Falls Übertragungsnetzbetreiber Speicher für Netzdienstleistungen betreiben, stehen an den Märkten wegen der Unbundling-Vorschriften keine weiteren Erlösmöglichkeiten für Batteriespeicher zur Verfügung.

3.2 Speicher im Verteilnetz

Bei Verteilnetzen muss hinsichtlich potenzieller Speicherbedarfe die Spannungsebene in den Blick genommen werden. So gelten 110-kV-Netze grundsätzlich als Verteilnetze, auch wenn sie der Hochspannungsebene zugerechnet werden. Größere Windparks werden, im Unterschied zu PV-Anlagen, vermehrt in 110-kV-Netze eingebunden. Ein Netzausbau kann z. B. sinnvoll sein, um thermische Überlastung zu vermeiden oder um die Spannung im Referenzbereich zu halten. Auf der 110-kV-Ebene besteht vornehmlich das Problem der thermischen Überlastung, Probleme mit der Spannungshaltung existieren seltener. Diese bestehen eher auf der Ebene der Mittelspannung (10 bis 30 kV). Die Spannungshaltung als Teil der Systemdienstleistungen (der Verteilnetzbetreiber) kann z. B. durch regelbare Ortsnetzstationen erreicht werden.

In der Niederspannungsebene wurden bislang die meisten Batteriespeichersysteme installiert, wenn auch jeweils mit geringer Kapazität (meist unter 10 kWh). Batteriespeichersysteme auf Niederspannungsebene sind für gewöhnlich mit PV-Anlagen gekoppelt, um den Eigenverbrauch des Eigentümers zu steigern, der damit wirtschaftliche Vorteile erzielt. Damit die zum Eigenverbrauch genutzte Batteriespeichersysteme auch netzdienlich eingesetzt werden, werden Speicher in PV-Anlagen nur noch dann gefördert, wenn sie maximal 50 Prozent der Nennleistung der Anlage einspeisen. Damit erfüllen diese Batteriespeicher eine sehr wichtige Funktion, nämlich die Verstetigung der Stromeinspeisung. Die nachfolgenden Elemente des Versorgungssystems werden dann gleichmäßiger beaufschlagt und erreichen bei gleicher Leistungsbemessung eine höhere Auslastung.

---

11 Deutsch-Norwegische Handelskammer und BMWi, 2011.

12 Neben rund 20 Prozent elektrischer Verluste standen diesem Projekt enorme Investitionskosten für die Verbindung sowie dem Umbau weiterer Infrastruktur im Weg.

4 Märkte für Elektrizität

Der Speicherbedarf eines ganzen Stromsystems wird oft ermittelt, indem man die Gesamtkosten verschiedener Auslegungsvarianten miteinander vergleicht. Diese Vorgehensweise kann mögliche Ziele aufzeigen und politische Impulse geben, über die Wirtschaftlichkeit einzelner Vorhaben sagt sie damit nichts aus, denn der Markt entscheidet über die Wirtschaftlichkeit. Die Strommärkte, die auf absehbare Zeit die Rahmenbedingungen für Batteriespeicher vorgeben, werden in Kapitel 4 vorgestellt.

4.1 Überblick

Elektrizität wird in Deutschland auf unterschiedlichen Märkten gehandelt: Der Stromgroßhandel, der insbesondere seit Ende der 1990er-Jahre kontinuierlich gewachsen ist, sowie der Markt für Systemdienstleistungen, der aktuell die drei Regelenergiearten umfasst.

Der Stromgroßhandel ist als Energy-only-Markt organisiert, d. h. es wird nur die Arbeit (€ per MWh) vergütet. Die Vergütung der gesamten Energie (Gebote) für einen bestimmten Zeitraum erfolgt mittels des Market-Clearing-Preises (dem Höchstgebot). Preisspitzen sollen weiteren Kapazitätsaufbau, also auch Speicher, anreizen. Während in anderen Ländern, um den Zubau zu steuern, auch Vergütungskomponenten für Kapazität existieren, wurde ein Kapazitätsmarkt für Deutschland bisher als ineffizient beurteilt.

Für den Stromgroßhandel wurde die Strombörse in den letzten Jahren immer maßgeblicher. Insbesondere im Spotmarkt können Bedarfe zeitgenau gehandelt werden: Dabei dient die Day-ahead-Auktion zur Glattstellung des Portfolios auf Stundenbasis (Handel: 24 Stunden des Folgetags) und die Intraday-Auktion der Glattstellung von Überschüssen und Fehlmengen auf Viertelstundenbasis (Handel: 96 Viertelstunden des Folgetags).

Nach der Intraday-Auktion ist der kontinuierliche Handel von Viertelstunden des Liefertags (D) möglich. Der kontinuierliche Handel wird zur Portfolioanpassung von kurzfristiger Prognoseabweichung eingesetzt, mit Viertelstundenprodukten und bis 30 Minuten vor eigentlicher Erfüllung.

Auf dem Markt für Stromgroßhandel und dem Markt für Systemdienstleistungen können Angebot und Nachfrage sehr kurzfristig in Einklang gebracht werden, was insbesondere für die Integration der wetterabhängigen Erneuerbaren Energien von Vorteil ist. Auch für Batteriespeicher eröffnet sich hier ein interessantes Potenzial.

Tab. 1: Überblick über die Elektrizitätsmärkte und deren Produkte (eigene Darstellung).

Großhandel				**Systemdienstleistungen**		
Strombörse		**außerbörslicher Handel (OTC)**		**Regelenergie**		
Terminmarkt – Futures, Optionen	Spot Market – physische Erfüllung	Terminmarkt – Forwards, Optionen, strukturierte Produkte	Spot Market – physische Erfüllung	Primärregelung – wöchentliche Ausschreibung	Sekundärregelung – wöchentliche Ausschreibung	Minutenreserve – tägliche Ausschreibung
– überwiegend finanzielle Erfüllung		– sowohl finanzielle als auch physische Erfüllung		– Produkt: Leistung und Arbeit für gesamte Woche	– Produkte: negativ und positiv, jeweils Hoch- und Niedertarif	– Produkte: negativ und positiv, jeweils Tarife mit 4 Stunden Dauer
				– Vergütung der Leistung, keine Vergütung des Abrufs	– Vergütung: Leistungsbereitstellung und -abruf getrennt	– Vergütung: Leistungsbereitstellung und -abruf getrennt
	Auktionen: – Day-ahead-Auktionen: Stunden (Zeitpunkt D-1, 12 Uhr) – Intraday-Auktionen: Viertelstunden (Zeitpunkt: D-1, 15 Uhr) Kontinuierlicher Handel: – Stunden- und Viertelstundenkontrakte, Nominierung bis Erfüllung (bis zu 30 Minuten)			andere: Netzverluste (Ausschreibung)		
				andere (keine Vergütung am Markt): – Blindleistungskompensation		
				– Schwarzstartfähigkeit		

Die (drei) Regelleistungsarten unterscheiden sich im Wesentlichen in ihrer Aktivierungsgeschwindigkeit (siehe Tab. 1). Sie werden in Deutschland und in Nachbarländern (wie CH, AT, BE, FR und NL) öffentlich ausgeschrieben. Mittlerweile hat sich ein regulärer Markt mit vielen Teilnehmern ausgebildet. Während die Auktion für Primär- und Sekundärregelleistung (PRL und SRL) einmal wöchentlich stattfindet und die Produktscheibe entsprechend lang ist,[13] wird die Minutenreserve täglich mit entsprechend kürzeren Produkten (4-Stunden-Zeitscheiben) ausgeschrieben. Bei der Primärregelleistung werden Leistung und Arbeit in einem vergütet, da alle bezuschlagten Anbieter proportional zur Abweichung von der Sollfrequenz (50 Hz) die Regelleistung erbringen müssen. In anderen Ländern, z. B. Großbritannien, wird die Einführung einer noch schnelleren Regelleistungsart als der PRL (Enhanced) erwogen (in Abb. 5: in grün angedeutet). Sie ähnelt der Momentanreserve, die in Deutschland bisher nicht gesondert vergütet wird.

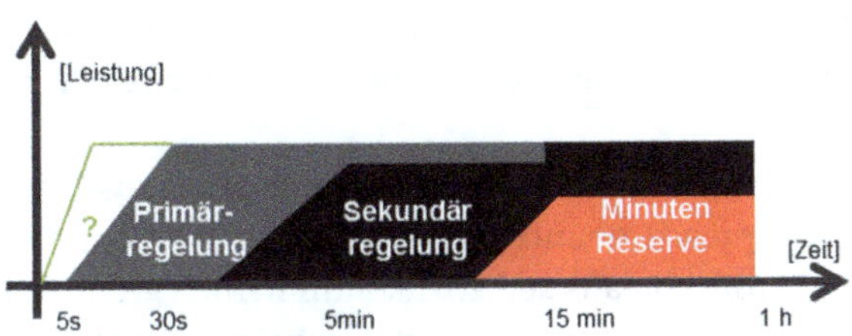

	PRL	SRL	MR
Kleinste Angebots-größe	1 MW	5 MW	5 MW
Zeit zur Aktivierung (100%)	< 30 Sec	< 5 Min	< 15 Min
Marktgröße Deutschl. [MW]	< 600	1.900 – 2.100	2.100 – 2.400

Abb. 5: Regelleistungsarten (eigene Darstellung).

Bei SRL und MR erfolgt die Bereitstellung der Regelleistung nach einer Bezuschlagung. Der Abruf erfolgt gemäß der Merit-Order-List, die Arbeit wird getrennt vergütet.[14]

Im Folgenden soll die Preisentwicklung der Märkte, die für die Speicher relevant sind, aufgezeigt werden.

4.2 Großhandelsmärkte – Day-ahead-Markt

Nachdem im Jahr 2008 Höchstpreise verzeichnet wurden, folgte seither an den Großhandelsmärkten ein nahezu kontinuierlicher Preisverfall (siehe Abb. 6).

---

13 Bei SRL aktuell noch unterteilt in Hochtarife (HT), wochentags von 8 bis 20 Uhr, und Niedertarife (NT), restliche Zeit.

14 Leistung und Arbeit werden nach dem Pay-as-Bid-Verfahren vergütet.

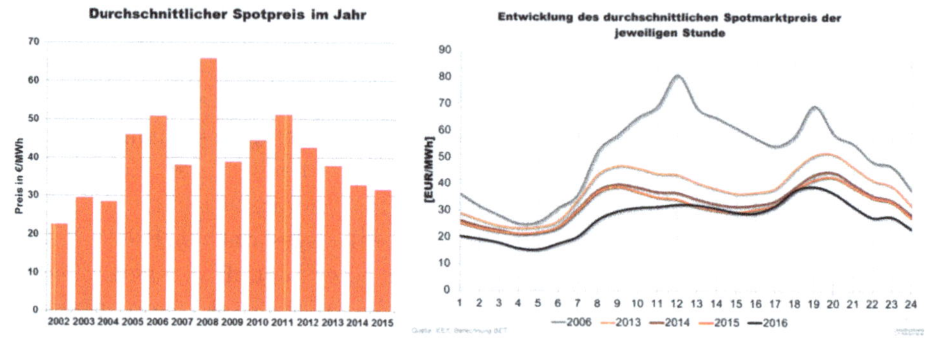

Abb. 6: Entwicklung des Base-Preises im Jahresvergleich und des Spot-Preises über den Tag (EEX, Berechnung BET, eigene Darstellung).

Obwohl ein Großteil des Preiseinbruchs auf den niedrigen Commodity-Preisen für Kohle, Gas und CO_2 (Emissionsrechte) beruht, hat sich die Situation der thermischen Kraftwerke dramatisch verschlechtert. Dies ist u.a. auf die preissenkende Wirkung von Erneuerbaren Energien und auf die Verdrängung der durch sie erzeugten Strommengen zurückzuführen.

Für Speicher ist jedoch nicht der Höhe der Strompreise ausschlaggebend, vielmehr werden die Preisdifferenzen - Spreads - genutzt. Wie aus Abb. 7 hervorgeht, sind mit den absoluten Preisen auch die Strom spreads seit 2011 kontinuierlich gesunken. Der Tagesgang wurde gleichmäßiger. Dies verringert die Deckungsbeiträge der Stromspeicher. So sind selbst Pumpspeicher am Großhandelsmarkt kaum rentabel, weshalb Neubauprojekte i. d. R. verschoben werden.

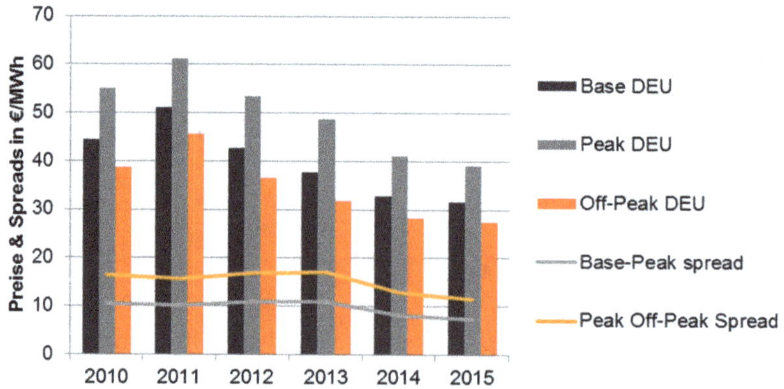

Peak = Zeitraum zwischen 08:00 Uhr und 20:00 Uhr eines Tages
Off-Peak = Zeitraum zwischen 20:00 Uhr und 08:00 Uhr

Abb. 7: Entwicklung der Base, Peak- und Off-Peak-Preise sowie der Spreads (eigene Darstellung).

Da die Peak- und Off-Peak-Preise sowie deren Spreads derzeit nur wenig Anreiz für einen weiteren Kapazitätsaufbau bieten, ist der grundsätzliche Bedarf an Speichern als gering einzustufen. Allerdings reichen die jährlichen Durchschnittspreise allein nicht aus, um die Vorteilhaftigkeit flexibler Anlagen zu bewerten. Hierfür sind Preis-extreme heranzuziehen. So werden gern negative Preise als Argument für Speicher aufgeführt.

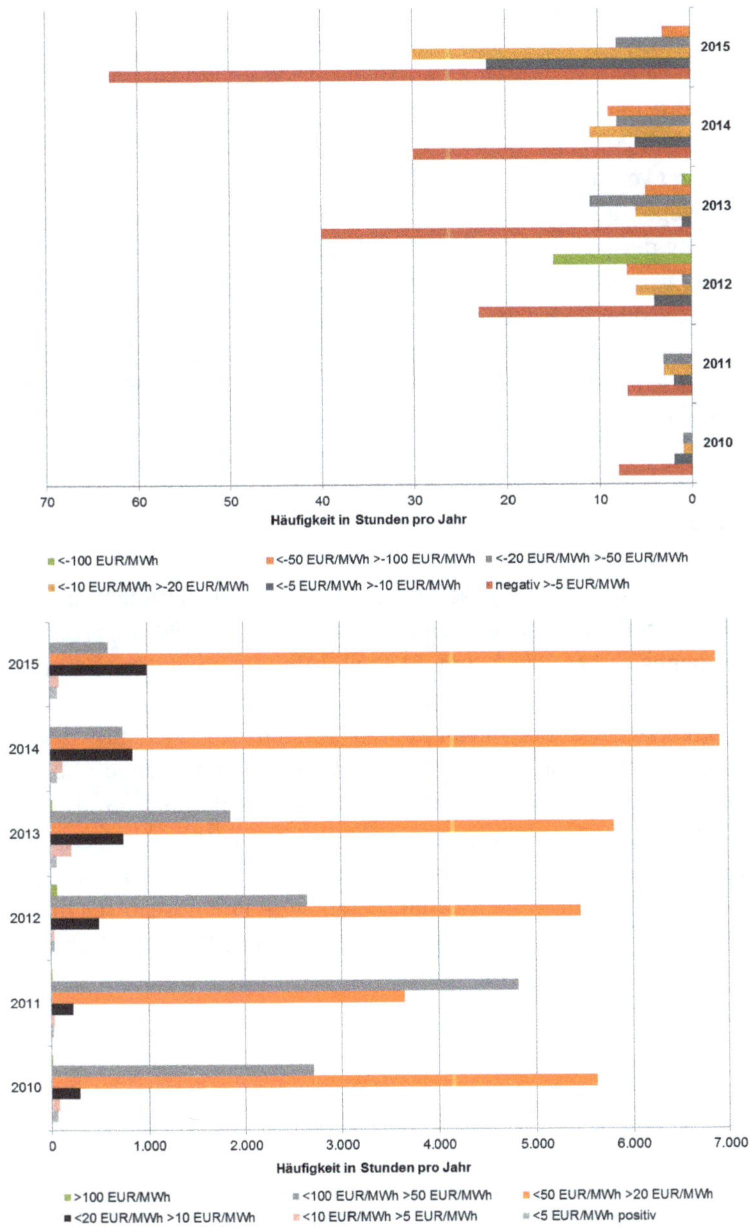

Abb. 8: Preishistogramme 2010 bis 2015 (eigene Darstellung).

Die Preishistogramme der Jahre 2010 bis 2015 (siehe Abb. 8) machen deutlich, dass die negativen Preise in den Klassen 0 bis –5 €/MWh, –5 bis –10 €/MWh sowie –10 bis –20 €/MWh tendenziell zugenommen haben. In den Preisklassen unter –20 €/MWh hingegen gab es in den Jahren 2014 und 2015 wenig Veränderung, Preise unter –100 €/MWh sind zuletzt 2013 aufgetreten. Zu beachten ist die geringe absolute Häufigkeit von negativen Preisen (2015 insgesamt 126 Stunden/ca. 1 % der gesamten Zeit).

Die positiven Preise haben sich ähnlich entwickelt: Während sie noch 2011 mit 4830 h/a über die Hälfte der Zeit höher als 50 €/MWh waren, fiel der Anteil der Preise höher als 50 €/MWh seit 2014 auf unter 10 % (2015: 602 Stunden). Der Preiskorridor hat sich also insgesamt verengt, die Preise haben sich im Wesentlichen zwischen +50 und –20 €/MWh eingependelt.

Für den Rückgang der positiven Preisspitzen können u. a. auch die Überkapazitäten der Erzeugung verantwortlich gemacht werden. Erst mit Abbau bestehender Überkapazitäten sind wieder Preisspitzen zu erwarten, die eine Bereitstellung zusätzlicher Kapazitäten in dieser Marktstufe anreizen. Der Rückgang der stark negativen Preise ist darauf zurückzuführen, dass Kraftwerke und EE-Anlagen hinsichtlich ihres Einsatzes optimiert und professioneller vermarktet werden.

4.3 Großhandelsmärkte – Intraday

Für flexible Assets kann der Intraday-Markt mit seinen Vierstelstundenprodukten attraktiv sein. Dort können kurzfristige Abweichungen in der Produktion, z. B. durch die geänderten Prognosen bei Wind und PV, und Abweichungen im Verbrauch ausgeglichen werden.

Die Stundenprodukte des Day-ahead-Markts können die Dynamik der EE-Erzeugung und des Stromverbrauchs teilweise nicht ausreichend genau abbilden. So wurde 2011 der Intraday-Markt mit seinem Viertelstundenhandel (Continuous) eingeführt und 2014 um die Viertelstundenauktion am Vortag (15:00 Uhr) erweitert, um „Rampen“ von Last und Erzeugung besser auszutarieren. Abb. 9 zeigt, wie groß die Preisabweichungen ohne hinzukommende kurzfristige Prognoseabweichungen sind. Die Preisunterschiede zwischen Day-Ahead und Intraday lassen sich morgens und abends durch die PV-Produktion erklären, die sich in diesen Zeiten stark ändert; nachts dagegen wirken die Änderungen der Last.

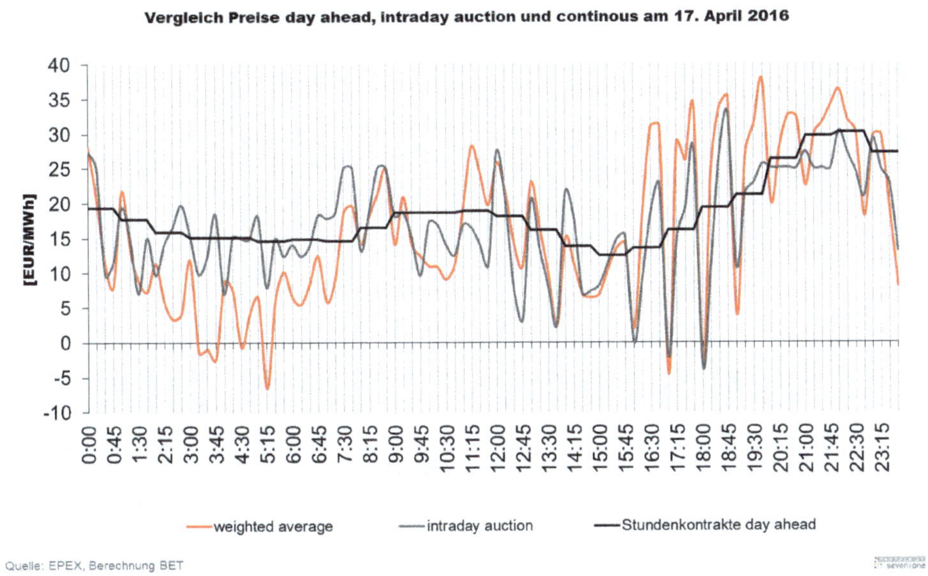

Abb. 9: Preise Stundenkontrakte Day-ahead- und Viertelstundenauktion am 17. April 2016 (EPEX, Berechnung BET, eigene Darstellung).

Auch im kontinuierlichen Intraday-Handel der Viertelstundenkontrakte gibt es weitere Möglichkeiten für Arbitrage: Die beobachteten Preisdifferenzen sind sogar noch größer als bei den zuvor genannten Marktstufen Day-Ahead und Intraday Auktion. Abb. 10 zeigt, welche Preisspitzen dort auftreten können. Hier gilt es aber zu beachten, dass im kontinuierlichen Intraday-Handel eine noch geringe Liquidität besteht.

Aktuell sind am Großhandelsmarkt die Bedingungen bei langfristigen Produkten für Speicher kaum auskömmlich. Am Großhandelsmarkt findet ein Verdrängungswettbewerb statt, der von den niedrigen Commodity-Preisen verstärkt wird. Die Volatilität der Preise ist in letzter Zeit gesunken, da Vermarkter von Kraftwerken jede sich ihnen bietende Möglichkeit nutzen, Deckungsbeiträge zu generieren. Daher ist es am wahrscheinlichsten, ein tragfähiges Geschäftsmodell für Batteriespeicher auf dem Intraday-Markt zu etablieren, da dort die kurzfristigen Preisschwankungen gewinnbringend genutzt werden können.

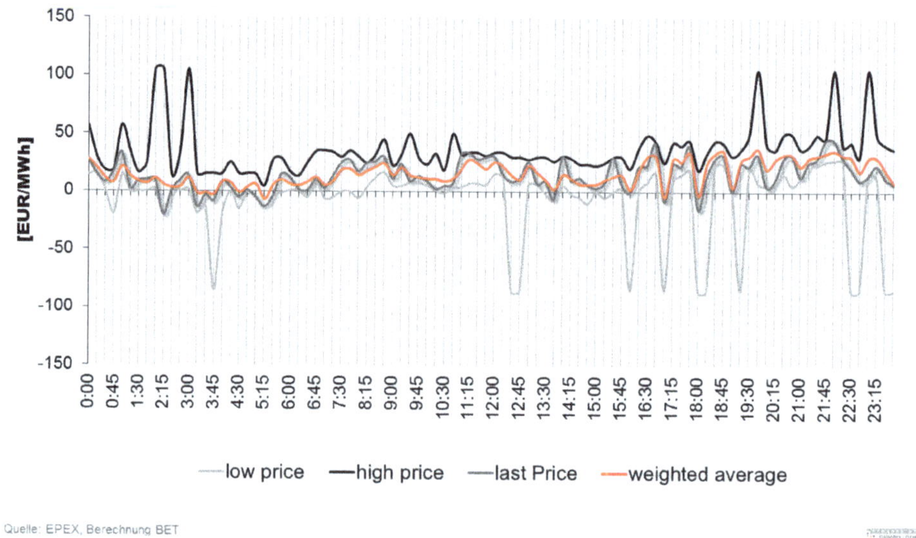

Abb. 10: Preise im kontinuierlichen Intraday-Viertelstundenhandel am 17. April 2016 (EPEX, Berechnung BET, eigene Darstellung).

4.4 Regelenergie

Regelenergiemärkte sind wesentlich kleiner als Großhandelsmärkte. Der Markt für PRL umfasst in Deutschland derzeit weniger als 600 MW, SRL und MR jeweils etwa 2 GW, sowohl in positiver als auch negativer Richtung.

Die Bedarfe für Rregelleistung werden regelmäßig neu bestimmt, blieben jedoch, trotz der Zunahme der Leistung Erneuerbarer Energien, von 2012 bis 2015 in etwa konstant.

Für Batteriespeicher ist der PRL-Markt am attraktivsten. Die Preise für PRL sind in den Jahren 2012 bis 2015 gestiegen, gaben jedoch seit dem Jahreswechsel 2015/2016 stark nach, um sich Anfang 2017 wieder leicht zu stabilisieren. Welcher Trend sich durchsetzen wird, ist langfristig nicht abzusehen, da die Preise im Jahresverlauf aufgrund des relativ kleinen Marktes variieren.

Die Sekundärregelleistung, d. h. v. a. die Leistungspreise für negative Regelleistung, erfuhr in den letzten Jahren einen dramatischen Preisverfall. Auch die Arbeitspreise für Sekundärregelleistung sind gefallen. Während für negative Sekundärregelleistungsarbeit (Aufnehmen von Strom, bspw. Pumpstrom bei Pumpspeicherkraftwerken) bis 2012 positive Preise gezahlt wurden, wurden ab 2013/2014 negative Preise vom Übertragungsnetzbetreiber gezahlt. Bei der Minutenreserve lässt sich ein ähnlicher Preisverfall beobachten, wobei sich hier die Leistungspreise in den Jahren 2012 bis 2015 unter denen der Sekundärregelleistung bewegt haben. Bei Sekundärregelleistung und Minutenreserve sind die Abrufmengen trotz des

Zubaus an Erneuerbaren Energien zurückgegangen. Dies lässt sich durch die Aktivität am Intraday-Markt erklären, auf dem mit Viertelstundenprodukten zunehmend Ungleichgewichte (u.A. durch Rampen) ausgeglichen werden, die zuvor über Regelenergie abgefangen wurden. Weitere Gründe liegen in regulatorischen Änderungen.

4.5 Regulierung und ihre Wirkung

Die Preisentwicklungen bei der Regelenergie können auf Änderungen in der Regulierung, aber auch auf technologische Entwicklungen zurückgeführt werden. Zudem führen sinkende Opportunitätskosten im Großhandel und die damit einhergehende Suche der Anlagenbetreiber nach zusätzlichen Erlösquellen zu Margendruck.

Nachdem 2009 der *Netzregelverbund* gegründet wurde, wurden ab 2011 entscheidende regulatorische Änderungen bei den Regelleistungsmärkten vorgenommen. Der *Netzregelverbund* sorgt dafür, dass ein „Gegeneinanderregeln" der Übertragungsnetzbetreiber in ihrer Regelzone ausbleibt und so der Bedarf gesenkt wird. In der Zwischenzeit kooperieren Nachbarländer wie Dänemark, Niederlande, Schweiz, Tschechien, Belgien, Österreich und Frankreich mit dem *Netzregelverbund*, um den Regelenergiebedarf bei SRL gemeinsam zu minimieren (Netting).

2011 wurden durch die *Bundesnetzagentur* die Ausschreibungszeiträume (Produktzeiträume) auf eine Woche (für PRL und SRL) bzw. einen Tag (für MR) gekürzt und die Mindestgebotsgrößen verringert. Zudem wurden Biomasse- und Biogasanlagen für die Regelenergie (SRL und MR) zugelassen. Die Vermarktung in einen „Pool" sorgte dafür, dass seither viele kleine Anlagen am Regelenergiemarkt teilnehmen können. Die Besicherung durch Dritte wurde ermöglicht.

Die regulatorischen Veränderungen führten dazu, dass viele neue Anbieter mit neuen Technologien (z. B. P2H) auf den Markt drängten und auf diese Weise den Wettbewerb ankurbelten. Preisdruck an den Großhandelsmärkten ließ viele Anbieter ihre Anlagen auch für Regelleistung präqualifizieren. So sanken die Preise für SRL und MR durch eine Erweiterung des Angebots, obwohl die thermischen Kraftwerke wegen der veränderten „Fahrweise" ihr Angebot teilweise einschränken müssen.

Zudem wurden im Jahr 2012 die Regularien für die Abrechnung der Regelenergiekosten verändert, sodass Abweichungen in den Bilanzkreisen stärker sanktioniert werden. Dies führte neben einer besseren Kooperation unter Energieanbietern zu einer Verringerung der abgerufenen Regelarbeit.

Im neuen Strommarktgesetz sind weitere Möglichkeiten vorgesehen, die Regelenergiemärkte zusätzlich zu liberalisieren: So könnten die Ausschreibungs- und Produktzeiten bei SRL auf einen Tag verkürzt und die Leistungszuschläge auf einem Zweitmarkt wiederveräußert werden. Des Weiteren könnten die Kosten für die Vorhaltung der Regelleistung (SRL und MR), die bisher in den Netzentgelten abgebildet wurden, in die Ausgleichenergiekosten eingepreist werden, womit Abweichungen in den Bilanzkreisen noch teurer würden.

Der Regelleistungsmarkt öffnet sich für Erneuerbare Energien. Deutschland könnte dem Beispiel Dänemarks und Großbritanniens folgen und z.B. Windenergie für negative Minutenreserve zu lassen. Eine weitergehende Verkürzung der PRL-Ausschreibung auf einen Tag und einheitliche Produktzeiten von einer Stunde werden derzeit diskutiert.

So ist, trotz des Rückgangs des Regelleistungsangebots aus konventionellen Kraftwerken, ein anhaltender Preisdruck am Regelenergiemarkt zu erwarten.

4.6 Vermarktung und zukünftige Entwicklungen

Der Handel mit Energie hat sich nicht zuletzt durch die Direktvermarktung von Erneuerbaren weiterentwickelt. Beispielsweise haben sich die Dargebotsprognosen verbessert, sodass die Abweichungen von Angebot und Prognose bei der Erzeugung der Erneuerbaren trotz steigender installierter Leistungen nicht weiter zunehmen. Die Vermarktung erfolgt heute zunehmend in Produktpools (PRL, SRL, MR und SPOT), die gleichzeitig verschiedene Märkte bedienen (siehe Abb. 11). Wegen ihrer kurzen Reaktionszeiten können Batteriespeicher in Pools eine besondere Rolle spielen.

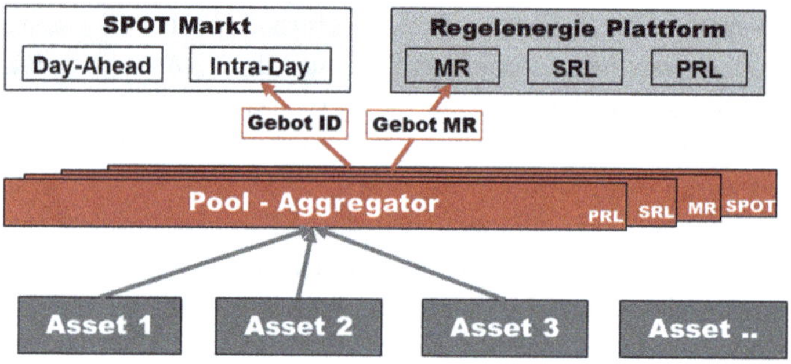

Abb. 11: Pooling und Vermarktung (eigene Darstellung).

Diese profitieren v. a. bei der Regelenergievermarktung von der Möglichkeit, die Zuordnung der Assets (also Anlagen) zu den vermarkteten Produkten im 15-Minuten-Takt zu ändern. Zudem bieten Pools aufgrund ihrer Größe eine sehr gute Verfügbarkeit und die Möglichkeit, strategisch zu bieten.

Mit der professionellen Vermarktung nimmt auch die Kopplung der Märkte zu. Die Kopplung und die Einsatzoptimierung aller Erzeugungskapazitäten können als Erklärung für einen Teil der veränderten Preisstrukturen an den Großhandels- und Regelenergiemärkten herangezogen werden. Direktvermarkter von Wind und PV vermeiden es z. B., den Strom ihrer Anlagen bei sehr hohen negativen Preisen zu vermarkten, da sie in diesem Falle trotz EEG keinen Deckungsbeitrag erwirtschaften.

Die dazu benötigten technischen Steuerungsmöglichkeiten sind in den letzten Jahren wesentlich günstiger geworden, sodass sich ihr Einsatz bei immer kleineren Anlagen lohnt. Es ist offen, inwieweit die vorhandenen Potenziale hinsichtlich der Integration Erneuerbarer Energien und der Einsatzoptimierung aller Anlagen, einschließlich KWK, ausgeschöpft sind und welche Flexibilitätspotenziale marktseitig noch erschlossen werden können.

In den nächsten Jahren werden neben den Kernkraftwerken weitere thermische Kapazitäten vom Markt genommen, sei es aus technisch-betriebswirtschaftlichen Gründen oder durch die Umwandlung in unterschiedliche „Reserven". So ist es vorgesehen, dass Braunkohlekraftwerke zur Sicherstellung der Versorgung in den kommenden Jahren weiterbetrieben werden. Diese Sicherheitsbereitschaft bindet die Kapazitäten aus Braunkohlekraftwerken als Reserve für maximal vier Jahre. Am Ende dieses Zeitraums müssen die Anlagen jedoch stillgelegt werden. Die Braunkohlekraftwerkbetreiber erhalten bis dahin ein Entgelt für die Erbringung dieser Leistung, eine zusätzliche Vermarktung ist ihnen nicht gestattet (die Anlagen stehen außerhalb des Strommarkts).

Um die Versorgungssicherheit zu gewährleisten, wird zusätzlich eine Kapazitätsreserve eingeführt. Diese wird 5 Prozent der Spitzenlast umfassen und mittels Ausschreibungen vergeben. Auch diese Kraftwerke sind nicht Teil des Marktes. Sie werden in Knappheitssituationen aktiviert. Kraftwerke, die in Folgeauktionen keinen Zuschlag erhalten, werden nach Beendigung der Vertragslaufzeit stillgelegt.

Zusätzlich zu den genannten regulatorischen Maßnahmen steht die Netzreserve gemäß *Reservekraftwerksverordnung* (ResKV) für netzstabilisierende Redispatch-Maßnahmen zur Verfügung. Die erforderliche Kraftwerksreservekapazität wird jährlich durch die Übertragungsnetzbetreiber (ÜNB) bestimmt. Bis 2018 wurde ein Bedarf von ca. 5 GW prognostiziert, danach beträgt dieser maximal 2 GW, abhängig vom Fortschritt des Netzausbaus. Trotz dieser Kapazitätsverminderung geht man davon aus, dass eine Entspannung auf dem Großhandelsmarkt erst ab den 2020er-Jahren eintreten wird, mit dann allmählich steigenden Marktpreisen und erhöhter Volatilität.

5 Bewertungsaspekte und Wirtschaftlichkeit

Die Bewertung von Speichern ist komplexer als die von Stromerzeugungstechnologien. Da Speicher ihren Deckungsbeitrag überwiegend aus dem Spread zwischen niedrigen und hohen Preisen erwirtschaften, sind die angenommenen Rahmenbedingungen von großer Bedeutung. Um den Einsatz von Speichern am Strommarkt richtig einschätzen zu können, müssen zudem Alternativen für die Bereitstellung von Flexibilität berücksichtigt werden. In den Kapiteln 5.1 bis 5.4 werden Methoden zur Bestimmung der Wirtschaftlichkeit skizziert.

5.1 Levelised Cost of Storage

Die Kosten einer gespeicherten Energieeinheit werden häufig mittels *Levelised Cost of Storage* (LCOS) angegeben. Berechnet wird die Kennzahl LCOS analog der *Levelised Cost of Energy* (LCOE), indem die gesamten über die Lebensdauer des Speichers hinweg anfallenden Kosten durch die gesamte Energie, die in diesem Zeitraum ausgespeichert wurde, geteilt werden. Die gesamten Kosten, auch Lebenszykluskosten oder Total Cost of Ownership genannt, sollten dabei genauso wie die Mengen ausgespeicherten Stromes abdiskontiert werden.

Hauptvorteil ist die Vergleichbarkeit verschiedener Speichertechnologien. Die Gesamtkosten der ausgespeicherten nutzbaren Energie ergeben sich, indem man zusätzlich die Kosten der eingespeicherten Energie und den Wirkungsgrad des Speichers betrachtet.

Eine Herausforderung ist es aber, die Randbedingungen vergleichbar zu gestalten. Dies gelingt am besten, wenn derselbe Anwendungsfall (z. B. mobile Anwendungen in PKWs oder Mobilgeräten oder PV-Batteriesysteme für Haushalte) für verschiedene Technologien betrachtet wird. Wesentlich schwieriger ist dagegen die Vergleichbarkeit der Kosten großer stationärer Anwendungen. Bei Regelenergieanwendungen müssen die Bereitstellungskosten für Leistung und Arbeit getrennt voneinander betrachtet werden. Beispielsweise kann bei SRL und MR der Abruf durch die Preisstellung beeinflusst werden. Die Vermarktung an den Strombörsen wiederum wird durch die marginalen Kosten bestimmt: Ziel jeder Einsatzoptimierung sind maximale Deckungsbeiträge.

5.2 Klassischer Bewertungsansatz

Anlagen an Strommärkten werden herkömmlicherweise mittels dynamischer Investitionsrechnung bewertet. Mittels internem Zinsfuß (IRR) wird die Wirtschaftlichkeit unterschiedlicher Anwendungen und Technologien miteinander verglichen. Der Einsatz der Anlagen wird anhand einer Optimierungsrechnung ermittelt und richtet sich nach den marginalen Kosten. Für die Optimierungsrechnung sind genaue Annahmen zu Preisverläufen, sog. Preisszenarien, nötig. Üblicherweise werden Stundenpreise zugrunde gelegt, die sich aus den Annahmen zum zukünftigen Mix des Kraftwerksparks ergeben. Dabei können politische Entscheidungen diesen Mix der Zukunft stark beeinflussen – nicht zuletzt durch die Bestimmungen zu CO_2-Emissionen. Darüber hinaus werden die Strompreise von Commodities (Kohle und Gas) beeinflusst. Diese werden auf dem Weltmarkt gehandelt und deren Preise unterliegen sehr dynamischen Entwicklungen.

Selbst wenn die äußeren Einflüsse in der Optimierungsrechnung adäquat abgebildet werden können, besteht das Problem, dass die marginalen Kosten des

Einsatzes der Batteriespeicher vom Einsatz selbst abhängen – Batterien unterliegen einer vergleichsweise starken „Abnutzung". Werden niedrige variable Kosten angesetzt, um einen hohen Deckungsbeitrag zu erreichen, so wird der Batteriespeicher oft eingesetzt. Bei häufigem Einsatz des Batteriespeichers steigen aufgrund der stärkeren Abnutzung jedoch die Kosten. Folglich ist iterativ vorzugehen, d. h. die Abnutzungskosten (bzw. Kosten für Ersatz) sind auf die Energieeinheit umzurechnen und als spezifische Instandsetzungskosten geltend zu machen[15] oder aber sie sind näherungsweise als Reinvest in bestimmten Perioden anzusetzen.[16] Dazu müssen insbesondere die Einsatzbedingungen Ladestand (SoC), C-Rate und Entladetiefe (DoD) festgelegt werden.

Der Wirkungsgrad des jeweiligen Batteriespeichers spielt auf dem Strommarkt eine maßgebliche Rolle, da er den „nutzbaren" Preis-Spread verringert. Die Spreads an Großhandelsmärkten betragen mit 7 bis 15 €/MWh bspw. nur etwa ein Zehntel der „Spreads" in Haus-PV-Batteriesystemen. Bei Letzteren liegen zwischen Einspeisevergütung (ca. 12 ct/kWh) und Haushaltstarif (ca. 24 ct/kWh) umgerechnet rund 120 €/MWh.

Bei der Wirtschaftlichkeit sberechnung eines Speichers wird geprüft, ob die ermittelten Deckungsbeiträge die Fix- und Kapitalkosten im jeweiligen Einsatz über die Jahre erwirtschaften und ob eine angemessen Rentabilität gewährleistet ist. Die unterstellten Finanzierungsparameter ergeben bei der dynamischen LCOS-Berechnung dieselben Ergebnisse.

Der klassische Bewertungsansatz ist im Vergleich zum LCOS für stationäre Batteriespeicher besser geeignet, da ihre Projektlebenszeit i. d. R. 15 bis 25 Jahre beträgt und über die Zeit variable Preise angesetzt werden.

Mit dem klassischen Bewertungsansatz lässt sich auch eine simultane Vermarktung in verschiedenen Marktstufen ermitteln. Vereinfacht können die zu vermarktenden Kapazitäten ex ante geschätzt werden. Geht man jedoch genauer vor, sind Modelle erforderlich, die die Allokation der vermarkteten Kapazität eines Speichers parallel an den verschiedenen Märkten optimieren. Zu beachten ist, dass einmal vermarktete (Leistungs-)Kapazität, z. B. an Regelenergiemärkten, nicht zeitgleich für andere Märkte zur Verfügung steht, da sich der Abruf nicht vorhersagen lässt.

Da die Speicher (und insbesondere die Batterien als Kurzzeitspeicher) ein begrenztes Speichervermögen aufweisen, bedarf es einer möglichst präzisen Einschätzung der Marktentwicklung in der nahen Zukunft. Für die optimale Nutzung des Speichers ist eine genaue Kurzfristprognose vonnöten. In den meisten Optimierungsrechnungen sind die zukünftigen Bedingungen als bekannt angesetzt (Perfect Foresight). In der Realität müssen Abschläge für Fehleinschätzungen angesetzt werden.

---

15 Weiss et. al, Zeitschrift f. Energiewirtschaft, 1/2016.

16 Ähnlich dem Equivalent-Operating-Hours (EOH) Ansatz bei Gasturbinen.

5.3 Steuern und Abgaben

Aufgrund der geringen Spreads spielen Belastungen aus Steuern und Abgaben eine große Rolle bei der Wirtschaftlichkeit von Speichern. Batteriespeicher werden wie andere Speicher regulatorisch als Letztverbraucher eingestuft, können aber unter bestimmten Umständen steuerliche Vorteile genießen oder gar von der Steuer befreit werden. Ältere Speicher, wie z. B. Pumpspeicherkraftwerke, können nach Maßnahmen zur Leistungssteigerung oder zur Steigerung der Speicherfähigkeit für zehn Jahre von den Netzentgelten befreit werden. Nach dieser Zeit können sie als atypische Nutzer einen Anspruch auf Verminderung der Netzentgelte auf bis zu 20 % des regulären Satzes erwirken. Stromspeicher sind von der EEG-Umlage befreit.

Neue Energiespeicher sind von Netzentgelten und der EEG-Umlage befreit und damit im Vergleich zu alten Speichern bessergestellt. Zu entrichten ist jedoch die Offshore-Umlage, die KWK-Umlage, Konzessionsabgaben sowie die Strom NEV-Umlage.[17] Eine Überprüfung dieser Abgaben bei Speichern durch den Gesetzgeber ist vorgesehen.

5.4 Weitere Aspekte der Wirtschaftlichkeit von Batteriespeichern

Damit die Wirtschaftlichkeit von Batteriespeichern sichergestellt werden kann, werden in der Branche entsprechende Konzepte diskutiert. Das Konzept *Second Life* sieht vor, Batterien nacheinander in verschiedenen Anwendungen zu nutzen. So sollen z. B. neue, Batterien in mobilen Anwendungen mit höheren Anforderungen zum Einsatz kommen solange sie eine bestimmte Leistungsfähigkeit aufweisen. Beispielsweise gilt die Lebensdauer von Lithium-Ion-Zellen in der Elektromobilität i. d. R. dann als beendet, wenn ein Verlust von 20 Prozent der Ursprungskapazität eingetreten ist. Eine Weiterverwendung dieser Batterieelemente in stationären Speichern ist hingegen problemlos möglich, da die Energiedichte der Batterien für einen solchen Einsatz kaum ausschlaggebend ist.[18] Insgesamt können also geringere Speicherkosten in Primär- und Sekundäranwendung erreicht werden.

Ein weiteres Konzept besteht darin, hybride Speicher, die aus verschiedenen Batterietechnologien bestehen, einzusetzen. Treten bei einer Anwendung z. B. „flache“ Zyklen häufiger auf, „tiefe“ Zyklen hingegen seltener, so ist zu überlegen, ob

17 Die Umlagen aus der Verordnung zu abschaltbaren Lasten sind in Zukunft nicht anzusetzen, die Verordnung lief zum 1.1.2016 aus.

18 Dabei bleibt das Gewicht der Zelle bzw. der Batterieelemente konstant, nur die Ladekapazität verringert sich. Daraus ergibt sich die geringere Energiedichte bzw. ein höheres spezifisches Gewicht. Die Gesamtzyklenzahl der Batterie ändert sich hingegen nicht.

das Batteriesystem aus einem Teil hochzyklenfesten, aber teuren, und aus einem Teil günstigen, weniger zyklenfesten Zellen besteht.

6 Fazit

Batteriespeicher werden im Stromsystem immer eine Flexibilitätsoption unter vielen bleiben, auch wenn Experten einen höheren Bedarf an Speichern ab 2030 prognostizieren (Ausbau Enereuerbarer Energien). In Deutschland werden große stationäre Batterien als Kurzzeitspeicher eher in Nischenmärkten (Regelleistung, Intraday-Handel) erfolgreich sein.

Ein flächendeckender Einsatz von Batteriespeichern in Netzen ist bei uns nicht abzusehen, da sie keine kosteneffiziente Lösung zur Vermeidung des Netzausbaus darstellen. In Einzelfällen werden sie jedoch zur Erbringung von Systemdienstleistungen genutzt werden. Insbesondere im Zusammenspiel mit Erneuerbaren Energien können Batteriespeicher neue Wege zur Versorgungsstabilisierung eröffnen.

Der technologische Fortschritt bei Batteriespeichern wird von mobilen Anwendungen vorangetrieben. Sollten dort Verbesserungen der Leistungsfähigkeit oder Kosten erzielt werden, finden sie sicherlich schnell Eingang in stationäre Anwendungen in Deutschland.

Peter Nagel und Christian Cappel

Speicher-Contracting

Geschäftsmodell ohne EEG-Umlage

Die Hausspeicheranlage ist eine der jüngeren Facetten der Erneuerbaren Energien, insbesondere wenn es um die Integration privater Photovoltaikanlagen in das Stromnetz geht. Nahezu jeder Batteriehersteller hat entsprechende Produkte im Portfolio. Gleichwohl lässt sich noch immer nicht von einem Massenmarkt sprechen. Das KfW-Förderprogramm[1] hat wichtige Impulse gegeben, doch letztlich sind es nur Impulse. Wenn man davon ausgeht, dass der Batteriespeicher als Hausspeicheranlage etwas Sinnvolles ist, stellt sich die Frage, wie das wirtschaftliche Potenzial im Massenmarkt gehoben werden kann.

Wir richten unseren Blick auf das Contracting, denn mit dem Contracting hat sich eine Vertragsform etabliert, die hohe Effizienzsteigerungen – auch zum Nutzen der Umwelt – ermöglicht. Von zentraler Bedeutung ist, ob sich die Übertragung dieses Modells auf Hausspeicheranlagen wirtschaftlich darstellen lässt. Insbesondere möchten wir aufzeigen, unter welchen Voraussetzungen ein Hausspeicher-Contracting als abgabenprivilegierte Eigenversorgung angesehen werden kann.

1 Der Markt für Hausspeicheranlagen

Die Eckdaten des potenziellen Marktes sind beeindruckend und schnell aufgelistet. Ende 2014 waren 1,5 Mio. PV-Anlagen mit einer installierten Gesamtleistung von rund 38 GW Photovoltaik in Deutschland am Netz.[2] Bereits Mitte 2015 wurde jede vierte PV-Anlage (bis 10 kW) mit einem Speicher ausgestattet. In Deutschland bestehen rund 16 Mio. Haushalte. Geht man davon aus, dass bis 2050 mindestens 25 Prozent dieser Haushalte Hausspeicheranlagen bis 4 kW haben, ergibt dies 16 GW Speicherkapazität.[3]

---

1 Siehe KfW, Pressemitteilung vom 01.03.2016. Die PV-Anlage darf höchstens 50 Prozent der installierten Leistung in das Stromnetz einspeisen. Für die geförderten Batterien muss eine Zeitwertersatzgarantie des Herstellers von 10 Jahren vorliegen. Die Höhe der Tilgungszuschüsse ist über den Programmzeitraum degressiv gestaltet, d. h., die Tilgungszuschüsse sinken je nach Zeitpunkt der Antragstellung stufenweise von 25 auf 10 Prozent der förderfähigen Kosten.

2 Siehe BNetzA, „EEG in Zahlen 2014“, abrufbar unter http://www.bundesnetzagentur.de/SharedDocs/Downloads/DE/Sachgebiete/Energie/Unternehmen_Institutionen/ErneuerbareEnergien/ZahlenDatenInformationen/EEGinZahlen_2014_BF.pdf?__blob=publicationFile&v=4 (abgerufen am 07.07.2016).

3 Der Zubau verläuft dynamisch. 2014 wurden rund 10.000 Solarstromspeicher mit einer nutzbaren Kapazität von insgesamt fast 67 MWh installiert. 2015 waren es schon 19.000 Solarstromspeicher

https://doi.org/10.1515/9783110458480-019

Bleibt die Frage, warum sich derart viele Haushalte für eine Hausspeicheranlage entscheiden sollten. Die Gründe können vielgestaltig sein. In wirtschaftlicher Hinsicht ist gegenwärtig der Eigenversorgungsvorteil von nahezu 20 Cent/kWh gegenüber Einspeisung mit Drittbezug ausschlaggebend. Denkbar ist auch die Teilnahme am Regelenergiemarkt, und selbst Arbitragegeschäfte (Ausnutzung von Preisdifferenzen auf der Zeitschiene) scheinen nicht ausgeschlossen. Trotzdem entwickelt sich das Marktsegment nur zögerlich. Woran liegt das?

Diesem Thema ist vor einiger Zeit das *Fraunhofer Institut für Solare Energiesysteme* (Fraunhofer ISE) nachgegangen und hat in einer Marktbefragung die Investitionskosten als wesentliches Hindernis ausgemacht.[4] An dritter Stelle wurde von den Befragten das Investitionsrisiko genannt. Ein zentraler Aspekt des Investitionsrisikos ist der regulatorische Rahmen. Bereits die junge Geschichte des EEG hat gezeigt, dass der Gesetzgeber bei der Umsetzung seiner energiepolitischen Zielsetzungen jeweils unterschiedliche Schwerpunkte setzt und bereits kleine Veränderungen verunsichernd wirken. Ein rechtspolitisches Schlüssel- und Reizwort ist die *Eigenversorgung*, die vom Gesetzgeber zunehmend kritisch gesehen wird.

2 Contracting für Hausspeicheranlagen?

Von James Watt (1736–1819), der einst vor der Frage stand, wie er die wirtschaftlichen Vorzüge der Dampfmaschine gegen das Pferd in Stellung bringt, ist folgendes Zitat überliefert: „Wir werden Ihnen kostenlos eine Dampfmaschine überlassen. Wir werden diese installieren und für fünf Jahre den Kundendienst übernehmen. Wir garantieren Ihnen, dass die Kohle für die Maschine weniger kostet, als Sie gegenwärtig an Futter [Energie] für die Pferde aufwenden müssen. Und alles, was wir von Ihnen verlangen, ist, dass Sie uns ein Drittel des Geldes geben, das Sie sparen.“[5]

Es ist uns nicht bekannt, ob sein Vertriebskonzept zur damaligen Zeit sonderlich erfolgreich war. Wir wissen aber, dass es gerade in der heutigen Zeit mit dem Energie-Contracting sehr erfolgreiche Adaptionen gibt.

---

mit einer nutzbaren Kapazität von insgesamt fast 117 MWh. Siehe *Agentur* für Erneuerbare Energien, „Starkes Wachstum bei Solarstromspeichern“, Artikel v. 07.07.2016, abrufbar über https://www.unendlich-viel-energie.de/erneuerbare-energie/sonne/photovoltaik/starkes-wachstum-bei-solarstromspeichern (abgerufen am 07.07.2016).

4 Siehe Gölz, Fraunhofer ISE, „Die Rolle der Energiespeicher für die Akzeptanz der Energiewende“, Präsentation v. 08.06.2015, S. 21, abrufbar unter http://docplayer.org/1512550-Die-rolle-der-energiespeicher-fuer-die-akzeptanz-der-energiewende.html (abgerufen am 07.07.2016).

5 Zitiert nach Braunmühl, Handbuch Contracting, 2. Aufl. 2000, S. 7.

2.1 Wirkungsthesen zum Energie-Contracting

Contracting ist inzwischen eine feste Größe im Energiesektor. Dennoch gibt es keine eindeutige Begriffserklärung. Contracting beschreibt an sich nichts anderes als eine vertragliche Beziehung. Es wird vertraglich festgelegt, dass eine bestimmte Leistung von einem Dienstleister (Contractor) erbracht wird. Im Energiebereich bedeutet Contracting, dass der Contractor im weitesten Sinne Energiedienstleistungen erbringt. Dies kann z. B. dadurch geschehen, dass eine vertraglich zugesagte Energielieferung in einer Anlage des Contractors erzeugt wird, die beim Letztverbraucher installiert ist. Es findet eine Arbeitsteilung zwischen dem Contractor und dem Dritten statt. Dadurch sollen Investitionen in die Energieversorgung, die beim Nutzer bisher aus verschiedensten Gründen unterblieben sind (fehlendes Know-how, Kapitalmangel etc.), durch den Contractor realisiert werden. Dabei wird davon ausgegangen, dass sich durch die Spezialisierung des Contractors auf dieses Geschäftsfeld und die dadurch möglichen optimierten Lösungskonzepte besondere Vorteile für den Kunden ergeben.[6] Verkürzt gesagt: Ziel des Energie-Contractings ist es, die Energieversorgung so zu organisieren, dass der effiziente Umgang mit Energie möglichst automatisch erfolgt. Dies geschieht durch die rechtliche Zuordnung von Aufgaben und Risiken an diejenige Vertragspartei, die damit am besten umgehen kann. Im Erfolgsfall lassen sich beachtliche Skaleneffekte, Effizienzgewinne, Kostensenkungen und letztlich Energieeinsparungen erzielen. Es handelt sich um ein vertraglich gekoppeltes selbstregulierendes Energieeffizienzsystem.[7]

2.2 Wesentliche Formen des Energie-Contracting

Energie-Contracting lässt sich vereinfacht als Auslagerung von Planung, Bau, Finanzierung, Betrieb und Unterhalt von Energieversorgungsanlagen verstehen. Die Eigenart besteht im Regelfall darin, dass die Stromerzeugung durch den Contractor mit einer Anlage vorgenommen wird, die beim Verbraucher installiert ist. Ein Energiedienstleistungsunternehmen – der Contractor – übernimmt dabei Aufgaben, die sonst in der Verantwortung des Verbrauchers liegen würden.

In der Vergangenheit haben sich unterschiedliche Formen des Contractings herausgebildet. Im Folgenden stellen wir in der gebotenen Kürze das Betriebsführungs-Contracting, das Einspar-Contracting und das Finanzierungs-Contracting auf der Grundlage der DIN 8930-5:2003-11 vor.

---

6 So insbesondere Bundesministerium der Finanzen, Schreiben v. 18.10.2004, Az. III A 1 – V 4250–9/04, Rn. 19, abgedruckt in VersorgungsWirtschaft 2005, 112, 115.

7 Siehe u. a. Hack, Energie-Contracting, 3. Aufl. 2015, S. 7, Rn. 10.

2.2.1 Betriebsführungs-Contracting

Beim *Betriebsführungs-Contracting* übernimmt der Contractor für den Letztverbraucher das Bedienen, Überwachen Reparieren und Instandhalten der Hausspeicheranlage. Ziel ist die Optimierung der Betriebskosten bei Funktions- und Werterhalt der technischen Anlagen. Die Anwendungsbereiche sind neu zu errichtende oder bestehende Anlagen in Gebäuden jeglicher Art. Die Leistungskomponenten des Contractors sind das Bedienen (Betätigen, Überwachen, Störungsbehebung) und das Instandhalten (Inspektion, Warten, Instandsetzen) von abgegrenzten technischen Gewerken oder Anlagen. Die Leistungsvergütung besteht aus einem zeitraumbezogenen Entgelt oder aus einem Entgelt nach Aufwand (Arbeitszeit und Material).

2.2.2 Einspar-Contracting

Ziel des *Einspar-Contractings* ist die garantierte Ergebnisverbesserung insbesondere im Hinblick auf Wirtschaftlichkeit, Energieeinsparung, Gebäudesubstanzwert, Gebäudekonditionierung. Wesentliches Merkmal ist hierbei die Finanzierung der Investitionen über die garantierte Kosteneinsparung innerhalb der Vertragslaufzeit. Die Anwendungsbereiche sind ausschließlich bestehende Anlagen in Gebäuden mit entsprechendem Rationalisierungspotenzial außerhalb der wohnungswirtschaftlichen Nutzung, ggf. unter Zusammenfassung mehrerer Gebäude in einem Verbund (Pool). Die Leistungskomponenten des Contractors sind die Identifizierung von Einsparpotenzialen und deren Finanzierung, Planung und Errichtung von Komponenten zur Energieerzeugung, -verteilung und -nutzung sowie deren Bedienung und Instandhaltung. Die Einbindung der Nutzer und deren Schulung sind i. d. R. Bestandteil des Einspar-Contractings. Die Leistungsvergütung besteht aus einem Entgelt, dessen Höhe sich aus der erzielten Einsparung im Verhältnis zu einem Referenzniveau (Baseline) bestimmt.

2.2.3 Finanzierungs-Contracting (ohne Betriebsführung)

Ziel des *Finanzierungs-Contractings* ist die Optimierung der Investitionskosten für Einrichtungen oder Anlagen und deren Finanzierung. Wesentliches Merkmal ist hierbei, dass der Contracting-Nehmer, d. h. der Auftraggeber von Contracting-Leistungen, die Anlage auf eigenes Risiko betreibt. Die Anwendungsbereiche sind neu zu errichtende oder bestehende Anlagen in Gebäuden jeglicher Art. Die Leistungskomponenten des Contractors sind die Planung, Finanzierung und Errichtung abgegrenzter technischer Einrichtungen oder Anlagen. Die Leistungsvergütung besteht aus einem Entgelt für die Anlagenbereitstellung.

3 Contracting im Kontext des EEG

Wie jedes andere Vertragsverhältnis, muss sich auch das Contracting vor dem Hintergrund der gesetzlichen Regelungen bewähren und insbesondere seine Wirtschaftlichkeit unter Beweis stellen. Im Bereich des EEG[8] steht und fällt das Contracting mit der *EEG-Umlage*. Zentraler Schlüsselbegriff ist die *Eigenversorgung*.

3.1 Hausspeicheranlagen und die EEG-Umlagepflicht

Seit 2014 ist die autarke Stromerzeugung durch Nutzung der Sonnenenergie gebührenpflichtig. Es fällt die EEG-Umlage für *Eigenversorgung* an. Dies hat Kritik hervorgerufen, bis hin zu verfassungsrechtlichen Bedenken. Hervorzuheben ist insbesondere die fundamentale Umkehr des Gesetzgebers, weg von einer ausdrücklichen Förderung der dezentralen Versorgung mit selbst produziertem Strom aus Erneuerbaren Energien (so noch die Motivlage beim EEG 2009 und 2012), hin zu einer gewollten Erweiterung des umlagepflichtigen Personenkreises mit scharfen Angriffen gegen die Eigenversorger (*Entsolidarisierung*; *Flucht in den Eigenverbrauch*).[9]

An die Eigenversorgung ist zwar nicht nur eine Zahlungspflicht geknüpft; gegenüber anderen Versorgungsformen schafft sie mit reduzierten Umlagesätzen zugleich eine Privilegierung.

Der Einsatz von Batteriespeichern aber führt – jedenfalls nach derzeitiger Gesetzeslage – sogar zu einer doppelten EEG-Umlagepflicht.

Für den wirtschaftlichen Betrieb der PV-Dachanlage, mit und ohne Speicher, wird die Befreiung von der Umlagepflicht relevant. Insbesondere Kleinanlagen mit gesetzlich festgelegten Leistungs- und Verbrauchsmengen sind suspendiert. Auch hier aber führt der Einsatz von Speichern zu neuen Problemen und Unsicherheiten bei der Gesetzesanwendung.

3.1.1 (Reduzierte) EEG-Umlagepflicht bei Eigenversorgung

Gemäß § 61 Abs. 1 EEG haben Übertragungsnetzbetreiber im Falle der Eigenversorgung einen Anspruch gegen den Letztverbraucher auf Zahlung einer – regelmäßig reduzierten – EGG-Umlage. Dies sind derzeit 35 Prozent der EEG-Umlage des § 60 Abs. 1 EEG; vom 1. Januar 2017 an wird die Zahlungsverpflichtung auf 40 Prozent ansteigen.

---

8 Soweit nicht anders gekennzeichnet, ist mit „EEG" das EEG 2014 in Bezug genommen.

9 BT-Drs. 18/1304, S. 91, 95; dazu ausführlich Hennig/Herz, Ausgewählte Rechtsfragen dezentraler Energiekonzepte – Teil 1: Eigenversorgung und Energiespeicher, ZNER 2016, 30, 31 f.

Eigenversorgung meint den Verbrauch von Strom unter bestimmten Bedingungen. Umlagepflichtig ist also nicht die Erzeugung der elektrischen Energie, sondern deren Nutzung.

§ 5 Nr. 12 EEG definiert die Eigenversorgung als den „Verbrauch von Strom, den eine natürliche oder juristische Person im unmittelbaren räumlichen Zusammenhang mit der Stromerzeugungsanlage selbst verbraucht, wenn der Strom nicht durch ein Netz durchgeleitet wird und diese Person die Stromerzeugungsanlage selbst betreibt."

Bei einer PV-Dachanlage wird dies anschaulich. Auf dem Dach des Hauses wird die Sonnenenergie in elektrische Energie umgewandelt und fließt, ohne Umleitung durch das Verteilernetz, zu den Verbrauchsgeräten im Haushalt darunter; der unmittelbare räumliche Zusammenhang wird greifbar. Betreibt der Hausherr die Dachanlage selbst, sind Letztverbraucher und Betreiber der Stromerzeugungsanlage, wie von § 5 Nr. 12 EEG gefordert, personenidentisch.

Das *Contracting* führt an dieser Stelle zu diskussionswürdigen Problemen, denn wer in diesem Fall Betreiber der Stromerzeugungsanlage ist und ob demgemäß Personenidentität besteht, liegt nicht ohne Weiteres auf der Hand. Noch vielschichtiger wird die Problemlage beim Einsatz eines Speichers.[10] Schon die denkbaren Konstellationen sind zahlreich. So kann etwa der Speicher an der Erzeugungsanlage, im Netz und beim Letztverbraucher sowie im Inselbetrieb eingesetzt werden; die Betreiber von Erzeugungsanlage und Speicher können personenidentisch oder -verschieden sein.[11]

3.1.2 Doppelte EEG-Umlagepflicht bei Einsatz eines Speichers

Eine besondere Problematik des Speichereinsatzes stellt die doppelte Verpflichtung zur Zahlung der EEG-Umlage dar. Hiervon ist nach derzeitiger Rechtslage wohl auszugehen, denn bei einer PV-Anlage mit angeschlossenem Speicher kommt es zu zwei Verbrauchsvorgängen, die jeweils für sich umlagepflichtig sein können. Bereits das Einspeichern der aus der PV-Anlage gewonnenen elektrischen Energie ist – nach kritikwürdiger, aber verbreiteter Auffassung – ein Verbrauch durch einen Letztverbraucher.[12] Der BGH hat dies jedenfalls für Pumpspeicherkraftwerke entschieden.[13] Nach Ansicht der *Clearingstelle EEG* ist jede Umwandlung von Strom in eine andere

10 Siehe dazu Kap. 3.3.

11 Vgl. BNetzA, Leitfaden zur Eigenversorgung, Stand: Juli 2016, S. 32 ff.; Hennig/Herz, Ausgewählte Rechtsfragen dezentraler Energiekonzepte – Teil 1: Eigenversorgung und Energiespeicher, ZNER 2016, 30, 36.

12 Clearingstelle EEG, Empfehlung v. 02.06.2015, Az. 2014/31, Rn. 142 m. w. N.; BNetzA, Leitfaden zur Eigenversorgung, Stand: Juli 2016, S. 27; vgl. auch Hennig/Herz, Ausgewählte Rechtsfragen dezentraler Energiekonzepte – Teil 1: Eigenversorgung und Energiespeicher, ZNER 2016, 30, 37.

13 BGH, Beschl. v. 17.11.2009, Az. EnVR 56/08 (= NVwZ-RR 2010, 431).

Energieform als *Verbrauch* zu qualifizieren.[14] Die Nutzung der ausgespeicherten Energie ist ein erneuter Verbrauchsvorgang.[15]

Beim *Einspeichern* fällt die EEG-Umlage in nur reduziertem Umfang an, wenn und soweit die elektrische Energie aus einer selbst betriebenen Erzeugungsanlage für Erneuerbare Energien gewonnen wird; die volle EEG-Umlage ist mangels Eigenversorgung demgemäß zu zahlen, soweit etwa (zusätzlich) Strom aus dem öffentlichen Netz bezogen wird oder wenn Betreiber von Erzeugungsanlage und Speicheranlage personenverschieden sind.

Auch beim *Verbrauch des zwischen- und ausgespeicherten Stroms* fällt die EEG-Umlage an. Denn der Bezug und Verbrauch von elektrischer Energie aus dem selbst betriebenen Speicher ist grundsätzlich eine Form der Eigenversorgung im Sinne des § 5 Nr. 12 EEG. Das Ausspeichern ist ein selbstständiger Erzeugungsvorgang.[16] Dies gilt unabhängig davon, aus welcher Quelle der Speicher gefüllt wurde, also ob aus der eigenen PV-Anlage oder dem Netz, ob aus Erneuerbarer Energie oder nicht. Reduziert ist die EEG-Umlage allerdings, wenn der Speicher mit Strom aus Erneuerbaren Energien gespeist worden ist; andernfalls ist die Umlage in voller Höhe geschuldet, denn bei anderen Energiequellen gilt der Speicher nicht als Anlage im Sinne des § 5 Nr. 1 EEG. Es greift dann § 61 Abs. 1 S. 2 Nr. 1 EEG.

Die doppelte EEG-Umlagepflicht ist kritikwürdig; der Gesetzgeber will mit dem EEG 2017 gegensteuern.[17]

3.1.3 Befreiung von der EEG-Umlagepflicht – insbesondere für Kleinanlagen

Bestimmte Eigenversorgungen sind von der Umlagepflicht befreit. Für die Hausanlage bzw. Hausspeicheranlage hat die Privilegierung für Kleinanlagen gemäß § 61 Abs. 2 Nr. 4 EEG eine hohe praktische Bedeutung und soll hier näher beleuchtet werden. Sie ist von der EEG-Umlagepflicht unter zwei Voraussetzungen befreit:

(1) Der Strom muss aus Anlagen erzeugt werden, die eine installierte Leistung von höchstens 10 kW aufweisen.

(2) Die Befreiung gilt für höchstens 10 MWh selbst verbrauchten Stroms pro Kalenderjahr.

Da PV-Anlagen regelmäßig aus mehreren Modulen bestehen, stellt sich zunächst die Frage, worauf die Grenze von 10 kW installierter Leistung (10-kW-Grenze) zu beziehen ist (siehe Kap. 3.1.3.1). Darüber hinaus sind die mit dem Einsatz von Speichern verbundenen spezifischen Rechtsanwendungsfragen zu klären: Sind für die Einhaltung

---

14 Clearingstelle EEG, Empfehlung v. 02.06.2015, Az. 2014/31, Rn. 142, und Empfehlung v. 29.09.2011, Az. 2011/2/1, Rn. 90.

15 Clearingstelle EEG, Empfehlung v. 02.06.2015, Az. 2014/31, Rn. 144.

16 Clearingstelle EEG, Empfehlung v. 02.06.2015, Az. 2014/31, Rn. 144.

17 Siehe Kap. 3.1.4.

der 10-kW-Grenze die Leistungen der PV-Anlage und des Speichers zusammenzurechnen oder jeweils separat zu betrachten (siehe Kap. 3.1.3.2)? Und wie wirkt sich der Einsatz eines Speichers auf die Bemessung der Jahresverbrauchsgrenze von 10 MWh aus (siehe Kap. 3.1.3.3)?

3.1.3.1 10-kW-Grenze

Gemäß § 61 Abs. 2 Nr. 4 EEG bezieht sich die 10-kW-Grenze im Ausgangspunkt auf die *Stromerzeugungsanlagen*. Der Begriff ist gesetzlich nicht definiert.[18] Er ist jedenfalls nicht identisch mit dem Anlagenbegriff des § 5 Nr. 1 EEG.[19] Was bei einer PV-Anlage mit mehreren Modulen die Stromerzeugungsanlage darstellt und wie sich demgemäß die 10-kW-Grenze bemisst, bedarf näherer Betrachtung.

Gemäß der Empfehlung der Clearingstelle EEG vom 2. Juni 2015 (Az. 2014/31) gilt bei Solarstromanlagen grundsätzlich das Prinzip, dass ein Modul als eine Stromerzeugungsanlage zu behandeln ist;[20] dem hat sich auch die *Bundesnetzagentur* angeschlossen.[21] Beim Zusammenschluss mehrerer Module findet über die Verweisung in § 61 Abs. 2 Nr. 4 EEG a. E. die Regelung des § 32 Abs. 1 EEG über die *Anlagenzusammenfassung* entsprechende Anwendung.[22] Danach können mehrere Anlagen als eine einzige Stromerzeugungsanlage zu betrachten sein. Vorausgesetzt ist insbesondere, dass sich die Anlagen „auf demselben Grundstück oder sonst in unmittelbarer räumlicher Nähe" zueinander befinden und sie „innerhalb von zwölf aufeinanderfolgenden Kalendermonaten in Betrieb genommen worden sind". Sind die Voraussetzungen der Anlagenzusammenfassung erfüllt und überschreitet die Gesamtanlage die 10-kW-Grenze, entfällt nach Ansicht der *Clearingstelle EEG* die Befreiung von der Umlagepflicht vollständig und nicht nur in Höhe des überschießenden Anteils.[23] Dies gilt es bei Konzeption und Aufbau der Anlage zu beachten.

---

18 Der Bundesrat hatte für § 3 Nr. 43a EEG 2016 folgende Begriffsdefinition vorgeschlagen. „Stromerzeugungsanlage jede Einrichtung zur Erzeugung von Strom; Teil der Stromerzeugungsanlage sind alle baulichen und technischen Einrichtungen, deren Zusammenwirken zur Stromerzeugung notwendig ist". Siehe Stellungnahme des Bundesrats v. 17.06.2016, BR-Drs. 310/16 (Beschluss), S. 4. Dem ist die Bundesregierung jedoch entgegengetreten; dazu die Gegenäußerung der Bundesregierung zu der Stellungnahme des Bundesrats 28.06.2016, BT-Drs. 18/8972, S. 8. Der Vorschlag des Bundesrats wurde nicht in das EEG 2017 aufgenommen.

19 BNetzA, Leitfaden zur Eigenversorgung, Stand: Juli 2016, S. 20 f.; so auch die Gegenäußerung der Bundesregierung zu der Stellungnahme des Bundesrats 28.06.2016, BT-Drs. 18/8972, S. 8. Ausdrücklich weist die Bundesregierung darauf hin, dass ein weiter Anlagenbegriff im Bereich der Eigenversorgung viele negative Auswirkungen hätte.

20 Clearingstelle EEG, Empfehlung v. 02.06.2015, Az. 2014/31, Rn. 39.

21 BNetzA, Leitfaden zur Eigenversorgung, Stand: Juli 2016, S. 21.

22 Clearingstelle EEG, Empfehlung v. 02.06.2015, Az. 2014/31, Rn. 39, 42 ff.

23 Clearingstelle EEG, Empfehlung v. 02.06.2015, Az. 2014/31, Rn. 55 ff.

Für die rechtliche Behandlung einer aus mehreren Modulen bestehenden PV-Anlage hat die Entscheidung des BGH vom 04.11.2015, Az. VIII ZR 244/14,[24] eine gewisse Unsicherheit erzeugt. Dennoch dürfte sich im Ergebnis die 10-kW-Grenze weiterhin nach den Voraussetzungen der Anlagenzusammenfassung in entsprechender Anwendung des § 32 Abs. 1 EEG beurteilen.

Die Entscheidung des BGH behandelt im Kern den Anlagenbegriff des § 3 Nr. 1 S. 1 EEG 2009. Hintergrund der Entscheidung war ein Rechtsstreit über den Inbetriebnahmezeitpunkt einer PV-Anlage, von dem die Höhe der gesetzlichen Mindestvergütung abhing. Im entschiedenen Fall waren die einzelnen Module in einer Lagerhalle auf ein provisorisches Gestell gesetzt und mit ihnen war eine Glühlampe zum Leuchten gebracht worden. Die im Anschluss wieder verpackten Module wurden erst mehrere Monate später auf einem anderen Grundstück ihrem anfangs geplanten Bestimmungszweck zugeführt. Nachdem sich die Vorinstanzen noch mit dem Inbetriebnahmebegriff auseinandergesetzt hatten, ließ der BGH eine Inbetriebnahme zum früheren Zeitpunkt daran scheitern, dass keine Anlage im Sinne des § 3 Nr. 1 S. 1 EEG 2009 vorgelegen habe. Nach Auffassung des BGH bezeichnet der Anlagenbegriff des § 3 Nr. 1 S. 1 EEG 2009 nicht das einzelne Modul, sondern erst die Gesamtheit der Module. Der BGH verfolgt hier eine *konzeptionelle Betrachtungsweise.*[25] In den Anlagenbegriff einbezogen seien nach der Intention des Gesetzgebers „alle in den Produktionsprozess eingebundenen, technisch und baulich notwendigen Installationen".[26] Demgemäß sei auf alle zur Zweckerreichung erforderlichen technischen und baulichen Bestandteile in ihrer Gesamtheit und nicht mehr auf die einzelnen Komponenten abzustellen.[27] Zu berücksichtigen sei, nach welchem Gesamtkonzept die einzelnen Einrichtungen funktional zusammenwirken und eine Gesamtheit bilden sollen; über die technisch-baulichen Mindestvoraussetzungen hinaus sei daher maßgeblich, „ob die der Stromerzeugung dienenden Einrichtungen aus Sicht eines objektiven Betrachters in der Position eines vernünftigen Anlagenbetreibers [...] nach dessen Konzept als eine Gesamtheit funktional zusammenwirken und sich damit nach dem gewöhnlichen Sprachgebrauch [...] als eine Anlage darstellen."[28]

Legte man bei der Bestimmung der 10-kW-Grenze die Rechtsprechung des BGH zugrunde, käme dies einer Beschränkung der Befreiungsregelung für Kleinanlagen gleich. Der von der *Clearingstelle EEG* verfolgte Ansatz, zunächst ein Modul der PV-Anlage als eine Stromerzeugungsanlage anzusehen, wäre nicht mehr haltbar. Die Voraussetzungen der Anlagenzusammenfassung gemäß § 32 Abs. 1 EEG wären

24 BGH, Urt. v. 04.11.2015, Az. VIII ZR 244/14 (= NVwZ-RR 2016, 172).
25 BGH, Urt. v. 04.11.2015, Az. VIII ZR 244/14, Rn. 20 (= NVwZ-RR 2016, 172, 174).
26 BGH, Urt. v. 04.11.2015, Az. VIII ZR 244/14, Rn. 18 (= NVwZ-RR 2016, 172, 174).
27 BGH, Urt. v. 04.11.2015, Az. VIII ZR 244/14, Rn. 18 (= NVwZ-RR 2016, 172, 174).
28 BGH, Urt. v. 04.11.2015, Az. VIII ZR 244/14, Rn. 19 (= NVwZ-RR 2016, 172, 174).

irrelevant.[29] Insbesondere käme es nicht mehr auf die zeitliche Beschränkung für den Zubau und die Inbetriebnahme innerhalb von zwölf Kalendermonaten an. Bezugsobjekt für die Bemessung der 10-kW-Grenze wäre die Gesamtanlage, d. h. die Gesamtheit der funktional zusammenwirkenden Module, in ihrer jeweils aktuellen Aufstellung, also unabhängig von ihrer Entwicklung und dem Inbetriebnahmezeitpunkt der jeweiligen Module.

Dies aber verträgt sich offensichtlich nicht mit dem gesetzgeberischen Zweck der von § 61 Abs. 2 Nr. 4 EEG vorgesehenen entsprechenden Anwendung der Regelung zur Anlagenzusammenfassung. Danach soll eine Umgehung der Leistungsschwellen durch Aufteilen in mehrere kleine Installationen verhindert werden.[30] Eine zeitlich beschränkte Berücksichtigung von Zubauten ist vor diesem Hintergrund aber angezeigt. Überdies wäre der Verweis auf § 32 Abs. 1 EEG überflüssig.

Dass sich darüber hinaus die Begründung eines weiten Anlagenbegriffs bei PV-Anlagen schon nicht mit dem gesetzgeberischen Willen hinsichtlich des der Entscheidung zugrunde liegenden EEG 2009 vereinbaren lässt, ist im Schrifttum bereits zu Recht herausgestellt worden.[31] Nach der Intention des Gesetzgebers sollten als eine Anlage im Sinne des EEG 2009 „sämtliche technisch und baulich erforderlichen Einrichtungen" bei der Stromerzeugung verstanden werden.[32] Bei der PV-Anlage dient jedoch bereits jedes einzelne Modul der Stromerzeugung und ist i. d. R. auch hierzu in der Lage. Bei Biogasanlagen und deren Einrichtungsteilen mag dies anders sein. Eine Übertragung des weiten Anlagenbegriffs, wie ihn der BGH 2013 in einer Entscheidung zu Biogasanlagen entwickelt hatte,[33] auf PV-Anlagen ist demgemäß nicht gerechtfertigt.[34] Überdies heben *Assion/Koukakis* die systematischen Brüche und Wertungswidersprüche insbesondere zu Regelungen des EEG 2012 und 2014 zu Recht hervor; der weite Anlagenbegriff könne vor diesem Hintergrund allenfalls für Fallkonstellationen unter Geltung des EEG 2009 relevant sein, das Urteil nur als Entscheidung eines „krassen Ausnahmefalls" betrachtet werden.[35]

---

29 Vgl. zu diesem Argument mit Bezug auf § 6 Abs. 3 EEG 2012 (I) Assion/Koukakis, Der „weite" Anlagenbegriff des Bundesgerichtshofs bei Photovoltaikanlagen, EnWZ 2016, 208, 211.

30 Clearingstelle EEG, Empfehlung v. 02.06.2015, Az. 2014/31, Rn. 147.

31 Vgl. etwa Assion/Koukakis, Der „weite" Anlagenbegriff des Bundesgerichtshofs bei Photovoltaikanlagen, EnWZ 2016, 208; Taplan/Baumgartner, Inbetriebnahme von Photovoltaikanlagen, NVwZ 2016, 362.

32 BT-Drs. 16/8148, S. 38; vgl. Taplan/Baumgartner, Inbetriebnahme von Photovoltaikanlagen, NVwZ 2016, 362, 363.

33 BGH, Urt. v. 23.10.2013, Az. VIII ZR 262/12 (= NVwZ 2014, 313).

34 Assion/Koukakis, Der „weite" Anlagenbegriff des Bundesgerichtshofs bei Photovoltaikanlagen, EnWZ 2016, 208, 209 f.; Taplan/Baumgartner, Inbetriebnahme von Photovoltaikanlagen, NVwZ 2016, 362, 363 f.

35 Assion/Koukakis, Der „weite" Anlagenbegriff des Bundesgerichtshofs bei Photovoltaikanlagen, EnWZ 2016, 208, 212.

Nicht zuletzt wohl in Anbetracht dieser Diskussion sieht das EEG 2017 bei der Legaldefinition des Anlagenbegriffs in § 3 Nr. 1 EEG 2017 den klarstellenden Zusatz vor, dass „im Fall von Solaranlagen jedes Modul eine eigenständige Anlage ist".

Nach alledem scheidet eine Heranziehung des weiten Anlagenbegriffs jedenfalls für die Zwecke des § 61 Abs. 2 Nr. 4 EEG aus. Als dogmatischer Ansatz, um die dargestellten Unsicherheiten aktuell auszuräumen, bietet sich – jedenfalls bis zu einer klarstellenden gesetzlichen Formulierung des Anlagenbegriffs – der schon begriffliche Unterschied von „Stromerzeugungsanlage" im Sinne des § 61 Abs. 2 Nr. 4 EEG einerseits und „Anlage" im Sinne des § 5 Nr. 1 EEG andererseits an.[36]

3.1.3.2 Zusammenrechnung mehrerer Erzeugungsanlagen

Besondere Probleme wirft die Bestimmung der 10-kW-Grenze beim Einsatz eines Speichers auf. Ist die Leistungsgrenze von 10 kW jeweils separat auf die PV-Anlage und den Speicher zu beziehen oder müssen die installierten Leistungen zusammengerechnet werden?

Die *Clearingstelle EEG* hat sich auf Basis der aktuellen Rechtslage in der Empfehlung 2014/31 für eine jeweils separate Betrachtung ausgesprochen.[37] Demgemäß kommt eine vollständige Befreiung von der EEG-Umlagepflicht in Betracht, wenn eine PV-Anlage bis 10 kW und ein Speicher bis 10 kW Ausspeicherungsleistung betrieben werden; wegen des Konzepts der Eigenversorgung gilt dies allerdings ohne Einschränkungen nur, wenn Anlagenbetreiber, Speicherbetreiber und Letztverbraucher personenidentisch sind.[38]

Die gesonderte Betrachtung der Leistungsgrenzen ist schlüssig. Es setzt sich hier auf der Ebene der Befreiungstatbestände das gesetzgeberische Konzept für die Entstehung der (doppelten) EEG-Umlagepflicht konsequent fort. Die unterschiedlichen Vorgänge der Stromerzeugung mittels der PV-Anlage einerseits und durch Umwandlung in elektrische Energie beim Ausspeichern andererseits werden separat betrachtet, wie auch die jeweils korrespondierenden Verbrauchsvorgänge, also das Einspeichern und die Nutzung der ausgespeicherten Energie.

Eine Zusammenfassung von PV-Anlage und Speicher gemäß § 61 Abs. 2 Nr. 4 i. V. m. § 32 Abs. 1 S. 1 EEG kommt nicht in Betracht.[39] Die Gefahr einer missbräuchlichen Aufteilung in mehrere Anlagen zwecks Umgehung gesetzlicher Leistungsschwellen ist beim Einsatz eines Speichers nicht gegeben, der Regelungszweck der

---

36 So auch Hennig/Herz, Ausgewählte Rechtsfragen dezentraler Energiekonzepte – Teil 1: Eigenversorgung und Energiespeicher, ZNER 2016, 30, 33; Gegenäußerung der Bundesregierung zu der Stellungnahme des Bundesrats vom 28.06.2016, BT-Drs. 18/8972, S. 8.

37 Clearingstelle EEG, Empfehlung v. 2.6.2015, Az. 2014/31, Rn. 145 ff.; so auch *BNetzA*, Leitfaden zur Eigenversorgung, Stand: Juli 2016, S. 64.

38 Clearingstelle EEG, Empfehlung v. 2.6.2015, Az. 2014/31, Rn. 140.

39 Clearingstelle EEG, Empfehlung v. 2.6.2015, Az. 2014/31, Rn. 147 f.; *BNetzA*, Leitfaden zur Eigenversorgung, Stand: Juli 2016, S. 64.

entsprechenden Anwendung des § 32 Abs. 1 S. 1 EEG folglich nicht einschlägig.[40] Auch wird mit der PV-Anlage und mit dem Speicher nicht Strom aus *gleichartigen* Erneuerbaren Energien erzeugt. Dies aber wäre nach § 32 Abs. 1 S. 1 Nr. 2 EEG Voraussetzung für die Anlagenzusammenfassung. PV-Anlage und Speicher sind unterschiedliche Energieträger; ihnen liegen verschiedene Stromerzeugungstechniken zugrunde.[41]

Auch insoweit schafft jedoch die bereits behandelte Entscheidung des BGH vom 04.11.2015 (Az. VIII ZR 244/14) eine gewisse Rechtsunsicherheit.[42] Die vom BGH verfolgte konzeptionelle Betrachtungsweise könnte zu einer Zusammenfassung von PV-Anlage und Speicher zu einer einzigen Gesamtanlage führen. Konsequenz hieraus könnte die Zusammenrechnung der jeweiligen Leistungswerte sein. In diesem Fall wäre die Befreiungsgrenze von 10 kW schon bei weniger leistungsfähigen PV-Anlagen erreicht – allein wegen des eingesetzten Speichers. Damit aber würde die Privilegierung von Kleinanlagen erheblich eingeschränkt und ihr Zweck, den administrativen Aufwand zur Erfassung gering zu halten,[43] für eine Vielzahl von Dachanlagen ausgehöhlt. Dies erscheint insbesondere deshalb widersinnig, weil die innerhalb des Haushalts aus Sonnenenergie produzierte und letztverbrauchte Strommenge durch den Speichereinsatz faktisch nicht erhöht wird. Die rechtliche Betrachtung der beiden unterschiedlichen Erzeugungs- und Verbrauchsvorgänge in PV-Anlage und Speicher, die zur doppelten EEG-Umlage führt, würde auf der Befreiungsebene auf die Spitze getrieben. Gegen eine Gesamtbetrachtung von PV-Anlage und Speicher auf Grundlage der hier behandelten BGH-Entscheidung spricht auch die schon erörterte grundsätzliche Kritik an diesem Urteil.[44]

Die *Clearingstelle EEG* hat u. a. zu dieser Problematik mit Datum vom 11.05.2016 ein Empfehlungsverfahren gemäß § 23 Abs. 1 Verfahrensordnung der *Clearingstelle EEG* eingeleitet (Az. 2016/12). Gegenstand sind insbesondere die Fragen, ob aus dem *weiten* Anlagenbegriff gemäß der Rechtsprechung des BGH in den Urteilen vom 23.10.2013 (Az. VIII ZR 262/12) und vom 04.11.2015 (Az. VIII ZR 244/14) folgt, dass ein Speicher zusammen mit der Erzeugungsanlage *eine* Anlage ist, und nach welchen Kriterien zu bestimmen ist, ob die Erzeugungsanlage und der Speicher zu einer Anlage *verklammert* werden.[45] Im Rahmen dieses Empfehlungsverfahrens soll zudem (nochmals) geklärt werden, ob die Reglungen zur Anlagenzusammenfassung in § 61 Abs. 2 Nr. 4 i. V. m. § 32 Abs. 1 EEG 2014 auf Speicher anzuwenden sind, und bejahendenfalls, wie.[46]

---

40 Clearingstelle EEG, Empfehlung v. 2.6.2015, Az. 2014/31, Rn. 147.

41 Clearingstelle EEG, Empfehlung v. 2.6.2015, Az. 2014/31, Rn. 148.

42 Siehe Kap. 3.1.3.1.

43 Vgl. BT-Drs. 18/1304, S. 155; dazu Clearingstelle EEG, Empfehlung v. 02.06.2015, Az. 2014/31, Rn. 38.

44 Siehe Kap. 3.1.3.1.

45 Clearingstelle EEG, Beschl. v. 11.05.2016, Az. 2016/12, Ziff. 1 Buchst. (a).

46 Clearingstelle EEG, Beschl. v. 11.05.2016, Az. 2016/12, Ziff. 1 Buchst. (d).

3.1.3.3 Jahresverbrauchsgrenze von 10 MWh

Ein ähnliches Problem ergibt sich für die Kombination der PV-Anlage mit einem Speicher hinsichtlich der zweiten Voraussetzung des § 61 Abs. 2 Nr. 4 EEG. Danach gilt eine Befreiung von der EEG-Umlage für höchstens 10 MWh selbst verbrauchten Stroms pro Kalenderjahr. Fraglich ist hierbei, ob die Menge der eingespeicherten und die Menge der nach der Ausspeicherung verbrauchten elektrischen Energie zusammengerechnet werden. In diesem Fall würde – bei hier vorausgesetzter Personenidentität von Anlagenbetreiber, Speicherbetreiber und Letztverbraucher – im Ergebnis die 10-MWh-Grenze pro Letztverbraucher und nicht pro Stromerzeugungsanlage bemessen.

Der Wortlaut der Befreiungsregelung ist insoweit unklar und spricht eher für eine Summierung. Die Höchstverbrauchsmenge ist dort nicht explizit anlagenbezogen formuliert. Zudem ist – im Plural – die Rede von „Strom aus Stromerzeugungsanlagen".

Für eine separate Betrachtung und die Annahme einer privilegierten Kleinanlage für bis zu 10 MWh in der PV-Anlage erzeugten und eingespeicherten Stroms und nochmals bis zu 10 MWh ausgespeicherten und letztverbrauchten Stroms spricht der Zweck der Befreiungsregelung. Bei Kleinanlagen soll der Messaufwand reduziert werden. Rechnete man die bei der Einspeicherung einerseits und der Nutzung des ausgespeicherten Stroms andererseits anfallenden Verbrauchsmengen zusammen, wäre die Privilegierung der PV-Anlage allein aufgrund des Einsatzes eines Speichers auf eine erheblich geringere Verbrauchsmenge als die gesetzlich vorgesehenen 10 MWh beschränkt. Wird etwa die gesamte in der PV-Anlage erzeugte elektrische Energie zwischengespeichert und nach Ausspeicherung letztverbraucht, wäre – Speicherverluste einmal außer Acht gelassen – im Falle einer Zusammenrechnung die jährliche Befreiungsgrenze schon bei nur 5 MWh des in der PV-Anlage erzeugten Stroms erreicht. Weshalb die Besserstellung für Kleinanlagen nur aufgrund eines genutzten Speichers auf die Hälfte der sonst befreiten Jahresverbrauchsmenge reduziert werden sollte, erschließt sich nicht.

Man könnte einwenden, dass schließlich weitere 5 MWh beim Ausspeicherungsvorgang von der EEG-Umlage befreit sind, im Ergebnis also wieder für 10 MWh eine Befreiung greift. Der Letztverbraucher wäre aber hinsichtlich weiterer 5 MWh in der PV-Anlage erzeugten und ebenfalls 5 MWh ausgespeicherten Stroms, also mit einer EEG-Umlage für 10 MWh, belastet. Ohne Einsatz eines Speichers profitierte er demgegenüber von der Befreiungsregelung im vollen Umfang von 10 MWh des in der PV-Anlage erzeugten Stroms. Der Einsatz des Speichers halbiert damit die Privilegierung des Letztverbrauchers, obwohl er faktisch jeweils dieselbe Menge Strom im Haushalt nutzt. Die EEG-Umlage wäre also der Preis für die mit dem Speicher ermöglichte zeitliche Flexibilität. Bei einer Zusammenrechnung der Verbrauchsmengen von eingespeichertem und letztverbrauchtem Strom würde die kritikwürdige doppelte EEG-Umlage auf der Ebene des Befreiungstatbestands eine zusätzliche Negativwirkung für den Letztverbraucher und Anlagenbetreiber entfalten.

Dabei wäre das Gegenteil konsequent. Wenn es sich in der PV-Anlage und dem Speicher um jeweils verschiedene Erzeugungs- und Verbrauchsvorgänge handeln soll und dies nach derzeitiger Rechtslage – jeweils unabhängig voneinander betrachtet – die EEG-Umlagepflicht auslöst, sollte auch der Befreiungstatbestand für Kleinanlagen unter jeweils voll umfänglicher Ausnutzung der dort genannten Leistungsgrenzen Anwendung finden.

Eine separate Betrachtung der Jahreshöchstmengen von jeweils 10 MWh ist auch deshalb konsequent, weil es nicht zu einer Zusammenfassung von PV-Anlage und Speicher in entsprechender Anwendung des § 32 Abs. 1 S. 1 EEG kommt.[47] Auch insoweit mag zwar die Entscheidung des BGH vom 04.11.2015 eine gewisse Rechtsunsicherheit bringen. Mit den zur Leistungsgrenze bereits erörterten Argumenten ist eine Betrachtung von PV-Anlage und Speicher als eine einzige Gesamtanlage jedoch ebenso abzulehnen wie die generelle Bedeutung des BGH-Urteils jedenfalls für das EEG 2014.[48] Der Ausgang des von der *Clearingstelle EEG* mit Beschluss vom 11.05.2016 eingeleiteten Empfehlungsverfahrens (Az. 2016/12) dürfte hierzu weiter Klarheit bringen.

In der bereits veröffentlichten Empfehlung der *Clearingstelle EEG* vom 02.06.2015 (Az. 2014/31) wird die Frage der Jahresverbrauchshöchstmenge beim Einsatz eines Speichers nicht ausdrücklich behandelt. Allerdings setzt das Konzept der *Clearingstelle EEG* zur Erforderlichkeit der Messeinrichtungen – wie hier vertreten – eine separate Betrachtung der Jahreshöchstverbrauchsmengen nach PV-Anlage und Speicher in jeweils vollem Umfang von 10 MWh implizit voraus.

Nach den Ausführungen der *Clearingstelle EEG* soll nämlich eine Messung der Verbrauchsmengen nicht erforderlich sein, soweit ein Mehrverbrauch über die 10-MWh-Grenze hinaus von vornherein ausgeschlossen ist, weil die PV-Anlage maximal 10 MWh erzeugen kann. Die *Clearingstelle EEG* geht auf der Grundlage optimaler Bedingungen für die Stromerzeugung aus solarer Strahlungsenergie für eine PV-Anlage von einem Grenzwert in Höhe von 7,69 kW aus. Eine PV-Anlage, die eine maximale installierte Leistung von 7,69 kW aufweist, soll also nach Berechnung der *Clearingstelle EEG* selbst bei optimalen Bedingungen nicht in der Lage sein, eine höhere Strommenge als 10 MWh pro Kalenderjahr zu erzeugen.[49] Eine Messung der Erzeugungs- bzw. Verbrauchsmenge sei daher nicht erforderlich. Die *Clearingstelle EEG* stellt diesen Grenzwert unabhängig davon auf, ob ein Speicher eingesetzt wird oder nicht. Würde die *Clearingstelle EEG* eine Zusammenrechnung der verbrauchten Strommengen aus der PV-Anlage und dem Speicher vertreten wollen, müsste ein absoluter Grenzwert, der eine Messung von vornherein als nicht erforderlich ausschließt, die Möglichkeit der Speicherung berücksichtigen. Der absolute Grenzwert für eine installierte Leistung der PV-Anlage müsste entsprechend deutlich niedriger angesetzt werden. Denn, wie bereits dargestellt, wäre schon bei rund 5 MWh erzeugter Energie in der PV-Anlage, die nachfolgend eingespeichert wird, und einer – unter Vernachlässigung der Verlustmenge – ausgespeicherten Menge von ebenfalls rund

47 Siehe Kap. 3.1.3.1 Es fehlt der Abschlusspunkt.
48 Siehe Kap. 3.1.3.1.
49 Clearingstelle EEG, Empfehlung v. 02.06.2015, Az. 2014/31, Rn. 90.

5 MWh der Jahresverbrauch von 10 MWh erreicht. Nach dem Konzept der *Clearingstelle EEG* wird der Speicher jedoch erst auf der Ebene des darzulegenden konkreten Eigenversorgungskonzepts relevant.[50] Diese Darlegung ist allerdings nur erforderlich, soweit die installierte Leistung der PV-Anlage 7,69 kW übersteigt und der am Standort maximal erwartbare Jahresertrag aufgrund der konkret erreichbaren Globalstrahlungswerte die Schwelle von 10 MWh überschreitet bzw. überschreiten kann.[51]

Mangels einer ausdrücklichen Stellungnahme der *Clearingstelle EEG* zur Jahresverbrauchsmenge beim Einsatz von Speichern und angesichts der nicht eindeutigen Formulierung des § 61 Abs. 2 Nr. 4 EEG verbleibt derzeit eine nicht unerhebliche Rechtsunsicherheit. Auch dem Leitfaden der *Bundesnetzagentur* zur Eigenversorgung ist hierzu nichts Weiterführendes zu entnehmen.[52]

3.1.4 Regelung zur Vermeidung einer doppelten EEG-Umlagepflicht im EEG 2017

Die bereits kritikwürdige EEG-Umlagepflicht für die Eigenversorgung wird durch Einsatz eines Speichers und der nach derzeitiger Rechtslage wohl anfallenden doppelten EEG-Umlage weiter verschärft. Dies gilt insbesondere für solche Anlagen, bei denen die Wertgrenzen der Kleinanlagenprivilegierung überschritten sind. Nunmehr sieht § 61a Abs. 1 Nr. 2 EEG 2017 eine Regelung vor, mittels derer die doppelte EEG-Umlagepflicht verhindert werden soll. Es heißt dort: „Für Strom, der zum Zweck der Zwischenspeicherung an einen elektrischen, chemischen, mechanischen oder physikalischen Stromspeicher geliefert oder geleitet wird, entfällt die Pflicht zur Zahlung der EEG-Umlage, 1. [...], 2. wenn für den gesamten Strom, der dem Speicher entnommen wird, die EEG-Umlage nach § 60 Absatz 1 oder § 61 Absatz 1 gezahlt wird."

Umlagepflichtig soll danach also nur der ausgespeicherte Strom sein. Wird für diesen die Umlage gezahlt, entfällt die Umlagepflicht für den Speichervorgang.

Diese Regelung bringt jedoch, wie die *Clearingstelle EEG* in einer Stellungnahme ausführt,[53] neue Probleme und – wohl ungewollte – Friktionen hervor. Die *Clearingstelle EEG* kritisiert das unklare Verhältnis dieser Regelung zur Befreiungsregelung des § 61 Abs. 2 Nr. 4 EEG. Sie versteht § 61a Abs. 1 Nr. 2 EEG 2017 als *lex specialis* zu den Befreiungstatbeständen. Deshalb bzw. aufgrund eines Umkehrschlusses würde die Befreiungsregelung für Kleinanlagen unterlaufen, wenn kein Fall des § 61a Abs. 1 Nr. 2 EEG 2017 vorliegt. Sie liest die Regelung dahingehend, dass für den Einspeicherungsvorgang eine Befreiung *nur* dann in Betracht kommt, wenn für den ausgespeicherten Strom die Umlage nach § 60 Abs. 1 oder § 61 Abs. 1 EEG 2017 gezahlt wird. Dies könnte dazu führen, dass, sollte die Nutzung des ausgespeicherten Stroms von der Umlage befreit sein, für den Einspeicherungsvorgang selbst dann eine Umlage geschuldet ist,

50 Clearingstelle EEG, Empfehlung v. 02.06.2015, Az. 2014/31, Rn. 95 ff.
51 Clearingstelle EEG, Empfehlung v. 02.06.2015, Az. 2014/31, Rn. 91 ff.
52 Vgl. BNetzA, Leitfaden zur Eigenversorgung, Stand: Juli 2016, insb. S. 62 ff.
53 Clearingstelle EEG, Stellungnahme v. 14.04.2016, S. 41, Rn. 124.

wenn dieser etwa aufgrund der Kleinanlagenprivilegierung von der Umlage an sich befreit wäre. Die *Clearingstelle EEG* hat zur Lösung dieses Auslegungsproblems die Aufnahme einer *Unbeschadet*- bzw. *Unberührt*-Formulierung vorgeschlagen.[54] Des Weiteren regte sie an, die Zwischenspeicherung nicht mehr als umlagepflichtigen Letztverbrauch einzustufen. Der Gesetzgeber hat dies leider nicht aufgriffen. Eine Restunsicherheit bei der Auslegung bleibt.

3.2 Das Eigenversorgungsprivileg

Die Eigenversorgung ist janusköpfig. Einerseits entspricht sie in idealtypischer Weise der Vorstellung einer verbrauchsnahen dezentralen Energieerzeugung.[55] Was läge näher als eine privilegierte Behandlung? Andererseits kann eine Bevorzugung der Eigenversorgung eine Spirale in Gang setzen, an deren Ende diejenigen für Netzkosten und Einspeisevergütung aufkommen müssen, die sich nicht aus der Fremdversorgung verabschieden können. Das an sich Nützliche scheitert an der Notwendigkeit, die Kosten der Energiewende auf viele Schultern zu verteilen.

Hinzu kommt ein weiterer Aspekt, der oft übersehen wird. Das Thema „Eigenversorgung" hat eine europarechtliche Komponente. Mit dem EEG 2014 wurde die Regelung der Eigenversorgung neu gefasst. In der Folge entfällt auf Eigenversorgung aus Erneuerbaren Energien und hocheffiziente KWK eine EEG-Umlage von 35 Prozent im Jahr 2016 bzw. 40 Prozent im Jahr 2017.[56] Für andere neue Eigenversorger besteht die volle EEG-Umlagepflicht. Bestehende Eigenversorgungsanlagen sind von der EEG-Umlage befreit. Die Bundesregierung möchte diese Regelung unverändert erhalten und setzt sich deshalb für eine Verlängerung der Genehmigung der Eigenversorgungsregelung des EEG 2014 bei der Europäischen Kommission ein. Die fachliche Diskussion mit der Europäischen Kommission hierzu hält derzeit noch an. Solange diese Gespräche nicht abgeschlossen sind, lehnt die Bundesregierung Änderungen ab.[57]

3.2.1 Das Eigenversorgungsprivileg aus der Perspektive der BNetzA – Problemfeld „Selbsterzeugung"

Auf nationalstaatlicher Ebene ist das Thema „Eigenversorgung" administrativ der BNetzA zugeordnet. Die Begriffsbestimmung findet sich in § 5 Nr. 12 EEG (§ 3 Nr. 19 EEG 2017). Danach ist Eigenversorgung der Verbrauch von Strom, den eine natürliche oder juristische Person im unmittelbaren räumlichen Zusammenhang mit der

54 Clearingstelle EEG, Stellungnahme v. 14.04.2016, S. 41, Rn. 124.
55 Siehe z. B. Hack, Energie-Contracting, 3. Aufl. 2015, Rn. 443.
56 Siehe Kap. 3.1.1.
57 Gegenäußerung der Bundesregierung zu der Stellungnahme des Bundesrats vom 28.06.2016, BT-Drs. 18/8972, S. 2.

Stromerzeugungsanlage selbst verbraucht, wenn der Strom nicht durch ein Netz durchgeleitet wird und diese Person die Stromerzeugungsanlage selbst betreibt. Die Eigenversorgung wird mithin durch folgende Merkmale geprägt:
(1) Selbsterzeugung,
(2) Selbstverbrauch,
(3) Personenidentität,
(4) Zeitgleichheit,
(5) keine Netznutzung und
(6) unmittelbarer räumlicher Zusammenhang.

Es wird deutlich, dass die Eigen*versorgung* keinesfalls mit der Eigen*erzeugung* gleichgesetzt werden darf. Mit Blick auf das Contracting ist speziell das Merkmal der *Selbsterzeugung* problematisch. Bei Hausspeicheranlagen ist die Anwendung des § 61 Abs. 2 Nr. 4 EEG nach Ansicht der BNetzA nur eröffnet, wenn der Letztverbraucher die Stromerzeugungsanlage selbst betreibt. Dazu sei es in Anlehnung an eine Entscheidung des BGH[58] erforderlich, dass der Letztverbraucher
(1) die tatsächliche Sachherrschaft über die Anlage hat,
(2) eigenverantwortlich die Arbeitsweise der Anlage bestimmt und
(3) Träger des wirtschaftlichen Risikos ist.[59]

Zwar sei nach Ansicht der BNetzA der Einsatz von Hilfspersonen möglich. Allerdings müsse geprüft werden, ob und in welchem Umfang Risiken übergehen.

> Werden Teile der wirtschaftlichen Verantwortung auf Dritte übertragen, beispielsweise durch den Einsatz von (technischen) Betriebsführern oder durch Pacht-, Miet- oder Contracting-Modelle, muss geprüft werden, wie die wirtschaftlichen Risiken des Anlagenbetriebs einschließlich der Stromerzeugung verteilt sind. Diese Prüfung umfasst eine *Gesamtschau der wirtschaftlichen Risikoverteilung* insbesondere nach den vertraglichen Regelungen, wie sie beispielsweise in Anlagenpacht-, Miet-, Betriebsführungs-, Dienstleistungs-, Energielieferverträgen oder ähnlichen Vereinbarungen getroffen werden. Der Abschluss von Risikoversicherungen hat in der Regel keinen Einfluss auf die Risikoträgerschaft. (Hervorh. d. Verf.) [60]

3.2.2 Rechtsprechung des BGH zum Anlagenbetreiber

Die BNetzA stützt ihre Ansicht zum Anlagenbetreiber maßgeblich auf eine Entscheidung des BGH aus dem Jahr 2008. Der BGH leitete seine Begriffsbestimmung des Anlagenbetreibers u. a. aus § 3 Abs. 10 KWKG 2002 ab.[61] Die Vorschrift besagte damals:

---

58 BGH, Urt. v. 13.02.2008, Az. VIII ZR 280/05, Rn. 15.
59 BNetzA, Leitfaden zur Eigenversorgung, Stand: Juli 2016, S. 22.
60 BNetzA, Leitfaden zur Eigenversorgung, Stand: Juli 2016, S. 22 f.
61 BGH, Urt. v. 13.02.2008, Az. VIII ZR 280/05, Rn. 15. Der BGH weist darauf hin, dass – wie sich aus den Materialien zu dem erst im Laufe des Gesetzgebungsverfahrens in das Gesetz eingefügten § 3.

„Betreiber von KWK-Anlagen im Sinne dieses Gesetzes sind diejenigen, die den Strom in eines der in Absatz 9 genannten Netze einspeisen. Die Betreibereigenschaft ist unabhängig von der Eigentümerstellung des Anlagenbetreibers."

Allerdings ist es bei der vom BGH zugrunde gelegten Normierung im KWKG nicht geblieben. Ausgehend von einer Beschlussempfehlung des *Ausschusses für Wirtschaft und Technologie*[62] hat § 3 Abs. 10 KWKG 2009 wenige Monate nach der Entscheidung des BGH einen Zusatz zur Eigenversorgung erhalten. „Eigenversorgung ist die unmittelbare Versorgung eines Letztverbrauchers aus der für seinen Eigenbedarf errichteten Eigenanlage oder aus einer KWK-Anlage, die von *einem Dritten ausschließlich oder überwiegend für die Versorgung bestimmbarer Letztverbraucher errichtet und betrieben wird.*" (Hervorh. d. Verf.)

Die Errichtung und der Betrieb der Anlage durch einen Dritten wäre damit ohne Weiteres eine Eigenversorgung. Es ließe sich daran denken, dass es sich um eine gesetzliche Fiktion handelt. Allerdings werden Fiktionen üblicherweise als solche kenntlich gemacht. Dem Gesetzgeber stand es frei zu formulieren: „Als Eigenversorgung gilt auch [...]"[63] Es war fortan plausibel anzunehmen, dass die maßgebliche Einschaltung von Dritten kein die Eigenversorgung ausschließender Umstand ist.

In der Literatur wird die Definition dahingehend verstanden, dass der Eigenversorgung zwei Fälle zuzuordnen sind:

(1) der Letztverbraucher und der Betreiber der KWK-Anlage sind identisch sowie
(2) ein Dritter errichtet und betreibt die KWK-Anlage überwiegend für die Versorgung bestimmbarer Letztverbraucher.

Bei der zweiten Konstellation handele es sich um Contracting-Modelle, bei denen eine Identität von Anlagenbetreiber und Letztverbrauchern nicht gegeben ist.[64]

3.2.3 Der Anlagenbetreiber im EEG 2014

Im Kontext des KWKG 2012 war die Einschaltung von Dritten bei der Errichtung und dem Betrieb der Anlage zulässig, ohne dass damit das Merkmal der Eigenversorgung

---

Abs. 10 KWKG 2002 ergibt – Anlagenbetreiber derjenige sein soll, der die Anlage tatsächlich unterhält und das wirtschaftliche Risiko trägt.

62 BT-Drs. 16/9469, S. 4.

63 Dazu Bundesministerium der Justiz, Handbuch der Rechtsförmlichkeit, 3. Aufl. 2008, Rn. 85.

64 Jacobshagen/Kachel in: Danner/Theobald, Energierecht, 86. EL September 2015, § 3 KWKG, Rn. 41. Allerdings hat das KWKG 2016 die Begriffsbestimmung der Eigenversorgung mit Wirkung zum 01.01.2016 wieder gestrichen. Für selbst verbrauchten KWK-Strom sollte zukünftig grundsätzlich keine Förderung gewährt werden, um der besseren Wirtschaftlichkeit von KWK-Projekten, die überwiegend für die Eigenversorgung bestimmt sind, Rechnung zu tragen. Die Streichung dürfte schlicht dem Umstand geschuldet sein, dass das KWKG 2016 im Gegensatz zum KWKG 2012 an die Eigenversorgung keine rechtlichen Folgen knüpft. Lediglich in § 33 Abs. 2 Nr. 2 KWKG 2016 wird der Begriff im Kontext des § 61 EEG für eine Verordnungsermächtigung verwendet.

des Letztverbrauchers ausgeschlossen wurde. Das EEG 2014 ist enger formuliert, da es in § 5 Nr. 12 EEG (§ 3 Nr. 19 EEG 2017) ausdrücklich fordert, dass die Stromerzeugungsanlage *selbst* betrieben werden muss. Dies erscheint restriktiver, aber es schließt die Einschaltung Dritter nicht *per se* aus. Insoweit dürfte Einigkeit bestehen.[65] Damit reduziert sich das Thema auf die Frage, welche Dritttätigkeiten akzeptabel sind.

Zur Beantwortung der Frage lohnt der Blick in die Gesetzgebungsgeschichte des § 5 Nr. 12 EEG. Dieser geht auf eine Beschlussempfehlung des *Ausschusses für Wirtschaft und Energie* vom 26.06.2014 zurück. Zum Gesetzentwurf der *Bundesregierung* nahm der Ausschuss wie folgt Stellung:

> In Nummer 12 wird der Begriff des Eigenversorgers durch den Begriff der Eigenversorgung ersetzt. Damit wird nicht mehr auf die Person abgestellt, sondern auf die Eigenversorgung mit Strom. In der Folge gibt es eine einheitliche Definition des Begriffs der Eigenversorgung für alle Neuanlagen. Für Bestandsanlagen gelten nach § 61 Absatz 3 und 4 EEG 2014 inhaltlich die Regelungen des EEG 2012 bzw. EEG 2009 weiter. *Inhaltlich greift Nummer 12 die Anforderungen auf, die bisher in § 58 Absatz 2 Satz 3 und Absatz 6 des Regierungsentwurfs zum EEG 2014 geregelt waren. Neue Anforderungen enthält die Vorschrift nicht.* (Hervorh. d. Verf.) [66]

Der in Bezug genommene § 58 Abs. 2 S. 3 RegE EEG 2014 besagte: „Satz 1 Nummer 3 bis 6 gilt nur, wenn der Eigenversorger die Stromerzeugungsanlage *selbst betreibt* und soweit er den Strom im räumlichen Zusammenhang mit der Stromerzeugungsanlage *selbst verbraucht* und der Strom nicht durch ein Netz durchgeleitet wird."[67] (Hervorh. d. Verf.)

Diese Vorschrift geht ihrerseits auf § 37 Abs. 3 EEG 2012 zurück, was die *Bundesregierung* in der Begründung ausdrücklich betont: „Satz 2 entspricht der Regelung für Eigenversorgungsanlagen nach § 37 Absatz 3 EEG 2012. *Die Regelung wird unverändert fortgeführt.* Lediglich der Begriff Letztverbraucher wurde aufgrund der veränderten Definitionen durch den Begriff Eigenversorger ersetzt."[68] (Hervorh. d. Verf.)

Der Gesetzgeber meint also, dass lediglich altes Recht inhaltsgleich fortgeschrieben wurde.[69] Damit bekommt die Auslegung eine interessante Wendung, denn in der Gesetzesbegründung zu § 37 Abs. 3 EEG 2012 heißt es u. a.:

---

65 So auch Altrock in: Altrock/Oschmann/Theobald, Erneuerbare-Energien-Gesetz, 4. Aufl. 2013, § 37 Rn. 28.

66 Beschlussempfehlung und Bericht des Ausschusses für Wirtschaft und Energie (9. Ausschuss) vom 26.06.2014, BT-Drs. 18/1891, S. 200.

67 Gesetzentwurf der Bundesregierung v. 05.05.2014, BT-Drs. 18/1304, S. 41.

68 Gesetzentwurf der Bundesregierung v. 05.05.2014, BT-Drs. 18/1304, S. 154.

69 Daran könnten Zweifel bestehen, denn erstmals mit dem § 58 Abs. 2 S. 3 RegE EEG 2014 formulierte der Gesetzgeber das doppelte „Selbst" als „Selbstbetrieb" und „Selbstverbrauch". In der Vorläufervorschrift des § 37 Abs. 3 EEG 2012 stand das „Selbst" nur im Kontext des Verbrauchs. Die Vorschrift besagte in der Urfassung: „Letztverbraucherinnen und Letztverbraucher stehen Elektrizitätsversorgungsunternehmen gleich, wenn sie Strom verbrauchen, der nicht von einem Elektrizitätsversorgungsunternehmen geliefert wird, sofern dieser [...] durch ein Netz durchgeleitet wird, es sei denn, [...] die Letztverbraucherin oder der Letztverbraucher betreibt die Stromerzeugungsanlage

> [D]ie Eigenerzeugung [wird] künftig nur dann von der EEG-Umlage befreit, wenn der Strom nicht über das öffentliche Netz geleitet wird, es sei denn der Strom wird durch den Betreiber oder Betreiberin einer Stromerzeugungsanlage selbst verbraucht. *Der Eigenverbrauch durch den Stromerzeuger wird ähnlich auch nach § 9 Absatz 1 Nummer 3 Buchstabe a des Stromsteuergesetzes von der Stromsteuer befreit. Die Vorschrift im EEG ist in Übereinstimmung mit der Bestimmung aus dem Stromsteuergesetz auszulegen, soweit beide inhaltlich übereinstimmen.* (Hervorh. d. Verf.) [70]

Die ereignisreiche Reise durch die kurze Gesetzgebungsgeschichte zeigt, dass nach dem Willen des Gesetzgebers des EEG die Begriffsbestimmung des Stromsteuergesetzes maßgeblich sein soll, soweit dort auf den *Eigenerzeuger* (nunmehr *Selbstbetrieb*) abgestellt wird.

3.2.4 Verweis auf das StromStG

§ 2 Nr. 2 StromStG definiert den *Eigenerzeuger* als jemanden, der Strom zum Selbstverbrauch erzeugt. Daran knüpft die Steuerbefreiung nach § 9 Abs. 1 Nr. 3 Buchst. a) StromStG. Strom ist von der Stromsteuer befreit, wenn er in Anlagen mit einer elektrischen Nennleistung von bis zu 2MW erzeugt und vom Betreiber der Anlage als Eigenerzeuger im räumlichen Zusammenhang zu der Anlage zum Selbstverbrauch entnommen wird.

Nach teilweise vertretener Ansicht werden mit der Steuerbefreiung nach § 9 Abs. 1 Nr. 3 Buchst. a) und b) StromStG Fälle des Contractings geregelt.[71] Das ist jedoch unzutreffend, denn die Auffassung unterscheidet nicht zwischen den Buchstaben a) und b) des § 9 Abs. 1 Nr. 3 StromStG. Lediglich § 9 Abs. 1 Nr. 3 Buchst. b) StromStG erfasst Contracting-Konstellationen.[72] Im für die Auslegung des Selbstbetriebs maßgeblichen § 9 Abs. 1 Nr. 3 Buchst. a) StromStG wird auf Strom abgestellt, der vom *Betreiber der*

---

als Eigenerzeuger und verbraucht den erzeugten Strom selbst im räumlichen Zusammenhang zu der Stromerzeugungsanlage." Dennoch kann man den Gesetzgeber mit seiner Behauptung, die Regelung des § 37 Abs. 3 EEG 2012 werde unverändert fortgeführt, beim Wort nehmen, wenn man den „Eigenerzeuger" des § 37 Abs. 3 EEG 2012 mit dem „Selbstbetrieb" des § 58 Abs. 2 S. 3 RegE EEG 2014 gleichsetzt.

70 Gesetzentwurf der Fraktionen der CDU/CSU und FDP v. 06.06.2011, BT-Drs. 17/6071, S. 83.

71 Siehe Möhlenkamp in: Möhlenkamp/Milewski, Energiesteuergesetz/Stromsteuergesetz, 1. Aufl. 2012, § 9 Rn. 14, mit Verweis auf den Bericht des Finanzausschusses (7. Ausschuss) vom 10.11.1999, BT-Drs. 14/2044, S. 11.

72 Gemäß § 9 Abs. 1 Nr. 3 Buchst. b) StromStG ist Strom von der Stromsteuer befreit, der in Anlagen mit einer elektrischen Nennleistung von bis zu 2 MW erzeugt wird und von demjenigen, der die Anlage betreibt oder betreiben lässt, an Letztverbraucher geleistet wird. § 9 Abs. 1 Nr. 3 Buchst. b) StromStG ist ein gesetzlicher Fall des Energie-Contractings; Stein u. a., Energiesteuern in der Praxis, 3. Aufl. 2016, S. 273 f.; Wundrack in: Bongartz/Jatzke/Schröder-Schallenberg, EnergieStG, StromStG, 10. EL, November 2014, § 9 StromStG Rn 26. Auf eine Contracting-Konstellation stellt die zu Fn. 70 zitierte Gesetzesbegründung jedoch nicht ab.

Anlage als Eigenerzeuger im räumlichen Zusammenhang zu der Anlage zum Selbstverbrauch entnommen wird. Ein Contracting schließt eine Eigenversorgung damit weder aus noch begründet es eine Eigenversorgung.

3.3 Modifiziertes Betriebsführungsmodell bei Batteriespeichern im Rahmen der EEG-Eigenversorgung

Im Ergebnis wird man sagen müssen, dass Contracting-Modelle nur mit großer Umsicht als Eigenversorgung implementiert werden können. Dies ist in erster Linie eine Frage der Vertragsgestaltung. Die oben dargestellten rechtlichen Anforderungen an die Eigenversorgung müssen vertraglich abgebildet werden. Das heißt, insbesondere der Letztverbraucher muss die Stromerzeugungsanlage selbst betreiben. Dazu ist erforderlich, dass er

(1) die *tatsächliche Sachherrschaft* über die Anlage hat,
(2) *eigenverantwortlich* die *Arbeitsweise* der Anlage bestimmt und
(3) Träger des *wirtschaftlichen Risikos* ist.[73]

Wir werden auf die einzelnen Aspekte im Folgenden eingehen. Im Ergebnis läuft dies auf ein Betriebsführungs-Contracting[74] als Grundmodell hinaus. Es ist dabei nach unserer Auffassung möglich, Elemente des Einspar-Contractings[75] und des Finanzierungs-Contractings[76] zu ergänzen.

3.3.1 Eigenversorgung und Betriebsführungs-Contracting

Um das Betriebsführungs-Contracting als Eigenversorgung ansehen zu können, ist dieses Modell Beschränkungen unterworfen. Restriktionen ergeben sich hier aus den Erfordernissen der *Sachherrschaft*, der *eigenverantwortlichen Bestimmung der Arbeitsweise* seitens des Letztverbrauchers und der Zuordnung der *wirtschaftlichen Risiken*. Es ist deshalb unserer Ansicht nach darauf zu achten, dass die wesentlichen Befugnisse (Information, Kontrolle und Letztentscheidung) und wesentliche Risiken beim Letztverbraucher verbleiben.

Der Contractor muss in tatsächlicher Hinsicht Sorge dafür tragen, dass der Letztverbraucher von seinen vertraglichen Informations-, Kontroll- und Letztentscheidungsrechten Gebrauch machen kann. Das sollte unproblematisch möglich sein, denn Betriebsführer verstehen sich als Dienstleister, die einem weisungsbefugten

---

73 Siehe dazu Kap. 3.2.
74 Siehe dazu Kap. 2.2.1.
75 Siehe dazu Kap. 2.2.2.
76 Siehe dazu Kap. 2.2.3.

Dienstherrn Rechenschaft schulden.[77] Zu berücksichtigen ist dabei auch, dass die Art der Betriebsführung kaum noch von der Tätigkeit eines IT-Dienstleisters, der Hardware mit Software-Updates versorgt, zu unterscheiden ist. Es geht primär um den softwaregesteuerten autonomen Anlagenbetrieb des Speichers in der Verfügungsgewalt des Verbrauchers. Letztlich ist es eine Frage der Ausgestaltung der Zugriffshierarchien, wem die Letztentscheidungsbefugnis über den Anlagenbetrieb und damit die Anlagenverantwortung zukommt. In diesem Sinne ist der Batteriespeicher nicht mehr oder weniger smart und vernetzt als ein Smartphone mit seinen vielfach drittbeeinflussten Funktionalitäten, über die letztlich immer der Inhaber des Geräts entscheidet.

Im Ergebnis lässt sich damit festhalten, dass auch im Rahmen der Eigenversorgung eine Effizienzsteigerung durch eine Betriebsführung durch Dritte möglich ist.

3.3.2 Eigenversorgung und Einspar-Contracting

Die Besonderheit des Einspar-Contractings besteht in der Vergütungsstruktur. Es werden für den Contractor finanzielle Anreize geschaffen, die Hausspeicheranlage möglichst optimiert zu führen. Dieser Anreiz darf allerdings nicht dazu führen, dass das *wirtschaftliche Risiko* des Anlagenbetriebs auf den Contractor verlagert wird. Andernfalls ließe sich nicht mehr von einer Eigenversorgung sprechen. Das schließt aber das Setzen von Anreizen nicht aus, soweit das überwiegende wirtschaftliche Risiko beim Letztverbraucher verbleibt. Es ist nach unserer Auffassung mit dem Konzept der Eigenversorgung prinzipiell vereinbar, wenn der Contractor nicht pauschal, sondern abhängig vom Optimierungserfolg vergütet wird. Es bleibt dabei, dass das beim Einspar-Contracting typische Anreizsystem der Annahme einer Eigenversorgung nicht entgegenstehen muss.

3.3.3 Eigenversorgung und Finanzierungs-Contracting (ohne Betriebsführung)

Ein wesentliches Markthindernis von Hausspeicheranlagen sind noch immer die Investitionskosten. Es liegt damit nahe, über ein Finanzierungs-Contracting die

77 Siehe auch Verband für Wärmelieferung e. V. (VfW), Stellungnahme zum „Entwurf zur Eigenversorgung" vom 20.11.2015, S. 5. Dort wird ausgeführt: „Der VfW würde zudem empfehlen, wenn hierzu außerdem klar gestellt würde, dass es in der Praxis sehr üblich ist, dass Anlagenbetreiber technische (und kaufmännische) Betriebsführer einsetzen und ihnen die tatsächliche Sachherrschaft übertragen, ohne dadurch ihre abschließende (eigenverantwortliche) Bestimmungsbefugnis über die Stromerzeugungsanlage zu verlieren. Der Betriebsführer ist in diesen Konstellationen immer weisungsgebunden. Erst wenn der ‚Betriebsführer' alleinige Schlüsselgewalt und zudem die Befugnis hätte, diese Schlüsselgewalt gegen den Willen des Anlagenbetreibers durchzusetzen, würde das zu einer Verneinung der ‚Personenidentität' zwischen Verbraucher und Erzeuger führen." Ähnlich Wirtschaftsvereinigung Stahl, Stellungnahme zum Leitfaden der Bundesnetzagentur zur Eigenversorgung v. 20.11.2015, S. 3.

Wirtschaftlichkeit durch eine Investitionsentlastung und Optimierung beim Anlagenbau zu erzielen.

In seiner Reinform ist ein Finanzierungs-Contracting unter dem Gesichtspunkt der Eigenversorgung unbedenklich. Der Letztverbraucher betreibt die Stromerzeugungsanlage selbst, denn die Finanzierung als solche hat keinen Einfluss auf die *tatsächliche Sachherrschaft* über die Anlage, die *Arbeitsweise der Anlage* oder das *wirtschaftliche Risiko*.

Dennoch ist das Finanzierungs-Contracting nicht unproblematisch. Gerade beim Finanzierungs-Contracting (ohne Betriebsführung) sieht die *Bundesanstalt für Finanzdienstleistungsaufsicht* (BaFin) Indizien für das Vorliegen eines erlaubnispflichtigen Finanzierungsgeschäfts.[78] Zwar liegt eine abschließende Bewertung der BaFin noch nicht vor, es muss aber auf jeden Fall gewährleistet sein, dass etwaige Contracting-Modelle nicht gegen das Kreditwesengesetz verstoßen. Andernfalls drohen empfindliche Sanktionen.[79] Bei einem Finanzierungs-Contracting ohne Betriebsführung ist die Einholung einer sog. Negativauskunft bei der BaFin unverzichtbar. Die Aussichten, eine Auskunft mit dem gewünschten Inhalt zu erhalten, sind einzelfallabhängig und im Zusammenhang mit dem Vertrieb von Speichern positiv zu bewerten.[80]

3.3.4 Finanzierungs-Contracting mit Betriebsführung als Kombinationsmodell

Allerdings hat die BaFin einen Ausweg aus dem KWG aufgezeigt. Dieser besteht aus der Kombination von Finanzierungs-Contracting und Betriebsführung. Im Kontext des Contractings für Straßenbeleuchtung hat die BaFin auf Anfrage mitgeteilt, dass Unternehmen, die Leistungen auf der Grundlage der mit der Anfrage vorgelegten Vertragsmuster zum Finanzierungs- und/oder Liefer-Contracting erbringen, keiner Erlaubnis nach § 32 Abs. 1 des Kreditwesengesetzes (KWG) bedürfen. Die BaFin führt aus:

> Gemäß § 32 Abs. 1 Satz 1 KWG bedarf, wer im Inland gewerbsmäßig oder in einem Umfang, der einen in kaufmännischer Weise eingerichteten Geschäftsbetrieb erfordert, Bankgeschäfte oder Finanzdienstleistungen erbringen will, der schriftlichen Erlaubnis der Bundesanstalt. Finanzdienstleistung ist nach § 1 Abs. 1a Satz 2 Nr. 10 Alt. 1 KWG auch der Abschluss von

78 BaFin, Schreiben v. 23.01.2015, Prüfung § 32 KWG betr. Straßenbeleuchtungs-Contracting auf Anfrage Dr. Andreas Klemm, GZ: Q 31-QF 2100-2014/0088.

79 Zur Strafandrohung siehe §§ 54 Abs. 1 Nr. 2, 32 Abs. 1 S. 1 KWG.

80 Wer z. B. als Verkäufer seinen eigenen Absatz kreditiert, indem er den Kaufpreis stundet, betreibt damit kein Kreditgeschäft i. S. d. KWG, selbst wenn er sich den Stundungskredit verzinsen lässt. Zwar gibt der Verkäufer dem Käufer wirtschaftlich Kredit, diesem Kredit liegt aber kein Darlehensvertrag, sondern allein ein atypisch ausgestalteter Kaufvertrag zugrunde. So allgemein *BaFin*, Merkblatt Kreditgeschäft, Stand: Mai 2016, abrufbar unter http://www.bafin.de/SharedDocs/Veroeffentlichungen/DE/Merkblatt/mb_090108_tatbestand _kreditgeschaeft.html (abgerufen 12.7.2016); siehe auch Wieland, Unternehmen der „Realwirtschaft" als Adressaten des Bank- und Finanzaufsichtsrechts – Teil 1: Hintergründe und Fragen der Erlaubnispflicht, BB 2012, 917, 923.

Finanzierungsleasingverträgen als Leasinggeber (Finanzierungsleasing). Das Finanzierungsleasing hat zwei wesentliche Funktionen. Die Gebrauchsüberlassung des Leasingobjektes (1) und die Finanzierungsfunktion (2). Charakteristikum des Finanzierungsleasings ist somit, dass die Leasinggesellschaft das Wirtschaftsgut im eigenen Namen und auf eigene Rechnung beschafft und es dann als Leasinggeber dem Leasingnehmer zur Nutzung überlässt, wobei über die Laufzeit des Leasingvertrags das Wirtschaftsgut finanziert und amortisiert wird. [...] *Beim vorliegenden ‚Finanzierungs-Contracting mit Betriebsführung' handelt es sich wegen des Verbleibs der Sach- und Preisgefahr bei dem ‚Contractor' um kein Finanzierungsleasing.* Dies ergibt sich insbesondere aus § 5 Abs. 2 CV, wonach der Contractor nicht nur für die Beschaffung der Straßenbeleuchtungsanlage zuständig ist, sondern darüber hinaus für deren Instandhaltung und Instandsetzung. Damit sind – anders als beim Finanzierungsleasing – die Gefahrtragungsregeln nicht zu Lasten des Vertragspartners verschoben, sondern der Contractor trägt das Investitionsrisiko alleine und das selbst im Falle der Zerstörung aufgrund eines außergewöhnlichen Ereignisses (vgl. § 5 Abs. 4 CV). (Hervorh. d. Verf.) [81]

Das BaFin-Thema lässt sich also durch eine Kombination von Betriebsführung und Finanzierungs-Contracting grundsätzlich bewältigen. Allerdings ergeben sich aus den Vorgaben der BaFin Folgethemen für die Eigenversorgung, da die BaFin maßgeblich darauf abstellt, dass die Sach- und Preisgefahr beim Contractor verbleibt.[82] Die Eigenversorgung basiert jedoch auf der Prämisse, dass die wirtschaftlichen Chancen und Risiken des Anlagenbetriebs möglichst auf den Kunden übertragen werden.

Damit ist die Frage aufgeworfen, ob es einen Weg gibt, der sich als Eigenversorgung darstellen lässt und trotzdem nicht nach dem KWG erlaubnispflichtig ist. Teilweise wird zur Wahrung der Eigenversorgung vorgeschlagen, dass das Investitionsrisiko das einzige Risiko sein darf, welches beim Energiedienstleister verbleibt. Trotzdem sei ein Vertrag zur Umsetzung des Betriebsführungsmodells, der den Vorgaben aus dem Kreditwesengesetz und den Anforderungen an eine EEG-Eigenversorgung gleichermaßen entspricht, kaum möglich, ohne dass die BaFin oder der Netzbetreiber ein Auge zudrücken.[83]

4 Der rechtspraktische Umgang mit Unwägbarkeiten

Um massenmarkttauglich zu sein, bedarf es einer rechtssicheren Lösung. Diese besteht unserer Ansicht nach darin, dass die Anforderungen der EEG-Eigenversorgung möglichst ungeschmälert erfüllt werden, selbst wenn dies bedeutet, dass der Contractor eine KWG-Genehmigung benötigt. Dies ist nach unserer Auffassung ein Thema,

81 BaFin, Schreiben v. 23.01.2015, Prüfung § 32 KWG betr. Straßenbeleuchtungs-Contracting auf Anfrage Dr. Andreas Klemm, GZ: Q 31-QF 2100-2014/0088, S. 2.

82 BaFin, Schreiben v. 23.01.2015, Prüfung § 32 KWG betr. Straßenbeleuchtungs-Contracting auf Anfrage Dr. Andreas Klemm, GZ: Q 31-QF 2100-2014/0088, S. 2.

83 Insgesamt dazu Klemm, EEG-Eigenversorgung: Einstufung des Pacht- und Betriebsführungsmodells als Finanzierungsleasing?, REE 2015, 73, 79.

das sich bewältigen lässt. Energieversorger sind heute – anders als noch vor einigen Jahren – ohnehin mit KWG-Themen konfrontiert.[84] Insofern wird sich eine rechtssichere KWG-Lösung erzielen lassen.

Misslich ist, dass das Thema „Eigenversorgung" in den Grenzbereichen keine eindeutigen Aussagen zulässt. Aber auch hier deutet sich mit dem EGG 2017 eine Lösung an. Grundlage ist § 7 EEG 2017. Im bislang geltenden § 7 Abs. 2 EEG war das sog. Abweichungsverbot geregelt. Das Abweichungsverbot hat sich inhaltlich nach Ansicht des Gesetzgebers weitgehend überholt.[85] Bisher durfte grundsätzlich nicht zulasten des Anlagenbetreibers oder des Netzbetreibers von den Bestimmungen des EEG abgewichen werden. Mit dem neuen § 7 Abs. 2 EEG 2017 wurde das Abweichungsverbot zugunsten einer grundsätzlichen Abdingbarkeit geändert. Es gelten aber Einschränkungen.

Nach der Gesetzesbegründung muss sichergestellt werden, dass die EEG-Vorschriften auch weiterhin etwaige vertragliche Beziehungen zwischen Anlagen- und Netzbetreiber prägen und im Falle einer Abweichung schutzwürdige Belange der Vertragsparteien nicht wesentlich beeinträchtigt werden.[86] Gemäß § 7 Abs. 2 Nr. 1 EEG 2017 müssen abweichende vertragliche Vereinbarungen klar und verständlich sein, d. h. die jeweiligen Rechte und Pflichten so klar wie möglich formulieren und durchschaubar darstellen. Der Gesetzgeber bezieht sich damit auf das Transparenzgebot in § 307 Abs. 1 S. 2 BGB. Zudem dürfen Anlagenbetreiber und Netzbetreiber keine Vereinbarungen zulasten Dritter (z. B. Elektrizitätsversorgungsunternehmen oder Übertragungsnetzbetreiber) treffen. § 7 Abs. 2 Nr. 2 EEG 2017 bestimmt deshalb, dass abweichende Vereinbarungen nicht zu höheren als im Teil 3 des EEG 2017 vorgesehenen Zahlungen führen dürfen. Mehrkosten, die durch solche Vereinbarungen entstehen, dürfen nach § 57 EEG 2017 nicht weitergegeben werden. Weiterhin müssen gemäß § 7 Abs. 2 Nr. 3 EEG 2017 abweichende vertragliche Vereinbarungen mit dem wesentlichen Grundgedanken der Regelung im EEG, von der abgewichen wird, vereinbar sein. Damit soll sichergestellt werden, dass die im EEG getroffenen grundlegenden Wertungen nicht durch eine Individualabrede ausgehöhlt werden. Diese Anforderung ist § 307 Abs. 2 Nr. 1 BGB nachgebildet.[87]

Unserer Ansicht nach lassen sich im Bereich der rechtlichen Unsicherheit auf der Grundlage des § 7 Abs. 2 EEG 2017 wirksame vertragliche Regelungen zum Vorliegen

84 Z. B. im Kontext der Finanzmarktrichtlinie MiFID II und dem Vermögensanlagengesetz (VermAnlG).

85 Entwurf eines Gesetzes zur Einführung von Ausschreibungen für Strom aus erneuerbaren Energien und zu weiteren Änderungen des Rechts der erneuerbaren Energien, Gesetzentwurf der Bundesregierung (Erneuerbare-Energien-Gesetz – EEG 2016) v. 20.06.2016, BT-Drs. 18/8832, 192.

86 Entwurf eines Gesetzes zur Einführung von Ausschreibungen für Strom aus erneuerbaren Energien und zu weiteren Änderungen des Rechts der erneuerbaren Energien, Gesetzentwurf der Bundesregierung (Erneuerbare-Energien-Gesetz – EEG 2016) v. 20.06.2016, BT-Drs. 18/8832, 192.

87 Entwurf eines Gesetzes zur Einführung von Ausschreibungen für Strom aus erneuerbaren Energien und zu weiteren Änderungen des Rechts der erneuerbaren Energien, Gesetzentwurf der Bundesregierung (Erneuerbare-Energien-Gesetz – EEG 2016) v. 20.06.2016, BT-Drs. 18/8832, 192.

einer Eigenversorgung treffen. Zwar ließe sich daran denken, dass es sich im Einzelfall um einen Vertrag zulasten der Allgemeinheit handelt. Allerdings erfasst § 7 Abs. 2 Nr. 2 EEG 2017 lediglich die in Teil 3 vorgesehenen Zahlungen. Die Befreiung von der EEG-Umlage fällt nicht darunter. Auch § 7 Abs. 2 Nr. 3 EEG 2017 steht nicht entgegen. Selbst wenn man davon ausgeht, dass die breit gestreute Erhebung der EEG-Umlage ein wichtiges Anliegen des Gesetzgebers ist, darf nicht verkannt werden, dass der Gesetzgeber selbst Ausnahmen zulässt. Sofern die vertragliche Verständigung zum Vorliegen einer Eigenversorgung einer rechtlichen Ungewissheit geschuldet ist und die Regelung damit Vergleichscharakter hat, ist dies nach unserer Einschätzung unbedenklich.

5 Fazit

Wer Hausspeicheranlagen anbietet, wird relativ schnell mit der Idee konfrontiert, die Anlage durch zusätzliche Dienstleistungen zu optimieren. Dazu braucht es Augenmaß, wenn die umlagefreie Eigenversorgung bewahrt werden soll.

Für Optimierungen im Energiebereich hat sich als Vertragstypus das Contracting herausgebildet. Contracting und Eigenversorgung stehen nicht in einem unlösbaren Widerspruch. Die von der BNetzA herausgearbeiteten Kriterien der Eigenversorgung sind zwar weder rechtsverbindlich noch in den Randbereichen trennscharf. Dennoch sind sie bei der praktischen Arbeit hilfreich. Kumulative Merkmale der Eigenversorgung sind Selbsterzeugung, Selbstverbrauch, Personenidentität, Zeitgleichheit, keine Netznutzung und unmittelbarer räumlicher Zusammenhang. Die Herausforderung beim Contracting besteht in der Abbildung des Merkmals „Selbsterzeugung“.

In Anlehnung an eine Entscheidung des BGH kommt es darauf an, dass der Letztverbraucher die tatsächliche Sachherrschaft über die Anlage hat, eigenverantwortlich die Arbeitsweise der Anlage bestimmt und Träger des wirtschaftlichen Risikos ist. Innerhalb dieser Parameter lässt sich eine modifizierte Betriebsführung der Hausspeicheranlage mit Elementen des Einspar-Contractings und des Finanzierungs-Contractings realisieren. Sofern Finanzierungskomponenten eingebunden werden, ist die Abstimmung mit der BaFin unverzichtbar. Unsicherheiten bei der Einordnung als Eigenversorgung lassen sich über eine Vereinbarung mit dem Netzbetreiber nach § 7 Abs. 2 EEG 2017 beseitigen. Es wäre jedoch ein Fehler, dies als Eigenversorgungsfreibrief zu verstehen.

Literatur

Agentur für Erneuerbare Energien, „Starkes Wachstum bei Solarstromspeichern“, Artikel v. 07.07.2016, abrufbar über https://www.unendlich-viel-energie.de/erneuerbare-energie/sonne/photovoltaik/starkes-wachstum-bei-solarstromspeichern (abgerufen am 07.07.2016).

Altrock in: Altrock/Oschmann/Theobald, Erneuerbare-Energien-Gesetz, 4. Aufl. 2013.
Assion/Koukakis, Der „weite“ Anlagenbegriff des Bundesgerichtshofs bei Photovoltaikanlagen, EnWZ 2016, 208.
BaFin, Merkblatt Kreditgeschäft, Stand: Mai 2016, abrufbar unter http://www.bafin.de/SharedDocs/Veroeffentlichungen/DE/Merkblatt/mb_090108_tatbestand_kreditgeschaeft.html (abgerufen 12.07.2016).
BaFin, Schreiben v. 23.01.2015 Prüfung § 32 KWG betr. Straßenbeleuchtungs-Contracting auf Anfrage Dr. Andreas Klemm, GZ: Q 31-QF 2100-2014/0088.
Bundesministerium der Finanzen, Schreiben v. 18.10.2004, Az. III A 1 – V 4250–9/04, Rn. 19, abgedruckt in VersorgungsWirtschaft 2005, 112.
Bundesministerium der Justiz, Handbuch der Rechtsförmlichkeit, 3. Aufl. 2008.
Braunmühl, Handbuch Contracting, 2. Aufl. 2000.
BNetzA, „EEG in Zahlen 2014“, abrufbar unter http://www.bundesnetzagentur.de/SharedDocs/Downloads/DE/Sachgebiete/Energie/Unternehmen_Institutionen/ErneuerbareEnergien/ZahlenDatenInformationen/EEGinZahlen_2014_BF.pdf?__blob=publicationFile&v=4 (abgerufen am 07.07.2016).
BNetzA, Leitfaden zur Eigenversorgung, Stand: Juli 2016.
Clearingstelle EEG, Empfehlung v. 02.06.2015, Az. 2014/31.
Clearingstelle EEG, Stellungnahme v. 14.04.2016.
Clearingstelle EEG, Beschl. v. 11.05.2016, Az. 2016/12.
Gölz, Fraunhofer ISE, „Die Rolle der Energiespeicher für die Akzeptanz der Energiewende“, Präsentation v. 08.06.2015, S. 21, abrufbar unter http://docplayer.org/1512550-Die-rolle-der-energiespeicher-fuer-die-akzeptanz-der-energiewende.html (abgerufen am 07.07.2016).
Hack, Energie-Contracting, 3. Aufl. 2015.
Hennig/Herz, Ausgewählte Rechtsfragen dezentraler Energiekonzepte – Teil 1: Eigenversorgung und Energiespeicher, ZNER 2016, 30.
Jacobshagen/Kachel in: Danner/Theobald, Energierecht, 86. EL, September 2015.
KfW, Pressemitteilung v. 01.03.2016.
Klemm, EEG-Eigenversorgung: Einstufung des Pacht- und Betriebsführungsmodells als Finanzierungsleasing?, REE 2015, 73.
Möhlenkamp in: Möhlenkamp/Milewski, Energiesteuergesetz/Stromsteuergesetz, 1. Aufl. 2012, § 9 Rn. 14.
Stein u. a., Energiesteuern in der Praxis, 3. Aufl. 2016.
Taplan/Baumgartner, Inbetriebnahme von Photovoltaikanlagen, NVwZ 2016, 362.
Verband für Wärmelieferung e. V. (VfW), Stellungnahme zum „Entwurf zur Eigenversorgung“ v. 20.11.2015.
Wieland, Unternehmen der „Realwirtschaft“ als Adressaten des Bank- und Finanzaufsichtsrechts – Teil 1: Hintergründe und Fragen der Erlaubnispflicht, BB 2012, 917.
Wirtschaftsvereinigung Stahl, Stellungnahme zum Leitfaden der Bundesnetzagentur zur Eigenversorgung, v. 20.11.2015.
Wundrack in: Bongartz, Jatzke, Schröder-Schallenberg, EnergieStG, StromStG, 10. EL, November 2014.

Christian Metzger, Jens Kanacher und Frank-Detlef Drake

Perspektiven für Energiespeicher

1 Steigender Flexibilitätsbedarf im Energiesystem

Für die Systemstabilität eines Stromnetzes ist von zentraler Bedeutung, dass Erzeugung und Nachfrage jederzeit ausgeglichen sind. Mit steigendem Anteil Erneuerbarer Energien an der Stromproduktion wird die Bewahrung dieses Gleichgewichts zu einer immer größeren Herausforderung, da der Anteil wetterabhängiger und somit fluktuierender und nicht steuerbarer Stromerzeuger auf Basis von Wind und Sonne wächst. Die zunehmende Volatilität des Stromangebots erhöht den Bedarf nach Flexibilität im Energiesystem, um Erzeugung und Nachfrage von Energie jederzeit ausgleichen zu können.

Dabei wird Flexibilität sowohl über kürzere als auch über längere Zeitspannen hinweg benötigt. So müssen sowohl Stromangebotsschwankungen im Minuten- und Stundenbereich ausgeglichen werden, als auch Schwankungen im Wochen- und Monatsbereich kompensiert werden. Die Unterscheidung des Flexibilitätsbedarfs nach Zeitskalen ist daher wichtig, da abhängig davon unterschiedliche technische Lösungen zum Einsatz kommen können. Prinzipiell gibt es vier Möglichkeiten die Flexibilität des Energiesystems zu erhöhen:

(1) Flexibilisierung der konventioneller und erneuerbarer Stromerzeugung (inklusive Abregelung)
(2) Ausbau der Stromnetze
(3) Flexibilisierung der Stromnachfrage (Demand-Side-Management)
(4) Energiespeicherung

Die vier Optionen sind nicht beliebig austauschbar (der benötigte Ausbau des Übertragungsnetzes zum Transport von Windstrom aus dem Norden in den stromhungrigen Süden lässt sich durch den Einsatz von Energiespeichern genauso wenig vermeiden, wie sich Staus durch den Bau von Parkplätzen sinnvoll verhindern lassen). Allerdings stehen sie in einem gewissen Umfang in Konkurrenz zueinander.

Darüber, welche Flexibilitätsoption zu bevorzugen ist, herrscht Uneinigkeit. Mediale Aufmerksamkeit erreichte 2014 die Studie *Stromspeicher in der Energiewende* (Agora Energiewende, 2014). Die FAZ titelte „Die Energiewende braucht keine Stromspeicher“ und verkündete, dass aus volkswirtschaftlicher Sicht in Deutschland erst ab einem Anteil Erneuerbarer Energien von über 60 Prozent und somit nach 2030 zusätzliche Energiespeicher (4) benötigt würden. Bis dahin stünden die Flexibilitätsoptionen (1) bis (3) in ausreichendem Maße und zu deutlich geringeren Kosten zur Verfügung. Eine 2013 von RWE durchgeführte Studie kam zu ähnlichen Ergebnissen.

Dennoch lässt sich derzeit in Deutschland beobachten, dass neue Märkte und Anwendungsfelder für Energiespeicher entstehen.

https://doi.org/10.1515/9783110458480-020

2 Anwendungsfelder für Kurzzeitspeicher

Energiespeicher lassen sich in Kurz-[1] und Langzeitspeicher unterteilen. In der Praxis sind im Wesentlichen Kurzzeitspeichertechnologien wie Pumpspeicher und Batterien relevant. Beide Speichersysteme werden seit Jahrzehnten zuverlässig eingesetzt. Bedingt durch den fortschreitenden Preisverfall bei gleichzeitig steigender Leistungsfähigkeit der Batterietechnologie sind in den letzten Jahren neue potenzielle Anwendungen für Batteriespeicher hinzugekommen. Bis vor einigen Jahren dominierte die Bleisäurebatterie die stationären Anwendungen. Mit der rasanten Weiterentwicklung der Lithium-Ionen-Technologie hat sie diese Vormachtstellung eingebüßt. Laut einer Studie von *IHS Technology* (2016) basierten 2015 etwa 85 Prozent der weltweit projektierten Speicherprojekte auf der Lithium-Ionen-Technologie. Die restlichen 15 Prozent teilten sich Natrium-Schwefel-, Redox-Flow- und andere Speichertechnologien. Selbst wenn sich derzeit interessante Batterietechnologien in der Entwicklungs- oder Markteinführungsphase befinden, herrscht in Fachkreisen weitgehend Einigkeit darüber, dass die Lithium-Ionen-Technologie den Markt bis 2020 dominieren wird.

Kurzzeitspeicher können zu unterschiedlichen Zwecken eingesetzt werden und erzielen ihre Erlöse auf Basis verschiedener Geschäftsmodelle. Wie Abb. 1 entnommen werden kann, sind die wichtigsten Anwendungsfelder Wholesale-Arbitrage, Primärregelleistung, andere Systemdienstleistungen wie z. B. Sekundärregelleistung und Minutenreserve, netzdienliche Anwendungen, Lastmanagement sowie Eigenverbrauchserhöhung. Dabei entscheiden der Ort des Speichers im Energiesystem sowie die Technologiecharakteristika darüber, welche dieser Anwendungsfelder der jeweilige Speicher bedienen kann. Hinsichtlich des Einbauorts wird in Abb. 1 zwischen vier Speicherarten unterschieden:

(1) Zentrale Speicher als Anlagen im Multi-MW-Bereich sind im Übertragungsnetz angesiedelt.
(2) Regionale Speicher in der Größenordnung von etwa 1 MW sind im Verteilnetz angesiedelt.
(3) Dezentrale Speicher sind im Niederspannungsnetz verortet.

Elektrofahrzeuge entsprechen dem Anwendungsfall des mobilen Speichers.

Bedingt durch ihre Position im Energiesystem können nicht alle Speicher alle Anwendungen gleichermaßen bedienen, sodass eine starke Diskrepanz hinsichtlich der Wirtschaftlichkeit der Speicher zu beobachten ist. Eine Einschätzung der Marktaussichten einzelner Speicheranwendungen kann Abb. 1 entnommen werden (von kurzfristig = sehr gute Marktchancen bis hin zu möglicherweise langfristig = schlechtes Marktpotenzial).

---

1 Im Rahmen dieses Kapitels werden unter Kurzzeitspeichern solche Speicher verstanden, die ihre maximale Leistung im Bereich von einigen Minuten bis hin zu einigen Stunden ein- bzw. ausspeichern können. Im Folgenden werden lediglich Kurzzeitstromspeicher betrachtet.

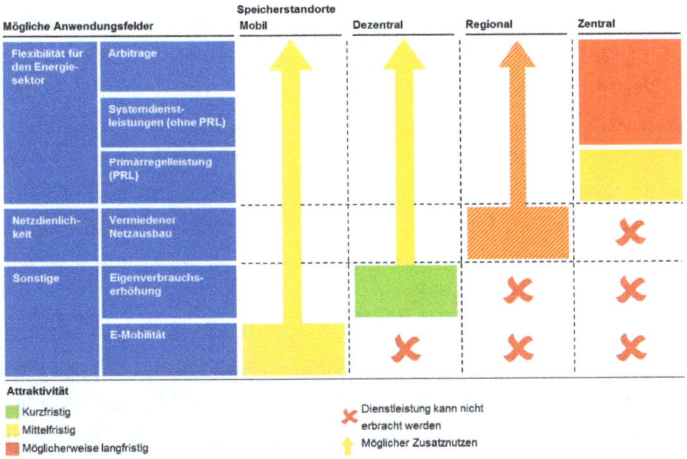

Abb. 1: Anwendungsfelder für verschiedene Speichertypen aus wirtschaftlicher Perspektive (eigene Darstellung).

2.1 Erlösmöglichkeiten für Pumpspeicher rückläufig

Pumpspeicher können aufgrund ihrer Anbindung im Übertragungsnetz weder verteilnetzdienlich noch zur Erhöhung des Eigenverbrauchs oder zum Lastmanagement eingesetzt werden. Aufgrund der technologisch begrenzten Dynamik sind sie nicht bzw. nur sehr eingeschränkt in der Lage, Primärregelleistung bereitzustellen. Wie Abb. 1 zu entnehmen ist, sind einem Pumpspeicher lediglich die Erlösströme Wholesale-Arbitrage sowie Sekundärregelleistung zugänglich. Da das Erlöspotenzial dieser Anwendungen in den letzten Jahren drastisch zurückgegangen ist, ist die Wirtschaftlichkeit von Pumpspeichern zusehends fraglich, was dazu führt, dass in Europa praktisch alle Neubauprojekte eingestellt oder zumindest auf Eis gelegt wurden. Vor diesem Hintergrund erklärt sich auch, weshalb RWE 2014 aus dem Projekt zur Erweiterung des *Pumpspeicherkraftwerks Atdorf* ausgestiegen ist. Unter derzeitigen Marktbedingungen ist davon auszugehen, dass sich die Wirtschaftlichkeit von Pumpspeichern erst nach 2030 deutlich verbessern wird.

2.2 Attraktive Erlösmöglichkeiten für Batteriespeicher im Primärregelleistungsmarkt

Anders stellt sich derzeit die wirtschaftliche Situation zentraler Batteriespeicher dar, die sich über die Vermarktung von Primärregelleistung refinanzieren. Im Jahr 2015 konnten mit Batteriespeichern Erlöse in Höhe von etwa 150 bis 200 €/kW pro Jahr erzielt werden. Bei derzeitigen Batteriesystemkosten von etwa 1000 €/kW (Stand 2016) ergeben sich damit statische Amortisationszeiten von etwa sechs Jahren. Seit

2014 die erste kommerzielle Batteriespeicheranlage ans deutsche Stromnetz angeschlossen wurde, gibt es zahlreiche Nachahmer: Die Übertragungsnetzbetreiber registrierten Ende 2015 Neuanträge über etwa 150 MW für neue Primärregelleistungsanlagen auf Batteriebasis, die bis Ende 2017 ans Netz gehen sollen. Setzt man diese hohe Zubauquote in Relation zur gesamtdeutschen Marktgröße von etwa 570 MW, wird deutlich, dass der Markt schon bald gesättigt sein wird. Es bedarf keiner seherischen Fähigkeiten, um erkennen zu können, dass mit weiter steigendem Angebot sowie weiter fallenden Batteriepreisen in den kommenden Jahren mit einem Preisverfall bei der Primärregelleistung zu rechnen ist.

Das Argument, mit steigendem Anteil Erneuerbarer Energien im System steige der Bedarf an Primärregelleistung, ist als falsch einzustufen. Der Bedarf an Primärregelleistung im kontinentaleuropäischen ENTSO-E-Bereich wird durch die größte Erzeugungseinheit im Energiesystem definiert. Europaweit muss also so viel Primärregelleistung zur Verfügung stehen, dass ein plötzlicher Ausfall dieser Erzeugungseinheit kompensiert werden kann. Da dieser Wert mit wachsendem Anteil dezentraler Erneuerbarer Energien eher kleiner als größer wird, ist davon auszugehen, dass der absolute Bedarf an Primärregelleistung in Europa nicht steigen wird. Die Behauptung, mit wachsendem Anteil Erneuerbarer Energien würde der Bedarf an Regelleistung steigen, ist für die Sekundär- und Tertiärreserve zutreffend, da Prognoseabweichungen bei Erneuerbaren Energien tendenziell in den von diesen Produkten abgedeckten Zeiträumen eintreten. Der immer kurzfristigere (derzeit 45 Minuten im Voraus) und zeitschärfere (derzeit in 15-Minuten-Intervallen unterteilte) Intraday-Handel setzt dieser Entwicklung Grenzen, da Schwankungen der Erneuerbaren Energien zunehmend über den regulären Intraday-Handel und weniger über den Regelenergiemarkt ausgeglichen werden. Darüber hinaus ist abzusehen, dass durch die avisierte weitere Absenkung der Eintrittsbarrieren (Absenkung der minimalen Angebotsgröße sowie Verkürzung des Vorhaltezeitraums) immer mehr Akteure Zugang zum Regelenergiemarkt erhalten werden und dass diese Effizienzsteigerung zu einem zusätzlichen Preisrückgang führen wird (vgl. auch dena, 2014).

Trotz dieser etwas trüben Aussichten hinsichtlich der weiteren Entwicklung der Erlösmöglichkeiten aus Primärregelleistung kann es für ein Unternehmen sinnvoll sein, in den Primärregelenergiemarkt einzusteigen. Zum einen können Marktteilnehmer, wenn sie sich beeilen, noch einige Zeit von auskömmlichen Preisen profitieren, zum anderen können Energiespeicher so ausgelegt und eingebunden werden, dass sie neben der Primärregelleistung von weiteren Erlösströmen wie der unterbrechungsfreien Stromversorgung und der dezentralen Einspeisevergütung profitieren können.

2.3 Speicher im Verteilnetz teilweise wirtschaftlich sinnvoller als klassischer Netzausbau

Durch den Vormarsch dezentraler Erneuerbarer Energien sind die Verteilnetze mit der Herausforderung konfrontiert, deren Erzeugungskapazitäten zu integrieren.

Neben der Bereitstellung ausreichender Netzkapazität gilt es u. a., Probleme bei der Spannungshaltung zu beheben. Dem Verteilnetzbetreiber stehen hierfür u. a. der klassische Netzausbau sowie der netzdienlich eingesetzte Energiespeicher zur Verfügung. Es lässt sich abschätzen, dass im Standardfall (die Netzkapazität reicht zur Aufnahme einer zusätzlichen erneuerbaren Erzeugungseinheit nicht aus) der klassische Netzausbau wirtschaftlich am sinnvollsten ist und auch zukünftig noch sein wird.

Dennoch kann der netzdienliche Einsatz eines Energiespeichers im Einzelfall volkswirtschaftlich sinnvoller sein als der klassische Netzausbau, insbesondere dann, wenn der auslösende Netzengpass nur zeitweise besteht, der Netzengpass besonders schnell behoben, neben einem Kapazitätsproblem ein Spannungsproblem gelöst werden muss oder wenn der Netzausbau aus geografischen Gründen (z. B. Überquerung von Autobahnen und Flüssen, Durchquerung eines Waldes) deutlich aufwändiger und teurer ist als im Standardfall.

Zwar gibt es im Zusammenhang mit dem netzdienlichen Einsatz von Batteriespeichern eine Vielzahl offener regulatorischer Fragen, es ist jedoch davon auszugehen, dass mittelfristig immer mehr Speichertechnologie volkswirtschaftlich sinnvoll im Verteilnetz eingesetzt werden wird, selbst wenn für den Standardfall der klassische Netzausbau aufgrund der technoökonomischen Vorteile weiterhin das Mittel der Wahl bleiben wird.

2.4 Rasantes Wachstum des Heimspeichermarkts

Anwendungen mit den besten Marktaussichten (siehe auch Abb. 1) sind dezentrale Heimspeicher. Privatkunden nutzen diese in Kombination mit einer heimischen Photovoltaikanlage, um ihren Eigenverbrauchsanteil am selbst produzierten Strom zu erhöhen und damit den Bezug von Haushaltskundenstrom zu reduzieren. Im Mai 2016 waren etwa 40.000 solcher Anlagen im Bundesgebiet mit einer durchschnittlichen Größe von etwa 5 kWh im Einsatz, was einer Gesamtkapazität von etwa 200 MWh entspricht. Diese Zahl ist umso beeindruckender, wenn man sich vergegenwärtigt, dass Nutzer derartiger Anlagen derzeit keinerlei Einsparungen mit dem Einsatz dieser Technologie erzielen, sondern, was die Wirtschaftlichkeit angeht, bestenfalls die schwarze Null erreichen. Nach ihrer Motivation befragt, geben Nutzer laut *Jahresbericht zum Speichermonitoring* hingegen an, dass sie Teil der Energiewende sein wollen und an der Technologie interessiert sind, somit also primär emotionale, nicht monetäre Gründe ausschlaggebend für die Kaufentscheidung waren. Auch wenn dieser Umstand auf internationalen Fachkonferenzen regelmäßig amüsiertes Kopfschütteln verursacht, ist es doch lediglich ein Zeichen dafür, dass der Endkunde eine immer größere Rolle im Energiesystem spielt und damit auch emotionale Entscheidungsgründe an Bedeutung gewinnen. In anderen Bereichen ist es vollkommen akzeptiert, dass nicht monetäre Gründe kaufentscheidend sind.

Angesichts tendenziell steigender Haushaltskundenstrompreise, einer kontinuierlich abschmelzenden Einspeisevergütung für selbst erzeugten Photovoltaikstrom bei Neuanlagen und Photovoltaikbestandsanlagen, die ab 2021 aus der EEG-Förderung laufen, sowie drastisch fallender Preise für Heimspeicher (in den vergangenen Jahren waren es etwa 10–20 % jährlich), ist allerdings davon auszugehen, dass sich Heimspeicher in etwa 2 bis 5 Jahren auch wirtschaftlich und nicht nur emotional für den Endkunden lohnen werden, sodass ein starkes Wachstum in diesem Segment erwartet werden kann. Eine Kurzstudie der *Agora Energiewende* (2014) („Was wäre, wenn ein flächendeckender Rollout von Solar-Speicher-Systemen stattfände?") gibt einen Hinweis darauf, welch beeindruckendes Potenzial Heimspeicher entfalten könnten, wenn alle 15 Millionen Ein- und Zweifamilienhäuser in Deutschland mit diesen Geräten ausgestattet würden – 40 GW und 140 GWh werden in Aussicht gestellt. Das wäre ein Vielfaches der in Deutschland installierten Pumpspeicherkapazität von etwa 7 GW und 40 GWh.

Angesichts der potenziellen Größe der deutschlandweiten Heimspeicherkapazität bedarf es nicht allzu viel Fantasie, um sich vorzustellen, dass bei sinnvoll organisiertem und orchestriertem Einsatz dieses Speicherschwarms auf diesem Wege auch andere Dienstleistungen wie Primärregelleistung, Netzentlastung oder Wholesale-Arbitrage bereitgestellt werden könnten. Somit könnte der prophezeite zukünftige zusätzliche Bedarf an Kurzzeitspeichern, den zahlreiche Studien nach 2030 sehen, wenn der Anteil der Erneuerbaren Energien die 60 Prozent überschreitet, durch aggregierte Heimspeicher bereitgestellt werden und auch zukünftig neue zentrale Speicher (z. B. Pumpspeicher) überflüssig machen. Der Einwand, dass dezentrale Heimspeicher spezifisch um ein Vielfaches teurer sind als zentrale Pumpspeicher, greift an dieser Stelle zu kurz: Heimspeicher werden aus dem Motiv der Eigenverbrauchserhöhung angeschafft und über diese Anwendung refinanziert. Der somit vorhandene und quasi vollständig abgeschriebene Heimspeicher kann nun zu sehr geringen Zusatzkosten für andere Anwendungen genutzt werden und ist unter diesem Betrachtungswinkel wirtschaftlicher als ein Neubau zentraler Speicherkapazitäten.

Es sei allerdings erwähnt, dass letzten Endes v. a. der regulatorische Rahmen über den künftigen Erfolg oder Misserfolg von Heimspeicheranwendungen entscheiden wird. Ein Blick über die Bundesgrenze genügt, um diese These zu belegen. Während in Deutschland, bedingt durch die relativ große Differenz zwischen Haushaltskundenstrompreis und Photovoltaikeinspeisevergütung, ein Markt für Heimspeicherlösungen existiert und weiter wachsen wird, sucht man in den Niederlanden solche Speicher vergeblich. Grund hierfür ist keineswegs mangelndes Engagement für die Energiewende, sondern schlicht der Umstand, dass dort privat erzeugter und eingespeister Photovoltaikstrom mit dem Haushaltskundenstrompreis vergütet wird. Angesichts des sog. Net Meterings hat ein Betreiber einer Photovoltaikanlage keinerlei Anreiz, in einen Heimspeicher zu investieren, da ihm das gesamte Netz gewissermaßen als kostenloser Speicher zur Verfügung steht.

2.5 Lastmanagement mithilfe von Batteriespeichern für gewerbliche Kunden immer interessanter

Angesichts hoher und zeitvariabler leistungsbezogener Netzentgelte ist es schon heute für Unternehmen in einigen US-Bundesstaaten wirtschaftlich attraktiv, den Strombezug aus dem öffentlichen Stromnetz mithilfe von Energiespeichern so anzupassen, dass Niedrigpreisphasen genutzt und Hochpreisphasen vermieden werden. Da die leistungsbezogenen Netzentgelte für gewerbliche Kunden auch in Deutschland seit einigen Jahren tendenziell steigen und zu erwarten ist, dass sich dieser Trend fortsetzt, wird sich der skizzierte Anwendungsfall des Lastmanagement in einigen Jahren auch für mehr und mehr Unternehmen in Deutschland rechnen – auch wenn derzeit hierfür meist noch die Investitionskosten für Batterien zu hoch bzw. die entsprechenden Netzentgelte zu gering sind.

3 Anwendungsfälle für Langzeitspeicher

Im Gegensatz zu den Kurzzeitspeichern zeichnen sich Langzeitspeicher dadurch aus, dass sie ihre maximale Leistung über viele Stunden, Tage und Wochen hinweg ein- bzw. ausspeichern können. Derzeit werden fossile Energieträger verwendet, um das Energiesystem mit Flexibilität in diesem Zeitbereich zu versorgen. Die berüchtigte „Dunkelflaute" (Ausbleiben von nennenswerter Erzeugung von Wind- und Sonnenstrom, was wetterbedingt einige Tage bis Wochen anhalten kann) kann also überbrückt werden, indem fossile Backup-Kraftwerke zur Verfügung stehen und eingesetzt werden. In der Wissenschaft besteht weitgehend Konsens, dass fossil gefeuerte, flexible Kraftwerke auch noch auf Jahrzehnte hin benötigt werden, um diese Art der „Langzeitflexibilität" im Energiesystem wirtschaftlich sicherzustellen (siehe Fraunhofer ISE, 2015). Wagt man allerdings einen etwas weiteren Blick in die Zukunft unseres Energiesystems, wird aller Wahrscheinlichkeit nach ab einem erneuerbaren Energieanteil von mehr als 90 Prozent – also irgendwann nach 2050 – die Herausforderung entstehen, dass Erdgas, bedingt durch CO_2-Vermeidungsziele, hierfür nicht mehr zur Verfügung stehen wird und somit Bedarf an einem alternativen, erneuerbaren Langzeitspeicher entstehen wird.

Technologien wie Batterien und Pumpspeicher, die für die Kurzzeitspeicherung zum Einsatz kommen, können zwar theoretisch auch für den skizzierten Anwendungsfall der Langzeitspeicherung eingesetzt werden, sind hierfür aber denkbar ungeeignet, da ihr Einsatz zur saisonalen Speicherung der benötigten Energiemengen zumindest in Deutschland zu unrealistisch großen Anlagen und absurd hohen Kosten führen würde. Ähnlich aussichtslos wäre der Versuch, den bundesdeutschen Fernlastverkehr mithilfe von Lastenfahrrädern abzuwickeln – theoretisch denkbar, praktisch unmöglich. Allerdings stehen mit den bekannten Power-to-Gas- bzw.

Power-to-Liquid-Ansätzen, die auf die erneuerbare strombasierte Erzeugung von Wasserstoff, Methan, Methanol oder Ammoniak, großtechnische Speicherung in Kavernen oder Tanks und die bedarfsgerechte Rückverstromung abzielen, schon heute großtechnische Lösungen zur Verfügung, um diese aufziehende Herausforderung zu meistern – allein die hohen Kosten im Vergleich zu konventionellen Langzeitspeichern in Gestalt von fossilen Energieträgern verhindern bisher die großtechnische Anwendung, die über Forschungs- und Demonstrationsprojekte hinausgeht.

Möglicherweise entsteht aber auch schon deutlich früher ein Markt für erneuerbare Energieträger. Auf EU-Ebene wurde im Zuge der Verabschiedung der *Renewable Energy Directive* verabredet, dass zukünftig erneuerbare Energieträger nicht biogenen Ursprungs zur Erfüllung der erneuerbaren Energiequote bei Treibstoffen angerechnet werden können. Würde dieser Vorschlag in diesem Sinne in nationales Recht überführt, entstünde möglicherweise ein Markt, in dem die Erzeugung von erneuerbaren Energieträgern wie Wasserstoff und Methanol wirtschaftlich abbildbar wäre. Es bleibt abzuwarten, in welcher Art im Zuge der nationalen Umsetzung besagter EU-Direktive in den einzelnen EU-Mitgliedsländern die Weichen gestellt werden.

Nicht nur im angesprochenen Kontext der Energiespeicherung stehen im deutschen Energiesystem in den kommenden Jahren im Zusammenhang mit der Energiewende signifikante Veränderungen an. Technologische Weiterentwicklungen, ein sich stetig weiterentwickelnder regulatorischer Rahmen gepaart mit Unternehmergeist werden neue Lösungen für anstehende Herausforderungen hervorbringen. Die Geschwindigkeit dieser Entwicklung sollte dabei nicht unterschätzt werden.

Literatur

Agora Energiewende (2014). Stromspeicher in der Energiewende, Untersuchung zum Bedarf an neuen Stromspeichern in Deutschland für den Erzeugungsausgleich, Systemdienstleistungen und im Verteilnetz. URL: http://www.agora-energiewende.de/fileadmin/downloads/publikationen/Studien/Speicher_in_der_Energiewende/Agora_Speicherstudie _Web.pdf (letzter Abruf 18.04.2016).

Agora Energiewende (2015). Kurzstudie „Was wäre, wenn ... ein flächendeckender Rollout von Solar-Speicher-Systemen stattfände?“ URL: https://www.agora-energiewende.de/de/themen/-agothem-/Produkt/produkt/227/Was+w%C3%A4re%2C+wenn%E2%80%A6+ein+fl%C3%A4chendeckender+Rollout+von+Solar-Speicher-Systemen+stattf%C3%A4nde%3F/1/0// (letzter Abruf 18.04.2016).

Deutsche Energie-Agentur, dena (2014). Systemdienstleistungen 2030. URL: http://www.dena.de/projekte/ energiesysteme/dena- studie-systemdienstleistungen-2030.html (letzter Abruf 18.04.2016).

Energiewirtschaftliche Tagesfragen (2013). Zukunftsfragen – Sind Speicher wirklich der fehlende Baustein zur Energiewende? 63. Jahrgang, Heft 8. URL: http://www.et-energie-online.de/Portals/0/PDF/zukunftsfragen_2013_08_drake.pdf (letzter Abruf 10.06.2016).

Frankfurter Allgemeine Zeitung (2014). Energiewende braucht keine Stromspeicher. URL: http://www.faz.net/aktuell/wirtschaft/ wirtschaftspolitik/

studie-von-agora-energiewende-die-energiewende-braucht-keine-stromspeicher-13153058.html (letzter Abruf 18.04.2016).

Fraunhofer ISE (2015). Was kostet die Energiewende? – Wege zur Transformation des deutschen Energiesystems bis 2050. URL: https://www.ise.fraunhofer.de/de/veroeffentlichungen/veroeffentlichungen-pdf-dateien/studien-und-konzeptpapiere/studie-was-kostet-die-energiewende.pdf (letzter Abruf 18.04.2016).

IHS Technology, Media & Telecommunications (2016), Current Status and Future Development of Energy Storage. Vortrag gehalten auf ACI Energy Storage Conference 2016, Paris am 03.02.2016.

RWTH Aachen, ISEA (2015). Wissenschaftliches Mess-und Evaluierungsprogramm Solarstromspeicher – Jahresbericht 2015, URL: http://www.speichermonitoring.de/fileadmin/user_upload/Speichermonitoring_Jahresbericht_2015_web.pdf (letzter Abruf 18.04.2016).

Frank Dessau

Batteriespeicher im Rahmen von Windparks?

Analyse der Wirtschaftlichkeit aus Sicht des Windparkbetreibers

1 Einleitung

Dieser Beitrag reflektiert die Perspektive eines Windparkbetreibers in Deutschland und geht auf die Überlegungen seiner Stakeholder ein. Die äußeren Rahmenbedingungen wie (energie-)politische Motive, Fragen der gesamtwirtschaftlichen Sinnhaftigkeit oder auch die Details von technischen Lösungen sollen hier nicht dezidiert behandelt werden. Wenn sie angeführt werden, dann in einer sehr stark verkürzten und vereinfachten Form. Die Spezialisten dieser Themen und die Leser, denen eine detaillierte Sicht besonders am Herzen liegt, mögen dem Autor und auch den zahlreichen Betreibern von Windparks nachsehen, dass sie hier nicht gesondert berücksichtigt werden.

2 Beschreibung der Ausgangslage

Onshore-Windparks werden in Deutschland seit ca. 20 Jahren zumeist als Projekte in Form eigenständiger juristischer Personen betrieben. Die Betreiber respektive Investoren haben – neben etwaigen altruistischen Motiven – gewisse Renditeerwartungen an ihre Vorhaben. Daneben haben die finanzierenden Banken Anforderungen an die Belastbarkeit der von ihnen bereitgestellten Fremdfinanzierungen. Grundlage für die Vorhaben ist i. d. R. die im Rahmen des EEG ausgelobte Vergütung für den dort erzeugten und in das öffentliche Netz eingespeisten Strom.

Mit dieser jeweils langfristig gesicherten Vergütungshöhe und der garantierten Abnahme war das wirtschaftliche Risiko fertiggestellter Windparks weitgehend auf die Verfügbarkeit der Technik und die damit verbundenen Kosten, die sinnvolle Auswahl des Standorts mit seinem Windaufkommen und seiner effektiven Nutzbarkeit zur Stromerzeugung sowie bei der gemeinhin üblichen anteiligen Fremdfinanzierung auf die Bedienung des Pflichtkapitaldiensts, ggf. auch Zinsänderungsrisiken beschränkt. Auf dieses Chancen-/Risikopaket haben sich die Betrachtungen von Betreibern und Banken beschränkt und es wurden nicht zuletzt mithilfe der entsprechenden Berater und Gutachter eingespielte Entscheidungsmechanismen entwickelt. Das Geschäftsmodell war so erfolgreich, dass die Auswirkungen der zahlreichen entstandenen Wind- und Solarparks und ihr gestiegener Anteil an der Stromerzeugung, die aus Sicht der einzelnen Windparkbetreiber „out of scope" waren, zu einer weiteren Anpassung des regulatorischen Rahmens geführt haben: Die seit dem 01. Januar

https://doi.org/10.1515/9783110458480-021

2016 geltende sog. Sechs-Stunden-Regel gemäß § 24 EEG 2014. Mit ihr sollen die Windparkbetreiber in Zeiten eines (länger andauernden) Überangebots dazu gebracht werden, keinen weiteren Strom in das öffentliche Netz einzuspeisen. Aufgrund dieses Mechanismus, bei dem der Windparkbetreiber für Stromeinspeisungen im relevanten Zeitraum keine Anreizvergütung und keinen bzw. nur den negativen Marktpreis erhält, ergibt eine Stromeinspeisung aus Sicht des Windparkbetreibers wirtschaftlich keinen Sinn mehr. Er wird die Produktion temporär einstellen, in dem er die Windkraftanlagen abregelt.[1]

3 Fragestellung

Dieses neue Projektrisiko der Off-Zeiten, die Zeiten der Nichtproduktion aufgrund der Sechs-Stunden-Regel mit den damit einhergehenden Umsatzrückgängen, soll aus Sicht des Windparkbetreibers im Vergleich zur vorherigen Regelung des Einspeisevorrangs bewertet werden.

Dieser Wirtschaftlichkeit im neuen Regulierungsumfeld soll die Wirtschaftlichkeit desselben Projekts gegenübergestellt werden, wenn ein Stromspeicher innerhalb des Windparks eingesetzt wird, der mittels Stromproduktion der Windkraftanlagen während der Off-Zeit gefüllt wird und seine Energie in Zeiten der Nicht- oder Geringproduktion aufgrund der Windverhältnisse oder technischer Nichtverfügbarkeit der Windkraftanlagen in das öffentliche Netz abgibt.

Ob und inwieweit eine derartige Interpretation der Anforderung der Sechs-Stunden-Regel gewollt oder regulatorisch zulässig ist, soll hier ausgeblendet werden, genau wie die Frage nach der volkswirtschaftlichen Sinnhaftigkeit. Es soll lediglich die zu erwartende Auswirkung auf die Rentabilität eines Windparks und die möglichen rein wirtschaftlichen Entscheidungen des Betreibers betrachtet werden.

Für die zielorientierte Analyse und die überschaubarere Handhabbarkeit werden vom Autor verschiedene Annahmen (siehe Kap.) getroffen.

---

1 In diesem Beitrag wird der Zeitraum der Abregelung der Windkraftanlagen aufgrund der Sechs-Stunden-Regel als Off-Zeit bezeichnet.
Der Vollständigkeit halber sei an dieser Stelle erwähnt, dass sog. „Altvorhaben" (Fertigstellung/Inbetriebnahme vor dem 01. Januar 2016) sowie Kleinanlagen (Windparks unter 3 MW) von der Sechs-Stunden-Regel ausgenommen sind. Es bleibt abzuwarten, in welchem Umfang die Konstellationen auftreten, die zur Anwendung der Sechs-Stunden-Regel führen. Die Erwartungshaltungen weisen – ggf. je nach Interessenlage gefärbt – eine hohe Bandbreite auf: von „wenig Auswirkung auf derzeit anstehende Projekte" bis hin zu „das ist das Ende der selbstständigen Windenergieprojekte".

4 Prämissen

Eckdaten des Windparks

- 6 WKA mit je 3,2 MW Nennleistung
- Nettojahresenergieproduktion rd. 42.000 MWh für p50
- 2.500 Volllaststunden p. a.
- Weibull-Verteilung (A/k-Parameter): 8,0/2,0
- Investition 31 Mio. €, davon 25 Mio. € für die WKA, 6 Mio. € für Anschluss, Nebenkosten und Reserve
- Finanzierung i. H. v. 25,5 Mio. € KfW-Umweltprogramm und 7,5 Mio. € Eigenkapital
- 20 Jahre Nutzungsdauer, danach erfolgt der Rückbau

Tarifsystem

- erhöhter Vergütungssatz i. H. v. 83 €/MWh für 16 Jahre, anschließend 44,50 €/MWh für weitere 4 Jahre[2]
- Einspeisung von zwischengespeichertem Strom ist zum gleichen Tarif außerhalb der Off-Zeiten zulässig

Speicher

- technikoffen
- Kapazität in Energieproduktion je Volllaststunde, d. h. 17,7 MWh oder ein Vielfaches davon
- Selbstentladung wird vernachlässigt
- Raumbedarf und Genehmigungsaufwand sind in den Anschaffungs- und Bewirtschaftungskosten hinreichend berücksichtigt
- Investitionskosten für 20 Jahre Nutzungsdauer rd. 300 T€/MWh nutzbarer Speicherkapazität. Das entspräche rd. 5,0 Mio. € bzw. 20 % der Kosten der WKA für Kapazität von einer Volllaststunde. Diese Investitionskosten – obschon sehr niedrig – sind erreichbar über die folgenden Effekte: Kauf von Second-Life-Batterien, Verkauf als Second-Life-Batterien oder Weiternutzung durch den Windpark im Rahmen eines späteren Repowerings.
- Wirkungsgrad für Laden/Entladen von 85 %/85 %.

Bewertungstool

- Excelbasiertes Cashflow-Modell für Projektfinanzierungen von Wind- und Solarparks der HSH Nordbank AG, das mittlerweile durch ein neues Tool ersetzt wurde.
- Die Ergebnisse lassen keine Rückschlüsse auf die aktuellen bankinternen Bewertungen zu.

Bewertungsfaktor für die Vergleiche

- Bewertung der Rentabilität des Projekts anhand des IRR[3].
- Der initiale IRR des Windparks – ohne Anwendung der Sechs-Stunden-Regel und ohne eine Speicherung von erzeugtem Strom innerhalb des Windpark – liegt bei 5,67 %.

---

2 Einige Angaben zum Windpark – z. B. die Höhe der Vergütung – sind nicht mehr aktuell. Dies wird jedoch in Kauf genommen, da die Abbildung aktueller Werte bei der vergleichenden Analyse keine deutlich abweichenden Ergebnisse liefern würde.

3 Internal Rate of Return (IRR) bzw. der Interne Zinsfuß ist die Rendite des Investors auf Basis der maximal möglichen Ausschüttungen.

Weitere Annahmen und Vereinfachungen

- Die Off-Zeiten betragen in einer Berechnung immer die angegebene Durchschnittszeit von 6, 8, 10, 12, 14 oder 16 Stunden. Tendenziell führt dies zu einer Überzeichnung der (Un-)Vorteilhaftigkeit einer Entscheidung, insbesondere bei der Bemessung der Kapazität des Speichers.
- Eine Abregelung erfolgt immer, wenn die Sechs-Stunden-Regel greift, sofern nicht gespeichert wird.
- Eine Aufladung des Speichers erfolgt nur während der Off-Zeit und nur bis die Speicherkapazität erreicht ist. Es wird angenommen, dass der gespeicherte Strom (= nutzbare Kapazität) aus der vorangegangenen Off-Zeit zwischenzeitlich in das öffentliche Netz eingespeist wurde. Denkbare Fälle, in denen zwei Off-Zeiten zeitlich so dicht beieinander liegen, dass nicht genug Zeit für die Entleerung des Speichers bleibt, werden aufgrund der Speicherkapazität von max. 14 Stunden außer Acht gelassen.

Die Einspeisung des gespeicherten Stroms in das öffentliche Netz erfolgt immer zu Zeiten, in denen der Windpark keinen oder nur wenig Strom produziert, um nicht mehr Strom in das Netz einzuspeisen als aufgrund der Kapazität des Windparks zu erwarten wäre.

Von besonderer Bedeutung ist die Korrelation von vorteilhaften Windverhältnissen und Off-Zeiten: Je besser der Ertrag des Windparks und je höher der Anteil der Windkraft an der Stromerzeugung, desto häufiger erfolgt voraussichtlich eine Abregelung, wobei hier eine hohe Korrelation des betrachteten Windparks mit dem gesamten Windkraftanlagenbestand des Landes angenommen wird. Hierfür wird die Größe „Volllast-Korrelation" genutzt. Ein Wert von 100 % besagt, dass die gesamte Off-Zeit in einem Zeitraum liegt, in der der Windpark 100 % seiner Leistung erbringt. Dagegen besagt ein Wert von 0 %, dass die Off-Zeiten ausschließlich in einem Zeitraum liegen, in denen der Windpark aufgrund der Windverhältnisse ohnehin keinen Strom produzieren würde, weil diese außerhalb der nutzbaren Windverhältnisse liegen.

Das Projekt unterliegt keinen sonstigen Anforderungen für Abschaltungen wie etwa zu Nachtzeiten. Folgende Parameter werden im Rahmen der Analyse genutzt:

- Anzahl der Off-Zeiten: 0, 5, 10, 15, 20, 25, 30, 35, 40 und 45 p. a. konstant während der 20 Jahre.
- Einheitliche Dauer der Off-Zeiten von jeweils 6, 8, 10, 12, 14 und 16 Stunden
- Volllast-Korrelation: gering (25 %), mittel (50 %), hoch (75 %) und vollständig (100 %)

5 Vorgehensweise bei der Analyse

In einem ersten Schritt zur Beantwortung der Frage nach der Vorteilhaftigkeit von Speichern innerhalb eines Windparks wird die Auswirkung der Sechs-Stunden-Regel auf die Rentabilität des Windparks ohne Speicher untersucht. Aufgrund des Verlusts von Teilen der Einnahmen sowie einer weitgehend fixen Kostenstruktur – insbesondere bei Nutzung einer klassischen Projektfinanzierung – wird eine Verschlechterung der Rentabilität erwartet. Im Fokus steht daher das Ausmaß der Verschlechterung, wie es sich anhand des Rückgangs des IRR zeigt.

Anschließend wird untersucht, ob und in welcher Dimensionierung der Einsatz von Speichern mit vorgegebenen Investitionskosten und Betriebskosten in der Lage ist, den negativen Auswirkungen der Sechs-Stunden-Regel in den verschiedenen Szenarien entgegenzuwirken. Dabei werden drei Aspekte des Einsatzes von Speichern beleuchtet (abnehmende Relevanz):

(1) Kann der Speicher überhaupt eine Verbesserung der Rentabilität erreichen?
(2) Welche Auswirkung haben verschiedene Dimensionierungen des Speichers?
(3) Welche Auswirkung hat die Art der Finanzierung der Investitionskosten?

Sollte die Beantwortung der Fragen kein positives Ergebnis erbringen, kann nach einer Break-even-Schwelle gesucht werden. Die Break-even-Schwelle kann dabei auf zwei Wegen erreicht werden:

(1) Reduktion der Investitionskosten bis der kumulierte zusätzliche Nutzen der Investition deren Höhe erreicht
(2) Erhöhung der Erträge durch Anpassung der Vergütung für die betrachtete Nutzung

Nach der Identifizierung der Break-even-Schwelle können Dimensionierung und Finanzierungsart der Investition das weitere Optimierungspotenzial bzw. eine mögliche Absenkung des Break-even aufzeigen.

6 Ergebnisse der Analyse

6.1 Deutliche Auswirkungen der Sechs-Stunden-Regel auf den Windpark ohne Speicher

Der Windpark, der ohne Sechs-Stunden-Regel einen durchaus erfreulichen IRR von 5,67 % aufweist, zeigt bei Anwendung der Sechs-Stunden-Regel deutliche Rückgänge der Produktion und des IRR.[4] Es zeigen sich Verluste bei den Einnahmen von bis zu 29 % (bei 45 Off-Zeiten p. a. à 16 Stunden bei 100 % Volllast-Korrelation). Die Verlustentwicklung kann Tab. 1 entnommen werden.

4 An dieser Stelle sei darauf hingewiesen, dass die hier ermittelten Rückgänge von Produktion, Umsatz/Einnahmen und IRR nur die Auswirkungen der Sechs-Stunden-Regel abbilden. Es werden nicht die gemeinhin bekannten und bislang das Risiko von Windparks maßgeblich beeinflussenden Abweichungen des Windaufkommens und/oder der technischen Verfügbarkeit der Windkraftanlagen gegenüber den erwarteten Werten dargestellt. Diese Unsicherheiten/Risiken bestehen weiterhin und können die tatsächliche Rentabilität des Windparks zusätzlich verschlechtern. Das zu erwartende Gesamtrisiko aus „klassischen" Risiken und den Folgen der Sechs-Stunden-Regel wäre durch geeignete

Tab. 1: Auswirkung der Sechs-Stunden-Regel auf die Produktion (eigene Darstellung)

Produktionsabschlag der Volllaststunden gesamt						
Off-Zeit: Korrelation, Anzahl p. a.	**Off-Zeit: Dauer**					
	6 Std. off	**8 Std. off**	**10 Std. off**	**12 Std. off**	**14 Std. off**	**16 Std. off**
25 %						
0 p. a. Off	0,00 %	0,00 %	0,00 %	0,00 %	0,00 %	0,00 %
5 p. a. Off	−0,30 %	−0,40 %	−0,50 %	−0,60 %	−0,70 %	−0,80 %
10 p. a. off	−0,60 %	−0,80 %	−1,00 %	−1,20 %	−1,40 %	−1,60 %
15 p. a. off	−0,90 %	−1,20 %	−1,50 %	−1,80 %	−2,10 %	−2,40 %
20 p. a. off	−1,20 %	−1,60 %	−2,00 %	−2,40 %	−2,80 %	−3,20 %
25 p. a. off	−1,50 %	−2,00 %	−2,50 %	−3,00 %	−3,50 %	−4,00 %
30 p. a. off	−1,80 %	−2,40 %	−3,00 %	−3,60 %	−4,20 %	−4,80 %
35 p. a. off	−2,10 %	−2,80 %	−3,50 %	−4,20 %	−4,90 %	−5,60 %
40 p. a. off	−2,40 %	−3,20 %	−4,00 %	−4,80 %	−5,60 %	−6,40 %
45 p. a. off	−2,70 %	−3,60 %	−4,50 %	−5,40 %	−6,30 %	−7,20 %
50 %						
0 p. a. Off	0,00 %	0,00 %	0,00 %	0,00 %	0,00 %	0,00 %
5 p. a. Off	−0,60 %	−0,80 %	−1,00 %	−1,20 %	−1,40 %	−1,60 %
10 p. a. off	−1,20 %	−1,60 %	−2,00 %	−2,40 %	−2,80 %	−3,20 %
15 p. a. off	−1,80 %	−2,40 %	−3,00 %	−3,60 %	−4,20 %	−4,80 %
20 p. a. off	−2,40 %	−3,20 %	−4,00 %	−4,80 %	−5,60 %	−6,40 %
25 p. a. off	−3,00 %	−4,00 %	−5,00 %	−6,00 %	−7,00 %	−8,00 %
30 p. a. off	−3,60 %	−4,80 %	−6,00 %	−7,20 %	−8,40 %	−9,60 %
35 p. a. off	−4,20 %	−5,60 %	−7,00 %	−8,40 %	−9,80 %	−11,20 %
40 p. a. off	−4,80 %	−6,40 %	−8,00 %	−9,60 %	−11,20 %	−12,80 %
45 p. a. off	−5,40 %	−7,20 %	−9,00 %	−10,80 %	−12,60 %	**−14,40 %**
75 %						
0 p. a. Off	0,00 %	0,00 %	0,00 %	0,00 %	0,00 %	0,00 %
5 p. a. Off	−0,90 %	−1,20 %	−1,50 %	−1,80 %	−2,10 %	−2,40 %
10 p. a. off	−1,80 %	−2,40 %	−3,00 %	−3,60 %	−4,20 %	−4,80 %
15 p. a. off	−2,70 %	−3,60 %	−4,50 %	−5,40 %	−6,30 %	−7,20 %
20 p. a. off	−3,60 %	−4,80 %	−6,00 %	−7,20 %	−8,40 %	−9,60 %
25 p. a. off	−4,50 %	−6,00 %	−7,50 %	−9,00 %	−10,50 %	−12,00 %
30 p. a. off	−5,40 %	−7,20 %	−9,00 %	−10,80 %	−12,60 %	**−14,40 %**
35 p. a. off	−6,30 %	−8,40 %	−10,50 %	−12,60 %	**−14,70 %**	**−16,80 %**
40 p. a. off	−7,20 %	−9,60 %	−12,00 %	**−14,40 %**	**−16,80 %**	**−19,20 %**
45 p. a. off	−8,10 %	−10,80 %	−13,50 %	**−16,20 %**	**−18,90 %**	**−21,60 %**
100 %						
0 p. a. Off	0,00 %	0,00 %	0,00 %	0,00 %	0,00 %	0,00 %
5 p. a. Off	−1,20 %	−1,60 %	−2,00 %	−2,40 %	−2,80 %	−3,20 %
10 p. a. off	−2,40 %	−3,20 %	−4,00 %	−4,80 %	−5,60 %	−6,40 %

stochastische Verfahren zu ermittelt, ähnlich denen, die Marktpreisrisiken berücksichtigen, wie sie in z. T. auch abgeschwächter Form in neueren europäischen Vergütungsregimen zu finden sind.

Tab. 1: (fortgesetzt)

Produktionsabschlag der Volllaststunden gesamt						
Off-Zeit:	**Off-Zeit: Dauer**					
Korrelation, Anzahl p. a.	**6 Std. off**	**8 Std. off**	**10 Std. off**	**12 Std. off**	**14 Std. off**	**16 Std. off**
15 p. a. off	−3,60 %	−4,80 %	−6,00 %	−7,20 %	−8,40 %	−9,60 %
20 p. a. off	−4,80 %	−6,40 %	−8,00 %	−9,60 %	−11,20 %	−12,80 %
25 p. a. off	−6,00 %	−8,00 %	−10,00 %	−12,00 %	−14,00 %	**−16,00 %**
30 p. a. off	−7,20 %	−9,60 %	−12,00 %	−14,40 %	**−16,80 %**	**−19,20 %**
35 p. a. off	−8,40 %	−11,20 %	−14,00 %	**−16,80 %**	**−19,60 %**	**−22,40 %**
40 p. a. off	−9,60 %	−12,80 %	**−16,00 %**	**−19,20 %**	**−22,40 %**	**−25,60 %**
45 p. a. off	−10,80 %	**−14,40 %**	**−18,80 %**	**−21,60 %**	**−25,20 %**	**−28,20 %**

Im Extremszenario (45 Off-Zeiten p. a. à 16 Stunden bei 100 % Korrelation) würde der IRR von +5,67 % auf −6,95 % sinken. Sollte die Volllast-Korrelation hingegen nur gering (25 %) sein, dann sind auch bei hohem Aufkommen von Off-Zeiten kaum Auswirkungen auf den IRR zu erkennen, der dann im Extremfall von Häufigkeit und Dauer nur auf +3,25 % sinkt. Effekte aus Annahmen von Werten, die sich über die Zeit verändern, weil etwa die Volllast-Korrelation, Häufigkeit und/oder Dauer in Zukunft zunehmen, sind über Interpolationen zumindest näherungsweise zu ermitteln. Die Auswirkungen auf die IRR sind in Tab. 2 dargestellt.

Im weiteren Verlauf werden die Ergebnisse für einzelne Korrelationen dargestellt, um die Übersichtlichkeit zu verbessern und eine grafische Darstellung zu ermöglichen.

So für den Fall, dass es nur eine geringe Korrelation von Off-Zeiten und Zeiten der Stromproduktion des Windparks gibt (siehe Tab. 2, Bereich Korrelation 25 % sowie Abb. 1).

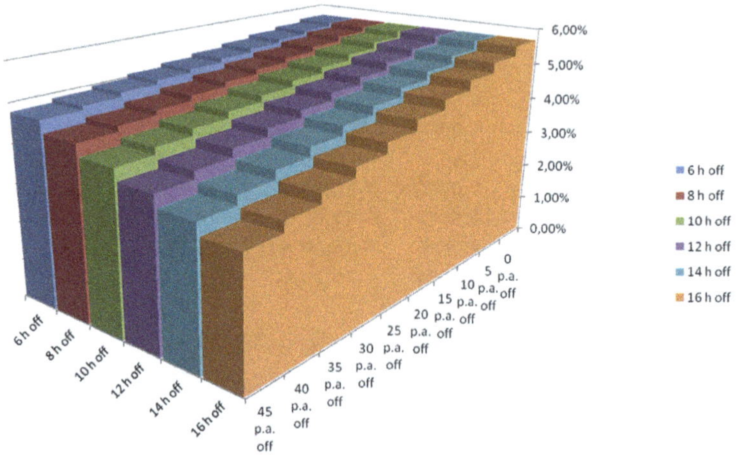

Abb. 1: IRR in Abhängigkeit von Dauer und Häufigkeit der Off-Zeiten bei geringer Korrelation von Off-Zeiten und Volllastzeiten (eigene Darstellung)

Tab. 2: Auswirkungen der Sechs-Stunden-Regel auf den IRR (eigene Darstellung).

IRR in Abhängigkeit von Dauer, Anzahl und Korrelation der Off-Zeit mit Volllastzeiten						
Off-Zeit:	**Off-Zeit: Dauer**					
Korrelation, Anzahl p. a.	**6 Std. off**	**8 Std. off**	**10 Std. Off**	**12 Std. off**	**14 Std. off**	**16 Std. off**
25 %						
0 p. a. Off	5,67 %	5,67 %	5,67 %	5,67 %	5,67 %	5,67 %
5 p. a. Off	5,57 %	5,54 %	5,51 %	5,48 %	5,44 %	5,41 %
10 p. a. off	5,48 %	5,41 %	5,34 %	5,28 %	5,21 %	5,14 %
15 p. a. off	5,38 %	5,28 %	5,18 %	5,08 %	4,98 %	4,88 %
20 p. a. off	5,28 %	5,14 %	5,01 %	4,88 %	4,74 %	4,61 %
25 p. a. off	5,18 %	5,01 %	4,84 %	4,68 %	4,51 %	4,34 %
30 p. a. off	5,08 %	4,88 %	4,68 %	4,47 %	4,27 %	4,06 %
35 p. a. off	4,98 %	4,74 %	4,51 %	4,27 %	4,03 %	3,79 %
40 p. a. off	4,88 %	4,61 %	4,34 %	4,06 %	3,79 %	3,52 %
45 p. a. off	4,78 %	4,47 %	4,16 %	3,86 %	3,55 %	3,25 %
50 %						
0 p. a. off	5,67 %	5,67 %	5,67 %	5,67 %	5,67 %	5,67 %
5 p. a. off	5,48 %	5,41 %	5,34 %	5,28 %	5,21 %	5,14 %
10 p. a. off	5,28 %	5,14 %	5,01 %	4,88 %	4,74 %	4,61 %
15 p. a. off	5,08 %	4,88 %	4,68 %	4,47 %	4,27 %	4,06 %
20 p. a. off	4,88 %	4,61 %	4,34 %	4,06 %	3,79 %	3,52 %
25 p. a. off	4,68 %	4,34 %	3,99 %	3,66 %	3,31 %	2,97 %
30 p. a. off	4,47 %	4,06 %	3,66 %	3,25 %	2,83 %	2,40 %
35 p. a. off	4,27 %	3,79 %	3,31 %	2,83 %	2,33 %	1,82 %
40 p. a. off	4,06 %	3,52 %	2,97 %	2,40 %	1,82 %	1,23 %
45 p. a. off	3,86 %	3,25 %	2,61 %	1,97 %	1,30 %	0,63 %
75 %						
0 p. a. off	5,67 %	5,67 %	5,67 %	5,67 %	5,67 %	5,67 %
5 p. a. off	5,38 %	5,28 %	5,18 %	5,08 %	4,98 %	4,88 %
10 p. a. off	5,08 %	4,88 %	4,68 %	4,47 %	4,27 %	4,06 %
15 p. a. off	4,78 %	4,47 %	4,16 %	3,86 %	3,55 %	3,25 %
20 p. a. off	4,47 %	4,06 %	3,66 %	3,25 %	2,83 %	2,40 %
25 p. a. off	4,16 %	3,66 %	3,14 %	2,61 %	2,08 %	1,53 %
30 p. a. off	3,86 %	3,25 %	2,61 %	1,97 %	1,30 %	0,63 %
35 p. a. off	3,55 %	2,83 %	2,08 %	1,30 %	0,51 %	−0,32 %
40 p. a. off	3,25 %	2,40 %	1,53 %	0,63 %	−0,32 %	−1,30 %
45 p. a. off	2,94 %	1,97 %	0,97 %	−0,08 %	−1,18 %	−2,35 %
100 %						
0 p. a. off	5,67 %	5,67 %	5,67 %	5,67 %	5,67 %	5,67 %
5 p. a. off	5,28 %	5,14 %	5,01 %	4,88 %	4,74 %	4,61 %
10 p. a. off	4,88 %	4,61 %	4,34 %	4,06 %	3,79 %	3,52 %
15 p. a. off	4,47 %	4,06 %	3,66 %	3,25 %	2,83 %	2,40 %
20 p. a. off	4,06 %	3,52 %	2,97 %	2,40 %	1,82 %	1,23 %
25 p. a. off	3,66 %	2,97 %	2,25 %	1,53 %	0,78 %	0,00 %

Tab. 2: (fortgesetzt)

IRR in Abhängigkeit von Dauer, Anzahl und Korrelation der Off-Zeit mit Volllastzeiten						
Off-Zeit: Korrelation, Anzahl p. a.	**Off-Zeit: Dauer**					
	6 Std. off	**8 Std. off**	**10 Std. Off**	**12 Std. off**	**14 Std. off**	**16 Std. off**
30 p. a. off	3,25 %	2,40 %	1,53 %	0,63 %	−0,32 %	−1,30 %
35 p. a. off	2,83 %	1,82 %	0,78 %	−0,32 %	−1,47 %	−2,73 %
40 p. a. off	2,40 %	1,23 %	0,00 %	−1,30 %	−2,73 %	−4,35 %
45 p. a. off	1,97 %	0,63 %	−0,80 %	−2,35 %	−4,13 %	−6,95 %

Es zeigen sich Auswirkungen, die jedoch selbst für Extremszenarien mit großer Häufigkeit und langer Dauer (45 p. a. × 16 Stunden = 720 Stunden p. a. resp. 30 Tage p. a. resp. ca. 8,2 % eines Jahres) noch überschaubar sind. Nimmt man an, dass sich solch eine Ausfallzeit erst über einen längeren Zeitraum wie eine Dekade entwickelt, könnte man Umsatzrückgänge durch Abschaltung während der Anwendung der Sechs Stunden-Regel sicherlich als unbedeutend abtun und ad acta legen.

Deutlich dramatischer sind die Auswirkungen bei dem hier schlechtestmöglichen Fall, der vollständigen Korrelation: Der IRR sinkt in Abhängigkeit von Häufigkeit und Dauer auf bis zu −6,95 % (siehe Tab. 2, Bereich Korrelation 100 % sowie Abb. 2).

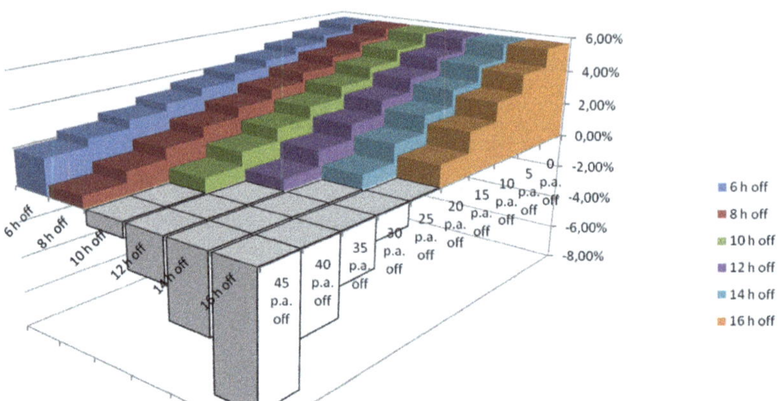

Abb. 2: IRR in Abhängigkeit von Dauer und Häufigkeit der Off-Zeiten bei vollständiger Korrelation von Off-Zeit und Volllastzeiten (eigene Darstellung).

Auch wenn das Extremszenario (45 p. a., 16 Stunden) und eine vollständige Volllast-Korrelation, insbesondere durchgängig über die wirtschaftliche Lebensdauer angesichts der bislang noch überschaubaren Anzahl und Dauer von Fällen der künftigen Anwendung der Sechs-Stunden-Regel aktuell nahezu ausgeschlossen werden kann, so zeigt sich das beträchtliche Risiko für die Rentabilität von Windparks, das mit der Sechs-Stunden-Regel künftig einhergehen kann.

In Anbetracht der vermuteten Zusammenhänge zwischen einem steigenden Anteil von Windstrom am Energiemix und dem Auftreten von negativen Strompreisen gerade zu Zeiten erhöhter Produktion, ist eine erhöhte Volllast-Korrelation als durchaus plausibel anzusehen (siehe Tab. 2, Bereich Korrelation 75 % sowie Abb. 3).

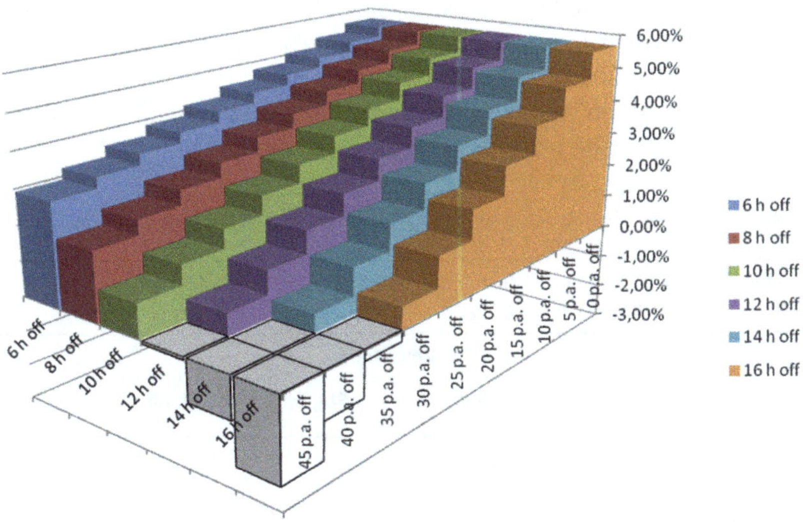

Abb. 3: IRR in Abhängigkeit von Dauer und Häufigkeit der Off-Zeiten bei hoher Korrelation von Off-Zeit und Volllastzeiten (eigene Darstellung).

Bei der weiteren Betrachtung geht der Autor von einer vollständigen Korrelation aus, da sie den Best Case für den möglichen Einsatz von Speichern darstellt und die deutlichsten Auswirkungen zeigt, die durch die Nutzung von Speichern revidiert werden sollten.

7 Enttäuschende Auswirkung der Nutzung von Speichern

Angesichts dieser möglichen dramatischen Verschlechterung der IRRs bei steigender Häufigkeit und/oder Dauer von Off-Zeiten bei vollständiger oder hoher Volllast-Korrelation steigt die Erwartung hinsichtlich einer verbessernden Wirkung von Speichern. Diese ermöglichen, verfügbaren, aber nicht vergüteten Strom aus den Off-Zeiten zu späteren Zeiten mit den per se auskömmlichen Vergütungen einzuspeisen, wenn der Windpark unterhalb seiner Kapazität Strom produziert.[5]

5 An die aktuell nicht gegebene Zulässigkeit sei an dieser Stelle erinnert.

Um den erwarteten Effekt mit einem Speicher zu testen, der mit an Sicherheit grenzender Wahrscheinlichkeit bestmöglich ausgenutzt wird, soll lediglich Speicherkapazität für eine Stunde Volllast-Produktion angeschafft werden. Diese weist mit rd. 17,7 MWh bereits eine Größe auf, oberhalb derer derzeit kaum noch Kostendegressionseffekte zu erwarten ist. Die Betrachtung erfolgt für die bekannten Konstellationen bei 100 % Volllast-Korrelation, um die Effekte deutlicher herausarbeiten zu können. Als Ergebnis zeigen sich die in Tab. 3 dargestellten IRR-Werte.

Es gibt durchaus relative Verbesserungen: So beträgt etwa die Verschlechterung des IRR bei angenommenen sechs Stunden Off-Zeit zwischen dem Ausgangswert mit 1,27 % auf minus 1,14 % bei 45 Off-Zeiten p. a. „nur noch" minus 2,41 %-Punkte, während dieser Rückgang im Ausgangsfall ohne Speicher immerhin noch minus 2,7 %-Punkte (5,67 %–1,97 %) betrug.

Tab. 3: IRR-Entwicklung mit Ein-Stunden-Speicher bei vollständiger Korrelation (eigene Darstellung).

IRR in Abhängigkeit von Dauer, Anzahl und Korrelation der Off-Zeit mit Volllastzeiten; mit Speicher für 1 Stunde bei vollständiger Korrelation (100 %)						
Off-Zeit: Korrelation, Anzahl p. a.	**Off-Zeit: Dauer**					
	6 Std. off	**8 Std. off**	**10 Std. Off**	**12 Std. off**	**14 Std. off**	**16 Std. off**
0 p. a. Off	**1,27 %**	1,27 %	1,27 %	1,27 %	1,27 %	1,27 %
5 p. a. Off	1,02 %	0,92 %	0,82 %	0,72 %	0,61 %	0,50 %
10 p. a. off	0,76 %	0,55 %	0,34 %	0,14 %	−0,07 %	−0,28 %
15 p. a. off	0,49 %	0,18 %	−0,13 %	−0,45 %	−0,76 %	−1,09 %
20 p. a. off	0,23 %	−0,19 %	−0,61 %	−1,04 %	−1,48 %	−1,93 %
25 p. a. off	−0,04 %	−0,57 %	−1,11 %	−1,65 %	−2,21 %	−2,78 %
30 p. a. off	−0,31 %	−0,95 %	−1,61 %	−2,28 %	−2,97 %	−3,68 %
35 p. a. off	−0,58 %	−1,34 %	−2,12 %	−2,92 %	−3,76 %	−4,86 %
40 p. a. off	−0,86 %	−1,73 %	−2,64 %	−3,56 %	−4,79 %	−6,23 %
45 p. a. off	**−1,14 %**	−2,13 %	−3,16 %	−4,40 %	−5,95 %	−8,14 %

Die grafische Darstellung in Abb. 4 zeigt ähnliche Verläufe wie in Abb. 2 (IRR in Abhängigkeit von Dauer und Häufigkeit der Off-Zeiten bei vollständiger Korrelation von Off-Zeit und Volllastzeiten) (ohne Speicherkapazität) allerdings etwas flacher und vor allem auf deutlich schlechterem Niveau.

Bei einer Erhöhung der Speicherkapazität auf 4 Stunden bzw. rd. 71 MWh sinkt das Niveau der Ergebnisse weiter, wie Tab. 4 zu entnehmen ist.

Auch ist die Verbesserung durch verstärkte Speicherung nicht sofort ersichtlich: Der Rückgang des IRR in der 6-Stunden-Spalte beträgt jetzt nur noch 0,96 %-Punkte (−4,48 % vs. −5,44 %). Die erneute Abflachung des Verlaufs kann jedoch nicht über die negativen Auswirkungen der untersuchten Investitionsentscheidung hinwegtäuschen: Der IRR liegt in allen Szenarien im negativen Bereich (siehe Abb. 5).

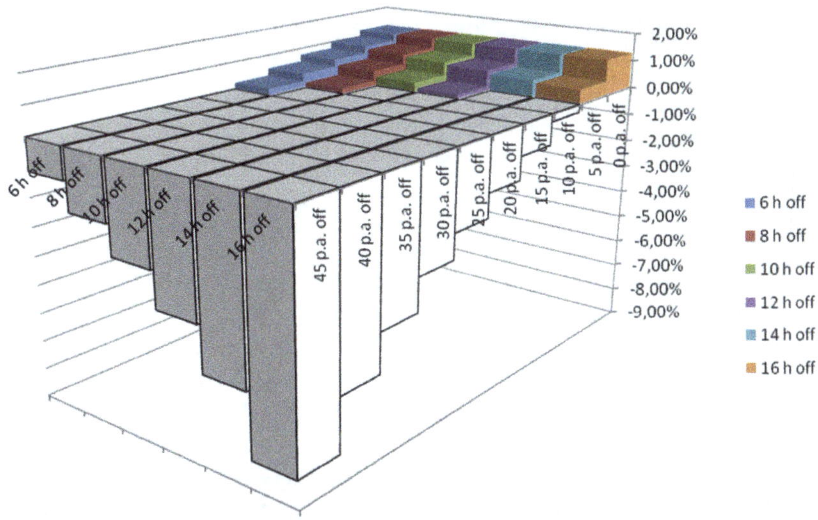

Abb. 4: IRR in Abhängigkeit von Dauer und Häufigkeit der Off-Zeiten bei vollständiger Korrelation von Off-Zeit und Volllastzeiten bei Implementierung einer Speicherkapazität von 1 Volllaststunde (eigene Darstellung).

Tab. 4: IRR-Entwicklung mit Vier-Stunden-Speicher bei vollständiger Korrelation (eigene Darstellung).

IRR in Abhängigkeit von Dauer, Anzahl und Korrelation der Off-Zeit mit Volllastzeiten; mit Speicher für 4 Stunden bei vollständiger Korrelation (100 %)

Off-Zeit: Korrelation, Anzahl p. a.	Off-Zeit: Dauer					
	6 Std. off	8 Std. off	10 Std. Off	12 Std. off	14 Std. off	16 Std. off
0 p. a. off	**−4,48 %**	−4,48 %	−4,48 %	−4,48 %	−4,48 %	−4,48 %
5 p. a. off	−4,58 %	−4,66 %	−4,74 %	−4,82 %	−4,90 %	−4,98 %
10 p. a. off	−4,68 %	−4,84 %	−5,01 %	−5,17 %	−5,34 %	−5,51 %
15 p. a. off	−4,79 %	−5,03 %	−5,28 %	−5,54 %	−5,80 %	−6,07 %
20 p. a. off	−4,89 %	−5,22 %	−5,57 %	−5,92 %	−6,27 %	−6,64 %
25 p. a. off	−5,00 %	−5,42 %	−5,85 %	−6,30 %	−6,77 %	−7,25 %
30 p. a. off	−5,11 %	−5,62 %	−6,15 %	−6,70 %	−7,28 %	−7,90 %
35 p. a. off	−5,22 %	−5,82 %	−6,45 %	−7,12 %	−7,83 %	−8,60 %
40 p. a. off	−5,33 %	−6,02 %	−6,76 %	−7,55 %	−8,40 %	−9,37 %
45 p. a. off	**−5,44 %**	−6,23 %	−7,08 %	−8,00 %	−9,03 %	−10,26 %

Veränderungen der Finanzierung der Investitionskosten hin zu teilweiser Fremdfinanzierung („FK“) führen ebenfalls nicht zu verbesserten Ergebnissen:

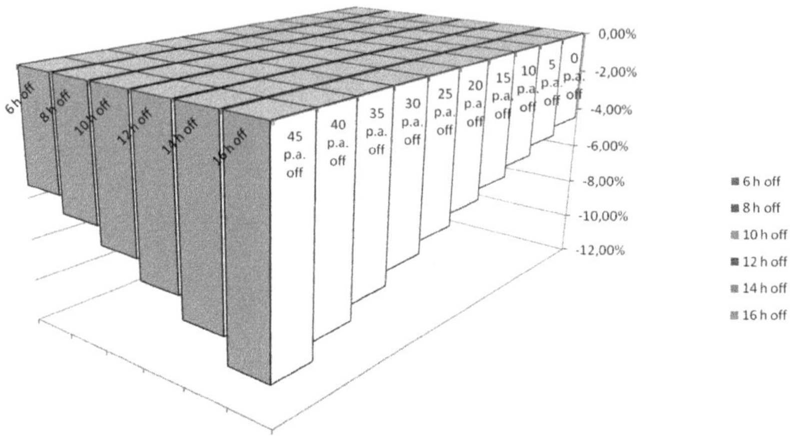

Abb. 5: IRR in Abhängigkeit von Dauer und Häufigkeit der Off-Zeiten bei vollständiger Korrelation von Off-Zeit und Volllastzeiten bei Implementierung einer Speicherkapazität von 4 Volllaststunden (eigene Darstellung).

Tab. 5 : Vergleich IRR-Entwicklung mit Speicher bei vollständiger Korrelation und unterschiedlicher Finanzierung (eigene Darstellung).

IRR bei 6 Stunden Off-Zeit-Dauer, in Abhängigkeit von Anzahl und Finanzierung der Off-Zeit; mit Speicher für 2 Stunden bei vollständiger Korrelation (100 %)		
Off-Zeit: Anzahl p. a.	**Off-Zeit: 6 Std.**	
	All Equity	**50 % FK**
0 p. a. off	−1,21 %	−2,22 %
5 p. a. off	−1,39 %	−2,46 %
10 p. a. off	−1,56 %	−2,69 %
15 p. a. off	−1,74 %	−2,94 %
20 p. a. off	−1,92 %	−3,17 %
25 p. a. off	−2,10 %	−3,42 %
30 p. a. off	−2,28 %	−3,66 %
35 p. a. off	−2,46 %	−3,96 %
40 p. a. off	−2,64 %	−4,30 %
45 p. a. off	−2,85 %	−4,66 %

Der obenstehende Vergleich (siehe Tab. 5) zeigt deutlich, dass eine teilweise Fremdfinanzierung (hier 50 % der Investitionskosten) trotz historisch niedriger Zinsen keine Verbesserung, sondern vielmehr eine weitere Verschlechterung der internen Rendite bewirkt: Das IRR-Niveau sinkt und der Abstand zwischen Ausgangslage ohne Off-Zeiten und dem Maximalwert von 45 p. a. steigt von 1,01 %-Punkten auf 1,81 %-Punkte. Der Fremdkapitalzins ist zwar historisch niedrig, aber höher als der negative IRR.

Verbesserungen des Ladewirkungsgrades führen zu keiner deutlichen Verbesserung der Ergebnisse, da die Kosten für den eingespeicherten Strom nahe Null sind. Aus diesem Grund wird auf die ausführliche Betrachtung verzichtet.

8 Ursachenanalyse

Die beschriebenen Effekte lassen die Vermutung zu, dass die Investitionskosten, die Nutzungsintensität und/oder die Mehrerlöse für den gespeicherten und wieder abgegebenen Strom unter den gegebenen Rahmenbedingungen nicht ausreichend sind, um einen Break-even für die Investition in Speicher zu erreichen. Es soll daher für die verschiedenen Parameter der jeweilige Break-even (näherungsweise) ermittelt werden.

8.1 Break-even für die Vergütung

$$\text{BE für Vergütung} = \frac{\text{Capex für Nutzungsdauer}}{\text{Nutzungsdauer} \times \text{jährliche Häufigkeit}}$$

$$\text{BE für Vergütung} = \frac{283\ \text{T€/MWh}}{20\text{Jahre} \times 45\ \text{p. a.}}$$

Auf Basis der höchsten betrachteten Häufigkeit (45 p. a.) ergibt sich eine erforderliche Vergütung von 314,44 €/MWh, die mehr als viermal so hoch ist, wie die tatsächliche Vergütung von durchschnittlich 75,30 €/MWh (gewichtetes Mittel aus der Anfangsvergütung von 83 €/MWh für 16 Jahre und 44,50 €/MWh für 4 Jahre).

Als Nebenbedingung ist bei dieser Ermittlung die technische Lebensdauer (Ladezyklen) zu beachten, die nicht überschritten werden sollte. Ansonsten ist mit Kostensprüngen durch Ersatzinvestitionen zu rechnen. Aber auch im Falle von Investitionskosten, die im Rahmen von Second-Life-Konzepten ermittelt werden, ist Vorsicht geboten: Die häufigere Nutzung reduziert zwar den Break-even, höhere Investitionen für die gekaufte erforderliche Restnutzungsmöglichkeit oder auch geringere Restwerte durch die erhöhte Nutzung im Falle des Second-Hand-Verkaufs oder einer etwaigen Anschlussnutzung sollten berücksichtigt werden.

8.2 Break-even für die erforderliche Häufigkeit(Ladezyklen) p. a.

$$\text{BE für Häufigkeit p. a.} = \frac{\text{Capex für Nutzungsdauer}}{\text{Nutzungsdauer} \times \text{Vergütung}}$$

$$\text{BE für Häufigkeit p. a.} = \frac{283\ \text{T€/MWh}}{20\ \text{Jahre} \times 75,30\ \text{€/MWh}}$$

Die Anzahl der erforderlichen Ladezyklen beträgt demnach 188 p. a. An die in Kapitel 4 beschriebenen Nebenbedingungen sei auch hier erinnert.

Dieser Break-even ist aus einem weiteren Grund nur bedingt geeignet: Die Ausgangslage sah die Anzahl der Ladezyklen p. a. als Folge der Anzahl der Off-Zeiten an. Ein Szenario mit 188 Off-Zeiten von mindestens jeweils 6 Stunden bedeutet (bei vollständiger Korrelation) also mindestens 1.128 Volllaststunden Produktionsverlust (entspricht fast 50 % der Gesamtproduktion), für die dann nur 188 Volllaststunden zum Verkauf stehen.

8.3 Break-even für die Investitionskosten

$$\text{BE}_{\text{Capex}}\text{für Nutzungsdauer} = \text{Nutzungsdauer} \times \text{Häufigkeit p. a.} \times \text{Vergütung} \times \text{Wirkungsgrad Entladung}$$

$$\text{BE}_{\text{Capex}}\text{für Nutzungsdauer} = 20\ \text{Jahre} \times 45\ \text{p. a.} \times 75,3\ \text{€/MWh} \times 0,85$$

Der erforderliche Break-even bei den Investitionskosten für erforderliche Nutzungsdauer liegt somit bei rd. 57,60 T€/MWh.

Bei Konstellationen mit Speicherkapazitäten (in Volllaststunden) nahe der Dauer der Off-Zeiten wird auch der Wirkungsgrad der Einspeicherung relevant. Allerdings wurden bei der Untersuchung Konstellationen, in denen die Speicherkapazität höher ist als die in der Off-Zeit speicherbare Strommenge, per Logikprüfung ausgeschlossen und können das Ergebnis nicht verfälschen.

Ausgehend von den nun deutlich niedriger als zuvor angenommenen Investitionskosten (58 T€ vs. 283 T€ je MWh) zeigt sich wie erwartet ein deutlich höheres Niveau der IRRs, auch wenn diese immer noch unter denen der Ausgangssituation (ohne Speicher) liegen (siehe Tab. 6 und Abb. 6).

Bei Szenarien, die Investitionskosten für den Speicher auf Break-even-Niveau beinhalten, ist zu beachten, dass der neue Gesamt-IRR – ungeachtet der nicht vollständigen Kompensation der Verluste durch den Ladungswirkungsgrad und/oder der optimalen Dimensionierung der Speicher – immer unter dem IRR für die Ausgangslage liegen wird: Der anteilige IRR für die Investition in Speicher, den sie im Break-even-Fall liefert, ist immer rd. 0 %.

Der Verwässerungseffekt wird auch in Tab. 7 deutlich. Zu beachten ist, dass die Break-even-Capex für die Extremvariante (16 Stunden, 45 p. a.) ermittelt wurden. Die Break-even-Capex für die 45 × 6-Stunden-Variante liegen näherungsweise bei 21,6 T€/MWh bzw. 7,5 % der aktuell erreichbaren Werte.

Tab. 6: IRR Entwicklung mit Ein-Stunden-Speicher zu Break-even-Kosten von 57,6 T€/MWh bei vollständiger Korrelation (eigene Darstellung).

IRR in Abhängigkeit von Dauer, Anzahl und Korrelation der Off-Zeit mit Volllastzeiten; mit Speicher für 1 Stunde zu Break-even-Kosten bei vollständiger Korrelation (100 %)

Off-Zeit: Anzahl p. a.	**Off-Zeit: Dauer**					
	6 Std. off	**8 Std. off**	**10 Std. off**	**12 Std. off**	**14 Std. off**	**16 Std. off**
0 p. a. off	**4,53 %**	4,53 %	4,53 %	4,53 %	4,53 %	4,53 %
5 p. a. off	4,22 %	4,09 %	3,96 %	3,84 %	3,71 %	3,59 %
10 p. a. off	3,89 %	3,64 %	3,39 %	3,14 %	2,89 %	2,63 %
15 p. a. off	3,57 %	3,19 %	2,81 %	2,42 %	2,03 %	1,64 %
20 p. a. off	3,24 %	2,74 %	2,22 %	1,70 %	1,16 %	0,61 %
25 p. a. off	2,92 %	2,27 %	1,62 %	0,94 %	0,25 %	−0,46 %
30 p. a. off	2,59 %	1,81 %	1,00 %	0,16 %	−0,70 %	−1,60 %
35 p. a. off	2,26 %	1,33 %	0,37 %	−0,63 %	−1,69 %	−2,80 %
40 p. a. off	1,92 %	0,84 %	−0,28 %	−1,46 %	−2,73 %	−4,14 %
45 p. a. off	**1,58 %**	0,35 %	−0,95 %	−2,35 %	−3,87 %	−5,89 %

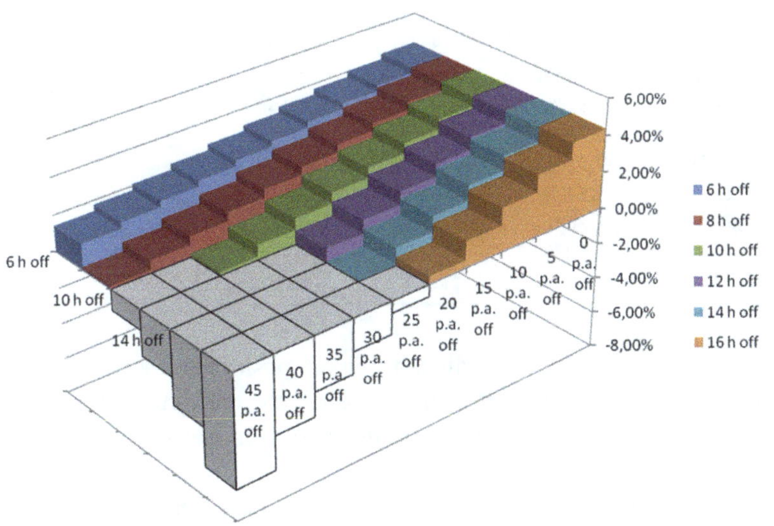

Abb. 6: IRR in Abhängigkeit von Dauer und Häufigkeit der Off-Zeiten bei vollständiger Korrelation von Off-Zeit und Volllastzeiten bei Implementierung einer Speicherkapazität von einer Volllaststunde zu Break-even-Kosten (eigene Darstellung).

Die Auswirkungen des zeitlichen Anfalls von Erträgen aus einer Investition auf den IRR können hier vernachlässigt werden, da von einem gleichförmigen Verlauf der beiden Ertragsströme ausgegangen wird. Dem Aspekt des zeitlichen Verlaufs ist aber sehr wohl Beachtung zu schenken, wenn etwa von einer steigenden Anzahl von Off-Zeiten im Zeitablauf und damit einhergehend Überlegungen ausgegangen wird, den Speicher erst später (wenn es sich denn eher lohnt) zu installieren. Bei dieser durchaus naheliegenden Vorgehensweise (Voraussetzung: die Capex für ein Jahr Nutzungsdauer seien im Zuge des Second-Life-Konzepts entsprechend fix) ist auch der gegenläufige Effekt aus dem Verlauf bei den Vergütungen für den eingespeisten Strom (die ersten 16 Jahre mit 83,00 €/MWh und die letzten 4 Jahre mit 44,50 €/MWh) zu berücksichtigen. Hier wird auch die zunehmende Komplexität deutlich, die bei Einbeziehung spezifischer Verläufe entsteht, seien sie gegeben, wie die Vergütung des Stroms, oder erwartet, wie die Entwicklung der Off-Zeiten im Verlauf der Projektlebensdauer.

Tab. 7: IRR-Entwicklung bei 6 Stunden Off-Zeiten in Abhängigkeit von Speichergröße (eigene Darstellung).

IRR bei 6 Stunden Off-Zeit-Dauer, in Abhängigkeit von Anzahl der Off-Zeiten und Speichergröße bei vollständiger Korrelation (100 %)				
Off-Zeit: Anzahl p. a.	**Off-Zeit: 6 Stunden**			
	0 Std. off	**1 Std. off**	**2 Std. off**	**3 Std. off**
0 p. a. off	5,67 %	4,53 %	3,55 %	2,72 %
5 p. a. off	5,28 %	4,22 %	3,31 %	2,52 %
10 p. a. off	4,88 %	3,89 %	3,06 %	2,33 %
15 p. a. off	4,47 %	3,57 %	2,81 %	2,14 %
20 p. a. off	4,06 %	3,24 %	2,55 %	1,95 %
25 p. a. off	3,66 %	2,92 %	2,29 %	1,76 %
30 p. a. off	3,25 %	2,59 %	2,04 %	1,57 %
35 p. a. off	2,83 %	2,26 %	1,78 %	1,37 %
40 p. a. off	2,40 %	1,92 %	1,52 %	1,17 %
45 p. a. off	1,97 %	1,58 %	1,25 %	0,98 %

Um eine Investition in Speicher zu ermöglichen, die die positive IRR etwa in Höhe des Windparks in der Ausgangslage erreicht, müssten die relevanten Parameter weiter verbessert werden, sodass sich die erforderlichen Gewinne aus der Investition ergeben. Es bieten sich folgende Anpassungen an:

(1) Die Capex für die erwartete Speichernutzung müssen noch weiter sinken, also deutlich unter den bereits ermittelten 57,60 T€/MWh für das Extremszenario (16 Stunden, 45 p. a.) liegen. Sofern man von moderateren Szenarien mit geringerer Häufigkeit ausgeht, müssten die Capex noch einmal deutlich niedriger liegen.

(2) Die Vergütung für Strom, der aus dem Speicher in das Stromnetz eingespeist wird, wird deutlich höher vergütet als der direkt bei Erzeugung eingespeiste Strom mit dem hier zugrunde gelegten Tarif.

Über diese Parameter – einzeln oder in Kombination – müsste dann der zuvor beschriebene „Verwässerungseffekt" durch eine Break-even-Investition mit 0 %-IRR sowie der „Schwund“ durch den Wirkungsgrad des Speichers kompensiert werden. Der „Verwässerungseffekt“ führt dazu, dass aus Sicht des anhand von IRR steuernden Investors die erforderlichen Kompensationen umso größer sein müssen, je größer der Speicherbedarf aufgrund der erwarteten Dauer der Off-Zeiten ist.

9 Die Bankenperspektive

An dieser Stelle sei die Perspektive gewechselt: Die den Windpark mitfinanzierende Bank kann durchaus andere Anforderungen an den Einsatz von Speichern haben. Ein gewisses Maß an höheren Cashflows als zur Bedienung des Kapitaldiensts (Zins + Tilgung) der Finanzierung zwingend erforderlich ist, sichert diese gegen die klassischen Risiken des Windparks (Volatilität des nutzbaren Windaufkommen und Verfügbarkeit der Windkraftanlage) ab.

Wie in Kapitel 6 gezeigt, stellen die Off-Zeiten ein zusätzliches Risiko dar. Dieses kann jedoch – anders als die klassischen Risiken bzw. „Unsicherheiten“ – nicht verbessernd wirken. Ein zunehmender Umfang der Off-Zeiten – gleichbedeutend mit Einnahmeverlusten – wirkt sich aufgrund der hohen Fixkostenanteile (u. a. der Kapitaldienst, der hier rd. 2/3 der Einnahmen ausmacht und auch der Großteil der Betriebskosten ist fix) direkt und überproportional auf die „Belastbarkeit“ der Finanzierung aus.

Sofern die Belastbarkeit der Finanzierung aus Sicht der Bank kritische Größen annimmt,[6] wird die Bank auf Gegenmaßnahmen dringen, auch wenn solche zu eben dieser beobachteten Verwässerung des IRR führen.

Die Bank kann darauf dringen, dass bei absehbaren Engpässen angesichts zunehmender Off-Zeiten eine Teilrückführung der Bankfinanzierung durch Eigenkapital erfolgt. Diese würde bei einer Höhe, die bei der Anschaffung eines ausreichend bemessenen Speichers (z. B. für 5 bis 6 Volllaststunden Speicherkapazität, rd. 25 % der Investition für die 6 Windkraftanlagen, rd. 25 % der ursprünglichen Fremdfinanzierung) entspräche, die Finanzierung sehr wirkungsvoll aus dem Gefahrenbereich bringen: Der Schuldendienstdeckungsgrad („DSCR“) inkl. Schuldendienstreserve würde bei einer derart reduzierten Fremdfinanzierung erst bei einem Rückgang der Einnahmen um 35 % in einem Jahr und erst mit einem Rückgang um 43 % wieder dauerhaft unter 1,0 sinken.[7]

6 In unserem Beispiel unterschreitet der DSCR inkl. Schuldendienstreserve bei ca. 15 % Ertragsrückgang die DSCR-Schwelle von 1,0 in einem Jahr, bei einem Rückgang der Einnahmen um rd. 27 % liegt auch der Durchschnitts-DSCR inkl. Schuldendienstreserve unter 1,0, was nichts anderes bedeutet, als dass über die Gesamtlaufzeit eine Bedienung und vollständige Rückführung der Finanzierung nicht mehr erfolgen kann.

7 Die „klassischen“ Risiken aus Volatilität des Windaufkommens und der technischen Verfügbarkeit sollten nicht außer Acht gelassen werden.

Angesichts dieser Relationen – der Rückgang der Einnahmen beträgt im hier untersuchten Worst Case „lediglich“ rd. 29 % – wäre auch für die Bank die Forderung nach einem angemessenen Speicher sicher nicht die erste Wahl.

Aus Sicht des Investors ist zu beachten, dass ein Eigenkapitaleinsatz zur Teilrückführung der Fremdfinanzierung einen gesicherten Teil-IRR in der Größenordnung des Fremdkapitalzinssatzes erzielt, sofern Ertragsteuern außerhalb des Projekts anfallen. Darüber hinaus kann eine positive Auswirkung einer solchen Vorgehensweise die Verbesserung bzw. auch die Verhinderung einer Verschlechterung der Kreditmarge[8] bei der verbleibenden Fremdfinanzierung sein, die ebenfalls eine verbessernde Wirkung auf den IRR hat.

10 Fazit und Ausblick

Zusammenfassend zeigt sich für (Batterie-)Speicher in einem Windpark folgendes ernüchterndes Bild:

Eine recht komfortable Ausgangslage (IRR bei 5,67 % bei bekannten, insgesamt überschaubaren und mit erprobten Mitteln beherrschbaren Risiken) mit gesellschaftlich gewollten Effekten (Energiewende für Klimaschutz/Ablösung Kernkraft) wird durch ein neues Phänomen (Off-Zeiten aufgrund der Sechs-Stunden-Regel) gestört, das durch die Gesamtheit der Betroffenen (Windparks), deren eigener Kostenstruktur (Grenzkosten nahe Null, Kosten fast vollständig fix), den genutzten Vergütungsrahmen (Anreizvergütung) sowie eine ebenfalls gesellschaftlich gewollte Korrekturmaßnahme (Sechs-Stunden-Regel) verursacht wird.

Die Auswirkungen der Off-Zeiten aufgrund der Sechs-Stunden-Regel nehmen schnell (bei steigender Anzahl und Dauer der Off-Zeiten sowie deren Korrelation mit den produktiven Zeiten der Windparks aufgrund des zunehmenden Anteils von Windkraft am Energiemix) ein gravierendes Ausmaß (Einnahmerückgang von bis zu 29 %) an und lassen sehr unbequeme Lagen (Rückgang IRR auf bis zu minus 7 %, Störung der Bedienung der Fremdfinanzierung) entstehen.

Eine naheliegende Gegenmaßnahme (Speicherung zur Zeit-Arbitrage) wird erwogen. Diese ist bei Voraussetzungen, die nicht beeinflusst werden können (Capex je benötigter Kapazität, spezifische Vergütung der Stroms), zwar wirksam (Abflachung des Rückgangs der IRRs im Verlauf), lässt aber die Größe, in der der eigene Erfolg gemessen wird und nach der man als Investor steuert (IRR) immer ungünstiger werden, je größer und konsequenter der Einsatz der Gegenmaßnahme

8 Banken vereinbaren in vielen Fällen eine (stufenweise) Anpassung der Kreditmarge anhand von bestimmten Finanzrelationen, die das Kreditrisiko widerspiegeln oder mit ihm korrelieren wie z. B. DSCR. Wenn sich diese Finanzrelationen sich im Zeitverlauf der Finanzierung verschlechtern, erhöht sich die Kreditmarge entsprechend, um diesem erhöhten Risiko Rechnung zu tragen.

(Speicherkapazität) erfolgt. Die (eigene) Einschätzung des Umfangs der erfolgenden Verschlechterungen ist wichtig, um eine möglichst sinnvolle Dimension der Gegenmaßnahme zu bestimmen.

Gleichzeitig gibt es mit dem Fremdkapitalgeber (zumeist eine Bank) einen weiteren Beteiligten, der nach einer anderen Größe (DSCR) steuert, die seinen Belangen (Risikobegrenzung) und Vergütungen (Kreditmarge) entspricht, aber andere Entscheidungen nahelegt.

Die erwarteten Stabilisierungseffekte für die Finanzierung des Windparks können angesichts des für den Speicher erforderlichen zusätzlichen Eigenkapitals – die zumindest teilweise Fremdfinanzierung wäre für den IRR ebenfalls in vielen Fällen schädlich – mit diesem zusätzlichen Eigenkapital auch ohne Speicher erreicht werden. Durch die vorzeitige Tilgung von Teilen der Finanzierung kann erreicht werden, dass die erwarteten Werte des DSCR wieder in einem akzeptablen Bereich liegen.

Es lässt sich festhalten, dass die (Zwischen-)Speicherung von Windstrom im Projekt als an sich naheliegende Lösung der sich abzeichnenden oder zumindest möglichen Auswirkung der Sechs-Stunden-Regel mit den aktuellen Rahmendaten (Kosten/Vergütungen) aus Perspektive der Windparkbetreiber allenfalls eingeschränkt wirtschaftlich sinnvoll erscheint. Es mag – gerade im Sinne der Nachhaltigkeit – schmerzhaft sein, Energie, die ohne wirtschaftliche und ökologische Grenzkosten (WKA sind ja errichtet) erzeugbar ist, nicht zu nutzen. Erst wenn es eine wirtschaftlich sinnvolle Speicherung gibt, wird sich die Speicherungen von Windstrom durchsetzen können.

Die Beobachtung, dass gerade die relativ geringe Zahl der Ladezyklen die aktuell kapitalintensive Speicherung wirtschaftlich unattraktiv macht, spricht nach Einschätzung des Autors eher für den Einsatz von Speichern im Stromnetz. Auf welcher Ebene und wie dezentral, sollte an anderer Stelle untersucht werden.

Die Faktoren, die darüber entscheiden, ob der Einsatz von Speichern (wirtschaftlich) sinnvoll ist, sind:

(1) Entgelt für die Zeitarbitrage, d. h. der Spread zwischen (echten/Opportunitäts-) Kosten des zu speichernden Stroms und dem (echten/Opportunitäts-)Preis für entladenen Strom
(2) Nutzungsfrequenz, d. h. die Anzahl der nutzbringenden Ladezyklen p. a.
(3) Investitionskosten für Lade-/Speicherkapazität bzw. entsprechende Kosten während der Nutzungsdauer

Sofern es für diese Aspekte und die daraus erzielbare Rendite angesichts des langen Amortisationszeitraums keine Sicherheit und positive Erwartungen gibt, wird es sicherlich keine Speicherung von „Windstrom“ innerhalb eines Windparks geben. Weitere relevante Nebenbedingungen sind, dass die Verluste im Falle der Nichtspeicherung hinreichend groß sind und auch der Ersatz bestehenden Fremdkapitals durch neu zugeführtes Eigenkapital in Höhe des erforderlichen Investments in Speicher keine wirtschaftlich sinnvollere Maßnahme ist.

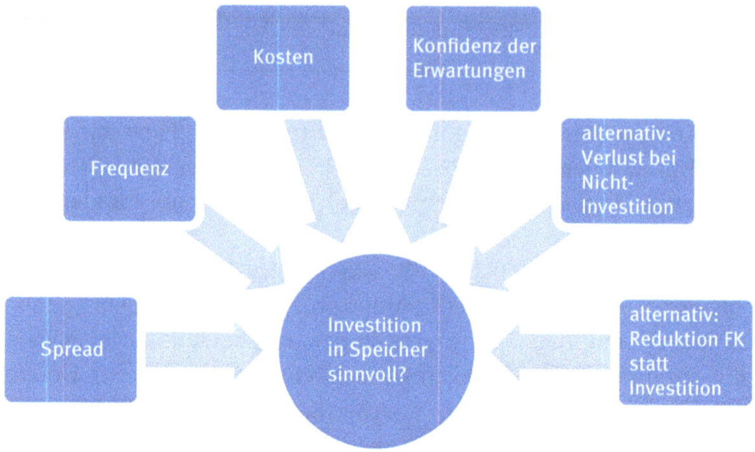

Abb.7: Die wichtigsten Parameter für eine Investition in Speicher (eigene Darstellung).

Dass diese Parameter (siehe Abb. 7) – insbesondere Spread und Nutzungsfrequenz – an anderer Stelle, etwa bei PV-Anlagen im kleineren Maßstab (und damit angesichts von Größendegressionseffekten sogar dem ungünstigeren Bereich der Capex) einen wirtschaftlichen Einsatz von Speichern ermöglichen, zeigt, dass diese nicht per se unwirtschaftlich sind. Bei einer Anpassung des regulatorischen Umfelds und/oder signifikanten Kostenreduktionen kann die Bewertung zu einem späteren Zeitpunkt durchaus anders ausfallen.

Aus Sicht des Autors bieten sich u. a. die folgenden Punkte für weitere Untersuchungen an:

- Vergleich des Einsatzes von Speichern (a) innerhalb des Wind-/Solarparks, (b) für Cluster von Wind-/Solarparks oder (c) innerhalb der Netzinfrastruktur hinsichtlich Wirtschaftlichkeit und Effektivität
- Vergleich von eigenständigen Speichern zum Ausgleich von Ungleichgewichten in der Stromversorgung mit homogenisierten Erneuerbare-Energien-Kraftwerkspools, die etwa grundlastfähig und/oder flexibel steuerbar sind.

Zu allerletzt steht trotz der ernüchternden Erkenntnisse ein Appell: Die Energie ist vorhanden – nutzen wir sie!

Maren Petersen und Mathias Timm

Geeignete wirtschaftliche Rahmenbedingungen für Energiespeicher

Erschließung vorhandener Flexibilitätspotenziale

1 Grundlagen

Energiespeicher spielen für das Energieversorgungssystem seit Jahrzehnten eine wichtige Rolle. So sind es bisweilen v. a. die bestehenden Pumpspeicherkraftwerke, die bei Stromüberschüssen oder Strombedarf mittels Stromaufnahme bzw. -abgabe für einen Ausgleich im Stromversorgungssystem sorgen.

Heute sind Stromspeicher insbesondere am Energy-Only-Markt tätig, um sich über den sog. „Arbitrage-Handel", also die Nutzung der Preisdifferenz zwischen Strombezugskosten und Verkaufspreisen, zu refinanzieren. Jedoch sorgte in erster Linie der über das EEG vergütete Strom aus Erneuerbaren Energien, dessen Kosten teilweise durch die EEG-Umlage auf die Stromkunden umgelegt werden, dafür, dass das Strompreisniveau in den letzten Jahren deutlich gesunken ist. Gleichzeitig führen die durch das EEG vergüteten Strommengen, die mit Grenzkosten nahe null an der Strombörse gehandelt werden, dazu, dass sich der durchschnittliche Spread zwischen dem Tageshöchst- und -tiefstpreis seit einigen Jahren immer weiter verringert hat (siehe Abb. 1). In Folge sinkt auch die Rendite von Stromspeichern, wodurch deren Einsatz am Energy-Only-Markt zunehmend unattraktiver geworden ist.

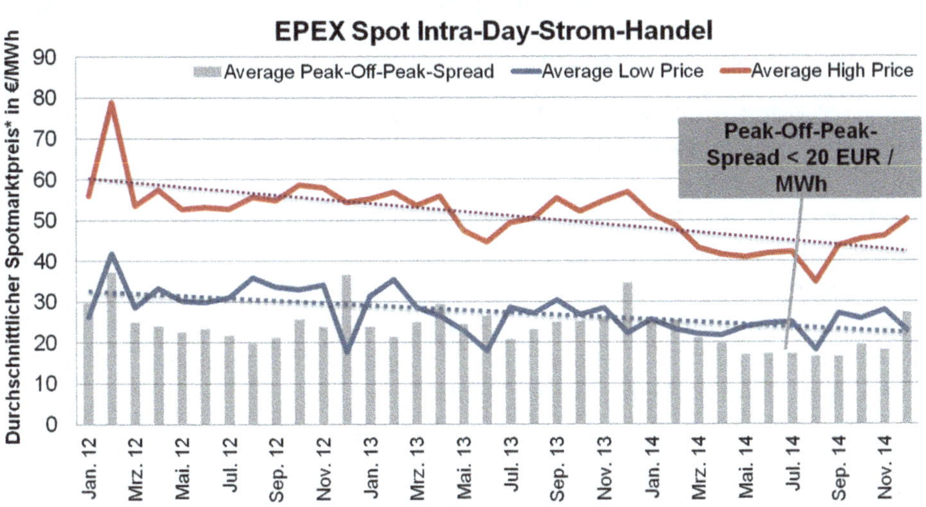

Abb. 1: Entwicklung der Monatsmittelwerte am EPEX Spot Intraday-Markt (eigene Darstellung nach EPEX SPOT, BDEW, 2015).

https://doi.org/10.1515/9783110458480-022

Neben dem Energy-Only-Markt sind Energiespeicher auch am Markt für Regelleistung (mehrere Regelleistungsprodukte) tätig. Jedoch sind die Leistungs- und Arbeitspreise auch hier rückläufig.

Obwohl sich die wirtschaftliche Situation für Energiespeicher am Energy-Only-Markt und am Regelenergiemarkt in den letzten Jahren tendenziell eher verschlechtert hat, steigt ihre systemtechnische Bedeutung mit dem Ausbau dargebotsabhängiger Erneuerbarer Energien deutlich. So führt die weitere Umsetzung der Energiewende – insbesondere vor dem Hintergrund des Ausbaus von Windkraft und Photovoltaik (PV) – dazu, dass die durch steuerbare Erzeugungskapazitäten zu deckende Residuallast (Stromnachfrage abzüglich der dargebotsabhängigen Stromerzeugung aus Windkraft und PV) immer größeren Schwankungen unterworfen ist (siehe Abb. 2).

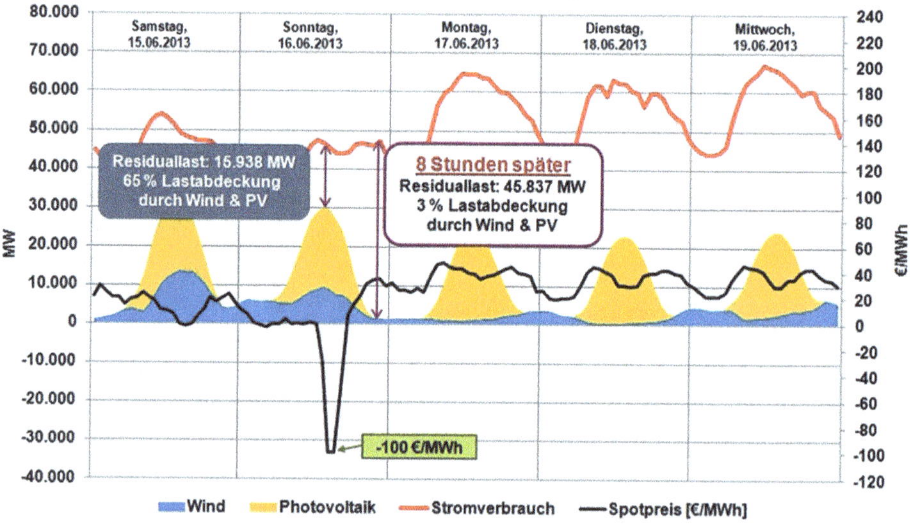

Abb. 2: Steigender Flexibilitätsbedarf im Stromversorgungssystem (Übertragungsnetzbetreiber, EEX, BDEW, 2013, eigene Berechnungen).

Verstärkt wird dieser Effekt dadurch, dass der Stromnetzausbau auf Übertragungs- und v. a. auf der Verteilnetzebene dem Ausbau der Erneuerbaren Energien „hinterherhinkt". Energiespeicher sind nun – u. a. durch ihre Fähigkeit zur Bereitstellung von Systemdienstleistungen – in der Lage, auf Engpasssituationen zu reagieren und das System zu entlasten. Gleichzeitig erhöhen sie durch die Möglichkeit zum Erzeugungs- bzw. Lastausgleich die Versorgungssicherheit.

Energiespeicher sind jedoch i. d. R. keine Alternative zum Ausbau des Stromnetzes, da dieses den räumlichen Stromtransport, Energiespeicher hingegen den zeitlichen Erzeugungsausgleich gewährleisten.

Ein Zeugnis für den steigenden Flexibilitätsbedarf ist der Anstieg der Redispatch-Maßnahmen, also der Eingriffe der Strom-Übertragungsnetzbetreiber in den Kraftwerks-

und Speicherbetrieb. So stiegen die jährlichen Redispatch-Volumina beispielsweise von 306 GWh im Jahr 2010 auf 11.160 GWh im Jahr 2015. Hintergrund für diese Entwicklung waren zumeist Netzengpässe infolge der hohen Einspeisung aus Erneuerbaren Energien.

Das Strommarktdesign der Zukunft muss in der Lage sein, den tatsächlichen Flexibilitätsbedarf ökonomisch abzubilden. In der aktuellen Marktentwicklung ist hingegen zu beobachten, dass insbesondere flexible Spitzenlastkapazitäten wie Gaskraftwerke und zukünftig auch Energiespeicher (z. B. Pumpspeicherkraftwerke) den Markt aufgrund der für einen wirtschaftlichen Betrieb nicht ausreichenden Rahmenbedingungen verlassen. Gleichzeit steigt der technische Flexibilitätsbedarf durch die zuvor beschriebene Zunahme der Residuallastgradienten aufgrund des steigenden Anteils der dargebotsabhängigen Erneuerbaren Energien an der Stromerzeugung.

Der Gesetzgeber hat mit der Weiterentwicklung des Strommarkts im Jahr 2016 erste relevante Weichenstellungen vorgenommen. Gleichzeitig wird die Höhe der EEG-Vergütung für den Großteil der in Zukunft zugebauten Stromerzeugung aus Erneuerbare-Energien-Anlagen durch Auktionsverfahren ermittelt. Dies, so hofft der Gesetzgeber, wird dazu führen, dass der Markt in Knappheitssituationen oder in Zeiten mit einem Stromüberangebot entsprechende Preissignale generiert, wovon dann auch Energiespeicher profitieren, da sie genau auf diese Preissignale reagieren können.

2 Neue Speicher versus alte Speicher

Aufgrund des sich fundamental verändernden Geschäftsfelds entdecken viele etablierte, aber auch zahlreiche neue Akteure das Feld der Energiespeicher für sich. Innovationen im Bereich der Speichertechnologien befördern diese Entwicklung zusätzlich, sodass heute (Stand: Juni 2017) weit über 20 Power-to-Gas-Anlagen in Betrieb sind, weitere befinden sich in der Planung.

Die Power-to-Gas-Technologie bietet den Akteuren eine Möglichkeit zur Nutzung von Strom im Gassektor mit einer Vielzahl von nachgelagerten energetischen oder stofflichen Nutzungsoptionen. Bei diesem Verfahren (siehe Abb. 3) können insbesondere Überschüsse im Stromnetz (1) dazu genutzt werden, mittels Elektrolyse Wasser in Wasserstoff und Sauerstoff aufzuspalten (2). Der erzeugte Wasserstoff kann direkt – z. B. als Rohstoff in der Industrie – genutzt oder bis zu einem gewissen Volumenanteil dem Erdgas beigemischt und entsprechend eingesetzt werden (3). Alternativ besteht die Möglichkeit, den durch Power-to-Gas erzeugten Wasserstoff in einem weiteren Verfahrensschritt mittels Methanisierung (4) und unter CO_2-Beimischung in sog. Substituted Natural Gas (SNG) umzuwandeln (Sabatier-Prozess), das nahezu dieselben chemischen Eigenschaften wie Erdgas hat. Demzufolge kann es überall dort direkt eingesetzt werden, wo auch „normales“ Erdgas genutzt wird, z. B. zur Wärmeerzeugung, zur Stromerzeugung oder als Kraftstoff in Erdgasfahrzeugen.

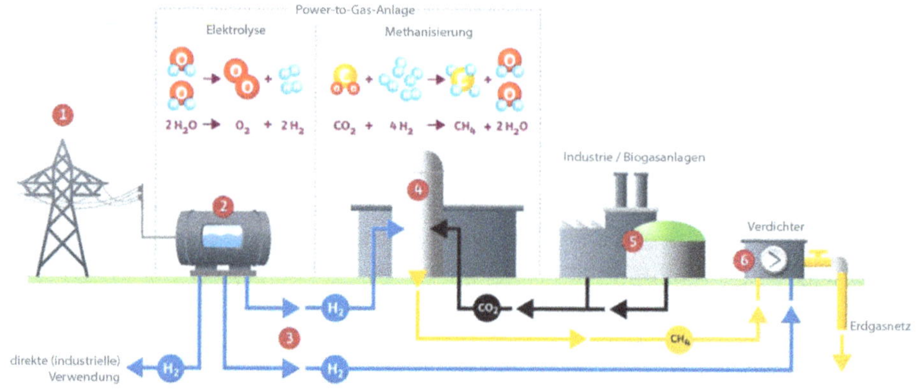

Abb. 3: Power-to-Gas: Stromüberschüsse im Erdgasnetz speichern und transportieren (BDEW, 2015).

Auch bei Power-to-Heat, also dem Einsatz von Strom zur Wärmebereitstellung, sind heute bereits über 25 große Anlagen mit Leistungen im Bereich von 0,5 bis über 50 Megawatt in Betrieb – mit steigender Tendenz.

Mittels Power-to-Heat besteht in Systemen aus Kraft-Wärme-Kopplungs-Anlagen (KWK) und Wärmenetzen in Zeiten mit Stromüberschüssen die Möglichkeit, dem Stromnetz aktiv Strom zu entnehmen und in Form von Wärme nutzbar zu machen. Hierdurch ist es möglich, KWK-Anlagen nicht länger im wärmegeführten „Must-Run-Betrieb" zu fahren, sondern flexibel auf Anforderungen aus dem Stromnetz bzw. aus dem Strommarkt zu reagieren.

Den größten „Boom" erleben aber zurzeit Batteriespeicher. Dies ist auch auf das im Mai 2013 erstmalig initiierte und am 1. März 2016 fortgeführte KfW-Förderprogramm 275 *Erneuerbare Energien – Speicher* zurückzuführen. Durch einen Zuschuss zu den geförderten Speicherkosten sowie durch zinsgünstige Darlehen werden hier ausschließlich kleine, dezentrale Batteriespeicher gefördert, die in Kombination mit Photovoltaikanlagen zumeist in Einfamilienhäusern errichtet werden. Bis heute ist die Anzahl solcher Speichersysteme, die größtenteils auf der Lithium-Ionen-Technologie basieren, deutschlandweit auf über 60.000 Anlagen gestiegen. Dieser Trend wird sich nach derzeitiger Schätzung ungebrochen fortsetzen.

Während auf Kundenseite immer mehr solcher Anlagen installiert werden, muss es Aufgabe der Energiewirtschaft sein, diese kleinen dezentralen Batteriespeicher intelligent in das Energieversorgungssystem zu integrieren. Nur wenn der Betrieb solcher Anlagen im Einklang mit den technischen Anforderungen des Stromversorgungssystems als Ganzes erfolgt, können diese Speicherlösungen einen positiven Effekt im Sinne einer effizienten Umsetzung der Energiewende haben.

Neben den genannten Batteriespeichern im Leistungsbereich von zumeist unter 20 kWh werden zunehmend auch großtechnische Batteriespeicherprojekte mit Leistungsklassen über 1 Megawatt realisiert. Diese Anlagen dienen vornehmlich der Bereitstellung von Primäregelleistung. Sie sollen hier insbesondere ihre Vorteile der sehr schnellen Leistungsbereitstellung ausspielen und so das Stromnetz stabilisieren. Diese Funktion wird angesichts des weiter steigenden Anteils dargebotsabhängiger Erneuerbarer Energien wie Windkraft und Photovoltaik für die Systemstabilität zunehmend wichtig. Auch das im Zuge der weiteren Transformation der Stromerzeugung (Stichwort „Dekarbonisierung“) zu erwartende Ausscheiden großer konventioneller Kraftwerkskapazitäten wird die Bedeutung von Batteriespeichern zur Bereitstellung von Regelenergie und Systemdienstleistungen weiter erhöhen.

Die beschriebene positive Entwicklung im Segment der Energiespeicher kann jedoch nicht darüber hinwegtäuschen, dass das regulatorische und daraus resultierend auch das wirtschaftliche Umfeld für den Betrieb solcher Anlagen aktuell deutlich verbesserungsbedürftig sind. Während neue Technologien durch (teil-)staatliche Forschungs- und Entwicklungsprogramme in ihrer Marktreife weiterentwickelt werden, was sehr zu begrüßen ist, sind bestehende, etablierte Technologien in ihrem Fortbestand akut gefährdet. Hintergrund ist eine Entscheidung der *Bundesnetzagentur* aus dem Jahre 2008, Stromspeicher wie bspw. Pumpspeicherkraftwerke grundsätzlich als Letztverbraucher zu kategorisieren. Diese Auffassung wurde im Rahmen der Novellierung des *Energiewirtschaftsgesetzes* Mitte 2009 und anschließend durch den *Bundesgerichtshof* – unter Verweis auf den Willen des Gesetzgebers – mit Beschluss vom 17.11.2009 höchstrichterlich bestätigt. So wird in Deutschland aktuell die Stilllegung genau jener Technologien diskutiert bzw. von den Betreibern erwogen, die nach mehrheitlicher Expertenmeinung für das Gelingen der Energiewende von großer Bedeutung sind. Gleichzeitig bauen unsere europäischen (physikalischen) Nachbarn in Österreich, in der Schweiz und perspektivisch auch in Norwegen und in Schweden ihre Pumpspeicherkapazitäten weiter aus, da jenseits der deutschen Grenze keine Umlagen und Entgelte auf diesen – in Deutschland umlagepflichtigen – Strom gezahlt werden müssen. Es ist nicht nachzuvollziehen, wie die Politik einerseits die Vollendung des europäischen Binnenmarkts fordern und gleichzeitig durch national einseitige Zahlungsverpflichtungen den Wettbewerb entscheidend beeinflussen kann – hier zum Nachteil der Speicherbetreiber in Deutschland.

Auch im Bereich von Power-to-Gas und Power-to-Heat herrscht akuter Handlungsbedarf hinsichtlich der für diese Technologien relevanten Gesetze. Pioniere aus Deutschland waren es, die hierzulande die ersten größeren Power-to-Gas-Anlagen in Betrieb genommen haben. Die Technologie wurde seither stetig weiterentwickelt, sodass deutsche Unternehmen heute weltweit die Technologieführerschaft innehaben. Trotz dieser Umtriebigkeit der Unternehmen ergibt sich oftmals noch kein positiver „Business Case“. Schuld an dieser Entwicklung sind hier – wie auch bei den Stromspeichern – die regulatorischen und wirtschaftlichen Rahmenbedingungen. Im Gegensatz zur Regelung in Deutschland zahlen Power-to-Gas-Anlagen-Betreiber hinter der deutschen Landesgrenze auf den gleichen, z. B. aus EEG-geförderten Anlagen in Deutschland stammenden Strom keine Abgaben, was auch hier zu einem entscheidenden Wettbewerbsvorteil für jene Anlagen führt.

Vor diesem Hintergrund besteht zunehmend die Gefahr, dass die Unternehmen und die Branche insgesamt ins Ausland abwandern. Doch was nützen Pumpspeicherkraftwerke oder Power-to-Gas-Anlagen hinter der Landesgrenze, wenn die Energiewende vor Ort solche Technologien erfordert? Das gilt für den Strom-, Wärme- und Verkehrssektor sowie für den Bereich der industriellen Rohstoffe gleichermaßen. Sollte jene Entwicklung anhalten, könnte dies zukünftig zu einer Importabhängigkeit Deutschlands im Bereich des „grünen Wasserstoffs" oder des „grünen Methans" führen, um hierzulande die Klimaschutzziele in allen Energiesektoren zu erreichen. Eine solche Entwicklung wäre wohl kritisch zu hinterfragen.

Zusätzlich besteht die Gefahr, durch Abwanderung die Expertise und damit die Technologieführerschaft im Bereich einer zukunftsträchtigen Branche zu verlieren. Mit Blick auf den Industriestandort Deutschland kann auch diese Entwicklung nicht befürwortet werden.

3 Forderung: Abbau regulatorischer Hemmnisse für Energiespeicher

Die Reform des Strommarkts ist ein wichtiger Schritt, um den zukünftig steigenden Flexibilitätsbedarf auch ökonomisch abzubilden. Jedoch führt eine solche Reform im Hinblick auf Energiespeicher ins Leere, wenn der regulatorische Rahmen die Wirtschaftlichkeit von Energiespeichern weiterhin behindert. Die für Energiespeicher bestehende Pflicht zur Zahlung von Letztverbraucherabgaben und Stromnetzentgelten sind Zeugnis dieser Fehlentwicklung. Sie haben z. B. bereits zu ersten Stilllegungen von Pumpspeicherkraftwerken geführt und den Markteintritt neuer Speichertechnologien wie bspw. von Power-to-Gas-Anlagen behindert. An dieser Stelle sei die Frage erlaubt, inwiefern (natürlich begrüßenswerte) Forschungsförder- oder Marktanreizprogramme für neue Energiespeichertechnologien zielführend sind, wie sie in der Vergangenheit auf Bundes- und auf Länderebene aufgelegt wurden, wenn zeitgleich bestehende Anlagen aus dem Markt gedrängt werden oder neuen Technologien der Marktzugang erschwert wird.

Neben zielführenden Anreizen für Forschung und Entwicklung, deren oberste Prämisse die Technologieoffenheit sein sollte, sowie eines geeigneten Marktumfelds, fehlt es in Bezug auf Energiespeicher gegenwärtig sowohl national als auch im europäischen Kontext an einer einheitlichen Begriffsdefinition. In der Konsequenz gelten Energiespeicher beim Strombezug heute als Letztverbraucher, wodurch sie grundsätzlich zur Zahlung von Letztverbraucherabgaben und Netzentgelten verpflichtet sind. Technologiespezifische Ausnahmeregelungen wie sie in § 118 Abs. 6 Energiewirtschaftsgesetz (EnWG) oder in § 60 Abs. 3 EEG 2014 festgelegt wurden, sind Zeugnis dieser regulatorischen Unausgewogenheit.

Von zentraler Bedeutung für die Schaffung eines Level-Playing-Fields für alle Speichertechnologien ist daher eine für alle relevanten Gesetze geltende einheitliche Definition der Systemkomponente „Energiespeicher". Die damit einhergehende Abgrenzung von Erzeugern, Netzbetreibern und Letztverbrauchern spielt insbesondere im EnWG und im EEG eine wichtige Rolle. Während der Letztverbrauch die finale Abnahme der transportierten Energie darstellt, sind Energiespeicher aus energiewirtschaftlicher Sicht Anlagen, die Energie aufnehmen und die gespeicherte Energie – z. B. in Form von Strom, Gas oder Wärme/Kälte – zeitlich verzögert wieder abgeben. Die erhebliche finanzielle Belastung von Energiespeichern, die mit den aktuell geltenden Regelungen einhergeht, führt nicht nur zu einer prohibitiven Barriere der Technologie- und Marktentwicklung, sondern ist angesichts der Funktion von Energiespeichern bereits in energiewirtschaftlicher Hinsicht im Grundsatz unzutreffend.

4 BDEW-Vorschlag für Begriffsdefinitionen vom 06.06.2014

Der BDEW hat dem Gesetzgeber daher bereits im Jahr 2014 einen Vorschlag zur Definition von Energiespeichern als vierte Säule im Energiesystem unterbreitet. Damit wurde seitens der Energiewirtschaft erstmals ein gemeinsamer Branchenvorschlag vorgelegt, der ein einheitliches Verständnis der Systemkomponente „Energiespeicher" definiert.

- Systemkomponente „Energiespeicher": „Anlagen, die Energie mit dem Ziel der elektrischen, chemischen, elektrochemischen, mechanischen oder thermischen Speicherung aufnehmen und einer zeitlich verzögerten Nutzung wieder zur Verfügung stellen." (BDEW, 2015, S. 2)
- „Stromspeicher im Stromversorgungssystem": „Energiespeicher, die elektrische Energie aus einem Netz für die allgemeine Versorgung aufnehmen, diese zwischenspeichern und die ausgespeicherte elektrische Energie wieder in ein Netz für die allgemeine Versorgung einspeisen. Der Bezug von elektrischer Energie zum Zweck der Zwischenspeicherung in einem Stromspeicher gilt nicht als Letztverbrauch." (BDEW, 2015, S. 3)

Im Zentrum des BDEW-Vorschlags steht dabei die Definition der Systemkomponente „Energiespeicher", die als übergeordnete Kategorie aller Speichertechnologien zu verstehen ist und dabei sehr weit greift. „Stromspeicher im Stromversorgungssystem" definiert der BDEW als Unterkategorie von „Energiespeichern".

Beide Definitionen haben gemeinsam, dass sie technologieneutral ausgestaltet sind. Nicht die Technologie soll darüber entscheiden, ob ein Speicher allgemein als „Energiespeicher" im System gelten muss oder als „Stromspeicher im Stromversorgungssystem" konkretisiert werden kann. Vielmehr ist der Einsatzzweck, also die

Funktion der eingesetzten Technologie innerhalb der betrachteten Systemgrenzen, für deren Klassifizierung entscheidend.

So kann eine Power-to-Gas-Anlage lediglich ein „Energiespeicher“ sein, wenn sie z. B. Strom aus dem Stromsektor bezieht, in Wasserstoff oder weiter in Methan umwandelt und das Gas anschließend direkt oder über die Gasnetzinfrastruktur ohne eine Rückverstromung genutzt wird. Beispiele hierfür sind der Einsatz des erzeugten Gases im Wärme- oder Verkehrssektor sowie der Einsatz als Grundstoff in der Industrie. Die gleiche Anlage kann jedoch als „Stromspeicher im Stromversorgungssystem“ gelten, wenn der erzeugte Wasserstoff bzw. das Methan im weiteren Prozess (rück-) verstromt und der Strom wieder einem Stromnetz zugeführt wird. Die BDEW-Definition ermöglicht somit, dass z. B. eine Power-to-Gas-Anlage gegen einen Batteriespeicher in den Wettbewerb tritt. Ein Investor kann in diesem Falle je nach seinem „Business Case“ entscheiden, in welche der beiden Technologien er investieren will/ welche sich für ihn schneller amortisiert.

5 Fazit

Leider wurde der beschriebene Vorschlag des BDEW seitens des Gesetzgebers bislang noch nicht aufgegriffen, wodurch verschiedene von der Politik geschaffene Privilegierungen heute über den Einsatz von Energiespeichern entscheiden und nicht der freie Wettbewerb.

Beides, der Abbau regulatorischer Hemmnisse sowie die Weiterentwicklung des Strommarktdesigns insgesamt, sind Grundvoraussetzungen für die Sicherstellung angemessener wirtschaftlicher Rahmenbedingungen für Energiespeicher. Sie sind maßgebend dafür, ob Energiespeicher dem zukünftigen Energieversorgungssystem als dringend benötigte Flexibilitätsoption zur Verfügung stehen und damit die vorhandenen Flexibilitätspotenziale in Deutschland effizient erschlossen werden können.

Literatur

BDEW Bundesverband der Energie- und Wasserwirtschaft e. V. (2013): *Steigender Flexibilitätsbedarf im Stromversorgungssystem. Berechnung auf Basis von Daten der Übertragungsnetzbetreiber und der EEX, BDEW*, 2013.

BDEW Bundesverband der Energie- und Wasserwirtschaft e. V. (2015): *Entwicklung der Monatsmittelwerte am EPEX Spot Intra-day-Markt. Darstellung nach EPEX SPOT, BDEW*, 2015.

BDEW Bundesverband der Energie- und Wasserwirtschaft e. V. (2015): *Power-to-Gas: Stromüberschüsse im Erdgasnetz speichern und transportieren*, 2015.

Verzeichnis der Autorinnen und Autoren

Markus Adam LL.M. studierte Rechtswissenschaften an der Ernst-Moritz-Arndt-Universität Greifswald. Nach dem Referendariat beim OLG Celle begann er im Jahr 2006 als Referent für den Netzzugang bei *LichtBlick*, Deutschlands größtem Anbieter für Ökoenergie. Seit 2015 leitet er dort die Stabsstelle Recht. Von 2013 bis 2015 nahm er berufsbegleitend an der Leuphana Universität Lüneburg den Masterstudiengang Competition & Regulation wahr. Neben dem Energie- und Kartellrecht zählt die Elektromobilität zu einem weiteren Interessenschwerpunkt, inklusive erster Veröffentlichungen.

Dr. Achim-Rüdiger Börner studierte an den Rechts- und Staatswissenschaftlichen Fakultäten der Universitäten Köln und Bonn (Recht, Volkswirtschaft, Orientalistik). Von 1982 bis 1984 war er Justitiar der Ruhrgas AG für Grundsatzfragen in den Bereichen Energiewirtschaft und Energierecht (einschließlich Auslandsexploration) und von 1984 bis 1987 Leiter der Rechtsabteilung der Aachener und Münchener Versicherung AG. Seither ist er Rechtsanwalt in eigener Kanzlei – zunächst in Düsseldorf und später in Köln – mit Spezialisierung im Wirtschaftsrecht auf die strategische Beratung für regulierte Sektoren und Auslandsinvestitionen sowie auf Schiedsverfahren.

Dr. Jörg Böttcher, Mitherausgeber dieses Buches, studierte Wirtschaftswissenschaften an der Ruhr-Universität Bochum und promovierte 2011 an der Justus-Liebig-Universität Gießen. Seit 1995 ist er bei der HSH NORDBANK AG tätig. Als Senior Structured Finance Analyst ist er dort mit der Strukturierung und dem Risikomanagement von Projekten im Bereich Erneuerbare Energien befasst. Er hat seit über zehn Jahren eine Reihe von Publikationen zu den Themen Erneuerbare Energien und Projektfinanzierung veröffentlicht. Er ist Lehrbeauftragter an der Frankfurt School of Finance. Darüber hinaus ist er seit 2014 Redakteur „Finanzierung“ beim German Renewable Energy Law Online Journal (www.lexegese.de), dem Online-Magazin für das Recht der Erneuerbaren Energien.

Dr. Florian Brahms, Licence en droit français, hat im Zeitraum von 2002 bis 2006 ein Studium der deutsch-französischen Rechtswissenschaften in Potsdam und Paris X Nanterre in Kooperation mit der deutsch-französischen Hochschule absolviert. Sein zweites Staatsexamen hat er im Jahr 2011 in Berlin abgelegt. Im Rahmen des Referendariats hat er u. a. bei der Clearingstelle EEG gearbeitet. Seit dem Jahr 2011 ist Rechtsanwalt Brahms zugelassen, zunächst als selbstständiger Rechtsanwalt in Berlin. Von November 2011 bis März 2016 war er bei der auf das Energierecht spezialisierten MASLATON Rechtsanwaltsgesellschaft mbH tätig und schrieb berufsbegleitend seine Doktorarbeit zum Thema der Direktvermarktung im EEG, die er im Februar 2016 an der TU Chemnitz ablegte. Seit April 2016 ist Dr. Florian Brahms Rechtsanwalt bei der auf den Mittelstand fokussierten Wirtschaftsprüfungsgesellschaft Roever Broenner Susat Mazars und widmet sich weiterhin allen Fragen des Energierechts, zu denen er regelmäßig publiziert und referiert.

Christian Cappel studierte Rechtswissenschaft an der Goethe-Universität in Frankfurt am Main. Seit 2014 ist er dort als Rechtsanwalt in der auf Wirtschaftsrecht spezialisierten Sozietät METIS tätig. Er befasst sich im Schwerpunkt mit der Prozessführung in kapitalmarkt- und gesellschaftsrechtlichen Streitigkeiten und berät insbesondere in komplexen Schadens- und Haftungsfällen, auch mit Bezug zum Recht der Erneuerbaren Energien.

Frank Dessau, Bankkaufmann, Dipl. Sparkassenbetriebswirt und Master of Business Administration (WU Wien), ist seit 1985 mit einer gut dreijährigen Unterbrechung bei der HSH Nordbank AG tätig. Als Senior Structured Finance Analyst ist er derzeit in der Abteilung Kreditrisikomanagement Strukturierte Finanzierungen (inkl. Erneuerbare-Energien-Projekte) schwerpunktmäßig für das Neugeschäft bei Leveraged-Finance-Transaktionen verantwortlich. Als Voteur bzw. Senior Credit Advisor war er lange Jahre auch mit dem Segment Erneuerbare Energien befasst.

Dr. Frank-Detlef Drake leitet die Bereiche „Strategie" sowie „Forschung und Entwicklung" bei der innogy SE. Von 2008 bis 2016 hat er die F&E-Aktivitäten des RWE-Konzern verantwortet. Seit seinem Eintritt in die RWE-Unternehmensgruppe im Jahr 2002 war er jeweils drei Jahre im Kraftwerkssektor und im internationalen Gasgeschäft von RWE in leitenden Positionen tätig, zuletzt als Geschäftsführer der RWE Gas Midstream. Vor seinem Wechsel zu RWE war er Partner beim Beratungsunternehmen McKinsey in Düsseldorf. Schwerpunkte seiner Beratungstätigkeit waren die Energieversorgung und die chemische Industrie. Er hat in Hannover und in den USA Energie- und Verfahrenstechnik studiert und 1995 an der Universität Hannover eine Promotion zur Bewertung von Energiesystemen in Bezug auf den Treibhauseffekt abgeschlossen.

Dr. Peter Eckerle studierte Chemie an der TU Darmstadt und promovierte 1992 am Max-Planck-Institut für Kohlenforschung in Mülheim an der Ruhr. Nach einem Postdoc bei Sumitomo Chemicals in Japan wurde er spezialisierter Berater für die Chemieindustrie bei McKinsey&Co. 1998 wechselte er zur BASF und verantwortete bis 2010 verschiedene Funktionen in IT, Marketing und der Entwicklung neuer Geschäftsfelder. 2010 begründete er das Clusternetzwerk StoREgio in der Metropolregion Rhein-Neckar, das sich mittlerweile als überregionaler Verein organisiert hat und in dem er die Geschäftsführung übernommen hat. Neben der Geschäftsführertätigkeit ist er aktiv in mehrere Forschungsprojekte involviert.

Prof. Dr.-Ing. Bernd Engel promovierte 1996 im Bereich der Energietechnik an der Technischen Universität Clausthal. Im Anschluss arbeitete er bei der ALSTOM Transport Deutschland GmbH und bei der SMA Solar Technology AG als Senior Vice President mit Verantwortung für (u. a.) Technologie- und Produktentwicklung. Seit 2011 ist Herr Prof. Engel Universitätsprofessor an der TU Braunschweig mit dem Fachgebiet „Komponenten nachhaltiger Energiesysteme" am Institut für Hochspannungstechnik und Elektrische Energieanlagen – elenia.

Christian Frohberg, Studium der Rechtswissenschaften in Leipzig, Referendariat in Leipzig (unter anderem beim Mitteldeutschen Rundfunk) und Frankfurt am Main (Suhrkamp Verlag), war mehrere Jahre Tätigkeiten bei Deringer Tessin Herrmann & Sedemund (später Freshfields Bruckhaus Deringer) und Oppenhoff & Rädler (deutsche Vorgängersozietät von Linklaters) tätig. Seit 2004 ist er Rechtsanwalt der MASLATON Rechtsanwaltsgesellschaft mbH. Zudem ist er Mitautor des Rechtshandbuchs Windenergieanlagen (Herausgeber: Rechtsanwalt Prof. Dr. Martin Maslaton).

René Groß LL.M. ist seit Oktober 2013 Referent für Energierecht und Energiepolitik der Bundesgeschäftsstelle Energiegenossenschaften beim DGRV – Deutscher Genossenschafts- und Raiffeisenverband e. V. In dieser Funktion ist er fachlicher Ansprechpartner für die Bundespolitik, Verbände, Behörden, Wirtschaft und Öffentlichkeit. Von September 2011 bis September 2013 war er als Referent für Energierecht und Verbandsjurist beim Bundesverband Solarwirtschaft e. V. angestellt. Mit dem Energierecht, dem Recht der Erneuerbaren Energien und der Energiepolitik beschäftigt er sich seit dem Jahr 2006. In jenem Jahr begann René Groß einen einjährigen Masterstudiengang im Internationalen, Europäischen und Rechtsvergleichenden Energie- und Umweltrecht an der Katholieke Universiteit Leuven in Belgien.

Dr. Alfons Haber studierte nach mehrjährigen Tätigkeiten im Energieversorgungsbereich an der Technischen Universität Graz Elektrotechnik-Wirtschaft und absolvierte im Anschluss den Executive Master in General Management. Neben den Tätigkeiten bei der österreichischen Regulierungsbehörde, in der internationalen Beratung und in mehreren Energieversorgungsunternehmen ist er seit einigen Jahren ebenfalls allgemein beeideter und gerichtlich zertifizierter Sachverständiger. Seit dem Jahr 2013 ist er Professor für Netz- und Systemintegration an der Hochschule Landshut und leitet ebenfalls das zugehörige Fachgebiet am Wissenschaftszentrum Straubing, einem weiteren Standort der TU München. In den letzten Jahren veröffentlichte er eine Reihe von Publikationen zu den Themen „Stromnetze", „Smart Grids", „Regulierung", „Versorgungssicherheit und Strategie im Energiebereich" sowie zum „Parallelbetrieb von Erzeugungsanlagen und Speichern". Zu seinen Forschungsgebieten zählen schwerpunktmäßig Stromnetze, Smart Grids, dezentrale Erzeugungsanlagen, Speicheranlagen sowie technisch/wirtschaftliche Bewertungen.

Eva Hauser, M. A. der Politikwissenschaft, ist seit 2007 für das Institut für Zukunftsenergiesysteme (IZES gGmbH) tätig; seit April 2016 als dessen stellvertretende wissenschaftliche Leiterin. Ihre Forschungsschwerpunkte sind die Empirie und Regulierung der Teilmärkte des Stromsektors sowie die Schaffung geeigneter Rahmenbedingungen für die Transformation des Energiesektors. Ein weiterer Schwerpunkt ist die Einbindung von Bürgern und bürgerschaftlichem Engagement im Rahmen der Energiewende. Nach ihrem Studium der Politikwissenschaft, Wirtschaftsgeschichte und Anthropogeografie in Saarbrücken und Cardiff arbeitete sie zuerst als Projektleiterin bei Energie-Cités im französischen Besançon und in leitender Funktion in zwei eingetragenen Vereinen im Bereich der Forschungsförderung und der Abfallverwertung in Frankreich. Im Jahr 2007 war sie als selbstständige Beraterin für in Frankreich aktive EE-Projektierer tätig.

Dr. Sebastian Helmes hat Rechtswissenschaft an der Universität Trier, der Norwich Law School und an der Humboldt-Universität zu Berlin studiert. Mit einer staatsrechtlichen Dissertation, betreut von Prof. (em.) Dr. Dr. h.c. Ulrich Battis, wurde er promoviert. Er ist Rechtsanwalt und Fachanwalt für Verwaltungsrecht im Berliner Büro der interdisziplinären Sozietät Sterr-Kölln & Partner mbB, die auf Erneuerbare Energien und kommunale Energieversorgung spezialisiert ist. Seine Tätigkeitsschwerpunkte liegen in Fragen der Anlagengenehmigung, im Umwelt- und Planungsrecht sowie im Energiewirtschaftsrecht. Vor seiner Tätigkeit bei Sterr-Kölln & Partner war er mehrere Jahre in einer auf das Energierecht spezialisierten Kanzlei, zuletzt als Counsel, sowie in der Rechtsabteilung eines Übertragungsnetzbetreibers tätig. Er ist Autor zahlreicher Veröffentlichungen zum Energie- und Umweltrecht.

Wolfdieter v. Hesler ist Rechtsanwalt im Bereich Recht der innogy SE in Essen. Nach dem Studium in Erlangen und Aix-en-Provence arbeitete er zunächst als Referent bei der Vereinigung Deutscher Elektrizitätswerke – VDEW – e. V. und wechselte 1987 in die Rechtsabteilung der NUKEM GmbH als Justitiar für den kerntechnischen Bereich. 1991 übernahm er den Aufbau und die Leitung der Rechtsabteilung der Mitteldeutschen Energieversorgung Aktiengesellschaft in Halle (Saale). 2003 wechselte er in den Rechtsbereich der RWE Energy AG, später der RWE AG. Heute ist er in der innogy SE verantwortlich für Fragen des Energie- und Regulierungsrechts. Er ist stellvertretender Vorsitzender des Fachausschusses Recht der Erneuerbaren Energien und des KWKG sowie Mitglied des Fachausschusses Rechtsfragen Wärmeversorgung und Contracting des BDEW Bundesverband der Energie- und Wasserwirtschaft e. V., Berlin. Er ist Autor zahlreicher Veröffentlichungen zum Energierecht.

Dr. Holger Hesse ist stellvertretender Leiter des Lehrstuhls für Elektrische Energiespeichertechnologien (EES) an der Technischen Universität München (TUM). Seit 2014 leitet er die Forschungsgruppe zu stationären Energiespeichersystemen des Lehrstuhls, die sich mit stationären Anwendungsfällen und der ökonomischen Optimierung von Batteriespeichern befasst. Zuvor war Herr Hesse mehrere Jahre als Technologieberater in der Automobilbranche tätig. Als Projektleiter für Batterie-Hochvoltspeicher konzipierte er unter anderem Lithium-Ionen Speichersysteme für die BMW AG.

Grit Hömke, Rechtsanwältin M. A. hat Rechtswissenschaften in Köln studiert und verfügt zudem über einen Studienabschluss in Kunstgeschichte und Sinologie. Ihre Referendarausbildung erhielt sie in Bochum, Bonn und Peking. Hier war sie u. a. im Bundesministerium für wirtschaftliche Zusammenarbeit und Entwicklung sowie im Rahmen des deutsch-chinesischen Rechtsstaatsdialogs tätig. Nach dem 2. Staatsexamen baute sie zunächst die Rechtsabteilung eines mittelständischen Energieversorgers auf. Im Jahr 2013 trat sie in eine mittelständische Kanzlei im Münsterland ein. Seit März 2017 ist sie als Rechtsanwältin und Counsel bei BBH in Köln beschäftigt. Der Schwerpunkt ihrer anwaltlichen Tätigkeit ist die Rechtsberatung zu Fragen des Energiewirtschaftsrechts – insbesondere im Netzbetrieb – und die strategische Beratung von Kommunen und Unternehmen im Rahmen der Neuausrichtung und Optimierung ihrer energiewirtschaftlichen Betätigung.

Prof. Dr.-Ing. Andreas Jossen hat an der Universität Stuttgart Elektrotechnik studiert. Während seiner Promotion hat er sich mit Energiespeichersystemen für erneuerbare Energieerzeugung befasst. Am Zentrum für Sonnenenergie- und Wasserstoffforschung Baden-Württemberg (ZSW) war er Teamleiter und verantwortlich für Batteriespeichertechnik. Seit 2010 ist er Inhaber des Lehrstuhls für Elektrische Energiespeichertechnik an der Technischen Universität München. Seine Forschungsthemen sind Modellierung, Simulation und Charakterisierung wiederaufladbarer Batterien sowie Grundlagen- und Anwendungsthemen in Batteriesystemen, wie Verschaltungstopologien, Zustandsbestimmung und Regelung von Batteriesystemen. Er ist Editor des Fachjournals „Batteries“.

Dr. Jens Kanacher arbeitet für die innogy SE in der zentralen Forschung und Entwicklung und leitet dort das Kompetenzzentrum für Energiesysteme und Speicher. Er ist verantwortlich für die systemische Bewertung von neuen Technologien in der Energiewirtschaft mit besonderem Schwerpunkt auf Energiespeichern. Zuvor war er in der Erzeugungssparte von RWE im Controlling verantwortlich für die Durchführung von Wirtschaftlichkeitsanalysen von Speichertechnologien und weiteren F&E-Projekten. Daneben verantwortete er mehrere Projekte, die sich mit langfristigen Veränderungen im Energiesystem beschäftigten. Jens Kanacher hat in Bochum Wirtschaftswissenschaft studiert und im Bereich Operations Research promoviert.

Marcus Kottinger ist Softwarearchitekt für den Bereich „Energie-, Prozessmanagement und Life Science“ der Abteilung Watson Internet of Things der IBM – die Abteilung, die sowohl im Smart-Cities als auch im Industrie-4.0-Bereich in Europa tätig ist. Nach dem Bachelorabschluss im Bereich „Wirtschaftsinformatik“ übernahm er Projektmanagement-Agenden im Finanz- und Industriebereich mit dem Schwerpunkt „Prozessoptimierung“ und „Energiemanagement“ in Europa. Seit 2013 ist er Mitautor von Fachbüchern im Bereich „Managementtheorien“, „Prozess- und Projektmanagement“ und „Energietechnik“.

Hauke Loges studierte Wirtschaftsingenieurwesen/Elektrotechnik an der Technischen Universität Braunschweig mit dem Schwerpunkt Energietechnik. Vor seinem Abschluss sammelte er Industrieerfahrung u. a. bei der Avacon AG. Seine Masterarbeit zum Thema Einbindung von Elektrofahrzeugen in die Energiewirtschaft schrieb er bei der Volkswagen AG innerhalb der Konzernforschung. Aktuell arbeitet Hauke Loges als wissenschaftlicher Mitarbeiter am Lehrstuhl für Hochspannungstechnik und Elektrische Energieanlagen von Herrn Prof. Dr.-Ing. Engel an der TU Braunschweig. Seine Forschungsarbeit beschäftigt sich mit der Effizienz und der Integration von PV-Batteriespeichern.

Dr. Franziska Lietz LL.M. studierte Rechtswissenschaften an der Universität Hannover und im Anschluss Umweltrecht an der Leuphana Universität Lüneburg. Sie ist wissenschaftliche Mitarbeiterin am Energie-Forschungszentrum Niedersachsen sowie Rechtsanwältin in der energierechtlich ausgerichteten Kanzlei Ritter Gent Collegen in Hannover. Sie ist zudem Promotionsstudentin an der Georg August Universität Göttingen mit einer Themenstellung zur Speicherung von Strom im Power-to-Gas-Verfahren.

Christian Metzger studierte Maschinenbau in der Vertiefungsrichtung Energietechnik an der RWTH Aachen sowie der EFL Lausanne. Nachdem er einige Jahre bei McKinsey&Company sowie RWE Consulting für verschiedene europäische Energieversorgungsunternehmen tätig war und Erfahrungen entlang der gesamten energiewirtschaftlichen Wertschöpfungskette sammeln konnte, ist er nun in der zentralen Forschung und Entwicklung der innogy SE tätig und verantwortet dort die Energiespeicheraktivitäten.

Christian Mildenberger M. Sc. studierte Wirtschaftsingenieurwesen mit Schwerpunkt Energiewirtschaft in Mannheim. Bereits während seines Masterstudiums war er stellvertretender Abteilungsleiter der WIRSOL Solar AG und verantwortete den Bereich „Technische Kommunikation". Seit 2014 ist er Projektmanager bei StoREgio Energiespeichersysteme und Aufsichtsrat der Gemeindewerke Brühl. Außerdem war er mehrere Semester als Lehrbeauftragter an der PH Heidelberg für Energiet- und Produktionstechnik tätig.

Marcus Müller ist Projektleiter für stationäre Batteriespeicher Technologien an der Technischen Universität München (TUM). Er studierte Elektro- und Informationstechnik zum B. Sc. und M. Sc. an der Universität der Bundeswehr in München. Seit 2012 promoviert er im Bereich „Elektrische Energiespeichertechnik" und absolviert ein MBA-Studium, beides an der TUM. Vor seiner Arbeit an der TUM diente er als Oberleutnant bei den Heeresfliegern in der Deutschen Bundeswehr und arbeitet für die AIRBUS Group Innovation an All-electric-Aircraft-Technologien. Sein Fokus liegt auf dem Definieren, Design und Erläutern von Batteriespeichersystemen als Multi-Purpose-Technologien, um die Implementierung solcher Systeme und letztendlich die Energiewende zu beschleunigen.

Dr. Peter Nagel LL.M, verantwortlicher Herausgeber dieses Buches, studierte Rechtswissenschaft in Leipzig, Speyer, Washington D. C. und Ann Arbor (University of Michigan). Nach seiner Promotion war er ab dem Jahr 2000 als Richter in Leipzig tätig. Später wechselte er in das Sächsische Staatsministerium der Justiz. Dort betreute er insbesondere Verfahren vor dem Bundesverfassungsgericht und dem Sächsischen Verfassungsgerichtshof. 2007 wurde er als Rechtsanwalt zugelassen und arbeitete seitdem für internationale Rechtsanwaltssozietäten. Er ist Herausgeber des German Renewable Energy Law Online Journal (www.lexegese.de), dem Online-Magazin für das Recht der Erneuerbaren Energien.

Maik Naumann ist wissenschaftlicher Mitarbeiter/Doktorand am Lehrstuhl für Elektrische Energiespeichertechnik (EES) an der Technischen Universität München (TUM). Er studierte Elektro- und Informationstechnik an der TU München mit dem Schwerpunkt Energietechnik. Seine Forschungsarbeiten behandeln elektrochemische Speicher in Stromnetzen mit dem Schwerpunkt der Modellierung und der techno-ökonomischen Auswertung der Batteriealterung.

Dr. Stefan Nykamp studierte Wirtschaftsingenieurwesen sowie Energiewirtschaft und promovierte 2013 berufsbegleitend an der TU Twente in Enschede. Seit 2007 arbeitet er im Verteilnetzgeschäft mit Schwerpunkten in der Strom- und Gasnetzplanung und Smart-Grid-Projekten, aber auch Lean-Management-Programmen. Einer der Schwerpunkte liegt auch auf der technischen, ökonomischen und regulatorischen Bewertung von Speichersystemen (insb. Batterien, Power2Gas). Er publizierte zu den genannten Themenfeldern in internationalen Journals. Seit 2016 leitet Stefan Nykamp den Bereich „Innovationsmanagement/Netzspeicher" bei der Westnetz GmbH, Dortmund.

Björn Osterkamp ist seit 2013 als wissenschaftlicher Mitarbeiter am Institut für Hochspannungstechnik und Elektrische Energieanlagen – elenia, unter der Leitung von Prof. Dr. Bernd Engel, angestellt. Der Forschungsschwerpunkt von Herrn Osterkamp liegt in dem Bereich der zukünftigen Netzanforderungen Im Kontext erneuerbarer Energien und deren Vermarktungsmöglichkeiten. Er beschäftigt sich vornehmlich mit der optimalen Integration von dezentralen Erzeugern in bestehende und neue Netzinfrastrukturen. Herr Osterkamp studierte Wirtschaftsingenieurwesen mit der Fachrichtung Elektrotechnik und elektrische Energietechnik in Braunschweig und Aachen. 2013 schloss er sein Studium mit der Masterarbeit am Institut für elektrische Anlagen und Energiewirtschaft an der RWTH Aachen ab.

Dr. Maren Petersen studierte zunächst Maschinenbau in der Fachrichtung Energietechnik (Dipl.-Ing.). Anschließend arbeitete sie an verschiedenen Projekten im Bereich „Kraft-Wärme-Kopplung" und „Erneuerbarer Energien" und forschte am Bremer Energie-Institut, bevor sie im Bereich energiewirtschaftlicher Fragestellungen an der Carl von Ossietzky Universität Oldenburg promovierte. Seit Mitte 2008 leitet sie den Geschäftsbereich „Erzeugung" im Bundesverband der Energie- und Wasserwirtschaft (BDEW) und ist damit verantwortlich für die gesamte Wertschöpfungsstufe der Stromerzeugung aus konventionellen Anlagen (Kern-, Kohle- und Gaskraftwerken), aus Anlagen zur Nutzung der Erneuerbaren Energien sowie auch der gekoppelten Strom- und Wärmeerzeugung. Zusätzlich wurde ihr Ende 2012 die Leitung der neu gegründeten „Stabsstelle für Erneuerbare Energien" des BDEW übertragen.

Matthias Puchta arbeitet seit 2008 am Fraunhofer Institut für Windenergie und Energiesystemtechnik IWES und leitet dort leitet die Abteilung Energiespeicher. Seine Aktivitäten umfassen die technische und organisatorische Leitung der Abteilung sowie die Leitung und Durchführung von anwendungsnahen Forschungsprojekten zu elektrochemischen, chemischen und mechanischen Energiespeichern. Herr Puchta ist für das Fraunhofer IWES Mitglied in der Fraunhofer Batterieallianz und im Bundesverband Energiespeicher. Herr Puchta hat bis 2008 Elektrotechnik an der Universität-Kassel studiert.

Stephan A. Richter LL.M. studierte Rechtswissenschaften an der Goethe-Universität Frankfurt am Main und Mergers & Acquisitions an der Frankfurt School of Finance & Management. Ab dem Jahr 2000 war er für verschiedene internationale Kanzleien und Investmentbanken tätig. Er ist Gründungspartner der Sozietät Brandhoff Obermüller Partner und befasst sich schwerpunktmäßig mit grenzüberschreitenden Transaktionen im Technologie- und Erneuerbare-Energien-Sektor.

Michael Schimpe studierte Maschinenbau in München (Technische Universität München) und Singapur (Nanyang Technological University). Vor seinem Abschluss sammelte er Industrieerfahrung im Bereich der Erneuerbaren Energien und Energiespeicherung bei Siemens, BMW und Linde. Seit seinem Abschluss im Jahr 2014 arbeitet er als wissenschaftlicher Mitarbeiter am Lehrstuhl für elektrische Energiespeichertechnik der Technischen Universität München. Der Schwerpunkt seiner Arbeit liegt auf der Gesamtsystemsimulation und der Energieeffizienz stationärer Lithium-Ionen-Batteriespeicher.

Sebastian Schnurre studierte Rechtswissenschaften sowie begleitend europäisches Recht an den Universitäten Würzburg und Salamanca und absolvierte das Referendariat am OLG Brandenburg. Nachdem er drei Jahre als wissenschaftlicher Mitarbeiter und Leiter eines Bundestagsbüros tätig war, wechselte er 2013 zum Bundesverband Neue Energiewirtschaft. Dort verantwortet er als Leiter „Flexibilität und Digitales“ u. a. die Themenfelder „Metering“, „Elektromobilität“ und „Demand Response“. Neben seiner umfassenden Vortrags- und Publikationstätigkeit vertritt er den Verband in einer Vielzahl an Gremien in Ministerien und Behörden. Aktuell leitet er im Auftrag der Bundesnetzagentur zudem das Stakeholderverfahren zur Systemeinbindung von Aggregatoren und ist Mitautor an einem Großkommentar zum Messstellenbetriebsgesetz.

Dr. Petr Svoboda war nach dem Studium der Ingenieurswissenschaften und Betriebswirtschaft seit 1991 in der Entwicklung von Erneuerbaren Energien in internationalen Projekten tätig und hat an der Ruhr Uni Bochum 1999 auf dem Gebiet der CO2 Vermeidungskosten promoviert. Danach hat er verschiedene leitende Funktionen im kaufmännischen Bereich von Energieversorgungsunternehmen sowie Projektentwicklern Erneuerbarer Energien übernommen. Seit 2011 ist Dr. Svoboda für BET Büro für Energiewirtschaft und technische Planung GmbH in Aachen als Leitender Berater und Gutachter tätig. Thematische Schwerpunkte bilden die Bereiche Projektentwicklung von EE-Anlagen, Technologiebewertung, Asset Management, Energiemärkte sowie Due Diligence und Transaktionen von Energieanlagen.

Dr. Michael Schwalm studierte Physik an der Philipps-Universität Marburg mit dem Schwerpunkt experimentelle Halbleiterphysik und erlangte sein Diplom in 2007. Seine anschließende Promotion über Verfahren zur Untersuchung und Verbesserung neuartiger Solarzellen schloss er 2011 ab. Herr Schwalm ist seit 2011 als wissenschaftlicher Mitarbeiter und seit 2015 als stellvertretender Leiter der Abteilung Energiespeicher am Fraunhofer Institut für Windenergie und Energiesystemtechnik in Kassel tätig. Seine Arbeit umfasst in erster Linie die Untersuchung und mathematische Modellierung der elektrochemischen und physikalischen Vorgänge in Lithium-Ionen und Blei-Säure Batterien, wie sie unter anderem in der Automobilindustrie eingesetzt werden.

Prof. Dr. Falko Tappen ist Professor für betriebswirtschaftliche Steuerlehre an der Hochschule Worms. Darüber hinaus ist er als Steuerberater tätig und Mitherausgeber des Kommentars „Investmentgesetze“ / De Gruyter Verlag.

Mathias Timm studierte Wirtschaftsingenieurwesen an der Beuth Hochschule für Technik und an der Hochschule für Wirtschaft und Recht Berlin. Seit 2008 ist er als Fachgebietsleiter im Bundesverband der Energie- und Wasserwirtschaft (BDEW) tätig. Hier war er zunächst für die Bereiche „Erneuerbare Energien International“ und „Wasserkraft“ zuständig. Von 2011 bis 2012 war er federführend am Aufbau des Bereichs „Energiespeicher“ im BDEW beteiligt und widmet sich seither schwerpunktmäßig diesem Fachgebiet. Dabei bilden neben technischen und regulatorischen Fragestellungen insbesondere die mit Energiespeichern einhergehenden Systemfragen der Energiewende eine zentrale Rolle seiner Tätigkeit.

Stefanie Traub studierte Steuerrecht an der Hochschule Worms, welches sie mit einem Master abschloss. Seit 2014 ist sie als Steuerberatungs- und Wirtschaftsprüfungsassistentin in einer mittelständischen Wirtschaftsprüfungs- und Steuerberatungsgesellschaft tätig.

Nam Truong ist wissenschaftlicher Mitarbeiter am Lehrstuhl für Elektrische Energiespeichertechnik (EES) an der Technischen Universität München (TUM). Seine Forschungsgebiete sind die automatisierte Betriebsoptimierung stationärer Energiespeichersysteme und die Bewertung dieser Systeme unter ökonomischen und ökologischen Gesichtspunkten. Im Forschungsprojekt EEBatt war er verantwortlich für den Aufbau eines prototypischen Batteriespeichersystems, der als Forschungsplattform für eine Vielzahl an Lehrstühlen der TUM dient und im Betrieb ein ländliches Ortsnetz entlastet. Zudem ist er einer der Leadentwickler für ein Simulationsframework zur Modellierung und Optimierung stationärer Batteriespeichersysteme.

Prof. Dr. Hartmut Weyer studierte Rechtswissenschaften an den Universitäten Erlangen, Lausanne und Köln. Nach Promotion und Habilitation an der Universität zu Köln arbeitete er in der Generaldirektion „Wettbewerb der Europäischen Kommission" sowie im Energiebereich der Bundesnetzagentur. Seit 2008 leitet er das Institut für deutsches und internationales Berg- und Energierecht der Technischen Universität Clausthal und ist im Forschungsbereich „Energierecht" des Energie-Forschungszentrums Niedersachsen tätig. Seine Arbeitsschwerpunkte im Energierecht betreffen die Netzregulierung, den Netzausbau sowie das Recht der Erneuerbaren Energien. Daneben ist er mit dem deutschen und europäischen Kartellrecht sowie dem Bergrecht befasst.

Dr. Andreas Wieg ist seit 2008 Leiter der Abteilung Vorstandsstab beim DGRV – Deutscher Genossenschafts- und Raiffeisenverband e. V. In dieser Funktion ist er auch für die Bereiche „Genossenschaftsgründung" und „Erneuerbare Energien" zuständig. Seit Oktober 2013 verantwortet er zudem die Bundesgeschäftsstelle Energiegenossenschaften beim DGRV. Er ist Mitglied im Board des europäischen Verbands der Energiegenossenschaften REScoop sowie der Energy and Environment Working Group beim europäischen Genossenschaftsverband Cooperatives Europe. Er ist Lehrbeauftragter für Betriebswirtschaftslehre an der Hochschule für Wirtschaft und Recht Berlin sowie der Hochschule für Technik und Wirtschaft Berlin. Zudem ist er Mitglied des Genossenschaftsinstituts an der Philipps-Universität Marburg, hat als Diplom-Kaufmann graduiert und wurde an der Fakultät für Wirtschaftswissenschaften der Philipps- Universität Marburg promoviert.

Prof. Dr.-Ing. Rico Wojanowski studierte Betriebswirtschaftslehre und Wirtschaftsingenieurswesen und promovierte am Fraunhofer IFF in Magdeburg. Nach einem Postdoc-Forschungsaufenthalt in Kanada war er ab 2004 beim Bielefelder Werkzeugmaschinenbauer Gildemeister AG in der zentralen Projektleitung des Vorstandsressorts Logistik tätig. 2007 wechselte er zur Würzburger Konzerntochter a+f GmbH, um den Bereich „Solartechnik" zu leiten. 2008 erfolgte der Wechsel in die Geschäftsführung. Seit 2011 ist er Mitgründer und Gesellschafter der Upside Group, einem führenden Experten in der Umsetzung anspruchsvoller Projekte der Energiewirtschaft mit Fokus auf jungen Technologien. Die Upside Group entwickelt, hält und betreibt ein eigenes Portfolio an Batterie Energie-Speichersystemen (BESS) zur Bereitstellung von Systemdienstleistungen. Seit 2013 ist er Professor für Logistik und Nachhaltigkeit an der Hochschule Darmstadt.

www.ingramcontent.com/pod-product-compliance
Lightning Source LLC
LaVergne TN
LVHW060619300926
849162LV00008B/1655